주기율표 Periodic Table of the Elements

원소 기호 → C 6 ← 원자 번호
영어명 → Carbon
한글명 → 탄소
원자량 → 12.011

금속 (Metal)
준금속 (Semimetal)
비금속 (Nonmetal)

주기 \ 족	1A 1	2A 2	3B 3	4B 4	5B 5	6B 6	7B 7	8B 8	8B 9	8B 10	1B 11	2B 12	3A 13	4A 14	5A 15	6A 16	7A 17	8A 18
1	H 1 Hydrogen 수소 1.007																	He 2 Helium 헬륨 4.0026
2	Li 3 Lithium 리튬 6.941	Be 4 Beryllium 베릴륨 9.0122											B 5 Boron 붕소 10.811	C 6 Carbon 탄소 12.011	N 7 Nitrogen 질소 14.0067	O 8 Oxygen 산소 15.9994	F 9 Fluorine 플루오린 18.9984	Ne 10 Neon 네온 20.1797
3	Na 11 Sodium 소듐(나트륨) 22.9898	Mg 12 Magnesium 마그네슘 24.305											Al 13 Aluminium 알루미늄 26.9815	Si 14 Silicon 규소 28.0855	P 15 Phosphorus 인 30.9738	S 16 Sulfur 황 32.0650	Cl 17 Chlorine 염소 35.4533	Ar 18 Argon 아르곤 39.948
4	K 19 Potassium 포타슘(칼륨) 39.0983	Ca 20 Calcium 칼슘 40.078	Sc 21 Scandium 스칸듐 44.9559	Ti 22 Titanium 타이타늄 47.867	V 23 Vanadium 바나듐 50.9415	Cr 24 Chromium 크로뮴 51.9961	Mn 25 Manganese 망가니즈 54.938	Fe 26 Iron 철 55.845	Co 27 Cobalt 코발트 58.9332	Ni 28 Nickel 니켈 58.6934	Cu 29 Copper 구리 63.546	Zn 30 Zinc 아연 65.409	Ga 31 Gallium 갈륨 69.723	Ge 32 Germanium 저마늄 72.64	As 33 Arsenic 비소 74.9216	Se 34 Selenium 셀레늄 78.96	Br 35 Bromine 브로민 79.904	Kr 36 Krypton 크립톤 83.798
5	Rb 37 Rubidium 루비듐 85.4678	Sr 38 Strontium 스트론튬 87.62	Y 39 Yttrium 이트륨 88.9059	Zr 40 Zirconium 지르코늄 91.224	Nb 41 Niobium 나이오븀 92.9064	Mo 42 Molybdenum 몰리브데넘 95.94	Tc 43 Technetium 테크네튬 98.9063	Ru 44 Ruthenium 루테늄 101.07	Rh 45 Rhodium 로듐 102.9055	Pd 46 Palladium 팔라듐 106.42	Ag 47 Silver 은 107.8682	Cd 48 Cadmium 카드뮴 112.411	In 49 Indium 인듐 114.818	Sn 50 Tin 주석 118.71	Sb 51 Antimony 안티모니 121.76	Te 52 Tellurium 텔루륨 127.6	I 53 Iodine 아이오딘 126.9045	Xe 54 Xenon 제논 131.293
6	Cs 55 Cesium 세슘 132.9055	Ba 56 Barium 바륨 137.327		Hf 72 Hafnium 하프늄 178.49	Ta 73 Tantalum 탄탈럼 180.9479	W 74 Tungsten 텅스텐 183.84	Re 75 Rhenium 레늄 186.207	Os 76 Osmium 오스뮴 190.23	Ir 77 Iridium 이리듐 192.217	Pt 78 Platinum 백금 195.078	Au 79 Gold 금 196.9666	Hg 80 Mercury 수은 200.59	Tl 81 Thallium 탈륨 204.3833	Pb 82 Lead 납 207.2	Bi 83 Bismuth 비스무트 208.9804	Po 84 Polonium 폴로늄 208.9824	At 85 Astatine 아스타틴 209.9871	Rn 86 Radon 라돈 222.0176
7	Fr 87 Francium 프랑슘 223.0197	Ra 88 Radium 라듐 226.0254		Rf 104 Rutherfordium 러더포듐 261.1088	Db 105 Dubnium 더브늄 262.1142	Sg 106 Seaborgium 시보귬 266.1219	Bh 107 Bohrium 보륨 264.1247	Hs 108 Hassium 하슘 269.13	Mt 109 Meitnerium 마이트너륨 268.1388	Ds 110 Darmstadtium 다름스타튬 271.15	Rg 111 Roentgenium 뢴트게늄 272.1535	Cn 112 Copernicium 코페르니슘 (277)	Nh 113 Nihonium 니호늄 (284.18)	Fl 114 Flerovium 플레로븀 (289.19)	Mc 115 Moscovium 모스코븀 (288.19)	Lv 116 Livermorium 리버모륨 (293)	Ts 117 Tennessine 테네신 (294)	Og 118 Oganesson 오가네손 (294)

	주기															
란타넘족 (Lanthanides)	6	La 57 Lanthanum 란타넘 138.9055	Ce 58 Cerium 세륨 140.116	Pr 59 Praseodymium 프라세오디뮴 140.9077	Nd 60 Neodymium 네오디뮴 144.24	Pm 61 Promethium 프로메튬 146.9151	Sm 62 Samarium 사마륨 150.36	Eu 63 Europium 유로퓸 151.964	Gd 64 Gadolinium 가돌리늄 157.25	Tb 65 Terbium 터븀 22.9898	Dy 66 Dysprosium 디스프로슘 162.5	Ho 67 Holmium 홀뮴 164.93	Er 68 Erbium 어븀 167.259	Tm 69 Thulium 툴륨 168.9342	Yb 70 Ytterbium 이터븀 173.04	Lu 71 Lutetium 루테튬 174.967
악티늄족 (Actinides)	7	Ac 89 Actinium 악티늄 227.0278	Th 90 Thorium 토륨 232.0381	Pa 91 Protactinium 프로트악티늄 231.0359	U 92 Uranium 우라늄 238.0289	Np 93 Neptunium 넵투늄 237.0482	Pu 94 Plutonium 플루토늄 244.0642	Am 95 Americium 아메리슘 243.0614	Cm 96 Curium 퀴륨 247.0703	Bk 97 Berkelium 버클륨 247.0703	Cf 98 Californium 캘리포늄 251.0796	Es 99 Einsteinium 아인슈타이늄 252.083	Fm 100 Fermium 페르뮴 257.0951	Md 101 Mendelevium 멘델레븀 258.0984	No 102 Nobelium 노벨륨 259.101	Lr 103 Lawrencium 로렌슘 262.1097

원소 이름, 기호, 번호

한글 이름	영문 이름	기호	번호
가돌리늄	Gadolinium	Gd	64
갈륨	Gallium	Ga	31
구리	Copper [Cuprum]	Cu	29
규소/실리콘	Silicon	Si	14
금	Gold [Aurum]	Au	79
납	Lead [Plumbum]	Pb	82
네오디뮴	Neodymium	Nd	60
네온	Neon	Ne	10
넵투늄	Neptunium	Np	93
노벨륨	Nobelium	No	102
나이오븀[니오브]	Niobium	Nb	41
니켈	Nickel	Ni	28
다름슈타튬	Darmstatium	Ds	110
더브늄	Dubnium	Db	105
디스프로슘	Dysprosium	Dy	66
라돈	Radon	Rn	86
라듐	Radium	Ra	88
란타넘[란탄]	Lanthanum	La	57
러더포듐	Rutherfordium	Rf	104
레늄	Rhinium	Re	75
로듐	Rhodium	Rh	45
로렌슘	Lawrencium	Lr	103
뢴트겐늄	Roentgenium	Rg	111
루비듐	Rubidium	Rb	37
루테늄	Ruthenium	Ru	44
루테튬	Lutetium	Lu	71
리튬	Lithium	Li	3
마그네슘	Magnesium	Mg	12
마이트너륨	Meitnerium	Mt	109
망가니즈[망간]	Manganese	Mn	25
멘델레븀	Mendelevium	Md	101
몰리브데넘[몰리브덴]	Molybdenum	Mo	42
바나듐	Vanadium	V	23
바륨	Barium	Ba	56
백금	Platinum	Pt	78
버클륨	Berkelium	Bk	97
베릴륨	Beryllium	Be	4
보륨	Bohrium	Bh	107
붕소	Boron	B	5
브로민[브롬]	Bromine	Br	35
비소	Arsenic	As	33
비스무트	Bismuth	Bi	83
사마륨	Samarium	Sm	62
산소	Oxygen	O	8
세륨	Cerium	Ce	58
세슘	Caesium [Cesium]	Cs	55
셀레늄[셀렌]	Selenium	Se	34
소듐/나트륨	Sodium [Natrium]	Na	11
수소	Hydrogen	H	1
수은	Mercury	Hg	80
스칸듐	Scandium	Sc	21
스트론튬	Strontium	Sr	38
시보귬	Seaborgium	Sg	106
아르곤	Argon	Ar	18
아메리슘	Americium	Am	95
아스타틴	Astatine	At	85
아연	Zinc	Zn	30
아이오딘[요오드]	Iodine	I	53
아인슈타이늄	Einsteinium	Es	99
악티늄	Actinium	Ac	89
안티모니[안티몬]	Antimony [Stibium]	Sb	51
알루미늄	Aluminium [Aluminum]	Al	12
에르븀	Erbium	Er	68
염소	Chlorine	Cl	17
오스뮴	Osmium	Os	76
우라늄	Uranium	U	92
유로퓸	Europium	Eu	63
은	Silver [Argentine]	Ag	47
이리듐	Iridium	Ir	77
이터븀[이테르븀]	Ytterbium	Yb	70
이트륨	Yttrium	Y	39
인	Phosphorus	P	15
인듐	Indium	In	49
주석	Tin [Stannum]	Sn	50
저마늄[게르마늄]	Germanium	Ge	32
지르코늄	Zirconium	Zr	40
질소	Nitrogen	N	7
철	Iron [Ferrum]	Fe	26
카드뮴	Cadmium	Cd	48
칼슘	Calcium	Ca	20
캘리포늄	Californium	Cf	98
코발트	Cobalt	Co	27
큐륨	Curium	Cm	96
크로뮴[크롬]	Chromium	Cr	24
크립톤	Krypton	Kr	36
제논[크세논]	Xenon	Xe	54
타이타늄[티탄]	Titanium	Ti	22
탄소	Carbon	C	6
탄탈럼[탄탈]	Tantalum	Ta	73
탈륨	Thallium	Tl	81
텅스텐	Tungsten [Wolfram]	W	74
터븀[테르븀]	Terbium	Tb	65
테크네튬	Technetium	Tc	43
텔루륨	Tellurium	Te	52
토륨	Thorium	Th	90
툴륨	Thulium	Tm	69
팔라듐	Palladium	Pd	46
페르뮴	Fermium	Fm	100
포타슘/칼륨	Potassium[Kalium]	K	19
폴로늄	Polonium	Po	84
프라세오디뮴	Praseodymium	Pr	59
프랑슘	Francium	Fr	87
프로메튬	Promethium	Pm	61
프로트악티늄	Protactinium	Pa	91
플로오린[플루오르]	Fluorine	F	9
플루토늄	Plutonium	Pu	94
하슘	Hassium	Hs	108
하프늄	Hafnium	Hf	72
헬륨	Hellium	He	2
홀뮴	Holmium	Ho	67
황	Sulfur	S	16

*[ ] 속의 우리말 이름은 당분간 인정하는 것이고, [ ] 속의 영문 이름은 IUPAC에서 혼용하기로 한 것이며, "/"로 표시된 우리말 이름은 혼용하는 것임.

생명의 화학, 삶의 화학

김희준 (대표저자) / 김병문, 김성근, 신석민

자유아카데미

머리말

화학의 매력은 화학의 중심적 위치와 화학의 유용성에 있다. 화학이 다루는 물질의 변화는 물리적 원리에 기반을 두고 있다. 따라서 일반화학 수준에서도 화학을 제대로 공부하려면 물리적인 언어와 개념에 익숙해야 한다. 한편 생명 현상은 화학 반응을 기반으로 한다. 따라서 화학을 생명의 언어로 가르치고 배우는 것도 좋은 방법이다. 화학은 생명을 가능하게 할 뿐만 아니라 의식주, 건강, 교통, 통신, 환경 보전 등의 여러 영역에서 삶의 질을 향상시키는 데 핵심적 역할을 담당한다.

저자들은 이와 같은 관점에서 다음과 같은 중요한 질문들을 통해 화학의 핵심을 논리적 · 체계적으로 다루고자 하였다.

- 우리 몸은 어떻게 구성되었는가?
- 우리 몸을 구성하는 원소들은 어떻게 만들어졌는가?
- 우리는 원자와 분자를 어떻게 알게 되었는가?
- 원자는 어떤 내부 구조를 가지고 어떤 원리를 따르는가?
- 우리 주위의 원소들은 어떤 규칙성을 나타내는가?
- 원자는 어떻게 결합해서 분자를 만드는가?
- 분자 구조는 어떻게 물질의 성질을 결정하는가?
- 화학 반응의 정도는 어떻게 결정되는가?
- 중요한 화학 반응에는 어떤 것들이 있는가?
- 화학 반응의 속도는 어떻게 결정되는가?
- 화학은 어떻게 생명을 가능하게 하는가?
- 화학은 어떻게 삶의 질을 향상시키는가?

그렇게 하다 보니 자연스럽게 앞에는 원소의 생성에 관련해서 소립자, 별의 진화, 양자 역학적 원자 구조 등의 물리적인 내용이 많이 나오고, 뒤에는 광합성, 센트럴 도그마(중심 원리) 등의 생물과 관련된 내용이 많이 나온다. 그 중심에 주기율, 화학 결합, 물질의 상태, 화학열역학, 화학 평형, 화학 반응 속도 등의 정통적인 화학 내용이 자리 잡게 된다. 그리고 마지막 장에서는 화학의 폭넓은 응용성이 강조된다. 이 교재를 사용해서 강의하는 분들이나 공부하는 학생들 모두 저자들의 철학에 공감하고 모든 장의 내용들이 유기적으로 연결되는 화학을 즐거운 마음으로 가르치고 배웠으면 하는 것이 저자들의 바람이다.

이러한 체계에 따라 화학을 공부하면 화학이 암기 과목이라는 부당한 인식에서 벗어나 이해 중심의 공부가 이루어질 수 있을 것이다. 그렇게 하기 위해서 저자들은 의도적으로 불필요하다고 생각되는 화학의 상세한 지식을 과감히 배제하고 핵심적인 내용 중심으로 본문과 예제를 구성하였다. 왜냐하면 너무 많은 내용을 제시하다 보면 이해보다는 암기로 흐르기 쉽게 마련이기 때문이다. "적은 것이 많은 것이다(Less is more)"는 화학 공부에도 적용된다.

저자들이 또 하나 강조하고자 한 것은 화학의 역사적이고 인간적인 측면이다. 화학은 누가 잘 정리해서 우리에게 제시한 과학의 한 분야가 아니고 인간이 자연의 언어를 파악하고 자연의 소리에 귀를 기울여 우주와 생명의 비밀을 파헤쳐나간 과정의 기록이다. 이 책에서는 화학의 발전 과정에 등장하는 주요 인물들의 인간적인 노력을 엿보는 과학사적 측면을 강조하였다. 멘델레예프, 퍼킨, 폴링 등 과학자들의 일화를 통해 무엇인가 생의 교훈을 배울 수 있다면 일석이조가 될 것이다.

이 책을 강의하시는 분들께는 강의에 도움이 되도록 강의용 파워포인트와 해답집을 제공한다. 끝으로 이 책을 출간하도록 격려하고 지원해 주신 자유아카데미 주정희 사장님, 임철석 상무님, 김지영 기획실장님, 그리고 꼼꼼히 편집 작업을 해주신 방철호 편집부장님께 감사드린다. 그리고 연습문제 검토 등 여러모로 도와준 김종서 박사와 여러 대학원생들에게도 고마운 마음을 전한다.

2009년 4월

차 례

CONTENTS

Chapter 1 서론 : 인체, 세포, 원자, 원자핵, 쿼크

Chapter 2 원소의 기원 : 우리 몸의 원자는 어디에서 왔는가?

Chapter 3 원자론, 분자론

Chapter 4 원자의 전자 구조

Chapter 5 주기율

Chapter 6 화학 결합의 원리와 분자 구조

Chapter 7 물질의 상태와 성질

Chapter 8 화학 열역학

Chapter 9 평형 반응

Chapter 10 화학 반응속도

Chapter 11 생명의 화학

Chapter 12 삶의 화학

Chapter 1 서론 : 인체, 세포, 원자, 원자핵, 쿼크

인간은 "만물의 영장(靈長)"이라고 한다. "만 몰의 원자(原子, atom)"가 모여 만물의 영장이 되는 데에는 여기 저기에 흥미로운 화학의 원리들이 들어 있다. 인간은 소우주(小宇宙, microcosmos)라고도 한다. 별들이 모여 은하(銀河, galaxy)를 만들고, 은하들이 모여 우주를 만든다. 마찬가지로 원자들이 모여 세포(細胞, cell)를 만들고 세포들이 모여 인체(人體, human body)를 만든다. 이런 우주적인 구조를 가진 인간이 매 순간을 살아가는 것은 체내의 원자와 분자(分子, molecule)들이 화학(化學, chemistry)의 원리를 따르기 때문이다. 생명(生命, life)을 가능하게 하는 화학의 원리를 공부하기 위해 이 장에서는 우리 몸의 구조, 몸에 들어 있는 중요한 화합물(化合物, compound)들, 이러한 화합물들이 만들어지기 위해 필요한 원자의 내부 구조 등을 간략히 살펴본다.

1-1 우리 몸과 화학

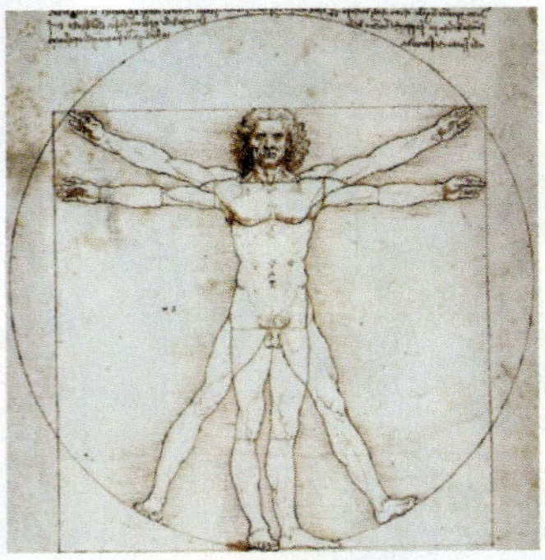

레오나르도 다빈치의 인체도

화학은 다양한 화학 원소(化學元素, chemical element)로 이루어진 우리 주위의 물질 세계를 원자와 분자 수준에서 이해하고 활용하고자 하는 과학이다. 그런데 우리 주위의 물질 중에서 각자에게 가장 중요한 것은 자신의 몸이다. 기본적인 의식주 문제가 해결되고, 정보 기술의 발전 덕분에 쉽게 많은 지식과 정보를 접하게 된 오늘날, 우리 몸에 대한 관심은 어느 때보다 높아지고 있다. 노령화 사회에서는 더욱더 그러하다. 따라서 우리 몸은 화학을 논의하기에 좋은 출발점이다.

- 우리 몸은 **원자와 분자의 크기**를 논하기에 좋은 출발점이다. 1 미터 정도 크기인 우리 몸은 10만 광년 정도 크기의 은하, 100억 광년 정도 크기의 거시적 우주와, 10 마이크로미터 크기의 세포, 0.1 나노미터 크기의 원자와 같은 미시세계의 중간에 위치한다.
- 우리 몸은 **원소의 종류**를 논하기에 좋은 출발점이다. 우주에서 가장 풍부한 수소가 우리 몸에도 가장 풍부하고, 산소, 탄소, 질소도 우주에서 많은 순서대로 우리 몸에 들어 있다.
- 우리 몸은 **원소의 기원**을 논하기에 좋은 출발점이다. 우리는 누구나 우리가 어디에서 왔는가에 관심을 가지기 때문이다. 우리는 몸의 원소 분포와 관련하여 이들 원소가 언제 어떻게 만들어져서 우리 몸에 자리잡게 되었는가를 살펴볼 수 있을 것이다.
- 우리 몸은 **화학 결합의 원리**를 논하기에 좋은 출발점이다. 수소, 산소, 탄소, 질소 등의 원소들이 어떻게 결합을 이루어 우리 몸을 만드는가는 생명 현상의 비밀에 관한 흥미로운 문제이다.
- 우리 몸은 **화학종**을 논하기에 좋은 출발점이다. 우리 몸에는 물 분자, 양이온, 음이온, 탄수화물, 단백질, 지방질, 핵산 등과 같이 다양한 화학종이 들어 있다.
- 우리 몸은 **물질의 상태**를 논하기에 좋은 출발점이다. 우리 몸은 주로 액체인 물과 뼈 등의 고형 성분으로 구성되어 있고, 기체인 공기를 호흡하여 생명을 유지한다. 그리고 우리는 고체인 대지를 기반으로 삶을 영위한다. 어떻게 원소들은 화학 결합을 통하여 액체를 만들기도 하고, 기체나 고체를 만들기도 하는 것일까?
- 우리 몸은 **용액의 특성**을 논하기에 좋은 출발점이다. 우리 몸은 세포로 구성되어 있고, 세포질은 용액이기 때문이다. 생명을 유지하고 보전하는 데 필요한 소화, 신경전달, DNA 복제 등 거의 모든 대사작용은 용액 상태에서 일어난다.
- 우리 몸은 **열역학**을 논하기에 좋은 출발점이다. 생명현상에도 우주적으로 예외없이 적용되는 열역학적 원리들이 그대로 적용되기 때문이다. 우리 몸에 에너지, 엔트로피, 자유 에너지, 화학 평형 등의 기본 개념들이 어떻게 적용될까?
- 우리 몸은 **반응속도**를 논하기에 좋은 출발점이다. 세포분열, 성장, 분화, 노화 등의 생명 현상에는 반응속도가 관련되어 있고, 반응속도가 수명을 결정하기 때문이다.
- 우리 몸은 삶의 질을 향상시키는 데 있어서 **화학의 역할**을 논하기에 좋은 출발점이다. 의식주의 화학, 의약품의 화학 등 모두 우리 몸에 관련된 화학인 것이다.

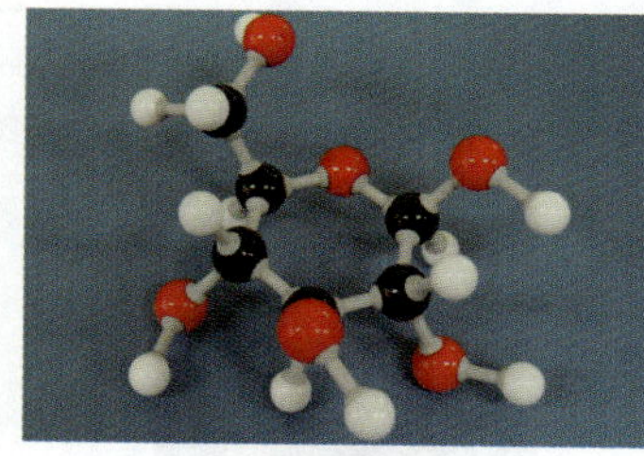
글루코스

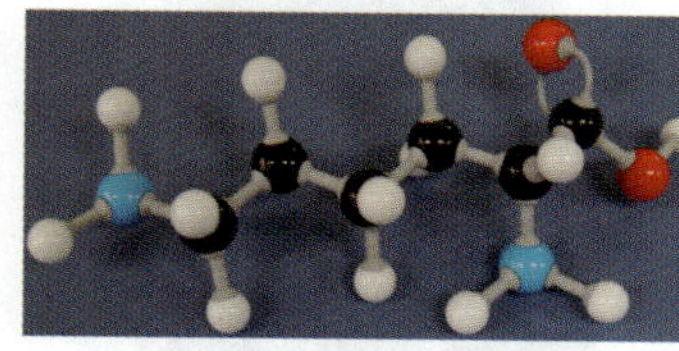
라이신

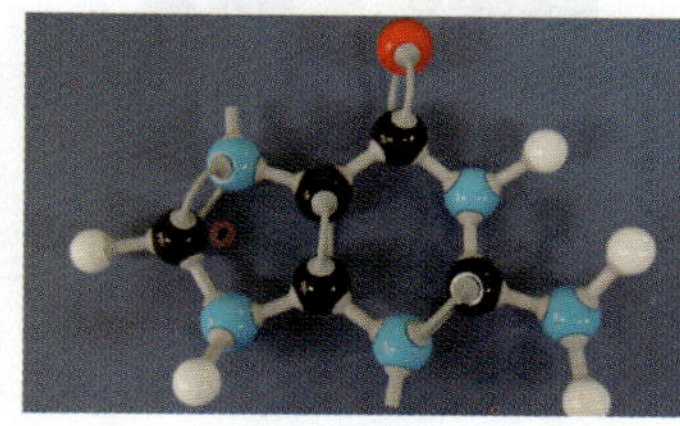
구아닌

예제 1.1

우리 몸에 들어있는 분자량이 비슷한 세 가지 화합물을 생각해 보자. 글루코스(glucose, 포도당, 葡萄糖)의 화학식은 $C_6H_{12}O_6$이고 분자량은 180.2이다. 필수 아미노산의 하나인 라이신(lysine)의 화학식은 $C_6H_{14}N_2O_2$이고 분자량은 146.2이다. DNA의 네 가지 염기 중 하나인 구아닌(guanine)의 화학식은 $C_5H_5N_5O$이고 분자량은 151.1이다.

(1) 각 화합물에 들어 있는 원소를 적어라.
(2) 각 화합물의 구조식을 찾아서 그려라.
(3) 각 화합물에서 탄소, 수소, 질소, 산소는 몇 개의 결합을 이루는지 적고, 예외를 찾아 볼 수 있는지 설명하여라.
(4) 각 화합물은 우리 몸에서 어떤 중요한 역할을 하는지 설명하여라.

풀이 (1)

	탄소(C)	수소(H)	질소(N)	산소(O)
글루코스	O	O		O
라이신	O	O	O	O
구아닌	O	O	O	O

(2)

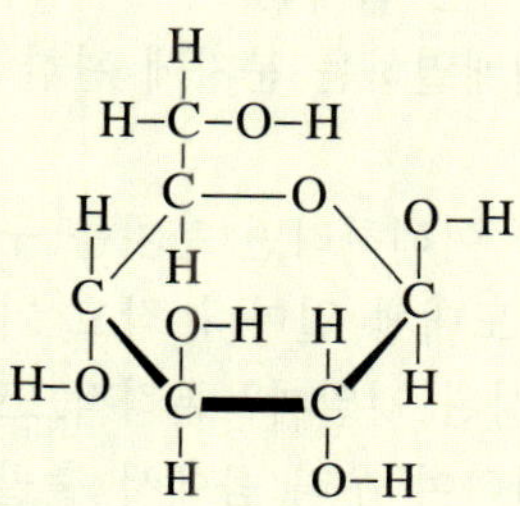
글루코스

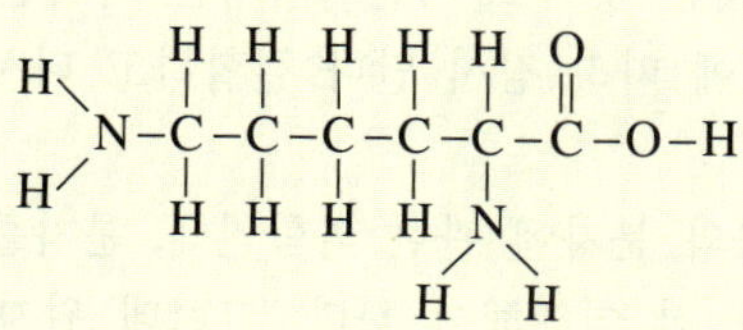
라이신

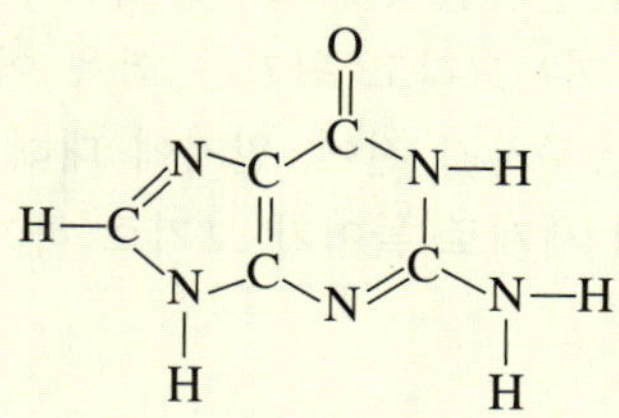
구아닌

(3)

	탄소(C)	수소(H)	질소(N)	산소(O)
글루코스	4	1		2
라이신	4	1	3	2
구아닌	4	1	3	2

예외는 없다. 결합의 규칙은 모든 화합물에 보편적으로 적용되는 것으로 보인다.

(4) 글루코스는 세포의 에너지 공급원이다. 곡류를 통해 섭취한 녹말(전분, 澱粉, starch)은 아밀레이스(amylase) 같은 효소에 의해 글루코스로 가수분해된다. 글루코스는 활성아세트산(acetyl-coA)을 통해 이산화탄소로 산화되면서 에너지를 내는데, 이 에너지는 아데노신 삼인산(adenosine triphosphate, ATP)에 저장되어 근육수축 등의 세포 활동에 사용된다. 라이신은 다른 아미노산들과 함께 단백질의 단량체(單量體, monomer)이다. 단백질은 근육운동, 산소운반, 면역작용, 신경전달, 효소작용 등의 여러 세포활동에 필수적이다. 구아닌은 아데닌(adenine), 타이민(thymine), 사이토신(cytosine)과 함께 DNA 염기의 하나로, 유전정보를 기록하는 데 사용된다.

1-2 원자와 분자의 중요성

파인만 (Richard Feynman 1918–1988). 캘리포니아공대 교수, 1965년 노벨 물리학상을 수상했다.

호프만 (Roald Hoffmann 1937–). 코넬대 교수, 1981년 노벨 화학상을 수상했다.

과학에서 가장 중요한 개념을 하나만 든다면 무엇을 들 수 있을까? 1965년 노벨 물리학상을 수상한 리처드 파인만 (Richard P. Feynman) 은 다음과 같이 말했다.

"만일 어떤 대재앙이 일어나서 모든 과학의 지식이 파괴된다고 할 때, 후대에게 단 한 문장만을 전해 줄 수 있다면 어떤 말을 해야 가장 중요한 내용을 압축해서 전달할 수 있을까? 나는 모든 사물은 약간 멀어지면 서로 당기고 너무 가까워지면 밀치면서 항상 운동을 계속하는 작은 입자, 즉 원자들로 이루어져 있다고 하는 원자론을 택하겠다."

지금은 우리 주위의 물질세계가 원자들로 구성되어 있다는 사실이 잘 알려져 있다. 그리고 화학뿐만 아니라 물리학, 생물학, 지구과학도 원자를 떠나서는 성립하기 어렵다. 이처럼 원자는 과학 전반에 걸쳐 핵심적인 개념이지만, 약 2천 5백 년 전에 데모크리투스 (Democritos) 에 의해 제안된 후 원자론은 2천 년 이상 사장되었다가 19세기 초에 돌턴 (Dalton) 에 의해 부활되었으니 원자론을 잃어버린다면 다시 2천 년의 세월이 필요할지도 모른다.

또한 호프만은 "원자는 멋지고 기본적이기는 하지만 원자는 화학은 아니다. 화학은 원자들이 일정한 방식에 따라 잠시 만나 결합하고 다시 재배열하는 분자에 관한 과학이다"라고 말했다.

이처럼 화학은 원자와 분자에 관한 과학인데, 분자를 잘 이해하려면 분자를 구성하는 기본단위인 원자를 잘 이해해야 한다. 그런데 원자는 도대체 얼마나 작고 가벼운 입자일까? 그리고 원자는 더욱 어떤 기본적인 입자로 구성된 것일까? 본격적으로 화학을 공부하기 전에, 원자에 대해 개괄적으로 살펴보기 위하여 우리 몸에서 출발하여 원자의 세계로 들어가 보기로 하자.

1-3 몸에서 쿼크까지

1-3-1 우리 몸 : 1 미터의 세계

1 미터 크기의 어린이
주위의 집, 나무 등도 모두 수 미터 크기이다.

그리스의 철학자 프로타고라스 (Protagoras) 는 "인간은 만물의 척도다"라고 말했다고 한다. 보통 성인의 키는 1.5 ~ 1.8 미터이고, 체중은 50 ~ 80 킬로그램 정도이다. 국제적으로 통용되는 길이와 질량의 기본 단위는 미터와 킬로그램이다. 과학에서 사용되는 국제단위계를 SI (프랑스어 *Systéme International*의 첫머리 글자) 라고 하는데, 기본적인 SI 단위는 표 1.1과 같다.

SI 계에서는 큰 수와 작은 수를 나타내는 접두사 (接頭辭, prefix) 도 표 1.2와 같이 정의한다. 이 접두사들을 익히는 의미에서 1 미터 (m) 정도 크기의 인간이 파악한 거시세계 (巨視世界, macro-world) 와 미시세계 (微視世界, micro-world) 에 관련된 크고 작은 숫자들을 간단히 살펴보자.

표 1.1 기본적인 SI 단위

단위 이름	기호	양
미터 (meter)	m	길이
킬로그램 (kilogram)	kg	질량
초 (second)	s	시간
쿨롱 (coulomb)	C	전하량
암페어 (ampere)	A	전류
켈빈 (kelvin)	K	온도
몰 (mole)	mol	물질의 양
칸델라 (candela)	cd	광도

표 1.2 10의 배수를 나타내는 접두사

이름	요타 yotta-	제타 zetta-	엑사 exa-	페타 peta-	테라 tera-	기가 giga-	메가 mega-	킬로 kilo-	헥토 hecto-	데카 deca-
기호	Y	Z	E	P	T	G	M	k	h	da
크기	10^{24}	10^{21}	10^{18}	10^{15}	10^{12}	10^{9}	10^{6}	10^{3}	10^{2}	10^{1}

이름	데시 deci-	센티 centi-	밀리 milli-	마이크로 micro-	나노 nano-	피코 pico-	펨토 femto-	아토 atto-	젭토 zepto-	욕토 yocto-
기호	d	c	m	μ	n	p	f	a	z	y
크기	10^{-1}	10^{-2}	10^{-3}	10^{-6}	10^{-9}	10^{-12}	10^{-15}	10^{-18}	10^{-21}	10^{-24}

예제 1.2

다음의 대략적 거리를 인터넷에서 찾아보고 접두사를 사용하여 적어라.

(1) 전철역 사이의 거리
(2) 한반도의 길이
(3) 지구에서 달까지의 거리
(4) 지구에서 태양까지의 거리
(5) 태양계 끝까지의 거리
(6) 태양으로부터 제일 가까운 두 번째 별 (알파 센타우리 프록시마) 까지의 거리
(7) 적색거성 베텔기우스까지의 거리
(8) 은하수 원반의 지름
(9) 안드로메다 은하까지의 거리
(10) 허블우주망원경으로 인간이 가장 멀리 본 (Hubble Ultra Deep Field) 초기 우주의 별과 은하까지의 거리

풀이 (1) 전철역 사이의 거리 : 약 1 킬로미터 (km)

(2) 한반도의 길이 : 서울에서 제주까지 거리가 450 킬로미터 정도이므로 한반도의 길이는 그의 두 배인 1,000 킬로미터, 즉 1 메가미터 (Mm) 라고 볼 수 있다.

(3) 지구에서 달까지의 거리 : 광속 (30만 킬로미터/초) 으로 1 초가 약간 더 걸리는 38만 킬

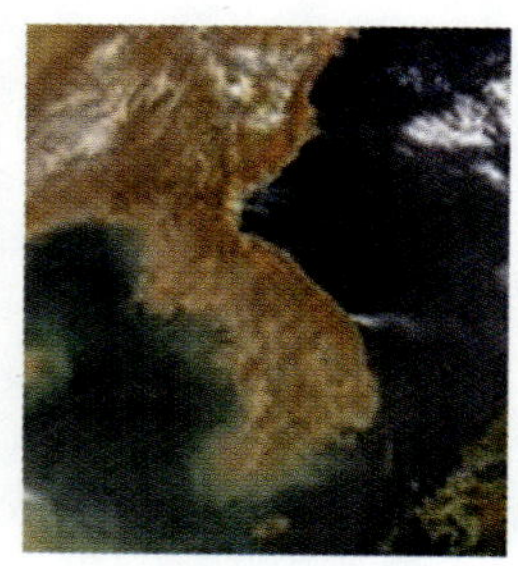
한반도

달

해왕성

안드로메다 은하

Hubble Ultra Deep Field

로미터, 약 400 메가미터, 0.4 기가미터
(4) 지구에서 태양까지의 거리 : 평균 1억 5천만 킬로미터(광속으로 약 8 분 거리), 150 기가미터, 0.15 테라미터
(5) 태양에서 태양계 끝까지의 거리 : 약 60억 킬로미터(광속으로 약 5 시간 거리), 6 테라미터
(6) 태양으로부터 제일 가까운 두 번째 별(알파 센타우리 프록시마)까지의 거리 : 4.3 광년, 40 페타미터
(7) 적색거성 베텔기우스까지의 거리 : 약 400 광년, 4 엑사미터
(8) 은하수 원반의 지름 : 약 10만 광년, 1 제타미터
(9) 안드로메다 은하까지의 거리 : 약 200만 광년, 20 제타미터
(10) 인간이 가장 멀리 본 초기 우주의 별과 은하까지의 거리 : 약 100억 광년, 100 요타미터

별과 은하로 구성되는 거시세계는 우리 몸에 들어 있는 원자들의 고향이기 때문에(2장) 화학의 뿌리이기도 하다. 한편 화학에서 중요한 아보가드로수(6.022×10^{23})는 반올림하면 1 요타가 되고, 우리 몸에는 대략 만 요타(10^{28})개의 원자가 들어 있다(3장).

예제 1.3

다음의 대략적 거리를 인터넷에서 찾아보고 접두사를 사용하여 적어라.

(1) 심장의 크기
(2) 머리카락의 굵기
(3) 사람 세포의 평균 크기
(4) DNA 이중 나선의 폭
(5) DNA 염기쌍 사이의 거리
(6) 사람 세포 하나에 들어 있는 DNA를 직선으로 펼쳐 놓은 길이
(7) 수소 원자의 지름
(8) 양성자의 지름

풀이 (1) 심장의 크기 : 약 1 데시미터
(2) 머리카락의 굵기 : 약 0.1 밀리미터, 100 마이크로미터
(3) 사람 세포의 평균 크기 : 약 10 마이크로미터
(4) DNA 이중 나선의 폭 : 약 2 나노미터
(5) DNA 염기쌍 사이의 거리 : 약 0.3 나노미터, 300 피코미터
(6) 사람 세포 하나에 들어 있는 DNA를 직선으로 펼쳐 놓은 길이 : 약 2 미터
(7) 수소 원자의 지름 : 약 0.1 나노미터, 100 피코미터
(8) 양성자의 지름 : 약 1 펨토미터

심장의 크기는 1 데시미터 정도로서, 성인의 몸을 이루는 약 100조 개의 세포에 들어 있는 DNA 전체를 뭉치면 심장과 비슷한 크기가 된다. 수소 원자의 중심에 자리잡은 원자핵, 즉 양성자의 크기는 1 펨토미터인데, 지금은 양성자에는 세 개의 쿼크라고 부르는 기본입자(基本粒子, elementary particle)가 들어 있는 것이 알려졌다. 쿼크는 크기를 이야기할 수 없는 점 입자라고 생각된다.

수소 1 그램에는 아보가드로수, 즉 1 요타 개 정도의 수소 원자가 들어 있다. 수소 원자 한 개의 질량은 1 욕토그램 정도인 셈이다. 이처럼 원자는 작지만 원자는 그보다 훨씬 작은 쿼크로 이루어졌으므로 원자는 우리 몸과 쿼크의 중간 정도에 위치한다고 볼 수도 있다. 그런데 우리 주위에서는 화학 결합을 이루지 않은 원자를 찾아보기 어

렵다. 즉, 우리 주위의 세계는 분자의 세계인 것이다. 우리 주위에서 눈에 띄는 대부분의 물질은 두 가지 이상의 원소가 결합한 **화합물**(化合物, **compound**)이다. 화합물은 인간의 손을 거치지 않은 **천연**(天然) **화합물**(**natural compound**)과 화학자들이 합성한 **합성**(合成) **화합물**(**synthetic compound**)로 구분할 수 있다. 우리 주위에는 천연 화합물 또는 합성 화합물 중 어느 것이 더 많을까?

원소와 원자, 원자와 분자, 분자와 화합물, 화합물과 혼합물 등 혼동하기 쉬운 개념들의 엄밀한 구분은 뒤에서 논의하기로 하고 일단 우리 몸을 10배씩 확대해 나가면서 원자 세계로 들어가보자.

천연기념물 204호 팔색조

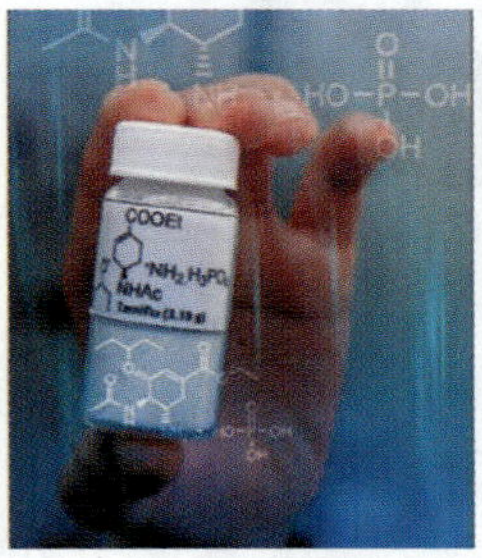

김정은 박사가 개발한 조류독감 치료제 타미플루

예제 1.4

하루 24 시간 동안 우리 몸에서 수 미터 거리 내에서 만날 수 있는 물질의 예를 들고 천연물, 합성물, 가공물로 구분하여라.

풀이 천연물 : 공기의 질소, 산소, 흙과 돌, 빗물, 나뭇잎의 엽록소, 꽃의 색소와 향, 포도주의 에탄올, 도시 가스, 휘발유, 종이의 셀룰로스, 청바지의 면, 실크, 연필심의 흑연과 나무, 생선, 고기 등

합성물 : 청바지의 청색 색소, 양복이나 스커트의 천, 페트병, 콜라의 인공 감미료, 안경테의 플라스틱, 자동차 타이어와 페인트, 휴대폰 화면의 액정, 공업용 다이아몬드, 아스피린, 심장마비 예방약 리피토, 향수 등

가공물 : 허리띠의 가죽, 버스 창의 유리, 컴퓨터의 반도체 등

1-3-2 10 센티미터(cm) = 10^{-1} 미터

주먹 크기인 10 센티미터 정도의 신체에서는 피부, 털, 혈관, 뼈 등 여러 가지 다른 조직을 겉에서도 볼 수 있다. 신체 내부로 10 센티미터 정도 들어가면 근육, 심장, 폐, 위장, 간 등 여러 기관을 만나게 된다. 이와 같이 한 부분을 다른 부분으로부터 구별할 수 있는 물체를 **혼합물**(混合物, **mixture**)이라고 한다.

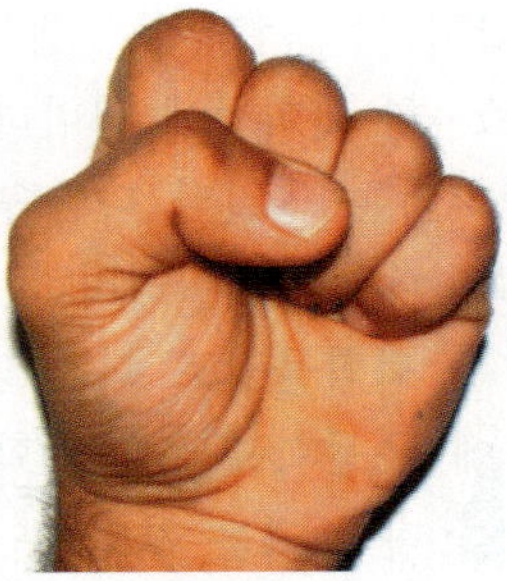

10 센티미터 정도의 사람 주먹

체온은 몸 전체적으로 대략 균일하게 섭씨 36.5도(36.5 °C) 정도이다. 즉, 주먹의 온도나 몸 전체의 온도가 비슷하다는 말이다. 이처럼 물질의 양에 관계없는 성질을 **세기 성질**(**intensive property**)이라고 한다. 반면에 체중은 주먹 무게의 100배 이상이다. 이처럼 물질의 양에 비례하는 성질을 **크기 성질**(**extensive property**)이라고 한다. 세기 성질은 두 크기 성질의 비로 표시할 수 있다.

예제 1.5

다음을 크기 성질과 세기 성질로 나누어라.

온도, 질량, 길이, 밀도, 표면적, 농도, 습도, 부피, 몰흡광도, 몰 수, 전기전도도, 열전도도, 비열, 열용량, 비중

풀이 크기 성질 : 질량, 길이, 표면적, 부피, 몰 수, 열용량

세기 성질 : 온도, 밀도, 농도, 습도, 몰흡광도, 전기전도도, 열전도도, 비열, 비중

10 센티미터는 화학에서 중요한 길이이다. 화학 실험에 많이 사용되는 비커, 플라스크 등과 같은 유리 기구의 크기가 그 정도이다. 한 변의 길이가 10 센티미터인 정육면체의 부피를 1 **리터**(**liter, L**)라고 한다.

천연물을 분석한 리비히

리비히 (Justus von Liebig, 1803-1873)

우리 주위의 물질들을 생각해 보면 천연물, 합성물, 가공물의 구분이 애매하다는 생각이 들 때가 있다. 합성물이라 할 때는 화학자가 실험실에서 시약과 기구를 가지고 합성한 화합물을 생각하게 된다. 그러나 생각해 보면 장미의 아름다운 색깔을 나타내는 색소도 장미의 세포에서 합성된 것이다. 색소의 원료는 궁극적으로 잎이 공기로부터 받아들인 이산화탄소, 뿌리가 흙으로부터 빨아들인 물과 무기물질 등 장미의 색과는 전혀 다른 것들이다. 포도주의 에탄올은 효모(酵母, yeast)가 글루코스를 가공한 것이라 볼 수도 있다.

우리 몸의 단백질, DNA, 세포막, 신경전달물질 등도 세포의 복잡한 생화학적 경로를 통해 우리가 음식으로 섭취한 물질들로부터 만들어진 합성물이다. 따라서 생물과 무생물은 물질세계 전체의 일부로서 서로 밀접하게 연결되어 있는 것을 알 수 있다. 약 200년 전 근대 화학이 자리를 잡아가는 과정에서 생물과 무생물의 관계를 본격적으로 조사한 화학자에 리비히 (Liebig) 가 있었다.

리비히는 독일의 다름슈타트에서 태어났다. 어릴 때부터 화학에 매료된 리비히는 아버지가 운영하는 공장에서 가져온 화학물질로 화약을 만들어 학교에서 폭발시키는 바람에 초등학교에서 퇴학당했다고 전해진다. 본 (Bonn) 대학을 다닌 그는 지도교수를 따라 에를랑겐 (Erlangen) 대학으로 옮겨 박사학위를 받았다. 1822년에는 1년 동안 파리에서 게이-뤼삭 (Gay-Lussac) 과 연구를 하기도 했다. 1824년에 21세의 나이로 기센 (Giessen) 대학 교수가 된 리비히는 그 곳에서 세계 최초의 본격적인 화학 분야의 학과를 만들고 실험 중심의 화학 교육을 실천하여 후일 최고의 화학교육자로 불리게 된다. 1852년에는 뮌헨 (Munchen) 대학으로 옮겨 1873년에 죽을 때까지 뮌헨에 머물렀다.

리비히의 가장 중요한 업적 중 하나는 유기 화합물의 탄소와 수소의 분석 방법을 개발한 것이다.

리비히가 활동하던 19세기는 간단하지만 중요한 유기 화합물들을 분리하고 연구하던 시기였다. 예를 들어, 글루코스는 1747년에 건포도에서 처음 분리되었고, 1838년에 듀마 (Jean Dumas) 가 '달다' 라는 뜻의 glycos로부터 glucose라고 명명했지만, 구조가 밝혀진 것은 19세기 말 피셔 (Emil Fischer, 1902년 노벨 화학상) 에 의해서였다. 한편 아미노산의 일종인 아스파라진 (asparagine) 은 1806년에 아스파라거스 (asparagus) 에서 발견되었고, 글루코스와 마찬가지로 달다는 말에서 유래된 글리신 (glycine) 은 1820년 경에 동물 단백질인 젤라틴에서 발견되었다. 핵산의 다섯 가지 염기 중 하나인 구아닌 (guanine) 은 1844년에 바다 새의 똥이 굳어진 것으로, 천연비료로 중요하게 사용되던 구아노 (guano) 에서 분리되었다.

이러한 물질을 조사하는 첫 단계는 탄소, 수소, 질소 등의 무게 퍼센트를 알아내는 것이다. 지금도 고등학교 교과서에 나오는 탄소와 수소의 원소분석 방법은 리비히가 1830년대에 발전시킨 것이다. 시료를 연소하고 나오는 물은 오산화인 (phosphorus pentoxide; P_2O_5) 과 같은 흡수제

표 1.3 온도에 따른 물의 밀도

온도(℃)	밀도(g/cm³)
30	0.99565
20	0.99821
10	0.99970
4	0.99997
0	0.99984
−10	0.99812
−20	0.99355
−30	0.98385

$$1\ 리터 = (10\ \text{cm})^3 = 1000\ \text{cm}^3 = 1000\ 밀리리터\ (\text{mL})$$

4℃, 1 기압 (atm) 에서 물 1 리터 (L) 의 질량 (質量, mass) 은 1 킬로그램 (kg), 즉 1000 그램이다. 즉, 물 1 세제곱센티미터 (cm^3) 를 취하면 질량이 1 그램이 된다. 이로부터 4℃, 1 기압에서 물의 **밀도** (**密度, density**) 는 1 g/cm^3라고 말한다. 밀도는 질량과 부피, 두 크기 성질의 비로 정의되는 세기 성질이다.

물의 밀도를 온도에 따라 조사해 보면 표 1.3과 같은 값들이 얻어진다. 0℃ 이하는 과냉각된 물에 대한 값이다.

여러 자리의 수가 있을 때 그 중에서 믿을 만한 수를 **유효 숫자 (significant figure)** 라고 한다. 유효 숫자 한 자리로 충분하다면 물의 밀도는 온도에 상관없이 대략 1 g/cm^3라고 말할 수 있다. 그러나 보다 정확한 값이 필요하다면 30℃와 −10℃ 사이

에 흡수시키고, 이산화탄소는 수산화포타슘(KOH) 같은 알칼리 용액에 흡수한 후 무게의 증가를 측정한다. 예를 들어, 근육의 원소 조성을 조사하려면 우선 근육 시료를 바짝 말려서 물의 양을 측정하고, 마른 시료를 가지고 리비히의 방법을 사용하면 될 것이다. 이때 생성물로 얻어진 물과 이산화탄소는 무생물계에서 찾아 볼 수 있는 물이나 이산화탄소와 똑같다. 우리 몸의 탄수화물이나 단백질은 몸 밖의 물, 이산화탄소 등 무기물질로부터 만들어진 것이다.

리비히는 식물이 공기로부터 얻는 이산화탄소와 뿌리로부터 얻는 질소 화합물과 미네랄을 가지고 성장하는 것을 알아냈고, 그로부터 질소 비료를 개발하였다. 이전에는 식물의 성장에는 식물이 썩어 흙과 섞인 부식토(腐植土, humus)가 필수적이라고 생각했지만, 리비히는 비료의 필수 성분이 질소라는 것을 밝힌 것이다. 우리나라가 중화학공업을 통해 성장과 식량의 자급자족을 이루어낸 1960, 70년대에 비료 공장은 중요한 역할을 하였다. 리비히는 식물 성장에서 질소의 역할을 밝혔지만 막상 대규모로 질소 비료를 생산하게 된 것은 하버(Haber)가 공중 질소를 고정하는 방법을 개발하고 나서이다.

지금은 무기물로부터 유기물이 만들어지는 것이 당연시 되지만, 19세기 전반에 가장 위대한 화학자 중 하나인 베르셀리우스(Berzelius)는 유기물과 무기물은 엄격히 구분되어야 한다고 믿었다. 당시 널리 받아들여졌던 생기론(生氣論, vitalism)에 따라 유기물은 생체, 생명력과 관련된 특별한 물질로 생각되었던 것이다. 그러한 시기에 리비히는 이산화탄소, 질소 화합물, 미네랄 같은 무기물과 식물의 성장을 연관지어 농화학, 생리화학, 생화학, 유기화학의 기초를 놓았으며, 언젠가는 당, 아스피린, 모르핀 등의 천연물을 합성할 수 있을 것이라고 확신했다. 1828년에 리비히의 절친한 친구였던 뵐러(Wöhler)는 생체에서만 만들어진다고 생각되었던 요소(尿素, urea)를 무기물인 사이안산암모늄(ammonium cyanate)을 가열하여 실험실에서 합성함으로써 유기물과 무기물의 관련성을 보여 주었다.

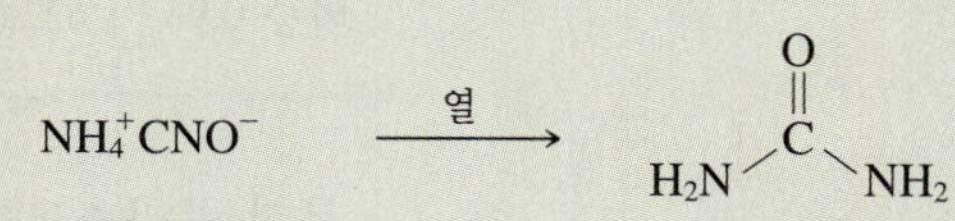

사이안산 암모늄 요소

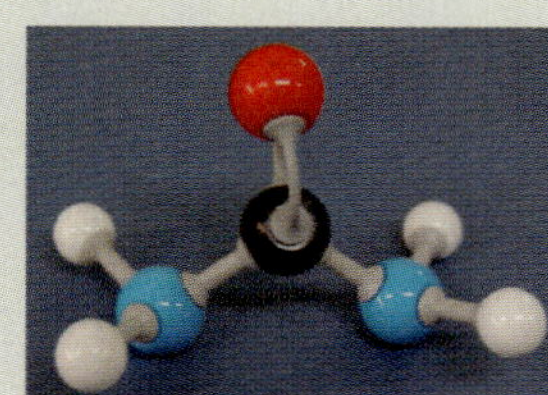

요소

뵐러(Friedrich Wohler, 1800-1882)

리비히의 다른 중요한 발명에는 리비히 컨덴서(Liebig condenser)와 은거울이 있다. 리비히 컨덴서는 기체로 증류되어 나오는 물질을 냉각시켜서 다시 액체로 수집하는 장치이다. 초중등학교에서도 쉽게 만들 수 있는 은거울은 유리 용기 안에서 은 이온(Ag^+)을 펠링 용액과 같은 환원당(還元糖, reducing sugar) 용액을 사용하여 금속 은으로 환원시켜서 얻는다.

리비히의 제자 중에는 펠링(Fehling), 케큘레(Kekule), 호프만(Hoffmann), 엘렌마이어(Erlenmeyer) 등 유명한 유기 화학자들이 있다.

에서는 1.00 g/cm^3, −20 ℃에서는 0.99 g/cm^3, −30 ℃에서는 0.98 g/cm^{3}라고 해야 한다. 유효 숫자 네 자리로 −30 ℃에서의 밀도는 0.9839 g/cm^{3}이고, 밀도가 가장 높은 4 ℃에서는 1.000 g/cm^{3}이다.

앞에서 온도를 명시하지 않고 물 1 리터의 질량을 1000 그램이라고 했을 때 네 자리가 모두 유효 숫자라고 말할 수는 없다. 일반적으로 1000이라고 하면 1은 유효 숫자이지만 뒤의 0들은 자리를 나타낼 뿐이다. 그러나 1001이라고 하면 두 개의 0도 유효 숫자이다.

어떤 물질의 밀도와 물의 밀도의 비를 **비중(比重, specific gravity)**이라고 한다. 따라서 비중은 단위가 없다. 인체의 3분의 2 정도가 물이므로 우리 몸의 비중은 1.0에 가깝다. 실제로 인체의 비중은 정상 호흡 상태에서 0.967이다.

몇 개의 측정값으로부터 계산된 값을 보고할 때는 최종값의 유효 숫자의 수가 측정값 중에서 유효 숫자의 수가 가장 적은 값의 유효 숫자의 수보다 크지 않도록 해야 한다.

예제 1.6

체중이 60.0 킬로그램인 사람의 부피를 세제곱미터, 리터, 세제곱센티미터로 답하여라. 비중을 1.0으로 보았을 때와 0.967로 보았을 때에 대해서 각각 답하여라.

풀이 비중 1.0 : 60,000 cm^3, 60 L, 0.060 m^3
비중 0.967 : 62,000 cm^3, 62.0 L, 0.0620 m^3

부피 플라스크를 사용하여 1 리터의 **용액(溶液, solution)**을 만든다고 할 때, 들어가는 시약의 양은 그램 단위가 될 것이다. 용액에서는 녹아들어가는 물질을 **용질(溶質, solute)**, 녹이는 물질을 **용매(溶媒, solvent)**라고 한다. 예를 들면, 어는점 내림 측정을 위해 포도당을 물에 녹여 1 리터의 용액을 만든다고 하자. 이때 포도당은 용질이고, 물은 용매이다. 뼈, 지방, 세포막 등과 같이 물에 녹지 않는 부분을 제외하면 우리 몸은 물을 용매로 하는 화학적 **계(system)**이다.

한국인 중 50대 여성의 평균 키는 153.6cm, 평균 몸무게는 60.1kg이다(통계청 자료).

용액이 진하거나 묽은 정도를 **농도(concentration)**라고 한다. 농도의 단위에는 **질량백분율, 몰분율, 몰농도, 몰랄농도** 등 여러 가지가 있다(7장). 농도도 세기 성질이므로 피펫이나 뷰렛으로 적당한 부피의 용액을 취하면 그 안에 들어 있는 용질의 양을 구할 수 있다.

앞에서 설명한 대로 화학 실험에 많이 사용되는 유리기구의 부피가 1 리터 정도이므로 1 리터의 용액에 용질 1 몰(mole)이 녹아 있는 경우의 농도를 1 몰농도(1 molar, 1 *M*)라고 한다. 3장에서 자세히 다루겠지만 1 몰이란 어떤 입자가 아보가드로수만큼 모인 입자의 집단이다. 수소 원자 1 그램은 수소 원자 1 몰에 해당한다. 물 18 그램은 물 분자 1 몰에 해당하는데, 그 안에는 수소 원자 2 몰과 산소 원자 1 몰이 들어 있다. 분자량이 180인 글루코스의 경우에는 포도당 분자 1 몰은 180 그램이다.

예제 1.7

0.10 *M* 글루코스 용액 250 mL에는 글루코스가 몇 몰 들어 있는가?

풀이 (0.10 mol/L) × (0.25 L) = 0.025 mol

1-3-3 1 센티미터 = 10^{-2} 미터

1 cm^2의 피부 표면은 단조롭지만 안쪽으로 1 센티미터만 들어가면 모근, 모세혈관, 땀샘, 피하지방 등의 여러 가지 복잡한 구조를 찾아 볼 수 있다. 다른 체액도 그렇지만, 특히 땀에는 염분이 많다. 가장 흔한 염(鹽, salt)인 소금은 소듐(나트륨) 이온(Na^+)과 염소 이온(Cl^-)으로 이루어져 있다. **이온(ion)**은 중성 원자가 음전하를 가진 **전자(電子, electron)**를 얻어서 된 **음이온(anion)**과 **전자를 잃어서 된 양이온(cation)**으로 나눌 수 있다. 표 1.4에는 몇 가지 중요한 이온들이 나와 있다.

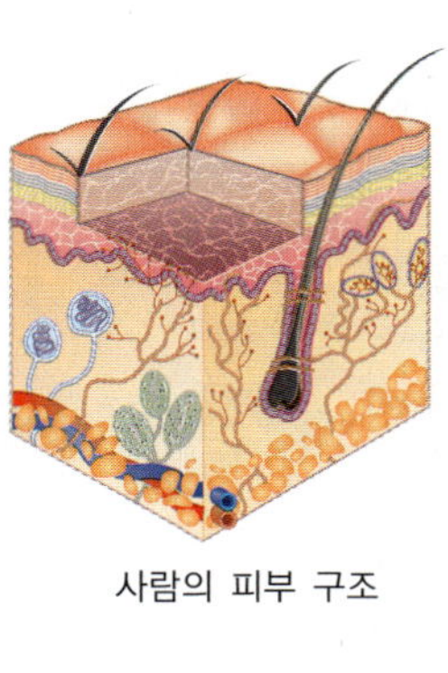

사람의 피부 구조

10 센티미터가 화학에서 중요하듯이 1 센티미터도 화학에서 중요한 길이이다. 1 리터 부피 플라스크를 사용하여 용액을 만든 후에 실제 실험에서는 피펫(pipet)이나 뷰

표 1.4 몇 가지 중요한 이온

양이온	기 호	음이온	기 호
소듐(나트륨) 이온	Na^+	염화 이온(chloride)	Cl^-
포타슘(칼륨) 이온	K^+	플루오린화 이온(fluoride)	F^-
마그네슘 이온	Mg^{2+}	탄산 이온(carbonate)	CO_3^{2-}
칼슘 이온	Ca^{2+}	탄산수소 이온(bicarbonate)	HCO_3^-
철 이온	Fe^{2+}, Fe^{3+}	질산 이온(nitrate)	NO_3^-
알루미늄 이온	Al^{3+}	아질산 이온(nitrite)	NO_2^-
		황산 이온(sulfate)	SO_4^{2-}
		아황산 이온(sulfite)	SO_3^{2-}
		인산 이온(phosphate)	PO_4^{3-}

렛(buret)을 사용해서 1 cm^3 정도 또는 그 이하의 부피를 많이 다루게 된다. 1 cm^3는 보다 편하게 밀리리터(milliliter, mL)라고 한다. 물 1 밀리리터는 1 그램에 해당하는데, 화학 실험에서 많이 다루는 양은 바로 이 그램 단위의 양이다.

1 *M*(molar, 몰농도) 용액 1 밀리리터에는 용질 1 밀리몰(mmol)이 들어 있다. 보다 흔히 다루는 0.1 *M* 용액이라면 1 밀리리터에는 용질 0.1 밀리몰이 들어 있을 것이다.

예제 1.8

0.10 *M* 글루코스 용액 1.0 mL에는 글루코스가 몇 밀리그램 들어 있는가?

풀이 (0.10 mol/L) × (0.0010 L) × (180 g/mol) = 0.018 g = 18 mg

1-3-4 1 밀리미터 = 10^{-3} 미터

사람의 몸에 들어 있는 약 100조 개의 **세포(細胞, cell)** 중에서 큰 것에 속하는 근육세포는 길이가 수 밀리미터에 달한다.

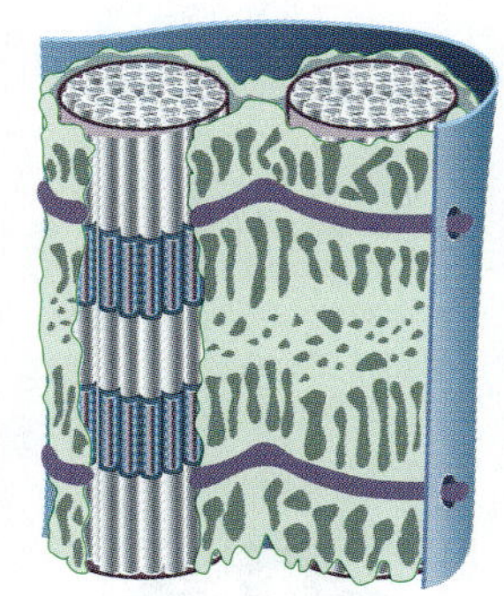
사람의 근육세포

요즘에는 양이 적은 생체에 관련된 시료를 다룰 때는 마이크로피펫을 사용하여 1 mm^3(1 microliter, μL) 정도의 부피를 다룬다. 물 1 mm^3는 1 밀리그램(1 mg)에 해당한다. 1 *M* 용액 1 μL에는 용질 1 마이크로몰(μmol)이 들어 있다.

예제 1.9

0.10 *M* 글루코스 용액 1.0 μL에는 글루코스가 몇 마이크로그램 들어 있는가?

풀이 (0.10 mol/L) × (1.0 x 10^{-6} L) × (180 g/mol) = 18 × 10^{-6} g = 18 μg

1-3-5 0.1 밀리미터 = 10^{-4} 미터

머리카락이나 털의 굵기는 0.1 밀리미터 정도이다. 원통형 근육 세포의 지름도 0.1 밀리미터 내외이다. 밀리미터 크기에서 우리 몸은 아직도 혼합물이다.

예제 1.10

$(0.1\ \mathrm{mm})^3$ 부피 물의 질량은 몇 밀리그램 또는 몇 마이크로그램인가?

풀이 • $1\ \mathrm{cm}^3$ 부피 물의 질량은 1 g

• 0.1 mm는 1 cm의 100분의 1, 3차원적으로 $(0.1\ \mathrm{mm})^3$는 $1\ \mathrm{cm}^3$의 100^3분의 1

• $\dfrac{1\ \mathrm{g}}{100^3} = 0.001\ \mathrm{mg} = 1\ \mu\mathrm{g}$

예제 1.11

DNA 이중 나선의 폭은 2 nm 정도이다. 머리카락의 굵기는 이중 나선 폭의 몇 배인가?

풀이 $0.1\ \mathrm{mm}/2\ \mathrm{nm} = \dfrac{1 \times 10^{-4}\ \mathrm{m}}{2 \times 10^{-9}} = 5 \times 10^4 = $ 5만 배

사람의 세포

1-3-6 0.01 밀리미터 = 10^{-5} 미터

앞에서 근육세포처럼 눈으로 볼 수 있는 세포도 있다고 했지만, 우리 몸 대부분의 세포 크기는 10^{-5} 미터, 즉 10 마이크로미터(micrometer, 마이크론, μ) 단위이다. 따라서 우리 몸을 10배씩 다섯 번 확대해야만 하나의 세포를 만나게 되는 것이다.

빨리 대략적인 계산을 하는 연습을 해 두면 편할 때가 많다.

반지름이 r(radius, r)인 구의 부피는 구에 외접한, 한 변의 길이가 $2r = d$인 정육면체 부피의 대략 절반이다. 직관적으로 그럴듯한 이 관계는 다음과 같이 확인할 수 있다.

$$\frac{4}{3}\pi r^3 = \frac{1}{2} \times (2r)^3 \times \frac{\pi}{3} \fallingdotseq \frac{d^3}{2}$$

예제 1.12

세포를 지름(diameter, d)이 $10\ \mu = 10^{-5}$ m인 구라 가정하고 우리 몸에 들어 있는 세포의 수를 추정하여라.

풀이 60 kg인 몸의 부피 ≒ 60 리터 $= 6 \times 10^{-2}\ \mathrm{m}^3$

세포의 부피 ≒ $\dfrac{(10^{-5}\ \mathrm{m})^3}{2} = 5 \times 10^{-16}\ \mathrm{m}^3$

몸의 세포수 ≒ $\dfrac{6 \times 10^{-2}\ \mathrm{m}^3}{5 \times 10^{-16}\ \mathrm{m}^3} \fallingdotseq 10^{14}$ (100조)

세포는 생명의 기본단위로서 아주 중요한 의미를 지닌다. 약 40억 년 전 태초의 지구에서 최초의 생명이 탄생했다는 것은 하나의 세포가 만들어졌다는 것과 같은 의미이다. 그 후 20억 년 이상, 즉 지구 생명의 역사에서 절반 이상의 기간 동안 모든 생명체는 단세포생물이었다. 그러다가 약 15억 년 전에 여러 개의 세포가 모여 하나의 개체를 이룬 다세포생물이 출현하였다. 위에서 확인해 본 대로 우리 몸은 약 100조 개의 세포로 이루어졌다. 세포의 내부에는 세포핵, 마이토콘드리아, 골지체, 라이소솜 등의 소기관들이 들어 있다. 나머지 세포질은 다양한 분자와 이온들이 녹아 있는 용액이다.

현미경으로 세포를 처음 관찰한 것은 뉴턴의 라이벌이었던 로버트 후크(Robert Hooke)였다. 1665년에 후크는 자신이 최초로 제작한 현미경으로 얇게 베어낸 코르크(cork)를 조사하다가 중세 수도원의 작은 방들처럼 나열되어 있는 구조를 발견하고 셀(cell)이라고 이름을 지었다. 영국의 후크가 발견한 세포는 죽은 세포였지만 그는 세포가 생물의 기본단위인 것을 인식했다. 살아있는 세포를 처음 관찰한 것은 네덜란드의 레벤후크(Leeuwenhoek)였다. 1680년 경에 레벤후크는 혈액 등에서 세포를 관찰했고, 1838년에 슐라이덴(Schleiden)은 식물세포를, 이듬해에 슈반(Schwann)은 동물세포를 관찰하였다.

후크(Robert Hooke, 1635-1703). 용수철에 관한 후크의 법칙, 빛의 굴절, 중력 법칙 등을 발견했다.

특히 세포핵(核, nucleus)은 콩 심은 데 콩 나고, 팥 심은 데 팥 나게 하는 유전정보가 들어 있는 세포의 핵심 부분이다. 세포핵은 1831년에 스코틀랜드의 식물학자 로버트 브라운(Robert Brown)이 현미경으로 식물세포를 관찰하다가 발견하였다. 현미경을 사용하여 1827년에 이루어진 브라운의 또 하나 중요한 발견은 **브라운 운동(Brownian motion**, 물에서 꽃가루 같이 작은 입자가 물 분자의 충돌에 의해서 무작위적으로 돌아다니는 운동)이다. 1905년에 아인슈타인(Einstein)은 브라운 운동을 분자 차원에서 이론적으로 설명하였고, 이어서 페랑(Perrin)은 브라운 운동의 실험적 해석을 통해 분자의 실체를 증명하고 아보가드로수를 측정해내었다.

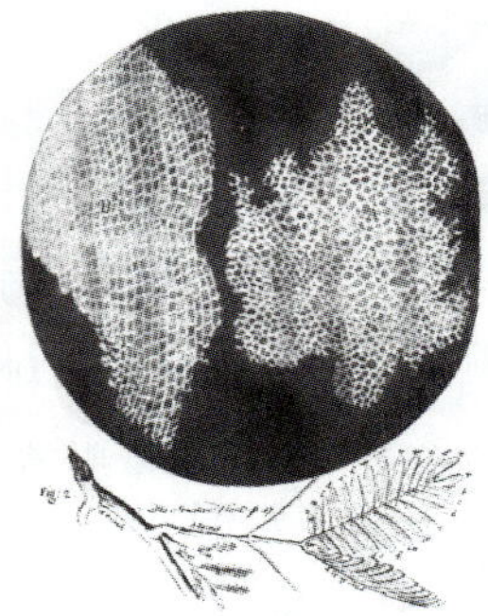
후크의 세포 그림

브라운(Robert Brown, 1773-1858). 스코틀랜드의 식물학자. 세포핵, 브라운 운동을 발견했다.

예제 1.13

세포 한 개의 부피를 $(10\ \mu m)^3$라고 하면 세포 한 개의 질량은 몇 마이크로그램 또는 몇 나노그램인가? 세포의 밀도는 물의 밀도와 같다고 가정한다.

풀이 • $1\ cm^3$ 부피 물의 질량은 1 g

• $10\ \mu m$는 1 cm의 1000분의 1, 3차원적으로 $(10\ \mu m)^3$는 $1\ cm^3$ 의 10^9분의 1

• $\dfrac{1\ g}{10^9} = 0.001\ \mu g = 1\ ng$

1-3-7 1 마이크로미터 = 10^{-6} 미터

1 마이크로미터(마이크론, 10^{-6} m)의 크기에서는 세포핵에 들어 있는 **염색체(chromosome)**를 볼 수 있다. 모든 세포는 세포핵이 따로 없는 **원핵생물(prokaryote)**과 세포핵을 가진 **진핵생물(eukaryote)**로 나눌 수 있다. 염색체는 진핵생물의 핵에 들어 있는, 유전정보를 지닌 세포의 핵심 부분인 것이다.

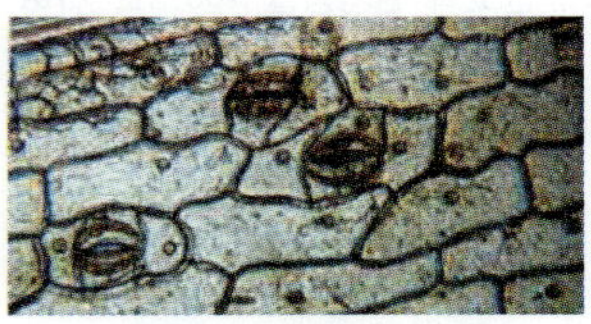
브라운이 관찰한 세포핵

염색체는 1879년에 독일의 플레밍(Walther Fleming)이 빠르게 분열하는 도롱뇽 세포에서 발견하였다. 당시 유기화학자들은 여러 가지 새로운 염료를 합성했는데, 분열하는 세포를 염료로 처리했더니 쉽게 염색이 되는 물질이 보였다. 세포가 분열할 때는 염색체가 한 쌍 만들어지고 양쪽으로 갈라지면서 두 개의 세포로 나누어진다. 사람의 생식세포, 즉 난자와 정자에는 1번부터 23번까지 23개의 염색체가 들어 있다. 수정이 이루어지면 난자의 23개 염색체와 정자의 23개 염색체가 합해진다. 따라서 사람의 체세포에는 23쌍의 염색체가 들어 있다. 약 2만 5천 개로 추정되는 인간의 유전자는 23개 염색체에 나누어져 자리잡고 있다. 마치 백과사전과 같은 방대한 분량의 정보를 기록하려면 한 권의 두꺼운 책보다는 20권 정도의 비교적 얇은 책으로 나누어 놓는 것이 편리한 것과 마찬가지이다.

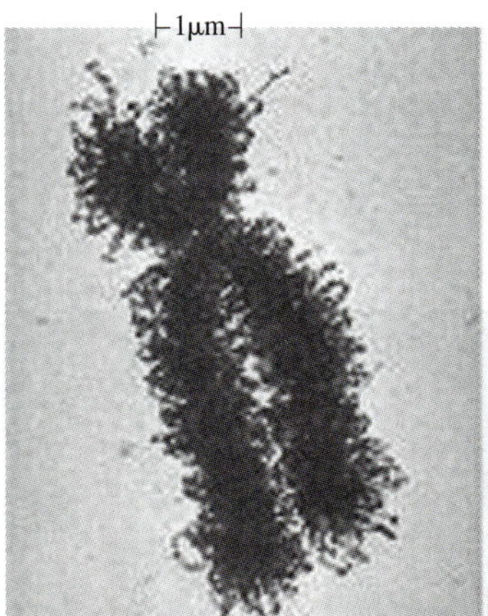

인간의 염색체. 우리 몸의 모든 체세포에는 23 쌍의 이와 같은 염색체가 들어 있다.

예제 1.14

한 개의 염색체당 평균 유전자수는 얼마인가?

풀이 $\dfrac{25{,}000}{23} = 1100 =$ 약 1000개

1-3-8 0.1 마이크로미터 = 10^{-7} 미터

0.1 마이크로미터 정도에 해당하는 염색체의 일부를 확대해 보면 실패에 실을 감은 듯

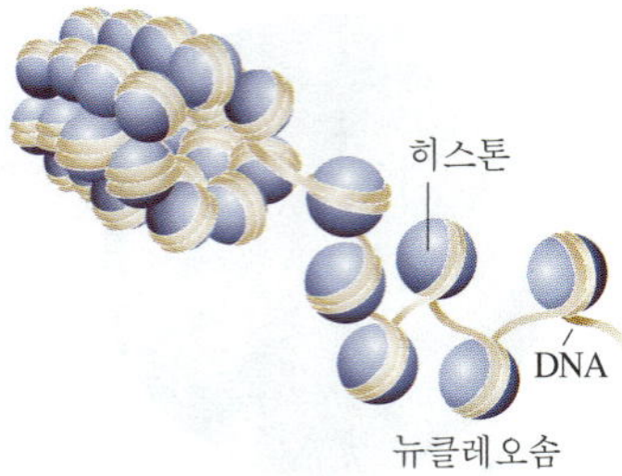

크로마틴

베르셀리우스 (Jons Jacob Berzelius, 1779-1848) 스웨덴의 화학자. 실리콘, 셀레늄, 토륨, 세륨을 발견했다. 그의 제자들이 리튬, 바나듐도 발견했다. 많은 무기물에서 일정 성분비의 법칙을 보여주고, 산소의 원자량을 100으로 하여 여러 원소의 원자량을 결정했다.

한 구조가 보인다. 이들을 분리해서 분석해 보면 실패에 해당하는 부분은 **히스톤 (histone)** 이라 부르는 단백질 (蛋白質, protein) 이고, 실에 해당하는 부분은 **데옥시라이보핵산 (deoxyri-bonucleic acid, DNA)** 이라 부르는 또 다른 생체 고분자임을 알 수 있다. DNA와 히스톤이 결합한 부분은 **뉴클레오솜 (nucleosome)** 이라 한다. 즉, DNA에는 히스톤과 결합한 부분과 결합하지 않은 부분이 있는 것이다. 이러한 전체 구조를 **크로마틴 (chromatin)** 이라고 한다.

뉴클레오솜에는 여덟 개의 히스톤 단백질이 뭉쳐서 옥타머 (팔량체, octamer) 를 이루고 있다. 혈액에서 산소를 운반하는 헤모글로빈은 네 개의 단백질이 뭉쳐서 테트리머 (사량체, tetramer) 를 이루고 있는 것과 유사하다. 히스톤은 분자량이 1만~2만인 비교적 작은 단백질이다. 그림에서 볼 수 있듯이 DNA는 히스톤보다 훨씬 길고 분자량이 크다.

DNA보다는 단백질이 먼저 알려졌다. 고기, 우유, 계란 등에서 원소 조성이 비슷한 물질이 분리된 것이다. 이 물질을 명명하기 위하여 스웨덴의 화학자 베르셀리우스 (Berzelius) 는 1838년에 매우 중요한 물질이라는 뜻에서 protein (단백질) 이라는 단어를 만들어냈다. 베르셀리우스는 H, C, O, Fe 등의 원소 기호를 처음 사용했고, 유기화학 (organic chemistry), 촉매 (catalyst) 등의 다른 중요한 화학 용어도 만들었다.

예제 1.15

protein과 같이 중요한, 일차적인이라는 의미의 접두사로 시작되는 단어를 적어라.

풀이 proton, protoplasm, prime, prime number, primary, primordial, prima donna 등

DNA는 1869년에 스위스의 프리드리히 미셔 (Friedrich Miescher) 가 고름의 백혈구 핵에서 분리하고 뉴클레인 (nuclein) 이라고 불렀다. 1859년에 다윈 (Darwin) 의 진화론이, 1866년에 멘델 (Mendel) 의 유전 법칙이 발표되었는데, DNA가 발견되면서 20세기 후반에 들어가서 생물학의 기본인 유전현상을 분자 수준에서 이해하고 설명할 수 있는 기초가 마련된 것이다.

1-3-9 0.01 마이크로미터 = 10^{-8} 미터 = 10 나노미터

왓슨과 크릭이 발견한 DNA 이중 나선 모습.

크로마틴에서 단백질을 제외하고 DNA 부분을 0.01 마이크로미터, 즉 1억 분의 1 미터 정도로 확대하면 폭이 약 2 나노미터인 DNA 이중 나선의 모습을 볼 수 있다. 1953년에 왓슨 (James Watson) 과 크릭 (Francis Crick) 이 제안한 DNA 이중 나선은 과학의 역사에서 가장 중요한 발견의 하나로 꼽힌다. DNA는 지구의 40억 년 생명의 역사에서 끊어지지 않고 면면히 유지되면서 생명의 비밀을 간직해 온 분자인 것이다. 흥미롭게도 DNA에는 생명의 필수 원소인 수소, 탄소, 산소, 질소, 인이 모두 들어 있다.

질소와 인은 주기율표에서 같은 족에 속하는 데도 불구하고 질소는 DNA에서 염기로서 중요한 역할을 담당하고, 인은 산으로서 역시 중요한 역할을 담당한다. DNA에서 구슬에 해당하는 염기에는 질소가 들어 있고, 구슬을 꿰는 데 필요한 끈에는 인이 들어 있는 것이다. 인의 산화물인 인산은 DNA에서 **당-인산 골격**(糖燐酸骨格, *sugar-phosphate backbone*)을 만들어 긴 끈과 같은 고분자를 만드는 데 뼈대를 제공한다.

1-3-10 1 나노미터 $= 10^{-9}$ 미터

한 번 더 확대하여 1 나노미터 길이가 되면 당-인산 골격 안쪽 염기쌍의 폭 정도가 된다. 염기쌍에서 원자들 사이의 공유 결합의 길이가 수소 원자의 지름인 0.1 나노미터 정도인데, 염기쌍의 폭 방향으로 열 개 정도의 결합을 볼 수 있다. 이중 나선의 축 방향으로 염기쌍 사이의 거리는 약 0.3 나노미터이다. 이중 나선을 사다리를 비틀어 놓은 것으로 생각한다면 사다리의 폭은 2 나노미터, 한단 한단 사이의 거리는 0.3 나노미터인 셈이다.

모든 생명체의 DNA에는 아데닌(adenine, A), 타이민(thymine, T), 구아닌(guanine, G), 사이토신(cytosine, C)의 단 네 가지 염기가 들어 있다. 생명의 구슬은 A, T, G, C의 네 가지 염기인 것이다. 인간의 유전정보는 서말이 아니라 30억 개의 염기쌍으로 DNA에 기록되어 있다.

아데닌은 수소, 탄소, 질소의 세 가지 원소의 화학 결합으로 이루어졌고, 타이민, 구아닌, 사이토신은 산소를 추가적으로 가지고 있다. 그러므로 전체적으로 네 가지 염기는 네 가지 원소로 이루어진 셈이다. 수소는 특히 A와 T, G와 C를 수소 결합으로 붙잡아 주는 중요한 역할을 한다. 수소 결합이 없다면 두 개의 나선은 따로 놀고 있을 것이다.

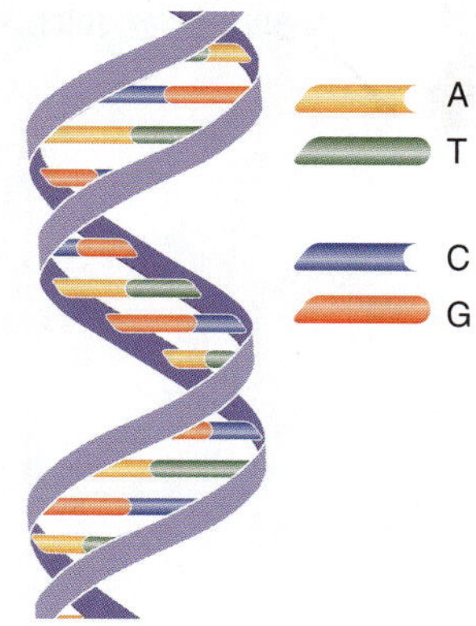

DNA 이중 나선 구조

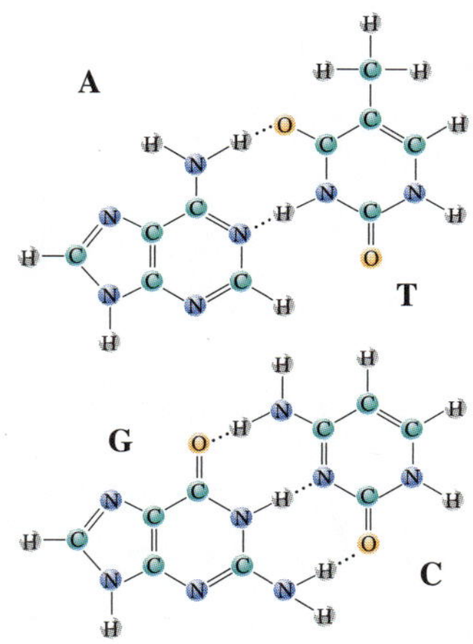

예제 1.16

한 개의 염색체에 들어 있는 DNA는 하나의 고분자로 볼 수 있다. 두 개의 나선을 붙잡아 주는 것은 약한 수소 결합이지만 아주 많은 수의 수소 결합이 있으면 웬만큼 가열해도 두 개의 나선이 갈라지지 않기 때문에 이중 나선 전체를 하나의 분자로 볼 수 있다. 그렇다면 사람 세포핵에 들어 있는 DNA 분자의 평균 분자량은 얼마인 셈인가? 당, 인산을 포함하여 하나의 염기쌍의 분자량은 600 돌턴(Da) 정도이다.

풀이 30억 개의 염기쌍으로 이루어진 DNA가 23개의 염색체에 나뉘어져 있으므로 한 개의 DNA 분자에는 30억/23 = 1.3억 개의 염기쌍이 들어있는 셈이고, 평균 분자량은 600 × 1.3억 = 약 800억 Da이다.

1-3-11 0.1 나노미터 $= 10^{-10}$ 미터 $=$ 1 옹스트롬

수소 원자의 지름에 해당하는 1 옹스트롬(Angstrom, Å)은 1 미터에서 출발하여 10배씩 10번 확대해서 들어가 마주친 거리이다. 수소 원자를 태양계와 비교한다면 1 옹스트롬은 태양계의 경계인 해왕성 궤도의 지름에 해당한다고 볼 수 있다. 수소 원자에 관한 보어 모델에서는 수소의 한 개 전자가 1 옹스트롬 크기의 궤도를 그리며 중심의 원자핵 주위를 원운동하고 있다고 생각한다. 실제로 원자의 내부에서는 전자가 1 옹스트롬 범위의 넓은 공간을 차지하고 있다. 해왕성에서 태양이 거의 보이지 않듯이 1 옹스트롬 정도의 거리에서는 중심에 위치한 양성자는 거의 보이지 않는다.

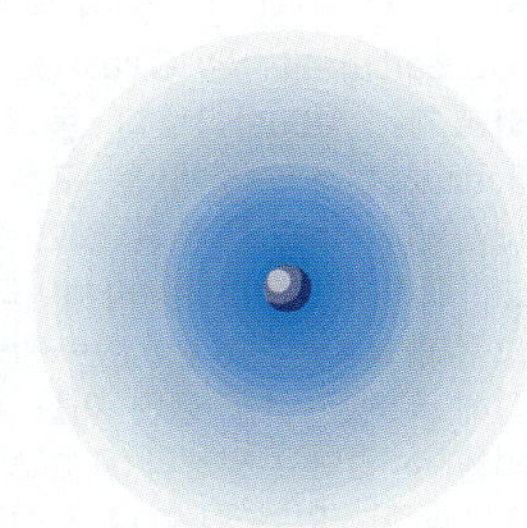
수소 원자

1-3-12 0.01 나노미터 $= 10^{-11}$ 미터

원자 내부에서 전자의 위치는 확률적으로만 나타낼 수 있다. 그래서 원자 내부의 어느 위치에서 전자를 발견할 확률을 흔히 **전자 구름(electron cloud)**으로 표현한다. 0.1 Å의 세계에서는 목성에서 태양을 바라보듯이 중심의 원자핵은 아직 까마득한 거리에 있다. 태양계 질량의 대부분이 중심 태양에 집중되어 있듯이 원자 질량의 대부분은 중심에 자리잡은 원자핵에 집중되어 있는 것이다. 이것은 예상하지 못했던, 원자에 관한 중요한 정보이다.

1-3-13 1 피코미터 = 10^{-12} 미터

이러한 음양의 조화는 자연의 기본 원리이다.

드디어 원자핵이 가까이 느껴지기 시작한다. 이 원자핵은 양전하를 가지고 있다. 수소 원자의 원자핵에는 +1의 양전하를 가진 양성자가 한 개 자리잡고 있다. 태양계의 중심에 문자 그대로 거대한 양의 입자인 태양이 자리잡고 있는 것과 너무나 똑같다. 다른 원소들의 핵은 수소의 핵보다 크고 무겁다.

양성자의 양전하는 전자의 −1의 음전하와 균형을 이루어 원자의 전체 전하는 0이 된다.

예제 1.17

어느 순간 양성자의 전하가 +1.000001로 바뀌어 전자의 음전하인 −1.000000과 백만분의 1 (parts per million, ppm) 차이가 생긴다면 우리 몸은 어떻게 될까?

풀이 우리 몸에 들어 있는 우주의 별보다 더 많은 10^{28}개 정도의 원자들은 중성이 아니라 모두 약간의 양전하를 가질 것이다. 그렇다면 이들 원자들은 서로 반발하여 모두 흩어지고 우리 몸은 즉시 해체될 것이다.

1-3-14 0.1 피코미터 = 10^{-13} 미터

원자핵에 더 접근하여 살펴 보면 탄소, 산소 등 무거운 원소의 핵은 단지 수소보다 크고 무거울 뿐만 아니라 여러 개의 양성자와 중성자들로 구성되어 있는 것을 알 수 있다. 그리고 보면 원자를 구성하는 양성자, 중성자, 전자의 세 가지 **아원자 입자 (subatomic particle)** 중에서 양성자와 중성자는 원자핵이라는 중심 영역을, 전자는 주변 영역을 차지하면서 원자의 내부를 크게 둘로 양분하는 셈이다.

1896년을 1회로 하여 근대 올림픽을 부활시킨 쿠베르탱(Coubertin) 남작은 Citius! (보다 빠르게), Altius! (보다 높게), Fortius! (보다 강하게)를 구호로 내세웠다. 여유를 두지 않고 최고, 최상을 지향하는 자세이다. 그런데 노자(老子)는 있는 힘을 다해 무거운 것을 들면 이를 써먹을 수 없다고 말했다(窮力擧重不能爲用). 있는 힘을 다해 창을 들어올렸다면 적을 향해 제대로 던지지 못할 것이다. 어떻게 보면 원자도 핵 주위의 넓은 공간을 비워둠으로써 원자의 허(虛)함을 통해 다양한 결합을 이루고 물질 세계의 다양성을 이루어내는 듯하다. 그래서 색즉시공(色卽是空)이라고 하는지도 모른다.

세 가지 아원자입자에 관한 T로 시작되는 단어는 무엇일까?

3 : Subatomic particles occupying T. regions

돌턴이 더 나눌 수 없는 딱딱한 입자라고 생각했던 원자의 내부에는 양성자, 중성자, 전자의 세 아원자 입자가 들어 있다. 잠수함을 submarine이라고 하는 것을 보면 알 수 있듯이 sub-는 무엇의 아래를 뜻하는 접두사이다. 그런데 이들 세 가지 아원자 입자는 제 각기 자신의 영역을 가지고 있는 것이 아니라 양성자와 중성자는 핵이라는 하나의 영역을, 전자는 핵의 외부 영역, 그러니까 크게 보면 두 개의 영역(two region)을 차지하고 있는 것이다.

표 1.5 아원자 입자의 질량과 전하

입자	위치	전하	질량 (amu)
양성자	핵	+1	1.00728
중성자	핵	0	1.00867
전 자	핵 바깥쪽	−1	0.00055

1-3-15 0.01 피코미터 $=10^{-14}$ 미터

원자핵에 가까이 다가가서 자세히 살펴보면 양성자와 중성자는 크기와 질량은 비슷하지만 전하(電荷, electric charge)는 +1과 0으로 큰 차이가 있는 것을 알 수 있다(표 1.5). 0을 아무리 많이 더해도 0이다. 원자핵까지 찾아 들어오면서 바깥 쪽에서 만났던 전자에 비해 양성자와 중성자의 질량은 거의 2000배에 육박한다. 태양계에서도 무거운 태양이 중심에 위치하듯이 원자에서도 역시 무거운 핵이 중심에 위치한다.

예제 1.18

양성자와 전자 질량의 합은 중성자 질량의 몇 퍼센트인가?

풀이 $\dfrac{1.00728 + 0.00055}{1.00867} = 0.99917 = 99.917\ \%$

중요한 점은 이 값이 100%가 아니라는 것이다. 즉 중성자는 양성자와 전자의 합이 아니라 독립적인 입자이다.

양성자는 전자와 수가 같고, 따라서 전하가 상쇄되어 중성 원자를 만드는 듯 한데, 중성자가 왜 들어 있는지 궁금하다. 중성자는 전기적으로 반발하는 양성자들을 묶어 주어서 무거운 원소를 가능하게 하는 게 아닌가 생각이 든다.

1-3-16 1 펨토미터 $=10^{-15}$ 미터 $=1$ 페르미(Fermi)

수소 원자를 10배씩 5번 확대하면 양성자와 중성자의 크기가 된다. 따라서 양성자와 중성자의 세계는 1 미터에서 출발하여 10배씩 15번 확대해서 들어간 초미시의 세계이다.

예제 1.19

태양의 지름은 광속으로 약 5초 거리이고, 태양에서 태양계 끝까지는 광속으로 약 5 시간 거리이다. 크기 면에서 볼 때 원자와 태양계는 어느 쪽이 집중도가 높은 셈인가?

풀이 $\dfrac{\text{태양계의 크기}}{\text{태양의 크기}} = \dfrac{\text{대략 5시간}}{\text{5초}} = \text{약 } 4000$

$\dfrac{\text{원자의 크기}}{\text{원자핵의 크기}} = \text{약 } 10^5$

원자의 집중도가 훨씬 높다.

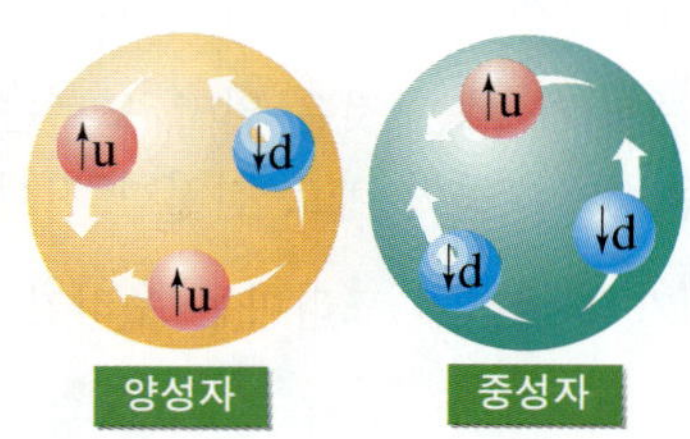

쿼크로 이루어진 양성자와 중성자

1960년 대에 겔만(Gell-Mann)이 제안한 대로 양성자와 중성자는 **업 쿼크**(*up quark*)와 **다운 쿼크**(*down quark*)의 조합으로 이루어졌다. 양성자에는 두 개의 업 쿼크와 한 개의 다운 쿼크가, 중성자에는 한 개의 업 쿼크와 두 개의 다운 쿼크가 들어 있어서 각각 +1과 0의 전하를 가지게 된다.

예제 1.20

업 쿼크와 다운 쿼크의 전하는 각각 얼마인가?

풀이 양성자의 전하 $= 2\,u + 1\,d = +1$

중성자의 전하 $= 1\,u + 2\,d = 0$

아래 식을 두 배로 하여 위의 식에서 빼면

$$\begin{array}{rl} & 2u + 1d = +1 \\ - & 2u - 4d = 0 \\ \hline - & \quad - 3d = +1 \end{array}$$

빅뱅 우주에서 업 쿼크와 다운 쿼크가 만들어질 때 위의 연립방정식이 적용된 것이다. 쿼크는 크기가 없는 점 입자라고 볼 수 있다.

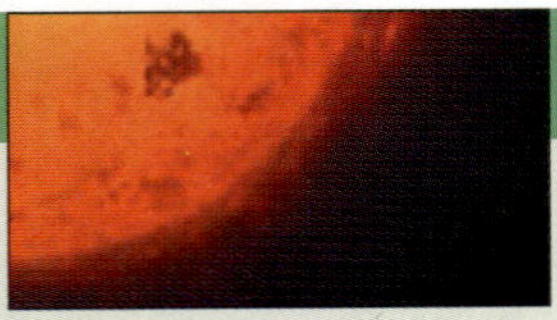

과학의 매트릭스

지식에 관한 몇 가지 흥미로운 언급을 들어보자.

"지식의 성장은 공간에서 부풀어오르는 구(球)와도 같다. 우리의 이해가 커질수록 우리는 더욱 넓은 미지의 세계와 마주치게 되는 것이다." 파스칼

"우리가 아는 것은 알고 모르는 것은 모른다는 사실을 아는 것, 그것이 바로 진정한 지식이다." 헨리 데이비드 소로

"가장 극적인 드라마는 우리가 모른다는 사실조차 몰랐던 현상을 계속적으로 발견하는 것이다." 로버트 헤이즌

"모든 답을 아는 것보다 몇 가지 중요한 질문을 아는 것이 낫다." 서버

이와 같은 지식의 본질을 염두에 두고 살펴볼 때 앞에서 우리 몸에서 출발하여 제기된 많은 의문들은 상호 연관되어 있으며, 오래된 의문들에 대한 답은 종종 새로운 의문으로 이어지는 것을 볼 수 있다. 보스턴 미술관에 소

따라서 $d = -\frac{1}{3}$. 이를 위의 식에 대입하면 $u = \frac{2}{3}$

요약하면 1 미터 정도의 우리 몸에서 출발하여 열 배씩 다섯 번 확대해 들어가면 10^{-5} 미터 크기의 세포를 만나고, 다시 열 배씩 다섯 번 확대해 들어가면 10^{-10} 미터 크기의 원자를 만나고, 다시 열 배씩 다섯 번 확대해 들어가면 10^{-15} 미터 크기의 양성자와 중성자를 만난다. 양성자와 중성자는 점이라고 볼 수 있는 쿼크로 구성되었다.

한편 별과 별 사이의 거리는 대략 1 광년 단위이고, 은하의 크기 10^5(10만) 광년 정도이다. 그리고 관찰할 수 있는 우주의 크기는 대략 10^{10}(100억) 광년 정도라고 볼 수 있다.

화학의 세계는 이러한 거시세계, 미시세계, 그리고 우리 주위의 중간 정도 크기 세계에 모두 걸쳐 있다.

장된 고갱의 대작에는 "우리는 어디에서 왔는가, 우리는 누구인가, 우리는 어디로 가는가"라는 제목이 붙어있다. 고갱의 질문은 과학적이라기 보다는 철학적이고 종교적인 질문이었겠지만, 흥미롭게도 오늘날 과학이 이 심오한 질문에 대해 답을 제공하고 있다. 우리 몸은 무엇으로 구성되어있는가 하는 의문으로부터 우리 몸의 원자는 어디에서 왔는가라는 의문이 자연스럽게 나오고, 그에 대한 답을 구하다 보면 새로운 의문이 생겨나서 입자들의 상호작용, 원자의 구조, 양자론, 화학 결합의 원리 등에 관한 현대적인 이해가 이루어진다. 그리고 이러한 기본적인 의문들과 그에 대한 답들이 모여 자연과학이라는 지식체계를 만든다.

수학은 자연을 이해하는 기본 언어이다. 따라서 수학은 과학 전반에 포괄적으로 적용된다.

구체적으로 자연을 다루는 과학은 다음과 같이 분류할 수 있다.

기본 성격에 따른 분류 :

물리학 : 물질의 본질 탐구(생물, 무생물에 모두 적용)
화학 : 물질의 변화 탐구(생물, 무생물 모두 적용)

대상에 따른 분류:

천문학 : 태양계, 은하, 성간물질 (우주 전체)
지구과학 : 태양계, 지구 (생명체의 출현과 인간의 활동 무대)
생명과학 : 모든 생명체

이러한 관점에서 볼 때 다음과 같은 자연과학의 분류 매트릭스가 가능하다. 물론 물리학과 화학은 독자적으로 에너지, 교통, 통신 등 여러 분야에서 응용되어 기술로 발전하기도 하였다.

	물리학	화 학
천문학	우주의 기원	
	소립자, 힘	성간물질
	별의 진화, 핵합성	원소의 기원
	천체의 운동	
지구과학	태양계의 구조	행성의 구성물질
	태양계 탐사	지구 환경의 변화
	기상 변화	
생명과학	생체분자의 구조 결정	생명의 기원
	생체분자의 운동 실시간 관찰	대사, 유전, 뇌과학
		의식주, 건강

이 매트릭스에서 분자간에 겹치는 영역은 왼쪽 위에서 오른쪽 아래로 대각선을 이루는 것을 볼 수 있다.

요점 정리

- 우리 몸은 원자와 분자의 크기, 원소의 종류, 원소의 기원, 화학 결합의 원리, 화학종, 물질의 상태, 용액의 특성, 화학 열역학, 반응속도, 그리고 삶에서 화학의 역할을 논하기에 좋은 출발점이다.
- 1 m 크기의 우리 몸에서 열 배씩 다섯 번 확대해 들어가면 10^{-5} m 크기의 세포를 만나고, 다시 열 배씩 다섯 번 확대해 들어가면 10^{-10} m 크기의 원자를 만난다. 그리고 다시 열 배씩 다섯 번 확대해 들어가면 10^{-15} m 크기의 원자핵을 만난다.
- 원자핵에 들어 있는 양성자와 중성자는 쿼크라는 기본 입자로 구성되어 있다.
- 우리 몸에서는 중성 원자나 분자뿐만 아니라 전기를 띤 이온을 찾아 볼 수 있다. 이온은 화학이 다루는 물질이 본질적으로 전기적이라는 사실을 말해 준다.
- 우리 몸에 들어 있는 물 이외 대부분의 화합물에는 수소, 탄소, 산소가 들어 있고, 그 다음으

로는 질소와 인이 들어 있다.

- 화학에서 다루는 양은 질량, 길이, 부피, 몰수, 열용량 등의 크기 성질과 온도, 밀도, 농도, 흡광도, 비열, 비중 등 세기 성질로 나눌 수 있다.
- 측정값이나 계산값에서 믿을 만한 수를 유효 숫자라고 한다. 유효 숫자가 많을수록 결과의 정밀도가 높다.
- 화학이 다루는 대상은 우주의 기원부터 지구상의 생명 현상까지 자연의 모든 영역에 걸쳐 있다.

연 | 습 | 문 | 제

O, × 문제

다음 서술이 맞는지 틀리는지 O, ×로 답하고, 틀린 경우에는 틀린 내용을 맞게 고쳐라.

1. $\frac{\text{원자의 크기}}{\text{원자핵의 크기}} \fallingdotseq \frac{\text{세포의 크기}}{\text{원자의 크기}} \fallingdotseq \frac{\text{인체의 크기}}{\text{세포의 크기}} \fallingdotseq \frac{\text{은하의 크기}}{\text{성간 거리}} \fallingdotseq \frac{\text{우주의 크기}}{\text{은하의 크기}}$ (　　)

2. 대략적인 지름비 : $\frac{\text{축구공}}{\text{버키볼}} \fallingdotseq \frac{\text{지구}}{\text{축구공}}$ (버키볼은 탄소 원자 60개로 이루어진 축구공 모양의 분자이다.) (　　)

3. 수소 원자의 지름은 약 1 나노미터이다. (　　)

4. 수소 원자핵의 지름은 약 1 페르미이다. (　　)

5. 우리 몸의 평균 크기 세포의 지름은 10 나노미터 정도이다. (　　)

6. 우리 몸에는 대략 1000억 개의 세포가 들어 있다. (　　)

7. DNA 이중 나선 구조에서 염기쌍 사이의 거리는 약 2 나노미터이다. (　　)

8. 우리 몸의 하나의 체세포에 들어 있는 DNA의 전체 길이는 우리 몸의 길이와 비슷하다. (　　)

9. 우리 몸의 DNA 전체를 연결하면 태양에서 태양계 끝까지의 거리보다 길다. (　　)

10. 우리 몸의 DNA 전체를 뭉쳐서 구를 만들면 주먹 정도의 크기가 된다. (　　)

선택형 문제

11. 양성자와 중성자를 구성하는 소립자는 무엇인가?

가. 원자 나. 전자 다. 뉴트리노 라. 쿼크

12. 수소의 원자핵(양성자)의 지름은 약 몇 나노미터인가?
가. 10^{-2} 나. 10^{-4} 다. 10^{-6} 라. 10^{-8}

13. 수소 원자의 지름은 약 몇 나노미터인가?
가. 10^{-1} 나. 10^{-2} 다. 10^{1} 라. 10^{2}

14. 사람의 몸의 크기와 수소 원자의 지름을 비교하면 사람의 몸에 들어 있는 원자수를 추산할 수 있다. 체중이 60 kg인 사람의 몸에 들어 있는 원자수는 대략 얼마인가?
가. 10^{24} 나. 10^{26} 다. 10^{28} 라. 10^{30}

15. 사람의 몸의 세포의 직경은 약 몇 나노미터인가?
가. 10^{2} 나. 10^{3} 다. 10^{4} 라. 10^{5}

16. DNA 이중 나선의 폭은 약 몇 옹스트롬인가?
가. 2×10^{-1} 나. 2×1 다. 2×10^{1} 라. 2×10^{2}

17. 다음 중 크기 성질은?
가. 부피 나. 밀도 다. 농도 라. 온도

18. 유기 화합물의 탄소와 수소 함량을 조사하는 방법을 개발한 화학자는?
가. 베르셀리우스 나. 리비히 다. 듀마 라. 켈달

19. 염색체에 들어 있는 단백질은?
가. 알부민 나. 헤모글로빈 다. 인슐린 라. 히스톤

20. 다음 중 양이온은?
가. 소듐 이온 나. 질산 이온 다. 탄산 이온 라. 염소 이온

괄호 채우기 문제

21. 다음에 해당하는 SI 단위를 적어라.
가. 길이 (   ) 나. 질량 (   ) 다. 시간 (   )
라. 온도 (   ) 마. 물질의 양 (   )

22. 일의 SI 단위는 주울 (joule) 이다. 1 주울 (joule) 은 심장이 한 번 박동하는 데 필요한 에너지에 해당한다. 보통 성인 남자가 하루에 2500 킬로칼로리를 섭취한다고 하면 우리가 하루에 섭취하는 칼로리의 약 (   ) 퍼센트를 심장 박동에 사용하는 셈이다. 1 칼로리는 4.18 주울이다.

23. 우리 몸의 크기인 1 미터를 10분의 1씩 (   )번 축소하면 보통 크기 세포의 지름이 된다. 또 세포를 10분의 1씩 (   )번 축소하면 수소 원자의 지름이 된다.

24. 원자 세계에서 질량과 부피 중에서 (   )이/가 더 기본적이다. 그러나 실제로 화학 실험에서

는 ( )을/를 많이 다룬다. 저울보다는 피펫이 값싸고 사용하기 편하기 때문이다.

25. 밀도와 부피의 경우에서 볼 수 있듯이 세기 성질과 크기 성질을 곱하면 ( ) 성질이 얻어진다.

26. 물 한 모금에 해당하는 약 18 그램의 물에는 아보가드로수로 알려진 대략 6×10^{23} 개의 물 분자가 들어 있다. 18 그램의 물에 들어 있는 물 분자를 마지막 한 개까지 세었다면 그 수의 유효 숫자의 개수는 ( )이다.

27. 우리 몸에 들어 있는 아래의 화학종들을 원자량 또는 분자량에 따라 구분할 수 있다. 다음 괄호를 채워라. 분자량은 인터넷에서 쉽게 찾을 수 있다.

> 물, 하이드로늄 이온 (H_3O^+), 수산화 이온 (OH^-), 소듐 이온, 염소 이온, 마그네슘 이온, 포타슘 이온, 납 이온, 탄산수소 이온 (HCO_3^-), 인산이수소 이온 ($H_2PO_4^-$), 이산화탄소, 암모니아, 요소, 에탄올, 활성아세트산 (acetyl co-A), 글리신, 라이신, 비타민 A, 비타민 B, 비타민 C, 비타민 D, 비타민 E, 콜레스테롤, 아세트산, 젖산, 라이소자임, ATP, 글루코스, 산소 (O_2), 엔돌펀, 헤모글로빈, 마이오신, 아세틸콜린, 아데닌, tRNA, 탄산무수화효소, DNA, mRNA, 인슐린, 글루카곤, 스테아르산

(1) 50 이하인 것에는 ( )가 있다.
(2) 50부터 100 사이인 것에는 ( )가 있다.
(3) 100부터 500 사이인 것에는 ( )가 있다.
(4) 500부터 1,000 사이인 것에는 ( )가 있다.
(5) 1,000부터 10,000 사이인 것에는 ( )가 있다.
(6) 10,000부터 100,000 사이인 것에는 ( )가 있다.
(7) 100,000부터 1,000,000 사이인 것에는 ( )가 있다.
(8) 1,000,000 이상인 것에는 ( )가 있다.

영어로 배우는 문제

주어진 숫자와 의미가 통하도록 적적한 단어를 찾아라. 문제가 1 = W. on a U.라면 찾아야 할 단어는 wheel, unicycle이 될 것이다. 바퀴가 하나밖에 없는 자전거도 있다.

28. 0 = E. C. of an atom
29. 10^{15} = F. in a meter
30. 10^{28} = number of A. in an adult human body
31. 10^{14} = number of C. in an adult human body
32. 10^{14} = number of A. in a human C.
33. 10^{11} = number of S. in a galaxy
34. 10^{11} = number of galaxies in the U.
35. 10^{22} = number of S. in the U.
36. W. = $\frac{2}{3}$ of the surface of the E.
37. W. = $\frac{2}{3}$ of the body W.

Chapter 2 원소의 기원 : 우리 몸의 원자는 어디에서 왔는가?

물질의 근원을 찾는 일은 고대 그리스 시대의 철학으로부터 현대 과학에 이르기까지 공통적인 관심사이다. 모든 물질은 단 한 가지 원소, 물로 이루어졌다는 탈레스(Thales)의 생각은 엠페도클레스(Empedocles)의 4원소설로 이어졌다. 흥미롭게도 4원소로 생각되었던 물, 불, 공기, 흙은 실제로는 모두가 원소는 아니지만, 기체(氣體, 공기), 액체(液體, 물), 고체(固體, 흙), 그리고 변화의 원인을 제공하는 에너지 내지는 기(氣)에 해당하는 불을 골고루 포함하고 있다. 4원소설을 계승한 아리스토텔레스(Aristotle)는 지상의 4원소와는 달리 천상의 세계는 제5원소인 에테르(ether)로 이루어졌다고 생각했다.

우리 몸에는, 아니 생명의 핵심 화합물인 DNA에는 어떤 원소들이 들어 있을까? 유전 정보를 기록하는 염기에는 탄소, 수소, 산소, 그리고 질소가 들어 있다. 당–인산 골격에는 탄소, 수소, 산소, 그리고 인이 들어 있다. 따라서 DNA에는 탄소, 수소, 산소, 질소, 인이 들어 있는데, 그 중에서 질소는 염기에만, 그리고 인은 당–인산 골격에만 들어 있는 셈이다.

한편 탄소, 수소, 산소는 탄수화물에도 들어 있고 단백질에도 들어 있다. 질소는 탄수화물에는 들어 있지 않지만 탄소, 수소, 산소와 아울러 단백질에도 들어 있다. 그리고 인은 단백질에는 들어 있지 않다. 그러므로 인은 탄소, 수소, 산소, 질소와 아울러 생명에 필수적인 제5원소라고 말할 수 있다. 이 다섯 가지 생명의 원소들은 언제 어디에서 만들어졌을까?

2-1 빅뱅

우리는 근원에 관심을 가진다. 그래서 족보를 만들기도 하고 개천절을 기념하기도 한다. 화학은 우리 몸을 포함해서 우리 주위의 물질 세계(physical world)를 원자, 분자 수준에서 합리적으로 이해하고자 하는 과학이다. 그렇다면 우리 몸을 구성하는 원자들이 어디에서 왔는가 하는 것은 자연스러운 질문이다. 그런데 자연은 작고 기본적인 입자들을 먼저 만들고, 이들을 모아서 무겁고 복잡한 입자들을 만들었으므로 물질의 기원을 찾는 것은 가장 기본적인 입자를 찾는 것과 같은 일이 된다.

예제 2.1

물질 세계는 입자들로 구성되었다. 우리 몸도 어떻게 보면 하나의 입자이다. 태양계 밖에서 보면 태양도 하나의 작은 입자로 보일 것이다. 입자와 관련하여 다음 서술이 맞는지 여부를 간단히 설명하여라.

(1) 작은 입자들이 먼저 만들어지고 이들이 모여서 보다 큰 입자를 만들었다.
(2) 시간을 거슬러 올라가면 가장 먼저 만들어진 입자를 만날 수 있을 것이다.
(3) 초기 우주를 관찰하려면 멀리 보아야 한다.
(4) 높은 온도에서는 큰 입자가 작은 입자로 분해된다.
(5) 초기 우주는 아주 뜨거웠을 것이다.
(6) 초기 우주는 아주 작았을 것이다.
(7) 우주는 하나의 점으로 시작하여 팽창하고 있다.

풀이 (1) 맞다. 반대라면 먼저 만들어진 큰 입자들이 갈라져서 작은 입자들을 만들었다는 결론이 되는데 그러면 큰 입자는 무엇으로부터 만들어졌는가 하는 논리적 모순에 빠진다.
(2) 맞다. 가장 먼저는 시간의 개념이다.
(3) 맞다. 광속은 일정하기 때문에 멀리 볼수록 초기 우주를 보는 셈이다.
(4) 맞다. 물방울도 가열하면 하나하나의 물 분자로 갈라지고, 더 가열하면 물 분자는 수소와 산소 원자로, 원자는 원자핵과 전자로 갈라진다. 아주 높은 온도에서는 원자핵도 양성자와 중성자로 갈라질 것이다.
(5) 맞다. 지금까지 인간이 실험실에서 구현할 수 있는 온도에서는 양성자와 중성자를 쿼크로 분해할 수 없다. 그렇다면 쿼크들이 처음 만들어져서 아직 양성자와 중성자로 뭉치기 전의 초기 우주는 상상할 수 없을 정도로 온도가 높았을 것이다.
(6) 맞다. 우주의 에너지가 일정하다는 열역학 제1법칙은 확고한 자연의 법칙이다. 에너지가 일정하다면 온도가, 즉 에너지 밀도가 아주 높은 초기 우주는 아주 작았을 것이다.
(7) 맞다. 초기 우주와 현재 우주를 생각해 보면 우주는 하나의 점으로 시작하여 팽창하고 있다고 결론 내릴 수 밖에 없다.

종전의 화학은 원자를 주어진 것으로 받아들이고 시작했다. 원자론이 확립된 19세기에는 아무도 원자가 어디에서 왔는지 알지 못했으므로 그럴 수 밖에 없었다. 20세기 전반에 우주의 기원에 대한 단서가 잡히기 시작했고, 20세기 중반부터는 별이 탄생하여 여러 단계를 거쳐 진화하면서 별의 내부에서 생명에 필수적인 무거운 원소들이 만들어지는 과정이 체계적으로 이해되기 시작하였다. 특히 1960년 대에 쿼크 모델이 등장하여 양성자와 중성자가 만들어진 과정과, 원자핵 내에서 중성자의 역할을 제대로 이해할 수 있게 되었다.

1929년에 허블의 법칙이 발표되었다. 멀리있는 은하일수록 빨리 멀어져 간다고 하는 허블의 관찰은 우주의 팽창을 의미한다. 1965년에 펜지어스(Penzias)와 윌슨(Wilson)에 의해 우주배경복사(宇宙背景輻射, cosmic microwave background radiation)가 발견되었고 이어서 우주배경탐사위성(COBE, Cosmic Background Explorer), 허블우주망원경(Hubble Space Telescope) 등에 의해 이루어진 많은 관찰의 결과로 지금은 우주가 137억 년 전에 대폭발로 시작되었다는 빅뱅 우주론(宇宙論, big bang cosmology)이 과학계에서 전반적으로 받아들여지고 있다.

허블 (Edwin Hubble, 1889-1953). 외계 은하와 허블의 법칙을 발견했다.

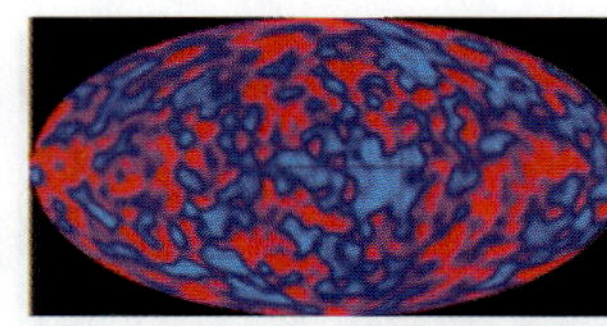

COBE 위성이 관찰한 우주배경복사

초기 우주의 상황은 "**태초에 우주의 모든 질량은 한 점에 모여 있었다**(*In the beginning, all the mass of the universe was confined in a tiny space*)"라는 간단한 문장에 잘 나타나 있다. 우주가 팽창하고 온도가 급격히 떨어지면서 입자들이 단계적으로 서로 뭉치면서 다음 세대의 입자를 만들고 137억 년 후 현재의 우주가 되었다. 그렇다면 우리 주위 물질의 근원을 깊이 파고 들어가는 것은 빅뱅 우주까지 물질의 기원을 추적하는 셈이 될 것이다.

한 잔의 물에서 출발해 보자. 물을 가열하면 기체 상태로 존재하는 하나의 물 분자까지 쉽게 쪼갤 수 있다. 하나의 물 분자에 에너지를 가하면 물 분자는 수소 원자(H)와 산소 원자(O)로 분해된다. 전기분해가 좋은 예이다. 전기분해로 얻어진 수소 원자와 산소 원자는 불안정하기 때문에 원자가 두 개씩 만나 결합하여 수소 분자(H_2)와 산소 분자(O_2)를 만든다. 수소 원자가 분자를 만들기 전에 더 많은 에너지를 가한다면 전자가 떨어져 나가서 전자와 수소의 원자핵인 양성자가 얻어진다. 산소 원자의 경우에는 전자가 여덟 개나 있기 때문에 여덟 개의 전자를 모두 떼내는 것은 쉽지 않다. 아주 많은 에너지를 가해서 여덟 개의 전자를 모두 떼냈다고 하면 산소는 원자핵만 남는다. 수소와는 달리 대부분의 산소의 원자핵에는 여덟 개의 양성자와 여덟 개의 중성자가 들어 있는 것을 보게 될 것이다. 전자를 떼낼 때보다 훨씬 많은 에너지를 가하면 여덟 개의 양성자와 여덟 개의 중성자로 해체된다. 이때 얻어진 양성자는 수소 원자에서 전자를 떼내고 남은 양성자와 똑같다.

여기까지는 종전의 화학 교과서에서 다루는 내용이다. 우리는 여기에서 멈추지 말고 데모크리투스의 정신을 따라 더 나눌 수 없는 a-tom을 찾아 한 걸음 더 나아가 보자. 그 말은 양성자와 중성자가 최종 입자인가, 아니면 양성자와 중성자는 다른 더 기본적인 입자로 구성되어 있는가 하는 질문이다. 1950년 대까지만 해도 양성자와 중성자는 기본적인 입자로 간주되었다. 그러나 1960년 대에 쿼크 모델이 제안된 후, 20세기 후반에 걸쳐 쿼크가 실험적으로 확인되고, 나아가 쿼크들 사이에 작용하는 **강한 핵력**(**核力**, *strong nuclear force*)이 이해되면서 현재는 양성자와 중성자는 쿼크라고 부르는 기본 입자(fundamental particle)로 구성되었다고 하는 사실이 잘 알려졌다. 즉, 쿼크야말로 태초에 만들어진 기본 입자이고, 쿼크로부터 양성자와 중성자가 만들어져서 원자핵이 만들어진다는 뜻이다. 이와 같이 초기 우주에서 일어난 일들을 좀 더 상세히 살펴보자.

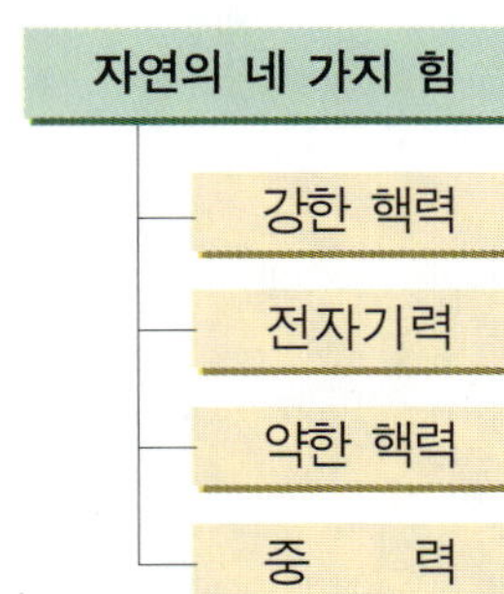

2-2 처음 3 분 – 수소와 헬륨

지금부터 137억 년 전에 대폭발로 출발한 빅뱅 우주에서 이미 원소의 생성은 시작되었다. 자연은 우주의 나이가 10^{-10} 초 되기 이전에 이미 쿼크(quark)라고 이름지어진 기본 소립자를 만들었다. 쿼크가 만들어질 때 렙톤(lepton) 또는 경입자(輕粒子)라고 하

겔만 (Murray Gell-Mann, 1929–). 1960년 대 초에 쿼크를 제안했고 1969년 노벨 물리학상을 수상했다.

1 페르미 이내에서 쿼크들은 자유롭지만 1 페르미를 벗어나려고 하면 강한핵력이 쿼크들을 붙잡아준다. 그래서 유한한 크기를 가진 양성자와 중성자가 만들어진다.

는 쿼크보다 훨씬 가벼운 입자들도 만들어졌다. 화학에서 중요한 전자(電子, electron)는 렙톤의 일종이다. 다른 중요한 렙톤에는 중성미자(中性微子)라고도 하는 뉴트리노(neutrino)가 있다.

쿼크에는 여섯 종류가 있는데, 그 중 **업 쿼크**(*up quark*)와 **다운 쿼크**(*down quark*)가 양성자(陽性子, proton)와 중성자(中性子, neutron)를 만드는데 사용된다. 양성자와 중성자는 중입자(重粒子, baryon)에 속한다.

1장에서 살펴본대로 업 쿼크의 전하는 +2/3, 다운 쿼크의 전하는 −1/3이다. 양성자에는 업 쿼크가 두 개, 다운 쿼크가 한 개 들어 있어서 전체적으로 전하는 +1이 되고, 중성자에는 업 쿼크가 한 개, 다운 쿼크가 두 개 들어 있어서 전하는 0이 된다.

쿼크로부터 양성자와 중성자가 만들어진 것은 우주의 나이가 10^{-5} 초 이전이라고 생각된다. 기온이 떨어지면 물 분자들이 전기적인 힘으로 뭉쳐서 빗방울이 되듯이, 급격히 팽창하면서 온도가 떨어지는 빅뱅 우주에서 쿼크들이 강한 핵력으로 뭉쳐서 후일 원자가 태어나는 데 필요한 양성자와 중성자를 만든 것이다. 강한 핵력은 **전자기력**(*electromagnetic force*)보다 100배나 강한, 자연의 네 가지 힘 중에서 가장 강한 힘이다. 그래서 같은 전하를 가진 쿼크들이(업 쿼크끼리, 다운 쿼크끼리) 쿨롱의 힘에 의해 반발하더라도 강한 핵력에 의해 양성자와 중성자 안에 붙잡혀 있게 된다.

쿼크는 크기를 이야기할 수 없는 점 입자이다. 쿼크들은 거리가 아주 가까울 때는 따로 자유롭게 운동한다. 하지만 양성자와 중성자의 크기인 약 10^{-15} 미터(1 페르미)를 벗어나려고 하면 강한 핵력이 서로 끌어당기는 힘으로 작용하여 쿼크는 양성자와 중성자 안에 붙잡혀 있게 된다. 강아지 두 마리가 목줄의 길이 이내에 있을 때는 따로 자유롭게 돌아다니지만 사슬 길이를 벗어나려고 하면 잡아주는 힘이 작용하는 것과 비슷하다. 강아지가 목줄을 끊고 멀리 달아나면 두 강아지 사이에 힘은 전혀 작용하지 않는 것과 마찬가지로, 강한 핵력은 핵 바깥에서는 힘을 미치지 못한다. 점 입자인 쿼크에 비하면 양성자나 중성자는 엄청나게 큰 입자이다. 지구 전체에 강아지 세 마리가 돌아다니는 상황을 상상하면 좋을 것이다. 양성자와 중성자도 속이 텅 빈 셈이다.

양성자가 만들어진 것은 원소의 입장에서는 수소가 만들어진 것이나 마찬가지이다. 수소를 수소답게 만들어주는 것은 바깥 쪽의 전자가 아니라 중심에 자리잡은 양성자의 수이기 때문이다. 나중에 양성자에 전자가 끌려와서 결합하면 중성 수소 원자가 된다.

양성자 두 개가 결합하여 두 번째 원소인 헬륨을 만들려고 할 때 문제가 생긴다. 양성자 간의 쿨롱 반발력은 멀리에서도 작용하는데(만유인력과 같은 형태, 거리의 제곱에 반비례), 강한 핵력은 양성자나 중성자 크기 이상의 거리에서는 작용하지 않기 때문에 두 개의 양성자가 접근할 때는 멀리서부터 반발력이 작용하여 충돌이 일어나지 못한다. 양성자 사이의 거리가 0에 가까워지면 반발력이 거의 무한대로 증가한다.

쿼크 사이의 강한 핵력은 핵 바깥에서는 작용하지 않기 때문에 강한 핵력으로 양성자 두 개가 결합할 방법이 없다. 그런데 양성자와 중성자 사이에는 전기적 반발력이

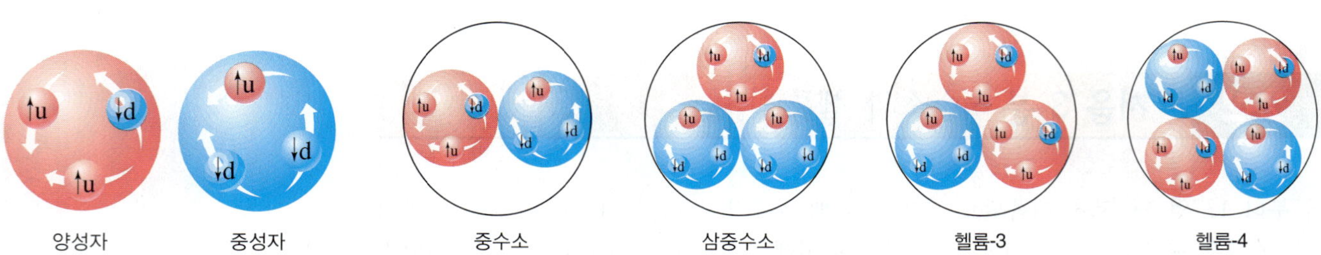

그림 2.1 양성자와 중성자에 들어있는 쿼크들이 강한 핵력으로 상호작용하여 만들어진 수소와 헬륨의 동위원소들.

작용하지 않기 때문에 충돌이 가능하고, 충돌의 결과로 양성자의 쿼크와 중성자의 쿼크가 1 페르미 이내의 거리에 접근하면 강한 핵력이 작용하여 양성자와 중성자의 결합이 일어나 중수소(重水素, deuterium; ^{2}H 또는 H-2, 2는 양성자수와 중성자수의 합인 질량수)가 만들어진다. 중수소에 중성자가 하나 더 결합하면 삼중수소(三重水素, tritium; ^{3}H, H-3)가 되고, 양성자가 하나 더 결합하면 헬륨-3(^{3}He, He-3)이 된다. 이러한 과정을 거쳐서 헬륨-4(^{4}He, He-4)가 만들어진다(그림 2.1).

그리고 보면 중성자가 헬륨을 가능하게 하는 이유는 이들 쿼크 사이에는 전자기력보다 100배나 센 강한 핵력이 작용하기 때문이다. 남자와 여자 두 명씩이 남녀남녀 순으로 강강수월래를 하듯이 손을 잡았다고 하자. 마주 보는 남자 사이의 전기적 반발이 강하더라도 남녀가 강한 핵력으로 손을 잡으면 뭉칠 수 있다. 이것이 중성자의 존재 이유에 대한 물질 세계의 비밀이다. 양성자가 두 개인 헬륨을 만들기 위해 중성자가 양성자 사이의 반발을 무마하는 역할을 하는 셈이다.

헬륨-3을 살펴보면 중성자에 들어 있는 쿼크들이 두 개의 양성자에 들어 있는 쿼크들과 강한 핵력으로 상호작용을 해서 서로 반발하는 양성자들을 결합하게 한다. 이 경우에는 중성자 한 개만으로도 두 개의 양성자 각각에 강한 핵력을 미칠 수 있다. 그래서 헬륨-3은 아주 안정한 입자가 된다. 헬륨-4도 마찬가지로 매우 안정하다. 그래서 방사능 붕괴에서 흔히 헬륨-4 입자가 튀어나온다. 러더포드는 이를 발견하고 알파(α) 입자라고 명명하였다. 삼중수소는 필요 이상으로 중성자가 하나 더 있는 상황이기 때문에 12년의 반감기를 가지고 베타(β) 붕괴를 하여 헬륨-3으로 바뀐다.

그런데 중수소에 양성자 하나가 충돌하여 헬륨-3을 만드는 경우를 생각해 보면, 중수소와 양성자는 둘 다 +1의 양전하를 가지고 있기 때문에 융합할 수 있는 거리까지 접근하려면 매우 강한 쿨롱 반발력을 극복해야 한다. 따라서 이들 입자는 아주 높은 운동 에너지를 가져야 한다. 다행히 우주의 나이가 1분 정도 되었을 때는 온도가 10억도 정도로 높았기 때문에 이러한 핵합성(nucleosynthesis)이 가능했다.

우주의 나이와 온도의 관계는 다음 식으로 추산할 수 있다.

$$T = \frac{10^{10}}{\sqrt{t}}$$

T : 온도(K) t : 시간(초)

후일 현대 과학이 밝혀냈듯이, 양성자수가 원소의 종류를 지정한다. 그래서 양성자수를 **원자 번호(atomic number)** 라고 한다. 원자핵 내에서 중성자의 역할은 양성자들을 붙잡아 주는, 어떻게 보면 이차적인 것이기 때문에(양성자수를 원자 번호라고 했듯이) 중성자수에 별도의 이름을 붙이는 대신, 양성자수와 중성자수의 합을 **질량수(質量數, mass number)** 라고 한다. 후일 전자가 결합하여 중성 원자가 되었을 때 원자의 대략적인 질량을 결정하는 것은 양성자수와 중성자수의 합이기 때문이다. 이처럼 같은 원소에서 질량수가 다른 핵종을 **동위원소(同位元素, isotope)** 라고 한다.

우주의 나이가 3분 정도 되었을 때는 우주의 급격한 팽창에 따라 온도가 떨어지고 입자 간의 거리도 멀어져서 헬륨의 합성은 끝난다. 더구나 헬륨이 융합하여 무거운 원소를 만들려면 수소 때보다 반발력이 더 커져서 넘어야 할 장벽(障壁, barrier)은 높아진다(농도, 온도, 에너지 장벽의 크기가 화학 반응의 속도를 결정하는 중요한 요인인 것과 일치한다). 이래저래 초기 우주에서 생명에 필요한 탄소, 질소, 산소 등 무거운 원소의 생성은 불가능해진다. 이때 수소와 헬륨의 질량 비율은 3 : 1 정도가 된다. 자연은 3이라는 숫자를 선호하는 모양이다. 이처럼 주기율표가 간단했던 시기는 최초의 별이 탄생하고, 그 별이 적색 거성의 단계로 나아가기까지 수억 년 동안 지속된다. 생명의 탄생에 필요한 무거운 원소가 탄생하려면 별이 탄생해야 하는 것이다.

DNA를 만들어야 하는 입장에서는 탄소도 못 만들었으니 마음이 조급하지만 일단 이중 나선을 붙잡아 주는 수소 결합을 하는 데 필수 불가결한 수소를 만든 것만도 다행이 아닐 수 없다.

아무튼 중성자를 사용하여 양성자가 두 개 이상인 원소를 만들 수 있다는 사실을 보여 준 "처음 3분 간"은 137억 년 우주의 드라마에서 생명과 생명의 무대를 준비하는 데 아주 중요한 시기였다.

예제 2.2

처음 3분 간 만들어진 중요한 원자핵들인 수소(H-1), 중수소(H-2), 삼중수소(H-3), 헬륨-3 (He-3), 헬륨-4 (He-4)의 양성자수, 중성자수, 질량수는 얼마인가?

풀이

	양성자수 (원자 번호)	중성자수	양성자수 + 중성자수 (질량수)
수소	1	0	1
중수소	1	1	2
삼중수소	1	2	3
헬륨-3	2	1	3
헬륨-4	2	2	4

원자핵은 원자를 먼저 발견했기 때문에 붙여진 이름으로서, 과학의 한계를 스스로 드러내는 이름이다.

1808년에 돌턴이 원자설을 발표한지 약 100년 후, 1911년에 러더포드는 원자핵을 발견한다. 그러나 원소의 생성 면에서 보면 원자핵이라는 이름은 적절하지 않다. 빅뱅 우주에서 만들어진 가벼운 원소(수소와 헬륨), 그리고 별에서 만들어진 무거운 원소(탄소, 질소, 산소 등 생명의 필수 원소부터 우라늄까지 주기율표상의 거의 모든 원소) 모두 원자핵이 먼저 만들어지고 훨씬 후에 반대의 전하를 가진 전자가 결합하여 중성 원자를 만들었다.

2-3 처음 30만 년 – 최초의 원자

높은 온도에서는 절대 온도와 섭씨 온도가 거의 같아서 구별할 필요가 없다.

우주의 역사에서 최초의 중성 원자는 언제쯤 생겼을까? 빅뱅 후 처음 3분 간에 수소와 헬륨 원자핵이 질량비로 3 : 1의 비율로 만들어진 다음 우주의 나이가 30만 년 정도 되어 우주의 온도가 3천 도 정도로 떨어지자 흥미로운 일이 벌어진다.

예제 2.3

우주의 나이와 온도의 관계식으로부터 우주의 나이가 30만 년일 때 우주의 온도가 3천 도 정도인 것을 확인하여라.

풀이

$$
\begin{aligned}
T &= \frac{10^{10}}{(3 \times 10^5 \times 365 \times 24 \times 60 \times 60)^{1/2}} \\
&= \frac{10^{10}}{(3 \times 10^5 \times 365 \times 24 \times 60 \times 60)^{1/2}} \\
&= \frac{10^{10}}{(9.6 \times 10^{12})^{1/2}} \\
&= \frac{10^{10}}{(3 \times 10^6)} \\
&= \text{약 } 3000
\end{aligned}
$$

높은 온도에서는 양전하를 가진 원자핵들의 존재를 눈치도 채지 못하고 격렬한 운동을 하고 있던 전자가 기력을 잃고 양성자와 헬륨 원자핵의 양전하를 느끼기 시작한다. 양성자에 가까워질수록 전자는 더 큰 힘을 느끼고 ($f \propto 1/r^2$, 쿨롱의 법칙), 양성자를 향해 가속 행진을 계속한다 ($f = ma$, 뉴턴 운동 제2법칙). 양성자를 향해 돌진하던 전자는 안정한 궤도를 만나고 우주 최초의 중성 원자를 만들게 된다. 우주에 비로소 수소와 헬륨의 원자가 태어났다. 파인만이 물질 세계는 원자로 이루어졌다는 사실은 다른 어떤 지식과도 바꿀 수 없다고 말한 바로 그 원자가 말이다.

$$\text{양성자} + \text{전자} \longrightarrow \text{수소 원자}$$
$$\text{헬륨 원자핵} + 2\ \text{전자} \longrightarrow \text{헬륨 원자}$$

이렇게 쿼크에서 출발해서 겨우 만들어진 원자는 137억 년 후에 비로소 인간에 의해 발견되고 파악된다. 데모크리투스가 더 나눌 수 없는 입자(a-tom)로서의 원자를 생각하고 나서도 아리스토텔레스적인 연속적인 물질관 때문에 원자론이 2천 년 동안이나 묻혀 있었던 것은 그에 비하면 아무 것도 아니다.

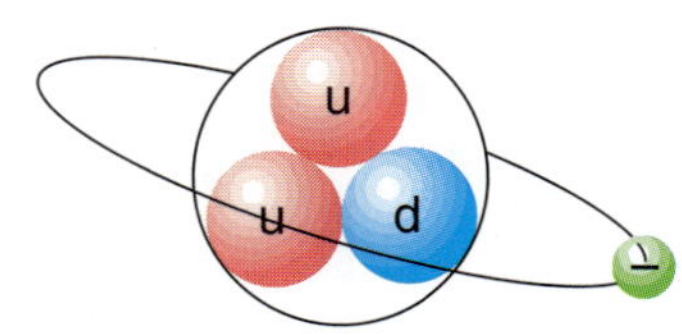

그림 2.2 양성자에 전자가 전기적 힘에 의해 결합하여 만들어진 수소 원자.

여기서 몇 가지 중요한 사실을 짚고 넘어갈 필요가 있다.

첫째, 그림 2.2에서 편의상 전자를 원자핵에서 가까이 그려 넣었기 때문에 원자의 크기와 양성자(수소의 원자핵)의 크기가 크게 다르지 않은 것처럼 보이지만, 1장에서 살펴본 대로 양성자의 크기는 수소 원자 크기의 약 10만 분의 1에 불과하다. 양성자의 지름이 1 센티미터가 되게 그린다면 원자의 지름은 1 킬로미터가 되어야 한다. 이것은 태양계에서의 태양보다 더 높은 집중도이다. 이 내용은 4장에서 원자핵의 발견을 다룰 때 다시 논의하기로 한다.

둘째, 그림 2.2에서 전자가 원자핵 주위에서 원운동을 하는 것처럼 보인다. 전하를 가진 전자가 원운동을 하면 전자파(電磁波, electromagnetic radiation)를 발생하면서 에너지를 잃게 되고, 따라서 양전하를 가진 양성자로 끌려가서 방전이 일어나야 한다. 그런데 실제로 그런 일은 일어나지 않는다. 4장에서 양자론을 다룰 때 논의하겠지만, 원자 내에서 전자의 위치는 궤도로 나타낼 수 없고, 확률적으로만 나타낼 수 있다.

셋째, 우주의 나이가 약 30만 년이 되어 우주의 온도가 약 3000 K로 떨어졌을 때 전자가 양성자와 결합하여 중성 원자가 만들어졌다면, 온도를 다시 올려 주면 전자가 떨어져 나갈 것이다. 이를 **이온화**(*ionization*)라 하고, **이온화에 필요한 에너지**를 **이온화 에너지(ionization energy)**라고 한다. 3000 K에 해당하는 복사의 빛 에너지는 수소의 이온화 에너지 정도인 셈이다. 우주의 나이가 약 30만 년일 때 우주를 채웠던 3000 K에 해당하는 가시광선 영역의 복사 에너지가 137억 년 후 마이크로파의 배경 복사로 발견되어 빅뱅 우주론의 확립에 결정적으로 기여하게 된다.

넷째, 그림 2.2에서는 전자의 궤도를 하나만 나타냈지만, 실제로는 여러 개의 에너지 준위가 존재한다. 마치 태양계에 여러 개의 행성 궤도가 있는 것과 유사하다. 물론 태양계에서는 어떤 특정한 궤도가 존재해야 할 이유는 없지만, 원자 세계에서는 특정한 에너지 준위가 존재해야만 한다. 그래서 어떤 원자의 전자가 외부에서 에너지를 받아

그림 2.3 수소의 선 스펙트럼. 파장이 길수록 선이 강하게 나타난다.

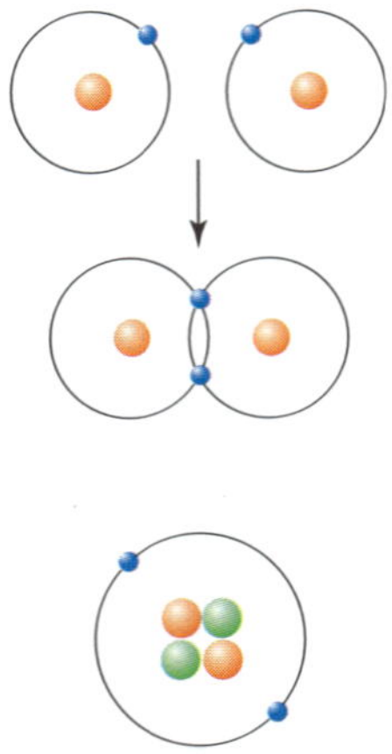

높은 에너지 준위로 올라갔다가 다시 낮은 에너지 준위로 떨어질 때는 특정한 파장의 빛을 내고, 원소마다 특이한 **선 스펙트럼**(*line spectrum*)이 나타난다(그림 2.3).

다섯째, 수소 원자와 헬륨 원자가 생성되었을 때 이미 화학 결합의 원리가 나타난다. 하나의 전자를 가진 수소 원자 두 개가 결합하면 전자를 공유(共有)하여 수소 분자를 만들지만, 이미 두 개의 전자를 가지고 있는 헬륨 원자는 수소 원자와도, 다른 헬륨 원자와도 반응하지 않는다. 이처럼 혼자 있기를 좋아하는 헬륨은 후일 비활성 기체(noble gas)라고 부르게 된다. 오랜 시간이 지난 후 산소가 만들어진 다음 수소와 결합하여 물을 만들 때도 비슷한 공유의 원리가 적용된다.

여섯째, 앞에서 살펴본 대로 +1의 전하를 가진 양성자는 +2/3의 전하를 가진 업 쿼크와 −1/3의 전하를 가진 다운 쿼크의 조합으로 만들어졌다. 그런데 쿼크와는 별도로 존재하던 전자와 양성자가 만났을 때 양성자의 전하와 전자의 전하가 수학적으로 절대값이 같아서 중성 원자가 만들어진다는 것은 참으로 놀라운 일이다. 우리 몸에 들어 있는 100조×100조 개의 원자들이 중성이 아니고 약간의 양(+) 또는 음(−)의 전하를 가지고 있다면 우리 몸은 쿨롱 반발력 때문에 당장 해체되고 말 것이다.

2-4 별의 진화 – 무거운 원소

529년에 로마 황제 유스티니안이 세속의 학문이라는 이유로 9세기나 지속되어온 플라톤의 아카데미를 폐쇄하면서 중세 암흑기(暗黑期, the Dark Ages)가 시작되고, 이후 수 세기 동안 아리스토텔레스와 아르키메데스를 이을 이렇다할 과학자의 이름을 찾아볼 수 없게 된다. 137억 년 우주의 역사에서는 이보다 훨씬 전에 암흑기가 있었다.

우주 무대에 별과 은하가 출현하기 이전, 우주의 나이가 1억 년에 불과했던 우주의 유아기는 우주 전체가 암흑에 덮인 시기였다. 빅뱅 후 30만 년 경에 수소의 **방출**(放出) **스펙트럼**(*emission spectrum*)으로 우주를 장밋빛으로 물들였던 빛은 우주의 팽창에 따라 파장이 점차 길어지면서 급기야는 가시광선(可視光線, visible light)을 벗어나 적외선(赤外線, infrared)으로 바뀐다. 아직은 우주에 별과 은하가 생기기 전이다. 따라서 우주를 채운 빛이 가시광선을 벗어나면 우주는 암흑기에 들어간다. 물론 가시광선의 빛을 감지하는 눈을 가진 인간의 입장에서 말이다.

빨리 수소와 헬륨을 융합해서 생명에 필수적인 무거운 원소들을 만들어야 하는 입장에서는 우주의 암흑기는 또한 절망의 시기이다. 수소와 헬륨 원자핵이 가진 양전하 사이의 반발은 이들 입자를 융합시키기 위해 극복해야 할 장벽이다. 팽창하는 우주에서는 온도가 떨어지고, 온도가 떨어지면 수소와 헬륨의 에너지도 떨어져서 넘어야 할 장벽은 절망적으로 높아 보인다. 게다가 설상가상으로 팽창하는 우주에서는 수소와 헬륨 입자들 사이의 거리도 자꾸 멀어져간다. 후일 화학 반응속도에 있어서 온도와 밀도의 영향을 미리 보는 듯하다.

이때 균일하게 팽창하고 있는 우주에서 나중에 별과 은하가 될 씨앗이 드러난다. 앞에서 본대로 COBE 위성이 잡아낸 초기 우주에서 배경복사의 0.001%에 불과한 차이가 확대되어 밀도가 높은 부분은 별과 은하로, 밀도가 낮은 부분은 은하 사이의 공간으로 발전하는 것이다. 버클리대학의 스무트(Smoot)에게 2006년 노벨 물리학상을 안겨준 COBE 이미지는 현대과학에서 가장 유명한 아이콘이 되었다.

우주적 암흑기가 1억 년 이상 계속되면서 우주의 온도는 100 K 이하로 떨어지고 수소와 헬륨 입자들 사이의 거리도 멀어진다. 그런데 이 팽창하는 우주에서 미약한 중력(重力, gravity)으로 수소와 헬륨이 모여들며 물질 밀도와 온도의 역전이 일어나 수소 융합(融合, fusion)에 필요한 1500만 도 정도에 이르면 우주 최초의 별이 탄생한다. 이때 이미 별의 원료로 헬륨이 존재하지만 +2의 양전하를 가진 헬륨의 융합에는 높은 에너지 장벽(*energy barrier*)이 가로막고 있기 때문에 초기의 별에서는 수소에서 헬륨으로의 융합이 먼저 일어난다.

10장에서 보겠지만 화학 반응에서도 에너지 장벽이 중요하게 작용한다.

예제 2.4

쿨롱 반발력을 고려할 때 헬륨과 헬륨을 융합하는데 넘어야 할 에너지 장벽은 수소 융합의 에너지 장벽보다 몇 배 정도 높은 셈인가?

풀이 $\dfrac{\text{헬륨의 전하} \times \text{헬륨의 전하}}{\text{수소의 전하} \times \text{수소의 전하}} = \dfrac{2 \times 2}{1 \times 1} = 4$

아무튼 주변보다 밀도가 약간 높은 씨앗을 기반으로 형성된 우주 최초의 별이 빛과 열을 내기 시작하면서 우주는 암흑과 절망에서 벗어난다. 그리고 머지않아 별의 내부에서 생명에 필요한 원소들을 만들고, 137억 년 후 지구상에 생명을 창조할 꿈을 키워간다.

우주 최초의 별에서 일어나는 핵융합 반응을 자세히 살펴보자. 이 반응은 현재 태양에서도 그대로 일어나고 있는, 모든 생명의 근원이 되는 중요한 반응이다. 태양을 포함하여 대부분의 별에서는 수소가 헬륨으로 융합된다. **수소가 헬륨으로 융합되면서 에너지를 내는 별**을 **주계열성(主系列星, main sequence star)**이라고 한다. 물론 여기서 수소와 헬륨은 수소와 헬륨의 원자핵을 의미한다. 따라서 온도가 올라가는 과정에서 수소와 헬륨의 중성 원자들이 3000 K 정도에서 전자를 잃어버리고 이온화가 되어 원자핵을 노출시킨 것이다. 그런데 헬륨 원자핵에는 두 개의 양성자와 두 개의 중성자, 즉 네 개의 무거운 입자가 들어 있다(질량수 4). 따라서 한 개의 헬륨 원자핵을 만드는 데 네 개의 양성자(가장 가벼운 수소 동위원소의 원자핵)가 필요하다(식 2.1).

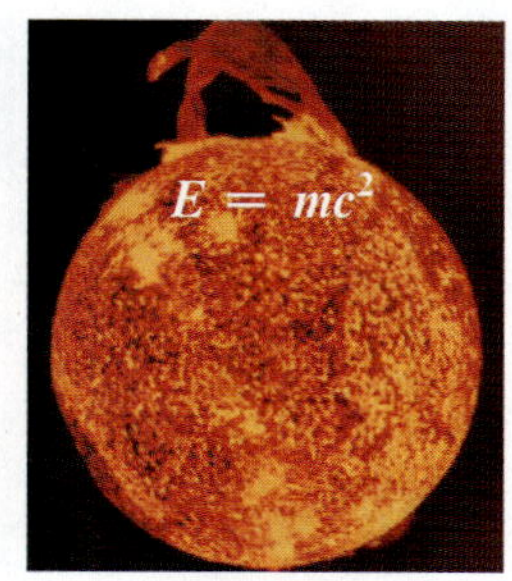

주계열성인 태양

$$4\,{}^{1}_{1}\mathrm{H} = {}^{4}_{2}\mathrm{He} \qquad (2.1)$$

	왼쪽	오른쪽
전 하	4(양성자수)×1(양성자 전하) = 4	2(양성자수)×1(양성자 전하) = 2
질량수	4(양성자수)×1 = 4	2(양성자수)×1 + 2(중성자수)×1 = 4

그런데 헬륨 원자핵에는 두 개의 양성자와 두 개의 중성자가 들어 있다. 그렇다면 네 개의 양성자 중에서 두 개는 두 개의 중성자로 바뀐 것이다. 그런데 양성자는 +1의 전하를 가지고, 중성자는 전하가 없다. 따라서 전하가 보존되기 위해서는 핵반응식의 오른쪽에 +2의 전하를 더해 주어야 한다. 그러나 오른쪽에 양성자 두 개를 더하면 이번에는 질량수의 균형이 맞지 않게 된다. 그렇다면 질량수는 0이고 +1의 전하를 가진 입자가 두 개 필요해지는데, 이러한 입자는 전자(electron)의 반입자(反粒子, antiparticle)인 양전자(陽電子, positron), 즉 반전자(反電子, antielectron)이다. 양전자는 전자와 질량, 스핀 등 모든 성질이 같으면서 전하만 반대인 반입자의 일종이다. 양전자를 도입하면 식 (2.2)가 얻어진다.

$$4\,{}^{1}_{1}\mathrm{H} = {}^{4}_{2}\mathrm{He} + 2\,{}^{0}_{1}\mathrm{e} \qquad (2.2)$$

	왼쪽	오른쪽
전 하	4(양성자수)×1(양성자 전하) = 4	2(양성자수)×1(양성자 전하) + 2(양전자수)×1(양전자 전하) = 4
질량수	4(양성자수)×1 = 4	2(양성자수)×1 + 2(중성자수)×1 = 4

베타 붕괴에서 전하는 보존되지만 원자 번호는 보존되지 않는다. 전자나 양전자의 원자 번호를 −1 또는 +1이라고 할 수는 없다. 원자 번호는 원자핵에 들어 있는 양성자의 수이기 때문이다.

심화

이제는 전하와 질량수의 균형이 이루어졌다. 아직 한 가지 더 균형을 맞출 필요가 있다. 질량수의 균형은 양성자와 중성자 같이 무거운 입자의 균형이다. 그런데 식 (2.2)의 오른쪽에는 렙톤인 양전자가 들어있는데 왼쪽에는 렙톤이 없다. 그렇다면 왼쪽에 어떤 가벼운 입자를 적어 넣어도 좋겠지만 이 경우에는 단지 수소가 헬륨으로 융합하는 것이지 양성자가 다른 입자와 충돌하고 반응해서 헬륨으로 바뀌는 것을 의미하는 것은 아니다. 해결 방법은 오른쪽에 두 개의 가벼운 입자를 적는데, 양전자가 반입자인 데 반해 입자를 적는 것이다. 그런데 이미 전하가 균형을 이루었기 때문에 가벼운 입자 중에서 음전하를 가진 전자나 양전하를 가진 양전자를 적을 수는 없다. 가볍고 전하가 0인 입자는 바로 중성미자의 일종인 **뉴트리노(neutrino, ν)**이다. 뉴트리노를 포함시키면 식 (2.3)이 얻어진다.

$$4\ {}^{1}_{1}\mathrm{H} = {}^{4}_{2}\mathrm{He} + 2\ {}^{0}_{1}\mathrm{e} + 2\ \nu \tag{2.3}$$

	왼 쪽	오른쪽
전 하	4(양성자수)×1(양성자 전하) = 4	2(양성자수)×1(양성자 전하) + 2(양전자수)×1(양전자 전하) = 4
질량수	4(양성자수)×1 = 4	2(양성자수)×1 + 2(중성자수)×1 = 4
렙톤수	0	2(양전자수)×(−1) +2(뉴트리노수)×1 = 0

여기서 오른쪽의 2(양전자수)×(−1)에서 −1은 양전자의 전하를 의미하는 것이 아니라 반입자라는 의미이다. 뉴트리노는 입자이기 때문에 1이 된다.

위의 과정을 두 개의 양성자가 두 개의 중성자와 두 개의 양전자로 바뀐 것으로 보면 식 (2.4)로 쓸 수 있다. 이는 중성자가 양성자와 전자로 바뀌는 **베타 붕괴(beta decay)**의 반대이기 때문에 **역베타 붕괴(inverse beta decay)**라고 부른다.

$$2\ {}^{1}_{1}\mathrm{p} = 2\ {}^{1}_{0}\mathrm{n} + 2\ {}^{0}_{1}\mathrm{e} + 2\ \nu \tag{2.4}$$

뉴트리노는 전기적으로 중성이고 질량이 거의 없기 때문에 다른 입자와 거의 상호작용을 하지 않고 지구도 그냥 통과한다. 그러므로 태양은 낮에는 빛으로 우리 위에서 비치고, 밤에는 뉴트리노로 우리 밑에서 비치는 셈이다. 태양에서 위의 반응을 통해 생긴 뉴트리노는 지금도 엄청난 양이 우리 몸을 통과하고 있다.

주계열성의 내부에서 일어나는 수소의 융합을 통해서는 가벼운 원소인 수소와 헬륨의 비율이 약간 달라질 뿐 우주의 원소 종류가 바뀌지는 않는다. 탄소와 같은 무거운 원소가 만들어지는 것은 아니기 때문이다.

별의 재료가 수소라는 것은 새로 태어난 별의 주위에 아직 별이 되지 못한 수소가 나타내는 스펙트럼으로부터 알 수 있다. 독수리 성운에서 볼 수 있는 먼지 구름의 주성분도 수소이다. 로제타 성운에서는 아직 별이 되지 못한 수소의 구름이 갓 태어난 별의 에너지를 받아 장밋빛으로 보인다. 이 빛을 프리즘으로 분리해 보면 앞에서 보여준 수소의 선 스펙트럼이 나타난다. 태양의 선 스펙트럼인 프라운호퍼선에도 수소의 선들이 강하게 나타난다.

독수리 성운

로제타 성운

주계열성 중심에서 수소가 헬륨으로 바뀌면서 헬륨이 축적되면 수소는 고갈되고 헬륨이 융합하기에는 온도가 낮아서 일단 융합이 중단된다. 그에 따라 중력 수축으로 중심 온도가 상승한다. 중심 온도가 약 1억 °C에 이르면 헬륨의 삼중 충돌로 탄소가 형성되면서 다시 에너지가 발생한다. 탄소의 탄생은 생명체 탄생의 가능성을 보여준다는 점에서 매우 중요하다.

$$3\,{}^{4}_{2}\mathrm{He} = {}^{12}_{6}\mathrm{C}$$

오리온 자리 위쪽의 적색거성 베텔기우스

별의 중심 온도가 1억 °C에 달하면 수소의 융합에 필요한 1500만 °C 정도되는 바깥쪽에서는 수소의 융합이 일어난다. 주계열성에서는 중심에서 수소의 융합이 일어나기 때문에 바깥 방향으로의 압력과 중력에 의한 안쪽으로의 압력이 균형을 이룬다. 그런데 별의 바깥쪽에서 수소의 융합이 일어나면 별이 팽창하고 표면 온도가 강하하여 적색거성(赤色巨星, red giant)이 된다. 적색거성의 중심에 탄소가 축적되면 별의 일생에서 중요한 갈림길을 만난다. 중심 탄소핵의 질량이 태양 질량의 1.4배(찬드라세카 한계)를 초과하면 무거운 원소의 축적 → 융합 중단 → 중력 수축에 의한 온도 상승 → 융합 재개 – 다음 무거운 원소의 생성 과정이 반복되면서 단계적으로 철까지의 원소들이 생성된다. 즉, 생명에 필요한 대부분 원소는 적색거성에서 생성된다고 할 수 있다(C–Fe).

모든 원소 중에서 철의 원자핵이 가장 안정하기 때문에 적색거성 중심에 철이 축적되면 더 이상 융합이 불가능해진다. 그러면 중력 수축으로 온도가 급상승하여 초신성 폭발(超新星爆發, supernova explosion)이 일어난다. 그리고 초신성 폭발 순간에 나오는 감마(γ)선에 의해 철과 같은 무거운 핵이 붕괴되면서 중성자가 방출된다. 중성자를 흡수한 주위의 핵이 베타 붕괴를 하면 원자 번호가 1 증가한다. 이 과정이 반복되면서 철보다 무거운 원소들이 형성된다. 가장 무거운 천연 원소인 우라늄도 초신성 폭발 때 생성된다. 그리고 보면 주기율표에 있는 천연 원소의 70% 정도는 초신성 폭발 때 생성된다고 할 수 있다. 물론 우라늄 이상의 원소들도 만들어졌겠지만, 이들은 불안정하고 반감기가 짧기 때문에 다 붕괴해 버리고 현재 지구상에서는 발견되지 않는다.

초신성의 잔해 게성운

예제 2.5

다음에 주어진 몇 가지 원소의 원자량 값으로부터 철의 핵이 가장 안정한 것을 어떻게 유추할 수 있는가?

원자 번호	원 소	원자량
1	H	1.00794
2	He	4.0026

6	C	12.011
10	Ne	20.1797
20	Ca	40.078
24	Cr	51.9961
25	Mn	54.93805
26	Fe	55.847
27	Co	58.9332
28	Ni	58.69
88	Ra	226.0254
92	U	238.0289
94	Pu	244.0642
103	Lr	260.1053

풀이 수소에서 칼슘까지는 원자량이 정수(整數, whole number)보다 약간 크고, 라듐 이상 무거운 원소들도 마찬가지이다. 그러나 중간의 원소들은 원자량이 정수보다 약간 작은데 철이 특히 정수에서 많이 벗어난다. 질량이 에너지와 동등하므로 낮은 질량은 낮은 에너지, 즉 안정한 핵을 의미한다. 핵 합성 과정에서 질량의 일부가 에너지로 방출되었기 때문이다.

별의 죽음이 생명을 잉태하는 셈이다.

초신성 폭발은 여러 종류의 무거운 원소를 만들 뿐 아니라 자신의 전신인 적색거성에서 만들어진 생명의 핵심 원소들을 우주 공간에 배출하여 차세대 별의 재료를 제공하는 역할도 한다. 지구의 생명체도 성간 공간의 수소와 초신성 폭발 덕분에 별의 내부를 탈출한 무거운 원소들의 결합으로 태어난 것이다.

지금까지 살펴본대로 우주의 원소는 크게 보아 빅뱅 우주에서 수소와 헬륨의 생성, 적색거성에서 탄소부터 철까지 약 20종류 원소의 생성, 그리고 초신성에서 철 이상 60여 종류 원소의 생성의 결과로 얻어진 것이다. 그리고 헬륨 이상의 모든 무거운 원소의 생성에는 중성자가 핵심적인 역할을 하고 있다. 그런데 중성자는 핵분열(核分裂, fission)을 통해 원소를 변환시키기도 한다.

별에서 수소가 헬륨으로, 또 헬륨이 철까지의 무거운 원소로 융합하면서 에너지를 내는 것으로 보아 수소가 핵 에너지가 가장 높고 철이 가장 낮다는 것, 즉 철의 핵이 안정하다는 것을 알 수 있다. 이 핵 에너지는 질량의 형태로 저장되어 있어서 융합이 일어날 때는 일부 질량이 아인슈타인의 $E = mc^2$ 식에 의해 에너지로 바뀐다.

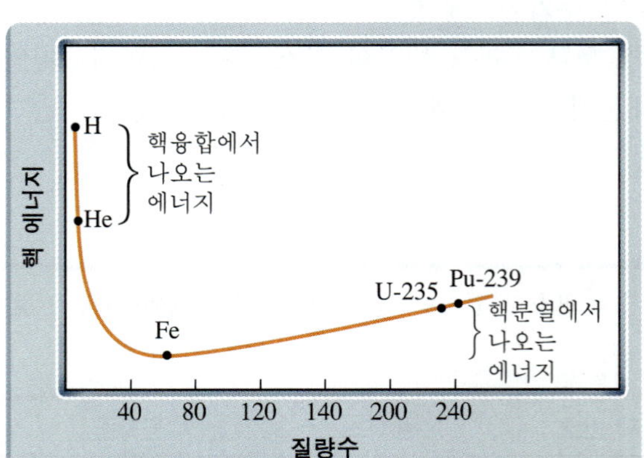

그림 2.4 핵의 안정도. 철의 핵이 가장 안정하다.

철의 원자핵이 가장 안정하다면 초신성에서 철 이상 우라늄, 또는 그 이상의 원자핵이 만들어지는 방향은 철에 비해 원자핵이 불안정해지는 방향이다. 따라서 무겁고 불안정한 핵은 스스로 분열하면서 에너지를 내는 경우가 있게 된다.

그런데 중성자는 핵을 더욱 불안정하게 만들어서 핵변환을 일으키기도 한다. 1938년에 한(Hahn)과 슈트라스만(Strassman)은 우라늄에 중성자를 충돌시키면 바륨(barium, Ba)이 생성되는 것을 관찰하였다. 안그래도 불안정한 우라늄 핵을 중성자가 들어가서 뒤흔들어 놓자 더욱 불안정해진 핵이 거의 두 조각으로 갈라진 것이다.

$$^{1}_{0}\mathrm{n} + {}^{235}_{92}\mathrm{U} \longrightarrow {}^{94}_{36}\mathrm{Kr} + {}^{139}_{56}\mathrm{Ba} + 3{}^{1}_{0}\mathrm{n}$$

예제 2.6

불안정한 핵이 어느 순간 아령 모양으로 구형에서 약간 벗어났다고 하자. 두 개의 물방울이 같은 모양으로 만나면 하나로 합쳐지는데, 비슷한 상황에서 원자핵은 반대로 둘로 갈라지는 이유는 작용하는 힘의 입장에서 어떻게 설명할 수 있을까?

풀이 물 분자 사이에 작용하는 힘은 먼 거리에서도 작용하는 전기적인 힘이다. 그래서 물 방울이나 수은 방울은 합쳐진다. 전체적으로 양전하를 띠는 핵이 양쪽으로 갈라지면 쿼크 사이의 강한 핵력은 가까운 거리에서만 작용하지만 두 반쪽 사이에는 반발력이 작용해서 갈라진다. 위의 핵반응에서 +36의 전하를 가진 크립톤의 핵과 +56의 전하를 가진 바륨의 핵이 10^{-15} 미터 정도의 거리에서 반발하는 상황을 상상해보자.

이때 한 개의 중성자가 충돌하였는데 세 개의 중성자가 튀어 나오고, 이렇게 나온 중성자가 다시 주위의 우라늄 핵에 충돌하고, 이와 같은 식으로 핵분열 연쇄 반응(連鎖反應, chain reaction)이 급격히 일어나면 핵폭탄이 될 수 있다. 중성자를 적당히 흡수하여 연쇄 반응 속도를 조절하면 핵발전소 등과 같은 평화적인 목적으로 사용할 수도 있다.

그런데 왜 들어간 것보다 많은 수의 중성자가 나오는 것일까? 앞에서 쿼크 사이에 작용하는 강한 핵력은 1 페르미 정도의 아주 가까운 거리에서만 작용한다는 것을 살펴보았다. 헬륨의 경우에는 반발하는 두 개의 양성자를 묶어주는 데는 두 개의 중성자로 충분하다. 그런데 양성자수가 많아지고 원자핵이 커지면 사정이 달라진다. 멀리 있는 양성자 사이에도 전기적 반발력은 거리의 제곱에 반비례해서 작용하는데(즉, 0이 되지 않는데) 강한 핵력은 0이 된다. 따라서 원자 번호가 커질수록 양성자보다 많은 중성자를 필요로 한다.

위의 우라늄 핵의 경우에는 양성자는 92개 있는데, 중성자는 $235 - 92 = 143$개나 있다. 우라늄 핵이 거의 반으로 분열되면 조각인 크립톤(krypton)이나 바륨은 필요 이상의 중성자를 가진 셈이 된다. 그래서 이 과량의 중성자가 튀어 나오는 것이다. 알파 붕괴 다음에는 대부분 경우 베타 붕괴가 일어나는 것도 비슷한 이유에서이다. 무거운 핵에서 알파입자(두 개의 양성자와 두 개의 중성자)가 빠져나가면 중성자가 남는 상황이 된다. 이 중성자는 베타 붕괴에 의해 양성자와 전자(그리고 반 뉴트리노)로 바뀐다.

초신성에서 만들어진 무거운 핵 중에서 어떤 동위원소들은 위와 같은 핵분열에 의해 보다 가벼운 원소들로 바뀌어 자연의 원소 분포를 결정하는 데 한 몫 한다.

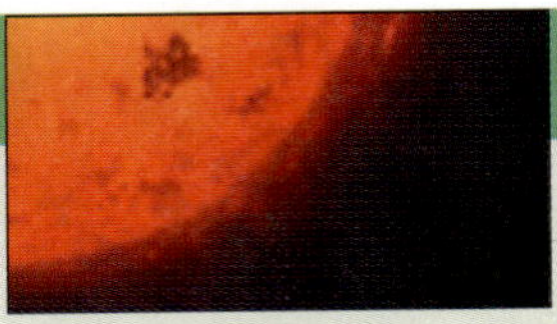

우주적 신토불이(身土不二)

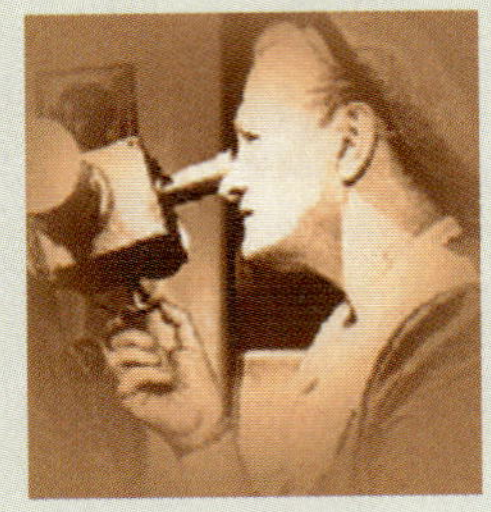

세실리아 페인
(Cecilia Payne, 1900-1979)

지금은 빅뱅 우주에서 만들어진 수소가 우주의 주성분이라는 사실이 잘 알려져 있다. 별의 주성분은 수소이고, 별과 별 사이의 공간에서도 가장 풍부한 원소는 수소이다. 그렇지만 1920년대 초에는 철이 별의 3분의 2 정도를 차지하는 주성분이라고 생각되었다. 우리 주위에도 철이 풍부할 뿐만 아니라 외계에서 날아들어오는 운석에도 철이 풍부하다 보니 그렇게 생각한 것도 무리는 아니다. 이런 생각을 바꾼 주역은 당시 무명의 젊은 여성이었다.

페인(Cecilia Payne)은 자연에 대해 궁금증이 많고 어떻게 해서라도 궁금증을 해결하려는 자세를 가진 영국 여성이었다. 1919년에 케임브리지대학에 입학한 페인은 러더포드(Rutherford)에게 질문을 퍼부어 골치를 썩이기도 했고, 유명한 천문학자 에딩턴(Eddington)의 별빛이 태양의 중력장에서 휘는 것을 확인한 관측에 대한 강연을 듣고 천문학에 이끌렸다. 그러나 당시 영국에서는 여성이 과학 분야의 박사학위 공부를 할 수 있는 기회가 없었다. 1923년에 미국 하버드 천문대로 유학을 가서 당시 천문대 소장이었던 섀플리(Shapley)의 지도로 연구를 시작한 페인은 독립심을 가지고 태양과 별의 성분을 조사하였다.

1814년에 이미 프라운호퍼(Fraunhofer)는 태양의 스펙트럼에 수백 개의 어두운 흡수선(吸收線, absorption line)이 들어있는 것을 관찰하였다. 1859년에 분젠(Bunsen)과 키르히호프(Kirchhoff)가 분광기(分光器, spectrometer)를 발명하면서 여러 가지 다른 원소들은 제각기 여러 선들의 조합으로 이루어진 다른 선 스펙트럼(line spectrum)을 나타내는 것이 알려졌다. 그리고 옹스트롬(Angstrom)은 이런 선들의 파장을 정확히 측정하였다. 그런데 프라운호퍼선처럼 여러 원소들의 선 스펙트럼들이 합쳐진 태양의 스펙트럼은 해석하기가 어렵다. 어떤 선들의 조합은 다른 원소들의 조합으로 설명할 수 있기 때문이다. 그래서 프라운호퍼선도 철이 태양의 주성분 원소라는 선입견을 가지고 보면 그렇게 해석할 수도 있었다. 섀플리, 그리고 그의 보스 격인 당시 가장 영향력 있는 천문학자였던 러셀(Russel)의 반대로 페인은 수소가 태양의 주성분이라는 박사학위 논문의 결론을 상당히 희석하고서야 겨우 심사를 통과할 수 있었다. 후에 태양뿐 아니라 모든 별의 주성분은 수소인 것이 밝혀지자 섀플리와 러셀은 자신들도 이미 그렇게 믿고 있었다는 태도를 취했다. 그래서 페인의 업적은 오래 빛을 보지 못했다. 1925년에 박사학위를 받은 페인은 후일 하버드 최초의 여성 정교수가 되었고, 하버드 천문학과장까지 되었다.

1835년에 프랑스의 유명한 철학자 꽁트(Auguste Comte)는 "우리는 별의 모양, 거리, 크기, 운동은 조사할 수 있을 테지만 별의 화학 조성을 알아낼 가망은 없다"라고 말했는데, 1859년에 키르히호프는 "프라운호퍼선들이 나타나는 것은 태양의 대기에 불꽃 반응에서 그와 같은 위치에서 밝은 빛을 나타내는 방출선(放出線, emission line)을 나타내는 물질들이 있기 때문이다"라고 말했다. 무명의 여성 천문학자 페인은 스펙트럼 분석을 통하여 수소가 우주의 주성분 원소라는 사실을 밝히는 데 중요한 첫 단추를 꿴 셈이다.

페인이 하버드에서 연구를 시작한 1923년에 허블은 외계은하(外界銀河)를 발견했다. 허블은 안드로메다 성운(星雲, nebula)에서 주기(週期, period)가 아주 길고 겉보기 밝기(apparent luminosity)가 낮은 세페이드(Cepheid) 변광성(變光星, variable)을 발견하였다. 세페이드 변광성의 주기와 절대 광도(絶對光度, absolute luminosity) 사이에는 비례 관계가 있다고 하는 리빗의 법칙에 따르면 허블이 발견한 변광성은 주기가 길기 때문에 많은 빛을 낸다는 것을 알 수 있다. 그런데 이 변광성이 아주 어둡게 보인다면 이 변광성이 들어있는 안드로메다 성운은 상당히 먼 거리에 있다는 결론이 나오는 것이다. 허블은 안드로메다 성운이 대략 100만 광년 거리에 있다고 계산해냈다. 성간 먼지에 의한 빛의 흡수를 고려하여 계산을 보정하면 220만 광년이 얻어진다. 아무튼 그 전에는 우리가 속한 은하수가 우주 전체일 것이라는 생각이 많았는데 허블에 의해 두 번째 은하가 발견된 것이다.

헨리에타 리빗(Henrietta Leavitt, 1868-1921). 하버드 천문대에서 단순 계산을 하는 직종이라는 의미의 컴퓨터로 일하면서 마젤란 성운에서 1777개의 변광성을 찾고, 절대 광도는 주기에 비례한다는 리빗의 법칙을 발견했다.

망원경의 성능이 향상되면서 멀리 있는 은하가 계속 발견되는데 지금은 허블우주망원경을 통하여 약 130억 광년 거리에 있는, 그러니까 우주에서 가장 먼저 생긴 별과 은하를 관찰하고 있다. 그러면서 페인이 태양과 비교적 가까운 다른 별에서 관찰했던 화학 원소의 조성이 멀리 있는 은하에서도 확인되고 있다. 흥미로운 사실은 멀리 있는 은하일수록 실리콘, 철 같은 무거운 원소의 양이 수소와 헬륨에 비해 상대적으로 적어지고, 1장의 Hubble Ultra Deep Field에서 본 바 있는 130억 년 전 초기 은하에서는 무거운 원소가 전혀 보이지 않는다는 점이다. 이러한 관찰은 빅뱅 우주에서 수소와 헬륨이 만들어지고 수 억 년 후 별의 내부에서 무거운 원소가 만들어진 다음 초신성 폭발에 의해 우주 공간으로 퍼져나가고, 우주 공간에서 무거운 원소가 가벼운 원소인 수소, 헬륨과 섞여서 다음 세대의 별을 만든다는 우주 진화에 관한 커다란 그림과 잘 맞는다. 우주에는 아리스토텔레스가 천상의 원소라고 했던 에테르는 없고, 우주는 전체적으로 공통된 원소로 만들어진 것이다. 우리 땅에서 산출된 먹거리가 우리 몸에 좋다는 뜻으로 신토불이, 즉 몸과 땅은 둘이 아니라는 말이 있지만 알고 보면 우리 몸은 우주 전체와 공통적인 원소들로 이루어졌으니 우주적 신토불이라고 할만하다.

범위를 약간 좁혀서 태양계 내의 신토불이를 알아보자. 1969년 2월 멕시코의 아옌데 (Allende) 라는 마을 가까이에 운석 (隕石, meteorite) 이 떨어졌다. 이 운석의 조성을 조사해 보니 태양의 대기와 놀랍게도 같은 원소 분포가 얻어졌다. 아래 그림은 실리콘 원자 100만 개 (10^6) 당 여러 원소의 개수를 나타낸다. 철은 아옌데 운석에서나 태양에서나 거의 비슷하게 약 80만 개로 나타났고, 약 20가지 원소의 양이 100만 배의 넓은 농도 범위 내에서 비슷한 것을 볼 수 있다. 광속으로 8분 거리에 있는 태양에서 오는 빛을 조사해서 얻은 원소 분포와 지구로 날아들어온 운석을 직접 분석해서 얻은 원소 분포가 양이 많은 원소나 상대적으로 적은 원소나 상관 없이 비슷하다는 것은 지구를 포함해서 모든 태양계의 구성원들이 같은 원료 (原料, raw material) 로 만들어졌다는 것을 의미한다. 역시 신토불이다.

아옌데 운석

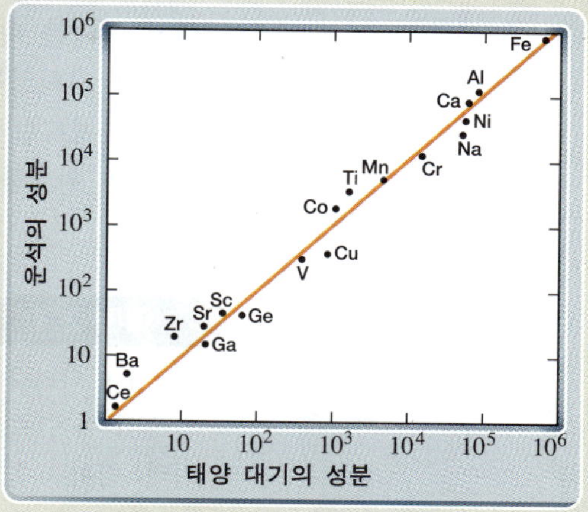

아래의 사진에서 우주와 지구의 원소 분포를 잘 볼 수 있다. 동굴 주위의 암석에서 볼 수 있듯이 지각에는, 그리고 지구 대기에는 유난히 산소가 풍부하다. 그래서 동굴 속에서는 불을 지필 수 있다. 태양계의 행성 중에서 제우스 (Zeus) 라고 하는 목성 (木星, Jupiter) 의 주성분은 수소와 헬륨으로 우주의 원소 분포를 대변한다. 태양계가 속한 은하수에는 천 억 개 이상의 별이 들어있고 별과 별 사이의 거리는 평균적으로 수 광년 정도이다. 이 많은 별들 역시 수소와 헬륨, 그리고 약간의 무거운 원소들로 이루어졌다. 이러한 원소 분포는 은하수 별들 사이의 공간에서도 관찰된다.

미국 유타주 Canyonlands 국립공원의 한 동굴에서 바라본 목성과 은하수 (NASA astronomical picture of the day 사이트, 2008. 9. 29)

이러한 우주의 원소 분포는 우주의 팽창, 우주 배경 복사와 함께 빅뱅 우주론의 세 개의 기둥을 이룬다. 우주의 원소 분포를 조사하여 원소의 기원에 해당하는 빅뱅 우주를 논할 수 있다는 것은 흥미로운 일이다.

2-5 우주의 원소 분포

앞에서 살펴본 대로 빅뱅 우주에서 만들어진 가벼운 원소(수소와 헬륨), 그리고 별이 태어나고 진화하는 과정에서 만들어진 무거운 원소들이 삼라만상을 만든다. 우리가 별빛의 스펙트럼을 관찰해서 조사한 별의 성분, 그리고 별과 별 사이의 공간에 존재하는 약간의 원소들을 고려해서 우주의 원소 분포를 개수 비로 나타내면 대략 표 2.1과 같다.

예제 2.7

표 2.1에 나타나지 않은 원소들은 무시하기로 하자. 상위 1위 원소는 우주 전체 원소수의 몇 %를 차지하는가? 상위 1, 2위를 합하면? 상위 1, 2, 3위를 합하면? 상위 1, 2, 3, 4위를 합하면? 상위 1, 2, 3, 4, 5위를 합하면?

풀이 표 2.1에 주어진 수를 합하면 1.078712702×10^9이다. 순위별로 합한 값을 전체로 나누면

H	92.70%
H, He	99.84%
H, He, O	99.89%
H, He, O, C	99.90%
H, He, O, C, N	99.98%

몇 가지 눈에 띄는 점을 살펴보자.

- 빅뱅 우주에서 만들어진 수소, 헬륨이 대부분을 차지한다. 별에서 수소의 일부가 헬륨으로 바뀌었지만 아직도 대부분의 수소는 수소로 남아 있다. 물론 이 분포는 지구상의, 우리 주위의 원소 분포와는 크게 다르다. 지구는 아주 특이한 행성이다.
- 원자 번호와 질량수가 짝수인 원소가 풍부하다. 알파 입자가 무거운 원소를 만드는 단위 역할을 하는 것을 알 수 있다.

표 2.1 우주의 원소에 대한 개수 비

원 소	개 수	원 소	개 수
H	10^9	P	310
He	7.7×10^7	S	21,000
C	560,000	Cl	390
N	95,000	Ar	6,700
O	840,000	K	100
F	28	Ca	2,500
Ne	87,000	Ti	84
Na	1,200	Cr	390
Mg	33,000	Mn	200
Al	2,500	Fe	27,000
Si	33,000	Ni	2,300

- 대체적으로 원자 번호가 커질수록 양이 감소한다. 먼저 만들어진 가벼운 원소들이 뭉쳐서 무거운 원소들을 만드는 것을 알 수 있다.
- 상위 다섯 가지의 원소는 H > He > O > C > N 순서이다. 산소가 탄소와 질소보다 풍부하다. 가장 풍부한 수소 원자끼리 만나 화학 결합을 하면 수소 분자(H_2)가 되고, 수소와 산소가 만나면 물(H_2O), 수소와 탄소가 만나면 메테인(CH_4), 수소와 질소가 만나면 암모니아(NH_3)가 된다. 수소, 물, 메테인, 암모니아가 생명의 탄생에 중요한 역할을 했으리라고 추측할 수 있다.
- 철이 상대적으로 풍부하여 지구상에 철기 문명을 가능하게 했다. 석기 시대와 반도체를 가능하게 한 규소도 풍부하다. 철은 원자 번호가 26으로 상당히 높은 점을 고려하면 다른 원소에 비해 유난히 풍부한 셈이다. 이것은 철의 원자핵이 안정하기 때문이다.
- 생명에 핵심적인 인이 질소나 황에 비해 매우 적다. 그런데도 불구하고 DNA 이중 나선의 골격이나 척추의 골격을 만드는 데 인이 사용되는 것을 보면 인이 특별한 화학적 성질을 가지고 있다는 것을 알 수 있다.

요점 정리

- 원소에는 기원이 있다. 원소의 기원은 우주의 기원, 진화와 밀접하게 연관되어 있다. 우주의 기원에 관한 빅뱅 우주론은 우주의 팽창, 우주 배경 복사, 그리고 우주의 원소 분포라는 세 개의 기둥에 의하여 확고하게 지지된다.

- 137억 년 전 급격히 팽창하면서 온도가 떨어지는 빅뱅 우주에서 전하가 +2/3인 업 쿼크 두 개와 전하가 −1/3인 다운 쿼크 한 개가 강한 핵력으로 뭉쳐서 전하가 +1인 양성자를 만들었고, 업 쿼크 한 개와 다운 쿼크 두 개가 뭉쳐서 전하가 0인 중성자를 만들었다. 양성자가 만들어진 것은 화학 원소 입장에서는 첫 번째 원소인 수소가 생성된 것이다.

- 양성자와 양성자가 충돌할 때는 충돌 직전에 전기적 반발력이 무한대로 치솟기 때문에 양성자만으로는 양성자가 두 개인 헬륨이 만들어질 수 없다. 중성자를 매개로 핵융합이 일어나 빅뱅 우주에서 처음 3분 간에 헬륨이 만들어졌다. 이때 수소와 헬륨의 질량비는 약 3 : 1이다. 팽창하는 우주에서 더 이상 핵융합이 일어나지 못하고 이 수소와 헬륨의 대략적인 비율은 우주 전체에 걸쳐 유지된다.

- 우주의 나이가 30만 년 정도 되었을 때 전자가 양성자와 헬륨 원자핵과 결합하여 중성 원자를 만든다. 이때 나온 빛이 나중에 우주 배경 복사로 관찰된다.

- 우주의 나이가 1~2억 년 정도 되었을 때 수소와 헬륨이 중력으로 모여서 별과 은하를 만든다. 중심 온도가 1500만도 정도가 되면 수소를 융합하여 헬륨을 만들면서 에너지를 내는 주계열성이 된다.

- 주계열성의 중심에 헬륨이 축적되면 적색거성이 되면서 중심에서 탄소, 산소 등 철까지의 무거운 원소들이 순차적으로 만들어진다.

- 질량이 큰 적색거성의 중심에 철이 축적되면 초신성 폭발을 일으키며 중성자 포획과 베타 붕괴를 통하여 철 이상 무거운 원소들이 만들어진다. 초신성 폭발의 결과로 내부의 무거운

원소들이 우주 공간으로 흩어져 차세대별이나 행성계의 재료가 된다.

- 이러한 과정을 거쳐 주기율표상의 모든 원소들이 만들어지고 우주의 원소 분포가 결정된다. 또한 동위원소의 비율에 따라 원소들의 원자량이 정해진다.
- 우주 원소의 대부분은 수소와 헬륨이고, 그 다음으로 산소, 탄소, 질소, 네온이 풍부하다. 원자핵이 가장 안정한 철도 상대적으로 풍부하다.

연 | 습 | 문 | 제

O, × 문제

다음 서술이 맞는지 틀리는지 O, ×로 답하고, 틀린 경우에는 틀린 내용을 맞게 고쳐라.

1. 우리 몸을 이루는 입자들은 다음 순서로 진화했다. (　　)

   쿼크 → 양성자/중성자 → 무거운 원소의 원자핵 → 원자 → 분자

2. 사람의 몸은 궁극적으로 쿼크와 렙톤으로 만들어졌다. (　　)
3. 자연에 존재하는 힘의 상대적인 세기는 다음과 같다. (　　)

   강한 핵력 > 약한 핵력 > 전자기력 > 중력

4. 양성자와 중성자는 모두 쿼크로 이루어졌다. (　　)
5. 업 쿼크와 다운 쿼크의 전하는 각각 $+\frac{1}{3}$과 $-\frac{2}{3}$이다. (　　)
6. 중수소에서 양성자와 중성자가 결합하게 해 주는 힘은 기본적으로 양성자 또는 중성자에서 쿼크들이 서로 결합하는 힘과 동일하다. (　　)
7. 모든 원소에는 중성자가 반드시 들어 있다. (　　)
8. 우리 몸에 들어 있는 물 분자의 수소는 빅뱅 우주에서 만들어졌다. (　　)
9. 개수로 볼 때 우리 몸에 가장 많이 들어 있는 원소는 별의 내부에서 만들어졌다. (　　)
10. 생명에 필수적인 다섯 가지 원소들은 모두 별의 내부에서 만들어졌다. (　　)
11. 빅뱅 이후 약 3 분 후에 오늘 날에 관측되는 수소와 헬륨의 비율이 결정되었다. 현재 우주에서 관찰되는 원소 분포는 빅뱅 우주에서 헬륨의 핵합성과 대략 일치한다. (　　)
12. 우주의 원소 분포는 지구의 원소 분포로부터 추측할 수 있다. (　　)

13. 멀리 있는 별과 은하일수록 무거운 원소의 비율이 높아진다. (　　)

14. 우주를 구성하고 있는 원소 중에서 헬륨이 가장 풍부한데, 이것은 빅뱅 우주에서 대부분의 수소가 헬륨으로 바뀌었기 때문이다. (　　)

15. 현재 우주의 대부분의 중성자는 원자핵 속에 갇혀 있다. (　　)

16. 무거운 원소를 만들기 위해서는 높은 온도가 필요하다. 왜냐하면 양성자들을 1 페르미 이내의 거리로 가져오기 위해서는 쿨롱 반발력을 극복해야 하기 때문이다. (　　)

17. 헬륨 핵의 질량은 양성자 질량의 4배보다 크다. (　　)

18. 현재 태양의 중심에는 탄소 핵이 들어 있다. (　　)

19. 다음 모든 것이 쿼크로 이루어졌다. (　　)

> 삼성 전자의 회장, 삼성 전자의 휴대 전화기, 하늘의 세 별, 전자

20. 초신성 폭발의 순간에 철 같은 무거운 원소가 중성자를 포획하면 알파 붕괴가 뒤따라 일어나서 원자 번호가 보다 높은 원소가 만들어진다. (　　)

선택형 문제

21. 우주의 나이는 얼마인가?
가. 7천 년　　나. 6천 5백만 년　　다. 46억 년　　라. 137억 년

22. 지구의 나이는 얼마인가?
가. 7천 년　　나. 6천 5백만 년　　다. 46억 년　　라. 137억 년

23. 팽창하는 우주를 발견한 사람은 누구인가?
가. 갈릴레오　　나. 허블　　다. 펜지아스　　라. 가모프

24. 우주 공간에서 가장 추운 곳의 온도는 절대 온도로 대략 몇 도인가?
가. 0도　　나. 3도　　다. 30도　　라. 300도

25. 우주에서 가장 많은 원소는?
가. 수소　　나. 헬륨　　다. 철　　라. 산소

26. 우주에서 두 번째로 많은 원소는?
가. 수소　　나. 헬륨　　다. 탄소　　라. 산소

27. 우주에서 세 번째로 많은 원소는?
가. 수소　　나. 헬륨　　다. 탄소　　라. 산소

28. 태양에서 일어나는 헬륨의 핵 합성에 관하여 빈 괄호에 알맞는 것은?

$$4\ {}_1H \rightarrow {}_2He + (\quad\quad) + (\quad\quad)$$

가. 전자, 뉴트리노　　나. 전자, 반 뉴트리노
다. 양전자, 뉴트리노　　라. 양전자, 반 뉴트리노

29. 핵반응에서 반응물과 생성물 사이에서 균형을 이루어야 하는 것이 아닌 것은?
가. 전하　　나. 쿼크수　　다. 렙톤수　　라. 원자 번호

30. 현재의 태양은 어느 단계에 있는가?
가. 주계열성　　나. 적색거성　　다. 초신성　　라. 블랙홀

31. 태양의 중심에 가장 많은 원자핵은?
가. 수소　　나. 헬륨　　다. 탄소　　라. 철

32. 태양의 중심 온도는 절대 온도로 몇 도인가?
가. 300도　　나. 300만도　　다. 1500 만도　　다. 1억도

33. 우주의 역사에서 처음 생긴 별에서 찾아 볼 수 없는 것은?
가. 쿼크　　나. 양성자　　다. 헬륨 원자핵　　라. 탄소 원자핵

34. 1920년대에 세실리아 페인은 모든 별은 이 원소의 흡수 스펙트럼을 가장 강하게 나타낸다는 사실을 발견했다. 이 원소는 무엇인가?
가. 수소　　나. 헬륨　　다. 탄소　　라. 철

35. 분젠과 키르히호프가 만든 원소의 방출과 흡수 스펙트럼을 조사하는 데 사용되는 기구는?
가. 망원경　　나. 현미경　　다. 프리즘　　라. 분광기

괄호 채우기 문제

36. 태초의 지구에서 DNA가 만들어지기 위하여 그 전에 일어나야 했던 일들을 과거의 일부터 순서대로 보기에서 골라 적어라.

(　　)→(　　)→(　　)→(　　)→(　　)→(　　)→(　　)→(　　)→(　　)

보기
가. 탄소, 산소, 질소, 인 원자핵의 합성
나. 양성자(수소의 원자핵)와 중성자의 생성
다. 중성 수소 원자의 생성　　라. 쿼크와 전자의 생성
마. 빅뱅　　바. 초신성 폭발
사. 최초의 별의 탄생　　아. 물, 메테인, 암모니아의 생성
자. 헬륨 원자핵의 합성

37. 다음 각 경우에 작용하는 가장 강한 힘을 아래의 보기에서 골라라.

보기 ㄱ. 강한 핵력　　ㄴ. 전자기력　　ㄷ. 약한 핵력　　ㄹ. 중력

(1) 양성자와 양성자가 1 fermi 거리 밖에 있을 때
가. 양성자 내부의 쿼크 사이 ( )
나. 양성자와 양성자 사이 ( )

(2) 양성자와 중성자가 1 fermi 거리 밖에 있을 때
가. 양성자 내부의 쿼크 사이 ( )
나. 중성자 내부의 쿼크 사이 ( )
다. 양성자와 중성자 사이 ( )

(3) 양성자와 중성자가 1 fermi 거리 안에 있을 때
가. 양성자 내부의 쿼크 사이 ( )
나. 양성자의 쿼크와 중성자의 쿼크 사이 ( )

(4) 두 개의 중수소가 1 fermi 거리 밖에 있을 때
가. 중수소 내부의 양성자와 중성자 사이 ( )
나. 중수소와 중수소 사이 ( )

(5) 두 개의 중수소가 1 fermi 거리 안에 있을 때
가. 양성자와 양성자 사이 ( )
나. 양성자의 쿼크와 중성자의 쿼크 사이 ( )

(6) 중성 헬륨 원자의 경우
가. 양성자의 쿼크와 중성자의 쿼크 사이 ( )
나. 중성자와 전자 사이 ( )
다. 양성자와 전자 사이 ( )
라. 전자와 전자 사이 ( )

38. 장미에 맺힌 빗방울로부터 우주의 역사에 대한 단서를 찾아보자.
(1) 비가 내리는 것은 빗방울과 지구와의 ( ) 작용 때문이다.
(2) 빗방울에 들어 있는 물 분자들은 ( )에 의해 뭉쳐 있다.
(3) 물 분자를 구성하는 산소와 수소 원자들은 ( )에 의해 화학 결합을 이룬다.
(4) 산소와 수소는 원자핵과 전자 사이의 ( )에 의해 중성 원자를 이룬다.
(5) 산소 원자핵에 들어 있는 양성자와 중성자들은 ( )에 의해 단단하게 뭉쳐 있다.
(6) 양성자와 중성자 내부에 들어 있는 쿼크들은 ( )에 의해 양성자와 중성자를 구성한다.
(7) 물방울을 가열하여 에너지를 주면 물 분자의 운동 에너지가 물 분자들 사이의 끄는 힘보다 ( ) 물이 증발하고, 물 분자들은 공기 중에서 개별적으로 돌아다니게 된다.
(8) 더 높은 에너지를 주면 물 분자 내의 산소와 수소 사이의 결합이 끊어지고 산소와 수소 ( )가 얻어진다.
(9) 더 높은 에너지를 주면 산소와 수소 ( )에서 전자가 떨어져 나가고 ( )이 얻어진다.
(10) 웬만큼 더 높은 에너지를 주어도 산소 ( )을 하나하나의 양성자와 중성자로 갈라놓을 수는 없다. 마찬가지로 양성자와 중성자를 ( )로 갈라놓을 수도 없다.
(11) 이처럼 물질을 구성하는 입자들을 깊이 파고 들어가려면 순차적으로 ( ) 에너지가 필요하다. 깊은 곳에 자리잡고 있는 입자일수록 ( ) 결합하고 있기 때문이다. 이는 구성 입자들의 발견 순서와도 일치한다.
(12) 반면 이들 입자의 생성은 깊이 자리잡고 ( ) 결합하는 입자가 먼저 만들어지고, 온도

가 떨어지면서 다음으로 (　　　) 힘이 작용해서 다음 단계의 입자가 만들어지는 식으로 진행된다.

39. 수소와 헬륨에 대한 다음 서술에서 괄호를 채워라.

(1) 빅뱅 우주에서 쿼크로부터 (　　　)가 처음 만들어졌을 때 첫 화학 원소인 수소가 만들어졌다고 할 수 있다.

(2) 두 번째 원소인 헬륨 또한 빅뱅 우주에서 만들어졌다. 헬륨은 두 개의 양성자로 이루어졌다. 헬륨을 이루기 위해 두 양성자가 융합하려면 양성자 간 (　　　) 반발력이 작용하기 때문에 양성자만으로는 융합이 불가능하다.

(3) 같은 전하 간 반발은 입자 간 거리의 제곱에 (　　　)한다. 두 양성자 간의 거리가 양성자의 크기(약 1 fermi $= 10^{-15}$ m)에 가까워지면 반발력은 거의 무한대로 커진다.

(4) 양성자를 뭉치기 위해 중성자가 사용되었다. 양성자와 중성자가 1 fermi 거리 이내에 있으면 양성자와 중성자의 쿼크들은 (　　　)으로 상호작용한다. 이 상호작용은 양성자 간 반발력보다 훨씬 강하다. 따라서 헬륨 원자핵 속의 두 중성자는 헬륨 반발하는 두 개의 양성자를 붙잡아 안정한 핵을 만든다. 137억 년 후에 원자핵에 들어있는 양성자수를 (　　　), 양성자수와 중성자수의 합을 (　　　), 그리고 헬륨 원자핵을 (　　　)라고 부르게 되었다.

(5) 빅뱅 우주에서 수소와 헬륨의 핵은 (　　　) 대 1의 질량비로 만들어졌다. 수소와 헬륨의 개수비는 (　　　) 대 1이다. 더 이상의 핵합성은 불가능했다. 왜냐하면 온도와 입자 밀도가 팽창하는 우주에서 급격하게 감소했기 때문이다. 원소의 비율은 최초 (　　　)분 동안에 결정되었다.

(6) 1920년대에 세실리아 페인은 햇빛과 별빛의 스펙트럼을 조사하여 (　　　)가 가장 풍부한 원소라는 것을 알아냈다. 이 관찰은 빅뱅 모델에 의해 추측된 원소 분포와 일치한다.

40. 우주와 생명의 역사는 다음과 같이 일련의 응축으로 요약할 수 있다. 괄호를 채워라.

팽창하는 우주에서 온도의 강하는 대략적으로 다음 식을 따른다.

$$T = \frac{10^{10}}{\sqrt{t}} \qquad T\text{: 우주의 온도(켈빈)}, t\text{: 우주의 나이(초)}$$

(1) (　　　) → 양성자, 중성자	10^{-5} 초
(2) 양성자 + 중성자 → 헬륨핵	(　　　) 분
(3) 양성자, 헬륨핵 + 전자 → H, He	(　　　)년
(4) H, He 원자 → (　　　) (재이온화)	1~3억 년
(5) 양성자, 헬륨핵 → (　　　) 원소	
(6) H, (　　　) → H_2, CH_4, NH_3, H_2O	
(7) H_2, He 등 → (　　　)계	46억 년 전
(8) H_2, CH_4, NH_3, H_2O, P 등 → (　　　), 단백질 ; A, (　　　), (　　　), (　　　), DNA	
(9) 단백질, DNA, 세포막 → (　　　)	약 40억 년 전
(10) 10^{14} (　　　) → 과학하는 인류(homo scientificus)	500년 전

41. 우주의 원소 분포에 있어서 가장 많은 처음 다섯 가지 원소는 H, He, O, C, N이다. S와 P는 이들보다 훨씬 적다. 다음 생체 화합물에 들어 있는 원소에 ○표를 하여라.

	H	He	O	C	N	S	P
탄수화물							
지방질							
단백질							
핵산							
인지질							
비타민 C							
ATP							
물							

(1) 이들 화합물에 공통적으로 들어 있는 원소는 (　　　)이다.

(2) 그 밖에 생체에서 중요한 기능을 가지는 화합물에 공통적으로 들어 있는 원소는 (　　　)이다.

(3) 유전 물질이 단백질인지 핵산인지를 알아내는 데 지표로 사용되었을 두 가지 원소는 (　　　,　　　)일 것이다.

42. 다음 내용은 생명 현상에서 수소의 중요성을 기술한 것이다. 괄호를 채워라.

(1) 수소는 태양의 내부에서 (　　　) 반응에 의하여 에너지를 낸다. 식물은 이 에너지를 이용해서 (　　　) 작용으로 탄수화물을 만든다. 이산화탄소 (CO_2)가 탄수화물 [$C_6(H_2O)_6$]로 바뀌는 반응에서 탄소는 (　　　)된다. (　　　)은 직접적으로 또는 간접적으로 식물로부터 탄수화물을 섭취한다. 따라서 수소는 모든 생명체의 에너지원이라고 말할 수 있다.

(2) 대부분의 생화학적 반응은 (　　　)을 용매로 필요로 한다. 화성 탐사선이 생명의 존재 여부를 알기 위하여 우선 (　　　)의 흔적을 찾는 이유가 바로 여기에 있다. 빅뱅 당시에 만들어진 (　　　)와 수억 년 후에 별의 내부에서 만들어진 (　　　)가 만나 화학 결합을 이루어 이 용매를 만들어낸 것은 참 다행이다.

(3) DNA의 이중 나선 구조에서 아데닌과 (　　　), 구아닌과 (　　　)은 수소 결합을 이루고 있다. DNA는 여러 개의 염기쌍을 가지고 있고, 염기쌍마다 수소 결합이 두 개 또는 세 개가 있기 때문에 DNA는 매우 (　　　)한 분자이다. 따라서 모든 세포는 DNA 카피를 (　　　)개씩 가지고 있다. 수소 결합은 DNA의 염기 서열이 RNA의 염기 서열로 전사되는 과정이나 RNA의 염기 서열이 단백질의 아미노산 서열로 번역되는 과정에서도 결정적인 역할을 한다. 뿐만 아니라 수소 결합은 또 하나의 중요한 생체 고분자인 (　　　)의 3차원적 구조를 이루는 데에도 중요한 역할을 한다.

(4) 세포막은 (　　　)수성인 세포 내부의 세포질과 (　　　)수성인 세포 외부의 환경을 구분하는 중요한 역할을 한다. 그렇게 하기 위해서 세포막은 인지질이라고 하는 친수성 부분과 소수성 부분을 함께 지닌 분자의 이중막 구조를 가진다. 인지질에서 인산 부분은 극성이 (　　　), 지방질 부분은 극성이 (　　　). 인지질 이중막에서는 인산 부위가 이중막의 (　　　) 쪽을 향하고, 지방질은 (　　　) 쪽을 향해서 막을 형성한다. 수소가 아니었다면 안정한 세포막 구조가 불가능하고 따라서 생명체의 존재 여부조차 의심스러워진다.

(5) 동면하는 동물이나 사막에서 여행하는 낙타는 몸에 많은 지방질을 지닌다. 지방질은 탄수화물이나 단백질보다 단위 무게당 (　　　)배 정도의 에너지를 낸다. 그것은 탄수화물이나 단백질과 달리 지방질은 탄소와 수소의 긴 사슬로 되어 있어서 탄수화물이나 단백질에 비해 수소를 많이 포함하고 있는데, 전기음성도(전자를 끌어 당겨서 음전기를 띠는 정도)가 산소에 비해 (　　　) 수소는 호흡 작용에 의해 (　　　)될 때 많은 에너지를 내기 때문이다.

43. 다음은 빅뱅 우주론에 관한 내용이다. 괄호를 채워라.

(1) (　　　)과 같은 하이델베르크 대학의 물리학 교수였던 키르히호프는 원소는 같은 파장에서 방출 스펙트럼과 (　　　) 스펙트럼을 나타내는 것을 알아냈다.

(2) 1920년 대에 미국의 천문학자 (　　　)은 태양계가 속한 은하로부터 아주 멀리 떨어진 은하계에서 나오는 별빛의 흡수 스펙트럼은 모두 (　　　)색 편이를 일으키며, 이 편이의 정도는 그 은하계까지의 거리에 비례하는 것을 발견했다. 이러한 스펙트럼의 편이는 (　　　) 효과로 설명할 수 있으며, 멀리 떨어진 은하계는 모두 서로로부터 멀어져 가고 있다는 것을 의미한다. 러시아 출신의 가모프는 이러한 결과로부터 우주는 모든 에너지가 작은 공간에 모여 있는 상태로부터 (　　　)이라고 알려진 대폭발을 통해서 시작되었고, 그 이후 계속 (　　　)을 하고 있다는 모델을 제창했다. 이러한 우주의 (　　　)은 빅뱅 우주론을 지지하는 첫 번째 기둥이다.

(3) 가모프는 또한 태초의 대폭발 당시의 에너지가 절대 온도 5도 정도의 잔재로 남아 있으리라 예측했다. 1965년에 미국의 벨 연구소에서 마이크로파 안테나를 가지고 연구하던 펜지아스와 윌슨은 우연히 하늘의 모든 방향에서 안테나에 들어오는, 3도에 해당하는 낮은 에너지를 검출했다. 이것은 우주의 마이크로파 (　　　)라고 부른다. 이러한 우주의 (　　　)는 빅뱅 우주론을 지지하는 두 번째 기둥이다.

(4) 과학자들은 태초의 엄청나게 온도가 높은 상황을 입자 가속기를 이용해서 재현하고, 표준 모형을 통해 최초의 3분 간에 일어난 사건을 잘 설명하게 되었다. 이 모형에 의하면 태초의 높은 에너지로부터 (　　　)라고 불리는 소립자가 생기고, 이들이 강한 핵력으로 결합해서 (　　　)와 (　　　)가 생겨났다. 이 중에서 (　　　)는 약 30만 년 후 또 다른 소립자인 (　　　)와 결합하여 수소 원자를 만든다. (　　　)와 (　　　)가 강한 핵력으로 결합하여 먼저 (　　　)를 만들고 (　　　)가 다시 (　　　), (　　　)와 결합해서 (　　　)의 원자핵을 만드는데, 이로써 우주에는 두 가지 원소의 원자핵이 등장한 셈이다. 그 후 별이 생겨나고 진화하면서 별의 내부에서 핵융합에 의하여 (　　　)까지의 모든 원소들이 생성되었고, 금과 같은 무거운 원소들은 (　　　) 폭발 당시 생성되었다. 관찰되는 우주의 (　　　) 분포는 빅뱅 우주론을 지지하는 세 번째 기둥이다.

영어로 배우는 문제

주어진 숫자와 의미가 통하도록 적절한 단어를 찾아라. 문제가 2 = W. on a B.라면 찾아야 할 단어는 wheels, bicycle이 될 것이다. 보통 자전거는 바퀴가 둘이다.

44. $+\frac{2}{3}$ = electric C. of an U. Q.

45. $-\frac{1}{3}$ = electric C. of a D. Q.

46. 1 = most abundant E. in the U.

47. 2 = U. Q. in a P.

48. 2 = D. Q. in a N.

49. 3 = Q. in a proton or a neutron

50. 3 = cosmic M. background in K.

51. 3 = age of the U. in M. when synthesis of H. was over

52. 3 = age of the U. in 10^5 years when the first A. was made

53. 3 = thousand degrees K. when the first A. was made

54. 3 to 1 = H. to H. mass ratio after the first T. minutes

55. 13.7 = age of the U. in B. years

◀ 주사 터널링 현미경 탐침으로 원자들을 옮겨서 쓴 原子

Chapter 3 원자론, 분자론

사람은 10^{28}개 정도의 원자의 집단이다. 그렇다면 원자를 이해하는 것은 우리 자신을 이해하는 첫걸음이다. 이 장에서는 원자에 대한 생각이 어떻게 발전해 왔는가, 원자와 원소는 어떻게 다른가, 원자와 분자는 어떻게 다른가, 원소와 화합물은 어떻게 다른가 등의 기본적인 개념과 함께 원자량, 분자량, 몰, 아보가드로수, 원소 분석 등 주로 19세기에 발전된 화학의 원리들을 다룬다.

3-1 원자, 분자, 원소, 화합물

화학에서 가장 많이 사용하는 단어를 몇 가지 든다면 원자, 분자, 원소, 화합물이 들어갈 것이다. 이 절에서는 이러한 몇 가지 주요단어들을 정의하고 넘어가기로 하자.

원자(原子, **atom**)나 **분자**(分子, **molecule**)는 하나하나의 입자를 일컫는 말이고, **원소**(元素, **element**)는 같은 화학적 성질을 가지는 원자나 분자들을 집단적으로 부르는 말이다. 예를 들어, 아주 가벼운 기체이고, 산소와 폭발적으로 반응하여 물이 되는 어떤 물질이 있다고 하자. 이 물질을 조사해 보면 분자라고 부르는 아주 작은 입자로 구성되어 있고, 그 분자는 두 개의 같은 입자가 결합을 이루어 만들어진 것을 알 수 있다. 이 물질은 물을 만든다는 의미로 수소(水素, hydrogen, H)라고 부르게 되었다. 처음에 발견된 수소는 수소 분자(H_2)인 것이다. 그리고 수소 분자를 구성하는 두 개의 작은 입자는 수소 원자(H)라고 부른다. 물론 처음에 수소가 발견되었을 때는 수소 원자와 수소 분자의 구별이 없었다. 따라서 수소 분자도 수소 원자도 원소의 입장에서는 모두 같은 수소인 것이다.

산소의 경우도 마찬가지다. 여기에 공기보다 무겁고, 마시면 상쾌한 느낌을 주고, 꺼져가는 촛불에 갖다 대면 촛불이 확 살아나는 기체 물질이 있다. 또 이 물질이 탄소, 질소, 인, 황 같은 물질과 반응하면 산을 만든다. 그래서 산소(酸素, oxygen)라고 이름이 붙었다. 이런 조건에 맞는 물질은 산소 밖에 없다. 산소라는 원소는 공기 중에서는 산소 분자(O_2)로 존재하고, 하나의 산소 분자는 두 개의 산소 원자(O)로 이루어진다.

그렇다면 원자와 분자의 근본적인 차이는 무엇일까? 여기 2 그램의 수소 분자의 집단이 있는데, 그것의 반을 취하여 1 그램의 수소 분자들을 얻었다고 하자. 이때 2 그램의 수소와 1 그램의 수소는 가볍고 태우면 물이 된다는 성질은 똑같다. 이렇게 반씩을 취해 나가면 결국은 수소 분자 한 개가 남게 될 것이다. 이제 수소 분자를 둘로 나누면 두 개의 수소 원자가 얻어지는데, 이때는 수소 분자 두 개에서 한 개로 가는 단계와는 전혀 다른 상황이 벌어진다. 수소 분자들을 갈라 놓는 데는 별로 힘이 들지 않는 반면에, 수소 분자를 수소 원자로 갈라 놓으려면 상당한 에너지가 필요하다. 한편 두 개의 수소 분자는 서로 충돌해도 튕겨 나올 뿐 반응을 하지 않는데 비해 두 개의 수소 원자가 만나면 금방 수소 분자로 바뀐다. 그런 의미에서 수소 분자는 기체로서의 수소의 성질을 유지하는 마지막 입자라고 볼 수 있다. 산소 분자도, 물 분자도, 글루코스 분자도 마찬가지다.

그런데 그렇게 수소 분자와 수소 원자의 성질이 다르다면 둘 다 같이 수소라는 원소 이름으로 부르는 것이 조금 이상해 보인다. 그래서 이번에는 물을 생각해 보자. 1 그램의 물을 반씩 갈라 나가면 언젠가는 물 분자 하나를 만나게 될 것이다. 이제 물 분자를 열이나 전기적인 방법으로 분해하면(열분해, 전기분해) 이번에는 수소와 산소라는 전혀 다른 원소가 얻어진다. 앞에서 수소 분자를 분해했을 때는 분자와 원자의 차이가 있었을 뿐 수소라는 같은 종류의 원자였는데, 물 분자를 분해하면 종류가 다른 원자들이 얻어지는 것이다. 라부아지에(Lavoisier)는 원소를 "분석이 도달할 수 있는 마지막 지점"이라고 정의했는데, 물은 수소와 산소라는 두 가지 구성성분으로 분석되므로 원소가 아니고, 수소와 산소는 다른 성분으로 분석되지 않으므로 원소인 것이다. 물론 여기서 다른 성분이라 함은 다른 원소를 의미한다.

물처럼 다른 종류의 원자들이 모여 이룬 물질을 **화합물**(化合物, **compound**)이라고 한다. 포도당도, 아미노산도, DNA도 모두 화합물이다. 원소에서 하나하나의 분자를 생각할 수 있듯이 화합물에서도 하나하나의 포도당이나 아미노산 분자를 생각할 수 있다. 아무튼 화합물이건 원소이건 원자로 이루어진 것은 틀림이 없다. 우리 몸도 마찬가지다. 원자로 이루어진 우리가 어떻게 원자를 파악하게 되었을까? 수소면 수소, 산소면 산소라는 한 종류의 원소에 속한 모든 원자는 다 똑같을까? 원자가 아니면 원소가 아닌가?

기원전 600년 경 밀레토스에서 활동했던 탈레스는 물을 유일한 원소로 생각했다. 액체인 물은 쉽게 기체인 수증기로, 고체인 얼음으로 바뀌고 또 원래의 물로 돌아온다. 이처럼 근본적이면서도 다른 형태로 쉽게 변환되며 또 생명에 필수적인 물을 원소로 취급한 것은 충분히 이해가 된다. 그러나 물 하나로부터 공기, 흙, 동식물 등 삼라만상이 만들어질 수 있다는 것은 아무래도 무리이다. 엠페도클레스는 물에 불, 공기, 흙을 추가해서 4원소설을 주장했다. 뿐만 아니라 엠페도클레스는 이 기본 원소들이 사랑과 미움으로 상호작용하면서 만물을 만들어낸다고 생각했다. 자연에는 입자들을 붙잡아 주는 강한 핵력, 전자기력, 만유인력이 있고, 아울러 전자기력이 양전기를 띤 입자끼리, 또 음전기를 띤 입자끼리 밀어내고 또 기름과 물이 섞이지 않는 것 등을 생각하면 엠페도클레스의 생각은 탁월했다고 보인다.

탈레스(Thales, 약 624-545 BC). 물을 유일한 원소라고 생각했다.

지금은 자연에 약 90가지의 원소가 있는 것이 잘 알려졌다. 자연에서 가장 무거운 원소는 주기율표에서 92번 째 원소인 우라늄이다. 과학자들은 우라늄보다 무거운 원소들을 인공적으로 만들고 있다. 가장 최근에 발표된 원소는 원자 번호가 118인 원소이다. 아직 확인이 되고 이름이 붙여지지는 않았다. 우라늄보다 가벼운 원소 중에서 테크네튬(technetium, Tc, 43번)과 프로메튬(promethium, Pm, 61번)은 자연에는 아주 미량으로 존재하여 자연에서 발견되지는 않았고 원자로(原子爐, nuclear reactor)에서 인공적으로 만들어졌다.

우리는 이렇게 원소라는 말을 많이 사용하고 있지만 막상 원소의 엄밀한 정의를 찾아보기는 쉽지 않다. 원소라는 말이 사용되는 여러 경우로부터 원소의 정의를 찾아보자. 단 여기서 원소라 함은 물리학에서 의미하는 기본 입자(基本粒子, elementary particle)로서의 원소가 아니라 수소, 탄소 등 화학 원소(化學元素, chemical element)를 의미한다.

예제 3.1

어떤 고등학교 교과서에는 원소란 물리적 또는 화학적 방법으로 더 이상 간단한 물질로 분해될 수 없는 물질이라는 보일 식의 정의가 나온다. 그러나 원소인 수소는 더 간단한 양성자와 전자라는 물질로 분해된다. 원소를 현대적으로 정의하는 입장에서 다음 경우들로부터 어떤 경우에는 같은 원소인지, 어떤 경우에는 다른 원소인지 키포인트를 설명하여라.

가) 성간 공간에는 세제곱센티미터(cm^3)당 수 개의 수소 원자가 있는데, 성간 공간에서 수소 원자가 충돌하면 화학 결합을 이루어 수소 분자가 된다.

$$2H \longrightarrow H_2$$

나) 태양 중심에서 수소는 핵융합을 통해 수소 다음으로 가벼운 원소인 헬륨을 만든다.

$$4H \longrightarrow He$$

다) 태양 중심의 온도는 약 1500만 K, 밀도는 약 160 g/cm^3이다. 밀도가 수소 원자들을 서로 맞닿을 정도로 쌓아놓았을 때보다 100배 이상 높은 것으로 보아 높은 온도하에서 전자가 떨어져나간 플라스마 상태인 것을 알 수 있다.

라) 아연에 염산을 가하면 아연 양이온과 염소 음이온이 생기면서 수소가 발생한다.

$$Zn(s) + 2HCl(aq) \longrightarrow Zn^{2+}(aq) + 2Cl^{-}(aq) + H_2\uparrow$$

마) 대부분 원자의 내부에는 양성자(p), 전자(e), 그리고 중성자(n)가 들어 있다. 이 세 가지 입자 중 두 가지가 하나씩 모여서 만들어진 2입자 시스템(two particle system) 중에는 양성자와 전자가 모인 (p + e) 수소 원자, 그리고 양성자와 중성자가 모인 (p + n) 중수소의 원자핵이 있다. 1932년에 유리는 중수소를 발견하였고, 1934년에 러더포드는 삼중수소(p + 2n)를 발견했다. 2장에서 본 대로 중성자가 없는 가벼운 수소, 중수소, 삼중수소를 수소의 **동위원소(isotope)** 라고 한다.

풀이 가) 성간 공간에서 센티미터 거리에 있던 수소 원자들이 결합해서 만든 수소 분자에서는 양성자 사이의 거리가 1 옹스트롬 정도로 줄어든다. 양성자 사이의 거리가 1 옹스트롬이건 1 센티미터이건 둘 다 수소이다. 수소 원자이건 수소 분자이건 원소 입장에서는 같은 수소인 것이다. 어느 경우에나 핵에는 양성자가 한 개 밖에 없다.

나) 핵융합을 통해 양성자 사이의 거리가 1 페르미 정도로 가까워지면 다른 원소가 된다.

다) 전자가 떨어져나가도 수소, 헬륨이라고 부른다. 처음 3분 간(2장 참조) 양성자와 헬륨 원자핵이 만들어지고 아직 전자가 결합하지 않았을 때도 수소, 헬륨이라고 부른 것을 상기하자.

라) 중성 아연 또는 염소 원자인지, 아연 양이온 또는 염소 음이온인지 상관 없다. 다)에서와 마찬가지로 전자수에 상관 없이 양성자수가 같으면 같은 원소이다.

마) 중성자수에 상관 없이 양성자수가 같으면 같은 원소이다.

양성자와 전자의 조합은 원자나 이온이고, 양성자와 중성자의 조합은 동위원소이다. 그런데 중성자와 전자가 모인 (n + e) 입자는 알려지지 않았다. 원자, 이온, 동위원소를 통틀어서 중성자와 전자수에 상관 없이 1 페르미 정도 크기에 들어있는 양성자의 수가 같은 입자를 원소라고 정의할 수 있다. 즉 "원소란 원자핵에 들어있는 양성자의 수, 즉 원자 번호가 같은 물질"인 것이다. 가장 가볍고 간단한, 원소라 부를 수 있는 입자는 양성자 하나만으로 구성된 수소 이온이다. 수소 분자는 양성자가 두 개지만, 이들은 핵을 벗어나 멀리 떨어져 있다. 지금까지 알려진 가장 무거운 원소는 118개의 양성자로 이루어졌다고 한다.

예제 3.2

다음 경우에 염소 원자핵 내의 양성자수와 원자핵 주위의 전자수를 적어라.

Cl, Cl_2, HCl, NaCl

풀이

	양성자수	전자수
Cl	17	17
Cl_2	17	18
HCl	17	18
NaCl	17	18

Cl_2와 HCl 경우에 염소 원자는 이웃 염소 또는 수소 원자와 하나의 전자를 공유하여 결합을 이룬다. 따라서 전자수는 원래보다 하나 증가한 18이 된다. NaCl 경우에는 염소는 소듐으로부터 전자를 하나 얻어서 염소 이온(Cl^-)이 된다. 전자수는 역시 18이다.

예제 3.3

다음 경우에 탄소 원자핵 내의 양성자수와 중성자수를 적어라.

C-12 C-13 C-14

풀이

	양성자수	중성자수
C-12	6	6
C-13	6	7
C-14	6	8

이들은 모두 탄소의 동위원소이다. C-12는 약 99%를, C-13은 약 1%를 차지한다. 미량인 C-14는 반감기(11장)가 5740년으로 연대 측정에 사용된다.

원소의 정의를 놓고 보면 원소가 원자보다 포괄적인 개념인 것을 알 수 있다.

1. 원자가 한국 사람 개개인에 해당한다면, 한국인 전체를 지칭할 때는 원소라 한다.
2. 중성자수가 달라도 양성자수가 같으면 같은 원소이다. 예컨대 수소, 중수소, 삼중수소는 질량과 크기가 다른 원자이다. 그러나 모두 양성자가 하나인 수소이다.
3. 전자수가 달라도 양성자수가 같으면 같은 원소이다. 예컨대 수소 원자(H), 수소 양이온(H^+), 수소음이온(H^-)은 전하가 다르다. 그러나 모두 양성자가 하나인 수소이다.

원소의 정의를 확실히 했으니 이제부터는 원자에 대해 자세히 살펴보자.

예제 3.4

다음 입자들을 크기가 옹스트롬(10^{-10} m) 단위인 것과 페르미(10^{-15} m) 단위인 것으로 구분하여라.

H, H^+, H^-, He, He^+, He^{2+}, Zn^{2+}, Cl^-, H_2, HCl

풀이 옹스트롬 단위 : H, H^-, He, He^+, Zn^{2+}, Cl^-, H_2, HCl
페르미 단위 : H^+, He^{2+}

위에서 H^+와 He^{2+} 이온은 보통 원자핵이라고 하지 원자라고 하지는 않는다. 그리고 보면 원자란 전체 전하에 상관 없이 페르미 단위 크기의 원자핵에 한 개 이상의 전자가 가해져서 크기가 십만 배 정도 늘어난 옹스트롬 단위 크기의 입자인 셈이다. 전자수가 양성자수와 같으면 중성 원자이고, 다르면 이온이라고 부른다.

흔히 더 나눌 수 없는 입자로서의 원자(a-tomos)를 처음 생각한 것은 기원전 450년경 데모크리투스(Democritos)와 그의 스승인 레우기포스(Leucipus)라고 전해진다. 데모크리투스는 "모든 것은 원자와 빈 공간이다. 나머지는 당신의 의견이다" 라는 말을 남겼다. 물질이 원자와 원자 사이의 빈 공간으로 이루어져 있지 않고 연속적이라면 어떻게 칼로 빵을 자를 수 있으며, 물고기가 헤엄을 칠 수 있다는 말인가? 그래서 데모크리투스는 물고기는 앞의 빈 공간으로 헤엄쳐 나가고 뒤로는 빈 공간을 남긴다고 생각했다.

데모크리투스(Democritus, B.C. 460-370 경). 모든 기존의 생각을 비판하여 비웃는 철학자(laughing philosopher)로 알려졌다.

데모크리투스는 구체적으로 몇 종류의 원자가 있다거나 원자가 얼마나 작다거나 하는 말은 하지 않았다. 그는 다른 종류의 원자들은 둥글다거나 모가 난다거나 식으로 모양이 다르기 때문에 물이 흐르고 돌은 딱딱하고 식의 차이가 나타난다고 생각했다. 나중에 근대적인 원자론이 등장할 때는 크기나 모양보다는 질량이 중요한 역할을 했던 것과 흥미로운 대비를 이룬다.

더 나눌 수 없는 입자로서의 원자를 생각한 데모크리투스도 얼마나 작게 나누면 더 나눌 수 없는지는 알지 못했다. 지금은 원자의 크기가 대략 10^{-10} 미터, 즉 0.1 나노미터인 것이 알려졌다(1장). 가장 작은 원자인 수소 원자의 지름이 약 0.1 나노미터인 것이다. 0.1 나노미터는 1 옹스트롬이라고도 한다. 길이가 1 센티미터인 물체를 데모크리투스의 칼로 절반씩 잘라 나간다면 30번이 되기 전에 더 자를 수 없는 원자의 크기에 도달할 것이다.

실제로는 원자 사이에 빈 공간이 있지만 우리 주위의 거시세계에서는 데모크리투스가 말한 진공을 쉽게 찾아 볼 수 없다. 진공이 있으면 금방 주위의 기체나 액체가 흘러들어 가서 진공을 채워버리기 때문이다. 1643년에 토리첼리는 처음으로 진공을 실현했다. 길이가 1 미터 정도되는 유리관을 수은으로 채우고 수은이 담긴 용기에 거꾸로 세우자 무거운 수은이 아래로 내려가다가 76 센티미터 정도의 높이에서 멈추었다. 그러니까 76 센티미터에 해당하는 수은주의 압력과 지구 표면으로부터 약 15 킬로미터 높이에 퍼져 있는 공기의 압력이 맞선 것이다. 그런데 수은은 증기압이 낮은 액체이기 때문에 수은주 위에는 거의 완벽한 진공이 얻어졌다. 흥미롭게도 토리첼리라는 이름은 작은 기둥이라는 뜻이라고 한다.

3-2 수소와 산소의 발견

우리 몸의 대부분을 차지하고 모든 생명 현상을 가능하게 하는 물이 2천 년 동안 믿어온 대로 원소가 아니고 수소와 산소의 화합물이라면 수소와 산소의 발견은 과학의 역사에서 중요한 의미를 지닐 것이다. 수소와 산소의 발견에는 이 장에서 다루는 원자론과 분자론의 중요한 개념들이 모두 관련되어 있을 뿐 아니라 뒤에서 다룰 원자 구조, 분자 구조, 물질의 성질, 엔트로피, 자유 에너지 등 화학의 거의 모든 내용이 압축되어 있다. 수소와 산소의 발견을 통해 질의, 응답 식으로 화학 전반의 내용을 미리 살펴보고, 수소와 산소 같은 기체 원소의 발견이 원자론과 분자론이 확립되는 데 어떻게 중요한 역할을 했는지 알아보자.

3-2-1 수소의 발견

수소는 우주에서 가장 풍부한 원소이다. 또한 한 개의 양성자로 이루어진 수소는 화학 원소 중에서는 가장 간단한 원조(元祖) 원소이다. 그러나 137억 년 우주 역사에서, 그리고 40억 년 지구상 생명의 역사에서 수소에 의존하는 생명체인 인간이 수소를 발견한 것은 18세기 후반에 들어와서다.

많은 과학의 발견은 여러 과학자에 의해 단계적으로 이루어진다. 수소의 발견도 예외는 아니다. 1662년에 기체의 부피와 압력의 관계를 나타내는 보일의 법칙을 발견한 아일랜드 출신 보일(Boyle)은 1671년에는 철에 묽은 염산을 가하면 잘 타는 기체가 발생하는 것을 관찰했다. 그러나 원소로서의 수소를 발견한 공은 영국의 캐번디시(Cavendish)에게 돌아간다. 1766년에 캐번디시는 아연, 구리, 주석 등 금속에 강한 산을 가할 때 산의 종류에 상관없이 같은 가벼운 기체(2장)가 발생하는 것을 관찰했다.

$$Zn(s) + 2HCl(aq) \rightarrow Zn^{2+}(aq) + 2Cl^{-}(aq) + H_2(g)\uparrow$$

당시 염산이 수소와 염소라는 두 가지 원소의 화합물인 줄은 아무도 몰랐지만 수백 년에 걸친 연금술 덕분에 염산이라는 산성 물질은 이미 알려져 있었다. 염산은 사실 염화수소라는 화합물이 물에 녹아 있는 수용액이다. 염화수소에서 수소 원자와 염소 원자는 원자가전자(4장)를 하나씩 내놓고 공유 결합을 이루고 있는데, 막상 결합을 이루고 난 후에는 전기음성도(5장)가 높은 염소가 전기음성도가 낮은 수소로부터 전자를 끌어 당겨서 음전하를 띠게 된다. 전자를 빼앗긴 수소는 반대로 양전하를 띤다. 이처럼 염화수소는 극성이 높은 분자라서(7장) 역시 극성이 높은 물에 잘 녹는다.

캐번디시(Henry Cavendish, 1731–1810). 평생 독신으로 살면서 과학 연구에 몰두했다. 후일 그의 친척 중 한 사람이 낸 기금으로 설립된 케임브리지의 캐번디시 연구소에서는 전자, DNA 이중 나선 등 수많은 중요한 발견들이 이루어졌다.

예제 3.5

아연, 수소, 염소의 전기음성도는 각각 1.7, 2.2, 3.2이다. 아연에 강산인 염산을 가하면 수소가 발생하는 이유와 일정한 양의 아연으로부터 일정한 양의 수소가 나오는 이유를 설명하여라.

풀이 극성이 높은 HCl은 물에 녹으면 수소는 염소에 전자를 내어주어 수소 이온(H^+)과 염소 이온(Cl^-)으로 해리한다. 수소 이온이 수소보다 전기음성도가 낮은 아연을 만나면 아연에게서 전자를 받아 수소 원자가 되고 아연은 양이온(Zn^{2+})이 된다. 전자를 되찾은 수소 원자 둘이 만나면 안정한 수소 분자가 되어 기체가 된다. 이 과정에서 핵심 반응의 당사자는 수소 이온과 금속 아연이므로 수소 이온을 충분히 내는 산이면 어떤 산이나 상관 없다.

아연은 원자 하나당 두 개의 전자를 내주므로 수소 이온 두 개가 수소 원자 두 개로, 나아가서 수소 분자 한 개로 바뀐다. 따라서 아무리 산을 많이 가하더라도 일정한 양의 아연으로부터 발생하는 수소 분자수는 아연 원자수와 같다.

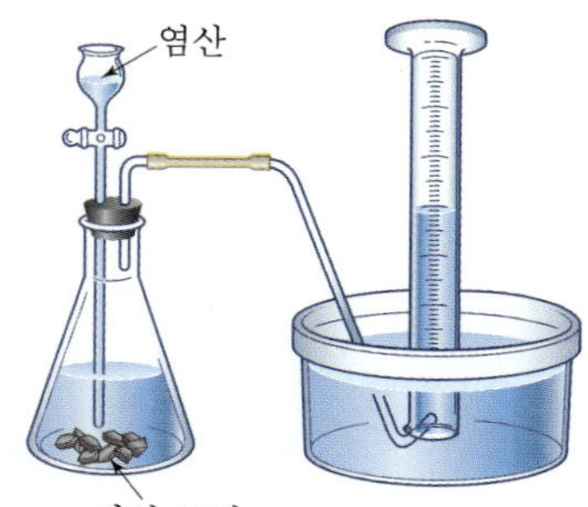

그림 3.1 캐번디시의 수소 발생 실험. 가볍고 물에 녹지 않는 수소는 수상 치환으로 포집할 수 있다.

캐번디시는 발생하는 기체를 물 위에 포집하여 분리하고 이를 **가연성 공기**(*inflammable air*)라고 불렀다. 그는 이렇게 분리한 기체의 밀도를 측정하였고, 이 기체는 연소하면 물을 만드는 원소인 것을 밝혔다. 그래서 캐번디시는 탈레스 이래 원소로 생각되어 왔던 물이 원소가 아니라 화합물인 것을 밝히는 데도 기여했다. 1783년에 프랑스의 라부아지에는 이 기체를 물을 만드는 원소라는 뜻에서 수소(水素, hydrogen)라 명명하였다.

캐번디시는 공기 중 질소와 산소의 조성을 정확히 측정했고 공기에는 부피의 1/120에 해당하는 제3의 기체가 들어있는 것도 알아냈다. 이 기체는 약 100년 후 레일리(Rayleigh)와 램지(Ramsay)에 의해 아르곤으로 밝혀졌다. 수소의 밀도를 측정한 캐번디시는 지구의 밀도를 측정한 것으로도 유명하다.

원자량이 1인 수소 1 그램에는 6×10^{23} 개(아보가드로수)의 수소 원자가 들어 있다. 수소 원자의 지름은 약 1 옹스트롬(10^{-10} 미터)이다. 자연에서 가장 작은 분자인 수소 분자에서 두 양성자 사이의 거리는 수소 원자의 지름보다 약간 짧은 0.74 옹스트롬이다(6장). 캐번디시가 분리하고 밀도를 측정한 수소는 수소 분자였을 것이다. 수소 원자는 불안정하기 때문에 둘이 만나면 대번에 안정한 분자를 만들기 때문이다. 수소 분자가 안정한 이유는 제일 바깥의 전자 껍질이 채워지기 때문으로 캐번디시가 알아낸 공기 중의 제3의 기체, 아르곤이 비활성 기체인 이유와 근본적으로 같다(5장). 아보가드로가 분자의 존재를 제안한 것은 1811년이다. 캐번디시는 분자를 모른채 1810년 2월에 사망했다.

예제 3.6

수소를 수상 치환(水上置換)으로 포집한 것을 보면 수소는 물에 잘 녹지 않는 것을 알 수 있다. 물을 만드는 원소인 수소가 물에 녹지 않는 이유를 수소와 물 분자의 구조로부터 설명하여라.

풀이 아연 표면에서 생긴 수소 원자는 둘이 만나면 즉시 수소 분자(H_2)로 바뀐다. 수소 분자는 H–H 구조로 둘 다 전기음성도가 낮은 수소 원자인데다가 대칭적으로 같은 원소이기 때문에 비극성 분자(nonpolar molecule)이다(7장). 수소 분자의 두 원자 사이에 산소 원자가 끼어들어 가서 H–O–H 구조인 물이 되면 굽고 극성이 높은 분자가 된다(6장). 비극성 분자인 H_2와 극성이 높은 분자인 H_2O 사이에는 분자간 상호작용이 작아서 잘 녹지 않는다(7장). 수소 분자는 기체로 발생되어 자신의 고향인 우주 공간(2장)으로 날아가다가 캐번디시에게 발견된 것이다. 발생한 수소가 고체나 액체이거나 또는 물에 잘 녹는다면 쉽게 발견되지 못했을 것이다.

예제 3.7

수소를 수상 치환으로 포집한 것을 보면 수소는 가벼운 기체인 것을 알 수 있다. 산소라면 수상 치환이 어려웠을 것이다. 수소와 산소에 관해 틀린 것은?

가. 수소는 핵에 중성자가 없다.
나. 수소, 산소 모두 이원자 분자(diatomic molecule)이다.
다. 수소, 산소 모두 분자간 인력이 약하다.
라. 같은 온도, 압력하에서 수소 분자 사이의 거리는 산소 분자 사이의 거리보다 크다.

풀이 가. 맞다. 수소는 핵에 중성자가 없고 양성자도 하나 밖에 없기 때문에 일단 원자 하나의 무게가 산소에 비해 작다.
나. 맞다. 옥텟 규칙(6장)을 만족하는 구조는 H – H, O=O이다. 따라서 분자량은 2와 32로 16배 차이가 난다.
다. 맞다. 수소, 산소 모두 비극성 분자로 분자간 인력은 약한 분산력(8장)이다. 그래서 이상 기체(ideal gas)로 볼 수 있다.
라. 틀리다. 분자량에 상관 없이 이상 기체에서는 같은 온도, 압력 하에서 분자간 거리가 같다. 그래서 기체 밀도는 분자량에 비례하고 따라서 수소는 가볍다.

인간 세상에서도 안정의 추구와 자유의 추구라는 두 가지 면의 조화가 중요하다.

이제는 보다 근본적인 문제, 즉 왜 아연에 산을 가하면 수소가 발생하고, 그 반대 반응은 일어나지 않는가를 생각해 보자. 어느 방향의 반응의 일어날지를 판단하는 데 중요한 두 기준이 있다. 에너지 면에서 안정도(安定度, stability)가 증가하는지와 자유도(自由度, freedom)가 높아지는지 여부이다. 여기서 자유도는 degree of freedom과는 다른 의미로 흔히 무질서도(無秩序度, randomness)라고도 하나, 무질서라는 말이 내포하는 부정적인 의미보다는 자유도의 긍정적인 의미로 해석하는 것이 바람직하다. 9장에서 보겠지만 순수한 과학적인 용어는 엔트로피(entropy)이다.

예제 3.8

캐번디시의 수소 발생 반응에서는 열이 나온다. 이 반응과 관련하여 틀린 것은?

가. 발열 반응에서 열이 나오는 것은 반응물에 비해 생성물의 전체 에너지가 낮아지기 때문이다. 에너지 면에서 이 반응은 자발적으로 일어나기에 유리하다.

나. 고체 아연에서 아연 이온(Zn^{2+})이 생긴다. 이온은 용액 내에서 물과 결합해서 불규칙적으로 돌아다니는데 이것은 엔트로피가 증가하는 방향이므로 반응이 자발적으로 일어나기에 유리한 면이다.

다. 기체(gas)의 어원은 혼란을 의미하는 카오스(chaos)다. 수소 이온으로 용액 내에 제한되어 있던 수소는 자유도가 아주 높은 수소 기체로 바뀐다. 이것은 엔트로피가 증가하는 방향이므로 반응이 자발적으로 일어나기에 유리한 면이다.

라. 위의 세 효과는 서로 상쇄된다.

풀이 가, 나, 다 모두 맞다. 에너지 감소 면에서도 유리하고 엔트로피 증가 면에서도 유리하기 때문에 이런 경우에는 반응물을 섞어주기만 하면 반응은 자발적(8장)으로 일어난다. 반응이 자발적으로 일어나는 경우가 세 가지 있는데, 캐번디시의 수소 발견 반응은 에너지와 엔트로피 효과가 합해져서 확실하게 반응이 일어나는 대표적인 예이다. '라'는 틀리다. 위의 세 효과는 합쳐져서 이 반응이 잘 일어나게 한다.

가벼운 수소를 풍선에 포집하고 긴 막대기 끝에 불을 붙여 갖다대면 공기 중의 산소와 폭발적으로 반응해서 열을 내며 물이 된다. 수소도 강한 H−H 공유 결합을 가진 분자이고, 산소는 더욱 강한 O=O 이중 결합을 가지고 있다. 그런데도 물로 바뀌는 이유는 무엇일까?

예제 3.9

결합 에너지는 몰당 킬로주울(kJ/mol)로 나타낸다. H-H 단일 결합의 결합 에너지는 432 kJ/mol, O=O 이중 결합의 결합 에너지는 495 kJ/mol이다. 아래 반응에서 물 1 몰당 242 kJ의 열이 발생했다면 O−H 단일 결합의 결합 에너지는 얼마로 추산할 수 있을까?

$$2H_2(g) + O_2(g) \longrightarrow 2H_2O(g)$$

풀이 반응물의 결합 에너지 $= 2 \times \text{H}-\text{H} + \text{O}=\text{O}$

$$= 2 \times 432 + 495 = 1359 \text{ kJ/mol}$$

생성물의 결합 에너지 $= 2 \times \text{H}-\text{O}-\text{H} = 4 \times \text{O}-\text{H}$

열이 발생했다는 것은 생성물이 안정하다는 것, 즉 결합 에너지가 크다는 것을 의미한다.

생성물의 결합 에너지 − 반응물의 결합 에너지 = 발열량

$$(4 \times \text{O}-\text{H}) - 1359 = 2 \times 242$$

$$\text{O}-\text{H} = \frac{2 \times 242 + 1359}{4} = 461 \text{ kJ/mol}$$

이 값은 수소-산소 결합이 수소-수소 결합보다 강하다는 것을 의미한다. 그 이유를 합리적으로 설명할 수 있다면 위의 반응이 일어나는 이유를 납득할 수 있게 된다.

예제 3.10

예제 3.9의 반응과 관련하여 틀린 것은?

가. 산소 원자끼리 결합한 산소 분자에서는 산소의 높은 전기음성도를 만족시키지 못한다.
나. 수소 원자끼리 결합한 수소 분자에서는 수소의 낮은 전기음성도를 활용하지 못한다.
다. 전기음성도 차이가 큰 두 원소가 결합하면 많은 열이 나온다.
라. 발열량과 전기음성도는 상관이 없다.

풀이 가. 맞다. 욕심 많은 사람 둘이 모이면 관계가 불안하다. 산소 분자는 이중 결합인 것을 감안하면 결합 에너지가 낮은 셈이다.
나. 맞다. 욕심 없는 사람 둘이 모이면 관계는 원만하지만 크게 덕을 보는 사람도 없다.
다. 맞다. 욕심 많은 사람이 욕심 없는 사람과 만나면 전체적으로 만족도가 제일 높다.
라. 틀리다. 어떤 집단의 안정도는 구성원 개개인의 성향과 밀접한 관련이 있다.

예제 3.9에서는 에너지가 감소하고 엔트로피가 증가하면 반응이 자발적으로 일어나는 것을 보았다. 이번에는 수소와 산소가 폭발적으로 반응하는 이유를 살펴보자.

예제 3.11

예제 3.10에서는 결합 에너지를 고려하기 위해서 기체 상태의 물 분자를 고려했지만 실제로 수소와 산소를 반응시키면 액체 물이 얻어진다. 이 반응과 관련하여 틀리는 것은?

$$2H_2(g) + O_2(g) \longrightarrow 2H_2O(l)$$

가. 에너지 면에서 이 반응은 자발적으로 일어나기에 유리하다.
나. 기체 분자 세 개에서 액체 분자 두 개가 생기므로 엔트로피가 감소한다. 이는 반응이 자발적으로 일어나기에 불리한 면이다.
다. 에너지 면에서 안정화 효과가 엔트로피 감소 효과를 상쇄하고도 남기 때문에 이 반응은 자발적이다.
라. 성냥을 그어대듯이 외부에서 에너지를 공급해야 반응이 일어나므로 자발적이라 말할 수 없다.

도미노 효과

풀이 가, 나, 다 모두 맞다. 성냥을 그어대는 것은 반응물과 생성물 사이의 에너지 장벽을 넘게 하기 위해서이다. 그렇게 해서 일단 반응이 시작되면 반응에서 나온 열이 에너지 장벽을 넘는데 사용되어 반응은 연쇄적으로 진행된다. 도미노 효과이다. 도미노에서는 도미노가 쓰러질 때의 위치 에너지 감소가 반응열에, 바닥과의 마찰이 에너지 장벽에 해당한다. 예제 3.9에서와는 달리 이 반응은 에너지 효과와 엔트로피 효과가 반대 방향이지만 에너지 효과가 훨씬 크기 때문에 반응이 자발적으로 진행하는 경우이다. 화학에서는 여러 가지 반응물로부터 원하는 생성물을 합성하는 경우가 많기 때문에 대부분의 화학 반응은 이 경우에 해당하리라 추측할 수 있다. 자발적 반응의 세 번째 경우가 무엇일지 짐작이 간다.

3-2-2 산소의 발견

셸레(Carl Scheele, 1742-1786). 약제사 보조로 일하면서 산소, 염소, 플루오린화수소, 황화수소, 사이안화수소 등 기체와 타타르산, 옥살산, 락트산 등 여러 중요한 화합물을 발견했다.

산소 발견에 관해서는 스웨덴의 셸레(Scheele), 영국의 프리스틀리(Priestley), 그리고 프랑스의 라부아지에(Lavoisier) 모두가 중요한 기여를 했다.

1772년에 셸레는 공기의 5분의 1 정도를 차지하는, 연소를 돕는 성분이 있는 것을 발견했다. 철 조각에 황산을 가해서 발생하는 수소 기체를 연소시키고 나면 공기의 부피가 5분의 1 정도 줄어드는 것을 관찰한 것이다. 황화포타슘(K_2S)을 공기에 접촉해도 같은 일이 일어났다($2K_2S + O_2 \longrightarrow 2K_2O + 2S$). 그 후 셸레는 초석($KNO_3$), 검은 망가니즈($MnO_2$), red calx of mercury로 알려진 수은 화합물(HgO)에 진한 황산을 가하고 가열하면 연소를 돕는 기체가 나오는 것을 알아냈다. 타다 남은 석탄 조각을 이 기체에 가까이 가져가면 빨갛게 타오르는 것을 보고 셸레는 이 기체를 불 공기(fire air)라고 불렀다. 한편 셸레는 공기에서 산소가 제거되고 남은 부분(질소)을 나쁜 공기(foul air)라고 불렀다. 그러나 이런 결과는 1777년에나 책으로 출간되었다. 그 사이에 셸레는 불 공기에 관해서 라부아지에에게 편지를 보냈는데 이 편지를 보낸 사실이 오랫 동안 알려지지 않아 산소 발견에 관한 셸레의 공헌이 100년 정도 잊혀졌다.

프리스틀리(Joseph Priestley, 1733-1803). 목사로 목회를 하는 틈틈이 화학 실험을 하여 산소 이외에도 산화이질소(N_2O), 이산화탄소, 염화수소, 일산화탄소, 이산화황 등 기체를 분리했으며 광합성을 통한 산소의 배출을 관찰했다.

한편 프리스틀리는 1774년에 붉은색을 나타내는 어떤 고체 물질에 커다란 렌즈로 모은 햇빛을 쪼이면 특이한 기체가 발생하는 것을 발견했다. 당시 프리스틀리는 셸레의 결과에 대해서는 알지 못했다.

$$2HgO(s) \longrightarrow 2Hg(l) + O_2(g)\uparrow$$

이 경우에도 고체인 산화수은이 분해되어 액체인 수은이 얻어지고 산소가 기체로 발생하여 프리스틀리에 의해 발견된 것이다. 물론 프리스틀리는 자신이 사용한 물질이 수은의 산화물인 줄은 몰랐다. 위의 수소의 경우에도 마찬가지지만 고체에서 기체가 발생하면 생성물인 기체가 날아가기 때문에 **르샤틀리에 원리**(*Le chatelier's principle*, 9장)에 따라 반응은 오른쪽으로 진행된다.

예제 3.12

위의 반응과 관련하여 틀린 것은?

가. 반응물이 생성물보다 안정하다. 즉 이 반응은 흡열 반응이다. 따라서 에너지 면에서는 이 반응이 자발적으로 일어나기가 불리하다.

나. 고체인 산화수은에서 액체인 수은과 기체인 산소가 생기는 것은 엔트로피가 증가하는 방향이므로 반응이 자발적으로 일어나기에 유리한 면이다.

다. 엔트로피 증가 효과가 에너지의 불리한 면을 극복하고 이 반응이 자발적으로 일어나기 위해서는 높은 온도가 필요하다.

라. 햇빛의 에너지는 반응속도를 빠르게 하는 것이 주된 역할이다.

풀이 가. 맞다. 예제 3.8, 3.9에서 살펴본 대로 산화물은 에너지가 낮다. 따라서 산화수은이 분해하는 반응은 자발적으로 일어날 것 같지 않다.

나. 맞다. 고체에서 액체와 기체가 생기는 것으로부터 엔트로피 면에서는 유리해 보인다.

다. 맞다. 위의 두 상반된 효과 중 어느 쪽이 우세한가에 따라 반응이 자발적으로 일어나기도 하고 일어나지 않기도 한다. 프리스틀리가 햇빛을 쪼여 에너지를 가하기 전에는 분해가 일어나지 않은 것을 보면 낮은 온도에서는 에너지 효과가 우세한 듯하다. 높은 온도에서는 엔트로피 효과가 우세해져서 반응이 일어난다(8장).

라. 틀리다. 낮은 온도에서는 반응이 전혀 일어나지 않기 때문에 햇빛의 역할은 반응속도와 관련있다고 보기 어렵다.

이렇게 해서 우리는 수소와 산소의 발견과 관련하여 역사적으로 중요한 세 반응으로부터 반응이 일어나는 세 가지 열역학적 경우를 모두 알아보았다. 에너지 면에서 불리한 흡열 반응에서 엔트로피가 감소한다면 그런 반응은 어떤 경우에도 일어나지 않을 것이다. 8장에서 **깁스 자유 에너지**(*Gibbs free energy*)와 관련하여 반응의 방향성을 자세히 다루기로 한다.

프리스틀리는 이 기체가 꺼져가는 촛불을 되살리는데 그 효과가 공기의 5 내지 6배나 된다고 추정했다. 또한 그는 밀폐된 공간에서 쥐가 공기 부족으로 죽어가는데 공기

그림 3.2 산소의 활성. 산소가 부족하면 촛불이 꺼진다(위그림). 마찬가지로 산소가 부족하면 쥐가 죽는다. 그러나 식물이 있으면 광합성을 통해 산소를 배출한다(아래그림).

라부아지에 (Antoine Lavoisier, 1743-1794). 프랑스 혁명의 소용돌이 속에서 단두대에 희생된 그를 두고 라그랑쥬는 "라부아지에의 머리가 잘리는 데는 1초도 안걸렸지만, 이런 머리가 다시 태어나려면 100년도 더 걸릴 것이다"라고 안타까워했다.

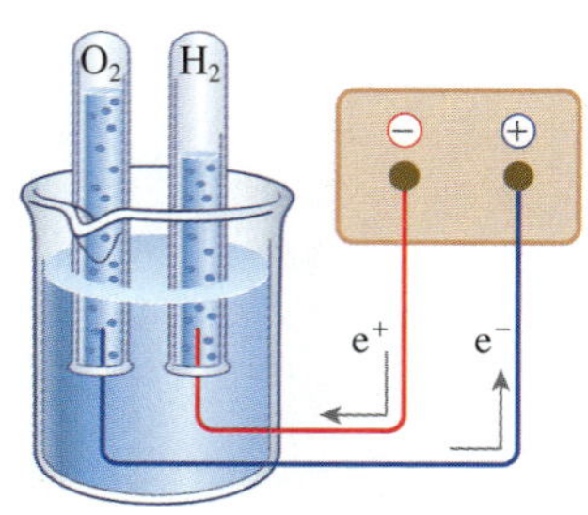

그림 3.3 물의 전기분해. 물에서 산소에게 전자를 빼앗겼던 수소는 전지로부터 전자를 받아 H_2로 되돌아간다. 물에서 수소의 전자를 빼앗고 있던 산소는 전지로 전자를 내주고 O_2로 되돌아간다.

색깔이 없는 수소와 산소 자체는 눈에 보이지 않지만 우리는 2:1의 부피 비로부터 수소와 산소를 볼 수 있다. 아는 만큼 보이는 것이다.

대신 산소를 넣어주면 쥐가 4배나 더 오래사는 것을 관찰했다. 모두 산소가 공기의 5분의 1 정도를 차지한다는 셸레의 결과와 잘 맞는다. 라부아지에에 의해 산소라고 명명된 이 기체의 발견은 의학의 역사에서도 가장 중요한 발견의 하나로 여겨진다. 수많은 사람이 응급실에서 산소 호흡을 통해 생명을 유지하는 것이다. 이 기체를 마시면 기분이 상쾌해지는 것을 맛본 프리스틀리는 사람이 노화되는 것도 촛불이 산소에 의해 빨리 타는 것과 관련이 있지 않을까 말했다고 한다. 요즘 활성산소에 의한 노화가 가장 널리 받아들여지는 노화의 원인인 것을 생각하면 프리스틀리의 통찰력은 참으로 놀랍다.

프리스틀리는 또한 목사 신분으로 동네 양조장을 기웃거리며 발효 과정에서 이산화탄소가 발생하는 것을 관찰했다. O=C=O 구조(6장)로 두 개의 C=O 극성 결합(7장)이 180도를 이루는 이산화탄소에서는 쌍극자 모멘트(7장)가 상쇄되어 전체적으로 이산화탄소는 비극성 분자(nonpolar molecule)이다. 그래서 물에 약간만 녹기 때문에 알코올 발효과정에서 생긴 이산화탄소는 물을 포화시킨 후에는 공기 중으로 빠져나온 것이다. 프리스틀리는 물에 이산화탄소를 녹여 탄산수를 개발했다. 콜라 캔 마개를 따면 콜라 위쪽의 이산화탄소가 공기 중으로 달아나기 때문에 콜라에 녹아 있는 이산화탄소가 계속 빠져나오는 방향으로 평형이 이동한다(9장). 그래서 톡 쏘는 맛이 난다. 이산화탄소가 물에 녹은 탄산은 산해리도가 낮은 약산(9장)이어서 일부만 해리하고 대부분은 중성의 탄산 분자로 남아있다.

1774년에 산소를 발견한지 얼마 안 되어 프리스틀리는 라부아지에를 만나 자신의 결과를 설명했는데 실은 라부아지에도 비슷한 실험을 하고 있었다. 아무튼 처음으로 산소를 원소로 인식하고 산을 만드는 원소라는 의미에서 산소(酸素, oxygen, acid-forming)라고 명명한 것은 라부아지에였다. 그는 수소와 산소가 2 : 1의 비율로 반응해서 물을 만드는 것을 알아냈고, 또 철이 물과 반응하면 철은 녹이 슬고(FeO) 수소가 발생하는 것을 관찰해서 ($Fe + H_2O \longrightarrow FeO + H_2$) 물은 원소가 아니고 산소와 수소로 분해되는 화합물인 것을 밝혔다.

물은 수소가 만드는 화합물 중에서 가장 간단하면서도 가장 중요한 화합물이다. 물은 또한 대단히 안정한 화합물이다. 수소가 탈 때 많은 열이 나오는 것은 물이 그만큼 안정하기 때문이다. 물은 안정한 만큼 분해가 잘 안되기 때문에 탈레스 이래 물은 원소로 취급되어 왔다. 볼타에 의해 전지가 발명되면서 물의 전기분해가 이루어져 물은 수소와 산소의 화합물이라는 사실이 확립되었다. 그 후 얼마 후 1806년에 험프리 데이비(Humphrey Davy)는 "화학 결합의 본질은 전기적"이라고 말했는데, 전자가 발견된 것이 1897년이니까 대단한 통찰력이라고 볼 수 있다.

물을 전기분해하면 액체인 물이 기체인 수소와 산소로 분해되면서 수소와 산소의 원자수 비율인 2:1이 눈앞에 드러난다. 뒤에서 살펴 볼 **아보가드로의 원리**(Avogadro's principle)에 따라서 같은 온도와 압력 하에서는 분자수의 비율은 부피 비가 되기 때문이다. 수소와 산소는 모두 옥텟 규칙(6장)에 의해서 이원자 분자(diatomic molecule; H_2, O_2)를 만든다는 원리도 들어있다.

수소는 137억 년 전 빅뱅 우주에서 태어난 가장 오래된 원소이다. 우주 공간에서 수소와 헬륨이 중력으로 모여들어 별을 만들고, 별의 내부에서 핵융합 반응에 의하여 무거운 원소들이 만들어진다 (2장). 그러니까 산소는 수소보다 수십 억 년 후에 생겨난 것이다. 이처럼 다른 역사를 지닌 수소와 산소가 어떤 인연으로 모여 물이 되었다가 전기분해에 의하여 따로 갈라져서 우리 눈 앞에 모습을 드러내는 것이다.

3-3 질량 보존의 법칙과 일정 성분비의 법칙

데모크리투스가 원자의 존재를 제안한지 2천 년이 지나 돌턴에 의해 근대적인 원자설이 등장하는 데는 **질량 보존의 법칙**과 **일정 성분비의 법칙**의 두 가지 실험적 사실이 기반을 제공했다.

3-3-1 질량 보존의 법칙

수소와 산소의 발견 이전에 알려졌던 원소들은 대부분 금, 은, 황 등 고체 원소들이다. 기체 원소가 알려지면서 질량 보존의 법칙이 나올 준비가 이루어진다. 나무가 타서 재로 바뀌는 경우를 보면 언뜻 질량이 감소하는 것 같다. 재는 나무보다 가볍기 때문이다. 그러나 공기 중의 산소가 소비되고 대신 이산화탄소가 생기는 것을 감안하면 반응 전후에 전체 질량의 변화는 없는 것이다.

라부아지에의 알코올 발효 실험 결과를 살펴보자.

표 3.1 질량 보존의 법칙을 보여주는 알코올 발효 실험 결과

	반응물	생성물
물	400	409
설탕	100	4
누룩	10	1
이산화탄소		35
알코올		58
아세트산		3
합계	510	510

당시 분석 기술로 약간의 오차가 있었겠지만 대체적으로 보아 설탕이 이산화탄소와 에탄올로 바뀐 것을 알 수 있다. 반응물인 물, 설탕, 누룩은 정확히 무게를 재어서 섞어주었을 것이다. 그런데 반응이 끝난 후 생성물들의 질량을 어떻게 측정했을지 생각해 보면 쉽지 않은 문제였으리라 짐작된다. 에탄올은 물과의 끓는점 차이를 이용해서 분별증류 방법으로 분리하고 질량을 측정했을 것이다. 생성물 중에 다른 산성 물질이 없기 때문에 에탄올이 산화되어 생긴 아세트산은 염기로 적정하면 양을 알 수 있다. 그러나 물에 잘 녹는 아세트산의 질량을 직접 재기는 어렵다. 이산화탄소는 이산화탄소를 흡수하는 염기성 물질을 채운 관을 통과시키고 질량이 증가하는 것을 측정하면 된다. 여기에서 기체 성분인 이산화탄소를 놓쳤다면 질량이 7% 정도 감소한 것으로 측정되었을 것이다. 혼합물에서 물의 질량을 정확히 재는 것도 쉽지 않다. 사탕을 보아 알 수 있듯이 설탕같은 물질에서 물을 완전히 분리하기가 어렵기 때문이다.

라부아지에는 여러 경우에 반응 전후의 질량을 정밀하게 측정하고 프랑스 혁명이 일어난 1789년에 **질량 보존의 법칙**(質量保存法則, **law of conservation of mass**)을 발표했다. 라부아지에는 반응 전후의 질량을 측정하는 정확성으로 파리를 드나드는 백성과 상품에 대하여 정확히 세금을 매기는 바람에 프랑스 인민의 미움을 샀고, 혁명의 와중에서 단두대의 이슬로 사라졌다. 정밀한 저울을 만들어 기체, 액체, 고체로 상태가 바뀌는 다양한 화학 반응에서 질량을 추적했던 라부아지에는 파리를 출입하는 재화를 엄밀히 추적하여 세금을 거두는 데에도 앞장섰던 것이다.

질량 보존의 법칙은 있지만 크기나 부피 보존의 법칙은 없는 데서 볼 수 있듯이 원자 세계에서는 질량이 크기나 부피보다는 더 기본적인 성질이다. 그런데 화학 실험에서는 부피를 많이 다룬다. 예를들어, 산-염기 적정, 산화-환원 적정, 착물형성 적정 등의 적정에서는 뷰렛을 사용하여 농도를 알고 있는 용액의 부피를 측정한다. 매번 저울을 사용해서 무게를 측정하는 것보다는 뷰렛, 피펫, 실린더 등을 사용해서 부피를 측정하는 것이 편하기 때문이다. 크기 성질인 부피와 세기 성질인 몰 농도를 알면 다른 크기 성질인 몰수를 알 수 있다.

몰수 = 몰 농도×부피

3-3-2 일정 성분비의 법칙

프루스트(Joseph Proust, 1754-1826).

18세기 말 경 화합물의 조성에 대해서는 두 가지 다른 생각이 있었다. 당시 유명한 프랑스의 화학자인 베르톨레(Berthollet)는 화합물에서 원소의 조성은 연속적인 값을 갖는다고 주장했다. 1799년에 프랑스의 또 다른 화학자인 프루스트는 자신이 조사한 여러 화합물에 대하여 원소 성분이 일정하다는 **일정 성분비의 법칙**(一定成分比法則, **law of definite proportion**)을 발표했다. 예를 들어 천연의 말라카이트(malachite, 구리의 탄산염)와 실험실에서 합성한 말라카이트를 분석해 보았더니 원소 조성이 똑같았다. 특히 두 가지 말라카이트를 분석해 보니 구리, 황 등의 원소 조성이 똑같았다. 지금은 너무나 당연하게 들리지만 물질이 연속적인지 원자로 구성되어 있는지가 불확실할 당시에는 같은 물질은 성분이 같다는 것이 당연하지 않은 것이다. 위스키 원액을 물과 섞어서 위스키를 만드는 경우에 두 가지를 섞는 비율은 여러 가지 연속적인 값을 가질 수 있다. 물질 세계가 미시적으로 이처럼 연속적이라면 따로 만든 두 가지 위스키의 알코올 성분이 똑같을 수 없듯이 같은 물질이라 하더라도 다른 방법으로 얻으면 성분이 다를 수도 있는 것이다. 실제로 조성이 약간 다른 화합물이 자연에도 존재하고 합성으로 얻어지기도 한다. 이런 일정 성분비의 법칙이 적용되지 않는 듯한 화합물을 베르톨레의 이름을 따서 베르톨라이드(Berthollide)라고 한다.

예제 3.13

프루스트는 철의 산화물의 한 종류는 산소가 27%라고 하였다. 이 산화물의 화학식을 구하여라.

풀이 $\dfrac{\text{철의 무게 \%}}{\text{철의 원자량}} = \dfrac{100-27}{63.6} = 1.15$

$\dfrac{\text{산소의 무게 \%}}{\text{산소의 원자량}} = \dfrac{27}{16} = 1.69$

$\text{산소와 철의 몰비} = \dfrac{1.69}{1.15} = 1.5 = \dfrac{3}{2}$

화학식은 Fe_2O_3

일정 성분비의 법칙을 물에 적용하면 내 몸에 들어 있는 물이나, 동해물이나, 우주 공간의 물이나 다 같이 수소와 산소의 질량비가 1:8이라는 뜻이다. 이런 관찰 사실은 원자라는 입자를 생각하지 않고서는 설명하기 어렵다.

3-4 돌턴의 원자설

라부아지에의 질량 보존의 법칙과 프루스트의 일정 성분비의 법칙을 기초로 영국의 돌턴은 1808년에 원자설을 제창하였다. 데모크리투스의 원자라는 생각을 2천 년이 지난 후 부활시킨 것이다. 돌턴의 원자설의 요지는 다음과 같다.

첫째, 원자는 딱딱하고 더 나눌 수 없는 입자이다.
둘째, 같은 원소의 모든 원자는 동일하다.
셋째, 한 종류의 원자는 다른 종류의 원자로 바뀌지 않는다.
넷째, 화학 반응은 원자들의 재배열의 결과이다.

돌턴 (John Dalton, 1766-1844). 원자론, 배수 비례의 법칙, 분압의 법칙 이외에 색맹 연구로도 유명하다.

이 내용들을 오늘날의 시각으로 살펴보면서 과학이 어떤 방식으로 발전하는지 생각해 보자. 과학은 확실해 보이는 사실이나 원리에 의문을 제기하고 수정을 가함으로써 보다 정확한 진실에 다가가는 것이다.

예제 3.14

위의 돌턴의 원자설의 요지들은 어떻게 수정되었는지 설명하여라.

풀이 첫째, 1897년에 톰슨이 전자를 발견함으로써 원자는 더 작은 입자로 나눌 수 있다는 것이 밝혀졌다. 현재 지식으로 원자를 구성하는 더 나눌 수 없는 기본 입자는 원자핵에 들어 있는 양성자와 중성자를 구성하는 쿼크와 원자핵 바깥에 위치하고 있는 전자이다.

둘째, 같은 원소의 원자는 다를 수도 있다. 수소 원자 중에도 원자핵에 양성자 하나만 들어 있는 보통 수소 원자가 있는가 하면, 양성자 하나와 중성자 하나로 구성된 중수소도 있다. 또 중성자가 두 개인 삼중수소도 있다. 이러한 동위원소의 존재는 1913년에 소디(Soddy)에 의해 알려졌다.

셋째, 한 종류의 원자는 다른 종류의 원자로 바뀔 수 있다. 1896년에 베크렐(Becquerel)에 의해 발견되고 퀴리 부처와 러더포드에 의해 자세히 연구된 방사능 붕괴에서는 한 원소가 다른 원소로 바뀐다. 우라늄이나 라듐 같은 방사성 원소는 토륨 등을 거쳐 안정한 납으로 바뀐다. 초기 우주에서 헬륨은 수소로부터 만들어졌고, 탄소나 철 같은 원소는 별의 내부에서 가벼운 원소로부터 만들어진다. 암 치료에 사용되는 대부분의 방사성 동위원소들은 인공적으로 만들어진 것이다.

넷째, 화학 반응은 원자들의 재배열의 결과이다. 이것만은 수정을 가할 여지가 없는 진실이다.

알코올 발효도, 우리 몸에서 일어나는 대사도, DNA의 복제도 모두 원자들의 재배열을 통해 일어난다. 수소와 산소가 반응해서 물이 되는 것을 보면 이 점이 명확히 드러난다. 반응 전 수소는 수소 원자 두 개가 결합한 분자이다. 산소도 산소 원자 두 개가 결합한 분자이다. 그런데 물에서는 산소 원자 한 개가 양쪽에 수소 원자 한 개씩을 결합하고 있다. 그것을 보면 우선 수소 분자가 두 개의 수소 원자로 갈라지고, 산소 분자도 두 개의 산소 원자로 갈라지고 나서 한 개의 산소 원자가 두 개의 수소 원자와 결합을 이루는 것을 알 수 있다. 그리고 보면 산소 원자가 하나 남아서 또 다른 두 개의 수소 원자가 필요하다. 그래서 전체적으로는 수소 분자 두 개와 산소 분자 한 개에 들어있는 원자들이 재배열을 통해서 두 분자의 물이 되는 것이다. 이러한 헤쳐 모이기를 그림으로 나타내면 원자의 재배열이라는 면이 잘 드러난다.

$$2H_2 \quad + \quad O_2 \quad \longrightarrow \quad 2H_2O$$

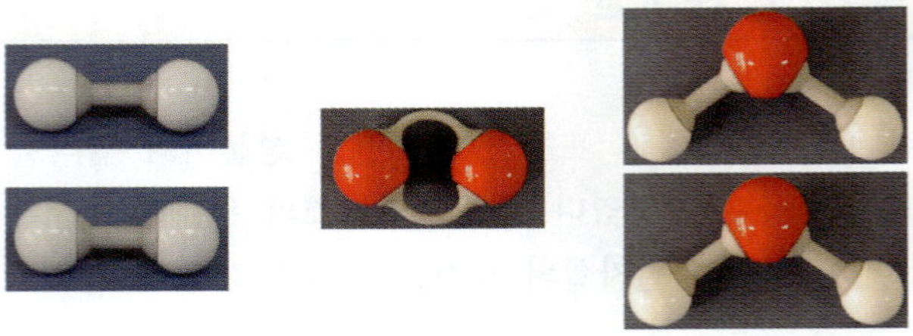

과학에서 새로운 이론이 좋은 이론으로 받아들여지려면 기존의 관찰 사실들을 잘 설명할 수 있어야 함은 물론 새로운 사실을 예측할 수 있어야 한다. 원자설을 주장한 돌턴은 자신의 원자설이 맞다면 **두 가지 이상의 원소들이 다른 비율로 결합한 다른 화합물에서 한 원소에 대한 다른 원소의 질량비가 정수비가 되어야 한다**고 생각하고 실제로 그러한 관계가 성립하는 것을 증명했다. 이를 **배수 비례의 법칙**(倍數比例法則, **law of multiple proportions**)이라고 한다.

예를 들어, 수소와 산소의 화합물에는 물 뿐 아니라 과산화수소가 존재한다. 물에는 수소 1 그램당 산소 8 그램이 들어 있고, 과산화수소에는 수소 1 그램당 산소 16 그램이 들어 있어서 8 그램의 두 배의 관계가 성립한다. 일산화탄소와 이산화탄소 사이에도 마찬가지이다.

H_2O	CO	PbO
H_2O_2	CO_2	PbO_2

예제 3.15

우리 주위에서 배수 비례의 법칙을 설명하는데 적절한 예는 어떤 것이 있을까?

풀이 햄버거와 더블버거

배수 비례의 법칙이 확인되면서 돌턴의 원자설이 자리를 잡게 된다. 이처럼 라부아지에의 질량 보존의 법칙, 프루스트의 일정 성분비의 법칙, 돌턴의 배수 비례의 법칙, 질량에 관련된 이 세 법칙은 원자설이 자리를 잡는데 핵심적인 역할을 했다.

3-5 아보가드로의 분자설

베르틀로 (Marcellin Berthelot, 1827–1907). 원소로부터 화합물을 합성하는 데 열정을 가진 그는 “화학은 연구 대상을 창조하는 유일한 과학이다”라는 유명한 말을 남겼다.

19세기의 중요한 유기 화학자 중 한 사람으로 프랑스의 베르틀로가 있다. 베르틀로는 1855년에 알코올, 1858년에 메테인, 그리고 1866년에 벤젠을 합성하였다. 합성(合成, synthesis)이라는 말을 처음 사용한 것도 베르틀로였다. 원소로부터 화합물을 합성하는데 열정을 가진 베르틀로는 “화학은 연구 대상을 창조하는 유일한 과학이다”라는 유명한 말을 남겼다. 화학은 실로 수백만 가지의 새로운 물질을 합성하면서 그것을 연구 대상으로 삼는다. 다른 어느 과학도 연구 대상을 스스로 만들지는 못한다. 화학자들이 만드는 특이한 구조와 성질을 가지는 많은 화합물들은 우리 삶의 질을 향상시키는 데 사용되고 있는데, 화합물은 모두 분자이다. 분자에 비해 실험실에서 원자를 새로 만들어내는 것은 불가능에 가깝다.

또한 1981년 노벨 화학상을 수상한 코넬대학교의 호프만(Roald Hoffmann) 교수는 "원자는 멋지고 기본적이기는 하지만 원자가 화학은 아니다. 화학은 원자들이 일정한 방식에 따라 잠시 만나 결합하고 다시 재배열하는 분자에 관한 과학이다"라고 말했다.

이제부터는 19세기의 화학자들이 어떻게 분자의 존재를 파악하게 되었나 살펴보자. 흥미롭게도 앞에서 살펴본 대로 원자론이 발전하는데는 질량 보존의 법칙, 일정 성분비의 법칙, 배수 비례의 법칙과 같이 질량이 중요한 요소로 작용했다. 그런데 분자에 대한 이해가 이루어지는 데는 부피가 중요한 요소가 된다.

게이뤼삭(Gay-Lussac, 1778-1850). 붕소와 아이오딘을 발견했고, 피펫, 뷰렛이라는 이름을 짓기도 했다.

1809년에 발표된 게이뤼삭(Gay-Lussac)의 **기체 반응의 법칙(law of gaseous reaction)**에 따르면 기체들이 반응해서 다른 기체를 만드는 경우 반응하는 기체들과 생성된 기체 등 반응에 관련된 모든 기체의 부피에는 간단한 정수비가 성립한다. 실은 기체 반응에서 각각 기체의 부피를 측정하기란 쉬운 일이 아니었을 것이다. 수소 기체와 산소 기체가 반응해서 기체 상태의 물, 즉 수증기가 생기는 반응을 생각해 보자. 이 경우에 생성된 물은 주어진 온도에서 포화 증기압(상온에서 0.03 기압 정도)을 초과하는 만큼은 액체로 응축할 것이다. 포화 증기압 이하에서는 공기 등 다른 기체와 섞여 있기 때문에 수증기의 부피를 재기 어려울 것이다. 수소나 산소가 과량으로 들어 있었다면 반응 후에 어느 기체가 얼마나 남았는가를 조사하기 위해 수증기로부터 분리해야 한다. 게이뤼삭은 이러한 어려움들을 극복하고 여러 기체 반응에 대해서 기체 부피 사이의 정수비 관계를 확립했다.

이러한 정수 관계가 어떻게 분자의 존재를 의미하는지 살펴보자. 수소와 산소가 반응해서 물이 되는 경우에는 수소 2 부피와 산소 1 부피가 반응하면 수증기 2 부피가 얻어진다. 이 관찰 사실을 수소와 산소가 각각 원자로 존재한다고 가정하고 설명하려고 한다면 아래 그림과 같이 산소 원자가 둘로 갈라져야 한다. 이것은 원자는 더 나눌 수 없는 입자라는 원자의 정의와 모순된다.

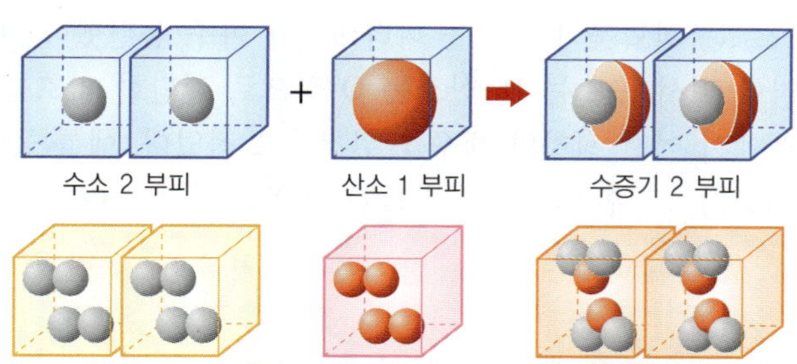

그러나 수소도 산소도 두 개의 원자가 결합한 이원자 분자(二原子分子, diatomic molecule)라고 가정하면 원자를 나누지 않고도 2 : 1 : 2의 부피 비를 설명할 수 있다. 이때 중요한 사실은 모든 기체는 같은 온도와 압력 하에서는 같은 부피에 같은 개수의 분자가 들어 있다는 점이다. 이 **아보가드로의 원리(Avogadro's principle)**는 1811년에 아보가드로가 제안했다. 아래 그림에서는 단위 부피에 수소 분자, 산소 분자, 물 분자 모두 두 개씩 들어 있는 것을 볼 수 있다. 이처럼 게이뤼삭의 기체 반응의 법칙과 아보가드로의 원리를 종합하여 1811년에 아보가드로는 원자들이 모여서 이루는 입자로서의 분자라는 개념을 제시했다. 즉, 아보가드로의 분자는 나눌 수 있는 입자인 것이다. 우리는 분자를 어떤 물질의 성질을 가지면서 더 나눌 수 없는 입자라고 생각하는 경향이 있다. 사실 물이나 설탕같은 화합물의 경우에 분자를 나누면 물이나 설탕의 성질이 사라진다. 그러나 분자라는 개념이 처음 등장할 때 핵심 포인트는 원자와 달리 분자는 문자 그대로 분해할 수 있는 입자라는 점이었다. 화학은 분자의 과학이다. 그러므로 아보가드로의 분자는 화학에서 가장 중요한 개념의 하나이다.

아보가드로(Amadeo Avogadro, 1776-1856). 이탈리아 서북부의 튜린에서 태어나 평생 그 지역을 벗어나지 않았다. 법학을 공부하고 10년 간 변호사로 일하다가 30세에 독학으로 과학 공부를 시작했는데, 분자설을 발표한 1811년에 그는 과학계에 알려지지 않은 중학교 교사였다. 50세에 물리학 교수가 되었다.

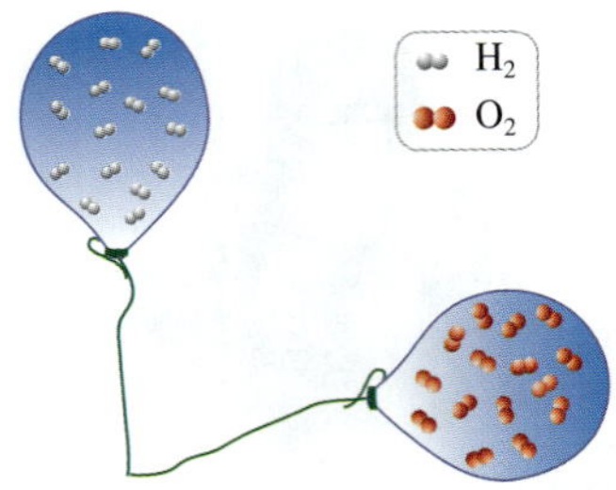

같은 개수의 가벼운 수소 분자가 들어 있는 풍선은 뜨고, 같은 개수의 가벼운 산소 분자가 들어 있는 풍선은 가라앉는다.

분자설이 등장하는 데 중요한 역할을 한 아보가드로의 원리에 따르면 같은 온도에서 같은 부피의 기체에는 같은 개수의 분자가 들어 있다. 그렇다면 풍선에 들어 있는 수소와 산소의 질량 비는 수소와 산소 분자 하나하나 질량의 비와 같다. 따라서 기체의 밀도를 측정하면 분자량을 측정할 수 있게 된다.

돌턴은 아보가드로의 원리를 받아들이지 않았다. 당시에 수소와 산소 기체가 반응해서 생긴 수증기의 밀도는 반응물인 산소의 밀도보다 낮다는 사실이 알려져 있었다. 돌턴은 수소 원자 한 개와 산소 원자 한 개가 결합해서 수소-산소 식의 물이라는 화합물이 만들어진다고 생각했다($H + O \longrightarrow HO$). 만일 같은 부피에 같은 개수의 분자가 들어 있다면 위의 식에 따르면 물의 밀도가 산소의 밀도보다 높아야 할 것이다. 물 하나는 산소 하나보다 수소 하나만큼 더 무겁기 때문이다. 그래서 돌턴은 물의 밀도가 낮은 것은 같은 부피에 들어 있는 물 입자의 수가 적기 때문이라고 생각했다. 이처럼 여러 개념들이 맞물려 있는 것을 보면 당시의 상황이 얼마나 혼란스러웠을지 짐작이 간다. 이래저래 아보가드로의 분자설은 거의 50년 동안 무시되었다.

예제 3.16

만일 산소 원자를 정확히 둘로 나눈다면 어떤 원소가 될까?

풀이 양성자가 여덟 개, 중성자가 여덟 개, 전자가 여덟 개인 산소의 동위원소를 생각한다면 둘로 나누어진 조각은 양성자, 중성자, 전자가 모두 네 개인 베릴륨의 동위원소가 될 것이다.

분자설이 자리잡으면서 또 하나 중요한 진전은 원소 기호를 사용하기 시작한 것이다. 앞의 돌턴의 원자량 표에서 본 대로 처음에는 원소마다 다른 모양의 부호를 사용했는데, 이러한 방법으로는 화합물의 조성을 나타내기가 아주 불편했다. 베르셀리우스는 원소 이름의 첫 자를 따서 수소는 H, 산소는 O 식으로 간단한 기호를 사용하자고 제안했다. 그는 화합물에서 어떤 원자의 개수를 위첨자로 적었다. 예를 들어, 베르셀리우스는 물을 H^2O로 적었다. 그 후 언젠가부터 H_2O 식으로 적고 있다.

3-6 원자량, 분자량

3-6-1 원자량, 분자량

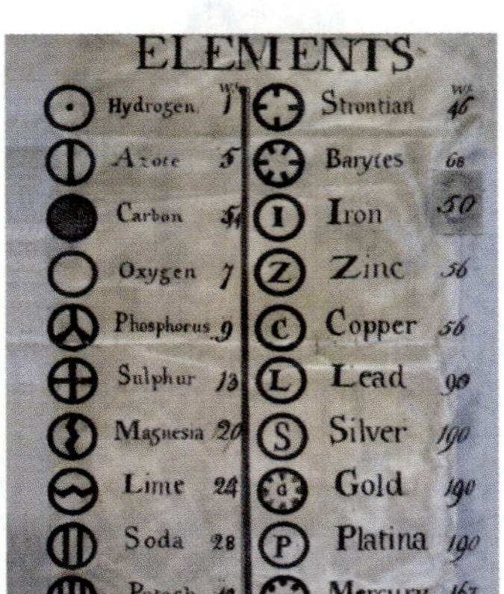

돌턴의 원소 기호와 원자량

앞에서 살펴본 대로 원자설의 배경에는 반응물(反應物, reactant)과 생성물(生成物, product) 사이의, 그리고 화합물 내에서의 질량 관계가 자리잡고 있다. 그런데 원자설이 처음 등장할 때는 아직 분자의 개념이 나오지 않았기 때문에 관찰된 질량 관계가 구체적으로 무엇을 의미하는지가 확실하지 않았다.

물을 예로 들어 보자. 돌턴 시대에 이미 수소 1 그램과 산소 8 그램이 반응해서 9 그램의 물이 얻어진다는 사실이 알려졌다. 현재의 지식으로는 수소 분자 두 개와 산소 분자 한 개가 반응하여 두 개의 물 분자가 생기는 것이다($2H_2 + O_2 \longrightarrow 2H_2O$). 그러나 원자의 실재에 대해서는 어느 정도 확신을 가지지만 분자를 알지 못하는 19세기 초반의 상황에서는 일단 수소 원자 한 개와 산소 원자 한 개가 결합해서 수소-산소

식의 물이라는 화합물이 만들어졌다고 생각할 수 있다(H + O ⟶ HO). 당시에는 아직 H, O 등의 원소 기호가 사용되지 않았지만 편의상 위의 가상적인 물을 HO로 표기하기로 하자. 물론 당시에는 전자가 발견되기 전이라서 수소와 산소가 전자를 공유하는 방식으로 결합을 이룬다는 사실도, 옥텟 규칙에 따라 산소 원자 하나는 수소 원자 둘과 결합한다는 것도 알지 못했다.

여러 반응에서 반응물 사이의 질량 관계로부터 원자들 사이의 상대적 질량을 구할 수 있다. 그런데 당시 알려진 모든 원소 중에서 수소가 가장 가볍기 때문에 수소를 기준으로 하여 수소의 원자량(atomic weight)을 1로 정했다. 원자설을 제창했지만 분자를 받아들이지 않았던 돌턴은 수소 원자와 산소 원자가 1 : 1로 결합한다고 생각했다. 돌턴은 수소 1 그램과 산소 8 그램이 반응한다는 질량 관계로부터 산소의 원자량을 8로 생각했다. 돌턴의 원자량 표에는 산소의 원자량이 7로 나온다. 당시의 실험 오차를 보여준다.

원자량을 원자 한 개의 무게로 오해하지 말자. 원자량은 단위가 없는 수이다.

실제로는 산소 원자에는 여덟 개의 양성자와 아울러 여덟 개의 중성자가 들어 있기 때문에 산소 원자는 양성자 한 개로 이루어진 수소 원자보다 16배 무겁다. 그런데 물에서 산소 원자 한 개는 수소 원자 두 개와 결합하고 있기 때문에 수소와 산소의 질량비는 1:8이 되는 것이다. 그러나 당시는 중성자가 발견되기 전이기 때문에 산소의 원자량을 8로 생각한 것도 충분히 이해된다. 아직 양성자, 중성자, 전자의 발견은 고사하고 탄소, 질소, 산소는 각각 4, 3, 2개의 결합을 이룬다는 **원자가**(**原子價**, **valency**)의 개념이 나오기 전이다.

원자량에 그램 단위를 붙인 값을 **그램 원자량**(**gram atomic weight**)이라고 한다. 실험실에서 저울로 쉽게 잴 수 있는 양은 그램 단위의 양이기 때문이다. 돌턴에 따르면 수소의 그램 원자량은 1 그램, 산소의 그램 원자량은 8 그램이다. 나중에 수소도 산소도 분자로 존재하고(H_2, O_2), 물은 수소 원자 두 개가 산소 원자 한 개와 결합한 분자(H_2O)인 사실이 알려지면서 산소의 원자량은 16으로 수정되었다. 수소 1 그램과 산소 8 그램이 반응하는데 물 분자 내에 원자량이 1인 수소 원자가 두 개, 원자량을 알려고 하는 산소 원자가 한 개 있다면 산소의 원자량은 16(=1×2×8)일 것이다.

동양에서 원자론이 발전되었다면 다른 단위가 붙었을 것이다.

분자 입장에서는 수소(H_2)의 분자량(分子量, molecular weight)은 2, 그램 분자량(gram atomic weight)은 2 그램, 산소(O_2)의 분자량은 32, 그램 분자량은 32 그램, 물(H_2O)의 분자량은 18, 그램 분자량은 18 그램이다.

예제 3.17

수소와 산소로부터 물이 만들어지는 반응에 대해 그램 분자량으로부터 질량 보존의 법칙을 확인해 보자.

풀이

$2H_2$	+	O_2	⟶	$2H_2O$
2×수소의 그램 분자량		산소의 그램 분자량		2×물의 그램 분자량
2×2 그램		32 그램		2×18 그램
4 그램		32 그램		36 그램

3-6-2 원자량의 결정

원자 세계에서 원소들을 구별해 주는 원자량은 원소의 기본적인 양이다. 다른 원소는 원자량이 다르다. 그리고 어느 한 원소의 원자량은 시간과 장소를 초월해서 일정한 값을 나타낸다. 물론 원자 번호로 나타내어지는 원자의 양성자수가 어떤 의미에서는 원자량보다 더 기본적이다. 빅뱅 우주에서 또 별들의 내부에서 원소들이 만들어질 때 양성자수가 다른 새로운 입자가 생기는 것은 바로 새로운 원소의 원자핵이 생기는 것을 의미한다. 중성자는 반발하는 양성자들을 붙잡아 주는 역할을 한다. 따라서 같은 원소에서 중성자수는 다를 수 있다. 그래서 동위원소가 있다. 전자의 수가 바뀌면 이온이 되지만 원소의 종류가 바뀌지는 않는다. 그러나 원자의 깊은 곳에 자리잡은 원자핵 속의 양성자수가 바뀌면 전혀 새로운 원소가 된다.

빅뱅 우주에서 생긴 수소와 별의 내부에서 높은 에너지 장벽을 극복하고 생긴 무거운 원소들이 초신성폭발을 통해 우주 공간으로 퍼져나가고 다시 모여 태양계를 만들어 낸다. 이러한 과정에서 동위원소들은 골고루 혼합되어 어떤 원소의 원자량은 분율을 고려한 **동위원소 질량의 평균값** (*weighted average of isotopic masses*)이 되는 것이다.

물론 원자량은 양성자, 중성자, 전자가 발견되기 전에, 그리고 모즐리가 원자핵의 양전하 값을 측정하기 전에 비교적 정확하게 알려졌다. 그렇기 때문에 멘델레예프(Mendeleev)는 원자량에 따라 원소들을 배열하여 주기율표를 만들 수 있었던 것이다(5장). 원자량을 결정하는 몇 가지 방법을 살펴보자.

가. 기체 밀도

지금까지 살펴본 대로 원자량, 분자량은 초기에는 혼동이 많았을 법한 개념이다. 더구나 분자가 존재하는지에 대해서도 의견이 분분했던 19세기 전반에는 원자량이나 화합물의 구조를 결정하기가 쉽지 않았을 것이다. 원자와 분자의 정의, 원자량 등 당시 화학의 혼란을 해결하기 위해 1860년에 독일 칼스루헤(Karlsruhe)에서 최초의 국제 화학 학술대회가 열렸다. 많은 논란 끝에 결론을 내리지 못하고 일단 각자 귀국하여 앞으로의 방향을 생각해 보기로 하였는데, 헤어지기 전에 이탈리아의 카니짜로(Cannizzaro, 1826-1910)가 아보가드로의 원리를 받아들이면 많은 혼란이 정리된다는 자신의 생각을 담은 팜플렛을 나누어 주었다. 이것을 가지고 가서 읽어본 많은 화학자들은 그의 생각에 동의하였고, 이를 계기로 원자, 분자, 원자량, 분자량, 화학식에 대한 혼란이 가라앉게 되었다.

카니짜로(Cannizzaro, 1826-1910). 아보가드로의 원리에 입각하여 원자, 분자에 관한 혼란을 정리하였다.

카니짜로가 산소의 원자량 결정에 사용한 자료를 살펴보자. 표 3.2와 같이 여덟 종류의 산소를 포함하는 물질이 있다. 이미 수소는 분자로 존재한다는 것이 알려져서 카니짜로는 수소의 분자량을 2로 정의하고 기체 밀도의 비로부터 다른 분자들의 상대적 분자량을 측정했다. 여기서 아보가드로의 원리가 사용되는 것을 볼 수 있다.

표 3.2 기체 밀도로부터 원자량을 결정하는 데 사용된 자료

	수소의 분자량을 2로 했을 때의 상대적 분자량	1 그램 분자량에 포함된 산소의 질량
물 (H_2O)	18	16
일산화질소 (NO)	30	16
산화이질소 (N_2O)	44	16
이산화질소 (NO_2)	46	32
아황산가스 (SO_2)	64	32
이산화탄소 (CO_2)	44	32
산소 (O_2)	32	32
오존 (O_3)	48	48

이렇게 구한 1 그램 분자량에 포함된 산소의 질량이 모두 16의 정수배이고, 24나 40 같은 값을 가지는 화합물은 전혀 발견되지 않는 것으로부터 산소의 원자량을 16으로 확정지을 수 있었다.

나. 뒬롱－쁘띠의 법칙

이제는 기체가 아닌 원소의 원자량을 결정하는 방법을 생각해보자. 기체 화합물을 만들지 않는 대부분의 원소에 대해서는 아보가드로의 원리를 적용할 수 없다. 이러한 경우에는 뒬롱(Dulong)과 쁘띠(Petit)가 발견한 경험적 사실이 중요한 역할을 하였다. 1819년에 뒬롱과 쁘띠는 녹는점이 상온보다 높은 대부분의 원소에서는 그램 원자량 당 일정 부피 하에서의 비열(정적비열, 定積比熱, constant volume heat capacity, Cv)이 대략 25 J/deg 값을 가지는 것을 경험적으로 보여주었다. 원자들이 용수철로 3차원적으로 서로 연결된 고체 모델에서 운동 에너지와 위치 에너지의 합은 3RT로 주어지는 것으로부터 비열은 3R(24.9 J/mol·K)임을 알 수 있는데, 뒬롱과 쁘띠는 아보가드로수, 볼츠만 상수, 절대 온도 등이 알려지기 전에 경험적으로 위의 같은 관계를 알아내어 대략적인 원자량의 결정을 가능하게 했다. 뒬롱과 쁘띠가 없었다면 멘델레예프도 없었을 것이다.

뒬롱(Pierre Louis Dulong, 1785-1838).

예제 3.18

어떤 미지 원소의 정적비열이 0.39 J/deg·g으로 측정되었다. 이 원소는 무엇이라고 생각되는가?

풀이 $\dfrac{25\ \text{J/deg}}{0.39\ \text{J/deg·g}} = 64\ \text{g}$

구리의 원자량 63.4과 가장 가깝다. 이 원소는 구리일 것이다.

주기율표에 있는 원소들의 정확한 원자량 값은 대부분 무게 분석 방법을 사용하여 결정되었다. **무게 분석(gravimetric analysis)**은 생성물의 침전을 순수하게 분리하고 질량을 측정하는 방법이다. 역사적으로 중요한 무게 분석에는 퀴리 부처에 의한 라듐의 원자량 결정이 있다.

퀴리 부처는 정제한 라듐의 원자량을 염화은 침전 방법으로 결정하고 라듐이 새로운 원소인 것을 증명했다. 1902년 4월에 퀴리 부처는 1톤 정도의 피치블렌드에서 120 mg 정도의 라듐을 분리해내고 7월에는 라듐의 원자량을 발표했다. 그 과정에서 주기율표의 2족에서 라듐의 바로 위에 있는 과량의 바륨은 계속 라듐을 따라 다니며 퀴리 부처를 괴롭혔다. 바륨과 라듐의 최종적인 분리는 염화바륨($BaCl_2$)과 염화라듐($RaCl_2$)의 **분별 결정(fractional crystallization)**에 의해 이루어졌다. 그리고 라듐의 원자량은 일정한 무게의 염화라듐으로부터 염소 이온을 염화은으로 침전시키고 그 무게를 측정하여 결정하였다. 물론 라듐 원자량의 정확도는 계산에 사용한 염소의 원자량의 정확도에 영향을 받는다.

예제 3.19

염화라듐으로부터 라듐의 원자량을 결정하는 과정에 있어서 퀴리의 공책에 0.10925 그램의 $RaCl_2$, 0.10647 그램의 AgCl, Ra/Cl = 3.154이라는 기록이 있고, 최종적으로 결정된 라듐의 원자량은 223.3으로 나와 있다.

가) Ra/Cl = 3.154이라는 기록에 대해 생각해보자. 0.10925 그램의 $RaCl_2$에 들어있는 염소의 질량을 AgCl에 들어있는 염소의 질량으로부터 얻고, 0.10925 그램과의 차이로부터

우주의 말 없는 증인, 원자량

리처즈(Theodore Richards, 1868-1928). 하버드대 교수. 원자량의 정확한 측정으로 1914년 노벨 화학상을 수상했다.

돌턴의 원자설로 막을 올린 19세기 근대 화학의 큰 흐름은 새로운 원소들의 발견과 원자량을 통한 원소 세계의 통일화, 즉 주기율의 발견이라고 볼 수 있다. 반면 20세기로 넘어오면서 모든 원소의 원자량은 수소의 원자량의 정수배이고 모든 원소는 수소 원자로 이루어졌다는 프라우트의 가설이 양성자의 발견으로 새롭게 조명되고 원자 번호가 주기율의 기본 원리로 인식된다. 한편 중성자의 발견으로 원자량이 그런 값을 가지는지도 이해할 수 있게 되었다. 이 사이에서 미국 하버드대학의 리처즈(Theodore Richards, 1868-1928)가 교량적 역할을 했다.

물론 원자에서 원자량은 기본적인 값이다. 원자들이 결합하여 분자를 만들면 분자량은 원자량으로부터 결정된다. 이처럼 기본적인 원자량 값은 대부분 무게 분석 방법을 사용하여 결정되었다. 여기서는 원자량의 정확한 측정으로 노벨 화학상을 받은 리처즈의 업적을 통해 원자량의 중요성을 재고해보자.

14세 나이에 헤이버포드 대학 2학년에 입학한 리처즈는 졸업 후 다시 하버드 대학 입학을 위해 6주 동안 어머니에게서 그리스어를 배워 시험을 통과하고 하버드에 최연소 4학년생으로 편입하고 1886년에 최우등으로 두 번째 학사 학위를 받았다. 그리고 2년 후 20세의 나이에 쿡(Cooke) 교수 밑에서 수소와 산소의 정확한 원자량 비율 측정으로 박사학위를 받았다.

1842년에 듀마(Jean-Baptiste Dumas)가 발표한 수소와 산소의 원자량의 비율은 1:15.96이었다. 이로 보아서는 프라우트의 가설이 맞는 듯 하였으나 회의적인 쿡은 리처즈에게 이 비율을 다시 측정해 보도록 하였다. 리처즈는 엄밀하게 측정한 양의 수소를 연소시키고 생성된 물의 질량을 정확하고 정밀하게 측정하여 15.96보다 더 정수에서 벗어나는 15.869를 얻었다. 프라우트의 가설이 맞다면 수소와 산소의 원자량 비율은 정확히 1:16이어야 하는데 아무래도 그의 가설에는 문제가 있는 듯 보였다.

1년 동안 유럽 각국의 분석화학 연구실을 돌아본 후 1889년에 하버드에 돌아온 리처즈는 정량분석화학 강의를 맡는다. 1894년에 쿡 교수가 죽자 그가 가르치던 물리

라듐의 질량을 얻었을 것이다. 이렇게 얻은 라듐과 염소의 질량비가 3.154이라고 한다면, 0.10925 그램의 $RaCl_2$에 들어있는 라듐과 염소의 질량은 각각 얼마인 셈인가?

나) 퀴리 부처는 위의 결과에 입각하여 라듐의 원자량을 223.3으로 결정하였다. 퀴리 부처가 사용한 염소의 원자량은 얼마일까?

다) 위에서 구한 염소의 질량은 0.10647 그램의 AgCl에 들어 있는 염소의 질량과 같을 것이다. 그런데 질량을 측정한 물질은 AgCl이므로 위의 염소의 질량은 계산에 사용한 염소와 은의 원자량에 의하여 결정되었을 것이다. 퀴리 부처가 사용한 은의 원자량은 얼마일까?

풀이 가) 라듐: $0.10925 \text{ 그램} \times \dfrac{3.154}{4.154} = 0.08295 \text{ 그램}$

염소: $0.10925 \text{ 그램} - 0.08295 \text{ 그램} = 0.02630 \text{ 그램}$

나) 염소의 원자량을 X라 하자.

라듐 0.08295 그램에 들어 있는 라듐 원자의 몰수 $= \dfrac{0.08295}{223.3} = 0.0003715$

(몰은 다음 절 참조)

염소 0.02630 그램에 들어 있는 염소 원자의 몰수 $= \dfrac{0.02630}{X}$

염화라듐 1 몰에는 라듐 원자가 1 몰, 염소 원자가 2몰 들어 있다.

화학 강의를 맡게 된 리처즈는 1년 동안 유럽에서 오스트발트(1909년 노벨 화학상)와 네른스트(1920년 노벨 화학상)등 물리화학의 창시자들과 공부하고 돌아와서 죽기까지 하버드에서 물리화학 강의를 계속했다. 그의 물리화학 강의의 특징은 화학의 원리를 수학을 최대한 쓰지 않고 설명하는 것과 역사적 관점에서 이해하도록 하는 데 있었다. 그는 많은 우수한 학생들을 하버드로 끌어들였는데 미국 화학의 대부 격인 루이스(G. N. Lewis)도 1899년에 그의 지도로 박사 학위를 받았다.

하버드 학부생으로 발표한 리처즈의 논문은 수용성 염화물(chloride) 염의 용액에 질산은 용액을 가하여 염화은($AgCl$)을 침전시키는 반응에 관한 것이었는데 이 반응은 그가 후일 무게 분석으로 여러 원소의 원자량을 결정하는 데 기초가 되었다. 그는 특히 구리의 원자량에 대해 철저히 조사했다. 황산구리(copper sulfate, $CuSO_4$)를 황산바륨(barium sulfate, $BaSO_4$)으로 침전시키는 방법이 많이 사용되었는데 바륨의 원자량이 문제가 되었다. 18가지 원소의 원자량이 바륨의 원자량과 연결되어 있었기 때문에 리처즈는 최대한의 주의와 노력을 기울여서 바륨의 원자량을 정확히 측정했다. 그의 실험실에서는 25가지 원소의 원자량이 엄밀하게 측정되었고, 그 밖의 30가지 원소의 원자량이 그의 제자들의 실험실에서 결정되었다. 이러한 과정에서 연구된 여러 방법을 검토한 리처즈는 가장 정밀한 분석 방법은 염화은이나 은의 다른 불용성 염으로 침전시키는 것이라고 결론지었다. 이 방법은 그가 하버드 학부 4학년생으로 연구한 반응에 기초한 것이다.

1914년에 리처즈는 정확한 원자량 값을 결정한 공으로 노벨 화학상을 수상했다. 거의 중성자가 발견되기 20년 전이다. 아직 과학의 중심이 독일, 프랑스, 영국 등 유럽에 있을 때 그는 열악한 하버드 실험실에서 오늘날과 같은 정밀한 저울도 없이 무게 분석 방법으로 하나 하나 원소의 원자량을 유효 숫자 5자리까지 측정했던 것이다. 원자량 결정에 일생을 바친 이유에 대해 그는 자신이 그 방법을 터득했기 때문일 뿐 아니라 "원자량은 우주의 가장 기본적인 신비의 하나인 듯하다. 원자량은 시간과 장소에 상관없이 일정하며, 초기 우주의 말 없는 증인이다"라고 말했다. 흥미롭게도 슈피리어호에서 가져온 구리와 독일에서 가져온 구리의 원자량이 실험 오차 한계 이내에서 같다는 것을 증명한 그는 나중에 납의 원자량은 납을 어디에서 가져왔는가에 따라 약간씩 다르다는 것을 보여주었다. 러더포드가 알파 붕괴를 연구하고 소디가 동위원소라는 말을 만들어내던 동 시대에 방사능에 따른 원자핵 변환의 결과를 질량 차이로 관찰한 것이다.

염소 원자의 몰수 $= \dfrac{0.02630}{X} =$ (2)(라듐 원자의 몰수) 2×0.0003715

$$X = \frac{0.02630}{2\times 0.0003715} = 35.40$$

다) 은의 원자량을 Y라 하면

0.10647 그램의 AgCl에 들어 있는 은 원자의 몰수 $= \dfrac{0.10647 - 0.02630}{Y}$

이것은 위에서 구한 염소 원자의 몰수와 같다.

$$\frac{0.10647 - 0.02630}{Y} = 0.0007430$$

$$Y = 107.91$$

3-7 몰, 아보가드로수

3-7-1 몰의 정의

다음 문제는 1 그램 원자량이나 1 그램 분자량에 해당하는 양에는 원자나 분자가 몇 개 들어 있는가 하는 문제이다. 이러한 문제를 다루기 위해서 화학에서는 몰이라는 개념을 사용한다. **몰 (mole)** 은 입자의 종류에 관계없이 어떤 입자가 일정한 개수가 모인 양을 의미한다. 마치 다스 (dozen) 라고 하면 연필이나 고무나 상관없이 12 개 한 묶음을 말하는 것과 같다. 몰은 일정한 양의 물질 자체를 의미하는 것이지 연필을 세는 다스나 배추를 세는 접처럼 세는 단위를 뜻하는 것은 아니다.

원자 수준에서는 1 그램 원자량에 해당하는 양의 물질이 그 원자의 1 몰 (mole) 에 해당한다. 몰은 원래 한 무더기라는 뜻이다. 그러니까 수소 원자 1 그램은 수소 원자의 1 몰이고, 산소 원자 16 그램은 산소 원자의 1 몰이다. 1 몰에 해당하는 어떤 입자의 집단에 들어 있는 그 입자의 수를 **아보가드로수 (Avogadro's number)** 라고 한다. 반면에 아보가드로수만큼의 입자 집단을 그 입자의 1 몰이라고 정의할 수도 있다. 그러므로 몰을 이야기할 때 염두에 두는 것은 입자의 개수이다. 1 그램 원자량에 해당하는 수소, 즉 1 그램의 수소에는 아보가드로수의 수소 원자가 들어 있고, 1 그램 원자량에 해당하는 산소, 즉 16 그램의 산소에는 아보가드로수의 산소 원자가 들어 있다.

1 그램 원자량의 수소 = 수소 1 그램
= 아보가드로수의 수소 원자
= 수소 원자 1 몰

1 그램 원자량의 산소 = 산소 16 그램
= 아보가드로수의 산소 원자
= 산소 원자 1 몰

나중에 수소와 산소가 H_2와 O_2 분자로 존재하는 것이 알려지자 분자량과 그램 분자량이 중요한 양이 되었다. 수소의 분자량은 2, 그램 분자량은 2 그램이다. 따라서 1 몰의 수소 분자는 수소 2 그램이고, 1 몰의 산소 분자는 산소 32 그램이다. 1 몰의 물 분자는 물 18 그램이다.

1 그램 분자량의 수소 = 수소 2 그램
= 아보가드로수의 수소 분자
= 수소 분자 1 몰
= 수소 원자 2 몰

1 그램 분자량의 산소 = 산소 32 그램
= 아보가드로수의 산소 분자
= 산소 분자 1 몰
= 산소 원자 2 몰

1 그램 분자량의 물 = 물 18 그램
= 아보가드로수의 물 분자
= 물 분자 1 몰
= 수소 원자 2 몰 + 산소 원자 1 몰

예제 3.20

다음 괄호를 채워라.

물 36 그램은 물 분자 (　　) 몰에 해당하고, 수소 원자 (　　) 몰과 산소 원자 (　　) 몰이 들어있다. 질량으로는 수소 (　　) 그램과 산소 (　　) 그램에 해당한다.

풀이 2, 4, 2, 4, 32

1 몰의 물 분자에는 아보가드로수의 물 분자가 들어 있고, 1 몰의 산소 분자에는 아보가드로수의 산소 분자가 들어 있다. 물 분자 한 개에는 산소 원자가 한 개, 수소 원자가 두 개 들어 있으니까 1 몰의 물 분자에는 아보가드로수의 산소 원자와 아보가드로수의 두 배 수소 원자가 들어 있는 셈이다. 햄버거 한 개에 빵 두 조각과 고기 한 점이 들어있다면 햄버거 열 개에는 빵 20 조각과 고기 10 점이 들어있는 것과 마찬가지다.

예제 3.21

다음 괄호를 채워라.

물 36 그램에는 아보가드로수 × (　　) 개의 물 분자가 들어 있다.
물 36 그램에는 아보가드로수 × (　　) 개의 수소 원자가 들어 있다.
물 36 그램에는 아보가드로수 × (　　) 개의 산소 원자가 들어 있다.

풀이 2, 4, 2

남은 문제는 아보가드로수 자체의 크기이다. 1 장에서 수소 원자의 지름은 1 옹스트롬 (10^{-8} cm $= 10^{-10}$ m) 정도인 것을 살펴 보았다. 수소 원자 1 몰은 1 그램이니까 부피로는 cm^3 단위의 양일 것이다. 1 몰에 해당하는 1 그램의 수소 원자들을 빽빽이 쌓아 놓아 만든 정육면체의 한 변의 길이를 대략 1 센티미터라고 하면 이 길이에는 수소 원자의 지름인 1 옹스트롬이 10^8 개 들어 간다. 따라서 3차원적으로는 1 몰 수소의 정육면체에 수소 원자가 10^{24} 개 정도 들어있는 셈이다. 1 그램 원자량, 즉 1 그램의 수소에 들어 있는 수소 원자의 수가 아보가드로수와 같으므로 아보가드로수는 대략 10^{24} 정도인 것을 알 수 있다.

물론 위와 같은 대략적인 계산은 수소 원자의 지름을 알고 있기 때문에 가능한 것이다. 원자의 크기나 질량을 모르는 상황에서 아보가드로수를 알아내는 것은 상당히 어려운 문제였으리라 짐작할 수 있다. 실제로 1865년이 되어서 비로소 로슈미트가 기체 분자 운동론 (8장) 으로부터 아보가드로수를 상당히 정확히 추산했다. 로슈미트 (Loschmidt) 는 보통 조건에서 1 cm^3 부피에 들어 있는 기체 분자의 수를 2.6×10^{19}으로 계산해냈다 (로슈미트 상수).

로슈미트 (Johann Loschmidt, 1821–1895). 오스트리아의 화학자, 물리학자. 벤젠의 고리 구조, 그리고 이중 결합, 삼중 결합을 두개와 세 개의 짧은 선으로 나타내기를 처음 제안했다.

예제 3.22

로슈미트 상수값을 상온에서 1 몰의 기체의 부피인 22.4 리터로 환산하면 아보가드로수는 얼마인 셈인가?

풀이 $(2.6 \times 10^{19}/cm^3)(22.4\ L)(10^3\ cm^3/L) = 5.8 \times 10^{23}$

현재 아보가드로수는 정확히 12 그램의 ^{12}C 원자에 들어 있는 원자수로 정의되며,

$6.02214199 \times 10^{23}$까지 알려져 있다. 로슈미트는 오차가 4% 이내인 값을 얻은 것이다. 로슈미트 값도, 현대적인 아보가드로수도 유효 숫자 한 자리로는 6×10^{23}, 또 이를 반올림하면 1×10^{24}이 된다. 그런데 3차원에 적용되는 이 값의 세제곱근을 취하면 1×10^{8}이 된다. 10^{8}은 1 cm와 1 옹스트롬의 비례이다.

아보가드로수가 얼마나 큰가에 관해 '시저의 마지막 숨(Caesar's last breath)'이라는 문제가 있다. 줄리어스 시저가 브루터스의 칼에 암살당할 때 '브루터스, 너까지도'라고 내뱉으며 마지막 숨을 내쉬었다고 한다. 0.5 리터 정도인 이 시저의 마지막 숨에 들어있던 공기 분자들이 2천 년이 지난 오늘 지구 대기에 골고루 퍼져 있다면 우리가 한 번 숨을 들여 마실 때마다 시저의 마지막 숨에 들어 있던 공기 분자 몇 개를 들여 마시는 셈인가 하는 문제이다. 이 문제에 답하려면 대기 전체의 부피, 0.5 리터의 숨에 들어 있는 공기 분자수 등을 따져보아야 한다.

예제 3.23

고도가 높아질수록 대기의 압력은 낮아진다. 대기권 바깥으로부터 적절히 압력을 가해서 대기 전체를 균일하게 0°C, 1 기압으로 만들었다고 하자. 이 가상적인 대기층의 두께는 몇 미터일까? 공기는 질소 80%, 산소 20%라고 하자. 1 기압은 수은주 760 mm에 해당하고, 수은의 밀도는 13.6 g/cm^{3}이다.

풀이 0°C, 1 기압에서 기체 분자 1 몰은 22.4 리터의 부피를 차지한다.

질소 0.8 몰의 질량 $= 28 \times 0.8 = 22.4$ g

산소 0.2 몰의 질량 $= 32 \times 0.2 = 6.4$ g

$$0°\text{C, 1 기압에서 공기의 밀도} = \frac{22.4\ \text{g} + 6.4\ \text{g}}{22.4\ \text{L}} = 1.29\ \text{g/L}$$

$$\text{가상적 대기층의 두께} = \frac{(\text{수은의 밀도})}{(\text{공기의 밀도})} \times (\text{수은주의 높이})$$

$$= \frac{13.6\ \text{g/cm}^3}{1.29\ \text{g/L}} \times 0.76\ \text{m} = 7.6\ \text{km}\ (\text{에베레스트 산 높이와 비슷})$$

예제 3.24

시저의 마지막 숨에 들어있던 공기 분자들에 꼬리표를 붙이고 전체 대기와 뒤섞이게 하면 꼬리표를 붙인 분자들은 몇 분의 1로 희석되는 셈인가? 지구의 반지름(R)은 6370 km이다. 이 비율로 희석된다면 우리가 들이마시는 한 숨에는 시저의 마지막 숨에 들어 있던 공기 분자가 몇 개 들어 있는 셈인가?

풀이 대기의 부피 = 지구의 표면적($4\pi R^2$)× 대기의 두께

$$= 4 \times 3.14 \times (6.37 \times 10^6\ \text{m})^2 \times (8.0 \times 10^3\ \text{m})$$

$$= 4.0 \times 10^{18}\ \text{m}^3 = 4.0 \times 10^{21}\ \text{L}$$

희석 비율 = 대기의 부피/한 숨의 부피

$$= \frac{4.0 \times 10^{21}\ \text{L}}{0.5\ \text{L}} = 8 \times 10^{21}$$

0.5 리터 공기에 들어 있는 분자수

$$= \text{아보가드로수} \times \frac{0.5\ \text{리터}}{1\ \text{몰의 기체 분자가 차지하는 부피}}$$

$$= (6.02 \times 10^{23}) \times \frac{0.5\ \text{L}}{22.4\ \text{L}} = 1.3 \times 10^{22}$$

희석된 0.5 리터 공기에 들어 있는 분자수

$$= \frac{1.3 \times 10^{22}}{8 \times 10^{21}} = 1.6\ (\text{한두 개})$$

아보가드로수의 크기를 알아보았으니 이제는 우리 몸의 원자수를 따져보고, 그 다음에는 아보가드로수를 결정하는 여러 방법들을 알아보기로 한다.

예제 3.25

구리로 만들어진 635 kg 무게의 인체 동상이 있다고 하자. 이 동상에 들어 있는 구리 원자수를 구하여라. 구리의 원자량은 63.5이다. 다음에는 우리 몸을 60 kg의 물로 보고 우리 몸에 들어 있는 원자수를 구하여라. 물의 분자량은 18이다.

풀이

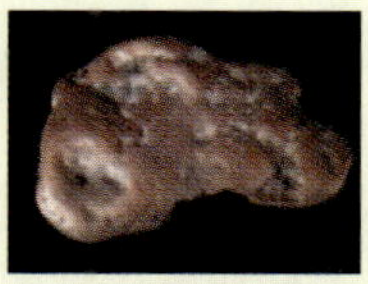

= 구리 63.5 g = 구리 원자 1 몰

= 구리 원자 6.02×10^{23} 개

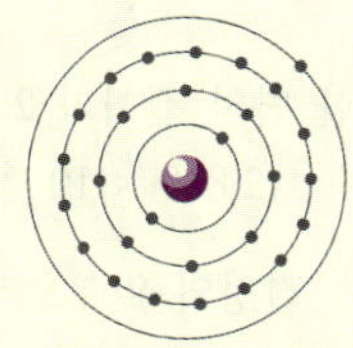

= 구리 635kg

= 구리 원자 만 몰 $\dfrac{635\ \text{kg}}{63.5\text{g}} = 10^4$

= 구리 원자 6×10^{27} $(10^4\times6\times10^{23})$개

= 약 10^{28} (= 100 조×100 조)개의 원자

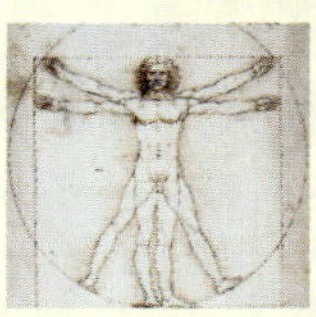

= 약 3300 ×  × 

물 18 g 원자 3개

물 60 kg = 약 $3300\times(6\times10^{23}$ 물 분자)

= 약 $3300\times(3\times6\times10^{23}$ 원자)

= 약 10^{28} 원자

다음과 같이 생각해 볼 수도 있다. 물의 분자량 18이고 물 한 분자당 세 개의 원자가 들어 있으므로 물은 원자량이 6인 가상적 원소의 원자 세 개로 이루어진 셈이다. 물 60 kg은 이 가상적 원자 만 몰에 해당한다. 만 몰의 원자가 모여 만물의 영장이 된 것이다.

만 몰의 원자 k : 만물의 영장

3-7-2 아보가드로수의 결정

가. X-선을 사용하는 방법

1895년에 뢴트겐이 발견한 X-선(4장)을 사용하면 결정 내에서 원자들 사이의 거리를 측정할 수 있다. 현재 알려진 가장 정확한 아보가드로수도 이 방법으로 결정된 값이다.

소금 결정에서 소듐(나트륨) 이온과 염소 이온들은 그림과 같이 규칙적으로 배열되어 있다. 그림은 결정의 단위 격자를 보여준다. **단위 격자(unit cell)**란 이 단위를 입체적으로 이어 놓으면 (회전하지 않고) 전체 결정이 얻어질 수 있는 가장 작은 단위를 말한다.

소금 2.165 g/cc

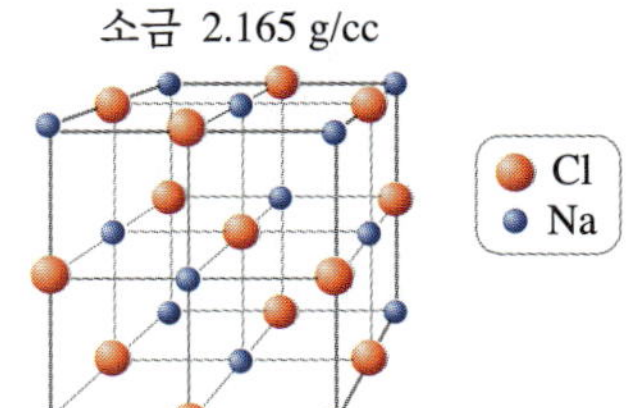

작은 정육면체

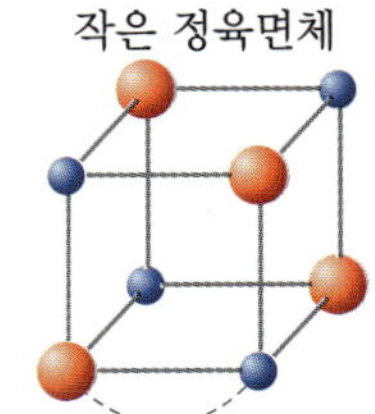

2.819×10^{-8}cm

그림 3.4 소금 결정의 구조.

예제 3.26

소금의 단위 격자에는 아래 그림에서 보여 주는 작은 정육면체가 여덟 개 들어 있다. X-선 결정학으로 소듐 이온과 염소 이온 사이의 거리는 2.819×10^{-8} cm로 밝혀졌다. 소금 결정의 밀도는 2.165 g/cm^{3}이다. 위의 정보로부터 아보가드로수를 구하여라 (원자량: Na = 22.9898; Cl = 35.4527).

풀이 소금 1 몰의 질량 : 58.4425 g.

소금 1 몰의 부피 : $\dfrac{58.4425\ \text{g}}{2.165\ \text{g/cm}^3} = 26.994\ \text{cm}^3$

한 변의 길이가 2.819×10^{-8} cm인 정육면체의 부피 :

$$(2.819 \times 10^{-8}\ \text{cm})^3 = 2.2402 \times 10^{-23}\ \text{cm}^3$$

결정의 일부로서 이 작은 정육면체 하나에는 소듐 이온과 염소 이온이 각각 1/2 개씩 들어있는 셈이다. 네 개의 이온은 여덟 개의 정육면체에 공유되기 때문이다.

따라서 소금 결정에서 하나의 Na-Cl 단위는 4.4804×10^{-23} cm^{3}의 부피를 차지하고 있는 셈이다.

소금 1 몰에 들어 있는 Na-Cl 단위의 수

$$= \frac{26.994\ \text{cm}^3}{4.4804 \times 10^{-23}\ \text{cm}^3} = 6.025 \times 10^{23}$$

이 값이 아보가드로수이다.

X-선 방법으로 실리콘 결정으로부터 구한 가장 정확한 값은 $6.0221367\,(36) \times 10^{23}$이다.

나. 방사선을 사용하는 방법

1896년에 베크렐이 발견한 방사선(4장)은 과학의 여러 중요한 발견으로 이어졌는데, 20세기 초에는 아보가드로수의 결정에도 기여했다.

예제 3.27

1908년에 러더포드와 가이거는 라듐 1 g 시료로부터 초당 3.42×10^{10} 개의 라듐 원자가 방사능 붕괴를 일으키는 것을 알아냈다. 그리고 1911년에 러더포드와 볼트우드는 192 mg의 라듐 시료로부터 83일 동안 방출되는 알파선을 모아 표준 상태에서 6.58 mm^3 해당하는 헬륨 기체를 얻었다. 이 결과로부터 아보가드로수를 추정하여라. 이 방사능 붕괴에서는 네 개의 알파 입자가 방출된다.

풀이 192 mg의 라듐 시료로부터 83일 동안 방출된 알파 입자수

$$= (4) \times (0.192\ \text{g}) \times (3.42 \times 10^{10}\ \text{g}^{-1}\text{s}^{-1}) \times (83 \times 24 \times 3600\ \text{s}) = 1.88 \times 10^{17}$$

6.58 mm^3 헬륨 기체의 몰수

$$= \frac{6.58 \times 10^{-6}\ \text{L}}{22.4\ \text{L/mol}} = 2.94 \times 10^{-7}\ \text{mol}$$

알파 입자 하나는 헬륨 원자 하나에 해당하므로

$$\text{아보가드로수} = \frac{1.88 \times 10^{17}}{2.94 \times 10^{-7}} = 6.4 \times 10^{23}$$

러더포드는 이 값에 보정을 가하여 6.09×10^{23}을 얻었다.

다. 전자의 전하로부터 구하는 방법

1 몰의 전자에 해당하는 전하를 알고, 전자 하나의 전하를 알면 아보가드로수를 구

할 수 있을 것이다. 1 몰 전자의 전하를 측정한 것은 패러데이였다. 한편 1897년에 톰슨이 측정한 것은 전자의 전하와 질량의 비율(e/m)이었다. 1909년에 밀리컨은 유명한 기름방울 실험(oil-drop experiment)을 통해 전자의 전하를 측정했다. 기체에 X-선을 쪼이면 이온이 생기는데, 여기에 아주 작은 기름방울을 뿜어주면 기름방울이 이온들로부터 전자를 받아서 전하를 가지게 된다. 이러한 기름방울이 중력에 의해 아래로 떨어지는 것을 전기장을 걸어서 반대 방향으로 힘을 가하면 기름방울이 정지하게 된다. 이때 가해준 전기장의 세기로부터 기름방울의 전하를 구할 수 있다. 이렇게 구한 기름방울의 전하는 어떤 기본값의 정수배로 나타났다. 1 몰의 전자에 해당하는 1 패러데이, 즉 96495.3 쿨롱을 전자의 전하로 나누면 아보가드로수가 얻어진다.

밀리컨(Robert Millikan, 1868-1953). 시카고대학에서 전자의 전하를 측정하였으며, 칼텍 교수를 역임하였다. 1923년 노벨 물리학상을 수상했다.

패러데이(Michael Faraday, 1791-1867). 과학의 역사에서 가장 위대한 실험 과학자로 인정받고 있다.

예제 3.28

밀리컨이 측정한 전자의 전하는 1.593×10^{-19} 쿨롱이다. 또 밀리컨은 96496 쿨롱을 1 패러데이로 사용했다. 밀리컨이 구한 아보가드로수는 얼마였을까?

풀이 $\dfrac{96496 \text{ 쿨롱}}{1.593 \times 10^{-19} \text{ 쿨롱}} = 6.06 \times 10^{23}$

현재 알려진 가장 정확한 전자의 전하는 $1.602176487(40) \times 10^{-19}$ 쿨롱이고, 1 패러데이는 96485.3415 쿨롱이다.

패러데이는 험프리 데이비의 조수로 출발하여 평생 거의 독자적인 연구로 전자기유도, 자성, 전지, 전기분해, 기체의 액화, 벤젠 발견 등 물리학, 화학의 여러 분야에 크게 공헌했다. 금 입자 콜로이드의 광학적 성질이 금 자체의 성질과 다른 것을 관찰한 일은 나노과학의 출발이라고 말할 수 있다. 그는 여러 가지 전지에 관한 실험을 하면서 battery, electrode, cathode, anode, ion, electrolysis 등의 어휘를 도입했다. 패러데이는 Cu^{2+} 같은 금속 이온이 전지로부터 전기를 받아서 (당시에 전자는 알려지지 않았다) 금속으로 바뀌는 전기분해에서 전극에서 석출되는 금속의 양은 금속의 원자량과 흘려준 전기량에 비례하는 것을 알아냈다. 지금은 1 당량(equivalent), 즉 전자 1 몰에 해당하는 금속이 석출되는데 필요한 전하량을 1 패러데이(Faraday)라고 한다.

라. 전기분해로부터 구하는 방법

1 몰의 전자를 통해서 전기분해를 일으키면 1 당량에 해당하는 생성물이 얻어진다. 따라서 일정한 양의 전류를 흘리고 반응한 또는 생성된 원소의 질량을 측정하면 아보가드로수를 구할 수 있다. 전기화학을 활용하는 이 방법은 아보가드로수를 구하는 여러 방법 중에서 유일하게 화학적인 방법이라고 볼 수 있다.

예제 3.29

0.601 암페어(ampere, coulomb/s)의 일정한 전류를 1802초 동안 흘려주면서 황산 용액에서 전기분해를 했다. 이때 산화전극으로 사용한 구리 전극에서 금속 구리가 구리 이온(Cu^{2+})으로 녹아들어가서 질량이 0.3554 그램 감소했다. 환원전극에서는 수소 이온이 환원되어 수소 기체가 발생한다. 이 실험 자료로부터 구한 아보가드로수는 얼마일까? 전자의 전하는 1.602×10^{-19} 쿨롱(C)이고, 구리의 원자량은 63.546이다.

풀이 통과한 전체 전하 $= (0.601 \text{ C/s})(1802 \text{ s}) = 1083 \text{ C}$

반응에 관여한 전자수 $= \dfrac{1083 \text{ C}}{1.602 \times 10^{-19} \text{ C}} = 6.760 \times 10^{21}$

$$\text{산화된 구리 원자수} = \frac{6.760 \times 10^{21}}{2} = 3.380 \times 10^{21}$$

$$\text{구리 원자 하나의 질량} = \frac{0.3554\ \text{g}}{3.380 \times 10^{21}} = 1.051 \times 10^{-22}\ \text{g}$$

$$\text{아보가드로수} = \frac{63.546\ \text{g}}{1.051 \times 10^{-22}\ \text{g}} = 6.046 \times 10^{23}$$

마. 흑체 복사 스펙트럼으로부터 구하는 방법

1900년에 플랑크(Planck, 1918년 노벨물리학상)는 에너지의 양자화에 입각하여 **흑체 복사(black body radiation)** 스펙트럼을 설명했다(4장). 그는 온도에 따른 스펙트럼의 모양으로부터 **볼츠만 상수**(*Boltzmann's constant*, K)를 구하고 **기체 상수**(*gas constant*, R)를 볼츠만 상수로 나누어 6.175×10^{23}을 얻었다.

바. 분자 운동으로부터 구하는 방법

1865년에 로슈미트는 공기 분자의 지름을 0.969 nm로 추산했고 이로부터 0.4×10^{23}의 아보가드로수에 해당하는 값을 얻은 바 있었다. 그 이전에는 아보가드로수의 크기에 대해 전혀 감을 잡지 못했는데 상당히 참 값에 접근한 것을 볼 수 있다. 그 후 로슈미트는 훨씬 개선된 값을 얻었다. 1873년에 맥스웰(Maxwell)은 **기체 분자 운동론**으로부터 4.2×10^{23}을 얻었다.

1900년대 초에 페랑(Perrin, 1926년 노벨 물리학상)은 수은 증기의 반데르발스 상수 b 값으로부터 아보가드로수를 6.2×10^{23}으로 추정했고, 1908년에는 공기 중에서 입자들의 **브라운 운동**(*Brownian motion*)을 분석하여 7.05×10^{23}을 얻었다

1905년에 아인슈타인은 액체의 **확산 계수**(*diffusion coefficient*), 설탕 용액의 점성 등으로부터 2.1×10^{23}, 4.15×10^{23}, 6.6×10^{23} 등의 값을 얻었다.

사. 비열로부터 구하는 방법

예제 3.30

지름이 1.0 마이크로미터인 구형의 작은 물방울이 아르곤 기체에 안개와 같이 분산되어 있어서 아르곤 원자와 충돌하면서 에너지를 교환한다고 하자. 물방울의 밀도가 낮아서 물방울 사이의 충돌은 무시할 수 있다. 27°C에서 물방울의 평균 속도는 0.65 cm/s로 측정되었다. 물방울의 밀도는 액체 물의 밀도와 같은 1.0 g/cm^{3}이다.

온도가 변하면 물방울의 크기와 속도도 변할 것이다. 0°C와 100°C 사이에서 물방울의 **평균 운동 에너지**(*mean kinetic energy*, KE, $mv^2/2$)를 온도의 함수로 나타내면 다음 그래프가 얻어진다. 입자들이 충돌하면서 에너지를 교환하는 시스템에서는 평균 운동 에너지는 입자의 질량에 무관하다. 원자량이 40인 아르곤의 비열이 0.54 J/g·deg라면 이들 자료로부터 유도되는 아보가드로수는 얼마인가?

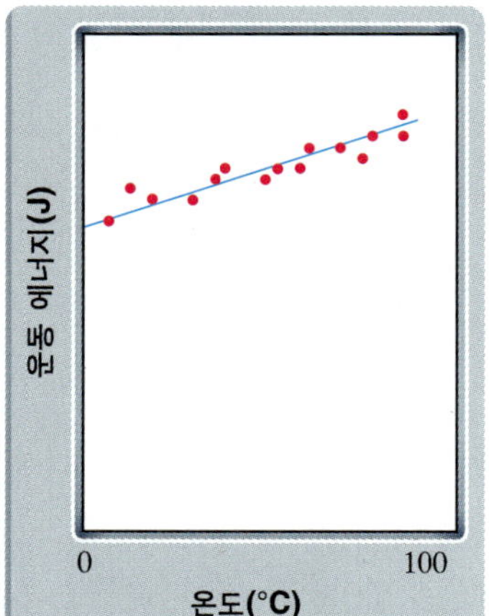

그림 3.5 온도에 따른 물방울의 운동 에너지의 변화. 데이터를 연장하면 −273°C에서 운동 에너지는 0으로 수렴한다.

풀이 지름이 1.0 마이크로미터인 물방울의 질량

$$= \frac{4\pi}{3} \times (0.5 \times 10^{-6}\ \text{m})^3 \times (1.0\ \text{g/cm}^3) = 5.24 \times 10^{-16}\ \text{kg}$$

$$\text{27°C에서 이 물방울의 운동 에너지} = \frac{1}{2} \times (5.24 \times 10^{-16}\ \text{kg}) \times (0.65 \times 10^{-2}\ \text{m/s})^2$$
$$= 1.1 \times 10^{-20}\ \text{kg m}^2/\text{s}^2 = 1.1 \times 10^{-20}\ \text{J}$$

27°C에서 아르곤 원자의 운동 에너지도 1.1×10^{-20} J이다. 아르곤은 단원자 분자이어서 충돌에 의해 물방울로부터 받은 에너지는 모두 아르곤 원자의 운동 에너지로 사용되기 때

문이다.

운동 에너지는 −273℃에서 0이 된다. 그래프의 직선 관계로부터 운동 에너지와 온도의 관계를 다음 식으로 나타낼 수 있다.

$$KE = c\,(t + 273)$$

t는 섭씨 온도이고, c는 온도가 1도 올라갈 때 아르곤 원자 한 개의 운동 에너지가 증가하는 비율이다. 27℃에서의 운동 에너지로부터 c를 구하면

$$c = \frac{1.1\times10^{-20}\ \text{J}}{(27 + 273)\ \text{deg}} = 3.7\times10^{-23}\ \text{J/deg}$$

아르곤 1 그램의 비열을 c로 나누면 아르곤 1 그램에 들어있는 원자수가 얻어진다.

$$\frac{0.54\ \text{J/g·deg}}{3.7\times10^{-23}\ \text{J/deg}} = 1.5\times10^{22}/\text{g}$$

1 몰 아르곤(40 g)의 원자수는

$$(1.5\times10^{22}/\text{g})\times(40\ \text{g/mol}) = 6.0\times10^{23}/\text{mol}$$

이 문제는 에너지 등분배, 운동 에너지와 비열의 관계, 절대 영도 등 여러 개념이 복합되어 있다.

3-8 화학 반응식

3-8-1 화학량론

몰, 아보가드로수, 원자량, 분자량 등을 정의했으니까 이제는 구체적으로 화학 반응식에서 양적인 관계들을 어떻게 다룰지 살펴볼 차례이다. 화학 반응식에서 반응물과 생성물의 계수를 맞추어 반응 전후에 원자수가 보존되도록 하고, 반응물과 생성물 사이의 양적 관계를 따지는 것을 **화학량론**(化學量論, **stoichiometry**)이라고 한다. 화학 반응에서 원자들은 생겨나지도 없어지지도 않는다는 돌턴의 원자설에 따르면 반응 전후에 모든 원소에 대하여 원자수가 같아야 한다. 그래야 라부아지에의 질량 보존의 법칙이 성립하게 된다. 이런 원리에 따라 위에서 살펴본 수소의 발견, 산소의 발견, 수소와 산소가 결합해서 물이 되는 경우에 대한 반응식을 쓰면 아래와 같은 계수들이 얻어진다. 반응 전후에 원자수가 같은지 확인해 보자.

$$Zn + 2HCl \longrightarrow Zn^{2+} + 2Cl^- + H_2$$
$$2HgO \longrightarrow 2Hg + O_2$$
$$2H_2 + O_2 \longrightarrow 2H_2O$$

아연과 염소처럼 이온이 되는 경우에도 이온을 원자로 세야 한다. 그리고 보면 보존되는 것은 원자핵의 개수인 셈이다. 중성인 아연 원자 1 몰이 반응했다면 아연 이온이 1 몰 얻어지고, 2 몰의 염화수소 분자에 들어 있던 2 몰의 염소 원자는 2 몰의 염소 이온이 된다. 마찬가지로 2 몰의 염화수소 분자에 들어 있던 2 몰의 수소 원자는 1 몰의 수소 분자가 되는데, 1 몰의 수소 분자에는 2 몰의 수소 원자가 들어 있으므로 수소의 원자수는 변화가 없다.

예제 3.31

샤를의 법칙(7장)으로 유명한 샤를은 1783년 12월 1일에 인류 역사상 처음으로 장거리 비행을 했다. 실크에 고무를 코팅한 수소 기구(baloon)를 타고 당시 파리 인구의 절반인 약 40만의 관중이 바라보는 가운데 두 시간에 걸쳐 장거리(약 20 킬로미터)를 비행한 것이다. 이 기구를 채우는 데 필요한 수소는 철 조각에 묽은 황산을 가해서 얻었다. 기구를 지름이 10 미터인 구라고 가정하고 0°C, 1기압에서 이 기구를 채우는데 필요한 철과 황산의 무게를 구하여라. 0°C, 1 기압에서 기체 분자 1 몰은 22.4 리터의 부피를 차지한다.

풀이 기구의 부피 $= \dfrac{4\pi r^3}{3} = (2r)^3 \times \dfrac{\pi}{3} \times \dfrac{1}{2} \fallingdotseq \dfrac{(10\ \text{m})^3}{2} = 500\ \text{m}^3 = 5 \times 10^5$ 리터

$$Fe + H_2SO_4 \longrightarrow Fe^{2+} + SO_4^{2-} + H_2$$

Fe	H_2SO_4	H_2
철 원자 1 몰	황산 분자 1 몰	수소 분자 1 몰
55.8 그램	98 그램	22.4 리터

철 무게 : 55.8 그램 $\times \dfrac{5 \times 10^5 \text{ 리터}}{22.4 \text{ 리터}}$ = 1250 킬로그램

황산의 무게 : 98 그램 $\times \dfrac{5 \times 10^5 \text{ 리터}}{22.4 \text{ 리터}}$ = 2200 킬로그램

3-8-2 비활성 기체의 발견

프라우트 (William Prout, 1785-1850). 양성자가 발견되기 약 100년 전에 이미 수소가 모든 원소의 기본이라는 프라우트의 가설을 제안했다.

위의 예들에서는 반응에 참여하는 반응물과 생성물 만이 반응식에 나타나 있다. 아래에서는 반응에 참여하지 않는 물질을 고려하여 획기적인 발견을 이룩한 경우를 살펴보자. 돌턴의 원자설이 나온지 얼마 안되어 1815년에 영국의 프라우트는 모든 원자는 수소의 집합체라고 제안한 바 있다. 당시 알려진 대부분 기체 원소의 밀도가 수소 기체 밀도의 정수배인 데에 착안한 것이다. 그러나 베르셀리우스는 여러 가지 고체 원소의 원자량을 측정하고 그 값이 수소 원자량의 정수배가 아닌 점으로부터 프라우트의 가설 (假說, Prout's hypothesis) 을 부정했다. 1882년에 영국의 물리학자 레일리 (Rayleigh) 는 프라우트의 가설을 테스트 하기 위하여 질소 기체 밀도를 정밀하게 측정해 보기로 하였다. 이 시도는 화학자 램지 (Ramsay) 와의 공동연구를 통해 아르곤을 포함하여 비활성 기체의 발견으로 이어졌다.

일단 공기로부터 산소를 제거하고 순수한 질소를 얻기 위하여 레일리는 화학자인 동료 램지가 제안한 방법을 사용했다. 공기를 액체 암모니아에 통과시킨 후 다시 뜨겁게 가열한 구리가 들어 있는 관을 통과시키자 산소는 암모니아의 수소와 반응하였다. 남아 있는 암모니아와 물은 황산으로 제거했다. 구리는 표면을 증가시키는 역할을 하였고, 아울러 구리 표면이 반짝반짝 빛나면 산소가 암모니아와 제대로 반응한 것을 알 수 있었다. 그렇지 않다면 구리는 산화구리가 되어 광택을 잃을 것이다.

예제 3.32

공기 중의 산소가 암모니아의 수소와 반응하는 식의 계수를 맞추어라. 공기는 부피비로 질소 78%, 산소 21%, 아르곤 1%라고 가정하고 이 비율을 반영하여 반응식에 질소와 아르곤을 포함하였다.

$$78N_2 + 21O_2 + Ar + (\qquad)NH_3 \longrightarrow (\qquad)N_2 + (\qquad)H_2O + Ar$$

그리고 위의 방법으로 얻은 질소의 밀도는 얼마로 측정되었을지 계산하여라. 시료에 들어 있는 아르곤도 밀도에 기여한 것을 잊지 말자(원자량: 질소 14.0067, 아르곤 39.948).

풀이 $78N_2 + 21O_2 + Ar + (28)NH_3 \longrightarrow (92)N_2 + (42)H_2O + Ar$

$$\text{밀도: } \frac{\left(14.0067\times2\times\frac{78}{79}\right)+\left(39.948\times\frac{1}{79}\right)}{22.4} = 1.256\ \text{g/L}$$

(질소의 기여) (아르곤의 기여)

예제 3.33

레일리는 또한 공기를 직접 뜨거운 구리 위를 통과시키는 방법으로 질소를 얻었다. 이에 대한 반응식의 계수를 맞추어라. 또 이 방법으로 얻은 질소의 밀도는 얼마로 측정되었을지 계산하고, 위에서 구한 질소 밀도와의 비율을 구하여라.

$$78N_2 + 21O_2 + Ar + (\quad)Cu \longrightarrow (\quad)N_2 + Ar + (\quad)CuO$$

풀이 $78N_2 + 21O_2 + Ar + (42)Cu \longrightarrow (78)N_2 + Ar + (42)CuO$

$$\text{밀도: } \frac{\left(14.0067\times2\times\frac{78}{79}\right)+\left(39.948\times\frac{1}{79}\right)}{22.4} = 1.257\ \text{g/L}$$

$$\text{밀도 비: } \frac{1.257}{1.256} = 1.0008$$

두 가지 방법으로 구한 질소의 밀도는 약 0.1%의 차이를 나타냈다. 언뜻보면 무시할 만한 작은 차이 같지만 이 차이는 재현성 있게 나타났고, 레일리는 이 차이는 실험 오차를 벗어난다고 확신했다. 레일리는 이 차이를 확대하기 위하여 암모니아 방법에서 순수한 산소를 사용해 보았다.

예제 3.34

첫 번째 방법에서 공기 대신 순수한 산소를 사용하면 위의 밀도 비율은 어떻게 달라질까?

풀이 순수한 산소를 사용하면 아르곤의 기여가 없어지고 순수한 질소의 밀도가 얻어질 것이다.

$$\text{밀도 : } \frac{14.0067 \times 2}{22.4} = 1.251\ \text{g/L}$$

$$\text{밀도 비 : } \frac{1.257}{1.251} = 1.0048\ (\text{약 } 0.5\% \text{ 차이로 다섯 배 확대})$$

예상대로 두 방법으로 구한 밀도 비가 확대되자 레일리는 공기에 들어있는 것으로 추측되는 미지의 기체를 분리하기 위해 산소 뿐 아니라 질소도 반응할 수 있는 반응성이 높은 마그네슘을 사용하여 산소와 질소를 제거하였다. 구리와 마그네슘의 반응성의 차이는 전기음성도(5장)의 차이로 설명할 수 있다. 질소는 구리와 반응하지 않지만 전기음성도 차이가 큰 마그네슘과 반응한다.

예제 3.35

공기를 뜨거운 마그네슘 위를 통과시킬 때 일어나는 반응의 계수를 맞추어라.

$$78N_2 + 21O_2 + Ar + (\quad)Mg \longrightarrow (\quad)Mg_3N_2 + (\quad)MgO + Ar$$

풀이 $78N_2 + 21O_2 + Ar + (276)Mg \longrightarrow (78)Mg_3N_2 + (42)MgO + Ar$

표 3.3 레일리가 다른 방법으로 구한 질소의 밀도값의 정밀도

	공기로부터 구한 값	화합물로부터 구한 값
	2.31017	2.30143
	2.30986	2.29890
	2.31010	2.29816
	2.31001	2.30182
	2.31024	2.29869
	2.31010	2.29940
	2.31028	2.29849
		2.29889
평균	2.31011	2.29947
표준편차	0.00014	0.00138

표 3.4 아르곤 발견에 관련된 원소들의 전기 음성도

원소	전기음성도
O	3.5
N	3.0
Cu	2.0
Mg	1.3

구리와 마그네슘의 반응성 차이를 이용해서 공기 중의 질소를 고체인 질소화마그네슘 형태로 제거했더니 공기 부피의 약 1%에 해당하는 기체가 얻어졌는데, 이 기체의 밀도로부터 구한 원자량은 약 40으로 측정되었다. 레일리는 이 기체의 **정적 비열**(**定積比熱**, *heat capacity at constant volume*, 9장) 과 **정압 비열**(**定壓比熱**, *heat capacity at constant pressure*) 을 측정하였는데, 이 비율은 1.7 정도로 나타났다 ($C_p/C_v = 1.7$). 이 값은 이 기체가 진동이나 회전을 하지 않는 **단원자 분자**(*monatomic molecule*) 인 것을 의미한다. 뜨거운 마그네슘과도 반응하지 않을 정도로 반응성이 낮은 원소이니 만큼 화학 결합을 이루지 않는 것이다.

램지는 분광기(分光器, spectroscope) 를 사용하여 미량의 이 기체로부터 과거에 아무도 본 일이 없는 선 스펙트럼(4장) 을 얻었다. 이것은 확실히 이 기체가 새로운 원소라는 것을 의미했다. 1785년에 캐번디시도 공기에 전기 스파이크를 일으키면 질소와 산소가 결합하고 미량의 기체가 남는 것을 관찰한 바 있었다. 그러나 캐번디시는 분광기를 가지기 못했고 램지는 분광기를 가지고 있었다. 1895년에 레일리와 램지는 아르곤의 발견을 발표했다. 몸의 1%라면 주먹 크기 정도이니 공기의 1%는 적지 않은 양이다.

예제 3.36

우리가 1 분에 16회 호흡을 하고, 한 숨의 부피가 0.5 리터라 하자. 하루에 우리 몸을 드나드는 아르곤의 무게를 구하여라.

풀이 공기 1 몰에 해당하는 22.4 리터에는 0.01 몰, 즉 0.4 그램의 아르곤이 들어 있다.

따라서 $\dfrac{0.4\ \text{g}}{22.4\ \text{L}} = 0.018\ \text{g/L}$

하루에 호흡하는 공기의 부피는

$$(0.5\ \text{L}) \times (16 \times 60 \times 24) = 11520\ \text{L}$$

이 부피에 들어있는 아르곤 무게는

$$(0.018\ \text{g/L}) \times (11520\ \text{L}) = \text{약 } 200\ \text{g}$$

레일리 (Lord Rayleigh, 1842-1919).

화학적 활성이 전혀 없는 아르곤의 발견은 난처한 문제를 가져왔다. 주기율표에 들어갈 자리가 없는 것이었다. 다른 비활성 기체의 존재를 추측한 램지와 그의 동료 트래버스는 대량으로 액체 공기를 만들고 끓는점(8장) 의 차이를 이용하는 **분별 증류**(**分別蒸溜**, **fractional distillation**) 방법으로 미량의 헬륨, 네온, 크립톤, 제논을 질소, 산소, 아르곤으로부터 분리했다. 이들은 모두 특이한 선 스펙트럼을 나타냈다. 이들은 자연스럽게 새로운 족으로 주기율표(5장) 에 추가되었다.

예제 3.37

다음 비활성 기체 이름의 뜻을 보기에서 골라라.

헬륨 (He) 네온 (Ne) 아르곤 (Ar) 크립톤 (Kr) 제논 (Xe)

보기 비밀 (hidden) 게으름 (lazy, no work) 태양 (sun) 이방인 (stranger) 새로움 (new)

풀이 헬륨 - 태양 (helios) 네온 - 새로움 (새로운 선) 아르곤 - 게으름 (a-work)
크립톤 - 비밀(cryptology) 제논 - 이방인(xenophobia)

램지 (Sir William Ramsay, 1852-1916).

레일리와 램지는 각각 1904년 노벨 물리학상과 화학상을 수상했다. 같은 일로 같은 해에 노벨 물리학상과 화학상이 수여된 유일한 경우이다.

3-9 원소 분석

앞 절에서는 황산, 질소, 구리 등 잘 알려진 간단한 물질 사이의 반응식을 살펴보았다. 그런데 새로운 물질이 발견되거나 합성되었을 때에는 반응식을 쓰기 위해서는 그 물질의 **화학식**(**化學式, chemical formula**)을 알아야 한다. 가장 간단한 화학식은 글루코스의 경우 $C_6H_{12}O_6$ 처럼 원자 간의 결합 관계나 구조는 나타나 있지 않고, 단지 한 분자에 어떤 종류의 원자가 각각 몇 개씩 들어있는지를 표시한 식이다. 글루코스에서 탄소, 수소, 산소의 개수 비를 인수분해하면 1 : 2 : 1이 얻어진다. CH_2O처럼 원소의 비율을 가장 간단하게 나타낸 식을 **실험식**(**實驗式, empirical formula**)이라고 한다. 미지의 물질을 분석하는데 있어서 정확한 식을 얻는 과정에서 실험적으로 구한 식이기 때문이다. 실험식을 구하려면 우선 원소들의 무게 퍼센트를 구해야 한다. 이처럼 화합물에서 각 원소의 조성을 분석하는 것을 **원소 분석**(**元素分析, elemental analysis**)이라고 한다. 원소 분석은 어떤 물질의 정체를 밝히는 단서가 되기도 하고, 새로운 화합물의 구조를 밝히는 데도 출발점이 된다. 이 절에서는 비타민 C의 원소 분석을 통해 분자량과 화학식을 결정하는 방법을 알아보자.

3-9-1 아스코브산의 원소 분석, 실험식, 화학식

흔히 비타민 C로 부르는 아스코브산(ascorbic acid)은 탄소, 산소, 수소 세 종류의 원자들 20개가 모여 화학 결합을 이룬 비교적 간단한 화합물이다. 그러나 비타민 C는 우리가 매일 건강하게 살아가는데 필수적인 물질이다. 아스코브산은 쉽게 데하이드로아스코브산(dehydroascorbic acid)으로 산화되면서 활성 산소를 환원시키기 때문에 항산화 효과를 나타낸다. 몸속의 희생양인 셈이다. 데하이드로아스코브산은 몸 속에서 글루타싸이온(glutathione) 같은 물질에 의해 다시 아스코브산으로 환원된다. 따라서 엄밀히 이야기하면 식품이나 생체에 들어있는 비타민 C의 양은 아스코브산과 데하이드로아스코브산의 합을 의미한다.

아스코브산이 처음 발견되었을 때 순수하게 정제된 아스코브산의 성분 원소를 조사해서 탄소, 수소, 산소만을 포함한다는 사실을 알게 되었다고 하자. 이 화합물의 화학식과 분자 구조를 알려면 우선 탄소, 수소, 산소가 어떤 비율로 들어있는지를 알아야 한다.

탄소와 수소는 모든 유기 화합물에 들어있기 때문에 이들의 함량을 측정하는 것은 아주 중요한 문제였다. 1장에서 본대로 1831년에 독일의 리비히(Liebig)는 어떤 화합물을 태웠을 때 생기는 이산화탄소의 질량으로부터 탄소의 양을 결정하고, 물로부터 수소의 양을 결정하는 방법을 완성했는데, 이 방법은 그 이후 수많은 유기 화합물의 원소 성분을 조사하는데 사용되었다. 물론 시료에 들어있는 탄소를 모두 이산화탄소로 연소시키고 생긴 이산화탄소는 모두 이산화탄소를 흡수하는 용액에 수집해서 용액의 무게 변화를 재야만 한다. 수소에서 생긴 물도 마찬가지로 물을 완전히 흡수하는 물질에 통과시켜 무게의 증가를 측정한다. 탄소, 수소 모두 산소와 잘 반응하는 성질을 이용하는 것이다. 산소는 다른 원소를 다 분석하고 나서 전체로부터의 차이로 결정한다.

예제 3.38

아스코브산을 발견한 헝가리 출신 생리학자 젠트-교르기(Szent-Gyorgyi)는 정제된 아스코브산 4.600 mg을 원소 분석하였는데 6.865 mg의 이산화탄소와 1.97 mg의 물이 얻어졌다. 아스코브산의 실험식을 구하여라. 아스코브산은 탄소, 수소, 산소 만으로 이루어졌다.

풀이 $C + O_2 \longrightarrow CO_2$

이 식을 반응하는 탄소와 산소의 무게 비로 나타내면

$$12.0 + (16.0 \times 2) \longrightarrow 44.0$$

반응하는 탄소의 무게는 생성된 이산화탄소 무게의 $\frac{12.0}{44.0}$이다. 따라서 6.865 mg의 이산화탄소는 $\frac{6.865 \times 12.0}{44.0} = 1.872$ mg의 탄소로부터 얻어진 것이다.

한편 분자식이 H_2O인 물의 분자량은 18.0 (= 2 × 1.00 + 16.0)이다. 그러니까 물에서 수소는 전체 무게의 $\frac{2.00}{18.0} = \frac{1}{9}$을 차지한다. 따라서 1.97 mg의 물에는 0.219 mg의 수소가 들어있는 셈이다. 산소의 무게는 나머지인 2.509 (= 4.600 − 1.872 − 0.219) mg일 것이다.

탄소, 수소, 산소 원자의 개수 비율은 무게를 원자량으로 나눈 값의 비율이다. 전체 무게가 같다면 두 배가 무거운 것의 숫자는 반 밖에 안될 테니까. 따라서

$$\begin{aligned} &\text{탄소 원자의 수 : 수소 원자의 수 : 산소 원자의 수} \\ &= \frac{1.872}{12.0} : \frac{0.219}{1.00} : \frac{2.509}{16.0} \\ &= 0.156 : 0.219 : 0.157 \end{aligned}$$

0.156 : 0.219 : 0.157 비율에 가장 가까운 정수 비는 3 : 4 : 3이다. 따라서 아스코브산의 실험식은 $C_3H_4O_3$이다. 사실 더 정확한 비는 5 : 7 : 5이지만 나중에 분자량과 구조가 밝혀지면서 3 : 4 : 3으로 확인되었다. 실험 오차 때문에 실제와 맞는 정수 비를 구하는 것이 어려울 수도 있다.

얻어진 탄소와 수소의 무게 퍼센트와 일치하면서 또한 분자량과도 일치하는 아스코브산의 화학식은 무엇일까 생각해보자. 그런데 실험식은 탄소, 수소, 산소 원자 개수의 비율만을 말해 줄 뿐이지 실제로 한 분자 안에 탄소, 수소, 산소 원자가 몇 개씩 결합하고 있는지는 말해 주지 않는다. 아스코브산의 실험식이 $C_3H_4O_3$이라면 화학식, 즉 이 화합물의 분자식은 이의 정수배인 $C_3H_4O_3$, $C_6H_8O_6$, $C_9H_{12}O_9$ 등 중의 하나일 것이고, 따라서 분자량을 측정하면 분자식이 선택될 것이다.

상온에서 기체인 화합물에 대해서는 아보가드로의 원리를 이용해서 분자량을 잴 수 있지만 100년 전 만해도 상온에서 액체나 고체인 화합물의 분자량을 정확히 결정하는 것은 아주 어려운 일이었는데, 다행히 **어는점 내림**(*freezing point depression*, 7장)이라는 현상이 있어서 대략적인 분자량을 결정할 수 있었다.

물은 섭씨 0도에서 얼고 녹는다. 그런데 기온이 0도 이하인 추운 겨울날 길에 염화칼슘을 뿌리면 얼음이 녹는 것을 보아 알 수 있듯이 용액의 어는점은 순수한 물의 어는점보다 낮다. 그런데 이 어는점 내림의 정도는 일정한 양의 물에 설탕이나 염소 이온이나 칼슘 이온이나 간에 몇 개의 입자가 녹아 있는지에 달려있다. 이것을 총괄성(總括性, colligative property, 7장)이라고 한다. 예를 들어, $C_3H_4O_3$이라는 화합물이 있다고 할 때 이 화합물 8.8 g이 물 1 kg에 녹아있는 용액은 영하 0.19도에서 언다. 즉 어는점 내림은 0.19이다. 그런데 $C_3H_4O_3$에 비해 분자량이 두 배인 $C_6H_8O_6$라는 화합물 17.6 g (8.8 g의 두 배)이 물 1 kg에 녹아있는 용액의 어는점 내림도 같은 0.19이다. 이런 원리를 이용하면 일정한 용액에 녹아있는 물질의 무게와 어는점 내림으로부터 분자량을 측정할 수 있게 된다. 물의 경우에는 물 1 kg에 어떤 화합물이 1 그램 분자량

녹아있으면 어는점이 1.86도 내려간다. 즉, 물의 어는점내림 상수(cryoscopic constant, K_f)는 1.86이다.

예제 3.39

물 10 g에 아스코브산 0.20 g을 녹였더니 영하 0.22°C에서 얼었다고 하면 아스코브산의 분자량은 얼마인 셈인가? 실험식은 이미 $C_3H_4O_3$이라고 정해졌다면 아스코브산의 분자식은 무엇이라고 결론지을 수 있는가?

풀이 물 1 kg에는 아스코브산 20 g이 녹은 셈이다. 물 1 kg에 1 그램 분자량이 녹으면 어는점이 1.86°C 내려가는데, 물 1 kg에 아스코브산 20 g이 녹은 용액의 어는점이 0.22°C 내려갔으므로 아스코브산 20 g은 $\frac{0.22}{1.86} = 0.12$ 그램 분자량에 해당한다. 아스코브산의 분자량은 $\frac{20}{0.12}$ = 약 170이다. 실험식 $C_3H_4O_3$의 원자량을 모두 더한 실험식량(實驗式量, formular weight)은 170의 반 정도인 88이다. 따라서 아스코브산의 분자식은 실험식의 두 배인 $C_6H_8O_6$이다.

어는점 내림 이외에도 증기압 내림, 끓는점 오름, 삼투압을 이용해서도 분자량을 결정할 수 있다(7장). 이런 방법들은 19세기 말, 20세기 초반에는 아주 중요한 분자량 결정 방법이었다.

예제 3.40

젠트-교르기는 정제된 아스코브산의 분자량을 결정하는 데 적정(滴定, titration) 방법을 사용했다. 이 물질 5.0 mg을 3.0 cc의 물에 녹인 용액을 페놀프탈레인을 지시약으로 해서 0.0216 N NaOH 용액으로 적정하는 데 당량점까지 1.51 cc가 들어갔다. 분자량은 얼마로 계산되었을까?

풀이 적정에 들어간 NaOH의 몰수 = 0.0216 mol/L × 0.00151 L = 0.0326 mmol

아스코브산 5.0 mg이 0.0326 mmol에 해당하므로 아스코브산 1 몰은 $\frac{5.0}{0.0326} = 153$ 그램이고, 얻어진 아스코브산의 분자량은 153이다. 미량을 다루다 보니 실제 분자량 176과 10% 이상 오차가 있다.

예제 3.41

젠트-교르기는 위의 적정 후 33% 아세트산과 녹말 용액을 한 방울 씩 넣고 산화-환원 적정을 하였는데, 0.0100 *N* 아이오딘 용액 5.66 cc가 들어갔다. 아스코브산의 분자량은 얼마로 계산되었을까?

풀이 적정에 들어간 아이오딘의 당량수 = 0.0100 당량/리터 ×0.00566 리터
= 0.0566 밀리당량

아스코브산 5.0 밀리그램이 0.0566 밀리당량에 해당하므로 아스코브산 1 당량은 $\frac{5.0}{0.0566} = 88$ 그램이다. 아이오딘은 산화-환원 과정에서 전자를 한 개 주고 받지만 산소는 두 개 주고 받는다. 따라서 아스코브산의 분자량은 당량의 두 배인 176이다.

비타민 C의 발견 과정에서 산-염기 적정과 산화-환원 적정이 사용되었다니 흥미로

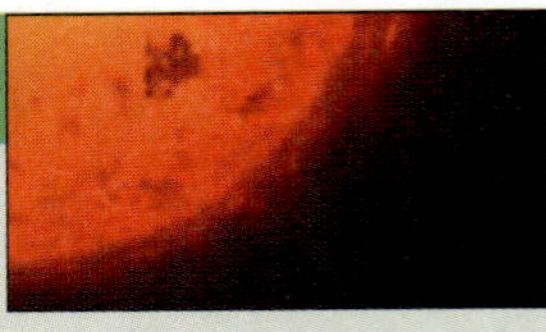

비타민 C 발견에 얽힌 이야기

1498년에 바스코다가마는 아프리카 남단 희망봉을 돌아 인도로 가는 항로를 개척하는 항해를 이끌고 있었다. 그 항해 도중 160명의 선원 중 거의 100명이 괴혈병(scurby)으로 사망했다. 1593년에는 호킨스경 지휘하의 대영제국 해군에서 만 명 정도의 선원이 괴혈병으로 사망했다. 그 때 괴혈병의 전염을 두려워한 선장은 괴혈병에 걸린 어떤 선원을 무인도에 버렸는데 이 선원이 식물의 순을 따먹고 나서 괴혈병에서 회복되고 기운을 차려 구조된 일이 있었다. 그 일은 오래 잊혀졌는데 1753년에 영국 해군 의무관인 제임스 린드는 신선한 야채와 과일로 괴혈병을 치료할 수 있는 것을 발견했다. 그러나 장기간 항해를 해야 하는 해군에서 레몬 쥬스를 일상적으로 사용한 것은 그로부터 약 100년 후의 일이다. 장기 보관을 위해 레몬 쥬스를 끓여서 저장해야 했는데, 오래 끓이면 비타민 C가 손실되는 것을 몰랐기 때문에 끓이는 정도가 매번 달랐고 결과적으로 레몬 쥬스의 효과에 확신을 가질 수 없었던 것이다. 한편 지상에서는 신대륙으로 이주한 유럽인들이 인디언들이 갖다준 솔잎차 덕분에 신선한 야채와 과일이 없는 혹독한 겨울을 괴혈병 없이 넘겼다고 한다. 물론 육상에서건 해상에서건 식물에 들어있는 어떤 물질이 이런 놀라운 효과를 나타내는 지는 알지 못했다.

1927년 젠트-교르기는 양배추에서 환원성 탄수화물을 발견했다. 한편 미국 피츠버그대학의 생화학자 글렌 킹(Glen King)은 레몬 쥬스에서 같은 물질을 추출하고 이 물질이 실험 동물인 기니피그(guinea pig)에서 괴혈병을 없애주는(antiscorbutic) 것을 관찰했다. 그리고 1932년에는 이 물질을 결정 상태로 얻고 화학식을 발표했다. 바로 15일 후 젠트-교르기도 이 물질이 단일 녹는점을 나타내는 단일 물질인 것을 발표했다. 처음에 젠트-교르기는 부신(副腎, adrenal gland)에서 추출한 물질로 동물 실험을 했는데 부신에서 어렵게 추출한 1 mg 양으로는 실험을 1주일 밖에 할 수 없었다. 그런데 하루는 그의 부인이 고향 헝가리에 많은 파프리카를 쓰면 어떻겠냐고 제안했다. 비타민 C가 풍부한 파프리카로부터는 1 kg 정도의 양을

운 일이다. 아무튼 화학식과 분자량이 밝혀진 다음 과제는 분자 구조를 알아내는 일이었다. 19세기 후반에는 탄소, 수소, 산소의 결합 방식이 잘 알려졌다. 탄소는 네 개의 수소와 결합하고, 산소는 두 개의 수소와 결합한다. 이로부터 예상할 수 있듯이 탄소는 두 개의 산소와 결합한다. 이러한 관찰들로부터 원소들의 결합 능력을 원자가(原子價, valency)라고 부르게 되었는데, 수소를 1로 했을 때 산소의 원자가는 2, 탄소의 원자가는 4이다. 원자가는 아래와 같이 결합수(結合手)로 나타낼 수도 있다.

$$\mathrm{H{-}H} \qquad \mathrm{O{=}C{=}O} \qquad \mathrm{H{-}O{-}H}$$

예제 3.42

탄소, 수소, 산소의 원자가를 만족시키면서 아스코브산의 화학식 $C_6H_8O_6$를 만족시키는 즉, 탄소 여섯 개, 수소 여덟 개, 산소 여섯 개가 결합한 가능한 여러 가지 화합물의 구조를 그려보아라. 그리고 그러한 화합물이 안정할지 생각해보자. 원자들 사이의 각도가 너무 뒤틀리면 안정한 화합물을 만들지 못한다.

풀이 예를 들어, 다음 구조는 모든 원자가 옥텟 규칙을 만족한다. 그러나 네 개의 탄소가 고리를 만들면 결합 각도가 너무 작아 불안정하다.

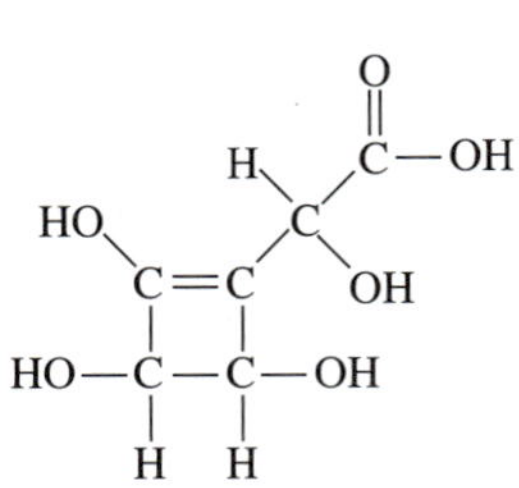

$C_6H_8O_6$라는 화학식에 맞는 구조식은 여러 가지가 가능하다. 그 중에 어떤 구조가 맞는지를 밝히는 것은 1930년대에는 아주 어려운 일이었다. 호워스(Haworth)가 비타민 C의 화학 구조를 규명한 것이 그가 1937 노벨 화학상을 수상한 주요 이유의 하나가 되었다니까 그것이 얼마나 어려운 일이었는지 짐작이 간다. 요즘은 핵자기 공명(nuclear magnetic resonance,

얻을 수 있었다.

초기 논문을 발표할 때 젠트 교르기는 장난기를 발휘해서 아직 분자구조가 밝혀지지 않은 이 물질을 이그노스(ignose) 라고 불렀다. 무지를 뜻하는 ignorant와 포도당, 설탕을 glucose, sucrose라고 하는 것처럼 분자량이 작은 탄수화물의 어미에 사용되는 -ose를 합성한 것을 심사위원이 받아들이지 않자 이번에는 신(god) 만이 구조를 안다(knows)는 뜻에서 god-nose라는 이름을 시도했다. 지금은 비타민 C, 또는 괴혈병(scurby) 을 없애는(a-) 산성물질이라는 뜻으로 아스코브산(ascorbic acid)이라고 흔히 부른다. 젠트-교르기는 1937년 노벨 생리의학상을 수상했다. 킹은 노벨상에서 제외된 데 실망하지 않고 이 물질의 영양학적 연구에 헌신했다. 1937년 노벨 화학상은 아스코브산의 상세한 분자구조를 규명한 오스트랄리아의 호워스(Walter Haworth)에게 수여되었다. 이 연구를 하는 과정에서 개발된 호워스 도식(Haworth diagram)은 지금도 탄수화물에서 여러 작용기의 입체적 배치를 나타내는 데 중요하게 사용된다. 호워스는 아스코브산의 화학적 합성에도 성공했다.

젠트-교르기(Szent-Gyorgyi, 1893-1986). 1937년 노벨 생리의학상

호워스(Walter Haworth, 1883-). 1937년 노벨 화학상.

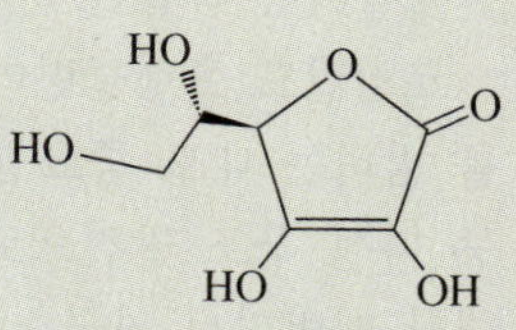

아스코브산

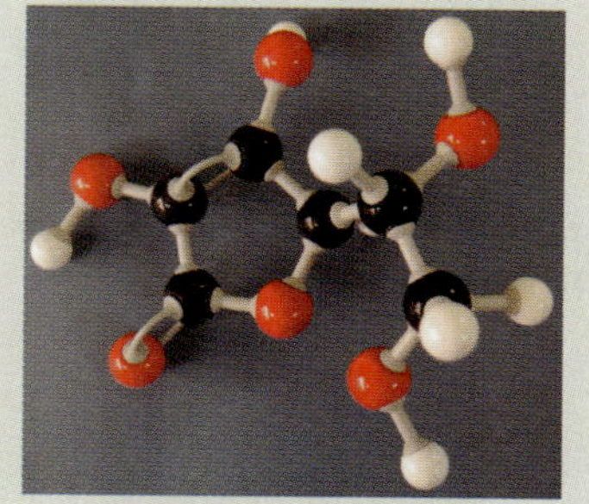

NMR, 6장) 등의 방법들이 있어서 복잡한 화합물의 구조를 밝히는 것이 훨씬 쉬워졌다. NMR을 개발한 블록(Bloch)과 퍼셀(Purcell)은 1952년 노벨 물리학상을 수상했다.

3-10 원자 보기

이 장에서는 주로 19세기 화학이 어떻게 원자와 분자의 실재를 밝혀냈는가, 그리고 그에 관련된 화학의 원리들을 살펴보았다. 그 과정에서 19세기 말 경에는 아보가드로수의 크기가 상당히 정확하게 알려졌다. 아보가드로수가 알려졌다는 것은 원자의 크기를 대충 파악했다는 뜻이 된다. 원자의 크기를 파악하고 보니 원자는 당시의 광학현미경으로 보기에는 너무 작았다. 백문(百聞)이 불여일견(不如一見)이라 했고, seeing is believing이라고도 하는데 볼 수 없는 원자를 믿어도 되는 것일까? 원자를 볼 수는 없을까? 눈으로 직접 볼 수 없다면 어떻게 간접적으로라도 볼 수 없을까? 하기는 본다는 것은 모두 간접적이다. 어떤 물체가 반사한 빛을 우리 눈의 신경세포가 감지하고 이 신호를 뇌가 처리해서 우리가 보았다고 인식하는 것이다. 그렇다면 원자를 보기 위해 필요한 것은 원자 크기의 분해능을 가진 신호 획득 방법이다. 다행히 우리는 20세기 전반에 발전된 **X-선 결정학**(*X-ray crystallography*)과 20세기 후반에 발전된 **주사 터**

X-선 결정학은 벽에 비친 손바닥 모양의 상으로부터 토끼의 3차원 구조를 알아내는 일과 유사하다.

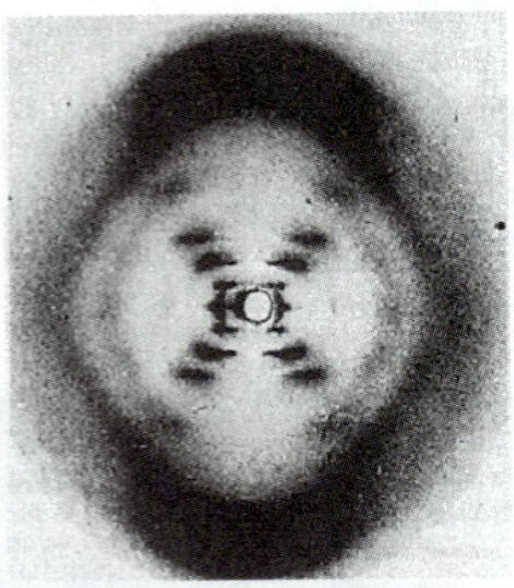

프랭클린이 얻은 DNA X-선 회절 사진은 나선 구조를 나타낸다.

케임브리지 대학 학부 시절의 로렌스 브래그(William Lawrence Bragg, 1890–1971). 2차 세계대전 후에는 캐번디시연구소의 소장으로 X-선 회절 방법을 단백질과 DNA 같은 생체고분자에 적용하는 연구를 적극 지원했다. 왓슨, 크릭, 윌킨스를 노벨 생리의학상에 추천한 것도 브래그였다.

아버지 헨리 브래그는 리즈대학 교수로 재직하면서 X-선 분광기(X-ray spectrometer)를 발명했다. 브래그 식은 로렌스의 독자적인 아이디어였는데, 25세에 노벨상을 수상할 때 주위에서 아버지 덕을 보았다고 하자 이에 불쾌해 했다고 한다.

널링 현미경법(走査顯微鏡, *scanning tunneling microscopy, STM*)으로 원자의 위치를 확인할 수 있게 되었다. 간접적이기는 하지만 어떤 의미에서는 원자를 보게 된 셈이다.

1895년에 뢴트겐이 강력한 투과력을 가진 X-선을 발견했지만(4장) 그 정체는 잘 알려지지 않았다. 1912년 라우에는 X-선을 결정에 쪼이면 간섭 현상을 나타내는 것으로부터 X-선이 파장이 아주 짧은 전자파인 것을 증명했다. 뢴트겐은 1901년 첫 번째 노벨 물리학상을 수상했고, 라우에는 1914년에 같은 상을 수상했다. 1915년에는 브래그 부자(아버지 윌리엄 헨리 브래그(William Bragg), 아들 윌리엄 로렌스 브래그(Lawrence Bragg))는 X-선의 간섭 현상을 이용하여 결정에서 원자들의 위치를 알아내는 방법을 고안한 업적으로 노벨 물리학상을 공동 수상했다. 이때 로렌스의 나이는 25세로 역대 최연소 노벨상 수상자이다. 수상 업적인 브래그 식(Bragg equation, $n\lambda = 2d\sin\theta$)은 호주에서 영국으로 유학 온 로렌스가 케임브리지 대학 학부를 졸업한 다음 해인 1912년에 발표한 유명한 공식인데 이 식을 사용하여 복잡한 X-선 회절 패턴을 해석하면 결정에서 원자의 위치를 알아낼 수 있다. 스크린에 생긴 손바닥 상으로부터 3차원적인 토끼의 모양을 알아내는 것과 비슷하다. 요즈음은 분자량이 수만에 달하는 단백질처럼 복잡한 분자에서 원자 하나 하나의 위치를 알아내기도 한다.

로절린드 프랭클린이 얻은 DNA의 X-선 회절 패턴은 왓슨과 크릭이 이중 나선 구조를 밝히는 데도 중요한 역할을 했다. 왓슨과 크릭이 세기적 발견이라 부르는 DNA 이중 나선 구조 발견으로 노벨 생리의학상을 수상한 1962년에 그들과 함께 케임브리지 대학 캐번디시 연구소에서 헤모글로빈과 마이오글로빈 단백질의 3차원 구조를 결정한 페루츠(Perutz)와 켄드류(Kendrew)는 노벨 화학상을 수상했다. 분자량이 수만에 달하는 생체고분자 단백질의 3차원 구조를 최초로 규명한 것이다. 그 후 여러 가지 중요한 효소단백질, 막단백질, 광합성 단백질 등의 구조 연구에 노벨 화학상이 수여되었다. 최근 2006년 노벨 화학상은 X-선 결정학으로 DNA의 유전정보가 RNA로 전사되고 단백질로 번역되는 과정에서 핵심적인 역할을 하는 RNA 복제효소(複製酵素, RNA polymerase)의 구조와 작용 메커니즘을 밝힌 로저 콘버그(Roger Kornberg)가 수상했

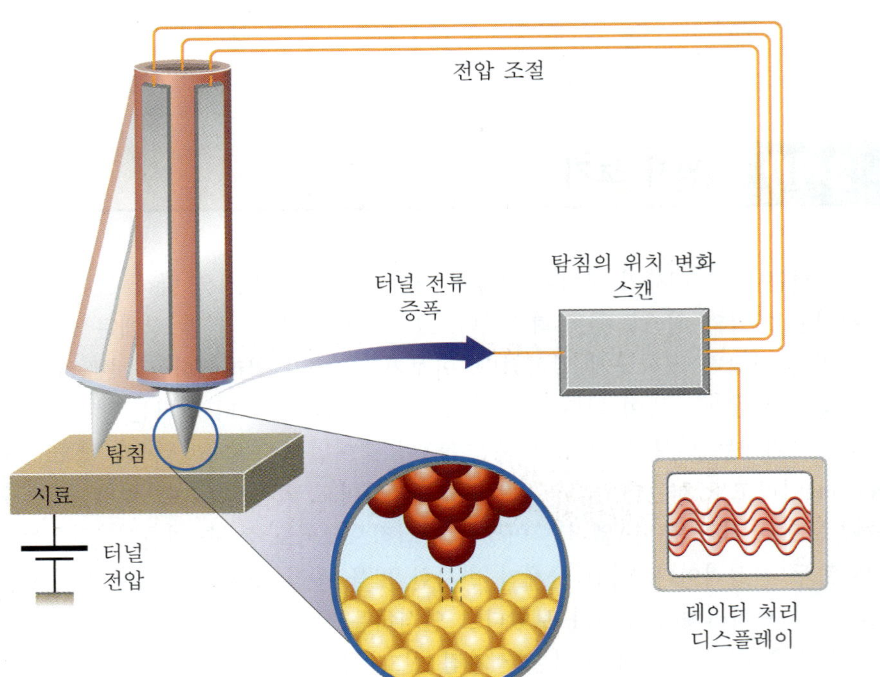

그림 3.6 STM의 작동 원리.

다. 그의 아버지 아서 콘버그(Arthur Kornberg)는 DNA 복제효소(DNA polymerase)의 발견으로 1959년 노벨 생리의학상을 수상한 바 있다(11장).

X-선 결정학과는 다른 원리로 보다 직접적으로 원자를 보는 방법에는 주사 터널링 현미경법(scanning tunneling microscopy, STM)이 있다. 스위스 IBM 연구소의 비니히(Binnig)와 로러(Rohrer)가 1981년에 발명하고 그들은 1986 노벨 물리학상을 수상했다. STM에서는 끝이 뾰쭉한 금속의 탐침의 가장 끝에 위치한 원자와 조사 대상 표면 원자 사이의 거리가 수 옹스트롬 정도로 가까워지면 접촉이 없이도 터널링 전류(tunneling current)가 흐르는 원리를 이용한다. 터널링 전류가 일정한 값을 가지도록 탐침(探針, STM tip)을 위 아래로 미세하게 움직이면서 시료의 표면을 스캔하면 표면의 원자 배열을 조사할 수 있다. 경비행기가 지표면과 100 미터 거리를 유지하면서 어느 산악 지방을 동서남북으로 훑으면 산과 골짜기의 모습이 드러나는 것과 마찬가지이다. 탐침으로 표면의 원자를 잡아다 다른 위치로 옮겨서 원하는 구조를 만들거나 반응을 일으키는 것도 가능하다. 즉, 개개의 원자를 볼 뿐 아니라 가지고 놀 수도 있게 된 것이다.

언뜻 생각하면 아무리 뾰족한 탐침이라고 해도 원자 수준에서는 뭉툭해서 원자 수준의 분해능이 불가능해 보인다. 그러나 아무리 뭉툭해도 시료 표면의 원자와 가장 가까운 탐침 끝의 원자가 있게 마련이다.

요점 정리

- 우리 주위의 물질 세계는 원자와 분자로 이루어졌다. 그런데 원자는 아주 작기 때문에 파악하기가 어렵다. 그래서 데모크리투스의 원자론은 2천 년 이상 잊혀 졌다가 약 200년 전에 화학 반응의 질량 관계로부터 라부아지에, 돌턴 등에 의해 부활되었다. 화학 반응은 원자들의 재배열의 결과로 일어난다.
- 원자론에 뒤이어 분자론은 게이뤼삭이 발견한 화학 반응의 부피 관계로부터 아보가드로에 의해 제안되었다. 아보가드로의 원리에 따르면 같은 온도와 압력하에서 같은 부피에는 같은 개수의 기체 분자가 들어 있다.
- 원자량은 수소를 1로 했을 때 원자의 상대적 질량이고, 분자량은 어느 분자에 들어 있는 모든 원자의 원자량의 합이다.
- 1 몰은 어떤 입자가 아보가드로수 개만큼 모인 양을 말한다. X-선 결정학, 방사능, 통계 역학, 기체 분자 운동론, 전자의 전하, 전기화학 등 여러 방법으로 측정한 아보가드로수는 6.022×10^{23}이다.
- 원자량에 그램 단위를 붙인 그램 원자량은 1 몰의 원자에 해당하고, 분자량에 그램 단위를 붙인 그램 분자량은 1 몰의 분자에 해당한다.
- 만물의 영장인 사람의 몸은 만 몰의 원자로 이루어졌다.
- 화학 반응식에서는 반응물과 생성물에 같은 종류의 원자가 같은 개수 들어 있어야 한다.
- 화합물에 들어 있는 원소들의 무게 퍼센트를 조사하면 원자량으로부터 실험식을 구할 수 있다. 분자량을 결정하면 분자량과 실험식으로부터 화학식을 알 수 있다.
- X-선 결정학을 통하여 원자의 위치를 조사할 수 있고, 주사 터널링 현미경을 사용하면 원자의 상을 볼 수 있다. 원자는 실재한다.

연 | 습 | 문 | 제

O, × 문제

다음 서술이 맞는지 틀리는지 O, ×로 답하고, 틀린 경우에는 틀린 내용을 맞게 고쳐라.

1. 데모크리투스는 실험 결과에 근거해서 물질은 원자로 구성되어 있다고 생각했다. ( )

2. 원자설이 자리를 잡는 데는 기체 부피에 관련된 연구가 핵심 역할을 했다. ( )

3. 분자설이 자리를 잡는 데는 반응물과 생성물의 질량 관계에 관련된 연구가 핵심 역할을 했다. ( )

4. 돌턴은 라부아지에의 질량 보존 법칙과 프루스트의 배수 비례 법칙에 근거해서 원자설을 제안했다. ( )

5. 아보가드로는 아보가드로수의 대략적인 크기를 알지 못했다. ( )

6. 원자 번호는 양성자수이다. 따라서 물 1 몰에 들어 있는 원자의 몰수는 물 1 몰에 들어 있는 양성자의 몰수와 같다. ( )

7. 우리 몸에는 대략 만 몰의 분자가 들어 있다. ( )

8. 원자량은 어떤 원소가 별의 내부에서나 초신성의 폭발 당시 만들어질 때 이미 동위원소 원자핵의 상대적인 안정도에 따라 결정된 원자에 관한 기본적인 값이라 볼 수 있다. ( )

9. 운석에서 채취한 철과 지구 표면에서 채취한 철의 원자량은 같다. ( )

10. 여러 원소의 원자량을 정확히 측정해서 노벨상을 수상할 당시 리처즈는 원자핵 속의 중성자수가 원자량을 크게 좌우한다고 생각했다. ( )

11. 원소 분석 결과만 있으면 화학식을 구할 수 있다. ( )

12. 원소 분석 결과와 분자량만 있으면 화학식을 구할 수 있다. ( )

13. 원소 분석 결과와 분자량만 있으면 분자 구조를 알 수 있다. ( )

선택형 문제

14. 모든 물질의 기본 원소는 물이라고 생각한 철학자는 누구인가?
가. 탈레스 나. 아리스토텔레스 다. 피타고라스 라. 데모크리투스

15. 그 어느 칼로도 자를 수 없는 원자를 생각한 철학자는 누구인가?
가. 탈레스 나. 아리스토텔레스 다. 피타고라스 라. 데모크리투스

16. 세상의 모든 지식이 사라질 때 한 가지만 남길 수 있다면 원자론을 택하겠다고 한 사람은 누구인가?
가. 데모크리투스 나. 돌턴 다. 아보가드로 라. 파인만

17. 연소 이론을 확립하여 근대 화학의 아버지라고 불리는 화학자는 누구인가?
가. 라부아지에 나. 돌턴 다. 보일 라. 아보가드로

18. 우주 공간의 물과 내 몸의 물은 수소, 산소의 질량비가 같다는 법칙은 무엇인가?
가. 질량 보존의 법칙 나.일정 성분비의 법칙
다. 배수 비례의 법칙 라.아보가드로의 원리

19. 돌턴의 원자설에서 수정될 필요가 없는 것은?
가. 물질을 구성하는 원자는 더 나눌 수 없다.
나. 한 원소의 원자들은 질량과 그 밖의 모든 성질에 있어서 동일하다.
다. 한 원소의 원자는 다른 종류의 원자로 바뀌지 않는다.
라. 화학 반응은 원자들의 재배열을 통해 일어난다.

20. 햄버거와 더블버거의 관계에 관련된 법칙은?
가. 질량 보존의 법칙 나. 일정 성분비의 법칙
다. 배수 비례의 법칙 라. 아보가드로의 원리

21. 다음 중 수소 원자의 개수가 가장 많은 것은?
가. 표준 상태에서 40 L의 수소 기체 나. 0.3 몰의 에탄올(C_2H_5OH)
다. 아보가드로수의 메테인(CH_4) 분자 라. 40 그램의 물

22. 양성자도 중성자도 세 개의 쿼크로 이루어졌다. 체중이 60 킬로그램인 사람의 몸에 들어 있는 쿼크수에 가장 가까운 것은?
가. 3×10^{27} 나. 3×10^{28} 다. 3×10^{29} 라. 3×10^{30}

23. 같은 온도와 압력하에서 같은 부피의 기체에 들어 있는 같은 개수의 입자는?
가. 양성자 나. 전자 다. 원자 라. 분자

24. 기체의 밀도 비율을 측정하여 직접 결정할 수 있는 것은?
가. 원자량 나. 원자량의 비율 다. 분자량 라. 분자량의 비율

25. 아스코브산의 구조를 밝힌 화학자는?
가. 젠트 괴르기 나. 호워스 다. 폴링 라. 리비히

괄호 채우기 문제

26. 1766년 영국의 ( ) 는 아연, 철, 주석 등 금속에 산을 가하면 잘 타는 기체가 발생하는 것을 발견하였다. 얼마 후 프랑스의 ( ) 는 이 기체를 수소(hydrogen)라고 이름을 붙였는데, 수소는 문자 그대로 ( ) 을 만드는 원소라는 뜻이다.

27. 아연과 염산의 반응 ($Zn + HCl \longrightarrow Zn^{2+} + 2\ Cl^{-} + H_2$) 에서 수소가 발생하는 이유를 생각해 보자. (　　　)에서 (　　　)를 끌어당기고 있던 (　　　)가 (　　　)보다 (　　　)를 쉽게 내주는 (　　　)을 만나면 (　　　)에게 (　　　)를 돌려주고 (　　　)에게서 (　　　)를 얻어서 (　　　) 이온이 된다. (　　　)에게 (　　　)를 내준 (　　　)은 (　　　) 이온이 되고, (　　　)를 되찾은 (　　　)는 원자 둘이 결합을 이루어 (　　　) 분자가 된다. (　　　) 분자는 가볍고 물에 잘 녹지 않기 때문에 (　　　) 치환으로 포집할 수 있다. 이처럼 수소의 발견이 가능했던 이유는 수소, 아연, 염소 세 원소가 (　　　)를 끌어당기는 정도가 다르기 때문이다.

28. 물 1 리터에는 약 (　　　) 몰의 물 분자가 들어 있다. 0.1 mL 정도 부피의 물 한 방울에 들어 있는 원자의 수를 정확히 셀 수 있다면 (　　　)개의 유효 숫자를 가질 것이다. 물 1 리터가 끓어서 1 기압, 100°C의 수증기가 되었다고 하면 이 수증기 1 리터에는 (　　　)몰의 물 분자가 들어 있다.

29. 1 리터에 NaCl 1 몰이 들어 있는 1 M 소금 용액 1 밀리리터를 취해서 1 리터로 묽히면 1 mM 용액이 된다. 이 과정을 (　　　)번 더 반복하면 1 밀리리터에 들어 있는 소듐 이온의 수가 평균적으로 한 개 이하가 된다.

30. 가장 가벼운 원소인 수소의 원자량을 1로 하고 그램 단위를 붙인 1 그램의 수소는 1 몰의 수소 원자에 해당한다. 산소의 원자량은 (　　　)이다. 물 1 몰은 (　　　) 그램이다. 1 몰에 들어 있는 입자수를 아보가드로수라고 한다. 가상적으로 수소 원자로 빽빽이 채워진 1 cm^3의 정육면체를 고려하고 이 정육면체의 밀도가 물의 밀도와 같이 1 g/cm^3라고 가정하자. 그렇다면 이 상황에서 물 1 몰은 (　　　) cm^3의 부피를 차지하는 셈이다. 수소 원자의 지름은 약 0.1 나노미터이고, 이것은 10의 마이너스 (　　　) cm에 해당한다. 이로부터 아보가드로수는 대략 10의 (　　　) 제곱인 것을 알 수 있다.

31. 다음 괄호를 채워라.

(1) 어떤 사람이 하루에 2 kg의 음식을 먹는데, 그 중 70%는 물이고 나머지 30%는 탄수화물이라고 가정하면 음식에 탄소 (　　　) 그램이 들어 있는 셈이다.

(2) 이 음식을 소화시키고 호흡 작용을 통해 탄소를 모두 이산화탄소로 산화시켰다면 (　　　) 그램의 이산화탄소가 배출될 것이다.

(3) 이 반응에서 (　　　) 그램의 산소가 필요하다.

(4) 사람이 호흡할 때 한 숨의 부피는 약 0.5 리터라고 한다. 산소는 공기의 21%를 차지한다. 상온, 1 기압에서 0.5 리터의 공기에는 (　　　) 그램의 산소가 들어 있다.

(5) 사람이 1 분에 16번 숨을 쉰다고 하면 하루에 약 (　　　) 그램의 산소를 들이마시는 셈이다.

(6) 들이마시는 공기의 21%가 산소인 데 비해, 내쉬는 숨에서는 14%가 산소이다. 내쉬는 숨에서 공기의 온도는 체온과 같은 37°C라고 하자. 내쉬는 숨 0.5 리터에는 (　　　) 그램의 산소가 들어 있다. 사람이 하루에 숨으로 내보내는 산소는 (　　　) 그램 정도이다.

(7) 들이마시는 공기에는 이산화탄소가 0.04% 밖에 들어 있지 않다. 그러나 내쉬는 숨에는 4%의 이산화탄소가 들어 있다. 그렇다면 사람이 하루에 숨으로 내보내는 이산화탄소는 (　　　) 그램 정도인 셈이다.

(8) (　　　)분 동안 숨을 쉬면 내쉬는 숨에 들어 있는 이산화탄소를 다 모았을 때 그 양이 1.0 몰이 된다. 60년 사는 동안 숨을 통해 내보낸 이산화탄소가 모두 바닷물에 녹아 탄산칼슘이 되었다고 하자. 이 탄산칼슘으로 정육면체를 만든다면 한 변의 길이는 (　　　)m가 된다. 탄산칼슘의 밀도는 2.83g/mL이다.

(9) 5천만 인구가 1년 동안 숨으로 배출하는 이산화탄소는 약 (   ) 톤에 달한다. 이것은 우리나라가 1년 동안 배출하는 이산화탄소 총량인 6억 톤의 (   ) 퍼센트에 해당한다.

계산 및 서술형 문제

32. 금과 은의 일정 부피하에서의 비열(정적비열)을 예측하여라.

33. 영국의 물리학자 켈빈 경은 원자의 크기에 관하여 다음과 같은 문제를 제시했다. 부피가 200 mL인 컵에 들어 있는 물 분자 모두에 어떤 식의 표지를 한 후 이 물을 바다에 쏟아 붓는다. 오대양의 바닷물을 잘 저어서 표지한 물 분자들이 골고루 섞이게 한 다음, 다시 바닷물을 한 컵 뜬다면 그 안에 표지한 물 분자가 대략 몇 개나 들어 있겠는가? 물의 밀도는 1.0 g/mL이다. 지구의 반지름은 6400 km로 하고, 바다는 지구 표면의 70%를 차지하며, 바다의 평균 깊이는 4 km라고 가정한다.

34. 아르곤은 공기 부피의 1%를 차지한다고 하자. 10 m × 10 m × 20 m 크기의 방에는 1 기압, 0℃에서 몇 그램의 아르곤이 들어 있을지 유효 숫자 하나로 답하여라. 1기압, 0°C에서 모든 기체는 22.4 리터에 1몰의 분자가 들어 있다. 아르곤은 하나의 원자가 하나의 분자이고, 1몰의 무게는 40 그램이다.

35. 24k 금은 순수한 금이고, 18k 금은 금이 75%, 은이 25%라고 한다. 1 돈 (3.75 그램)짜리 24k 금반지와 같은 무게의 18k 금반지에 들어 있는 원자수를 구하여라. 금이나 은이나 모두 초신성 폭발의 순간에 만들어져서 우주 여행을 거쳐 지구에 자리 잡은 것을 생각할 때 원자 하나하나가 똑같이 값지다는 입장에서 본다면 같은 무게의 24k 금반지와 18k 금반지 중 어느 쪽을 택하는 것이 타당한가? (금의 원자량 196.967, 은의 원자량 107.868)

36. 주말 동안 몸무게가 600g이 늘었다고 하자. 이때 우리가 얻은 원자의 몰수와 원자의 개수는 얼마인가?

37. 현대의 슈퍼 컴퓨터는 1초에 10억 개를 셀 수 있다고 한다. 아보가드로수를 세려면 얼마나 시간이 걸리는가?

38. 원자, 분자, 세포 등을 하나의 입자로 간주하자. 그리고 이들 입자들이 균일하게 분포되어 있다고 가정하자. 다음 경우에 이 입자들 사이의 평균 거리(입자 한 개를 포함하는 정육면체의 한 변의 길이)를 유효 숫자 두 개로 구하여라.

(1) 체중이 60 kg인 사람 몸의 60조 개 세포들. 비중은 1.0으로 가정한다.

(2) 체중이 60 kg인 사람의 몸의 원자들

(3) 비중이 1.0인 순수한 물의 분자들

(4) 섭씨 0도, 1 기압에서 공기를 구성하는 분자들 (질소, 산소, 아르곤)

39. 20°C에서 물 100 그램에 설탕 204 그램이 녹는다. 설탕에 들어 있는 물 분자 한 개당 용매로 사용된 물 분자 몇 개가 상호작용하고 있는 셈인가? 설탕 (sucrose)은 간단한 탄수화물 [carbohydrate, $C(H_2O)$]인 포도당(glucose, $C_6H_{12}O_6$)과 과당 (fructose, $C_6H_{12}O_6$)이 물 분자가 하나 빠지면서 축합(condense)된 분자이다.

40. 어떤 사람이 하루에 필요한 2400 kcal의 열량을 탄수화물만으로부터 얻는다고 하자. 탄수화물

은 그램당 4 kcal의 열량을 가지니까 이는 600 그램에 해당한다.

(1) 이 탄수화물이 모두 6탄당인 포도당 ($C_6H_{12}O_6$) 이라 하자. 600 그램 중 탄소, 수소, 산소가 차지하는 무게를 계산하여라.

(2) 광합성을 통해 600 그램의 포도당을 만들기 위해 필요한 섭씨 0도, 1 기압 (표준 상태)에서 공기의 부피를 m^3 단위로 구하여라. 대기 중 이산화탄소의 분율은 350 ppmv (parts per million by volume)이다.

(3) 하루 600 그램의 포도당의 호흡 작용으로 발생하는 이산화탄소가 고체라면 한 달에 체중이 대략 얼마나 늘어나는가?

(4) 600 그램의 포도당의 호흡 작용에 필요한 산소를 공급하기 위해 우리는 1분당 적어도 몇 번 숨을 쉬어야 하는가? 한 숨의 부피는 약 0.5 리터이고, 들이마시는 숨에 들어 있는 산소의 절반은 내 쉬는 숨으로 다시 나간다.

(5) 한 번 숨 쉴 때마다 1원씩 내야 한다면 하루에 얼마를 내야 하는가?

(6) 하루에 들이마시는 공기의 무게를 구하고 세끼 밥보다 많이 먹는 게 공기라는 말이 타당한지 여부를 설명하여라.

영어로 배우는 문제

주어진 숫자와 의미가 통하도록 적적한 단어를 찾아라. 문제가 3 = S. in B.라면 찾아야 할 단어는 strikes, baseball이 될 것이다. 야구의 삼진 아웃이라는 뜻이다.

41. 0 = P. mass - R. mass

42. 6.022 = digit term of A.'s N.

43. 1789 = law of C. of M. by L.

44. 1808 = D.'s A. theory

45. 1811 = M. proposed by A.

46. 2000 = years that A. concept had been buried for (thanks to A.)

47. 10^4 = M. of atoms in a H. body

48. 10^{23} = E. term of A.'s N.

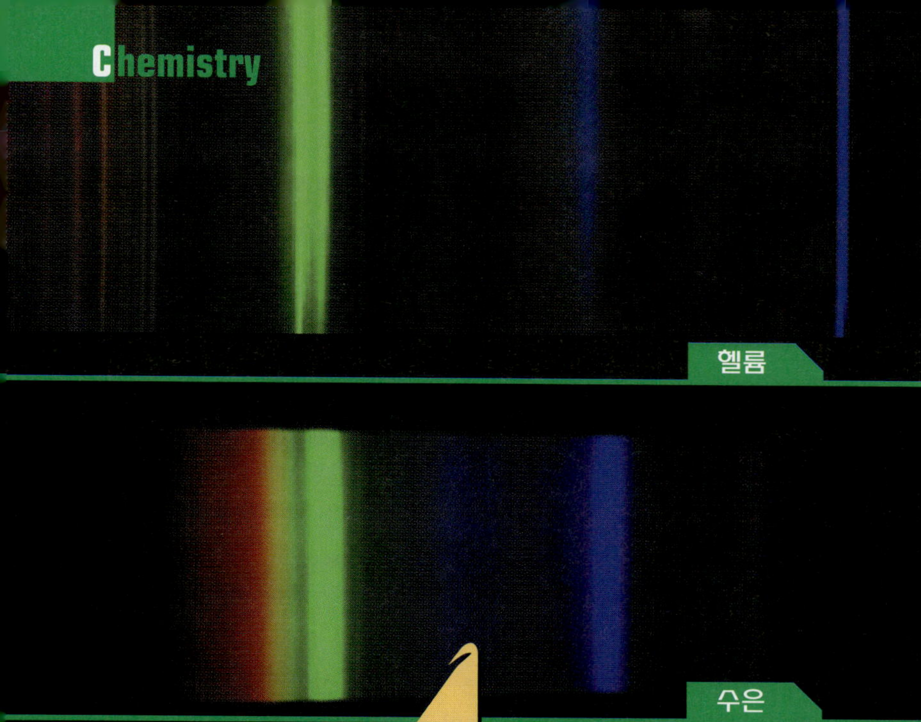

Chapter 4 원자의 전자 구조

헬륨, 아르곤, 수은 등 다른 원소는 다른 선 스펙트럼을 나타낸다. 이러한 선 스펙트럼에는 원자 내부의 전자에 관한 정보가 들어 있다. 그런데 이 원자 내부의 전자들이 우리 몸에 들어 있는 10^{28}개 정도의 원자들이 결합해서 분자로 존재하게 하는 역할을 맡는다. 따라서 선 스펙트럼을 이해하고 그를 통해서 원자 내부의 전자의 특성을 파악하는 것은 제대로 화학을 공부하는 데 있어서 중요한 기초가 된다. 그런데 화학을 이해하는 데 가장 중요한 전자가 발견된 것은 1897년이다. 그러므로 3장에서 다룬 19세기의 화학은 전자를 모르는 상태에서 수행한 초보적이고 경험적인 화학인 것이다. 이 장의 전반부에서는 원자의 내부 구조가 발견된 경위를 다루어 현대 화학의 기초를 다진다. 특히 전자, 원자핵, 양성자, 중성자의 발견, 그리고 보어 모델을 2장에서 다룬 원자의 형성 과정과 대비하면 흥미를 가지고 이 장을 공부할 수 있을 것이다.

21세기의 화학이 인간의 삶의 질을 향상시키는 데 크게 기여할 분야를 든다면 질병의 진단과 치료 및 생명공학(生命工學, biotechnology, BT)에 관련된 새로운 화합물의 개발, 액정(液晶) 디스플레이(liquid crystal display, LCD)와 유기발광(有機發光)다이오드(organic light emitting diode, OLED)로 대표되는 정보기술(情報技術, information technology, IT)의 소재 개발, 그리고 대체 에너지, 환경 보존 등 환경기술(環境技術, environmental technology, ET)에 관련된 새로운 촉매 개발을 들 수 있을 것이다. 그런데 이들 모두가 원자와 분자 내에서 전자의 특성을 잘 이해하고 조절해야만 가능하다는 공통점을 가지고 있다. 이 장의 후반부에서는 보어 모델이 어떻게 파동 역학(wave mechanics)으로 발전하여 오비탈(orbital)이라는 개념을 통하여 원자 내에서 전자의 에너지와 공간적 분포를 설명할 수 있게 되었는지, 이에 따라 어떻게 본격적인 화학이 발전하게 되었는지 알아본다.

4-1 X-선과 방사능의 발견

4-1-1 X-선의 발견

뢴트겐(Wilhelm Röntgen, 1845-1923). X-선 발견으로 1901년 제1회 노벨 물리학상을 수상했다.

현대 과학의 관점으로 보면 20세기는 5년 앞당겨 시작되었다고 해도 과언이 아니다. 왜냐하면 1895년에 독일의 뢴트겐이 X-선을 발견하면서 원자 구조에 관한 중요한 발견들이 이어졌기 때문이다. 당시 많은 물리학자들이 그러했듯이 뢴트겐도 크룩스관을 사용하여 기체 방전 실험을 하던 중 아주 높은 투과력을 가진 선을 발견하였다. 크룩스관에서 상당히 떨어진 실험 테이블에 놓여있던 형광(螢光, fluorescence) 물질에서 빛이 나오는 것을 우연히 관찰하고 그 빛의 근원을 추적해 보니 크룩스관의 벽에서 높은 에너지를 가진 어떤 선이 나오는 것이었다. 당시에는 이 선이 어떤 입자인지, 빛과 같은 전자파인지도 알려지지 않았으므로 미지의 선이라는 뜻에서 **X-선**이라고 이름을 붙였다. 이 X-선은 의학적 응용은 물론 현대 과학의 문을 여는 역할을 하였다. 후일 X-선이 원자 크기 정도의 파장을 가지는 전자파라는 사실이 알려지면서 결정에서 원자의 위치를 조사하는 도구로 사용되었다. 이 X-선 결정학은 20세기 전반에는 염, 금속, 간단한 유기 화합물 등에 적용되다가 20세기 후반에 들어서는 단백질, DNA 등의 생체고분자에 적용되어 생명 현상을 분자 수준에서 이해하는 데 결정적으로 기여하였다.

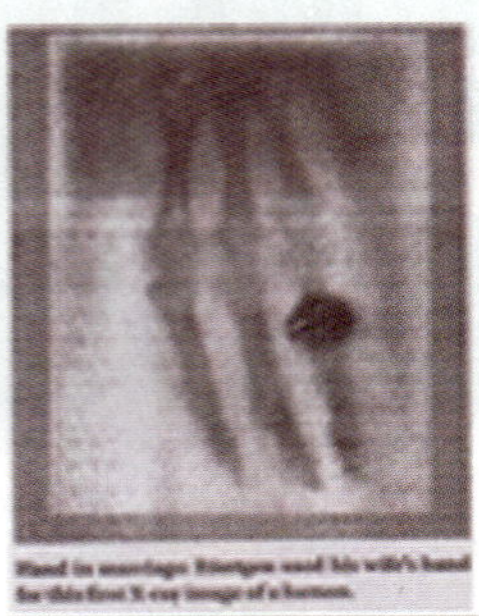

뢴트겐 부인 손의 X-선 사진.

X-선은 구리 같은 무거운 원소의 원자에서 핵에 가까이 위치한 전자가 고전압을 통해 외부에서 가해 준 에너지에 의해 떨어져 나가고, 그 자리로 더 높은 에너지 상태에 있던 전자가 떨어지면서 그 에너지 차이가 아주 짧은 파장의 전자파로 방출되는 현상이다. 이 짧은 문장에 원자핵, 전자의 에너지 준위, 전자파 방출 등, 뢴트겐이 X-선을 발견할 당시에는 알려지지 않았던 사실과 개념들이 들어 있는 것을 볼 수 있다. 흥미롭게도 X-선의 발견은 곧 원자의 내부 구조 발견으로 이어진다.

예제 4.1

구리에서 발생하는 X-선의 파장은 1.54 옹스트롬이다. 이 X-선의 진동수는 몇 헤르츠(Hz)인가? 광속은 2.9979×10^8 m/s이다.

풀이

$$\text{진동수} = \frac{\text{광속}}{\text{파장}} = \frac{2.9979 \times 10^8 \text{ m/s}}{1.54 \times 10^{-10} \text{ m}} = 1.95 \times 10^{18}\,\text{s}^{-1}$$

4-1-2 방사능의 발견

베크렐(Henri Becquerel, 1852-1908). 1903년 노벨 물리학상을 수상했다.

X-선이 발견되자 여러 과학자들이 다른 비슷한 신비한 선이 있는지 연구를 시작하였다. 프랑스의 베크렐(Becquerel)은 우라늄을 포함한 광석을 햇빛에 쪼이면 사진건판을 감광시키는 어떤 선이 나오나는 사실을 알아냈다. 그는 이 선이 **인광**(燐光, **phosphorescence**, 어떤 물체가 빛을 받고 어느 정도 시간이 흐른 후에 빛을 내는 현상)과 유사한 것이 아닌가 생각했다. 하루는 날씨가 흐려 이 광석을 햇빛에 쪼이고 나오는 빛을 관찰하는 실험을 할 수 없어서 서랍에 넣어두고 휴가를 다녀왔다. 며칠 후 서랍을 열어 본 베크렐은 광석이 사진건판 위에 새겨져 있는 것을 보았다. 햇빛에 쪼이지 않은 광석이 사진건판을 감광시킬 이유가 없다고 생각하고 무심히 사진건판 위에 올려

놓았던 것이다. 과학의 역사에서 우연한 발견(serendipity)의 좋은 예로 언급되는 이 사건에서 베크렐은 별 이유없이 사진건판을 현상해 보았다. 그리고 전혀 뜻밖에도 사진건판에 광석의 상이 나타난 것을 발견하였다. 즉, 햇빛과 상관없이 광석 자신이 투과력이 높은 어떤 선을 내고 있었던 것이다. X-선은 외부에서 에너지를 가해 줄 때 나온다. 그런데 베크렐의 선은 고전압이나 태양 에너지가 없어도 광석 스스로 내는 선이다.

1896년에 베크렐선 또는 우라늄선이라고 부른, X-선보다도 더 신비한 선을 발견한 베크렐은 마리 퀴리, 피에르 퀴리와 함께 1903년 노벨 물리학상을 공동 수상하였다. 베크렐은 노벨상 수상 강연 말미에서 "그런데 이 선이 어디에서 오는지는 도무지 알 수 없다"고 말했다. 에너지를 주지도 않았는데 에너지가 나오다니, 물리학자들 사이에서는 에너지 보존 법칙을 파기해야 하지 않나 진지하게 고려하기도 했다고 한다.

퀴리 부처는 우라늄보다 훨씬 방사선을 많이 내는 라듐, 폴로늄 등의 새로운 원소들을 발견하고 이런 현상을 **방사능**(放射能, **radioactivity**)이라고 이름지었다. 우라늄, 라듐, 폴로늄은 모두 초신성 폭발 순간에 만들어진 무거운 원소들이다. 원자 번호 84(폴로늄) 이상의 모든 핵종은 불안정해서 방사능을 나타낸다. 알고 보면 베크렐이 궁금해 했던 방사능 에너지는 초신성 폭발에 의한 에너지인 것이다. 별의 일생을 통해 무거운 원소들이 핵합성되는 과정이 제대로 알려진 것은 20세기 중반 이후이므로 베크렐은 평생 자신이 발견한 방사능의 근원을 모른 셈이다.

파스퇴르는 "우연은 준비된 마음을 선호한다"라고 했다는데 마땅한 이유없이 그저 사진 건판을 현상해 본 베크렐의 마음은 위대한 발견을 준비하고 있었던 셈이다.

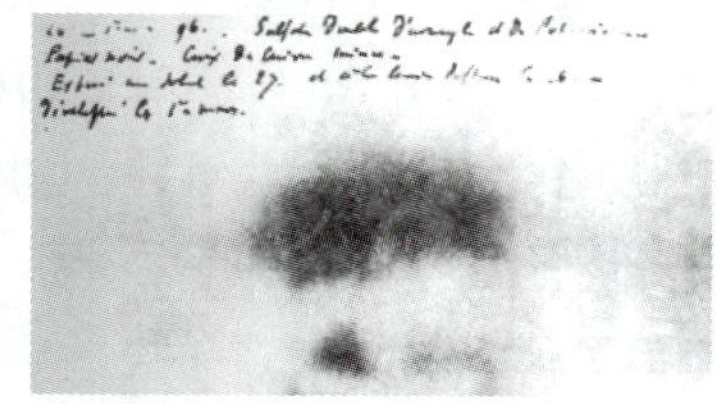

우라늄 광석의 방사능에 노출된 사진 건판으로부터 얻은 상.

예제 4.2

안정해서 반감기가 긴 어떤 원자핵의 붕괴 결과로 반감기가 짧은 딸 핵이 생기고 이들 사이에 평형이 이루어졌다면 이 핵들 사이의 몰 비는 반감기의 비와 같다. 우라늄-238의 반감기는 44.7억 년이고, 라듐의 반감기는 1600년이다. 우라늄 3 톤에는 라듐이 몇 그램 들어 있는가?

풀이 라듐의 그램수 = $(3 \times 10^6$ 그램$)(1.6 \times 10^3$ 년$/4.47 \times 10^9$ 년$)$ = 약 1.2 그램

4-1-3 알파선, 베타선, 감마선

방사능이 발견되자 러더포드는 방사선 연구에 매달렸다. 그런데 우라늄 광석은 방사능이 낮아서 연구하기가 매우 어려웠다. 다행히 퀴리 부처가 1898년에 방사능이 강한 라듐과 폴로늄을 발견하여 러더포드는 이것에서 나오는 알파선을 사용하여 많은 중요한 실험을 수행하였다. 러더포드는 1899년에 우라늄 광석의 방사선에는 두 종류가 있다는 것을 알아내고 알파(α)선, 베타(β)선으로 이름지었다.

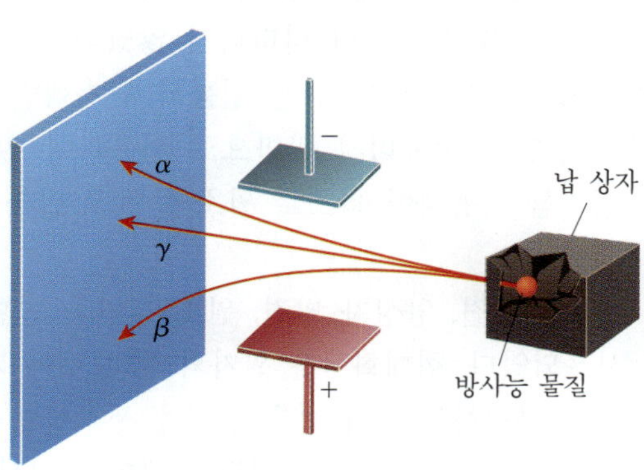

그림 4.1 세 종류의 방사선. 전기장하에서 알파선은 −극쪽으로 휘고 베타선은 +극쪽으로 보다 많이 휜다. 감마선은 휘지 않는다.

러더포드(Ernest Rutherford, 1871-1937). 뉴질랜드 출신 물리학자. 영국 케임브리지 대학 캐번디시연구소의 톰슨 연구실에 유학했다. 맥길대학, 맨체스터 대학을 거쳐 캐번디시연구소 소장을 역임했다. 원소의 변환에 대한 연구로 1908년 노벨 화학상을 수상했다.

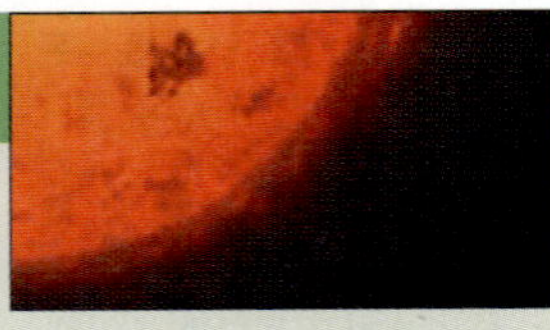

라듐과 폴로늄의 발견

20세기 전반부에 활약한 과학자 중에서 대중적으로 가장 유명한 두 사람을 들라면 아인슈타인과 마리 퀴리를 드는 데 이견이 없을 것이다. 19세기에서 20세기로 넘어가면서 현대과학이 태동하는 시기에 퀴리를 비롯하여 수많은 과학자들이 얼마나 숨가쁘게 연구를 했는지 살펴보자.

뢴트겐이 X-선을 발견한 것은 1895년 12월이었다. 불과 두 달 후 1896년 2월에 베크렐이 우라늄 광석에서 투과력이 강한 선이 나오는 것을 발견하였고, 3월에는 광석에 햇빛을 쪼이지 않아도 이 선이 나온다는 사실을 발표하였다. 이어 5월에는 우라늄이 어떤 화합물에 들어있는가와는 상관없이 우라늄 원자에서 이 선이 나오는 것을 밝혀냈다. 후일 원자핵이 발견되면서 이 선은 원자 중에서도 핵으로부터 나오는 것을 알게 되었다. 그 후로 베크렐은 이 선에 대해 더 이상 새로운 결과를 내놓지 않았다.

1891년에 24세의 나이로 폴란드에서 파리의 소르본대학으로 유학 온 마리는 1895년에 피에르 퀴리와 결혼했다. 베크렐의 연구 결과가 알려지자 1897년 12월에 마리와 피에르도 이 선의 연구를 시작하였다. 1898년 2월에는 쉬미트(Schmidt)가 토륨(thorium)도 우라늄과 비슷한 선을 내는 것을 발견하였고, 그해 7월에 마리와 피에르 퀴리는 강력한 선을 내는 새로운 원소를 발견하고 마리의 조국 이름을 따서 폴로늄(polonium)이라고 명명하기로 제안하였다. 이때 처음으로 마리와 피에르는 방사능(radioactivity)이라는 단어를 사용하였다. 12월에는 방사능 우라늄 광석에는 우라늄보다 훨씬 강력한 또 다른 새로운 방사능 원소가 들어있는 것을 발표하고, 이를 라듐(radium)이라고 명명하였다. 그런데 라듐의 정체를 확실히 하려면 이를 순수하게 분리하여 원자량을 결정하고 주기율표에서 위치를 정해 주어야 한다. 다행히 보헤미아 우라늄 광산에서 우라늄을 추출하고 남은 광석을 기증받아 엄청난 고생 끝에 1902년 3월에는 1 톤 정도의 피치블

라듐과 폴로늄을 분리하고 원자량을 측정한 마리 퀴리(Marie Curie, 1867-1934, 1903년 노벨 물리학상, 1911년 노벨 화학상)와 피에르 퀴리(Pierre Curie, 1859-1906, 1903년 노벨 물리학상).

1. 알파선: 러더포드는 방사능 물질로부터 튀어나오는 입자 중에서 전기장 하에서 음극으로 끌리는 입자를 관찰하고 **알파선(alpha ray, α)**이라 이름지었다. 1908년에 러더포드는 라듐이나 폴로늄 같은 방사능 물질을 알파선이 투과할 수 있을 정도로 벽이 얇은 유리병에 넣고, 이 병을 다시 벽이 두꺼운 큰 병에 넣은 다음 얼마 후에 바깥 쪽 병에 모인 기체의 선 스펙트럼을 조사하였더니 놀랍게도 록키어가 이미 태양에서 관찰했던 헬륨의 선들이 나타났다. 그러나 작은 유리병에 방사능 물질 대신 헬륨 기체를 넣었을 때는 헬륨의 선들이 나타나지 않았다. 헬륨 원자는 유리를 통과하지 못하기 때문이다. 그러니까 알파선은 헬륨의 원자핵인 셈인데, 러더포드는 1911년에 이 알파선을 천연의 고에너지 탄환으로 사용하여 원자핵을 발견하였다. 또 러더포드는 알파 입자를 사용하여 최초로 원소의 인공 변환을 이루었고, 동시에 양성자를 발견하였다.

이처럼 알파선은 원자핵 발견, 양성자 발견, 원소의 인공 변환 발견 등에 결정적으로 중요한 도구로 사용되었다. 현대화학은 원자의 핵 모델에 기초를 두고 있는 것과 양성자 수가 원소들을 구별하는 원자 번호인 것을 생각하면 원자핵과 양성자 발견에 사용된 알파 입자는 원자 물리학 뿐 아니라 화학에 있어서도 일등 공신이라고 볼 수 있다.

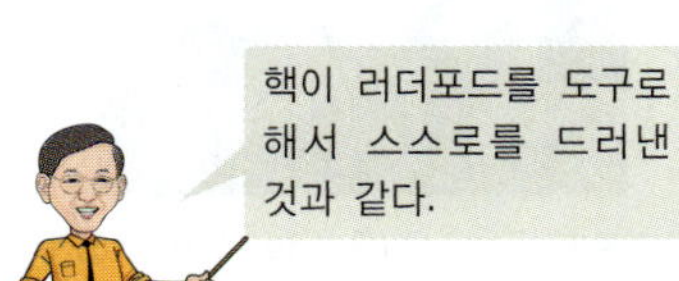

렌드에서 약 120 mg의 염화라듐(radium chloride)을 순수하게 분리할 수 있었다. 그 해 7월에는 드디어 라듐의 원자량을 발표하였다. 비슷한 시기에 러더포드와 소디(Soddy)는 한 원소가 다른 원소로 변환되는 과정에서 방사선이 나온다는 사실을 알아내고 있었다. 1903년 6월에 마리 퀴리는 박사 학위를 받았는데, 그 해 12월에 베크렐과 그의 남편 피에르와 함께 방사능 현상에 대한 연구 업적에 대하여 노벨 물리학상을 공동 수상하였다. 마리 퀴리는 또한 1911년에 새로운 방사성 원소의 발견에 대하여 노벨 화학상을 수상하였다.

이들이 1 톤 정도의 광석으로부터 100 밀리그램 정도의 라듐을 정제한 것은 천만 배의 농축에 해당한다. 마치 남한 인구 5천만 명 중에 숨어 있는 다섯 명을 가려낸 것과 같다. 이러한 농축은 물론 여러 단계를 거쳐서 이루어지는데, 단계마다 찾고자 하는 라듐을 놓치지 않고 따라가는 실험 방법이 필수적이다. 다행히 방사능 물질을 전극 사이에 두면 방사선이 공기 분자를 이온화해서 전극 사이에 전류를 흐르게 한다. 물론 농축이 진행되면 같은 무게당 전류의 세기가 강해진다. 피에르가 개발한 이 추적자방법(追跡子方法, tracer method)은 라듐과 폴로늄의 발견 뿐만 아니라 후일 생화학 등 분야의 연구에서 중요하게 사용되는 새로운 실험 기법으로 등장하게 되었다. 특히 방사능은 스펙트럼 분석보다 수천 배나 감도가 높기 때문에 대단히 유용하다.

라듐의 발견과 관련하여 왜 라듐은 우라늄 광석에 들어있는가 하는 의문이 생긴다. 주기율표에서 라듐 바로 위의 원소는 바륨인데, 라듐은 천연 바륨과 함께는 발견되지 않는다. 약 10년 후에 러더포드, 소디, 파얀스는 라듐은 우라늄-238의 알파 붕괴 산물이라는 답을 내놓는다. 화학이 숨을 돌리면서 물리학이 설명을 제공해 주기를 기다렸던 셈이다.

아무튼 순수한 라듐은 우라늄보다 백만 배 이상 방사능이 강했다. 라듐의 정제 과정에서 과량으로 들어 있으면서 라듐과 화학적 성질이 비슷한 바륨은 항상 라듐을 따라다니면서 퀴리를 괴롭혔다. 다행히 염화라듐($RaCl_2$)의 용해도가 염화바륨($BaCl_2$)의 용해도보다 약간 낮기 때문에 분별 결정(分別結晶, fractional crystallization) 방법을 반복 사용해서 순수한 라듐을 얻을 수 있었다. 염화라듐의 순도가 높아질 수록 측정한 원자량 값은 바륨의 원자량인 137보다 높아져 갔다. 드디어 최종적으로 얻은 120 밀리그램의 시료로부터 강한 라듐의 선 스펙트럼이 나타나고 아주 미약한 바륨의 선 스펙트럼만이 보이게 되자 원자량 값은 225로 얻어졌다. 이 값은 현재 알려진 226.03보다 불과 0.5% 작은 값이다.

알파선을 내는 알파 붕괴의 예로 토륨이 라듐으로 바뀌는 과정이 있다.

$$^{232}_{90}\text{Th} \longrightarrow {}^{228}_{88}\text{Ra} + {}^{4}_{2}\text{He}$$

2. 베타선: 1899년에 러더포드는 방사능 물질로부터 튀어나오는 입자 중에서 양극으로 끌리는 **베타선(beta ray, β)**을 관찰했는데 이는 톰슨이 이미 발견한 전자인 것으로 밝혀졌다. 불안정한 핵이 베타 붕괴를 하면 중성자로부터 생긴 양성자는 핵에 붙잡혀 있어서 원자 번호를 1 증가시키고 전자가 튀어나오는 것이다. 핵에 붙잡혀 있지 않은 자유 중성자는 15분의 반감기를 가지고 베타 붕괴한다 (2장).

$$^{1}_{0}\text{n} \longrightarrow {}^{1}_{1}\text{p} + {}^{0}_{-1}\text{e} + \bar{\nu}\ (\text{antineutrino})$$

3. 감마선: 알파선과 베타선을 발견한 러더포드는 처음에는 감마선을 몰랐다. 전기장에 의해 휘지 않고 투과력이 강한 감마선은 1900년에 프랑스의 빌라드(Villard)에 의해 발견되었는데 러더포드는 이 선이 파장이 아주 짧은 전자파인 것을 증명하고 **감마선(gamma ray, γ)**이라 이름지었다. 세 종류의 방사선을 모두 러더포드가 명명한 셈이다. 감마선은 X-선보다도 파장이 짧은, 알려진 것 중에서 가장 파장이 짧은 전자파이다.

4-2 전자의 발견

4-2-1 음극선 실험

톰슨 (J. J. Thomson, 1856-1940). 캐번디시 연구소 소장을 역임했다. 전자 발견으로 1906년. 노벨 물리학상을 수상했다. 제자 중에서 8명의 노벨상 수상자가 배출되었다.

골트슈타인(Goldstein, 1850-1930). 지금 폴란드에 속한 실레시아에서 태어나 베를린에서 헬름홀츠 밑에서 수학했고, 대부분 포츠담 천문대에서 활동했다.

베크렐이 방사능을 발견한 바로 다음 해인 1897년에 톰슨이 전자(電子, electron)를 발견하였다. 불, 야금, 전기, 반도체, 화학산업 등 인류 문명의 여러 분야는 물론 광합성, 에너지 대사 등 생명 현상에도 전자가 직접, 간접적으로 관여하는 것을 생각하면 전자 발견은 정말 중요하다.

사실은 톰슨의 전자 발견 이전에도 많은 과학자들이 관련된 실험을 했다. 특히 골트슈타인은 크룩스관(Crookes tube)을 사용한 기체 방전(氣體放電, gaseous discharge) 실험에서 음극(陰極, cathode)에서 양극(陽極, anode)으로 흐르는 선은 전극에 사용한 금속이나 기체의 종류에 무관한 것을 발견했다. 음극선이라는 이름을 붙인 것도 골트슈타인이었다. 그러나 전자의 중요한 특성은 가장 가벼운 원자보다 천 배나 가벼운 기본 입자라는 점이다. 따라서 이 사실을 밝힌 톰슨이 전자의 발견자로 인정받은 것이다.

톰슨은 전기 방전관 실험에서 음극으로부터 양극으로 흐르는 선이 전기장과 자기장 하에서 휘는 정도로부터 전하와 질량의 비(e/m)를 측정하고, 음극선은 파동이 아니라 음전하를 띤 가벼운 입자인 것을 알아냈다(그림 4.2). 톰슨이 이 입자를 전자라고 부른 것은 아니고 그저 입자(粒子, corpuscle)라고 불렀다. 일렉트론이라는 말은 스토니(Stoney)가 1891년 전자가 발견되기 이전에 사용했다.

톰슨이 측정한 전자의 e/m 값은 수소 이온의 e/m 값의 약 1000배나 되었다. 당시 전자의 전하 값(e) 자체는 아직 정확히 알려지지 않았기 때문에 전자의 전하가 아주 크거나 전자의 질량이 수소에 비해 아주 작거나 두 가지 가능성이 있는 것으로 생각되었다. 톰슨은 음극의 종류에 상관없이, 또 방전관에 들어 있는 기체의 종류에 상관없이 음극선의 e/m 값이 동일한 것을 확인하고 이것은 전하가 큰 것이 아니라 원자보다 질량이 작은, 원자의 내부에 들어 있는 입자라고 결론을 내렸다.

지금은 고등학생만 되어도 수소 원자는 하나의 양성자와 하나의 전자로 이루어진 것을 알지만, 톰슨은 수소에 전자가 1000개 정도 들어 있다고 생각했다. 양성자가 발견되기 전이므로 그럴 수도 있을 듯하다. 전자가 원자 무게의 1000분의 1 정도라면 원자에는 전자가 1000개 정도 들어있는 것이 당연하게 생각될지도 모른다. 그래서 톰슨은 수소 원자를 1000개 정도의 전자가 푸딩에 건포도가 퍼져 있듯이 원자 전체에 골고루 퍼져 있고, 전자수에 대응하는 양전하는 전자들의 배후에 푸딩처럼 깔려있다고 생각했다. 톰슨이 측정한 것은 전자의 e/m 값이기 때문에 이런 혼란은 어느 정도 불가피한 것이었다. 이제 해야 할 일은 전자의 전하 자체(e)를 측정하는 일이다. 3장에서 살펴본 대로 1909년에 밀리컨은 전자의 전하를 측정했다. 전자의 전하가 1.6×10^{-19} 쿨롱으로

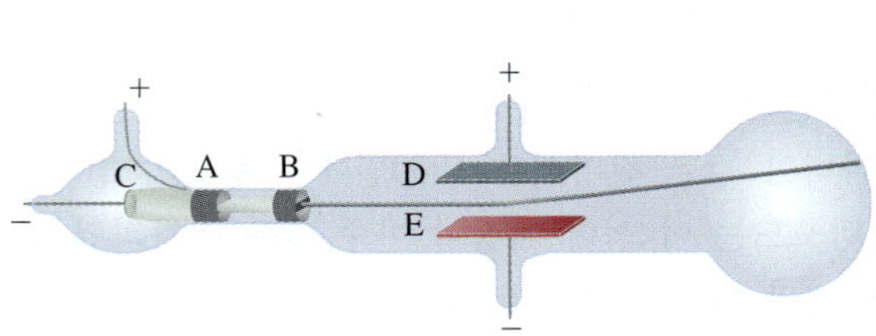

그림 4.2 전자 발견으로 이어진 음극선 실험. 음극(cathode, C)에서 양극(anode, A)으로 흐르는 전자는 기체 분자와 충돌해서 빛을 낸다. A의 가는 틈을 통과한 전자 빔은 다시 B의 틈을 통과하면서 더욱 가는 빔이 되어 직진하다가 DE 사이의 전기장에 의해 양극 쪽으로 휜다.

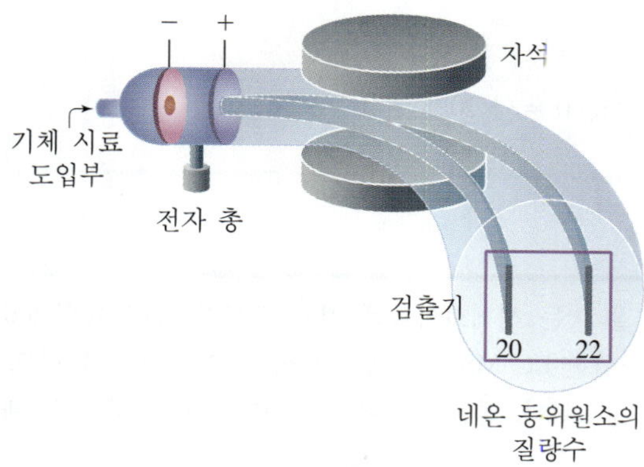

그림 4.3 질량 분석기의 원리. 기체 시료는 높은 에너지 전자와 충돌하여 전자를 잃고 음이온이 된다. 이 음이온은 +극 쪽으로 끌려가다가 슬릿(slit)을 통과하고 자기장에서 휘어서 전하/질량 비율에 따라 분리된다.

애스턴(Francis Aston, 1877–1945). 1922년 노벨 화학상을 수상했다.

측정되면서 톰슨이 발견한 입자는 기본 전하를 가진, 그리고 수소 원자 질량의 약 1800분의 1의 질량을 가진 입자로 결론이 났다.

전자의 발견은 원자가 내부 구조를 가지고 있다는 첫 번째 확실한 증거가 되었다. 음극으로 사용한 금속이 구리였는데 고전압하에서 구리 원자로부터 구리 원자보다 가볍고, 심지어는 가장 가벼운 원자인 수소 원자보다 훨씬 가벼운 입자가 튀어나왔다면 원자는 돌턴이 생각한대로 더 나눌 수 없는 입자가 아니고 내부 구조를 가진 것이 틀림없는 것이다.

4-2-2 질량 분석법의 발전

전자가 발견되어 19세기 화학이 이유를 설명할 수 없었던 원자가, 결합수, 주기율 등 화학의 핵심 내용들을 합리적으로 이해할 수 있는 길이 열리고, 화학은 경험적 과학에서 논리적 과학으로 발전하게 되었다.

한편 전자의 발견으로 이어진 음극선 실험은 톰슨의 제자 애스턴에 의해 **질량 분석법(質量分析法, mass spectrometry)**으로 발전하여 전자보다 수 만배 무거운 원자, 기체 분자, 나아가서 전자보다 수백 만배 무거운 생체분자의 분석이 가능하게 되었다(그림 4.3).

예제 4.3

질량 분석법에서는 질량/전하 비(M/Z)를 사용한다. 이 값이 클수록 강한 자기장이 필요하게 된다. 톰슨과 애스턴은 질량 분석계를 사용하여 네온-20과 네온-22 핵종을 분리했다. 네온-22의 질량은 전자 질량의 대략 몇 배인가?

풀이 네온 원자는 수소 원자보다 20배 정도 무겁고, 전자는 수소 원자보다 1800배 정도 가볍다.

따라서 $\dfrac{\text{네온의 질량}}{\text{전자의 질량}} = 20 \times 1800 =$ 약 4만

예제 4.4

기체 크로마토그래피(gas chromatography, GC)와 질량 분석법을 결합한 GC-MS 방법으로 휘발유의 성분인 옥테인(C_8H_{18})을 분석할 수 있다. 옥테인 분자의 질량은 전자 질량의 대략 몇 배인가?

풀이 옥테인의 분자량은 114.

$$\frac{\text{옥테인의 질량}}{\text{전자의 질량}} = 114 \times 1800 = \text{약 20만}$$

예제 4.5

기화하기 어렵고 물에 잘 녹는 생체화합물은 액체 크로마토그래피 (liquid chromatography, LC) 와 질량 분석법을 결합한 LC-MS 방법으로 분석할 수 있다. 펩타이드 호르몬의 일종인 엔돌핀의 분자량은 4천 정도이다. 엔돌핀의 질량은 전자 질량의 대략 몇 배인가?

풀이 $4000 \times 1800 =$ 약 7백만

초기의 질량 분석법에서는 톰슨의 실험에서와 마찬가지로 전하를 띤 이온을 자기장 하에서 휘게 하여 분석하였다. 그 뒤로 사중극자 (四中極子, quadrupole), 비행시간 (time-of-flight), 이온 트랩 (ion trap), 이온 사이클로트론 공명 (ion cyclotron resonance) 검출기 등을 사용하는 다양한 분리 및 검출 방법이 등장하여 질량 분석은 화학 연구에서 중요한 실험 방법을 제공하고 있다. 단백질과 펩타이드의 질량 분석법은 11장에서 다루기로 한다.

4-3 원자핵과 양성자의 발견

전자를 누가 발견하였는가라는 물음에 대하여 대부분의 사람들은 톰슨에 의한 음극선의 전하/질량 비율 측정을 떠올린다. 그러나 양성자의 발견에는 여러 과학자들의 발견이 흥미롭게 얽혀 있다.

4-3-1 카날선 실험

3장에서 살펴본 대로 1815년에 프라우트는 모든 원자는 수소가 모여서 만들어진 것이라고 제안한 바 있다. 약 100년 후에 밝혀진 대로 수소 원자에는 양성자가 하나 들어 있고, 다른 모든 원소의 원자는 양성자가 정수개 들어 있다. 이렇게 알고 보면 프라우트의 생각은 당연해 보이지만 원자가 돌턴이 말한 대로 더 나눌 수 없는 딱딱한 입자라고 한다면 수소와 산소같이 종류가 다른 원자는 질량과 성질이 다를 뿐 산소 원자 속에 수소 원자가 들어 있을 수는 없는 것이다. 아무튼 프라우트의 가설은 시대를 앞서가는 탁월한 가설이었음에도 불구하고 하나의 가설로 그치고 말았다. 무슨 확실한 실험적 근거가 있는 것도 아닌 데다가, 더구나 원자량이 35.5 정도인 염소의 원자량이 정확히 측정되어 염소 기체의 밀도가 수소 기체 밀도의 정수배에서 멀어질수록 프라우트의 가설은 흔들리게 되었다. 중성자와 동위원소가 알려지기 전이고 보니 그럴 수밖에 없었을 것이다. 그러나 2장에서 살펴본 대로 원소의 생성 과정을 생각해 보면 자연은 양성자를 만들고 중성자를 매개로 해서 양성자들을 융합하여 무거운 원소들을 만들었고, 그런 점에서 프라우트는 우주적 진실에 상당히 접근했던 셈이다.

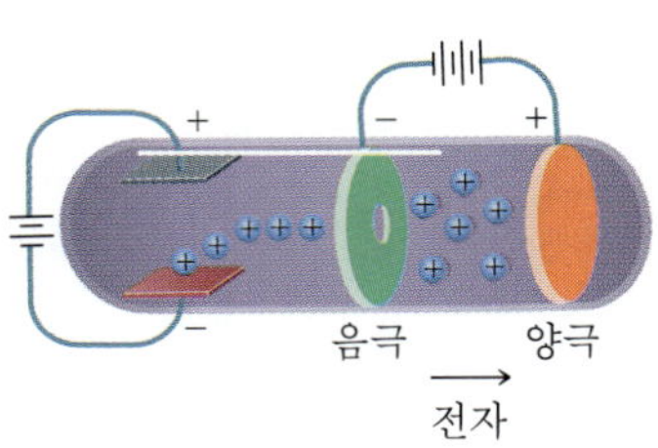

그림 4.4 양성자 발견으로 이어진 카날선 실험. 톰슨의 장치에서 음극에 구멍을 뚫고 양극의 반대 쪽에 추가로 전극을 설치했다. 전자와 충돌해서 양전하를 띠게 된 기체는 음극으로 끌려가다가 일부는 구멍을 통과하고 추가적인 음극으로 끌려가게 된다.

양성자에 관한 직접적인 관찰은 톰슨의 전자 발견 실험과 유사한 기체 방전관 실험으로부터 이루어졌다. 전자 발견보다 약 10년 앞서서 1886년에 앞서 말한 골트슈타인

은 카날선(양극선, canal ray) 실험으로 알려진 실험을 했다(그림 4.4).

보통의 음극선 실험에서는 유리관 양 끝에 음극과 양극을 설치하고 고전압을 가하면 음극에서 양극으로 음극선이 튀어나가는데 이 음극선을 조사하여 톰슨은 전자를 발견하고, 뢴트겐은 음극선이 유리벽에 충돌할 때 나오는 X-선을 발견했다. 그런데 골트슈타인은 그림과 같이 음극에 작은 구멍들을 뚫고 유리관 가운데로 옮겼다. 그리고 양극의 반대쪽에 또 한 세트의 양극과 음극을 설치하였다. 약간의 기체를 넣고 방전을 시키자 어떤 선이 음극의 구멍을 통해 또 다른 음극으로 흘러가는 것이 관찰되었다. 이 모습이 운하(運河, canal)를 통해 물이 흐르는 것과 같아 골트슈타인은 이를 카날선이라 이름했다. 아무튼 음극선이 음전하를 가진 입자라면 카날선은 양전하를 가진 입자인 것이다.

빈(Wilhelm Wien, 1864-1928). 카날선의 e/m을 측정했고, 빈의 변위 법칙을 발견하여 1911년 노벨 물리학상을 수상했다.

4-3-2 원자핵의 발견

1898년에 독일의 빈(Wien)은 톰슨이 전자의 e/m 비를 측정했던 것과 같이 카날선의 e/m을 측정했는데 유리관에 넣은 기체에 따라 이 비가 달랐고, 수소의 경우 카날선의 e/m이 최대로 관찰되었다. 음극선의 경우에는 기체의 종류에 상관없이, 또 전극으로 사용한 금속의 종류에 상관없이 같은 e/m 값이 얻어진 것과 흥미로운 대비를 이룬다. 지금 생각해 보면 빈은 수소를 사용했을 때 양성자를 관찰한 셈이다. 그러나 아쉽게도 빈은 양성자를 이름짓거나, 양성자의 발견을 주장하지도 않았다. 혹시 프라우트 가설의 실패가 걸림돌이 되지는 않았을까?

앞에서 살펴본 대로 1897년에 톰슨이 전자를 발견하자 중성 원자 내부에 음전하를 가진 전자라는 입자가 들어 있다면 나머지 양전하는 어떻게 분포되어 있는가 하는 문제가 제기되었다. 톰슨은 건포도가 들어있는 푸딩처럼 원자 내에서 전자는 건포도 같이 작은 입자로 여기 저기에 분산되어 있고, 양전하는 푸딩처럼 원자 전체에 걸쳐 고르게 분산되어 있다는 푸딩 모델을 제안했다. 3차원적인 초콜렛칩 쿠키라고 해도 좋을 듯하다. 아무튼 톰슨의 모델에서는 양전하를 띤 입자는 존재하지 않는다.

1911년에 당시 맨체스터대학에 있던 러더포드는 유명한 금박 실험(金箔 實驗, gold-foil experiment)을 통해 원자 내의 양전하는 중심 원자핵(原子核, atomic nucleus)에 집중되어 있다는 사실을 발견한다. 실은 원자의 대부분이 빈 공간이라는 시사는 1903년 독일의 레나르트(Lenard)에 의해 얻어졌다. 그는 음극 선관에 얇은 알루미늄 창을 만들고 고속 전자인 음극선이 이 레나르트 창을 잘 통과하는 것을 발견했다. 이로부터 레나르트는 금속 덩어리에서 원자 알갱이가 차지하는 부피는 10억 분의 1도 안되고 나머지는 전부 빈 공간이라고 결론지었다(러더포드와 원자의 본질, 앤드레이드 지음, 안운선 옮김, 전파과학사).

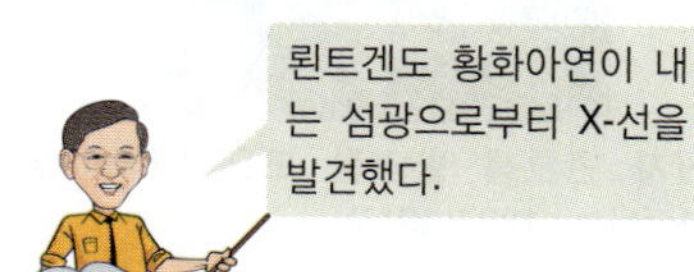

한편 러더포드의 조수인 가이거(Geiger)와 마스든(Marsden)은 폴로늄 같이 방사능이 강한 물질에서 나오는 높은 에너지의 알파 입자를 얇은 금박에 충돌시키면 대부분은 금박을 그대로 통과해서 반대쪽 황화아연(ZnS) 형광판에 섬광을 나타내지만, 약 만 번에 한 번 정도는 거의 180도의 큰 각도로 방향을 바꾸어 튕겨나오는 것을 발견하였다. 이 결과를 본 러더포드는 "이것은 마치 직경이 40 센티미터 짜리 대포알을 티슈 종이에 쏘았는데 대포알이 튕겨나와서 쏜 사람을 때린 것처럼 믿을 수 없는 일이었다"고 말했다. ("It was almost as incredible as if you fired a 15-inch shell at a piece of tissue paper and it came back and hit you.")

러더포드는 1908년에 노벨 화학상을 수상하고 나서 1911년에는 원자핵 발견, 1919년에는 양성자 발견 등의 중요한 업적을 이루었다.

약 일 년에 걸친 추가 실험과 결과 분석을 통해 러더포드는 이 결과는 알파 입자와 작고 단단한 원자핵의 단일 충돌로만 설명될 수 있는 것을 증명하였다. 이는 원자 내의 양전하는 톰슨의 모델에서와는 달리 중심에 집중되어 있다는 것을 의미한다. 그러나 러더포드의 핵 모델에는 아직 중심 핵은 여러 개의 양성자가 뭉친 집단이라는 주장은 들어있지 않다. 금의 원자핵은 수소의 원자핵, 즉 양성자의 집단이 아니라 수소 원자핵과는 다른 양전하가 큰 입자일 수도 있는 것이다.

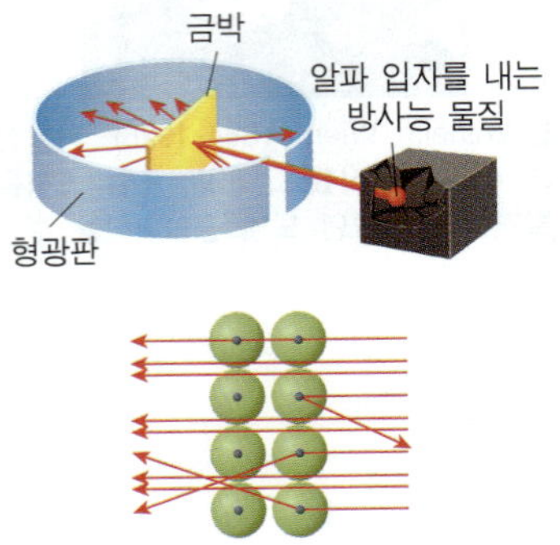

그림 4.5 원자핵 발견 실험.
러더포드는 자신이 발견한 알파 입자를 사용하여 원자핵을 발견하였다.

예제 4.6

원자핵 발견 실험에 사용한 금박의 두께는 1 마이크로미터 정도였다고 한다. 이와 관련해서 다음 중 틀린 것은?

가. 사용한 금박이 훨씬 더 얇았다면 핵이 발견될 가능성은 희박했을 것이다.

나. 금박이 훨씬 더 두꺼웠다면 알파 입자가 여러 개의 핵에 연속적으로 충돌하는 다중 충돌이 일어났을 것이다.

다. 금박이 훨씬 더 두꺼웠다면 알파 입자가 180도 되돌아 올 확률은 높아지고 핵 발견은 더 용이했을 것이다.

라. 금 대신 같은 두께의 알루미늄을 사용했다면 핵 발견은 더 어려웠을 것이다.

풀이 답은 다. 금박이 너무 두꺼우면 되돌아오던 알파 입자가 다시 다른 금원자핵과 충돌해서 결과를 해석하기 어렵게 된다.

러더포드는 자신이 발견한 알파 입자를 사용해서 원자핵을 발견했다(그림 4.5). 알파 입자는 헬륨의 원자핵이고 보니 핵이 만들어진지 137억 년 만에 스스로를 드러낸 셈이다. 아무튼 데모크리투스가 모든 것은 원자와 빈 공간이라고 했다면, 러더포드는 원자도 대부분이 빈 공간이라는 사실을 발견한 것이다.

원자핵의 발견은 핵 물리학과 핵 에너지 시대를 열었고, 그런 의미에서 핵의 발견은 전기의 발견에 비견할 정도로 중요한 의미를 지닌다.

4-3-3 양성자의 발견

원자 번호를 발견한 모즐리(Henry Moseley, 1887–1915)

표 4.1 모즐리가 측정한 몇 가지 원소들의 양전하 값

원소	원자량	전하
칼슘	40.09	20.00
타이타늄	48.1	21.99
바나듐	51.06	22.96
크로뮴	52.00	23.98
아연	65.37	30.01

원자 번호, 즉 원자핵에 들어있는 기본 양전하 입자의 수라는 개념은 1913년에 등장했다. 1913년에 뒤에서 살펴 볼 보어 모델이 발표되고 곧이어 영국의 모즐리(Moseley)는 X-선 실험을 통해 핵의 양전하를 측정하였는데, 원자량 값은 정수가 아닌데 비해 핵의 양전하값은 실험 오차 이내에서 정수로 관찰되었다. 몇 가지 예를 보자.

만일 모든 원자핵의 양전하가 정수값을 가진다면 그 수는 그 원자에 관한 기본적인 수일 것이다. 모즐리는 우주의 원소들을 한 줄로 세워놓고 1, 2, 3, 4 식으로 번호를 매긴 셈이다. 그렇지만 아직 아무도 1.00의 양전하를 가지는 기본적인 입자, 즉 양성자의 존재에 대해 확신을 가지지는 못했다.

1911년 원자핵 발견 실험에서 러더포드의 조수로 지루한 알파 입자의 섬광을 세는 일을 했던 마스든은 1914년에 또 하나의 중요한 관찰을 했다. 수소 기체에 알파 입자를 충돌시키면 수소의 핵이 알파 입자보다 멀리 날아가는 것이었다. 헬륨의 핵인 알파 입자보다 가벼운 수소의 핵이라면 이것은 바로 양성자이다.

드디어 1919년에 양성자가 확인되었다. 러더포드가 질소에 알파 입자를 충돌시키자 양전하를 띠는 가벼운 입자가 튀어나왔는데 이 입자는 빈이 수소의 카날선에서 전하/질량 비를 측정했던 바로 그 입자로 판명되었다. 고에너지의 알파 입자가 질소 원자핵을 파괴해서 양성자를 떼내고 자신은 남은 부분과 달라붙어서 산소의 원자핵을 만든 것이다. 질소처럼 무거운 원자핵에 가벼운 수소 원자핵이 들어 있는 것이 확실해졌다. 러더포드는 이 입자가 모든 원소에 공통적으로 들어 있는 양전하를 가진 기본적인 입자임을 확신하고 **양성자**(**陽性子, proton**)라고 명명했다. 이 반응은 최초의 **인공 핵변환**(*artificial transmutation*)으로 역사에 남게 되었다.

양성자의 수를 의미하는 원자 번호라는 말을 처음 사용한 것도 양성자를 발견하고 명명한 러더포드였다.

$$^{14}N + {}^{4}He \longrightarrow {}^{17}O + {}^{1}H$$

원소의 변환을 발견한 업적으로 1908년 노벨 화학상을 수상한 러더포드는 노벨상을 받고 나서 1911년의 원자핵 발견, 1919년의 양성자 발견 등 보다 중요한 발견들을 이루어냈다.

4-4 중성자의 발견

전자와 양성자가 발견되면서 중요한 의문이 생기게 되었다. 원자량이 양성자의 질량으로는 설명이 안되는 것이다. 예를 들어 헬륨 핵의 전하는 +2인데 원자량은 양성자 두 개의 질량의 두 배 정도 되는 것이다. 전자의 질량이 원자량에 크게 기여하지 못하는 것은 이미 톰슨에 의해 밝혀진 바이다. 그래서 양성자가 발견된 다음 해인 1920년에 러더포드는 핵에는 양성자와 전자가 결합한, 그래서 양성자와 질량이 비슷한 중성 입자가 있을 것이라고 한 강연에서 언급했다. 그렇지만 전자나 양성자와 달리 중성자는 전하가 0이기 때문에 전기장이나 자기장에서 휘지 않아 검출하기 어렵다. 그래서 발견도 늦어졌다.

1930년에 독일의 보테(Bothe)는 베릴륨에 알파 입자를 충돌시키면 탄소가 생기면서 어떤 높은 에너지를 가진, 그리고 투과력이 강한 방사선(放射線, radiation)이 나오는 것을 발견했다. 이 방사선은 양극이나 음극으로 휘지 않기 때문에 전기적으로 중성인 것으로 밝혀졌고, 아마도 감마선과 비슷한 고에너지의 전자기파가 아닐까 생각되었다. 당시에는 아래 핵반응식에서 질량수라는 개념은 없었다는 것을 잊지 말아야 한다.

$$^{9}Be + {}^{4}He \longrightarrow {}^{12}C + ?$$

중성자를 발견한 채드윅(James Chadwick, 1891-1974). 1935년 노벨 물리학상을 수상했다.

1931년에 마리 퀴리의 딸인 이렌 졸리오-퀴리(Irene Joliot-Curie)는 이 베릴륨 방사선을 파라핀에 쪼이면 양성자가 튀어나오는 것을 관찰했다. 파라핀은 탄화수소 계열의 화합물로 수소 원자가 많이 들어 있는데 질량이 비슷한 중성자가 충돌하면 양성자가 튀어나오는 것이다. 그러나 이렌 퀴리도 보테와 마찬가지로 중성자라고 하는 입자를 생각하지는 못했다(이렌 퀴리와 남편 졸리오는 인공 방사능 발견으로 1935년 노벨 화학상을 수상했다. 퀴리 집안은 모두 다섯 개의 노벨상을 받은 독보적 기록을 남겼다).

$$\text{파라핀} + ? \longrightarrow \text{양성자}$$

중수소를 발견한 유리(Harold Urey, 1893-1981). 1934년 노벨 화학상을 수상했다.

1932년에 러더포드의 제자였던 채드윅(Chadwick)이 결정적으로 중성자(中性子, neutron)의 존재에 대해 결론을 내리게 된다. 그는 파라핀에서 방출된 양성자의 행동을 조사해 본 결과 양성자가 자신과 질량이 비슷한 입자와 충돌해서 튀어나온 것이라고 결론을 내렸다. 그러나 채드윅도 러더포드와 마찬가지로 중성자는 양성자와 전자의 조합이라고 생각했다. 만일 그렇다면 양성자와 전자가 기본 입자라고 할 때 중성자는 이차적인 입자가 된다. 그러나 2장에서 살펴본 대로 양성자와 중성자는 업 쿼크와 다운 쿼크의 조합만 다른, 빅뱅 우주에서 만들어진 대등한 기본 입자이다.

흥미롭게도 1931년에 미국의 유리는 중성자가 발견되기 전에 양성자와 중성자가 하나씩 들어 있는 중수소(deuterium, ^2H)를 발견했다. 물론 유리가 중수소를 발표했을 때 중성자는 몰라도 1913년 소디(Soddy, 1921년 노벨 화학상)의 연구를 통해 동위원소의 존재는 알려져 있었다. 유리는 수소의 동위원소가 소량 존재한다면 뒤에서 다룰 수소의 스펙트럼에 약간 파장이 다른 선들이 있을 것이라 예상하고 그것을 찾아낸 것이다. 보통 수소로만 이루어진 수소 분자(H_2)와 중수소로만 이루어진 수소 분자(D_2)는 끓는점에 약간의 차이가 있다. 유리는 액화한 수소를 분별 증류해서 상당히 순도가 높은 D_2를 얻었는데, 이 수소는 앞에서 언급한 새로운 스펙트럼을 강하게 나타냈다. 후일 이렇게 발견된 중수소에 감마선을 쪼이면 양성자와 중성자로 갈라지는 것이 확인되었다.

이렇게 해서 빅뱅 우주에서 만들어진 전자, 양성자, 중성자가 137억 년 후 여러 과학자들의 노력으로 발견되었다. 방사능이 발견되면서 에너지 보존 법칙이 흔들리는 듯 했으나 원자의 내부 구조가 밝혀지고 특히 핵 에너지의 정체가 알려지면서 에너지 보존 법칙은 확고한 위치를 고수했으나, 원자는 더 나눌 수 없는 딱딱한 입자라고 하는 돌턴의 원자설은 더 깊은 자연의 진실 앞에서 수정되어야 했다. 아무튼 전자, 양성자, 중성자가 발견되면서 원자의 내부 구조를 모른채, 특히 전자의 존재를 모른채 화학 반응을 이해하고 조절해야만 했던 19세기 화학이 크게 도약할 수 있는 준비가 마련된 것이다.

4-5 양자론

화학은 분자의 과학이다. 그런데 분자를 잘 이해하고 다루려면 원자를 잘 이해해야 한다. 그리고 원자를 잘 이해하려면 원자의 내부 구조를 이해해야 한다. 우리는 2장에서 원자 내부에 들어 있는 양성자, 중성자, 전자가, 이 세 가지 **아원자 입자**(**亞原子粒子, subatomic particle**)들이 언제 어떤 원리에 따라 만들어졌나를 살펴보았다. 그리고 앞에서는 이들 입자가 만들어지고 약 137억 년 후 인간이 이들을 어떻게 발견하게 되었는가를 알아보았다. 이제부터는 본격적으로 화학에 직결된 문제, 즉 원자 내에서 전자의 위치와 에너지 등을 다룰 차례이다.

그런데 원자의 내부같은 미시세계로 들어가면 앨리스의 이상한 나라처럼 우리 주위의 거시세계와는 전혀 다른 법칙이 적용되는 신비로운 세계가 펼쳐진다. 이 새로운 세계에 통용되는 색다른 기본적인 원리는 **양자론**(**量子論, quantum theory**)이라고 부른다. 이 절에서는 상대성이론과 함께 현대과학의 두 기둥이라고 부르는 양자론이 발전된 과정과 그 핵심 내용을 살펴보자. 원자와 분자 구조의 현대적 이해는 양자 역학에 근거하고 있기 때문이다.

에너지건 빛이건 무엇이 양자화 되어 있다는 것은 한마디로 디지털이라는 뜻이다. 초침이 1분 만에 360도 한 바퀴를 도는 시계를 생각해 보자. 초침은 매 초 사이를 연속적으로 지나간다. 이처럼 연속적으로 시간을 나타내는 시계는 아날로그 시계이다. 반면에 디지털 시계는 1초(또는 그 이하의 일정한 값) 단위로 시간을 표시한다. 아날로그와 디지털의 차이는 현을 누르는 위치에 따라 연속적인 음을 낼 수 있는 바이올린과 건반 하나하나에 따라 불연속적 음을 내는 피아노의 차이라고 볼 수 있다. 그리고 보면 물질 자체도 디지털이다. 반 개의 원자가 있을 수 없듯이 원자도, 원자를 구성하는 입자들도 낱개로 이루어졌기 때문이다.

4-5-1 흑체 복사와 자외선 파탄

적색거성

청색초거성

19세기 후반 과학계에서 중요한 미해결의 문제 중 하나는 **흑체 복사**(黑體輻射, *blackbody radiation*)에 관한 문제였다. **흑체**(**black body**)란 모든 파장의 전자기파를 흡수하고, 가열되면 모든 파장의 전자기파를 방출하는 물체를 말한다. 그런데 흑체는 온도에 따라 내는 빛의 파장 분포가 다르기 때문에 다른 색을 나타낸다. 우리 주위에서 흑체에 가까운 물체의 하나인 전열기구를 생각해 보자. 절대 온도로 300도 정도의 상온에서 전열기구 표면은 특별한 빛을 내지 않고 거므스름할 뿐이다. 스위치를 넣어 상당히 따뜻하게 느껴질 때에도 아직 빛이 나오지는 않는다. 이때 나오는 빛을 파장별로 측정해 본다면 적외선이 상당히 나오고 가시광선이나 자외선은 얼마 나오지 않는 것을 알 수 있을 것이다. 전열기구가 빨갛게 달아오르면 적외선뿐 아니라 장파장 쪽의 가시광선이 상당히 나온다. 용광로 온도의 흑체는 태양처럼 노랗게 보이고, 온도가 아주 높아지면 푸른색을 띠게 된다. 이때는 자외선도 상당히 나온다.

우리 주위에서 멀리 떨어진 흑체로는 별이 있다. 별의 표면도 온도에 따라 다른 색으로 보인다. 베텔기우스(Betelgeus) 같은 적색거성(2장)의 표면 온도는 3,000도 정도이고, 청색초거성인 리겔(Rigel)의 표면 온도는 약 12,000도이다. 노랗게 보이는 태양의 표면 온도는 약 6,000도이다.

그림 4.6과 같이 방출되는 빛의 강도를 파장의 함수로 나타낸 것을 **스펙트럼**(**spectrum**)이라고 한다. 스펙트럼은 원래 분리한다는 뜻이다. 여러 파장의 빛이 뒤섞여 있는 햇빛을 프리즘으로 파장 별로 분리하면 무지개 같은 스펙트럼이 얻어진다. 그림 4.7에 나타낸 흑체의 스펙트럼을 보면 온도가 올라갈수록 최대 세기에 해당하는 파장이 짧아지는 것을 알 수 있다. 뿐만 아니라 모든 온도에서 스펙트럼은 특이한 모양을 나타낸다. 그리고 아주 짧은 파장에서는 빛의 강도(light intensity)가 0으로 떨어진다. 문제는 이러한 스펙트럼의 모양을 고전적으로는 설명할 수 없다는 점이었다.

그런데 다행히도 흑체의 스펙트럼과 유사한 모양을 나타내는 현상이 있었다. 19세기 후반에 맥스웰과 볼츠만에 의해 발전된 이론과 실험 결과에 따르면 온도에 따른 기체 분자의 속도 분포는 흑체의 스펙트럼과 유사성을 나타낸다. 높은 온도에서는 높은 속도를 가지는 분자가 온도가 낮을 때에 비해 상대적으로 많아지지만 아주 높은 속도를 가지는 분자수는 0으로 떨어지는 것이다(그림 4.7).

이 기체의 속도 분포와 흑체의 스펙트럼을 연결짓기 위해 기체 분자들이 에너지를 교환하는 과정을 살펴보자. 7장의 기체 분자 운동론에서 살펴 보겠지만 수소 분자(H_2,

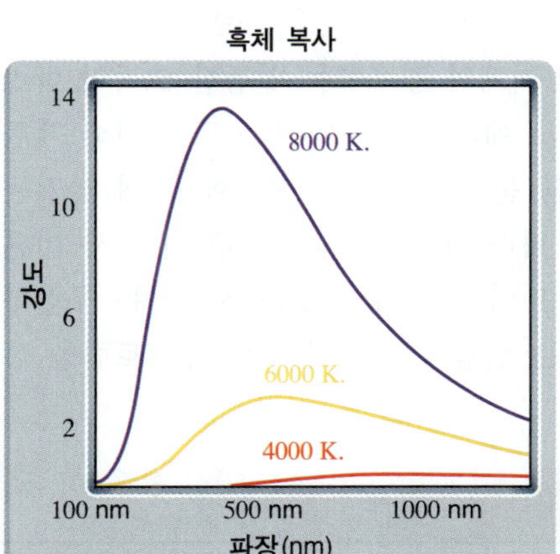

그림 4.6 흑체 복사 스펙트럼. 파장이 짧은 빛의 강도는 0으로 수렴한다.

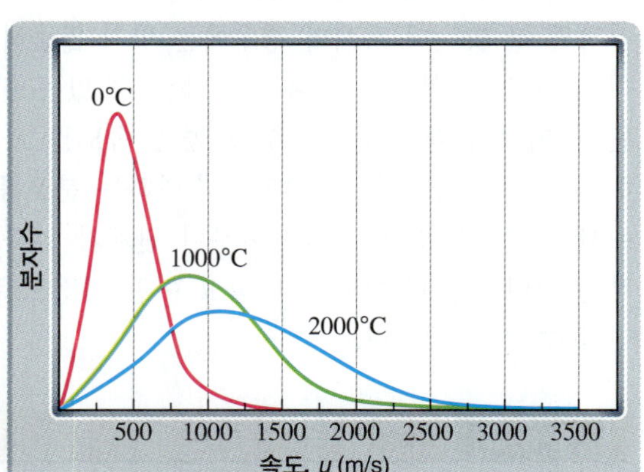

그림 4.7 기체 분자의 속도 분포. 속도가 높은 분자의 수는 0으로 수렴한다.

분자량 2) 보다 분자량이 14배인 질소 분자(N_2, 분자량 28)는 같은 온도에서는 평균 속도가 약 4배(14의 제곱근) 느리다. 반면 100 K에서 수소 분자의 평균 속도와 1400 K에서 질소 분자의 평균 속도는 같은 값을 가진다. 100 K의 차가운 수소 1 몰과 1400 K의 뜨거운 질소 1 몰을 섞고 오래 기다리면 충돌에 의한 에너지 교환에 의해 열평형이 이루어지고 질소와 수소의 평균 운동 에너지는 같아진다. 이처럼 입자들이 에너지를 교환하는 시스템에서는 전체 에너지는 모든 종류의 입자에 균등하게 배분된다. 이것은 등분배(等分配, equipartition)의 원리가 적용되는 한 예이다. 따라서 초기에는 질소와 수소의 평균 속도가 같았지만 열평형이 이루어진 후에는 수소가 질소보다 약 네 배의 속도로 운동할 것이다. 물론 수소도 질소도 새 온도에 해당하는 속도 분포를 나타낸다. 그런데 수소와 질소가 크기가 없는 이상 기체라면 충돌이 일어날 수 없고 그렇다면 에너지 교환도 일어날 수 없기 때문에 수소는 100 K, 질소는 1400 K에 해당하는 원래의 온도와 속도 분포를 그대로 유지할 것이다.

19세기 말에 레일리(Rayleigh)와 진스(Jeans)는 등분배 정리를 흑체에 적용하여 흑체 복사 스펙트럼을 설명하고자 했다. 진스의 사고실험(思考實驗, Gedankenexperiment)이라고 부르는 상상적 실험을 생각해보자. 내부의 벽이 모든 파장의 빛을 반사하는 이상적인 거울로 만들어진 진스 박스의 셔터를 열고 붉은 빛과 푸른 빛을 들여보낸 후 얼마 후에 셔터를 열면 원래의 붉은 빛과 푸른 빛이 나올 것이다. 충돌이 없는 이상 기체와 같이 빛에서는 충돌이 없고 따라서 에너지 교환이 없기 때문이다.

이번에는 진스 박스에 흑체를 넣고 붉은 빛과 푸른 빛을 들여보낸다. 흑체는 모든 가능한 **진동수**(**振動數**, *frequency*, 광속/파장)를 가진 **진동자**(**振動子,** *oscillator*)의 집합이다. 무수히 많은 전하를 가진 입자들이 스프링으로 서로 연결되어 있는데 이들 스프링의 고유 진동수가 연속적인 모든 값을 갖는 경우를 생각하면 된다. 따라서 붉은 빛과 푸른 빛은 거울에는 반사되지만 흑체에 충돌하면 흡수된 다음 모든 파장(波長, wavelength)으로 에너지가 분배된다. 수소와 질소 기체 분자가 충돌하여 에너지가 분배되는 것과 마찬가지다. 이 흑체는 고전적으로 주어진 온도에서 붉은 빛, 푸른 빛, 자외선, X-선, 감마선 등 모든 파장의 전자파를 낼 것이다. 왜냐하면 어떤 전자파의 파장(또는 진동수)과 에너지의 관계가 주어지지 않으면 흑체의 에너지는 모든 파장으로 골고루 분배되어야 할 것이기 때문이다. 결국 붉은 빛과 푸른 빛을 넣었는데 훨씬 파장이 짧은 빛이 나온다는 결론인데 이것은 아무래도 실험 결과와 맞지 않았다. 당시에는 X-선, 감마선이 알려지지 않았기 때문에 이러한 딜레마를 **자외선 파탄**(**紫外線破綻**, *ultraviolet catastrophe*)이라고 불렀다.

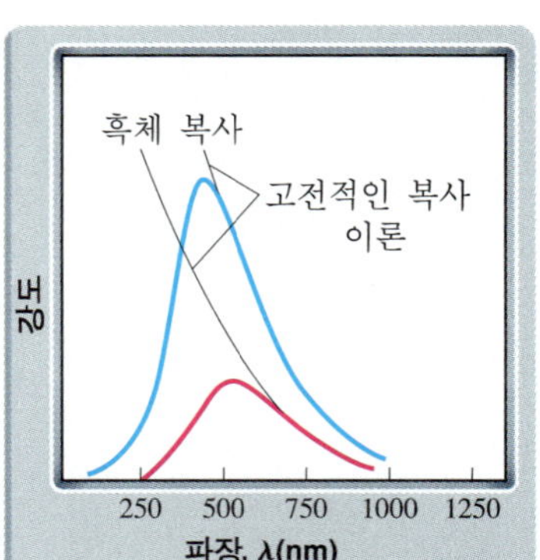

그림 4.8 실험적 흑체 복사 스펙트럼의 불일치.

그런데 왜 기체의 경우에는 에너지 등분배에 의해 얻어진 새로운 속도 분포는 실험 결과와 잘 맞는데 흑체의 경우에는 맞지 않을까? 기체의 경우에는 일정한 크기의 박스에 들어 있는 분자들이 나누어 가질 수 있는 전체 에너지는 주어진 온도에 의해 제한된다. 따라서 온도가 높을수록 높은 속도를 가진 분자수가 낮은 온도에 비해 늘기는 하지만 높은 속도에서는 0으로 수렴하는 분포를 나타낸다. 그러나 고전적인 복사 이론에서는 진동수와 에너지의 아무런 관계가 없다. 따라서 흑체의 모든 진동자는 무한히 작은 에너지를 나누어 갖게 되고 이런 가정으로는 실험적인 흑체 복사 스펙트럼을 설명할 수 없는 것이다.

4-5-2 에너지의 양자화

19세기가 끝나는 시점인 1900년 12월 14일 독일의 막스 플랑크(Max Planck)는 무언가는 해야만 한다는 절박한 심정으로 다음의 가정을 했다.

1) 흑체를 구성하는 진동자의 에너지는 불연속적(不連續的, discrete)이다. 즉, 에너지는 양자화(量子化, quantized)되어 있다.

플랑크(Max Planck, 1858-1947). 1918년 노벨 물리학상을 수상했다.

에너지가 양자화되어 있다는 것은 무슨 의미일까? 언덕에서 공이 굴러내리는 경우 공의 위치 에너지는 연속적으로 변한다. 그러나 계단에서 공이 구른다면 위치 에너지는 하나하나 계단에 해당하는 불연속적인 값을 가질 것이다. 또는 물건마다 기본 값이 있어서 그의 배수로만 물건을 사고 팔 수 있는 것과 같다. 아스피린 한 알이 100원이라면 100원, 200원, 또는 1000원으로 아스피린을 한 알, 두 알, 또는 열 알을 살 수 있다. 그러나 150원으로 한 알 반을 살 수는 없는 것이다. 또 비타민 한 알이 300원이라면 300원, 600원, 또는 3000원으로 비타민을 한 알, 두 알, 또는 열 알을 살 수는 있지만 450원으로 한 알 반을 살 수는 없다. 세상에는 값이 다른 여러 가지 물건이 있듯이 흑체에는 기본 에너지 값이 다른 여러 진동자가 들어 있다. 그리고 각각의 진동자는 기본 에너지 값의 한 배, 두 배, 세 배 등과 같이 정수 배의 에너지값만을 가질 수 있다는 것이 플랑크의 에너지 양자화 가정인 것이다. 이 가정은 언뜻 보면 우리의 상식과는 맞지 않는다. 그러나 어떤 가정이나 이론은 관찰 사실을 얼마나 잘 설명할 수 있는지가 중요하다. 우리의 상식은 항상 사실과 합치되는 것은 아닌 것이다.

2) 높은 에너지에서 낮은 에너지 상태로 전이가 일어나면 그 에너지 차이는 빛으로 나온다. 그 빛의 진동수는 $E = h\nu$ 에 의해 결정된다.

에너지 값이 연속적이라면 두 에너지 차이도 연속적인 값을 가질 것이다. 그러나 위에서 가정한대로 에너지가 양자화되어 있다면, 즉 불연속적이라면 높은 에너지와 낮은 에너지 상태의 에너지 차이는 불연속적인 값을 가질 것이다. 한걸음 더 나아가서 플랑크는 이 에너지 차이를 $E = h\nu$ 식에 의하여 진동수와 연결지었다. 높은 진동수, 즉 짧은 파장의 빛은 높은 에너지에 해당한다는 것이다.

플랑크는 위의 두 가정을 하면 흑체 복사 스펙트럼의 모양이 잘 설명되는 것을 보여 주었다. 기체의 경우에 높은 운동 에너지를 가진 분자수가 제한되듯이 높은 진동수의 빛이 높은 에너지를 가진다면 흑체에서도 높은 진동수의 광도가 0으로 수렴하는 스펙트럼이 얻어지는 것이다. 전자기파의 에너지는 연속적이라는 고전적 전자기학의 기본 개념으로는 흑체 복사 스펙트럼을 설명할 수 없었으나, 에너지의 양자화와 진동수-에너지 양자의 관계로부터 흑체 복사 스펙트럼이 설명되었고 양자론이 탄생되었다. 위의 플랑크의 가정은 모든 양자론의 기본을 이룬다. 그리고 보면 분자, 원자, 쿼크 등 입자가 디지털이라면 에너지가 디지털인 것도 그럴 듯해 보인다. 전하에도 밀리컨이 측정한 전자의 전하라는 기본 전하가 있다.

플랑크가 이론적으로 구한 흑체 복사 스펙트럼에 대한 식을 실험적으로 측정한 스펙트럼의 모양에 맞추면 **플랑크 상수(Planck's constant, h)**를 구할 수 있다. 플랑크 상수는 자연의 가장 기본적인 상수 중의 하나이다. 플랑크의 이론은 흑체 복사 스펙트럼의 모양 뿐만 아니라 흑체에 관한 두 가지 중요한 실험적 법칙을 자연스럽게 설명할 수 있었다. 하나는 1879년에 발견된 스테판-볼츠만(Stefan-Boltzmann)의 법칙이고, 다른 하나는 1893년에 발견된 빈(Wien)의 법칙이다. **스테판-볼츠만의 법칙(Stefan-Boltzmann's law)**은 흑체가 내는 빛의 총량은 절대 온도의 네 제곱에 비례한다는 법칙이고, **빈의 법칙(Wien's law)**은 흑체 복사의 최대 세기에 해당하는 파장은 절대 온도에 반비례한다는 법칙이다.

플랑크 상수 = 6.62608×10^{-34} J · s

전체 광도 = 상수 $\times T^4$ (스테판-볼츠만의 법칙)

$$T\ \lambda_{max} = 2.9\ \text{K·mm} \qquad \text{(빈의 법칙)}$$

예제 4.7

표면 온도가 3000 K인 적색거성과 6000 K인 태양을 비교해 보자. 태양은 적색거성보다 몇 배의 빛을 내는가? 태양과 적색거성에서 가장 많이 나오는 빛의 파장은 각각 얼마인가?

풀이 태양의 전체 광도/적색거성의 전체 광도 $= \left(\frac{6000}{3000}\right)^4 = 2^4 = 16$

$$\lambda_{max}(\text{태양}) = \frac{2.9\ \text{K·mm}}{6000\ \text{K}} = 0.48\ \mu\text{m} = 480\ \text{nm (가시광선)}$$

$$\lambda_{max}(\text{적색거성}) = \frac{2.9\ \text{K·mm}}{3000\ \text{K}} = 0.96\ \mu\text{m} = 960\ \text{nm (적외선)}$$

헤르츠는 전파를 발생하고 검출해서 맥스웰의 전자기 이론을 증명했다. 진동수의 단위인 헤르츠는 그의 이름을 딴 것이다.

아인슈타인 (Albert Einstein, 1879-1955). 광전 효과를 설명하는 이론으로 1921년 노벨 물리학상을 수상했다.

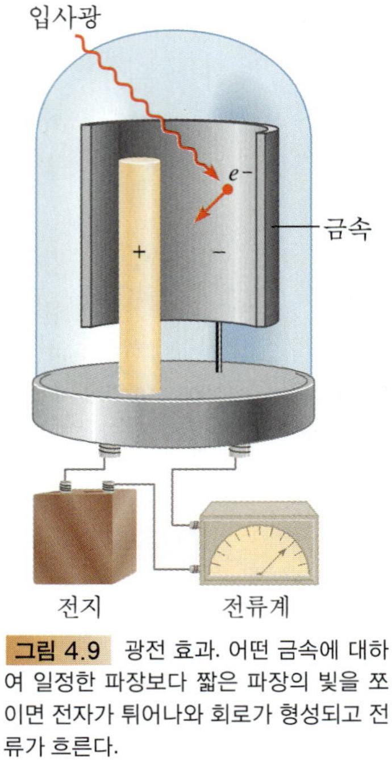

그림 4.9 광전 효과. 어떤 금속에 대하여 일정한 파장보다 짧은 파장의 빛을 쪼이면 전자가 튀어나와 회로가 형성되고 전류가 흐른다.

4-5-3 빛의 양자화

플랑크가 에너지의 양자화를 제안했다면 아인슈타인은 빛의 양자화를 제안하여 양자론이 자리를 잡는데 중요한 역할을 하였다.

금속에 빛을 쪼였을 때 전자가 방출되는 **광전 효과**(**光電效果, photoelectric effect**) 현상은 전자가 발견되기 10년 전인 1887년에 독일의 하인리히 헤르츠(Heinrich Hertz)에 의해 관찰되었다(그림 4.9). 그리고 1902년에 레나르트(Lenard)는 튀어나오는 전자의 에너지가 쪼여주는 빛의 파장에 영향을 받는다는 것을 발견했다. 점점 짧은 파장의 빛을 쪼이면서 흐르는 전류를 측정하면 예를 들어 A라는 금속은 붉은색이나 노란색 빛에서는 전자가 나오지 않다가 초록색 빛을 쪼이면 전자가 튀어나오기 시작한다. B라는 다른 금속은 초록색 빛까지 전자가 나오지 않다가 푸른색 빛을 쪼이면 전자가 튀어나온다. B에서는 아무리 초록색 빛을 강하게 쪼여도 전자가 나오지 않는다. 이것도 역시 우리 상식과는 잘 맞지 않는 관찰 결과이다. 어떤 물건 값이 만원이라면 만원 짜리 한 장을 주어도 되지만 오천원 짜리 두 장이나 천원 짜리 열 장을 주어도 살 수 있어야 하는 것이다.

1905년에 아인슈타인은 플랑크의 양자 가설을 빛에 확대 적용해서 광전 효과에 대한 이론적인 설명을 제시했다. 플랑크는 진동자의 에너지가 양자화되어 있고 이처럼 불연속적인 에너지 사이에서 빛이 나오기 때문에 특정한 진동수의 빛이 나온다고 생각한데 비해, 아인슈타인은 빛 자체가 에너지의 알갱이로 되어 있고 그 알갱이의 단위 에너지는 플랑크의 $E = h\nu$ 식에 의해 정해진다고 생각한 것이다. 그렇다면 녹색 빛 알갱이 한 개의 에너지는 녹색 진동수에 플랑크 상수를 곱한 값이 된다.

예제 4.8

파장이 480 nm인 빛 알갱이 한 개의 에너지는 얼마인가? 이 빛 알갱이 한 몰의 에너지를 C−C 단일 결합의 에너지 348 kJ/mol, 그리고 O−O 단일 결합의 에너지 157 kJ/mol과 비교하여라.

풀이 파장 480nm인 빛 알갱이 한 개의 에너지

$$= \text{플랑크 상수} \times \text{진동수} = \text{플랑크 상수} \times \frac{\text{광속}}{\text{파장}}$$

$$= \frac{(6.62608 \times 10^{-34}\ \text{J·s})(2.998 \times 10^{8}\ \text{m·s}^{-1})}{4.8 \times 10^{-9}\ \text{m}}$$

$$= 4.14 \times 10^{-19}\ \text{J}$$

한 몰의 에너지 $= (4.14 \times 10^{-19}\ J)(6.022 \times 10^{23})$
$= 2.49 \times 10^5\ J$
= 약 250 kJ

자외선에 가까운 짧은 파장의 빛 에너지는 C−C 결합 에너지와 O−O 결합 에너지의 중간 정도이다. O−O 결합을 가진 오존이 자외선을 흡수하여 지표에 도달하는 것을 차단하는 이유를 알 수 있다. 오존층이 없다면 지상의 탄소 화합물도 자외선에 의해 파괴될 위험이 있다.

어떤 금속에서 전자를 표면 바로 위까지 떼내는 데 필요한 최소 에너지를 **일함수(work function)** 라고 한다. 전자가 어떤 금속 내부에 일함수 만한 에너지로 붙잡혀 있다면 외부에서 어떤 문턱값(threshold), 즉 일함수 이상의 에너지를 주면 전자가 튀어나올 수 있다. 일함수는 금속마다 다르고 그 금속 원자의 이온화 에너지의 약 절반이다. 이온화 에너지는 원자 한 개에서 전자를 무한대 거리까지 떼놓는데 필요한 에너지이고, 일함수는 원자의 집단인 고체 금속에서 표면 바로 위까지 떼내는 에너지라는 점이 다르다.

빛을 파동으로 보는 고전적 관점에서는 파장과 에너지의 관계가 주어지지 않을 뿐 아니라 낮은 에너지의 빛도 오래 쪼이면 광전 효과가 나타날 수 있을 것이다. 그런데 아인슈타인은 빛 자체도 입자의 성질을 가지고, 입자 하나하나의 에너지는 $h\nu$에 의해 주어진다고 본 것이다. $h\nu$ 값이 일함수보다 작을 때는 아무리 오래 광도가 높은 빛을 쪼여도 전자는 튀어나오지 않는다. 나무에 매달린 사과는 산들바람이 아무리 불어도 안 떨어지고(파동으로의 빛) 작은 먼지가 아무리 때려도 안 떨어지지만(에너지 양자가 일함수보다 작은 빛 입자) 어느 정도 크기의 돌에 한방만 맞으면 떨어지는 것과 같은 이치이다. 빛 입자의 에너지가 일함수보다 작으면 아무리 오래 빛을 쪼여도(아무리 여러 번 때려도) 전류는 흐르지 않는다. 두 번째 빛 입자가 충돌하기 전에 처음 받은 에너지가 주위로 흩어져서 누적되지 않기 때문이다.

빛 입자의 에너지($h\nu$)가 일함수(Φ)보다 크면 그 차이는 전자의 운동 에너지(kinetic energy, KE)가 된다.

$$h\nu = \Phi + KE$$

따라서 진동수를 증가하면서 빛을 쪼이고 나오는 전자의 운동 에너지를 측정하면 기울기가 h인 직선이 얻어진다. 이 기울기로부터 측정한 플랑크 상수는 흑체 복사 스펙트럼으로부터 얻은 값과 일치한다. 이처럼 두 가지 독립적인 실험으로부터 얻은 플랑크 상수가 일치하는 결과는 양자론을 확립하는 데 크게 힘이 되었다.

상대성 이론으로 더 유명한 아인슈타인은 빛의 양자화를 통하여 광전 효과를 설명한 업적으로 1921년 노벨 물리학상을 수상했다. 1926년에 버클리 소재 캘리포니아대학의 루이스(6장)는 빛 입자를 **광자(光子, photon)** 라고 명명했다.

4-6 선 스펙트럼

4-6-1 방출 스펙트럼, 흡수 스펙트럼

러더포드에 의하여 핵 모델이, 그리고 플랑크와 아인슈타인에 의해 양자론이 제안된

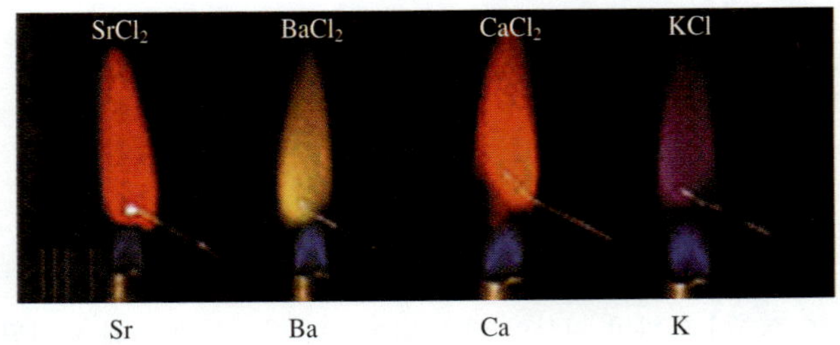

그림 4.10 불꽃 반응. 다른 금속 원소는 다른 색깔을 나타낸다.

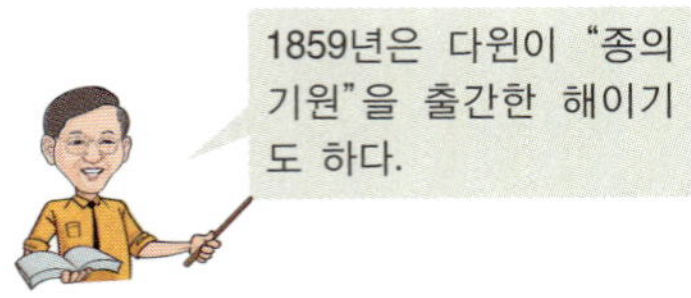

과정을 알아보았으니 이제는 보어가 핵 모델과 양자론에 입각해서 수소의 **선 스펙트럼(line spectrum)**을 설명하여 원소들의 화학적 성질을 체계적으로 이해할 수 있는 기반을 마련한 이야기를 할 단계에 이르렀다. 그러기 위해서 우선 선 스펙트럼이라는 현상을 살펴보자.

1850년 대에 독일 하이델베르크대학의 분젠은 막 도시에 공급되기 시작한 도시가스를 사용하여 높은 온도를 얻을 수 있는 분젠 버너를 발명했다. 그리고 여러 가지 금속염들이 불꽃 반응에서 제각기 다른 색을 나타내는 것을 관찰했다(그림 4.10). 1859년에 분젠은 물리학자인 키르히호프와 함께 프리즘을 사용해서 불꽃의 빛을 파장별로 분리하면 금속 원소에 특이한 선들이 나타나는 것을 알게 되었다. 이것이 빛을 분리한다는 의미의 **분광학(分光學, spectroscopy)**의 시작이다.

분젠(Robert Bunsen, 1811-1899, 오른쪽)과 키르히호프(Gustav Kirchhoff, 1824-1887, 왼쪽).

가시광선 영역에서 출발한 분광학은 적외선, 자외선, 마이크로파, 라디오파, X-선, 감마선 등 거의 모든 파장 영역으로 확대되어 빛과 물질의 상호작용을 연구하는 중요한 분야가 되었다. 요즘은 실험실에서 뿐만 아니라 멀리 있는 별과 은하의 조성과 구조를 연구하는 데도 분광학이 핵심적 역할을 한다.

나중에 기체 방전관 실험이 이루어지면서 선 스펙트럼 현상은 기체 원소에서도 관찰되었고 선 스펙트럼이 원소의 지문이 된다는 사실이 확실해졌다.

예제 4.9

새로운 원소의 발견과 확인에 선 스펙트럼이 사용된 예를 들어라.

풀이 분젠 - 세슘, 루비듐
부아보드랑 - 갈륨
닐슨 - 스칸듐
빙클러 - 저마늄
램지 - 아르곤, 헬륨, 네온, 크립톤, 제논
퀴리 - 라듐, 폴로늄

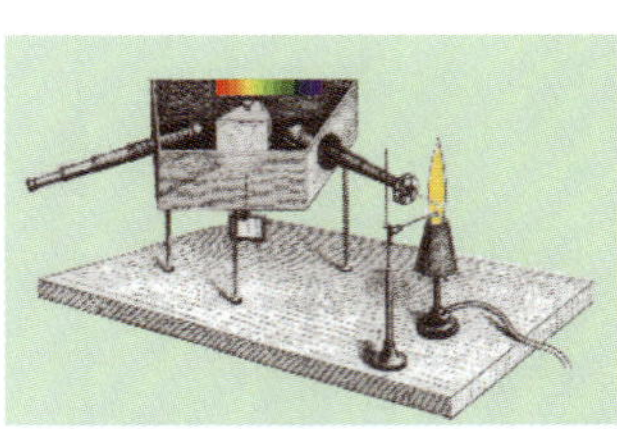

최초의 분광기

네온의 선 스펙트럼. 램지가 네온을 발견할 때 램지의 어린 아들이 네온의 스펙트럼을 보고 다른 원소와 다른, 새로운(new) 스펙트럼이라고 말한 것이 네온의 이름이 되었다.

또한 분젠과 키르히호프는 선 스펙트럼에는 **방출선(放出線, emission line)**과 **흡수선(吸收線, absorption line)**의 두 종류가 있는 것을 알아냈다. 아르곤, 네온, 수은 등의 스펙트럼은 어두운 배경에 밝은 빛이 선으로 나타난다. 마찬가지로 수소는 장밋빛을 내고, 헬륨은 오렌지색 빛을 낸다. 그래서 새로 생기는 별 주위의 천체 사진은 장밋빛을 나타낸다. 지구로부터 약 5000광 년 거리에 있는 로제타 성운(Rosetta nebula)이 좋은 예이다. 장밋빛일 뿐 아니라 장미 모양인 이 성운은 우주 원소의 $\frac{3}{4}$을 차지하는 수소와 $\frac{1}{4}$을 차지하는 헬륨이 별과 은하의 주원료인 것을 보여 준다. 로제타 성운에서 나오는 장미빛을 분광기를 통해서 보면 수소와 헬륨의 선 스펙트럼이 강하게 나타난

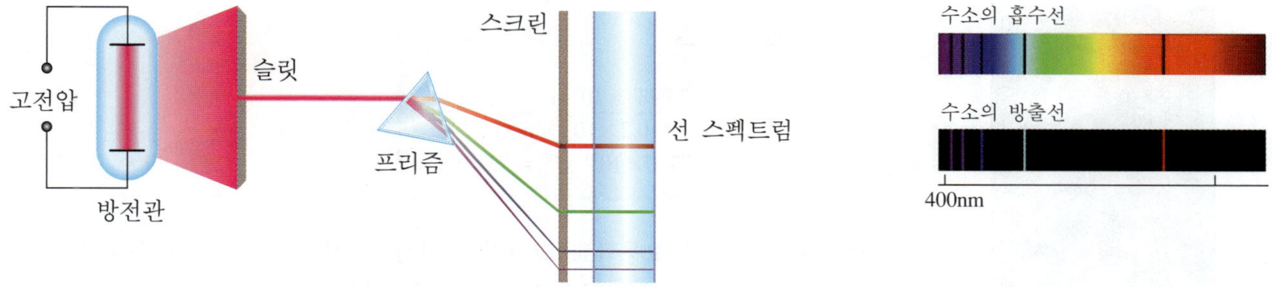

그림 4.11 수소의 선 스펙트럼. 방출 스펙트럼과 흡수 스펙트럼은 서로 상보적이다.

그림 4.12 프라운호퍼선. 프라운호퍼가 관찰한 태양의 흡수 스펙트럼에는 약 500개의 어두운 선이 들어 있다.

다. 수소의 방출 선 스펙트럼은 실험실에서도 그림과 같이 기체 방전관과 프리즘, 또는 회절격자(回折格子, diffraction grating) 필름을 사용해서 쉽게 관찰할 수 있다(그림 4.11).

그런데 기체 방전관 대신 백색광을 사용하고 백색광과 분광기 사이에 수소 기체가 들어 있는 유리관을 놓으면 이번에는 빨주노초파남보 무지개 빛 연속 스펙트럼 위에 수소의 방출 스펙트럼 선 위치에 어두운 선이 나타난다. 백색광은 백열전구나 태양이 내는 빛처럼 모든 파장이 섞인 빛이다. 따라서 백색광을 분리하면 무지개 같은 연속 스펙트럼이 얻어진다. 그런데 예를 들어 수소에 백색광을 통과시키면 백색광 중에서 기체 방전관 실험에서 방출되었던 파장과 똑같은 파장의 빛이 수소에 의해 흡수되어 필터가 된다. 이렇게 어두운 선으로 나타나는 스펙트럼을 **흡수 스펙트럼(absorption spectrum)** 이라고 한다.

대표적인 흡수 스펙트럼에는 햇빛을 분리해서 얻어지는 프라운호퍼선(Fraunhofer lines)이 있다(그림 4.12). 이 경우에 태양은 위의 백색광원에 해당하고 어두운 프라운호퍼선들은 햇빛이 태양의 대기에 들어 있는 원소들에 의해 흡수된 결과이다. 태양의 스펙트럼은 무지개빛 연속 스펙트럼과 어두운 프라운호퍼 흡수선들이 겹쳐진 것이다. 그런데 왜 이런 선들이 나타나는지는 도무지 설명할 길이 없었다. 그 이전의 물리학은 역학, 열역학, 전자기학 등에서 대성공을 거두었으나 원소의 선 스펙트럼은 흑체 복사와 함께 19세기 말에 남아 있는 과학에서의 중요한 수수께끼 중 하나였던 것이다.

4-6-2 발머 계열과 리드베리 상수

위의 수소 기체 방전관 실험으로부터 가시광선 영역에서는 빨강, 녹색, 파랑, 보라 네 선이 관찰되는 것을 알 수 있다. 이 네 선의 파장은 656.3, 486.1, 434.0, 410.2 nm에 해당하고, 진동수로 환산하면 4.569×10^{14}, 6.168×10^{14}, 6.908×10^{14}, 7.310×10^{14} s^{-1}가 된다.

예제 4.10

파장이 410.2 nm인 보라색선의 진동수가 731.0 테라헤르츠(terahertz)인 것을 보여라.

풀이 광속 = 파장 · 진동수

$$\text{진동수} = \frac{\text{광속}}{\text{파장}} = \frac{2.998 \times 10^8\ \text{m}\cdot\text{s}^{-1}}{410.2 \times 10^{-9}\ \text{m}} = 7.310 \times 10^{14}\ \text{s}^{-1} = 731.0 \times 10^{12}\ \text{s}^{-1}$$

발머 (Johann Balmer, 1825-1898).

리드베리 (Johannes Rydberg, 1854-1919).

1885년에 스위스의 고등학교 교사인 발머는 이 네 개 진동수의 수열이 아래와 같은 간단한 공식에 의해 표시될 수 있음을 발견하였다.

$$\text{발머의 식} : \nu_m = R\left(\frac{1}{2^2} - \frac{1}{m^2}\right)\text{s}^{-1}$$

즉, 위의 네 개 진동수를 ν_3, ν_4, ν_5, ν_6라고 쓰면 ν_3, ν_4, ν_5, ν_6는 각각 $\frac{1}{4} - \frac{1}{3^2}$, $\frac{1}{4} - \frac{1}{4^2}$, $\frac{1}{4} - \frac{1}{5^2}$, $\frac{1}{4} - \frac{1}{6^2}$에 비례한다는 말이다. 이때 비례상수는 3.290×10^{15}이 된다.

1888년에 스웨덴의 리드베리 (Rydberg) 는 독립적으로 다음과 같은 일반식을 고안하였고, 또 나중에 **리드베리 상수 (Rydberg constant)** 라 부르는 비례상수 R 값을 정확히 측정하였다.

$$\text{리드베리의 식} : \nu_{m,n} = R\left(\frac{1}{n^2} - \frac{1}{m^2}\right)\text{s}^{-1}$$

보어 (Niels Bohr, 1879-1955). 1922년 노벨 물리학상을 수상했다.

예제 4.11

리드베리 상수 ($3.290 \times 10^{15}\ \text{s}^{-1}$) 를 파수 (波數, cm^{-1}, 1 cm에 들어있는 파의 수) 단위로 바꾸어 보아라.

풀이 먼저 파장을 구하자.

$$\text{파장} = \frac{\text{광속}}{\text{진동수}} = \frac{2.998 \times 10^8\ \text{m}\cdot\text{s}^{-1}}{3.290 \times 10^{15}\ \text{s}^{-1}} = 9.112 \times 10^{-8}\ \text{m} = 91.12\ \text{nm}$$

파장의 역수를 취하면

$$\text{파수} = \frac{1}{9.112 \times 10^{-6}\ \text{cm}} = 1.097 \times 10^5\ \text{cm}^{-1}$$

리드베리 상수는 가장 정확하게 측정된 자연의 상수 중 하나이다. 리드베리 상수가 지난 100년에 걸쳐 얼마나 정밀하게 측정되었는가를 표 4.2에 나타내었다.

표 4.2 리드베리 상수의 측정값

연 도	측정자	측정값
1890	Rydberg	109,721.6 cm^{-1}
1914	Curtis	109,737.7
1976	Hansch	109,737.31476(32)
1997	Hansch	109,737.31568639(91)
2002	CODATA	109,737.31568525(73)

수소 스펙트럼 중에서 가시광선 영역의 선의 집단을 **발머 계열(Balmer series)**이라 부른다. 1906년에는 자외선 영역에서 **라이먼 계열(Lyman series)**이, 1908년에는 적외선 영역에서 **파셴 계열(Paschen series)**이 발견되었다. 라이먼 계열은 리드베리 식에서 n이 1, m이 2, 3, 4, ...인 경우이고, 파셴 계열은 n이 3, m이 4, 5, 6, ...인 경우이다.

발머와 리드베리 덕분에 모든 원소 중에서 가장 간단한 규칙성을 보이는 수소의 스펙트럼을 수식화하는 데는 성공을 거두었지만, 왜 스펙트럼이 그런 수식으로 나타나는지는 수수께끼로 남아 있었다.

4-7 전자 에너지의 양자화

우리는 앞에서 플랑크에 의한 흑체 에너지의 양자화, 그리고 아인슈타인에 의한 빛의 양자화를 살펴 보았다. 이제는 원자 내에서 전자가 가지는 에너지의 양자화를 알아볼 차례이다. 그러면 주기율, 화학 결합, 분자 구조 등 화학의 핵심 내용을 제대로 이해하는 데 필요한 기초가 갖추어질 것이다.

4-7-1 보어 모델

1913년에 보어는 원자의 핵 모델과 양자론은 종합하여 수소의 선 스펙트럼을 설명함으로써 원자 내부의 전자 에너지를 이해하는데 획기적인 발전을 이룩하였다. 보어의 원자 모델에는 다음의 세 가지 가정이 들어있다.

첫째, 원자의 중심에는 +Z의 양전하를 가지는 원자핵이 자리잡고 있다(이 핵 모델은 1911년에 러더포드가 제안한 바 있다. 그러나 아직 양성자는 발견되지 않았기 때문에 +Z의 양전하라고만 한 것이다. 수소의 경우에는 Z는 1이다).

둘째, 전자는 핵 주위를 원운동한다(지구는 태양에 의한 중력장에서 위치 에너지와 운동 에너지를 가지고 타원궤도를 유지한다. 수소 원자에서 전자는 원자핵의 양전하에 의한 전기장에서 위치 에너지와 운동 에너지를 가진다. 그런데 고전적으로 생각하면 전기적으로 중성인 지구와 달리 음전하를 가진 전자는 원운동을 하면 전자파를 발생하면서 에너지를 잃고 핵으로 떨어져야 한다. 이는 안정한 수소 원자가 존재한다는 관찰 사실과 어긋나고, 고전적인 생각을 뛰어 넘어야 한다는 것을 시사한다).

셋째, 전자의 **각운동량(角運動量, angular momentum)**은 양자화되어 있다(진동자의 에너지가, 그리고 빛 에너지가 불연속적이라는 양자론을 도입하면 불연속적인 스펙트럼선을 설명할 수 있을지 모른다는 생각이 들었으리라. 원운동에서 각운동량은 접선 방향의 운동량과 원의 반지름을 곱한 값이다. 질량이 같은 전자의 원운동에서 각운동량의 양자화는 전자가 반지름이 다른 여러 개의 원궤도를 가진다는 뜻이 된다).

보어는 위의 가정 하에 +Z의 양전하를 가진 원자핵과 쿨롱 상호작용을 하며 핵 주위를 원운동하는 전자의 에너지를 계산하여 다음과 같은 결과를 얻었다.

$$\text{전자 에너지} : E_n = -\frac{(m_e e^4/8h^2\varepsilon_o^2)\,Z^2}{n^2}$$

Z가 1인 수소의 경우 전자 에너지는 다음과 같이 네 개의 상수와 양자수 n으로 표시된다.

$$E_n = -\frac{(m_e e^4/8h^2\epsilon_o^{\,2})}{n^2}$$

여기서 m_e는 전자의 질량 (9.109390×10^{-31} kg), e는 전자의 전하 (1.6021773×10^{-19} C), h는 플랑크 상수 (6.62608×10^{-34} J · s), ϵ_o는 진공의 **유전율**(誘電率, **permittivity**)이라고 부르는 기본적인 값 (8.854×10^{-12} C^2/J · m)이다. 이들은 모두 SI 단위이다. 이들 값을 대입해서 $(m_e e^4/8h^2\epsilon_o^{\,2})$ 값을 계산해 보면 2.180×10^{-18} J이 얻어진다. 이 에너지 단위를 **리드베리(rydberg)**라고 한다. 리드베리 단위를 사용하면 핵 전하가 Z인 보어 원자의 전자 에너지는 다음과 같이 간단히 표시된다.

$$E_n = -\frac{Z^2}{n^2} \quad \text{(rydberg)}$$

Z가 1인 수소의 경우 전자 에너지는 다음과 같이 간단히 양자수 n의 함수로 표시된다.

$$E_n = -\frac{1}{n^2} \quad \text{(rydberg)}$$

수소의 전자 에너지를 구하기 위하여 n에 1, 2, 3, 4, 5, 6을 대입하면

$$E_2 = -\frac{1}{2^2}\ E_3 = -\frac{1}{3^2}\ E_4 = -\frac{1}{4^2}\ E_5 = -\frac{1}{5^2}\ E_6 = -\frac{1}{6^2}$$

이 얻어지고, 이 에너지 준위(準位, level)들의 차이로부터 모든 계열의 수소 선 스펙트럼을 설명할 수 있게 된다.

예제 4.12

$E = h\nu$의 관계로부터 1 rydberg (2.180×10^{-18} J)에 해당하는 진동수를 구하여라.

풀이 $\nu = 1 \text{ rydberg}/h = \dfrac{2.180 \times 10^{-18}\ \text{J}}{6.62608 \times 10^{-34}\ \text{J·s}}$

$= 3.290 \times 10^{15}\ \text{s}^{-1}$

예제 4.13

E_2와 E_3, E_2와 E_4, E_2와 E_5, E_2와 E_6 사이의 에너지 차이를 진동수로 환산하고 측정된 값과 맞는지 확인하여라.

풀이 $E_3 - E_2 = \left(-\frac{1}{3^2}\right) - \left(-\frac{1}{2^2}\right) = 0.1389$ rydberg

$= (0.1389)(3.290 \times 10^{15}\ \text{s}^{-1}) = 4.569 \times 10^{14}\ \text{s}^{-1}$

$E_4 - E_2 = \left(-\frac{1}{4^2}\right) - \left(-\frac{1}{2^2}\right) = 0.1875$ rydberg

$= (0.1875)(3.290 \times 10^{15}\ \text{s}^{-1}) = 6.169 \times 10^{14}\ \text{s}^{-1}$

$E_5 - E_2 = \left(-\frac{1}{5^2}\right) - \left(-\frac{1}{2^2}\right) = 0.2100$ rydberg

$= (0.2100)(3.290 \times 10^{15}\ \text{s}^{-1}) = 6.909 \times 10^{14}\ \text{s}^{-1}$

$E_6 - E_2 = \left(-\frac{1}{6^2}\right) - \left(-\frac{1}{2^2}\right) = 0.2222$ rydberg

$= (0.2222)(3.290 \times 10^{15}\ \text{s}^{-1}) = 7.311 \times 10^{14}\ \text{s}^{-1}$

앞에서 살펴본 측정값과 잘 맞는다.

이렇게 볼 때 가시광선 영역의 수소 스펙트럼은 전자가 E_3, E_4, E_5, E_6 준위에서 E_2 준위로 전이할 때 나오는 발머 계열의 선들인 것을 알 수 있다. 즉, 발머 계열에서 에너지 차이는 m을 3, 4, 5, 6이라고 할 때 다음과 같이 쓸 수 있다.

$$\Delta E_{m,2} = \frac{1}{2^2} - \frac{1}{m^2} \quad \text{(rydberg)}$$

예제 4.14

라이먼 계열의 수소 스펙트럼은 전자가 E_2, E_3, E_4, E_5, E_6 준위에서 E_1 준위로 전이할 때 나오는 선들이다. 라이먼 계열에서 파장이 가장 긴 선의 파장을 구하여라.

풀이 $E_2 - E_1 = \left(-\frac{1}{2^2}\right) - \left(-\frac{1}{1^2}\right) = 0.7500$ rydberg

$= (0.7500)(3.290 \times 10^{15}\ \text{s}^{-1}) = 2.468 \times 10^{15}\ \text{s}^{-1}$

파장 $= \dfrac{2.998 \times 10^8\ \text{m}\cdot\text{s}^{-1}}{2.468 \times 10^{15}\ \text{s}^{-1}}$

$= 1.215 \times 10^{-7}\ \text{m} = 121.5\ \text{nm}$

예제 4.15

1 rydberg를 kJ/mol, 그리고 electron volt (eV, 전자가 1 볼트의 전위차에서 얻는 에너지) 단위로 환산하여라. 수소 원자에서 바닥 상태의 전자가 1 rydberg의 에너지를 받으면 어느 준위로 올라가게 되는가?

풀이 1 rydberg $= (6.626 \times 10^{-34}\ \text{J}\cdot\text{s})(3.290 \times 10^{15}\ \text{s}^{-1})$

$= 2.180 \times 10^{-18}\ \text{J}$

몰당 : $(2.180 \times 10^{-18}\ \text{J})(6.022 \times 10^{23}\ \text{mol}^{-1}) = 1312\ \text{kJ/mol}$

$1\ \text{eV} = (1.602 \times 10^{-19}\ \text{C})(1\ \text{V}) = 1.602 \times 10^{-19}\ \text{J}$

$1\ \text{rydberg} = \dfrac{(2.180 \times 10^{-18}\ \text{J})(1\ \text{eV})}{(1.602 \times 10^{-19}\ \text{C})} = 13.6\ \text{eV}$

수소 원자에서 바닥 상태의 전자 에너지는 −1 rydberg이다. 1 rydberg의 에너지를 받으면 에너지가 0이 되는데 이는 양자수가 무한대인 준위이다.

1 rydberg는 수소에서 전자를 양성자로부터 무한대 거리까지 떼어놓을 수 있는 에너지, 즉 수소의 **이온화 에너지(ionization energy**, 5장)이다. 수소의 이온화 에너지, 1312 kJ/mol은 수소-수소 공유 결합 에너지인 432 kJ/mol의 세 배 정도이다. 또 수소의 이온화 에너지, 13.6 eV는 보통 많이 사용하는 건전지의 1.5 볼트나 리튬 전지의 3.6 볼트에 해당하는 에너지보다 5~10배 크고, 가정에서 사용하는 220 볼트에 해당하는 에너지의 약 20분의 1이다.

예제 4.16

보어는 이론적으로 얻은 $(m_e e^4/8h^3\epsilon_o^2)$에 주어진 상수값들을 대입하여 발머와 리드베리가 얻은 식의 계수, 즉 리드베리 상수와 일치하는 값을 얻었다. 앞에서 주어진 상수값들을 대입해서 $\dfrac{m_e e^4}{8h^3\epsilon_o^2}$를 계산하여라.

풀이 $\dfrac{m_e e^4}{8h^3\epsilon_o^2} = \dfrac{(9.109390\times10^{-31}\ \text{kg})\times(1.6021773\times10^{-19}\ \text{C})^4}{8\times(6.62608\times10^{-34}\ \text{J}\cdot\text{s})^3\times(8.854\times10^{-12}\ \text{C}^2\cdot\text{J}^{-1}\cdot\text{m}^{-1})^2}$

$= 3.290 \times 10^{15}\ \text{s}^{-1}$

이처럼 보어는 몇 가지 가정에 기초하여 수소 원자에서 전자의 에너지가 양자수(quantum number)에 따라 양자화된, 즉 불연속적인 값을 가지는 것을 보여주었다. 그리고 양자화된 전자 에너지로부터 수소의 선 스펙트럼을 잘 설명할 수 있었다.

보어 모델에서 $n=1$에 해당하는 궤도의 반지름을 **보어 반지름(Bohr radius, a_o)**이라고 한다. 보어 반지름은 0.529 Å으로 계산된다. 일반적으로 핵 전하가 Z인 경우 양자수 n에 해당하는 궤도의 반지름은 다음과 같이 주어진다.

$$r_n = \left(\frac{n^2}{Z}\right) a_o$$

예제 4.17

보어 모델에 따르면 수소 원자에서 양자수가 2와 3에 해당하는 전자는 양자수가 1인 전자에 비해 핵으로부터 얼마나 떨어져 있는가?

풀이 Z가 1로 같으므로 양자수가 2와 3인 전자는 양자수의 제곱, 즉 네 배와 아홉 배 거리에 위치한다.

예제 4.18

He^+ 이온은 전자가 한 개로서 보어 모델이 잘 맞는 경우이다. He^+ 이온에서 보어 반지름은 몇 옹스트롬인가?

풀이 Z가 2이므로 n=1에 해당하는 He^+ 이온의 보어 반지름은 수소 보어 반지름의 반인 0.265 옹스트롬이다.

보어 모델과 수소 선 스펙트럼 관련 내용을 정리해 보자.

1. 수소 원자에서 전자의 에너지는 −1 리드베리, $-\frac{1}{4}$ 리드베리, $-\frac{1}{9}$ 리드베리, $-\frac{1}{16}$ 리드베리, $-\frac{1}{25}$ 리드베리, $-\frac{1}{36}$ 리드베리 등의 값을 갖는다. 제일 에너지가 낮은(−1 리드베리), 즉 n이 1인 상태를 **바닥 상태**(*ground state*)라고 한다.

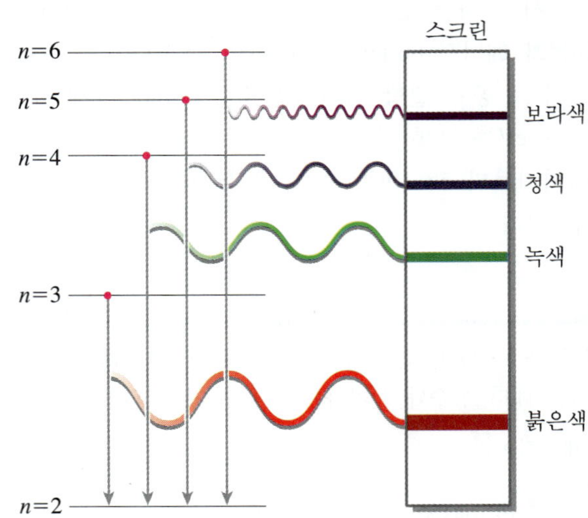

그림 4.13 보어 모델에 따른 수소의 선 스펙트럼 해석. 가시광선 영역의 발머 계열은 전자가 양자수가 3, 4, 5, 6인 상태로 들떴다가 2인 상태로 떨어지면서 나오는 빛에 해당한다.

그 다음은 순서대로 **첫 번째 들뜬 상태**(*first excited state*, $n=2$), **두 번째 들뜬 상태**(*second excited state*, $n=3$), **세 번째 들뜬 상태**(*third excited state*, $n=4$) 등으로 부른다.

2. 외부로부터 에너지를 받으면 바닥 상태의 전자는 높은 에너지 상태로 여기(들뜸, 勵起, excite) 될 수 있다. 불꽃 반응에서는 불꽃의 열 에너지가, 기체 방전관에서는 전기 에너지가 외부 에너지로 작용한다. 프라운호퍼선에서 볼 수 있듯이 빛에 의해서 들뜨기도 한다. 실은 에너지 차이와 일치하는 진동수의 빛으로 들뜨는 것이 가장 효율적인 방법이다.
3. 어떤 에너지로 들뜨게 되었거나 들뜬 상태에서 낮은 상태로 전자가 전이(轉移, transition) 할 때는 그 에너지 차이에 해당하는 진동수의 빛이 나온다. 발머 계열의 656.3 nm 선은 $n=3 \rightarrow 2$, 486.1 nm 선은 $n=4 \rightarrow 2$, 434.0 nm 선은 $n=5 \rightarrow 2$, 410.2 nm선은 $n=6 \rightarrow 2$ 전이에 해당한다. 라이먼 계열의 선들은 $n=2 \rightarrow 1$, $n=3 \rightarrow 1$, $n=4 \rightarrow 1$, $n=5 \rightarrow 1$ 등에 해당하는데, 모두 에너지 차이가 커서 자외선에 해당한다. 기체 방전관으로 수소 스펙트럼을 관찰할 때는 눈에는 보이지 않지만 자외선이 나오고 있다는 것을 잊지 말아야 한다. 적외선 영역의 파쉔 계열은 $n=3$ 상태로 떨어지는 경우이다.
4. 기체 방전관을 사용하여 수소의 스펙트럼을 관찰하면 붉은선이 가장 강하고 파장이 짧아질수록 약해지는 것을 볼 수 있다. 바닥 상태에 있던 전자들이 외부 에너지에 의해 높은 상태로 여기될 때 높은 상태로 여기되는 전자의 수가 에너지 차이가 클수록 상대적으로 적기 때문이다.
5. 보어 모델에는 고전적 쿨롱 인력, 운동 에너지, 위치 에너지, 각운동량 등의 개념과 양자화라는 비고전적 개념이 혼합되어 있다. 그래서 처음에는 쉽게 받아들여지지 않았다. 사실 이렇게 어색한 이론이 수소의 스펙트럼을 완벽하게 설명한다는 것이 이상할 정도이다.
6. 1913년에 발표된 보어 모델은 원자의 핵 모델과 양자론을 결합하여 수소의 선 스펙트럼을 깨끗이 설명하는 대성공을 거두었으나 헬륨 이상 전자 사이의 상호작용을 고려해야 하는 경우에는 한계에 부닥쳤다. 전자들 사이의 상호작용은 고려되지 않았기 때문이다. 1920년대 중반에 물질의 파동성과 불확정성 원리가 도입되면서 본격적인 양자 역학이 자리를 잡는다. 슈뢰딩거 방정식의 해로 얻어지는 원자 오비탈에 스핀과 배타 원리가 적용되어 원자의 전자 에너지와 공간 배치가 설명되고 원자가, 화학 결합, 주기율, 전기음성도 등 많은 화학의 개념들이 이론적 체계를 갖추게 된다. 이처럼 보어 모델은 원자와 분자의 과학에서 중심적 위치를 차지한다.
7. 보어 모델의 에너지 준위 개념은 1916년에 루이스에 의하여 옥텟 규칙으로 발전하였고, 원자가전자(原子價電子, valence electron, 5장) 개념을 통해 주기율과 화학 결합의 이해에 중요한 역할을 했다.

기력이 약하면 높은 산에 오르지 못한다. 그래서 에베레스트처럼 높은 산의 정상에 오른 사람수는 낮은 산에 비해 지수함수적으로 감소한다. 이와 마찬가지로 높고 낮은 에너지 상태가 있을 때 에너지 차이에 따른 입자의 분포는 온도를 정의한다. 에너지 차이가 ΔE인 두 상태 사이에 있는 전자수의 비는 아래의 볼츠만 인자(Boltzmann factor)로 주어진다. 여기서 k는 볼츠만 상수, T는 절대 온도이다.

볼츠만 인자 : $e^{-\Delta E/kT}$

볼츠만 인자는 원자 내에서 전자의 에너지 뿐아니라 중력장에서 위치 에너지 등 에너지 차이가 있는 모든 경우에 일반적으로 적용된다.

4-7-2 프랑크-헤르츠 실험

보어 모델이 발표된 비슷한 시기에 전혀 다른 방향에서 원자 내 전자 에너지에 준위가 존재한다는 실험 결과가 나왔다. 1914년에 독일 베를린 카이저-빌헬름 물리화학연구소의 프랑크와 헤르츠(Gustav Hertz, 하인리히 헤르츠의 조카)는 수은 증기에 가속된 전자빔을 충돌시키는 실험을 하고 있었는데, 전자의 에너지가 어떤 값에 이르면 갑자기 전류가 뚝 떨어지는 것이었다. 보어 모델에서처럼 수은 원자의 전자 에너지에도

프랑크(James Franck, 1882-1964). 1925년 노벨 물리학상을 수상했다.

창문을 열어 놓은 아파트 빌딩 벽에 아래에서 물 대포를 쏜다면 물길이 각 층에 도달할 때마다 물이 창을 통해 흡수되어 벽을 따라 흘러내리는 물이 갑자기 줄어들 것이다.

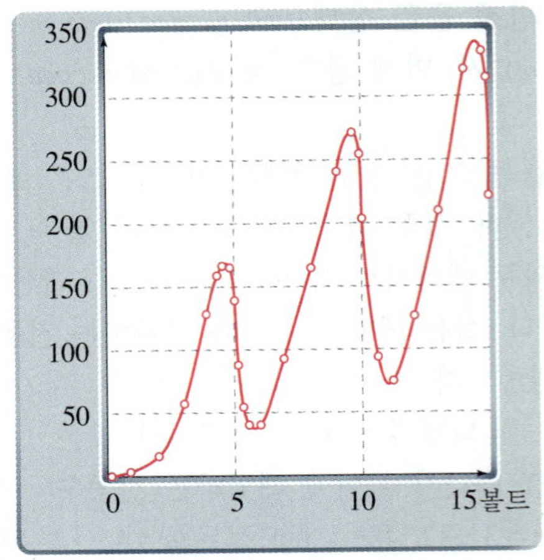

그림 4.14 수은 원자에서 전자 에너지의 양자화를 보여주는 프랑크-헤르츠의 실험 결과.

준위가 있다면 외부로부터 충돌하는 전자의 에너지가 수은 전자의 바닥 상태 (ground state) 와 들뜬 상태 (excited state) 의 에너지 차이와 일치하면 에너지 전달이 일어나면서 외부 전자의 속도가 떨어져서 전류가 감소할 것이다 (그림 4.14). 이 실험은 보어 모델의 정당성을 확인해 주었지만 실상 프랑크와 헤르츠는 1년 전에 발표된 보어의 논문을 읽지 못했다고 한다. 프랑크와 헤르츠는 1925년 노벨 물리학상을 수상했다.

예제 4.19

수은 원자에서 전자의 바닥 상태와 첫 번째 들뜬 상태 (first excited state) 의 에너지 차이에 해당하는 자외선 스펙트럼의 선은 253.7 nm에서 관찰된다. 프랑크-헤르츠 실험에서 관찰된 첫 번째 전류 감소는 전자를 몇 볼트로 가속했을 때 나타났을까?

풀이 예제 4.8에서 1 rydberg = 13.6 eV ↔ $3.290 \times 10^{15}\ \text{s}^{-1}$

$$\text{진동수} = \frac{2.998 \times 10^{8}\ \text{m}\cdot\text{s}^{-1}}{2.637 \times 10^{-7}\ \text{m}} = 1.137 \times 10^{15}\ \text{s}^{-1}$$

$$\text{전자의 에너지} = 13.6\ \text{eV} \times \left(\frac{1.137 \times 10^{15}\ \text{s}^{-1}}{3.290 \times 10^{15}\ \text{s}^{-1}}\right)$$

$$= 4.7\ \text{eV}$$

전자를 4.7 볼트로 가속하면 4.7 eV의 에너지를 가지게 된다.
프랑크-헤르츠 실험에서는 전이가 4.9 볼트에서 관찰되었다.

보어는 수소의 선 스펙트럼을 설명하면서 수소 원자에서 전자의 에너지가 양자화된 사실을 도출해 내었고, 플랑크의 양자론을 원자에 도입하여 슈뢰딩거의 파동 역학이 태어나는 발판을 마련했다. 반면에 프랑크는 원자 내에 에너지가 다른 여러 상태 또는 준위가 존재한다는 사실을 실험적으로 확실히 보여주었다. 주기율, 옥텟 규칙, 흡광 분석 등 화학의 많은 부분이 에너지 준위에 기반을 두고 있는 것을 생각하면 이론가인 보어에 못지 않게 실험가인 프랑크와 헤르츠의 업적도 중요하다고 볼 수 있다.

4-8 파동 역학과 오비탈

4-8-1 파동과 입자의 이중성

수소 원자의 스펙트럼을 설명하는 데는 대성공을 거둔 보어 모델은 **파동 역학**(**波動力學, wave mechanics**)으로 발전하여 전자가 여러 개인 원자를 제대로 다룰 수 있게 된다. 그런데 파동 역학에서는 전자를 입자와 동시에 파동으로 다룬다. 따라서 **파동-입자 이중성**(**波動粒子二重性, wave-particle duality**)을 먼저 알아보는 것이 좋겠다.

빛은 중요하고 또 신비하다. 네델란드의 크리스티안 호이겐스(Christiaan Huygens, 1629–1695)는 빛을 파동으로 생각했고, 그와 거의 동시대에 살았던 아이작 뉴턴(Isaac Newton, 1642–1727)은 빛을 입자로 생각했다. 뉴턴의 입자설은 빛의 회절 현상을 제대로 설명할 수 없었으나 뉴턴은 자신의 입장을 끝까지 고수했다. 토마스 영(Thomas Young, 1773–1829)은 이중 슬릿을 통과하는 빛의 간섭 현상을 관찰하여 빛이 파동이라는 것을 증명하였다. 스크린에 나타나는 무늬를 빛의 보강 간섭(constructive interference)과 상쇄 간섭(destructive interference)으로 설명할 수 있지만 입자설로는 설명할 수 없다. 그후 19세기 중반에 맥스웰(James Clerk Maxwell, 1831–1879)에 의해 전자기학이 완성되면서 모든 빛은 광속으로 진행하는 파동으로 알려졌다. 그 후 라우에(Max von Laue, 1914년 노벨 물리학상)와 브래그 부자(W. H. Bragg, W. L. Bragg, 1915년 노벨 물리학상 공동 수상)에 의해 X-선이 회절 현상을 나타내는 것으

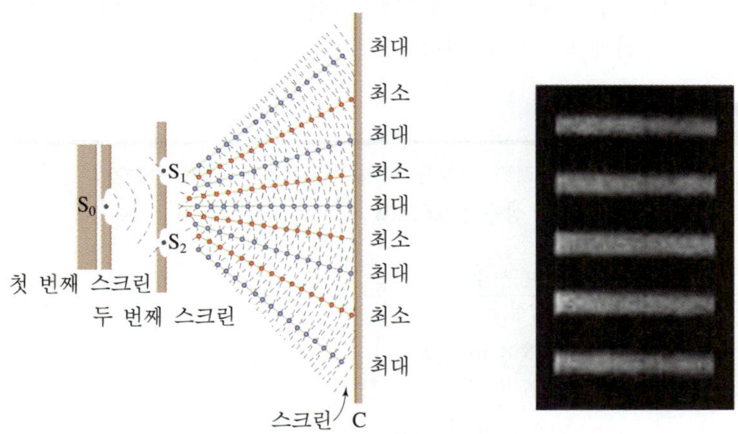

(a) (b)

그림 4.15 빛의 파동성을 보여주는 영의 이중 슬릿 실험.

표 4.3 물질과 빛에 대한 입자성과 파동성

	입자성	파동성
물질	데모크리투스, 돌턴 볼츠만 J. J. 톰슨, 러더포드	 드브로이 데이비슨, G. P. 톰슨
빛	뉴턴 아인슈타인 컴프턴	호이겐스, 영 맥스웰 라우에, 브래그

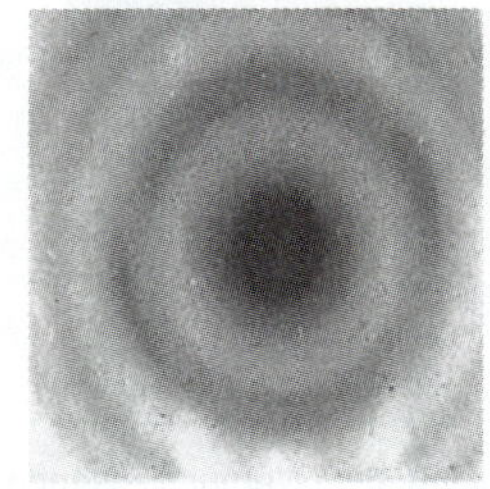

전자의 파동성을 보여주는 회절 패턴.

드브로이 (Louis de Broglie, 1892-1987). 1929년 노벨 물리학상을 수상했다.

로부터 빛의 파동성이 확인되었다.

한편 20세기 초에 아인슈타인에 의해 광전 효과가 이론적으로 설명되며 빛의 입자설이 부활되었고, 컴프턴 (Arthur Compton, 1927년 노벨 물리학상) 은 X-선을 전자에 충돌시키면 입자 간의 충돌처럼 에너지가 전달되고 X-선의 파장이 바뀌는 것을 관찰하여 X-선이 입자처럼 행동하는 것을 증명하였다. 결국 빛은 입자성과 파동성 모두를 갖고 있다고 이해해야 할 것이다.

한편 데모크리투스와 돌턴의 원자론으로부터 물질의 입자성은 당연하다고 생각되었다. 볼츠만은 기체를 입자의 통계적 집단으로 취급하여 여러 가지 기체의 성질을 해석했다. 톰슨이 발견한 전자, 러더포드가 발견한 원자핵 모두 물질의 입자성을 보여준다.

그렇다면 남은 문제는 물질도 파동성을 가질까 하는 문제이다. 프랑스의 루이 드브로이 (Louis de Broglie, 1892–1987) 는 1922년 박사학위 논문에서 모든 물질 입자도 파동성을 가지며 그 파장은 플랑크 상수를 입자의 운동량으로 나눈 값으로 주어진다고 제안하였다.

물질의 파동성

$$\lambda = \frac{h}{p}$$

이제 남은 일은 물질의 파동성을 실험적으로 확인하는 일이다. 미국의 데이비슨 (Davisson) 과 저머 (Germer) 는 1928년에 가속된 전자를 니켈 표면에 쪼이면 회절 패턴을 나타내는 것을 보여 주었고, 입자로서의 전자를 발견한 톰슨의 아들인 죠지 톰슨 (G. P. Thomson) 도 전자를 금박에 통과시켜 회절 패턴을 얻음으로써 전자의 파동성을 증명하였다. 데이비슨과 톰슨은 1937년 노벨 물리학상을 수상하였다.

아버지는 전자의 입자성을, 아들은 전자의 파동성을 증명한 셈이다.

앞에서 프랑크와 헤르츠가 보어 모델에 대해 알지 못한 상태로 전자의 에너지 준위를 실험적으로 증명한 것을 보았다. 데이비슨과 저머도 드브로이의 논문을 읽지 않고 3극진공관 특허 분쟁에 관련해서 금속 표면에 관한 실험을 하다가 부수적으로 전자의 파동성을 멋지게 증명하게 되었다고 한다.

예제 4.20

전자의 파장이 1 옹스트롬이 되려면 전자를 어떤 속도로 가속해야 하는가? 전자의 질량은 9.109390×10^{-31} kg이고 플랑크 상수는 6.62608×10^{-34} J·s이다.

풀이 전자의 운동량 $= \dfrac{\text{플랑크 상수}}{\text{파장}}$

$$= \frac{6.62608 \times 10^{-34}\ \text{J}\cdot\text{s}}{1 \times 10^{-10}\ \text{m}}$$

$$= 6.62608 \times 10^{-24}\ \text{J}\cdot\text{s}\cdot\text{m}^{-1}$$

$$\text{속도} = \frac{\text{운동량}}{\text{질량}} = \frac{6.62608 \times 10^{-24}\ \text{J}\cdot\text{s}\cdot\text{m}^{-1}}{9.109390 \times 10^{-31}\ \text{kg}}$$

$$= \text{약 } 7.3 \times 106\ \text{m/s} \left(\text{광속의 약 } \frac{1}{40}\right)$$

4-8-2 파동 역학

하이젠베르크 (Werner Heisenberg, 1901-1976). 1932년 노벨 물리학상을 수상했다.

만일 원자 내에서 전자가 보어 모델에서와 같이 핵 주위를 원운동 한다면 앞서 이야기 한대로 전자가 전자파를 발생하면서 에너지를 잃고 핵으로 떨어져야 한다는 문제가 발생한다. 뿐만 아니라 태양계에서 어느 시점에서 어느 행성의 위치를 알면 그 이후 언제라도 그 행성의 위치를 예측할 수 있다. 그런데 1926년에 독일의 하이젠베르크는 전자와 같은 입자의 경우 위치와 운동량을 동시에 정확하게 아는 것은 불가능하다는 **불확정성 원리** (不確定性原理, **uncertainty principle**) 를 제시했다. 관측의 입장에서 보면 전자의 위치를 알려면 빛을 쪼이고 반사되는 빛을 조사해야 한다. 그런데 전자처럼 작은 입자를 보려면 파장이 전자의 크기 정도로 짧아야 한다. 그런데 드브로이에 따르면 파장이 짧은 빛은 높은 운동량을 가지는데, 높은 운동량을 가진 빛 입자를 전자에 쪼이면 전자의 운동량이 바뀐다. 위치를 정확하게 알려다가 운동량의 정보를 잃어버린 것이다.

1926년에 오스트리아의 슈뢰딩거는 드브로이의 물질파 이론과 하이젠베르크의 불확정성 원리를 기본으로 전자를 파동으로 파악하는 파동 역학을 발전시키고 원자 내에서 전자의 상태를 파동으로 기술하는 **슈뢰딩거 방정식(Schrödinger equation)**을 창안했다. 보어는 전자의 각운동량이 양자화된다는 가정으로 양자수를 도입했지만, 파동 역학에서는 원자 내부에서 전자의 파동이 정상파의 조건을 만족시키는 방식으로 양자수가 도입된다. 전자가 핵에 접근하면 파장이 짧아지고 드브로이의 식에 따라 전자의 운동량이 커져서 핵의 인력을 벗어나 안정한 원자가 가능해진다.

슈뢰딩거(Erwin Schrödinger, 1887-1961). 1933년 노벨 물리학상을 수상했다.

1차원 운동을 하는 질량이 m인 입자의 운동을 기술하는 슈뢰딩거 방정식은 다음과 같다. 여기서 첫째 항은 운동 에너지를, $V(x)$는 퍼텐셜 에너지를, 그리고 E는 전체 에너지를 나타낸다.

$$\left(-\frac{h^2}{8\pi^2\cdot m}\right)\times\left(-\frac{d^2\Psi(x)}{dx^2}\right)=V(x)\Psi(x)=E\Psi(x)$$

어떤 시스템에 대해 슈뢰딩거 방정식을 풀면 **파동 함수(波動函數, wave function)**와 그에 대한 에너지가 해로 얻어진다. 파동 함수는 그리스 알파벳 Ψ(프사이)로 적는데, **오비탈(orbital)** 또는 궤도함수(軌道函數)라고도 한다. 함수라고 하는 것은 Ψ가 위치의 함수로 얻어지기 때문이다. 흥미롭게도 수소 원자에 대해 슈뢰딩거 방정식을 풀면 보어 모델에서와 정확히 같은 결과가 얻어진다. 결과적으로 보어는 부정확한 접근 방법으로 정답을 구한 셈이다.

1926년에 슈뢰딩거와 하이젠베르크에 의해 본격적인 양자 역학이 발전되고 슈뢰딩거 방정식의 해로 파동 함수가 얻어지자 파동 함수의 의미에 대해 많은 논란이 벌어졌다. 파동 역학에 따르면 전자의 정확한 위치를 아는 것은 불가능하다. 1926년에 막스 본(Max Born, 1909-1955, 1954년 노벨 물리학상)은 파동 함수의 제곱이 어느 위치에서 전자를 발견할 확률에 해당한다는 해석을 제시했다. 다음 절에서는 파동 역학이 어떻게 화학에 적용되는지를 알아보기로 하자.

노자는 도덕경에서 도를 도라 할 수 있으면 그것은 이미 도가 아니라고 했다(道可道非常道).

태양계에서는 행성의 궤도를 알고 있지만 원자 세계에서는 전자가 어디에 있다고 말할 수 없고, 전자의 위치는 확률적으로 밖에 기술할 수 없다.

양자 역학이 확립되는 과정에서 아인슈타인과 보어는 수많은 논쟁을 벌였다.

아인슈타인의 "신은 주사위 놀이를 하지 않는다"는 말에 보어는 "신이 어떻게 자연을 만들 건 우리가 상관할 바 아니다"라고 응수했다. 1927년에 열린 제5차 솔베이 학회(The 5th Solvay Conference)를 통해 양자 역학이 자리를 잡게 된다.

원자 모델의 변천

데모크리투스

데모크리투스 (Democritus 450 – 370BC, 그리스의 철학자)

물질을 쪼개다보면 더이상 쪼개지지 않는 입자가 있을 것이다. 나는 이런 입자들을 아토모스 (atomos) 라고 부른다. 즉, 모든 물질은 아토모스라는 기본 입자로 구성되어 있다.

돌턴

돌턴 : 1808년 (Dalton, 1766 – 1844): 1808년

원자는 더 이상 쪼갤 수 없는 단단한 작은 공과 같다.

톰슨

톰슨 (Joseph John Thomson, 1856 – 1940): 1906년

양전하가 가득차 있는 곳을 음전하를 띤 전자가 움직이고 있다. 말하자면 푸딩에 건포도가 골고루 들어 있는 것처럼…

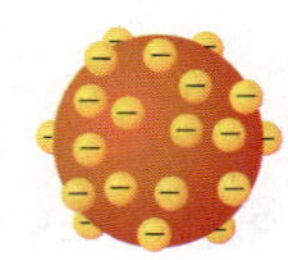

러더포드

러더포드 (Rutherford, 1871 – 1937): 1911년

원자의 중심에 크기가 매우 작고 질량이 큰 양전하의 원자핵이 있고 그 둘레를 음전하를 띤 전자가 돌고 있다.

보어

보어 (Niels Bohr, 1885 – 1962) : 1913년

원자핵을 중심으로 전자가 일정한 궤도를 그리며 돌고 있다. 마치 태양계처럼…

슈뢰딩거

본 (Max Born, 1880 – 1970)과 슈뢰딩거 (Erwin schrödinger, 1887 – 1961): 1926년

원자핵 둘레에 전자가 구름처럼 퍼져 있고, 전자의 위치는 확률적으로 기술할 수 밖에 없다.

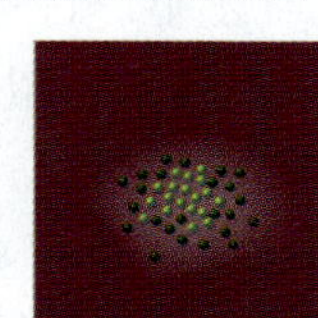

4-8-3 오비탈과 원자의 전자 구조

이제 우리는 파동 역학의 결과를 하나하나의 원자에 적용해서 원자들의 화학적 성질을 이해하는 데 필요한 기초를 마련할 수 있게 되었다. 앞서 말한 대로 어떤 원자나 분자에 대한 슈뢰딩거 방정식의 해로 주어지는 파동 함수를 **오비탈(orbital)**이라 한다. 보어 모델에서는 전자의 에너지가 단 하나의 **양자수**에 의해 지정되는 데 비해 오비탈은 세 개의 양자수를 가진다.

첫째, n으로 표시하는 **주양자수**(*principal quantum number*)는 1 이상의 정수값을 가진다.

$$n = 1, 2, 3, 4 \ldots$$

주양자수는 보어 모델에서의 양자수와 같다. 즉, 전자가 한 개인 원자에서 주양자수는 전자의 에너지 상태를 나타낸다. 수소의 경우 주양자수가 1, 2, 3인 오비탈은 보어 모델에서 첫 번째 바닥 준위, 그리고 두 번째 들뜬 준위에 해당한다.

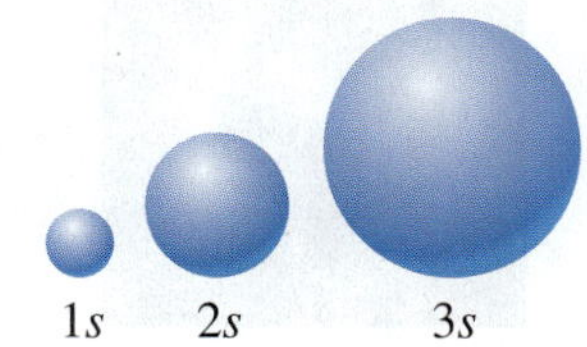

그림 4.16 1S, 2S, 3S 오비탈.

둘째, l로 표시하는 **각운동량 양자수**(**角運動量量子數**, *angular momentum quantum number*)는 0부터 $(n-1)$까지의 정수값을 가지며, 전자가 한 개인 원자에서 오비탈의 모양을 결정한다.

$$l = 0, 1, 2, \ldots, (n-1)$$

l 값이 0, 1, 2, 3인 오비탈을 흔히 s, p, d, f 오비탈이라고 부르는데 초기에 이들과 관련된 스펙트럼선의 특징이 sharp, principal, diffuse, 그리고 fundamental 하다고 해서 붙여진 이름이다. 그러니까 주양자수가 4인 경우 각운동량양자수는 0, 1, 2, 3의 네 가지 값을 가질 수 있다. 이들은 각각 4s, 4p, 4d, 4f 오비탈이라 부른다. n이 1인 경우는 1s 만이 가능하고, 2인 경우는 2s, 2p가, 3인 경우는 3s, 3p, 3d가 가능하다. n이 같은 경우 s, p, d, f로 갈수록 에너지가 높아진다.

셋째, m_l로 표시하는 **자기 양자수**(**磁氣量子數**, *magnetic quantum number*)는 $-l$부터 l까지의 정수값을 가지며, 자기장에서 전자의 에너지와 행동을 결정한다.

$$m_l = l, \ldots, +1, 0, -1, \ldots -l$$

주양자수에 관계 없이 l 값이 0인 s 오비탈 경우에는 m_l 값은 0뿐이고, 그림과 같이 1s, 2s, 3s 오비탈은 크기만 다를 뿐 모두 구대칭이다. n이 2인 경우는 l 값이 1인 2p가 가능한데 이때 m_l 은 1, 0, -1의 세 값을 가진다. 보통 이 세 가지 2p 오비탈을 $2p_x$, $2p_y$, $2p_z$로 표시한다. 자기 양자수는 오비탈의 방향성을 나타낸다고 생각하면 된다.

앞서 말했듯이 위의 세 가지 양자수는 슈뢰딩거 방정식을 풀 때 도입되는 양자수이다. 그리고 방정식의 해로 얻어지는 파동 함수의 제곱은 전자가 어느 위치에서 발견될 확률에 해당한다. 오비탈의 모양이 바로 전자가 발견될 확률을 나타내는 것은 아니다.

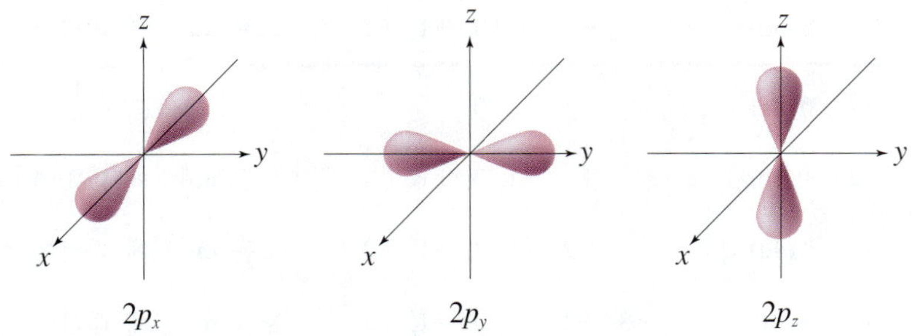

그림 4.17 x-, y-, z- 축을 따라 경계 표면으로 나타낸 세 개의 2p 오비탈.

디락 (Paul Dirac, 1902–1984). 1933년에 슈뢰딩거와 노벨 물리학상을 공동 수상했다.

화합물의 구조를 조사하는 데 가장 널리 쓰이는 핵자기 공명(nuclear magnetic resonance, NMR) 분광학은 양성자가 스핀을 가지기 때문에 가능하다. NMR은 6장에서 자세히 설명한다.

이처럼 세 가지 양자수에 의해 원자 내부에서 전자의 위치와 에너지에 대한 정보를 얻을 수 있다. 그런데 만일 전자가 같은 위치에서라도 다른 상태에 있을 수 있다면 또 하나의 양자수가 필요할 것이다. 1921년에 슈테른(Stern)과 게를라흐(Gerlach)는 강한 자기장 하에서 은의 원자살(atomic beam)이 둘로 갈라지는 것을 관찰한 바 있었다. 이것은 은 원자에 들어 있는 전자의 두 가지 다른 스핀 상태에 의한 것이다. 1928년에 영국의 폴 디락(Paul Dirac)은 특수상대성 이론을 슈뢰딩거 방정식에 적용하면 스핀(spin)의 존재가 예상된다는 것을 보여 주었다. 디락은 네 번째 양자수인 **스핀 양자수**(*spin quantum number*)를 추가한 셈이다. 디락의 특수상대론적 슈뢰딩거 방정식은 **양전자**(陽電子, **positron**)의 존재도 예언했다. 양전자는 전자와 질량, 스핀 등 모든 성질이 같고 전하만 반대인 전자의 반입자이다.

네 번째 양자수인 스핀 양자수는 m_s로 표시하고 $+\frac{1}{2}$, $-\frac{1}{2}$ 두 값을 가진다.

$$m_s = +\frac{1}{2},\ -\frac{1}{2}$$

엄밀하게는 전자가 자전(自轉, rotation)하는 것은 아니지만 스핀이라는 말이 의미하듯 전자가 지구처럼 자전하는 것으로 생각해도 무리는 없다. 자전 방향에는 두 가지만 가능하다는 점에서도 그렇고, 전하를 가진 입자가 자전하면 작은 자석같이 행동하는데 실제로 전자도 **자기 모멘트**(*magnetic moment*)를 가진다는 점에서도 그렇다.

표 4.4에서는 $n = 1, 2, 3, 4$에 대하여 가능한 모든 양자수를 정리하였다.

다음에 할 일은 어떤 원자에 대해 가장 안정한 전자 상태는 각각의 전자들이 어떤 오비탈에 들어가는 경우인가를 정하는 것이다. 물론 아무런 제한이 없다면 모든 전자가 제일 바닥 상태에 들어가는 경우가 가장 에너지가 낮을 것이다. 그러나 전자와 같

표 4.4 ***n*=1, 2, 3, 4에 대하여 허용되는 양자수의 조합**

n	l	m_l	m_s
1	0 (1s)	0	$+\frac{1}{2}, -\frac{1}{2}$
2	0 (2s)	0	$+\frac{1}{2}, -\frac{1}{2}$
	1 (2p)	−1, 0, +1	모든 m_l 값에 대하여 $\pm\frac{1}{2}$
3	0 (3s)	0	$+\frac{1}{2}, -\frac{1}{2}$
	1 (3p)	−1, 0, +1	모든 m_l 값에 대하여 $\pm\frac{1}{2}$
	2 (3d)	−2, −1, 0, +1, +2	모든 m_l 값에 대하여 $\pm\frac{1}{2}$
4	0 (4s)	0	$+\frac{1}{2}, -\frac{1}{2}$
	1 (4p)	−1, 0, +1	모든 m_l 값에 대하여 $\pm\frac{1}{2}$
	2 (4d)	−2, −1, 0, +1, +2	모든 m_l 값에 대하여 $\pm\frac{1}{2}$
	3 (4f)	−3, −2, −1, 0, +1, +2, +3	모든 m_l 값에 대하여 $\pm\frac{1}{2}$

이 페르미온(fermion)이라는 그룹에 속한 입자는 **파울리의 배타 원리**(**排他原理**, **Pauli exclusion principle**)를 따른다. 배타 원리에 따르면 한 원자 내에서 두 개의 전자는 네 개의 양자수가 모두 같은 값을 가질 수 없다. 그것은 같은 오비탈에 들어 있는 전자는 스핀 양자수가 달라야 한다는 뜻이다. 그러니까 한 오비탈에는 두 개의 전자 밖에는 들어 가지 못한다.

> 페르미온과 달리 보존(boson)에는 배타 원리가 적용되지 않는다. 광자(photon)는 대표적인 보존인데, 빛의 강도는 얼마든지 높을 수 있다.

이제 수소부터 전자들이 어떤 오비탈을 채우는지 생각해보자.

수소(H)의 한 개 전자는 바닥 준위의 $1s$ 오비탈에 들어간다. 전자가 하나만 있을 때는 보통 위로 향한 화살표로 나타내고 **스핀 업**(**spin up**)이라고 말한다. 자기장이 없을 때는 스핀 업(spin up)이나 스핀 다운(spin down)이나 에너지가 같지만, 자기장이 있으면 전자의 자기 모멘트가 자기장과 평행하게 배열되어 에너지가 낮은 상태인 것이 스핀 업에 해당한다.

	1s	2s	2p		
H	(↑)	( )	( )	( )	( )

헬륨(He)의 두 개 전자가 1s 오비탈에 스핀이 반대로 들어가면 파울리의 배타 원리에 어긋나지 않고 가장 에너지가 낮은 상태가 된다.

	1s	2s	2p		
He	(↑↓)	( )	( )	( )	( )

리튬(Li)은 전자가 세 개이다. 그 중 둘은 헬륨과 같이 $1s$ 오비탈에 들어간다. 세 번째 전자가 $1s$ 오비탈에 들어가려고하면 스핀이 이미 들어간 전자 중 하나와 같아지기 때문에 허용되지 않는다. 그래서 다음 준위인 $2s$에 들어간다. 이때 리튬 원자를 바깥에서 들여다 본다고 하면 $2s$ 오비탈의 전자 하나는 수소의 경우 $1s$ 오비탈의 전자 하나와 유사해 보인다. 이를 편의상 주양자수 하나하나에 해당하는 전자 껍질이 있는 것으로 생각하고 **내부 껍질**(**inner shell**), **외부 껍질**(**outer shell**)이라고 부른다. 제일 바깥 껍질(외각)에 들어 있는 전자가 화학 결합을 이룰 때 몇 개의 원자와 결합을 이루는지를 의미하는 원자가(原子價, valency)를 결정하기 때문에 이들 전자를 **원자가전자**(**valence electron**)라고 부른다. 수소와 리튬은 모두 원자가전자가 한 개인 셈이다.

	1s	2s	2p		
Li	(↑↓)	(↑)	( )	( )	( )

베릴륨(Be)에서 네 번째 전자는 $2p$가 $2s$보다 에너지가 약간 높기 때문에 반대 스핀을 가지고 $2s$로 들어 간다.

	1s	2s	2p		
Be	(↑↓)	(↑↓)	( )	( )	( )

붕소(B)의 다섯 번째 전자는 당연히 $2p$에 들어가는데 앞에서 본 대로 $2p$ 오비탈에는 $2p_x$, $2p_y$, $2p_z$ 세 가지가 있다. 편의상 붕소의 다섯 번째 전자는 $2p_x$에 들어 갔다고 하자.

	1s	2s	2p		
B	(↑↓)	(↑↓)	(↑)	( )	( )

탄소(C)에서는 여섯 번째 전자가 $2p_x$에 들어갈지 $2p_y$나 $2p_z$ 에 들어갈지 다른 가능성이 생긴다. $2p_x$, $2p_y$, $2p_z$ 세 오비탈 모두 에너지가 같기 때문에 어떻게 들어가도 상관이 없을 듯한데 실제로는 빈 오비탈에 먼저 하나씩 들어가고 나서 둘씩 짝을 만든다. 이처럼 에너지가 같은 오비탈에 전자가 채워질 때에는 비어있는 오비탈부터 채우는 것을 **훈트의 규칙**(**Hund's rule**)이라고 한다.

	1s	2s	2p		
C	(↑↓)	(↑↓)	(↑)	(↑)	( )

> 2인 좌석 버스에서 빈 자리에 먼저 한 사람씩 앉고 할 수 없으면 두 사람이 같이 앉는 것과 비슷하다.

질소(N)에서는 $2p_x$, $2p_y$, $2p_z$ 세 오비탈에 전자가 하나씩 들어간다.

	1s	2s	2p		
N	(↑↓)	(↑↓)	(↑)	(↑)	(↑)

산소(O)에서는 마지막 전자가 $2p_x$에 짝을 지어 들어가고 $2p_y$, $2p_z$ 오비탈에는 전자가 하나씩 들어있다.

	1s	2s	2p		
O	(↑↓)	(↑↓)	(↑↓)	(↑)	(↑)

플루오린(F)에서는 $2p_x$와 $2p_y$에는 전자가 두 개씩, $2p_z$ 에는 전자가 하나 들어 있다.

	1s	2s	2p		
F	(↑↓)	(↑↓)	(↑↓)	(↑↓)	(↑)

네온(Ne)이 되면 $2p_x$, $2p_y$, $2p_z$ 오비탈이 모두 꽉 차게 된다.

	1s	2s	2p		
Ne	(↑↓)	(↑↓)	(↑↓)	(↑↓)	(↑↓)

스핀에 상관 없이 어느 오비탈에 들어 있는 전자의 수를 윗첨자로 나타내기로 한다면 네온의 전자 구조(electron configuration)는 $1s^2 2s^2 2p^6$라고 쓸 수 있을 것이다. 양성자가 열 개라서 원자 번호가 10인 네온의 열 개 전자 중에서 두 개는 n이 1인 내부 껍질에 들어가고, 나머지 여덟 개는 n이 2인 원자가껍질(valence shell)을 채운다. 헬륨의 경우에는 n이 1인 껍질이 원자가껍질인 셈이다. 이처럼 원자가껍질을 채우는 방향으로 전자가 채워져 가는 원리를 한층한층 쌓아 올라간다는 뜻에서 **쌓음 원리**(**aufbau

principle) 라고 하며, 다음과 같이 요약할 수 있다.

> 오비탈에 전자가 채워질 때에는 에너지가 낮은 오비탈부터 채워진다.
> 한 오비탈에 들어갈 수 있는 전자는 최대 두 개이다. (파울리의 배타 원리)
> 에너지가 같은 오비탈에 전자가 채워질 때에는 비어있는 오비탈부터 채워진다. (훈트의 규칙)

예제 4.21

수소부터 네온까지 전자 구조를 적어라. 예 : Li $1s^2 2s^1$

풀이

H	$1s^1$	B	$1s^2 2s^2 2p^1$	F	$1s^2 2s^2 2p^5$
He	$1s^2$	C	$1s^2 2s^2 2p^2$	Ne	$1s^2 2s^2 2p^6$
Li	$1s^2 2s^1$	N	$1s^2 2s^2 2p^3$		
Be	$1s^2 2s^2$	O	$1s^2 2s^2 2p^4$		

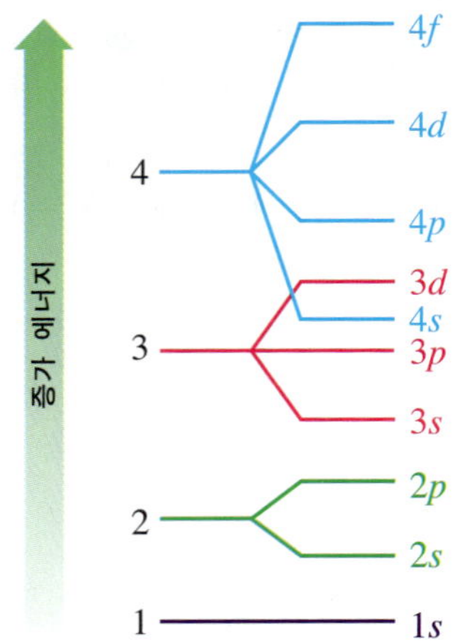

그림 4.18 15부터 49까지 오비탈의 에너지 순서. 4s 오비탈이 3d보다 에너지가 낮다.

원자 번호 11인 소듐(Na)부터 18인 아르곤(Ar)까지는(Na, Ma, Al, Si, P, S, Cl, Ar) 위의 리튬에서 네온까지 2*s*, 2*p* 오비탈에 전자가 채워지듯이 3*s*, 3*p* 오비탈에 전자가 채워진다. 그런데 그 다음부터 예상하지 못한 상황이 나타난다. 3*p* 다음에는 3*d* 오비탈에 전자가 들어가야 할 것 같은데, 4*s* 오비탈이 3*d*보다 에너지가 낮기 때문에 19번 포타슘에서는 4*s* 오비탈에 전자가 들어가서 소듐과 비슷한 전자 구조가 만들어진다(그림 4.18 참조). 20번 칼슘에서 $1s^2 2s^2 2p^6 3s^2 3p^6 4s^2$ 구조가 된 후에야 3*d* 오비탈에 전자가 들어간다.

3*d* 준위에는 다섯 개의 오비탈이 있다. 그래서 21번의 스칸듐(Sc)부터 30번의 아연(Zn)까지 모두 열 가지 3*d* 전자를 가지는 원소가 나타난다. 스칸듐부터 구리까지를 **전이 원소**(**轉移元素**, **transition element**)라고 한다. 포타슘과 칼슘의 주족 원소에서 아연, 갈륨, 저마늄의 다른 주족 원소로 전이되는 가운데 자리를 차지하고 있다는 뜻이다. 아연은 3*d* 오비탈이 채워져 있기 때문에 전이 원소보다는 **주족 원소**(**典型元素**, **representative element**)의 성질을 나타낸다.

그런데 3*d* 오비탈에 전자가 들어가면 4s보다 에너지가 약간 낮아진다. 따라서 아래와 같이 3*d*를 4*s*보다 앞에 적는다. 또 이온화 할 때는 4*s* 전자가 먼저 떨어져나가서 Sc^+와 Sc^{2+} 이온의 전자 구조는 각각 $[Ar]3d^1 4s^1$ 그리고 $[Ar]3d^1$이 된다.

크로뮴(Cr)과 구리(Cu)는 각각 $[Ar]3d^4 4s^2$와 $[Ar]3d^9 4s^2$ 대신 3*d* 오비탈을 반 또는 전부 채우는 구조를 갖는다. 그것이 보다 안정한 상태이기 때문이다.

전이 원소는 부분적으로 채워진 3*d* 전자 때문에 다양한 색, 자기적 성질 등을 나타내는 중요한 원소들이다. 비타민 B_{12}, 헤모글로빈 등에서 볼 수 있듯이 전이 원소는 생체고분자에서도 중요한 역할을 한다. 전이 금속 자체도, 또 전이 금속을 포함하는 합성 유기금속 화합물들도 촉매로서 널리 사용된다. 이러한 특성들은 나중에 자세히 다루겠지만 착물 형성이라는 전이 금속의 특이한 화학 결합 방식과 깊은 관련이 있다.

예제 4.22

스칸듐부터 아연까지의 전자 구조를 적어라.

풀이

Sc	$[Ar]3d^1 4s^2$	Mn	$[Ar]3d^5 4s^2$	Cu	$[Ar]3d^{10} 4s^1$

Ti	$[Ar]3d^2 4s^2$	Fe	$[Ar]3d^6 4s^2$	Zn	$[Ar]3d^{10} 4s^2$
V	$[Ar]3d^3 4s^2$	Co	$[Ar]3d^7 4s^2$		
Cr	$[Ar]3d^5 4s^1$	Ni	$[Ar]3d^8 4s^2$		

지금까지 우리는 200년 전에 돌턴이 데모크리투스의 원자론을 부활시킨 후 약 100년 만에 원자의 내부에 들어있는 양성자, 중성자, 전자가 발견되어 핵 모델이 확립된 과정, 보어가 원자의 핵 모델과 양자론에 입각해서 수소의 스펙트럼을 성공적으로 설명해 낸 일, 그리고 파동 역학으로부터 얻어지는 원자 오비탈을 통하여 원자 내의 전자 에너지 구조를 살펴보았다. 이제는 이러한 기반 위에서 원소의 주기율과 화학 결합을 이해할 차례이다. 아래 도표는 원자를 이해하는데 있어서 보어의 중심적 위치를 보여준다. 또 양자 역학과 고전적 결합 이론을 통합하여 현대 화학의 문을 연 폴링의 역할도 잘 드러난다.

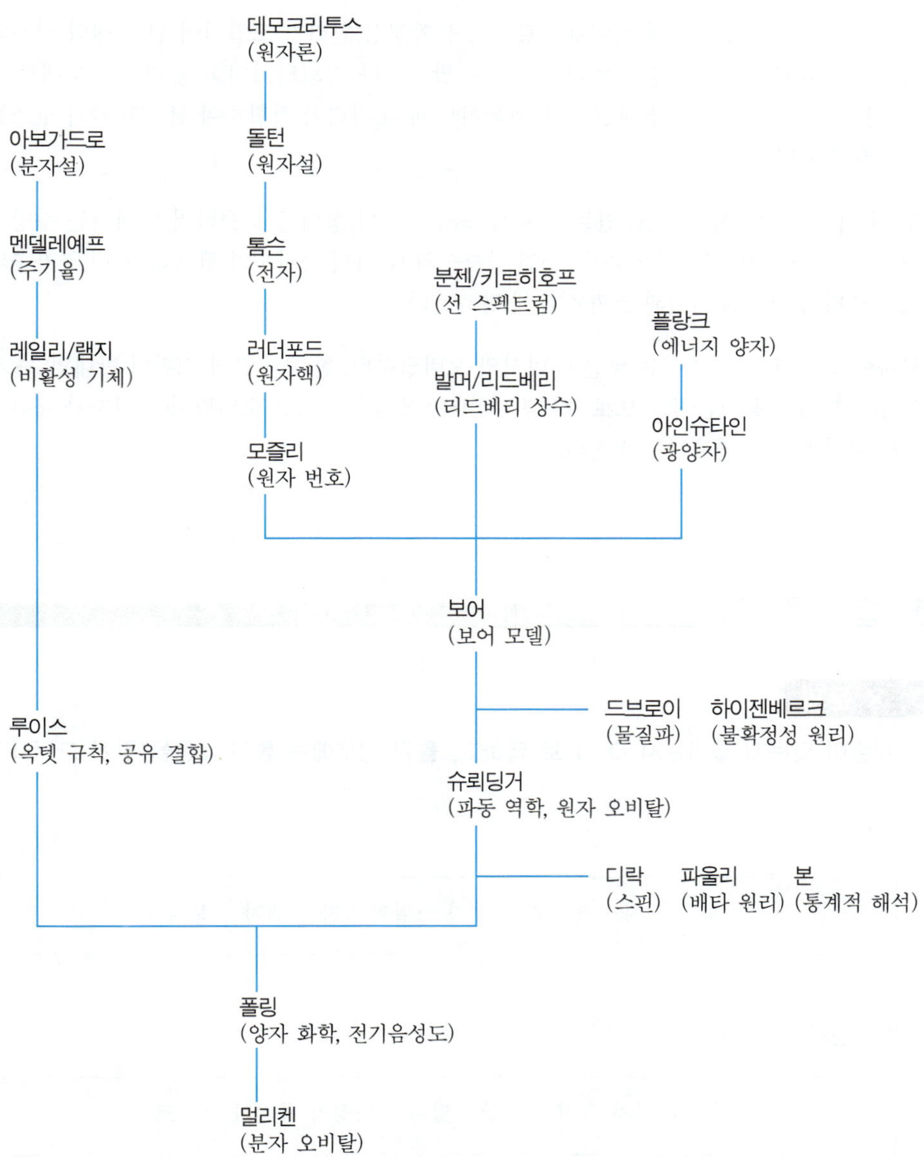

그림 4.19 원자와 분자의 양자론적 이해. 원자에서 전자의 에너지를 이해하는데 중심적 역할을 했던 보어 모델은 슈뢰딩거의 파동 역학으로 이어지고, 파동 역학은 루이스의 옥텟 규칙과 결합하여 양자 화학으로 발전한다.

요점 정리

- 현대 과학은 1895년에 뢴트겐이 X-선을 발견하면서 출발했다. 이어서 1896년에는 베크렐이 방사능을, 1897년에는 톰슨이 전자를 발견했다. 러더포드는 1911년에 원자핵을, 1919년에 양성자를 발견했다. 채드윅은 1932년에 중성자를 발견했다.
- 플랑크는 흑체 복사 스펙트럼을 설명하기 위해 1900년에 에너지의 양자화를 제안하였고, 아인슈타인은 광전 효과를 설명하기 위해 1905년에 빛의 양자화를 제안했다.
- 발머는 1885년에 수소의 선 스펙트럼의 진동수를 나타내는 식을 고안했고, 리드베리는 발머의 식에 나타나는 상수를 정확하게 측정했다. 1913년에 보어는 원자의 핵모델과 양자론을 결합하여 수소의 전자 에너지가 양자화되어 있다는 모델을 발전시키고, 이로부터 수소의 선 스펙트럼을 잘 설명했다. 그러나 보어 모델은 헬륨의 스펙트럼은 설명하지 못했다.
- 드브로이의 물질파 이론과 하이젠베르크의 불확정성 원리가 도입되어 원자 내의 전자의 확률 분포와 에너지를 서술하는 파동 역학이 발전했다. 슈뢰딩거의 파동 방정식의 해로 얻어지는 오비탈에 디락의 전자 스핀과 파울리의 배타 원리가 결합하여 원자의 전자 구조를 파악하게 되었다.
- 두 개 이상의 전자를 가지고 있는 원자 내에서 전자의 상태를 서술하기 위해서는 주양자수, 각운동량 양자수, 자기 양자수, 스핀 양자수의 네 가지 양자수가 필요하다. 네 양자수의 조합에 따라 원자 오비탈과 스핀 상태가 정해진다.
- 원자에 전자가 들어갈 때는 낮은 에너지의 오비탈부터, 한 오비탈에 스핀이 반대인 두 개의 전자까지 허용되는 방식으로 채워진다. 바닥 상태에서 어느 오비탈까지 전자가 채워졌냐에 따라 원소의 종류가 결정된다.

연 | 습 | 문 | 제

O, X 문제

다음 서술이 맞는지 틀리는지 O, X로 답하고, 틀린 경우에는 틀린 내용을 맞게 고쳐라.

1. 생성 순서 (　　)

   쿼크, 전자 → 양성자, 중성자 → 알파 입자 → 원자 → 분자

2. 발견 순서 (　　)

   원자 → 분자 → 전자 → 알파 입자 → 양성자, 중성자 → 쿼크

3. 퀴리가 라듐을 발견할 때 순수하게 분리한 라듐의 스펙트럼을 관찰하고 아울러 원자량을 결정

하여 라듐이 새로운 원소임을 증명했다. ( )

4. 방사능에서는 스스로 에너지가 방출되기 때문에 에너지 보존 법칙이 성립되지 않는다. ( )

5. 러더포드, 소디 등은 방사능의 경우에는 한 원소가 다른 원소로 변환되는 것을 보여 주었다. 따라서 원자는 더 나눌 수도 없고 불변하다는 돌턴의 생각은 방사성 원소에는 적용되지 않는다. ( )

6. 베크렐이 발견한 방사능을 통해서 인류는 처음으로 태양 바깥에서 온 에너지를 접하게 되었다. ( )

7. 1903년에 퀴리 부처는 라듐과 폴로늄의 발견으로 노벨 화학상을 받았다. ( )

8. 알파 입자는 중성이기 때문에 원자의 내부 구조를 조사하는 도구로 적절하다. ( )

9. 알파 입자는 전자, 원자핵, 양성자, 그리고 중성자 발견에 모두 중요한 역할을 했다. ( )

10. 베타 입자는 톰슨이 발견한 전자와 동일하다. 베타 입자는 중성자가 양성자, 전자, 그리고 반뉴트리노로 붕괴할 때 방출된다. ( )

11. 골트슈타인은 전극의 종류에 따라 다른 입자가 음극에서 튀어나오는 것을 관찰했다. ( )

12. 톰슨은 전자의 절대적인 질량을 측정하여 이 질량이 수소 원자 질량의 약 1/1000인 것을 밝혔다. ( )

13. 톰슨의 원자 모델에서 전자는 푸딩에서 건포도처럼 원자 내부의 여기저기에 들어 있는 반면에 양전하를 띤 입자는 중심핵에 위치하고 있다. ( )

14. 밀리컨은 기름방울 실험을 통해서 전자의 전하와 질량의 비율을 측정했다. ( )

15. 전자는 빅뱅 우주에서 양성자보다 먼저 만들어졌고, 또한 137억 년 후에 양성자보다 먼저 발견되었다. ( )

16. 과거에도 정전기가 알려져 있었지만 전하가 유리 막대기나 명주 같은 물체로부터 분리되지 못하였기 때문에 전자의 발견으로 이어지지 못했다. 톰슨은 전자를 전극으로부터 분리했기 때문에 전자의 성질을 조사할 수 있었다. ( )

17. 전자의 발견은 진공 펌프와 고전압을 얻는 장치가 있었기 때문에 가능했다. 음극선이 공기 분자들과 충돌하면 전기장하에서 휘는 정도를 측정할 수 없고, 전자를 음극에서 떼내려면 높은 전압이 필요하기 때문이다. ( )

18. 전자는 원자핵 내부에 들어 있기 때문에 아주 높은 전압을 걸어주어야 튀어나온다. ( )

19. 1897년에 톰슨이 발견한 전자는 빅뱅 당시 만들어진 더 이상 가를 수 없는 a-tom이다. ( )

20. 기체 방전관에서 수소 기체가 음극선과 충돌하여 화학 결합이 깨지고 전자를 잃으면 수소 이온

(양성자)이 얻어진다. ( )

21. 기체 방전관에서 헬륨 원자가 음극선과 충돌하여 전자를 한 개 잃으면 헬륨 이온(He^+)이 얻어지는데, 헬륨 이온은 양성자보다 약 4배 무겁다. ( )

22. 골트슈타인은 음극에 구멍을 뚫으면 빛을 내는 선이 이 구멍을 통해 흐르는 것을 관찰하고 이 선을 음극선이라고 불렀다. ( )

23. 카날선(canal ray)의 색은 방전관에 넣어준 기체의 종류에 무관하다. ( )

24. 알파 입자는 헬륨 원자이다. ( )

25. 알파 입자는 양전기를 띠고 있기 때문에 다른 어떠한 원소의 원자핵에도 접근하는 것이 불가능하다. ( )

26. 원자핵의 발견은 우리에게 물질 세계는 대부분이 빈 공간이라는 것을 알려주었다. ( )

27. 러더포드는 알파 입자를 질소 같이 비교적 가벼운 원자핵에 충돌시켜 인공 핵변환을 일으킬 수 있었다. ( )

28. 모즐리에 의한 원자 번호의 발견은 양성자의 발견보다 앞선다. ( )

29. 독일의 보테는 베릴륨에 알파선을 쪼여주면 투과력이 강한 입자가 튀어나오는 것을 발견하고 이를 중성자라고 불렀다. ( )

30. 수소 분자와 헬륨 원자 사이의 근본적인 차이점은 두 양성자 사이의 거리이다. ( )

31. 원자핵에 중성자가 없다면 프라우트의 생각대로 모든 원자량은 수소의 원자량이 거의 정수배가 될 것이다. ( )

32. 중성자는 따로 있으면 약 15분의 반감기를 가지고 붕괴한다. ( )

33. 중성자는 원자핵 속에 붙잡혀 있고 전하가 없기 때문에 양성자보다 뒤에 발견되었다. ( )

34. 중성자는 빅뱅 당시 쿼크라는 기본 소립자로부터 만들어졌다. ( )

35. 중성자는 불안정하기 때문에 자기 혼자 따로 존재하지 않고, 우주의 대부분의 중성자는 원자핵 속에 붙잡혀 있다. ( )

36. 양성자와 중성자는 질량이 비슷하기 때문에, 졸리오 퀴리의 실험에서 같이 중성자를 많이 포함하는 파라핀에 양성자를 쪼이면 중성자가 튀어나온다. ( )

37. 중성자는 전하가 없기 때문에 쉽사리 원자핵 내부로 들어가서 원자핵을 변환시킨다. ( )

38. 중성자가 없으면 수소보다 무거운 원소는 불가능하다. 왜냐하면 중성자는 서로 반발하는 양성

자들을 원자핵 속에 붙잡아 두는 역할을 하기 때문이다. 그런 의미에서 중성자는 전자나 양성자에 못지않게 중요한 입자이다. (　　)

39. 미시 세계는 한마디로 양자의 세계라고 할 수 있다. (　　)

40. 흑체 복사에 관한 레일리와 진스의 자외선 파탄은 주어진 온도에서 진동수가 높아질수록 빛의 강도가 높아지는 고전 이론적 예측이 관찰 사실과 일치하지 않는데서 일어났다. 실제로 높은 진동수의 빛은 강도가 0으로 수렴하기 때문이다. (　　)

41. 고전적인 전자기론에 따르면 전자는 에너지를 잃으며 양전기를 띤 원자핵으로 떨어져야 한다. (　　)

42. 수소의 선 스펙트럼에서 가시광선의 계열은 $n = 1$인 바닥 상태로의 전이에 해당한다. (　　)

43. 수소의 선 스펙트럼에서 적외선의 계열은 $n = 3$으로의 전이에 해당한다. (　　)

44. 수소의 선 스펙트럼에서 발머, 라이먼, 파쉔 등 다른 계열을 설명하기 위해서는 다른 리드베리 상수를 사용해야 한다. (　　)

45. 가시광선 영역의 수소 스펙트럼에서 붉은색의 선이 가장 강한 이유는 $n = 4, 5$ 등 높은 상태에 비해 $n = 3$ 상태의 전자를 가진 원자가 많기 때문이다. (　　)

46. 전자가 높은 에너지 상태에서 낮은 에너지 상태로 전이할 때 그 에너지 차이는 대부분의 경우에 열로 방출된다. (　　)

47. 보어의 모델에 따르면 수소 원자에서 전자의 에너지는 $-\frac{R}{n}$로 주어진다. 여기서 R은 상수이고, n은 양자수이다. (　　)

48. 발머가 처음으로 수소 선 스펙트럼의 파장을 정확히 측정했다. (　　)

49. 보어는 수소 원자에서 전자의 에너지가 양자화되어 있다고 가정했다. (　　)

50. 보어의 결과에 따르면 전자의 질량, 전하, 플랑크 상수 등 자연의 기본 상수로부터 리드베리 상수를 계산할 수 있다. (　　)

51. 보어 모델로부터 수소의 흡수 스펙트럼을 설명할 수 있다. (　　)

52. 보어 모델은 He^+ 이온에 적용된다. (　　)

53. 1 리드베리 (rydberg) 는 수소 원자에서 $n = 1 \rightarrow n = 2$ 전이에 해당하는 에너지이다. (　　)

54. 보어 모델은 러더포드의 핵 모델을 테스트하기 위하여 출발했다. (　　)

55. 보어 행성 모델은 대부분 원자에 그대로 적용된다.

선택형 문제

56. 1895년 X-선의 발견으로 1901년 노벨 물리학상을 수상한 사람은?
가. 뢴트겐 나. 베크렐 다. 마리 퀴리 라. 피에르 퀴리

57. 1896년에 이루어진 방사능 발견에 관련하여 1903년 노벨 물리학상을 공동 수상한 사람이 아닌 것은?
가. 뢴트겐 나. 베크렐 다. 마리 퀴리 라. 피에르 퀴리

58. 전자의 발견에 관하여 틀린 것은?
가. 높은 진공과 전압을 얻는 장치가 있었기 때문에 가능했다.
나. 전극으로 사용한 금속의 종류에 관계없이 똑같은 음극선이 나오는 것을 관찰했다.
다. 넣어준 기체의 종류에 상관없이 똑같은 빛이 음극선 주위에 나타났다.
라. 전자의 발견은 질량 분석 방법으로 발전했다.

59. 1897년 전자를 발견하여 1906년 노벨 물리학상을 수상한 사람은?
가. 골트슈타인 나. 러더퍼드 다. 빈 라. 톰슨

60. 1911년 원자핵 발견에 앞서 1908년 노벨 화학상을 수상한 사람은?
가. 골트슈타인 나. 러더퍼드 다. 빈 라. 톰슨

61. 1919년에 양성자를 발견하고 명명한 사람은?
가. 골트슈타인 나. 러더퍼드 다. 빈 라. 톰슨

62. 1932년에 중성자를 발견하여 1935년 노벨 물리학상을 수상한 한 사람은?
가. 보테 나. 이렌-졸리오-퀴리 다. 페르미 라. 채드윅

63. 전자 발견과 직접 관련이 있는 것은?
가. 알파 입자 나. 카날선 다. 음극선 라. 우주선

64. 전자 발견에 사용되었던 것이 아닌 것은?
가. 고전압 장치 나. 진공 장치 다. 형광판 라. 방사능 물질

65. 전자 발견과 관련해서 틀린 것은?
가. 진공이 좋지 않으면 음극선 관찰이 어려웠다.
나. 넣어 준 기체에 상관없이 같은 입자가 음극에서 튀어나왔다.
다. 전극 사이의 전위차를 높이면 다른 입자가 튀어나왔다.
라. 튀어나온 입자는 당시 알려진 가장 가벼운 입자보다 훨씬 가벼운 것으로 나타났다.

66. 원자핵 발견 실험에서 알파 입자는 대략 몇 번에 한 번 정도 금 원자핵에 의해 거의 180도 방향을 바꾸는가?
가. 100 나. 1000 다. 10000 라. 100000

67. 빈의 카날선 실험에서 전기장의 크기가 일정할 때 가장 많이 휜 입자는?
가. 전자 나. 수소의 원자핵 다. 헬륨의 원자핵 라. 중성자

68. 다음 사건들이 일어난 순서대로 적은 것은?

보기	
ㄱ. 러더포드의 원자핵 발견	ㄴ. 보어 모델의 제안
ㄷ. 발머 계열의 수식화	ㄹ. 플랑크의 에너지 양자화

가. ㄷ-ㄹ-ㄴ-ㄱ　나. ㄹ-ㄱ-ㄴ-ㄷ
다. ㄴ-ㄹ-ㄷ-ㄱ　라. ㄷ-ㄹ-ㄱ-ㄴ

69. 원자는 몇 %가 빈 공간인가?
가. 0.9999999999　나. 9.9999999999　다. 99　라. 99.9999999999

70. 에너지의 양자화를 처음 제안한 과학자는?
가. 볼츠만　나. 보어　다. 플랑크　라. 아인슈타인

71. 아인슈타인이 노벨상을 수상한 업적은?
가. 특수 상대성　나. 일반 상대성　다. 광전 효과　라. 브라운 운동

72. "道可道 非常道"는 다음 어느 것과 뜻이 통하는가?
가. 물질파　나. 상대성 원리　다. 배타 원리　라. 불확정성 원리

73. 다음 중 가장 나중에 밝혀진 것은?
가. 빛의 파동성　나. 빛의 입자성　다. 물질의 입자성　라. 물질의 파동성

74. 하나의 오비탈을 지정하는 데는 몇 개의 양자수가 필요한가?
가. 1　나. 2　다. 3　라. 4

75. "신은 주사위 놀이를 하지 않는다"라는 아인슈타인의 말에 대해 "신이 왜 인간의 의견에 귀를 기울여야 하나"라는 말을 한 사람은?
가. 슈뢰딩거　나. 하이젠베르크　다. 보른　라. 보어

괄호 채우기 문제

76. 베크렐은 (　　　)과 유사한 선을 찾다가 우연히 방사능을 발견했다.

77. 퀴리는 (　　　) 분석 방법에 의해서 라듐의 원자량을 결정했다.

78. (　　　)이/가 방사능이라는 말을 처음 사용했다.

79. 다음의 말은 과학의 역사에 있어서 가장 감동을 주는 말이 아닌가 생각된다. "우리가 피치블렌드에서 추출한 이 물질은 지금까지 알려지지 않은, 비스무트와 유사한 성질을 가진 금속으로 생각된다. 이 새로운 금속의 존재가 확인되면 우리는 그것을 우리 중의 한 사람의 조국의 이름을 따서 (　　　)이라고 명명하기를 원한다."

80. "드마세씨가 고맙게도 우리 시료의 스펙트럼을 조사해 주시기로 했습니다. 그는 스펙트럼에서 새로운 (　　　)을 발견했는데, 이것은 우라늄보다 60배 정도 방사능이 강한 시료에서는 거의

보이지 않았으나, 900배 강한 시료에서는 아주 뚜렷하게 나타났습니다. 이 (　　　)의 강도는 방사능의 강도와 비례했습니다. 우리는 이 사실로부터 이 (　　　)이 이 방사능을 나타내는 물질로부터 나온다고 확신할 수 있었습니다."

81. (　　　)이/가 방사능을 알파, 베타, 감마로 분류했다.

82. 베타 붕괴는 불안정한, 즉 에너지가 높은 중성자가 양성자와 전자, 그리고 질량이 거의 없는 반뉴트리노로 바뀌는 것이라 볼 수 있다. 양성자의 질량은 1.672623×10^{-27} kg, 중성자의 질량은 1.674929×10^{-27} kg, 전자의 질량은 9.10939×10^{-31} kg이다. 이것으로 보아 방사능의 에너지는 (　　　)의 형태로 저장되어 있다고 말할 수 있다.

83. 어떤 원자핵이 중성자 하나를 포획한 후 전자가 튀어나오는 베타 붕괴를 하면 원자 번호가 하나 (　　　)은 새로운 원소가 얻어진다.

84. 전자를 발견한 톰슨의 제자인 (　　　)은 최초의 질량 분석기를 고안해서 Ne-20, Ne-22를 분리, 측정함으로써 원자량은 몇 가지 동위원소의 질량의 평균값임을 보여 주었다.

85. 네온의 원자량은 20.2이다. Ne-21은 무시할 만큼 소량 들어 있다고 하면, 네온 중의 Ne-22의 조성은 약 (　　　)% 이다.

86. 양성자는 모든 원소가 (　　　)로 이루어졌다는 프라우트의 가설과 골트슈타인의 카날선 관찰에서 이미 모습을 드러냈으나 주목받지 못했다. 빈은 전기장과 자기장에 의해서 카날선이 휘어지는 정도가 넣어준 기체에 따라 다르며, 휘어지는 정도는 (　　　)의 경우에 제일 큰 것을 발견했다.

87. (　　　)는 질소 기체에 알파 입자를 충돌시키면 빈이 카날선 실험에서 관찰한, 가장 많이 휘는 입자와 성질이 똑같은 입자가 튀어나오는 것을 밝혔다. 그래서 그는 이 입자가 원자 내부의 기본 입자인 것을 인식하고 이를 (　　　)라고 불렀다. 이 실험에서 질소는 (　　　)로 바뀌는데, 이것은 인간이 한 원소를 다른 원소로 바꾼 최초의 인공 핵변환이었다.

88. 러더포드의 제자인 (　　　) 은 중성자의 질량은 양성자와 전자의 질량의 합보다 크고 따라서 중성자도 기본적인 입자라는 것을 밝혔다. 위의 결과는 중성자가 양성자보다 훨씬 더 (　　　) 하다는 것을 의미한다.

89. 흑체의 온도가 증가하면 흑체 스펙트럼은 (　　　)파장 쪽으로 이동한다.

90. 자외선 파탄을 해결하고 양자 역학의 시대를 열어놓은 사람은 막스 플랑크로, 그는 흑체를 구성하는 진동자의 에너지가 (　　　) 적이며, 진동자 에너지의 기본 단위인 양자의 에너지 값은 상수 × (　　　)로 주어진다고 하였다. 아인슈타인은 (　　　) 에너지의 양자화를 가정하여 금속 표면에 쪼이는 빛의 (　　　)가 일정한 값을 초과할 때만 전자가 방출되는 (　　　)효과를 설명하였다.

91. 보어는 원자에서 전자의 (　　　)이 양자화되어 있다는 가정을 도입하여 수소의 (　　　)을 설명할 수 있었다.

92. 하이젠베르크의 (　　　)원리는 어떤 입자의 위치와 운동량을 동시에 정확히 알 수 없다는 것이다. 빛의 파동성은 반사, 굴절 같은 현상을 통해서 잘 알려져 왔으나, 빛의 입자성은 아인슈타인의 (　　　)효과와 컴프턴의 X-선 산란 실험에서 증명되었다. 물질의 파동성은 (　　　)의 물질파 이론이 전자 회절 무늬에 의해 실험적으로 증명되면서 확립되었다. 회절 현상은 파동의 고유한 특성이기 때문이다. 이와 같은 사실이 밝혀지면서 슈뢰딩거는 전자의 상태를 (　　　) 함수로 기술하는 유명한 슈뢰딩거 방정식을 만들어내었다. (　　　)은 이 함수의 의미를 전자의 위치에 대한 확률로 해석하였는데 이것은 하이젠베르크의 원리와 잘 부합한다.

93. 슈뢰딩거 방정식의 해로 구해진 오비탈은 (　　　)양자수, (　　　)양자수, (　　　)양자수의 조합으로 나타내어진다.

94. 원자 내의 전자의 상태는 (　　　)개의 양자수로 나타내어진다.

95. 파울리의 배타 원리에 따르면 한 오비탈 안에는 다른 스핀을 갖는 전자 두 개만이 들어갈 수 있다. 결과적으로 주양자수가 n인 전자 껍질에 들어가는 최대 전자수는 (　　　)으로 주어진다.

96. (　　　)의 규칙에 따르면 질소의 세 개의 $2p$ 전자는 $2p_x$, $2p_y$, $2p_z$ 오비탈에 하나씩 들어간다.

97. 스칸듐이 칼슘 다음에 오는 것은 (　　　) 오비탈의 에너지가 (　　　) 오비탈의 에너지보다 낮기 때문이다.

98. 크로뮴과 구리의 전자 구조는 각각 (　　　), (　　　)로 쓸 수 있다.

계산 및 서술형 문제

99. 어떤 금속의 일함수가 4.0 eV일 때, 다음 물음에 답하여라.

(1) 이 금속에 빛을 쪼여줘서 전자를 떼어낼 수 있는 가장 긴 파장은 얼마인가?

(2) 만약 300 nm에서 전자 방출 확률이 20%라면 300 nm의 단색광 1.0 W를 쪼여줄 경우 이 금속으로부터 1초당 몇 개의 전자가 방출되는가? (1 W = 1 J/s)

(3) 만약 위에서 방출된 전자의 10%를 모아서 검출할 수 있다면 이때 얻어지는 방출 전자의 전류는 얼마인가?

100. 전자의 드브로이 파장이 1 옹스트롬이 되려면 전자의 속도가 얼마가 되도록 가속시켜야 하나? 유효 숫자 두 자리로 계산하여라.

101. 우주에는 아보가드로수 정도의 별이 있다고 한다. 모든 별이 태양과 비슷하다고 가정하자(반지름 약 700,000 km, 밀도 1.4 g/cm^3, 질량비 수소 3/4, 헬륨 1/4).

(1) 우주 전체의 별에 들어 있는 양성자수를 유효 숫자 한 자리로 추산하여라.

(2) 1920년대에 세실리아 페인은 별빛을 분석하여 대부분 별의 주성분은 수소인 것을 증명했다. 별빛은 가시광선 영역에서 흡수선들을 나타낸다. 가시광선 영역에서 가장 긴 파장 (656.3 nm) 에 해당하는 $n = 2 \rightarrow 3$ 흡수가 관찰되기 위해서는 먼저 바닥 상태의 전자가 $n = 2$의 들뜬 상태로 여기 (excite) 되어야 한다. 별빛에서 $n = 1 \rightarrow 2$ 전이에 해당하는 흡수선의 파장을 구하여라.

(3) 빈의 변위 법칙에 따르면 온도 T에서 흑체 복사 스펙트럼의 최대 광도에 해당하는 파장은

2.9 mm/T로 주어진다. 흑체 복사의 최대 광도 파장이 수소의 $n = 1 \rightarrow 2$ 전이에 해당하는 별의 표면 온도를 유효 숫자 두 자리로 구하라. 참고로 별의 표면 온도가 위에서 구한 흑체의 온도보다 어느 정도 낮더라도 흑체 복사의 에너지는 폭넓은 분포를 나타내기 때문에 $n = 1 \rightarrow n = 2$ 흡수가 일어날 수 있다.

102. 별에서 멀리 떨어진 성간 공간에서는 전자의 에너지 전이에 의한 수소의 검출은 불가능하다. 그러나 에너지 차이가 아주 작은 다른 종류의 전이를 통한 수소의 검출이 가능하다. 수소의 바닥 상태는 양성자의 자기 모멘트와 전자의 자기 모멘트 사이의 상호작용을 통하여 두 개의 초미세 준위(hyperfine level)로 갈라진다. 1951년에 하버드의 퍼셀(Purcell)은 성간 공간에서 수소의 초미세 전이(hyperfine transition)에 의하여 방출되는 1420 MHz의 마이크로파를 검출했다. 이것은 성간 공간에 어떤 에너지가 있어서 수소를 낮은 초미세 준위에서 높은 초미세 준위로 전이시킨다는 것을 의미한다. 1420 MHz의 진동수를 파장으로 환산하고, 수소의 초미세 전이에 해당하는 파장에서 최대 광도를 나타내는 흑체의 온도를 구하여라. 별에서 멀리 떨어진 성간 공간에서도 2.7 K 우주 배경 복사에 의하여 수소의 초미세 전이가 가능한 것을 볼 수 있을 것이다.

103. 경주에 있는 성덕대왕신종(일명 에밀레종)의 무게는 18.9 톤이며, 구리(원자량 63.564)와 주석(원자량 118.71)이 85 : 15의 질량비로 섞여 있다.
(1) 에밀레종에 들어 있는 원자의 수를 구하라.
(2) 구리(원자 번호 29)와 주석(원자 번호 50)의 전자 구조를 적어라(에너지 준위의 순서에 따라 1s부터 모두. 예: 탄소 $1s^2 2s^2 2p^2$).

영어로 배우는 문제

주어진 숫자와 의미가 통하도록 적적한 단어를 찾아라. 문제가 4 = B. in B.라면 찾아야 할 단어는 balls, baseball이 될 것이다. 야구에서는 볼 넷이면 걸어나간다.

104. 6.626×10^{-34} = P.'s C.
105. 1/8000 = probability of an A. particle hitting the N. of a G. atom
106. 0.53 = B. radius of H. in A.
107. 3.29 = R. constant in P.
108. 10.2 = R. constant in E. V.
109. 1312 = I. E. of hydrogen in kilojoules
110. 1859 = S. invented by B. and K.
111. 1895 = X. discovered by R.
112. 1896 = R. discovered by B.
113. 1897 = E. discovered by T.
114. 1898 = A. and B. ray discovered by R.
115. 1900 = E. quantization proposed by P.
116. 1905 = L. quantization proposed by E.
117. 1911 = A. N. discovered by R.
118. 1913 = B.'s model explains L. spectrum of H.
119. 1919 = P. discovered by R.
120. 1926 = W. mechanics of S.
121. 1932 = N. discovered by C.

Chapter 5 주기율

과학의 목표는 물질 세계를 간단한 기본 원리에 입각해서 설명하는 것이라 할 수 있다. 언뜻 보면 아주 복잡한 우리 주위의 물질 세계를 체계적으로 이해하려면 하나하나 단계적으로 분류해 나가는 것이 유리하다. 분류는 과학의 첫걸음인 것이다. 분류의 관점에서 보면 18세기는 스웨덴의 린네 (Linne)에 의해 생물의 분류 체계가 확립된 세기이다. 린네는 호모 사피엔스(*homo sapiens*) 식의 이명법(binomial nomenclature)을 사용하여 많은 동식물을 분류하였다. 19세기는 주기율표로 알려진 화학 원소의 분류 체계가 마련된 세기이다. 실은 린네도 자신의 명명법을 원소에 적용해 보려고 시도했지만 동식물처럼 잘 되지 않았다. 생물에서는 종 사이의 유전정보의 차이가 외형에 반영되어 체계적인 분류가 가능하지만 원소들 사이에서는 린네의 이명법이 적용되지 않는다. 그런데 러시아의 멘델레예프 (Mendeleev)는 당시 알려진 60여 가지의 원소들의 물리적, 화학적 성질이 주기적으로 규칙성을 나타내는 것을 발견하여 복잡한 원자 세계에 질서를 부여했다. 20세기는 원자에서 한 단계 더 들어가 원자를 구성하는 소립자들을 발견하고 물질 세계의 기본 입자들을 여섯 가지 쿼크와 여섯 가지 렙톤으로 분류한 세기이다. 이 장에서는 주기율의 발전 과정과 핵심 내용을 살펴보자.

5-1 주기율의 발전

아인슈타인은 "매사는 최대한 단순화 하는 게 좋지만 그 이상 단순화 해서는 안된다(Things should be made as simple as possible, but no simpler)"라고 말했다는데, 탈레스는 너무 단순화 했다고 볼 수 있다.

어떻게 보면 가장 간단한 주기율표는 탈레스의 주기율표다. 탈레스는 모든 만물을 만드는 단 한 가지 원소는 물이라고 생각했기 때문이다. 아인슈타인은 "매사는 최대한 단순화하는 것이 좋지만 그 이상 단순화해서는 안 된다(Things should be made as simple as possible, but no simpler)"라고 말했다지만 탈레스는 너무 단순화했다고 볼 수 밖에 없다. 아리스토텔레스는 물에 불, 공기, 흙을 추가했다. 아리스토텔레스가 생각한 지상의 4원소는 물과 흙의 무거운(gravity) 원소와 불과 공기의 가벼운(levity) 원소로 나눌 수도 있고, 물과 흙의 차거운 원소와 불과 공기의 뜨거운 원소로 나눌 수도 있다. 한편 아리스토텔레스는 완전한 천상의 세계는 불완전한 지상의 세계와는 달리 에테르(ether)라는 제5원소로 되어 있다고 생각했다.

물리학에서는 원소라 할 때 쿼크, 렙톤 같은 소립자들을 의미하는 경우가 있다. 물론 과학 전반, 특히 화학에서 원소라 할 때는 수소, 산소 등 화학 원소를 뜻한다. 영어로는 elementary particle, element로 확실히 구분된다.

과학적으로 보면 우주에는 100가지 정도의 원소가 존재한다. 그 중 고대인에게는 금, 은, 구리, 주석, 철, 황 등이 알려졌고, 1669년에는 브란트(Brand)에 의해 소변으로부터 인(隣, phosphorus)이 발견되었다. 인은 1811년에 쿠르투아(Courtois)에 의하여 해초로부터 발견된 아이오딘(iodine)과 함께 생물질로부터 발견된 원소의 하나이다.

처음으로 원소들을 과학적으로 분류한 사람은 라부아지에라고 볼 수 있다. 그는 당시 알려진 31가지의 원소들을 산소와 반응해서 생기는 생성물의 성질에 따라 분류하였다. 1826년에 베르셀리우스가 원소 기호를 정할 당시에는 종의 원소가 알려졌다.

데이비(Humphry Davy, 1778-1829). 데이비의 가장 위대한 발견은 패러데이라는 말이 있다.

이처럼 원소의 수가 늘어나면서 패러데이의 스승이었던 데이비는 원자들이 더 간단한 다른 어떤 무엇으로 구성된 것이 아니겠느냐는 생각을 하게 되었고, 1815년에 프라우트는 알려진 기체들의 밀도가 수소 밀도의 정수배라는 관찰 사실로부터 모든 물질은 궁극적으로 수소로 이루어졌다는 가설을 내기도 했다. 1844년 경에는 원소의 종류가 58가지로 늘어났고, 1859년에 분젠과 키르히호프가 분광기를 발명한 후로는 선 스펙트럼을 통하여 세슘, 루비듐, 탈륨, 인듐 등이 연속적으로 발견되었다. 당시에는 우주의 엔트로피는 증가한다는 열역학 제2법칙도 알려지면서 물질 세계에 어떤 법칙이 있는지를 의심하는 풍조까지 생겨났다.

원소들을 분류하는 초기의 시도 중에 삼연체(triad)가 있다. 원자량 값들이 하나하나 정확히 결정되기 시작하던 1800년 대 초기에 되베라이너(Döebereiner)의 화학적으로 성질이 유사한 세 원소를 쌍으로 묶었다. 1816년에 그는 스트론튬의 원자량이 칼슘과 바륨 원자량의 평균값에 가까운 것을 보이고, 브로민의 원자량은 염소와 아이오딘 원자량의 평균값에 가까울 것이라 예측했다. 베르첼리우스가 측정한 브로민의 원자량은 예상한 값과 잘 맞았다. 1826년에 되베라이너는 리튬, 소듐, 포타슘도, 그리고 황, 셀레늄, 텔루륨도 비슷한 쌍을 만드는 것을 보였다.

한편 듀마(Dumas)는 산소(8), 황(16), 셀레늄(40), 텔루륨(64)의 원자량은 8의 배수라고 하였는데 알고 보면 이는 원자량이 아니라 **당량**(**當量**, *equivalent weight*)이었다. 아무튼 이러한 관찰들은 원소는 간단한 무엇의 안정한 집합체라는 생각을 가지게 하였고, 패러데이는 원소를 분해하는 것이야 말로 중요한 발견이 될 것이라고 하였다. **당시는 원자핵을 몰랐기 때문에 원소를 분해하려면 중성자나 알파 입자로 핵을 분열해야 한다는 것을 알지 못했다.**

1862년에 샹큐르투아는 원자량이 16마다 나선의 한바퀴를 돌아오게 배열하면 비슷한 성질을 가진 원소가 아래 위로 근접하게 되는 것을 발견했다. 또 1863년 경 뉴랜즈(Newlands)는 Li, Be, B, C, N, O, F 다음에 리튬과 성질이 비슷한 소듐이 오고, Na,

Mg, Al, Si, P, S, Cl 다음에는 소듐과 비슷한 포타슘이 나타나는 것으로부터 원소에도 옥타브가 있다고 생각했다. 플루오린 다음의 네온, 그리고 염소 다음의 아르곤 등 비활성 기체가 발견되기 전이다.

멘델레예프의 주기율에 가장 근접한 주기율표를 만든 것은 독일의 로타 마이어(Lothar Meyer)였다. 그러나 지질학에 관심이 많았던 그는 원소들의 화학적 성질의 주기성에는 별로 신경을 쓰지 않았고, 오히려 원자의 부피는 원자량에 따라 주기적으로 변한다고 지적했다.

5-2 멘델레예프의 주기율

1869년에 발표된 주기율에서 멘델레예프는 단지 원소의 주기율을 보여주었을 뿐 아니라 여러 가지 예언적인 주장을 펼쳤다. 그의 핵심적 주장들은 다음과 같다.

- 원소들을 원자량에 따라 배열하면 성질의 주기성이 확실히 나타난다.
- 화학적 성질이 유사한 원소들은 백금, 이리듐, 오스뮴 같이 원자량이 유사하거나, 포타슘, 루비듐, 세슘같이 원자량이 규칙적으로 증가한다.
- 원자량이 증가하는데 따라 원자가도 증가한다.
- 자연계에 넓게 분포되어 있는 원소들은 원자량이 작고 성질이 뚜렷한 대표적인 원소들이다.
- 원자량 값이 원소의 성질을 결정한다.
- 여러 개 새로운 원소의 발견이 예상된다. 예를 들면, 규소와 알루미늄과 유사한 원자량이 65와 75인 원소가 존재할 것이다.
- 몇가지 원자량의 값은 수정이 될 것이다. 예를 들면, 텔루륨의 원자량은 128일 수 없고, 123과 126 사이의 값을 가져야 한다.
- 주기율표는 원소들 사이의 과거에 생각하지 못했던 새로운 유사성을 보여준다.

잘 알려지지 않은 사실이지만 멘델레예프는 수소와 리튬 사이에도 여섯 개의 원소가 있을 것이라 생각했다고 한다.

멘델레예프는 주기율표에서 여섯 군데에 빈 자리를 남겨두었다. 그리고 알루미늄, 규소, 붕소 아래 빈 자리에 들어갈 에카-알루미늄(eka-aluminum), 에카-규소(eka-silicon), 에카-붕소(eka-boron)의 성질을 예측했다. 1875년에 프랑스에서 에카-알루미늄이 발견되어 프랑스 지역의 고대 이름인 갈리아를 따서 갈륨(gallium)이라 명명되었다. 멘델레예프가 68로 예측한 원자량은 69.9로 나타났고, 5.94로 측정된 비중은 예상치 5.9와 일치했다. 또 Ga_2O_3 식의 산화물이 예상되었는데 이것도 맞는 것으로 확인되었다. 1879년에는 스칸디나비아에서 에카-붕소가, 1886년에는 독일에서 에카-규소가 발견되어 각각 스칸듐과 저마늄으로 명명되었다.

에카(eka)는 아래라는 뜻이다.

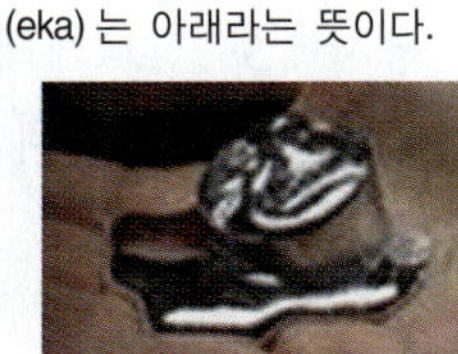

갈륨

스칸듐

저마늄

현재의 주기율표를 잘 살펴보면 원자 번호와 원자량의 순서가 맞지 않는 곳이 몇 군데 보인다. 예를 들어, 원자 번호가 52인 텔루륨의 원자량은 127.6인데, 원자 번호가 53인 아이오딘의 원자량은 126.9이다. 이러한 역전(逆轉, inversion) 현상은 멘델레예프 당시에도 알려져 있었다. 원자량 순서에 따른 주기율에 확신을 가진 그는 역전은 원자량 값의 오차에 의한 것이고 몇가지 원자량의 값은 수정이 될 것이라고 주장했다. 후일 원자 번호와 동위원소의 개념이 등장하면서 역전은 가능한 현상으로 받아들여지게 되었다.

주기율표에 이름이 올라간 멘델레예프

멘델레예프 (Dmitri Mendeleev, 1834-1907).

멘델레예프는 1834년 2월 8일 서부 시베리아의 토볼스크에서 14명 중 막내로 태어났다. 토볼스크 고등학교 교장이던 미탸(그의 어릴 때 이름)의 아버지가 시력을 잃고 직장을 그만 두게 되자 타타르족의 피를 이어 받은 강인한 어머니는 30 km 떨어진 외삼촌의 유리공장 지배인 자리를 자원해서 맡아 가족의 생계를 책임지게 되었다.

어릴 때부터 미탸는 형과 누이를 따라 숲에서 나무 열매를 수집하고 각종 새와 동물을 관찰하면서 많은 시간을 보냈다. 후일 원소의 종류와 각각의 특성에 깊은 흥미를 가지고 주기율을 창안한 바탕은 이때 다양한 생물을 접하면서 이루어진 것이 아닌가 추측해 볼 수 있다. 또한 어머니가 운영하는 유리 공장에서 철, 크로뮴, 망가니즈, 코발트 등 다른 원소가 들어가면 유리가 다양한 다른 색을 나타내는 것을 흥미롭게 지켜보면서 원자의 세계에 빨려 들어갔다.

후일 그는 1906년 노벨 화학상을 한 표 차이로 놓치게 되는데 교육부장관이나 학교 행정가들과의 충돌이 국내의 지원을 약화한 것도 그에게 불리하게 작용했다고 한다. 충돌의 이유 중 하나가 당시 제대로 대접을 받지 못하는 여성들에 관한 문제였다. 여성이 대학 교육을 받지 못하는 당시에도 상트페테르부르크 대학의 화학과에서 만은 여성이 멘델레예프의 강의를 들을 수 있었는데, 이러한 약자에 대한 관심은 미탸가 어릴 때 토볼스크에서 마주친 많은 시베리아 유배자로부터 생겨났다. 족쇄와 쇠사슬에 묶여 굶주림과 추위의 고통 속에 장거리를 걸어 토볼스크에 도착한 유배자를 바라보는 미탸는 자연스럽게 휴머니스트가 되었을 것이다. 뿐만 아니라 그는 정치범으로 나중에 그의 매부가 된 바사르긴으로부터 과학과 원자에의 열정을 배웠다.

학업에서 뛰어난 성적을 나타낸 미탸에게 한 토볼스크 고등학교의 수학교사가 너는 모스크바 대학에서 공부해야 한다고 모스크바의 꿈을 심어 주었다. 1847년에 아버지가 사망하고 2년 후에는 유리 공장이 화재로 잿더미가 되는 불운이 찾아오는데, 그 상황에서 그의 어머니는 미탸와 누이동생과 함께 2000 km를 한 마리의 말이 끄는 마차로 모스크바를 향해 달렸다. 전적으로 미탸의 교육을 위해서였다. 이처럼 미탸의 교육에 올인하고 찾아온 어머니에게 모스크바 학군의 고등학교를 졸업하지 않아 입학시험에 응시조차 불가하다는 냉랭한 답이 돌아 왔다. 멘델레예프는 다시 800 km의 여행 끝에 도착한 상트페테르부르크에서 아버지의 옛 친구를 만나 1850년 가을 상트페테르부르크 교육대학에 입학하고 1855년에 교육대학을 수석으로 졸업했다. 학부 학위 논문으로 동형(同形, isomorphism)에 관한 연구를 하면서 어떤 염의 결정 모양이 인산염이나 아르신산이나 같은 것을 보고 원소 성질의 공통성에 눈을 뜨게 되었다.

폐결핵으로 6개월 선고를 받고 남부 지방에서 휴양하여 건강을 회복한 후 돌아 온 그는 22세에 석사 학위를 받는데 화학 결합의 새 분류법을 제시한 그 논문을 준비하면서 겉보기에 다른 원소가 유사한 성질을 나타내는데 깊은 감명을 받았다. 그 후 해외 여행의 기회를 얻은 그는 파리를 거쳐 하이델베르크에서 머무르면서 분젠과 키르히호프에게서 분광분석법을 배웠다. 후일 멘델레예프가 예언한 원소들이 발견되는 과정에서 스펙트럼의 분광분석이 결정적으로 중요한 역할을 했던 점을 생각하면 하이델베르크와의 인연은 특별한 것이었다.

유럽 체재 중 1860년 12월에 독일 칼스루헤(Karlsruhe)에서 열린 첫 국제 화학자 학술대회에 멘델레예프는 두 명의 대표 중 하나로 참석하게 되었다. 후일 1927년 벨기에 브뤼셀에서 열린 제5차 솔베이 학회가 양자 역학이 자리잡는데 중요한 장의 역할을 했듯이, 칼스루헤 학회는 원자, 분자, 아보가드로의 원리 등의 핵심 개념들이 논의되고 정리되는 화학의 이정표가 되었다. 특히 이탈리아의 카니짜로는 원자와 분자의 개념을 확실히 하고, 아보가드로의 원리를 적용하여 기체 밀도로부터 기체 화합물의 분자량과 분자를 구성하는 원자의 원자량을 결정하는 방법을 제시했다. 이때 한 원소는 유기물에서나 무기물에서나 하나의 원자량을 가진다는 카니짜로의 주장은 멘델레예프에게 깊은 인상을 남겼다. 나중에 그가 주기율표를 만들 때 원자량에 기초한 것은(물론 당시에는 원자 번호의 개념이 없었기 때문에 다른 선택의 여지가 없었다 하더라도) 원자량이 원소의 기본적인 양이라는 확신이 있었기 때문이었을 것이다.

러시아로 돌아온 멘델레예프는 1861년에 27세의 나이로 상트페테르부르크 대학교에서 유기화학 강의를 시작하였고, 1865년에는 알코올류와 물의 결합이라는 주제로 박사 학위를 받았다. 당시에는 용액에서 단순한 물리적 혼합이 일어나는지 화학적 결합이 일어나는지가 분명하지 않았는데 수소 결합이 알려지기 이전 당시 그는 알코올과 물의 상호작용에 관심을 가졌던 것이다.

1868년 러시아 화학회가 창립되고 그의 아파트에서 첫 모임이 열릴 때 멘델레예프는 의장으로 사회를 맡았다. 그는 이미 러시아 화학계를 리드하는 위치에 있었던 것이다. 그 해 그는 화학 교과서인 "화학의 원리"를 처음 출간하면서 많은 원소들의 성질을 자세히 서술하고 그들 사이의 체계적인 관계를 찾는 작업을 시작하였다. 자연이 원소들을 제멋대로 만들었을리가 없고 원소 세계에도 어떤 총체적 질서가 있으리라는 믿음을 가지고 있었던 것이다.

그보다 약 100년 전 라부아지에 시대에는 약 30가지의 원소가 알려졌었고, 라부아지에는 원소들을 산을 만드는 원소와 그렇지 않은 원소로 구분하였다. 멘델레예프 시대에는 63개 원소의 성질이 알려졌고, 64번째 헬륨에 대해 아는 것은 태양에서 관찰된 스펙트럼 뿐이었다.

1869년 3월 18일 러시아 화학회에서 병석에 누운 멘델레예프를 대신하여 그의 첫 제자인 멘슈트킨이 대독하면서 그의 주기율은 세상에 모습을 드러냈다. 거의 같은 시기에 독일의 로타 마이어도 비슷한 주기율표를 발표했다. 그러나 마이어는 단순히 원소들을 나열한데 반해 멘델레예프는 "원소들의 성질은 원소들의 원자량의 주기적 함수이다"라는 핵심 주장에 그치지 않고, 원자량을 통해 자연의 근본적 법칙을 찾고 있음을 명확히 보여 주었다. 텔루륨과 아이오딘의 경우에서와 같이 원자량 순서와 화학적 성질의 순서가 맞지 않을 때는(역전) 과감하게 원자량이 더 큰 텔루륨을 아이오딘 앞에 놓으며 보다 정확한 원자량 값이 알려지면 원자량 순서가 바뀔 것이라는 주장을 펼쳤고, 여섯 군데에 빈 자리를 남겨 놓기도 했다. 마이어의 주기율에서는 찾아 볼 수 없는, 자연의 규칙성에 대한 확신이 없이는 할 수 없는 혁명적 제안들이었다. 2년 후에는 처음에는 수직으로 배열했던 표를 수정해서 원소들을 원자량 순으로 수평 배열을 하고, 족과 주기라는 용어도 도입했다.

아보가드로의 분자설이나 멘델의 유전법칙이 처음에는 관심을 끌지 못했던 것처럼 멘델레예프의 주기율도 처음부터 쉽게 받아들여진 것은 아니었다. 그러나 그가 예언했던 원소들이 발견된다면 사정은 달라질 것이었다. 지금은 양성자를 알고 있고, 양성자수인 원자 번호의 개념이 있기 때문에 어느 번호가 비어 있으면 그에 해당하는 원소가 있으리라 예상할 수 있지만, 자연수에서 벗어나는 원자량이 배열의 기준이었던 당시에는 어느 자리에 새로운 원소가 반드시 있으리라는 법은 없는 노릇이었다.

드디어 자연이 멘델레예프의 손을 들어주기 시작했다. 1875년 프랑스의 부아보드랑이 섬아연광의 스펙트럼에서 과거에 아무도 보지 못했던 진한 보라색 선을 관찰하고 광석으로부터 새로운 원소를 분리해냈다. 이 원소는 프랑스의 옛날 이름 갈리아를 따서 갈륨으로 명명되었는데 멘델레예프가 알루미늄 밑에 비워놓고 에카-알루미늄이라고 이름한 예상의 원소와 성질이 잘 들어맞았다. 이어 1879에는 스웨덴의 닐손이 에카-붕소의 성질을 가진 스칸듐을 발견했고, 1885에는 독일의 빙클러가 에카-규소를 발견하고 저마늄이라 명명했다. 멘델레예프가 72로 예상한 저마늄의 원자량은 72.3으로, 5.5로 예상한 비중은 5.35로 측정되었다.

흥미롭게도 이 세 원소 다 스펙트럼으로부터 먼저 발견되고 나중에 순수한 형태로 분리되었다. 나중에 멘델레예프가 영국에 초대되었을 때 친구가 된 램지가 레일리와 함께 아르곤을 발견할 때도, 그리고 이어서 램지와 트래버스가 네온, 크립톤, 제논을 발견할 때도 분젠과 키르히호프가 발명한 분광기를 사용해 관찰한 스펙트럼이 결정적으로 중요한 역할을 했다. 퀴리가 라듐과 폴로늄을 발견할 때도 마찬가지였다. 아무튼 멘델레예프가 살아 있는 동안 비활성 기체들이 발견되어 그 자신이 수정한 주기율표에 헬륨, 네온, 아르곤, 크립톤, 제논을 새로운 족으로 추가하였다.

멘델레예프가 존재를 예언했던 원소들이 예상했던 원자량, 비중, 화학적 성질 등을 가지고 등장하면서 주기율표의 신빙성과 멘델레예프의 명성은 올라가기 시작했다. 나중에는 영국 왕립학회 메달 등 많은 영예를 누리게 되었지만 교육부 장관이나 학교 당국과 충돌하여 교수직을 사퇴할 정도로 개혁적이었던 그는 1906년 노벨 화학상을 한 표 차이로 놓치게 된다. 그 해 노벨 화학상은 1886년에 플루오린을 발견한 프랑스의 무아상(Moissan)에게 수여되었다. 라부아지에, 데이비, 게이뤼삭 등 위대한 화학자들도 플루오린의 분리에 실패했다. 플루오린은 화학적 활성이 너무 높아서 염으로부터 분리하기가 아주 어렵고 독성이 강해서 이를 분리하려던 여러 명의 목숨을 빼앗아 가기도 했다. 후일 플루오린 화학은 화학의 중요한 분야가 되었다. 이런 점들을 생각하면 무아상이 노벨 화학상을 수상한 것은 잘 된 일이다. 아쉬운 것은 멘델레예프가 1907년 1월 20일에 사망해서 기회를 영영 잃어버린 점이다. 그러나 그의 사후 100년이 지난 오늘날 전 세계 어디에서나 과학실 벽에는 주기율표가 걸려 있고, 모든 화학 교과서는 원소의 주기율을 화학의 핵심 원리로 다루고 있다. 나아가서 101번째 원소는 멘델레븀(mendelevium)으로 명명되었다. 과학자로서 그만한 영예가 또 있을까? 그의 교육을 위해 2천 마일을 달렸던 어머니 마리아에게 그만한 자랑이 또 있을까?

이처럼 주기율로 복잡한 원자 세계가 정리되고 예상한 원소들이 발견되면서 자연의 질서에 대한 희망이 되살아났다. 19세기 말에는 레일리와 램지에 의해 아르곤, 헬륨, 네온, 크립톤, 제논, 라돈 등 비활성 기체가 발견되어 새로운 족이 추가되면서(3장) 주기율표의 구조가 완성되었다.

모즐리: "이제야 우리는 원자에는 한 원소로부터 다음 원소로 옮길 때 규칙적으로 증가하는 어떤 기본적인 양이 있다는 것을 확증하게 되었다. 이 양은 중심에 있는 양전하, 핵의 전하 바로 그것이라야 한다."

러더포드: "나의 생각으로는 모즐리의 이 증명은 그 중요성에 있어서 원소의 주기율의 발견과 스펙트럼 분석에 필적할만하며 어떤 면에서는 그 어느 것보다 더 기본적인 것이다."

1913년에 모즐리는 X-선 연구를 통해 원자핵의 전하가 기본 양전하 값의 정수배인 것을 발견했다. 후일 양성자가 발견되자 모든 원소의 양전하는 양성자의 수에 대응하는 것으로 밝혀졌고, 원자 번호로 부르게 되는 양성자의 수가 원자량보다 더 기본적인 의미를 지니는 것이 확실해졌다. 물론 오늘날의 주기율표에서는 원소들을 원자 번호 순서에 따라 배열한다. 원소의 화학적 성질은 전자의 수와 크게 관련이 있는데 중성 원자에서 전자의 수는 양성자의 수와 같기 때문이다.

멘델레예프가 모르고 죽었지만 알았더라면 정말 재미있어 했을 만한 몇 가지를 짚어 보자.

1. **원자수(原子數, atomicity)의 원리** : 멘델레예프는 결합력, 원자가 등으로 부르는, 어떤 원자가 만들 수 있는 결합의 수를 **원자수(atomicity)**라고 불렀다. 탄소의 원자수는 4이고 수소의 원자수는 1이라서 메테인에서 탄소 원자 하나는 네 개의 수소 원자와 결합하는 것이다. 멘델레예프가 살아 있는 동안 전자가 발견되기는 했지만(1897년에 톰슨에 의해) 전자를 공유하여 원자마다 원자가에 따라 화학 결합을 이루는 원리는 1913년에 보어의 모델이 나오고 1916년에 루이스의 옥텟 규칙이 나오기 전에는 제대로 이해되지 못했다.
2. **역전의 이유** : 멘델레예프의 사후 동위원소와 중성자가 발견되면서 무거운 동위원소의 비율이 높은 원소는 높은 원자량 값을 가지기 때문에 주기율표 상에서 순서가 뒤바뀌는 것을 설명할 수 있게 되었다. 동위원소라는 용어가 사용되기 시작한 것은 1913년이고, 중성자가 발견된 것은 1932년이다.
3. **비활성 기체의 비활성** : 멘델레예프가 비활성 기체를 새로운 족으로 추가하기는 했지만 이들의 비활성을 설명하지는 못했다. 아르곤이 발견된 것은 1894년이다. 그러나 원자의 최외각이 채워지면 안정해진다는 옥텟 규칙이 나온 것은 멘델레예프가 죽은 지 거의 10년 후의 일이다.
4. **초우라늄 원소의 존재** : 놀랍게도 멘델레예프는 다섯 개의 초우라늄 원소(transuranic element)를 예언했다. 플루토늄, 넵투늄 등의 초우라늄 원소는 1950년 대에야 중성자를 이용해서 만들어졌다. 아주 무거운 원소는 반 정도 크기의 원자핵을 고 에너지로 충돌시켜 융합하여 만들어진다. 최근에는 118번 원소가 발표되었다. 멘델레예

프는 초우라늄 원소의 하나인 101번 원소가 자신의 이름을 따라 명명되었다는 것을 알면 어떤 표정을 지을까?

5. **원자 번호** : 멘델레예프가 가장 흥미로워할 일은 아마도 자신이 사용한 원자량의 순서는 사실은 원자 번호, 즉 원자핵에 들어 있는 양성자수의 순서라는 사실일 것이다. 양성자가 많으면 중성자도 많고 따라서 원자량도 커지게 마련이다. 그러나 멘델레예프가 추구했던 자연의 통일적 원리의 중심에는 양성자가 자리잡고 있다. 러더포드가 원자핵을 발견한 것이 1911년이고 1913년에 모즐리는 핵전하가 정수인 것을 보여 주었다. 1919년에 러더포드가 양성자를 발견하고 명명하면서 모즐리의 정수는 다름 아닌 원자핵의 양성자수인 것이 명백해졌다.

   멘델레예프도 왜 원소들을 원자량 순으로 배열하면 규칙성이 나타나는지 궁금해했을 것이다. 게다가 원자량은 정수도 아니고 소수점 아래 몇 자리로 이어지는 별로 깔끔하지도 않은 수이다. 그런데 원자에는 +1의 전하를 가진 양성자라는 기본입자가 있고, 모든 원소는 양성자가 몇 개인가에 따라 특성이 정해진다면 원자의 세계는 훨씬 체계적으로 설명할 수 있는 가능성이 돋보이게 된다. 원자 번호가 20인 칼슘이 있고 22인 타이타늄이 있는데 21이 비어 있다면 당연히 그 자리에 어떤 원소를 기대할 것이다. 물론 반드시 그 원소가 있으리라는 보장이 있는 것은 아니지만.

6. **원소의 기원** : 멘델레예프는 아마도 이 원소들이 어디에서 어떤 과정을 거쳐 만들어졌기에 이런 규칙성을 나타내는지는 진지하게 의문을 제기해 보지도 못했을지 모른다. 당시로서는 너무 앞서가는 의문이기 때문이다. 그러나 그가 사망한 1907년에는 이미 윌슨산 천문대가 설립되었고 세계 최대의 후커 망원경을 제작할 준비가 진행중이었다. 그 후 천문학과 천체물리학의 발전 덕분에 이제 우리는 원자 번호의 척도가 되는 양성자는 137억 년 전 빅뱅의 순간에 만들어졌고, 처음 3분 사이에 원자 번호가 2인 헬륨이 수소와 3:1의 비율로, 그리고 원자 번호가 3인 리튬이 약간 만들어진 것을 알고 있다. 나머지 탄소, 산소, 질소 등 생명에 필수적인 무거운 원소들은 수 억년 후 적색거성의 내부에서, 그리고 철보다 무거운 주기율표의 대부분을 차지하는 원소들은 초신성 폭발의 순간에 만들어진다.

   멘델레예프는 특히 적색거성에 흥미를 느낄 것이다. 모든 별은 태양과 같이 수소를 융합하는 주계열성으로 출발하는데, 적색거성에서 탄소가 생기면서 단계적으로 내부의 온도가 상승하고 중심핵에서는 더욱 무거운 원소들이 만들어진다. 따라서 나이가 많은 적색거성의 단면을 잘라 본다면 바깥쪽으로부터 수소, 헬륨 … 순서로 멘델레예프가 원자량 순서로 배열했던 원소들의 층을 볼 수 있을 것이다. 그리고 별의 내부 고온의 플라즈마 상태에서는 전자들이 결합하지 못하기 때문에 양파의 층과 같은 별의 주기율표는 양성자수의 순서로 배열되어 있다는 것이 명백히 드러날 것이다. 멘델레예프는 이 광경을 얼마나 즐겼을까?

5-3 원소의 주기적 성질

원소의 화학적 성질은 주로 전자에 의해 결정되는 점을 생각하면 전자가 알려지기 이전에 주기율을 발견했다는 것은 놀라운 업적이 아닐 수 없다. 이 절에서는 전자의 입장에서 원소의 성질들이 어떻게 주기적으로 변화하는지를 생각해 보자.

5-3-1 원자가전자

앞에서 양자 역학에 입각한 원자의 전자 구조를 살펴보았는데, 주기율표에서 각 원소의 제일 바깥의 전자 껍질에 들어 있는 **최외각전자**(**最外殼電子, outermost electron**) 또는 **원자가전자**(**原子價電子, valence electron**)를 그림과 같이 표시하면 주기율이 나타나는 이유가 명확해진다. 같은 족 원소의 화학적 성질이 유사한 것은 최외각전자수가 같기 때문이고, 한 주기 내에서 원자 번호가 증가할수록 화학적 성질이 달라지는 것은 최외각전자수가 하나씩 증가하기 때문인 것이다.

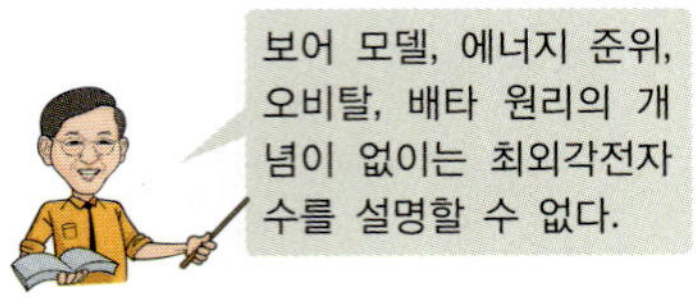

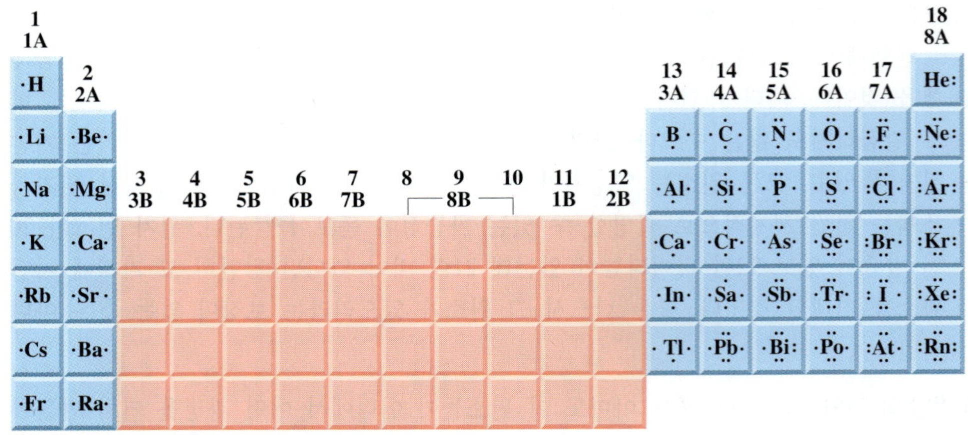

그림 5.1 최외각전자를 이용한 주기율표.

원자가전자를 바탕으로 주기율을 파악하면 19세기 화학자들이 궁금하게 생각했던 원자가를 이해할 수 있게 된다. 멘델레예프가 예측했던 대로 에카-알루미늄은 알루미늄의 산화물이 Al_2O_3 이듯이 X_2O_3 식의 화합물을 만드는 것으로 밝혀졌다. 갈륨이라 명명된 에카-알루미늄도 알루미늄도 모두 최외각전자가 세 개여서 이들 전자를 모두 내주면 +3가의 양이온이 된다. 최외각전자가 여섯 개인 산소는 두 개의 전자를 받으면 −2가의 음이온이 된다. 따라서 +3가의 양이온 두 개와 −2가의 음이온 세 개가 결합하면 중성의 이온 결합성 물질이 된다. 알루미늄과 갈륨의 화학적 성질이 비슷한 것은 리튬, 소듐, 포타슘이, 또 플루오린, 염소, 브로민이 비슷한 이유와 같은 것이다. 멘델레예프가 주기율표를 만들 때는 전자를 몰랐지만 원자량에 따라 원소들을 배열하다 보니 결과적으로 최외각전자수가 같은 원소들이 비슷한 성질을 가지는 족으로 모이게 된 것이다.

이처럼 기본적으로 원소들의 화학적 성질은 원자가전자에 의하여 결정되지만 원자가전자수는 같지만 상당히 성질이 다른 화합물을 만드는 경우도 적지 않다. 그리고 이러한 경우들은 생명 현상과 관련하여 아주 중요한 의미를 지닌다. 4족의 탄소와 실리콘을 비교해 보자. 탄소도 실리콘도 산소와 반응하면 이산화탄소(CO_2), 이산화실리콘(SiO_2)처럼 언뜻 보아서 유사한 화합물을 만든다. 그런데 이산화탄소는 기체이고 이산화실리콘은 고체이다. 온실 기체인 이산화탄소는 태초의 지구를 생명이 태어나고 진화하기에 적합한 따뜻한 행성으로 만드는데 중요한 역할을 했다. 오늘날 지구에서 이산화탄소는 기체이기 때문에 식물이 공기로부터 쉽게 받아들여서 광합성에 사용한다. 우리가 호흡의 결과로 생산하는 이산화탄소가 이산화실리콘처럼 고체라면 체중 증가를 감당할 수 없을 것이다. 반대로 이산화실리콘이 기체라면 우리가 사는 대지가 없을 것이다. 이러한 중요한 차이는 탄소와 실리콘의 원자 반지름의 차이, 오비탈 에너지의 차이 등과 관련이 있다. 질소와 인이 원자가전자수는 같지만 DNA 이중 나선의 골격을 만드는데 질소는 역할을 못하고 반드시 인이 필요한 것도 비슷한 이유에서이다.

위의 몇 가지 간단한 예에서 보았듯이 최외각전자수 이외에도 생명현상 자체에, 또 생명의 환경을 만드는데도 중요하게 작용하는 원자의 반지름, 이온의 반지름, 또 인류 문명의 흐름을 주도한 청동기, 철기, 귀금속 등과 직접 관련된 이온화 에너지 등은 원자핵의 양전하에 크게 영향을 받는다.

5-3-2 원자 반지름

원자 반지름(atomic radius)은 엄밀하게 정의하기 어렵다. 원자는 단단한 구가 아니기 때문이다. 양자 역학적 계산을 통하여 계산한 전자를 발견할 확률이 가장 높은 위치와 중심 핵 간의 거리, 또는 전자를 발견할 확률의 99%를 포함하는 위치까지의 거리 등은 모두 의미있는 원자 반지름이 될 수 있다. 원자들이 빽빽이 쌓여있다고 볼 수 있는 금속 결정에서는 원자 간의 거리를 X-선 회절법으로 측정하여 원자 반지름을 구한다. 가장 간단한 수소 원자의 경우에는 보어 반지름, 0.53 옹스트롬을 반지름으로 보아도 무방하지만, 수소 분자에서 두 핵 간의 거리인 0.74 옹스트롬의 절반인 0.37 옹스트롬을 수소 원자의 반지름으로 보기도 한다.

헬륨은 핵전하가 +2이고 두 개의 전자를 가지고 있다. 만일 하나의 전자가 핵에 가까이 위치한다면 +2의 핵전하 중 +1을 상쇄해서 두 번째 전자에 대해 높은 **가림 효과**(*shielding effect*)를 나타낼 것이다. 그런데 실제로는 두 개의 전자가 같은 1*s* 오비탈에 들어있어서 부분적인 가림 효과를 나타내고 **유효 핵전하**(有效核電荷, *effective nuclear charge*, Z_{eff})는 1.7이 된다.

예제 5.1

헬륨의 두 번째 전자에 대해 보어 모델을 적용하면 헬륨의 반지름을 얼마로 예측할 수 있을까?

풀이 보어 모델을 적용한다는 것은 헬륨의 첫 번째 전자는 가림 효과를 나타내어 유효 핵전하를 1.7로 만드는 역할을 하고, 두 번째 전자를 수소 원자에서 하나의 전자와 같이 취급한다는 뜻이다. 헬륨의 반지름은 *n*이 1인 바닥 상태에 해당한다.

$$r_n = \left(\frac{n^2}{Z}\right)a_o$$

$$= \left(\frac{1^2}{1.7}\right)(0.53\ \text{옹스트롬}) = 0.32\ \text{옹스트롬}$$

예제 5.2

헬륨 원자에서 전자가 한 개 떨어져나간 헬륨 이온(He^+)의 경우에는 핵전하가 +2인 1 전자시스템이기 때문에 보어 모델이 잘 적용된다. 헬륨 이온의 반지름은 얼마인가?

풀이

$$r_n = \left(\frac{n^2}{Z}\right)a_o$$

$$= \left(\frac{1^2}{2}\right)(0.53\ \text{옹스트롬}) = 0.27\ \text{옹스트롬}$$

헬륨의 반지름은 수소의 보어 반지름보다 작다.

같은 족에서는 원자 번호가 증가할수록, 즉 주기율표에서 아래로 내려갈수록 원자 반지름이 증가한다. 주양자수가 커지면 최외각이 핵에서 멀어지기 때문이다. 전자 껍질은 주양자수가 같은 오비탈의 집합이라고 볼 수 있다. 그리고 같은 전자 껍질에 들어 있는 전자들은 핵으로부터의 거리가 비슷하다. 1, 2주기 원소들의 알려진 원자 반지름은 다음과 같다.

표 5.1 3주기까지 원소의 반지름

원자 반지름 (옹스트롬)

H							He
0.53							0.32
Li	Be	B	C	N	O	F	Ne
1.52	1.13	0.88	0.77	0.70	0.66	0.64	0.69
Na	Mg	Al	Si	P	S	Cl	Ar
1.86	1.60	1.43	1.17	1.10	1.04	0.99	0.94

주기율표에서 수소의 바로 아래에 위치한 리튬의 경우 두 개의 내부 전자는 원자가 전자에 비해 핵에 가깝고 구대칭인 1*s* 오비탈에 들어 있어서 리튬 핵의 +3 전하 중 +2의 전하를 효과적으로 상쇄할 것으로 예상된다. 만일 리튬의 경우 이 가림 효과가 완벽하다면 2*s* 전자가 볼 때 리튬 핵의 양전하는 +1인 셈이고, 수소의 경우와 유사한 1 전자시스템이 되어 보어 모델을 적용할 수 있을 것이다. 물론 가림 효과는 완벽할 수는 없고, 따라서 실제 경우 유효 핵전하는 +1보다 약간 높은 값을 가지게 된다.

예제 5.3

알려진 리튬의 원자 반지름은 1.52 옹스트롬이다. 보어 모델을 적용한다면 리튬의 원자가 전자가 느끼는 유효 핵전하는 얼마인 셈인가?

풀이 리튬의 세 번째 전자의 주양자수는 2이다.

$$\left(\frac{n^2}{Z}\right)a_o = \left(\frac{2^2}{Z_{eff}}\right)(0.53\ \text{옹스트롬}) = 1.53\ \text{옹스트롬}$$

$$Z_{eff} = 4 \times \frac{0.53\ \text{옹스트롬}}{1.53\ \text{옹스트롬}} = 1.4$$

다음 주기인 소듐의 경우 원자가전자는 3*s* 오비탈에 들어 있는데 원자 반지름은 1.86 옹스트롬이다. 만일 리튬의 경우와 유효 핵전하가 비슷하다면 보어 모델에서 궤도 반지름이 양자수의 제곱에 비례하는 것으로부터 $(0.152)(3^2/2^2) = 3.4$ 옹스트롬 정도의 원자 반지름을 예상할 수 있을 것이다. 소듐의 실제 원자 반지름이 이 값의 반 정도인 것으로부터 소듐의 3*s* 전자가 느끼는 유효 핵전하는 상당히 크다는 것을 추론할 수 있다.

예제 5.4

소듐의 원자 반지름 1.86 옹스트롬으로부터 보어 모델을 적용했을 때 소듐의 3*s* 전자가 느끼는 유효 핵전하를 추론하여라.

풀이 $\left(\frac{n^2}{Z}\right)a_o = \left(\frac{3^2}{Z_{eff}}\right)$(0.53 옹스트롬) = 1.86 옹스트롬

$$Z_{eff} = 9 \times \frac{0.53 \text{ 옹스트롬}}{1.86 \text{ 옹스트롬}} = 2.6$$

소듐의 두 번째 전자 껍질에는 여섯 개의 전자가 2*p* 오비탈에 들어있는데 *p* 오비탈은 구대칭이 아니라서 가림 효과가 떨어지는 것을 알 수 있다.

같은 주기에서는 원자 번호가 증가할수록, 즉 오른쪽으로 갈수록 대체적으로 원자 반지름이 감소한다. 2주기를 예로 든다면 리튬부터 네온까지 여덟 가지 원소의 최외각전자는 주양자수가 2인 2*s* 및 2*p* 오비탈로 이루어진 전자 껍질에 들어간다. 핵으로부터 거의 같은 거리에 있는 2*s* 또는 2*p* 오비탈 전자는 1s 오비탈의 내부 전자보다 가림 효과가 작을 것이다. 따라서 한 주기 내에서 핵의 양전하가 증가하면 최외각 전자들이 핵에 강하게 끌려 원자 반지름이 감소하게 된다.

예제 5.5

위에 주어진 원자 반지름으로부터 Be부터 F까지 각 원자의 마지막 전자가 느끼는 유효 핵전하를 추론하여라.

풀이 모두 *n*은 2이다. $Z_{eff} = 4 \times \frac{0.53 \text{ 옹스트롬}}{\text{원자 반지름}}$에 각 원자의 반지름을 대입하면

	보어 모델	엄밀한 양자 역학적 계산	
Be:	$Z_{eff} = 4 \times \frac{0.53 \text{ 옹스트롬}}{1.13 \text{ 옹스트롬}} = 1.9$	1.91	(2*s*)
B :	$Z_{eff} = 4 \times \frac{0.53 \text{ 옹스트롬}}{0.88 \text{ 옹스트롬}} = 2.4$	2.42	(2*p*)
C :	$Z_{eff} = 4 \times \frac{0.53 \text{ 옹스트롬}}{0.77 \text{ 옹스트롬}} = 2.8$	3.14	(2*p*)
N :	$Z_{eff} = 4 \times \frac{0.53 \text{ 옹스트롬}}{0.70 \text{ 옹스트롬}} = 3.0$	3.83	(2*p*)
O :	$Z_{eff} = 4 \times \frac{0.53 \text{ 옹스트롬}}{0.66 \text{ 옹스트롬}} = 3.2$	4.45	(2*p*)
F :	$Z_{eff} = 4 \times \frac{0.53 \text{ 옹스트롬}}{0.64 \text{ 옹스트롬}} = 3.3$	4.45	(2*p*)

물론 이들 다전자 원자에 보어 모델이 그대로 적용되는 것은 아니지만 원자의 반지름과 유효 핵전하의 관계를 개괄적으로 이해하는 데는 도움이 된다. 2*p* 전자가 하나인 붕소의 경우에는 2*p* 전자에 대하여 양자 역학적 계산으로 구한 2.42 옹스트롬은 보어 모델로부터 구한 값과 거의 일치한다. 탄소부터는 차이가 생기는데, 그 이유는 다음과 같이 이해할 수 있다. 보어 모델의 경우에는 마지막 하나의 2*p* 전자가 느끼는 유효 핵전하를 구한 것이기 때문에 다른 2*p* 전자는 가림 효과를 나타낸다. 그러나 양자 역학적 계산에서는 모든 2*p* 전자가 평균적으로 느끼는 핵전하를 계산한 것이기 때문에 2*p* 전자의 가림 효과는 적게 반영되고 결과적으로 유효 핵전하는 크게 나타난다. 아무튼 이렇게 추산한 유효 핵전하는 뒤에서 살펴볼 이온화 에너지나 전자 친화도와도 경향이 잘 맞는다. 플루오린 경우에는 2*p* 전자가 많아서 반발에 의해 원자 반지름이 약간 커지는 경향이 나타나고 따라서 원자 반지름으로부터 추산한 유효 핵전하는 다소 과소평가된 것으로 볼 수 있다. 아무튼 2주기에서 원자 번호가 증가할수록 유효 핵전하가 증가한다는 점은 이들 원소의 중성 원자를 외부의 전자가 보았을 때 느끼는 유효 핵전하에도 그대로 반영될 것이다. 뒤에서 보겠지만 큰 유효 핵전하는 높은 전기음성도로 나타난다. 플루오린의 전기음성도가 모든 원소 중에서 제일 높은 이유를 이해할 수 있다.

5-3-3 이온 반지름

이온은 전자를 주거나 받아서 최외각이 채워진 경우이므로 중성 원자 경우와는 사정이 다르다. 우선 1족 금속의 원자 반지름과 이온 반지름을 비교해 보면 이온이 되면서 반지름이 대략 반으로 줄어드는 것을 알 수 있다. 중성 원자에서 최외각전자가 하나가 떨어져 나가면서 이온에서는 원래보다 하나 안쪽 원자 껍질이 최외각이 되기 때문이다. 리튬 경우에는 전자 하나 차이로 반경이 0.152 nm에서 0.060 nm로 2.5 배나 감소한다. 이러한 원자와 이온 반지름의 차이는 세슘 쪽으로 내려가면서 1.5 배로 줄어든다.

같은 주기의 양이온 사이에서는 양전하가 커질수록 이온 반지름이 작아진다. Na^+, Mg^{2+}, Al^{3+} 경우처럼 최외각은 같은 네온 구조인데 반해 핵의 양전하는 증가하기 때문이다.

예제 5.6

H, He, Li^+, Be^{2+} 중 반지름이 제일 작은 것은?

풀이 모두 1*s* 껍질에만 전자를 가지고 있다. 핵전하가 제일 큰 Be^{2+} 이온의 반지름이 제일 작을 것이다.

베릴륨 이온은 반지름이 0.31 옹스트롬 밖에 안된다. 이온 반지름은 결정에서 이온 사이의 거리로부터 구한다. 따라서 엄밀하게 정의하기 어려운 값이다.

한편 같은 주기에서도 −2가, −1가의 음이온이 되면 중성 원자에 비해 핵전하는 같은데 전자가 추가되는 셈이기 때문에 가림 효과와 전자 간 반발에 의해 반지름이 두 배 정도로 증가한다. 극단적으로 말해서 만일 플루오린 원자의 아홉 개 전자가 핵의 양전하 +9을 거의 다 가린다면 추가로 들어간 전자는 핵의 인력을 거의 느끼지 못하고 따라서 상당히 넓은 영역에 분포될 것이다. 예를 들면, 모든 최외곽전자가 2*s*, 2*p* 궤도함수에 들어가는 데도 불구하고 플루오린의 경우 원자 반지름은 0.64 옹스트롬인데 이온 반지름은 1.36 옹스트롬이다. F^- 이온과 전자 구조가 같은 O^{2-}의 이온 반지름은 0.140 nm로 거의 같다. 그런데 같이 열 개의 전자를 가진 네온의 원자 반지름은 0.70 옹스트롬으로 플루오린이나 산소 이온 반지름의 반 정도에 불과하다. 원자나 이온의 반경이 유효 핵전하에 민감한 것을 보여준다.

5-3-4 이온화 에너지

이온은 화학에서 중요한 위치를 차지한다. 많은 경우에 원자들은 이온으로 바뀌어 우리 주위의 물질 세계를 만들고 생명현상에 관여하기 때문이다. 지구 표면은 지각권(地殼圈, lithosphere)을 구성하는 대부분의 암석은 이온성 물질이다. 바닷물에도 엄청난 양의 이온이 녹아 있다. 우리 몸에서 이온들은 신경에서의 신호전달, 삼투압 유지, 완충작용 등 중요한 역할을 한다. 산소와 결합해서 헤모글로빈이 산소를 운반하게 해주는 것도 철 이온이다. 식물 엽록소의 광합성 센터에는 마그네슘 이온이 자리잡고 있다. 전지에서 볼 수 있듯이 실생활에서도 이온은 널리 활용된다.

중성 원자에서 전자를 하나 떼내어 무한대 거리까지 가져가는데 필요한 에너지를 **이온화 에너지(ionization energy)**라 하고 kJ/mol 단위를 많이 사용한다. 전자가 핵으로부터 무한대 거리에 있을 때의 에너지를 0으로 하여 기준점으로 잡기 때문에 원자에서의 전자 에너지는 음의 값을 가진다. 그런데 이온화 에너지는 전자를 떼내는데 필요한 에너지이기 때문에 전자 에너지에서 마이너스 부호를 떼낸 값이 된다. 앞의 보어 모델에서 살펴본 대로 수소의 전자 에너지는 -1 리드베리, 또는 -1312 kJ/mol이고, 수소의 이온화 에너지는 1312 kJ/mol이다.

표 5.2 3주기까지 원소의 첫 번째 이온화 에너지

첫 번째 이온화 에너지(kJ/mol)

H 1312							He 2372
Li 520	Be 900	B 801	C 1086	N 1042	O 1314	F 1681	Ne 2081
Na 496	Mg 738	Al 578	Si 789	P 1012	S 1000	Cl 1251	Ar 1520

수소 원자의 단 하나의 전자는 핵의 양전하를 직접 느끼는 데다가 바닥 상태의 1*s* 궤도함수는 핵에 비교적 가깝다. 리튬의 두 개 내부 전자가 양성자 두 개의 전하를 상쇄한다면 핵의 양전하가 1이고 최외각전자의 양자수가 2인 경우가 될 것이다. 보어 모델에서 에너지의 절대값이 양자수의 제곱에 반비례 하는 것을 생각하면 이런 가상적인 리튬의 최외각전자의 에너지는 $-1312/22 = -328$ kJ/mol이 될 것이다. 그런데 불완전한 가림 효과 때문에 리튬의 최외각전자는 1보다 약간 큰 유효 핵전하에 끌려 안정화된다. 리튬의 이온화 에너지는 328 kJ/mol 보다 큰 520 kJ/mol로 측정된다. 리튬에서 세슘으로 내려가면서 원자 반지름이 증가하는 것과 발을 맞추어 이온화 에너지는 감소한다. 리튬과 소듐은 물과 상당히 잘 반응하여 빛과 열을 내면서 수소를 발생한다. 포타슘(419 kJ/mol)은 반응성이 훨씬 더 높아서 발생한 열에 의해 수소가 연소하고, 세슘(376 kJ/mol)은 보다 폭발적으로 반응한다. 주양자수가 6인 세슘의 경우에는 불완전한 가림 효과에 의한 높은 유효 핵전하가 아니었다면 이온화 에너지가 훨씬 작고 반응성이 엄청나게 높을 것이다.

같은 주기 내에서는 원자 번호가 커질수록 유효 핵전하가 증가하는데 따라 이온화 에너지는 증가한다. 흥미롭게도 산소의 첫 번째 이온화 에너지는 수소의 이온화 에너지와 비슷하다. 두 번째 전자를 떼어내는 데는 첫 번째보다 훨씬 많은 에너지가 필요하다. 따라서 O^{2-} 이온은 결정에서 양이온에 둘러싸여 있을 때만 안정하게 존재한다.

예제 5.7

마그네슘의 첫 번째 이온화 에너지는 735 kJ/mol이다. 두 번째, 세 번째 이온화 에너지는 첫 번째 이온화 에너지에 비해 어떤 값을 가질까?

풀이 두 번째 이온화 에너지는 양이온에서 전자를 떼내는 경우이기 때문에 중성 원자에서 전자를 떼내는 첫 번째 이온화 에너지보다 상당히 높을 것이다. 두 개의 최외각의 전자를 다 떼어내고 차 있는 내부 껍질에서 전자를 떼내는 경우인 세 번째 이온화 에너지는 두 번째보다도 훨씬 높아진다. 마그네슘의 첫 번째, 두 번째, 세 번째 이온화 에너지는 각각 735, 1445, 7730 kJ/mol이다.

헬륨의 이온화 에너지는 수소의 이온화 에너지의 거의 두 배에 가깝다. 전자 껍질이 채워져서 안정한 구조를 이루고 있는 데에서 전자를 떼내는 것은 쉽지 않기 때문이다. 헬륨에서 라돈(1042 kJ/mol)으로 내려가면서 원자 반지름은 증가하고 이온화 에너지는 작아진다. 실제로 제논(Xe)에서 전자를 떼내는 것은 수소에서 전자를 떼내는 것보다 에너지가 적게 든다 (1176 kJ/mol). 그래서 제논은 플루오린처럼 전자를 강하게 끌어당기는 원소와 화합물을 만든다.

이온화 에너지에 관하여 한가지 잊지 말아야 할 점은 아무리 세슘처럼 최외각전자가 핵에서 멀리 떨어져 있고 주양자수가 6으로 크다 하더라도 이온화 에너지는 양의 값이라는 것이다. 세슘의 이온화 에너지는 탄소-탄소 공유 결합 에너지와 비슷한 376 kJ/mol인데, 전자를 떼내어서 어느 정도 거리에 가져가면 세슘은 양이온이 되고 이 양이온은 전자를 다시 끌어당긴다. 따라서 전자를 무한대 거리에 가져가려면 상당한 에너지가 필요한 것이다.

이온화 에너지가 높다는 것은 녹이 잘 슬지 않는다는 것과도 통한다. 녹이 스는 것은 산소에게 전자를 내주어 산화가 되는 것인데 산소가 아무리 전자를 빼앗으려 해도 어떤 원소가 전자를 내놓지 않으면, 즉 이온화 에너지가 높으면 녹이 슬지 않을 것이다.

예제 5.8

금과 철은 어느 쪽이 이온화 에너지가 높을까?

풀이 금의 첫 번째 이온화 에너지는 890 kJ/mol로 철의 759 kJ/mol보다 훨씬 높다. 그래서 자연에서 산화물이 아닌 금속 상태로 존재하는 금은 인류문명의 초기부터 발견되어 귀금속으로 높은 가치를 지녀왔다.

5-3-5 전자 친화도

기체 상태의 중성 원자가 전자를 얻어 에너지가 안정화되는 정도를 **전자 친화도(電子親和度, electron affinity)**라고 한다. 언뜻 생각하면 중성인 원자가 음전하를 가진 전자와 상호작용할 이유가 없을 듯 하지만 앞에서 살펴본 대로 가림 효과가 완벽하지 못하기 때문에 예를 들어 리튬 원자의 경우 밖에서 볼 때 세 개의 전자는 세 개 양성자의 전하를 다 가리지 못한다. 그래서 구름 사이로 햇빛이 비춰듯이 리튬 핵의 양전하는 외부의 전자에 인력을 미친다. 리튬의 전자 친화도는 60 kJ/mol이다. 유효 핵전하가 큰 산소의 전자 친화도는 141 kJ/mol이고, 전자 하나를 얻으면 최외각이 채워지는 플루오린은 전자 친화도가 328 kJ/mol이나 된다. 할로젠족 원소는 모두 전자 친화도가 높다. 전자 친화도가 가장 높은 원소는 소금의 염소 이온(Cl^-)으로 친숙한 염소로 341 kJ/mol이다. 염소는 플루오린보다 반지름이 크기 때문에 $3p$ 오비탈에 전자가 하나 더 들어와도 전자 사이의 반발은 $2p$ 오비탈에 전자가 들어오는 플루오린 경우보다 적을 것이다.

산소는 금속 산화물에서 2가 이온(O^{2-})으로 존재하기 때문에 두 번째 전자도 쉽게 받는 것으로 생각하기 쉽다. 그러나 두 번째 전자 친화도가 양인 원소는 없다. 이미 하나의 전자를 얻어 음이온이 된 상태에서 두 번째 전자가 접근하면 반발력이 작용하기 때문이다. 그러나 결정에서는 O^{2-} 이온은 주위의 양이온과의 인력에 의해 안정하게 존재한다.

이온화 에너지가 높은 금은 전자 친화도도 높다. 금, 은, 동의 전자 친화도값은 223, 126, 118 kJ/mol로 흥미롭게도 올림픽 메달 순위와 일치한다. 물론 그램당 가격의 순서와도 일치한다. 철의 전자 친화도는 16 kJ/mol로 아주 낮아서 지각의 대부분 철은 산화물로 존재한다. 철기가 청동기보다 뒤에 온 이유를 알 수 있다.

5-3-6 전기음성도

많은 화학 반응은 용액에서 일어나고 또 어떤 원자의 특성은 독립된 원자로서가 아니라 화합물의 일부로서 실제적인 의미를 가지기 때문에 이온화 에너지나 전자 친화도를 내포하는 새로운 어떤 양을 정의하는 것이 필요하다.

1932년에 폴링(Pauling, 1954년 노벨 화학상, 1962년 노벨 평화상)은 두 원소 A, B 간의 **전기음성도(電氣陰性度, electronegativity, χ)**의 차이를 다음과 같이 정의했다.

$$|\chi_A - \chi_B| = 0.102 \times \sqrt{\Delta E_{AB} - \frac{\Delta E_{AA} + \Delta E_{BB}}{2}}$$

ΔE_{AB}, ΔE_{AA}, ΔE_{BB}, 는 각각 A−B, A−A, B−B 결합의 해리(解離) 에너지(energy of dissociation)이다.

2년 후 멀리켄(Mulliken, 1966년 노벨 화학상)은 보다 간단하게 이온화 에너지와 전자 친화도의 평균값으로 전기음성도를 정의했다. 이온화 에너지가 크다는 것은 전자를 떼내어 양이온을 만들기 어렵다는 뜻이고, 전자 친화도가 크다는 것은 쉽게 전자를 얻어 음이온을 만든다는 뜻이기 때문에 둘의 평균값은 어느 원자가 전자를 끌어당기는 정도를 나타낸다고 볼 수 있다. 폴링과 멀리켄의 전기음성도 값은 크게 차이가 나지 않는데 폴링의 값을 많이 사용한다.

표 5.3 3주기까지 원소의 전기음성도

H						
2.2						
Li	Be	B	C	N	O	F
1.0	1.5	2.0	2.5	3.0	3.5	4.0
Na	Mg	Al	Si	P	S	Cl
0.9	1.2	1.5	1.8	2.1	2.5	3.0

이온화 에너지와 마찬가지로 전기음성도도 오른쪽 위로 가면 높아지고, 왼쪽 아래로 가면 낮아지는 주기성을 나타낸다. 2주기에서는 리튬에서 플루오린까지 0.5씩 증가하기 때문에 기억하기 편하다. 염소는 3.0으로 질소와 같고 황은 탄소와 같다. 산소(3.5)는 플루오린(4.0) 다음으로 전기음성도가 높은 원소이다.

유기화학에서 핵심적 위치를 차지하는 탄소의 전기음성도는 2.5로 여러 원소 중에서 중간 정도이다. 이것은 탄소가 전자를 잘 내주는 1족과 잘 받는 7족 사이의 중간에 위치한 4족 원소라는 점과 잘 맞는다. 4족 원소이기 때문에 네 개의 결합을 만든다는 점과 아울러 어느 정도 전자를 내줄 수도, 받을 수도 있다는 점은 탄소가 여러 원소와 다양한 화합물을 만들도록 한다. 수소의 전기음성도는 2.2로 비금속 원소 중에는 가장 낮은 편이다. 그래서 수소는 산소나 염소처럼 전기음성도가 높은 원소와 결합하면 쉽게 전자를 내주고 양성자로 떨어져 나오기 때문에 산으로 작용한다.

전기음성도가 어떤 원소의 중성 원자가 외부의 전자를 얼마나 끌어당기는지에 대한 척도라면 결국 유효 핵전하의 크기를 반영할 것이다. 예를 들어 하나의 외부 전자가 플루오린 원자에 접근했다고 하자. 만일 플루오린의 아홉 개 전자가 핵의 아홉 개 양성자에 의한 +9의 양전하를 완전히 가린다면 (전자가 핵에 위치한다면 그렇게 될 것이다) 외부 전자는 아무 인력을 느끼지 못할 것이다. 그러나 비대칭적인 전자 밀도의 분포 등의 이유로 유효 핵전하가 상당히 큰 경우에 외부 전자는 중성 원자에 끌리게 될 것이다. 따라서 전기음성도와 유효 핵전하 사이에 어떤 상관관계가 예상된다.

리튬부터 플루오린까지 2주기 원소에 대하여 전기음성도와 예제 5.5에서 구한 유효 핵전하의 관계를 살펴보면 주기율표에서 오른쪽으로 갈수록 전기음성도와 유효 핵전하 모두 증가하는 것을 볼 수 있다.

표 5.4 몇가지 원소의 전기음성도와 유효 핵전하의 상관관계

	전기음성도	유효 핵전하
Li	1.0	1.4
Be	1.5	1.9
B	2.0	2.4
C	2.5	2.8
N	3.0	3.0
O	3.5	3.2
F	4.0	3.3

5-3-7 단일 결합의 세기

주기율과 관련해서 마지막으로 생명 현상과 직결된 단일 결합의 세기에 대해 살펴보자. 생명의 4대 원소를 원자 번호에 따라 수소, 탄소, 질소, 산소 순서로 나열하고 산소 다음 원소인 플루오린까지 포함해서 이들 원자끼리 만드는 단일 결합의 결합 에너지를 찾아보면 아래와 같이 전기음성도와 흥미로운 상관관계를 볼 수 있다.

표 5.5 같은 원소끼리의 결합에서 전기음성도와 결합 에너지의 상관관계

	전기음성도	결합 에너지 (kJ/mol)	예	
H−H	2.2	432	H−H	수소 분자
C−C	2.5	348	H_3C-CH_3	에테인
N−N	3.0	163	H_2N-NH_2	하이드라진
O−O	3.5	157	H−O−O−H	과산화수소
F−F	4.0	154	F−F	플루오린 분자

수소와 탄소는 비교적 전기음성도가 낮은 원소이다. 따라서 이들 원자가 여러 개 결합하면 극성이 낮은 탄화수소가 얻어진다. 전기음성도가 낮은 수소끼리, 탄소끼리 결합하면 전자의 공유가 용이해서 공유 결합이 쉽게 이루어지고 결합도 강하다.

질소, 산소, 플루오린은 전기음성도가 높은 원소에 속한다. 7장에서 보겠지만 수소가 질소, 산소, 또는 플루오린 원자와 결합하면 전자를 상당히 내주기 때문에 양전하를 띠게 되고 결과적으로 수소 결합에 참여하게 된다. 그런데 이들이 자신과 결합하면 두 원자 모두 상대에게서 전자를 빼앗으려고 하지만, 피차 전기음성도가 높은 원소이고 보니 각자의 전자를 챙기는데 급급하고 질소만 되어도 전자의 공유는 수소나 탄소만 못하게 된다. 산소와 플루오린은 더하다. 산소와 플루오린에서는 질소보다 전기음성도가 높은 대신 원자 반지름이 더 작아져서 전자 구름이 보다 효과적으로 중첩되어 공유 결합을 안정화한다. 중요한 것은 N−N, O−O, F−F 단일 결합의 에너지가 다른 단일 결합보다 훨씬 낮다는 점이다.

O−O 단일 결합의 에너지가 낮은 또 하나의 중요한 이유가 있다. H−H, C−C, N−N, O−O, F−F 단일 결합을 가지는 가장 간단한 화합물은 수소 분자(H−H), 에테인(ethane, H_3C-CH_3), 하이드라진(hydrazine, H_2N-NH_2), 과산화수소(hydrogen peroxide, H−O−O−H), 그리고 플루오린 분자(F−F)이다. 그런데 에테인에서 수소와 에테인 분자는 비공유 전자(6장)를 하나도 가지고 있지 않다. 하이드라진에서 각각의 질소 원자는 한 개의 비공유 전자쌍을 가지고, 과산화수소에서 각각의 산소 원자는 2개의 비공유 전자쌍을, 그리고 플루오린 분자에서 각각의 원자는 3개의 비공유 전자쌍을 가진다. 7장에서 분자 구조와 관련하여 알아보겠지만 공유 결합(6장)에 사용되는 전자쌍보다 결합에 참여하지 않은 비공유 전자쌍 사이의 전기적 반발이 더 커서 비공유 전자쌍 사이의 거리를 최대화하는 구조를 가지게 된다. 그런데 H_2N-NH_2, H−O−O−H, F−F는 모두 단 하나의 구조만이 가능하기 때문에 비공유 전자쌍 사이의 반발을 피할 길이 없고 따라서 N−N, O−O, F−F 단일 결합은 모두 상대적으로 약하다. 반면 비공유 전자쌍 사이의 반발이 전혀 없는 수소 분자와 에테인의 H−H, C−C 결합은 강하다.

N−N, O−O, F−F 단일 결합 중에서 질소는 산소보다 반응성이 낮아서 덜 중요하고, 플루오린은 결합수가 1이기 때문에 두 원자 사이에 끼어들어 갈 우려가 없어서 고려할 필요가 없다. 그리고 보면 생명 현상과 관련해서 O−O 결합 에너지의 크기가 가장 중요한 고려 대상이다.

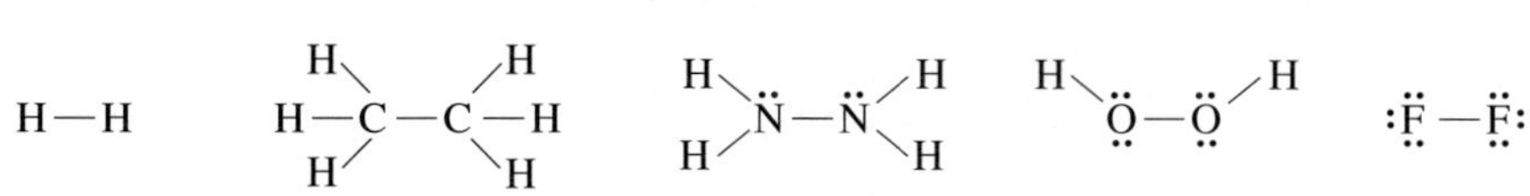

H−H　　H_3C-CH_3　　H_2N-NH_2　　H−O−O−H　　F−F

그런데 그것이 생명과 무슨 관계가 있을까? O−O 결합 에너지가 C−C 결합 에너지와 비슷하다면 어떻게 되었을까 생각해 보자. 산소는 결합수(結合手)가 둘이라서 결합을 이루고 있는 두 원자 사이를 벌리고 쉽게 끼어들어갈 수 있는 가능성을 가지고 있다. H−H가 H−O−H로 바뀌는 것이 대표적인 예이다. 탄소 화합물에서는 C−O−C 구조를 가지면 에테르(ether)라는 물질이 된다. 긴 탄소 사슬(carbon chain)에서 한 군데 산소가 끼어들어간 것이다. 그런데 산소 옆에 산소 원자가 하나 더 끼어들어간 C−O−O−C 식의 화합물은 **과산화물**(*peroxide*)이라고 부르는 상당히 불안정한 물질이다. 결합 에너지가 낮은 O−O 단일 결합이 있기 때문이다. 만일 O−O 단일 결합이 C−C 결합처럼 안정하다면 사슬에서 탄소와 산소 원자수가 비슷할 수도 있고, O−O 결합이 약간 더 안정하다면 탄소보다 산소 원자가 더 많은 사슬이 얻어질 것이다.

탄소는 결합수가 넷이라서 긴 탄소 사슬에서 양쪽의 탄소와 결합한 탄소 원자는 두 개의 여분의 결합수를 가진다. 여기에 여러 가지 작용기(11장)가 결합해서 다양한 생체 화합물을 만들어낸다. 가상적인 산소의 사슬에서는 작용기가 결합할 여지가 전혀 없다. 그러니까 탄소 사슬에서 O−O 단일 결합을 찾아볼 수 없는 것은 다행이고, 그런 의미에서 산소의 높은 전기음성도는 O−O 단일 결합을 불안정하게 만들면서 탄소를 생체고분자의 핵심 원소로 만들어주는 것이다.

예제 5.9

산소의 전기음성도와 관련하여 틀리는 것은?

가. 산소의 전기음성도가 높기 때문에 물의 비열이 크다.
나. 산소의 전기음성도가 높기 때문에 물이 휘발유보다 밀도가 높다.
다. 산소의 전기음성도가 낮다면 공기는 공짜가 아닐 수도 있다.
라. 산소의 전기음성도가 낮아진다면 석유를 태울 때 발열량이 높아질 것이다.

풀이 가. 맞다. 산소의 전기음성도가 높기 때문에 물 분자 사이에 수소 결합(7장)이 생기고, 가열할 때 수소 결합을 깨야하기 때문에 비열이 크다.

나. 맞다. 산소가 없는 휘발유는 수소 결합을 못 만들고 분자간 상호작용(7장)이 약해서 밀도가 낮다.

다. 맞다. 산소의 전기음성도가 낮아서 O−O 단일 결합 에너지가 낮다면 산소는 사슬형 고분자를 만들어 고체가 될 수도 있다.

라. 틀리다. 전기음성도가 낮아지면 발열량은 낮아진다. 석유를 태울 때 발열량이 높은 이유는 석유에 들어있는, 전기음성도가 낮은 수소와 탄소가 산소의 높은 전기음성도를 만족시켜 주기 때문이다.

이번에는 수소와 다른 원소 사이 단일 결합의 결합 에너지를 살펴보자.

표 5.6 수소와의 단일 결합에서 전기음성도 차이와 결합 에너지의 상관관계

	전기음성도	결합 에너지 (kJ/mol)
H−H	2.2 − 2.2	432
H−C	2.2 − 2.5	412
H−N	2.2 − 3.0	391
H−O	2.2 − 3.5	467
H−F	2.2 − 4.0	565

앞에서 전기음성도가 낮은 수소끼리, 또 탄소끼리의 결합이 432, 348 kJ/mol로 상당히 강한 것을 살펴보았다. 전기음성도 차이가 작은 수소와 탄소 사이의 결합 에너지는 412 kJ/mol로 H−C 결합은 C−C 결합보다 강하다. 흥미로운 것은 수소가 전기음성도

표 5.7 탄소와의 단일 결합에서 전기음성도 차이와 결합 에너지의 상관관계

	전기음성도	결합 에너지 (kJ/mol)
C−H	2.5 − 2.2	412
C−C	2.5 − 2.5	348
C−N	2.5 − 3.0	305
C−O	2.5 − 3.5	358
C−F	2.5 − 4.0	485

가 높은 원소와 결합할 때 질소, 산소, 플루오린 순서로 결합 에너지가 커진다는 점이다. 결합당 발열량도 증가할 것이다. H−O 결합은 H−H 결합보다 상당히 강하고, H−F 결합은 단일 결합 중에서 가장 강하다.

이와 같은 경향은 탄소에서도 찾아 볼 수 있다.

산소와 다른 원소 사이 단일 결합의 결합 에너지는 전기음성도 차이와 밀접한 관계를 보인다. 물론 C−N, C−O, C−F의 결합 에너지는 전기음성도 차이가 보다 큰 H−N, H−O, H−F의 결합 에너지보다는 작다.

전기음성도가 높은 산소 사이의 O−O 결합은 상당히 약하다. 산소가 다른 원소와 결합하면 전기음성도 차이 순서에 따라 결합 에너지가 증가한다.

표 5.8 산소와의 단일 결합에서 전기음성도 차이와 결합 에너지의 상관관계

	전기음성도	결합 에너지 (kJ/mol)
O−H	3.5 − 2.2	467
O−C	3.5 − 2.5	358
O−N	3.5 − 3.0	201
O−O	3.5 − 3.5	157
O−F	3.5 − 4.0	190

예제 5.10

H−F, C−F, N−F, O−F, F−F 결합 에너지의 순서를 예측하여라.

풀이 위에서 본대로 O−O 결합 에너지가 가장 낮고, 전기음성도 차이가 같은 N−O와 F−O 결합 에너지는 비슷하다. 플루오린 경우에는 F−F 결합 에너지가 가장 낮고 F−O, F−N 순으로 전기음성도 차이가 커지면 결합 에너지도 커진다.

표 5.9 플루오린과의 단일 결합에서 전기음성도 차이와 결합 에너지의 상관관계

	전기음성도	결합 에너지 (kJ/mol)
F−H	4.0 − 2.2	565
F−C	4.0 − 2.5	485
F−N	4.0 − 3.0	272
F−O	4.0 − 3.5	190
F−F	4.0 −4.0	154

마지막으로 질소에 대해서도 같은 경향을 볼 수 있다.

표 5.10 질소와의 단일 결합에서 전기음성도 차이와 결합 에너지의 상관관계

	전기음성도	결합 에너지 (kJ/mol)
N−H	3.0 − 2.2	391
N−C	3.0 − 2.5	305
N−N	3.0 − 3.0	163
N−O	3.0 − 3.5	201
N−F	3.0 − 4.0	272

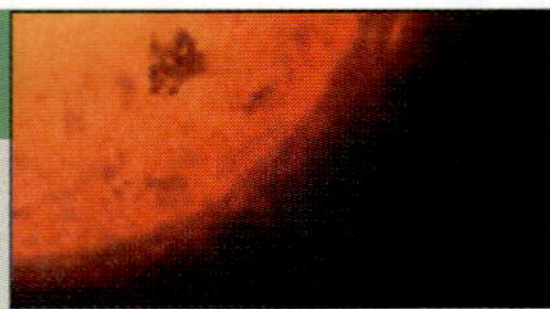

옥타브와 옥텟

자연의 원리를 우리 주위의 일들과 연관 지어 이해하고 파악하는 것은 과학을 재미있게 공부하는 좋은 길이다.

피아노의 건반에는 88개의 키가 있다. 88 올림픽으로 우리에게 친숙한 숫자이다. 피아니스트는 88개의 키가 내는 음들의 화합(和合)을 통해 아름다운 음악을 만들어낸다. 그 중에는 다른 키보다 훨씬 자주 사용되는 키도 있고, 아주 드물게 사용되는 키도 있다.

자연에는 피아노의 키와 비슷한 수의 화학 원소들이 있다. 북핵 문제 덕분에 가끔 접하는 우라늄은 92번째 원소로 자연에서 가장 무거운 원소이다. 피아노 건반에서 제일 높은 음을 내는 키인 셈이다. 자연도 약 90가지 원소 중에서 20가지 정도의 원소를 주로 사용해서 삼라만상을 만들어낸다. 생명체에서는 수소, 산소, 탄소가 압도적으로 많이 사용된다. 도, 미, 솔인 셈이다. 그 다음으로는 파, 라처럼 질소와 인이 필수적이다. 우리 몸에는 그 밖에도 칼슘, 포타슘(칼륨), 황, 소듐(나트륨), 염소, 마그네슘이 꽤 들어있고, 열 가지 정도의 미네랄 성분이 미량 들어있다.

피아노에서는 도, 미, 솔을 같이 누르면 제 각자의 음을 내면서 화음(和音)을 이룬다. 그런데 원소의 세계에서는 가벼운 기체인 수소, 마시면 상쾌한 산소, 그리고 검은 숯에 들어있는 탄소를 조합하면 원래의 성질은 어디로 사라지고 혼인 잔치의 포도주 같은 전혀 다른 물질로 변화(變化) 된다. 그래서 원소 세계의 화합은 화합(化合)이다.

건반의 세계와 원소의 세계에는 또 다른 재미있는 공통점이 있다. 도에서 시로 가면 다시 도로 돌아온다. 마찬가지로 주기율표에서 소듐, 마그네슘, 알루미늄, 실리콘,

전기음성도로 이처럼 다각도로 결합 에너지를 설명할 수 있는 것을 보면 화학에서 전기음성도는 대단히 유용한 개념인 것이 틀림없다.

주기율표에 있는 주요 원소들의 결합 에너지를 다루는 김에 몇 가지 더 언급하고 넘어가자. 염소의 전기음성도는 3.0으로 플루오린이나 산소보다 낮다. 따라서 Cl−Cl 결합 에너지는 239 kJ/mol로 F−F의 154, O−O의 157, 그리고 N−N의 163 kJ/mol보다 크다. 전기음성도 차이가 있는 C−Cl 사이의 결합 에너지는 339 kJ/mol로 Cl−Cl 결합 에너지보다 상당히 크다. O−Cl 결합은 203 kJ/mol로 상당히 약해서 성층권에서 햇빛의 자외선에 의해 쉽게 깨어지고, 이렇게 생긴 염소 라디칼(Cl·)은 오존 파괴 등 라디칼 반응에 참여하기 때문에 환경화학에서 중요하다.

단일 결합 중에서 또 하나 중요하고 흥미로운 경우는 탄소와 같은 족에 속하는 실리콘의 결합이다.

표 5.11 탄소와 실리콘의 결합 에너지

	결합 에너지 (kJ/mol)		결합 에너지 (kJ/mol)
C−C	348	Si−Si	230
C−O	358	Si−O	452
C=O	745	Si=O	만들지 못 함

탄소의 경우에는 C−C, C−O 결합 모두 강하다. 그런데 전기음성도 차이가 큰 탄소와 산소 사이의 C=O 이중 결합은 C−O 단일 결합의 두 배보다 더 강하다. 그래서 이산화탄소(O=C=O)는 안정한 기체이다.

인, 황, 그리고 일곱 번째 염소 다음에는 다시 소듐과 한 옥타브 차이 나는 포타슘이 온다. 한 옥타브 내에서 모든 음에 특이한 음색이 있듯이 원소의 옥타브 내에서도 원소들은 다 제 몫이 있다. 소듐은 원래 광택이 나는 금속이지만 염소와 화합하면 우리 몸에 필수적인 소금이 된다. 마그네슘은 지구상 모든 녹색식물의 엽록소에 들어있어서 햇빛의 에너지를 받아 탄수화물을 만드는 광합성의 첫 단추를 꿰는 역할을 한다. 가볍고 강도가 높은 알루미늄은 항공기와 우주 산업의 핵심 소재이고, 실리콘은 대지의 주성분이면서 아울러 반도체의 주역이다. 인은 인체의 골격도 만들고 DNA 이중 나선의 골격도 만든다. 황은 단백질과 타이어에 적절한 견고성과 유연성을 동시에 부여해서 생을 가능하게도 하고 편하게도 한다. 소듐과 함께 소금의 성분인 염소는 마시는 물의 소독을 통해 수 많은 사람을 전염병으로부터 구했다. 그리고는 다시 소금과 비슷한 염을 만들면서 신경계에서 핵심 역할을 하는 포타슘으로 돌아간다.

한편 도레미도와 도미레도가 다른 멜로디인 것처럼 포도주 내에서도 수소, 산소, 탄소는 결합 방식에 따라 흥을 돋우는 알코올이 되기도 하고 맛과 향을 내는 에스터가 되기도 한다.

한 가지 더. 악보에 쉼표가 있듯이 주기율표에는 모든 원소가 쉼을 찾는, 원소의 이상향이 있다. 염소와 포타슘 사이에는 쉬기를 좋아해서 비활성 기체라 부르는 아르곤이 자리잡고 있는 것이다. 이 여덟 번째 족인 비활성 기체가 되기 위해 모든 원소는 8을 지향하는 자연의 원리를 따라 열심히 화합을 실천한다. 이 원리는 옥타브와 어원이 같은 옥텟(팔전자) 규칙이라 부른다. 원자들은 이 규칙에 따라 화합해서 여름의 마지막 장미가 되기도 하고, 우리 몸이 되기도 한다. 우리 몸은 우주의 별보다도 많은 개수의 원자들이 화합(化合)을 통해 화합(和合)을 이루고 있는 자연의 걸작인 것이다.

탄소와 같은 족이지만 3주기에 속해서 원자 반지름이 1.17 옹스트롬으로 탄소의 0.77 옹스트롬보다 훨씬 큰 실리콘은 탄소보다 전자 밀도의 겹침(overlap)이 적다. 그래서 그래서 Si−Si 결합은 C−C 결합보다 약하다. 그런데 전기음성도가 1.8로 탄소의 2,5보다 훨씬 낮은 실리콘과 산소 사이의 Si−O 단일 결합의 에너지는 C−O 결합 에너지보다 상당히 높다. 한편 원자 반지름에 큰 차이가 있는 실리콘은 산소와 이중 결합을 만들지 못한다. 실리콘이 탄소처럼 산소와 이중 결합을 만든다면 Si=O의 결합 에너지는 C=O 결합 에너지 745 kJ/mol보다 훨씬 클 것이다. 그렇다면 실리콘도 O=Si=O 식의 기체 화합물을 만들고 우리가 사는 대지의 성분이 될 수 없었을 것이다. 대신 강한 단일 결합을 만드는 실리콘은 네 개의 결합수를 모두 Si−O 단일 결합을 만드는데 사용해서 커다란 고체 네트워크를 만든다. 반면에 탄소가 산소와 강한 이중 결합을 만들지 못한다면 탄소의 산화물도 고체가 되었을 것이고 식물이 광합성의 원료를 얻기가 쉽지 않았을 것이다.

이번에는 단일 결합, 이중 결합, 삼중 결합의 세기를 비교해보자.

표 5.12 단일 결합, 이중 결합, 삼중 결합의 세기 비교

결합	에너지 (kJ/mol)	결합	에너지 (kJ/mol)	결합	에너지 (kJ/mol)
C−C	348	N−N	163	O−O	157
C=C	612	N=N	409	O=O	498
C≡C	837	N≡N	946		

탄소는 단일 결합의 에너지가 이중 결합 에너지의 반, 또 삼중 결합 에너지의 3분의

1보다 크다. 단일 결합 두 개를 만드는 것이 이중 결합 한 개를 만드는 것보다 유리한 것이다. 그래서 탄소 화합물은 여러 개의 C−C 단일 결합을 가진다. 질소의 이중 결합 에너지는 단일 결합 에너지의 2.5배, 또 삼중 결합 에너지는 거의 6배나 된다. 공기 중의 질소가 삼중 결합을 이룬 분자인 이유이다. 산소의 이중 결합 에너지는 단일 결합 에너지의 3배가 넘는다. 역시 공기 중의 산소가 이중 결합을 이룬 분자인 이유이다.

멘델레예프의 주기율표는 당시 알려진 원소들을 화학적 특성에 따라 몇 개의 족으로 분류한 것이다. 원소의 기원과 원자의 구조, 그리고 화학 결합의 원리가 잘 알려진 오늘날 지금까지 알려진 100여 가지 원소는 아래와 같이 여러 관점에서 구분할 수 있다.

가벼운 원소: H, He
무거운 원소: C, N, O, F, Na, Mg, P, Cl, Ne, Fe, S, Ar, U 등

우주에 풍부한 원소: H, He
우주에 희귀한 원소: C, N, O, F, Ne, Na, Mg, P, Cl, Ne, Fe, S, Ar, U 등

빅뱅 우주에서 만들어진 원소: H, He
별에서 만들어진 원소: C, N, O, F, Ne, Na, Mg, P, Cl, Ne, Fe, S, Ar, U 등

중성자가 없어도 되는 원소: H
중성자가 필요한 원소: He, C, N, O, F, Ne, Na, Mg, P, Cl, Ne, Fe, S, Ar, U 등

이미 귀족인 원소: He, Ne, Ar, Kr, Xe, Rn
귀족이 되고 싶은 원소: H, C, N, O, F, Na, Mg, P, Cl, Fe, S, U 등

전자를 주려는 원소: H, Li, Na, Mg, Al, K, Rb 등
전자를 받으려는 원소: F, O, Cl, N, S, Br, I 등

천연 원소: H, He, C, N, O, F, Ne, Na, Mg, P, Cl, Ne, Fe, S, Ar, U 등
인공 원소: Np, Pu, Md 등 (원자 번호 93부터, 최근 118번 발표)

요점 정리

- 자연에 존재하는 약 100 가지의 원소들은 물리적, 화학적 성질에서 어떤 규칙성을 보여 준다.
- 멘델레예프는 원소들을 원자량에 따라 배열하면 주기적으로 비슷한 원소의 성질이 나타나는 것을 발견하였다. 멘델레예프는 자신의 주기율표의 빈 자리로부터 여섯 가지 새로운 원소들을 예측하였다. 갈륨, 저마늄, 스칸듐 등의 발견으로 주기율이 널리 받아들여지게 되었다.
- 1913년에 모즐리가 원자 번호를 발견하면서 원자량보다 원자 번호가 더 기본적인 원소의 특성인 것이 밝혀졌다. 현재의 주기율표에서는 원소들을 원자 번호에 따라 배열한다.

- 아르곤, 네온 등 비활성 기체가 발견되어 새로운 족이 추가되면서 주기율의 의미가 확실히 드러났다. 모든 원소는 비활성 기체의 전자 구조를 가지려는 방향으로 화학 결합을 이루고, 금속성과 비금속성, 화학적 활성 등에서 주기적 경향을 나타내는 것이다.
- 보어 모델을 사용하면 최외각전자수에 따른 주기율을 쉽게 이해할 수 있다. 원소의 특성은 최외각전자수에 의해 결정되는데, 같은 족의 원소들은 최외각전자수가 같은 원소들인 것이다.
- 원자 반지름은 같은 주기에서는 원자 번호가 증가할수록 감소하고, 같은 족에서는 원자 번호가 증가할수록 증가한다.
- 이온화 에너지와 전기음성도는 같은 주기에서는 원자 번호가 증가할수록 증가하고, 같은 족에서는 원자 번호가 증가할수록 감소한다.
- 단일 결합 에너지의 크기도 결합하는 두 원소 사이의 전기음성도에 입각하여 주기율과 관련지어 이해할 수 있다.

연 | 습 | 문 | 제

O, × 문제

다음 서술이 맞는지 틀리는지 O, ×로 답하고, 틀린 경우에는 틀린 내용을 맞게 고쳐라.

1. 피아노 건반의 수는 자연에서 발견되는 화학 원소의 수와 거의 같다. (　　)

2. 화학 원소의 주기율은 음악에서 옥타브와 유사성이 있다. (　　)

3. 전기분해, 분광기 등 새로운 실험 방법이 등장함에 따라 새로운 원소들이 발견되었다. (　　)

4. 라부아지에는 수소와 반응 후의 생성물을 기초로 원소를 분류했다. (　　)

5. 아이오딘의 원자량은 브로민의 원자량과 염소의 원자량의 합에 가깝다. (　　)

6. 주기율의 발견은 일견 복잡한 물질 세계에 질서와 단순성을 부여하는 중요한 업적이다. (　　)

7. 멘델레예프는 원자 번호 순서로 원소들을 배열했다. (　　)

8. 멘델레예프는 새로운 원소들을 예측했는데, 실제로 실리콘, 알루미늄 등이 발견되었다. (　　)

9. 갈륨은 에카-실리콘이다. (　　)

10. 멘델레예프는 비활성 기체의 존재를 예측했다. (　　)

11. 원자 번호가 52인 텔루륨의 원자량은 원자 번호가 53인 아이오딘의 원자량보다 작다. (　　)

12. 멘델레예프는 주기율표 상에서 원자량이 역전된 경우는 무거운 동위원소 때문일 것이라고 생각했다. (　　)

13. 멘델레예프는 주기율을 수정해서 원소들을 원자 번호 순서로 배열했다. (　　)

14. 멘델레예프는 1906년 노벨 화학상을 수상했다. (　　)

15. 100번째 원소는 멘델레븀 (mendelevium) 으로 명명되었다. (　　)

16. 현재 사용되는 주기율표에서 음악의 옥타브처럼 여덟 번째 원소는 처음 원소와 성질이 비슷하다. (　　)

17. 레일리는 질소의 밀도를 측정하면서 어떤 조건하에서도 화학 반응을 하지 않는 비활성 기체를 발견하고 이를 네온이라고 이름지었다. (　　)

18. 비활성 기체의 발견으로 주기율표에 새 족이 추가되었고, 레일리와 램지는 각각 1904년 노벨 물리학상과 화학상을 수상하였다. (　　)

19. 비활성 기체의 전자 구조는 화학 결합의 원리를 시사한다. (　　)

20. 모즐리는 X-선의 파장으로부터 정수값을 가지는 원자핵의 양전하를 측정하여 원자 번호를 발견했다. (　　)

21. 우리가 현재 사용하고 있는 주기율표는 멘델레예프가 발표한 주기율표이다. (　　)

22. 주기율표에서 같은 주기에 있는 원소들은 원자가전자수가 같다. (　　)

23. 리튬의 원자 지름은 약 1.5 옹스트롬이다. (　　)

24. 산소의 원자 반지름은 탄소의 원자 반지름보다 크다. (　　)

25. 헬륨의 원자 반지름은 수소의 원자 반지름보다 작다. (　　)

26. 같은 주기에서 오른쪽으로 가면서 가림 효과는 증가하고 따라서 유효 핵전하도 증가한다. (　　)

27. 소듐의 이온화 에너지는 염소의 전자 친화도보다 크다. (　　)

28. 금의 첫 번째 이온화 에너지는 철의 첫 번째 이온화 에너지보다 훨씬 높기 때문에 녹이 슬지 않는다. (　　)

29. 테크네튬과 플루토늄은 자연에서 발견되기 전에 원자로에서 만들어졌다. (　　)

30. 우라늄, 넵투늄, 플루토늄은 천왕성, 해왕성, 명왕성과 순서가 같다. (　　)

31. O−O 단일 결합 에너지는 C−C 단일 결합 에너지와 크기가 비슷하다. ( )

32. O−O 단일 결합 에너지는 N−N 단일 결합 에너지와 크기가 비슷하다. ( )

33. H−F 결합은 H−H 결합보다 강하다. ( )

34. C−F 결합은 C−H 결합보다 강하다. ( )

35. O=O 이중 결합 에너지는 O−O 단일 결합 에너지의 두 배 이상이고, 마찬가지로 C=C 이중 결합 에너지는 C−C 단일 결합 에너지의 두 배 이상이다. ( )

선택형 문제

36. 멘델레예프가 에카-보론이라고 명명한 원소는?
가. 알루미늄 나. 갈륨 다. 저마늄 라. 스칸듐

37. 다음 중 1차 이온화 에너지가 가장 큰 원소는?
가. 수소 나. 헬륨 다. 플루오린 라. 네온

38. 수소와 탄소의 공통점이 아닌 것은?
가. 산소보다 전기음성도가 낮다. 나. 최외곽이 반 채워졌다.
다. 별의 내부에서 만들어졌다. 라. 연소하면서 열을 낸다.

39. 비활성 기체 중에서 가장 무거운 원소는?
가. 제논 나. 라듐 다. 크립톤 라. 라돈

40. 반응열은 전기음성도의 차이와 밀접한 관계가 있다. 아래 반응 중 생성물 1 몰당 반응열이 가장 큰 것은?
가. $\frac{1}{2}H_2 + \frac{1}{2}Cl_2 \rightarrow HCl$ 나. $\frac{1}{2}H_2 + \frac{1}{2}F_2 \rightarrow HF$
다. $Na + \frac{1}{2}Cl_2 \rightarrow NaCl$ 라. $Na + \frac{1}{2}F_2 \rightarrow NaF$

41. 아래 반응 중 생성물 1 몰당 반응열이 가장 큰 것은?
가. $\frac{1}{2}H_2 + \frac{1}{2}F_2 \rightarrow HF$ 나. $\frac{1}{2}H_2 + \frac{1}{2}Cl_2 \rightarrow HCl$
다. $H_2 + \frac{1}{2}O_2 \rightarrow H_2O$ 라. $C + O_2 \rightarrow CO_2$

42. 아래 반응 중 반응에 관여하는 전자 1 몰당 반응열이 제일 큰 것은?
가. $\frac{1}{2}H_2 + \frac{1}{2}F_2 \rightarrow HF$ 나. $Na + \frac{1}{2}Cl_2 \rightarrow NaCl$
다. $H_2 + \frac{1}{2}O_2 \rightarrow H_2O$ 라. $C + O_2 \rightarrow CO_2$

43. 보어 모델에 따르면 원자의 반지름은 양자수의 제곱에 비례하고 유효 핵전하에 반비례한다. 리튬 원자의 반지름은 수소 원자 반지름의 몇 배 정도라고 볼 수 있는가?
가. 0.3 나. 1.3 다. 2 라. 3

44. 수소 이온 (H^-) 의 반지름은 1.46 옹스트롬이다. 베릴륨 이온 (Be^{2+}) 의 반지름은 몇 옹스트롬 정도라고 볼 수 있는가?

가. 0.35 나. 0.7 다. 1.5 라. 3

45. 금, 은, 동 순서로 작아지는 것은?

> **보기** ㄱ. 전자 친화도 ㄴ. 원자량 ㄷ. 메달의 가치 ㄹ. 그램당 가격

가. ㄱ, ㄴ, ㄹ 나. ㄴ, ㄷ, ㄹ 다. ㄷ, ㄹ 라. ㄱ, ㄴ, ㄷ, ㄹ

괄호 채우기 문제

46. 인류 문명 : 주기율표상의 오딧세이

(1) 인간이 처음 원시적인 석기를 사용한 것은 약 250만 년 전이고, 불을 사용한 것은 약 50만 년 내지 80만 년 전이라고 한다. 처음에는 마른 나무나 풀을 태워서 불을 얻었을 것이다. 나무나 풀의 주성분인 셀룰로스는 탄수화물이므로 이때 산화되어 열을 낸 원소는 (　　) 족 원소인 (　　)라고 보아야 할 것이다. 돌의 주성분인 (　　)도 (　　) 족 원소인 (　　)이 산화된 것이다. 그리고 보면 인류 문명은 (　　) 족 원소에서 출발한 셈이다. 물론 인간의 몸을 이루는 유기물 자체도 (　　) 를 기반으로 한다.

(2) 청동기는 기원 전 3300년까지 거슬러 올라간다. 청동은 대략 (　　) 90%, (　　) 10%의 합금이다. (　　) 은 주기율표에서 돌의 주성분 원소인 (　　) 바로 아래에 위치한 저마늄 (Ge) 의 바로 아래 원소이다. 한편 (　　) 는 저마늄에서 전이 원소 쪽으로 방향을 돌려 (　　) 과 (　　) 을 지나 만나게 되는 4주기의 마지막 전이 원소이다. 그러므로 주기율표를 북반구의 지도라고 보면 석기 시대에서 청동기 시대로 발전한 것은 주기율표상에서 남하하면서 서쪽으로 진출한 셈이다.

(3) 철기 문명은 약 1200년 전에 시작되었다. 철은 (　　)에서 (　　) 과 (　　) 를 지나 서쪽으로 계속 진출하여 만나는, 지구상에 풍부한 원소이다. 3천 년 이상 지속되어 온 철기 시대 막판에 철은 자신 주위의 (　　), (　　), (　　), (　　) 등을 흡수하여 특수강을 만들었다. 특수강은 자동차와 항공기 엔진, 각종 기계 부품 등에 필수적이다.

(4) 20세기 후반부터 정보화 시대, 생명 공학 시대가 열렸다. 정보화 시대의 핵심 원소는 반도체의 기본을 이루는 (　　) 족의 (　　)이다. 물론 생명 공학의 핵심 원소는 같은 (　　) 족의 (　　)이다. 인류 문명의 발자취는 주기율표상의 기나긴 오딧세이를 거쳐 출발점으로 돌아온 셈이다.

47. 다음 원소들의 이름을 써라.

(1) (　　) : 게으른 원소

(2) 헬륨 = (　　)에서 발견된 원소

(3) 폴로늄 = (　　)의 모국 기념

(4) (　　) = 인간의 기술로 만든 인공 원소

(5) 크로뮴 = 여러 가지 (　　)을 내는 원소

48. (　　)의 어원인 라틴어의 calx는 석회를 뜻한다. (　　)의 변형인 calcis는 자갈을 나타내는데, 옛날에는 셈을 하는 데 자갈이 사용되었다고 하여 영어로 계산을 (　　)이라고 하게 되었

다. 뉴턴이 고안한 새로운 수학적 방법인 미적분을 (　　　)라고 하는 것도 이와 관계가 있다.

49. 되베라이너의 삼연체 (triad) 에 따르면 원자량이 35인 염소와 127인 아이오딘 사이에 있는 브로민의 원자량은 (　　　) 정도일 것이다 (실제로 베르셀리우스에 의하여 확인되었다).

영어로 배우는 문제

주어진 숫자와 의미가 통하도록 적적한 단어를 찾아라. 문제가 5 = S. in a P.라면 찾아야 할 단어는 sides, pentagon이 될 것이다. 5각형에는 변이 다섯 개 있다.

50. 1 = element conceived by T.
51. 4 = W. F. A. E.
52. 6 = elements M. predicted
53. 88 = P. K.
54. 92 = heaviest N. element
55. 101 = E. named after M.
56. 1869 = P. T. proposed
57. 1894 = A. discovered by R.

◀ 수소, 탄소, 질소, 산소, 인 다섯 가지 원소의 화학 결합으로 만들어진 DNA는 생명의 비밀을 간직한 이중나선 구조를 가진다. 분자 모델을 만들어서 DNA 이중 나선 구조를 밝힌 왓슨(James Watson, 1928-)과 크릭(Francis Crick, 1916-2004)은 1962년 노벨 생리의학상을 수상했다.

Chapter 6 화학 결합의 원리와 분자 구조

잠시 창 밖을 내다보자. 나무는 계절을 따라 꽃을 피우고 열매를 맺는다. 지구상 어디에서나 식물은 동일한 엽록소(葉綠素, chlorophyll)를 사용하여 광합성(光合成, photosynthesis)을 하지만 날씨가 쌀쌀해지면 나뭇잎은 제각기 다른 아름다운 색깔을 나타낸다. 엽록소나 단풍의 색소는 모두 원자들이 화학 결합을 이루어 만들어낸 화합물이다. 우리는 식물을 통해 간접적으로 태양 에너지를 사용하여 육체적 · 정신적 활동을 한다. 이러한 모든 생명 활동은 화합물들을 기반으로 하여 일어난다. 대지, 강물, 공기 역시 원자들 사이의 화학 결합을 통해서 이루어진다. 우주에 존재하는 100 가지 정도의 화학 원소들이 일정한 규칙도 없이 제멋대로 결합하고 분리된다면 우리가 아는 규칙적이고 질서 있는 세상은 불가능할 것이다.

한편 우리 주위에는 다양한 구조물(構造物, structure)들이 있다. 고대의 피라미드, 우리 나라 전통 가옥, 또는 현대식 고층 건물이나 다리에도 구조가 있고 자동차 엔진이나 비행기 날개에도 특별한 기능을 위해 고안된 구조가 있다. 자연에도 곤충의 눈이라든지 새의 날개나 사람의 등뼈처럼 구조와 기능이 밀접하게 연결된 경우를 많이 찾아볼 수 있다. 분자 수준에서는 DNA 이중 나선과 단백질의 3차원 구조를 대표적인 생체분자(生體分子, biomolecule) 구조의 예로 들 수 있고, 아주 간단하면서도 중요한 구조로는 물을 들 수 있다.

화학 결합을 통해 만들어진 분자 구조의 이해는 생명 현상 자체뿐 아니라 생명의 행성(行星, planet)인 지구의 특수한 환경을 파악하는 데도 중요하다. 금성이나 화성 또는 목성, 토성과는 달리 지각, 해양, 대기를 갖춘 지구의 특수한 환경은 물, 산소, 이산화탄소, 산화실리콘 등 분자의 3차원 구조에 기인한다. 이 장에서는 생명을 가능하게 하는 기능의 입장에서, 또 생명의 무대로서의 지구 환경을 구성하는 물질의 성질을 결정하는 근본 원인으로서 화학 결합과 분자 구조를 다룬다.

6-1 생명과 분자 구조

네이처의 편집장을 오래 지낸 매독스는 "지적인 그리고 실용적인 면에서 DNA 구조는 과학 전반에 걸쳐 유례가 없을 정도로 중요하다"라고 말했다 (What Remains To Be Discovered, Touchstone. 1999, p. 195).

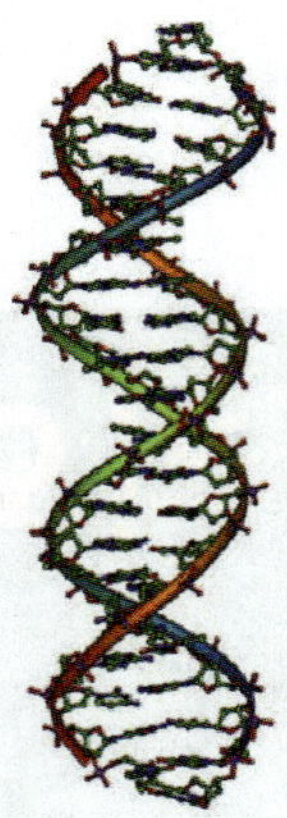

DNA 이중 나선

로댕의 조각 : "대성전(大聖殿, Cathedral)"

자연과학의 역사에서 가장 중요한 발견을 담은 한 편의 논문을 든다면 어느 것을 들어야 할까? 자연과학의 대상이 자연이고 보면 자연의 출발점인 빅뱅의 발견이 가장 중요하다고 할 수도 있다. 그러나 2장에서 살펴본 대로 빅뱅 우주론은 우주의 팽창, 우주 배경 복사, 그리고 우주 원소 분포의 관찰을 통해 거의 50년의 오랜 시간을 두고 자리잡은 것이기 때문에 어느 하나의 대표 논문을 집어내기가 어렵다. 그에 비해 왓슨(James Watson)과 크릭(Francis Crick)이 1953년 4월 25일 네이처(Nature) 지에 발표한 DNA 이중 나선(二重螺旋, double helix) 구조 발견에 관한 한 페이지 분량의 짤막한 논문은 약 40억 년에 걸쳐 간직되어 온 생명의 비밀을 단숨에 드러낸 한 편의 결정적인 논문이라 할 수 있다.

물론 이런 역사적인 발견의 배경에는 여러 과학자의 수고가 숨어 있다. 이미 1920년 대에 그리피스(Griffith)의 연구를 통해 폐렴균의 형질을 변환시키는 어떤 유전물질이 있음이 밝혀졌고, 1940년 대에 에이버리(Avery)는 이 물질이 DNA인 것을 증명했다. 네이처 논문에서 "실험적으로 데옥시핵산에서는 아데닌(adenine)의 양과 타이민(thymine)의 비율, 그리고 구아닌(guanine)과 사이토신(cytosine)의 비율이 항상 1에 아주 가깝다는 것이 알려졌다."라고 인용했듯이 A : T, G : C가 1이라는 샤가프 비율(Chargaff ratio)이 왓슨-크릭 모델의 핵심에 자리 잡고 있다.

DNA 이중 나선의 발견에 관한 왓슨-크릭의 논문 제목은 "핵산의 분자 구조(Molecular Structure of Nucleic Acids)"이다. 본문은 "우리는 데옥시핵산(deoxyribose nucleic acid, DNA) 염의 구조를 제안하고자 한다. 이 구조는 생물학적으로 상당히 흥미로운 면들을 지니고 있다."라고 시작되는데 이 문장은 생명 현상에서 구조의 중요성을 강하게 시사한다. DNA 이중 나선 구조는 유전 정보의 저장과 복제(複製, replication)에 최적의 구조임이 곧 밝혀졌고, 왓슨과 크릭의 논문은 분자 생물학(分子生物學, molecular biology)이라는 새로운 생명과학의 패러다임을 가져왔다.

DNA 이중 나선은 두 개의 나선이 서로를 감싸며 돌아가는 구조이다. 파리의 로댕 미술관에 가면 두 개의 손이 작은 병아리를 감쌀 정도의 공간을 두고 마주 잡고 있는 실물 크기의 조각이 있다. 그런데 이를 흉내 내어 보려고 하면 되지를 않는다. 다른 두 사람의 손이 마주 잡아야만 만들 수 있는 구조인 것이다. 이 조각에서 두 손이 나타내는 상호보완(相互補完, complementarity)의 원리는 자연에서 가장 멋진 화합물이라고 해도 과언이 아닌 DNA 구조의 핵심을 이룬다. 이중 나선의 두 가닥 중 한쪽의 아데닌은 상대 쪽 가닥의 타이민과, 그리고 구아닌은 사이토신과 상보적 관계를 이루어 미끈한 DNA 분자를 만들고 그 안에 생명의 정보를 기록하고 있는 것이다.

두 개의 가닥이 간직하고 있는 정보는 원본과 카피처럼 동일한 것이 아니라 사진의 양화와 음화처럼 상보적(相補的, complementary)이다. 그래서 한 쪽의 정보가 손상을 입으면 상보적인 정보로부터 원래의 정보를 복원할 가능성이 있고, 이러한 유전 정보의 안정성은 돌연변이로 나타나는 변화의 가능성과 함께 생명의 진화에서 아주 중요한 역할을 했으리라 쉽게 짐작할 수 있다.

로댕은 두 개의 손 조각의 제목을 "대성전(大聖殿, Cathedral)"이라고 붙였다. 로댕의 의도를 알 길은 없으나, 대성전의 벽과 기둥의 존재 이유는 벽과 기둥들 사이에 공간을 만들어내는 데 있다고 하면, 이중 나선에서 당-인산 골격의 존재 이유는 상보적인 염기들이 자리 잡을 수 있는 공간을 제공하는 데 있다고 볼 수 있고, 그런 면에서 두 개의 손 조각, "대성전"이라는 제목, 그리고 DNA 이중 나선 구조는 멋진 상관관계를 연출해 낸다.

그런데 이러한 DNA 이중 나선 구조는 수소, 탄소, 산소, 질소, 인의 다섯 가지 원소들이 화학 결합을 이루어야 만들어진다. 흥미롭게도 이중 나선에서 찾아볼 수 있는 상호보완의 원리는 이중 나선을 만드는 수소, 탄소, 산소, 질소, 인의 다섯 가지 원소들이 결합하는 방식에도 드러난다. 이들 원소는 전자를 공유함으로써 상대방의 부족함을 채워주는 공유 결합으로 결합한다. 또 DNA 골격의 인산이 산해리를 해서 DNA 표면은 음이온의 성격을 띠는데, DNA는 양이온으로 존재하는 히스톤 단백질과 전기적으로 결합해서 1장에서 살펴본 크로마틴 구조를 만든다. 그리고 보면 DNA와 히스톤의 상호작용은 이온 결합이라고 볼 수 있다. 이온 결합에서 양이온이 부족한 음전하는 상대방인 음이온이 가지고 있고, 음이온이 부족한 양전하는 상대방인 양이온이 가지고 있어서 안정한 구조를 이룬다.

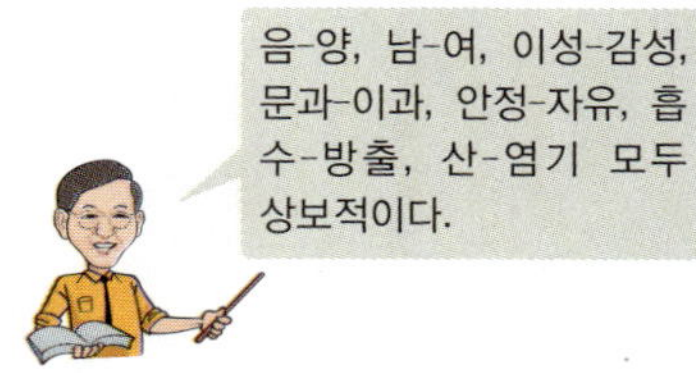

분자 구조의 중요성은 DNA 뿐 아니라 단백질에서도 찾아볼 수 있다. 사실 DNA 구조의 목표는 특정한 구조를 가지는 단백질을 만드는데 있다. 그런데 단백질은 20가지 간단한 아미노산으로 이루어진다. 따라서 몇 가지 원자들이 모여 아미노산을 만드는 결합의 원리를 이해하는 것은 아주 중요한 일이다. 화학 결합의 원리는 태초의 지구에서 화학 반응을 통해 간단한 분자들로부터 생명의 탄생에 필수적인 복잡한 화합물들이 만들어지고 드디어 최초의 생명이 등장하기까지의 화학적 진화(化學的進化, chemical evolution)에서도 그대로 적용되었을 것이 틀림없다.

그리고 보면 생명에서 핵심적 역할을 하는 여러 분자에는 몇 가지 공통적인 기본 구조가 들어있다. 이 공통 구조를 알아보기 위해 화학적 진화에 관해 유명한 밀러(Miller) - 유리 (Urey) 실험을 살펴보자. 중수소를 발견해서 1934년 노벨 화학상을 수상한 유리의 시카고대학 대학원생이었던 밀러는 태초 지구의 환경에서 생명에 필수적인 간단한 화합물들이 생겨날 수 있는 가능성을 시험해 보는 과제를 박사학위 주제로 받았다. 밀러는 밀폐된 유리 기구에 수소 (H_2), 메테인 (methane, CH_4), 암모니아 (ammonia, NH_3) 기체를 넣고 한편으로는 기구 안에서 물 (H_2O) 을 끓여 기체 상태에서 수소, 메테인, 암모니아, 그리고 수증기가 순환하게 했다. 그리고 태초 지구에서의 번개와 비슷하게 전기방전을 통해 계속해서 에너지를 공급했다. 며칠 후에 물이 옅은 붉은색을 띠었고, 이렇게 얻어진 용액을 종이 크로마토그래피 (9장) 로 분석하자 글리신 (glycine), 알라닌 (alanine) 같은 아미노산이 얻어졌다. 12장에서 자세히 살펴보겠지만 아미노산은 생명 활동을 주관하는 단백질의 기본단위이고, DNA의 염기 서열은 단백질의 아미노산 서열을 지정하기 위한 정보라는 점을 생각하면 무기물질로부터 아미노산이 얻어진 것은 생명의 탄생에 중요한 한 단계라고 볼 수 있다. 이 결과는 1953년 사이언스 (Science) 지에 밀러가 단독 저자로 발표되었다. 흥미롭게도 같은 해에 왓슨과 크릭은 DNA 이중 나선 구조를 네이처 (Nature) 지에 발표했다.

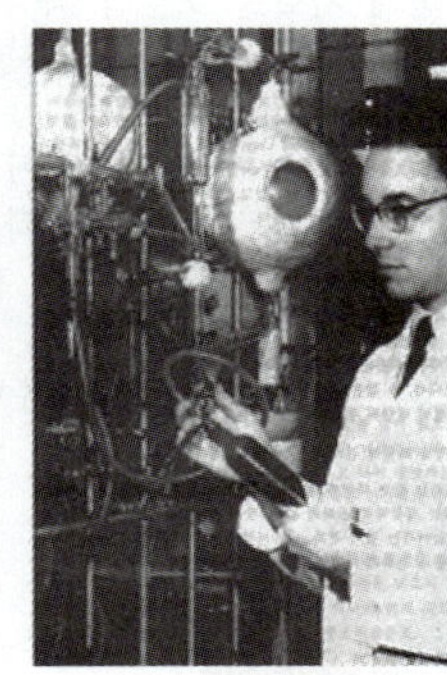
밀러 (Stanley Miller, 1930-2007).

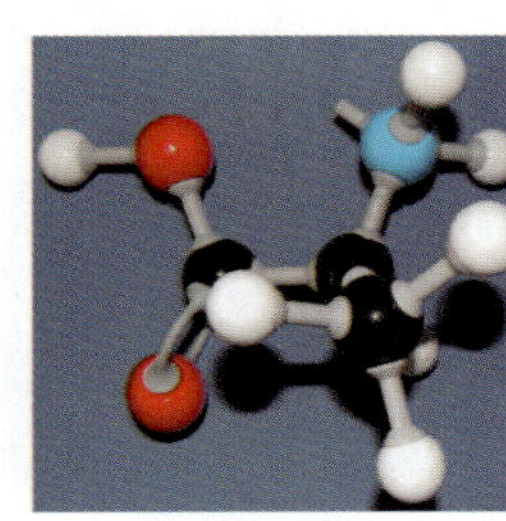
알라닌

유리와 밀러는 태초의 지구는 환원성 대기 (還元性大氣, reducing atmosphere) 라서 수소와 메테인, 암모니아, 그리고 물이 풍부했으리라 생각했다. H_2는 우주에 가장 풍부한 수소가 자신끼리 만든 분자이고, H_2O는 수소, 헬륨 다음으로 우주에 3번째로 풍부한 산소가 수소와 만든 화합물이다. CH_4와 NH_3는 우주에 4번째, 5번째로 풍부한 탄소와 질소가 수소와 만든 화합물이다. 이들이 산화되어 산화성 대기로 바뀌면 H_2는 H_2O로, H_2O는 O_2로, CH_4는 CO_2와 H_2O로, NH_3는 N_2와 H_2O로 바뀔 것이다. 현재 지구의 대기는 산화성 대기 (酸化性大氣, oxidizing atmosphere)이다.

20가지 아미노산 중에서 비교적 간단한 알라닌의 구조를 보더라도 물, 메테인, 암모니아의 구조가 연결되어 아미노산의 기본 틀을 만들고 있는 것을 알 수 있다. 20가지 아미노산으로부터 이루어진 단백질의 3차원적 구조가 다양한 단백질 기능의 기본임을 생각할 때 메테인, 암모니아, 그리고 물 같은 간단한 분자의 구조를 이해하는 것이 생명을 이해하는 데 기초가 될 것이다.

이 장에서는 가장 이해하기 쉬운 이온 결합에서 출발하여 밀러 실험에 사용된 수소 분자, 메테인, 암모니아, 물, 그리고 나아가서 DNA와 단백질의 구조와 그러한 구조를 가지게 하는 원자들의 결합 방식을 체계적으로 다룬다.

6-2 결합, 힘, 결합 에너지

구슬도 꿰어야 보배이듯이 원자들도 어떤 식으로 꿰어져야, 즉 화학 결합을 이루어야 단백질도 만들고 DNA도 만들 수 있다. 화학 결합을 잘 이해하기 위해서 우선 일반적으로 결합에 관련된 힘, 그리고 결합 에너지를 생각해 보자. 인간 사회에서는 기본단위인 개개인이 모여 가족을 이루고, 가족이 모여 마을을, 마을이 모여 나라를, 나라들이 국제 사회를 이룬다. 부부 관계나 부모와 자식 사이의 관계는 웬만해서는 끊을 수 없는 관계이다. 가족에서 전 세계로 사회의 단위가 커질수록 구성원 간의 관계는 약해진다. 물론 자식이 짝을 만나면 부모를 떠나 새 가정을 이루듯이 구성원 간의 결속력보다 강한 힘이 외부로부터 주어지면 단위가 해체되기도 한다.

우주의 모든 입자들은 처음에 만들어질 때는 개별적으로 존재하는 알갱이들이다. 하지만 이러한 알갱이들은 상황에 따라 서로 모여 더 큰 입자를 만들기도 한다. 예를 들어, 양성자와 전자가 만나면 수소 원자가 만들어지고, 두 개의 수소 원자와 산소 원자가 만나게 되면 물 분자가 만들어진다. 더 나아가 물 분자들이 여러 개 모여 액체를 이루면 우리는 이것을 물이라고 부른다. 이러한 입자(알갱이)와 입자의 집합체(集合體, 더 큰 알갱이, 덩어리, aggregate, cluster) 사이의 관계를 결정짓는 것이 입자 간의 상호작용이다.

모든 입자들 간에는 상호작용이 존재하는데, 이러한 상호작용은 서로 밀어내는 힘과 당기는 힘으로 구분할 수 있다. 밀어내는 힘과 당기는 힘은 대개 안정한 상태의 물질에서는 서로 간에 균형을 이루는데, 이러한 균형 상태에서 입자 간 당기는 힘에 의해 두 개 이상의 입자가 모여 하나의 큰 입자를 만드는 것을 결합이라고 부른다. 물질계에서 결합이 없다면, 또는 있던 결합이 깨어진다면 어떤 일이 벌어질까? 그 경우 우리가 매일 마시는 액체 상태의 물은 물 분자 간 결합이 깨지면 액체를 형성하지 못하고 물 분자들끼리 서로 떨어져 지내는 기체 상태를 이룰 것이고, 그렇게 만들어진 물 분자도 깨져서 두 개의 수소 원자와 산소 원자로 분리될 것이며, 거기서 나온 원자들마저 원자를 구성하지 못하고 양성자와 전자 및 중성자 등으로 나누어진 뒤 궁극적으로는 이들마저도 쿼크로 해체 될 것이다. 결국 우주에 입자가 존재한다 하더라도 저마다 떠돌아다니는 가장 작은 입자들 밖에 없게 될 것이므로 우리가 알고 있는 산과 강, 바다와 동식물, 그리고 우리 자신과 같은 존재는 찾아볼 수 없을 것이다. 즉, 물질계가 존재하는 것은 가장 작은 입자들에서 출발하여 크기가 큰 입자로 가면서 매 단계마다 입자들 간에 존재하는 다양한 결합이 있기 때문이다.

물질계에서도 입자의 크기가 작을수록 결합의 세기는 강해진다. 즉, 액체 또는 고체 상태의 물을 유지하는 물 분자간힘(intermolecular force)보다 물 분자 자체를 구성하는 수소-산소 원자간힘이 더 크며, 또한 수소-산소 원자간힘보다는 수소 또는 산소 원자를 이루는 양성자와 전자 간의 힘이 더 큰 것이 일반적이다. 더 나아가서 2장에서 살펴본 대로 양성자와 중성자 안에는 쿼크라고 하는 가장 기본적인 입자들이 자연에서 가장 강한 힘인 강한 핵력으로 붙잡혀 있다.

우주에 존재하는 중력, 약한 핵력, 전자기력, 강한 핵력 (약한 힘부터 강한 힘으로의 순서) 네 가지의 힘 중 우리가 화학에서 관심을 가지고 있는 물질계의 대부분은 전자기력에 의해 유지되고 있다. 전자기력 중에서도 보통 원자 및 분자계에서의 힘은 정전기적(靜電氣的, electrostatic)힘에 해당된다.

예제 6.1

물방울에서 작용하는 다음 힘들을 약한 것부터 강한 순서로 적어라.

가. 여덟 개의 양성자와 여덟 개의 중성자가 뭉쳐서 산소 원자핵을 만든다.
나. 수소와 산소 원자들이 결합해서 물 분자를 만든다.
다. 빗방울이 땅으로 떨어진다.
라. 두 개의 업 쿼크와 한 개의 다운 쿼크가 뭉쳐서 양성자를, 한 개의 업 쿼크와 두 개의 다운 쿼크가 뭉쳐서 중성자를 만든다.
마. 물 분자들이 수소 결합으로 뭉쳐서 빗방울을 만든다.
바. 한 개의 전자와 한 개의 양성자가 뭉쳐서 수소 원자를, 여덟 개의 전자와 산소 원자핵이 뭉쳐서 산소 원자를 만든다.

풀이 다-마-나-바-가-라

수소

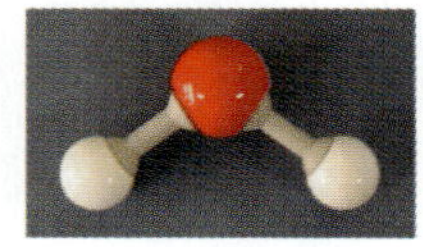
물

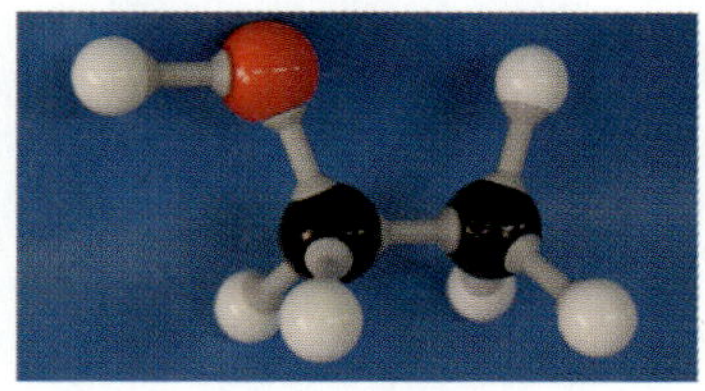
에탄올

아세트산

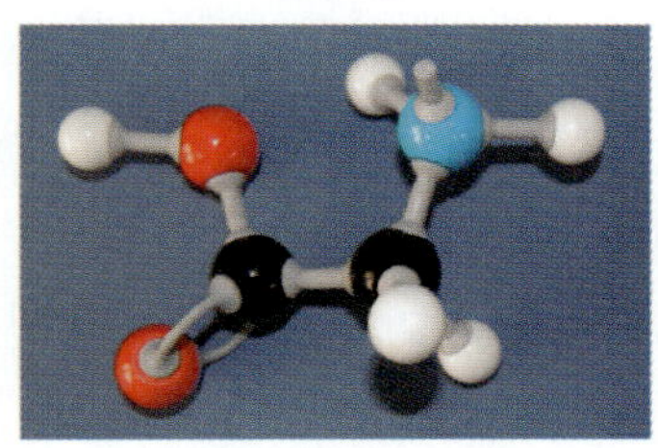
아미노산 (글리신)

이제 구체적으로 우리 주위에서 쉽게 찾아볼 수 있는 수소, 물, 에탄올, 아세트산, 아미노산을 예로 들어 화학 결합에서 고려해야 할 점들에 관해 생각해 보자.

수소 원자는 수소 분자에 비해 상대적으로 불안정하고 그래서 수소 원자들이 만나면 수소 분자(H−H, H_2)를 만든다. 2장에서 본 대로 우주에서 가장 풍부한 원소는 수소이다. 특히 수소는 별의 주성분이다. 별의 표면에서 가까운, 온도가 높은 부분에는 수소가 원자로 존재하지만 표면에서 멀어지면 분자가 형성된다. 따라서 수소는 우주에서 가장 풍부한 분자이다. 또한 가장 간단한 분자이다. 그런데 원자설을 제창한 돌턴은 다른 종류의 원자는 반응해서 화합물을 만들지만 같은 종류의 원자는 서로 밀어낸다고 생각했다. 그래서 그는 H_2, O_2 같은 분자를 받아들이지 않았다. 19세기 중반에 원자가 개념이 도입되면서 수소의 원자가는 1, 즉 수소 원자는 한 개의 결합을 이루는 사실이 확립되자 안정한 수소는 **이원자 분자(diatomic molecule)**라는 것이 널리 받아들여졌다. 수소는 화학 결합으로 이루어진 가장 간단한 분자인 것이다.

가장 작고 간단한 분자인 수소 분자는 이원자 분자이므로 결합이 하나 밖에 없는 직선 분자이다. 따라서 우리가 뒤에서 다룰 결합 이론은 수소 분자에서 결합의 길이와 결합의 세기를 설명할 수 있어야 할 것이다. 아니 그보다 우선 왜 수소 원자들이 따로 있지 않고 결합을 이루는가를 설명할 수 있어야 할 것이다.

물(water)은 아주 흥미로운 분자이다. 지구상 어디에서나, 아니 우주 공간에서도 물은 그림과 같이 수소-산소-수소가 104.5도 각도로 굽어진 분자이다. 물의 구조를 보면 중심의 산소 원자는 양쪽으로 두 개의 수소 원자와 결합을 이루고 있다. 마치 수소 분자에서 두 개의 수소 원자 사이를 벌려놓고 산소 원자 한 개가 끼어들어간 모양이다. 산소의 원자가는 2인 것을 알 수 있다. 그런데 직선 모양인 수소 분자에 산소가 들어가면서 왜 각도가 생길까? 분자의 구조를 결정하는 결합 사이의 각도는 뒤에서 다루기로 하고, 일단 왜 산소 원자 한 개는 두 개의 수소 원자와 결합하는가, 수소-산소의 결합 길이와 에너지는 수소-수소의 경우와 어떻게 다른가 등을 다룰 수 있으면 좋겠다.

1854년에 영국의 프랭클랜드(Frankland)는 결합력(結合力, combining power)이라는 말을 처음 사용하여 원자가(原子價, valence, valency) 개념을 도입했다. 화학 결합(化學結合, chemical bond)이라는 말을 처음 사용한 것도 프랭클랜드였다.

에탄올(ethanol, ethyl alcohol)은 물의 유도체(誘導體, derivative)라고 보아도 좋을 듯 하다. 주제(主題, main theme)와 변주(變奏, variation)라고 할까. 물 분자에서 하나의 수소가 탄소로 대체되었다고 하자. 에탄올에서 그 탄소는 두 개의 수소, 그리고 다른 하나의 탄소와 결합되어 있다. 다른 하나의 탄소에는 세 개의 수소가 결합되어 있다. 그러니까 두 개의 탄소 원자는 각각 네 개의 결합을 이루고 있는 것이다. 처음으로 탄소의 원자가를 4로 제안한 것은 벤젠의 구조를 제안한 케큘레(Kekule)였다. 수소의 원자가는 에탄올에서도 예외없이 1이다. 수소-산소-부분만을 보면 물과 에탄올은 상당히 유사하다. 그래서 물과 에탄올은 잘 섞인다. 포도주, 맥주 등 모든 술의 주성분인 에탄올이 물과 다른 이유는 두 개의 탄소와 그에 결합된 수소들이 자리잡고 있는 탄화수소(炭化水素, hydrocarbon) 부분에 있는 듯하다. 이런 특성은 C−O 그리고 C−H 결합을 통해 나타난다.

에탄올에서 두 개의 수소가 하나의 산소로 교환되어 C=O 이중 결합이 생기면 식초의 성분인 아세트산(acetic acid)이 된다. 오래된 술이 시어지는 것도 아세트산 때문이다. 아세트산에서도 모든 수소는 원자가가 1, 산소는 원자가가 2, 탄소는 원자가가 4이다. C=O 이중 결합이 도입된 아세트산이 산인 이유는 11장에서 작용기와 관련하여 알아보기로 한다.

아세트산에서 한 쪽 끝에 자리잡은 탄소와 결합된 수소 하나가 질소로 치환되고 질소에 두 개의 수소가 결합하면 아미노산의 일종인 글리신(glycine)이 얻어진다. 질소는 원자가가 3인 것을 알 수 있다.

이처럼 수소, 산소, 질소, 탄소는 각각 하나, 둘, 셋, 넷의 결합을 이루는 것으로 보이는데, 왜 이와 같은 특이한 결합 방식이 나타나는 것일까? 도대체 원자들은 왜 결합을 이루는 것일까? 아니 결합이란 무엇인가? 결합을 이루게 하는 힘은 무엇인가?

화학 결합을 본격적으로 다루기에 앞서 힘과 관련된 에너지의 크기와 기준에 대해 생각해보자. 물체 사이의 힘은 그들 간의 에너지 상태를 규정한다. 익숙한 중력을 예로 들어보자. 지상에서 100 m 높이의 절벽 위에 있는 10 kg 짜리 바위는 매우 위험하고 불안정해 보이지만 이 바위를 지표면에 가지고 내려오면 더 이상 위험하거나 불안정해 보이지 않는다. 질량 m인 물체가 지표면으로부터의 높이 h에 있을 때 중력에 의한 위치 에너지는 mgh로 주어지는데, 바위의 지표면으로부터의 높이가 낮아지면 바위의 위치 에너지도 낮아지는 것을 의미한다. 여기에서 물체 사이에 작용하는 힘이 끄는 힘인 경우에는 물체 사이의 거리가 가까워질수록 위치 에너지는 낮아진다는 중요한 사실을 알 수 있다. 이 점은 화학에서 다루는 많은 현상에서 작용하는 힘은 끄는 힘이기 때문에 아주 중요한 의미를 지닌다.

자석을 예로 들어 끄는 힘과 미는 힘이 동시에 작용하는 경우를 생각해 보자. 자석에는 서로 반대라고 할 수 있는 N극과 S극이 있는데 두 개의 자석을 가까이 가져가면 같은 극끼리는 밀고 반대 극끼리는 끌어당긴다(그림 6.1). 여러 개의 작은 자석을 섞어 놓으면 어떻게 될까? 어떤 두 개 자석의 같은 극이 가까이 있다면 서로 밀어서 거리가 멀어질 것이다. 그러다가 다른 자석의 반대 극과 가까워지면 그 자석과는 서로 당겨서 더 가까워질 것이다. 여러 개의 자석들이 밀기와 당기기를 계속하다보면 결국은 모든 자석이 반대 극끼리 가까이서 당기고 있는 안정한 상태에 도달하여 하나의 커다란 자석 덩어리를 만들 것이다. 사람 사이에서도 긍정의 힘이 작용하여 상대방의 안 좋은 점은 뒤로 하고 좋은 점 때문에 끌리는 것과 마찬가지이다.

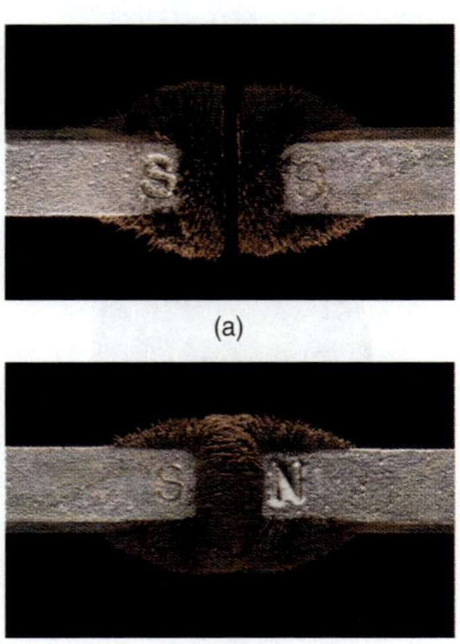

(a)

(b)

그림 6.1 (a)는 S극끼리 서로 마주보고 있어서 서로 밀고, (b)는 S극과 N극이 서로 마주보고 있어서 서로 끈다.

물 분자들이 뭉쳐서 물방울을 만드는 데도 같은 원리가 작용한다. 물 분자에서 전기음성도가 높은 산소는 수소로부터 전자를 끌어당겨서 약간의 음전하를 띤다. 산소에 전자를 내준 수소는 양전하를 띤다. 결과적으로 물 분자에서는 자석에 자기적인 두 극이 있듯이 전기적인 두 극이 있게 된다. 여러 개의 물 분자들이 서로 섞이다 보면 여러 개의 자석이 한 덩어리로 뭉치는 것과 같은 이유로 물 분자들은 서로 끌어당겨서 눈에 보일 정도로 큰 분자 집단을 만드는 것이다. 양전하를 가진 원자핵과 전자 사이의 힘도 끄는 힘이다. 따라서 원자들이 모여 분자를 만드는 것도 끄는 힘에 의한 것이 틀림없다. 이처럼 끄는 힘에 의해 서로 끄는 두 물체 사이의 거리가 가까워지면 두 물체 사이의 위치 에너지가 낮아진다. 결합하는 원자 사이의 전기적인 위치 에너지를 **결합 에너지(bond energy)**라 부른다.

중력의 경우 바위에 작용하는 힘은 지구 중심과 바위 사이의 거리에 관계된다. 그런데 인간은 지표면에 사는 존재이기 때문에 지표면을 위치 에너지의 기준으로 삼는 것이 편리하다. 그러나 지표면이 자연에서 보편타당한 기준이 될 수는 없다. 그리고 원자와 분자의 세계에서는 지표면이 같은 기준점이 아예 존재하지 않는다. 따라서 원자, 분자를 다룰 때는 어느 두 입자가 무한대 거리에 떨어져 있는 상태를 위치 에너지의 기준으로 삼는다. 4장에서 보어 모델을 다룰 때 수소의 이온화 에너지를 전자를 양성자로부터 무한대 거리까지 떼놓는데 필요한 에너지로 정의한 것은 그 때문이다. 다시 말하면 수소 원자를 이루는 양성자와 전자 간의 위치 에너지가 0이 되는 기준점은 그 둘 간의 거리가 무한대인 경우이고, 수소 분자를 이루는 두 수소 원자의 경우에도 그들 간의 거리가 무한대인 지점이 위치 에너지의 기준이 되며, 마지막으로 수소 분자 간의 위치 에너지 기준점도 두 수소 분자 간의 거리가 무한대가 되는 지점이다.

두 물체가 무한대 거리에 있을 때의 위치 에너지가 0이므로 그보다 가까운 거리에서 두 물체가 안정한 상태를 만들어 결합이 이루어지는 경우의 위치 에너지는 0보다 작은 음의 값을 가져야 할 것이다. 즉 모든 안정한 물질계의 결합 상태는 음의 값을 갖는 위치 에너지로 표현된다. 따라서 안정한 물질의 두 가지 다른 에너지 상태를 비교할 때 상대적으로 더 안정한 쪽이 더 큰 음의 값을 갖게 된다.

마지막으로 어떤 계의 에너지가 안정 또는 불안정하다는 뜻을 살펴보자. 먼저 어느 물질이 처한 상태의 상대적인 안정성은 앞에서 본 것처럼 음의 값을 갖는 위치 에너지의 상대적 크기로 나타난다. 예를 들어, 수소 원자의 1*s* 상태와 2*s* 상태 중 1*s* 상태의 에너지가 낮다는 뜻은 둘 다 음의 값을 가지는 위치 에너지 상태이지만 1*s* 상태가 더 큰 음의 값을 가진다는 뜻이다. 그러나 어떤 물질이 "안정하다" 또는 "불안정하다"라고 표현할 때와 같이 안정성의 절대적인 기준을 논할 때는 앞에서 논의한 대로 구성 입자 간의 거리가 무한대인 지점에서 위치 에너지, 0에 비해 더 안정한가의 여부가 그 기준이 된다.

비록 모든 안정한 물질계의 위치 에너지가 음의 값을 갖고 있긴 하지만 이를 매번 음의 값으로 부르는 것은 매우 번거로운 일이 될 것이다. 따라서 어떤 물질이 얼마나 안정한지를 이야기할 때 0보다 얼마나 더 낮은 음의 값을 가지는지 그 크기의 절대값을 이야기하는 것이 더 편할 것이다. 위치 에너지의 절대값인 결합 에너지는 정의상 항상 양의 값을 가진다.

예를 들어, 4장에서 살펴본 대로 수소 원자의 1*s* 상태와 2*s* 상태에서의 위치 에너지는 각각 −13.6 eV와 −3.4 eV이므로 전자의 원자핵에 대한 결합 에너지는 각각 13.6 eV와 3.4 eV가 되어 1*s* 상태의 전자가 원자핵에 10.2 eV만큼 더 강하게 결합하고 있다고 표현한다. 또한 수소 분자에서 두 수소 원자 간 위치 에너지는 −432 kJ/mol인 반면 산소 분자에서 두 산소 원자 간의 위치 에너지는 −495 kJ/mol이므로 이원자 분자 상태에서 두 개의 산소 원자는 두 개의 수소 원자보다 63 kJ/mol 더 강하게 결합하고 있다고 해석한다.

이러한 결합, 힘, 에너지 등의 개념을 바탕으로 화학 결합의 종류와 각각의 특성을 알아보자. 모든 화학 결합에는 전자가 관여하지만 분자계가 결합에 관여하는 전자를 어떻게 운용하느냐에 따라 흔히 화학 결합을 공유 결합, 이온 결합, 금속 결합으로 나누는데 기본적으로는 원자핵들을 전자가 매개체로 작용하여 이어준다는 점에서 본질적으로 크게 다르지 않다고 볼 수 있다. 모든 화학 결합의 배후에는 뒤에서 살펴 볼 옥텟 규칙이 자리잡고 있다. 그런데 옥텟 규칙, 또 옥텟 규칙의 배경이 된 보어 모델이 등장하기 이전에도 이온 결합에 대해서는 어느 정도 알려져 있었다. 따라서 우리는 이온 결합을 먼저 살펴보고 그 다음에 옥텟 규칙에 입각해서 금속 결합과 공유 결합에 대해 논의하기로 한다.

6-3 이온 결합

6-3-1 이온 결합의 형성

1800년에 볼타 전지가 발명되자 험프리 데이비는 용융된 염에 전류(電流, electric current)를 흘려 소듐(나트륨, Na), 포타슘(칼륨, K) 등 여러 금속 원소를 발견했다. 1806년에 데이비는 이러한 관찰로부터 원자들 사이의 친화력(親和力, affinity)은 본질적으로 전기적이라고 말했는데 지금 보면 탁월한 생각이었다. 전자가 발견되기 거의 100년 전이었으니 말이다.

그 중 **이온 결합(ionic bond)**은 화학 결합이 전기적이라는 면을 가장 명확히 보여준다. 1897년에 전자를 발견한 톰슨은 1904년에 한 원자에서 다른 원자로 전자가 옮겨가면서 결과적으로 생긴 양전하를 가진 원자와 음전하를 가진 원자 간의 인력에 의해 원자 사이의 결합이 일어난다고 말했다. 이러한 이론은 수소 분자처럼 같은 원자로 이루어진 분자는 설명하지 못했으나 화학 결합을 전자의 입장에서 설명하려고 했다는 점에서 중요한 의미를 지닌다. 물론 톰슨의 설명은 이온 결합에서는 잘 맞는다. 그리고 보면 가장 이해하기 쉽고 간단한 화학 결합의 유형은 양이온과 음이온이 쿨롱 인력으로 결합하고 있는 이온 결합이다. 여기서는 가장 흔하고도 중요한 염화소듐, 즉 소금을 통해 이온 결합을 심도있게 이해해 보자.

알칼리 금속(alkali metal) 원소인 Na 원자 한 개와 할로젠(halogen)족 원소 Cl 원자 한 개를 무한대의 먼 거리에서 서서히 서로를 향해 가져온다고 상상해 보자. 이 경우 중성 원자 Na와 또 다른 중성 원자 Cl은 그들 간의 거리가 상당히 가까워지기 전까지는 서로를 느끼지 못하기 때문에 그림 6.2에서 보는 것처럼 에너지가 0인 상태를 거의 그대로 유지하며 다가오게 된다. 그러다가 충분히 가까운 거리에까지 오게 되면 Na 원자가 Cl 원자에게 전자를 내주어 Na^+와 Cl^- 이온으로 바뀐 양이온과 음이온 사이의 인력에 의해 이온 결합을 이루게 된다. 그런데 이런 전자의 이동은 어느 거리에서 일어날까?

이제 접근하는 화학종이 중성 원자가 아니라 Na 원자와 Cl 원자가 각각 전자를 포기하고 받아들여 Na^+와 Cl^-로 바뀐 상태의 이온이라고 생각해 보자. 소듐의 일차 이온화 에너지(ionization energy, IE, 5장)는 496 kJ/mol, 전자 친화도(electron affinity, EA, 5장)는 53 kJ/mol이고, 염소의 일차 이온화 에너지는 1251 kJ/mol, 전자 친화도는 349 kJ/mol이다.

예제 6.2

소듐 원자 한 개와 염소 원자 한 개가 무한대 거리에 떨어져 있는 경우와 소듐(Na^+) 이온 한 개와 염소 이온(Cl^-) 한 개가 무한대 거리에 떨어져 있는 경우 중 어느 쪽이 얼마만큼 에너지가 낮은가?

풀이 소듐 원자에서 전자를 한 개 떼내는데 필요한 에너지가 496 kJ/mol로 염소 원자가 전자 한 개를 얻어 안정화되는 349 kJ/mol보다 147 kJ/mol 만큼 높다. 즉 무한대 거리에서는 중성 원자로 있는 쪽이 147 kJ/mol 만큼 에너지가 낮다.

이온들 간의 거리가 가까워지면서 그들 간에는 에너지적으로 $-\frac{1}{r}$ (힘으로는 $-\frac{1}{r^2}$)에 비례하는 정전기적인 힘이 작용하기 때문에 거리가 가까워질수록 에너지는 급격히 낮아지게 되어 궁극적으로는 중성 원자 간의 위치 에너지보다 더 낮은 에너지 상태에 도달할 수 있게 된다. 따라서 이 두 위치 에너지 곡선을 비교하면 원자 또는 이온 간의 거리가 멀 때는 중성 원자쌍이 더 안정하지만 거리가 가까워지면 이온쌍이 더 안정해지기 때문에 정작 결합을 하게 되는 영역에서는 이온 결합성을 띠게 된다. 이러한 이온 결합성의 증거는 NaCl 이원자 분자의 경우 쌍극자 모멘트(7장)가 이온 결합 모델을 가정하였을 때와 비슷한 큰 값을 가진다는 실험적 사실을 들 수 있다.

예제 6.3

Na^+와 Cl^-같이 전하가 +1, −1인 경우 쿨롱 인력에 의한 안정화 에너지는 $(2.31 \times 10^{-28}\ \text{J}\cdot\text{m})/r$로 주어진다. 이 값이 소듐의 이온화 에너지와 염소의 전자 친화도의 차이와 같아질 때 그림에서 두 에너지 곡선의 교차(cross-over)가 일어나 이온 결합이 이루어질 것이다. 교차가 일어나는 거리, r_c를 구하여라.

풀이 IE(Na) − EA(Cl) = 496 kJ/mol − 349 kJ/mol = 147 kJ/mol

이 값을 이온쌍 하나에 대해 구하면

$$\frac{147\ \text{kJ/mol}}{6.022 \times 10^{23}/\text{mol}} = 2.44 \times 10^{-19}\ \text{J}$$

$$\frac{2.31 \times 10^{-28}\ \text{J}\cdot\text{m}}{r_c} = 2.44 \times 10^{-19}\ \text{J}$$

$$r_c = \frac{2.31 \times 10^{-28}\ \text{J}\cdot\text{m}}{2.44 \times 10^{-19}\ \text{J}} = 9.5 \times 10^{-10}\ \text{m} = 9.5\ \text{Å}$$

이온 결합과 관련하여 흔한 오해 중에 다음과 같은 생각이 있다. Na은 가급적 전자를 내어 놓음으로써 Na^+가 되려고 한다, Na가 Na^+로 되는 것은 일어나기 매우 쉬운 자발적 변화이다. 또는 Na^+는 Na보다 훨씬 더 안정한 상태에 있다는 등의 생각이다. Na뿐만 아니라 어떤 안정한 원소의 원자도 자발적으로 전자를 내어놓고 양이온이 되는 경우는 없다. 그 이유는 모든 안정한 원소의 경우 중성 원자에서 전자를 어느 정도 거리까지 떼내면 전자의 음전하와 나머지 부분의 양전하 사이에 인력이 작용해서 전자가 원래 위치로 끌려가기 때문이다. 즉, 임의의 원자 A가 이온화되는 과정 $A \longrightarrow A^+ + e^-$는 언제나 에너지를 필요로 하는 흡열(吸熱) 과정이다. 이 과정에서 외부에서 가해주어야 하는 에너지의 소요량이 바로 이온화 에너지이다. 따라서 비록 알칼리 금속이라 하더라도 Na와 Na^+를 비교하면 Na^+가 Na의 이온화 에너지인 무려 496 kJ/mol만큼이나 높은 훨씬 불안정한 상태에 있는 것이다.

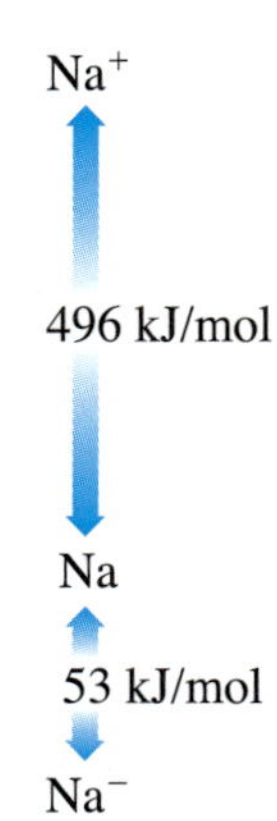

'Na는 가급적 전자를 내어 놓으려고 하기 때문에 Na^+가 되려고 하지 Na^-가 되려고 하지는 않는다', 'Na가 Na^-로 되는 것은 일어나기 매우 어려운 비자발적 변화이다, 또는 Na^-는 Na보다 더 불안정하다' 라는 것은 모두 오해이다. 안정한 원소의 원자는 자발적으로 전자를 받는 경우도 있고 그렇지 않은 경우도 있다. 임의의 원자 A가

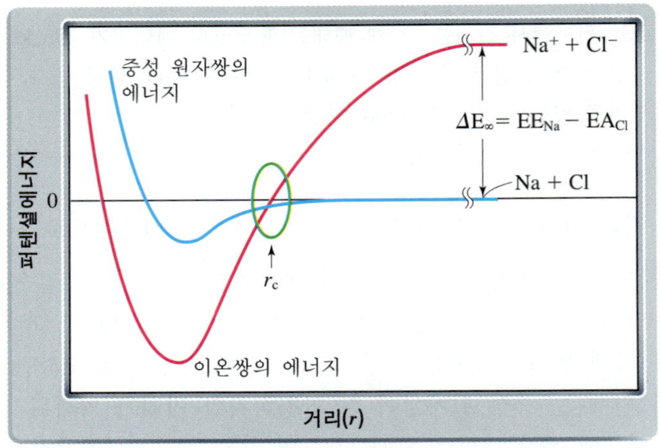

그림 6.2 핵간 거리에 따른 Na-Cl 중성 원자쌍과 Na^+-Cl^- 이온쌍의 에너지 차이.

전자를 받아들이는 $A + e^- \longrightarrow A^-$의 과정이 발열 과정이면 음이온이 더 안정한, 즉 전자가 달라붙는 것이 자발적인 과정으로서, 이때 전자의 결합 에너지가 바로 5장에서 살펴본 **전자 친화도(electrom affinity)**이다. 반면 이 과정이 흡열 과정이면 음이온이 더 불안정해지기 때문에 전자가 원자에 붙어서 안정한 음이온을 형성하지 못하고 자발적으로 탈착이 되며 이 경우 전자 친화도는 정의에 따라 음의 값을 갖게 된다. Na의 경우 3*s* 오비탈에 전자가 한 개만 차 있으므로 나머지 한 개를 더 받아들일 여유가 있고, 외부의 전자가 볼 때 Na의 유효 핵전하값이 양(+)이므로 추가 전자를 가진 Na^-는 Na보다 전자 친화도인 53 kJ/mol만큼 더 안정하다.

예제 6.4

위의 논리에 따르면 Na 관련 화학종의 상대적인 에너지는 $Na^+ \gg Na > Na^-$인데 그렇다면 이온 결합에서 요구되는 Na^+가 만들어지기 힘들 것으로 예상된다. 위의 에너지 순서에도 불구하고 이온 결합에서 Na^-가 아니라 Na^+가 만들어지는 이유는 무엇인가?"

풀이 "Na가 이온화가 잘 된다"는 것은 "Na가 자발적으로 전자를 잃음으로써 Na^+로 잘 만들어 진다"는 뜻이 아니라 "Na건 다른 원소건 자발적으로 양이온이 되지는 않지만 Na를 비롯한 알칼리 금속의 경우는 다른 원소보다 덜 힘들다"는 뜻이다. 즉 Na 관련 화학종의 경우는 앞에서 부등호로 표시한 에너지 순서가 $Na^+ \gg Na > Na^-$라면 Cl의 경우는 $Cl^+ \ggg Cl \gg Cl^-$로서 적어도 다른 원소와 비교할 때 Na는 이온화되는 것이 (더 쉬운 것이 아니라) 덜 힘들다는 것이다. 따라서 Na와 Cl이 반응하면 양이온이 되는 것은 이온화 에너지가 아주 높은 Cl이 아니라 Na이고, 음이온이 되는 것은 전자 친화도가 높은 Cl인 것이다.

이처럼 먼 거리에서 $Na + Cl \longrightarrow Na^+ + Cl^-$가 되는 과정은 흡열 반응이지만 높은 속도로 운동하는 Na 원자와 Cl 원자가 9.5 옹스트롬 이내로 접근하면 이온 간의 퍼텐셜 에너지가 원자 간의 퍼텐셜 에너지보다 낮아져서 순간적으로 전자의 이동이 일어난다. 이때 Na 원자로부터 Cl 원자로 전자가 이동하는 상황이 마치 고래 사냥을 할 때 작살을 쏘는 것과 같다고 해서 이를 **작살 반응(harpoon reaction)**이라고 한다. 결과적으로 생긴 Na^+ 이온과 Cl^- 이온은 서로 끌려서 고체의 소금 결정을 만든다. 결정을 만들면서 나오는 에너지는 처음의 흡열 반응을 지속적으로 일어나게 하기 때문에 이 반응은 많은 열을 낸다.

예제 6.5

X-선 결정학으로 소금 결정에서 Na^+ 이온과 Cl^- 이온 사이의 거리는 2.82 옹스트롬으로 밝혀졌다 (3장). 이 거리에서 Na^+ 이온과 Cl^- 이온 사이의 안정화 에너지는 얼마일까?

풀이 예제 6.3에서 9.5 옹스트롬에서 안정화 에너지가 147 kJ/mol인 것을 보았다. 쿨롱 에너지는 거리에 반비례하니까 9.5 옹스트롬에서 2.82 옹스트롬으로 가까워지면 보다 안정화된다.

$$(147\ \text{kJ/mol}) \times \left(\frac{9.5\ \text{옹스트롬}}{2.82\ \text{옹스트롬}}\right) = 495\ \text{kJ/mol}$$

이 값은 H−H 공유 결합 에너지인 432 kJ/mol과 크게 다르지 않은데, 이 값을 소금에서 이온 결합의 에너지라고 볼 수도 있겠다. 실제로 이온 결정에서는 이온들이 사방으로 다른 이온들에 의해 둘러싸여 있기 때문에 안정화 에너지는 한 이온쌍의 경우보다 커진다. 그 비를 **마델룽 상수**(*Madelung constant*)라고 하는데, 소금 결정에서 마델룽 상수는 1.75이다.

6-3-2 산화수

이온 결합과 관련하여 산화수라고 하는 유용한 개념이 있다. 위에서 논의한 이온 결합은 전자가 완전히 한 원자에서 다른 원자로 이동한 경우이다. 소듐과 염소처럼 전기음성도 차이가 아주 큰 원소끼리 만나면 이온 결합이 이루어진다. 그러나 소듐 대신 수소가 염소와 결합했다면 전자의 분포는 좀 달라질 것이다. 탄소와 염소와 결합하면 전자 분포는 또 달라진다. 염소 대신 염소와 전기음성도가 비슷한 산소가 소듐, 수소, 탄소 등 다른 원소와 결합하면 매번 상황이 달라진다. 일반적으로 결합하는 원소 사이의 전기음성도 차이가 작아지면 이온 결합 성격이 줄고 뒤에서 다룰 공유 결합의 성격이 늘어난다.

그런데 전자의 배분은 상대에 따라 달라지는 것이기 때문에 일단 화학 결합이 이루어지면 전기음성도가 낮은 원자가 높은 쪽으로 전자를 내주어 이온 결합을 이루었다고 가정하고 각 원자의 가상적 전하를 고려하는 것이 편리하다. 이 전하를 **산화수**(**酸化數, oxidation number**)라고 한다. 산소가 많은 원소들과 산화물을 만들고 플루오린을 제외하고는 가장 전기음성도가 높은 원소이어서 산소를 기준으로 삼는 것이 편리하기 때문이다. 플루오린의 산화수는 항상 −1이다.

예컨대 물은 이온 결합으로 만들어진 화합물은 아니지만 물에서 산소는 자신과 결합을 이룬 두 개의 수소 원자로부터 전자를 빼앗아 −2의 산화수를 가진다고 볼 수 있다. 이처럼 대부분 원소의 산화수는 산소와의 결합 방식으로부터 정할 수 있다. 2, 3주기 원소에 대하여 산화물에서 각 원소의 산화수는 아래와 같다.

산화물	Li_2O	BeO	B_2O_3	CO_2	N_2O_5
	Na_2O	MgO	Al_2O_3	SiO_2	P_2O_5
산화수	+1	+2	+3	+4	+5

플루오린은 산소보다 전기음성도가 높기 때문에 OF_2에서는 플루오린의 산화수는 −1이고 산소의 산화수는 +2가 된다. 이처럼 결합하는 상대에 따라 산화수가 달라질 수 있다. N_2O_5에서 질소의 산화수는 +5이고, 암모니아(NH_3)에서 질소의 산화수는 −3인데, 이것은 질소의 전기음성도는 산소보다는 낮지만 수소보다는 높기 때문이다.

주기율표에서 양극단에 있는 원소들이 만나면 이온성이 강해지고 원자가는 실제 이온의 전하와 가까워진다. 몇 가지 금속염에 대하여 각 이온의 산화수는 다음과 같다.

금속염	LiF	NaCl	$MgCl_2$	CaF_2	$AlCl_3$	UF_6
산화수	Li +1	Na +1	Mg +2	Ca +2	Al +3	U +6
	F −1	Cl −1	Cl −1	F −1	Cl −1	F −1

예제 6.6

HCl, H_2O, CH_4, CO_2, NH_3, NO에서 각 원자의 산화수를 적어라.

풀이

HCl :	H +1	Cl −1	CO_2 :	C +4	O −2
H_2O :	H +1	O −2	NH_3 :	H +1	N −3
CH_4 :	H +1	C −4	NO :	N +2	O −2

CH_4에서처럼 전기음성도의 차이가 그다지 크지 않으면 실제로는 전자가 한 원자에서 다른 원자로 완전히 이동하지는 않지만 편의상 그렇게 가정하고 전기음성도가 높은 원자에 −값의 산화수를, 전기음성도가 낮은 원자에 +값의 산화수를 부여한다.

6-3-3 옥텟 규칙의 발전

흔히 원자가 최외각전자수가 8이 되는 방향으로 전자를 주거나 받거나 또는 공유해서 안정한 분자를 만드는 원리라고 알려진 **옥텟 규칙(octet rule)** 은 화학에서 가장 기본적인 원리 중의 하나이다. 옥텟 규칙은 이온 결합뿐 아니라 뒤에서 다룰 공유 결합을 설명하는데 더 자주 사용된다. 옥텟 규칙은 금속 결합에도 적용된다. 그런데 공유 결합보다는 이온 결합 개념이 먼저 발전되었고, 이온 결합을 설명하는데도 최외각전자수가 8이 된다는 원리가 중요하기 때문에 여기서 옥텟 규칙이 어떻게 발전했는지를 다루고 넘어가기로 한다. 19세기 중반에는 화학 반응의 양적 관계나 원소 분석을 통해서 수소의 원자가는 1, 탄소, 질소, 산소는 원자량 순서에 따라 원자가가 4, 3, 2인 것을 알고 있었다. 한편 원자가가 1인 염소도 알려져 있었고, 1886년에는 무아상에 의해 역시 원자가가 1인 플루오린도 발견되었다. 그런데 왜 각각의 원소들이 그런 원자가를 가지는지는 알 수 없었다.

1893년에 스위스의 베르너(Werner)는 어떤 중심 원자(대부분 경우에 금속의 양이온)에 리간드(ligand)가 결합하는 경우 **배위수(配位數, coordination number)**, 즉 결합하는 리간드의 수는 4 또는 6인 것을 알아냈다. 알고 보면 각각의 리간드가 전자쌍을 제공하여 배위수가 4인 경우 여덟 개의 전자를 중심 이온이 가지게 되는 것인데 당시에는 전자가 발견되기 전이었으니까 그 이유를 알지 못했다. 1894년에는 아르곤이 발견되고 뒤이어 다른 비활성 기체들이 발견되어 최외각전자수와 반응성 또는 안정성의 관계를 설명할 수 있는 기반이 마련되었다. 그러나 이것도 전자가 발견되기 (1897년) 전의 일이다.

20세기에 들어와서 1904년에 독일의 아베크(Abegg)는 어떤 원소의 최대의 산화수와 최소의 산화수의 차이는 8이라는 아베크의 규칙을 발표했다.

예제 6.7

N_2O_5에서 질소의 산화수와 암모니아(NH_3)에서 질소의 산화수를 적어라. 차이는 얼마인가?

풀이 중성 분자에서 산화수의 합은 0이다.

N_2O_5 : (산소의 산화수 -2)(산소의 원자수 5) $= -10$

(질소의 산화수)(질소의 원자수 2) $= 10$

질소의 산화수 $= \frac{10}{2} = 5$

NH_3 : 질소보다 전기음성도가 낮은 수소의 산화수는 $+1$

질소의 산화수 $= -3$

차이 $= 5 - (-3) = 8$

주기율표에서 5족인, 그러니까 최외각전자가 다섯 개인 질소는 N_2O_5처럼 전자를 다섯 개 내주거나 NH_3처럼 세 개를 얻으면 비활성 기체의 전자 구조를 가지게 된다. 질소의 전기음성도가 아주 높거나 아주 낮지 않기 때문에 가능한 일이다. 따라서 알고보면 이 8의 원자가 차이는 2주기에서 채워지는, 즉 두 번째 전자 껍질에 최대한 들어갈 수 있는 전자수에 해당한다. 다시 말해 8은 네온의 최외각전자수인 것이다. 그러나 1904년에는 아직 에너지 준위, 전자 껍질 등의 개념이 없었다.

비슷한 시기에 미국의 루이스도 8의 의미를 깨닫고 있었다. 1902년 루이스의 스케치를 보면 2주기 원소인 리튬, 베릴륨, 붕소, 탄소, 질소, 산소, 플루오린을 각각 꼭지점이 여덟 개인 정육면체의 꼭지점에 전자가 한 개부터 일곱 개까지 자리잡고 있는 것으로 나타내고 있다. 1898년에 발견된 네온에 해당하는 여덟 개 꼭지점이 모두 채워진 정육면체는 그림 위쪽 중간에 헬륨 아래에 보인다. 그 밑에는 이것이 소듐 주기의 바탕인 듯하다는 언급이 보인다. 한편 루이스는 흥미롭게도 소듐 이온과 염소 이온의 전하에 대해 이리저리 추측을 하고 있는데, 염화소듐이 되면 정육면체의 여덟 개 꼭지점이 모두 채워진 것으로 그려져 있다. 아무튼 이때 이미 루이스는 헬륨 경우 2, 네온 경우 8의 중요성을 인식하고 있었지만 아베크와 마찬가지로 에너지 준위나 전자 껍질에 입

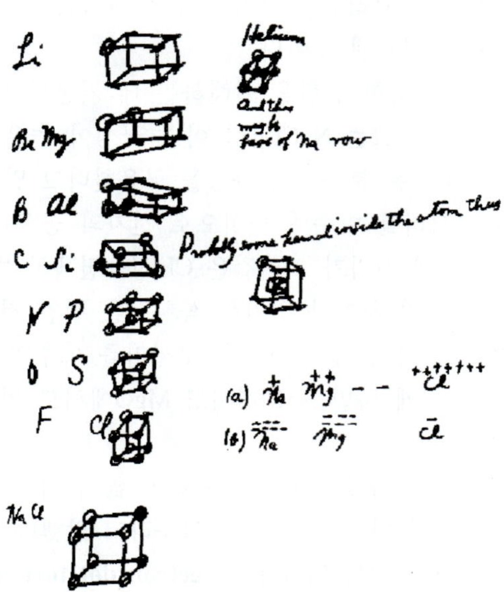

그림 6.3 루이스는 꼭지점에 여덟 개인 정육면체를 사용해서 NaCl 같은 이온성 물질의 결합을 설명했다.

현대 화학의 대부 루이스

루이스 (Gilbert N, Lewis, 1875–1946)

우리가 중고등학교에서든 대학에서든 화학의 기본을 배울 때 가장 널리 사용되는 개념과 원리를 몇 가지 든다면 몰, 공유 결합, 옥텟 규칙, 전기음성도, 산-염기 등을 들 수 있을 것이다. 옥텟 규칙, 그리고 옥텟 규칙에 입각한 루이스 점전자식을 도입해서 화학을 공부하는 전 세계의 수많은 학생들에게 친숙한 루이스는 많은 탁월한 화학자들을 키워낸 것으로도 화학에 크게 기여했다.

미국 매사츄세츠주의 웨스트 뉴턴에서 태어난 루이스는 가족을 따라 네브라스카로 가서 2년 대학을 다니고 하버드로 전학해서 21세에 학부를 졸업한 후 앤도버의 필립스 아카데미에서 잠시 가르치다가 하버드로 돌아와 리처즈의 지도하에 24세의 나이로 박사 학위를 받았다. 그 후 독일로 건너가 라이프치히 (Leipzig) 에서는 오스트발트 (Ostwald) 와, 괴팅겐 (Gottingen) 에서는 네른스트 (Nernst) 와 물리화학을 연구했다. 귀국 후 하버드 강사를 거쳐 MIT에서 정교수까지 고속 승진하고 나서 1912년에 캘리포니아대학 버클리 (Berkeley) 의 화학부장으로 옮겼다. 루이스가 간 후 버클리 화학부는 세계에서 가장 우수한 화학 연구 집단으로 자리 잡았고, 루이스의 제자 중에서 유리 (Urey, 1934년), 죠크 (Giauque, 1949년), 시보그 (Seaborg, 1951년), 캘빈 (Calvin, 1961년) 등 여러 명의 노벨 화학상 수상자가 배출되었다.

1902년부터 루이스의 강의록에는 화학 결합에서 8의 중요성을 보여주는 정육면체 그림이 등장한다. 1916년에는 공유 결합을 공식화하는 유명한 논문을 발표했는데, 이 논문의 제목은 "원자와 분자 (The Atom and the Molecule)"였다. 루이스는 이 논문에서 정육면체 그림을 처음 소개했고, 요즘도 많이 사용되는 루이스 점전자식을 도입했다. 루이스는 화학 결합을 설명하기 위해 전자를 공유하는 결합 (electron-sharing bond), 8의 규칙 (rule of

각해서 옥텟 규칙을 명확히 서술하지는 못했다.

1911년에 원자핵이 발견되고 1913년에 보어 모델이 발표되면서 에너지 준위와 전자껍질의 개념이 생겼다. 같은 해에 모즐리가 원자핵의 양전하를 측정하면서 원자 번호 개념이 나오고 핵 바깥에 자리잡은 전자의 수를 파악하게 되었다. 드디어 8의 의미를 이해할 수 있는 기반이 마련된 것이다.

1916년에 루이스는 모든 화학 결합을 이해하는 데 기본이 되는 옥텟 규칙 관련 논문을 발표했다. 이 논문에서 그는 NaCl처럼 아주 극성이 높은 화합물은 전자가 이동해서 얻어지며 HCl이나 I_2같은 분자는 전자쌍을 공유한다고 말하고, 시각적으로 두 정육면체의 꼭지점이나 모서리를 마주대는 것으로 전자의 공유를 설명했다. 예를 들면, NaCl은 일곱 개의 꼭지점에 전자가 자리잡은 Cl 정육면체의 빈 꼭지점에 한 개의 전자 밖에 없는 Na 정육면체의 전자가 위치한 꼭지점을 겹친 것이고, MgO는 Mg의 전자가 빈 모서리와 O의 두 개 전자가 위치한 모서리를 마주댄 것이다. 정육면체의 꼭지점이 여덟 개이므로 그렇게 하면 NaCl에서도 MgO에서도 여덟 개의 꼭지점이 채워지는 것이다.

루이스는 분자의 극성은 전자를 똑같이 공유하지 않기 때문에 생기며 NaCl 같은 경우는 전자를 불공평하게 나누어 갖는 극단적 경우라고 말했다. 또 루이스는 이 논문에서 최외각전자를 점으로 표시하는 **전자점식 (electron dot formula)** 을 처음 사용했는데 이러한 소위 **루이스 구조 (Lewis structure)** 는 지금도 전세계 중고등학교 그리고 대학의 강의실이나 연구실에서도 널리 쓰이고 있다.

eight) 같은 표현을 사용했는데 1919년에 랭뮈어(Langmuir)는 루이스의 아이디어를 더욱 발전시키고 공유 결합(covalent bond), 옥텟 규칙(octet rule) 등 쓰기 편리한 말을 만들어냈다. 오늘날도 전 세계적으로 수 억의 학생들이 랭뮈어의 어휘를 사용해서 화학을 공부한다. 랭뮈어는 표면화학을 개척하여 1932년 노벨 화학상을 수상했는데 35 차례나 노벨상 후보로 추천되고도 수상하지 못한 루이스에게 랭뮈어는 평생 라이벌이 되었다.

루이스는 1933년에는 중수(重水, heavy water, D_2O)를 순수하게 분리했는데, 그의 제자였던 유리가 중수소(重水素, deuterium)를 발견한 공으로 1934년 노벨 화학상을 수상하자 이번에도 공동 수상을 하지 못한 데에 대해 크게 실망했다.

화학 결합 이외에도 루이스는 다양한 분야에서 많은 중요한 연구를 했다. 상대성에 관해서도 몇 편의 논문을 내었는데, 예컨대 1908년에는 아인슈타인과 다른 방식으로 질량과 에너지의 관계식을 유도했다. 1919년에는 저온에서 산소의 자기적 성질을 연구하던 중 O_4 분자를 발견했고, 1921년에는 강한 전해질 용액의 이온 세기(ionic strength)를 정의했으며, 1923년에는 전자쌍을 받는 화학종을 산으로 정의하여 오늘날 루이스 산을 가장 일반적인 산의 정의로 받아들이게 되었다. 1926년에 빛 에너지의 최소 단위를 광자(光子, photon)라고 이름지은 것도 루이스였고, 말년에는 카샤(Kasha)와 함께 인광(燐光, phosphorescence)을 설명했다. 한편 루이스는 25년에 걸쳐 여러 화학종의 깁스 자유 에너지(8장)를 정확하게 측정하여 화학 열역학을 튼튼한 토대 위에 올려놓았다.

이런 찬란한 업적에도 불구하고 끝까지 노벨상을 수상하지 못한 루이스의 최후는 미스터리에 쌓여있다. 그가 71세의 나이로 죽은 날 버클리를 방문한 랭뮈어를 만났는데 늦은 시간에 다시 실험실로 돌아간 루이스는 죽은 시체로 발견되었다. 유독한 사이안산(사이안화수소, hydrogen cyanide)을 가지고 실험을 하다가 유리 기구를 빠져나온 사이안산에 의해 죽음을 맞은 것으로 보이는데 사고로 처리되었지만 자살설도 있다고 한다. 몇 년을 더 살았다면 1954년에 폴링이 화학 결합의 본질에 관해 노벨 화학상을 수상할 때 루이스가 공동 수상 하지 않았을까 생각된다. 아무튼 우리 주위의 물질 세계가 옥텟 규칙에 따른 전자의 공유에 의해 유지되는한 우리는 루이스의 이름을 화학 교과서에서 계속 만나게 될 것이다.

옥텟 규칙은 슈뢰딩거 방정식의 해로 얻어지는 오비탈, 전자의 스핀, 그리고 배타 원리를 통해 충분히 이해된다. 보어 모델이 말해주는 전자 껍질 만으로는 왜 전자가 여러 개 있는 경우 첫 번째 껍질에는 두 개, 두 번째 껍질에는 여덟 개까지 들어가는지 설명할 수 없다. 4장에서 살펴본 대로 주양자수, 각운동량 양자수, 그리고 자기 양자수에 입각하여 첫 번째 껍질에는 하나의 s 오비탈만이 있고 여기에 배타 원리에 따라 스핀이 반대인 두 개의 전자가 들어갈 수 있다. 두 번째 껍질에는 하나의 s 오비탈과 세 개의 p 오비탈이 있어서 모두 여덟 개의 전자가 들어갈 수 있다. 수소를 제외하고는 화합물에 많이 들어 있는 원소는 탄소, 질소, 산소 등의 2주기 원소이기 때문에 두 번째 껍질에 들어갈 수 있는 전자수 8이 특별한 의미를 가지는 것이다. 물론 옥텟 규칙은 실리콘, 인, 황, 염소 등의 3주기 원소에도 적용된다.

8에 관련된 oct-라는 어원을 가진 단어
octagon - 팔각형
octave - 옥타브
octopus - 다리가 8개인 문어
octane - 탄소가 8개인 탄화수소
October - 10월(원래 8월이었는데 Julius, Augustus를 따서 July, August가 끼어들어서 10월이 되었다)

예제 6.8

이온 결정에서 자주 발견되는 Na^+, K^+, Mg^{2+}, Ca^{2+}, Al^{3+}, F^-, Cl^-, O^{2-} 이온의 전자 구조를 중성 원자의 전자 구조와 함께 적어라. 예 : Li = (He)$2s^1$ Li^+ = (He)

풀이

Na : (Ne)$3s^1$ — Na^+ : (Ne)
K : (Ar)$4s^1$ — K^+ : (Ar)
Mg : (Ne)$3s^2$ — Mg^{2+} : (Ne)
Ca : (Ar)$4s^2$ — Ca^{2+} : (Ar)

Al : (Ne)$3s^23p^1$	Al^{3+} : (Ne)
F : (He)$2s^22p^5$	F^- : (Ne)
Cl : (Ne)$3s^23p^5$	Cl^- : (Ar)
O : (He)$2s^22p^4$	O^{2-} : (Ne)

그리고 보면 옥텟 규칙은 이온 결합에도 적용되는 셈이다. 소듐 원자가 자발적으로 소듐 이온이 되어 두 번째 껍질이 여덟 개의 전자로 채워진 옥텟 구조를 가지게 되는 것은 아니지만 (이온화 에너지가 양의 값) 첫 번째 이온화 에너지 값에 비하면 두 번째 이온화 에너지 값은 훨씬 커서 수용액에서나 결정에서나 소듐은 옥텟을 만족시키는 Na^+ 이온으로 존재한다. 염소는 높은 전자 친화도 때문에 역시 옥텟을 만족시키는 Cl^- 이온으로 존재한다.

6-4 공유 결합 : 원자가 결합 이론

전자의 이동을 통해 쉽게 이해할 수 있는 이온 결합을 다루었으니 이제는 전자를 공유하여 이루어지는 공유 결합(covalent bond)을 다룰 차례이다. 공유 결합은 가장 간단한 수소 분자로부터 DNA에 이르기까지 가장 폭넓게 적용되는 화학 결합의 원리이다. 그런데 우리가 어떤 원리를 이해하려고 할 때 가장 깊이있고 엄밀한 이론을 공부하는 것도 좋지만, 일단 직관적으로 이해하기 쉽고 또 배우고 나서는 남에게 쉽게 설명할 수 있는 것도 중요하다. 예를 들어 4장에서 다룬 보어 모델은 전자가 원운동을 하는 것은 아니고, 수소 원자 이외에는 엄밀하게 적용이 안 된다는 면에서 약점이 있지만 에너지 준위라는 개념을 받아들이고 그를 기초로 옥텟 규칙 등을 쉽게 이해할 수 있게 해 준다는 면에서는 아주 유용하다.

공유 결합을 다루는데 있어서도 상당히 단순화되었기 때문에 엄밀성에서는 떨어지지만 대신 머리 속에서 그림을 그리기에는 오히려 편리한 모델이 있고, 반면에 엄밀하다보면 머릿속에서 그림이 잘 그려지지 않고 일반화학 수준에서 깊이 다루기에는 적합하지 않은 모델도 있다. 이 장에서는 전자에 해당하는 원자가 결합 이론과 거기서 파생되는 혼성 오비탈, 공명 구조, 분자 구조 등을 먼저 다루고, 후자에 해당하는 분자 오비탈 이론은 뒤에서 간략히 다루기로 한다.

6-4-1 공유 결합의 원리

원자간 상호작용은 한 원자의 원자핵이 가지는 양전하와 전자의 음전하가 다른 원자의 그것들과 정전기적 힘에 의해 같은 전하끼리는 서로 밀치고 다른 전하끼리는 서로 당기는 것에 기인한다. 원자핵은 매우 작은 공간을 차지하고 있는 반면에 전자는 훨씬 넓은 공간에서 마치 구름처럼 확률적으로 분포하고 있는데다가, 원자핵보다 질량이 훨씬 작기 때문에 운동량이 커서 원자핵의 운동을 순간적으로 따라갈 수 있다(본-오펜하이머 근사, Born-Oppenheimer appoximation). 따라서 두 원자간 상호작용을 생각할 때 원자핵 간의 거리가 정해지면 전체 상호작용은 바로 결정되기 때문에 분자의 위치 에너지는 통상 원자핵간 거리의 함수로 표현하게 된다.

그림 6.4에서 보듯이 두 개의 원자를 무한대의 거리에서 서서히 서로를 향해 가져올

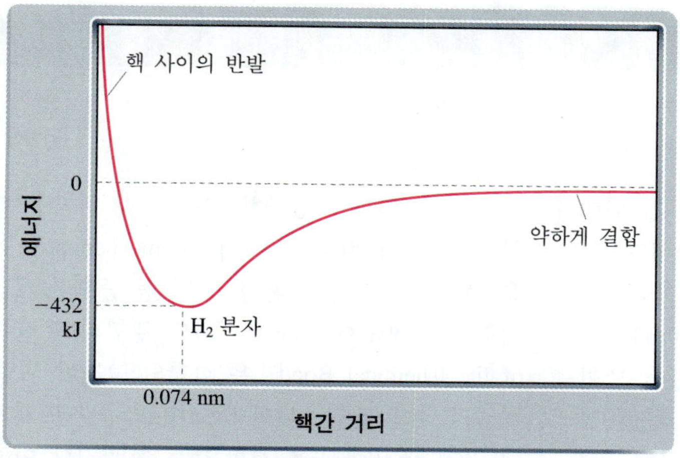

그림 6.4 원자핵 간 거리에 따른 두 개의 수소 원자 사이의 퍼텐셜 에너지.

경우 대개 10 옹스트롬 정도의 매우 가까운 거리에 올 때까지는 양쪽 원자가 상대방을 거의 인식할 수 없기 때문에 상호작용이 별로 없고, 따라서 위치 에너지의 값도 거의 0을 유지하게 된다. 그러나 원자핵끼리 여기서 서로 더 가까이 다가오게 되면 한 원자의 전자가 다른 원자의 원자핵을 느끼게 되고 그 반대의 경우도 작용하기 때문에 상당한 인력이 발생하게 된다. 물론 전자와 전자간의 반발력도 증가하여 이 인력을 부분적으로 상쇄시키기는 하지만 전체적으로는 인력이 증가하여 서서히 결합 에너지가 커지게(즉, 위치 에너지가 더 큰 음의 값을 갖게) 된다. 여기서 원자핵 간 거리를 더 줄이게 되면 이제는 원자핵과 원자핵 사이의 상호작용이 작동하게 되어 전체적으로는 반발력이 우세하게 되며 이는 작은 원자핵간 거리에서의 급격한 위치 에너지 상승으로 나타나게 된다. 분자는 반발력과 인력이 균형을 이루는 거리에서 가장 낮은 위치 에너지 상태에 도달하게 되며, 이 거리가 안정한 분자의 바닥 상태에서의 원자핵 간 거리가 된다.

생각해 보면 원자핵 간 반발력도 다른 상호작용과 마찬가지로 $1/r^2$에 비례하는 쿨롱의 법칙을 따르는데 왜 굳이 원자핵 간 반발력만 충분히 작은 거리에 이르러서야 작동하기 시작하는가 하는 의문을 가질 수 있다. 그것은 원자핵 간 거리가 멀 때는 원자핵의 전하는 전자 구름에 의해 가려져 있으나 (screening 또는 shielding 현상), 핵간 거리가 가까워지게 되면 전자 구름이 원자핵의 양전하를 효과적으로 가리지 못하게 되기 때문이다(5장). 또한 전자 구름이 평균적으로는 핵 주위에 대칭적으로 분포하지만 어느 순간에는 한쪽으로 치우치는 편극(偏極, polarization)현상이 있기 때문에 핵의 양전하끼리 마주치는 효과가 생기고, 이러한 효과의 결과는 핵간 거리가 짧을 때 크게 나타날 것이다.

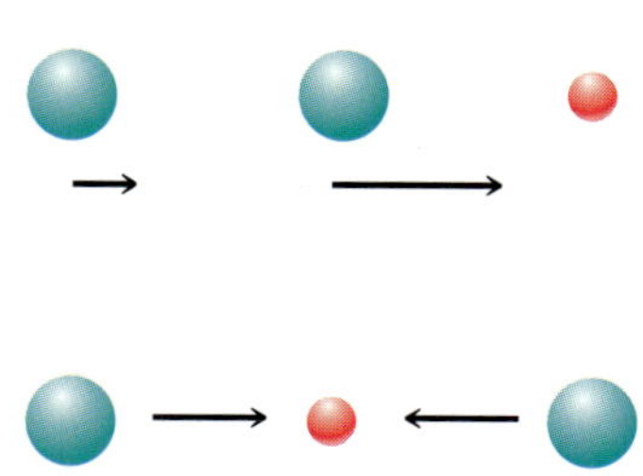

공유 결합의 원리는 수소 분자에서 전자가 한 개 떨어져나간 수소 분자 이온(H_2^+) 경우에 보다 직관적으로 이해할 수 있다. 수소 분자 이온은 두 개의 양성자가 1 옹스트롬 정도 거리에 떨어져 있고 (헬륨처럼 강한 핵력에 의해 핵에 붙잡혀 있지 않고) 전자가 한 개 있는 경우이다. 이때 전자가 바깥 쪽에 위치하면 양성자끼리는 밀고, 전자는 가까이 있는 양성자를 끌어당기기 때문에 결과적으로 양성자 사이의 거리가 멀어지고 결합은 이루어지지 않는다. 반면 전자가 양성자 사이에 있으면 한편으로는 양쪽의 양성자를 끌어당기고, 다른 한편으로는 하나의 양성자가 다른 양성자로부터 느끼는 양전하를 어느 정도 가려서 두 개의 양성자가 적당한 거리에서 결합을 이루게 한다. 이 경우에도 두 개의 양성자는 한 개의 전자를 공유한다고 볼 수 있다.

옥텟 규칙에 입각해서 공유 결합을 이해하려면 수소 원자 둘이 전자를 공유하여 만

화학 결합의 본질

폴링 (Linus Pauling, 1901-1994). 1954년에는 노벨 화학상을 1962년에는 노벨 평화상을 수상했다.

폴링은 20세기의 가장 위대한 화학자의 한 사람이다. 그는 1901년에 미국 오레곤에서 태어났는데, 9세에 아버지가 사망하였기 때문에 돈을 벌어가며 공부를 했다. 오레곤농업대학 학부 시절에 화학에서 두각을 나타낸 폴링은 캘리포니아공대 (California Institute of Technology) 에서 X-선 결정학으로 박사학위를 받았다. 25세에 유럽으로 건너가 좀머펠트 밑에서 막 태동하기 시작한 양자 역학을 공부한 그는 양자 역학을 화학에 도입하여 양자 화학 (量子化學, quantum chemistry) 이라는 새로운 분야를 개척하고, 혼성, 공명 등 중요한 개념들을 발전시켰다. 1939년에 저술한 "화학 결합의 본질 (The Nature of the Chemical Bond)"은 화학의 고전이 되었다. 평생을 버클리 소재 캘리포니아대 교수로 수많은 제자를 키워내고 옥텟 규칙과 공유 결합으로 화학 결합 이해의 기초를 다진 루이스 (1875~1946) 는 새로운 과학인 양자 역학을 받아들여 화학 결합 이론을 체계화하는 데는 앞장서지 못한 반면, 루이스의 다음 세대 화학자였던 폴링은 그 점에서 루이스보다 유리한 위치에 있었던 셈이다.

1930년 대부터 폴링은 생체분자, 특히 단백질에 관심을

들어진 수소 분자와 헬륨 원자를 비교해 보면 좋다. 그림에서 볼 수 있듯이 수소 분자와 헬륨 원자는 몇 가지 공통점과 차이점을 가지고 있다. 둘 다 양성자가 두 개이고 전자도 두 개이다. 수소 분자에서 두 개의 양성자는 0.74 옹스트롬 정도 떨어져 있고, 헬륨 원자에서 두 개의 양성자는 원자핵에 같이 들어 있으니까 0.74 옹스트롬에 비하면 거의 10만 분의 1 정도 가까운 거리에 있는 셈이다. 수소 분자에는 중성자가 없지만 헬륨 원자에는 두 개의 중성자가 들어 있는 것은 중요한 차이이다. 그래서 헬륨의 원자량은 수소의 분자량의 두 배 정도이다. 두 장에서 살펴본 대로 중성자가 없이는 두 개의 양성자가 핵 속에 그렇게 가까이 붙어있을 수 없다.

화학 결합의 입장에서 가장 중요한 공통점은 둘 다 두 개의 전자를 가지면서 수소 분자와 헬륨 원자라는 안정한 입자를 만든다는 점이다. 헬륨은 화학 반응을 전혀 하지 않는 비활성 기체이다. 이것을 보면 두 개의 수소 원자는 각각 하나씩 자신의 전자를 내놓고 그 두 개의 전자를 공유함으로써 헬륨과 같이 두 개의 전자를 가지는, 즉 옥텟을 만족시키는 상황을 연출한 셈이다.

그림을 보면 두 개의 수소 원자가 무한대 거리에 떨어져 있을 때에 비해 분자를 만들면 몰당 432 kJ 만큼 안정화되는 것을 볼 수 있다. 이 값은 앞에서 살펴본 Na^+-Cl^- 이온쌍에서 쿨롱 에너지와 대충 비슷하다.

예제 6.9

수소 분자의 결합 에너지를 300 K에서 기체 분자의 운동 에너지, $\frac{3RT}{2}$와 비교하여라.

풀이 R = 8.31 J/mol·K

$$\frac{3RT}{2} = \frac{3}{2} \times (8.31\ \text{J/mol·K})(300\ \text{K})$$
$$= 3.7\ \text{kJ/mol}$$

기울였다. 1940년 대에는 정상 헤모글로빈과 겸상적혈구 빈혈증 환자에게서 볼 수 있는 헤모글로빈이 전기장에서 다른 방향으로 움직이는 것을 관찰하고 질병의 원인을 분자 수준에서 이해하는 최초의 예를 제시했다. 그때부터 분자 질환(分子疾患, molecular disease)이라는 말이 쓰이기 시작했다. 1950년에 폴링은 단백질 구조에서 중요한 역할을 하는 폴리펩타이드 고리의 알파 나선 구조(alpha helical structure)를 제안했다. 그 후 X-선 결정학으로 밝혀진 많은 단백질에서 알파 나선 구조는 단백질의 기능을 발휘하기 위한 구조를 갖추는데 결정적으로 중요하게 작용하는 것이 확인되었다. 단백질 구조에서 성공을 거둔 폴링은 당시 생물학에서 핵심 질문이었던 DNA의 분자 구조에 관한 모델을 제안하였다. 폴링의 모델은 삼중 나선 모델로서 당-인산 골격이 중심에 자리잡고 염기들이 바깥을 향하는 구조를 가지고 있었다. 1953년에 발표된 왓슨과 크릭의 이중 나선 논문 서두에 당시 과학계의 풋내기 왓슨과 크릭이 폴링 모델의 오류를 지적하는 내용이 나온다. 산으로 해리해서 음전하를 띠는 인산을 가진 당-인산 골격이 세 개씩이나 중심에 모여있는 것은 전기적 반발 때문에 타당하지 못하다는 것이다. 폴링은 다음 해인 1954년에 화학 결합에 관한 업적으로 노벨 화학상을 수상하였고, 왓슨과 크릭은 1962년 노벨 생리의학상을 수상했는데, 그 해에 폴링은 핵무기 확산 반대운동으로 노벨 평화상을 수상하여 두 번 노벨상을 받은 몇 명 중의 하나가 되었다.

노년에 그는 비타민 C를 많은 양 섭취하면 감기 또는 암에 효과가 있다는 주장을 했지만 의학계의 반대에 부딪쳤다. 폴링은 1994년에 작고했다.

상온에서 기체 분자의 운동 에너지는 공유 결합 에너지의 약 1%에 불과하다. 그래서 모든 분자는 상온에서 안정한 것이다.

이제는 물에서 어떻게 옥텟 규칙이 적용되는지 살펴보자.

예제 6.10

괄호를 채워라.

중성 수소 원자에는 전자가 ( ) 개 있다. 바닥 상태에서 이 전자는 n, 즉 주양자수가 ( )인 ( ) 번째 전자 껍질에 들어있다. 원자 번호가 ( )인 산소 원자는 ( ) 개의 전자를 가지고 있는데, 그 중 ( )개는 ( ) 번째 전자 껍질에 들어가서 안정한 ( )의 전자 구조를 가지고 나머지 ( ) 개의 전자는 ( ) 번째 전자 껍질에 들어간다. 산소가 안정한 ( )의 전자 구조를 가지려면 ( ) 개의 전자가 모자란다. 그런데 수소 원자는 줄 수 있는 전자가 ( ) 개 밖에 없다. 산소가 모자라는 전자를 ( ) 개의 수소 원자에게서 받으면 최외각전자수가 ( )이 되어 ( )의 전자 구조가 된다. 한편 각각의 수소 원자는 산소 원자와 전자를 하나씩 공유하여 안정한 ( )의 전자 구조를 이룬다. 결과적으로 생긴 물 분자에서 중심 산소 원자의 제일 바깥 전자 껍질에는 전자가 ( ) 개, 또는 ( ) 쌍 들어있는 셈이다.

풀이 1, 1, 첫, 8, 8, 2, 첫, 헬륨, 6, 두, 네온, 2, 1, 2, 8, 네온, 헬륨, 8, 4

5장에서 본 대로 물에서 수소와 산소를 잡아주는 O−H 결합 에너지는 467 kJ/mol로 H−H 결합 에너지보다 크다. 산소의 높은 전기음성도를 만족시키기 때문이다.

지금까지는 오비탈이라는 말을 사용하지 않고 공유 결합의 기본을 설명했는데, 예를 들어 물에서 수소와 산소가 전자를 공유한다고 말할 때는 은연 중에 수소와 산소의 전자는 각각 수소와 산소의 오비탈에 들어있다는 생각이 들어있다고 볼 수 있다. 보어 모델이 나오기 전에 발전된 초기 루이스의 공유 결합 이론에서는 8의 의미를 제대로 설명할 수 없었지만, 1913년에 보어 모델이 나오고 1926년에 슈뢰딩거의 양자 역학을 통해 원자 오비탈 개념이 생기면서 오비탈을 사용하여 공유 결합을 본격적으로 오비탈을 사용하여 설명하고 결합 에너지, 결합 길이 등도 계산하게 되었다.

그 중 결합하는 두 원자 각각에 대하여 원자가전자의 파동 함수를 사용하고 두 핵 사이의 거리의 함수로 퍼텐셜 에너지를 계산하는 방식을 **원자가 결합 이론**(**原子價結合理論**, **valence bond theory**)이라고 한다. 루이스의 공유 결합 개념과 원자 오비탈을 접목시킨 셈이다. 1927년에 하이틀러(Heitler)와 런던(London)은 이 방법을 수소 분자에 적용하여 좋은 결과를 얻었고, 후일 폴링(Pauling) 등에 의하여 원자가 결합 이론은 복잡한 분자에 적용되었다. 특히 폴링은 원자가 결합 이론을 발전시켜 원자 오비탈의 혼성화(混成化, hybridization)를 통해 탄소의 정사면체 구조(正四面體, tetrahedral carbon)를 설명하고, 공명(共鳴, resonance) 개념을 도입하여 벤젠의 에너지와 결합 길이를 몇 가지 가능한 다른 구조 사이 공명의 결과로 계산해냈다. 또 폴링은 배위 화합물의 결합을 리간드의 비공유 전자쌍과 중심 원자 오비탈 사이의 겹침으로 설명했다. 이 방법은 많은 착화합물의 기하학적 구조와 자기적 성질을 잘 설명했지만 광학적 성질을 설명하는 데는 한계가 있었다.

6-4-2 루이스 구조

1916년 논문에서 옥텟 규칙을 제안한 루이스는 최외각전자들을 점으로 표시하는 **전자 점식**(**點電子式**, **electron dot formula**)을 사용하여 공유 결합을 시각적으로 이해하도록 하였다. 이 방식은 약점도 있지만 화학 결합과 분자 구조를 이해하는데 아주 편리한 면이 있기 때문에 널리 사용되며 흔히 **루이스 구조**(**Lewis structure**)라고 부른다. 루이스 구조에서는 결합을 이룬 전자쌍은 짧은 선으로 나타내기도 한다. 결합에 참여하지 않은 전자들도 쌍으로 나타낸다. 이러한 전자쌍을 **비공유 전자쌍**(**非共有電子雙**, **lone pair electrons**)이라고 한다.

O_2 분자를 예로 들어 루이스 구조를 그리는 일반적인 방법을 생각해 보자.

가. 각 원자가 옥텟을 만족할 때 필요한 전체 전자수를 계산한다. 이 수를 O라 하자.
  O = 8 (산소의 옥텟 전자수) × 2 (원자수) = 16

나. 전체 최외각전자수를 센다. 이 수를 E라 하자.
  E = 6 (산소 원자의 최외각전자수) × 2 (원자수) = 12

다. O와 E의 차이가 결합에 참여한 전자수이다. 이 수를 B라 하자.
  $B = O - E = 16 - 12 = 4$

라. B를 2로 나눈 수가 공유 결합수이다. 이 수를 C라 하자.
  $C = B/2 = \frac{4}{2} = 2$

마. C개의 결합을 원자 사이에 그린다.
  이중 결합을 가진 분자 : O = O

바. E와 B의 차이가 결합에 사용되지 않은, 비공유 전자수이다. 이 수를 L이라 하자.
  $L = E - B = 12 - 4 = 8$

사. 모든 원자가 옥텟을 만족하도록 L 개의 전자들을 배치한다.
  여덟 개의 전자를 두 개의 산소에 네 개씩 배치하면 모든 원자가 옥텟을 만족한다.

$$\underset{\cdot\cdot}{\ddot{O}}=\underset{\cdot\cdot}{\ddot{O}}$$

예제 6.11

위의 가-사 단계를 따라 H_2, F_2, N_2 분자의 루이스 구조를 그려라.

풀이 H_2: 가. $O = 2 \times 2 = 4$
나. $E = 1 \times 2 = 2$
다. $B = 4 - 2 = 2$
라. $C = 2/2 = 1$
마. H—H
바. $L = 2 - 2 = 0$
사. 비공유 전자가 없으므로 H—H

F_2: 가. $O = 8 \times 2 = 16$
나. $E = 7 \times 2 = 14$
다. $B = 16 - 14 = 2$
라. $C = 2/2 = 1$
마. F—F
바. $L = 14 - 2 = 12$
사. 각 F 원자에 비공유 전자 여섯 개씩 :F̤̈—F̤̈:

N_2: 가. $O = 8\times2 = 16$
나. $E = 5\times2 = 10$
다. $B = 16 - 10 = 6$
라. $C = 6/2 = 3$
마. N≡N
바. $L = 10 - 6 = 4$
사. 각 N 원자에 비공유 전자 두 개씩 :N≡N:

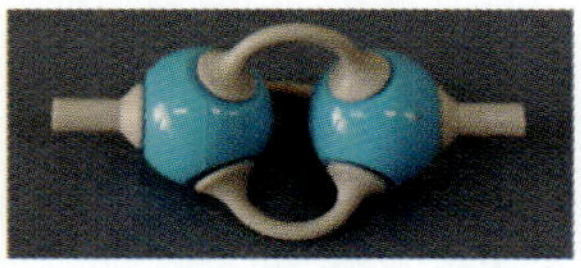

위의 네 분자는 같은 원자핵 두 개가 전자들에 의해 결합한 동핵 이원자 분자(同核二原子分子, homonuclear diatomic molecule)이다. 이들의 특징을 간단히 살펴보자.

H_2: 가장 간단하면서도 우주에 가장 풍부한 분자인 수소 분자는 수소 원자 사이의 단일 결합(單一結合, single bond)으로 이루어진다. 물론 결합에 참여하지 않는 전자는 없다. 모든 이원자 분자와 마찬가지로 선형이다. 결합 길이(핵간 거리, internuclear distance)는 0.74 Å, 결합 에너지는 432 kJ/mol이다.

F_2: 플루오린 원자는 일곱 개의 최외각전자를 가지므로 한 개의 전자를 공유하면 옥텟이 만족된다. 각각의 플루오린 원자는 세 개의 비공유 전자쌍을 가진다. 결합 길이는 1.42 Å (플루오린 원자의 반지름이 수소 원자의 반지름보다 크다), 결합 에너지는 155 kJ/mol로 수소의 결합 에너지보다 훨씬 작다. 플루오린은 유효 핵전하가 커서 핵의 양전하 사이의 반발력이 크고 결과적으로 결합 에너지가 낮아지는데, 플루오린의 낮은 결합 에너지는 반응성이 높은 이유 중의 하나이다.

O_2: 산소 원자는 여섯 개의 최외각전자를 가지므로 두 개씩의 전자를 공유해야 옥텟이 만족된다. 따라서 산소 분자는 이중 결합(二重結合, double bond)을 가지고, 각각의 산소 원자는 두 개의 비공유 전자쌍을 가진다. 결합 길이는 1.21 Å (플루오린보다 원자의 반지름은 크지만 이중 결합), 결합 에너지는 498 kJ/mol로 O—O 단일 결합 에너지(157 kJ/mol)의 두 배 이상으로 크다. 공기 중의 산소가 단일 결합 분자라면 화재의

위험이 아주 높아질 것이다.

N_2: 질소 원자는 다섯 개의 최외각전자를 가지므로 세 개씩의 전자를 공유해야 옥텟이 만족된다. 따라서 질소 분자는 삼중 결합(三重結合, triple bond)을 가진다. 각각의 질소 원자는 한 개의 비공유 전자쌍을 가진다. 결합 길이는 1.10 Å(산소보다 원자 반지름은 크지만 삼중 결합), 결합 에너지는 946 kJ/mol로 질소의 단일 결합 에너지(163 kJ/mol)의 세 배보다 훨씬 크다. 그래서 안정한 공기 중의 질소로부터 질소 비료의 원료인 암모니아를 합성하는 것이 어렵고, 따라서 하버-보쉬의 암모니아 합성 공정이 중요하다.

6-4-3 형식 전하

위에서 살펴본 H_2, F_2, O_2, N_2의 경우에는 공유한 전자를 두 원자가 똑같이 나누어 가졌다고 볼 수 있고, 따라서 각 원자의 전하는 0이다. 그런데 다른 원소들이 결합할 때는 사정이 달라질 수 있다. 그런 경우에는 형식 전하(形式電荷, formal charge)라는 개념을 사용하면 전자의 분포를 고려하는데, 나아가서는 분자의 구조를 이해하는 데 도움이 된다.

예제 6.12

루이스 구조를 그리는 일반적인 방법에 따라 HCl 분자의 루이스 구조를 그려라.

풀이 가. $O = 2 + 8 = 10$

나. $E = 1 + 7 = 8$

다. $B = 10 - 8 = 2$

라. $C = \frac{2}{2} = 1$

마. H — Cl

바. $L = 8 - 2 = 6$

사. 여섯 개의 비공유 전자를 염소에 배치 H — $\ddot{\underset{..}{C}}$l:

H−Cl처럼 전기음성도가 다른 원소가 결합했을 때는 전자의 분포가 중요해진다. 일단 편의상 공유 전자를 두 원자가 똑같이 나누어 가진다고 가정할 때 각 원자의 전하를 **형식 전하(formal charge)**라고 한다. H−Cl에서 H, Cl 모두 형식 전하는 0이다. 수소, 이산화탄소, 물, 메테인, 암모니아 등 대부분 분자에서는 모든 원자의 형식 전하는 0이다. 그러나 형식 전하가 0이라고 해서 전하가 골고루 분포되어 있는 것은 아니다. 실제로는 전기음성도 차이에 따라 원자들은 **부분 전하(部分電荷, partial charge)**를 띠게 된다. H−Cl 경우에는 공유된 두 개의 전자는 전기음성도가 높은 염소 쪽으로 끌려서 염소는 부분 음전하(δ^-), 수소는 부분 양전하(δ^+)를 띠게 된다.

이번에는 형식 전하가 실제로 중요한 의미를 가지는 경우를 생각해 보자.

예제 6.13

일산화탄소(一酸化炭素, carbon monoxide, CO)의 루이스 구조를 그리고 각 원자의 형식 전하를 적어라.

풀이 가. $O = 8 \times 2 = 16$

나. $E = 4 + 6 = 10$
다. $B = 16 - 10 = 6$
라. $C = \frac{6}{2} = 3$
마. $C \equiv O$
바. $L = 10 - 6 = 4$
사. 네 개의 비공유 전자를 C, O에 두 개씩 배치 $:C \equiv O:$
형식 전하 -1 $+1$

삼중 결합을 통해서 탄소와 산소 원자가 모두 여섯 개의 공유 전자를 가지고 있으므로 탄소, 산소 모두 옥텟 규칙을 만족시키는 유일한 방법은 남은 전자 네 개를 두 개씩 탄소와 산소에 배치하는 것이다. 그리고 보면 $:C \equiv O:$는 $:N \equiv N:$와 최외각전자수가 같은 **등전자(等電子, isoelectronic)** 경우이다. 탄소는 질소보다 최외각전자가 하나 적고, 산소는 질소보다 최외각전자가 하나 많기 때문이다. 따라서 CO는 N_2와 전자 구조가 같다. 단, 탄소와 산소 사이 삼중 결합의 여섯 개 전자 중에서 두 개는 탄소에서, 네 개는 산소에서 온 것이다. 만일 여섯 개 전자를 세 개씩 공유한다면 탄소는 전자 하나를 얻어 -1의 전하를 띠게 되고, 산소는 전자 하나를 내주어 $+1$의 전하를 띠게 된다.

일산화탄소는 특이한 화합물이다. 왜냐하면 전기음성도가 높은 산소가 전기음성도가 낮은 탄소에게 전자를 내준 것과 같기 때문이다. 이러한 탄소의 음전하 때문에 일산화탄소는 탄소가 헤모글로빈(hemoglobin)의 철 양이온(Fe^{2+})에 접근하는 방향으로 산소보다 240배나 더 강하게 헤모글로빈과 결합한다. 결과적으로 헤모글로빈이 산소를 운반하는 것을 방해하기 때문에 일산화탄소는 치명적이다. 아무튼 삼중 결합을 이룬 일산화탄소는 안정한 분자이다. 그러나 일산화탄소가 산소와 한 번 더 결합하여 이산화탄소가 되면 위와 같은 비정상적인 전자의 구도가 사라져서 대단히 안정한 분자가 된다.

예제 6.14

이산화탄소(二酸化炭素, carbon dioxide, CO_2)의 루이스 구조를 그리고 각 원자의 형식 전하를 적어라.

풀이 가. $O = 8 \times 3 = 24$
나. $E = 4 + 6 \times 2 = 16$
다. $B = 24 - 16 = 8$
라. $C = \frac{8}{2} = 4$
마. $O = C = O$
바. $L = 16 - 8 = 8$
사. 여덟 개의 비공유 전자를 두 개의 O에 네 개씩 배치 $\ddot{\underset{..}{O}} = C = \ddot{\underset{..}{O}}$
형식전하 0 0 0

예제 6.15

일산화탄소와 최외각전자수가 같은 화학종에는 N_2 이외에도 CN^- 이온과 NO^+ 이온이 있다. 이들의 루이스 구조를 그리고 각 원자의 형식 전하를 적어라.

풀이 일산화탄소와 같은 전자 배치를 가진다.

	$[:C \equiv N:]^-$		$[:N \equiv O:]^+$	
형식 전하	−1	0	0	+1

이들 경우에도 일산화탄소처럼 전기음성도가 높은 원소가 상대방보다 형식 전하가 높다.

예제 6.16

이산화탄소와 최외각전자수가 같은 화학종에는 아자이드 이온(azide ion, N_3^-)이 있다. N_3^-의 루이스 구조를 그리고 각 원자의 형식 전하를 적어라.

풀이 이산화탄소와 같은 전자 배치를 가진다.

	$[\ddot{\underset{..}{N}} = N = \ddot{\underset{..}{N}}]^-$		
형식 전하	−1	+1	−1

이번에는 형식 전하로부터 산의 세기를 어떻게 추측할 수 있는지 생각해 보자.

예제 6.17

탄산(炭酸, carbonic acid, H_2CO_3)과 질산(窒酸, nitric acid, HNO_3)의 루이스 구조를 그리고 각 원자의 형식 전하를 구하라.

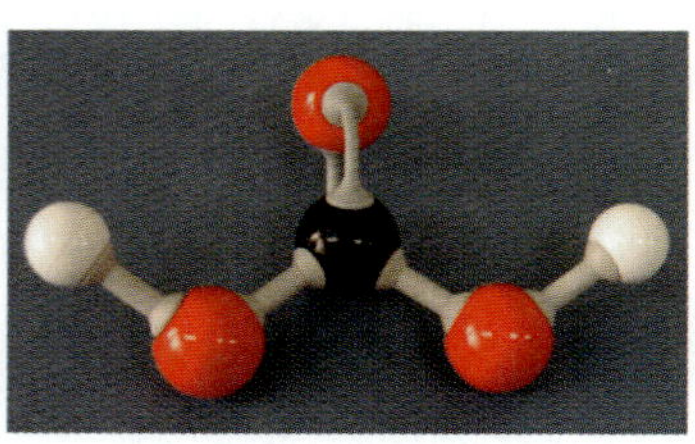

풀이 H_2CO_3: 가. $O = 2 \times 2 + 8 \times 4 = 36$

나. $E = 1 \times 2 + 4 + 6 \times 3 = 24$

다. $B = 36 - 24 = 12$

라. $C = \frac{12}{2} = 6$

마. 오른쪽 그림에서 비공유 전자가 없는 경우

바. $L = 24 - 12 = 12$

사. 12개의 비공유 전자를 각 원자가 옥텟에 맞게 배치 모든 원자의 형식 전하는 0이다.

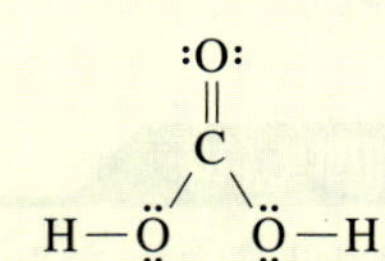

HNO_3: 가. $O = 2 + 8 \times 4 = 34$

나. $E = 1 + 5 + 6 \times 3 = 24$

다. $B = 34 - 24 = 10$

라. $C = \frac{10}{2} = 5$

마.

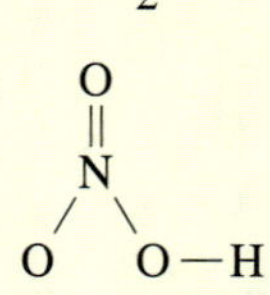

바. $L = 24 - 10 = 14$

사. 14개의 비공유 전자를 각 원자가 옥텟에 맞게 배치

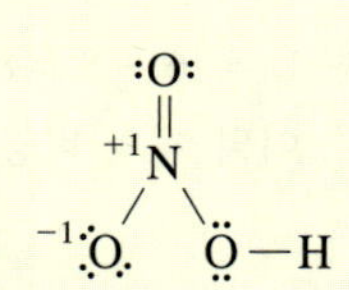

탄산에서는 모든 원자의 형식 전하가 0이다. 두 개의 −O−H기에서 전기음성도가 높은 산소(3.5)는 둘 다 전기음성도가 낮은 탄소(2.5)와 수소(2.2)에 결합되어 있다. 그런데 탄소는 또 하나의 산소와 이중 결합을 이루고 있어서 그 쪽으로 전자를 상당

히 내주기 때문에 수소와 결합한 산소에 내줄 전자가 별로 없다. 따라서 $-O-H$의 산소는 수소로부터 전자를 끌어당기고, 결과적으로 수소는 어느 정도 H^+ 이온으로 해리하여 약한 산성을 나타낸다. 탄산에서 산성을 나타내는 $-COOH$ 기는 유기화학에서는 카복실기 (carboxyl group) 라고 부르는 유기 화합물에서 산성을 나타내는 작용기 (作用基, functional group) 이다 (11장). 탄산은 마치 두 개의 카복실기가 마주보고 있는 구조이다. $C=O$에서 산소가 전자를 끌어당기는 효과가 두 개의 $-O-H$기로 나누어지기 때문에 탄산은 많은 유기산보다 더 약산이다.

질산에서 형식 전하가 +1인 질소는 전자 밀도가 아주 낮다. 따라서 $-O-H$의 산소는 전적으로 수소로부터 전자를 끌어당기고 결과적으로 질산은 강산이다.

예제 6.18

황산 (黃酸, sulfuric acid, H_2SO_4) 과 인산 (燐酸, phosphoric acid, H_3PO_4) 의 루이스 구조를 그리고 각 원자의 형식 전하를 구하라.

풀이 H_2SO_4: 가. $O = 2 \times 2 + 8 \times 5 = 44$

나. $E = 1 \times 2 + 6 \times 5 = 32$

다. $B = 44 - 32 = 12$

라. $C = \frac{12}{2} = 6$

마.

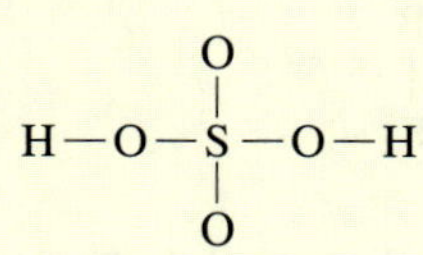

바. $L = 32 - 12 = 20$

사. 20개의 비공유 전자를 각 원자가 옥텟에 맞게 배치

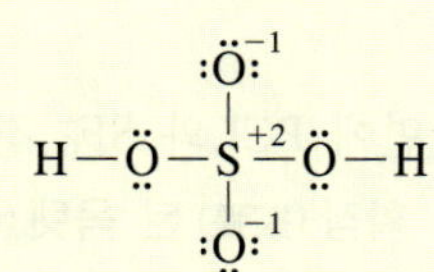

H_3PO_4: 가. $O = 2 \times 3 + 8 \times 5 = 46$

나. $E = 1 \times 3 + 5 + 6 \times 4 = 32$

다. $B = 46 - 32 = 14$

라. $C = \frac{14}{2} = 7$

마.

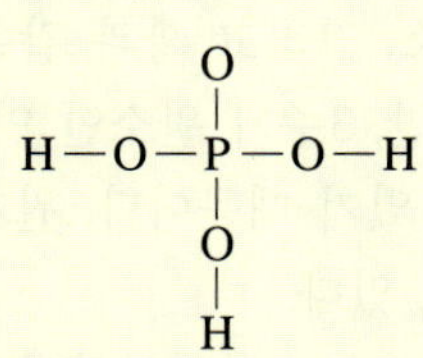

바. $L = 32 - 14 = 18$

사. 18개의 비공유 전자를 각 원자가 옥텟에 맞게 배치

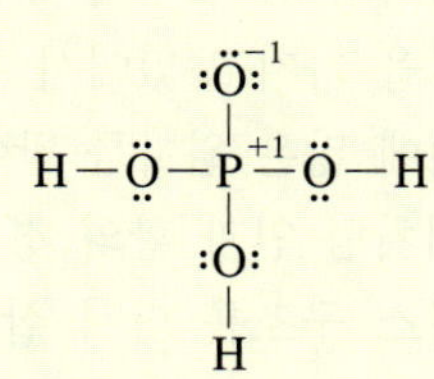

여기서 우리는 왜 황산은 질산과 마찬가지로 강산이고 인산은 황산에 비해 약산인지를 알 수 있다. 황산에서 중심 황 원자의 형식 전하는 +2이다. 따라서 $-O-H$의 산소는 황으로부터 전자를 얻지 못하고 수소로부터 전자를 끌어당겨서 수소 이온으로 해리시킨다. 결과적으로 황산은 질산처럼 강산이다. 인산에는 $-O-H$기가 세 개나 있는데, 중심 인 원자의 형식 전하는 +1이다. 따라서 인산은 황산이나 질산보다는 약산이다.

6-4-4 확장된 옥텟

앞에서 언급한 대로 옥텟 규칙은 편리하기는 하지만 실제를 단순화한 규칙이다 보니 규칙을 벗어나는 예외가 가끔 있다. 옥텟 규칙을 벗어나는 경우의 루이스 구조를 살펴보자.

우선 전자수가 홀수인 경우에는 옥텟 규칙을 벗어날 수밖에 없다. 가장 간단한 예로 일산화질소(nitric oxide, NO)의 경우 아래의 루이스 구조에서 볼 수 있듯이 질소 원자는 일곱 개의 최외각전자를 가지지만 안정한 화합물이다. NO는 중요한 신경전달물질이기도 하다. NO의 혈관 확장 연구를 하던 도중 비아그라(Viagra)가 발견된 것으로도 유명하다.

BeF_2 경우에는 베릴륨이 두 개의 원자가전자 밖에 없기 때문에 두 개의 플루오린 원자와 공유 결합을 이루어도 네 개의 최외각전자 밖에는 가질 수 없다. 같은 이유로 BF_3 경우에도 옥텟이 만족되지 않는다. 이런 화합물은 전자쌍을 받아서 결합을 이루기 때문에 앞에서 언급한 루이스 산으로 작용한다.

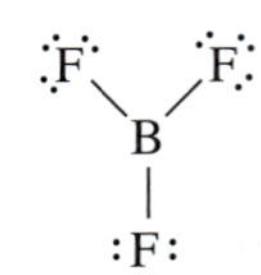

반면에 PCl_5와 SF_6 경우에는 여덟 개 이상의 전자가 최외각에 들어간다. 이러한 경우를 **확장(擴張)된 옥텟(expanded octet)**이라 한다.

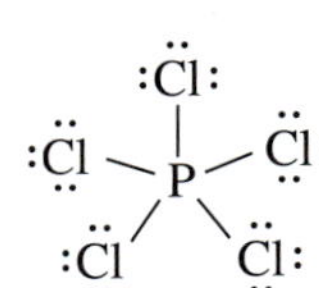

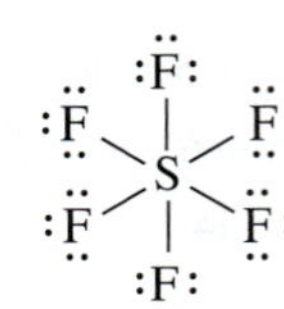

확장된 옥텟이 가능한 이유는 인과 같은 족인 질소, 그리고 황과 같은 족인 산소는 최외각이 $n = 2$이기 때문에 $2s$, $2p$ 오비탈 밖에 없지만, 3주기 원소인 인과 황은 $3d$ 오비탈을 가지고 있어서 추가로 전자가 들어갈 여유가 있기 때문이다. 원자 반경이 커서 주위에 많은 원자를 받아들일 여유가 있다고 볼 수도 있다.

이처럼 인과 황의 경우에는 확장된 옥텟이 허용되는 것을 보고 나면 인산과 황산의 루이스 구조를 다시 살펴보아야겠다는 생각이 든다. 예제 6.18에서 모든 원자에 옥텟을 적용하다 보니 인과 황 원자의 형식 전하가 각각 +1과 +2가 되고 주위 산소의 형식 전하는 −1이 되어 전자가 인과 황에서 산소로 완전히 이동한 것으로 되었다. 그런데 확장된 옥텟을 받아들여서 이중 결합을 도입하면 아래와 같은 구조가 가능하고, 이 경우에는 모든 원자의 형식 전하가 0이 된다. 물론 실제 상황은 두 극단의 중간 정도가 되겠지만 일반적으로 두 가지 이상의 다른 루이스 구조가 가능한 경우에는 원자간 형식 전하의 차이가 적은 구조를 택한다.

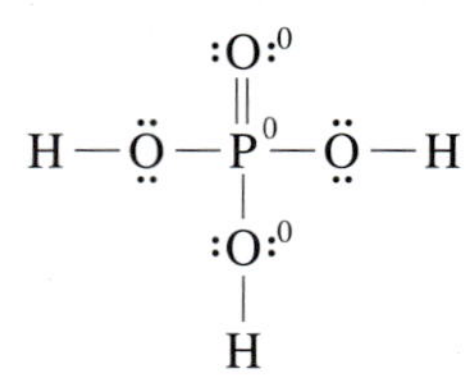

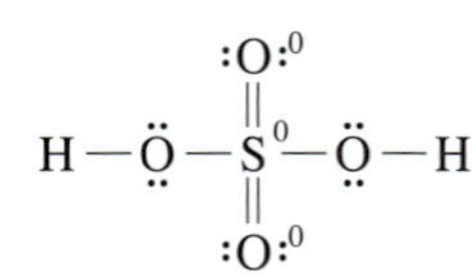

예제 6.19

BeF_2와 BF_3 경우 옥텟이 만족되는 루이스 구조를 그리고 각 원자의 형식 전하를 구하여라.

풀이

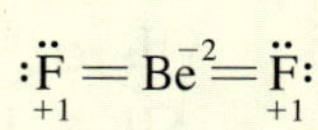

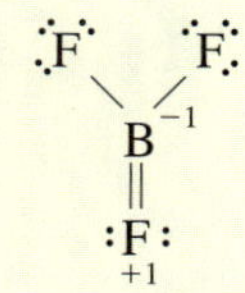

이와 같이 옥텟을 만족시키는 루이스 구조가 존재하지만 형식 전하면에서 바람직하지 않다.

질산과 인산의 루이스 구조를 비교해 보면 확장된 옥텟이 생명에 핵심적인 역할을 하는 것을, 그래서 생명에 인이 필수적인 이유를 알 수 있다. 인은 최외각에 열 개까지의 전자를 받아들일 수 있기 때문에 그림과 같이 세 개의 OH기와 결합해서 세 개의 산으로 해리할 수 있는 수소를 가진다. 질산에서도 아래와 같이 모든 원자의 형식 전하가 0인 구조가 맞는 구조가 아닌가 하는 생각이 들지만 바닥 상태의 질소 원자는 $2s$, $2p$ 오비탈에 전자가 들어가기 때문에 여덟 개 이상의 전자를 받아들이지 못한다. 만일 질소에도 확장된 팔전자계가 허용된다면 인산과 같이 H_3NO_3가 될지도 모른다. 그러나 원자 반지름이 작고 바닥 상태에 d 오비탈이 없는 질소는 최외각에 여덟 개 이상의 전자를 받아들일 수 없다. 따라서 질소와 인은 같은 족에 속하지만 질산은 산해리할 수 있는 $-O-H$가 하나 밖에 없고, 실제로 그와 같은 구조를 가지는 분자는 존재하지 않는다.

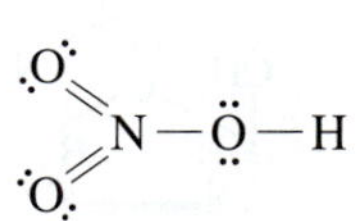

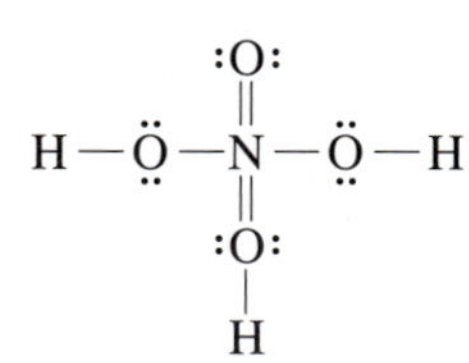

존재하지 않음

DNA에서 인산의 두 개의 OH기는 인 원자를 중심으로 양쪽으로 데옥시라이보스(deoxyribose)와 결합해서 당인산 골격을 만든다(11장). 그리고 나머지 하나의 OH기는 약산으로 해리해서 DNA를 산성 물질로 만든다. 그래서 DNA나 RNA를 **핵산(核酸, nucleic acid)**이라고 부르는 것이다. 당인산 골격이 없이는 염기를 특정한 서열로 배열해서 유전정보를 기록할 수 없기 때문에 인산 두 개의 OH기가 필요하다는 것은 쉽게 알 수 있다. 그런데 만일 세 번째 OH기가 없어서 DNA가 산해리를 하지 못하는 고분자라면 분자량이 수백만에서 수억에 달하는 DNA는 물에 녹아서 세포 내에서 세포 활동에 참여하기 어려울 것이다. 실제로 산해리해서 표면에 음전하를 띠는 DNA는 양전하를 띠는 염기성 단백질과 어울려 염색체 구조(1장)를 형성하고 있다.

뿐만 아니라 아데닌(adenine, A)에 세 개의 인산이 차례로 결합한 ATP(adenosine triphosphate) 분자는 고에너지 화합물(high energy compound)로 세포에서 화폐와 같이 에너지를 저장하고 전달하는 중요한 역할을 담당한다. 이것도 마찬가지로 인산이 세 개의 OH기를 가지고 있기 때문에 가능하다. 두 개의 OH는 양쪽으로 결합을 이루는데 사용되고 나머지 OH기는 산으로 해리해서 음전하를 띠고 있다. 그런데 음전하를 띤, 그래서 서로 반발하는 인산기 세 개가 한 분자 내에 들어 있다면 눌러놓은 스프링처럼 높은 퍼텐셜 에너지를 가지고 있으리라 짐작할 수 있다. ATP에서 인산을 하나 떼내면 에너지가 나온다. 많은 생화학 반응은 이 에너지를 사용해서 이루어진다. 그래서

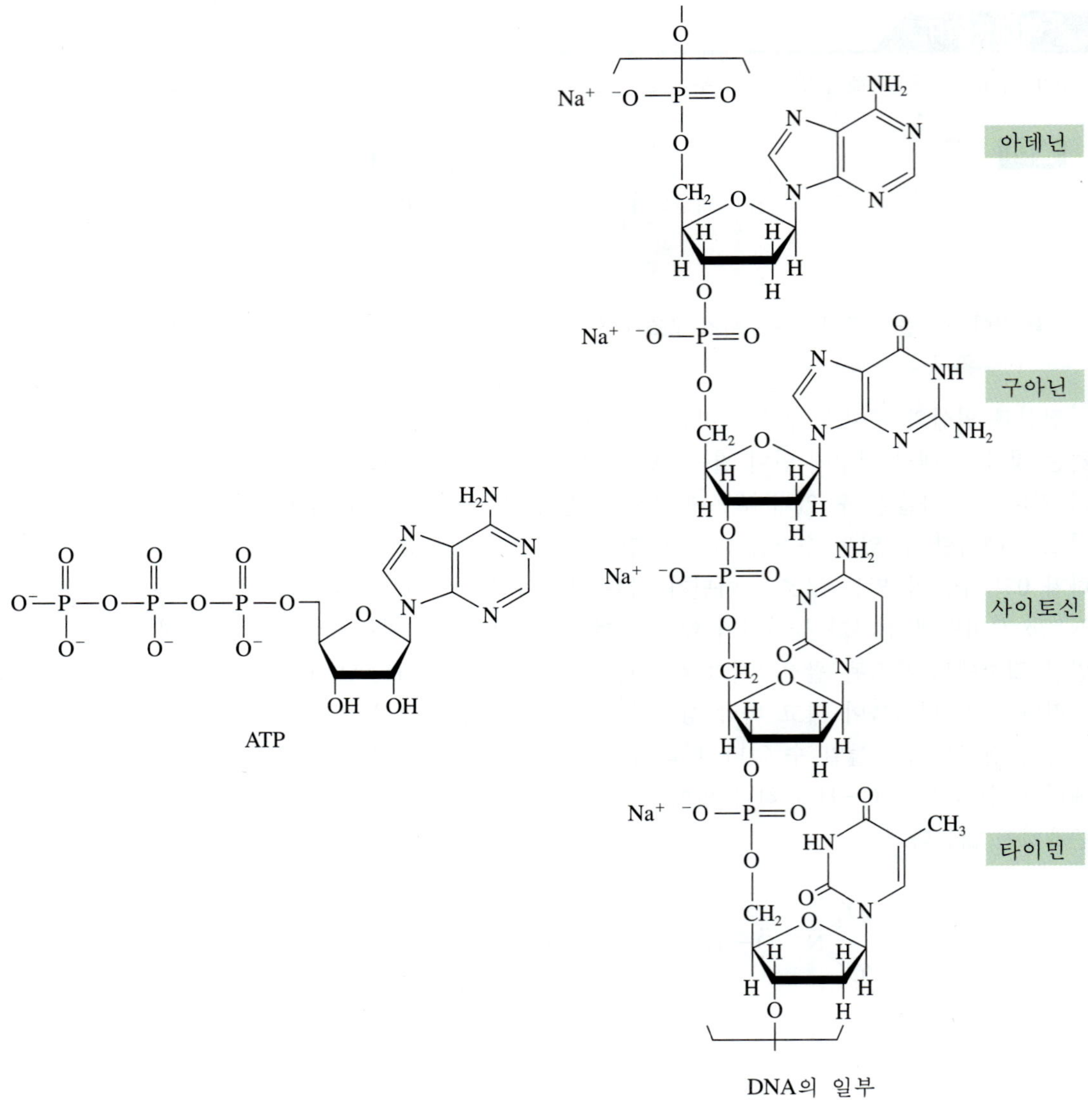

그림 6.5 인의 확장된 옥텟 때문에 가능한 ATP와 DNA의 구조.

인이 단세포 박테리아부터 고등 동물에 이르기까지 모든 생명체에 필수적인 것이다.

6-4-5 공명 구조

위에서 황산의 적절한 루이스 구조를 살펴보았다. 황산에서 두 개의 수소가 산해리하면 황산 이온(sulfate, SO_4^{2-})이 얻어진다. 황산 이온에서 황은 두 개의 산소와는 단일 결합을, 나머지 두 개의 산소와는 이중 결합을 이루고 있는데 실제로 네 개의 산소는 구별할 수 없는 동일한 원자이기 때문에 황산 이온의 루이스 구조는 아래와 같이 **공명 구조**(共鳴構造, **resonance structure**)로 나타낸다. 실제로는 두 루이스 구조의 혼합 상태라고 볼 수 있을 것이다. 일반적으로 공명 구조가 가능한 경우에는 안정화 효과가 따른다.

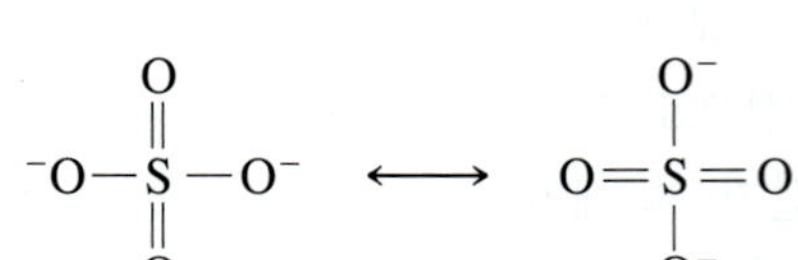

이번에는 이산화황(二酸化黃, sulfur dioxide, SO_2, 아황산가스)의 루이스 구조를 살펴보자. 세계적으로 가장 많이 생산되고 사용되는 화학물질은 황산이다. 이산화황은 황에서 황산으로 가는 중간물질이다. 요즘도 세계적으로 연료로, 또 화력발전용으로 석탄이 많이 사용되는데 석탄을 태울 때도 불순물로 들어 있는 황의 연소로 이산화황이 생긴다. 이산화황이 공기 중에서 삼산화황(sulfur trioxide, SO_3)으로 산화되고 이것이 빗물에 녹으면 황산이 되어 산성비의 원인이 된다. 이산화황은 포도주의 품질을 떨어뜨리는 균의 번식을 억제하기 때문에 좋은 포도주를 만드는 데 필수적이다. 그런데 이산화황은 일부 사람들에게 알러지 반응을 일으킨다. 그래서 포도주의 레이블을 보면 이산화황이 들어있다고 명기되어 있다.

산소와 황은 같은 족에 속하고, 각각 여섯 개의 원자가전자를 가지고 있다. 그렇다면 이산화황에서 중심 원자와 양끝에 위치한 원자가 동일한 전자 구조를 가질 수는 없으리라는 것을 예측할 수 있다. 이산화황에서는 원자 반지름이 큰 황이 중심에 자리잡고 산소가 양쪽으로 결합한다. 세 원자가 모두 여섯 개의 원자가전자를 내어놓고 공유 결합을 이루지만 전기음성도가 높은 산소 쪽으로 전자 밀도가 치우칠 것이라고 예상된다. 이산화황에 대하여 모든 원자가 옥텟 규칙을 만족시키는 루이스 구조를 아래와 같이 그릴 수 있다. 황 원자는 하나의 산소와는 이중 결합을, 다른 산소와는 단일 결합을 이루고 있다. 실은 단일 결합에 사용된 두 개의 전자는 모두 황에게서 나온 것이다. 이런 결합을 배위 결합이라하고 황으로부터 산소 쪽으로 화살표를 그려 나타내기도 한다. 오존(ozone, O^3)은 이산화황에서 황 대신 산소가 있는 셈이니까 루이스 구조도 이산화황의 루이스 구조와 기본적으로 같다.

황보다 전자가 한개 적은 질소가 산화되면 이산화질소(nitrogen dioxide, NO_2)가 된다. 이산화질소는 물에 녹으면 질산이 되기 때문에 이산화황과 마찬가지로 산성비의 원인이다. 이산화황은 황에서 만들어지기 때문에 화석 연료에서 황을 제거하는 방법으로 조절이 가능하지만 이산화질소는 자동차 엔진처럼 온도가 높은 조건에서는 공기 중의 질소로부터 만들어지기 때문에 피하기 어려운 공해물질이다. 이산화질소는 또한 스모그의 원인이다. 이산화질소 분자에 전자가 한개 추가된 아질산(亞窒酸) 이온(NO_2^-, nitrite ion)이 되면 이산화황과 같은 전자 구조를 가질 것이다. 이산화황과 오존은 모두 공명 구조를 가진다.

예제 6.20

오존, 이산화황, 그리고 아질산 이온의 공명 구조를 그리고 각 원자의 형식 전하를 구하여라.

풀이

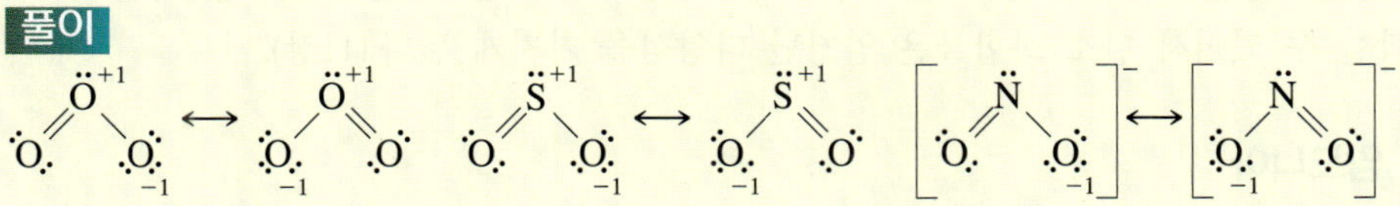

유기화학에서 공명 구조를 가지는 가장 중요한 화합물로는 벤젠을 들 수 있다.

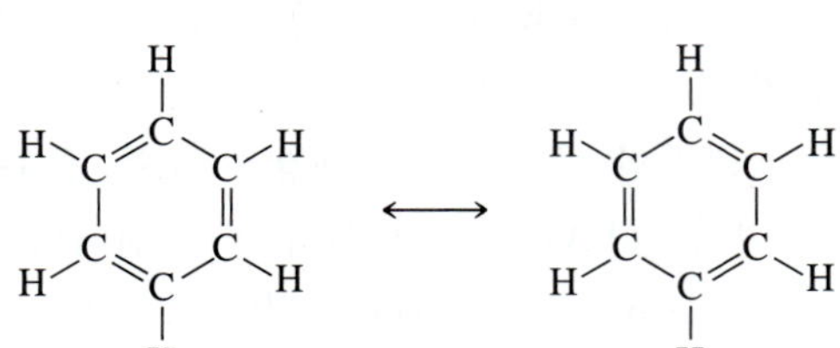

6-4-6 VSEPR 이론

루이스 구조를 어느 정도 다루었으니 이제는 루이스 구조에 입각해서 분자 구조를 다룰 차례이다. 루이스 구조는 특히 비교적 간단한 분자의 3차원 구조를 예측하는데 유용하다. 수소는 이원자 분자이므로 직선 구조이고 비공유 전자쌍이 없는 가장 간단한 루이스 구조에 해당한다. 수소와 아울러 생명의 탄생에 중요한 역할을 한 것으로 추측되는 메테인, 암모니아, 그리고 물의 구조를 어떻게 예측할 수 있는지 생각해보자.

가. 메테인

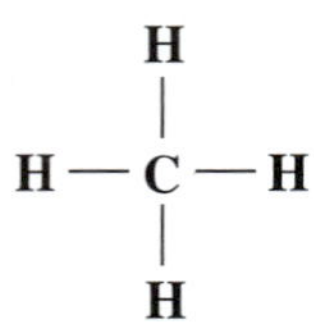

메테인(**Methane, CH_4**)의 루이스 구조는 다음과 같이 그릴 수 있다. 그러나 루이스 구조는 어떻게 원자들이 옥텟 규칙에 맞게 전자를 공유하여 화학 결합을 이루는지 말해줄 뿐 분자의 3차원 구조를 보여주지는 않는다. 위의 루이스 구조를 보고 메테인에서 네 개의 수소 원자가 탄소와 같은 평면에 놓인 것으로 생각해서는 안 된다. 사실 19세기 중반까지도 원소 분석을 통해 실험식을 구하고 기체 밀도로부터 분자량을 구하고 원자들 사이의 결합 방식을 파악하는 것이 급선무였다. 그러다가 1874년에 당시 22세의 반트호프가 메테인의 **정사면체 구조**(**正四面體構造, tetrahedral structure**)를 제안했다.

메테인의 구조는 다음 절에서 논의할 혼성 오비탈을 통해서 양자 역학적으로 구할 수 있지만(아래 참조) 여기서는 루이스 구조로부터 예측해보자. 중심 탄소 원자는 네 개의 수소 원자와 전자를 공유해서 최외각에 여덟 개의 전자를 가지고 있다. 이 전자들은 메테인 분자 오비탈에 분포되는데 결합을 이루고 있는 탄소와 수소 원자 사이에서 가장 밀도가 높으리라 생각된다. 따라서 여덟 개의 전자를 네 개의 전자쌍으로 볼 수 있다. 그런데 이 네 개의 전자쌍은 모두 −2의 음전하를 가지기 때문에 서로 최대한 멀어지려고 할 것이다. 더구나 네 개의 결합은 동일한 C−H 결합이기 때문에 네 개 C−H 결합 사이의 각도는 수학적으로 완전히 같아야 한다. 이것은 바로 정사면체 구조이고 H−C−H 결합 각도는 109.5도이다. 이처럼 원자가전자로 이루어진 전자쌍의 반발을 통해 분자 구조를 예측하는 이론을 원자가 껍질 **전자쌍 반발 이론**(**電子雙反撥理論, valence shell electron pair repulsion, VSEPR theory**)이라고 한다.

반트호프(Jacobus van't Hoff, 1852–1911). 네덜란드의 화학자. 아레니우스, 오스트발트와 함께 물리화학 개척하였고, 화학 동력학 법칙과 용액의 삼투압 연구로 1901년 제1회 노벨 화학상을 수상했다.

이 정사면체 구조는 화학에서 가장 중요한 기하학적 구조이다. 중심 탄소에 수소 대신 탄소가 결합해도 정사면체 구조는 기본적으로 유지되고, 또 두번째 탄소가 새로운 정사면체 구조의 중심이 되고 하는 식으로 수 백만 가지의 다양한 탄소 화합물이 만들어진다. 물론 각각의 탄소 원자에는 수소 이외에도 산소, 질소, 황 등 다른 원자가 결합할 수 있어서 탄소 화합물은 엄청난 다양성을 가지게 된다(11장).

반트호프가 만든 정사면체

나. 암모니아

암모니아(**ammonia, NH_3**)의 루이스 구조를 그려보면 중심 질소 원자는 한 개의 비공유 전자쌍을 가지고 있는 것을 알 수 있다. 전자가 발견되기 전, 또 원자가전자나 옥텟 규칙이 알려지기 전에는 암모니아를 평면상의 정삼각형 구조로 생각했을지도 모른다. 그런데 암모니아의 중심 질소 원자는 메테인에서 탄소 원자와 마찬가지로 네 개의 전자쌍을 가진다. 차이는 메테인의 네 개의 전자쌍은 모두 공유 전자쌍(共有電子雙, shared electron pair)인데 비해 암모니아는 세 개의 공유 전자쌍과 한 개의 비공유 전자쌍(非共有電子雙, lone electron pair)을 가진다는 점이다. 아무튼 네 개의 전자쌍이 반발해서 정사면체 구조를 가진다는 점에서는 기본적으로 차이가 없다. 그리고 보면 여

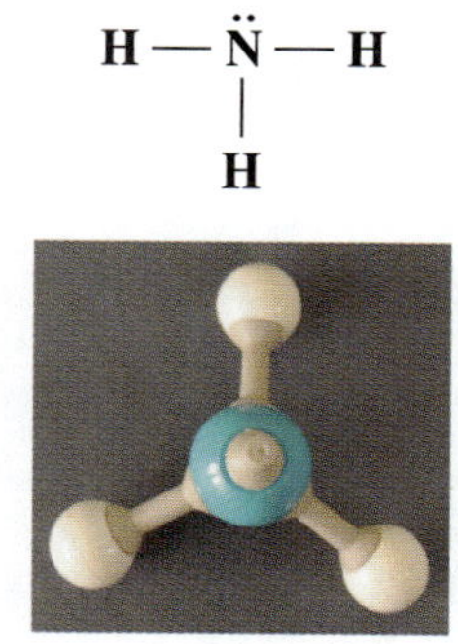

덟 개의 전자에서 나온 옥텟 규칙이 화학에서 기본적이라면 네 개의 전자쌍에서 나온 정사면체 구조 역시 화학에서 기본적인 것이 분명하다.

남은 문제는 공유 전자쌍과 비공유 전자쌍이 반발의 효과 면에서 같은가 다른가 하는 점이다. 물론 둘 다 −2의 높은 음전하를 가지고 있기 때문에 반발 효과가 크게 다르지는 않으리라 예상된다. 그런데 공유 전자쌍은 두 원자 사이에 어느 정도 퍼져 있는 데 비해 비공유 전자쌍은 한 원자에 속해 있기 때문에 공유 전자쌍보다 큰 반발 효과를 나타낸다. 따라서 암모니아에서 H−N−H 결합 각도는 107.3도로 약간 줄어든다. 그러나 크게 보면 암모니아는 정사면체의 한 꼭지점에 비공유 전자쌍이 위치한 삼각뿔(trigonal pyramid) 구조이다.

다. 물

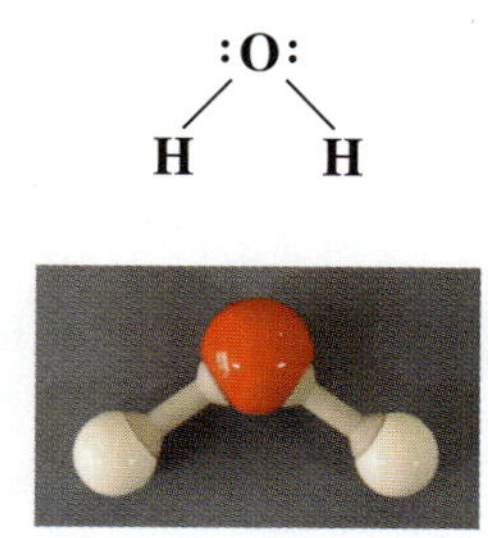

물(water, H_2O) 에서는 두 개의 공유 전자쌍과 두 개의 비공유 전자쌍이 반발하고 있다. H−O−H 각도는 104.5도로 줄어들었다. 물은 비공유 전자쌍 때문에 굽은 분자가 되는 것이다. 이런 물의 특별한 분자 구조는 물을 생명의 매트릭스(matrix)로 만든다. 우리 몸도 2/3 정도가 물이다.

물과 비슷한 구조를 가지는 중요한 삼원자 분자 중에는 이산화황, 오존, 아질산 이온이 있다. 이 세 가지 화합물은 모두 전자 구조가 같은(등전자) 경우로서 물과는 달리 한 개의 비공유 전자쌍(lone electron pair)이 반발 효과를 나타내서 굽은 분자가 된다.

라. 이산화탄소

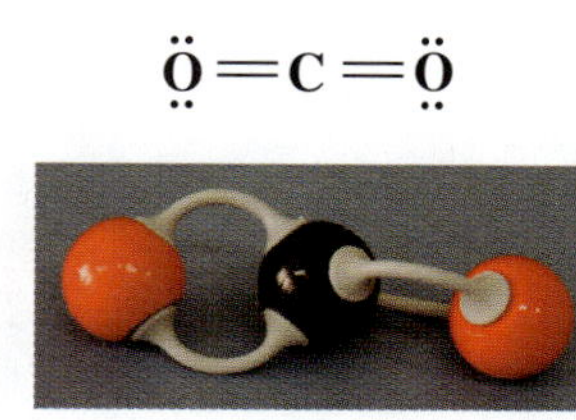

이산화탄소(carbon dioxide, CO_2) 에서 중심 탄소의 여덟 개 최외각전자는 모두 양쪽 산소와의 이중 결합에 참여하고 있다. 별도의 비공유 전자쌍이 없는 상황에서는 이중 결합끼리 최대한 멀어지는 구조, 즉 O−C−O 각도가 180도인 선형 구조가 된다. 이러한 선형 구조 때문에 이산화탄소는 상온에서 기체로 존재하고(7장) 식물은 쉽게 공기로부터 이산화탄소를 흡수하여 광합성을 할 수 있다. 흥미롭게도 탄소와 같은 족에 속하는 규소의 산화물(SiO_2)은 고체로서 우리가 살아가는 대지(大地, earth)의 주성분을 이룬다.

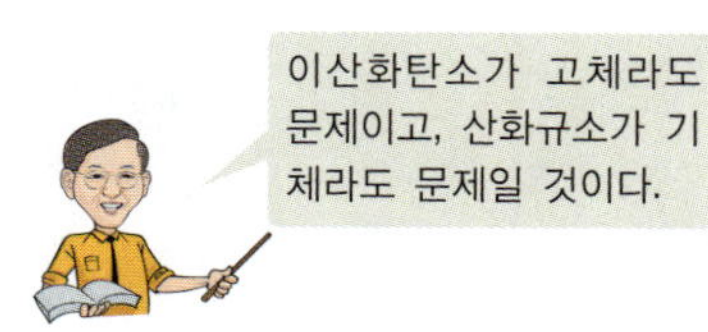

예제 6.21

메테인, 암모니아, 물, 이산화탄소에서 중심 원자 주위에 공유 전자쌍과 비공유 전자쌍이 각각 몇 개씩 있는지, 그리고 합은 얼마인지 답하여라.

풀이

	공유 전자쌍	비공유 전자쌍	합
메테인	4	0	4
암모니아	3	1	4
물	2	2	4
이산화탄소	4	0	4

6-4-7 혼성 오비탈

앞에서는 전자쌍 반발의 입장에서 간단한 분자 구조를 살펴보았다. 그런데 보다 복잡한 분자의 구조와 결합을 엄밀하게 다루려면 오비탈을 사용해야 한다. 특히 중심 원자의 원자 오비탈을 혼합하여 얻어진 **혼성**(**混成**) **오비탈**(**hybrid orbital**)을 통해 결합각과 대체적인 분자 구조가 정해지고 VSEPR 이론에 따라 어느 오비탈에 비공유 전자쌍이 들어가는지를 결정하면 분자 구조를 알 수 있게 된다.

가. sp^3 혼성 오비탈

가장 중요한 정사면체 구조의 sp^3 오비탈을 출발점으로 해서 혼성 오비탈을 생각해보자. 메테인의 경우에 네 개의 수소 원자는 모든 면에서 대등한 위치를 차지한다는 것은 여러 가지 실험 관찰로부터 잘 알려져 있다. 가장 확실한 증거는 **양성자 핵자기 공명**(*proton nuclear magnetic resonance, proton NMR*) 실험에서 단 하나의 피크가 얻어진다는 것이다. NMR 실험에서는 수소의 원자핵인 양성자가 느끼는 자기장의 세기에 따라 다른 위치에 피크가 나타난다. 메테인에서는 네 개 양성자의 환경이 동일하기 때문에 하나의 피크가 얻어진다. 메탄올(methanol, CH_3OH)에서는 세 개의 양성자와 나머지 한 개 양성자의 환경이 다르기 때문에 두 개의 피크가 얻어진다. 게다가 피크의 크기도 3:1의 비를 나타낸다. 물론 메테인이 정사각형의 평면 구조를 가진다고 해도 네 개의 양성자는 하나의 NMR 피크를 나타내겠지만 그 경우에는 H−C−H 각도가 90도가 되어 전자쌍 사이의 반발이 커진다. 반응성 면에서도 네 개의 수소 원자는 동일하다.

심화 : 핵자기 공명 분광학

화합물의 구조 결정에 많이 사용되는 **핵자기 공명 분광학**(**核磁氣共鳴分光學, nuclear magnetic resonance spectroscopy, NMR**)에서는 시료를 강한 자기장하에 놓고 진동수가 수십 또는 수백 메가헤르츠(MHz) 되는 라디오파(radio wave)를 쪼이면서 라디오파의 흡수를 관찰한다. 4장에서는 전자의 스핀을 다루었는데, 양성자도 스핀을 가진다. 그런데 전자나 양성자처럼 전하를 가진 입자가 스핀을 하면 자기(磁氣) 모멘트(magnetic moment)를 가지게 되어 작은 자석과 같은 성질을 나타낸다. 자석이 자기장에 놓이면 자석의 자력선 방향과 외부 자기장의 자력선 방향이 같으면 강물이 흐르는 방향과 배가 나아가는 방향이 같을 때와 마찬가지로 에너지가 낮은 상태가 되고, 두 자력선의 방향이 반대이면 강물의 흐름을 거스르는 경우처럼 에너지가 높은 상태가 된다. 양성자의 경우에는 스핀이 +1/2인 경우가 낮은 에너지 상태이고, −1/2이면 높은 상태가 된다. 이때 두 상태의 에너지 차이는 외부 자기장의 세기에 비례한다. 주어진 자기장에서 그 에너지 차이에 해당하는 진동수를 가진 전자기파를 쪼여주면 4장에서 살펴본 흡수 스펙트럼의 경우와 마찬가지로 흡수가 일어난다. 양성자 스핀의 경우에는 실험실에서 얻을 수 있는 세기의 자기장에서 두 상태의 에너지 차이가 아주 작기 때문에 가시광선이 아니라 라디오파에 해당하는 낮은 에너지의 광자가 흡수된다.

그런데 대부분의 화합물에서는 원소 종류의 입장에서는 같은 수소라 하더라도 주위의 화학적 환경(chemical environment)에 따라서 각각의 수소 핵에 들어있는 양성자가 느끼는 자기장의 세기가 약간씩 달라지게 된다. 에탄올 경우를 예로 든다면 −OH기의 수소 원자핵에 자리 잡고 있는 양성자, 메틸렌($-CH_2-$)의 두 개 수소의 양성자, 그리고 메틸기($-CH_3$)의 세 개 수소의 양성자가 느끼는 자기장은 모두 약간씩 다르다. 이처럼 에탄올에는 약간 다른 자기장을 느끼는 양성자가 세 종류

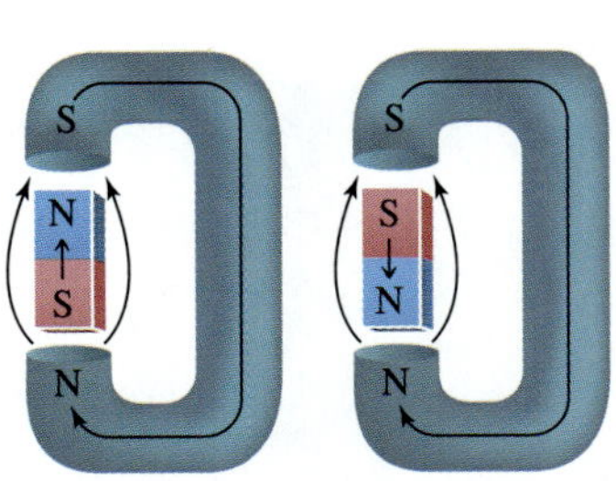

낮은 에너지 상태 높은 에너지 상태

들어있다. 그리고 $-OH$, $-CH_2-$, $-CH_3$에 해당하는 양성자수의 비는 1:2:3이다.

에탄올 시료를 외부 자석의 N극과 S극 사이에 넣어주면 스핀이 $-1/2$인 상태와 $+1/2$인 상태 사이의 에너지 차이, ΔE는 $-OH$, $-CH_2-$, $-CH_3$에 따라 조금씩 차이가 있게 된다. 따라서 주어진 자기장에서 양성자가 흡수하는 에너지보다 약간 낮은 진동수로부터 진동수를 서서히 증가시키면서 라디오파를 쪼이면 ΔE가 가장 작은 $-OH$의 양성자에서 먼저 흡수가 일어난다. 이처럼 ΔE와 쪼여주는 전자기파 광자의 에너지 $h\nu$가 맞아서 흡수가 일어나는 상황을 **공명**(共鳴, **resonance**)이라고 한다. 라디오파의 진동수를 계속해서 증가시키면서 $-OH$의 공명 조건을 벗어나서 흡수가 중단된다. 진동수가 다음 $-CH_2-$ 양성자의 공명 조건과 맞으면 다시 흡수가 일어나고, 더 높은 진동수에서 $-CH_3$의 흡수가 일어난다.

NMR 분광학은 1940년 대에 하버드의 퍼셀 그룹과 스탠포드의 블록 그룹에서 동시에 개발되었다. 다음 그림은 퍼셀의 노벨상 수상 강연에 나오는 에탄올 분자의 NMR 스펙트럼을 보여준다. 각 피크의 면적은 대략 수소 원자 수의 비율인 1 : 2 : 3의 비율을 보여준다.

성능이 좋은 NMR 분광기일수록 강한 자석을 사용하고, 따라서 공명이 일어나는 라디오파의 진동수도 높다. 그래야 인접한 피크들이 분해되고(高分解能, high resolution), 피크가 강해져서 고감도(高感度, high sensitivity)로 신호를 얻을 수 있다. 피크가 강해지는 것은 4장에서 본 대로 에너지 차이가 크면 보다 많은 양성자가 낮은 에너지 상태에 있게 되어서 흡수가 많이 일어나기 때문이다.

퍼셀(Edward Purcell, 1912–1997). 하버드대학 물리학 교수. NMR방법의 개발로 스탠포드대학의 블록(Bloch)과 1952년 노벨 물리학상을 공동 수상했다. 본인은 NMR보다 라디오 분광학으로 은하내 성간 공간의 수소 분포를 관찰한 것을 더 중요하게 여겼다(4장 연습 문제 102 참조).

예제 6.22

60 MHz에서 흡수가 일어나는 경우, 즉 ΔE가 60 MHz 광자에 해당하는 경우와, 600 MHz에서 흡수가 일어나는 경우를 고려하자. 600 MHz에서와 60 MHz에서의 신호 세기의 비는 얼마일까? ΔE의 에너지 차이가 있을 때 높은 상태와 낮은 상태 사이의 개수비(population

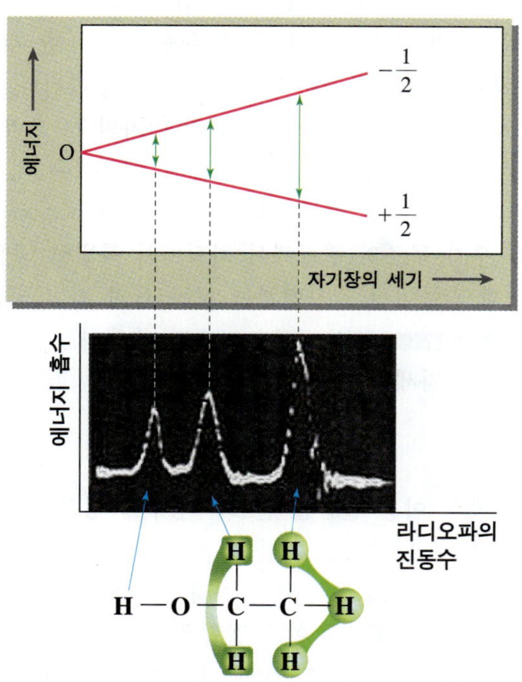

그림 6.6 퍼셀이 얻은 에탄올의 NMR 스펙트럼. 환경이 다른 세 종류의 양성자를 1 : 2 : 3의 비율로 보여준다.

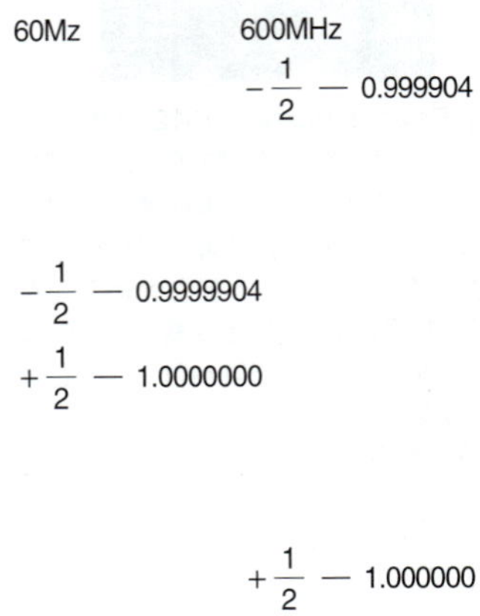

ratio)를 나타내는 볼츠만 인자는 $e^{-\Delta E/RT}$로 주어진다. $R = 8.3145\ \text{J}\cdot\text{K}^{-1}\cdot\text{mol}^{-1}$

풀이 $\Delta E\,(60\ \text{MHz})$ = 플랑크 상수 × 진동수
$= (6.62608 \times 10^{-34}\ \text{J}\cdot\text{s})(6.0 \times 10^{7}\ \text{s}^{-1})$
$= 3.98 \times 10^{-26}\ \text{J}$

한 몰의 에너지 $= (3.98 \times 10^{-26}\ \text{J})(6.022 \times 10^{23})$
$= 2.39 \times 10^{-2}\ \text{J}$

낮은 에너지 상태의 양성자수를 1로 보았을 때

높은 에너지 상태의 양성자 수 $= e^{-\Delta E/RT} = e^{-[0.0239/(8.3145)(298)]}$
$= 0.9999904$

차이 $= 1 - 0.9999904 = 0.0000096$

$\Delta E(600\ \text{MHz}) = 10 \times \Delta E(60\ \text{MHz}) = 0.239\ \text{J}$

$e^{-\Delta E/RT} = e^{-[0.239/(8.3145)(298)]} = 0.999904$

차이 $=1 - 0.999904 = 0.000096$

$$\frac{\text{신호 세기 (60 MHz)}}{\text{신호 세기 (6 MHz)}} = \frac{0.000096}{0.0000096} = 10$$

오비탈의 입장에서 메테인의 중심 원자 탄소 주변의 정사면체 구조를 어떻게 설명할 수 있을까? 탄소의 전자 에너지 구조는 $1s^2 2s^2 2p^2$이다. 수소 원자에 대해 슈뢰딩거 방정식을 풀어서 얻은 $1s$, $2s$ 오비탈은 구대칭이고, $2p_x$, $2p_y$, $2p_z$ 오비탈은 서로 수직이다 (4장). 이 오비탈들을 그대로 사용해서는 109.5도의 정사면체 각도를 얻을 수 없다. 잊지 말아야 할 것은 이 오비탈들은 탄소 원자에 대해 슈뢰딩거 방정식을 풀어서 얻은, 즉 엄밀한 의미에서 탄소의 오비탈은 아니다. 문제는 최외각에 네 개의 전자를 가진 탄소에 대해서는 슈뢰딩거 방정식을 풀 수 없다는 점이다. 그렇다면 대안은 수소의 $2s$ 오비탈과 $2p_x$, $2p_y$, $2p_z$ 오비탈을 혼합해서 새로운 탄소의 오비탈을 만드는 것이다. 이렇게 만든 sp^3 오비탈은 정사면체 구조를 잘 설명할 수 있다. sp^3 오비탈은 메테인, 암모니아, 물 등 중심 원자가 옥텟 규칙을 만족시키는 대부분 경우에 잘 적용된다. 암모니아와 물 경우에는 각각 한 개와 두 개의 sp^3 오비탈에 비공유 전자쌍이 들어가기 때문에 결합 각도가 달라진다.

중심 원자의 sp^3 오비탈에 들어있는 전자는 수소 원자의 $1s$ 오비탈의 전자와 시그마 결합을 이루어 기본적으로 정사면체 구조를 만든다. 메테인은 네 개의 탄소-수소 단일 결합으로 이루어진 가장 간단한 탄화수소(炭化水素, hydrocarbon)이다.

sp^3 혼성 오비탈은 분자 구조와 관련해서 화학에서 특별히 중요한 의미를 가진다. sp^3 혼성 오비탈을 통해 만들어진 정사면체는 모든 유기 화합물의 기본 구조가 되고 특히 **광학 이성질체**(**光學異性質體, optical isomer**)가 존재하는 이유가 되기 때문이다. 광학 이성질체는 11장에서 자세히 다루기로 한다.

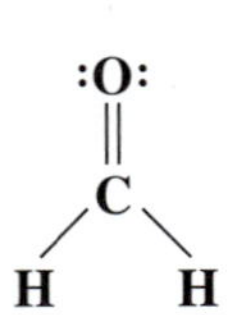

나. sp^2 혼성 오비탈

메테인에서 탄소가 한 개의 이중 결합을 만드는 경우를 생각해 보자. 가장 간단한 경우는 두 개의 수소가 한 개의 산소로 치환된 폼알데하이드(formaldehyde)일 것이다. 폼알데하이드는 탄소, 산소, 수소로 이루어진 가장 간단한 유기 화합물이다. 앞에서 이산화탄소의 경우에 살펴본 대로 C=O 이중 결합은 전자쌍 반발에서 하나로 작용한다. 그래서 이 경우에는 탄소의 한 개 $2s$ 오비탈과 두 개의 $2p$ 오비탈이 혼성되어 삼각형 구조의 sp^2 혼성 오비탈이 세 개 얻어진다. 한편 산소도 탄소와 마찬가지로 sp^2 혼성

오비탈을 만든다. 탄소와 산소는 각각의 sp^2 오비탈을 사용해서 시그마 결합 (sigma bond) 을 이룬다. 또 탄소의 sp^2 오비탈과 수소의 1*s* 오비탈이 겹치면 C−H 결합이 얻어진다. 혼성에 사용되지 않은 탄소와 산소 각각의 2*p* 오비탈은 파이 결합 (pi bond) 을 이루고, 탄소와 산소 사이에는 이중 결합이 발생한다. 결과적으로 네 개의 원자는 모두 한 평면에 놓이고, 결합각은 거의 120도가 된다.

에틸렌 ($H_2C{=}CH_2$) 은 sp^2 혼성오비탈로 이루어진 가장 간단한 탄화수소이다. BF_3, SO_3 등 중심 원자 주위에 세 개의 원자가 결합한 경우는 sp^2 혼성 오비탈이 결합에 사용된다. sp^2 혼성 오비탈을 통해 만들어진 탄소의 이중 결합 구조는 시스, 트랜스 이성질체 (*cis*-, *trans*-isomer) 를 만든다 (11장).

시그마 결합이라고 부르는 것은 결합을 이루는 원자 오비탈에 *s*-오비탈 성격이 강해서 결합을 이루면 원자핵을 연결하는 축상에 전자 밀도가 높기 때문이다. 반면에 파이 결합에서는 *p*-오비탈이 사용되기 때문에 축상에서 전자 밀도는 0이고, 축 아래위로 전자가 분포한다.

sp^2 혼성 오비탈은 생체 화합물의 구조에서 중요한 역할을 한다. DNA 염기인 A, T, G, C (그림 7.1 참조) 에서도 C=O 결합을 이루는 탄소, 그리고 N−H 결합을 이루는 질소 원자에서 sp^2 혼성 오비탈을 찾아볼 수 있다. 단백질의 기본 골격을 이루는 펩타이드 결합에서는 탄소와 질소 모두 sp^2 혼성 오비탈을 가지기 때문에 C, O, N, H 네 원자가 모두 한 평면에 놓인다. 이러한 펩타이드 결합의 구조는 알파 나선 구조 (alpha helical structure) 등 단백질의 3차원 구조의 기본 골격을 제공한다. 단백질은 다음과 같은 기본 구조를 가진다. 제일 왼쪽의 N-말단 아미노산과 제일 오른쪽의 C-말단 아미노산 사이에 여러 개의 아미노산들이 펩타이드 결합으로 1차원적으로 연결된 것이다. R_1, R_2 등 곁가지 (side chain) 가 결합한 탄소는 sp^3 오비탈을, 그 다음 펩타이드 결합을 이루는 탄소와 수소는 sp^2 오비탈을 사용한다. 그리고 보면 단백질의 골격을 따라 sp^3, sp^2, sp^2, sp^3, sp^2, sp^2 식으로 혼성 오비탈이 반복되는 것을 알 수 있다.

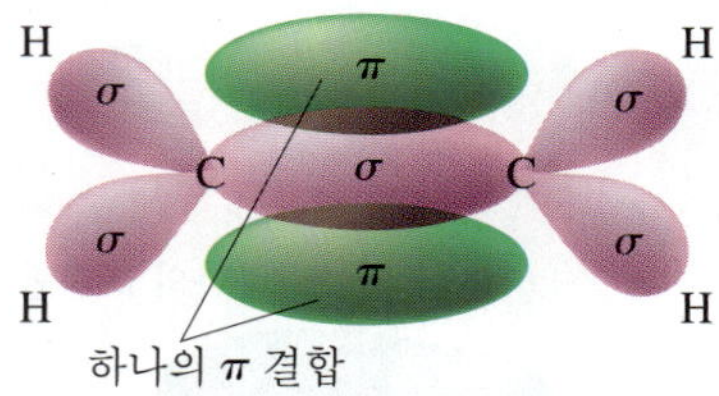

에틸렌

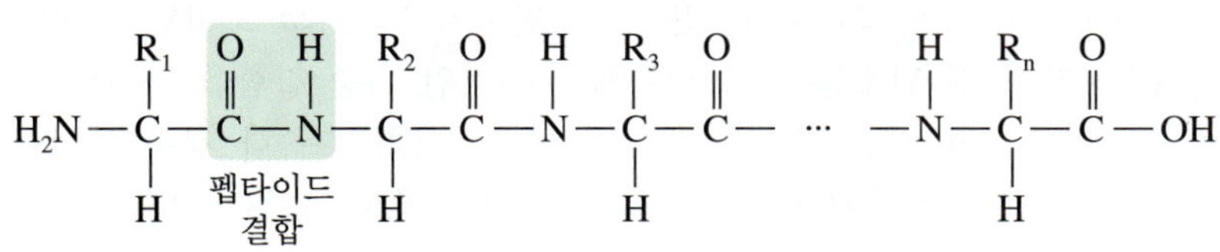

예제 6.23

가장 간단한 아미노산인 글리신 (glycine) 의 아미노기 (amino group, $-NH_2$) 의 질소, 중심 탄소, 카복실기 (carboxyl group, −COOH) 의 탄소에서는 sp^3 오비탈과 sp^2 오비탈 중 어느 것이 사용되는가?

풀이 $-NH_2$의 질소 : sp^3

중심 탄소 : sp^3

−COOH의 탄소 : sp^2

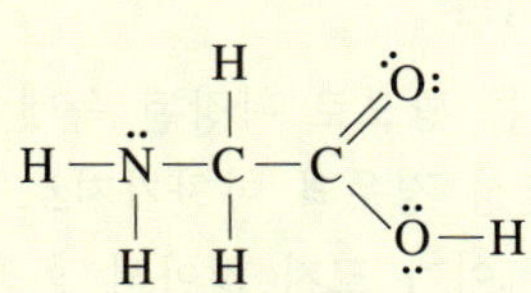

예제 6.24

세포의 에너지 화폐라고 부르는 ATP (앞의 그림 참조) 는 생명체에서 가장 중요한 화합물의 하나이다. ATP에 들어있는 모든 탄소, 질소, 인 원자의 혼성 오비탈을 적어라.

풀이 모든 단일 결합만을 가진 질소 : sp^3

이중 결합을 가진 질소 : sp^2

모든 단일 결합만을 가진 탄소 : sp^3

이중 결합을 가진 탄소 : sp^2

이와 같이 생체화합물에서 가장 많이 찾아볼 수 있고 중요한 혼성 오비탈은 sp^3와 sp^2 오비탈이다.

다. *sp* 혼성 오비탈

아세틸렌(HC≡CH)에서는 탄소의 2*s* 오비탈과 2*p* 오비탈이 하나씩 혼성되어 그림과 같이 *sp* 혼성 오비탈이 얻어진다. 이 혼성 오비탈이 각각 양쪽 수소 원자의 1*s* 오비탈과 겹치면 시그마 결합이 만들어진다. 탄소의 남은 두 개의 2*p* 오비탈이 다른 탄소의 두 개의 2*p* 오비탈과 겹치는 부분에서 두 개의 파이 결합이 이루어져 아세틸렌은 전체적으로 삼중 결합을 가진다.

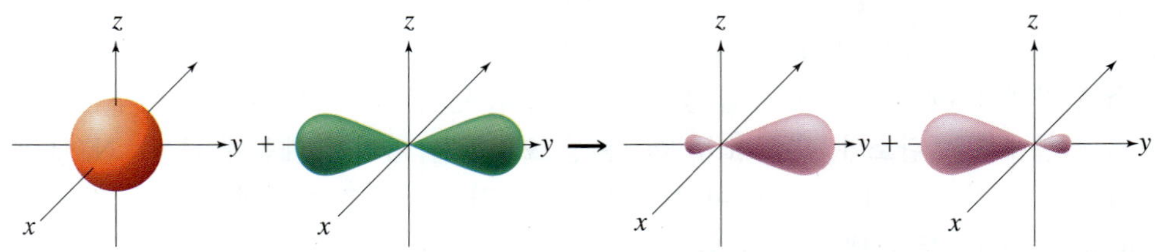

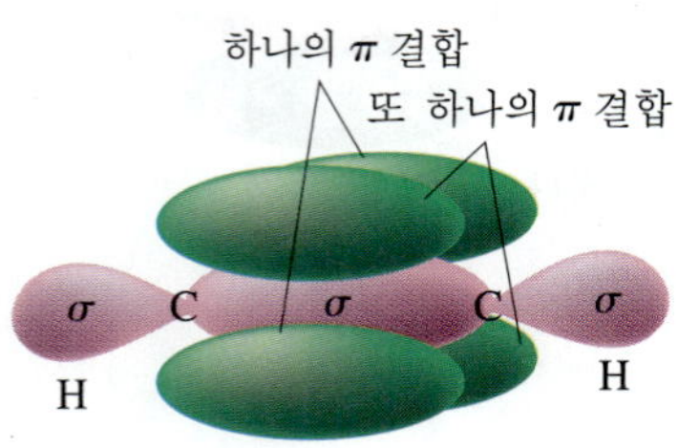

아세틸렌

이산화탄소에서는 *sp* 혼성 오비탈과 sp^2 혼성 오비탈을 찾아볼 수 있다. C—C 결합은 *sp* 혼성 오비탈로 이루어진다. 산소의 세 개 sp^2 혼성 오비탈 중에서 한 개는 탄소의 *sp* 혼성 오비탈과 시그마 결합을 만드는 데 사용되고, 나머지 두 개에는 각각 비공유 전자쌍이 들어간다. 한 쪽 산소의 2*p* 오비탈은 중심 탄소의 2*p* 오비탈과 파이 결합을 이루고, 다른 쪽 산소의 2*p* 오비탈은 중심 탄소의 다른 2*p* 오비탈과 파이 결합을 이룬다. 결과적으로 중심 탄소는 양쪽으로 서로 수직인 이중 결합을 가진다.

sp 혼성 오비탈은 BeF_2처럼 옥텟을 이루기에는 전자가 부족한 경우의 선형 구조를 설명할 수 있다. 베릴륨의 가장 안정한 전자 구조는 $1s^22s^2$, 플루오린은 $1s^22s^22p^5$이다. 베릴륨의 결합을 설명하려면 2*s* 오비탈 한 개와 2*p* 오비탈 한 개로부터 두 개의 *sp* 혼성 오비탈을 만들고 이들이 양쪽 플루오린의 2*p* 오비탈과 시그마 결합을 이루는 것으로 생각하는 것이 적절하다. *sp* 혼성 오비탈이 가능한 것은 2*s* 오비탈과 2*p* 오비탈의 에너지 차이가 크지 않기 때문이다.

라. sp^3d 혼성 오비탈

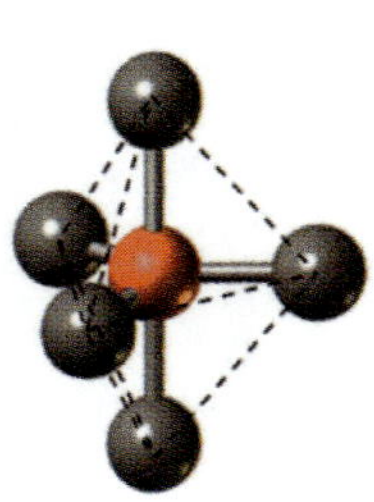

중심 원자가 인 또는 황으로 확장된 옥텟이 적용되는 경우는 *d* 오비탈이 혼성화에 사용된다. 위의 *sp* 혼성 경우와 마찬가지로 이 경우에도 인이나 황의 3*s*, 3*p*, 그리고 3*d* 오비탈의 에너지 차이가 크지 않아서 혼성이 쉽게 일어난다. 주양자수가 커질수록 에너지 준위 사이의 에너지 간격이 작아지는 것을 보어 모델을 통해 알 수 있다.

sp^3d 혼성 오비탈은 삼각 쌍뿔(trigonal bipyramid) 모양을 가진다. PF_5 또는 PCl_5 경우에는 인의 다섯 개 sp^3d 혼성 오비탈 각각에 대하여 염소의 sp^3 혼성 오비탈이 겹쳐서 다섯 개의 시그마 결합이 이루어진다. 이들 경우에는 중심 원자 주위에 다섯 개의 공유 전자쌍이 있고, 비공유 전자쌍은 없다.

비공유 전자쌍이 있는 경우에는 비공유 전자쌍의 위치에 따라 전체적으로 다른 구조가 얻어지기 때문에 전자쌍 사이의 반발을 잘 고려해야 맞는 구조를 예측할 수 있다. 앞에서 암모니아와 물의 경우 비공유 전자쌍이 공유 전자쌍보다 넓은 공간을 차지하고 보다 큰 반발력을 나타내는 것을 알아보았다. 삼각 쌍뿔에서 비공유 전자쌍이 있는 경우에는 어떻게 되는가?

예제 6.25

SF_4의 루이스 구조를 그리고 3차원 구조를 예측하여라.

풀이

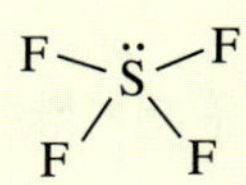

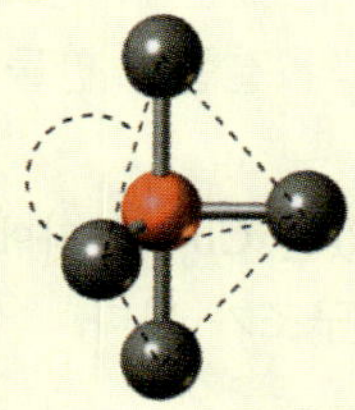

황은 여섯 개의 최외각전자를 가지고 있는데 그 중 네 개가 공유 결합에 사용되었다. 따라서 SF_4는 네 개의 공유 전자쌍과 한 개의 비공유 전자쌍, 도합 다섯 개의 전자쌍을 가진다. 이런 경우에 비공유 전자쌍이 피라미드의 아래나 윗쪽 꼭지점에 위치하게 되면 삼각 평면상의 세 개의 S-F 공유 전자쌍과 90도를 이루게 된다. 반면에 비공유 전자쌍이 평면상에 위치하면 피라미드의 아래와 윗쪽 꼭지점의 두 개의 S−F 공유 전자쌍과 90도를 이루고 평면상의 두 개의 S-F 공유 전자쌍과는 120도를 이룬다. 이럴 때는 전자쌍 간의 각도가 90도가 되는 경우를 최소화하는 시소 모양의 구조가 안정하다.

예제 6.26

ClF_3의 루이스 구조를 그리고 3차원 구조를 예측하여라.

풀이

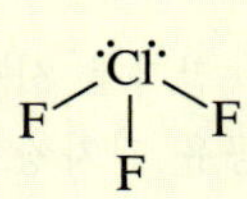

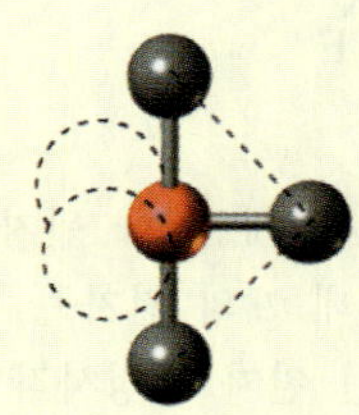

ClF_3도 전체 원자가전자수가 10으로, 다섯 개의 전자쌍이 다섯 개의 sp^3d 혼성 오비탈에 들어가는데 이 경우에 염소 원자는 두 개의 비공유 전자쌍을 가지고 있다. 두 개의 비공유 전자쌍이 피라미드의 양쪽 꼭지점에 위치하게 되면 Cl−F 공유 전자쌍과 90도를 이루는 경우가 여섯 개가 되어 불안정하다. 비공유 전자쌍이 하나는 꼭지점에, 다른 하나는 평면상에 위치하면 비공유 전자쌍 사이의 각도가 90도가 되어 크게 불리하다. 두 개의 비공유 전자쌍이 모두 평면상에 위치하면 비공유 전자쌍 사이의 각도가 120도가 되어 가장 안정한 구조가 된다.

예제 6.27

XeF_2의 루이스 구조를 그리고 3차원 구조를 예측하여라.

풀이

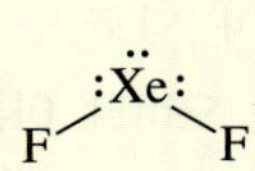

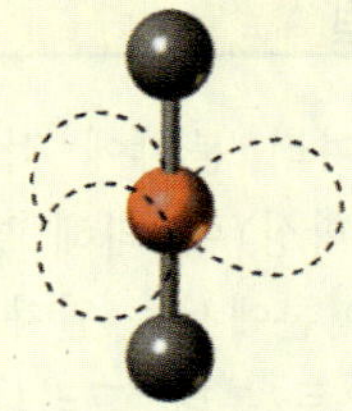

흔치 않은 비활성 기체 화합물 중 하나인 XeF_2 경우에는 세 개의 비공유 전자쌍이 모두 평면상에 위치하여 서로 120도를 이루면 비공유 전자쌍 사이의 각도가 90도가 되는 경우를 피할 수 있다. 결과적으로 F−Xe−F 식의 선형 분자가 얻어진다.

마. sp^3d^2 혼성 오비탈

탄소는 sp^3 혼성 오비탈을 사용하여 네 개의 결합을, 인은 sp^3d 혼성 오비탈을 사용하여 다섯 개의 결합을 만들 수 있는데, 인보다 원자 번호가 하나 높은 황은 sp^3d^2 혼성 오비탈을 사용하여 여섯 개의 결합을 만들 수 있다. 이렇게 만들어진 SF_6는 정팔면체(octahedral) 구조를 갖는다.

비공유 전자쌍이 한 개 있는 ClF_5 분자에서는 비공유 전자쌍이 어느 위치에 있어도 똑같은 정사각형 피라미드 구조가 된다.

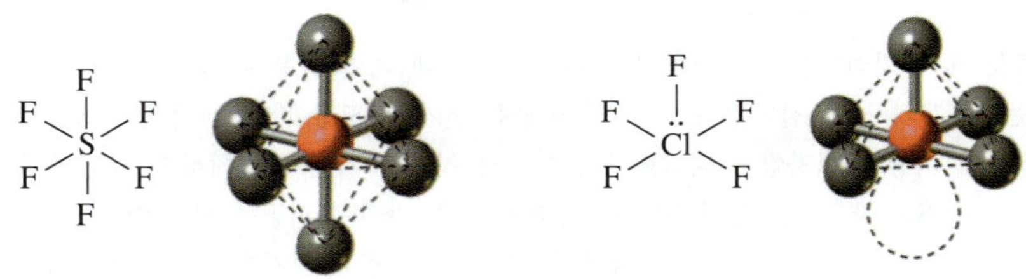

예제 6.28

XeF_4의 루이스 구조를 그리고 3차원 구조를 예측하여라.

풀이

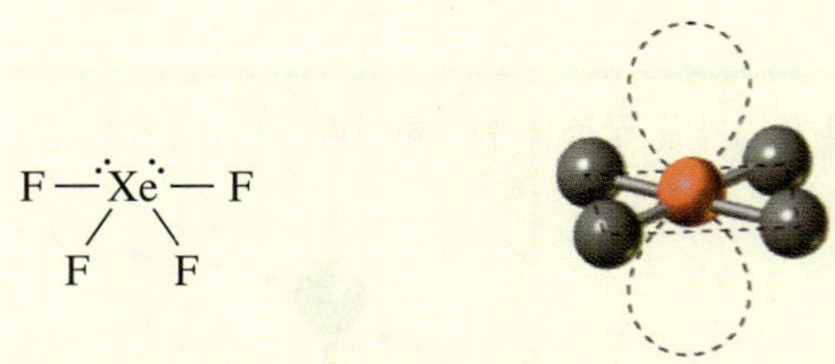

XeF_4에서 최외각전자가 여덟 개인 Xe 원자는 네 개의 전자를 사용해서 네 개의 F 원자와 공유 결합을 만든다. 네 개의 전자는 두 개의 비공유 전자쌍으로 남는다. XeF_4 분자에서는 네 개의 플루오린 원자가 정사각형 평면에 놓여야 비공유 전자쌍 사이의 각도가 가장 커져서 안정한 구조가 된다.

위에서 다룬 분자들은 모두 P, S, Cl, 그리고 Xe처럼 확장된 옥텟이 적용되는 중심 원자와 원자 반지름이 작은 F 사이의 화합물이다. 확장된 옥텟이라 하더라도 원자 반지름이 큰 염소를 여러 개 사용해서 같은 구조를 가진 분자를 만들 수는 없다.

6-5 공유 결합 : 분자 오비탈 이론

멀리켄(Robert Mulliken, 1896-1986). MIT 학부를 졸업하고 시카고대학에서 동위원소 분리로 박사 학위를 받은 후 유럽에서 슈뢰딩거 등에게서 막 태동하는 양자 역학을 배우고 돌아와 1985년에 은퇴할 때까지 시카고대학 물리학과와 화학과 겸임 교수를 역임했다. 1966년 노벨 화학상을 수상했다.

6-5-1 분자 오비탈

보다 일반적으로 화학의 여러 분야에 적용되는 양자 역학적 결합 이론은 멀리켄(Mulliken, 1966년 노벨 화학상)에 의해 발전된 **분자 오비탈 이론(molecular orbital theory)**이다. 원자가 결합 이론에서는 원자가전자는 원래 속해 있던 원자 오비탈에 속한 채로 결합을 이루는 것으로 본다. 그러나 한 원자 내에서도 전자는 여기 있다, 저기 있다 말할 수 없고 확률적으로만 고려할 수 있는 것을 생각하면 두 원자가 결합을 이룬 경우 전자 구름은 뒤섞이고 각각의 전자는 애초에 어느 원자에서 왔는지 구별하기 불가능할 것이라 짐작할 수 있다. 다시 말하면 원자 내에서 전자들이 특정한 에너지 준위에서 특정한 공간적 분포를 하고 있기 때문에 이러한 원자들의 결합으로 이루어진 분자 내에서도 그와 같이 전자들은 해당 분자의 고유한 성격을 나타내는 에너지 및 공간분포를 하고 있을 것으로 예상된다. 이와같은 전자 상태를 분자 오비탈, 또는 **분자 궤도함수**(分子軌道函數, **molecular orbital**)라고 부르며 이는 분자의 성질과 거동을 이해하는 매우 중요한 개념이다. 분자 오비탈에 전자들이 채워져서 이루는 전자들의 에너지 준위 구조를 분자의 "**전자 구조**(電子構造, **electronic structure**)"라고 부르며, 이것은 흔히 분자 구조라고 부르는 분자의 기하학적 구조와는 다른 개념으로서 분자의 기하학적 구조와 물리적 성질 및 화학적 반응성 등을 결정짓는 중요한 요인이 된다.

멀리켄의 이론에서는 분자 오비탈은 몇 개의 원자에 걸쳐서 새로 형성된 오비탈이므로 원자 오비탈들의 선형 조합(線形組合, linear combination of atomic orbitals, LCAO)으로 표시된다. 나중에 휘켈(Hückel)은 분자 오비탈 이론을 유기 화합물에 적용하고 시그마 결합(sigma bond), 파이 결합(pi bond) 등의 용어를 도입했다.

원자가 결합 이론보다 발전된 분자 오비탈 이론은 분자의 광학적 성질도 잘 설명한다. 전자가 가시광선이나 자외선을 흡수하면 하나의 분자 오비탈에서 다른 높은 에너지 상태의 분자 오비탈로 전이가 일어나고, 반대로 에너지가 높은 분자 오비탈에서 에너지가 낮은 분자 오비탈로 전이가 일어나면 빛이 방출된다.

6-5-2 결합 차수

수소 분자 이온 H_2^+는 두 개 이상의 원자핵이 모인 분자계에서 가장 적은 수(한 개)의 전자를 가진 계이므로 가장 간단하게 분자 오비탈을 적용할 수 있다. 먼저 두 개의 수소 원자핵 중 하나를 H_A^+라 부르고 다른 원자핵을 H_B^+라 부르도록 하자. 만약 H_2^+가 가지고 있는 유일한 전자가 H_A^+ 근처에 가 있을 때는 A 원자핵은 전자가 자신의 주위에 존재하기 때문에 중성 수소 원자의 형태를 띨 것이므로 이 경우 전체 H_2^+의 전자 분포는 $H_AH_B^+$에 가깝게 될 것이다. 반면 전자가 H_B^+ 근처에 가 있을 때는 전체 H_2^+의 전자 분포가 $H_A^+H_B$에 가깝게 될 것이다. 따라서 분자 오비탈이 원자 오비탈의 선형 조합으로 만들어진다고 가정하면 H^{2+}의 분자 오비탈은 ψ_{MO}는 $\psi_{MO} = c_A\phi_A + c_B\phi_B$로 주어지게 된다. 여기서 c_A, c_B는 상수이고 ϕ_A, ϕ_B는 해당 수소 원자의 원자 오비탈로서 바닥 상태인 경우 1*s* 오비탈이 될 것이다.

$$\psi_{MO} = c_A 1s_A + c_B 1s_B \tag{1}$$

H_2^+의 한 개 전자는 이 분자 오비탈에 들어간다.

수소 분자 H_2는 두 개의 전자를 가지고 있는데 4장에서 보았듯이 한 오비탈에는 전자가 두 개까지 들어갈 수 있다(반대 스핀). 따라서 H_2의 두 개 전자는 H_2^+의 한 개 전자가 들어 있는 위의 분자 오비탈에 들어간다.

전자가 하나 더 많아지면 어떻게 될까? 위의 분자 오비탈은 이미 차 있다. 두 개의 수소 원자가 각각 한 개씩의 원자 오비탈을 가지고 왔으니까 분자 오비탈도 두 개가 있을 듯하다. 다른 분자 오비탈은 위에서 부호를 바꾼 조합으로 얻어진다.

$$\psi_{MO}^* = c_A 1s_A - c_B 1s_B \tag{2}$$

그런데 두 개의 에너지가 같은 수소의 1*s* 오비탈이 선형 조합을 이루면 하나는 1*s* 오비탈보다 에너지가 낮고, 다른 하나는 1*s* 오비탈보다 에너지가 높은 분자 오비탈이 얻어진다. 그림과 같이 +의 조합은 두 원자 사이의 전자 밀도가 높아서 결합을 이루

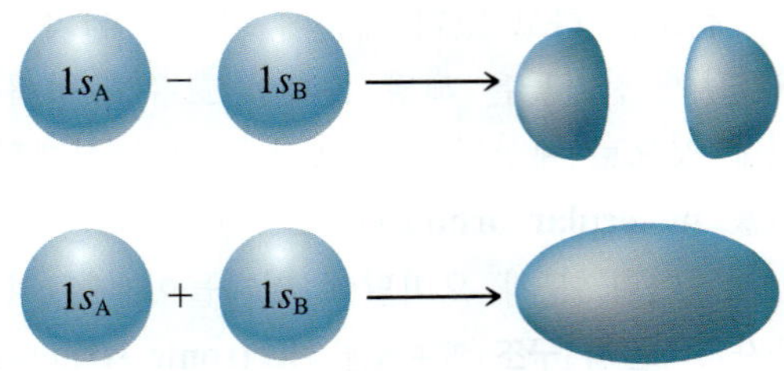

그림 6.7 반결합성 시그마 오비탈과 결합성 시그마 오비탈의 형성.

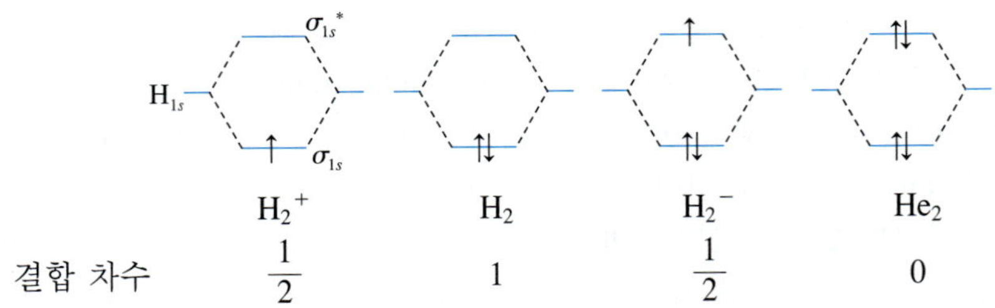

그림 6.8 결합 차수는 결합성 분자 오비탈과 반결합성 분자 오비탈에 들어 있는 전자수의 차이에 의해 결정된다.

게 하는 **결합성 분자 오비탈**(*bonding molecular orbital*), 그리고 −의 조합은 두 원자 사이의 전자 밀도가 0이 되어서 결합을 이루지 못하게 하는 **반결합성 분자 오비탈**(*antibonding molecular orbital*)이 된다. 이들 분자 오비탈이 *s* 원자 오비탈로부터 만들어졌기 때문에 시그마(σ) 오비탈이라고 부른다(그림 6.7).

H_2^+, H_2, H_2^-의 전자 구조를 다음과 같이 그림으로 나타낼 수 있다. H_2^+의 경우에는 하나의 전자가 H_2의 경우에 결합성 분자 오비탈에 들어간다. H_2 경우에는 두 개의 전자가 결합성 분자 오비탈에 들어가고 반결합성 분자 오비탈에는 전자가 하나도 없어서 가장 안정하다. 이것이 한 개의 공유 결합이 있는 경우이다. H_2^-에서는 세 번째 전자가 반결합성 분자 오비탈에 들어가서 결합성 분자 오비탈에 들어 있는 두 개의 전자 중 하나의 안정화 효과를 상쇄하는 결과를 가져온다. 다음과 같이 **결합 차수**(**結合次數, bond order**)를 정의하면 H_2^+, H_2, H_2^-의 결합 차수가 각각 $\frac{1}{2}$, 1, $\frac{1}{2}$인 것을 알 수 있다(그림 6.8).

$$\text{결합 차수} = \frac{\text{결합성 분자 오비탈의 전자수} - \text{반결합성 분자 오비탈의 전자수}}{2}$$

헬륨의 비활성도 결합 차수로 설명할 수 있다. 가상적인 He_2는 각각의 헬륨 원자가 두 개의 1*s* 전자를 가지고 오기 때문에 4전자 시스템이다. He_2에서는 결합성 분자 오비탈과 반결합성 분자 오비탈이 모두 채워지고 결합 차수가 0이 된다. 결합이 이루어지지 않는다는 말이다.

예제 6.29

He_2^+의 결합 차수는 얼마일까?

풀이 He_2^+의 전자 구조는 H_2^-의 전자 구조와 비슷하고, 결합 차수는 $\frac{1}{2}$이다. 실제로 He_2^+의 결합 에너지는 251 kJ/mol로, 결합 차수가 $\frac{1}{2}$인 H_2^+의 결합 에너지 255 kJ/mol과 거의 같다.

6-5-3 시그마 오비탈, 파이 오비탈

앞에서는 sp^2 또는 sp^3 혼성 오비탈을 가진 원자들이 접근해서 시그마 결합 또는 파이 결합을 만드는 것을 원자가 결합 이론 입장에서 살펴보았다. 이 경우에도 엄밀히 이야기하면 각 원자의 혼성 오비탈들이 합쳐져서 분자 오비탈을 만든다고 보아야 할 것이다.

$2p$ 원자 오비탈이 결합에 관여하는 경우의 분자 오비탈을 생각해 보자. 4장에서 보았듯이 p 오비탈에는 x-, y-, z- 방향으로 서로 수직인 p_x, p_y, p_z 세 개의 오비탈이 있다. B_2, C_2, N_2, O_2, F_2에서와 같이 p 오비탈을 가진 두 개의 같은 원자가 접근하는 경우를 생각해보자. 그림과 같이 p_z 오비탈끼리 마주치는 경우에는 위에서 본 $1s$ 오비탈 사이에서와 마찬가지로 시그마 결합이 만들어진다. 이때도 원래의 $2p$ 오비탈보다 에너지가 낮은 σ_{2p} 결합성 오비탈과 에너지가 높은 σ_{2p}* 반결합성 오비탈이 얻어진다.

한편 p_x 오비탈끼리, 또 p_y 오비탈끼리 접근하면 시그마 오비탈과 수직인 두 개의 π_{2p} 결합성 오비탈이 얻어진다. 이때도 마찬가지로 두 개의 π_{2p}* 반결합성 오비탈도 얻어진다.

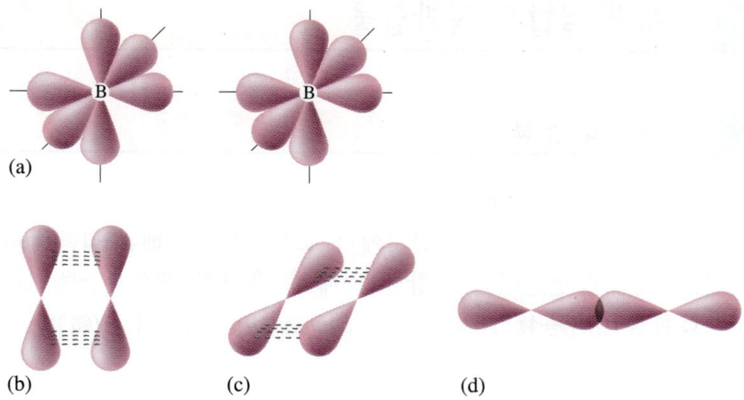

그림 6.9 (He)$2S^22P^1$의 전자 구조를 가지는 붕소(B) 원자 사이의 파이 결합 [(b), (c)]과 시그마 결합 (d). (a) 두 개의 B 원자에서의 원자 오비탈. (b), (c), (d) B_2 분자에서의 분자 오비탈.

우선 B_2의 경우를 생각해 보면 모두 네 개의 $2s$ 전자는 σ_{2s} 결합성 오비탈에 두 개, σ_{2s}* 반결합성 오비탈에 두 개가 들어가서 결과적으로 결합에는 기여하지 못한다(그림 6.9). 붕소 원자가 각각 한 개씩 가지고 온 도합 두 개의 $2p$ 전자는 π_{2p} 오비탈을 하나씩 채운다. 따라서 B_2의 결합 차수는 1이다. C_2의 경우에는 두 개의 π_{2p} 오비탈이 모두 채워지고 결합 차수는 2, 즉 이중 결합이 된다. N_2의 경우에는 두 개의 π_{2p} 오비탈과 σ_{2p} 결합성 오비탈이 모두 채워져서 결합 차수는 3이고, 가장 강한 결합의 하나인 질소의 삼중 결합이 된다. 그래서 공기 중의 질소는 거의 반응을 하지 않는다.

공기의 질소를 사용해서 살아가는데 필요한 질소 화합물을 만들어내는 질소 고정 박테리아는 참으로 대단한 화학자인 셈이다.

O_2의 경우에는 스핀이 같은 방향인 전자 두 개가 두 개의 π_{2p}* 오비탈에 하나씩 들어있기 때문에 각각 전자의 자성이 합해져서 자기장 하에서 자석같이 행동하는 **상자기성(常磁氣性, paramagnetism)**을 나타낸다. 액체 산소를 흘려주면 강한 자석의 양극 사이에 붙잡히는 것을 볼 수 있다. 반면에 질소의 경우에는 모든 오비탈에 스핀이 반대인 전자 두 개가 쌍으로 들어가기 때문에 자성을 나타내지 않는다.

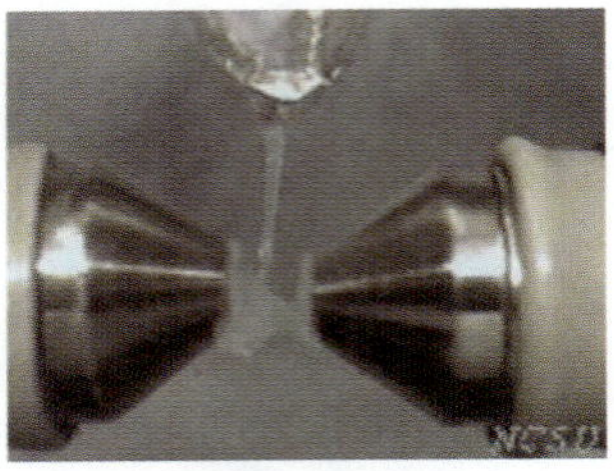

액체 산소는 상자기성 때문에 자석의 극 사이에 붙잡힌다.

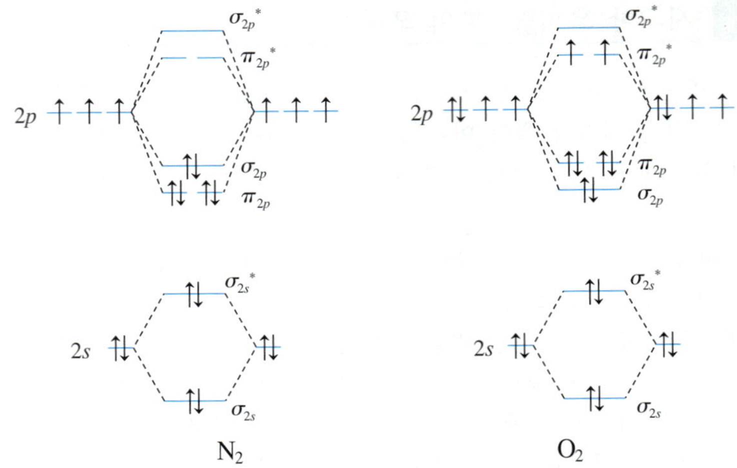

그림 6.10 질소와 산소 분자의 분자 궤도함수와 전자 구조.

6-6 배위 결합과 착화합물

6-6-1 리간드의 종류

크게 보면 위에서 다룬 공유 결합에 포함되지만 조금 특별한 경우로 공유 결합에 사용되는 두 개의 전자가 모두 한 쪽의 원자에서 오는 경우를 **배위 결합(coordination bond)**이라 하고 그렇게 만들어진 화합물을 **배위 화합물**(**配位化合物**, *coordination compound*), **착화합물**(**錯化合物**, *coordination compound*), 또는 **착물**(**錯物**, *coordination complex*)이라고 부른다.

전자를 주고 받는 것은 모든 화학 반응을 결정하는 핵심이다. 그런데 화학에서는 전자를 내주는 것은 **산화**(**酸化**, **oxidation**), 전자를 받는 것을 **환원**(**還元**, **reduction**)이라 한다. H–Cl에서 수소는 전기음성도가 높은 염소에게 전자를 내주고 산화된다. 자연에 염소가 산소보다 많았다면 염화라는 말이 채택되었을 것이다. 아무튼 산화의 결과는 산이다. 역반응을 생각하면 전자를 내주고 산이 된 수소 이온(H^+)은 전자를 받게 된다. 그래서 루이스는 일반적으로 전자를 받는쪽을 산, 전자를 내주는 쪽을 염기라고 정의했다. 그러니까 배위 결합은 루이스 산(Lewis acid)인 금속 이온과 루이스 염기(Lewis base)인 리간드(ligand) 사이의 결합이다. 아래의 비타민 B_{12} 구조를 보면 코발트가 루이스 산으로, 비공유 전자쌍을 가진 질소가 루이스 염기로 작용하는 것을 알 수 있다.

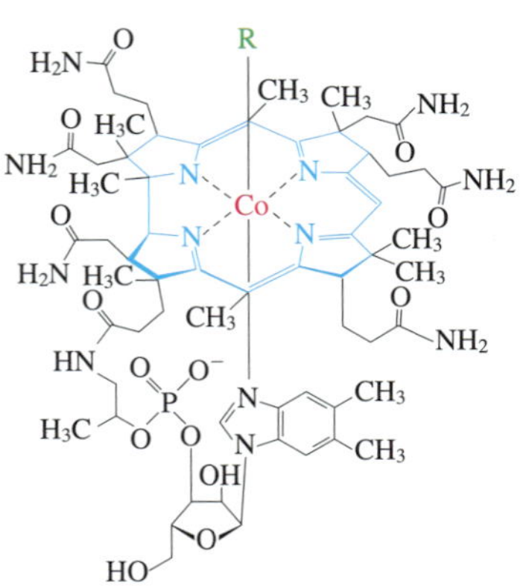

비타민 B_{12}

비타민 B_{12}의 구조는 1954년에 호지킨에 의해 발견되었는데, 이 발견은 요즘 중요한 연구 분야의 하나인 생무기화학(生無機化學, bioinorganic chemistry)이라는 분야를 열었다고 해도 과언이 아니다. 그림의 구조에서 볼 수 있듯이 코발트 원자는 네 개의 질소 원자의 비공유 전자쌍과 배위 결합을 이룰 뿐 아니라 두 개의 탄소와도 결합을 이루고 있다. 이러한 결합이 발견되면서 유기물과 무기물이라는 이분법적 구분이 사라지고 유기물과 무기물의 경계에 위치한 다양한 유기금속 화합물(有機金屬化合物, organometallic compound)들이 자연에서 발견되기도 하고 합성되기도 하였다.

호지킨(Dorothy Hodgkin, 1910–1994). 영국의 결정학자. 케임브리지대학의 버날(Bernal) 밑에서 수학하고 옥스포드대학에서 연구했다. 1937년에 콜레스테롤, 1945년에 페니실린, 1954년에 비타민 B_{12}, 1969년에 인슐린 구조를 결정했고 1964년 노벨 화학상을 수상했다.

착화합물은 광합성을 하는 엽록소, 산소를 운반하는 헤모글로빈 그리고 생명 활동의 촉매인 효소 등에서도 중요하고, 그림 물감에서 색을 나타내는 데도 핵심 역할을 한다. 이러한 착화합물의 특징은 구조와 밀접하게 관련되어 있다.

비공유 전자쌍을 내주어 배위 결합을 이루면서 중심 금속 이온을 둘러싸는 리간드에는 CO, NH_3, H_2O 같은 중성 화합물도 있고, F^-, Cl^-, OH^-, CN^- 같은 이온도 있다. 이런 리간드는 중심 금속과 한 개의 결합을 만들기 때문에 **한자리 (monodentate) 리간드**라고 부른다. 옥살산 이온 (oxalate ion, $C_2O_4^{2-}$) 이나 에틸렌다이아민 (ethylenediamine, $NH_2CH_2CH_2NH_2$) 은 각각 중심 금속과 두 개의 결합을 만드는 **두자리 (bidentate) 리간드**이다. 금속 이온의 적정에 많이 사용되는 EDTA (ethylenediaminetetraacetic acid) 는 한 분자 내에 여섯 개의 결합을 이루는 자리를 가진 **여섯자리 (hexadentate) 리간드**이다. 두자리 이상의 리간드가 금속과 결합하면 게가 두 발로 먹이를 움켜 잡는 모양이 되어서 **킬레이트 (chelate) 화합물**이라고 한다. 예를 들어, Co^{3+} 이온이 산해리한 $EDTA^{4-}$ 이온과 만나면 두 개의 질소 원자와 네 개의 산소 원자, 도합 여섯 개의 원자로부터 비공유 전자쌍을 받아 Co^{3+} 이온이 EDTA에 의해 정팔면체 구조로 둘러싸이게 된다. 생체에서 중요한 역할을 하는 많은 생무기화합물 (生無機化合物, bioinorganic compound) 들은 모두 이와 유사한 구조를 가진다.

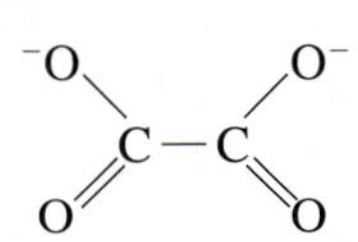

옥살산 이온

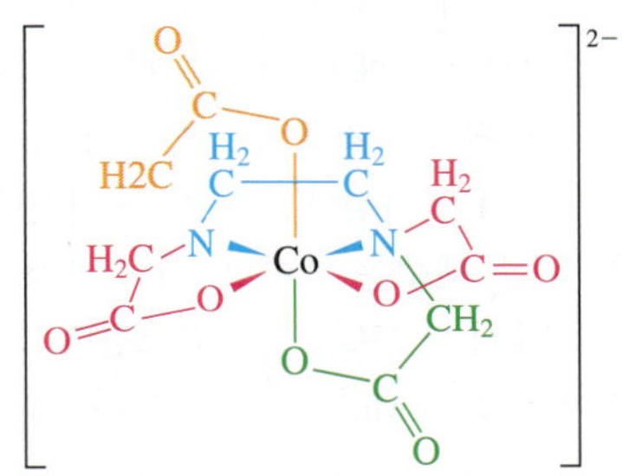

$EDTA^{4-}$

6-6-2 전이 원소의 특성

우리는 4장, 5장에서 4*s* 오비탈이 3*d* 오비탈보다 에너지가 낮아서 아르곤에서 3*p* 오비탈이 채워진 다음 3*d* 오비탈이 아니라 4*s* 오비탈에 전자가 먼저 들어가면서 포타슘 [(Ar) $4s^1$] 과 칼슘 [(Ar) $4s^2$] 이 되는 것을 살펴보았다. 그런데 4*s* 오비탈과 3*d* 오비탈의 에너지가 거의 비슷하기 때문에 여러 가지 전이 원소 (轉移元素, transition element) 의 특성이 나타난다.

일차 이온화 에너지 (kJ/mol)			
Li	520	**F**	1681
Sc	631	**Cu**	745

원자 반지름 (옹스트롬)			
Li	1.52	**F**	0.64
Sc	1.61	**Cu**	1.28

2주기에서는 리튬에서 플루오린으로 가면서 일차 이온화 에너지가 약 세 배로 증가하지만 스칸듐과 구리의 일차 이온화 에너지는 거의 비슷하다. 이와 마찬가지로 원자 반지름의 차이도 크게 다르다. 리튬과 플루오린의 원자가전자는 2*s*와 2*p* 전자로 오비탈의 모양이 크게 다르고 따라서 유효 핵전하가 높은 플루오린은 원자 반지름이 작다. 그러나 스칸듐부터 구리까지는 모두 3*d* 오비탈이 채워지기 때문에 그러한 효과가 크지 않다.

산화수 면에서도 마찬가지이다. 스칸듐은 멘델레예프가 예측했던 대로 Sc_2O_3 식의 산화물을 만든다. 스칸듐의 두 개의 4*s* 전자와 한 개의 3*d* 전자가 똑같이 결합에 사용되는 것이다. 그런데 Ti, V, Cr, Mn 순으로 원자 번호가 늘수록 다양한 산화수를 가진다. 특히 망가니즈는 +2, +3, +4, +5, +6, +7의 여섯 가지 산화수를 가지는 특이한 원소이다. 과망가니즈산포타슘($KMnO_4$)에서 Mn은 두 개의 4*s* 전자와 다섯 개의 3*d* 전자를 모두 산소에 내주고 + 7의 산화수를 가진다. 이러한 극단적인 산화 상태로부터 보다 완화된 망가니즈 이온(MnO_2)으로 돌아가려는 경향 때문에 과망가니즈산포타슘은 강력한 산화제로 작용한다. 크로뮴은 +2부터 +6까지의 산화수를 가진다.

예제 6.30

과망가니즈산포타슘 용액은 옥살산(oxalic acid)의 산화-환원 적정에 사용된다. 이 반응에서 탄소의 산화수와 망가니즈의 산화수는 어떻게 바뀌는지 답하여라. 그리고 반응식에서 계수가 맞는지 확인하여라.

$$5\,\mathrm{H{-}O{-}\overset{\overset{\displaystyle O}{\|}}{C}{-}\overset{\overset{\displaystyle O}{\|}}{C}{-}O{-}H} + 2MnO_4^- + 6H^+ \longrightarrow 10CO_2 + 2Mn^{2+} + 8H_2O$$

옥살산

풀이 옥살산에서 탄소의 산화수는 +3이다. C=O 결합을 통해 산소에게 전자를 두 개 주고, C−O−H 결합에서 산소에게 전자를 한 개 주어 모두 세 개의 전자를 내준 셈이기 때문이다. 탄소-탄소 결합에서는 같은 원소끼리 전자를 주고 받지 않는다. 이산화탄소가 되면 탄소의 산화수는 +4로 1 증가한다. 그런데 옥살산에는 탄소가 두 개 들어있으므로 옥살산 한 분자당 전자 두 개를 내주는 셈이고, 위 식에서는 도합 열 개의 전자가 이동한다. 망가니즈의 산화수는 +7에서 +2로 5만큼 감소한다. 2 몰의 MnO_4^- 이온이 5 몰의 옥살산이 내주는 10 몰의 전자를 받아 Mn^{2+} 이온으로 환원되면서 산화제로 작용하는 것이다.

철은 +2와 +3의 산화 상태가 주를 이루는데 이 두 상태를 오가면서 전자 전달에 참여하기 때문에 철은 촉매로 중요한 역할을 한다. 질소와 수소로부터 암모니아를 합성하는 하버법에서도 철이 촉매로 사용된다. 2007년 노벨 화학상을 수상한 독일 프릿츠 하버 연구소의 에르틀(Ertl)은 철 촉매 표면에서 질소의 삼중 결합이 깨어지고 질소 원자가 철 표면에 흡착되어 수소 원자와 반응하여 암모니아가 만들어지는 기본적인 과정을 자세하게 조사했다(10장).

아무튼 전이 금속들은 공통적으로 3*d* 전자를 사용하여 화합물을 만들고 여러가지 물성을 나타낸다. 그래서 4주기 전이 금속들은 칼슘과 갈륨 사이의 특별한 위치를 차지하는 그룹을 형성한다. 열 개의 3*d* 전자를 가져서 3*d* 오비탈이 채워진 아연(Zn)은 색도 없고 성질이 전이 금속들과는 다르기 때문에 수년 전부터 카드뮴(Cd), 수은(Hg) 등 같은 족의 원소들과 함께 전이 원소에서 제외되었다.

6-6-3 착화합물의 구조

베르너(Alfred Werner, 1866-1919). 착화합물 연구로 1913년 노벨 화학상을 수상했다.

파란 가을 하늘을 코발트색이라고 하지만 사실 코발트는 다양한 색깔의 착화합물(착물)을 만든다. 실은 착물의 연구도 코발트 화합물에서 출발되었다.

19세기 말 스위스의 베르너는 암모니아와 염소 이온을 포함하는 네 가지 다른 코발트 화합물을 연구하였는데, 네 가지 경우 모두 코발트 원자 한 개 당 염소 이온이 세 개 들어 있음에도 불구하고 암모니아 분자수에 따라 질산은 수용액을 가했을 때 염화은(AgCl)으로 침전하는 염소의 양이 다른 것을 관찰했다. 즉, 암모니아가 여섯 개인 경우에는 염소 이온 세 개가 모두 침전하지만, 암모니아가 다섯 개인 경우에는 염소 이온

두 개, 네 개인 경우에는 한 개가 침전하고, 암모니아가 세 개인 경우에는 염소 이온이 하나도 침전하지 않았다. 이로부터 그는 코발트 이온 주위에는 여섯 개의 리간드가 결합할 수 있는데, 암모니아가 우선 강하게 결합하고 암모니아가 부족한 경우에는 여섯 개에서 부족한 부분은 염소 이온이 채우는 것으로 생각했다. 그리고 여섯 개의 리간드 중 일부로 참여한 염소 이온은 코발트에 강하게 결합해서 염화은으로 침전하지 못한다고 생각하면 관찰 사실을 잘 설명할 수 있었다. 이 경우에 Co^{3+} 이온의 배위수(配位數, coordination number)가 6이라고 말한다. 위의 네 가지 착물은 다음과 같이 표기한다.

$[Co(NH_3)_6]^{3+}(Cl^-)_3$ $[Co(NH_3)_5Cl]^{2+}(Cl^-)_2$ $[Co(NH_3)_4Cl_2]^+(Cl^-)$ $[Co(NH_3)_3Cl_3]$

예제 6.31

위의 각 착물을 물에 녹였을 때 몰당 전기 전도도가 같은 물질을 아래에서 찾아라.

설탕 NaCl $CaCl_2$ $AlCl_3$

풀이 $[Co(NH_3)_6]^{3+}(Cl^-)_3$ − $AlCl_3$
$[Co(NH_3)_5Cl]^{2+}(Cl^-)_2$ − $CaCl_2$
$[Co(NH_3)_4Cl_2]^+(Cl^-)$ − NaCl
$[Co(NH_3)_3Cl_3]$ − 설탕

이들 착물은 어떤 3차원 구조를 가질까 생각해보자. $[Co(NH_3)_6]^{3+}(Cl^-)_3$에서 +3가의 $[Co(NH_3)_6]^{3+}$ 이온과 전기적으로 결합하고 있던 세 개의 염소 이온은 쉽게 물로 녹아나온다. $[Co(NH_3)_6]^{3+}$ 이온에서 여섯 개의 중성 암모니아 분자는 Co^{3+} 이온 주위에 정팔면체의 여섯 개 꼭지점에 위치한다. 이 여섯 개의 꼭지점은 모두 대등하기 때문에 $[Co(NH_3)_6]^{3+}$ 이온은 한 가지 뿐이다. $[Co(NH_3)_5Cl]^{2+}$ 이온에서는 다섯 개의 암모니아와 한 개의 염소 이온이 정팔면체의 꼭지점에 위치하고 마찬가지로 이런 이온은 한 종류 밖에 없다.

$[Co(NH_3)_4Cl_2]^+$ 이온에서는 두 개의 염소 이온이 일직선상에 놓일 수도 있고(트랜스), 또는 90도 각도를 만들 수도 있다(시스). 트랜스와 시스 이성질체는 결합 방식은 같으나 기하학적 구조가 다른 경우로서 **기하 이성질체**(**幾何異性質體, geometric isomer**)의 일종이다(11장). 앞에서는 탄소 이중 결합에 관련된 시스, 트랜스 기하 이성질체를 살펴본 바 있다. 또 다른 잘 알려진 착물의 시스, 트랜스 이성질체에는 배위수가 4인 백금의 착물이 있다. 시스−$[Pt((NH_3)_2)Cl_2]$는 시스플라틴(cisplatin)이라 부르는 항암제이고, 트랜스−$[Pt((NH_3)_2)Cl_2]$는 약효가 없다.

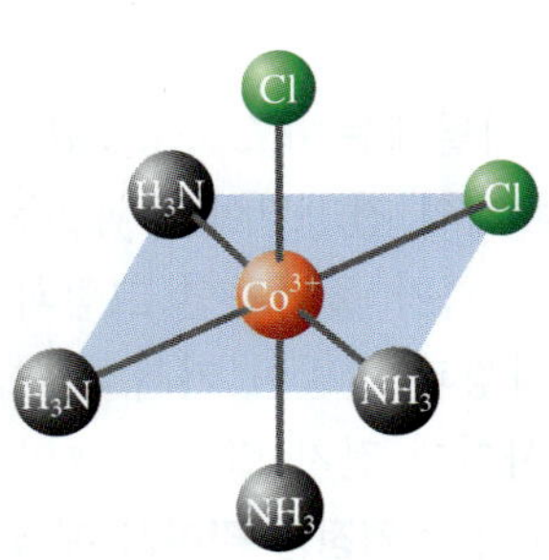

시스 $[Co(NH_3)_4Cl_2]^+$

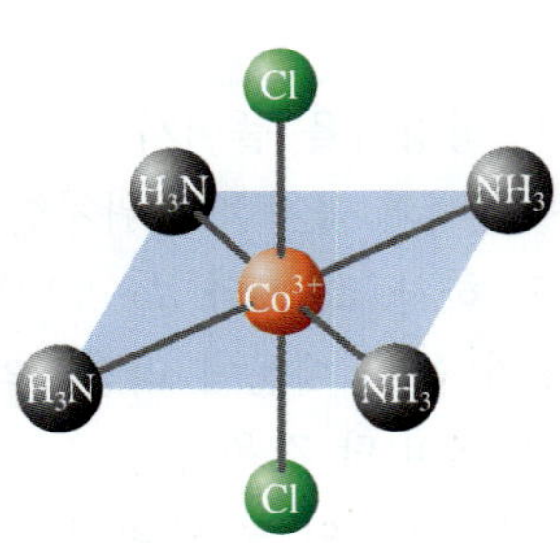

트랜스 $[Co(NH_3)_4Cl_2]^+$

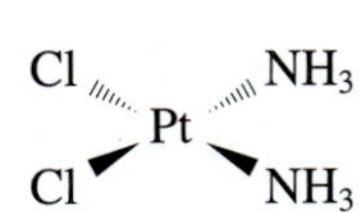

시스플라틴

$[Co(NH_3)_3Cl_3]$에는 세 개의 염소 이온이 모두 직각을 이루는 경우와 두 개의 염소 이온이 직선상에 놓이고 나머지 하나는 이들과 직각을 이루는 두 가지 이성질체가 있다.

예제 6.32

착물 중에는 탄소 화합물처럼 거울상이성질체 (enantiomer) 를 만드는 경우가 있다. $[Co(NH_3)_2(H_2O)_2Cl_2]^+$ 경우 어떤 카이랄 구조가 있는지 거울상을 그려라.

풀이

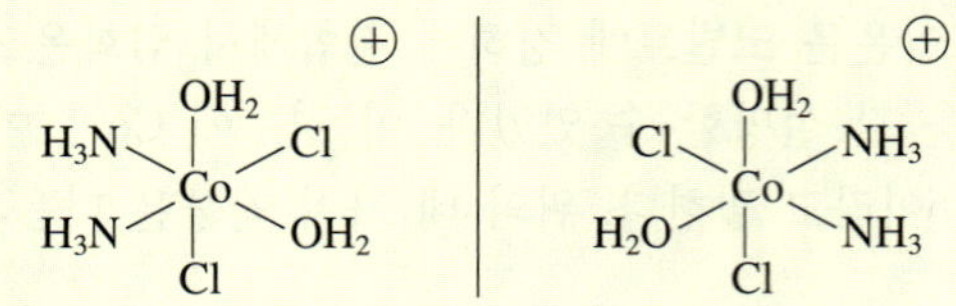

6-6-4 착화합물의 색

색은 물질의 중요한 성질 중 하나이고 물질의 기능과도 밀접한 관계를 가진다. 그런데 색은 분자 구조와 밀접한 관계가 있다. 전이 금속 중 하나인 크로뮴(chromium)이 색이라는 어원을 가지듯이 많은 경우에 우리 주위의 색은 전이 금속과 연관되어 있다. 붉은색 루비와 녹색 에메랄드는 크로뮴 이온이 다른 리간드와 결합해서 다른 색을 나타내는 보석이다. 고려청자의 비취색에는 철 이온이 관련되어 있는 것으로 생각된다. 수만 년 전의 동굴벽화부터 중세기 종교화, 르네상스 미술, 인상파와 현대미술 모두 착화합물이 들어있는 물감 없이는 생각할 수도 없다. 생체에서 가장 많이 찾아볼 수 있는 색의 대표적인 예인 붉은 피의 핵심 성분인 헤모글로빈에는 철 이온이 자리잡고 있다(식물의 엽록소에 들어있는 마그네슘은 전이 금속은 아니다). 이 절에서는 배위화합물의 구조와 색의 관계를 전이 금속의 전자 구조에 관련지어 알아보자.

공유 결합에 관한 이론에는 원자가전자들의 오비탈을 주로 고려하는 원자가 결합 이론과 분자 내에서 새로 형성되는 분자 오비탈을 고려하는, 원자가 결합 이론에서 한 단계 발전된 분자 오비탈 이론이 있는 것을 앞에서 살펴보았다. 착화합물의 결합 이론에도 비교적 단순한 모델인 **결정장 이론 (結晶場理論, crystal field theory)** 과 **리간드장 이론 (ligand field theory)** 이 있는데 원자가 결합 이론이 화학 결합의 많은 부분을 설명할 수 있듯이 결정장 이론도 착물의 많은 성질을 설명하는데 유용하다. 여기서는 주로 결정장 이론에 입각해서 착물의 색을 설명한다.

소금 결정에서 각각의 소듐 양이온은 정팔면체의 여섯 개 꼭지점에 위치한 여섯 개의 염소 음이온이 만들어내는 전기장이 합쳐진 전체적인 전기장의 영향하에 놓여서 안정화된다. 착물에서 중심 금속 이온은 리간드가 만들어내는 전기장, 즉 결정장의 영향을 받는다. 그런데 결정장 이론에서는 양전하를 띠는 중심 금속 이온이 리간드에 둘러쌓일 때 금속 이온의 d 전자 에너지가 리간드의 비공유 전자쌍에 의해 어떻게 영향을 받는가를 중점적으로 고려한다.

수소 원자에 대하여 슈뢰딩거 방정식을 풀어서 얻는 d 오비탈에는 $d_{x^2-y^2}$, d_{z^2}, d_{xy}, d_{yz}, d_{xz}의 다섯 가지가 있다. 정팔면체의 꼭지점에 위치한 여섯 개의 전자쌍이 x, y, z축 방향으로 d 오비탈에 접근한다고 하자. $d_{x^2-y^2}$와 d_{z^2} 오비탈에 전자가 들어가면 그림과 같이 x, y, z축 방향에 전자 밀도가 높기 때문에 리간드의 전자쌍과 반발이 커서 에너지가 높아진다. 반면에 d_{xy}, d_{yz}, d_{xz} 오비탈 경우에는 x, y, z축 사이에 전자 밀도가 높아서 전자쌍과의 반발이 상대적으로 작다. 이 두 에너지 준위 차이를 **결정장 갈라짐 에너지 (crystal field splitting energy)** 라 하고 Δ_o로 표시한다. 여기서 소문자 o는 정팔면체 (正八面體, octahedral) 구조의 결정장을 의미한다. 6장에서 보았듯이 분자 오비탈을 만들 때는 결합성 오비탈의 에너지는 원래의 원자 오비탈의 에너지보다 낮고 반결합성 오비탈의 에너지는 원자 오비탈의 에너지보다 높아지지만 결정장하에서는 다섯 개의 d 오비탈 에너지가 모두 원래보다 높아지는 점에 유의해야 한다. 에너지가 높은 $d_{x^2-y^2}$와 d_{z^2} 오비탈을 e_g, 상대적으로 에너지가 낮은 d_{xy}, d_{yz}, d_{xz} 오비탈을 t_{2g}로 표시한다.

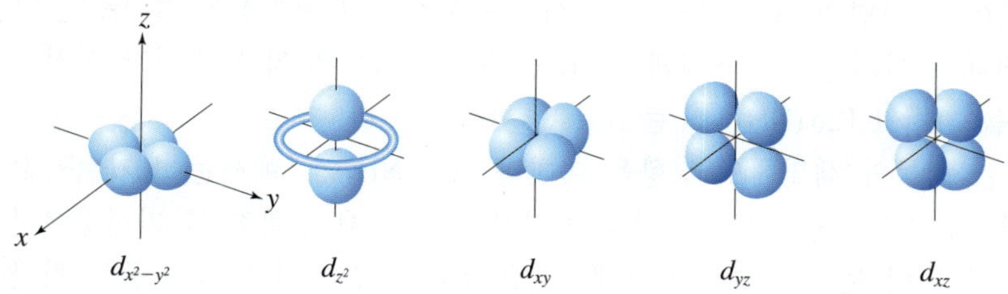

리간드의 전자쌍이 중심 금속 주위에 구대칭으로 골고루 분포되어 있다고 가정하고 그 때의 에너지를 기준으로 삼으면 이 기준 에너지는 리간드의 음전하가 없을 때 d 오비탈의 에너지보다는 높을 것이다. d_{xy}, d_{yz}, d_{xz} 오비탈은 이 기준보다 $(2/5)\Delta_o$ 만큼 에너지가 낮고, $d_{x^2-y^2}$와 d_{z^2} 오비탈은 $(3/5)\Delta_o$ 만큼 에너지가 높아서 전체적으로는 구대칭의 에너지와 같아진다.

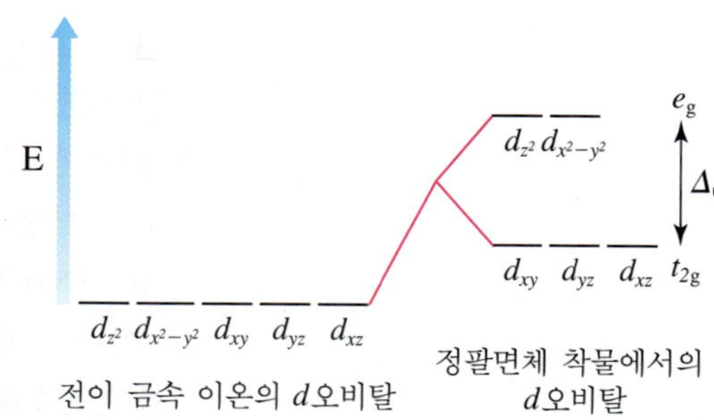

그림 6.11 전이 금속 이온과 정팔면체 착물에서의 d 오비탈.

그 다음에 고려해야 할 중요한 사항은 리간드가 얼마나 강한 결정장을 d 오비탈의 전자에게 미치는가 하는 점이다. x, y, z축 방향으로 전자 밀도가 높은 리간드가 배위한다면 Δ_o값이 커질 것이다. 이때 Δ_o값의 크기에 따라 d 전자의 배치가 달라진다. 다시 Co^{3+} 이온의 경우를 살펴보자. Co^{3+} 의 전자 구조는 $[Ar]d^6$이다. 원래 코발트 원자는 두 개의 $4s$ 전자와 일곱 개의 $3d$ 전자를 가지고 있는데 $4s$ 전자 두 개와 $3d$ 전자 한 개를 잃고 Co^{3+} 이온이 되는 것이다. Δ_o값이 클 경우에는 전자가 높은 에너지의 e_g 오비탈로 들어가기 어렵다. 따라서 여섯 개의 전자가 에너지가 낮은 세 개의 t_{2g} 오비탈에 스핀이 짝을 이루며 들어가서 전체적으로 스핀이 0인 저스핀 착물이 된다. Δ_o값이 작은 경우에는 다섯 개의 전자가 세 개의 t_{2g} 오비탈과 두 개의 e_g 오비탈에 하나씩 들어가고 나머지 하나가 t_{2g} 오비탈 중 하나에 들어가서 짝을 이룬다. 이 경우에는 네 개의 짝을 이루지 않은 스핀이 있게 되어 위의 저스핀에 비해 고스핀 착물이 된다.

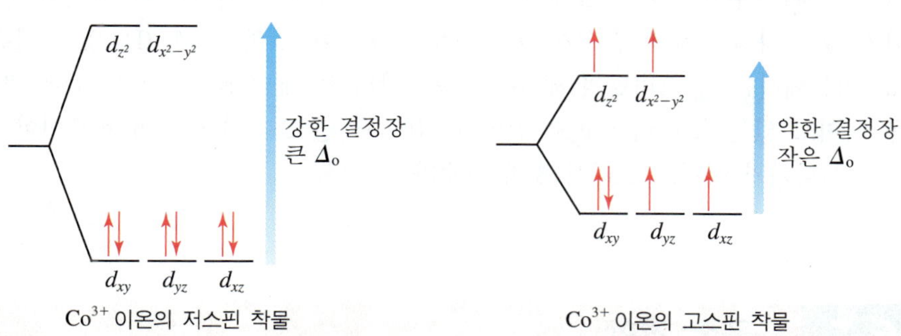

그림 6.12 리간드가 Co^{3+} 이온에 미치는 결정장의 세기에 따른 저스핀 착물과 고스핀 착물의 형성.

위의 각각의 경우에 대하여 결정장이 없을 때에 비해 얼마나 에너지가 낮아지는지를 **결정장 안정화 에너지 (crystal field stabilization energy, CFSE)** 로 나타낼 수 있다. 저스핀 경우에는 구대칭 기준에 비해 $(-2/5)\Delta_o$인 전자가 여섯 개 있으므로 전체적으로 CFSE는 $(-12/5)\Delta_o$가 된다. 고스핀 경우에는 $(-2/5)\Delta_o$인 전자가 네 개, $(+3/5)\Delta_o$인 전자가 두 개 있으므로 CFSE는 $(-2/5)\Delta_o$가 된다. 이처럼 리간드에 따라 착물의 자기적 성질이 달라진다. 우리 주위에서 코발트보다 훨씬 흔한 철의 경우 Fe^{2+} 이온은 Co^{3+} 와 같은 d^6, Fe^{3+}는 d^5 시스템이다.

그런데 어떤 리간드가 고스핀, 또는 저스핀 착물을 만들까? 실험적으로 $[Co(NH_3)_6]^{3+}$는 반자기성(反磁氣性, diamagnetic)으로 자기장에서 밀리는 성질을 나타낸다. 암모니아가 강한 결정장을 나타내어 Δ_o가 큰 값을 가지고 결과적으로 $[Co(NH_3)_6]^{3+}$는 저스핀 착물이라는 뜻이다. 반면 $[CoF_6]^{3-}$는 상자기성으로 외부에서 자기장을 걸어주면 약한 자기성을 나타내어 자기장으로 끌리게 된다. 플루오린 이온은 약한 결정장 리간드로 Δ_o가 작은 값을 가지고 $[Co(NH_3)_6]^{3+}$는 고스핀 착물이 된다.

결정장의 세기는 착물의 색깔에도 영향을 미친다. $[Co(NH_3)_6]^{3+}$에서는 Δ_o가 큰 값을 가지기 때문에 t_{2g} 오비탈에서 e_g 오비탈로 전자가 여기될 때 단파장 쪽 가시광선이 흡수되고 장파장 쪽 빛이 눈에 들어와서 오렌지색을 띈다. 암모니아 하나가 물로 치환된 $[Co(NH_3)_5(H_2O)]^{3+}$ 경우에는 Δ_o가 작아져서 장파장이 흡수되어 보라색을 나타낸다. 이런 일련의 실험을 통해서 리간드들을 결정장 크기의 순서로 늘어놓을 수 있다. 이를 **분광화학적 계열(spectrochemical series)** 이라 한다.

$$I^- < F^-, OH^- < H_2O < NH_3 < CO, CN^-$$

약한장 리간드 중간장 리간드 강한장 리간드

$[Co(NH_3)_6]^{3+}$

trans-$[Co(NH_3)_4Cl_2]^+$

결정장 이론으로는 분광화학적 계열을 잘 설명하기 어렵지만 중심 원자의 원자가 오비탈과 리간드의 오비탈이 합해져 만들어진 분자 오비탈을 고려하는 리간드장 이론으로는 타당한 설명이 가능하다.

d 전자에 관련해서 착물이 무색인 경우는 두 가지로 나눌 수 있다. Zn^{2+} ($3d$ 전자), Cd^{2+} ($4d$ 전자) 경우에는 d^{10} 구조로 *d* 전자 껍질이 채워져 있기 때문에 에너지 전이가 일어나지 않고 따라서 빛의 흡수가 없기 때문에 무색이다. 한편 $[Mn(H_2O)_6]^{2+}$ 같은 고스핀 d^5 착물에서는 t_{2g} 오비탈의 세 개, e_g 오비탈의 두 개 *d* 전자가 모두 같은 방향의 스핀을 가지고 있는데, t_{2g}에서 e_g로 전이가 일어나려면 스핀의 방향이 바뀌어야 하기 때문에 일어나기가 어렵고 그래서 빛의 흡수가 약하다.

6-7 금속 결합

소금에서처럼 전기음성도 차이가 큰 원소들이 만나면 옥텟 규칙을 만족시키는 방향으로 전자를 내놓고 받고 해서 이온 결합을 만든다. 그런데 전기음성도가 낮은 원소들만 모여 있고 전자를 받아줄 전기음성도가 높은 원소가 주위에 없다면 어떻게 될까? 예를 들어, 금속 소듐을 생각해보자. 소듐은 이온화 에너지가 비교적 낮아서 주위에 전자를 받으려는 원자가 있으면 쉽게 전자를 내주고 네온과 같은 전자 구조를 가져서 옥텟 규칙을 만족하려는 경향이 있다. 물론 소듐 원자에서 전자를 어느 정도 거리까지 떼놓으면 소듐 이온(Na^+)과 전자(e^-) 사이에 인력이 작용하기 때문에 이온화에는 외부로부터의 에너지가 필요하다.

금속 소듐에서는 모든 소듐 원자가 전자를 내놓아 소듐 이온이 되고 이때 나온 전자들은 소듐 이온들 사이를 자유롭게 돌아다니면서 전체적으로 금속을 중성으로 유지시키고 소듐 이온들이 양전하 때문에 서로 반발해서 흩어지는 것을 막아준다. 이러한 상황을 자유 전자(自由電子, free electron)들이 양이온들 사이에서 전자의 바다(sea of electrons)를 이룬다고 표현하기도 한다. 자유 전자가 금속 원자들이 결정 격자에서 일정한 위치를 유지하도록 하는 작용을 **금속 결합**(**金屬結合, metallic bond**)이라고 한다. 한편 자유 전자 때문에 금속은 높은 전기 전도도(電氣傳導度, electric conductivity)와 열전도도(熱傳導度, thermal conductivity)를 나타낸다.

또한 금속 결합은 금속의 높은 연성(延性, ductility)과 전성(展性, malleability)을 설명한다. 연성은 금속을 가늘게 뽑아낼 수 있는 성질을 뜻하고, 전성은 얇고 넓게 펼칠 수 있는 성질을 뜻한다. 양이온과 음이온이 교대로 배열되어 있는 이온 결정에서는 외부에서 힘을 받아 이온들의 층이 옆으로 밀리면 반대 전하를 가진 이온과 만나기 때문에 반발력을 느끼고 쉽게 부서진다. 그러나 금속에서는 양이온들이 옆으로 밀려도 원래와 똑같은 환경을 만나므로 부서지지 않고 얼마든지 늘어나고 펼쳐진다. 러더포드의 원자핵 발견 실험에서 얇은 금박을 만들 수 있다는 것이 중요하게 작용했던 것을 상기하자(4장).

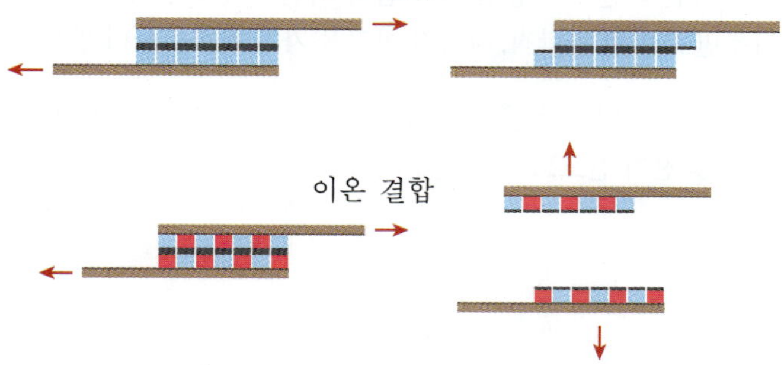

그림 6.13 금속 결합과 이온 결합의 차이 때문에 금속은 연성과 전성이 높고, 이온 결정은 쉽게 부서진다.

신라 금관. 금의 높은 전성 때문에 얇은 금박을 만들 수 있다.

이온 결합과 마찬가지로 금속 결합이 일어나는 이유도 옥텟 규칙에 있다. 단지 환경이 다를 뿐이다. Li^+, Na^+, K^+, Be^{2+}, Mg^{2+}, Ca^{2+}, Al^{3+} 처럼 모든 금속 이온은 옥텟 규칙을 만족시키는 것을 확인하자.

요점 정리

- 화학 결합은 전자를 내놓거나 받거나 나누어 갖는 방식으로 이루어지며, 그에 따라 이온 결합, 공유 결합, 금속 결합으로 나눌 수 있다.

- 모든 화학 결합에 공통적으로 적용되는 옥텟 규칙에 따르면 최외각전자수가 8이 되는 방향으로 결합이 일어난다. 이것은 탄소, 산소, 질소 등 2주기 원소와 실리콘, 인, 황, 염소 등 3주기 원소의 경우 여덟 개의 전자가 있으면 $2s$, $2p$ 또는 $3s$, $3p$ 오비탈이 채워지기 때문이다. p 오비탈이 없는 1주기의 수소와 헬륨의 경우에는 8 대신 2가 적용된다.

- 이온 결합은 소듐(Na)과 염소(Cl) 처럼 전기음성도 차이가 큰 원소 사이에서 이루어진다.

소듐의 이온화 에너지가 염소의 전자 친화도보다 크기 때문에 기체 상태에서 어느 정도 거리에 있는 소듐과 염소 원자 사이에서 이온 결합이 일어나지는 않는다. 소듐 원자와 염소 원자가 접근해서 이온화되었을 경우 쿨롱 인력에 의한 안정화 효과가 커지면 이온 결합이 이루어진다.

- 공유 결합은 두 원자가 각각 전자를 내놓고 공유하는 방식으로 이루어진다. 옥텟 규칙을 만족시키기 위해서 최외각전자수가 4인 탄소는 네 개, 최외각전자수가 5인 질소는 세 개, 최외각전자수가 6인 산소는 두 개, 최외각전자수가 7인 플루오린은 한 개의 공유 결합을 만든다.
- 공유 결합으로 만들어진 화합물의 3차원 구조는 루이스 구조로부터 예측할 수 있다. 중심 원자 주위의 전자쌍들의 반발을 최소화하는 구조가 가장 안정한 구조이다. 이 원리로부터 메테인, 암모니아, 물, 이산화탄소 등의 구조를 알 수 있다.
- 원자가 결합 이론은 결합에 참여하는 원자들의 원자 오비탈을 사용하며, 공명, 혼성 오비탈 개념으로 확장하여 보다 직관적으로 화학 결합을 이해하도록 해 준다.
- 결합에 참여하는 원자들의 원자 오비탈의 선형 조합으로 얻어지는 분자 오비탈은 결합 차수, 분자 구조, 결합 에너지 등에 관하여 보다 정확한 정보를 제공할 수 있다.
- 비공유 전자쌍을 가진 리간드가 중심 전이 금속 이온에게 일방적으로 전자쌍을 제공하는 배위 결합을 이루면 특이한 광학적, 자기적 성질을 가진 착화합물이 만들어진다.
- 금속 결합은 전자를 내주어야 옥텟 규칙이 만족되는 금속 원소들만 있을 때 금속 원자들 사이의 결합과 열 및 전기 전도도 등을 설명할 수 있게 해 준다.

연 | 습 | 문 | 제

O, × 문제

다음 서술이 맞는지 틀리는지 O, ×로 답하고, 틀린 경우에는 틀린 내용을 맞게 고쳐라.

1. 장미꽃의 붉은 색소는 화학 결합의 결과이다. (　　)

2. 파란색 염료와 노란색 염료를 섞으면 화학 결합이 일어나 녹색 염료가 된다. (　　)

3. 엽록소에서는 한 분자가 장파장과 단파장을 동시에 흡수하기 때문에 나뭇잎이 푸르게 보인다. (　　)

4. 화학 결합을 이루어 도달한 가장 낮은 상태의 에너지를 0으로 잡는다. (　　)

5. 소듐 원자는 기체상에서 자발적으로 Na^+로 이온화된다. (　　)

6. 무한대 거리에서 Na + Cl 조합은 $Na^+ + Cl^-$ 조합보다 에너지가 낮다. (　　)

7. 소듐 원자와 염소 원자가 기체상에서 일정한 거리까지 접근하면 순간적으로 전자의 이동이 일어나서 이온 결합을 형성한다. (   )

8. 산소의 산화수는 항상 −2이다. (   )

9. 수소의 산화수는 항상 +1이다. (   )

10. 플루오린의 산화수는 항상 −1이다. (   )

11. 수소 분자 내에서 양성자 사이의 거리는 보어 반지름에 해당하는 0.53 옹스트롬이다. (   )

12. A−T, G−C 염기쌍에서 수소 결합에 참여하는 모든 수소 원자들이 질소 원자와 공유 결합을 이루고 있다. (   )

13. H_2^+의 결합 차수는 1이다. (   )

14. 에틸렌(C_2H_4)은 파이 결합이 두 개 있다. (   )

15. 산소 분자는 반자기성이다. (   )

16. 팔전자 규칙은 *s*와 *p* 오비탈과 파울리의 배타 원리에 입각해서 이해할 수 있다. (   )

17. F_2^+, F_2, F_2^- 중에서 가장 결합 에너지가 작은 것은 F_2^+이다. (   )

18. 배위 화합물은 일반적으로 아레니우스 산과 염기 사이에서 형성된다. (   )

19. 아르곤은 화학 결합을 하지 않는다. 따라서 아르곤의 발견은 화학 결합을 이해하는 데 도움이 안 된다. (   )

20. 질소 분자의 모든 전자들은 결합에 참여한다. (   )

21. 이산화탄소의 탄소는 형식 전하가 +4이다. (   )

22. 일산화탄소의 탄소는 형식 전하가 +2이다. (   )

23. 메테인의 탄소, 암모니아의 질소 그리고 물의 산소는 최외각전자 껍질에 같은 수의 전자를 가진다. (   )

24. 물 분자에서 원자핵 간의 각도는 질량이 큰 원자핵 사이의 반발에 의해 결정된다. (   )

25. 결합의 세기는 결합을 이루는 두 원자의 전기음성도의 합과 관련이 있다. (   )

26. 거대한 태양은 행성의 위치를 결정하는 데 일차적 역할을 한다. 그러나 물 분자에서는 무거운

핵이 전자들의 위치를 정하는 것이 아니라, 가벼운 전자들이 무거운 수소와 산소핵의 위치를 결정한다. (   )

27. 메테인, 암모니아 그리고 물은 구조적 특성을 공유한다. (   )

28. 인의 옥텟이 확장되는 것은 생명에 결정적으로 중요하다. (   )

29. 수소 분자와 플루오린 분자의 결합 길이는 비슷하다. (   )

30. 수소 분자와 플루오린 분자의 결합 에너지는 비슷하다. (   )

31. 산소 분자는 이중 결합을 가지고 있다. 따라서 산소 분자의 결합 에너지는 수소 분자의 결합 에너지의 약 두 배이다. (   )

32. 메테인의 수소 원자 네 개는 NMR에서 같은 신호를 나타낸다. (   )

33. 메탄올의 수소 원자 네 개는 NMR에서 같은 신호를 나타낸다. (   )

34. 황산은 질량으로 볼 때 모든 화학 물질 중에서 산업적으로 가장 많이 생산된다. (   )

35. 오존, 이산화황 그리고 이산화질소는 등전자 분자이며, 굽은형이다. (   )

36. 질소 화합물은 종종 홀전자를 가진다. (   )

37. 삼플루오린화붕소는 삼각뿔 구조를 가진다. (   )

38. 인과 황은 d 오비탈 결합에 사용할 수 있어서 확장된 옥텟 규칙이 적용된다. (   )

39. 사면체 구조는 메테인에 중요하지만 암모니아나 물과는 관계가 없다. (   )

40. 비공유 전자쌍 간의 척력은 공유 결합에 사용되는 전자쌍들 간의 척력보다 크다. (   )

41. 펩타이드 결합을 이루고 있는 네 개의 원자들 (C, O, N, H) 은 한 평면에 있다. (   )

42. sp^2 혼성 오비탈은 아세틸렌에서 찾아 볼 수 있다. (   )

43. XeF_4 는 사면체 구조를 이루며 중심에는 Xe이 있다. (   )

44. sp^3d 또는 sp^3d^2 혼성 오비탈을 가지고 있는 화합물은 비공유 전자쌍 사이의 각도가 90도가 되는 경우를 최소화하는 구조를 가진다. (   )

45. 착화합물에서 리간드는 일반적으로 루이스산이다. (   )

46. 전이 원소는 일반적으로 산화수가 여러 값을 가진다. (   )

47. 전이 원소의 일차 이온화 에너지는 서로 크기 차이가 나지 않는다. (   )

48. EDTA는 헥사덴테이트 (hexadentate) 리간드로서 전이 원소 이온들과 1 : 1 착물을 만든다. (   )

49. 코발트의 배위수가 6인 $Co(NH_3)_5Cl_3$ 착화합물의 몰전도도는 $AlCl_3$와 비슷하다. (   )

50. $[Co(NH_3)_6]^{3+}$는 오렌지색이고 $[Co(NH_3)_5(H_2O)]^{3+}$는 보라색이다. 이는 물이 암모니아보다 더 강한장 리간드임을 보여 준다. (   )

선택형 문제

51. 다음 중 옥텟 규칙과 직접 관계가 없는 것은?
가. 공유 결합 나. 이온 결합 다. 금속 결합 라. 수소 결합

52. 다음 중 전자와 직접 관계가 없는 것은?
가. 산소는 상온에서 기체인 이원자 분자이다.
나. 탄수화물에는 화학 에너지가 저장되어 있다.
다. 물은 굽어진 분자로 상온에서 액체이다.
라. 태양 에너지의 근원은 질량이다.

53. 메테인(CH_4), 암모니아 (NH_3), 물 (H_2O)에 관하여 맞는 것은?
가. 모두 상온에서 액체이다.
나. 결합의 결과로 모든 중심 원자 (C, N, O) 주위에는 네 개의 전자쌍이 있게 된다.
다. 결합의 결과로 모든 원자는 여덟 개의 원자가전자를 가지게 된다.
라. H−C−H, H−N−H, H−O−H 각도는 모두 같다.

54. 수소 원자의 보어 반지름은 0.53 옹스트롬이다. 수소 분자에서 양성자 사이의 거리는 대략 몇 옹스트롬인가?
가. 0.5 나. 0.7 다. 1.1 라. 1.5

55. 원자가라는 개념을 처음 제안한 사람은?
가. 아베크 나. 프랭클랜드 다. 멘델레예프 라. 루이스

56. 옥텟 규칙(octet rule)이라는 말을 처음 사용한 사람은?
가. 랭뮈어 나. 루이스 다. 멘델레예프 라. 폴링

57. 원자 간의 결합에서 전자의 역할에 대한 설명 중 틀린 것은?
가. 최외각전자 (원자가전자)가 화학 결합에 관여한다.
나. 화학 결합은 원자들이 가장 안정한 상태인 옥텟의 전자 배치를 이루려고 하기 때문에 일어난다.
다. 소금에서 소듐과 염소는 전자를 하나씩 내놓아 공유하여 결합을 이룬다.
라. 소듐 금속에서는 소듐이 내놓는 전자를 받아들일 다른 원소가 없기 때문에 자유 전자가 존재한다.

58. 산화수에 관하여 틀린 것은?
가. 전기음성도가 큰 원소가 상대방의 전자를 아주 가져간 것으로 가정한다.
나. LiH에서 수소의 산화수는 −1이다.
다. N_2O_5에서 산소의 산화수는 −2이다.
라. OF_2에서 산소의 산화수는 −2이다.

59. 형식 전하에 관하여 틀린 것은?
가. 두 원자가 공유한 전자를 똑같이 나누어 가진 것으로 가정한다.
나. CO_2에서 탄소의 형식 전하는 +4이다.
다. CO에서 탄소의 형식 전하는 −1이다.
라. HF에서 수소의 형식 전하는 0이다.

60. 여섯 개의 리간드가 Co^{3+} 이온에 결합한 코발트 착화합물 중에서 $[Co(NH_3)_6]Cl_3$은 오렌지-노란색을, [*trans*-$Co(NH_3)_4Cl_2$]Cl는 녹색을 나타낸다. 다음 중 맞는 것은?
가. NH_3는 Cl^- 이온보다 강한장 리간드이다.
나. NH_3는 Cl^- 이온보다 약한장 리간드이다.
다. 주어진 자료만으로는 알 수 없다.
라. $[Co(NH_3)_6]Cl_3$에서 Co^{3+} 이온에는 암모니아 세 개와 염소 이온 세 개가 리간드로 결합하고 있다.

괄호 채우기 문제

61. 우리 몸에 필수적인 소금 (NaCl) 은 소듐 이온 (Na^+) 과 염소 이온 (Cl^-) 사이의 이온 결합성 물질이다. 다음 괄호를 채워라.

(1) 소듐 원자에서 전자를 하나 떼어내면 (　　　)와/과 전자 구조가 같아진다. 그렇다고 해서 소듐 원자가 자발적으로 소듐 이온이 되지는 않는다. 소듐 이온과 전자 사이에는 전기적 (　　　)이 작용하기 때문이다.

(2) 어떤 원자에서 전자를 떼어내어 무한대 거리까지 가져가는데 필요한 에너지를 이온화 에너지라고 한다. 소듐의 이온화 에너지는 494 kJ/mol이다. 즉, 소듐 양이온이 전자와 결합해서 안정화되는 에너지가 보통 화학 결합 에너지와 크기가 비슷한 셈이다. 이것은 화학 결합에는 (　　　)가/이 관여한다는 것을 암시한다.

(3) 어떤 원자가 전자를 하나 얻을 때 에너지가 낮아지는 정도를 (　　　)라고 한다. 염소의 경우 이 값은 349 kJ/mol이다.

(4) 염소 원자가 전자를 하나 얻으면 (　　　)와/과 전자 구조가 같아진다.

(5) 소듐과 염소가 반응하면 염화소듐이 생기는데, 이 반응의 반응열은 411 kJ/mol이다. 열이 나오는 것은 소듐 이온과 염소 이온들이 규칙적으로 배열하여 상대방을 안정화시키는 고체 상태의 소금 (　　　)을 만들기 때문이다.

62. 과거에는 비활성 기체는 화학 결합을 전혀 할 수 없다고 생각했다. 그러나 이제는 교과서에도 Kr이나 Xe의 화합물이 나온다. 이로부터 다음 괄호를 채워라.

(1) 이미 옥텟을 만족하고 있는 비활성 기체 원자에서 전자를 끌어당겨서 결합을 이룰 수 있는 원소는 플루오린처럼 (　　　)가 아주 높은 원소이다. 1962년에 바틀렛이 합성한 최초의 비활성 기체 화합물은 XeF^+와 $Pt_2F_{11}^-$ 이온을 가진 담황색 이온성 고체였다. XeF^+ 이온의 루이스 구조는 (　　　)와 같다. Xe 원자의 전자 (　　　) 개를 공유 결합에 사용하면 XeF_2

가, (　　)개를 사용하면 XeF_4가 된다.

(2) XeF_2 경우에는 Xe 원자 주위에 (　　) 개의 전자쌍이 서로 반발을 하고 있는 셈이다. 그 중에서 Xe과 F 사이의 결합에 관여하고 있는 전자쌍은 (　　) 개, 비공유 전자쌍은 (　　) 개이다. 이러한 경우 전체 구조는 이중 삼각뿔이 되는데, 비공유 전자쌍이 모두 한 평면에 놓이면 F−X−F 각도는 (　　)도가 되어 (　　) 분자가 되고 비공유 전자쌍들 사이의 각도는 (　　)도가 되어 이들 사이의 (　　)이 최소화된다. 왜냐하면 비공유 전자쌍과 비공유 전자쌍이 90도를 이루는 경우는 없기 때문이다.

(3) XeF_4의 경우에는 Xe 원자 주위에 (　　) 개의 전자쌍이 서로 반발을 하고 있는 셈이다. 그 중에서 Xe과 F 사이의 결합에 관여하고 있는 전자쌍은 (　　) 개, 비공유 전자쌍은 (　　) 개이다. 이러한 경우 전체 구조는 이중 사각뿔이 되는데, 네 개의 F 원자가 모두 한 평면에 놓이면 F−X−F 각도는 (　　)도가 되어 (　　) 분자가 되고 비공유 전자쌍들 사이의 각도는 (　　)도가 되어 이들 사이의 (　　)이 최소화된다.

(4) XeF_2와 XeF_4는 강력한 (　　)로 작용하리라 예상된다. Xe과 F 사이의 결합은 상당히 (　　)하리라 예상되는데, 그렇다면 F 원자가 쉽게 떨어져 나와서 주위의 다른 원자로부터 전자를 빼앗아 그 원자를 (　　) 시킬 것이기 때문이다.

(5) 가장 활성이 낮은 헬륨도 수명은 짧지만 H^+, He^+ 등과 화합물을 만든다는 사실이 관찰되었다. 분자 오비탈 이론에 따르면 $He-H^+$, $He-He^+$의 결합 차수는 각각 (　　), (　　)이다.

63. O_2^+, O_2, O_2^-, O_2^{2-}의 결합 차수는 각각 (　　,　　,　　,　　)이다. 이 중 (　　)는 모두 상자기성을 나타내리라고 예상된다.

64. $[Fe(CN)_6]^{3-}$ 용액이 붉은색을 띠는 반면, $[Fe(H_2O)_6]^{3+}$ 용액은 굉장히 옅은 보라색을 띠고 있다. 이로부터 (　　)가/이 보다 강한장 리간드임을 알 수 있다.

65. ClF_2^+, ClF_2^-, ClF_3의 루이스 구조로부터 이들 화합물에서 F−Cl−F 사이의 각은 각각 대략 (　　)도, (　　)도, (　　)도로 예상된다.

66. NH_3, N_2. N_2O, NO, N_2O_3, N_2O_4, N_2O_5에서 질소의 산화수는 각각 (　　), (　　), (　　), (　　), (　　), (　　), (　　)이다. 이들 값의 가장 큰 차이는 (　　)이다. 이를 (　　)의 규칙이라고 한다.

67. 옥텟을 만족하는 N_2O_3의 구조는 (　　)이다.

68. 산소와 황은 모두 6족 원소이다. 산소는 상온에서 기체인데, 황은 고체이다. 산소는 단일 결합 에너지가 낮아서 긴 사슬이나 고리를 못 만들지만, 원자 지름이 큰 황은 전자쌍 사이의 반발이 작아서 S−S 단일 결합이 (　　) 개 이어진 고리 모양이고, 화학식이 (　　)인 분자를 만든다. 이 분자에서 모든 황 원자는 (　　) 개의 공유 전자쌍과 (　　) 개의 비공유 전자쌍을 가지고, 이들 사이의 반발에 의해 황 원자들 사이의 각도는 정사면체의 특이한 각도인 (　　)도에서 크게 벗어나지 않는다.

69. 황이 타면 이산화황이 되고, 이산화황이 물에 녹으면 아황산이 된다. 아황산이 산화되면 황산이 된다. 황산에서 중심 황 원자는 (　　) 개의 (　　)가 높은 산소 원자와 이중 결합을 하고 있

기 때문에 수소와 결합한 산소에게 전자를 내줄 수 없다. 따라서 양쪽으로 수소와 황과 결합한 산소는 수소로부터 전자를 끌어당기게 되고 결과적으로 황산은 강산이 된다. 아황산에서 중심 황 원자는 (　　) 개의 산소 원자와 이중 결합을 하고 있기 때문에 위와 같은 효과가 약하고 따라서 아황산은 황산에 비해 상대적으로 약한 산이다.

영어로 배우는 문제

주어진 숫자와 의미가 통하도록 적적한 단어를 찾아라. 문제가 6 = F. in a C.라면 찾아야 할 단어는 faces, cube가 될 것이다. 6각형에는 면이 6개 있다.

70. 2 = E. shared in a C. bond
71. 3 = types of chemical bond : C. bond, I. bond, M. bond
72. 4 = E. pairs repelling to form a T. structure
73. 8 = valence E. in the O. rule

Chapter 7 물질의 상태와 성질

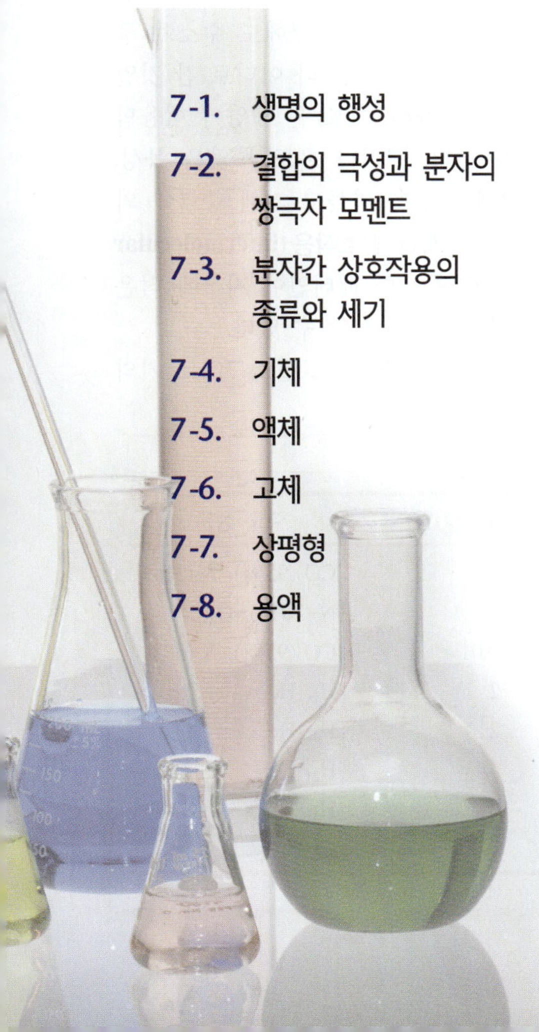

이 넓은 우주에 지구 말고 다른 곳에 생명체가 있을까 하는 것은 가장 흥미로운 질문 중 하나이다. 그래서 인간은 외계에 신호를 보내고, 신호를 기다리기도 한다. 또 화성에 탐사선을 보내 물의 흔적을 찾기도 하고, 우리 은하 내에서 태양처럼 행성을 가진 별을 찾기도 한다. 그런데 아직까지 우리가 아는 바로는 표면에 대기(大氣, atmosphere), 해양(海洋, hydrosphere), 지각(地殼, lithosphere), 그리고 생명 활동에 적합한 조건을 온도를 가진 행성은 지구 뿐이다.

생명체는 원자들의 화학 결합을 통해 만들어진 적절한 분자 구조를 기반으로 이루어진다. 그런데 이런 생명체가 생명을 영위하는 데는 주위 환경과의 상호작용이 아주 중요하다. 우리는 숨을 쉬고 물을 마시지 않으면 살 수 없다. 땅은 농사의 터전일 뿐 아니라 우리가 직립해서 밤 하늘의 별을 관찰하며 우리 몸을 구성하는 원자들의 기원을 탐구할 수 있게 해 준다.

창백한 푸른 점 : 보이저 2호가 해왕성 궤도 바깥에서 찍은 지구의 모습.

이처럼 우리 몸과 상호작용하면서 생명을 가능하게 해 주는 삶의 환경은 분자들의 상호작용을 통해 만들어진다. 이 장에서는 앞 장에서 살펴본 원리에 따라 만들어진 분자들이 어떻게 상호작용하여 우리 몸과 우리 주위의 물질 세계를 만들고, 또 생명을 가능하게 하는지 알아보자.

7-1 생명의 행성

장미와 빗방울

아폴로 8호가 달 궤도에서 촬영한 월평선(月平線, lunar horizon)에서 떠오르는 지구(Earthrise, NASA Astronomy Picture of the Day, 2008. 12, 28)

1968년 12월 21일 세 명의 우주인을 태운 아폴로 8호는 지구를 떠나 달 궤도를 10번 돌고 12월 27일에 무사히 귀환했다. 이듬해 1969년 7월 20일에는 아폴로 11호를 타고 갔던 암스트롱이 인류 역사상 처음으로 달에 발을 디딘 사람이 되었다. 달에는 생명체도, 생명에 필수적인 물도 없었다.

태양계 안에서 장미가 피는 행성은 지구 밖에 없다. 생명을 가능하게 한다는 면에서 지구의 특별한 점은 장미꽃에 맺힌 빗방울에서 찾아볼 수 있다. 물은 다양한 생화학 반응이 일어나는 지구 표면의 온도에서 액체로 존재하는데, 이것은 물 분자 사이의 수소 결합 때문이다. 수소 결합은 물의 표면 장력을 크게 하여 물방울을 만들게 한다.

물은 체중의 3분의 2를 차지한다. 또 물은 지구 표면의 3분의 2를 차지한다. 이처럼 지구상에 풍부하게 존재하는 물은 세포 내부에 유동성을 부여하고, 다양한 물질을 녹여서 생명에 필수적인 화학 반응들이 일어날 수 있게 해 준다. 그래서 외계에서 생명의 가능성을 조사할 때는 물을 먼저 찾는다.

물은 상온에서는 마실 수 있는 액체이지만 추운 겨울이나 냉장고의 냉동실에서는 얼음이 되고, 열을 가하게 되면 수증기로 변한다. 대부분의 물질은 외부 조건에 따라 고체－액체－기체의 상태 변화를 보인다. 그런데 지구 표면의 온도 범위에서 이러한 상태 변화를 나타내는 물질은 물 밖에 없다.

그런데 어떻게 지구에는 물이 풍부하게 되었을까? 우주의 원소 중 질량으로 4분의 3 정도는 수소이다. 나머지도 대부분이 헬륨이다(2장). 태양을 포함하여 별들의 주성분도 수소와 헬륨이고, 목성, 토성 등 외부 행성의 주성분도 수소와 헬륨이다. 이처럼 수소가 태양계 전체의 주성분이라면 지구가 처음 만들어질 때는 지구에도 수소가 풍부했을 것이다. 그런데 지구에는 수소가 거의 없다. 그 많던 수소는 다 어디로 간 것일까? 끓는점이 아주 낮은 수소(−253°C, 20 K)와 헬륨(−269°C, 4 K)은 태양이 핵융합을 하기 시작하면서 태양풍에 의해 바깥쪽으로 밀려났다. 그러나 온도가 낮은 목성, 토성 등 외부 행성에서는 수소와 헬륨이 거대한 기체 행성을 만들고 자체 중력에 의해 붙잡혀 있다. 수소와 헬륨의 끓는점이 낮은 것은 **분자간 상호작용(intermolecular interaction)**이 작기 때문이다. 외부 행성에 상대적으로 풍부한 메테인이 지구에 적은 것을 보면 메테인의 분자간 상호작용도 크지 않을 것이라고 짐작할 수 있다.

지구의 이웃 행성인 금성과 화성은 대기 조성이 이산화탄소 95%, 질소 3%로 거의

표 7.1 행성의 상태

행 성	표면 온도(°C)	표면 압력(기압)	주요 성분
금성	450～500	90	CO_2(95%), N_2(3%)
지구	−20～40	1	N_2(78%), O_2(21%)
화성	−130～25	0.01	CO_2(95%), N_2(3%)
목성	−140	2	H_2, He
토성	−150	2	H_2, He
천왕성	−150	5	H_2, CH_4
해왕성	−150	10	H_2
(명왕성)	−200	0.005	CH_4

지구

같다. 압력만 금성은 지구의 약 100배, 중력 작용이 약한 화성은 100분의 1인 차이가 있을 뿐이다. 그렇다면 태초 지구의 대기에도 이산화탄소가 풍부했을 것이라고 짐작된다.

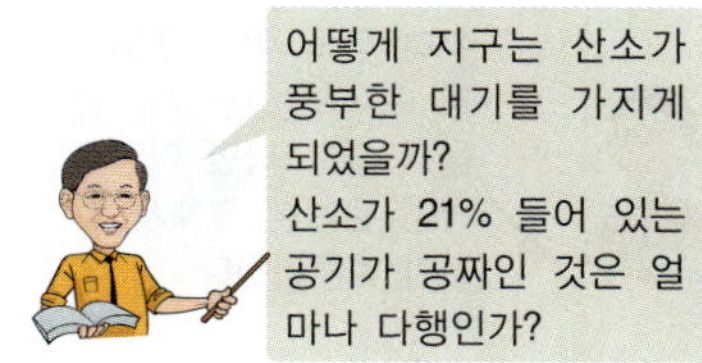

오늘날 지상을 뒤덮고 있는 녹색 식물의 조상은 약 30억 년 전 바다에서 처음 광합성을 시작한 사이아노박테리아(cyanobacteria)라고 생각된다. 아직 육상은 생명의 흔적을 전혀 찾아볼 수 없는 황량한 모습이었을 때 바다에서 광합성이 가능했던 것은 이산화탄소가 물에 어느 정도 녹기 때문이다. 모든 동물이 직접 또는 간접적으로 식물을 먹어서 에너지를 얻는 것을 생각하면 이산화탄소와 물 사이의 분자간 상호작용은 우리 자신의 존재 이유가 되는 것이다. 한편 태초의 바다에서 일어난 광합성의 부산물로 발생한 산소는 물에 거의 녹지 않아서 바닷물을 벗어나 지상에 축적되어 오늘날 대기의 21%를 차지하기에 이르렀다. 약 4억 년 전에 동물이 처음 바다에서 지상으로 진출했을 때는 대기에 산소가 상당히 축적되었을 것이다. 그리고 보면 산소와 물 사이의 약한 분자간 상호작용도 우리의 존재 이유가 되는 것이다. 다행히 산소는 물에 약간 녹아서 수중 동물도 숨쉬며 살 수 있게 한다.

수소와 헬륨은 원자량이 작은 가벼운 원소라서 **기체**(氣體, **gas**)인 것이 이해가 된다. 그런데 산소는 분자량이 32로 물의 분자량 18의 거의 두 배인데 왜 상온에서 기체일까? 공기가 기체가 아니라면 공짜가 아닐 테니 큰 문제이다. 기체를 구성하는 분자들은 상대적으로 멀리 떨어져서 움직이고 있기 때문에 서로 간에 충돌할 때를 제외하고는 상호작용이 매우 약하다. 기체에서 분자들은 얼마나 떨어져 있는 것일까?

액체(液體, **liquid**)는 부피는 거의 일정하게 유지되지만 모양은 계속 변한다. 액체를 이루는 분자들은 가까운 거리에서 항상 상호작용을 하고 있지만 끊임없이 변화하고 있다는 점에서 기체나 고체와 구별된다. 물이 액체가 아니고 고체라면 지금보다 훨씬 구하기 어려울 것이다. 그리고 보면 공기나 물처럼 귀중하면서도 값이 싼 것은 기체나 액체, 즉 **유체**(流體, **fluid**)이다.

고체(固體, **solid**)는 일정한 부피와 모양을 유지한다. 고체를 이루는 원자나 분자들은 정해진 배열에 따라 서로 아주 가까운 거리에 위치하는데, 이 상태에서는 분자들 간의 상호작용이 강하기 때문이다. 지구에서 담수의 대부분은 극지의 얼음으로 존재한다. 생명의 행성인 지구의 오늘날 환경은 10개 정도의 지판(地板, plate)이라는 암석의 판이 액체 마그마 위에 떠서 수천만 년에 걸쳐 서서히 움직이며 만들어낸 것이다. 이런 판들이 마주치면서 히말라야나 록키 같은 산맥을 만들기도 하고, 해저에서는 해령(海嶺, ocean ridge)을 만든다. 북미 대륙 서부를 남북으로 가로지르는 산맥이 록키 산맥인데, 그 중 캐나다 쪽의 록키 산맥에 특이한 지역이 있다. 지도상에 대분기점(大分岐點, The Great Divide)이라고 표기된 이 지점은 해발 1000 미터가 넘는 높은 지역인데, 대부분의 시냇물은 계곡을 따라 흐르는 데 비해 이 지역에는 고지의 능선을 따라 흐르는 작은 시내가 있다. 이 시냇가의 팻말에는 액체의 특성을 나타내는 흥미로운 설명이 들어 있다. 이 지점에서 시냇물이 양쪽으로 갈라지는데, 오른쪽으로 흐르는 물은 얼마 후에 태평양으로 흘러들어가고, 왼쪽으로 흐르는 물은 캐나다 서부의 산악지대, 중부의 평원을 거쳐 결국은 대서양으로 흘러들어간다는 것이다. 갈라지기 직전까지 수소 결합을 하고 있던 두 개의 물 분자를 생각해 보면 태평양과 대서양은 얼마나 먼 간격인가? 그런데 이러한 차이는 물 분자 사이의 수소 결합이 약하기 때문에 나타난다. 시냇물 아래의 록키 산맥은 수천만 년 동안 제자리를 지키지만, 물을 따라 흐르는 작은 조약돌이라면 태평양 쪽이건 대서양 쪽이건 한 방향으로 향했을 것이다. 그런가 하면 이 분기점 상공의 대기는 바람의 방향에 따라 수시로 양쪽으로 오간다. 대분기점

록키 산맥에서 시냇물이 양쪽으로 갈라지는 대분기점.

우리 몸의 여러 부분들이 모여서 일단 개개인을 만들고 나면 다양한 인간 관계를 통해서 사회가 이루어진다.

에서 볼 수 있는 기체, 액체, 고체의 공존은 생명의 탄생과 번성을 가능하게 한 지구의 특성 중 하나이다.

이제부터 어떤 물질이 주어진 온도에서 왜 기체, 액체, 또는 고체로 존재하는가, 또 기체, 액체, 고체의 특성은 무엇인가를 체계적으로 알아보자.

7-2 결합의 극성과 분자의 쌍극자 모멘트

원자들이 화학 결합을 통해서 분자를 만들고 나면 분자들 사이의 상호작용이 중요해진다. 화학 결합이 기본적으로 전기적인 것처럼 분자간 상호작용도 전기적이다. 그런데 분자간 상호작용을 결정짓는 분자의 전기적 성질 중 가장 중요한 것은 분자의 쌍극자(雙極子) 모멘트 (dipole moment) 이다.

디바이(Peter Debye, 1884–1966). 네덜란드의 화학자로서, 분자 구조의 연구로 1936년 노벨 화학상을 수상하였다. 뮤니히 대학교에서 박사 학위를 받았고, 츄라히, 괴팅겐, 베를린대학교 등에서 교수로 재직하였으며, 1940년에 미국으로 건너가 코넬대 교수가 되었다.

염화수소 (HCl) 처럼 전기음성도가 높은 원소 (Cl) 와 낮은 원소 (H) 가 전자를 하나씩 내놓고 공유 결합을 이루면 내놓은 전자를 50 : 50으로 나누어 갖지 않고 전기음성도가 높은 염소가 전자를 끌어가서 염소는 부분 음전하 (部分陰電荷, δ^-) 를, 수소는 부분 양전하 (部分陽電荷, δ^+) 를 띠게 된다. 마치 자석에서 N극과 S극이 분리되어 있는 것과 유사해서 이런 경우 **극성** (**極性, polarity**) 이 있다고 말하고, 이처럼 전하의 분리가 있는 결합을 **극성 결합** (**極性結合, polar bond**) 이라고 한다. 또 부분 전하의 크기와 δ^-와 δ^+ 사이의 거리를 곱한 값을 **쌍극자 모멘트** (**dipole moment**) 라고 한다. 시소에서도 체중이 작은 어린아이라도 축에서 멀리 앉아 있으면 축에서 가까운 어른과 균형을 잡을 수 있는 것과 마찬가지로 전하의 크기와 거리 모두 중요한 것이다. 쌍극자 모멘트의 단위로는 디바이 (Debye) 가 사용된다.

여러 개의 결합으로 이루어진 분자에서 분자 전체의 쌍극자 모멘트는 각각 결합의 쌍극자 모멘트의 벡터합으로 주어질 것이다. 어떤 분자가 쌍극자 모멘트를 가지는가, 즉 전체적으로 극성 분자인가 아닌가를 어떻게 체계적으로 분석할 수 있을지 생각해 보자.

두 개 O–H 결합의 극성이 상쇄되지 않아서 물은 극성 분자이다.

분자 내에 극성 결합이 있는가?
- 없다 : 비극성 분자 (예 : O_2)
- 있다
  - 하나 뿐 : 극성 분자 (예 : HCl, CH_3Cl)
  - 두 개 이상
    - 벡터합이 0임 : 비극성 분자 (예 : CO_2)
    - 벡터합이 0이 아님 : 극성 분자 (예 : H_2O, $CHCl_3$)

:Ö::C::Ö:

루이스 전자점을 나타낸 이산화탄소.

이산화탄소에서는 탄소의 전자가 양쪽의 산소 원자에 의해서 똑같이 끌려가므로 전체적으로 비극성 분자이다.

예제 7.1

질소 (N_2), 메테인 (CH_4), 암모니아 (NH_3), 사염화탄소 (CCl_4) 중 극성 분자는 어느 것인가?

풀이 암모니아에서는 세 개 N–H 극성 결합의 쌍극자 모멘트가 벡터합을 이루어 전체적으로 극성을 나타낸다.

예제 7.2

질소 (N_2), 아르곤 (Ar), 다이아몬드 (C), 사플루오린화탄소 (CF_4) 중 분자의 쌍극자 모멘트가

0인 이유가 다른 것과 다른 것은?

풀이 C−F는 강한 극성 결합이지만 CF_4의 정사면체 구조 때문에 쌍극자 모멘트의 벡터합이 0이다.

예제 7.3

밀러 실험에서 사용한 수소(H_2), 메테인(CH_4), 암모니아(NH_3), 물(H_2O)을 쌍극자 모멘트가 증가하는 순서로 적어라.

풀이 H_2, CH_4 (0) < NH_3 (1.4 Debye) < H_2O (1.85 Debye)
암모니아에는 극성을 가진 N−H 결합이 세 개 있고, 물에는 O−H 결합이 두 개 있다. 그러나 높은 O의 전기음성도 때문에 O−H 결합의 극성이 아주 높고, 결과적으로 물의 쌍극자 모멘트가 암모니아의 쌍극자 모멘트보다 크다.

예제 7.4

물의 쌍극자 모멘트가 1.85 Debye라면 O−H의 쌍극자 모멘트는 얼마인가?
H−O−H의 각도는 104.5도이다.

풀이 $x \cos\left(\frac{104.5}{2}\right) = \frac{1.85}{2}$

$x = \frac{0.925}{0.61} = 1.52$

H−F의 쌍극자 모멘트 1.8 Debye보다는 약간 작지만 두 원자 사이의 쌍극자 모멘트로는 아주 큰 편이다.

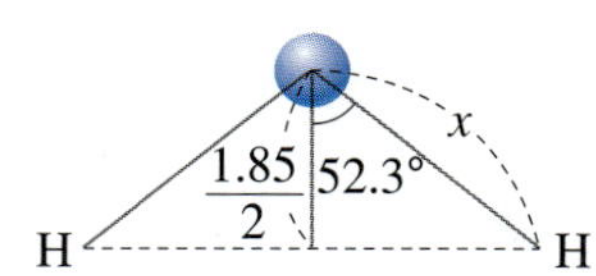

7-3 분자간 상호작용의 종류와 세기

7-3-1 끓는점

분자간 상호작용의 세기를 가장 쉽게 비교해 볼 수 있는 분자의 성질은 끓는점이다. 액체는 분자들 상호 간의 인력에 의해서 안정화되어 있다. 액체를 기체로 만들기 위해서는 이 상호작용을 끊을 수 있는 에너지를 공급해 주어야 한다. 상호작용의 세기가 클수록 더 많은 에너지를 주어야 하며, 따라서 액체는 더 높은 온도에서 끓게 된다.

액체 상태의 어떤 물질을 서서히 가열하면 상호작용이 약한 것이 빨리 기화하여 높은 증기압을 나타낼 것이다. 그러나 증기압은 온도에 따라 연속적인 값을 가지고 측정하기가 불편하다. 반면에 끓는점은 물질마다 특이하고 일정한 값을 가지는데, 액체가 끓기 시작하면 열을 가해도 온도가 끓는점에서 일정하게 유지되기 때문에 측정이 용이하다. 또 분자간 상호작용의 약간의 차이는 끓는점에 큰 차이를 가져오기 때문에 끓는점은 상당히 넓은 범위의 값을 가진다.

이제부터는 우리 주위에서 가장 흔하고도 중요한 물과 공기를 사용하여 구체적으로 분자간에 어떤 상호작용이 어떻게 작용하는지 알아보자.

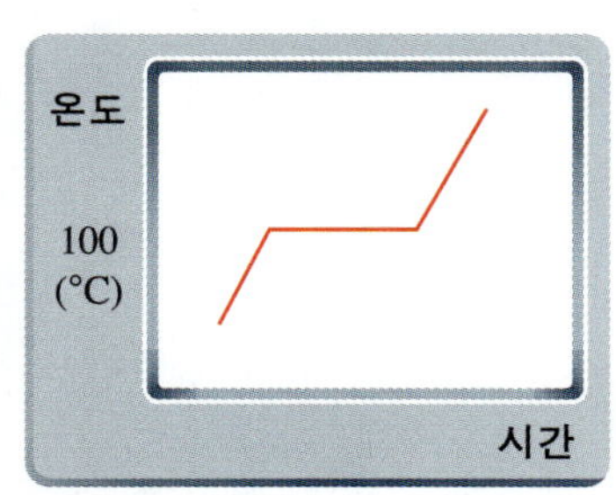

그림 7.1 물의 끓는점. 물이 끓는 동안에는 기화열을 흡수하기 때문에 일정한 온도가 유지된다.

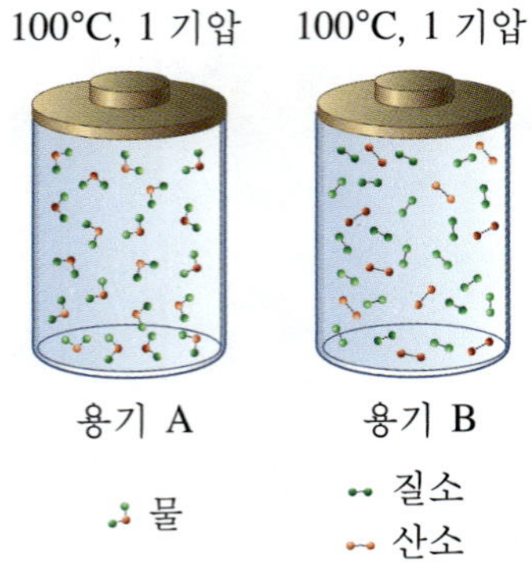

그림 7.2 100°C, 1 기압에서 같은 부피의 수증기와 공기에는 같은 개수의 분자가 들어 있다.

여기에 웬만한 압력을 견딜 수 있는 튼튼한 벽을 가진 1 리터짜리 용기가 두 개 있다고 하자. 용기에는 위쪽에 구멍이 있고 마개가 있다. 마개를 연 후 하나(용기 A)는 물을 어느 정도 채운 다음 가스 레인지에 올려놓고 가열을 하다가 물이 끓으면 마개로 구멍을 막고 불을 끈다. 이때 끓는 물의 온도는 100°C이고, 물 위쪽의 용기 내부는 원래 있던 공기는 모두 밀려나고 100°C, 1 기압의 수증기로 채워졌다고 볼 수 있다. 다른 하나(용기 B)는 빈 채로 가열하다가 내부의 공기 온도가 100°C에 도달했을 때 구멍을 막고 불을 끈다면 용기 B의 내부는 100°C, 1 기압의 공기(80% 질소, 20% 산소라고 가정)로 채워졌다고 볼 수 있다. 이 순간의 상황을 분자 수준에서 살펴보자.

예제 7.5

가) 100°C, 1 기압 상태에 있는 수증기의 밀도를 구하여라.

나) 100°C, 1 기압의 수증기에서 물 분자들이 고르게 분포되어 있다면 물 분자 사이의 거리는 대략 몇 Å인가?

다) 100°C, 1 기압의 수증기에서 화학 결합이 해체되고 원자들이 고르게 분포되어 있다면 원자들 사이의 거리는 대략 몇 Å인가?

풀이 가) 이상 기체 방정식, $pV = nRT$로부터 1 리터에 들어 있는 물 분자의 몰수를 구한다.

몰수 : $n = \dfrac{pV}{RT} = \dfrac{1\ \text{atm} \times 1\ \text{L}}{0.082\ \text{atm·L·K}^{-1} \times 373\ \text{K}} = 0.0327$

밀도 : $0.0327\ \text{mol/L} \times 18\ \text{g/mol} = 0.59\ \text{g/L} = 0.00059\ \text{g/cm}^3$

나) 1 리터에 들어있는 물 분자의 개수 : $(6.022 \times 10^{23}) \times (0.0327) = 1.97 \times 10^{22}$

1 리터를 이 개수의 작은 정육면체로 나누고 각 정육면체의 중심에 자를 하나씩 놓는다고 하자. 정육면체의 모서리의 길이가 물 분자 중심 사이의 거리가 될 것이다.

물 분자 하나가 차지하는 정육면체의 부피

$= \dfrac{1 \times 10^{-3}\ \text{m}^3}{1.97 \times 10^{22}}$

$= 5.26 \times 10^{-26}\ \text{m}^3 = 5.26 \times 10^4\ \text{Å}^3$

물 분자 중심 사이의 거리

$= \sqrt[3]{5.26 \times 10^4\ \text{Å}^3} = 37\ \text{Å}$

(예제 7.24 참조)

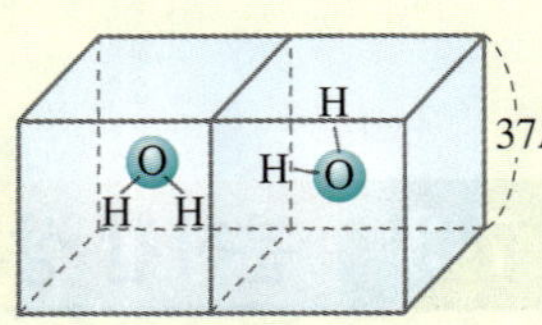

다) 물 분자에는 세 개의 원자가 들어있으므로

하나의 원자가 차지하는 정육면체의 부피 $= \dfrac{1}{3} \times 5.26 \times 10^4\ \text{Å}^3 = 1.75 \times 10^4\ \text{Å}^3$

원자핵 사이의 거리 = 하나의 원자가 차지하는 정육면체 모서리의 길이

$= \sqrt[3]{1.75 \times 10^4\ \text{Å}^3} = 26\ \text{Å}$

물론 실제 수증기에서는 물 분자 내에서 원자 사이의 거리가 다른 물 분자에 들어 있는 원자 사이의 거리보다 훨씬 가깝다. 이 계산은 뒷부분에서 설명하겠지만, 여러 가지 다른 상황에서 원자 사이의 거리를 비교하는 것이 목적이다.

위와 같은 연습을 단순 계산이라 생각하지 말고 화학이 다루는 모든 내용을 원자와 분자 수준에서 상상하는 훈련으로 받아들이자. 그러면 화학 공부가 훨씬 쉽고 재미있게 될 것이다.

26 Å은 100°C, 1 기압의 수증기에서 물 분자의 화학 결합을 모두 해체하고 원자들을 고르게 흩어놓았다고 가정할 때 원자 중심, 즉 원자핵 사이의 평균 거리에 해당한다. 물 분자에서 O−H 결합 길이는 1Å 정도이다. 따라서 원자 중심 사이의 평균 거리는 분자 중심 사이의 평균 거리보다 짧다.

예제 7.6

편의상 용기 B가 100°C, 1 기압의 질소로 채워졌다고 하자. 질소 분자 사이의 거리는 대략 몇 Å인가? 25°C, 1 기압에서는?

풀이 아보가드로의 원리(3장)에 따라 온도와 압력이 같으면 같은 부피의 기체에는 같은 개수의 분자가 들어 있다. 따라서 100°C, 1 기압에서 질소 분자 사이의 거리는 100°C, 1 기압에서 물 분자 사이의 거리와 같은 37 Å 정도이다.

25°C, 1 기압에서는 100°C, 1 기압에 비해 같은 몰수의 기체 분자가 차지하는 부피는

$$\frac{25+273}{100+273} = 0.80\text{배}$$

로 줄어든다. 분자 사이의 거리는

$$\sqrt[3]{0.80} = 0.93\text{배, 즉 } 37\,\text{Å} \times 0.93 = 34\,\text{Å}$$

이 된다.

삼중 결합을 이룬 질소에서 N≡N 결합 길이(bond length)는 1.1 Å, 물에서 O−H 결합 길이는 1.0 Å이다. 따라서 물이나 질소나 분자의 크기는 대략 2 Å이라고 말할 수 있다. 그러므로 100°C, 1 기압에서 물이나 질소 분자 사이의 거리는 평균적으로 분자 자체 크기의 20배 정도라고 볼 수 있다. 물론 이것은 평균 거리이고, 실제로는 분자들이 높은 속도로 운동을 하고 있으므로 분자간 거리는 매 순간 이보다 가까워졌다 멀어졌다를 반복한다.

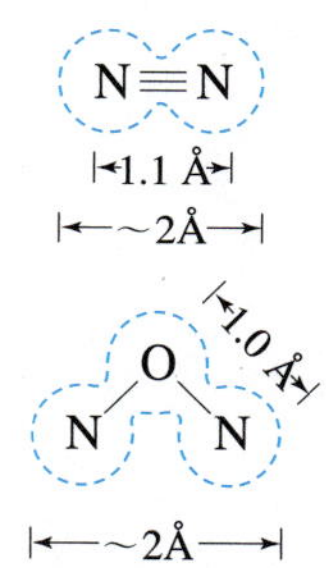

1.1 Å, 1.0 Å은 원자핵 간의 거리이다.

이제는 분자들의 운동 속도를 생각해 보자. 운동의 크기와 함께 방향이 중요할 때는 속도(速度, velocity)라는 벡터량을 고려하지만, 여기서는 크기만 생각하는 스칼라량으로의 속력(速力, speed)만 고려한다. 몇 가지 의미있는 속력 중 하나인 제곱평균근 속력(root-mean-square-speed, μ_{rms})은 $\sqrt{\frac{3RT}{M}}$로 주어진다. SI 단위로 T는 절대 온도, M은 kg/mol, R은 8.3145 J/mol·K를 사용하면 속력은 m/s 단위로 얻어진다.

예제 7.7

100°C에서 용기 A의 기체상에 들어있는 물 분자의 μ_{rms}를 구하여라. 100°C, 1 기압에서 물 분자가 1초에 운동하는 거리는 분자 크기의 대략 몇 배인가?

풀이

$$\mu_{rms} = \sqrt{\frac{3RT}{M}}$$

$$= \sqrt{\frac{3 \times 8.3145\ \text{J/mol}\cdot\text{K} \times 373\ \text{K}}{18 \times 10^{-3}\ \text{kg/mol}}} = 720\ \text{m/s}$$

$$\frac{720\ \text{m}}{2\,\text{Å}} = \frac{720\ \text{m}}{0.2\ \text{nm}} = \text{약 } 4 \times 10^{12}$$

우리가 이런 비율의 속도로 달리려면 광속을 훨씬 초과해야 한다.

같은 100°C에서는 질소 분자와 물 분자의 운동 에너지는 같다. 그런데 운동 에너지는 $\frac{1}{2}mv^2$로 주어지고, 질소의 분자량(28)이 물의 분자량(18)의 1.6배이므로 질소 분자가 물 분자보다 1.6의 제곱근인 1.3배 만큼 평균 속도가 낮을 것이다.

이제 용기가 실내 온도인 25°C로 식은 후의 상황을 생각해 보자. 용기 B의 질소는 기체로 남아 있지만 용기 A의 수증기는 대부분 물로 응축(凝縮, condense)되고 일부만

기체로 남아 있게 된다. 이때 기체 상태의 물 분자가 미치는 압력을 그 온도에서 물의 **증기압**(**蒸氣壓**, **vapor pressure**)이라고 한다. 25°C에서 물의 증기압은 0.0313기압이다. 100°C에서 25°C로 절대 온도는 약간 줄었는데 (298/373 = 0.8) 증기압은 약 30분의 1로 줄어든 것이다. 그런데 용기 외부의 압력은 1 기압이므로 용기 A의 안과 밖에는 상당한 압력 차가 발생한다. 알루미늄이나 플라스틱 용기를 사용한다면 쪼그라들어 부피를 줄여서 내부 압력도 1 기압이 될 것이다.

25°C, 0.03 기압 25°C, 0.8 기압

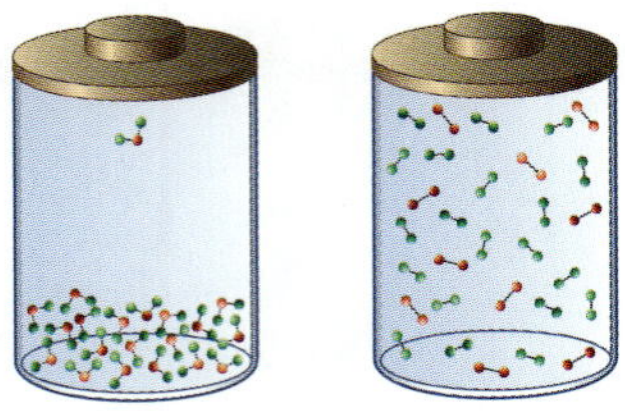

용기 A 용기 B

예제 7.8

25°C, 0.0313 기압의 수증기에서 물 분자 사이의 평균 거리는 100°C, 1 기압에서 거리의 대략 몇 배인가?

풀이 몰수 : $n = \frac{pV}{RT} = \frac{0.0313 \text{ atm} \times 1 \text{ L}}{0.082 \text{ atm}\cdot\text{L}\cdot\text{K}^{-1} \times 298 \text{ K}} = 0.00128$

개수 : $\frac{6.022 \times 10^{23}}{0.00128} = 7.71 \times 10^{20}$

물 분자 사이의 거리 $= \sqrt[3]{\frac{1 \times 10^{-3} \text{ m}^3}{7.71 \times 10^{20}}} = 1.1 \times 10^{-8} \text{ m} = 110 \text{ Å}$

$\frac{110 \text{ Å}}{37 \text{ Å}}$ = 약 3배

기체에 남아 있는 물 분자 사이의 평균 거리가 1차원적으로 세 배로 늘어났다면 많은 물 분자들이 충돌하면서 어떤 힘에 의해 뭉쳐서 액체로 응축한 것이 틀림없다.

예제 7.9

용기의 부피 변화가 없다고 하면 25°C에서 질소가 들어 있는 용기 B 내부의 압력은 얼마인가? 또 질소 분자 사이의 평균 거리는 100°C, 1 기압에서 거리의 대략 몇 배인가?

풀이 질소는 응축하지 않으므로 기체상에서 몰수의 변화는 없다. $pV = nRT$에서 V, n은 그대로이고 R은 상수이므로 p는 T에 비례한다. 100°C에서 1 기압이었으므로 25°C에서는

$$p = 1 \times \frac{298}{373} = 0.80 \text{ 기압}$$

몰수와 부피에 변화가 없다면 분자간 평균 거리도 그대로일 것이다. 압력이 떨어지는 것은 기체 분자의 운동 에너지가 낮아져서 벽을 다소 약하게 때리기 때문이다.

위에서 상세히 살펴본 대로 100°C와 25°C 사이에서 물과 질소는 응축이라는, 눈으로 볼 수 있는 거시적 현상면에서 큰 차이를 나타낸다. 잘 알려진 대로 물 분자 사이에는 수소 결합이라는 상당히 강한 분자간 상호작용이 존재하지만 질소 분자 사이에는 작용하는 힘이 아주 작은 것을 알 수 있다. 그래서 100°C의 수증기가 식으면서 물 분자의 운동 에너지가 낮아지면 분자간의 인력이 우세해져서 처음에는 물 분자가 몇 개, 몇십 개씩 뭉친 클러스터 (cluster)가 생기고, 마이크론 크기의 안개방울을 거쳐 급기야는 눈에 보이는 물방울로 커져서 바닥으로 떨어지는 것이다. 대부분 물이 응축하고 증기압이 0.03 기압 정도가 되어서 물 분자 사이의 거리가 100 Å 정도로 멀어지면 물 분자 사이의 충돌 횟수도 낮아져서 응축하는 속도와 액체 물의 표면에서 증발하는 속도가 같아지는 **동적 평형**(**動的平衡**, **dynamic equilibrium**)이 이루어진다.

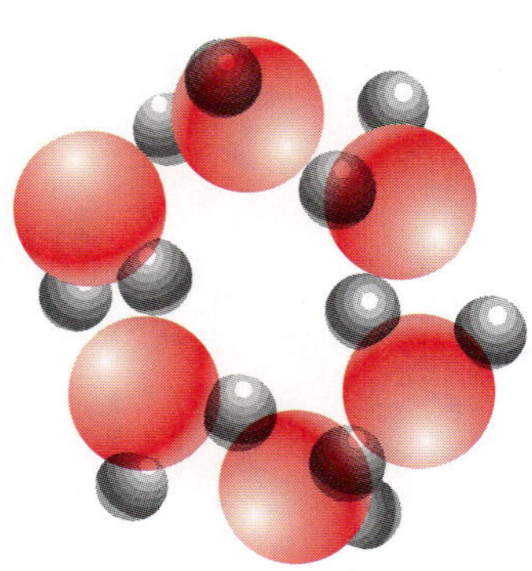

여섯 개의 물 분자가 뭉친 물 클러스터

이제는 물과 질소를 출발점으로 하여 분자간 상호작용의 종류와 세기에 대해 상세히 알아보자.

7-3-2 쌍극자-쌍극자 상호작용

분자간 상호작용의 입장에서 물과 질소의 중요한 차이점은 분자의 쌍극자 모멘트가 있는가 여부이다. 분자들이 먼 거리에서부터 접근하면서 힘을 느낄 때는 상대 분자가 어떤 원소들로 이루어졌는지, 분자량은 얼마인지, 산소나 수소를 포함하는지 등은 알 수 없다. 중력은 너무 약하기 때문에 고려할 필요가 없다. 쿨롱의 인력은 거리의 제곱에 반비례하지만 먼 거리에서도 0이 되지는 않으므로 쌍극자 모멘트가 0인가 아닌가는 큰 차이를 가져온다. 왜냐하면 쌍극자 모멘트가 작아서 먼 거리에서는 미치는 힘이 작더라도 인력에 의해 가까워지다 보면 인력은 점점 커지고, 뉴턴의 힘의 제2법칙 ($f=ma$) 에 따라 가속도도 커져서 더욱 빨리 가까워지게 되기 때문이다.

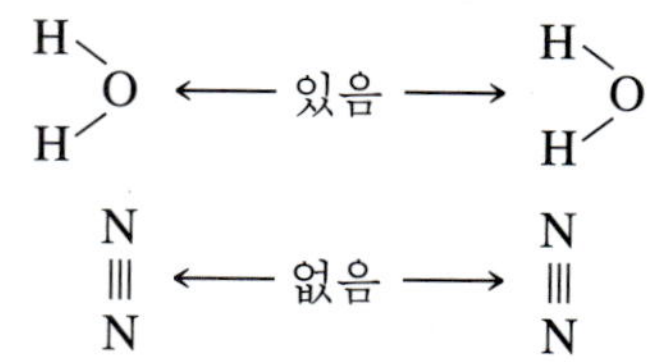

쌍극자-쌍극자 상호작용.

앞에서 살펴본 대로 물은 수소와 산소의 큰 전기음성도 차이, 그리고 굽은 구조 때문에 큰 쌍극자 모멘트(1.85 Debye)를 가진다. 따라서 100°C 가까이에서 높은 에너지를 가지고 운동을 하다가도 약간만 기력이 떨어지면 물 분자는 금방 주위의 물 분자로부터 인력을 느끼고 응축할 정도 거리까지 가까워진다.

반면에 같은 두 개의 질소 원자로 이루어진 질소 분자는 언뜻 보아 전자 밀도가 한쪽으로 치우칠 이유가 없기 때문에 쌍극자 모멘트는 0이고, 따라서 쿨롱 인력도 0이라 볼 수 있다. 25°C까지 온도가 낮아져도 위에서 보았듯이 분자의 속력은 대단히 높기 때문에 특별한 인력이 없는 한 기체 분자들은 마치 바쁜 사람들이 옷깃을 스치고 그냥 지나가듯이 상대를 거의 인식하지 못한다.

예제 7.10

예제 7.3에서 본대로 암모니아와 물의 쌍극자 모멘트는 각각 1.4 Debye와 1.85 Debye이다. 1 기압에서 메테인(CH_4), 암모니아(NH_3), 물(H_2O)의 끓는점을 아래에서 골라라. 수소의 끓는점은 −250°C이다.

−161°C　−33°C　100°C

풀이 정사면체 구조인 메테인은 쌍극자 모멘트가 0이다. 끓는점의 순서는 쌍극자 모멘트의 순서와 같다.

$$CH_4\,(-161°C) < NH_3\,(-33°C) < H_2O\,(100°C)$$

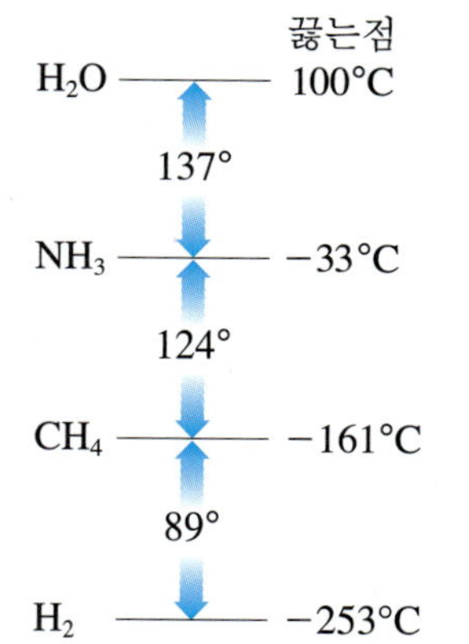

쌍극자 모멘트가 0인 메테인의 끓는점이 똑같이 쌍극자 모멘트가 0인 수소의 끓는점보다 거의 100°C나 높은 점에 유의하자. 흥미롭게도 암모니아는 메테인보다 약 130°C, 물은 암모니아보다 약 130°C 끓는점이 높다.

쌍극자-쌍극자 상호작용(dipole-dipole interaction)은 쌍극자 모멘트를 가지는 모든 분자 사이에 작용한다. 대표적인 예로 기체 상태의 염화수소(HCl)를 들 수 있다. 염화수소는 쌍극자 모멘트가 1.05 Debye이고 HCl−HCl 쌍극자-쌍극자 상호작용에 의해 에너지가 안정화되는 효과는 3 kJ/mol 정도이다. HCl의 공유 결합 에너지 427 kJ/mol의 1%도 되지 않는다. 그런데 6장 예제 6.9에서 살펴본 대로 상온에서 기체 분자의 운동 에너지는 약 4 kJ/mol이다. 상온에서 쌍극자-쌍극자 상호작용만으로 약하게 결합하고 있는 HCl−HCl 쌍은 다른 분자의 충돌에 의해서 쉽게 분리될 것으로 예상된다.

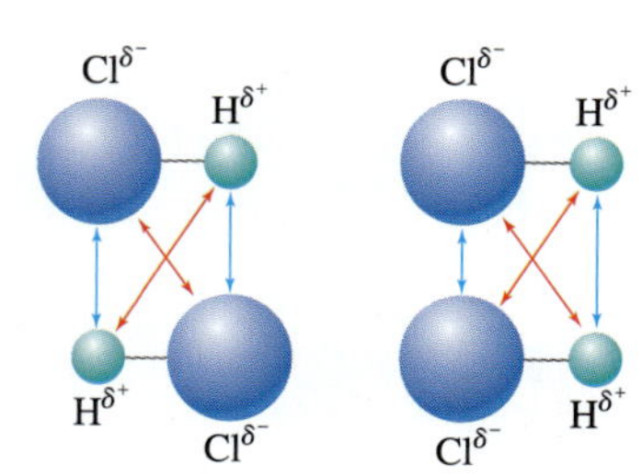

그림 7.3 쌍극자-쌍극자 힘. 푸른색 화살표는 인력, 붉은색 화살표는 척력을 나타낸다.

실제로 HCl의 끓는점은 −85°C이다. 쌍극자 모멘트가 없는 메테인의 −161°C와 쌍극자 모멘트가 1.4 Debye인 암모니아의 −33°C의 중간 정도이다. 쌍극자-쌍극자 상호작용이 있는 염화수소나 암모니아의 끓는점이 0°C 이하라고 해서 이상하게 생각할 필요는 없다. 왜냐하면 섭씨 0°C와 100°C는 어떤 특별한 물을 기준으로 정한 것이기 때문이다.

7-3-3 수소 결합

족과 주기에 따른 수소 화합물의 끓는점의 경향을 보면 5, 4, 3주기로 가면서 끓는점이 낮아지다가 2주기의 N, O, F와 결합하면 수소 결합이 만들어지면서 끓는점이 급격히 상승하는 것을 볼 수 있다. 물의 끓는점이 특히 눈에 띈다.

물과 분자량이 비슷한 메테인, 그리고 물보다 분자량이 큰 질소, 산소, 이산화탄소 등이 모두 상온에서 기체인 데 비해 물은 100°C에서부터 응축이 상당히 일어난다. 100°C는 물의 끓는점이면서 동시에 응축점인 것이다. 물은 0°C에서 얼음이 되는데, 분자량이 물의 두 배이면서 쌍극자 모멘트를 가지는 염화수소도 −85°C까지 기체로 존재한다. 이러한 사실들을 보면 물 분자 사이의 힘은 쌍극자만으로는 설명할 수 없이 상당히 강한 것이 틀림없다.

쌍극자–쌍극자 상호작용에 의해 끌려온 물 분자 두 개가 더 이상 가까워질 수 없는 거리에 도달했다고 하자. 분자 내의 산소에게 전자를 상당히 내어주어 양전하를 띠고 있는 수소는 다른 물 분자에서 음전하를 띤 산소와 접근하게 된다. 그런데 수소는 다른 모든 원소와 달리 전자가 하나 밖에 없기 때문에 전자를 내주고 이온화하면 양성자만 남아서 원자에서 크기가 10만 분의 1로 줄어든다. 물에서 수소는 완전히 이온화하는 것은 아니지만, 반지름이 매우 작은 1*s* 오비탈에서 많은 전자가 산소로 옮겨가면 수소에서는 양전하가 작은 공간에 밀집된 상황이 된다. 이때 맞은 쪽에 산소처럼 전기음성도가 높은 원자가 수소처럼 전기음성도가 낮은 원자로부터 전자를 받아서 높은 부분 음전하를 띠고 있으면 매우 높은 쿨롱 인력이 작용하게 된다. 이것은 수소가 산소의 비공유 전자쌍과 상호작용한다고 보아도 좋다. 이처럼 전기음성도가 높은 원자 사이에 수소가 끼어서 만드는 강한 결합을 **수소 결합**(水素結合, **hydrogen bond**)이라고 한다. 물 분자 사이에 큰 힘이 작용하는 것은 바로 이 수소 결합 때문이다. 수소 결합 에너지는 대략 20 kJ/mol로, 이온 결합이나 공유 결합 에너지의 10분의 1 내지 20분의 1 정도이다.

수소 결합은 수소가 전기음성도가 높으면서 아울러 반지름이 작은 원자와 결합하고 있을 때 일어 난다고 예상할 수 있다. 이러한 원소는 플로오린, 산소, 질소뿐이다. HCl의 경우에는 수소 결합이라고 부르기에는 결합이 약하다. DNA 염기쌍에서 A와 T, G와 C 사이의 수소 결합에서는 질소가 핵심 역할을 한다.

암모니아는 어떨까? 암모니아에서 수소는 질소와 결합하고 있어서 N−H 결합은 극

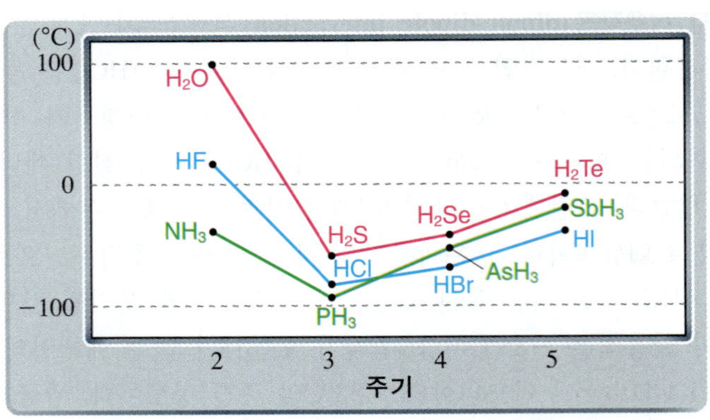

그림 7.4 수소 화합물들의 끓는점. 수소가 원자 반지름이 작고 전기음성도가 높은 산소, 플루오린, 질소와 결합한 화합물은 수소 결합을 하기 때문에 끓는점이 높아진다.

성을 가지며, 암모니아 분자도 쌍극자 모멘트를 가진다. 물론 질소는 산소보다 전기음성도가 낮기 때문에 N−H 결합의 극성은 O−H 결합의 극성보다 낮다. 그러나 암모니아에는 세 개의 N−H 결합이 있고, 물에는 두 개의 O−H 결합이 있다. 이러한 점들이 작용하여 암모니아와 물의 쌍극자 모멘트는 각각 1.4와 1.85 Debye가 된다. 그런데 그것만으로는 −33°C와 100°C라는 끓는점의 차이를 설명하기에 부족하다. 어떤 다른 면을 고려해야 할까? HF는 왜 암모니아보다 끓는점이 높을까?

예제 7.11

N 개의 물 분자가 존재한다면 전체적으로 몇 개의 수소 결합이 가능하다고 볼 수 있는가? 암모니아 분자는? HF는? 이러한 차이는 끓는점에 어떻게 반영되는가?

풀이 물은 한 분자 내에 수소도 두 개이고 비공유 전자쌍도 두 개이므로 모든 물 분자가 네 개의 수소 결합에 참여하게 된다. 하나의 수소 결합에는 두 개의 물 분자가 공동으로 참여하므로 물 분자 하나는 두 개의 수소 결합을 만드는 것과 같다. N 개의 물 분자가 존재한다면 2N 개의 수소 결합이 가능하다. 암모니아 분자는 비공유 전자쌍은 한 개인데 수소는 세 개이다. 많은 수의 암모니아 분자가 있는 경우에는 평균적으로 한 분자는 아래 그림과 같이 두 개의 수소 결합을 한다고 볼 수 있다. 세 개의 수소가 모두 수소 결합을 한다면 곧 비공유 전자쌍을 제공할 수 있는 암모니아가 모자라게 될 것이다. 이 경우에 N 개의 암모니아 분자가 존재하면 N 개의 수소 결합이 가능하다. 10^{20}개 정도의 분자가 모이면 수소 결합수가 10^{20} 개인가 2×10^{20} 개인가의 차이는 엄청난 끓는점의 차이를 가져온다. 암모니아와 물의 끓는점의 차이는 염화수소와 암모니아의 끓는점의 차이보다 훨씬 크다.
HF는 비공유 전자쌍은 세 개인데 수소는 한 개 뿐이다. 따라서 암모니아와 마찬가지로 HF 한 분자는 두 개의 수소 결합을 만든다. 이 경우에도 N 개의 H−F 분자가 존재하면 N 개의 수소 결합이 가능하다. 플루오린의 높은 전기음성도 때문에 H−F 결합은 극성이 아주 높고, H−F 분자의 쌍극자 모멘트는 1.8 Debye로 O−H 결합이 두 개 있는 물의 쌍극자 모멘트와 거의 같다. 결과적으로 HF의 끓는점은 20°C로 암모니아보다 상당히 높다.

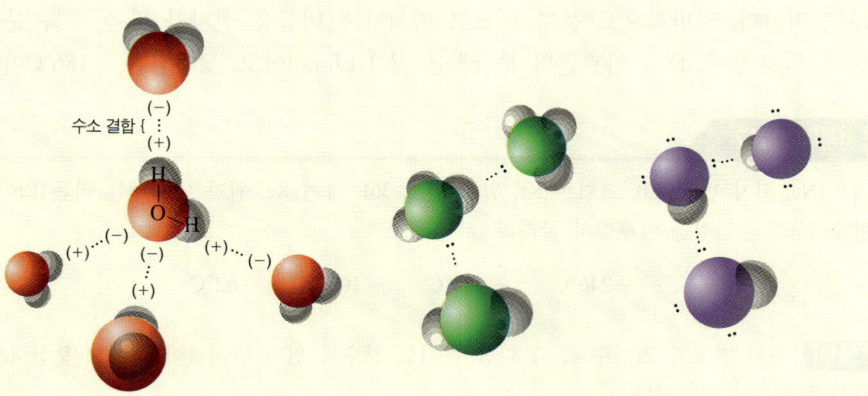

그림 7.5 물, 암모니아, HF의 수소 결합, N 개의 물 분자가 있으면 2N 개의 수소 결합이 가능하고, 암모니아와 HF의 경우에는 N 개의 수소 결합이 가능하다. 그래서 물의 끓는점이 유난히 높다.

수소 결합에 참여하는 세 개의 원자들은 거의 일직선상에 놓이게 되어 방향성을 가지며, 이러한 수소 결합의 특성은 분자 구조를 결정하는 데에 매우 중요한 역할을 하게 된다. DNA 분자를 구성하는 염기 사이의 수소 결합이나 단백질의 펩타이드 결합들 사이의 수소 결합은 생체 분자의 특정한 구조를 결정하는 데에 결정적인 요소이다 (11장 참조).

7-3-4 분산력

앞에서 살펴본 대로 100°C로 가열했던 질소는 상온까지 식혀도 기체로 남아 있다. 쌍극자 모멘트를 가진 HCl의 끓는점이 −85°C라면 쌍극자 모멘트가 없는 질소의 끓는점은 그보다 훨씬 낮을 것이라고 예상할 수 있다. 원자 번호가 7인 질소가 분자가 되면 끓는점은 77 K (−196°C) 가 된다. 그런데 쌍극자 모멘트가 0이어서 분자간 상호작용이 전혀 없다면 끓는점은 절대 온도로 거의 0도가 되어야 하는 것이 아닐까? 알려진 물질 중에서 1 기압에서 끓는점이 가장 낮은 것은 헬륨으로, 4 K이다. 어떤 원자나 분자라도 아주 미약하지만 인력이 작용하는 것이다.

전하나 쌍극자 모멘트를 갖고 있지 않은 비극성 원자나 분자들도 일정한 거리 이내로 근접하게 되면 서로 간에 인력을 느끼게 되는 이유는 무엇일까? 비극성 분자의 전자 분포는 평균적으로는 대칭적이지만 어느 한 순간에는 전자 구름이 한 쪽으로 치우쳐서 비대칭적인 분포를 가질 수 있다. 그 결과 **일시적인 쌍극자**(**一時的雙極子, temporary dipole**)가 생길 수 있다. 그러면 쌍극자의 +극이 바로 이웃 분자의 전자 분포에 영향을 주어 가까운 쪽에 −극을 유도하고, 이런 일이 월드컵 구장에서 파도타기 하듯이 진행되면 분자 전체가 약한 **유도 쌍극자**(**誘導雙極子, induced dipole**)의 집단이 된다. 유도 쌍극자에 비해 HCl처럼 처음부터 쌍극자 모멘트를 가진 경우를 **영구 쌍극자**(**永久雙極子, permanent dipole**)라고 한다. 유도 쌍극자 모멘트는 당연히 영구 쌍극자 모멘트보다 작을 것이고, 이들 간의 상호작용은 영구 쌍극자 간의 상호작용보다 작아서 끓는점도 아주 낮아진다. 유도 쌍극자 간의 상호작용은 이 아이디어를 발전시킨 런던(Fritz London, 1900 ~ 1950)의 이름을 따서 **런던 분산력**(**London dispersion force**), 또는 그냥 **분산력**(**分散力, dispersion force**)이라 하고, 때로는 **반데르발스 힘**(**van der Waals force**)이라고도 한다.

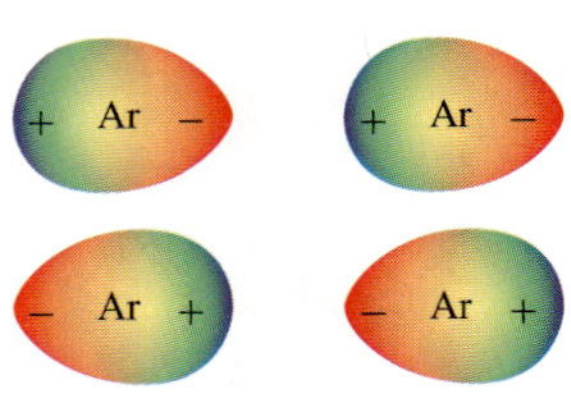

그림 7.6 유도 쌍극자와 분산력. 영구 쌍극자 모멘트가 없는 아르곤 원자도 유도 쌍극자 모멘트를 가질 수 있고 따라서 약한 분산력이 작용한다.

그리고 보면 분산력은 모든 원자나 분자들 간에 존재한다는 것을 알 수 있다. 유도 쌍극자의 크기는 전자 분포가 얼마나 잘 치우치느냐, 즉 **편극률**(**偏極率, polarizability**)에 따라 결정된다. 일반적으로 분자가 크고 최외각에 비공유 전자가 많을 수록 분산력이 커진다. 원자 번호 18인 아르곤의 분산력은 약 1 kJ/mol이고, 끓는점은 −186°C이다.

예제 7.12

네온(Ne, 원자 번호 10), 크립톤(Kr, 원자 번호 36), 제논(Xe, 원자 번호 54), 라돈(Rn, 원자 번호 86)의 끓는점을 아래에서 골라라.

−246°C　−153°C　−108°C　−62°C

풀이 원자 번호가 커질수록, 즉 다음 주기로 갈수록 원자 반지름이 커지고 분산력도 커져서 끓는점이 높아진다.

Ne	Kr	Xe	Rn
−246°C	−153°C	−108°C	−62°C

예제 7.13

분자량에 따른 분산력의 차이는 탄화수소에서 잘 볼 수 있다. 페인트를 칠할 때 사용하는 시너(thinner)는 걸죽한 페인트를 적절히 묽히는 용매(solvent)이다. 시너는 대개 두 가지 정도의 탄화수소의 혼합 액체이다. 그런데 시너는 페인트를 칠한 다음에 빨리 증발하는 것이 바람직하다. 그런 면에서 아래의 탄화수소 중에서 시너의 주성분으로 가장 적절한 것은 어느 것인가?

$$CH_4\,(-161°C) < C_2H_6\,(-89°C) < C_3H_8\,(-42°C) < C_4H_{10}\,(-0.5°C) < C_5H_{12}\,(36°C) < C_6H_{14}\,(69°C)$$

풀이 상온에서 액체인 것은 펜테인(pentane, C_5H_{12})과 헥세인(hexane, C_6H_{14}) 뿐이다. 그런데 펜테인의 끓는점이 상온보다 약간 높아서 보다 쉽게 증발할 것이다.

이상의 분자간 상호작용을 종합해서 분자 내부의 화학 결합과 세기를 비교하면 대략 다음과 같이 요약할 수 있다.

공유 결합	:	수소 결합	:	쌍극자-쌍극자 상호작용	:	분산력
= 1000	:	100	:	10	:	1

쌍극자-쌍극자 상호작용을 통해 상온에서 액체로 존재하는 분자는 찾아보기 어렵다. 같은 이유로 분산력만 작용하는 경우는 끓는점이 아주 낮다.

분자간 거리에 따른 상호작용의 변화 양상도 다르다. 이온 간의 힘은 상당히 먼 거리에서도 느낄 수 있지만, 분산력은 매우 짧은 거리 내에서만 작용하는 힘이다. 분자들이 한 없이 근접할 수 없는 이유는 반발력이 존재하기 때문이다. 분자들이 너무 가까이 접근하게 되면 전자 분포의 중첩에 의한 반발력(파울리의 배타 원리)에 의해 서로 밀치는 힘을 느끼게 된다. 분자간 반발력은 분산력보다도 더 짧은 거리에서 작용하는 힘이다. 분자간 인력과 반발력의 균형에 의해서 분자간 거리가 결정된다. 이것을 **반데르발스 거리(van der Waals distance)** 라 부른다.

분자간 상호작용을 이해하고 나면 왜 어떤 물질이 상온에서 기체인지, 액체인지, 또는 고체인지를 이해할 수 있다. 분자간 상호작용을 정리하는 의미에서 기체, 액체, 고체로 존재하는 여러 경우를 정리해 보자.

가. 기체

- **수소 결합의 효과가 물보다 약한 경우**(예제 7.10)
  - HF : 쌍극자 모멘트 1.8 Debye, 끓는점 20°C
  - NH_3 : 쌍극자 모멘트 1.4 Debye, 끓는점 −33°C
  - CH_3NH_2 (메틸아민) : 쌍극자 모멘트 1.3 Debye, 끓는점 −6°C
- **쌍극자-쌍극자 상호작용이 주인 경우**
  - HCl : 쌍극자 모멘트 1.05 Debye, 끓는점 −85°C
  - H_2S (황화수소) : 쌍극자 모멘트 0.97 Debye, 끓는점 −60°C
  - PH_3 (포스핀) : 쌍극자 모멘트 0.58 Debye, 끓는점 −88°C
  - ClF (플루오린화염소) : 쌍극자 모멘트 0.88 Debye, 끓는점 −100°C
- **쌍극자-쌍극자 상호작용보다 분산력이 큰 경우**
  - HBr : 쌍극자 모멘트 0.78 Debye, 끓는점 −64°C (HCl의 −85°C보다 높음)
    (원자 지름이 큰 브로민에 비공유 전자 여섯 개, 편극률 HCl보다 높음)
  - HI : 쌍극자 모멘트 0.4 Debye, 끓는점 −35°C (편극률 HBr보다 높음)
- **분산력만 작용하는 경우**
  - He : 단원자 분자로 분자의 반지름이 가장 작음. 끓는점 4 K (−269°C)

H_2 : 헬륨과 전자수는 같지만 약간 크다. 끓는점 20 K(−253°C)

N_2 : 질소의 삼중 결합 길이는 1.1 Å, 비공유 전자 네 개, 끓는점 77 K(−196°C)

O_2 : 산소의 이중 결합 길이는 1.2 Å, 비공유 전자 여섯 개, 편극률 N_2보다 높음 끓는점 −183°C

Ar : 원자 지름 약 2 Å으로 질소 분자 크기와 비슷. 최외각 전자 여덟 개, 끓는점 −186°C

CH_4(메테인) : 비공유 전자는 없으나 산소, 아르곤보다 커서 편극률이 높음, 끓는점 −161°C

C_4H_{10}(뷰테인) : 분산력이 분자량에 따라 커짐, 끓는점 −0.5°C

나. 액체

물방울

- **수소 결합의 효과가 큰 경우**(예제 7.10)

  H_2O(물) : 쌍극자 모멘트 1.85 Debye, 끓는점 100°C

  H_2N-NH_2(하이드라진) : 쌍극자 모멘트 1.85 Debye, 끓는점 114°C

- **수소 결합, 쌍극자-쌍극자 상호작용, 분산력이 함께 작용하는 경우**

  CH_3OH(메탄올) : 쌍극자 모멘트 1.7 Debye, 끓는점 65°C

  C_2H_5OH(에탄올) : 쌍극자 모멘트 1.7 Debye, 끓는점 78°C

  $C_3H_7NH_2$(프로필아민) : 끓는점 48°C

- **쌍극자-쌍극자 상호작용이 강한 경우**

  CH_3COCH_3(아세톤) : 쌍극자 모멘트 2.9 Debye, 끓는점 56°C

- **쌍극자-쌍극자 상호작용과 분산력이 함께 작용하는 경우**

  $C_2H_5OC_2H_5$(다이에틸에테르) : 쌍극자 모멘트 1.2 Debye, 끓는점 35°C

  $CHCl_3$(클로로폼) : 쌍극자 모멘트 1.1 Debye, 끓는점 61°C (세 개의 염소 때문에 분산력이 큼)

브로민

- **분산력이 아주 큰 경우**

  C_5H_{12}(펜테인) : 끓는점 36°C

  C_8H_{18}(옥테인) : 끓는점 126°C

  CCl_4(사염화탄소) : 끓는점 76°C

  Br_2 : 끓는점 59°C(브로민은 상온에서 액체인 유일한 비금속 원소이다)

다. 고체

파라핀이 주성분인 양초.

- **분산력이 큰 경우**

  파라핀 왁스($C_{25}H_{52}$ 등 탄소수가 많은 곧은 사슬 탄화수소의 혼합물)

  I_2 : 녹는점 114°C, 끓는점 184°C

- **수소 결합의 효과가 큰 경우**

  $HOOC-COOH$(옥살산) : 녹는점 101°C

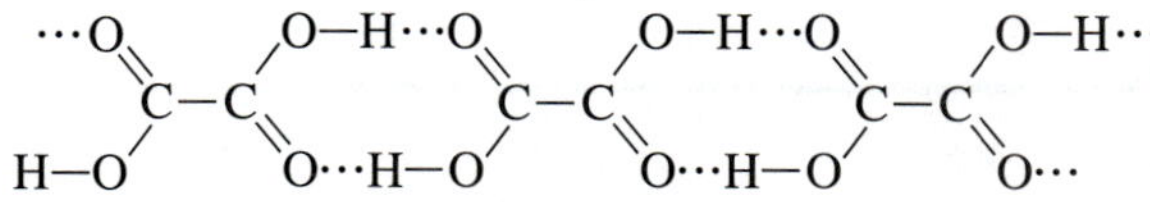

옥살산

7-4 기체

앞에서는 어떤 물질이 분자간 상호작용의 크기에 따라 기체, 액체, 또는 고체로 존재하는 이유를 살펴보았다. 이제는 기체, 액체, 고체 각각의 특성을 알아보고, 이들이 어떻게 서로 다른 상으로 바뀌는지 알아보자.

우리는 예제 7.5에서 100°C, 1 기압의 질소 기체에서 질소 분자 사이의 평균 거리는 대략 37 Å으로, 분자 크기의 약 20 배인 것을 알아보았다. 상온에서 이 비율은 크게 다르지 않고, 따라서 우리가 호흡하는 공기에서 공기의 주성분인 질소와 산소 분자들은 평균적으로 약 40 Å 거리를 유지하면서 초속 500 m 정도의 속력으로 운동하고 있을 것이다. 두 주먹을 쥐고 양손을 펼치면 주먹 간의 거리가 주먹 만한 기체 분자 사이의 거리에 해당한다.

기체에서 분자들은 이처럼 자신의 크기에 비해 상당히 멀리 떨어져 있기 때문에 독립적으로 운동한다고 볼 수 있다. 그래서 기체가 분자의 개별적인 특성을 조사하는 데 가장 적합하고, 3장에서 보았듯이 분자론이 발전하는 데 기체의 연구가 핵심적인 역할을 했다.

표 7.2 지구 대기의 조성

성분	함량(%)
질소 (N_2)	78.05
산소 (O_2)	20.95
아르곤 (Ar)	0.93
이산화탄소 (CO_2)	0.038
네온 (Ne)	0.0018
헬륨 (He)	0.00052
메테인 (CH_4)	0.00014
크립톤 (Kr)	0.00010
질소 산화물 (N_2O)	0.00005
수소 (H_2)	0.00005
오존 (O_3)	0.000007

7-4-1 대기의 조성과 압력

지구상의 대기는 대부분이 질소(~78%)와 산소(~21%)로 이루어져 있으며, 나머지는 이산화탄소, 메테인, 그리고 비활성 기체 등이 미량 포함되어 있다. 대기가 압력을 미치고 있다는 것은 오래 전부터 알려져 왔으나, 대기의 압력을 정확히 측정한 것은 토리첼리가 처음이다. 1643년에 토리첼리는 비중이 13.6인 수은을 사용하여 대기의 압력은 약 760 mm의 수은 기둥이 미치는 압력과 같은 것을 보여 주었다. 요즘 압력계(壓力計, barometer)는 토리첼리가 사용한 장치와 유사하다. 0°C에서 1 기압(氣壓, atm)은 수은 기둥 760 mm에 해당한다. 압력의 다른 단위로는 torr, 파스칼(Pa), 그리고 bar 등이 있다. 1 기압은 101,325 Pa에 해당된다.

토리첼리는 작은 기둥이라는 뜻이다. 토리첼리는 자신의 이름에 걸맞는 업적으로 역사에 이름을 남겼다.

토리첼리 (Euangelista Toricelli, 1608–1647).

예제 7.14

토리첼리의 실험을 수은 대신 물을 사용해서 한다면 최소 몇 센티미터 길이의 유리관이 필요할까? 수은의 비중은 13.6이다.

풀이 76 cm × 13.6 = 1034 cm

기체의 압력은 보일의 법칙, 게이뤼삭의 기체 반응 법칙, 아보가드로의 원리, 기체 밀도와 원자량 및 분자량 결정 등과 관련하여 원자론과 분자론이 자리잡는 데 중요한 역할을 했다.

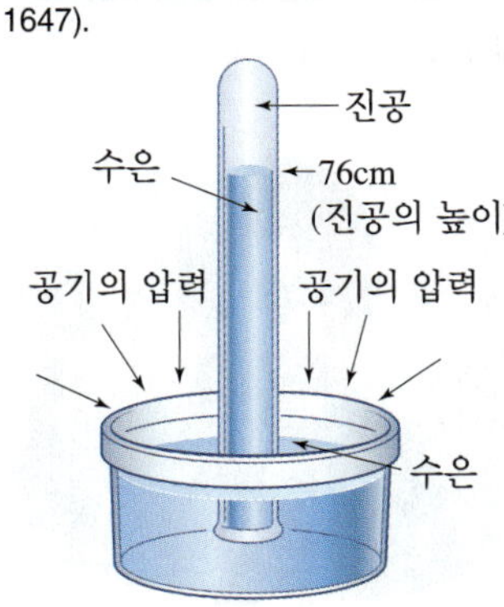

그림 7.7 토리첼리의 실험.

예제 7.15

대기압과 관련하여 틀린 것은?

가. 토리첼리의 실험에서 수은의 비중이 높은 것이 중요하다.
나. 토리첼리의 실험에서 수은의 증기압이 낮은 것이 중요하다.
다. 아르키메데스는 진공 펌프로 물을 10 m 이상 끌어올릴 수 없었다.
라. 압력의 표준 단위는 기압이다.

풀이 가. 물을 사용했다면 유리관의 높이가 10 m 이상이어야 한다.
나. 수은의 증기압이 높다면 수은 기둥의 높이 만 고려할 경우 오차가 클 것이다.
다. 가 참조
라. 압력의 표준 단위는 파스칼이다.

7-4-2 이상 기체 방정식

기체의 상태는 몰수, 용기의 부피, 온도, 그리고 압력 등과 같은 몇 개의 변수에 의해서 결정된다. 이들 외부 변수들은 독립적인 것이 아니라 서로 상관 관계가 있는데, 기체에 대한 오랜 연구를 통하여 이 상관 관계에 대하여 많은 것이 알려지게 되었다. 그리고 다음 세 가지 중요한 법칙이 종합되어 **이상 기체 방정식**(**理想氣體方程式, ideal gas equation**)이 나오게 되었다.

가. 아보가드로의 가설

1811년에 제안된 **아보가드로의 가설**(**Avogadro's hypothesis**)에 따르면 일정한 온도와 압력에서 기체의 부피(V)는 종류에 상관없이 몰수(n)에 비례한다. 즉, 일정한 부피에는 기체의 종류에 관계없이 같은 몰수의 기체 분자가 들어 있다.

$$V \propto n$$

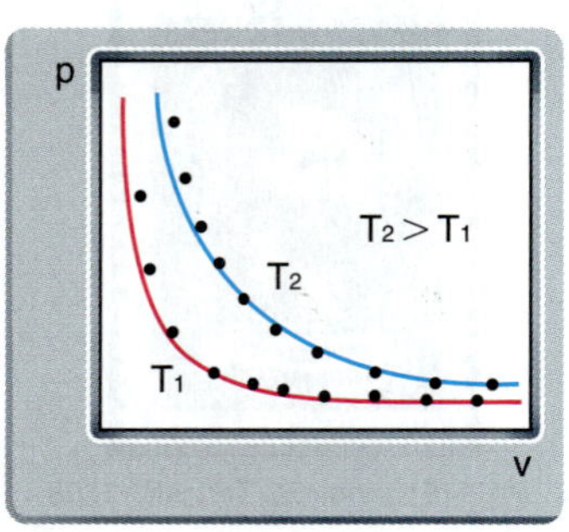

그림 7.8 보일의 법칙.

나. 보일의 법칙

1662년에 보일은 일정한 온도에서 압력을 변화시켰을 때의 기체의 부피를 측정하였다. 보일의 법칙(Boyle's law)에 따르면 일정한 온도에서 기체의 부피는 가해 주는 압력에 반비례한다. 보일의 법칙은 $pV =$ 상수라는 식으로 표현할 수 있다. 0°C에서 1몰의 기체는 22.414 L·atm의 상수값을 갖는다.

$$pV = \text{상수}$$

샤를(Jacques Charles, 1746-1823).

다. 샤를의 법칙

우리는 경험적으로 기체의 부피는 온도에 영향을 받는 것을 알고 있다. 예를 들어, 공기가 가득 찬 풍선은 온도가 높아지면 팽창하고 온도가 낮아지면 쭈그러드는 것을 쉽게 관찰할 수 있다. 샤를은 1787년부터 기체의 부피와 온도의 관계를 정밀하게 측정하였다. 1802년에 게이뤼삭이 샤를의 결과를 인용하여 일정한 온도 변화에 대하여 부피의 상대적인 변화 비율은 기체의 종류에 상관없이 일정하다는 법칙을 발표했는데, 이후 **샤를의 법칙**(**Charle's law**)으로 알려지게 되었다. 이 관찰은 기체의 부피 변화비를 온도의 척도로 사용할 수도 있다는 것을 말해 준다. 샤를의 법칙을 아주 낮은 온도에

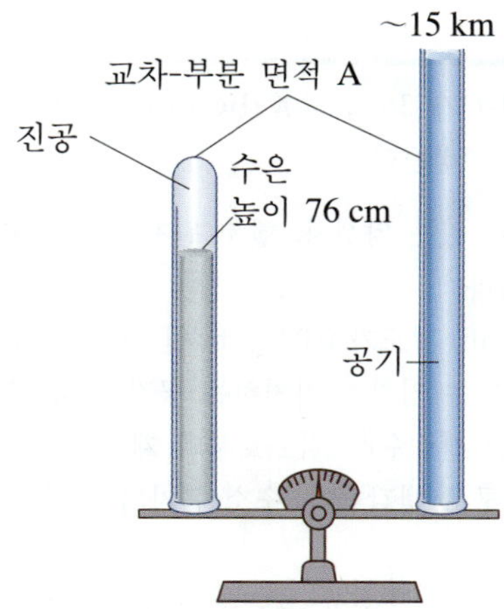

그림 7.9 토리첼리의 압력계.

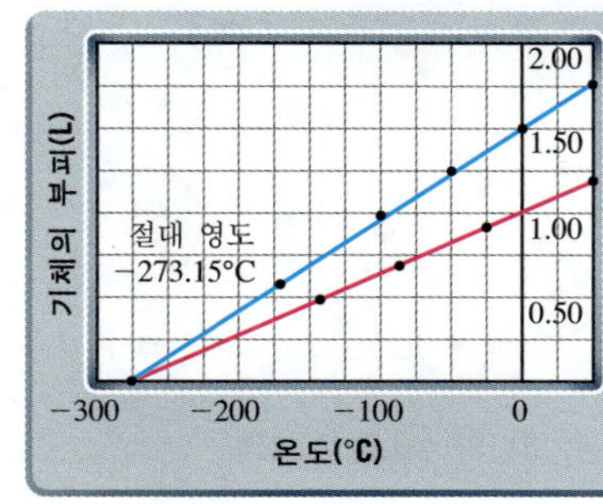

그림 7.10 샤를의 법칙.
기체의 부피는 온도가 내려가면 일정 비율로 감소한다. −273°C에서는 기체의 부피가 0이 될 것이다.

까지 적용할 수 있다고 가정하면, 기체의 부피가 0이 되는 온도에 도달하게 된다. 이 온도는 −273.15°C에 해당하며, 이것을 0도로 기준하여 온도를 정의한 것을 **절대 온도**(**絶對溫度, absolute temperature**) 라고 한다. 절대 온도를 T로 표현하면 샤를의 법칙은 다음과 같이 쓸 수 있다. 다시 말하면, 일정한 압력에서 기체의 부피는 절대 온도에 비례한다.

$$\frac{V}{T} = \text{상수}$$

보일의 법칙과 샤를의 법칙은 압력이 낮고 온도가 높을 때 잘 맞는다. 이 조건을 만족하는 상태의 기체를 **이상 기체**(**理想氣體, ideal gas**) 라고 한다. 아보가드로의 가설, 보일과 샤를의 법칙에 따르면 이상 기체의 상태를 표현하는 변수들 사이에는 다음과 같은 식이 성립한다.

$$pV = nRT$$

이상 기체 방정식에서 R은 기체의 종류에 상관없이 일정한 고유 상수로 **기체 상수**(**氣體常數, gas constant**) 라고 하며, 0.0821 $\text{L}\cdot\text{atm}\cdot\text{mol}^{-1}\cdot\text{K}^{-1}$ 또는 8.314 $\text{J}\cdot\text{mol}^{-1}\cdot\text{K}^{-1}$의 값을 갖는다.

세 개의 단면도는 온도, 압력, 부피 중 하나를 고정했을 때 나머지 두 가지 사이의 관계를 보여 준다. 예를 들어, 온도를 고정하면 압력과 부피에 관한 보일의 법칙이 얻어진다.

흥미롭게도 이상 기체 방정식은 고온, 고압인 태양의 내부에서 잘 적용된다. 태양의 내부에서는 전자들이 원자핵으로부터 모두 떨어져 나와서 플라스마 상태로 존재한다. 원자에서 적용되던 전자의 에너지 준위, 오비탈, 배타 원리 등도 적용이 안 된다. 따라서 원자에서는 핵 바깥의 공간에 몇 개의 전자 밖에는 들어가지 못했지만 플라스마에서는 원자핵과 전자들이 자유롭게 운동한다.

이상 기체 방정식을 사용해서 태양의 중심 온도를 추정해 보자.

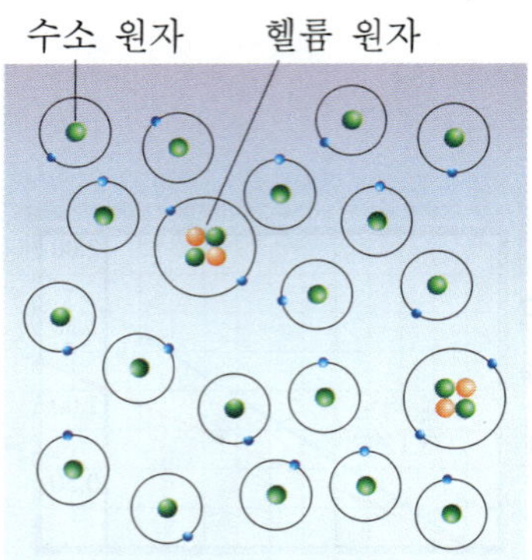

고온, 고압의 수소/헬륨 기체.

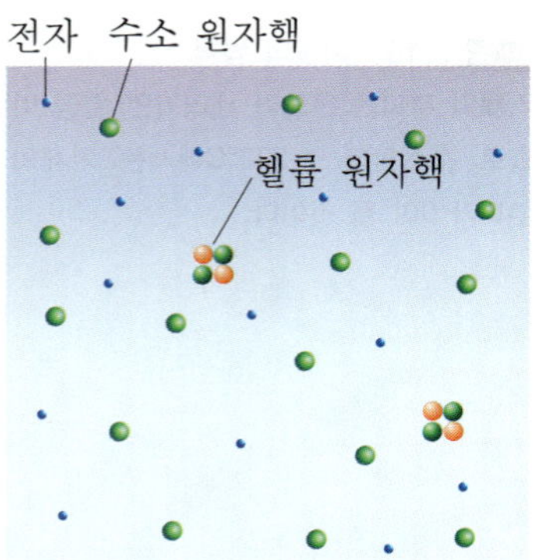

고온, 고압의 수소/헬륨 플라스마 (이상 기체).

그림 7.11 기체 상태와 플라스마 상태의 수소/헬륨, 밀도가 높은 기체에서는 이상 기체 방정식이 적용되지 않는다.

예제 7.16

태양의 중심은 질량으로 수소(H-1)가 36%, 헬륨(He-4)이 64%를 차지하고, 밀도는 158 g/cm^3, 압력은 2.5×10^{11} 기압으로 추정된다.

가) 태양의 중심에서 1 cm^{3}에 들어 있는 양성자, 헬륨 원자핵, 그리고 전자의 몰수를 구하고 그들의 전체 몰수를 구하여라.

나) (a) 300 K, 1 기압의 수소 기체, (b) 밀도가 0.09 g/cm^{3}인 액체 수소, (c) 태양 중심의 플라스마 세 경우 각각 운동하고 있는 입자가 차지하는 공간의 퍼센트를 구하여라. 원자핵의 반지름은 $r = (1.4 \times 10^{-5}\,\text{Å})(\text{질량수})^{1/3}$ 식으로부터 계산할 수 있다. 수소 원자는 반지름이 보어 반지름(0.5 Å)인 구로 생각한다. 수소 분자의 부피는 수소 원자 부피의 두 배라고 가정한다.

다) 이상 기체 방정식을 사용하여 태양의 중심 온도를 구하고, 구한 값을 수소가 헬륨으로 융합되는 데 필요한 온도인 1500만도와 비교하여라.

풀이 가) $\text{양성자의 몰수} = \dfrac{158\ \text{g/cm}^3 \times 0.36}{1.0\ \text{g/mol}} = 57\ \text{mol/cm}^3$

$$\text{헬륨 원자핵의 몰수} = \frac{158\ \text{g/cm}^3 \times 0.64}{4.0\ \text{g/mol}} = 25\ \text{mol/cm}^3$$

$$\text{전자의 몰수} = 57 + (25 \times 2) = 107\ \text{mol/cm}^3$$

$$\text{전체 입자의 몰수} = 57 + 25 + 107 = 189\ \text{mol/cm}^3$$

나) (a) $$\text{수소 분자의 부피} = 2 \times \frac{4\pi r^3}{3} = 2 \times \frac{4/3 \times 3.14 \times (0.53 \times 10^{-8}\ \text{cm})^3}{3}$$
$$= 1.2 \times 10^{-24}\ \text{cm}^3$$

$$\text{수소 기체 1 몰의 부피} = V/n = RT/P = \frac{0.082 \times 300}{1} = 24.6\ \text{L/mol}$$

$$\text{수소 분자 한 개가 차지하는 부피} = \frac{24.6\ \text{L}}{6.02 \times 10^{23}}$$
$$= 4.1 \times 10^{-23}\ \text{L} = 4.1 \times 10^{-20}\ \text{cm}^3$$

$$\text{부피 비율} = \frac{1.2 \times 10^{-24}\ \text{cm}^3}{4.1 \times 10^{-20}\ \text{cm}^3} = 3 \times 10^{-5} = 0.003\ \%$$

(b) $$\text{액체 수소 1 몰의 부피} = \frac{2\ \text{g/mol}}{0.09\ \text{g/cm}^3} = 22.2\ \text{cm}^3/\text{mol}$$

$$\text{수소 분자 한 개가 차지하는 부피} = \frac{22.2\ \text{cm}^3}{6.02 \times 10^{23}}$$
$$= 3.7 \times 10^{-23}\ \text{cm}^3$$

$$\text{부피 비율} = \frac{1.2 \times 10^{-24}\ \text{cm}^3}{3.7 \times 10^{-23}\ \text{cm}^3} = 3\ \%\ (\text{기체에 비해 1000배 농축})$$

(c) 전자는 부피를 무시할 수 있는 점 입자이다.

$$\text{양성자의 반지름} = 1.4 \times 10^{-5}\,\text{Å} \times 1^{1/3} = 1.4 \times 10^{-5}\,\text{Å}$$

$$\text{양성자의 부피} = \frac{4}{3} \times 3.14 \times (1.4 \times 10^{-10}\ \text{cm})^3$$
$$= 1.2 \times 10^{-38}\ \text{cm}^3$$

$$\text{헬륨 원자핵의 반지름} = 1.4 \times 10^{-5}\,\text{Å} \times 4^{1/3} = 2.2 \times 10^{-5}\,\text{Å}$$

$$\text{헬륨 원자핵의 부피} = \frac{4}{3} \times 3.14 \times (2.2 \times 10^{-13}\ \text{cm})^3$$
$$= 4.5 \times 10^{-38}\ \text{cm}^3$$

$$1\ \text{cm}^3\text{에 들어 있는 양성자의 부피} = (1.2 \times 10^{-38}\ \text{cm}^3) \times 57 \times (6.02 \times 10^{23})$$
$$= 4.1 \times 10^{-13}\ \text{cm}^3$$

$$1\ \text{cm}^3\text{에 들어 있는 헬륨 원자핵의 부피} = (4.5 \times 10^{-38}\ \text{cm}^3) \times 25 \times (6.02 \times 10^{23})$$

$$= 6.8 \times 10^{-13}\ \text{cm}^3$$

1 cm^3에 들어 있는 양성자의 부피와 헬륨 원자핵의 부피의 합

$$= 4.1 \times 10^{-13}\ \text{cm}^3 + 6.8 \times 10^{-13}\ \text{cm}^3 = 1.1 \times 10^{-12}\ \text{cm}^3$$

$$\text{부피 비율} = \frac{1.1 \times 10^{-12}\ \text{cm}^3}{1\ \text{cm}^3} = \text{약 } 1 \times 10^{-10}\ \%$$

(수소 기체보다 훨씬 이상적이다)

다) 1 cm^3 당 189 몰의 입자가 들어 있다.

$$T = PV/nR = \frac{(2.5 \times 10^{11}\ \text{atm})\ (1 \times 10^{-3}\ \text{L})}{189\ \text{mol} \times 0.082\ \text{L}\cdot\text{atm}\cdot\text{mol}^{-1}\cdot\text{K}^{-1}}$$

$$= 1.6 \times 10^7\ \text{K}\ (\text{1600만도와 가깝다})$$

7-4-3 기체 분자 운동론

이상 기체 상태식 (ideal gas equation of state) 은 거시적인 변수들 간의 관계를 나타내는 식이다. 기체는 분자들로 이루어져 있고, 기체의 상태는 분자들의 집합적인 운동의 결과로 나타난다. 그런데 눈에 보이지 않는 기체가 분자라고 하는 입자로 이루어졌고, 온도나 압력 등의 거시적 현상도 분자 운동의 결과라고 하는 사실을 받아들이는 것은 그렇게 쉬운 일은 아니다. 오히려 기체를 연속적인 유체로 보는 것이 직관적으로 받아들이기 쉬울 수도 있다. 3장에서 살펴본 대로 그리스 시대부터 물질의 원자설이 등장했는데, 17세기에 보일은 기체의 압력을 충돌하면서 서로를 밀어내는 기체 입자로 설명했고, 18세기에 스위스의 다니엘 베르누이 (Bernoulli) 는 기체 입자의 충돌로부터 보일의 법칙을 유도했다. 1860년 대에는 맥스웰 (Maxwell), 볼츠만 (Boltzmann) 에 의하여 기체 분자 운동론이 확립되어 속도 분포, 압력, 확산속도, 점성 등 많은 기체의 성질들을 설명하게 되었고, 분자의 실재를 받아들이는 데 중요한 역할을 하였다.

기체의 특성을 구성 분자들의 운동으로 설명하고자 하는 노력을 **기체 분자 운동론 (氣體分子運動論, kinetic theory of gases)** 이라고 한다. 기체 분자 운동론은 몇 가지 기본적인 가정에서 출발한다. 기체를 구성하고 있는 분자들은 분자간 거리가 분자의 크기보다 상대적으로 크기 때문에 분자의 크기를 무시할 수 있고, 충돌을 할 경우를 제외하면 분자간의 상호작용을 무시할 수 있다. 따라서 기체 분자들은 용기 벽면이나 다른 분자들과의 탄성충돌을 할 때를 제외하고는 힘을 받지 않은 상태에서의 운동을 하고 있다고 가정할 수 있다. 열적 평형인 상태에서는 분자들이 일정한 속도 분포를 가지고 무질서 운동을 하고 있는 계로 생각할 수 있다.

이제부터 역사적으로 중요한 의미를 지닌 클라우지우스 (Clausius) 의 유도를 따라서 기체의 온도, 압력, 부피, 분자량, 운동 속도의 관계를 살펴보자.

맥스웰(James Clerk Maxwell, 1831-1879). 스코틀랜드 출신 물리학자. 전기와 자기를 통합하였고, 기체 분자 운동론 확립에 핵심 역할을 하였다.

가. 분자의 속도와 온도

한 변의 길이가 l인 정육면체 상자 속에서 x-축 방향으로 두 벽 사이를 v_x의 속도로 운동하는, 질량이 m인 기체 분자를 생각해 보자. 벽에 충돌하기 직전에 기체 분자의 운동량은 mv_x이고, 탄성 충돌에 의해 방향이 180도 바뀌면 속도는 $-v_x$로 바뀌고, 따라서 운동량은 $-mv_x$가 된다. 기체 분자의 운동량 변화는 $-mv_x - mv_x = -2mv_x$이고, 운동량 보존 법칙에 의해 벽의 운동량 변화는 $2mv_x$가 된다. 이 분자가 반대쪽 벽에 충돌하고 돌아와서 다시 벽에 충돌하는 데 걸리는 시간은 $2l/v_x$이고, 매 초 한쪽 벽에 전달되는 운동량은 운동량 변화 $(2mv_x)$ 를 시간 $(2l/v_x)$ 으로 나눈 mv_x^2/l이 된다. 그런데

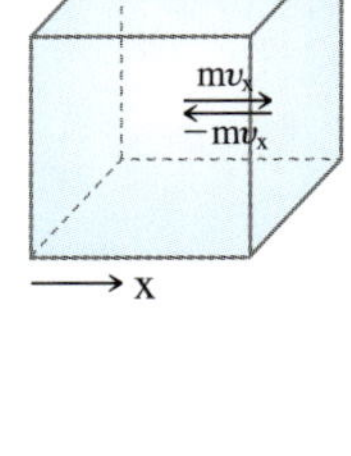

회의적인 화학자

보일 (Robert Boyle, 1627-1691).

화학이 언제부터 생겨났는지에 대해서는 논란이 있을 수 있다. 18세기에 원자론을 주장한 돌턴 (John Dalton, 1766-1844)이나 현대 화학의 정량적인 관계를 정립한 라부아지에 (Antoine Lavoisier, 1743~1794) 등이 화학의 초창기에 매우 중요한 역할을 했음은 부인할 수 없는 사실이다. 하지만 그 전에 17세기의 "자연철학자"인 보일을 근대적인 화학 개념의 창시자로 보고, "화학의 아버지"라고 부르는 것은 과학으로서의 화학이 연금술(鍊金術, alchemy)로부터 벗어날 수 있는 계기를 마련한 그의 업적 때문이라고 할 수 있다.

아일랜드에서 부유하고 영향력 있는 집안에서 태어난 보일은 9살이 되기도 전에 영국의 이튼 칼리지에 입학하였고, 12살 이후에는 스위스, 이탈리아 등지에서 가정교사와 공부를 하였다. 1645년에 영국으로 돌아온 그는 본격적인 과학 탐구의 길을 걷게 된다. 그 당시만 해도 연금술(alchemy)이 영향력을 유지하고 있었으며, 보일 자신도 금(金, gold)을 만들 수 있고 실제로 만들었다고 믿을 정도로 연금술의 영향을 받고 있었다. 보일과 같은 시기에 살았던 뉴턴도 연금술에 빠져 있었다고 한다. 보일은 모든 자연현상에 깊은 호기심을 가지고 있었다(아인슈타인은 이를 두고 "신성한 호기심(holy curiosity)"이라고 부르기도 했다). 보일은 결정들의 구조와 절단면에 대해 연구하고, 색깔과 전기에 대한 책을 쓰기도 했다. 못을 황산에 넣었을 때 나오는 기체를 관찰하고(그는 이것이 수소인지는 알지 못했다), 산호 가루에 식초를 부으면 나오는 기체에 파리를 넣어 놓으면 오래 가지 못해 죽는다는 것도 알아냈다. 산성 물질과 염기성 물질을 구별하는 지시약을 만들기도 하였다. 혈액의 성질에 대해서 연구하고, 수혈(blood transfusion)의 가능성에 대해서도 관심이 있었으며, 냄새와 맛의 인식에 관한 실험을 행하기도 하였다. 반투막의 성질에 대해서도 설명하고, 뇌의 손상에 의한 색맹의 사례에 대해서도 보고한 바 있다.

공기 펌프(air-pump)에 관심을 가지게 된 보일은 로버트 후크(Robert Hooke, 1635~1703)의 도움으로 보다 나은 성능을 가진 공기 펌프를 제작할 수 있었다. 후크 자신도 후에 많은 중요한 업적을 남긴 과학자로 남게 된다. 고무줄이나 스프링의 탄성력을 설명하는 후크의 법칙(Hooke's law)과 현미경을 이용한 많은 실험을 통해 "현미경의 아버지"로 불리게 된 것이 그의 대표적인 업적이다. 코르크의 세포를 관찰하고 세포(cell)라는 명칭을 처음 사용한 것도 후크라고 알려져 있다. 영국 옥스퍼드에는 보일과 후크의 업적을 기리는 보일-후크 현판(Boyle-Hooke plaque)이 걸려 있다.

보일은 공기 펌프를 사용하여 공기의 특성에 대한 다양한 실험을 수행하여, 공기가 연소, 호흡, 그리고 소리 전달에 중요한 역할을 한다는 것을 알아낼 수 있었다. 공기 엔

$d(\mathrm{m}v)/\mathrm{d}t = \mathrm{m}\mathrm{d}v/\mathrm{d}t = \mathrm{m}a = f$이므로 기체 분자의 충돌에 의해 벽에 가해진 힘은 $\mathrm{m}v_x^2/l$인 것을 알 수 있다.

이제 질량이 m인 같은 기체 분자 N 개가 제각기 다른 속도인 v_{x1}, v_{x2}, v_{x3} 등을 가지고 운동하고 있다고 하자. N 개의 분자에 의해 가하지는 전체 힘은 각 분자가 가하는 힘의 합이다.

$$F = \frac{\mathrm{m}v_{x1}^2}{l} + \frac{\mathrm{m}v_{x2}^2}{l} + \cdots + \frac{\mathrm{m}v_{xN}^2}{l}$$

$$= \frac{\mathrm{m}}{l} \times (v_{x1}^2 + v_{x2}^2 + \cdots + v_{xN}^2) = \frac{N\mathrm{m}}{l} \times \overline{v_x^2}$$

$\overline{v_x^2}$는 N 개 분자에 대한 v_x^2의 평균값이다. 그런데 기체의 압력은 벽에 가해진 힘을 면적 A로 나눈 것이다. 면적(A) × 거리(l) = 부피(V)임을 고려하면

진(pneumatic engine)이라고 부른 펌프를 이용하여 밀폐된 용기 내의 공기의 양을 조절할 수 있었으며, 이것을 통하여 이전의 일부 사람들의 주장처럼 공기가 실체가 없는 에테르(ether)가 아니라 물리화학적 특성을 지닌 물질이라는 것을 보일 수 있었다. 공기를 빼낸 용기 내에서는 초가 금방 꺼지고, 곤충, 새 또는 쥐 등이 호흡이 곤란해져서 죽는다는 사실도 확인했다. 보일은 또한 진공 상태에서 소리나 자기력이 전파되는 정도도 탐구하였다. 이 결과들은 1660년 "공기의 탄력에 대한 자극과 효과에 대한 새로운 물리역학적 실험들(*New Experiments Physico-Mechanical, Touching the Spring of the Air, and its Effects*)"이라는 제목으로 출판되었다. 이에 대한 반론들에 대해 언급하면서 보일은 현재 우리가 보일의 법칙으로 알고 있는 "공기의 부피는 압력에 반비례"한다는 사실을 추가하게 된다.

많은 자연 현상에 대한 호기심 중에서도 보일은 화학에 대해 남다른 관심과 애정이 있었던 것 같다. 그는 특히 물질의 특성에 대해 알고 싶어 했으며, 근본적인 해답을 얻기 위해서는 그 때까지 존재하던 잘못된 생각들을 바로 잡아야 했다. 물질을 구성하는 기본 요소가 흙(earth), 공기(air), 불(fire), 그리고 물(water)이라는 고대 그리스의 주장이 그 당시까지 받아들여지고 있었고, 연금술사들은 물질의 3대 요소로서 황(sulfur), 수은(mercury), 그리고 염(salt)을 내세우고 있었다. 물질에 대한 많은 실험을 통해 보일은 물질의 특성을 다루는 화학의 토대는 이러한 신비적인 사고에서 탈피하여 보다 확고한 과학적 근거를 가져야 한다는 믿음을 가지게 된 것으로 보인다.

보일은 1661년에 "회의적인 화학자(*Sceptical Chymist*)"를 출간한다. 이 책에서 그는 물질을 구성하는 기본 원소의 개념을 주장하였다. 화합물을 구성하는 기본 단위로서의 원소를 도입함으로써 마침내 근대 화학이 연금술로부터 분리되는 개념적 근거를 마련하였다. 그는 원소의 존재를 다양한 분석 방법을 통해 확인할 수 있었다. 그의 실험들은 화학 분석과 화학 용어의 기초를 확립하는 계기가 되었다.

보일은 1663년에 창립된 영국왕립학회의 창립회원으로서 1680년에 회장에 추대되기도 하지만 그 영예를 거절한다. 과학에 대한 끊임없는 호기심과 함께 보일은 종교에도 관심이 많았으며, 그의 사후에 유언에 따라 "악명 높은 이교도들에 대항해 그리스도교를 증거하기 위한" 보일 강연(Boyle Lecture)이 만들어 졌다.

보일이 사용한 공기 펌프

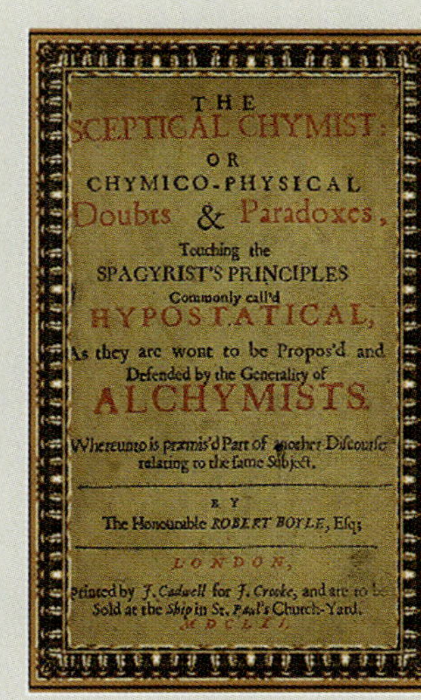

THE
SCEPTICAL CHYMIST:
OR
CHYMICO-PHYSICAL
Doubts & Paradoxes,
Touching the
SPAGYRIST'S PRINCIPLES
Commonly call'd
HYPOSTATICAL,
As they are wont to be Propos'd and Defended by the Generality of
ALCHYMISTS.
Whereunto is præmis'd Part of another Discourse relating to the same Subject.
BY
The Honourable ROBERT BOYLE, Esq;
LONDON,
Printed by J. Cadwell for J. Crooke, and are to be Sold at the Ship in St. Paul's Church-Yard.
MDCLXI.

"회의적인 화학자" 표지

$$P = \frac{F}{A} = \frac{Nm}{Al} \times \overline{v_x^2} = \frac{Nm}{V} \times \overline{v_x^2}$$

$$PV = Nm\overline{v_x^2}$$

실제로 기체는 x, y, z 세 방향으로 운동하므로

$$\overline{u^2} = \overline{v_x^2} + \overline{v_y^2} + \overline{v_z^2} = 3\overline{v_x^2}$$

$$PV = \frac{1}{3} Nm\overline{u^2}$$

속도는 방향을 고려한 벡터 양이고, 속력은 크기만을 고려한 스칼라 양이다. 여기서는 속도와 속력을 구분하지 않기로 한다.

이상 기체 방정식으로부터 $PV = nRT$를 대입하면 아래의 분자 속도와 온도의 관계식을 얻을 수 있다. 분자수(N) = 몰수(n) × 아보가드로수(N_0)를 고려하면

$$\frac{1}{3}N\text{m}\overline{u^2} = nRT, \quad \frac{1}{3}N_o\text{m}\overline{u^2} = RT$$

그런데 질량이 m이고 속도가 u인 분자의 운동 에너지는 $\text{m}u^2/2$이므로 속도 분포를 고려했을 때 1몰 분자의 전체 운동 에너지는 $N_o\text{m}u^2/2$이다. 위의 식과 비교하면 분자 각각의 속도와 운동 에너지는 다르지만 집단적으로 분자의 운동 에너지는 분자량(M)에 상관없고 온도에만 의존한다는 다음의 중요한 식이 얻어진다.

$$1\text{몰 분자의 운동 에너지} = \frac{N_o\text{m}\overline{u^2}}{2} = \frac{\text{M}\overline{u^2}}{2} = \frac{3}{2}\text{RT}$$

또한 $\overline{u^2} = \frac{3RT}{\text{M}}$인 것을 알 수 있고, 평균제곱근 속도(root-mean-square-speed, u_{rms})를 $\overline{u^2}$의 제곱근으로 정의하면 기체 분자의 평균 속도가 온도의 제곱근에 비례하고 분자량에 반비례하는 것을 보여 주는 다음 식을 얻는다.

$$u_{\text{rms}} = \sqrt{\frac{3RT}{\text{M}}}$$

SI 단위로 T는 절대 온도, M은 kg/mol, R은 8.3145 J/mol·K를 사용하면 속도는 m/s 단위로 얻어진다.

예제 7.17

상온에서 질소 분자와 수소 분자의 u_{rms}를 구하여라.

풀이 질소 : $u_{\text{rms}} = \sqrt{\frac{3RT}{\text{M}}}$

$$= \sqrt{\frac{3 \times 8.3145\ \text{J/mol·K} \times 298\text{K}}{}} = 515\ \text{m/s}$$

수소 : 수소는 질소보다 분자량의 제곱근의 비만큼 빨리 운동한다.

$$u_{\text{rms}} = 515\ \text{m/s} \times \sqrt{\frac{28}{2}} = 1930\ \text{m/s}\ (\text{초속 약 2 km})$$

일정한 온도에서 일정한 양의 질소처럼 분자량이 같은 분자의 집단에서라도 개개의 기체 분자들은 서로 다른 속도를 가지고 운동한다. 맥스웰과 볼츠만은 기체 분자들의 속도 분포를 나타내는 아래의 식을 구하였다.

$$f(u) = 4\pi\left(\frac{m}{2\pi kT}\right)^{3/2}u^2\exp\left(-\frac{mu^2}{2kT}\right)$$

이 식에서 볼츠만 상수(k)는 기체 상수를 아보가드로수로 나눈 값으로 정의된다. 맥스웰–볼츠만 속도 분포에서 흥미로운 점은 온도에 따라 분포가 달라진다는 것이다. 온도가 증가하면 분자들의 속도가 평균적으로 증가할 것으로 예상할 수 있다. 속도가 아주 낮거나 아주 높은 분자의 수는 0으로 수렴한다. 실제 속도 분포에서는 온도가 증가하면 존재 확률이 가장 큰 속도가 증가할 뿐만 아니라 더 넓은 분포가 되어 큰 속도값을 가질 확률도 상대적으로 커지게 된다.

기체 분자의 평균 속도는 몇 가지 다른 방법으로 정의할 수 있다. 위에서 본 u_{rms}는 분자의 속도를 제곱한 값의 평균의 제곱근인데 비해 분자 속도 자체의 평균인 평균 속도(average speed, u_{av}, $\overline{u}$)는 다음과 같이 주어지며 u_{rms}보다 8% 정도 작다.

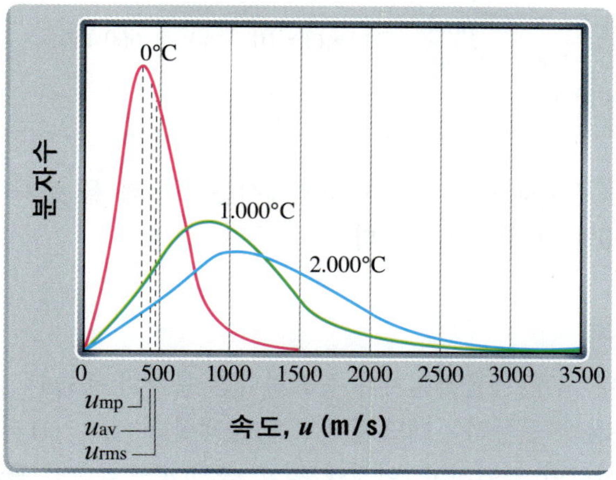

그림 7.12 맥스웰-볼츠만 속도 분포. 높은 온도에서는 평균 속도가 증가한다. 모든 온도에서 속도가 아주 높은 분자 수는 0으로 수렴한다.

$$\bar{u} = \sqrt{\frac{8RT}{\pi \mathrm{M}}}$$

속도 분포에서 존재 확률이 가장 높은 (most probable) 속도 (u_{mp}) 는 $\bar{u}$보다 더 작다.

나. 충돌 빈도

기체 분자 운동론은 기체 상태에서 분자 사이의 **충돌 빈도** (**衝突頻度**, **collision frequency**), 즉 매초당 충돌 횟수를 계산할 수 있게 해 준다.

지름이 d인 구형 분자가 평균 속도 $\bar{u}$로 직선 운동을 할 때 이 분자는 단면적이 πd^2이고 길이가 $\bar{u}$인, 즉 부피가 $\pi d^2 \bar{u}$인 실린더 안에 중심이 놓인 모든 분자와 충돌한다. 부피 V에 N 개의 기체 분자가 들어 있는 경우에 하나의 분자가 단위 시간당 충돌하는 횟수는 $(N/V)\,\pi d^2 \bar{u}$가 된다. 그런데 분자들은 상대적으로 운동하고 있으므로 $\sqrt{2}$를 곱하면

$$\text{단위 시간당 충돌 횟수} = \sqrt{2}\,(N/V)\,\pi d^2 \bar{u} \tag{1}$$

$\bar{u}$에 대한 앞의 식을 대입하면 다음 식이 얻어진다.

$$\text{단위 시간당 충돌 횟수} = 4Nd^2/V\,(\pi RT/\mathrm{M})^{1/2}$$

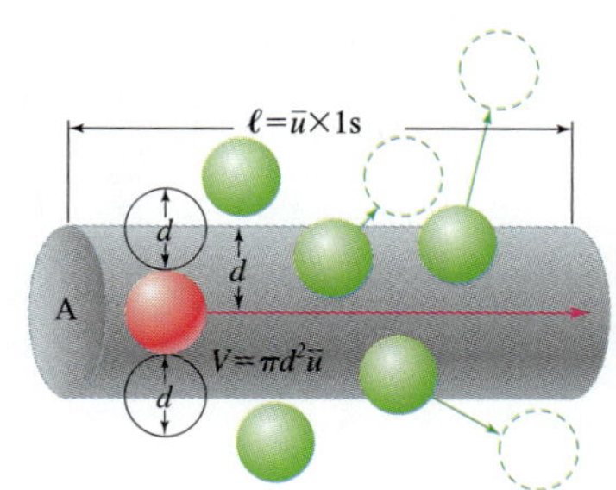

그림 7.13 지름이 d이고 평균 속도 $\bar{u}$로 운동하는 분자가 단위 시간에 충돌하는 분자들을 포함하는 실린더.

예제 7.18

물 분자를 지름이 3.0 Å인 구로 가정하고 100°C, 1 기압의 수증기에서 물 분자의 평균 속도와 초당 충돌 횟수를 구하여라.

풀이 100°C, 1 기압에서 물 1 몰이 차지하는 부피 $= \dfrac{1 \times 0.082 \times 373}{1} = 30.6$ 리터

$N = 6.0 \times 10^{23}$/mol, $d = 3.0 \times 10^{-10}$ m, $V = 3.06 \times 10^{-2}$ m^3, $R = 8.3$ J/mol K,

$T = 373$ K, $\mathrm{M} = 1.8 \times 10^{-2}$ kg/mol을 대입하면

$$\text{평균 속도} = \sqrt{\frac{8RT}{\pi \mathrm{M}}} = \sqrt{\frac{8 \times 8.3145\ \mathrm{J/mol \cdot K} \times 373\mathrm{K}}{3.14 \times 1.8 \times 10^{-2}\ \mathrm{kg/mol}}} = 660\ \mathrm{m/s}$$

$$\text{충돌 횟수} = \sqrt{2}\left(\frac{N}{V}\right)\pi d^2 \bar{u}$$

$$= 1.41 \times \frac{6.0\times10^{23}/\text{mol}}{3.06\times10^{-2}\,\text{m}^3} \times 3.14 \times (3\times10^{-10}\,\text{m})^2 \times 660\ \text{m/s}$$
$$= 5.2\times10^9/\text{s}$$

물이 끓고 있는 주전자의 물 위의 수증기에서는 하나의 물 분자가 초속 660 m로 운동하면서 매 초 50억 번 정도 충돌한다.

다. 평균 자유 행로

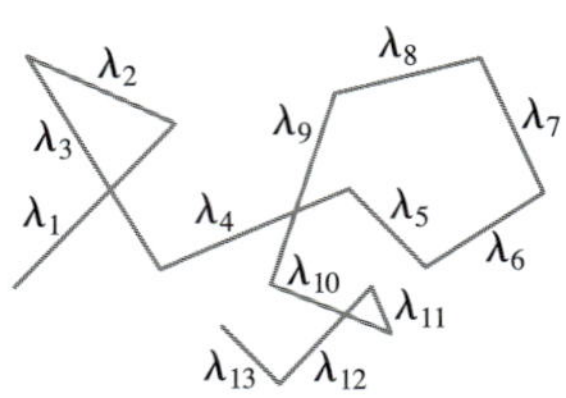

$\lambda = \overline{\lambda_1 + \lambda_2 + \cdots + \lambda_n}$

분자들이 얼마나 자주 충돌하는지가 중요하다면 분자의 충돌과 충돌 사이에 얼마만큼의 거리를 자유롭게 운동하는가도 흥미로운 문제이다. 앞의 (1)의 역수를 취하면 충돌 사이의 평균 시간이 얻어지고, 이것에 평균 속도 $\bar{u}$를 곱하면 **평균 자유 행로**(**平均自由行路**, **mean free path**, $\boldsymbol{\lambda}$)를 구할 수 있다. 평균 자유 행로에서는 평균 속도가 상쇄되는 것을 유의하자.

$$\lambda = \frac{\bar{u}}{\sqrt{2}\left(\frac{N}{V}\right)\pi d^2 \bar{u}} = \frac{1}{\sqrt{2}\left(\frac{N}{V}\right)\pi d^2}$$

예제 7.19

100°C, 1 기압의 수증기에서 충돌 사이의 평균 시간과 평균 자유 행로를 구하여라.

풀이 앞의 예제에서 충돌 횟수는 초당 5.2×10^9으로 얻어졌다. 역수를 취하면

$$\text{충돌 사이의 평균 시간} = \frac{1}{5.2\times10^9/\text{s}} = 1.9\times10^{-10}\ \text{s} = 190\ \text{피코초}$$

$$\lambda = \left[\frac{\sqrt{2}\times3.14\times(3\times10^{-10}\ \text{m})^2\times6.0\times10^{23}}{3.06\times10^{-2}\ \text{m}^3}\right]^{-1}$$
$$= 1.3\times10^{-7}\ \text{m} = 1300\ \text{Å}$$

평균 자유 행로는 분자간 평균 거리 37 Å의 35 배나 되는 것을 알 수 있다. 이것은 분자 사이의 빈 공간이 많기 때문이다. 물 분자를 사람의 크기로 확대한다면 100°C, 1 기압 수증기의 상황은 20 m 정도의 거리를 유지하면서 사람들이 돌아다니고 있는데, 각자가 1 초만에 태양계 끝까지 가는 속도(광속을 초과하기 때문에 있을 수 없지만)로 달리면서 500 m 내지 1000 m에 한 번씩 다른 사람과 충돌하는 셈이다. 상상을 초월하는 다이나믹한 상황이다.

7-4-4 그레이엄의 유출 법칙

그레이엄(Thomas Graham, 1805-1869)은 기체의 유출 속도에 관한 그레이엄 법칙의 발견과 아울러 콜로이드 화학의 창시자로도 화학에 중요한 기여를 했다. 그는 콜로이드 연구를 통해 투석(透析, dialysis) 방법을 발견했다. 투석은 고분자 물질의 분리뿐만 아니라 신장 환자의 생명을 유지하는 데도 중요하게 사용된다.

기체 분자 운동론은 기체 분자들이 상자의 작은 구멍을 통해 바깥쪽의 진공으로 유출(流出, effusion)되는 경우 **유출 속도**(**rate of effusion**)를 계산할 수 있게 해 준다. 기체가 포함된 용기의 벽면에 작은 구멍을 내게 되면 그를 통하여 기체 분자들이 빠져나오게 된다. 기체 분자들의 유출 속도는 온도와 기체의 종류에 따라 다르다. 19세기 중반에 스코틀랜드 출신 그레이엄은 실험적으로 일정한 온도와 압력하에서 기체의 유출 속도는 분자량의 제곱근에 반비례하는 것을 보여 주었다.

$$\frac{\text{A의 유출 속도}}{\text{B의 유출 속도}} = \sqrt{\frac{\text{B의 분자량}}{\text{A의 분자량}}}$$

이 관계를 이용하여 19세기에는 유출 속도가 기체 분자의 분자량을 측정하는 데 사용되기도 했다.

예제 7.20

수소 분자와 산소 분자의 유출 속도 비는 얼마인가?

풀이 $\dfrac{\text{수소 분자의 유출 속도}}{\text{산소 분자의 유출 속도}}$

$$= \sqrt{\dfrac{\text{산소의 분자량}}{\text{수소의 분자량}}} = \sqrt{\dfrac{32}{2}} = 4$$

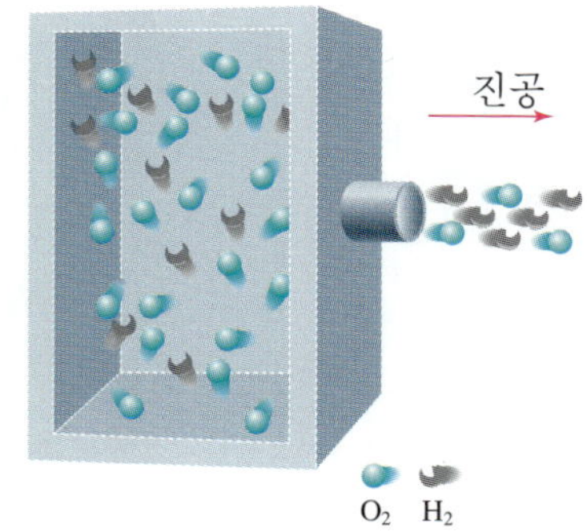

그림 7.14 그레이엄의 유출 법칙. 박스 내에서 서로 충돌하여 사방으로 운동하는 많은 기체 분자 중에서 그림의 오른쪽 방향으로 운동량을 가진 분자들은 구멍을 통해 진공으로 빠져나와 오른쪽 방향으로 운동을 계속한다.

분자량이 다른 두 기체가 같은 양 섞여 있을 때, 유출 속도의 차이 때문에 용기에 남아 있는 기체 혼합물에는 분자량이 큰 기체의 비율이 증가하게 된다. 이 원리를 이용하면 분자량이 다른 두 기체를 분리하는 방법으로 이용될 수 있다. 실제로 비슷한 원리를 이용하여 우라늄 동위원소를 분리하는 데에 응용되었다. UF_6는 기체이기 때문에 $^{235}UF_6$와 $^{238}UF_6$의 분자량은 아주 미세한 차이지만 유출 현상과 같은 원리의 적용을 받는 고체 매질을 통한 기체 확산 과정을 반복적으로 적용하여 두 분자를 분리할 수 있었다.

유출은 **반응 동력학**(**reaction dynamics**)을 연구하는 데 적용된다. 예를 들면, 진공하의 반응 챔버에서 수직 방향으로부터 두 가지 반응물을 분출시키고 충돌 후 생성물의 종류와 에너지 상태 등을 조사하는 것이다. 이러한 소위 **교차 분자살 반응**(**crossed molecular beam reaction**)을 사용하여 반응의 동력학을 연구한 더들리 허쉬박(Dudley Herschbach)과 유안 리(Yuan Tse Lee)는 1986년 노벨 화학상을 수상하였다(10장).

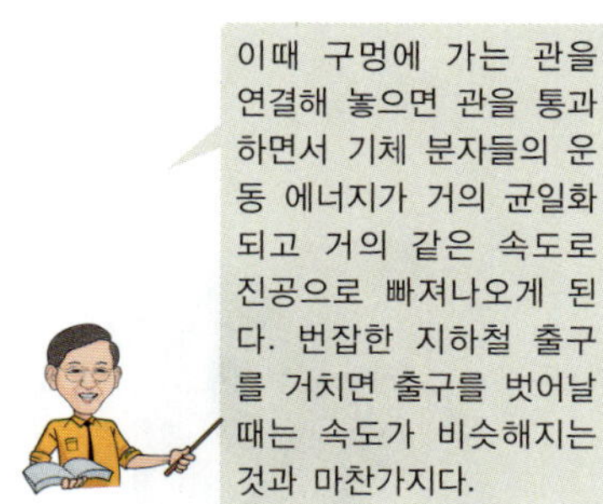

유출과 혼동하기 쉬운 현상에는 기체의 **확산**(**擴散, diffusion**)이 있다. 향수를 뿌리면 금방 상당한 거리까지 냄새가 퍼져 나간다. 이때는 기화된 향수 분자가 분출에서와 같이 진공으로 직선 운동을 하는 것이 아니라 공기 분자들과 충돌하면서 사방으로 퍼져 나간다. **확산 속도**(**diffusion velocity**)는 분자량의 제곱근에 반비례한다. 물에 떨어뜨린 잉크 방울이 퍼져 가는 것처럼 확산은 액체에도 적용된다. 분자들은 다른 분자들과의 충돌이나 상호작용에 의해 운동 방향이나 운동량이 변화하여 직선 운동이 아닌 무질서한 움직임을 보이는데, 이것을 **브라운 운동**(**Brownian motion**)이라고 한다. 브라운 운동은 확산에 의해 물질이 이동하는 미시적인 메커니즘이라고 할 수 있다. 확산의 정도를 나타내는 척도인 **확산 계수**(**擴散係數, diffusion coefficient**)의 크기는 분자의 운동에 영향을 미치는 상호작용의 세기에 따라 달라진다. 액체의 확산 계수는 기체에 비하여 작지만 세포 내에서 확산은 생명 현상에서 중요한 역할을 한다. 아인슈타인은 액체에서 브라운 운동을 분자들의 무작위적인 운동의 결과로 해석하여 분자의 실재를 확인하는 데 크게 기여하였다.

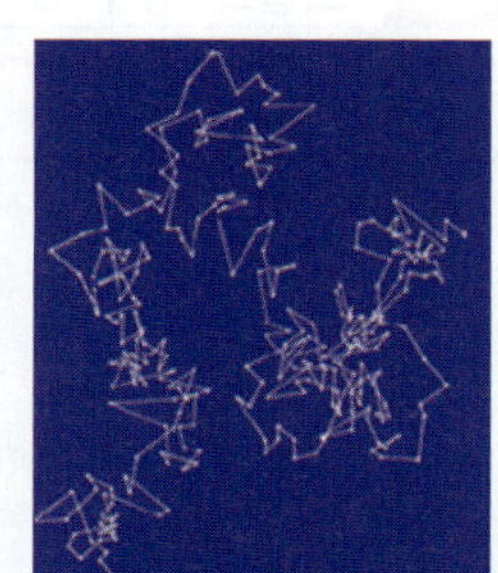

브라운 운동

7-4-5 실제 기체 : 반데르발스 방정식

앞에서 본대로 상온에서 공기 분자들이 평균적으로 자신의 크기의 약 20배 거리 만큼 떨어져서 운동하고 있는 경우에는 이상 기체 방정식이 잘 적용된다. 아래 세 경우에는 분자들이 독립적으로 운동한다고 보기 어려워지고 따라서 이상 기체에서 벗어나리라 예상된다.

- **압력이 크게 높아져서 분자간 거리가 훨씬 가까워지는 경우.** 500 기압이 되면 분자간 거리는 약 8분의 1로 줄어들어서 한 방향으로 분자 사이의 공간이 분자 두 개 정도 밖에 안 된다. 그러면 분자간 상호작용이 크게 증가할 것이다.

- **온도가 크게 낮아져서 분자의 운동 속도가 아주 낮아지는 경우.** 분자의 운동 에너지가 낮아지면 약한 분자간 상호작용이라도 중요하게 작용할 수 있다.

- **분자량이 아주 큰 경우.** 분자의 지름이 커져서 충돌 횟수도 증가하고, 분산력이 커져서 분자간 상호작용도 크게 증가한다.

이와 같이 실제 기체가 이상 기체와 다른 행동을 보이는 근본 원인은 분자간 상호작용 때문이다. 압력이 높아지거나 온도가 낮아져서 부피가 작아지고 분자간 거리가 줄어들게 되면 이상 기체에서 무시되었던 상호작용이 큰 영향을 미칠 수 있다. 결국은 기체가 액체로 바뀔 수도 있고, 그 과정에서 기체에서 액체로 상태의 성질이 연속적으로 바뀔 것이다.

네덜란드의 반데르발스는 여러 온도와 압력에서 기체의 부피를 정밀하게 측정하고, 1873년에 "기체와 액체 상의 연속성에 대하여"라는 제목의 논문으로 박사 학위를 받았다. 이 논문에서 그는 분자간 상호작용의 영향을 포함하여 이상 기체 방정식을 보완할 수 있는 새로운 상태 방정식을 제안하였다. 이 식은 반데르발스 식으로 알려지게 되었고, 지금도 널리 사용되고 있다.

$$\left(P + a\frac{n^2}{V^2}\right)(V - nb) = nRT$$

이 식에서 상수 a와 b는 각각 분자간의 인력과 반발력의 영향을 반영하고 있다.

반데르발스 (van der walls, 1837~1923). 네덜란드의 물리학자로서, 반트호프와 함께 평생 암스테르담대학 교수를 지냈고, 1910년에 노벨 물리학상을 수상하였다.

- **상수 a의 의미** : 분자간 거리가 줄어들거나 운동 에너지가 낮아지면 분자간 상호작용이 크게 작용하고 기체 분자가 벽에 충돌할 때 뒤에서 끌어당기는 효과가 나타난다. 따라서 실제 측정되는 압력 P에 이러한 효과를 더해 주어야 이상 기체 방정식에서의 압력 (P_{ideal})이 된다. 분자간 인력은 두 분자 사이에 상호적으로 작용하기 때문에 이 효과는 분자 밀도 (n/V)의 제곱에 비례한다. a는 분자간 인력의 크기를 나타내는 상수이다.

$$P_{ideal} = P + an^2/V^2$$

표 7.3 몇몇 기체의 반데르발스 상수 b

분자	b (L/mol)
H_2	0.0266
H_2O	0.0305
O_2	0.0318
Ar	0.0322
NH_3	0.0371
CH_4	0.0428

- **상수 b의 의미** : 압력이 높거나 온도가 낮아서 분자간 거리가 크게 줄어들면 분자들이 자유롭게 운동할 수 있는 공간이 축소된다. 분자들이 너무 가깝게 접근하면 반발력이 작용한다. 따라서 용기의 부피 (V)에서 분자들이 효과적으로 차지하는 부피를 빼 주어야 이상 기체 방정식에서의 부피 (V_{ideal})가 된다. n은 몰수이고, b는 한 분자가 차지하는 부피라고 볼 수 있다. b는 분자간 척력의 크기를 나타내는 상수인 셈이다.

$$V_{ideal} = V - nb$$

따라서 이상 기체 방정식은 다음과 같이 바꾸어 쓸 수 있다.

$$(P_{ideal})(V_{ideal}) = \left(P + a\frac{n^2}{V^2}\right)(V - nb) = nRT$$

반데르발스 방정식의 형태는 모든 기체에서 같지만 기체의 종류에 따라 상호작용의 세기를 나타내는 상수들의 값이 다르다. 예를 들어, b값은 다음과 같이 분자의 크기를 반영하는 것으로 보인다.

실제 기체가 이상 기체로부터 벗어나는 정도는 압력을 증가하면서 **압축률비**(壓縮率比, **compressibility ratio**, $z = \frac{PV}{nRT}$)를 측정하면 알 수 있다.

예제 7.21

200 K에서 얻은 오른쪽 그림에서 100기압 정도에서 z가 1 이하로 내려가는 이유는 분자간 인력의 효과인가, 분자 크기의 효과인가?

풀이 낮은 온도에서는 운동 속도가 낮으므로 분자간 인력을 크게 느낀다. 따라서 측정된 압력 P는 이상 기체에 적용되는 압력보다 낮아진다. 한편 압력은 그렇게 높지 않기 때문에 부피 V에 대한 영향은 크지 않다. 결과적으로 PV에서 P가 작아지므로 PV는 nRT보다 작아진다. 이러한 효과는 분산력이 거의 없는 수소에서는 보이지 않고 질소, 메테인 순으로 커진다. 이산화탄소는 분자 내에 두 개의 쌍극자 모멘트가 반대 방향으로 존재한다(O ← C → O). 따라서 −78.5°C에서 고체 드라이아이스로 바뀌는 것을 보면 알 수 있듯이, 이산화탄소의 분자간 상호작용은 메테인에서보다 크고 압축률도 1에서 가장 많이 벗어난다.

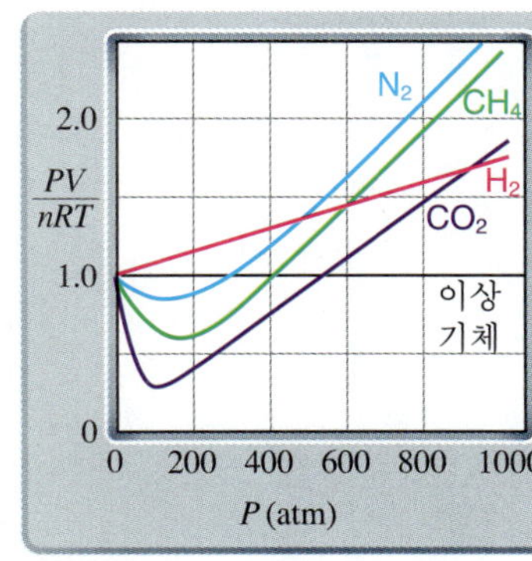

그림 7.15 200 K에서 몇 가지 기체의 압축률비. 분자간 상호작용이 클수록 낮은 압력에서 압축률비가 1에서 크게 벗어난다.

예제 7.22

질소에 대하여 얻은 오른쪽 그림에서 압력이 높아지면 z가 커지는 이유는 분자간 인력의 효과인가, 분자 크기의 효과인가? 왜 이런 효과는 낮은 온도에서 크게 나타날까?

풀이 압력이 1기압에서 1000배 정도 증가하면 분자간 거리는 10분의 1 정도로 줄어들고 분자의 크기를 무시할 수 없게 된다. 따라서 분자들이 자유롭게 운동할 수 있는, 즉 이상 기체 방정식이 적용될 수 있는 공간이 크게 감소한다. 낮은 온도에서는 기체의 부피가 감소하므로 이런 효과가 보다 크게 나타난다. 측정된 용기의 부피 V는 이상 기체 방정식이 적용될 수 있는 실제 공간보다 크기 때문에 PV는 nRT보다 크다. 분자 크기의 효과가 없다면 낮은 온도에서 압력이 높아질수록 z가 1보다 점점 더 작아지겠지만 203 K의 곡선을 보면 100기압 정도에서부터 분자 크기의 효과가 우세해지는 것을 알 수 있다.

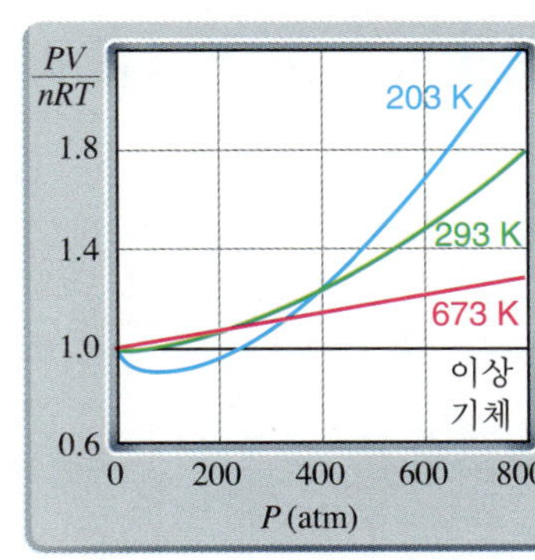

그림 7.16 몇 가지 온도에서 질소의 압축률비. 낮은 온도와 압력에서는 압축률비가 1보다 작아진다.

7-5 액체

7-5-1 분자간 거리와 밀도

앞에서 살펴보았듯이 우리 주위에서 액체로 존재하는 순수한 물질은 물이 거의 유일하다. 두 번째로 많은 에탄올은 항상 물과 1 : 1 또는 그 이하의 비율로 섞여 있다. 나머지 대부분의 순수한 액체는 화학 실험실에서 찾아볼 수 있는 유기 화합물이거나 산업체에서 사용하는 용매이다. 따라서 물의 성질을 잘 이해하면 액체의 성질을 대부분 이해하는 것이 된다. 그런데 기체에서는 각각의 분자들이 상당히 먼 거리에서 독립적으로 운동하지만 액체에서는 상황이 크게 다르다. 일단 반데르발스 상수와 관련하여 액체의 상황을 대체적으로 파악해 보자.

이산화탄소를 배출하지 않는 수소를 자동차 연료로 사용하려면 무게보다 부피가 문제가 된다.

예제 7.23

액체 수소의 밀도는 0.069 g/cm^3이다.

가) 액체 수소에서 분자들이 고르게 분포되어 있다고 가정하고, 분자 중심 간의 거리를 구하여라.

나) 액체 수소에서 원자들이 고르게 분포되어 있다고 가정하고, 원자 중심 간의 거리를 구하여라.

풀이 가) 수소(H_2) 1 몰당 부피 $= \dfrac{2\ g/mol}{0.069\ g/cm^3}$

$= 29\ cm^3/mol = 29 \times 10^{24}\ Å^3/mol$

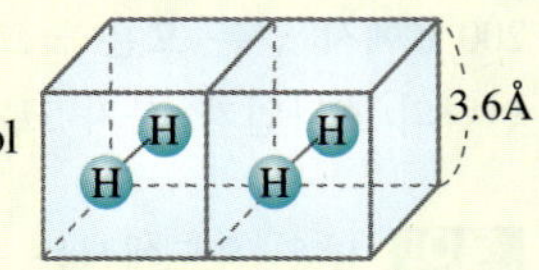

H_2 한 분자당 부피 $= \dfrac{29 \times 10^{24}\ Å^3}{6.02 \times 10^{23}} = 48.2\ Å^3$

수소 분자 하나가 차지하는 정육면체 모서리의 길이 $= \sqrt[3]{48.2\ Å^3} = 3.6\ Å$

이것이 액체 수소에서 분자 중심 사이의 거리라고 볼 수 있다.

나) H 한 원자당 부피 $= \dfrac{48.2\ Å^3}{2} = 24.1\ Å^3$

수소 원자 하나가 차지하는 정육면체 모서리의 길이 $= \sqrt[3]{24.1\ Å^3} = 2.9\ Å$

이것이 액체 수소에서 원자 중심 사이의 거리라고 볼 수 있다.

수소 분자의 크기를 약 2 Å이라고 한다면 수소 분자들 사이에는 분자 크기 정도의 간격이 있는 셈이다. 만일 원자가 돌턴이 생각했던 대로 딱딱한 구라면 높은 압력하에서 액체 수소는 수소 분자들이 거의 접촉할 때까지 압축되어서 나중에는 고체로 바뀔 것이다. 그런데 5장에서 보았듯이 전자는 핵의 양전하를 완벽하게 가리지 못하고 결과적으로 모든 원자는 양의 유효 핵전하를 가지게 된다. 분자들이 가까이 접근하면 이 핵전하 때문에 반발력이 작용하여 인력과 균형을 이루게 된다. 이때 분자간 거리, 즉 반데르발스 거리가 b로 나타난다.

수소를 자동차의 연료로 사용하려면 고압으로 압축하던지 어떤 물질에 고농도로 흡착하던지 해야 한다. 25°C에서 실린더에 압축할 수 있는 최대 압력인 80 MPa로 압축된 수소는 거의 액체와 비슷해지고 이상 기체 방정식보다는 반데르발스 방정식이 보다 잘 맞는다.

예제 7.24

가) 이상 기체 방정식을 사용하여 압력이 80 MPa인 실린더 내부의 수소 밀도를 g/cm^3 단위로 구하고, 액체 수소의 밀도, 0.069 g/cm^3와 비교하여라.

나) 액체 수소의 밀도로부터 몰당 부피를 L/mol 단위로 구하고, 알려진 수소의 반데르발스 상수 b인 0.0266 L/mol과 비교하여라.

풀이 가) $\dfrac{80 \times 10^6\ pascal}{1.013 \times 10^5\ pascal/atm} = 790\ atm$

$n/V = P/RT = \dfrac{790\ atm}{0.082\ L \cdot atm \cdot mol^{-1} \cdot K^{-1} \times 298\ K} = 32\ mol/L$

밀도 $= \dfrac{32 \times 2\ g}{1\ L} = 64\ g/L = 0.064\ g/cm^3$

액체 수소의 밀도와 비슷하다. 이상 기체 방정식을 사용하는 것이 무리라는 것을 알 수 있다.

나) 예제 7.23에서 수소(H_2) 1 몰당 부피 $= 29\ cm^3/mol = 0.029\ L/mol$

알려진 수소의 반데르발스 상수와 크게 다르지 않다.

예제 7.25

수소와 달리 물은 0℃, 1 기압에서 밀도가 1 g/cm^{3}이다.

가) 물의 밀도로부터 몰당 부피를 L/mol 단위로 구하고, 알려진 물의 반데르발스 상수 b인 0.0305 L/mol과 비교하여라.

나) 액체 물에서 분자들이 고르게 분포되어 있다고 가정하고, 분자 중심 간의 거리를 구하여라.

다) 액체 물에서 원자들이 고르게 분포되어 있다고 가정하고, 원자 중심 간의 거리를 구하여라.

풀이 가) 18 g/mol $\Longleftrightarrow$ 18 cm^3/mol = 0.018 L/mol. 액체인 물에서 몰당 부피는 기체에서 구한 반데르발스 상수 b, 0.0305 L/mol보다 작다.

나) $\dfrac{18\times10^{24}\ \text{Å}^3}{6.02\times10^{23}} = 30\ \text{Å}^3$

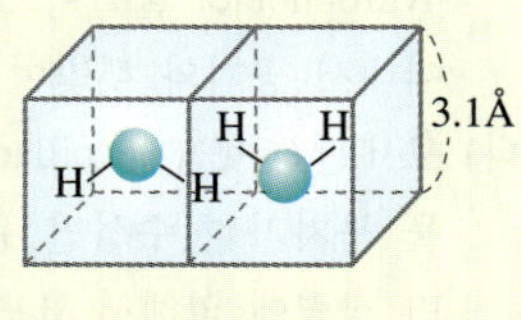

물 분자 하나가 차지하는 정육면체 모서리의 길이 = $\sqrt[3]{30\ \text{Å}^3} = 3.1\ \text{Å}$

이것이 물에서 분자 중심 사이의 거리라고 볼 수 있다.

다) 물 분자 하나에는 원자가 세 개 들어있으므로 원자 하나가 차지하는 정육면체의 부피는

$\dfrac{30\ \text{Å}^3}{3} = 10\ \text{Å}^3$

원자 하나가 차지하는 정육면체 모서리의 길이 = $\sqrt[3]{10\ \text{Å}^3} = 2.2\ \text{Å}$

이것이 물에서 원자 중심 사이의 거리이다.

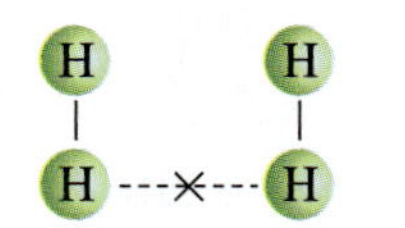

수소 결합 없음

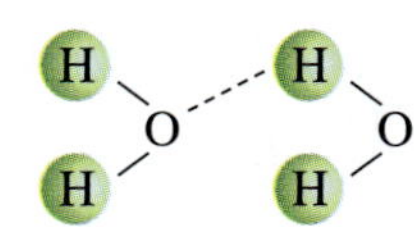

수소 결합 있음

물 분자는 수소 분자보다 크지만 수소 결합이 있는 물 분자 중심 간의 평균 거리(3.1 Å)는 액체 수소에서 수소 분자 중심 간의 평균 거리(3.6 Å)보다 작아서 분자간의 틈새가 별로 없다.

7-5-2 표면 장력

순수한 액체에서 볼 수 있는 현상 중에 **표면 장력**이 있다. 물처럼 분자간 상호작용이 큰 경우에는 분자가 액체의 내부에 있는 편이 더 안정하다. 내부의 분자에서는 사방으로 인력이 작용해서 에너지가 낮아지지만 표면에서는 안쪽으로 한 방향으로만 인력이 작용하여 내부의 분자에 비해 상대적으로 에너지가 높기 때문이다. 그래서 일정한 양의 액체에 대해 표면적이 클수록, 즉 넓게 퍼질수록 에너지 면에서 불리하다. 따라서 분자간 상호작용이 큰 액체는 표면적을 줄이려는 경향이 있다. 표면적을 단위 면적만큼 늘이기 위해 필요한 에너지를 **표면 장력**(表面張力, **surface tension**)이라고 한다. 물론 분자간 상호작용의 세기가 클수록 표면 장력도 커지게 된다.

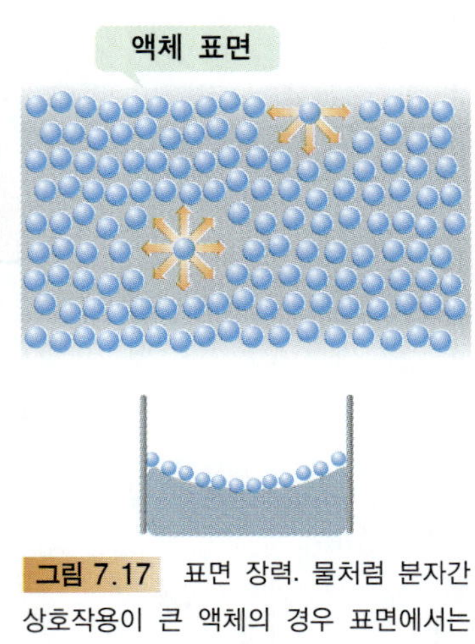

그림 7.17 표면 장력. 물처럼 분자간 상호작용이 큰 액체의 경우 표면에서는 안정화 효과가 작기 때문에 표면적을 최소화하려는 표면 장력이 생긴다.

예제 7.26

물과 메탄올(CH_3OH) 중 어느 것이 표면 장력이 큰가? 그 이유는 분자 구조와 어떤 관계가 있는가?

풀이 물은 유리판 위에 방울을 만들지만 메탄올을 유리판 위에 떨어뜨리면 퍼진다. 모래가 물에 젖는 것을 보아 알 수 있듯이 유리 표면은 친수성(親水性, hydrophilic)이다. 물 분자 사이의 인력이 물 분자와 유리 표면과의 인력보다 크기 때문에, 즉 물의 표면 장력이 크기 때문에 물은 유리판 위에 방울을 만든다. 메탄올의 −OH기와 친수성인 유리 표면 사이에

인력이 작용하는데, 메탄올-메탄올 사이의 인력이 물처럼 크지 않기 때문에, 즉 메탄올의 표면 장력이 물보다 작기 때문에 메탄올은 유리판 위에 방울을 만들지 않고 퍼진다.

예제 7.27

다음 중 표면 장력과 관계 없는 것은?

가) 연잎에 물방울이 잘 맺힌다. 나) 옷이 땀을 흡수한다.
다) 물병에 물을 담아 둘 수 있다. 라) 얼음이 녹으면 부피가 감소한다.

소수성 물질이 코팅되어 있는 연잎에 맺힌 물방울

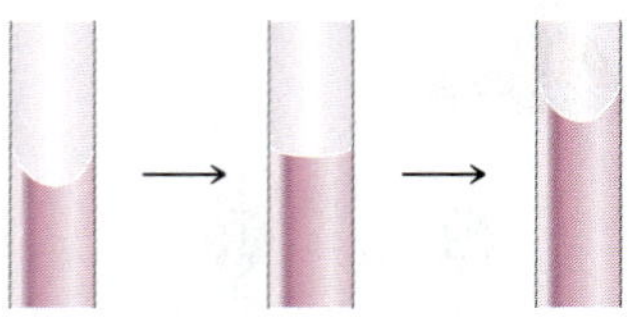
모세관 현상

풀이 라.

가) 자연은 표면 장력을 잘 활용한다. 연이나 나뭇잎의 표면에는 왁스같은 소수성(疏水性, hydrophobic) 물질이 코팅되어 있어서 물방울이 잘 맺힌다. 물방울은 표면의 먼지를 씻어내서 공기와 햇빛이 잘 소통하게 해 준다.

나) 모세관(毛細管, capillary) 현상도 표면 장력의 영향이라고 할 수 있다. 유리벽에 가까운 물 분자가 친수성인 유리 표면에 끌리어 올라가면 물의 표면적이 증가한다. 그러면 표면 장력에 의해서 표면적을 줄이기 위해 모세관 중심부의 물이 따라 올라간다. 이런 과정이 반복되면서 물은 오목한 표면을 유지한 채 모세관을 따라 올라가다가 중력과 맞서면 멈추게 된다. 모세관 현상에 의해 옷이 땀을 잘 흡수한다.

다) 표면 장력이 없다면 물병에 물을 가두어두지 못할 것이다. 물병 벽을 이루는 고분자 물질은 지름이 물 분자의 크기보다 큰 틈새와 터널을 가지고 있다. 그러나 물이 이 틈을 거쳐 병 두께의 거리를 통과하려면 표면적이 너무 커지기 때문에 물은 병 안에 갇혀 있게 된다.

라) 얼음에서는 수소 결합에 의해 물 분자들이 육각형을 이루며 배열되고, 그 사이에 공간이 생겨서 밀도가 낮아진다. 얼음이 녹을 때 부피가 감소하는 것은 이 빈 공간에 물 분자들이 들어가기 때문이지 표면적을 줄이려고 하는 것은 아니다.

우리 주위에서 순수한 액체는 찾아보기 힘들고 특히 생명 현상은 물을 용매로 하는 용액에서 일어난다. 따라서 액체에 관해서는 이 정도로 다루고, 기체와 액체에 이어 또 하나의 순물질로 이루어진 상태인 고체를 다룬 후 이들 사이의 변환에 관한 상평형에 관련하여 증기압, 얼음의 구조 등을 다루기로 한다. 그 다음에는 이러한 물질들의 혼합 상태인 용액에 관련하여 용해도 및 여러 가지 중요한 총괄성들을 다루기로 한다.

7-6 고체

7-6-1 지각의 조성

우리 주위를 둘러 보면 대부분의 물질은 고체인 것을 알 수 있다. 미이라를 생각해 보면 알 수 있듯이 우리 몸도 물을 빼면 나머지 대부분은 고형 성분이다. 고체는 특히 우리가 디디고 살아가는 대지, 그리고 궁극적으로 먹을 거리를 생산하는 토지가 고체라는 점에서 중요하다.

지구는 핵, 맨틀 그리고 지각(地殼, crust)으로 이루어져 있다. 지구 전체로는 철이 가장 풍부하다. 철은 압력이 아주 높은 내핵(內核, inner core)에서는 고체 상태로 있지

표 7.4 지구 전체와 지각을 구성하는 원소의 상대적 질량비 (단위 : %)

지구 전체		지 각	
철 (Fe)	35	산소 (O)	46.6
산소 (O)	30	규소 (Si)	27.7
규소 (Si)	15	알루미늄 (Al)	8.1
마그네슘 (Mg)	13	철 (Fe)	5.0
니켈 (Ni)	2.4	칼슘 (Ca)	3.6
황 (S)	1.9	소듐 (Na)	2.8
칼슘 (Ca)	1.1	포타슘 (K)	2.6
알루미늄 (Al)	1.1	마그네슘 (Mg)	2.1
기타	<1	기타	1.5

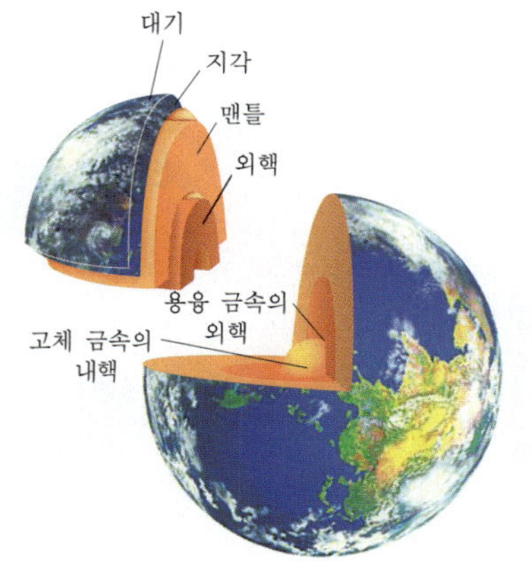

만, 외핵 (外核, outer core) 에서는 녹은 상태로 있다. 지각은 평균 두께가 약 17 km 정도인데, 대부분이 고체인 암석으로 이루어져 있어서 **암석권** (**巖石圈, lithosphere**) 이라고 부르기도 한다. 지각은 내부로부터 물질의 유입과 열의 영향을 받으며, 외부적으로는 대기권 (大氣圈, atmosphere) 과 생물권 (生物圈, biosphere) 과의 끊임없는 상호작용을 통하여 화학적인 변화를 겪고 있다. 지각을 이루는 대표적인 물질은 **규산염** (**硅酸鹽, silicate**) 이다. 규산염은 산소와 실리콘으로 이루어진 물질로서 기본 구조는 정사면체 구조를 가진 SiO_4^{4-} 이온이다. 지각에서 산소와 실리콘을 합하면 질량비로 거의 4분의 3을 차지한다.

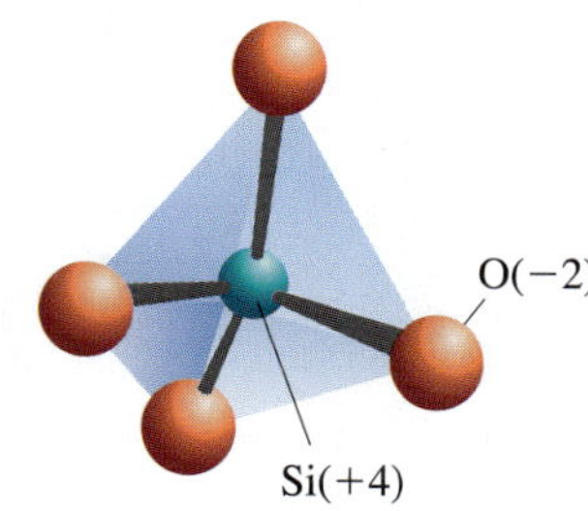

규산염

규산염 이온은 양이온들과 여러 가지 형태로 연결되어 다양한 물질을 만들 수 있다. 암석의 성질은 규산염 이온들이 연결되어 만드는 구조의 특성과 밀접한 관계가 있다. 예를 들어, 활석 (滑石, talc) 이 미끄러운 느낌을 주는 것은 규산염 이온들이 판형 구조 (板形構造, sheet structure) 를 만들기 때문이다. 탄소와 달리 산소와 이중 결합을 만들지 못하는 실리콘과 산소가 단일 결합을 이루어 3차원 그물 구조를 이루고 있는 석영 (石英, quartz: SiO_2) 은 상대적으로 강도가 크다. 석면 (石綿, asbestos) 은 수화규산염이 섬유 (纖維, fiber) 형태로 만들어진 물질로서 흡입하게 되면 폐에 축적되어 심각한 위험을 초래하는 석면증 (asbestosis) 을 일으킬 수 있다. 규산염의 구조에서 일부분의 실리콘이 알루미늄으로 대체된 것이 알루미늄규산염 (aluminosilicate) 이다. 알루미늄규산염은 장석이나 운모의 주성분이며, 다양한 동공 구조를 가진 제올라이트 (zeolite) 를 만들 수 있다.

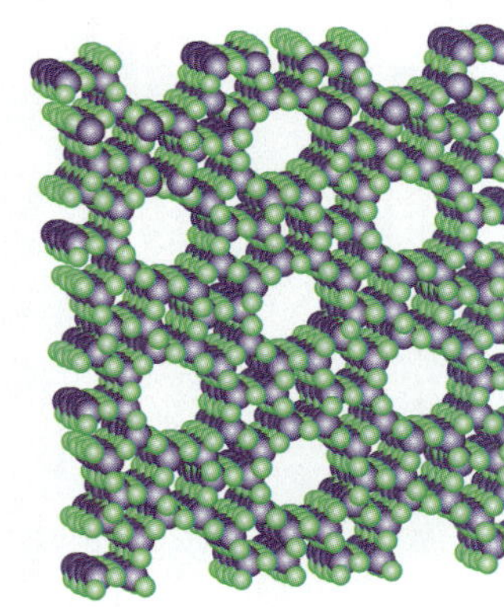
제올라이트

CO_2

5장에서 살펴본 대로 탄소는 산소와 이중 결합을 만들기 때문에 분자량이 44인 이산화탄소 (O=C=O) 분자를 만들어 상온에서 기체로 존재한다. −78.5°C 이하에서는 고체인 드라이아이스 (dry ice) 로 존재하고, 그 이상의 온도에서는 고체에서 기체로 직접 승화 (昇華, sublimation) 한다.

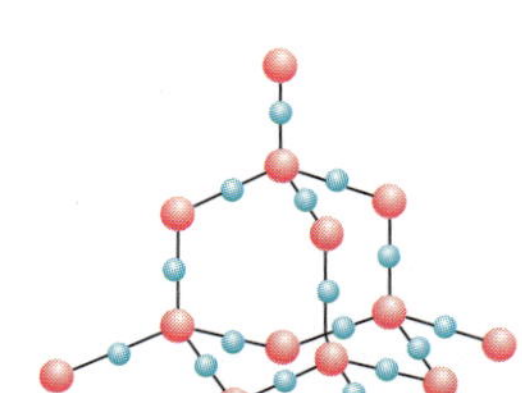
SiO_2

7-6-2 고체의 종류

우리 주위의 자연에서 쉽게 찾아볼 수 있는 기체는 공기뿐이고, 액체는 물뿐이다. 그에 비해 고체는 종류와 형태가 엄청나게 다양하다. 돌, 나무 등 천연물도 그렇지만 도로, 다리, 자동차, 항공기, 선박, 공장 설비, 건물, 실내 장식, 가구, 주방 도구, 컴퓨터, 전화기, 합성 섬유 등과 같이 인공적으로 만든 물건은 거의 모두 고체이다. 그렇다면 분자 수준에서도 다양한 결합 방식이나 구조를 찾아볼 수 있을 것이라고 짐작된다. 고체를 몇 종류로 구분하고 이해하기에 앞서서 원자 수준에서 기체, 액체, 고체의 근본적인 차이를 생각해 보자. 거시적 성질로 볼 때 기체와 액체는 유체라는 공통점이 있고, 고체는 유동성이 없는 고형(固形)이다. 밀도 면에서 상온, 상압에서 액체, 고체에 비해 기체는 밀도가 아주 낮다. 대부분의 고체는 액체에 비해 밀도가 높은 편이다.

예제 7.28

수은의 밀도는 13.6 g/cm³이다. 액체 수은에서 수은 원자 중심 사이의 거리를 추산하여라. 수은의 원자량은 200.6이다.

풀이 예제 7.23 다)를 참고

수은 원자 1 몰이 차지하는 부피 $= \dfrac{200.6\ \text{g/mol}}{13.6\ \text{g/cm}^3} = 14.8\ \text{cm}^3\text{/mol}$

수은 원자 한 개가 차지하는 정육면체의 부피 $= \dfrac{14.8 \times 10^{24}\ \text{Å}^3\text{/mol}}{6.02 \times 10^{23}\text{/mol}} = 24.5\ \text{Å}^3$

정육면체 모서리의 길이 $= \sqrt[3]{24.5\ \text{Å}^3} = 2.9\ \text{Å}$

이것이 액체 수은에서 원자 중심, 즉 원자핵 사이의 거리라고 볼 수 있다.

예제 7.29

석영(SiO_2)의 밀도는 2.2 g/cm³이다. 고체 석영에서 원자 중심 사이의 평균 거리를 추산하여라. Si의 원자량은 28.1, O의 원자량은 16.0이다.

풀이 SiO_2를 하나의 분자로 가정한다면 SiO_2의 분자량은 $28.1 + (2 \times 16.0) = 60.1$이다.

SiO_2 1 몰이 차지하는 부피 $= \dfrac{60.1\ \text{g/mol}}{2.2\ \text{g/cm}^3} = 27.3\ \text{cm}^3\text{/mol}$

SiO_2 한 분자가 차지하는 정육면체의 부피 $= \dfrac{27.3 \times 10^{24}\ \text{Å}^3\text{/mol}}{6.02 \times 10^{23}\text{/mol}} = 45.4\ \text{Å}^3$

SiO_2 한 분자에는 세 개의 원자가 들어있으므로

하나의 원자가 차지하는 정육면체의 부피 $= \dfrac{45.4\ \text{Å}^3}{3} = 15.1\ \text{Å}^3$

하나의 원자가 차지하는 정육면체 모서리의 길이 $= \sqrt[3]{15.1\ \text{Å}^3} = 2.5\ \text{Å}$

이것이 고체 석영에서 원자 중심, 즉 원자핵 사이의 평균 거리라고 볼 수 있다.

지금까지 계산해 본 기체, 액체, 고체에서 원자 중심 사이의 평균 거리로부터 기체, 액체, 고체의 상황을 정리하면 표 7.5와 같다.

표 7.5 기체, 액체, 고체의 밀도, 평균 원자량, 원자 중심 사이의 평균 거리

상태	밀도(g/cm³)	평균 원자량	원자 중심 사이의 평균 거리(Å)
100°C, 1 기압 수증기	0.00059	6.0	26 (예제 7.5)
액체 물	1.0	6.0	2.2 (예제 7.25)
액체 수소	0.069	1.0	2.9 (예제 7.23)
액체 수은	13.6	200.6	2.9 (예제 7.28)
고체 석영	2.2	20.0	2.5 (예제 7.29)

원자, 분자간 거리가 먼 기체의 부피는 압력이나 온도의 변화에 의해 쉽게 바뀔 수 있지만, 액체나 고체는 매우 작은 압축률(壓縮率, compressibility)과 열팽창률(熱膨脹率, thermal expansion coefficient)을 나타낸다.

예제 7.30

기체와 액체 사이의 밀도 차이가 있는 이유와 액체와 고체 사이에 밀도 차이가 있는 이유는 근본적으로 어떻게 다른가?

풀이 수증기와 물을 비교해 보면 기체와 액체 사이의 밀도 차이는 전적으로 분자들이 멀리 떨어져 있기 때문인 것을 알 수 있다. 그에 비해 액체와 고체에서는 원자 중심 사이의 평균 거리가 크게 다르지 않은데, 밀도 차이가 있는 것은 무거운 원자로 이루어졌기 때문이다. 즉, 원자핵이 무겁기 때문에 원자 자체의 밀도가 높은 것이 고체 물질의 높은 밀도로 나타나는 것이다. 물론 지방처럼 수소를 많이 포함하는 고체는 물보다 밀도가 낮다.

그렇다면 고체에서는 원자와 분자들이 어떻게 배열되어 있기에 고체의 특성을 나타내는 것일까? 기체나 액체에서는 무작위로 운동하고 있는 개개 분자를 상상할 수 있다. 그리고 이들은 대부분 분자량이 100 Da 이내인 비교적 작은 분자들이다. 그에 비해 고체는 구성 요소들 간의 상호작용에 따라 다양한 종류가 가능하며, 이들은 서로 다른 특성을 보인다. 개별 분자들이 분자간 상호작용(반데르발스 힘)에 의해서 안정화되어 고체를 만드는 경우를 **분자 결정(分子結晶, molecular crystal)**이라고 한다. 대부분의 비금속 분자들이나(예: I_2, P_4, S_8) 유기 분자들이 만드는 고체가 이에 해당된다(예 : 파라핀). 상대적으로 약한 분자간 인력 때문에 분자 결정은 녹는점이 낮으며, 부드럽고 쉽게 변형되는 특성을 지닌다. 결정 구조는 분자의 모양에 의해 영향을 받으며, 대칭성이 낮은 결정을 이루는 경우가 대부분이다.

고체를 이루는 구성 원자들이 약한 분자간 인력이 아니라 강한 공유 결합으로 연결되어 결정 구조를 이루는 경우를 **공유 결정(共有結晶, covalent crystal)**이라고 한다. 구성 원자들 사이의 공유 결합이 3차원으로 연결되어 그물 구조를 만들기 때문에 그물

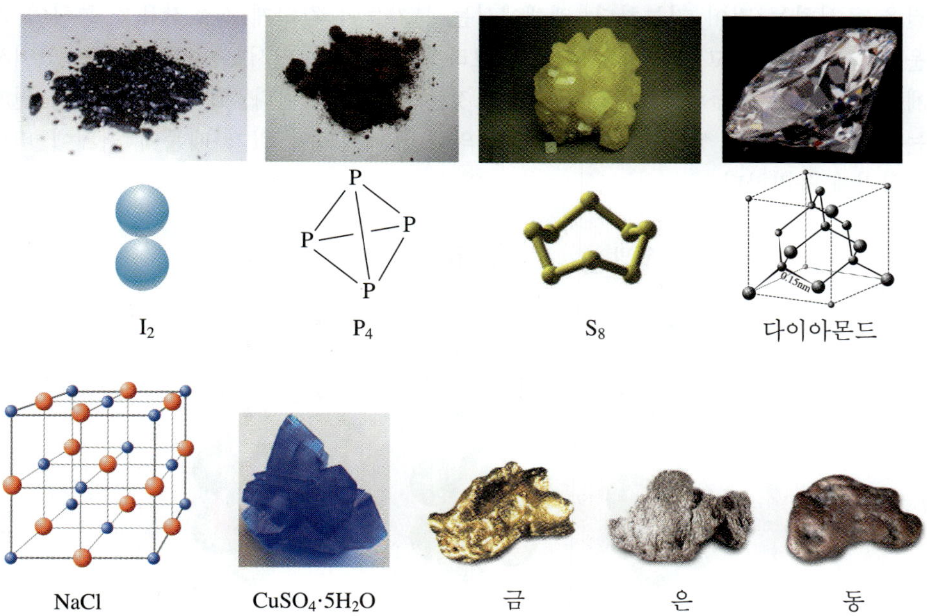

그림 7.18 분자 결정 : I_2, P_4, S_8, 공유 결정 : 다이아몬드, 이온성 결정 : NaCl, $CuSO_4 \cdot 5H_2O$, 금속 결정 : 금, 은, 동.

구조형 결정이라고 부르기도 한다. 탄소로 이루어진 다이아몬드와 위에서 소개한 석영이 그 대표적인 예이다. 다이아몬드는 눈으로 볼 수 있는 거대분자인 것이다. 공유 결합 결정은 녹는점이 매우 높고, 아주 단단하고 용매에 쉽게 녹지 않으며, 전기를 통하지 않는 비전해질이다.

양이온과 음이온으로 이루어진 물질은 강한 정전기적 인력에 의해 이온 결합을 이루어 **이온성 결정(ionic crystal)**을 만든다. 강한 이온 결합으로 연결되어 있으므로 이온성 결정은 녹는점이 높고, 단단해서 쉽게 변형되지 않으며, 오히려 부서지는 경향이 있다. 이온성 결정은 고체 상태에서는 전기를 통하지 않으나 용융 상태 또는 물에 녹으면 전해질이 된다. 이온성 결정은 전기음성도가 큰 차이가 나는 금속과 비금속으로 이루어져 있다. 양이온과 음이온의 상대적인 크기의 비율에 따라 다른 형태의 결정 구조를 만든다. 대표적인 이온성 결정 구조로는 NaCl, CsCl, ZnS, CaF_2 구조 등이 있다.

수은 이외의 모든 금속은 고체로 존재한다. **금속 결정(金屬結晶, metallic crystal)**은 몇 가지 독특한 특성을 보인다. 금속은 광택을 띠고 전기와 열을 잘 통하며, 잘 늘어나고(연성, 延性) 쉽게 펴지는(전성, 展性) 성질을 지닌다. 신라 금관에서 볼 수 있는 얇은 금박이나 러더포드가 원자핵 발견에 사용했던 금박 모두 금의 전성을 이용하여 만든 것이다.이러한 금속의 특성은 금속이 가지는 **자유 전자(自由電子, free electron)**의 역할로 설명될 수 있다. 금속 결정은 금속 양이온들이 결정 구조를 이루고 각 금속 원자가 내어 놓은 원자가전자들이 전체 금속 결정에 퍼져서 안정화시키는 것으로 생각할 수 있다. 화학 결합의 측면에서 보면 자유 전자들이 속한 원자 오비탈들이 모두 모여 거의 연속적인 분자 오비탈을 형성하여 **띠구조(band structure)**를 이루게 된다. 이 자유 전자들은 열, 전기 또는 빛과 같은 외부의 영향에 쉽게 반응하기 때문에 금속이 높은 열 및 전기 전도도 그리고 광택을 나타내는 것이다.

7-6-3 결정 구조와 X-선 결정학

기체에서는 분자들이 상당히 먼 거리에서 독립적으로 운동한다고 볼 수 있기 때문에 보일의 법칙, 샤를의 법칙 그리고 아보가드로의 원리 등이 적용되고, 분자 하나하나의 성질을 조사하는 것이 가능하다. 액체에서는 분자들이 강하게 상호작용을 통하여 가까운 거리를 유지하고 있지만 분자들은 브라운 운동을 하면서 위치를 바꾸고 있어서 액체 상태에서 분자들의 특성을 조사하는 것은 상당히 어렵다. 고체에서는 구성 원자 또는 분자들이 공간 상에 일정한 규칙에 의해서 배열되어 있기 때문에 액체에 비해 조사하기에 유리하다.

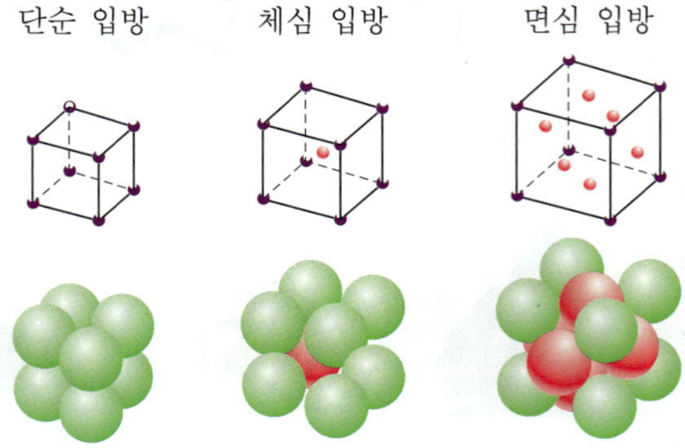

그림 7.19 결정 격자. 단순 입방 격자에서는 정육면체의 여덟 개 꼭지점에 원자가 자리잡고 있다. 단순 입방 격자에서 정육면체 중심에 원자가 들어가면 체심 입방 격자가 된다. 여섯 개 면의 중심에 원자가 위치하면 면심 입방 격자이다.

고체를 구성하는 요소들의 규칙적인 배열은 **결정 격자**(**結晶格子, crystal lattice**) 구조로 설명될 수 있다. 결정 격자의 특성을 나타내는 가장 작은 구조를 **단위 셀**(**unit cell**)이라고 한다. 결정 격자는 대칭성에 따라 여러 가지 격자 형태가 가능하다.

원자를 반지름이 r인 딱딱한 구라고 가정하고 정육면체의 여덟 개 꼭지점에 같은 종류의 원자들이 자리잡은 구조를 생각해 보자. 이런 정육면체를 3차원적으로 연결해서 얻어지는 결정 격자를 **단순 입방 격자**(**單純立方格子, simple cubic lattice**)라고 한다. 이때 위의 정육면체가 단위 셀이다. 단순 입방 격자의 경우 여덟 개의 모서리에 있는 원자들은 여덟 개의 단위 셀에 의하여 공유되고, 따라서 단위 셀에 각각 1/8씩 기여하기 때문에 전체적으로 단위 셀당 한 개의 원자를 가진 것이 된다. 정육면체의 중심에 원자가 한 개 자리잡은 것이나 마찬가지이다. 이 경우 최근접(가장 가까운 이웃, nearest neighbor) 원자 사이의 거리가 $2r$, 즉 원자 지름이 된다. 또 어떤 원자 주위에 최근접 원자는 여섯 개(상하, 전후, 좌우)이다. 단순 입방 격자를 가지는 물질의 예는 많지 않다.

어떤 결정 격자를 원자와 원자 사이의 빈 공간으로 이루어졌다고 볼 때 단위 셀에서 원자가 차지하는 부피의 분율을 **채우기 분율**[**packing fraction**, **충적률**(**充積率**)]이라고 한다. 고체에서는 채우기 분율이 높은 구조가 많이 존재할 것이라고 예상할 수 있다.

예제 7.31

단순 입방 격자에서의 채우기 분율을 구하여라.

풀이 단위 셀의 모서리 길이를 s, 원자의 반지름을 r이라 하면 $s = 2r$

단위 셀의 부피 $= (2r)^3 = 8r^3$

원자의 부피 $= \dfrac{4}{3}\pi r^3$

단위 셀에 원자가 한 개 들어있으므로

$$\text{채우기 분율} = \frac{\left(\dfrac{4\pi r^3}{3}\right)}{(2r)^3} = \frac{\pi}{6} = 0.524$$

단순 입방 격자의 단위 셀 중심에 또 하나의 원자가 자리잡은 구조를 **체심 입방 격자**(**體心立方格子, body-centered cubic lattice**)라고 한다. 체심 입방 격자는 중심에 한 개의 원자를 더 포함하기 때문에 단위 셀당 원자수는 2가 되며, 중심 원자 주위에 여덟 개의 꼭지점에 자리잡은 원자를 볼 수 있듯이 최근접 원자는 여덟 개이다. 알칼리

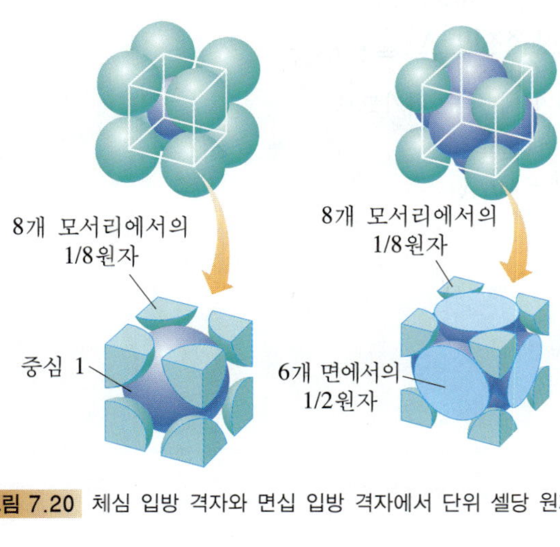

그림 7.20 체심 입방 격자와 면심 입방 격자에서 단위 셀당 원자수.

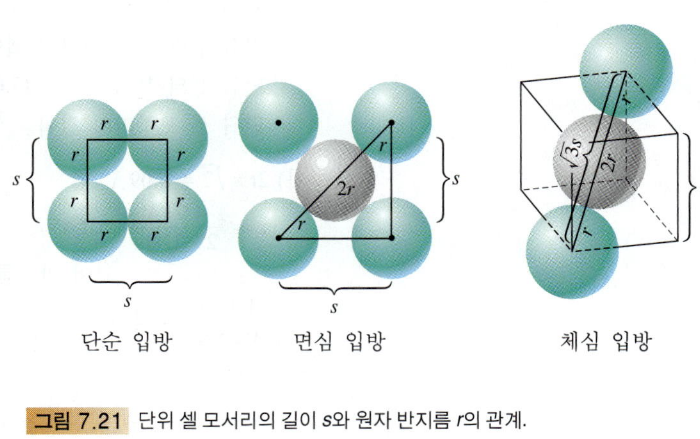

그림 7.21 단위 셀 모서리의 길이 s와 원자 반지름 r의 관계.

금속은 체심 입방 격자를 가진다.

예제 7.32

체심 입방 격자에서 단위 셀의 모서리 길이 s와 원자의 반지름 r 사이의 관계와 채우기 분율을 구하여라.

풀이 단위 셀에서 마주 보는, 즉 가장 거리가 먼 모서리 사이의 대각선 길이$=\sqrt{3}s$. 이 대각선 상에 중심 원자와 양 모서리의 원자가 위치하고 있으므로

$$\sqrt{3}s = 4r$$

$$r = \frac{\sqrt{3}s}{4} \text{ 또는 } s = \frac{4r}{\sqrt{3}}$$

$$\text{단위 셀의 부피} = s^3 = \frac{64r^3}{3\sqrt{3}}$$

$$\text{원자의 부피} = \frac{4}{3}\pi r^3$$

단위 셀에 원자가 두 개 들어있으므로

$$\text{채우기 분율} = \frac{8\pi r^3}{3} \times \left(\frac{64r^3}{3\sqrt{3}}\right)^{-1} = \frac{\sqrt{3}\pi}{8} = 0.680$$

단순 입방 격자 단위 셀에는 여섯 개 면이 있는데, 각각의 면 중심에 또 하나의 원자가 자리잡은 구조를 **면심 입방 격자**(**面心立方格子, face-centered cubic**)라고 한다. 면 중심의 원자는 두 면에 의하여 공유되기 때문에 단위 셀에는 1/2 개의 원자를 기여하는 셈인데, 이러한 면이 여섯 개 있으므로 단순 입방 격자보다 세 개의 원자를 더 포함하여 전체적으로 단위 셀당 원자수는 4가 되며, 최근접 원자는 12개이다. 채우기 분율도 $\frac{\sqrt{3}\pi}{6} = 0.740$으로 가장 높다. 면심 입방 격자의 예에는 알루미늄, 니켈, 구리, 은 등이 있다.

예제 7.33

은(silver, Ag, 원자량 107.9)은 밀도가 10.5 g/cm^{3}이고 면심 입방 격자를 가지고 있다.

가) 단위 셀의 모서리(edge)의 길이 s를 구하여라.
나) 은 원자의 반지름은 수소 원자의 보어 반지름의 몇 배 정도인가?

풀이 가) 은 원자 1 몰이 차지하는 부피 $= \frac{107.9\ \text{g/mol}}{10.5\ \text{g/cm}^3} = 10.28\ \text{cm}^3\text{/mol}$

$$\text{은 원자 한 개가 차지하는 부피} = \frac{10.28 \times 10^{24}\ \text{Å}^3}{6.02 \times 10^{23}} = 17.08\ \text{Å}^3$$

면심 입방 격자의 단위 셀에는 원자가 네 개 들어가므로

$$\text{단위 셀의 부피} = s^3 = 17.08\ \text{Å}^3 \times 4 = 68.32\ \text{Å}^3$$

$$\text{단위 셀 모서리의 길이} = \sqrt[3]{68.32\ \text{Å}^3} = 4.09\ \text{Å}$$

나) $2r \times \sqrt{2} = 4.09\ \text{Å}$

$$r = \frac{4.09\ \text{Å}}{2 \times 1.414} = 1.45\ \text{Å}$$

$$\text{보어 반지름} = 0.53\ \text{Å}$$

$$\frac{1.45\ \text{Å}}{0.53\ \text{Å}} = \text{약 } 3$$

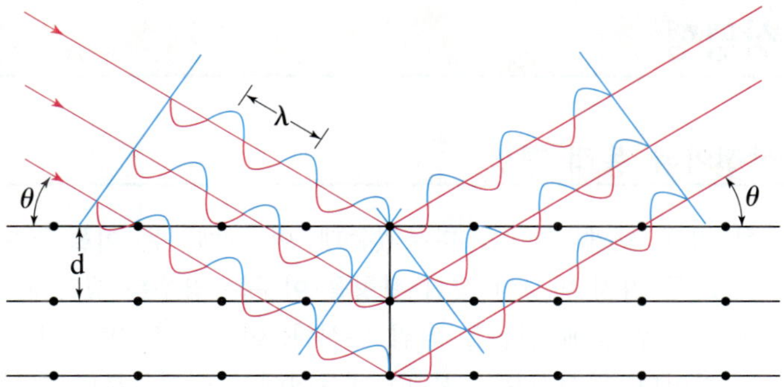

그림 7.22 X-선 회절의 원리. 원자들이 규칙적으로 배열되어 있는 결정면에 X-선이 θ의 입사각으로 조사되면 거리가 d인 두 결정면에 대하여 $2d\sin\theta$의 경로 차이가 생긴다. 이 경로 차이가 X-선의 파장 λ의 정수배가 되는 θ에 대하여 X-선의 보강 간섭이 일어나 상이 얻어진다.

X-선 회절 사진의 예

위의 예에서 보았듯이 결정 격자에서 단위 셀의 크기를 측정하면 원자의 반지름과 원자 사이의 거리 등 중요한 정보를 알아낼 수 있다. 이러한 **격자 상수**(**格子常數, lattice constant**)는 **X-선 회절**(**回折, X-ray diffraction**) 실험으로 측정할 수 있다(3장). X-선은 격자 평면 사이의 거리와 비슷한 파장을 가지고 있어서 격자 평면 사이의 거리(d), X-선의 파장(λ), 그리고 입사 각도(入射角度, θ) 사이에 다음과 같은 **브래그 조건**(**Bragg's condition**)이 만족되면 서로 다른 격자 평면에서 산란된 X-선들의 간섭에 의해서 X-선 회절 스펙트럼이 얻어진다.

$$n\lambda = 2d\sin\theta, \qquad n = 1,\ 2,\ 3,\ \cdots$$

예제 7.34

은의 결정에서 d가 4.09 Å인 격자 평면을 고려해 보자. 파장이 1.54 Å인 X-선을 사용했다면 n이 1인 경우 θ는 얼마인가?

풀이 $1\times1.54\,\text{Å} = 2\times4.09\,\text{Å}\times\sin\theta$

$$\sin\theta = \frac{1.54\,\text{Å}}{2\times4.09\,\text{Å}} = 0.188$$

$\theta = 10.8^{\circ}$

예제 7.35

예제 7.34에서 파장이 154 nm인 자외선을 사용했다면 회절 결과를 얻을 수 있는가?

풀이 $n\times1.54\times10^{-7}\text{ m} = 2\times4.09\times10^{-10}\text{ m}\times\sin\theta$

$\sin\theta$의 상한값은 1이다.

따라서 $n < \dfrac{2\times4.09\times10^{-10}\text{ m}}{1.54\times10^{-7}\text{ m}} = 0.0053$

n은 1, 2, 3, …과 같은 자연수여야 하는 조건을 만족시킬 수 없다.
따라서 회절 결과를 얻을 수 없다. X-선이 필요하다.

7-7 상평형

7-7-1 상전이와 동적 평형

지금까지는 순수한 기체, 액체, 고체를 다루었는데, 이 장에서는 이들 상이 바뀌는 경우, 그리고 그 결과로 두 가지 이상의 상이 평형을 이루는 경우를 생각해 보자.

더운 여름날에는 차가운 물에 얼음을 띄워 마신다. 이 얼음은 0°C 이하의 냉동실에서 물을 얼려 만든 것이다. 거시적으로 볼 때 냉동실에서 액체로부터 고체로의 **상전이** (**相轉移, phase transition**)는 한 방향으로 일어난다. 상온에서는 얼음이 녹아 물로 바뀌는 고체로부터 액체로의 상전이가 역시 한 방향으로 일어나서 얼마 후면 얼음이 다 녹아 없어진다. 0°C, 1기압 하에서는 물과 얼음은 평형을 이루어 공존한다. 즉, 물에서 얼음으로, 또 얼음에서 물로 양방향으로 상전이가 일어나는 것이다. 물을 끓이는 경우도 마찬가지이다. 100°C, 1기압하에서는 물과 수증기 사이에 평형이 이루어진다. 이와 같이 두 개의 상 사이의 평형을 **상평형** (**相平衡, phase equilibrium**)이라고 한다. 물론 외부 조건을 변화시키면 하나의 상에서 다른 상으로 변환하는 것을 관찰하게 된다. 그런데 0°C 이하에서 물이 얼거나 0°C 이상에서 얼음이 녹는 것 같은 비평형 상태보다는 평형 상태를 조사하는 것이 분자간 상호작용의 크기, 물질의 상태 등 많은 정보를 제공하기 때문에 상평형이 중요한 의미를 지닌다.

위에서는 액체와 기체 사이의 상평형을 고려했지만 기체, 액체, 고체의 세 가지 상 중 두 가지 상들 간의 상전이를 고려하면 여섯 가지의 상전이와 상평형을 생각할 수 있다. 액체와 기체 간에는 위에서 이야기한 증발과 응축 현상의 경쟁에 의한 평형이 이루어지며, 액체와 고체 사이의 평형에는 얼음 (freezing)과 녹음 (melting) 현상이 관여한다. 고체가 액체를 거치지 않고 직접 기체로 변환되는 것은 **승화** (**昇華, sublimation**) 현상이라고 하며, 기체 분자가 고체표면에 달라붙어 고체의 일부로 변하는 것은 흡착 (吸着, adsorption) 또는 퇴적 (堆積, deposition) 현상인데, 이것도 승화라고 부르기도 한다. 일정한 압력에서 상전이는 특정한 온도에서 일어난다. 어는점 (freezing point)에서 액체가 고체로 변하고, 같은 온도인 녹는점 (melting point)에서 고체가 액체로 바뀌게 된다.

상평형을 자세히 살펴보자. 앞에서 용기 내에서 물을 끓이면 100°C, 1기압의 수증기가 얻어지지만 수증기가 식으면 상온에서 0.03기압 정도의 압력을 나타내는 것을 알아보았다. 반대로 공기를 모두 빼낸 후 밀폐한 용기에 물을 넣은 다음 용기 내부의 압력을 측정한다면 처음에는 액체만이 있기 때문에 기체의 압력은 0이지만, 물이 증발함에 따라 수증기에 의한 기체의 압력이 증가하여 충분한 시간이 지난 후에는 일정한 압력을 유지하게 된다. 이 과정을 분자 수준에서 살펴보자. 액체 표면에 있는 분자들은 평균적으로 액체 내부의 분자들에 비해서 다른 분자들과의 상호작용이 작다. 일정한 온도에서 분자들은 속도 분포를 가지기 때문에 일부분의 분자들은 분자간의 인력을 극복하기에 충분한 속도를 가져서 기체상으로 빠져나갈 수 있다. 그러면 남은 분자들 사이에 다시 속도 분포가 이루어져서 분자의 탈출이 계속된다. 거시적으로 이러한 현상을 **증발** (**蒸發, evaporation**)이라고 한다.

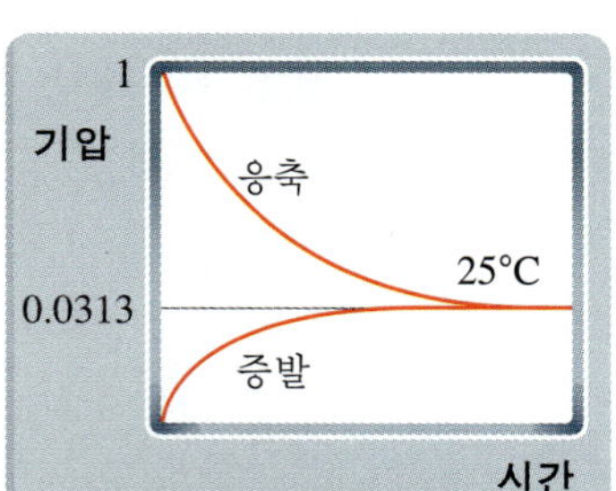

그림 7.23 물의 증기압, 물이 증발하건, 끓는 물이 식어서 응축하건 25°C에서 상평형이 이루어지면 물의 증기압은 0.0313기압이다.

증발이 계속되면 기체상에 존재하는 분자수가 증가하게 된다. 기체 분자들 사이에도 속도 분포가 있는데, 비교적 낮은 속도로 운동하던 기체 분자가 액체의 표면에 충돌하여 운동 에너지를 잃으면 액체에 붙잡혀서 액체의 일부가 된다. 기체 분자의 수가 증가할수록 이러한 **응축** (**凝縮, condensation**) 현상도 더 빈번하게 일어나게 된다. 충분한 시간이 지나서 거시적인 평형 상태에 도달하면 증발 속도와 응축 속도가 같아져서 기체 상 분자 수, 즉 기체 압력이 일정하게 유지된다. 증발과 응축이 중단되는 것은 아니다. 이처럼 상평형은 **동적 평형**(動的平衡, **dynamic equilibrium**)이다. 평형 상태에서 기체의 압력을 **증기압**(蒸氣壓, **vapor pressure**)이라고 한다. 증기압 같은 평형 상태의 성질은 액체와 기체가 공존하기만 하면 그 양이나 초기 상태와는 무관하다.

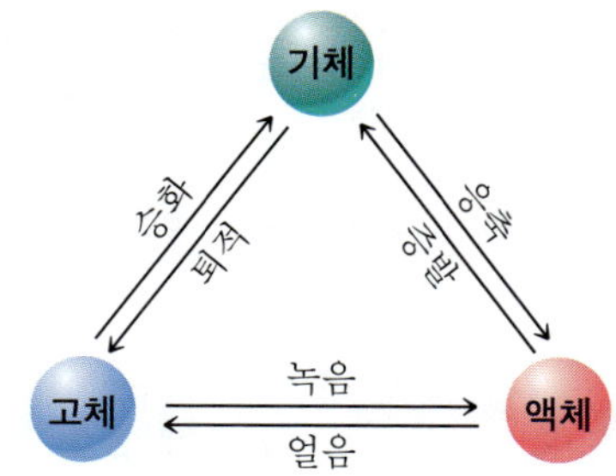

예제 7.36

다음 중 틀린 것은?

가) 맑은 날 베란다에 걸어 놓은 빨래가 마르는 것은 공기 중의 수증기 압력이 0.03 기압 이하이기 때문이다.

나) 습한 여름날 공기 중의 수증기 압력은 0.03 기압에 가깝다.

다) 물을 끓이는 경우 물이 끓어 상평형이 이루어지기 전에도 일부 물 분자는 기체에서 액체로 바뀐다.

라) 물은 어떤 경우라도 100°C 이하에서는 끓지 않는다.

풀이 가) 맞다. 빨래에서 물이 증발하면 수증기 압력이 0.03 기압이 되기 전에 주위로 날아가기 때문에 계속해서 물이 증발하고 빨래가 마른다.

나) 맞다. 땀이 증발하지 않고 몸이 끈적한 것은 공기 중의 수증기 압력이 상온에서 물의 포화 증기압인 0.03 기압에 가깝기 때문이다.

다) 맞다. 거시적으로는 상평형이 이루어지기 전에는 상전이가 한 방향으로 일어나지만 미시적으로 보면 반대 방향으로도 일어난다. 단지 양방향의 속도가 다르기 때문에 겉으로 볼 때는 일방적인 것처럼 보인다.

라) 틀리다. 높은 산에서처럼 외부 압력이 1 기압 이하인 경우에 물은 100°C 이하에서 끓는다. 끓는다는 것은 증기압이 외부 압력과 맞서서 외부 기체를 밀어내면서 계속 기화하는 것이기 때문이다.

7-7-2 증기압과 분자 구조

액체를 가열하면 온도가 올라간다. 비열(比熱, specific heat)이 작은 액체는 주어진 열량에 대해 온도가 빨리 올라가고, 물처럼 비열이 큰 액체는 온도가 서서히 올라간다. 온도가 올라가면 분자의 운동 에너지가 증가하기 때문에 증발이 빨라지고 증기압도

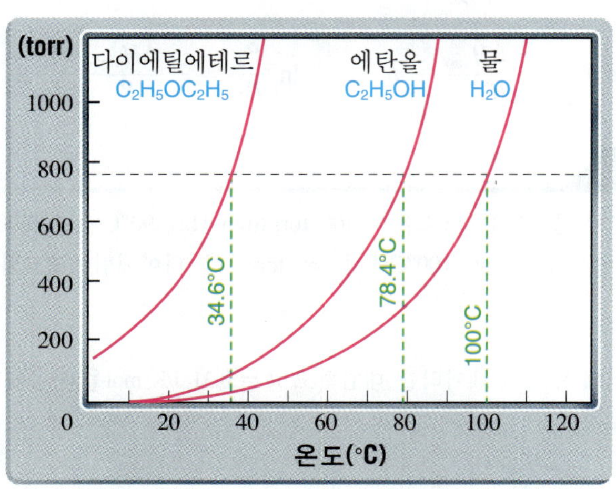

그림 7.24 다이에틸에테르, 에탄올, 물의 증기압 곡선. 분자간 상호작용이 작은 에테르는 낮은 온도에서 끓는다.

증가한다. 온도가 끓는점(boiling point, b.p.)에 도달하면 액체와 기체 사이에 평형이 이루어진다.

그림 7.24는 다이에틸에테르($C_2H_5OC_2H_5$), 에탄올(C_2H_5OH), 물의 증기압 곡선을 보여 준다. 증기압이 1 기압(760 torr)에 도달하는 온도가 그 물질의 끓는점이다. 에테르, 에탄올, 그리고 물의 끓는점은 각각 34.6°C, 78.4°C, 100°C인 것을 볼 수 있다. 압력솥처럼 높은 압력을 견디는 용기에서는 끓는점이 높아진다. 그런데 같은 온도에서 다른 물질의 증기압이 다른 것은 분자간 상호작용의 차이에 기인하는 것이기 때문에 증기압의 차이는 분자 구조에 관한 중요한 정보를 제공한다.

예제 7.37

아세톤(CH_3COCH_3)의 끓는점(b.p.)은 어느 범위에 있을까?

가) b.p. < 35°C
나) 35°C < b.p. < 78°C
다) 78°C < b.p. < 100°C
라) b.p. > 100°C

풀이 나. 아세톤은 전기음성도 차이가 큰 탄소와 산소 사이에 이중 결합이 이루어진 카보닐기(C=O, 13장) 때문에 큰 쌍극자 모멘트(2.9 Debye)를 가진다. 에테르에서는 산소가 두 개의 탄소와 결합하고 있지만 C−O−C 결합각 때문에 두 개의 C−O 쌍극자 모멘트가 벡터합을 이루면서 1.2 Debye로 작아진다. 따라서 아세톤은 다이에틸에테르보다 끓는점이 높을 것이다. 에탄올에서는 산소와 결합한 수소가 수소 결합에 참여해서 끓는점이 상당히 높다. 그러나 아세톤에는 산소와 결합한 수소가 없어서 수소 결합을 이루지 못한다. 따라서 아세톤은 에탄올보다 끓는점이 낮다. 쌍극자-쌍극자 상호작용이 주로 작용하는 아세톤의 끓는점은 56°C이다.

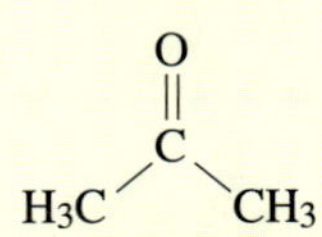

아세톤

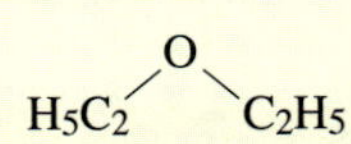

다이에틸에테르

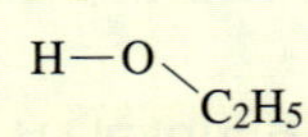

에탄올

온도에 따른 증기압의 변화는 클라우지우스-클레페이롱(Clausius-Clapeyron) 식으로 표현된다. 이 식에 따르면 액체의 종류에 따른 증기압의 차이는 **증발열(蒸發熱, heat of vaporization)**과 관련이 있다.

$$\ln P = \frac{-\Delta H_{vap}}{RT} + b \qquad \ln \frac{P_2}{P_1} = -\frac{\Delta H_{vap}}{R}\left[\frac{1}{T_2} - \frac{1}{T_1}\right]$$

예제 7.38

다이에틸에테르의 증기압은 18°C에서 400 torr (mm Hg), 90°C에서 3800 torr이다. 또 물의 증기압은 25°C에서 23.8 torr, 100°C에서 760 torr이다. 다이에틸에테르와 물의 증발열을 구하여라.

풀이 위의 식에 주어진 데이터를 대입하고 R = 8.31 J/K·mol을 사용하면

다이에틸에테르 :

$$\ln\left(\frac{3800}{400}\right) = -\frac{\Delta H_{vap}}{8.31} \times \left(\frac{1}{363} - \frac{1}{291}\right)$$

$$2.25 = \frac{\Delta H_{vap}}{8.31} \times 0.000681$$

$$\Delta H_{vap} = \frac{2.25 \times 8.31}{0.000681} = 27460 \text{ J/mol} = 27.5 \text{ kJ/mol}$$

물 : $\ln\left(\frac{760}{23.8}\right) = -\frac{\Delta H_{vap}}{8.31} \times \left(\frac{1}{373} - \frac{1}{298}\right)$

$$3.46 = \frac{\Delta H_{vap}}{8.31} \times 0.000675$$

$$\Delta H_{vap} = \frac{3.46 \times 8.31}{0.000675} = 42600 \text{ J/mol} = 42.6 \text{ kJ/mol}$$

예제 7.39

다음 중 위의 결과로부터 유추할 수 있는 내용이 아닌 것은?

가) 물은 수소 결합을 이루기 때문에 증발열이 다이에틸에테르의 증발열의 1.5 배나 된다.
나) 일정한 에너지가 주어졌을 때 다이에틸에테르가 기화할 확률은 물이 기화할 확률의 1.5 배 정도이다.
다) 물에서 수소 결합의 에너지는 수소 분자에서 H−H 결합 에너지의 20분의 1 정도이다.
라) 증발열이 큰 경우 같은 온도 증가에 대해 증발열이 작은 경우보다 증기압이 상대적으로 크게 증가한다.

풀이 가) 맞다. 물 한 분자는 네 개의 수소 결합을 이룬다. 가해 준 열로 수소 결합을 깨어야 기화가 일어나므로 물의 증발열이 크다. 다이에틸에테르에서는 수소 결합보다는 약한 쌍극자-쌍극자 상호작용과 분산력이 작용한다.
나) 틀리다. 높이뛰기에서 대부분이 겨우 뛰어넘을 수 있는 장애가 있다고 하자. 장애를 1.5 배로 높이면 넘을 수 있는 사람 수는 1.5분의 1 이상으로 크게 줄어든다.
다) 맞다. 예제 7.11에서 보았듯이 N 개의 물 분자가 존재한다면 2N 개의 수소 결합이 가능하다. 물 1 몰을 증발시키는 데 42.6 kJ/mol이 필요하다면 물에서 수소 결합의 에너지는 20 kJ/mol인 셈이고, 이것은 H−H 결합 에너지 432 kJ/mol의 20분의 1 정도이다.
라) 맞다. 소득이 적을수록 이웃의 도움이 크게 도움이 되고, 장애가 높을수록 실력 차이가 크게 나타나는 것과 마찬가지이다.

7-7-3 상도표

예제 7.5에서 알아본 대로 100°C, 1 기압 상태 수증기 1 리터는 0.59 그램에 해당한다. 외부에서 물을 도입할 수 있는 밸브와 진공 펌프로 연결된 밸브가 달려 있고, 피스톤 위의 추 무게로 부피를 조절할 수 있는 용기가 있다고 하자. 상온에서 용기를 진공으로 하고 부피를 1 리터에 고정한 다음 0.60 그램의 물을 넣고 100°C로 가열하면 0.59 그램은 기화하여 1 리터의 부피를 차지하고 나머지 0.01 그램은 물로 남아 있을 것이다. 이때 물의 부피는 0.00001 리터로 기체의 부피에 비해 무시할 수 있다.

만일 용기를 비운 다음 1 리터 부피에 고정하고 0.59 그램의 반에 해당하는 0.295 그램의 물을 넣고 100°C로 가열하면 물이 모두 기화하고 기체의 압력은 0.5 기압으로 측정될 것이다. 100°C, 0.5 기압의 수증기 1 리터만이 존재하는 이 상황은 그림 7.25에서 G (gas) 에 해당한다. 이처럼 증기압 곡선의 아래 부분은 기체만이 존재하는 영역이다.

이제 용기를 100°C의 열탕(熱湯, heat bath) 에 넣어 온도를 100°C로 유지하면서 추 무게를 늘려서 기체를 압축하면 용기의 부피가 0.5 리터로 줄었을 때 수증기의 압력은

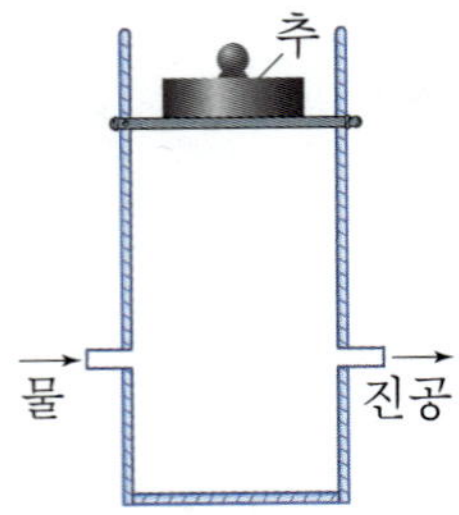

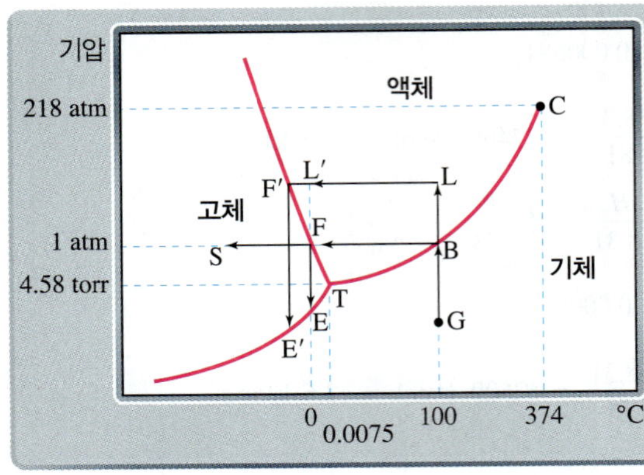

그림 7.25 물의 상도표.

1 기압으로 올라가고 끓는점 B (boiling) 에 도달해서 물의 응결이 시작될 것이다. 온도를 계속 100°C로 유지하면서 1.1 기압으로 압력을 증가시키고 일정하게 1.1 기압을 유지하면 어떻게 될까? 예제 7.5에서 본 대로 100°C, 1 기압의 수증기에서 물 분자 사이의 평균 거리는 대략 37 Å이다. 여기에 압력을 추가해서 분자간 거리가 37 Å보다 약간 가까워지면 일부 물 분자들이 수소 결합을 이루어 액체 물로 바뀔 것이다. 그러면 온도와 압력이 일정하므로 기체의 몰수가 약간 감소하고 부피도 약간 감소하고 분자간 거리가 37 Å으로 유지될 것이다. 이러한 과정이 반복되면 결국은 기체의 부피가 0인, 즉 모든 물이 1.1 기압의 압력을 가지는 액체로 존재하는 상태가 얻어질 것이다. 이 상태는 그림 7.25에서 L (liquid) 에 해당한다. 이처럼 증기압 곡선의 윗 부분은 액체만이 존재하는 영역이다. 그리고 보면 증기압 곡선이 기체와 액체가 공존하는 영역이라는 것이 확실해진다.

증기압 곡선을 따라 가다가 374°C, 218 기압에 도달하면 흥미로운 상황이 벌어진다. 그 전까지는 그래도 액체와 기체의 구별이 가능했는데 압력이 아주 높아져서 기체 분자간 거리가 액체 분자간 거리와 비슷해지고, 또한 온도가 높아서 많은 분자들이 액체에서 기체로 빠져나가면 액체와 기체의 구별이 사라진다. 그림 7.25에서 C에 해당하는 이 점을 **임계점** (**臨界點, critical point**) 이라고 한다.

예제 7.40

물의 임계점에 해당하는 기체에서 물 분자 중심 사이의 거리를 이상 기체 방정식을 사용하여, 그리고 반데르발스 방정식을 사용하여 구하여라. 물의 반데르발스 상수 a는 5.46 atm $L^2\ mol^{-2}$, b는 0.0305 L mol^{-1}이다. 반데르발스 방정식으로부터 부피를 직접 구하는 것은 어렵다. 이상 기체 방정식으로부터 구한 부피를 기준으로 몇 가지 값을 대입하면서 좌변과 우변이 같아지는 V값을 찾아보자.

풀이 1몰이 차지하는 부피를 구하고 그로부터 예제 7.5에서와 같이 분자간 거리를 구한다.

이상 기체 방정식

$$V = \frac{1 \times 0.0821\ \text{L·atm·mol}^{-1}\text{·K}^{-1} \times 647\ \text{K}}{218\ \text{atm}}$$

$$= 0.244\ \text{L/mol}$$

물 분자 한 개가 차지하는 부피 $= \dfrac{0.244 \times 10^{27}\ \text{Å}^3}{6.022 \times 10^{23}}$

$= 405\ \text{Å}^3$

물 분자 중심 사이의 거리 $= \sqrt[3]{405\ \text{Å}^3}$

$$= 7.4\,\text{Å}$$

1 몰에 대해서 편의상 단위는 생략하고 반데르발스 방정식은 다음과 같이 쓸 수 있다.

$$[218 + \frac{5.46}{V^2}](V-0.0305) = 0.0821 \times 647 = 53.1$$

V에 이상 기체 방정식으로부터 구한 0.244를 대입하면 좌변은 66.2

0.2를 대입하면 60.0

0.15를 대입하면 55.0

0.10를 대입하면 53.1 (우변과 같다)

$V = 0.10$ L/mol

$$\text{물 분자 한 개가 차지하는 부피} = \frac{0.10 \times 10^{27}\,\text{Å}^3}{6.022 \times 10^{23}} = 166\,\text{Å}^3$$

$$\text{물 분자 중심 사이의 거리} = \sqrt[3]{166\,\text{Å}^3} = 5.5\,\text{Å}$$

이렇게 구한 5.5 Å을 100°C, 1 기압의 수증기에서 물 분자 사이의 평균 거리인 37 Å, 그리고 액체 물에서 물 분자 사이의 평균 거리인 3.1 Å과 비교해 보면 임계점의 상황이 액체라고 할 수도 없고 기체라고 할 수도 없는 사정을 이해할 수 있을 것이다.

이번에는 100°C의 끓는 물로 꽉 찬 용기를 생각해 보자. 피스톤이 자유롭게 움직이면서 압력은 1 기압으로 유지된다. 이 용기를 냉동실에 넣어 온도를 낮추면 0°C에 도달하면서 얼음이 얼기 시작한다(그림 7.25에서 F, freezing). 얼음이 어는 동안은 응축열(凝縮熱, heat of condensation)이 나오면서 온도가 일정하게 유지되다가 모두 얼음으로 바뀌고 나면 0°C 이하로 온도가 내려간다. 만일 이러한 냉각 과정을 위의 용기에 약간의 추가 압력을 가해서 100°C, 1.1 기압하의 물(그림 7.25에서 L)에서 시작했다면 0°C가 되어도 물이 얼지 않는다(그림 7.25에서 L′). 잘 알려진대로 물은 얼면서 부피가 팽창하는데, 외부에서 추가 압력이 가해지면 팽창이, 즉 물이 어는 과정이 억제되는 것이다. 그래서 물은 0°C 이하의 온도(F′)에서 얼게 된다. 이처럼 물과 얼음 사이의 평형 곡선은 음의 기울기를 가진다. 이 곡선 왼쪽은 얼음만 존재하는 고체(그림 7.25에서 S, solid) 영역이다.

이 음의 기울기 때문에 얼음은 압력을 가하면 0°C 이하의 낮은 온도에서 녹는다. 압력을 가하면 육각형으로 배열된 얼음의 구조가 깨어지면서 가운데 빈 공간에 물 분자가 들어가고, 결과적으로 밀도가 증가하면서 녹는다고 볼 수 있다. 이것은 추운 날 스케이트를 탈 수 있는 이유를 부분적으로 설명한다. 스케이트 날 밑의 얼음이 잘게

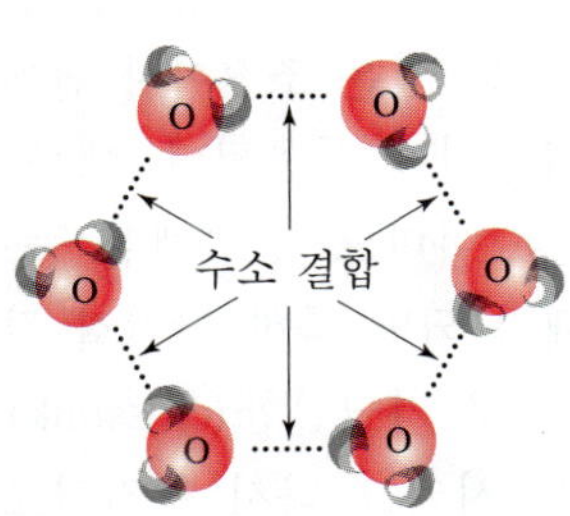

그림 7.26 얼음에서 물의 수소 결합.

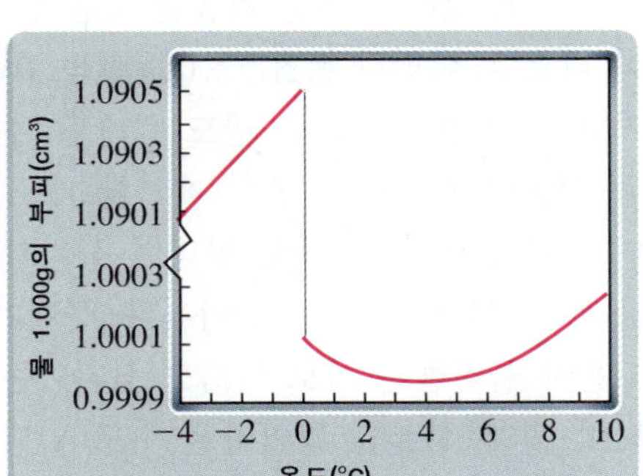

그림 7.27 온도에 따른 물의 부피 변화. 물의 밀도는 4°C에서 가장 높다.

육각형 눈송이

부서져서 윤활 효과를 나타내기도 하고, 압력에 의해 스케이트 날 밑의 얼음이 약간 녹아서 잘 미끄러지게 해 주는 효과도 있을 것이다.

압력을 가할 때 얼음이 녹는 현상은 열을 가할 때 얼음이 녹는 현상과 유사성이 있다. 얼음에서 육각형 배열을 이루고 있는 물 분자들이 열을 받아 운동 에너지가 높아지면 수소 결합이 약화되고 물 분자들은 비교적 자유롭게 운동하면서 압력에 의해서 얼음에서 육각형 중심에 생긴 공간을 채우게 된다. 물의 밀도는 4°C에서 가장 높다. 물이 0°C에서 녹기는 하지만 0°C의 물은 부분적으로 얼음의 구조를 유지한다고 볼 수 있는데, 이런 구조를 깨고 최대한으로 빈 공간을 채우기 위해서는 약간의 추가적인 운동 에너지가 필요한 것이다.

얼음의 밀도가 물의 밀도보다 낮기 때문에 이 물에 뜨지 않는다면 추운 겨울날 강이나 호수의 물이 다 얼어붙어서 수중 생물이 살 수 없을 것이다. 지구의 역사에서 과거에 여러 번의 빙하기가 있었다. 수천, 수만 년 계속된 빙하기(氷河期, ice age) 동안 얼음이 호수나 바다 바닥에 가라 앉았다면 호수나 바다의 모든 물이 얼었을지도 모르고, 빙하기가 끝난 다음에도 그 모든 얼음이 녹는데는 오랜 세월이 필요했을 것이다.

지금까지 기체와 액체, 액체와 고체 사이에 존재하는 두 개의 평형 곡선을 살펴보았다. 이 두 평형 곡선은 한 점에서 만나고, 이 점에서 기체와 액체, 액체와 고체 사이에 평형이 이루어진다면 기체와 고체 사이에도 평형이 이루어지는 셈이다. 이 점을 **삼중점** (**三重點, triple point, T**) 이라고 부른다. 물의 삼중점에서 온도는 0.0075°C이고, 압력은 4.58 torr이다.

삼중점을 출발점으로 해서 고체 얼음과 기체 수증기 사이에도 평형 곡선이 존재할 것이다. 0°C를 유지하면서 1 기압의 외부 압력이 걸려 있는 용기에 얼음이 차 있다고 하자 (그림 7.25의 F). 추의 무게를 줄여서 압력을 줄이면 압력이 아주 낮아질 때까지 고체 얼음만 존재한다. 외부 압력이 얼음의 증기압보다 낮아지면 얼음 위에 공간이 생기면서 얼음 표면의 물 분자 중에서 운동 에너지가 높은 분자들이 기체로 빠져나가서 고체와 기체가 공존하는 평형이 이루어진다. 이 평형점 (그림 7.25의 E) 에서는 고체에서 기체로 빠져나가는 승화 속도와 기체에서 다시 고체로 돌아가는 속도가 같아지는데 온도가 낮을 수록, 즉 분자의 운동 에너지가 낮을수록 고체에서 기체로의 승화가 느리다. 낮은 압력에서는 기체 밀도가 낮아져서 고체 얼음과 충돌해서 붙잡히는 확률이 낮아지고 승화 속도도 낮아진다. 따라서 고체-기체 평형 곡선에서 낮은 온도는 낮은 압력에 대응한다 (그림 7.25에서 E′).

동결건조 커피

동결건조 완두콩

얼음과 물 사이 평형 곡선이 음의 기울기를 가지기 때문에 일정한 온도에서 얼음 표면의 수증기압이 낮게 유지되는 경우 얼음은 항상 액체 물을 거치지 않고 곧장 기화한다. 일정한 온도에서 얼음이 녹으려면 압력이 높아져야 하는데, 그 반대 상황이기 때문이다. 그래서 추운 겨울날 바람이 잘 통하는 마당에 걸어 놓은 젖은 옷이 깜쪽 같이 마르고, 이러한 **동결건조** (**凍結乾燥, freeze-drying**) 의 원리는 동태로부터 황태를 만들거나 동결 건조 커피를 만드는 데도 사용된다. 생체 시료로부터 얻은 조직이나 단백질 등 귀중한 시료에서 물을 제거할 때도 동결건조는 아주 유용하게 사용된다. 예를 들면, 조직 시료를 그대로 말리면 물기가 줄어들면서 염분, 당, 아미노산, 단백질 등 수용성 물질들의 농도는 높아진다. 물기가 거의 다 사라질 때가 되면 특히 단백질 같은 고분자 물질들은 서로 엉키고 심지어는 공유 결합을 통해 서로 가교결합 (crosslink) 이 되어 원래 성질을 잃어버릴 수도 있다. 그러나 시료를 동결시키고 나서 동결건조기 (freeze-dryer) 에 넣고 진공펌프로 높은 진공을 지속시켜 주면 단백질 등 모든 분자가 제 자리에 있는 상태에서 물 분자들이 승화되어 제거되기 때문에 눈송이처럼 부드러

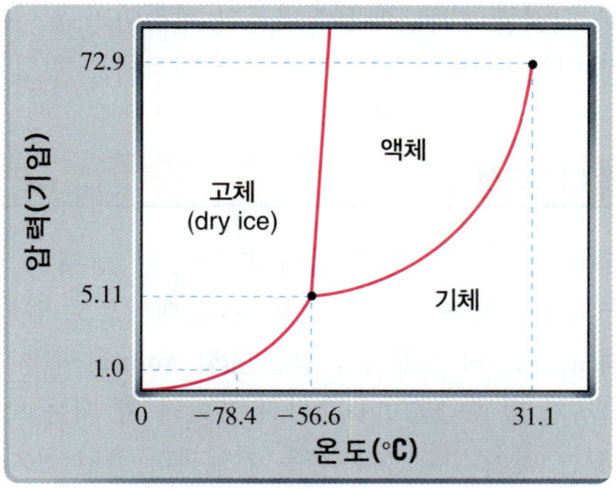

그림 7.28 이산화탄소의 상도표. 물과 달리 액체–고체 평형 곡선의 기울기는 양이다. 그리고 삼중점의 압력은 1 기압보다 높다.

운 건조 시료를 얻을 수 있다. 우주인의 식량도 이와 같은 식으로 만든다. 상온에서 장기 저장을 하기 위해 야채, 고기 등을 동결 건조한 상태로 가지고 가서 먹기 직전에 물을 가하면 원래 상태와 거의 똑같은 재질을 갖춘 음식을 우주선(宇宙船)에서 먹을 수 있게 된다.

이제 우리는 기체-액체, 액체-고체, 고체-기체 사이의 평형에 해당하는 세 개의 평형 곡선과 이들 사이에 자리잡고 있는 기체, 액체, 고체의 세 개의 영역을 보여 주는 **상도표**(**狀圖表, phase diagram**)를 가지게 되었다. 상도표로부터 우리는 주어진 온도와 압력에서 어떤 물질이 어떤 상태로 존재할지, 또 온도와 압력을 바꾸면 물질의 상태가 어떻게 변할지를 알 수 있다.

이산화탄소(CO_2)의 상도표(그림 7.28)는 다음과 같은 세 가지 면에서 물의 상도표와 크게 다르다.

첫째, 액체–고체 평형 곡선은 양의 기울기를 가진다. 물과 달리, 그러나 대부분의 물질에서와 같이 고체 이산화탄소인 드라이아이스(dry ice)는 압력을 가하면 보다 높은 온도에서 녹는다.

둘째, 삼중점에서의 압력은 물의 경우보다 훨씬 높은 5.11 기압이다. 따라서 1 기압에서 드라이아이스는 녹는 대신 승화한다. 그래서 무대에서 드라이아이스 가루를 뿌리면 −78°C의 드라이아이스가 승화하면서 낮은 온도의 이산화탄소 분자 주위에 수증기가 응결되어 안개 효과를 나타낸다. 또한 분자량이 44인 이산화탄소는 공기보다 무겁기 때문에 이 안개는 무대 바닥을 따라 흘러나가는 것으로 보인다.

셋째, 임계점에서 온도는 31°C, 압력은 73 기압으로 물보다 훨씬 낮다. 임계점보다 높은 온도 또는 압력에서는 더 이상 액체와 기체의 구별이 없는 **초임계 유체**(**超臨界流體, supercritical fluid**)가 얻어진다. 초임계 유체 상태의 비극성 분자인 이산화탄소는 커피에 들어 있는 카페인 같은 극성이 낮은 화합물을 효과적으로 녹여낸다. 그 다음에 온도와 압력을 낮추면 이산화탄소는 쉽게 제거되고 원하는 물질만 남게 된다.

7-8 용액

지금까지는 순수한 물질이 물질의 특성과 온도, 압력 등 주위 환경에 따라 기체, 액체,

또는 고체로 존재하는 것과 외부 조건이 바뀌면 상전이가 일어나는 것을 알아보았다. 이제부터는 두 가지 이상의 물질이 섞여 있을 때 나타나는 현상들을 살펴본다.

7-8-1 용액의 조성

일반적으로 두 가지 이상의 물질이 섞여서 균일한 상태를 이룬 것을 **용액**(**溶液, solution**)이라고 한다. 용액을 구성하는 성분 중 상대적으로 양이 가장 많은 것을 **용매**(**溶媒, solvent**)라 하고, 소량의 성분들은 **용질**(**溶質, solute**)이라 부른다. 용매와 용질은 모두 기체, 액체, 고체가 될 수 있으나 흔히 용액이라 할 때는 소금물처럼 고체 용질이 액체 용매에 녹아 있는 것을 일컫는다. 물론 기체끼리 섞인 공기, 고체 금속 사이의 합금(合金, alloy) 등도 용액이라고 할 수 있다. 수은과 다른 금속의 합금인 아말감은 흔하지 않은 액체-고체의 용액이라 볼 수 있다. 술은 액체인 물과 에탄올, 그리고 여러 가지 소량의 액체 및 고체 화합물의 혼합 용액이다. 산소나 이산화탄소도 물에 약간 녹아서 용액을 만든다.

용액 속에 포함된 용매와 용질의 상대적인 양, 즉 용액의 조성은 여러 가지 다른 방법으로 나타낼 수 있다. 용액의 질량 중에서 용질의 질량비는 퍼센트, ppm (parts per million), 또는 ppb (parts per billion)로 나타낸다.

$$\text{질량 \%} = \frac{\text{용질의 질량}}{\text{용액의 질량}} \times 100$$

$$\text{ppm} = \frac{\text{용질의 질량}}{\text{용액의 질량}} \times 10^6$$

$$\text{ppb} = \frac{\text{용질의 질량}}{\text{용액의 질량}} \times 10^9$$

화학에서 물질의 양을 나타내는 기본적인 단위는 몰수이기 때문에 질량 %보다 몰분율(mole fraction)이 더 의미있는 경우가 많이 있다. 용질이 한 가지인 경우에는 다음과 같다.

$$\text{용매의 몰분율 } (X_1) = \frac{\text{용매의 몰수}}{\text{용매의 몰수} + \text{용질의 몰수}}$$

$$\text{용질의 몰분율 } (X_2) = \frac{\text{용매의 몰수}}{\text{용매의 몰수} + \text{용질의 몰수}}$$

$$X_1 + X_2 = 1$$

가. 돌턴의 분압 법칙

아래에서 살펴볼 수용액은 대부분 고체 용질과 액체 용매가 강한 상호작용을 통해 섞여 있는 경우이다. 그 반대의 극단에 해당하는 경우로 용질과 용매 사이에 전혀 상호작용이 없는, 두 가지 이상의 이상 기체가 섞여 있는 기체 혼합물을 생각할 수 있다.

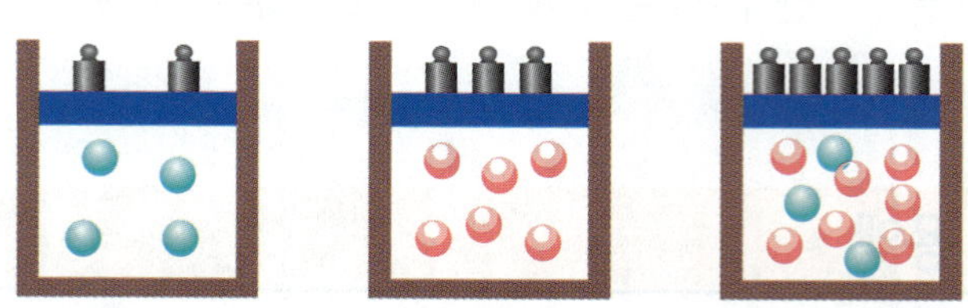

그림 7.29 돌턴의 분압 법칙.

이 경우에는 분자간 상호작용이 없기 때문에 각각의 기체는 독립적으로 용기에 압력을 가하게 되고, 전체 기체 혼합물의 압력은 각각 기체 압력의 합으로 주어진다. 개별 기체가 미치는 압력은 **부분 압력 또는 분압**(**分壓, partial pressure**)이라고 한다. 기체 혼합물의 전체 압력은 부분 압력의 합으로 얻어진다는 이 법칙을 기체 혼합물에 있어서 **돌턴의 분압 법칙**(**Dalton's law of partial pressure**)이라고 한다. 원자론을 제창한 돌턴은 여러 기체 혼합물로부터 이러한 관계를 실험적으로 알아냈다.

부분 압력은 전체 압력에 몰분율을 곱하여 얻을 수 있다. 기체 혼합물에 대한 상태 방정식은 다음과 같이 주어진다.

$$P_{tot} = P_A + P_B + P_C + \cdots$$
$$= (n_A + n_B + n_C + \cdots)\frac{RT}{V} = n_{tot}\frac{RT}{V}$$
$$P_A = \frac{n_A}{n_{tot}} P_{tot} = X_A P_{tot}$$

예제 7.41

공기를 질소, 산소, 아르곤이 부피비로 78 : 21 : 1로 들어 있는 혼합물이라고 하자. 전체 압력이 0.8 기압인 높은 산 정상에서 질소, 산소, 아르곤의 분압을 구하여라.

풀이 부피비는 몰비와 같다.

$$P_{질소} = \frac{78}{100} \times 0.8 \text{ 기압} = 0.62 \text{ 기압}$$

$$P_{산소} = \frac{21}{100} \times 0.8 \text{ 기압} = 0.17 \text{ 기압}$$

$$P_{아르곤} = \frac{1}{100} \times 0.8 \text{ 기압} = 0.01 \text{ 기압}$$

수용액에서 몰분율을 적용하는 경우를 생각해 보자.

예제 7.42

헤모글로빈(hemoglobin)은 혈액에서 산소를 운반하는 중요한 단백질이다. 헤모글로빈 한 분자에는 최대 네 개의 산소 분자가 결합할 수 있다. 헤모글로빈의 분자량은 약 67000 Da이고, 적혈구 100 mL에는 15 g의 헤모글로빈이 녹아 있고, 모든 헤모글로빈 분자에는 산소가 최대한 결합하고 있다고 하자. 적혈구의 밀도는 물의 밀도와 같고, 헤모글로빈, 물, 산소로만 이루어졌다고 가정한다,

가) 헤모글로빈의 질량 %와 몰분율을 구하여라.

나) 산소의 질량 %, ppm, 그리고 몰분율을 구하여라.

풀이 적혈구 100 mL = 100 g

100 g 중에서 헤모글로빈의 질량 = 15 g

헤모글로빈의 몰수 $= \frac{15}{67000} = 0.000224$

산소의 몰수 $= 0.000224 \times 4 = 0.0090$

산소의 질량 $= 32 \times 0.0090 = 0.29$ g

물의 질량 $= 100 \text{ g} - 15 \text{ g} - 0.29 \text{ g} = 84.7$ g

물의 몰수 $= \frac{84.7}{18} = 4.7$

헤모글로빈은 X-선 회절 방법으로 구조가 밝혀진 첫 번째 단백질이다. 이 업적으로 페루츠는 1962년 노벨 화학상을 수상했다.

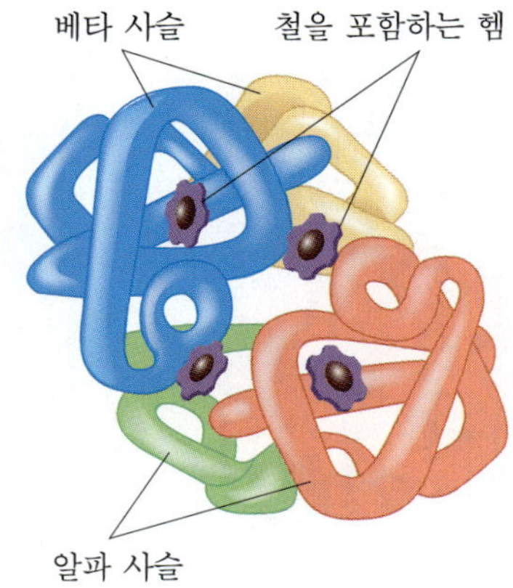

헤모글로빈

가) 헤모글로빈의 질량 $\% = \frac{15\ g}{100\ g} \times 100 = 15\ \%$

헤모글로빈의 몰분율 $= \frac{0.000224}{4.7 + 0.000224 + 0.0090} = 0.000048$

나) 산소의 질량 ppm $= \frac{0.29}{100} \times 10^6 = 2900$ ppm

산소의 질량 $\% = \frac{0.29}{100} \times 100 = 0.29\ \%$

산소의 몰분율 $= \frac{0.0090}{4.7 + 0.000224 + 0.0090} = 0.00019$

화학에서 다루는 대부분의 용액은 용질이 물에 녹아 있는 수용액이다. 이러한 경우 용액에 포함된 용질의 양은 **농도**(**濃度, concentration**)로 표현된다. 1장에서 살펴본 대로 화학에서는 용액의 부피를 많이 다루고, 그 부피의 용액에 들어 있는 용질의 몰수가 중요하기 때문에 용액 1 L에 들어 있는 용질의 몰수를 **몰농도**(**molar concentration**)라고 정의한다. 몰 농도처럼 자주 쓰이지는 않지만 용매 1 kg에 녹아 있는 용질의 몰 수로 정의되는 **몰랄 농도**(**molal concentration**)가 더 유용한 경우가 있다. 온도에 따라 부피는 변하지만 질량은 변하지 않는다. 따라서 몰농도는 온도에 따라 변하지만, 몰랄 농도는 온도의 영향을 받지 않는다. 몰농도는 M = mol/L, 몰랄 농도는 m = mol/kg의 단위를 사용한다. 상온에서 묽은 수용액의 경우에는 몰농도와 몰랄 농도가 거의 같은 값을 갖는다.

$$\text{몰농도}(M) = \frac{\text{용질의 몰수}}{\text{용액 1 리터}}\ (\text{mol/L})$$

$$\text{몰랄 농도}(m) = \frac{\text{용질의 몰수}}{\text{용매 1 킬로그램}}\ (\text{mol/kg})$$

예제 7.43

적혈구에서 헤모글로빈의 몰농도와 몰랄 농도를 구하여라.

풀이 몰농도 $= \frac{0.000224\ \text{mol}}{100\ \text{mL}} = \frac{0.00224\ \text{mol}}{1\ \text{L}} = 0.00224\ M$

몰랄 농도 $= \frac{0.000224\ \text{mol}}{84.7\ \text{g}} = 0.00264$ mol/kg $= 0.00264\ m$

일정한 몰농도의 수용액을 만들기 위해서는 사용하는 부피플라스크의 부피에 해당하는 양의 용질을 취하고 물에 녹인 후 부피플라스크의 눈금까지 물을 가한 다음 잘 섞어주면 된다.

예제 7.44

10.0 mM 황산구리 수용액을 만들려고 한다. 실험실에 있는 황산구리는 진한 청색의 오수화물(pentahydrate, $CuSO_4 \cdot 5H_2O$, 몰질량 249.7 g/mol)이다. 100 mL 부피 플라스크를 사용한다면 황산구리 몇 그램을 취해야 하는가?

풀이 필요한 황산구리 $= (10.0 \times 10^{-3}\ \text{mol/L})(100 \times 10^{-3}\ \text{L}) = 1.00 \times 10^{-3}$ mol

필요한 질량 $= (249.7\ \text{g/mol})(1.00 \times 10^{-3}) = 0.2497$ g

7-8-2 용해도

어떤 용매에 특정한 용질이 녹는 정도를 **용해도**(**溶解度, solubility**)라고 한다. 우리 주위에 고체 물질이 많은 것은 특히 물에 대한 물질의 용해도가 낮기 때문이다. 또 생명에 물이 필수적인 것은 생화학 반응에 참여하는 많은 물질의 물에 대한 용해도가 높기 때문이다. 용해도는 용매와 용질의 특성, 특히 용매 분자들과 용질 분자들 간의 상호작용의 성질에 따라 달라진다. 용해도에 대한 일반적인 법칙은 "**비슷한 것들은 잘 섞인다**(like dissolves like)" 또는 "유유상종(類類相從)"으로 요약될 수 있다. 수용액의 경우 물이 극성 용매이기 때문에 HCl, NH_3, 아세톤, 등과 같은 극성 분자들은 물에 잘 녹지만 O_2, CO_2 등과 같은 비극성 분자들은 용해도가 낮다.

인간 세상에서는 "Birds of a feather flock together." "유유상종(類類相從)"이라고 한다.

분자간 상호작용의 측면에서 보면 용매와 용질 간의 인력이 용매 분자간 인력보다 크거나 거의 같은 정도일 때 용질이 용매에 녹을 수 있다. 물은 작은 분자이므로 용매 분자 전체의 극성보다는 물과 상호작용을 할 수 있는 극성 부분을 가지고 있는가가 더 중요하다. 메탄올, 에탄올, 에틸렌글리콜, 글리세롤 같은 알코올은 극성인 $-OH$기를 가지고 있어서 물 분자와 수소 결합을 할 수 있기 때문에 물에 잘 녹는다. 마찬가지로 글루코스, 과당(果糖, fructose)과 같은 당 분자들뿐 아니라 이들이 중합되어 만들어진 분자량이 상당히 큰 탄수화물도 $-OH$기를 가지고 있어서 물에 녹을 수 있다.

가. 이온성 염의 용해도

소금(NaCl)과 같은 이온성 물질이 물에 녹을 때는 이온성 결정 구조가 깨지면서 양이온과 음이온으로 분리되고 분리된 양이온과 음이온은 각각 물 분자들에 둘러싸여 안정화된다. 이 과정을 **용매화**(**溶媒化, solvation**)라고 한다. 용매화된 이온들은 외부의 전기장의 영향을 받으면 전기를 통할 수 있다. 따라서 물에 잘 녹는 이온성 물질은 좋은 전해질로서 작용한다. 우리 몸에도 상당한 양의 이온들이 들어 있기 때문에 고전압하

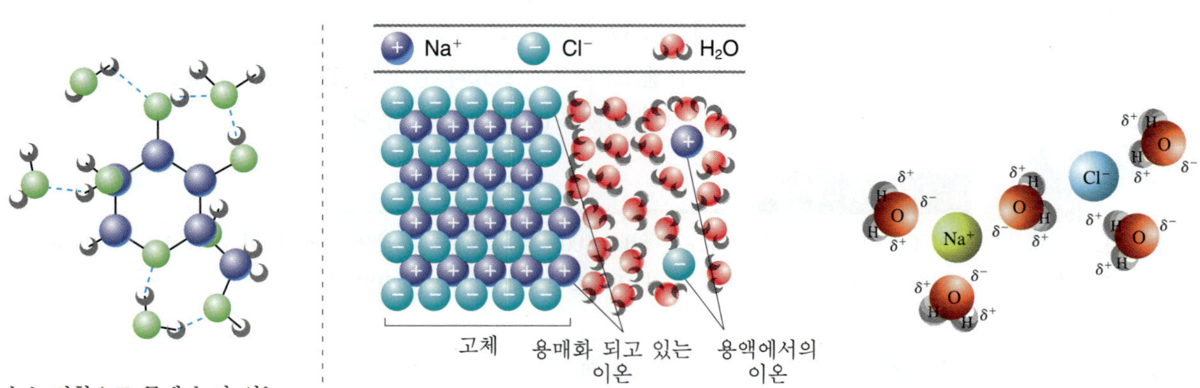

수소 결합으로 물에 녹아 있는 글루코스 분자 | 소금의 용매화

그림 7.30 용질과 용매의 상호작용에 의한 용해.

에서는 전기 쇼크를 받는 것이다.

물에 대한 고체 용질의 용해도는 보통 물 100 g당 최대한 녹을 수 있는 용질의 그램수로 나타낸다. 예를 들어, 상온에서 K_2SO_4의 용해도는 용액 100 mL당 12 g 정도이지만, $BaSO_4$는 용해도가 0.00025 g 밖에 되지 않아 쉽게 침전을 형성한다. 용질이 최대한 녹아 있는 용액을 **포화 용액**(飽和溶液, **saturated solution**)이라고 한다.

어떤 용질의 포화 용액을 만들고 용매를 서서히 증발시키면 용질이 고체 결정으로 석출된다. 이러한 **결정화**(結晶化, **crystallization**)는 원하는 물질을 정제하는 데 유용하다. 퀴리 부처가 라듐을 발견할 때도 염화라듐을 결정으로 분리했다. 단백질 같이 생화학적으로 중요한 물질의 3차원적 분자 구조를 조사히기 위해서는 우선 결정을 얻고 X-선 결정학 방법으로 분자 내 원자들의 위치를 정해야 한다. 이때도 정제한 단백질의 포화용액을 만들고 물을 증발시키는 방법으로 단백질 결정을 얻는다.

어떤 물질의 용해도를 어느 정도 정확히 예측하는 것은 매우 어려운 일이다. 특히 이온성 물질의 용해도에는 여러 요인이 복합적으로 관여한다. 이온 결정에서는 양이온과 음이온들이 가까운 거리에 규칙적으로 배열되어서 안정화되어 있다. 양이온과 음이온들이 결정을 벗어나서 용액으로 들어가면 물 분자에 의해 둘러싸여 어느 정도 안정화되기는 하지만 결정 상태에 비해 에너지는 상대적으로 높아지는 경우가 대부분이다. 그래서 많은 양의 소금을 물에 녹이면 물의 온도가 약간 내려가는 것을 느낄 수 있다. 염의 용해는 흡열 반응인 것이다. 소금의 용해열은 +3.8 kJ/mol이다. 질산암모늄(NH_4NO_3)의 용해열은 +25.7 kJ/mol로 매우 많은 양의 열을 주위에서 흡수하기 때문에 냉찜질팩(cold pack)에 사용된다.

콜드팩

흡열 반응이라면 외부에서 열을 공급해 주어야 일어날 것 같은데도 소금이 자발적으로 녹는 것은 이온들이 물에 녹을 때 엄청난 엔트로피(8장 참조) 증가 효과가 수반되기 때문이다. 그런데 이러한 엔트로피 효과는 온도가 높을수록 크게 작용한다(8장 참조). 따라서 대부분 염의 용해도는 온도에 따라 증가한다. 한편 이온의 농도가 아주 높아지면 많은 양의 물이 이온 주위에 붙잡혀서 [수화(水和, hydration)] 엔트로피가 감소하는 효과도 나타난다. 이 경우에는 온도가 올라가면 용해도가 낮아질 것이라고 예상되는데, 실제로 Li_2SO_4 경우에 그런 결과가 나타난다. 리튬 이온은 작기 때문에 전하 밀도가 높아서 수화가 잘 일어나고, 황산 이온은 −2의 전하 때문에 마찬가지로 수화가 잘 일어날 것이다. 다른 예로 $Ce_2(SO_4)_3$가 있다. 원자 번호가 58인 세륨은 란타넘족 계열(lanthanide series)의 첫 번째 원소로서, 바닥 상태에서 *f* 오비탈에 전자가 들어가는 첫 번째 경우이다. 란타넘족 계열의 원소들은 유효 핵전하가 상당히 높아서 란타넘족 수축(lanthanide contraction)에 의해 원자 반지름이 작다. Ce^{3+} 이온 반지름은 1.2 Å으로 K^+ 이온 반지름 1.3 Å보다도 작은데, +3의 전하를 가지기 때문에 수화가 효과적으로 일어나서 물의 엔트로피 감소 효과가 크다. $Ce_2(SO_4)_3$ 1 몰로부터 Ce^{3+} 이온이 2 몰, −2의 전하를 가진 황산 이온이 3 몰 나온다.

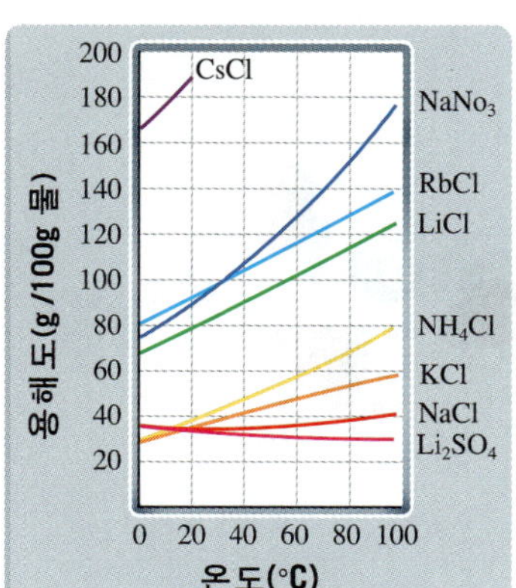

그림 7.31 온도에 따른 몇 가지 염의 용해도 변화.

예제 7.45

60°C에서 Li_2SO_4의 용해도는 30 g/100 g이다. 음이나 양에 상관 없이 전하 1당 몇 분자의 물이 수화에 참여할 수 있는가? Li_2SO_4의 화학식량은 110이다.

풀이 100 g의 물 $= \frac{100}{18} = 5.6$ 몰

30 g의 $Li_2SO_4 = \frac{30}{110} = 0.27$ 몰

+1 전하의 리튬 이온 2개,
−2 전하의 황산 이온 1개 : 도합 4

$$\frac{5.6}{0.27 \times 4} = 5.2 = \text{약 } 5$$

대부분의 물이 수화에 참여하여 엔트로피가 감소할 것이라고 예상된다.

나. 기체의 용해도

위에서 보았듯이 대부분의 염은 온도를 올리면 용해도가 증가한다. 분자들이 이온 결합보다 약한 결합으로 붙잡혀 있는 고체의 경우에도 마찬가지이다. 반면에 컵에 따라 놓은 탄산음료에 녹아 있는 이산화탄소가 온도가 올라감에 따라 기체 방울로 올라오는 것을 볼 수 있듯이 온도가 증가하면 기체의 용해도는 감소한다. 녹아 있는 기체는 용매에 비해 애초에 기체로 존재하려는 성질이 강한 물질이기 때문에 온도가 올라가서 운동 에너지가 증가하면 용매와의 상호작용을 뿌리치고 기체로 빠져나오게 된다. 그림 7.20은 여러 온도에서 1 기압의 산소 기체하에 있는 물에 대한 산소의 용해도를 보여 준다.

기체의 용해도는 압력에 비례하여 증가한다. 1801년에 경험적으로 발견된 이 법칙을 **헨리의 법칙 (Henry's law)** 이라고 한다.

$$M\,(\text{녹아 있는 기체의 농도}) = k_H\,(\text{헨리 상수}) \times P\,(\text{기체의 분압})$$

용액 위의 기체 압력이 높다는 것은 단위 부피당 기체 분자가 압력에 비례해서 많다는 것을 의미한다. 기체 분자가 많으면 액체 표면과 충돌해서 녹아들어갈 확률도 커진다. 그러나 액체에서 기체로 빠져나가는 확률은 압력과 무관하므로 결과적으로 기체의 용해도는 압력에 비례하게 되는 것이다.

예제 7.46

20°C에서 산소의 헨리 상수는 0.0013 mol/L·atm이다. 1 기압의 공기와 접촉하고 있는 20°C의 물에 녹아 있는 산소 분자 사이의 거리는 공기 중에서 산소 분자 사이 거리의 몇 배일까? 산소는 공기의 21%를 차지한다.

풀이 산소의 용해도 $M = 0.0013 \text{ mol/L·atm} \times 0.21 \text{ atm} = 0.00027 \text{ mol/L}$

$$\text{물에서 산소 한 분자가 차지하는 부피} = \frac{1 \times 10^{27} \text{ Å}^3}{6.02 \times 10^{23} \times 0.00027} = 6.15 \times 10^6 \text{ Å}^3$$

$$\text{물에서 산소 분자 사이의 거리} = \sqrt[3]{6.15 \times 10^6 \text{ Å}^3} = 180 \text{ Å}$$

$$\text{공기에서 산소 한 분자가 차지하는 부피} = \frac{22.4 \times 10^{27} \text{ Å}^3}{6.02 \times 10^{23} \times 0.21} = 1.77 \times 10^5 \text{ Å}^3$$

$$\text{공기에서 산소 분자 사이의 거리} = \sqrt[3]{1.77 \times 10^5 \text{ Å}^3} = 56 \text{ Å}$$

$$\frac{\text{물에서 산소 분자 사이의 거리}}{\text{공기에서 산소 분자 사이의 거리}} = \frac{180 \text{ Å}}{56 \text{ Å}} = 3.2$$

쌍극자 모멘트가 0인 산소는 물에 약간만 녹기 때문에 물에서 산소의 농도는 공기 중에서 산소의 농도보다 더 낮다. 혈액을 통해 산소를 운반하려면 어떤 농축 수단이 필요할 것이라고 생각된다.

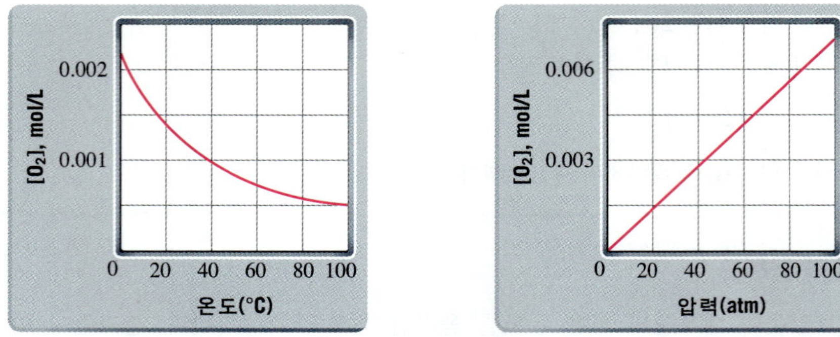

그림 7.32 1 기압의 산소 기체하에서 온도에 따른 물에 대한 산소의 용해도와 25°C에서 압력에 다른 산소의 용해도.

예제 7.47

예제 7.43에서 구한 적혈구에서 헤모글로빈의 몰농도로부터 모든 헤모글로빈 분자에 네 분자의 수소가 결합한 경우 적혈구에서 산소 분자 사이의 거리를 구하여라. 그리고 이 거리를 위에서 구한 공기 중에서 산소 분자 사이의 거리와 비교하여라.

풀이 헤모글로빈의 몰농도 = 0.00224 mol/L

산소의 몰농도 = 0.00224 mol/L × 4 = 0.0090 mol/L

$$\text{적혈구에서 산소 한 분자가 차지하는 부피} = \frac{1\times10^{27}\,\text{Å}^3}{6.02\times10^{23}\times0.0090} = 1.85\times10^5\,\text{Å}^3$$

$$\text{적혈구에서 산소 분자 사이의 거리} = \sqrt[3]{1.85\times10^5\,\text{Å}^3} = 57\,\text{Å}$$

이 값은 공기에서 산소 분자 사이의 거리인 56 Å과 거의 비슷하다.

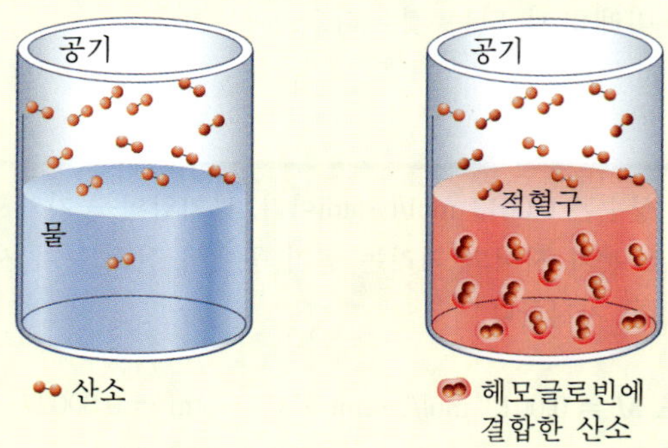

동물은 공기 중의 산소를 몸의 구석구석까지 운반하기 위하여 헤모글로빈이라는 운반 단백질(運搬蛋白質, transport protein)을 개발한 것이다.

드라이아이스를 사용하면 이산화탄소의 헨리 상수를 쉽게 구할 수 있다. 시험관에 반쯤 들어 있는 물에 드라이아이스를 한 조각 집어넣고 다 승화하기를 기다리면 물은 이산화탄소로 포화되고, 물 위의 공간은 공기보다 무거운 이산화탄소로 채워진다. 물에 녹은 이산화탄소는 상온에서 1 기압의 이산화탄소 기체와 평형을 이루는 것이다. 이때 녹아 있는 이산화탄소를 묽은 NaOH 용액으로 적정하면 상당히 정확한 헨리 상수가 얻어진다. 산-염기 평형이 이산화탄소의 용해 평형보다 빠르기 때문이다.

예제 7.48

20°C에서 이산화탄소의 헨리 상수는 대략 0.03 mol/L·atm으로 산소의 헨리 상수의 20배 정도이다.

가) 이산화탄소의 헨리 상수가 산소의 헨리 상수보다 큰 이유를 설명하여라.

나) 1 기압의 이산화탄소와 접촉하고 있는 20°C의 물에 포화되어 있는 이산화탄소 분자 사이의 거리는 기체에서 이산화탄소 분자 사이 거리와 얼마나 차이가 나는가?

풀이 가) 이산화탄소, 산소 모두 전체적으로는 비극성 분자이지만, 이산화탄소에서 탄소는 부분 양전하를, 산소는 부분 음전하를 띤다. 이 부분 전하는 물에서 산소와 수소의 부분 전하와 상호작용하므로 부분 전하를 가지지 않는 산소보다 물에 잘 녹는다. 이 차이는 태초의 바다에서 생명이 진화하는 데 큰 영향을 미친다. 이산화탄소가 물에 녹아서 수중에서 광합성을 하는 사이아노박테리아의 탄생을 가능하게 했고, 광합성의 부산물로 나온 산소는 물에 잘 녹지 않기 때문에 대기로 빠져 나와서 후일 동물의 육상으로의 진출을 가능하게 했다.

$$\overset{0}{\mathrm{O}}=\overset{0}{\mathrm{O}} \qquad \overset{\delta^-}{\mathrm{O}}=\overset{\delta^+}{\mathrm{C}}=\overset{\delta^-}{\mathrm{O}}$$

나) 1 기압, 20°C에서 이산화탄소 기체 1몰이 차지하는 부피 $= \dfrac{1 \times 0.0821 \times 297}{1} = 24.4$ L/mol

이산화탄소의 포화 농도 M = 0.03 mol/L·atm × 1 atm = 0.03 mol/L

이산화탄소 1 몰을 녹이고 있는 물의 부피 = $(0.03\ \mathrm{mol/L})^{-1}$ = 33 L/mol

흥미롭게도 기체와 액체에서 이산화탄소 1 몰이 차지하는 부피가 24.4 L와 33 L로 비슷하다. 분자 사이의 거리도 비슷할 것이다.

7-8-3 총괄성

앞에서 기체의 경우에는 일정한 온도와 압력하에서 밀도는 기체의 종류에 상관없이 기체의 몰수, 즉 분자의 개수에만 의존하기 때문에 미지 물질의 기체 밀도를 측정하면 분자량을 결정할 수 있는 것을 보았다. 용액의 경우에도 용질의 종류에 상관없이 분자의 개수에만 의존하는 성질이 있다면 미지 물질의 분자량 결정에 유용할 것이다. 다행히 용액에도 그러한 성질이 여러 가지 있다. 용매에 용질이 섞여서 용액이 되면 순수한 용매와는 다른 성질을 나타내게 되는데, 그 중에서 용질의 종류와는 무관하게 용질의 농도, 즉 용질 분자의 수에만 의존하는 성질들을 **총괄성**(總括性, **colligative property**)이라고 한다.

가. 증기압 내림

휘발성이 없는 용질이 액체 용매에 녹아 만드는 용액, 예를 들어 설탕물의 경우를 생각해 보자. 용매인 액체의 특성은 주어진 온도에서의 증기압으로 표현될 수 있다. 용액의 증기압을 측정해 보면 순수한 용매일 경우보다 작아지는 것을 관찰할 수 있다. 이러한 **증기압 내림**(**vapor pressure lowering**) 현상은 용액에 골고루 섞여 있는 용질 분자들이 용액 표면에서 용매 분자가 증발하는 것을 방해하기 때문이라고 이해할 수 있다. 증기압 내림은 용질과 용매 사이에 상호작용이 없는 **이상 용액**(**ideal solution**)을 가정하면 아래의 식으로 주어지는 **라울의 법칙**(**Raoult's law**)으로 표현할 수 있다. 여기서 P_1^0는 순수한 용매의 증기압, X_1은 용매의 몰분율이다. 용질의 몰분율을 X_2라고 하면 $X_1 + X_2 = 1$이기 때문에 증기압 내림은 다음과 같이 용질의 몰분율에 비례한다.

라울의 법칙 : $P_1 = X_1 P_1^0$

증기압 내림 : $\Delta \mathrm{P}_1 = X_1 P_1^0 - P_1^0 = (1 - X_2)\, P_1^0 - P_1^0 = -X_2 P_1^0$

원칙적으로는 일정량의 미지 용질을 포함한 용액의 증기압 내림을 측정하면 용질의 몰수를 알 수 있게 되고, 그로부터 분자량을 계산할 수 있다. 그러나 증기압 내림을 분자량 결정에 필요한 정도의 정확도를 가지고 측정하기는 어렵다. 뿐만 아니라 실제 용액에서는 용질과 용매 사이에 상호작용이 존재하고 그 정도는 용질과 용매의 종류에 따라 다르기 때문에 증기압은 라울의 법칙을 따른 이상 용액과 차이가 난다. 근본적으로 용매 분자간의 상호작용과 용매-용질 사이의 상호작용이 서로 다르기 때문이다. 용매-용질 사이의 인력이 강할 경우에는 증기압이 라울의 법칙이 예측하는 것보다 작아져서 음의 편차를 보이고, 그 반대의 경우에는 양의 편차를 보이게 된다.

나. 분별 증류

증기압이 다른 두 액체가 섞여 있는 경우를 생각해 보자. 만일 두 액체 사이에 상호작용이 전혀 없다면 각각의 액체의 증기압에 대하여 라울의 법칙이 적용되고, 전체 증기압은 다음과 같이 각각 증기압의 합으로 주어질 것이다. 이상 기체에서 전체 압력은 각각 기체 압력의 합으로 주어지는 것과 마찬가지이다.

$$P_{\text{total}} = X_1P_1^0 + X_2P_2^0$$

그런데 에탄올과 물처럼 상호작용이 강하면 이와 같은 이상적인 관계는 성립하지 않고, 같은 온도에서라도 용액에는 증기압이 낮은 물의 분율이 높고, 기체에는 증기압이 높은 에탄올의 분율이 높아진다. 이러한 사실을 이용하면 증기압이 다른 두 물질을 분리할 수 있다.

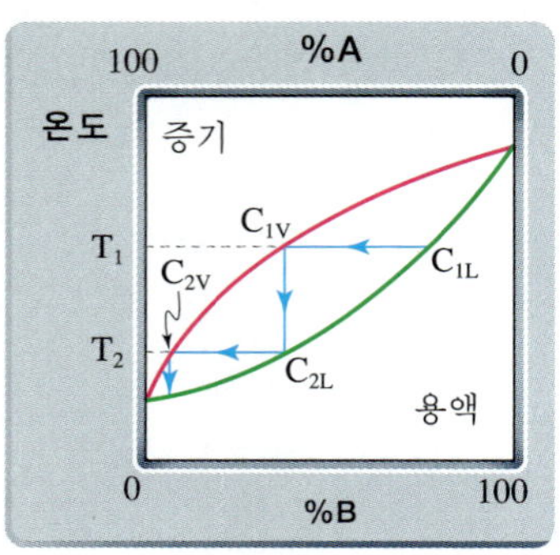

그림 7.33 분별 증류에 의한 A의 농축.

에탄올과 물의 혼합 용액에서 에탄올처럼 끓는점이 낮은 물질을 A, 물처럼 끓는점이 높은 물질을 B라고 하자. 어떤 온도에서라도 증기압이 높은 A의 분율은 용액에서보다는 증기 쪽에서 높을 것이다. 예를 들어, 온도가 T_1일 때 C_{1V} 점에서 A의 분율은 C_{1L} 점에서 A의 분율보다 높다. 순수한 A의 끓는점과 순수한 B의 끓는점 사이의 여러 온도에서 A와 B의 조성을 조사하면 그림에서와 같이 기체와 용액은 다른 곡선을 나타낸다.

이제 C_{1L}점에 해당하는, A와 B가 대략 80 : 20으로 들어 있는 용액을 생각해 보자. 이 용액이 같은 온도에서 증기로 바뀌면 조성은 C_{1V} 점으로 이동하여 A와 B가 50 : 50의 비율로 들어 있게 된다. 이 증기가 온도가 낮아져서 같은 조성의 액체로 응축한 후 (C_{2L}) 다시 같은 온도의 증기로 바뀌면(C_{2V}) A의 분율은 더욱 높아질 것이다. 이와 같은 원리를 이용하여 증기압이 다른 물질을 분리하는 **분별 증류**(分別蒸溜, **fractional**

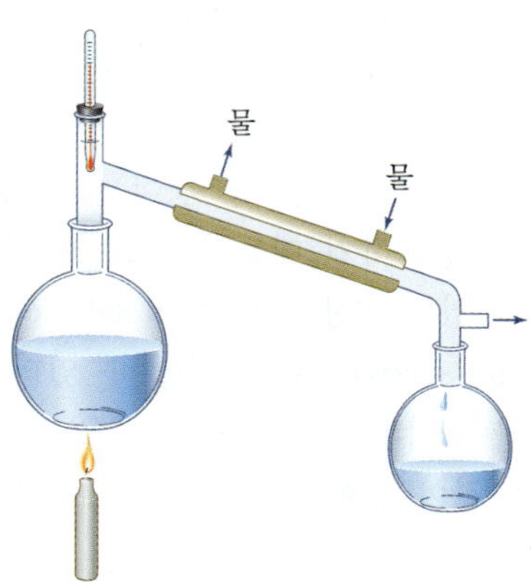

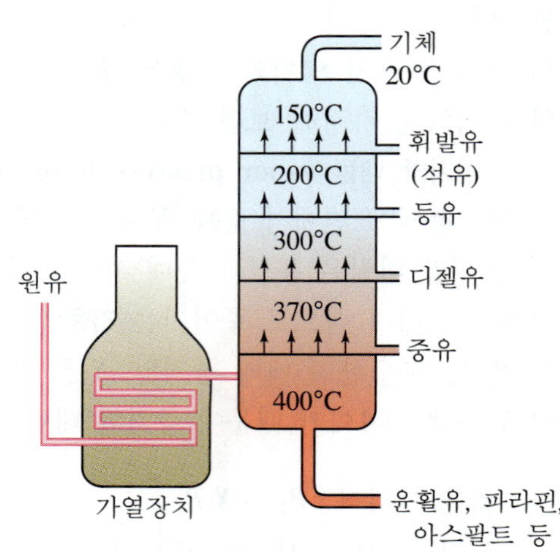

그림 7.34 알코올과 원유의 증류.

distillation)는 실험실에서 용매를 정제할 때도 사용되고, 알코올 발효로 얻은 술로부터 도수가 높은 증류주를 만드는 데도 사용된다. 분별 증류는 산업적으로도 대단히 중요하다. 전 세계적으로 여러 정유 공장에서 이 방법을 사용하여 엄청난 양의 원유를 휘발유, 경유, 중유 등 여러 석유화학(石油化學, petrochemical) 제품으로 정제하여 판매한다. 우리나라도 2008년 최대 수출 품목은 석유화학 제품이었다.

분별 증류가 효율적으로 일어나게 하려면 온도가 높은 아래쪽에서 온도가 낮은 위쪽으로 가열된 증기가 이동하면서 액체로 응축되었다가 다시 증기로 바뀌는 과정이 여러 차례 반복되는 것이 유리하다. 그렇게 하기 위해서는 증류관을 유리 조각 같은 물질로 채워서 응축과 기화가 일어날 수 있는 표면을 크게 하는 것이 좋다. 그러나 에탄올과 물처럼 끓는점이 20도 이상 차이나는 경우에는 그림에서와 같이 가열된 플라스크에서 컨덴서로 넘어가는 중간 부분의 길이가 충분하고, 가지 부분에서의 온도가 에탄올의 끓는점인 78.5°C 정도가 되게 버너의 열을 조절하면 수증기는 가지에 도달하기 전에 물로 응축하고 에탄올 증기는 가지를 통해 빠져나가 물로부터 분리된다.

미국 워싱턴주 Anacortes Refinery Tesoro Corporation 정유소 (사진: Walter Siegmund).

다. 어는점 내림과 끓는점 오름

증기압보다는 어는점이나 끓는점을 측정하는 것이 용이한데, 비휘발성 용질이 섞여 있는 용액에서 증기압 내림은 **어는점 내림**(*freezing point depression*)과 **끓는점 오름**(*boiling point elevation*)으로 나타난다. 그림 7.22에서 보는 것처럼 수용액의 증기압 곡선은 순수한 물의 증기압 곡선보다 아래로 이동한다. 그 결과 어는점은 순수한 용매에 비해 낮아지고, 끓는점은 높아진다.

묽은 용액의 경우에는 끓는점 오름과 어는점 내림의 정도는 용액의 몰랄 농도(m)에 비례한다.

$$\Delta T_b = K_b m$$
$$\Delta T_f = K_f m$$

K_b는 끓는점오름 상수, K_f는 어는점내림 상수로서, 용매의 고유한 성질이다. 수용액의 경우 K_b는 0.512 K kg/mol이고, K_f는 1.86 K kg/mol이다. 3장에서 살펴보았듯이 일정량의 미지 용질이 녹아 있는 용액의 ΔT_b나 ΔT_f를 측정하면 용질의 몰랄 농도를 알 수 있게 되고, 그로부터 용질의 분자량을 계산할 수 있다.

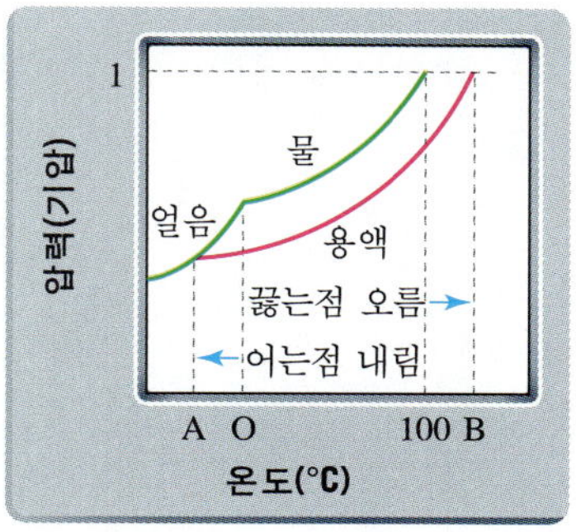

그림 7.35 물의 끓는점 오름과 어는점 내림.

예제 7.49

글루코스($C_6H_{12}O_6$, 분자량 180)인지 설탕($C_{12}H_{22}O_{11}$, 분자량 342)인지 분명하지 않은 미지 시료가 있다. 원소 분석으로 탄소의 무게는 40.3±2.2%, 수소는 6.6±0.4%, 나머지 산소는 53.1±2.4%로 얻어졌다.

(1) 원소 분석 결과로부터 미지 시료가 글루코스인지 설탕인지 구별할 수 있는지 설명하여라.
(2) 미지 시료 1.0 g을 5.0 mL의 물에 녹여 어는점 내림(ΔK_f)을 측정했더니 1.9 K가 얻어졌다. 이 시료가 글루코스인지 설탕인지 구별하고 설명하여라.

풀이 (1) 분자식으로부터 각 원소의 %를 구하면 다음 값이 얻어진다.

	글루코스	설탕
C	40.0	42.1
H	6.71	6.48
O	53.3	51.4

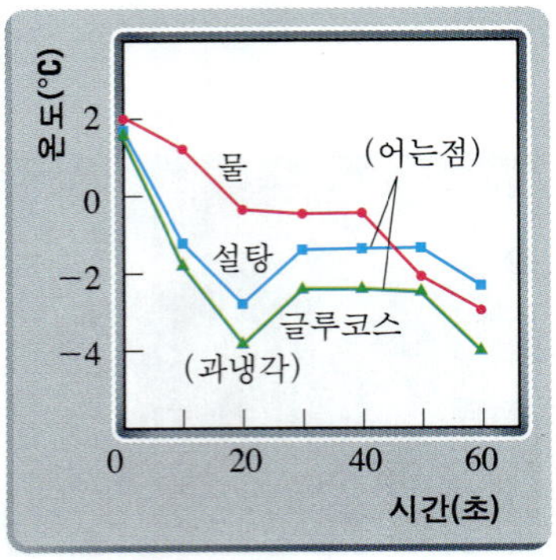

그림 7.36 어는점 내림에 의한 글루코스와 설탕의 구별. 같은 무게 %의 수용액의 경우 분자량이 작은 글루코스가 더 큰 어는점 내림을 나타낸다.

원소 분석의 오차 범위 내에서 글루코스, 설탕 모두 원소 분석 결과와 맞으므로 구별할 수 없다.

(2) 5.0 mL 물의 질량은 5.0 g이므로 시료 1.0 g을 5.0 mL의 물에 녹인 것은 200 g을 1000 g의 물에 녹인 것과 같다. 시료 화합물의 분자량을 M이라 하면 용액의 몰랄 농도는 200/M mol/kg이다.

$$\Delta K_f = 1.9\ K = (1.86\ K{\cdot}kg/mol) \times \left(\frac{200}{M}\ mol/kg\right)$$

$$M = 196\ Da$$

약 10% 오차 범위 내에서 글루코스인 것을 알 수 있다.

실제로 1.0 g의 글루코스와 설탕을 각각 5.0 mL의 물에 녹여 어는점 내림을 측정하면 글루코스는 약 1.9 K, 설탕은 1.0 K가 얻어진다. 다음 그림에서 처음에는 용액이 과냉각되어 온도가 크게 떨어지고 곧 어는점에 도달한 다음 얼마 후에 용액이 모두 얼면 온도가 더 내려가는 것을 볼 수 있다. 얼음물, 소금, 그리고 간단한 온도 측정 장치만 있으면 쉽게 어는점 내림을 통해 분자량을 확인할 수 있다.

순수한 액체는 단일 온도에서 얼거나 끓지만, 용액의 경우에는 상전이가 일어나는 온도가 연속적으로 변하게 된다. 용매의 일부가 기체 또는 고체로 변하면 용액의 농도가 점차 높아지고, 끓는점 오름과 어는점 내림 현상이 계속적으로 적용되어 녹는점은 계속 낮아지고, 끓는점은 계속 높아지는 것이다(그림 7.37).

라. 삼투압

삼투(滲透, *osmosis*) 현상은 농도가 다른 두 용액의 증기압 차이 때문에 일어나는 것으로 이해할 수 있다. 그림과 같이 밀폐된 용기 안에 순수한 물이 든 비커 A와 용액이 든 비커 B가 놓여 있다고 하자. 순수한 물의 증기압이 용액의 증기압보다 높기 때문에 비커 A 위의 수증기압이 비커 B 위의 수증기압보다 약간 높게 되고 이처럼 압력에 차이가 있으면 물 분자들이 이동해서 비커 B 위의 증기압이 높아진다. 그러면 비커 안의 액체와 기체 사이의 평형이 이동해서 수증기가 물로 바뀐다. 이 과정은 비커 A의 물이 모두 비커 B로 옮아갈 때까지 계속될 것이다.

증기압은 물이나 용액에서 용매, 즉 물이 빠져나가려는 경향을 반영한다. 이번에는 순수한 물과 용액이 공간을 통해서가 아니라 용매는 통과시키지만 용질은 통과시키지 못하는 **반투막**(半透膜, **semipermeable membrane**)으로 분리되어 있다고 하자. 그러면 물 분자가 순수한 물을 빠져나가려는 경향이 용액을 빠져나가려는 경향보다 크기 때

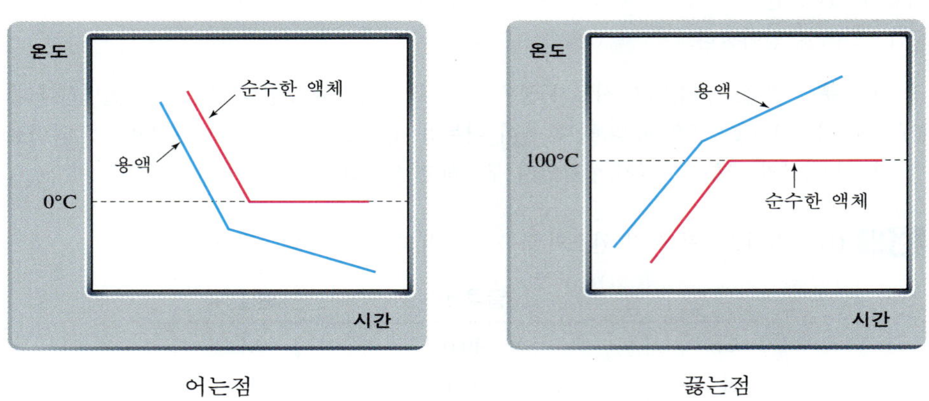

그림 7.37 순수한 액체와 용액의 어는점과 끓는점 변화.

문에 이 경우에는 물 분자가 순수한 물로부터 용액 쪽으로 이동하게 된다. 이때 용액 쪽에 물기둥이 있다고 하면 물기둥 꼭대기의 수면이 순수한 물 쪽 수면보다 상승하게 되고, 수면의 차이만큼 용액이 더 압력을 받게 된다. 이 추가적인 압력을 용액의 **삼투압** (**滲透壓, osmotic pressure**) 이라고 한다.

1887년에 반트호프 (van't Hoff) 는 삼투압 (π), 몰농도 (c), 기체 상수 (R), 절대 온도 (T) 사이에 다음과 같은 관계가 성립하는 것을 발견했다.

$$\pi = cRT$$

그런데 n을 몰수, V를 용액의 부피라고 하면 $c = n/V$이므로 위 식은 이상 기체 방정식과 유사한 아래의 반트호프 식 (van't Hoff equation) 으로 쓸 수 있다

$$\pi V = nRT$$

질량 분석 등 다른 방법이 나타나기 전에는 삼투압은 단백질과 같이 분자량이 매우 큰 물질의 분자량을 결정하는 데 사용되었다. 고분자 물질은 몰랄 농도가 매우 낮아서 끓는점 오름이나 어는점 내림 효과는 정확하게 측정하기 어렵지만, 같은 농도에서도 삼투압을 측정하면 믿을 만한 분자량 값을 얻을 수 있다.

예제 7.50

예제 7.43 적혈구에서 구한 헤모글로빈의 농도 조건에서 끓는점 오름, 어는점 내림, 그리고 25°C에서의 삼투압에 해당하는 물기둥의 높이를 구하여라.

풀이 $\Delta T_b = 0.512 \text{ K kg/mol} \times 0.00264 \text{ mol/kg} = 0.00135 \text{ K}$ (측정 어려움)

$\Delta T_f = 1.86 \text{ K kg/mol} \times 0.00264 \text{ mol/kg} = 0.0049 \text{ K}$ (측정 어려움)

$\pi = 0.00224 \text{ mol/L} \times 0.0821 \text{ L·atm/mol·K} \times 298 = 0.0548 \text{ atm}$

1 기압은 비중이 13.6인 수은주 760 mm에 해당하므로 비중이 1인 물이 0.0548 기압에서 올라가는 높이는

$$760 \text{ mm/atm} \times 0.0548 \text{ atm} \times \frac{13.6}{1} = 566 \text{ mm} = 56.6 \text{ cm}$$ (측정 쉬움)

당근 같은 야채를 물에 담가두면 세포막을 통해 물이 세포 내부로 들어와서 야채가 팽팽해진다. 반대로 김치를 담글 때처럼 배추나 무를 소금물에 절이면 세포로부터 물

그림 7.38 (a) 공기를 통한 물의 이동. (b) 반투막을 통한 물의 이동.

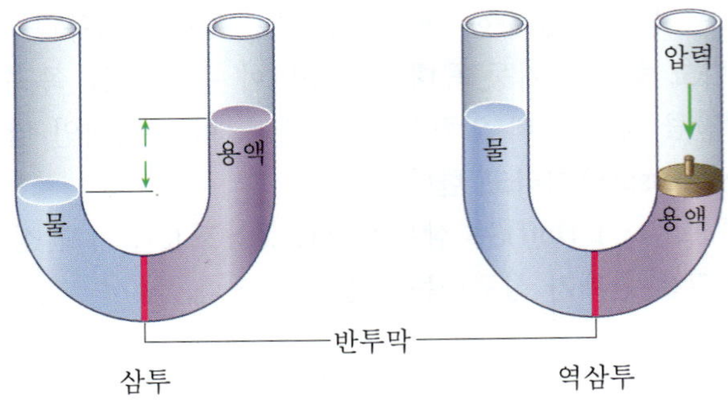

그림 7.39 삼투와 역삼투. 용액에 삼투압과 반대방향으로 압력을 가하면 물만 반투막을 통과해서 순수한 물을 얻을 수 있다.

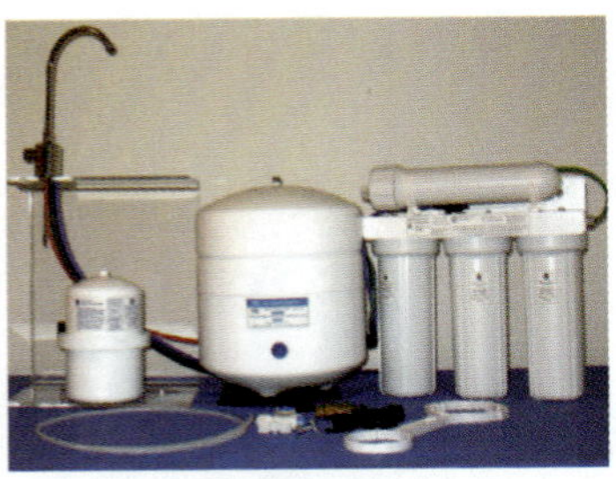

대부분의 정수기는 역삼투의 원리를 사용한다.

이 빠져나가서 풀이 죽는다. 혈액, 세포질 등 체액은 염분이나 단백질 등을 통해 적절한 삼투압을 유지하는 것이 중요하다. 그렇지 않으면 탈수가 일어나 위험할 수 있다.

농도가 진한 용액 쪽에 외부에서 압력을 가해 주면, 삼투와 반대로 물 분자가 반투막을 통하여 순수한 물 쪽으로 이동하게 할 수 있다. 이러한 **역삼투**(**逆滲透**, **reverse osmosis**)를 이용하여 바다에서 조난을 당한 경우 마실 물을 얻을 수도 있고, 사막 지대에서는 대규모 공장을 지어 바닷물로부터 마시거나 농사에 사용하는 물을 얻기도 한다.

모든 총괄성은 용질 입자수에 비례하여 나타나기 때문에 산이 해리하거나 염이 물에 녹아 양이온과 음이온으로 분리되는 경우에는 실제 용액에서 삼투압이나 어는점 내림을 나타내는 입자수가 해리하기 전의 몰 수보다 많게 된다. 예를 들어, 소금물의 경우 NaCl 1 분자당 두 개의 이온(Na^+와 Cl^-)이 생긴다. 따라서 같은 농도의 설탕물에 비해 소금물은 어는점 내림이나 삼투압 등의 총괄성이 두 배가 될 것이라고 예상할 수 있다. 실제로 측정되는 총괄성의 값과 해리가 없는 경우의 예상치의 비를 **반트호프 인자**(i)라고 한다. 반트호프 인자를 쓰면 물에 대해서는 다음이 성립한다.

$$\Delta T_b = i \times 0.52 \times \text{몰랄 농도}$$
$$\Delta T_f = i \times 1.86 \times \text{몰랄 농도}$$
$$\pi = i \times \text{몰농도} \times RT$$

묽은 소금물에서 i는 2와 가깝게 측정되지만 농도가 높으면 양이온과 음이온 간의 강한 상호작용 때문에 i는 이론값보다 작아진다.

예제 7.51

아레니우스의 1903년 노벨상 수상 강연에는 다음과 같은 말이 나온다. "1 몰에 해당하는 에틸 알코올 46g을 물 1 L에 녹인 용액의 어는점은 −1.85℃로 측정되지만, NaCl 1 몰에 해당하는 58.5g을 물 1 L에 녹이면 어는 점이 −3.26℃로 측정된다. ... 이러한 결과는 용액의 전기전도도 측정 결과와도 잘 맞는다. 따라서 NaCl 분자는 Na^+ 이온과 Cl^- 이온으로 갈라진다고 확신을 가질 수 있다." 아레니우스는 1 M NaCl 수용액에서 NaCl, Na^+ 이온, Cl^- 이온이 각각 몇 몰씩 들어 있다고 결론 내렸을까?

풀이 m = 1

$3.26 = i \times 1.85 \times 1$

$$i = \frac{3.26}{1.85} = 1.76$$

NaCl 1 몰 중 X 몰이 해리했다면 입자수는 $(1-X) + 2X = 1 + X$

$1+X = 1.76X = 0.76$

NaCl 0.24 몰, Na^+ 이온 0.76 몰, Cl^- 이온 0.76 몰

요점 정리

- 일단 옥텟 규칙에 따라 화학 결합이 이루어지고 나면 증기압, 끓는점, 밀도, 용해도 등과 같은 물질의 거시적 상태와 성질은 분자들 사이의 상호작용에 의해 결정된다. 분자간 상호작용을 결정하는 분자의 가장 중요한 성질은 쌍극자 모멘트이다.
- 결합하는 두 원자의 전기음성도 차이가 클수록 결합의 극성이 높고 결합의 쌍극자 모멘트가 크다. 여러 개의 결합으로 이루어진 분자의 전체적인 쌍극자 모멘트는 극성 결합이 있는가, 있다면 각각 결합의 쌍극자 모멘트가 분자 내에서 더해지는가 상쇄되는가에 달려 있다.
- 분자의 쌍극자 모멘트가 크다면 아세톤처럼 상온에서 액체로 존재한다. 두 분자가 쌍극자-쌍극자 상호작용에 의해 끌려왔는데, 수소 결합이 가능한 경우라면 물처럼 끓는점이 높은 액체가 될 수 있다.
- 수소 결합은 한 분자 내에서 부분 양전하를 띠고 있는 수소가 상대방 분자 내에서 부분 음전하를 띠고 있는 질소, 산소, 또는 플루오린과 만나서 이루는 가장 강한 분자간 상호작용이다.
- 쌍극자 모멘트가 0인 원자나 분자의 경우에도 순간적으로 생기는 쌍극자 모멘트에 의한 분산력이 작용하여 약한 분자간 상호작용이 이루어진다.
- 공유 결합, 수소 결합, 쌍극자-쌍극자 상호작용, 분산력의 세기 비율은 대략적으로 1000 : 100 : 10 : 1 정도이다.
- 어떤 물질이 왜 상온에서 기체, 액체, 또는 고체로 존재하는지, 또 끓는점은 왜 어떠한 값을 가지는지 등은 분자간 상호작용의 크기로 설명할 수 있다.
- 용액은 용질과 용매 사이의 분자간 상호작용에 의하여 만들어진다. 분자간 상호작용의 크기에 따라 용해도에 큰 차이가 생긴다.
- 증기압 내림, 어는점 내림, 끓는점 오름 등 용액의 총괄성도 용질과 용매의 분자간 상호작용의 결과이다.

연 | 습 | 문 | 제

O, × 문제

다음 서술이 맞는지 틀리는지 O, ×로 답하고, 틀린 경우에는 틀린 내용을 맞게 고쳐라.

1. 한 분자의 쌍극자 모멘트는 분자내 결합들의 쌍극자 모멘트들을 산술적으로 합한 값이다. (   )

2. 물, 메테인, 이산화탄소 중에서 이산화탄소만이 영구적인 쌍극자 모멘트를 가진다. (　　)

3. 메테인, 암모니아, 물 중에서 암모니아가 세 개의 극성 결합을 가지고 있기 때문에 쌍극자 모멘트가 가장 크다. (　　)

4. 이산화탄소가 비극성 분자인 이유는 극성 결합이 없기 때문이다. (　　)

5. 극성 결합을 가지고 있는 분자는 모두 전체적으로 극성 분자이다. (　　)

6. 분자간 상호작용과 분자내 화학 결합은 모두 전기적이다. (　　)

7. 분자간 상호작용은 일반적으로 척력으로 작용한다. (　　)

8. 분자간 상호작용 중에서 가장 강한 것은 쌍극자-쌍극자 상호작용이다. (　　)

9. 분자간 상호작용 중에서 가장 약한 것은 분산력이다. (　　)

10. 물의 끓는점이 높은 것은 쌍극자-쌍극자 상호작용 때문이다. (　　)

11. 액체 상태에서 물 분자들 간의 평균 거리는 약 30 옹스트롬이다. (　　)

12. 물의 표면 장력은 물 분자내 공유 결합의 세기를 반영한다. (　　)

13. 플루오린은 산소보다 전기음성도가 크다. 따라서 플루오린화수소의 끓는점은 물보다 더 높다. (　　)

14. 물은 얼음보다 밀도가 더 높은데, 이것은 수소 결합이 얼음보다 물에서 더 강하게 작용하기 때문이다. (　　)

15. 토리첼리의 실험으로 대기압을 측정할 수 있는 것은 수은의 증기압이 아주 낮기 때문이다. (　　)

16. 1 기압은 760 hPa이다. (　　)

17. 기체 상수는 0.0821 $J \cdot mol^{-1} \cdot K^{-1}$이다. (　　)

18. 샤를의 법칙은 절대 영도가 있음을 알려 주고 있다. (　　)

19. 온도가 높아지면 기체의 속력 분포가 넓어진다. (　　)

20. 낮은 압력에서 실제 기체의 압축률은 크기 효과를 주로 반영한다. (　　)

21. 높은 압력에서 실제 기체의 압축률은 분자간 상호작용을 주로 반영한다. (　　)

22. 액체와 기체 사이의 상평형에서는 증발과 응축의 속도가 같다. (　　)

23. 온도에 따른 증기압의 변화는 네른스트 식으로 주어진다. (　　)

24. 다이에틸에테르의 끓는점은 에탄올보다 낮은데, 이것은 수소 결합에 참여할 수 있는 수소를 가지고 있지 않기 때문이다. (　　)

25. SiO_2는 CO_2처럼 상온에서 기체이다. (　　)

26. 완벽한 다이아몬드는 하나의 분자로 볼 수 있다. (　　)

27. 감마선은 그 파장이 원자간의 거리와 비슷하기 때문에 결정학에 사용된다. (　　)

28. 체심 입방의 단위 결정 안에는 네 개의 원자가 있다. (　　)

29. 순수한 물은 약 18 M이다. (　　)

30. 헨리의 법칙에 따르면 용해도는 기체의 부분압에 반비례한다. (　　)

31. 물에는 산소가 이산화탄소보다 더 잘 녹는다. (　　)

32. 생체 고분자의 분자량은 삼투압보다는 어는점 내림으로 측정하기가 더 쉽다. (　　)

33. 삼투 현상에 대한 반트호프 식은 이상 기체 방정식과 형태가 비슷하다. (　　)

34. 역삼투 현상은 바닷물을 마실 수 있는 물로 만드는 데 사용될 수 있다. (　　)

35. 1 몰의 기체에 대한 반데르발스 방정식은 다음과 같이 쓸 수 있다. (　　)

$$\left(p - \frac{a}{V^2}\right)(V + b) = RT$$

선택형 문제

36. 다음 중 태양계에서 지구에 유독 풍부한 것은?
가. 수소　　나. 메탄　　다. 이산화탄소　　라. 물

37. 우주에서 세 번째로 풍부한 원소는?
가. 탄소　　나. 질소　　다. 산소　　라. 철

38. 밀러-유리 실험에서 사용된 수소, 메테인, 암모니아, 물에 관하여 틀린 것은?
가. 모두 수소 원자를 포함한다.
나. 모든 원자의 최외각이 채워져 있다.
다. 모두 극성 결합을 가지고 있다.
라. 모두 분자들 사이에는 일종의 힘이 작용한다.

39. 아세톤(CH3 − CO − CH_3)은 매니큐어 같은 비극성 물질도 녹이고, 물이나 수성 잉크와도 섞인다. 이와 같은 아세톤의 특성과 관계없는 것은?
가. 쌍극자 모멘트가 크다.
나. 산소는 탄소나 수소에 비해 전기음성도가 높다.
다. 탄소와 수소는 전기음성도 차이가 작다.
라. 물보다 분자량이 훨씬 크다.

40. 다음의 값으로 가장 비슷한 것은?

$$\frac{\text{공기에서 질소 분자 사이의 거리}}{\text{물에서 물 분자 사이의 거리}}$$

가. 2 나. 20
다. 200 라. 2000

41. 공기 중에서 다음의 비율과 비슷한 것은?

$$\frac{\text{평균 자유 행로}}{\text{기체 분자의 크기}}$$

가. $\frac{\text{골프에서 드라이브 거리, 200 m}}{\text{골프공의 크기}}$ 나. $\frac{\text{테니스에서 서브 거리}}{\text{테니스공의 크기}}$

다. $\frac{\text{배구에서 서브 거리}}{\text{배구공의 크기}}$ 라. $\frac{\text{농구에서 3점 슛의 거리}}{\text{농구공의 크기}}$

42. 다음 중 이상 기체에서 가장 먼 것은?
가. 태양 중심의 플라스마 나. 지구의 대기
다. 금성의 대기 라. 화성의 대기

43. 밀폐된 용기에서 측정한 25°C에서 물의 증기압은 23.76 mmHg이다. 피스톤을 사용하여 같은 온도에서 용기의 부피를 반으로 줄였을 때 수증기의 분압은 얼마인가?
가. 11.88 mm Hg 나. 23.76 mm Hg
다. 47.52 mm Hg 라. 47.52 mm Hg 이상

44. 메탄올, 에탄올, 다이에틸에테르, 아세톤의 끓는점 순서로 맞는 것은?
가. 메탄올 < 에탄올 < 다이에틸에테르 < 아세톤
나. 다이에틸에테르 < 아세톤 < 메탄올 < 에탄올
다. 아세톤 < 다이에틸에테르 < 메탄올 < 에탄올
라. 아세톤 < 다이에틸에테르 < 에탄올 < 메탄올

45. 다음 화합물이 같은 몰랄농도로 물에 녹아 있다면 용액의 어는점이 가장 낮은 경우는?
가. 글루코스 나. 설탕
다. $MgCl_2$ 라. NaCl

46. 다음은 CaF_2의 결정 구조를 나타낸 것이다. 이에 대한 설명으로 옳지 않은 것은?

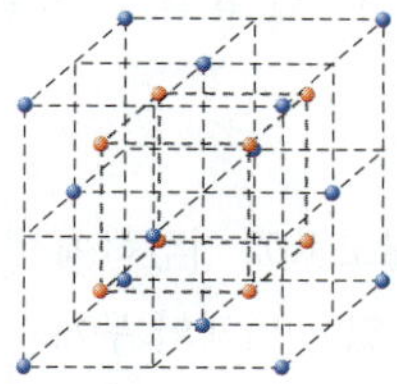

• 칼슘 • 플루오린화물

가. Ca는 입방 조밀 쌓임(cubic close packed) 격자를 가진다.
나. F의 배위수는 6이다.
다. CaF_2의 단위 셀에는 4개의 CaF_2가 존재한다.
라. F는 단순 입방 배열을 한다.

괄호 채우기 문제

47. 수소, 물, 암모니아, 메테인 분자의 쌍극자 모멘트와 끓는점을 다음 보기에서 골라라.

보기				
쌍극자 모멘트	0	1.47 debye	1.85 debye	
끓는점	−253°C	−161°C	−33°C	100°C

(1) 수소 (,   )
(2) 물 (,   )
(3) 암모니아 (,   )
(4) 메테인 (,   )

48. 다음은 액체와 기체에 대한 설명이다. 괄호를 채워라.

(1) 순수한 물의 몰농도는 (   ) M이다.

(2) 100°C, 1 기압의 수증기를 생각해 보자. 이때 물 1 몰은 (   ) 리터의 부피를 차지한다. 몰농도의 개념을 기체 상태에 확장한다면, 표준 상태에서 수증기의 몰농도는 (   ) M이라고 말할 수 있다.

(3) 위의 수증기에서 물 분자 사이의 평균 거리는 액체 상태에서 물 분자 중심 사이의 평균 거리의 약 (   ) 배가 된다.

(4) 위의 수증기에서 물 분자 한 개에게 주어지는 평균 부피는 약 (   ) $Å^3$이다. 이 부피의 세제곱근을 구하면 약 (   ) Å이 얻어진다.

(5) 물 분자를 지름이 3 Å인 구라고 가정하면 위의 수증기의 상황은 한 모서리의 길이가 (   ) 미터인 방에 크기가 30 센티미터 정도인 비둘기가 한 마리 날아다니고 있는 것과 비슷하다.

(6) 그렇다면 물은 같은 크기의 방에 크기가 (   ) 미터 정도인 동물이 갇혀 있는 것과 유사하다.

계산 및 서술형 문제

49. 25°C에서 물의 증기압은 0.0313 기압이다. 100°C로 가열된 공기와 역시 100°C인 수증기를 정확히 1 : 1 부피비로 섞어서 전체 압력이 1.00 기압이 되게 하고 부피 변화가 없는 박스에 넣었다. 다음 물음에 유효 숫자 두 자리로 답하여라.

(1) 박스 내부의 온도가 100°C일 때 질소, 산소, 물이 나타내는 압력은 각각 몇 기압인가?
(2) 박스 내부의 온도가 25°C로 떨어지면 질소, 산소, 물이 나타내는 압력은 각각 몇 기압으로 바뀌는가?

50. 액체 아세톤을 3.00 L 플라스크에 넣고 1.02 기압하에서 95°C로 가열하여 기화시켜서 플라스크를 가득 채웠더니 플라스크에 들어 있는 기체의 무게가 5.87 g이었다. 아세톤의 분자량을 구하여라.

51. 수소, 헬륨, 질소, 산소, 메테인은 모두 쌍극자 모멘트가 0이어서 끓는점이 낮은 기체이다. 그럼에도 불구하고 이들은 분산력의 차이에 따라 끓는점이 다르다. 이들 기체를 끓는점이 높아지는 순서로 배열하여라.

52. 결정성 철의 한 형태로 모든 격자점에 철 원자가 놓여 있는 체심 입방 격자 형태가 있다. 이 철의 밀도는 7.86 g cm^{-3}이고 입방 단위세포의 모서리 길이는 2.87 Å이다.
(1) 이 데이터로부터 아보가드로수를 계산하여라. 철의 원자량은 55.8이다.
(2) 철의 원자 반지름을 구하여라.

53. 10 mL 비커에 5.0 mL의 증류수를 넣고 적당한 크기의 드라이아이스를 가해서 증류수를 이산화탄소로 포화시켰다. 물 위의 공기는 공기보다 무거운 이산화탄소 기체에 의해 비커 밖으로 밀려나고 1 기압의 이산화탄소 기체와 평형을 이룬 것으로 생각되는 탄산수가 얻어진다. 이 용액에 1~2 방울의 페놀프탈레인을 첨가하여 NaOH 50 mM로 적정한 결과 종말점까지 3.1 mL의 NaOH가 소모되었다. 1 기압, 상온에서 이산화탄소의 헨리 상수를 구하여라.

54. 혈액의 글루코스 농도가 200 mg/100 mL이면 당뇨병이다. 이것을 몰농도로 환산하여라. 당뇨병 환자의 혈액에서는 한 방향으로 볼 때 물 분자 몇 개당 글루코스 분자가 한 개 있는 것인가?

55. 0.8400 몰랄농도의 Na_2SO_4 수용액이 있다. 이 용액의 어는점은 −4.20°C이다. 이 용액에서 Na_2SO_4 의 해리도를 계산하여라. 물의 어는점 내림 상수는 1.86이다.

56. 캐나다 온타리오주 서드베리에는 18억 5천만 년 전에 운석이 충돌하여 생긴 분지가 있다. 이곳에서 풀러렌(fullerene, C_{60})이 발견되었는데, 이 곳에서 채취한 풀러렌에 들어 있는 헬륨의 분석이 실시되었다. 풀러렌을 가열하자 축구공 모양 분자의 가운데 공간에 들어 있던 미량의 He−3과 He−4가 방출되어 측정되었다. He@C_{60}는 풀러렌 분자 안에 He 원자가 한 개 들어 있다는 의미이며, 이러한 분자를 일반적으로 클라쓰랜드착물 (clathrate)이라고 한다.
(1) C_{60}의 지름은 7.0 옹스트롬이다. C_{60}의 내부 부피를 리터 단위로 구하여라.
(2) He@C_{60} 한 개에 들어 있는 He 원자의 몰수를 구하여라.
(3) 25°C에서 He@C_{60}에서 풀러렌 내부 벽에 He 원자가 가하는 압력을 구하여라.
(4) 서드베리에서 채취된 C_{60} 1 g을 가열하자 표준 상태에서 1.15×10^{-7} cm^3의 He−3과 2.09×10^{-4} cm^3의 He−4가 얻어졌다. C_{60} 분자 중에서 He−3 원자를 포함하는 것의 분율을 구하여라.
(5) 지각에서 관찰되는 $\frac{\text{He}-3}{\text{He}-4}$ 비율의 상한값은 4.4×10^{-5} 정도이고, 행성 간 먼지에서 관찰된 값은 3.0×10^{-4} 정도이다. 이로부터 서드베리에서 채취된 풀러렌은 어디에서 왔다고 말할 수 있는가?

영어로 배우는 문제

주어진 숫자와 의미가 통하도록 적절한 단어를 찾아라. 문제가 7 = W. in the A. W.라면 찾아야 할 단어는 wonders, ancient, world가 될 것이다. 고대 세계에는 7대 불가사의가 있었다.

57. 0 = D. M. of a nonpolar molecule
58. 1 = percent A. in the A.
59. 1.8 = D. M. of water in D.
60. 3 = states of matter : G. L. S.
61. 3 = intermolecular interactions : H. bonding, D.—D. interaction, L. D. force
62. 4 = boiling point of H. in K.
63. 6 = W. molecules H. bonded in a snowflake
64. 21 = percent O. in the A.
65. 78 = percent N. in the A.
66. 100 = boiling point of W. in C

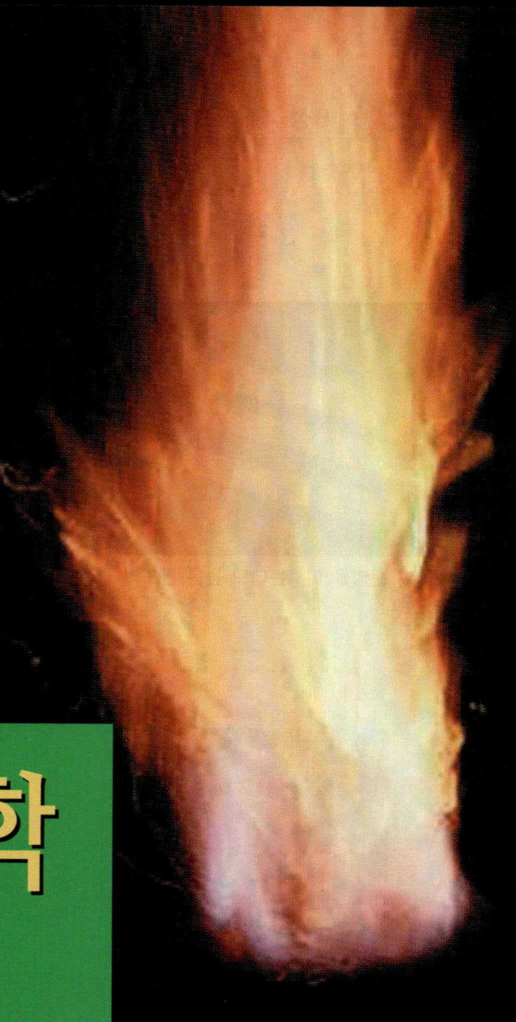

Chapter 8 화학 열역학

오늘날 우리가 현대 문명을 누리고 살아가는 여기까지 인류가 발전하는 과정에서 불의 발견은 획기적인 사건이었다. 불은 빛과 열을 내는 데 빛에 대해서는 앞에서 빛의 양자화, 선 스펙트럼, 착화합물의 색, 크로마토그래피 등과 같은 여러 주제와 관련해서 다각도로 알아보았다. 이 장에서는 열과 화학의 관계에 대해 본격적으로 알아보기로 한다.

고대인들은 불로 온기를 유지하고 맹수를 물리쳤을 뿐만 아니라 불을 사용하여 높은 온도를 얻어 토기, 도자기, 유리를 만들 수 있었다. 청동기(靑銅器)와 철기(鐵器) 문명도 불을 떠나서는 생각할 수 없다. 그리고 보면 높은 온도가 필요한 첫 번째 이유는 낮은 온도에서는 일어나지 않는 일이 일어나게 해 주기 때문이다. 오늘날도 수 많은 중요한 화학 반응들이 일어나게 하기 위하여 화학 열역학(化學熱力學, chemical thermodynamics)의 원리가 응용된다. 이 장에서는 에너지와 엔트로피 개념을 통해 온도가 어떻게 반응의 정도에 영향을 미치는지를 다룬다.

8-1 높은 온도가 중요한 첫 번째 이유

철기 문명을 이루는데도 높은 온도가 필요했다.

우리는 지금까지 우리 몸을 구성하는 원자들이 화학 결합을 이루어 분자들을 만드는 양자 역학적 원리와 그렇게 만들어진 분자들 사이의 상호작용에 따라 우리 몸을 포함하여 주위의 물질 세계가 이루어지는 원리를 살펴보았다. 이 장에서는 열과 관련하여 보다 현실적인 문제, 즉 우리가 화학 반응식으로 나타낸 반응이 일어날 것인지 여부를 판정하는 문제를 다룬다. 그런데 이러한 현실적 문제에 대한 답을 제공하는 핵심 원리는 알고 보면 우주의 어느 구석에서나 어떤 물리적, 화학적, 나아가서 생물학적 과정에까지 예외 없이 적용되는 우주적 원리이다. 열역학의 보편성에 대하여 아인슈타인은 "열역학은 그 틀 안에서 우주의 모든 것을 다룰 수 있는 유일한 물리 이론이다. 나는 이 이론이 무너질 수 없으리라 믿는다."라고 말했다.

높은 온도를 필요로 하는 유기 합성

이 장의 제목인 화학 열역학이라는 말을 잠깐 생각해 보자. 열(熱) 난다는 말도 있듯이, 열이라고 하면 뜨거운 열기를 떠올린다. 열을 얻는 가장 쉬운 방법은 불이다. 그래서 인류 문명에서 불의 발견은 가장 획기적인 발전의 하나였다. 화학(化學)은 화학(火學)이라 불러도 좋을 정도로 불과 관련이 많다. 연구실에서건 대규모의 중화학 공장에서건 대부분의 중요한 화학 반응은 높은 온도에서 일어난 생화학 반응에서 일어나는 지구 표면의 온도로 우주 공간의 온도에 비하면 매우 높은 편이다.

그런데 화학이 다루는 많은 변화는 왜 높은 온도를 필요로 할까? 모든 변화가 높은 온도를 필요로 할까? 모든 변화가 같은 이유로 높은 온도를 필요로 할까? 철광석에서 철을 얻어내는 제철 과정은 어느 정도의 높은 온도를 필요로 할까?

예제 8.1

다음 반응 중 높은 온도를 필요로 하는 이유가 다른 것은?

가) $2Fe_2O_3(s) + 3C(s) \longrightarrow 4Fe(s) + 3CO_2(g)$: 철기 문명의 시작
나) $2HgO(s) \longrightarrow 2Hg(l) + O_2(g)$: 프리스틀리의 산소 발견
다) $2H_2O(l) \longrightarrow 2H_2(g) + O_2(g)$: 라부아지에의 물 분해
라) $N_2(g) + 3H_2(g) \longrightarrow 2NH_3(g)$: 하버의 암모니아 합성

풀이 라)

가), 나), 다) 모두 안정한 산화물에서 산소를 떼내는 흡열 반응이다. 낮은 온도에서는 이들 반응은 애초에 일어나지 않는다. 라)는 질소가 수소로부터 전자를 받아서 안정화되는 산화 반응, 발열 반응이다. 따라서 이 반응은 높은 온도를 필요로 하지는 않지만 반응이 빨리 일어나게 하기 위해서 온도를 높인다.

증기 기관차

정유 공장

생명의 입장에서는 반응의 진행 여부는 생사를 가르는 중요한 문제이다. 생명 현상은 세포에서 일어나는 수천, 수만 가지 화학 반응의 결과이기 때문이다. 반응의 또 다른 현실적인 면에 대해 요즘 화두가 되고 있는 수소 경제(水素經濟, hydrogen economy)에 대하여 생각해 보자. 증기 기관(蒸氣機關, steam engine)과 방적기의 자동화로 대변되는 18, 19세기에 걸친 산업혁명 기간에는 석탄(石炭, coal)을 태워 얻은 열로 물을 끓이고 고온의 수증기를 사용하여 일을 얻어냈다. 열역학의 두 번째 글자인 역(力)은 힘이라는 말인데, 힘이 있어야 일을 할 수 있다. 열역학은 열과 일에 관한 과학인 것이다.

20세기에 들어와서는 철강 산업, 발전, 화학 비료, 석유 화학, 합성 섬유 등을 통해 인류의 삶의 질이 획기적으로 향상되었는데, 에너지원이나 석유 화학 제품의 원료로 석유(石油, oil)의 중요성은 석탄을 압도했다. 석탄도 석유도 모두 **화석 연료**(**化石燃料, fossil fuel**)이다. 그런데 경제적으로 채취할 수 있는 화석 연료의 고갈이 필연적이라면 지속가능(持續可能, sustainable)한 발전을 위하여 21세기의 최대 과제는 화석 연료를 대신할 대체 에너지(alternative energy)의 개발과 환경(環境, environment)의 보전이 될 것이다. 대체 에너지와 환경 보전이라는 두 마리의 토끼를 잡는 방안으로 거론되는 것이 소위 수소 경제이다.

지구상의 수소는 대부분 강, 호수, 바다, 빙하와 빙산의 물로 존재한다.

수소는 단위 질량당 탄소보다 훨씬 많은 에너지를 낸다. 따라서 석탄이나 휘발유, 중유 등 석유 제품 대신 가벼운 수소를 연료로 사용한다면 여러 면에서 장점이 있을 것이다. 뿐만 아니라 수소의 연소 산물은 물인데, 물도 온실 기체이기는 하지만, 수소를 태우면 적어도 요즘 국제적으로 배출을 규제하고 있는 온실 기체인 이산화탄소는 전혀 배출되지 않는다. 문제는 우리 주위에 원소 상태의 수소가 없다는 것이다. 우리 주위의 수소는 거의 대부분 산화된 산화이수소(酸化二水素, dihydrogen oxide, H_2O), 즉 물의 형태로 존재한다.

그렇다면 물을 분해해서 수소를 얻는 수 밖에 없는데, 물을 가열하여 열분해하거나 전기분해를 하려면 에너지가 필요하다. 여기서 에너지 보존에 관한 열역학 제1법칙이 등장한다. 우주의 에너지는 상수이고 새롭게 에너지를 만드는 것은 불가능하다. 따라서 물분해에 필요한 에너지는 어디에선가 얻어야 한다. 열분해를 하려면 결국 석탄이나 석유를 태워야 하고, 전기를 얻는 데도 수력이건 화력이건 원자력이건 에너지가 필요하다. 그런데 실제로는 물을 분해하는 데는 나중에 사용할 에너지보다 많은 에너지가 들어간다. 여기서 엔트로피 증가에 관한 열역학 제2법칙이 등장한다. 열의 발생, 전달, 발전, 송전 등의 모든 과정에서 일부 열은 외부로 빠져나가서 사용할 수 없게 된다. 그래서 값 비싼 에너지를 사용하여 물을 분해한다는 것은 결국 밑지는 장사이다.

그렇다고 희망이 없는 것은 아니다. 거의 공짜이고 무한정한 태양 에너지가 있기 때문이다. 태양 에너지의 활용은 현재도 기술적으로는 가능하지만 화석 연료, 원자력 등에 비해 열 배 정도 비싸기 때문에 경제성이 떨어지는 것이 문제이다. 만일 어떤 사람이 물을 분해하는 획기적인 방법을 개발했다고 주장한다면 그 방법에 의해 실용적인 조건하에서 물의 분해가 실제로 일어날 수 있을지 판단하는 것이 첫 번째로 할 일이다. 이때 반응의 자발성에 관한 깁스 자유 에너지와 열역학 제3법칙이 등장한다.

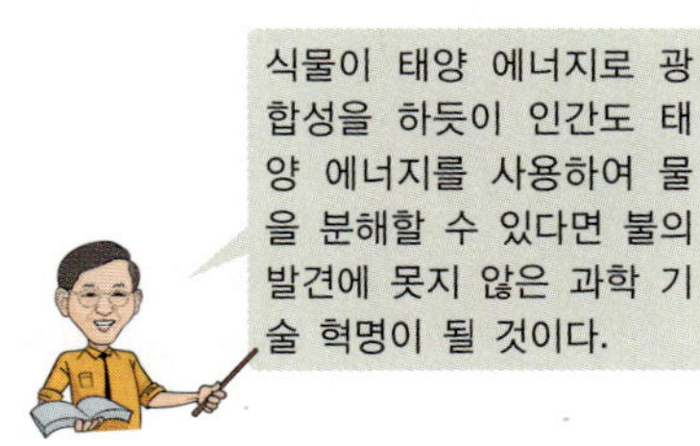

그리고 보면 열역학은 중요한 자연의 기본 법칙일 뿐만 아니라 현실적인 문제에 답을 제공하는 아주 흥미로운 분야이다. 이러한 열역학이 확립되는 데는 19세기 초부터 20세기 초까지 약 100년의 세월과 카르노, 마이어, 헬름홀츠. 주울, 클라우지우스, 톰슨, 볼츠만, 깁스 등의 재능과 노력이 필요했다. 이제 우리는 열역학을 체계적으로 다루기에 앞서 일단 우리의 경험과 직관을 통해 왜 많은 중요한 화학 반응에서 높은 온도가 필요한지에 대한 답을 구해 보기로 하자.

예제 8.2

우리 주위에서 볼 수 있는 대부분의 과정은 안정화되는 방향으로 진행한다는 공통점을 가지고 있다. 다음 과정은 안정화되는 방향으로 진행하는가?

가) 수소와 산소가 반응하여 물이 된다.
나) 물이 높은 데서 낮은 데로 흐른다.
다) 얼음이 녹아서 물이 된다.

박연폭포

라) 철이 녹슨다.

풀이 가) 그렇다. 물이 수소와 산소에 비해 화학적으로 안정하기 때문에 이 반응에서 많은 빛과 열이 나온다.
나) 그렇다. 낮은 쪽이 퍼텐셜 에너지가 낮아서 보다 안정하다.
다) 아니다. 모든 물 분자들이 수소 결합을 통해 그물망 형태를 이룬 고체 얼음이 수소 결합이 생겼다, 깨졌다를 반복하는 액체 물보다 안정하다.
라) 그렇다. 수소가 산소와 반응하면 안정한 물이 되듯이 철이 산소와 결합하면 전자를 내주어 산소의 높은 전기음성도를 만족시키면서 안정한 산화철이 된다.

남녀가 결혼하여 가정을 이루는 것이 안정(安定, stability)을 추구하기 때문인 것처럼 원자, 분자의 세계에서도 안정의 추구가 우선이다.

안정과 관련된 열역학의 첫 번째 키워드는 에너지(energy)이다. 왜냐하면 안정하게 되는 방향은 에너지가 낮아지는 방향이기 때문이다. 한편 우리 주위에서 안정을 희생해가면서까지 자유(自由, freedom)를 추구하는 경우를 볼 수 있듯이 원자, 분자의 세계에서도 자유도가 중요한 경우가 있다. 고체가 액체로, 액체가 기체로 바뀌면 자유도(自由度)가 크게 증가한다. 자유와 관련된 열역학의 두 번째 키워드는 엔트로피(entropy)이다. 자유도 내지는 무질서도(無秩序度, degree of randomness)가 증가하는 방향은 엔트로피가 높아지는 방향이기 때문이다.

예제 8.3

보통 물리나 화학에서 사용하는 자유도(degree of freedom)는 여기서 말하는 자유의 정도와는 다른 의미를 가진다. 예를 들어 3차원 공간에서 기체 분자의 운동은 x-, y-, z-축방향으로 세 개의 자유도를 가진다.

다음 과정은 자유도가 증가하는 방향인가?

가) 아연에 염산(HCl의 수용액)을 가하면 수소가 발생한다.
나) 산화수은에 햇빛을 쪼이면 산소가 발생한다.
다) 수소와 산소가 반응하면 물이 된다.
라) 얼음이 녹아 물이 된다.

풀이 가) 그렇다. 고체 아연(Zn)은 아연 이온(Zn^{2+})이 되어 용액 내에서 자유롭게 돌아다니고, 용액에 들어 있던 수소 이온(H^+)은 기체 수소(H_2)가 되어 용액을 빠져나간다.
나) 그렇다. 고체 산화수은이 액체 수은과 기체 산소로 바뀐다.
다) 아니다. 액체 물에 들어 있는 수소와 산소 원자는 기체일 때에 비해 덜 자유롭다.
라) 그렇다. 물 분자들은 얼음에서는 제자리에 붙잡혀 있지만 물에서는 비교적 자유롭게 운동한다. 그래서 물은 용기를 채운다.

소득이 높은 싱글족이 많은 것을 보면 인간 사회와 자연 현상은 일맥상통하는 점이 있다.

물이 기체 수소와 산소로 분해된다면 수소와 산소의 결합이 주는 안정 대신 기체로서의 자유를 얻는 셈이다. 얼음이 녹으면 물 분자들은 고체 상태에서 수소 결합을 통해 얻었던 안정을 잃게 된다. 그 대가로 물 분자들이 얻는 것은 고체에 비해 상대적으로 많은 자유이다. 이처럼 자연에서 일어나는 모든 과정은 이 안정과 자유의 조화 내지는 타협을 통해 일어난다. 그런데 어떤 요인이 더 우세하게 작용하는가는 온도에 달려 있다.

예제 8.4

물과 얼음

0°C이하에서는 물이 얼고, 0°C이상에서는 얼음이 녹는다. 낮은 온도에서는 안정과 자유 중 어느 쪽이 더 중요하게 작용하는가? 높은 온도에서는 어떤가?

풀이 낮은 온도에서는 물이 어는 것을 보면 안정화가 더 중요해 보인다. 높은 온도에서는 얼음이 녹는 것을 보면 자유도가 더 우세해 보인다.

지금까지 화학 열역학의 서론으로 반응의 방향을 결정하는 두 가지 요인과 온도의 영향을 대략적으로 알아보았다. 본론에 들어가기 전에 이와 같은 열역학적 원리가 얼마나 중요한 인류문명사적 의의를 지니는지 철광석에서 철을 얻어내는 과정을 통해 생각해 보자.

지구 중심의 내핵과 외핵에는 엄청나게 많은 철이 들어 있지만 지구 표면에서 산화되지 않은 철은 운석으로 외계로부터 날아 들어온 극히 소량에 불과하다. 지각의 철은 대부분 산소와 결합한 산화철 형태로 존재한다. 3000여 년 전에 산화철을 환원시켜 산소를 떼 내고 철을 얻는 방법을 발견하기 전에는 철보다 손쉽게 얻을 수 있는 구리와 주석을 사용하여 청동기 문명(青銅器文明, bronze age)을 발전시켰다. 그러나 철보다 무른 구리로 만든 무기는 철제 무기의 상대가 되지 못했고, 철의 생산이 보편화되기 시작하면서 철기 문명(鐵器文明, iron age)은 청동기 문명을 압도했다.

우리가 3000년 전으로 돌아가서 철광석으로부터 철을 얻으려고 한다면 화학의 기초를 모르더라도 일단 라부아지에가 열을 사용하여 물을 수소와 산소로 분해했듯이 열로 산화철에서 산소를 떼어내려고 할 것이다. 그렇게 하려면 어느 정도의 온도가 필요할까? 철이 산소와 반응하여 쉽게 녹이 스는 것을 보면 산화철은 안정한 화합물인 것이 틀림없다. 산화철이 안정하다면 환원 과정은 안정을 잃는 과정이다. 그런데 이 과정에서 산소가 기체로 빠져나오기 때문에 전체적으로 자유도는 크게 증가한다. 그리고 보면 철의 생산에는 높은 온도가 필요할 것 같다. 0°C 이상의 온도에서 얼음이 녹는 것과 마찬가지로 어느 정도의 고온이 되어야 안정의 희생을 감수하고도 남을 정도로 자유의 효과가 커지는 것이다. 뒤에서 설명하겠지만 실제로 열만으로 철을 얻으려면 2700°C 정도의 높은 온도가 필요하다. 이렇게 열로 산화철을 환원시키는 것이 어렵기 때문에 구석기, 신석기 시대가 모두 지나고, 청동기 시대가 지난 후에야 철기 시대가 도래한 것이다.

그런데 일단 철기 시대가 시작되고 나서는 지금까지도 철이 대량으로 생산되고 사용되는 것을 보면 3천여 년 전에 찾아낸 방법은 매우 실용적이고, 그 실용성의 배후에는 깊은 과학의 원리가 숨어있는 것이 틀림없다. 우리나라도 산업화 초기에 포항제철이 큰 역할을 했고, 지금은 현대제철과 함께 세계의 철강 산업을 주도하고 있다. 그렇다면 철광석으로부터 철을 얻어내는 비결은 무엇일까?

철기 문명의 발상지로 생각되는 아나톨리아

지금도 전 세계적으로 제철소에서는 코크스라는 형태의 탄소를 사용하지만 철기 시대가 시작되는 데에도 탄소가 핵심적인 역할을 담당했다. 최초로 철기를 사용한 것은 B.C. 1300년경 지금의 터키 중부에 위치한 아나톨리아(Anatolia) 지역으로 알려져 있다. 가장 오래된 철기는 대부분 이 지역에서 발견되는 것이다. 곧이어 이집트, 인도, 그리스, 서부 아프리카 등지에서도 철기가 등장했다. 아무튼 지금부터 3200~3300년 전에 철광석에서 철을 얻어내는 기술이 나타났는데, 아마도 주석, 구리 등의 청동기 제작에 필요한 원료가 모자라면서(요즘 말로는 원자재 가격이 상승하면서) 이것저것 새로운 방법을 시도하던 중 우연한 기회에 철광석에 숯처럼 탄소가 풍부한 물질이 섞이면 비교적 낮은 온도에서 철을 얻을 수 있다는 것을 알게 되었으리라 추측된다.

철광석

그런데 탄소의 역할이 무엇일까 생각해 보면 전기음성도가 높은 산소가 철과 결합하고 있다가 전기음성도가 낮은 탄소를 만나면 상대를 바꾸는 것이라고 볼 수 있다. 그런데 철의 전기음성도는 1.8로 탄소의 전기음성도 2.5보다 훨씬 낮다. 따라서 탄소가 산화철로부터 산소를 떼 내는 반응은 흡열 반응일 것이다. 그래서 반응열만으로는 제철 과정을 설명하기에 부족하다. 위의 논의로부터 짐작할 수 있듯이 이 경우에는 탄소가 산소와 결합한 일산화탄소, 그리고 이산화탄소가 엔트로피가 높은 기체라는 점이

숯

중요하다. 뒤에서 자세히 살펴보겠지만 인류 문명에서 한 획을 그은 이 문제에는 여러 열역학적인 원리들이 흥미롭게 얽혀 있다.

높은 온도에서 물이 끓는 것도 마찬가지이다. 수소 결합으로 안정한 액체 물을 만들고 있는데 열을 가하면 보다 자유로운 기체로 바뀌어 증기 기관에 동력(動力, power)을 제공한다. 증기 기관과 그에 관련된 많은 과학 기술은 철기의 도입에 못지 않게 인류의 삶을 바꾸어 놓았다. 열을 사용하여 이루어낸 이런 일들을 생각하면 높은 온도가 필요한 첫 번째 이유가 확실해진다. 높은 온도는 낮은 온도에서 일어나지 않는 물리적, 화학적 과정이 일어날 수 있도록 해 준다. 그리고 그 이유는 근본적으로 열역학적인 것이다. 이러한 원리를 깁스(Gibbs)의 자유 에너지를 사용하여 다음과 같이 적을 수 있다.

$$\Delta G = \Delta H - T\Delta S$$

여기서 H는 **엔탈피(enthalpy)** 라고 부르는 안정도에 관한 양이다. 어떤 물체가 외부에서 에너지를 받아 높은 위치로 올라가면 퍼텐셜 에너지가 높아지듯이, 얼음이 외부에서 열을 받아 녹으면 액체가 되어 무엇인가 에너지가 높아지는 듯한데 열역학에서는 이런 경우에 물의 엔탈피가 증가했다고 말한다. 엔탈피가 증가했으므로 ΔH의 부호는 플러스(+)이다. 물이 얼어서 에너지가 낮아지는, 즉 안정화되는 경우는 ΔH의 부호가 마이너스(−)이다. 철광석에 들어 있는 산화철(Fe_2O_3)과 탄소가 철(Fe)과 이산화탄소(CO_2)로 바뀌는 경우에도, 물이 수소와 산소로 분해되는 경우에도 전체의 엔탈피는 증가할 것이다. 엔탈피는 뒤에서 엄밀하게 정의하겠지만, 아무튼 엔탈피는 열과 관련이 있는, 에너지 상태를 나타내는 양인 것은 짐작할 수 있다.

두 번째 항에서 T는 절대 온도이고, S는 **엔트로피(entropy)** 라고 부르는 무질서도 또는 자유도에 관한 양이다. 얼음이 녹거나 액체인 물이 기체인 수소와 산소로 분해될 때처럼 엔트로피가 증가하면 ΔS의 부호는 +이다.

예제 8.5

다음 반응의 ΔH와 ΔS의 부호를 판정하여라.

가) $Zn(s) + 2H^+(aq) \longrightarrow Zn^{2+}(aq) + H_2(g)$
나) $2HgO(s) \longrightarrow 2Hg(l) + O_2(g)$
다) $2H_2O(l) \longrightarrow 2H_2(g) + O_2(g)$
라) $N_2(g) + 3H_2(g) \longrightarrow 2NH_3(g)$
마) $2Fe_2O_3(s) \longrightarrow 4Fe(s) + 3O_2(g)$

풀이

	ΔH	ΔS
가)	− (이온의 수화, 수소의 결합)	+ (아연의 결정 이탈, 수소 기체 생성)
나)	+ (산화물의 환원)	+ (고체로부터 액체, 기체 생성)
다)	+ (산화물의 환원)	+ (액체로부터 기체 생성)
라)	− (수소의 산화)	− (기체 몰수 감소)
마)	+ (산화물의 환원)	+ (고체로부터 기체 생성)

흡열 반응이기 때문에 안정도 면에서는 일어나지 않을 것 같은 반응이 일어나는 경우는 위에서 볼 수 있듯이 모두 엔트로피가 크게 증가하는 경우이다. 이러한 정성적인 관찰을 일반화하여 어떤 반응이 자발적으로 일어날지 여부를 정확히 분석하기 위해서

는 $G = H - TS$식으로 엔탈피와 엔트로피를 조합해서 새로운 함수를 정의하고, 이 함수 G의 변화량, ΔG의 부호를 조사하면 된다. ΔG가 마이너스값을 가지면 물체가 높은 곳에서 낮은 곳으로 떨어지듯이 (지구 중심으로부터의 거리가 감소하듯이) 그 반응은 자발적으로 일어난다. 우리는 3장에서 수소, 산소의 발견과 관련하여 반응의 자발성에 대해 미리 살펴본 바 있는데, 열과 관련해서 가장 중요한 경우는 안정도 면에서는 불리한, 즉 ΔH가 플러스라서 흡열 반응인 데도 불구하고 높은 온도에서는 엔트로피 증가, 즉 자유도의 효과가 커져서 반응이 일어나는 경우이다. 따라서 ΔS가 아주 크면 $\Delta G = \Delta H - T\Delta S$에서 $-T\Delta S$가 충분히 마이너스가 되어 플러스의 ΔH를 상쇄하고도 남아 ΔG를 마이너스로 만드는 것이다. 이것이 많은 중요한 화학 반응에서 높은 온도가 필요한 첫 번째 이유이다. 많은 경우에 높은 온도는 우리가 원하는 반응이 잘 일어나도록 반응의 정도 (反應程度, extent of the reaction) 를 증가시켜 주는 것이다.

그리고 보면 주어진 온도 T에서 어떤 과정이 일어날지 여부를 판정하려면 그 과정에 관한 엔탈피 변화 (ΔH) 와 엔트로피 변화 (ΔS) 의 부호뿐 아니라 크기를 알아야 할 것이다. 물의 분해, 제철, 암모니아 합성, 광합성, 호흡, 발효 등 우리가 생각할 수 있는 모든 중요한 반응에 대해서 주어진 조건에서 그 반응이 일어날지 여부를 결정하려면, 아니 그보다 물의 분해처럼 낮은 온도에서는 잘 일어나지 않는 반응을 일어나게 하기 위해 얼마나 높은 온도가 필요한지 알려면 그 반응의 엔탈피 변화와 엔트로피 변화를 알아야 한다. 그런데 반응의 자발성을 판정하는 기준인 ΔG는 왜 $\Delta H - T\Delta S$ 형태로 주어지는가? ΔH, ΔS, 그리고 절대 온도 T의 정확한 의미는 무엇인가? ΔS의 정의의 배후에는 어떤 보다 근본적인 법칙이 자리잡고 있는가? 이러한 화학 반응에 직결된 문제들에 답하기 위해서는 언뜻 화학과 관련이 없어 보일 수도 있는 열역학 법칙들을 다루어야 한다.

8-2 에너지

8-2-1 계와 상태 함수

열역학에서는 우리가 관심이 있는 부분을 실험계 또는 **계** (**界, system**) 라 하고, 나머지 부분을 **주위** (**周圍, surrounding**) 로 정의한다. 다시 말해서 **우주** (**宇宙, universe**) 전체에서 작은 일부분이 계이고, 나머지 대부분은 주위라고 생각할 수 있다. 그러므로 엄밀히 말하면 주위는 137억 년 동안 팽창을 계속하고 있는 광대한 우주에서 계를 제외한 우주의 대부분이지만, 실제로는 계와 상호작용이 가능한 계 바로 주위만 고려하면 된다. 예를 들어, 물중탕 (重湯, water bath) 에 담가 놓은 플라스크에서 반응이 진행되고 있다면 플라스크의 내용물은 계이고, 주위는 물중탕에 국한해도 좋다. 플라스크는 경계에 해당한다.

계가 주위와 물질 또는 에너지의 교환이 가능한가에 따라 계를 구별한다. 주위와 물질과 에너지의 교환이 없는 경우를 **고립계** (**isolated system**) 라 하고, 에너지의 교환만 가능한 경우를 **닫힌계** (**closed system**), 그리고 물질과 에너지의 교환이 모두 가능한 경우를 **열린계** (**open system**) 라고 한다. 우주 전체는 하나의 고립계를 이루며, 자연에 존재하는 다른 계들은 엄밀한 의미에서는 고립계라고 하기 어렵다.

계의 상태는 거시적으로 관찰하고 측정할 수 있는 성질들로 표현된다. 거시적인 성질은 계에 포함된 물질의 양에 비례하여 변하는 성질인 **크기 성질**(**extensive property**)과 물질의 양에 상관없이 일정한 **세기 성질**(**intensive property**)로 구분된다(1장). 크기 성질에는 질량, 부피, 에너지 등이 있고, 세기 성질에는 압력, 온도, 밀도 등이 있다.

계의 성질들이 시간에 따라 변하지 않고 일정한 값을 유지하는 경우를 **평형**(**平衡, equilibrium**)에 도달했다고 한다. 평형에 도달한 거시적 상태를 **열역학적 상태**(**thermodynamic state**)라고 하는데, 계의 열역학적 상태는 몇 개의 거시적 양들로 표현될 수 있다. 예를 들어, 이상 기체의 열역학적 상태는 **상태 함수**(**狀態函數, state function**)라고 부르는 몰수(n), 온도(T), 부피(V), 그리고 압력(P)으로 표현된다. 상태 함수라는 표현은 1850년, 1860년 대에 클라우지우스, 톰슨 등에 의해 사용되기 시작하여 1870년 대에 깁스에 의해 정착되었다.

두 계가 열평형(熱平衡, thermal equilibrium)에 있으면 같은 온도를 가지게 된다. 계 A와 계 B가 열평형을 이루고($T_A=T_B$), 계 B와 계 C가 열평형을 이룬다면($T_B=T_C$) 이것을 계 A와 계 C도 열평형을 이룬다($T_A=T_C$).

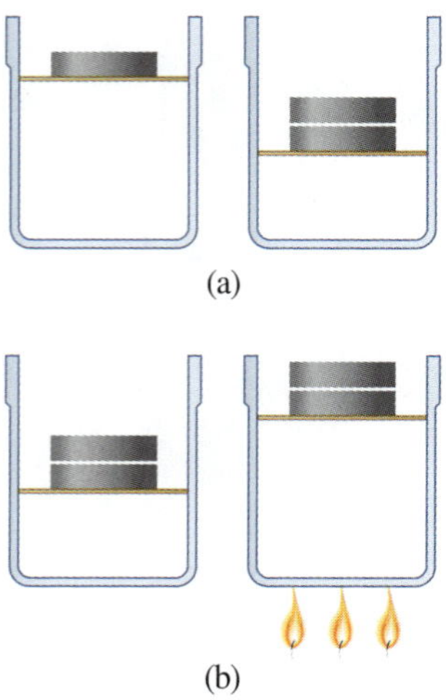

그림 8.1 (a) 압력에 의한 부피 변화, (b) 열에 의한 부피 변화.

평형 상태에 있던 계가 외부 조건이 변하면 열역학적 상태가 변하게 된다. 열역학적 상태 간의 변화 과정을 **열역학적 과정**(**熱力學的過程, thermodynamic process**)이라고 한다. 계를 초기의 열역학적 상태에서 최종 상태로 변화시키는 경로는 여러 가지가 있을 수 있다. 예를 들어, 일정량의 이상 기체의 부피를 두 배로 증가시킬 때, 일정한 온도에서 압력을 낮추거나 일정한 압력에서 온도를 높이는 방법이 있을 수 있으며, 온도와 압력을 동시에 변화시킬 수도 있다.

외부의 조건을 아주 미세하게 변화시킬 경우에는 변화의 방향을 바꾸면 계를 원래의 상태로 되돌릴 수 있다. 이런 과정을 **가역 과정**(**可逆過程, reversible process**)이라고 한다. 가역 과정에서 변화 과정 중에 계는 항상 평형 상태를 유지하는 것으로 생각할 수 있다. 예를 들어, 일정량의 이상 기체에 대하여 일정한 온도에서 피스톤을 움직여서 부피를 바꾸는 경우를 생각해 보자. 평형 상태에서는 기체의 압력과 외부의 압력이 같다. 외부압력을 기체의 압력보다 아주 미세하게 크거나 작게 만들면 기체의 부피를 아주 조금씩 줄이거나 늘릴 수 있다. 이러한 과정을 무수히 많이 진행시키면 기체의 부피를 가역적으로 변화시키는 것이 된다. 가역 수축 또는 팽창의 경우 기체의 압력과 외부 압력은 같은 것으로 볼 수 있다.

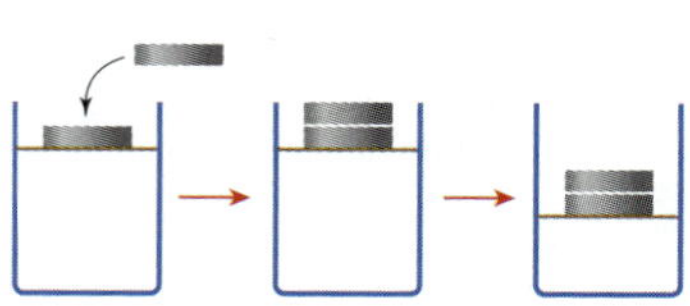

비가역 과정

비가역 과정(**非可逆過程, irreversible process**)은 외부 조건을 크게 바꾸어서 계의 상태를 변화시키는 경우로서 변화의 방향성이 있게 된다. 예를 들어, 1 기압에서 외부와 평형을 이루고 있는 기체에 갑자기 1 기압의 압력을 추가하면 수축과 팽창이 평형을 이루지 못하고 한 방향으로 수축이 일어날 것이다. 이러한 비가역적 과정은 **자발적 과정**(**自發的過程, spontaneous process**)이라고도 한다. 압력을 가하지도 않았는 데 수축이 자발적 일어났다는 의미가 아니라 평형에서 크게 벗어난 상황이 만들어지면 그 다음에는 내버려 두어도 비가역 과정이 일어날 수 밖에 없다는 뜻이다. 가역 과정, 비가역 과정을 처음 고려한 사람은 열역학의 1세대인 카르노였다. 지금부터는 열역학의 발전에 크게 기여한 중요한 과학자들을 세대별로 살펴보고 본격적인 이야기에 들어가기로 하자.

열역학 1세대

카르노
Sadi Carnot
1796-1832

클라페이롱
Emile Clapeyron
1799-1864

열역학 2세대

마이어
Julius Robert Mayer
1814-1878

주울
James Joule
1818-1889

헬름홀츠
Hermann Helmholtz
1821-1894

클라우지우스
Rudolph Clausius
1822-1888

톰슨
William Thomson
1824-1907

열역학 3세대

깁스
Josiah Willard Gibbs
1839-1903

네른스트
Walter Nernst
1864-1941

가역 과정은 평형 상태를 따라가기 때문에 특정한 경로를 따라 변화하게 되지만, 비가역 과정의 경우에는 다양한 경로가 가능할 수 있다. 열역학 과정에 따라 계가 변화하게 되면 계의 여러 가지 거시적 성질들도 변하게 된다. 거시적 성질들 중에서 열역학 과정의 경로에는 상관없이 계의 초기와 최종 상태에 의해서만 그 변화량이 결정되는 것들이 있다. 앞에서 말한 상태 함수가 그런 것이다. 예를 들어, 기체의 부피를 2 L에서 1 L로 변화시켰다면 압축을 했건 냉각을 했건 상관없이 최종 부피는 1 L이다. 백두산 정상을 등반하는 데 난코스를 택하건 쉬운 코스를 택하건 정상에 올라서면 해발고도는 같고, 올라온 과정은 잊어버리는 것과 마찬가지이다. 상태 함수는 열역학 상태와 열역학 과정을 설명하는데 중요한 개념이다.

해발 2744m 고도의 백두산 천지

8-2-2 일과 열

열역학에서는 모든 에너지를 일(work)과 열(heat)로 구분하는데, 일과 열을 논의하기 전에 운동 에너지와 퍼텐셜 에너지를 먼저 생각해 보자. 왜냐하면 계가 외부와 주고받은 일과 열은 계 자체의, 또 구성하는 분자들의 운동 에너지와 퍼텐셜 에너지의 변화로 나타나기 때문이다.

가. 운동 에너지, 퍼텐셜 에너지, 내부 에너지

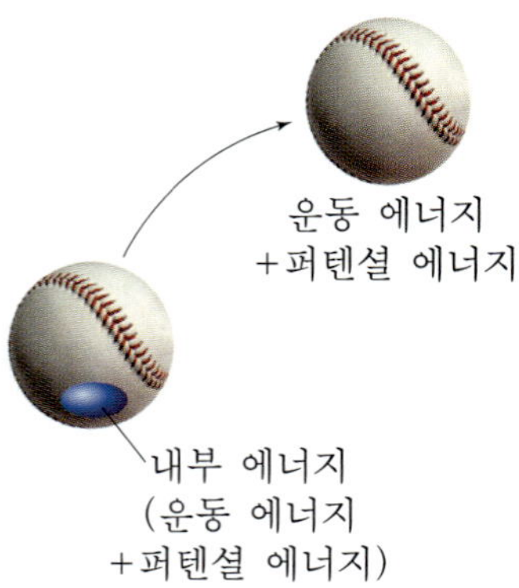

야구 경기에서 투수가 던진 공이 타자가 휘두른 방망이에 맞아 높이 떠오르는 경우를 생각해 보자. 일류 투수의 강속구는 시속 150 km에 육박한다. 이때 야구공은 공의 질량 m과 순간 속력 v에 의해 결정되는 운동 에너지를 가진다. 분자들의 충돌에서와 마찬가지로 공이 방망이에 맞는 순간 방망이의 운동량(運動量, momentum)이 공으로 전달되어서 공의 방향과 속력이 바뀌고 운동 에너지도 바뀐다. 공이 높이 올라감에 따라 중력장에서 공의 퍼텐셜 에너지가 증가하면 운동 에너지는 감소한다. 여기서 볼 수 있듯이 **운동 에너지**(**kinetic energy**, $\frac{mv^2}{2}$)는 분자이건 공이건 어떤 물체가 운동하기 때문에 가지는 에너지이다. **퍼텐셜 에너지**(**potential energy**)는 분자이건 공이건 어떤 물체가 중력장, 전기장, 자기장 등 어떤 장(場, field)에서 어떤 위치에 있기 때문에 가지게 되는 에너지이다. 따라서 퍼텐셜 에너지는 운동 에너지와는 다른 형태의 에너지이다. 야구공을 하나의 계로 본다면 위의 경우처럼 계 자체의 운동 에너지와 퍼텐셜 에너지를 생각할 수 있을 것이다.

6장에서 결합을 다룰 때 이야기 했지만 여기서 다시 한 번 짚고 넘어가야 할 중요한 점은 에너지를 이야기 할 때는 기준을 정해야 한다는 것이다. 예를 들어, 적도에서 지구의 자전과 반대 방향으로 지구의 자전 속도로 운동하는 물체가 있다면 지구 밖에서 볼 때는 그 물체는 정지해 있고, 오히려 그 주위의 다른 물체들이 운동하는 것처럼 보일 것이다.

예제 8.6

어떤 사람이 적도상에서 지표면으로부터 100 m 정도 벗어나 정지해 있다면 지표면에서 정지해 있는 다른 사람이 얼마나 빠른 속도로 움직이는 것처럼 보일까?

풀이 적도의 길이 = π × 적도의 지름 = $3.14 \times 2 \times (6.37 \times 10^6\ \text{m}) = 4.0 \times 10^7\ \text{m}$

$$\frac{\text{적도의 길이}}{\text{24 시간}} = \frac{4.0 \times 10^7\ \text{m}}{24 \times 3.6 \times 10^3\ \text{s}} = 460\ \text{m/s}$$

흥미롭게도 이 속도는 공기 중의 질소나 산소 분자의 운동 속도와 비슷하다. 따라서 지구의 자전과 반대방향으로 직선 운동하는 질소 분자는 지표면으로부터 벗어나 있는 사람에게는 정지해 있는 것처럼 보일 것이다. 방망이에 맞아 높이 떠오르는 공의 경우에는 야구장에서 허탈하게 떠오르는 공을 쳐다보는 투수의 위치를 기준으로 퍼텐셜 에너지가 증가하고 운동 에너지는 감소했다가 펜스를 넘어 외야쪽 관중석으로 떨어지면서 운동 에너지는 증가하고 퍼텐셜 에너지는 감소한다. 이처럼 공 전체를 놓고 볼 때 운동 에너지와 퍼텐셜 에너지를 생각할 수 있다.

공의 내부에서는 어떤 일들이 일어날까? 공이 방망이에 맞는 순간 방망이에 가까운 쪽 공의 내부에 들어있는 분자들은 갑자기 운동 에너지가 증가하고 분자간 거리와 상호작용도 뒤죽박죽이 되어서 분자의 퍼텐셜 에너지도 크게 교란되지만 잠시 후에는 거의 원래 상태로 돌아간다. 이처럼 계 내부에서도 운동 에너지와 퍼텐셜 에너지를 고려할 수 있다. 이때 공 내부 분자들의 운동 에너지와 퍼텐셜 에너지의 합을 공의 내부(內部) 에너지(internal energy)라고 한다. 만일 관찰자가 공의 내부로 들어가서 계의 에너지를 조사한다면 공 자체의 운동 에너지와 퍼텐셜 에너지는 관심에서 벗어나게 된다. 우리가 야구공의 속도와 위치를 이야기할 때 지구 자체의 운동은 생각하지 않는 것과 마찬가지이다.

계가 수소와 산소처럼 반응하는 분자들의 집단이라면 상황은 보다 흥미로워진다. 계를 구성하는 질량이 m인 분자가 열에 의해서든지, 다른 분자가 만들어내는 전기장이나 외부에서 걸어준 전기장 또는 자기장에 끌려서, 속도 v를 가지게 되면 $\frac{mv^2}{2}$의 운동 에너지를 가지게 된다. 8장에서 보았던 분자간 상호작용과 기체 분자 운동론을 돌이켜 보는 것도 좋을 것이다.

계 내의 퍼텐셜 에너지는 보다 복잡하고 흥미롭다. 극단적으로 단순한 경우로 두 개의 물 분자가 10Å 거리에 정지해 있는, 즉 분자의 운동 에너지가 0인 계를 생각해 보자.

예제 8.7

10Å 거리에 정지해 있는 두 개의 물 분자로 이루어진 계에서 다음 중 계 내의 퍼텐셜 에너지가 아닌 것은?

가) 만유인력하에서 두 분자가 10Å 거리를 유지하는 역학적 에너지
나) 물 분자의 쌍극자 모멘트 사이의 전기적 인력하에서 10Å 거리를 유지하는 전기적 에너지
다) 물 분자 내의 진동 운동에 의해 수소-산소-수소 각도가 바뀔 때 수소 원자간 부분 양전하의 반발에 의한 전기적 에너지
라) 높은 온도에서 원자 내의 전자들이 높은 에너지 상태로 전이된 경우 전자의 에너지

풀이 없다. 모두 퍼텐셜 에너지다.

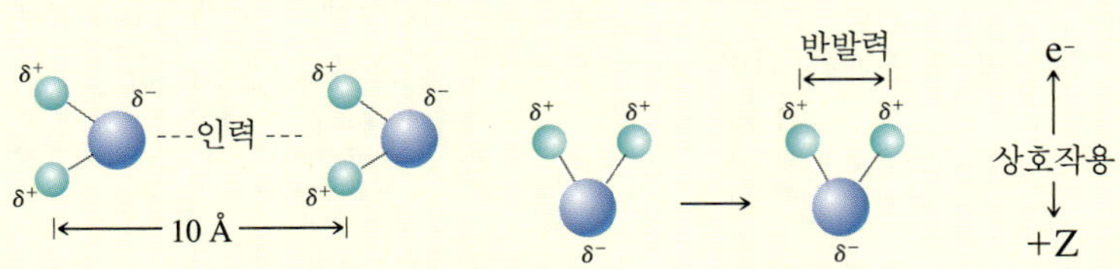

두 분자 사이에는 약하기는 하지만 만유인력이 작용하기 때문에 더 이상 끌려가지 않고 10 Å 거리를 유지하는 것은 두 분자간의 중력장하에서 역학적 퍼텐셜 에너지를 가지고 있는 것이다. 두 물 분자 사이에는 중력보다 훨씬 강한 쌍극자 모멘트 사이의 전기적 인력이 존재한다. 따라서 10Å 거리를 유지하는 것은 쌍극자 모멘트가 만들어내는 전기장하에서 전기적 퍼텐셜 에너지를 가지고 있는 것이 된다. 이 경우에는 자기적 힘은 고려할 필요가 없지만 두 개의 수소 원자라면 전자 스핀에 의한 자기적 퍼텐셜 에너지를 가지게 될 것이다. 물 분자 내에도 진동 운동이 있어서 산소를 중심으로 두 개 수소 원자의 운동과 운동 에너지를 생각할 수 있지만, 수소-산소-수소 각도가 바뀐다면 수소 원자의 부분 양전하간 쿨롱 퍼텐셜 에너지도 바뀐다. 물이 분해될 정도의 높은 온도에서 원자 내의 전자들이 높은 에너지 상태로 전이되었다면 그 에너지도 양성자의 양전하와 전자의 음전하 간의 전기적 퍼텐셜 에너지다.

마치 어느 나라의 국민이 서로 동산으로 부동산을 사고, 부동산을 팔아 동산으로 바꾸는 거래를 하고 있다면 어느 시점에서 국가 전체의 부는 동산 총액과 부동산 총액의 합인 것과 마찬가지이다.

이제는 일정한 온도, 압력, 부피하에서 1 몰의 기체 상태의 물 분자들이 무작위로 운동하는 경우를 생각해 보자. 한 분자 M에 초점을 맞추고 본다면 M 주위에서는 아보가드로수의 다른 분자들이 멀어졌다 가까워졌다 무작위로 운동하면서 분자 M의 퍼텐셜 에너지가 수시로 바뀐다. 그에 따라 분자간에 작용하는 힘이 달라질 것이므로 운동 에너지도 영향을 받을 것이다. 아보가드로수의 물 분자들 사이에 이러한 운동 에너지와 퍼텐셜 에너지의 변화가 일어나는 활동적인 상황을 밖에서 본다면 어느 순간에 계 전체의 내부 에너지는 모든 분자들의 운동 에너지의 총합과 모든 분자들의 퍼텐셜 에너지의 총합의 합으로 주어질 것이다.

시스템의 내부 에너지(U)
=시스템 내부의 운동 에너지
+시스템 내부의 퍼텐셜 에너지

한 개인의 총 자산
=그 사람의 유형 자산
+그 사람의 무형 자산

야구공의 경우와 유사하게 열역학에서는 계 내부의 운동 에너지와 퍼텐셜 에너지를 합해서 **계의 내부 에너지**라 부르고, 클라우지우스의 표기를 따라 보통 U로 표시한다. 운동 에너지는 위에서와 같이 단순히 정의되고, 분자들의 운동 에너지의 총합은 온도를 측정하여 구할 수 있다. 그러나 퍼텐셜 에너지에는 분자들 사이의 힘, 분자 진동에 의한 원자 사이 거리의 변화, 원자 내에서 전자의 높은 에너지 상태로의 전이 등 여러 요인들이 복합적으로 작용하기 때문에 어느 순간에 계의 퍼텐셜 에너지를 정확히 파악하거나 총합을 직접 측정하기는 상당히 어렵다. 다행히 우리의 논의에 있어서 내부 에너지의 엄밀한 내역은 중요하지 않다. 동산에는 현금, 주식, 채권 등 여러 형태가 있고 부동산에도 토지, 건물 등이 있듯이 퍼텐셜 에너지에도 다양한 역학적, 전자기적 에너지 형태가 있으며, 이들 사이에는 수시로 변환이 일어나기 때문에 일일이 그 내역을 밝히는 것은 어렵고 그럴 필요도 없기 때문이다. 아무튼 계의 운동 에너지와 퍼텐셜 에너지의 합으로 정의되는 내부 에너지가 중요한 양이라는 것은 쉽게 짐작할 수 있다.

열역학에서 주로 관심을 갖는 것은 계와 주위간의 에너지 교환과 그에 따른 계의 내부 에너지 및 상태의 변화, 그리고 그 결과로 나타내는 외부에 대한 일이다. 부피 변화가 크기 때문에 기체를, 특히 편의상 이상 기체를 주로 다루지만 아래 논의는 모든 경우에 일반적으로 적용된다. 이상 기체의 열역학적 상태는 기체의 몰수 (n), 온도 (T), 부피 (V), 그리고 압력 (p)에 의해서 결정된다. 이들 상태 변수(狀態變數, state variable)들은 상태 방정식(狀態方程式, equation of state)에 의해 상호 관련되어 있다. 이상 기체 방정식, $pV = nRT$가 대표적인 예라고 할 수 있다. 액체와 고체에는 이런 간단한 상태 방정식이 없지만 액체와 고체의 내부 에너지도 중요하고 흥미로운 주제이다.

나. 일

계가 주위와 에너지를 교환해서 내부 에너지를 변화시키는 하나의 방식은 일이다. 일의 특성을 이해하기 위해 산에 오르는 경우를 생각해 보자.

예제 8.8

다음 중 입자들이 한 방향으로 움직이는 경우가 아닌 것은?

가) 걸어서 산을 오를 때 내 몸에 들어 있는 약 10^{28} 개의 원자들의 움직임(산 아래와 산 위의 관점에서)
나) 땀이 난 내 몸 주위의 더워진 공기 분자들의 움직임
다) 차를 타고 올라가려고 시동을 걸 때 도선을 통한 전자들의 움직임
라) 자동차 엔진에서 기화된 휘발유 연소에 의한 피스톤의 움직임

풀이 나

가) 내 몸에 들어 있는 원자들은 산 아래에서 산 위로 함께 움직인다. 물론 몸 안에서는 혈액 순환이나 세포막을 통한 물질의 이동처럼 일부 원자들은 다른 방향으로 움직인다.
나) 공기 분자들은 사방으로 무작위로 움직인다.
다) 전류는 전자들이 −극에서 +극으로 한 방향으로 움직이는 것이다.
라) 기체의 압력에 의해 피스톤에 들어 있는 원자들은 한 방향으로 움직인다.

일의 공통점은 전자나 기체 분자같은 입자 자체, 또는 어떤 물체를 구성하는 입자들이 어떤 힘에 의해 한 방향으로 움직인다는 데에서 찾아 볼 수 있다. 일은 가해 준 힘에 이동한 거리를 곱한 양으로 정의된다.

예제 8.9

무게가 145 g인 야구공을 수직 방향으로 50 m 던져 올리는 데 필요한 일을 구하여라. 질량이 m인 물체의 퍼텐셜 에너지는 mgh로 주어진다. 중력 가속도 g는 9.81 $\text{m}\cdot\text{s}^{-2}$이고, h는 기준 위치로부터의 거리이다.

풀이 $mgh = 0.145\ \text{kg} \times 9.81\ \text{m}\cdot\text{s}^{-2} \times 50\ \text{m} = 71.1\ \text{J}$

1 주울은 대략 심장이 한 번 박동하는 데 필요한 에너지이다. 그래서 운동을 할 때 에너지를 많이 소모하고 숨이 가빠지는 이유를 짐작할 수 있다.

일은 기체와 관련해서 생각하는 것이 편하다. 기체는 부피 변화가 커서 팽창이나 압축에 수반되는 일이 많기 때문이다. 기체는 외부 압력(P_{ext})에 의해 부피가 변한다. 압력은 단위 면적당 받는 힘으로 정의되므로, 기체에 가해 준 일의 양은 외부 압력에 부피 변화를 곱한 양이 된다. 기체에 외부에서 일을 가해 주면 내부 에너지가 증가하게 되므로 이때 계에 대한 일을 플러스로 정의한다. 이때 기체 부피는 감소한다. 따라서 기체의 압력-부피 일(pressure-volume work)은 다음과 같이 정의된다.

$$w = -P_{\text{ext}}A\Delta l = -P_{\text{ext}}\Delta V$$

여기서 A는 표면적이고 Δl은 압력에 의한 거리의 변화이다, 따라서 A에 Δl을 곱하면 부피 변화(ΔV)가 되는 것이다.

예제 8.10

0°C, 1 기압에서 22.4 L의 부피를 차지하고 있는 기체의 외부 압력을 갑자기 2 기압으로 증가시켜서 부피를 반으로 줄였다고 하자. 이 비가역적 변화에서 외부에서 계가 가해 준 일은 얼마인가? 1 기압은 SI 단위로 1.01325×10^5 pascal이다.

풀이 $w = -P_{\text{ext}}\Delta V = -2 \times (1.01325 \times 10^5\ \text{pascal}) \times (-11.2 \times 10^{-3}\ \text{m}^3) = 2270\ \text{J}$

물이 끓고 있는 주전자의 뚜껑이 위로 움직이는 것이나, 증기 기관에서 수증기의 압력에 의해 피스톤이 움직이며 무거운 기차를 움직이는 것이나 모두 외부에 일을 하는, 즉 w의 부호가 마이너스인 경우이다. 내연 기관(內燃機關, internal combustion engine)에서는 실리더 내부에서 연료를 연소시켜 자동차를 가게 한다. 액체나 고체에서는 구조상 부피 변화가 작은 만큼 일정한 외부 압력에 대해 팽창할 때 하는 일이 아주 작다.

압력을 가해 부피를 변화시키는 것 뿐 아니라 힘과 거리의 변화가 있는 모든 경우에 일이 관련되어 있다. 일의 정의인 〈일 = 힘 × 거리〉에서 힘의 종류에는 아무 제한이 없기 때문이다.

예제 8.11

다음 중 일과 관련이 없는 것은?

가) 볼타 전지에서 전류가 흐른다.
나) 물이 증발한다.
다) 비가 내린다.
라) 철사의 한 끝을 가열하면 다른 끝이 뜨거워진다.

풀이 라)

가) 전류가 흐를 때 전기장하에서 전자가 움직여 전극까지의 거리가 바뀐다.
나) 물의 증발은 분자간의 전기적 인력을 극복하고 분자간 거리가 멀어지는 것이다.
다) 비가 내릴 때는 중력장하에서 물방울과 지구 중심 사이의 거리가 변한다.
라) 열이 전달될 때는 운동 에너지가 전달될 뿐이다.

가역 과정에서는 외부 압력이 기체의 내부 압력 (P) 과 같고, 압력의 변화와 그에 따른 부피의 변화가 아주 미세하다. 이 경우에 일은 다음과 같이 적분 형태로 주어진다.

$$w = -\int_{V_i}^{V_f} PdV$$

다. 열

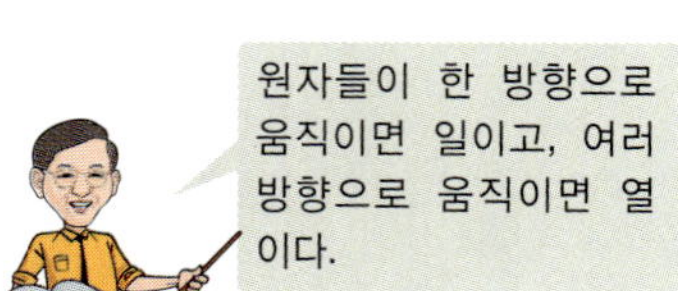

계가 주위와 에너지 교환을 하는 다른 방식은 열이다. 계가 주위와 에너지 교환을 하는 방식 중에 온도 차이가 있는 물체 사이에서만 일어나는 것을 열이라고 한다. 즉, 엄밀히 말하면 열은 전달된 에너지 자체가 아니라 온도가 높은 물체에서 온도가 낮은 물체로 에너지가 전달되는 방식인 것이다. 온도 차이가 나는 두 물체를 접촉시키면 충분한 시간이 지난 후에는 같은 온도를 갖는 열평형에 도달하게 된다. 이처럼 열의 흐름에는 방향이 있지만 열의 전달 과정에서 전자나 원자 같은 입자가 열이 흐르는 방향으로 움직이는 것은 아니다. 기운이 넘치는 아이를 한 자리에 붙잡아 놓을 수 없듯이 온도가 높은 부분의 원자는 높은 운동 에너지를 가지고 사방으로 튀려는 경향을 가진다. 그러면서 주위 원자들에게 운동 에너지를 전달하고, 이 과정이 반복되면서 온도가 낮은 부위로 에너지가 전달되는 것이다. 고체에서는 원자들이 일정한 위치에서 사방으로 진동하면서 에너지를 전달한다. 액체나 기체에서는 원자들이 위치를 바꾸는 운동을 하지만 열이 전달되는 것은 고체에서와 마찬가지로 사방으로 열운동하는 원자와 분자들이 직접 한 부위에서 다른 부위로 에너지를 전달하는 것은 아니다. 즉, 열에서는 온도가 높은 물체와 온도가 낮은 물체 사이에 직접 작용하는 힘이나 이들 물체를 구성하는 원자들의 이동, 즉 거리 변화를 생각할 필요가 없다. 그런 의미에서 열은 일이 아닌 것이다.

에너지를 교환하는 두 물체 사이에 단열재 (斷熱材, insulator) 를 놓았을 때 관찰하고자 하는 효과가 사라지면 그 효과는 열 효과이고, 단열재를 놓아도 그 효과가 지속되면 열이 아니라고 말할 수 있다. 그런 의미에서 모든 일은 열이 아니다. 반대로 열이 아닌 다른 모든 형태의 에너지는 일이다. 따라서 열역학이 다루는 모든 에너지는 일이 아니면 열이다. 일은 계와 주위 사이의 역학적 접촉(力學的接觸, mechanical contact)을 통해 교환되고, 열은 열적 접촉(熱的接觸, thermal contact)을 통해 교환된다.

예제 8.12

다음 중 단열재에 의해 방해받는 것은?

가) 볼타 전지에서 전류가 흐른다.
나) 물이 증발한다.
다) 비가 내린다.
라) 철사의 한 끝을 가열하면 다른 끝이 뜨거워진다.

풀이 예제 8.11의 변형이다. 라)가 답이다.

라. 열의 일당량

열에 관한 과학인 열역학이 시작된 18세기 후반에는 열을 칼로릭(caloric)이라는 무게 없는 유체(流體, fluid)로 보는 관점이 주류를 이루었다. 라부아지에도 열을 칼로릭이 흐르는 것으로 이해했는데, 비슷한 시기에 벤자민 톰슨은 열의 본질을 제대로 이해하는 데 있어서 중요한 기여를 했다. 그는 1789년에 독일의 뮤니히(München)에서 대포의 포신을 물에 담그고 포신의 내부에 마찰을 가하면 온도가 무제한 올라가 물이 끓기도 하는 것을 보여줌으로써 열의 칼로릭 이론을 부정했다. 칼로릭이라는 유체가 있다면 양이 유한할 수밖에 없고, 그렇다면 온도도 어느 정도 이상 올라갈 수 없는 것이다. 톰슨은 일과 열의 관계를 정량화하지는 않았으나 열의 본질은 운동임을 보여 주어 에너지 보존 법칙의 중요한 단서를 제공하였다.

벤저민 톰슨(Benjamin Thompson, 1753–1814). 미국 매사추세츠주 우번 출신으로, 독립전쟁 당시 영국편에 서서 화약을 연구했고, 1785년에 현 독일 남부인 바바리아로 건너가 일과 열의 관계를 조사하였다. 1791년에 신성로마제국의 백작 작위를 받고, 럼포드 백작(Count Rumford)이 되었다.

열은 물이 높은 곳에서 낮은 곳으로 흐르듯이 뜨거운 물체에서 차가운 물체로 흐른다. 열을 칼로릭으로 보던 당시에는 열이 흐르는 과정에서 '열이 보존'된다고 믿었다. 한편 카르노는 물이 높은 곳에서 낮은 곳으로 흐르면서 물레방아를 돌리듯이 일을 하는 것과 마찬가지로 열의 흐름이 모든 열기관이 일을 하는 기본 동력이라는 점을 처음 깨달았다.

1800년에 이탈리아에서 볼타 전지가 발명되면서 여러 힘들 사이의 관계가 드러나기 시작했다. 네덜란드의 외르스테드(Oersted)는 볼타 전지(화학적 효과 → 전기적 효과)를 사용하여 전류가 흐르는 도선 주위로 자기장이 생기는 것을 보여 주었고(전기적 효과 → 자기적 효과), 영국의 패러데이(Faraday)는 전자석을 사용해서 모터를 만들었다(자기적 효과 → 역학적 효과). 그런데 마찰은 열을 내고 정전기를 일으키기도 한다(역학적 효과 → 열적 효과, 전기적 효과). 이처럼 화학적 힘, 전기적 힘, 자기적 힘, 역학적 힘이 관련되어 있는 것은 확실하지만 이들의 총합인 에너지가 우주적으로 보존된다는 것을 깨닫는 데는 수십 년의 시간이 필요했고, 그 과정에서 주울에 의한 **열의 일당량(work equivalent of heat)** 결정이 중요한 역할을 했다. 주울은 낙하하는 추의 역학적 효과를 물, 수은, 기름의 온도를 올리는 열적 효과로 환산했다. 그가 제작한 정밀한 수은 온도계로 측정한 온도 증가는 1°C 내외였는데, 그는 소수점 아래 서너 자리까지 온도를 보고했다. 주울은 1843년부터 몇 년에 걸쳐 실험 장치를 개선하면서 열의 일당량 값을 정확히 측정하였다.

주울이 사용한 페달-바퀴 장치

예제 8.13

1 BTU (British thermal unit) 는 물 1 파운드 (453.6 g) 를 화씨 1도 (섭씨 5/9도) 올리는 데 드는 열이다. 주울은 열의 일당량을 BTU당 피트-파운드 (ft-lb) 로 보고했다. BTU당 피트-파운드를 칼로리당 주울로 환산하려면 얼마를 곱해주어야 할까? (1 ft = 0.3048 m)

풀이 $1\ \text{BTU} = 453.6\ \text{g} \times \frac{5}{9}\ ^\circ\text{C} = 252.0\ \text{g}\cdot{}^\circ\text{C} = 252.0\ \text{cal}$

1 ft-lb = 1 파운드 무게의 추를 중력장에서 1 피트 떨어뜨릴 때 나오는 일 에너지

$= mgh$

$= (0.4536\ \text{kg}) \times (9.81\ \text{m}\cdot\text{s}^{-2}) \times (0.3048\ \text{m}) = 1.356\ \text{J}$

$$1\ \text{ft-lb}/1\ \text{BTU} = \frac{1.356\ \text{J}}{252.0\ \text{cal}} = 0.005382\ \text{J/cal}$$

예제 8.14

주울이 발표한 다음 값들을 J/cal 단위로 바꾸어라.

가) 초기에 추의 낙하와 물로부터 열세 번 구한 값의 평균 : 838 ft-lb/BTU
나) 공기를 압축할 때 온도 증가로부터 얻은 두 값의 평균 : 810 ft-lb/BTU
다) 압축 공기가 팽창하면서 하는 일과 온도 감소로부터 얻은 세 값의 평균 : 799 ft-lb/BTU
라) 개선된 페달-바퀴 장치와 물로부터 얻은 값 : 773.64 ft-lb/BTU
마) 개선된 페달-바퀴 장치와 수은으로부터 얻은 두 값의 평균 : 775.03 ft-lb/BTU
바) 주철 고리 두 개의 마찰열을 수은으로 측정한 두 값의 평균 : 775.94 ft-lb/BTU

풀이 가) $\frac{(838\ \text{ft-lb/BTU}) \times (0.005382\ \text{J/cal})}{1\ \text{ft-lb/BTU}} = 4.510\ \text{J/cal}$

나) $\frac{(810\ \text{ft-lb/BTU}) \times (0.005382\ \text{J/cal})}{1\ \text{ft-lb/BTU}} = 4.359\ \text{J/cal}$

다) $\frac{(799\ \text{ft-lb/BTU}) \times (0.005382\ \text{J/cal})}{1\ \text{ft-lb/BTU}} = 4.298\ \text{J/cal}$

라) $\frac{(773.64\ \text{ft-lb/BTU}) \times (0.005382\ \text{J/cal})}{1\ \text{ft-lb/BTU}} = 4.164\ \text{J/cal}$

마) $\frac{(775.03\ \text{ft-lb/BTU}) \times (0.005382\ \text{J/cal})}{1\ \text{ft-lb/BTU}} = 4.171\ \text{J/cal}$

바) $\frac{(775.94\ \text{ft-lb/BTU}) \times (0.005382\ \text{J/cal})}{1\ \text{ft-lb/BTU}} = 4.176\ \text{J/cal}$

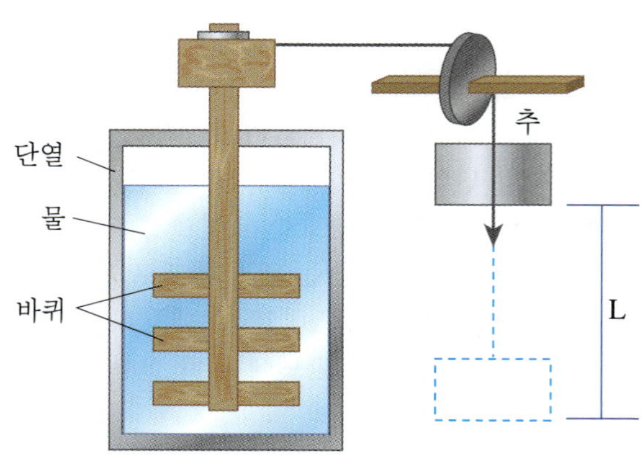

그림 8.2 일과 열의 변환. 추가 떨어지면서 한 일은 바퀴를 돌려서 열을 발생하고, 이 열은 물의 내부 에너지로 바뀌어 물의 온도를 올린다.

지금 사용하는 열량의 단위인 칼로리(calorie)와 일의 단위인 주울(joule) 사이의 가장 정확한 환산 비율은 다음과 같다.

$$1 \text{ cal} = 4.184 \text{ J}$$

주울의 실험에서 추의 무게와 낙하 거리를 정확하게 측정하는 것은 어렵지 않은 일이지만 발생한 열을 정확히 측정하는 것은 매우 어려웠을 것으로 생각된다.

예제 8.15

주울의 실험과 관련하여 틀린 것은?

가) 열이 빠져나가는 것을 최소화해야 한다.
나) 일정한 양의 발생한 열에 대해 온도 증가가 큰 것이 유리하다.
다) 열량계에 사용하는 액체의 부피를 최대한 줄이는 것이 유리하다.
라) 열을 많이 발생시키는 것이 유리하다.

풀이 가) 맞다. 오차를 줄이기 위해 단열 장치가 필요하고 최고 온도를 빨리 측정해야 한다.
나) 맞다. 비열이 작은 수은이 유리하다(수은, 0.140 J/g·°C; 물, 4.18 J/g·°C).
다) 틀리다. 액체의 부피를 줄이면 온도는 많이 상승하지만 열손실은 커질 수 있다.
라) 맞다. 열을 많이 발생시켜야 온도 측정이 용이하다.

예제 8.16

한 실험에서 주울은 2.15 kg 무게의 추를 떨어뜨려서 1.37°C의 온도 상승을 얻었다. 열량계에 들어 있는 유리, 금속, 물의 무게를 고려하여 열적으로 동등한 물로 환산하면 열량계는 물 517 g에 해당하였다. 추를 떨어뜨린 거리를 구하여라.

풀이 거리를 X라고 하면
추가한 일 $= 2.15 \text{ kg} \times 9.81 \text{ m·s}^{-2} \times \text{X m} = 21.09 \text{ X J}$
발생한 열 $= 4.18 \text{ J/g·°C} \times 517 \text{ g} \times 1.37\text{°C} = 2960 \text{ J}$

$$\text{X} = \frac{2960 \text{ J}}{21.09 \text{ J}} = 140 \text{ m}$$

140 m의 거리를 떨어뜨리기 위해 주울은 2.15 kg 무게의 추를 들어 올렸다가 떨어뜨리는 일을 여러 번 반복하였다. 물론 그 사이에 열이 빠져나가는 것을 최소화하도록 주의를 기울였을 것이다. 이런 여러 요소들을 고려하면서 주울은 실험을 개선했고, 예제 8.10에서 본 대로 나중에는 칼로리당 4.18 주울에 상당히 접근하였다. 1847년에 이러한 결과를 종합해서 발표했을 때 아무런 반응도 얻지 못했지만, 후일 톰슨이 그 가치를 인정하고 에너지 단위에 주울의 이름을 붙였다.

예제 8.17

다음 중 과학자의 이름에서 유래된 단위를 골라라.

Ampere	Angstrom	Byte	Centigrade	Fahrenheit	Faraday	
Fermi	Hertz	Joule	Kelvin	Meter	Micron	Parsec
Pascal	Second	Volt				

풀이

암페어(1775-1836)
전류의 단위
(coulomb/s)

옹스트롬(1814-1874)
길이의 단위
(10^{-10} m)

파렌하이트(1686-1736)
온도의 단위
(0°C=32 F)

패러데이(1791-1867)
전하의 단위
(96485 C/mol)

페르미(1901-1954)
길이의 단위
(10^{-15} m)

헤르츠(1857-1894)
진동수의 단위
(s^{-1})

주울(1818-1889)
에너지의 단위
($kg{\cdot}m^2{\cdot}s^{-2}$)

켈빈(1824-1907)
온도의 단위
(−273.15°C=0 K)

파스칼(1623-1662)
압력의 단위
(1기압=101325 Pa)

볼타(1745-1827)
전압의 단위
(joule/coulomb)

열(q)의 부호도 주위에서 계로 열이 전달되어 내부 에너지가 증가하는 경우를 플러스로 정의한다. 주울의 실험에서 계, 즉 열량계가 받은 열은 부호가 플러스이다.

특정 물체의 온도를 1°C 올리기 위해 필요한 열량을 **열용량**(熱容量, **heat capacity,** $\boldsymbol{C}$)이라고 한다. 열용량은 물체를 구성하는 물질의 종류와 양에 따라 달라지는 크기 성질이다. **비열**(比熱, **specific heat capacity,** c_s)은 특정 물질 1 g의 온도를 1°C 올리기 위해 필요한 열량으로 정의되며, 물질의 고유한 세기 성질이다. 열량은 다음 식에 의해 계산된다.

$$q = C\Delta T = c_s m \Delta T$$

줄은 자신의 열량계에 일정한 열량(q)을 가하고 온도 변화(ΔT)를 측정하여 열량계의 열용량(C)을 먼저 구하고, 추의 낙하 실험에서 측정한 ΔT에 C를 곱하여 발생한 열을 구했다.

예제 8.18

예제 8.16의 실험에서 사용한 열량계의 열용량은 얼마인가?

풀이 4.18 J/g·°C × 517 g = 2160 J/°C

8-2-3 열역학 제1법칙과 에너지 보존

일과 열의 정의, 그리고 일과 열의 전환에 대해 상세히 알아보았으므로 이제는 에너지 보존 법칙을 다룰 준비가 갖추어진 셈이다.

절대로 흔들리지 않는 자연 법칙 중의 하나는 우주 에너지의 총합은 일정하다는 **에너지 보존 법칙**(保存法則, **principle of energy conservation**)이다. 열 보존의 법칙이 일과 열의 총합인 에너지 보존의 법칙으로 대체된 것이다. 아인슈타인이 에너지와 질량이 같다는 것을 밝힌 이래 **열역학 제1법칙**(**熱力學第一法則**, **The First Law of Thermodynamics**)으로 알려진 이 법칙이 말하는 에너지는 질량이라는 형태로 저장된 에너지를 포함하는 것으로 이해된다.

그런데 에너지란 무엇일까? 그리고 에너지가 보존된다는 것은 무슨 의미일까? 다른 보존되는 양이 또 있을까?

예제 8.19

다음 중 우주에서 보존되는 양을 골라라.

가) 원자의 수
나) 별의 수
다) 양성자, 중성자, 전자의 수
라) 우주의 크기

풀이 가) 별의 내부에서 원자핵이 융합도 하고 붕괴도 하므로 원자의 수는 변한다.
나) 별도 태어나고 죽고 하므로 우주의 별의 수, 은하의 수도 변한다.
다) 베타 붕괴를 통해 중성자가 양성자와 전자로 바뀌므로 양성자, 중성자, 전자의 수도 바뀌는 셈이다.
라) 우주가 팽창을 하므로 우주의 크기도 변한다.

우리 주위에서도 생물 종의 종류, 세계 인구, 국력 등도 계속 바뀐다.

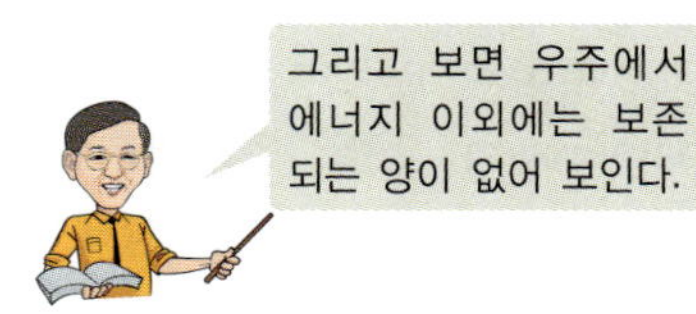

이제는 에너지 보존의 의미를 살펴보자. 전통적으로 쌀밥과 고깃국은 우리 민족의 식단에서 중요한 자리를 차지한다. 쌀은 벼라는 식물로부터 얻은 곡식이고, 고기를 제공한 소도 풀이나 콩 같은 식물을 먹는다. 그러므로 사람을 포함한 모든 동물은 결국 식물로부터 에너지를 얻는 셈이다. 모든 식물은 엽록소를 이용해서 태양 에너지를 받아들여 뿌리에서 빨아들인 물을 분해해서 수소와 산소를 얻고, 이 수소를 가지고 공기로부터 흡수한 이산화탄소를 환원시켜 탄수화물을 만든다. 그래서 꽃 색깔은 다양하지만 모든 식물의 잎은 똑같이 녹색인 것이다.

그렇다면 태양 에너지는 어디에서 오는 것일까? 46억 년 전에 우주 공간을 떠돌던 수소와 헬륨, 그리고 약간의 다른 무거운 원소들이 중력으로 모여들어 태양이 된 후 지금까지 46억 년 동안 태양은 수소의 핵융합 반응을 통해 빛과 열을 내고 있고, 앞으로도 50억 년 정도 더 융합할 수소가 남아 있다고 한다. 핵융합 반응이 에너지를 내는 것은 유명한 아인슈타인의 $E = mc^2$ 식에 따라 수소 질량의 일부가 에너지로 바뀌기 때문이다. 그런데 그 수소는 137억 년 전 빅뱅 우주에서 생겼다. 그리고 보면 우리가 먹는 음식의 에너지는 궁극적으로 빅뱅 우주에서 온 것이다. 이처럼 에너지는 형태와 질을 바꾸어 가는데 우주의 에너지 총량은 보존되는 **상수**(**常數**, **constant**)라고 한다. 지금 우리는 이 명제를 하나의 법칙으로 아무 의심 없이 받아들이지만 이 법칙이 성립되는 데는 여러 과학자의 노력이 숨어 있다.

앞에서 이야기한 대로 주울은 일이 열로 전환될 수 있다는 것을 증명하고 열의 일당량을 측정했다면, 톰슨과 클라우지우스는 일과 열은 계가 주위와 에너지를 교환하는 두 가지 다른 방식이라는 점을 깨달았다는 면에서 중요한 기여를 하였다.

어떤 계의 열역학적 상태가 주위와의 일(w)과 열(q)에 의한 에너지 교환에 의해서 바뀌었다면 계의 내부 에너지 변화는 다음과 같다.

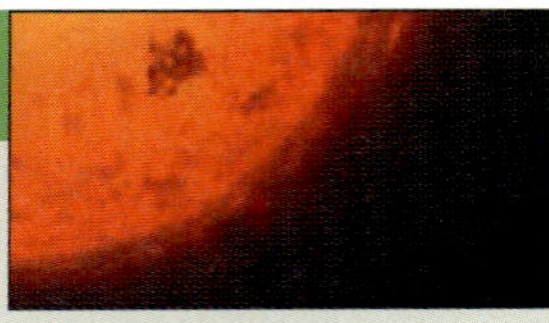

에너지, 에너지 보존

열역학의 1세대는 열이 일의 동력이 될 수 있다는 것을 밝히고 열기관(熱機關, heat engine)을 분석하여 이상적 열기관의 효율 한계를 보여 준 카르노와 그의 동료 클라페이롱이다. 카르노는 파리의 에콜 폴리테크닉을 졸업하고 프랑스 혁명기에 공병 장교로 복무했는데, 그는 1824년에 '불의 동력에 대한 고찰'이라는 논문을 통해 모든 열기관에 적용되는 일반 원리를 밝히려고 하였다. 카르노는 두 온도 사이에서 작동하는 열기관의 효율이 최대인 이상적인 열기관은 매 순간 과정이 가역적(reversible)이어야 한다는 점, 그리고 그러한 이상기관은 등온 팽창(等溫膨脹, isothermal expansion), 단열 팽창(斷熱膨脹, adiabatic expansion), 등온 압축(等溫收縮, isothermal compression), 단열 압축(斷熱收縮, adiabatic compression)의 네 과정을 통해 원래 상태로 돌아오는 소위 카르노 순환(循環, Carnot cycle)인 것을 보여 주었다. 또 그는 기관의 세부적인 설계에는 상관 없이 두 온도 사이에서 작동하는 이상적인 열기관이 할 수 있는 일은 두 온도와 외부에서 가해 주는 열에만 의존한다는 '카르노의 원리'를 밝혔다.

카르노의 논문은 대중을 위해 수식을 최소화하고 서술되었는데, 결과적으로 그의 창의적인 업적은 대중에게도 이해되지 못하고 당시 물리학계로부터도 무시되었다. 그가 1832년에 콜레라를 연구하다가 전염되어 사망하자 그의 연구 결과는 대부분 불 태워져 재로 사라지고 말았다. 다행히 2년 후 카르노의 에콜 폴리테크닉 급우였던 클라페이롱이 미분방정식을 사용하여 수학적으로 표현한 논문을 발표하여 그의 업적을 부활시켰다(우리는 7장에서 온도와 증기압의 관계에 관한 클라우지우스-클라페이롱식을 통해 클라페이롱을 만난 바 있다). 아무튼 카르노는 열을 일로 바꾸는 열기관의 작동 원리를 정량적으로 파악하는 데 중요한 첫 발을 내딛은 과학자로, 열역학을 다룰 때 가장 먼저 언급하고 넘어가야 하는 인물이다.

열역학의 2세대로 에너지 보존에 관해 중요한 기여를 한 첫 번째 사람으로 독일의 의사이자 아마추어 물리학자였던 마이어를 들 수 있다. 그는 1840년에 자바 동부의 항구에서 선원의 정맥에서 나온 피가 놀랍도록 선명한 붉은색인 것을 보고 기온, 체온, 대사(代射, metabolism) 속도를 연관지었다. 피에 들어 있는 헤모글로빈은 원래 선홍색인데, 헤모글로빈의 철이 산화되면 약간 갈색을 띠게 된다. 마이어는 몸에서는 음식을 산화시켜 나오는 열로 체온을 유지하는데 더운 지역에서는 대사가 느려지고 철의 산화도 덜 일어나는 것이라고 추론했다. 산화라는 화학적 효과와 열적 효과를 연결시킨 것인데, 그는 이런 관계는 여러 다양하고 일반적인 '힘'들 사이의 관계의 한 사례라고 생각했다. 마이어는 에너지 보존 법칙의 첫 단추를 꿴 셈이다.

마이어는 1842년에 열에 의해 팽창하는 기체가 하는 일을 계산하였다. 곧 주울이 실험적으로 측정할 '열의 일당량'을 미리 계산한 것이다. 마이어는 또 압력을 일정하게 유지하면서 기체의 온도를 올리는 경우에 부피를 유지하면서 온도를 올리는 경우보다 많은 열이 필요하다는 관찰 결과를 전자의 경우 추가적인 일을 하기 때문이라고 설명하여 열과 일의 관계를 다시 보여 주었다. 마이어는 '화학이 물질에 하는 일을 물리학은 힘에 대해 한다'고 말했는데 간단한 관찰 사실로부터 사변을 통해 거대한 결론을 이끌어내는 독일인다운 자세를 엿볼 수 있다. 마이어의 업적은 그의 생전에는 인정을 받지 못했고, 그는 자살을 시도했으나 실패했다. 후일 클라우지우스는 마이어가 에너지 개념과 에너지 보존 법칙을 처음 이해한 사람이라고 인정했다. 그러나 마이어도 주울도 에너지라는 단어를 사용하지는 않았고, 당시에는 힘이라는 표현이 통용되었다.

성질이 다른 여러 힘들 사이의 정량적인 관계를 밝힌 주울도 마이어와 마찬가지로 아마추어 물리학자였다. 그는 16세부터 3년 간 돌턴에게서 수학과 과학을 배우고 나서는 대학 교육을 받는 대신 맨체스터에서 가족이 운영하는 양조장 일을 하면서 경제적 여유 속에 취미삼아 새벽

$$\Delta U = q + w$$

이 식에서 내부 에너지는 상태 함수이므로 열역학적 과정의 경로에 상관없이 초기와 최종 상태 에너지의 차로서 내부 에너지 변화가 정의된다. 반면에 일과 열은 각각 경

과 늦은 밤에 역사에 남을 실험들을 했다. 주울은 흔히 일과 열의 동등성을 보여 준 과학자로 기억되지만, 사실은 화학적, 열적, 전기적, 그리고 역학적 효과등 여러 효과들이 서로 변환되는 것을 상세히 연구하였다. 전류에 의한 열이 I^2R로 주어지는 것도 알아냈고, 전선 코일을 강한 자기장에서 회전시켜 얻은 전류의 가열 효과는 볼타 전지의 가열 효과와 같이 I^2R로 나타나는 것을 통해 역학적, 화학적, 전기적, 그리고 열적 효과의 관계를 보여 주었다. 주울은 운동이 소멸되지는 않는다고 보았고, 물체의 운동이 열로 바뀌었다면 열은 물질의 구성 입자들이 무작위로 운동하는 것이라 생각했는데, 이것은 현대적인 열의 이해와 잘 맞는 것이다. 마이어와 마찬가지로 주울도 에너지, 에너지 보존의 개념에 도달하지는 못했지만 무엇인가 변환되고 보존된다는 점은 확실히 해서 에너지 보존 법칙이 확립되는 데 핵심적으로 기여하였다.

독일의 헬름홀츠는 마이어와 마찬가지로 의사로 출발하여 19세기 후반에 세계에서 가장 유명한 물리학자 중 하나가 된 사람이다. 그는 베를린에서 의학을 공부한 후 생리학에서 생명력이라는 형이상학을 제거하고 생리학(生理學, physiology)을 생물리학(生物理學, biophysics), 생화학(生化學, biochemistry)으로 바꾸어 놓는 데 힘을 쏟았다. 그는 의학 장학금을 받은 대가로 8년 간 군의관으로 복무하면서 새벽 5시에 기상나팔 소리에 깨어 혼자 근육 운동, 신경 전달, 대사 등을 연구하였다. 1847년 26세 나이에 그는 독립적인 연구를 통해 '힘의 보존에 관하여'라는 제목의 논문을 발표하였다. 무엇인가의 '보존'의 중요성이 표면으로 드러난 것이다. 그는 힘을 '효과를 일으키는 능력'이라고 정의했는데, 요즘 에너지를 일을 할 수 있는 능력이라고 정의하는 것과 동일하다. 그러나 헬름홀츠의 힘은 현대적인 의미에서의 에너지와 뉴턴의 힘이 뒤섞인 혼란스러운 개념이었다. 하이델베르크대학 생리학 교수로 오래 재직한 그는 50세에 베를린대학 물리학 교수로 발탁되어 헤르츠, 볼츠만, 빈, 마이켈슨, 플랑크 등 제자를 키워냈다. 시각, 청각, 지각을 물리적으로 연구하는 등 평생 통일적 원리를 추구한 그는 물리화학이라는 본격적인 학제 간 연구도 출범시켰다.

에너지 보존 법칙에서 보존되는 에너지인 계의 내부 에너지를 일과 열의 합으로 정확히 이해한 것은 거의 모든 과학과 기술 분야에서 대단한 독창성을 발휘한 영국의 톰슨이었다. 그는 후에 켈빈 경(Lord Kelvin)이 되어 켈빈으로 더 잘 알려졌다. 절대 온도의 단위는 그의 이름을 딴 것이다. 그는 엄청난 노력과 집중력으로 평생 661편의 논문을 쓰고 69건의 발명 특허를 받았다. 톰슨은 1849년 논문에서 파괴되지 않는 그 무엇에 대해 에너지(energy)라는 말을 처음 사용했는데, 그때는 열을 에너지에 포함시키지 않았다. 드디어 1851년에 톰슨은 에너지는 온도와 부피에 의해 결정되는, 따라서 열의 효과를 포함하는 계의 고유한 상태 함수라는 것을 밝혔다. 온도를 올리면 분자들의 운동 에너지가 증가하고, 부피를 늘리는 것은 분자들 사이의 인력을 극복하고 에너지를 증가시키는 것이 된다. 그러므로 계의 에너지는 주위와의 상호작용을 통해 일과 열을 주고받음으로만 변화되는 것이다. 톰슨은 계의 에너지를 고유 에너지(intrinsic energy)라고 불렀는데, 요즘은 헬름홀츠를 따라 내부 에너지(internal energy)라는 말을 사용한다.

독일의 클라우지우스는 1850년에 열역학 제1법칙의 수학적 표현이라고 볼 수 있는 유명한 식, $dU = dq - PdV$를 유도했다. 클라우지우스는 1865년까지 에너지라는 말을 사용하지 않았지만 지금 보면 그의 식은 외부로부터 받은 열(dq)이 외부에 대해 일(PdV)을 하고 그 차이는 내부 에너지를 변화시키는 데 사용된다는 의미로 해석할 수 있다. 물론 우주 전체로 보면 외부가 없으므로 dq, dV 모두 영이고 따라서 dU도 0이 된다. 즉, 클라우지우스가 지적한 대로 고립계인 우주 전체의 에너지는 보존이 되어야 하고, 그 보존되는 값은 어떤 상수여야 한다. 클라우지우스는 1850년에 에너지 보존 법칙을 수학적으로 유도한 셈이다.

이렇게 해서 마이어, 주울, 헬름홀츠, 톰슨, 클라우지우스 등과 같은 여러 과학자들의 노력의 결과로 우리는 열역학 제1법칙으로 알려진 에너지 보존 법칙을 가지게 되었다.

로에 따라 다른 값을 가질 수 있다. 하지만 두 양의 합은 경로에 상관 없는 결과를 나타내게 된다. 주위의 에너지 변화는 일과 열량의 변화가 계의 경우와 크기는 같으면서 부호가 반대가 된다.

$$\Delta U_{surr} = q_{surr} + w_{surr} = -q_{sys} - w_{sys} = -\Delta U_{sys}$$

전체 우주의 에너지 변화는 계와 주위의 에너지 변화의 합으로 영이다.

$$\Delta U_{univ} = \Delta U_{sys} + \Delta U_{surr} = 0$$

고립계인 우주에는 외부가 없으므로 외부와 교환하는 일과 열이 모두 영이고, 따라서 내부 에너지는 상수라고 보아도 된다.

에너지 보존 법칙에 대해 몇 가지 더 짚고 넘어가자.

첫째, 클라우지우스는 열역학 제1법칙을 '우주의 에너지는 상수이다' 라고 표현하였다. 우리는 우주의 에너지가 상수인 것은 알지만 그 상수가 정확히 무엇인지는 모른다. 암흑 물질, 암흑 에너지 등 새로운 에너지가 발견되는데, 우주를 채우고 있는 그러한 에너지의 총량을 측정하는 것은 어렵기 때문이다. 플랑크 상수, 리드베리 상수, 광속 등과 같은 자연의 중요한 상수들이 상당히 정확히 알려졌는데, 막상 우주 전체의 에너지는 상당한 불확실성을 가지고 있다.

둘째, 내부 에너지의 정의에는 열과 일만 필요하다. 열역학 제1법칙의 논의에는 엔트로피는 물론 엔탈피도 필요하지 않다. 핵분열이나 핵융합에서 질량이 에너지로 변환될 때도 나오는 에너지도 열과 일로 구분할 수 있다.

셋째, 내부 에너지에 변화를 가져오는 모든 일(w)은 압력 × 부피 변화(PdV)의 형태를 가진다.

우리는 압력과 부피는 흔히 기체와 관련해서 다루기 때문에 PdV를 보면 기체를 연상하지만 액체, 고체, 심지어 플라스마에서도 외부 압력과 부피를 생각할 수 있다. 모든 일은 힘 × 거리의 차원을 가지기 때문에 모든 3차원적인 계에서 일은 압력 × 부피 변화로 나타낼 수 있는 것이다. 이때 압력을 나타내는 힘은 중력일 수도 있고 전자기적인 힘일 수도 있다. 따라서 클라우지우스 방정식이라고도 부르는 아래 식은 기체에만 적용되는 특수한 식이 아니라 우주 전체를 포함해서 어느 계에나 적용되는 일반적인 식이다.

$$dU = dq - PdV$$

여기서 P는 외부로부터 계에 가해지는 압력이다. 외부 압력에 의해 부피가 감소하면(dV가 마이너스) 계의 내부 에너지는 증가한다. 외부 압력이 0이면 계의 부피의 증가 · 감소에 관계 없이 일은 0이다. 우주가 팽창하면 고립계인 우주의 dV는 플러스지만 외부 압력이 0이기 때문에(외부가 없기 때문에) 우주의 에너지는 여전히 보존된다.

넷째, 에너지 보존 법칙 자체는 어떤 과정이 자발적으로 일어날지 여부에 대해 아무 말도 하지 않는다. 자발적 또는 비자발적이든지 모든 과정에서 에너지는 보존되기 때문이다. 열역학 제1법칙이 다음에서 다룰 열역학 제2법칙과 조합되면 비로소 화학 반응을 포함하여 모든 과정의 자발성을 판정할 기준이 생긴다. 그때 엔트로피 개념이 중요하다. 그 기준을 실제로 적용하는 데 열역학 제3법칙이 필요해지고, 엔탈피가 중요한 양이 된다.

아주 작은 변화량에 대해서는 dq, dV처럼 미분 기호를 사용하고, 어떤 과정에 대해서 측정할 수 있는 변화는 ΔT, ΔV 식으로 적는다.

8-3 엔트로피

8-3-1 카르노 순환 과정과 열기관의 효율

열역학 제1법칙이 자리잡는 데 일과 열의 대등성이 중요하였다면 열역학 제2법칙이 자리잡는 데는 열역학 과정의 가역성, 비가역성의 고려가 중요하게 작용했다. 그런 의미에서 일단 이상 기체를 가지고 가역 과정과 비가역 과정의 의미를 알아보자.

내부 에너지는 온도에 의존하는 상태 함수이다. 따라서 계를 온도가 일정한 등온조(等溫漕, constant temperature bath)에 넣어 온도를 일정하게 유지하면서 (등온 과정, isothermal process) 이상 기체를 압축하거나 팽창하면 내부 에너지 변화는 0이다. 그러나 일이나 열량은 경로에 따라 달라질 수 있다. 등온 과정에서 이상 기체의 부피 변화에 따른 일을 계산해 보자.

등온 가역 과정에서는 $\Delta U = q_{\text{rev}} + w_{\text{rev}} = 0$이므로 $w_{\text{rev}} = -q_{\text{rev}}$이다. 계가 일을 받는데 ($w$가 플러스) 온도가 올라가지 않으면 그 일 에너지가 열로 빠져나간다 (q가 마이너스). 계가 열을 받는데 (q가 플러스) 온도가 올라가지 않으면 그 열 에너지가 외부에 대하여 일을 한다 (w가 마이너스). 분자들이 열을 받으면 운동 에너지가 높아져서 온도가 올라가게 되는데, 온도가 변하지 않으면 대신 벽에 압력을 가하면서 팽창하는 것이다 (w가 플러스). 등온에서 외부에 대하여 일을 하려면, 즉 팽창하려면 열이 필요하다고 할 수 있다. 분자들 사이에는 인력이 작용하는데 (7장) 팽창은 분자들을 떼어 놓는 것이므로 에너지가 필요한 것이다. 아무튼 마치 나라에서 영토의 넓이가 부의 척도가 될 수 있듯이 시스템이 어떤 부피를 차지하고 있다는 것 자체가 에너지를 가지는 것이다.

가역 과정에서 계가 하는 일은 다음과 같이 구할 수 있다. 적분을 하는 것은 압력이 평형을 이루면서 미세하게 변하는 가역 과정에서 매 순간의 압력을 적용한다는 뜻이다.

$$-q_{\text{rev}} = w_{\text{rev}} = -\int_{V_i}^{V_f} p\,dV = -nRT\int_{V_i}^{V_f} \frac{1}{V}dV = -nRT\ln\left(\frac{V_f}{V_i}\right)$$

등온 팽창의 경우에는 $V_f > V_i$이므로 $w_{\text{rev}} < 0$으로 외부에 대하여 일을 하는 것이고, $q_{\text{rev}} > 0$이므로 외부에서 열을 얻는 것이다. 등온 수축의 경우에는 $w_{\text{rev}} > 0$, $q_{\text{rev}} < 0$으로 그와 반대이다.

이제 비교를 위하여 비가역적으로 부피를 변화시키는 경우를 생각해 보자. 비가역 과정에서는 최종 압력 (P_f) 하에서 부피 변화가 일어나므로 다음과 같은 결과를 얻는다.

$$-q_{\text{irrev}} = w_{\text{irrev}} = -p_f\Delta V = -\frac{nRT}{V_f}(V_f - V_i) = -nRT\left(1 - \frac{V_i}{V_f}\right)$$

예제 8.20

일정한 온도에서 부피를 두 배로 팽창 ($V_f = 2V_i$), 또는 수축 ($2V_f = V_i$) 하는 경우에 일과 열을 가역 과정과 비가역 과정에 대해서 각각 계산하여라. 계산의 편의를 위해 $P_iV_i = P_fV_f = nRT = 1$인 조건을 가정한다.

풀이 등온 수축

가 역 : $w_{\text{rev}} = -nRT\ln\left(\frac{1}{2}\right) = +0.693$

비가역 : $w_{irrev} = -nRT(1-2) = +1.0$

등온 팽창

가 역 : $w_{rev} = -nRT\ln\left(\frac{2}{1}\right) = -0.693$

비가역 : $w_{irrev} = -nRT\left(1-\frac{1}{2}\right) = -0.5$

열은 일에 부호만 바꾸면 된다. 결과를 요약하면

	등온 수축	등온 팽창
w_{rev}	+0.693	−0.693
w_{irrev}	+1.0	−0.5
q_{rev}	−0.693	+0.693
q_{irrev}	−1.0	+0.5

$w_{rev} < w_{irrev}$, $q_{rev} > q_{irrev}$이 항상 성립하는 것을 알 수 있다.

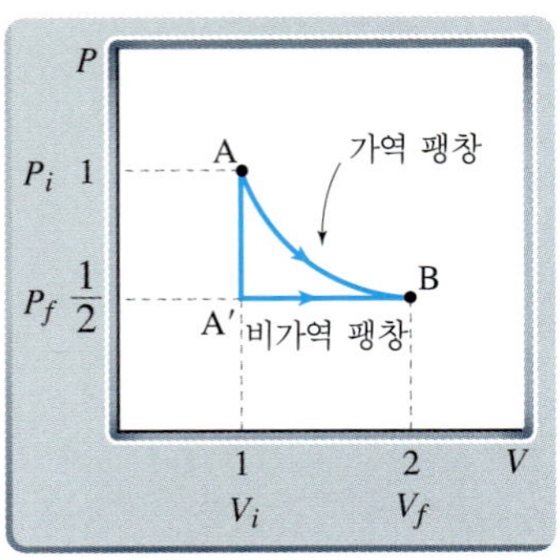

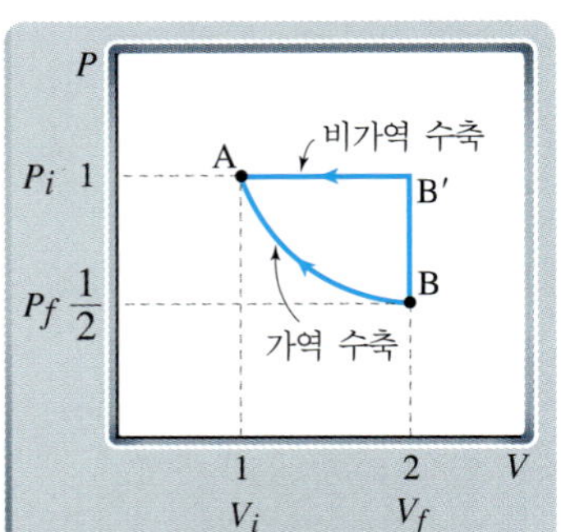

그림 8.3 가역 과정과 비가역 과정, 가역 팽창은 최대의 일을 하고, 가역 수축은 최소의 일을 필요로 한다.

가역 과정과 비가역 과정의 차이를 그림 8.3을 통해 직관적으로 이해해 보자. 팽창 과정에서 계가 하는 일은 각 과정에 해당하는 선 아래의 면적에 해당한다(P를 V에 대해 적분). 등온 과정의 경우 가역 팽창은 $PV = nRT =$ 상수로 정의되는 곡선을 따라 일어나고(AB), 이때 한 일은 확실히 초기와 최종 외부 압력이 같은 비가역 팽창(A′B) 경우보다 많다. 압축의 경우에는 비가역 수축(B′A)의 경우에 계가 가역 수축(BA)보다 외부로부터 일을 많이 받는다.

18세기 말에 석탄을 태워 물을 끓이고 수증기로 열기관을 작동해서 일을 얻는 상황을 생각해 보자. 당시 국가의 경쟁력을 좌우하는 가장 큰 문제는 어떻게 하면 주어진 열로부터 최대한 많은 일을 얻어낼 수 있을까 하는 것이었다. 그런데 자동차 엔진을 생각해 보면 알 수 있듯이 모든 열기관은 어떤 과정을 거쳐 처음 상태로 돌아와서 같은 과정을 반복해야 한다. 그래야 차가 계속 굴러갈 수 있는 것이다. 그래서 그림 8.3의 P–V 도표상에 있는 점 A에서 출발해서 제 자리로 돌아오는 것과 같은 순환과정(循環過程, cycle)이 필요하다. 이 순간에 지구상의 모든 기관차, 자동차, 항공기, 선박 등에서 얼마나 많은 순환과정이 일어나고 있는지 생각해 보자. 심장의 박동도 순환과정이다. 19세기 초에 나폴레옹 군대의 공병 장교였던 카르노는 어떻게 하면 순환과정에서 열기관의 효율을 최대화할 수 있을까 생각하였다. 이 **카르노 순환과정(Carnot cycle)**에서 열역학 제2법칙이 출발한 것이다.

이 순환과정은 외부에 대해 일을 하는 것이 목적이므로 팽창할 때는 비가역 팽창보다 일을 많이 하는 가역 팽창이 유리하다. 팽창 후 제자리로 돌아오는 수축에서는 외부로부터 일을 적게 받아야 팽창에서 한 일을 작게 소모하게 되므로 가역 수축이 유리하다. 그런데 가역 팽창 후 점 B에서 곧바로 가역 수축을 하면 제자리 A로 돌아오기는 하지만 두 곡선이 겹치기 때문에 외부에 대해 한 일이 0이다.

카르노는 등온 팽창 다음에 B에서 C로의 단열 팽창을 추가했다. 등온 팽창에서는 일정한 온도를 유지하기 위해서 외부에서 열이 들어와야 하는데, 단열 팽창에서는 외부와의 열교환이 차단된 채로 팽창이 일어난다. 단열 팽창의 예로는 **주울-톰슨 효과(Joule-Thomson effect)**가 있다. 입을 막은 채로 숨을 크게 내쉬면 입 안 공기의 압력이 높아져서 볼이 팽팽해진다. 입을 서서히 열어 공기를 내보내면서 손을 대면 체온이 느껴진다. 그런데 입을 갑자기 열면서 숨을 내쉬면 손이 시원하게 느껴진다. 공기가 갑자기 빠져나가면 주위와 열을 교환할 시간이 없어서 단열과 가까운 상황이 된다. 물론 공기는 넓은 공간으로 팽창한다. 이러한 단열 팽창에서는 주위의 열이 계로 들어가서 주위의 온도가 내려간다. 계로 들어간 열은 일로 바뀐다. 서로 인력이 작용하는 공기 분자들이 먼 거리로 떨어지려면 일이 필요하기 때문이다. 여기서도 에너지 보존이 성립하는 것을 볼 수 있다. 단열 팽창을 에너지 보존 법칙에 크게 기여한 주울과 톰슨의 이름을 따서 주울–톰슨 효과라 부르는 것은 아주 적절하다. 실제로 실험가인 주울과 이론가인 톰슨은 많은 공동 연구를 했다고 한다.

단열 팽창의 결과 C가 B보다 온도가 낮다는 것은 C를 지나는 $PV = nRT =$ 상수 곡선이 AB 곡선보다 아래에 있다는 뜻이다. A로 돌아가기 위해 C에서 D까지 등온 수축을 하고 D에서 A까지 단열 수축을 하면 순환과정이 완결된다. CD의 등온 수축에서는 외부에서 일을 받아 수축을 하는데, 온도는 일정하게 유지되므로 온도가 올라가는 대신 열이 밖으로 빠져나간다. DA의 단열 수축에서는 열이 빠져나가지 못하고 A의 상태까지 온도가 올라간다. 결국 높은 온도 T_h (hot) 에서 열을 받고 낮은 온도 T_c (cold) 에서 열을 내보내면서 그 과정에서 일을 하는 것이다. T_h와 T_c는 AB와 CD 곡선에 해당하는 높은 온도와 낮은 온도이다. 카르노 기관이 한 순수한 일은 ABCD 내부의 면적이 된다.

카르노는 이처럼 가역적인 등온 팽창–단열 팽창–등온 수축–단열 수축으로 구성되는 순환과정이 열기관의 효율(效率, efficiency), 즉 열기관이 한 일을 외부에서 공급된 열로 나눈 값이 가장 높은 이상적 열기관인 것을 보였다. 카르노 순환과정보다 효율이 높은 어떤 다른 순환과정을 설계할 수 있는지 고려해 보는 것도 흥미있을 것이다.

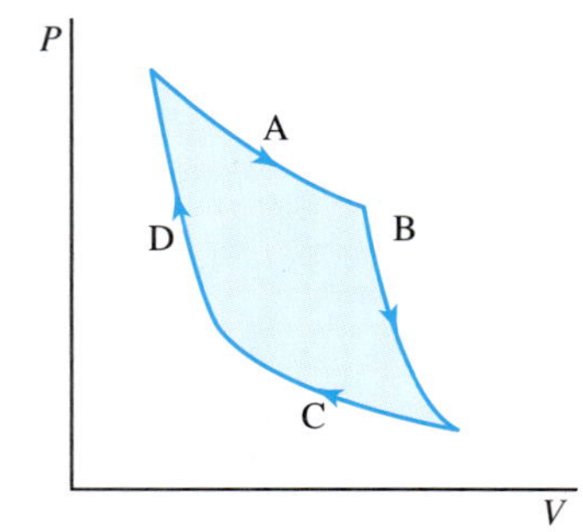

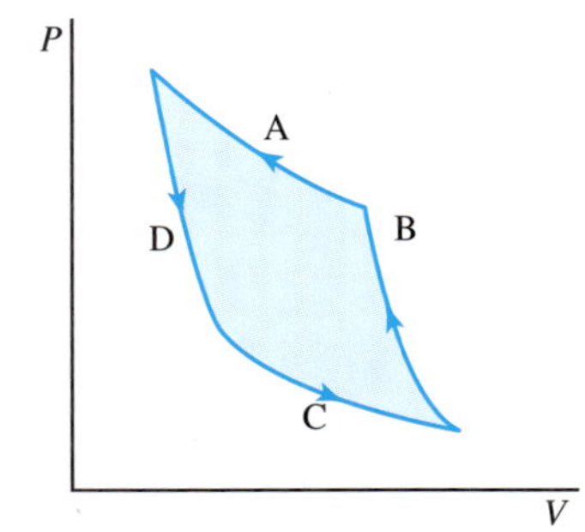

그림 8.4 카르노 순환과정.(위)과 그의 역과정인 냉각 과정(아래).

예제 8.21

단열 팽창–등온 팽창–단열 수축–등온 수축 식으로 순서를 바꾸면 어떤 과정이 되는가?

풀이 단열 팽창에 의하여 온도가 내려가고 그 낮은 온도에서 열을 받아 등온 팽창을 한다. 그 다음 단열 수축에 의해 온도가 올라가고 높은 온도에서 등온 수축하면서 열을 외부로 내보낸다. 결과적으로 낮은 온도는 온도가 더 낮아지고, 높은 온도는 더 높아진다. 즉, 이것은 열기관이 아니라 냉각 기관이다. 이 냉각 기관에서는 카르노 순환과정에서 한 일인 ABCD 내부 면적에 해당하는 일을 외부에서 해 주어야 한다. 냉장고에 모터가 필요한 이유이다.

8-3-2 열역학 제2법칙과 엔트로피 증가

카르노 순환과정의 분석은 엔트로피 증가에 관한 **열역학 제2법칙**(**熱力學第二法則, The Second Law of Thermodynamics**)으로 이어졌다. 카르노는 열기관의 효율은 열기관의 설계 등 세부 사항에 상관없이 항상 아래와 같이 주어지는 것을 보였다.

$$\text{열기관의 효율} = \frac{T_h - T_c}{T_h} = 1 - \frac{T_c}{T_h}$$

이 카르노의 분석은 대단히 중요한 의미를 지닌다. T_c가 0이 아닌 한 이상적 열기관의 효율은 항상 1보다 작고 그렇다면 열을 100% 일로 바꿀 수 없다는 뜻이다. 열역학 제1법칙에서는 에너지는 보존된다고 했는데, 열과 일이 대등하다면 열을 모두 일로 바꿀 수 있어야 하는 것이 아닌가? 그런데 카르노 순환과정의 효율이 1보다 낮은 이유는 상태 C의 낮은 온도 T_c에서 원 상태 A의 높은 온도로 돌아가려면 외부에서 일을 받아서 수축하면서 열의 일부를 외부로 배출(排出, discharge)해야 하기 때문이다.

이것은 우리의 경험과 잘 맞는다. 외부에서 일을 가하지 않는 한 열은 예외 없이 높은 온도에서 낮은 온도로 흐른다. 만일 반대의 일이 일어난다면 어떤 물체의 한쪽 부분은 차가와지고 반대 부분은 뜨거워져서 세상은 살기에 아주 불편해질 것이다.

클라우지우스는, 열의 변환에는 **전달 변환**(**傳達變換**, *transmission transformation*)과 **전환 변환**(**轉換變換**, *conversion transformation*)의 두 가지가 있는데, 둘 다 자연스러운 방향과 부자연스러운 방향이 있다고 보았다. 고온에서 저온으로 전달되는 것은 자연스럽지만 그 반대 방향은 부자연스럽다. 또 마찰에서 볼 수 있듯이 일이 열로 전환되는 것은 자연스럽지만 열을 일로 전환시키려면 열기관 같은 장치가 필요하다. 켈빈과 클라우지우스는 이러한 경험적 사실과 카르노 순환과정의 분석을 통하여 다음과 같이 열역학 제2법칙을 서술하였다.

- **켈빈 : 다른 효과를 나타내지 않고 열원(heat reservoir)으로부터 뽑아낸 열을 모두 일로 바꿀 수 있는 장치는 불가능하다.**
- **클라우지우스 : 일을 소모하지 않고 낮은 온도에서 높은 온도로 열을 전달할 수 있는 장치는 불가능하다.**

제1법칙이 우주의 에너지는 보존된다는 큰 테두리를 정해 준다면 제2법칙은 '그런데' 하고 토를 다는 격이다.

클라우지우스는 취리히의 스위스공과대학 교수로 있던 1865년에 엔트로피를 정의하면서 이유를 밝히지 않은 채 S라는 기호를 부여하고 엔트로피(entropy)라는 이름을 붙였다. 변환을 의미하는 그리스어 'tropein'에 en-과 -y를 붙여서 en-trop-y와 짝이 맞도록 한 것이다. en-은 내용이라는 의미이므로 entropy는 변환되는 내용(transformation content)이라는 뜻이다.

켈빈은 배출된 열을 받아들이는 열 싱크(heat sink)의 중요성을 인식했고, 클라우지우스는 열이 자연스럽게 흐르는 방향을 강조한 셈인데 두 사람의 서술은 결국 같은 것을 의미한다. 열역학 제1법칙의 유도에서 키워드는 열과 일이었는데 ($\Delta U = q + w$), 열과 일은 제2법칙에서도 키워드이다. 위의 두 열역학 제2법칙의 서술에는 엔트로피라든가 무질서도, 확률 등의 언급이 없는 점에 주목하자.

클라우지우스가 제시한 $\mathrm{d}U = \mathrm{d}q - P\mathrm{d}V$가 제1법칙을 대변하는 식이라면 제2법칙을 대변하는 식은 무엇일까? 클라우지우스는 카르노 기관을 자세히 분석하고 복잡한 수학적 논증을 거쳐서 열을 온도로 나눈 q/T는 새로운 상태 함수인 것을 보여 주었다.

온도 T에서 일어나는 미소한 변화에서 출입하는 열이 $\mathrm{d}q$라면 엔트로피 변화는

$$\mathrm{d}S = \frac{\mathrm{d}q}{T}$$

로 주어질 것이다. 그런데 상태 함수는 열역학적 과정에는 무관하므로 온도 T에서 열 전달이 일어나는 경우의 엔트로피 변화를 계산하려면 가역 과정을 따라서 $\frac{\mathrm{d}q}{T}$를 적분하면 된다. 즉, 다음과 같다.

$$\Delta S \equiv \int_i^f \frac{dq_{\mathrm{rev}}}{T}$$

등온 과정에서는 엔트로피 변화를 다음과 같이 쓸 수 있다.

$$\Delta S = \frac{q_{\mathrm{rev}}}{T}$$

그런데 위에서 보았듯이 비가역 과정의 열량의 변화가 가역 과정의 열량의 변화보다 작고 ($q_{\mathrm{irrev}} < q_{\mathrm{rev}}$) 다음과 같은 관계가 성립한다.

$$T\Delta S = q_{\mathrm{rev}} > q_{\mathrm{irrev}}$$

따라서 임의의 열역학적 과정의 엔트로피와 열의 관계는 다음과 같이 쓸 수 있다.

$$\Delta S \geq \frac{q}{T}$$

클라우지우스 부등식(不等式, **Clausius inequality**)이라고 부르는 이 식은 열역학 제2법칙을 대표하는 식이라 할 수 있다. 가역 과정에서는 등호가 적용되고, 어떤 비가역 과정을 통해 나타나는 두 상태 사이의 엔트로피 변화는 그 비가역 과정에서 출입하는 열을 온도로 나눈 값보다 크다. 즉, 클라우지우스 부등식은 모든 과정을 포괄하는 일반적인 관계식이다.

고립계의 경우에는 열교환이 없으므로 ($q = 0$) 엔트로피 변화량은 항상 0이거나 0보다 커야 한다. 우주는 대표적인 고립계(孤立界, isolated system)이며, 우주의 엔트로피 변화는 계와 주위의 엔트로피 변화의 합이므로, 제2법칙은 다음과 같이 쓸 수 있다.

$$\Delta S_{\text{univ}} = \Delta S_{\text{sys}} + \Delta S_{\text{surr}} \geq 0$$

엔트로피 변화가 0인 경우는 평형 상태이며, 우주의 엔트로피가 줄어드는 일은 있을 수 없다. 우주는 평형 상태가 아니므로 우주 전체의 엔트로피는 항상 증가한다. 그래서 열역학 제2법칙은 다음과 같이 서술하기도 한다.

"모든 자발적 과정에서 우주의 엔트로피는 증가한다."

상태 함수로의 엔트로피가 정의되고 나면 카르노가 알아냈던 열기관의 효율을 쉽게 유도할 수 있다. 열기관이 높은 온도(T_h)의 열원에서 열(q_h)을 빼내서 일(w)로 변환시킨 후 남은 열(q_c)을 낮은 온도(T_c)의 열원에 전달하고 가역적 순환과정을 통하여 원래 상태로 돌아갔다면 엔트로피 변화는 다음과 같은 관계를 만족한다.

$$0 = \Delta S_{\text{total}} = \Delta S_h + \Delta S_c = \frac{-q_h}{T_h} + \frac{q_c}{T_c} \Rightarrow \frac{q_c}{q_h} = \frac{T_c}{T_h}$$

열기관의 효율은 흡수한 열을 얼마나 일로 변환시켰느냐를 말하는 것이다. 위의 식을 이용하면 효율은 다음과 같이 정해진다.

$$\varepsilon \equiv \frac{w}{q_h} = \frac{q_h - q_c}{q_h} = 1 - \frac{q_c}{q_h} = 1 - \frac{T_c}{T_h} < 1 \qquad (T_h > T_c\text{인 경우})$$

예제 8.22

(1) 600 K의 물체에서 300 kJ의 열이 300 K의 물체로 흘러갔다면 600 K의 물체와 300 K의 물체의 엔트로피 변화는 각각 얼마인가? 또 전체적으로 엔트로피 변화는 얼마인가?

(2) 600 K의 물체에서 300 kJ의 열이 빠져 나가서 150 kJ은 300 K의 물체로 흘러가고 나머지 150 kJ은 일로 바뀌었다고 하자. 이 경우에 600 K의 물체와 300 K의 물체의 엔트로피 변화는 각각 얼마인가? 또 전체적으로 엔트로피 변화는 얼마인가? 열효율은 얼마인가?

(3) 어떤 발명가가 150 kJ보다 20% 많은 180 kJ을 일로 바꾸는 열기관을 발명했다고 주장한다면 그 타당성을 어떻게 판단할 수 있을까?

풀이 (1) 600 K의 물체 : $\Delta S = \dfrac{-300\ \text{kJ}}{600\ \text{K}} = -500\ \text{J/K}$

300 K의 물체 : $\Delta S = \dfrac{+300\ \text{kJ}}{300\ \text{K}} = +1000\ \text{J/K}$

전체 : $\Delta S = \left(\dfrac{-500\ \text{J}}{\text{K}}\right) + \left(\dfrac{+1000\ \text{J}}{\text{K}}\right) = +500\ \text{J/K}$ (엔트로피 증가)

(2) 600 K의 물체 : $\Delta S = \dfrac{-300\ \text{kJ}}{600\ \text{K}} = -500\ \text{J/K}$

300 K의 물체 : $\Delta S = \dfrac{+150\ \text{kJ}}{300\ \text{K}} = +500\ \text{J/K}$

전체 : $\Delta S = (-500\ \text{J/K}) + (+500\ \text{J/K}) = 0$ (엔트로피 변화 없음)

열효율 $= 1 - \dfrac{T_c}{T_h} = 1 - \dfrac{300}{600} = 0.5$

(3) 300 K의 물체는 120 kJ의 열을 받는다.

$\Delta S = \dfrac{+120\ \text{kJ}}{300\ \text{K}} = +400\ \text{J/K}$

전체 : $\Delta S = (-500\ \text{J/K}) + (+400\ \text{J/K}) = -100\ \text{J/K}$ (엔트로피 감소)

가상적 열효율 $= \dfrac{180\ \text{kJ}}{300\ \text{kJ}} = 0.6$

전체의 엔트로피가 감소하는 것으로 보아 알 수 있듯이 이렇게 엔트로피 변화가 0인 이상적 열기관의 열효율 0.5를 초과하는 열기관은 불가능하다.

8-3-3 확률과 엔트로피

이제는 엔트로피의 확률적 해석에 대해 생각해 보자. 우리 주변에는 자발적으로 일어나는 많은 현상들이 있다. 기체가 담긴 용기를 비어 있는 용기와 연결시키면 기체는 전체로 퍼져 나가고, 물에 잉크 방울을 떨어뜨리면 얼마 후에는 잉크가 물 전체로 퍼진다. 열은 언제나 온도가 높은 쪽에서 낮은 쪽으로 전달된다. 자발적인 과정은 외부에서 간섭하지 않는 한 변화의 방향을 바꿀 수가 없다. 엎질러진 물을 아무런 일도 하지 않고 다시 주워 담을 수는 없는 것이다.

자발적인 반응의 방향을 어떻게 예측할 수 있을까? 기계적인 계에서는 퍼텐셜 에너지가 줄어드는 방향으로 자발적인 변화가 일어나지만 열역학에서는 에너지만으로는 자발적인 과정을 확실하게 서술할 수 없다. 자발적인 과정을 설명하기 위해서는 클라우지우스가 도입한 상태 함수 엔트로피가 필요하다.

자발적 과정
주말에 정리한 방이 수요일이 되면 엉망이 되는 것은 자발적 과정이다.

앞에서 살펴본 자발적인 과정은 어떤 의미에서는 무질서도(無秩序度, randomness) randomness)가 증가하는 것과 연관이 있어 보인다. 일상생활에서 누구나 경험하는 것처럼 잘 정리된 방도 시간이 지남에 따라 자발적으로 어지러워진다. 무질서도를 나타내는 양을 엔트로피와 연결시킬 수 있다. 무질서도는 확률(確率, probability)과 관련이 있다. 한 개의 동전을 던질 때 앞면이 나올 확률은 $\frac{1}{2}$이다. 하지만 동전을 10000번 던져서 매번 앞면이 나올 확률은 매우 적다. 우리는 동전을 10000번 던지면 앞면과 뒷면이 거의 같은 수로 나올 것이라고 예측할 수 있다. 기체가 부피 V인 용기에 담겨 있을 때 평균 부피가 b인 분자 한 개를 집어넣는 방법의 수는 $\left(\frac{V}{b}\right)$에 비례한다. N 개의 분자를 넣는 방법의 수는 $\left(\frac{V}{b}\right)^N$에 비례한다. 이제 부피를 두 배로 늘렸을 때 N 개의 기체 분자가 원래 부피인 V에 남아 있는 경우의 수를 W_1, 두 배로 늘어난 부피 $2V$에 퍼져나갈 경우의 수를 W_2라고 하면 두 양의 크기의 비는 다음과 같이 주어진다.

$$\frac{W_1}{W_2} = \frac{(V/b)^N}{(2V/b)^N} = \left(\frac{1}{2}\right)^N \simeq 0, \quad N \simeq 6 \times 10^{23}$$

1 몰의 기체가 원래 용기에 그대로 남아 있을 확률은 퍼져 나갈 확률에 비하면 거의 0이라고 할 수 있다. 실제로 우주의 나이만큼 기다려도 그런 일은 일어나지 않는다.

볼츠만은 확률과 연관된 무질서도를 표현하는 양으로 엔트로피를 정의하였다. 거시적인 열역학적 상태가 에너지 (U), 부피 (V), 입자수 (N) 로 정의된 계가 가질 수 있는 미시적 상태 (微視的狀態, microstate) 의 수를 W라고 했을 때 엔트로피 (S) 는 다음의 식으로 정의된다.

$$S \equiv k \ln W$$

볼츠만 (Ludwig Bolltzmann 1844–1906). 비엔나 대학에서 슈테판 교수 지도하에 기체분자운동론 연구로 박사학위를 받고 그라츠, 하이델베르크 베를린 비엔나 등 여러 대학에서 연구했다. 깁스와 독립적으로 통계 역학을 발전시켰다.

위의 예에서 기체의 부피가 두 배로 증가할 때의 엔트로피 변화를 계산해 보면 다음과 같다.

$$\Delta S = S_2 - S_1 = k \ln W_2 - k \ln W_1 = k \ln\left(\frac{W_2}{W_1}\right) = Nk \ln 2$$

1 몰의 기체의 팽창의 경우 엔트로피 변화는 $\Delta S = R \ln 2 > 0$으로서 플러스 값을 갖는다. 다시 말해서 자발적인 과정은 엔트로피의 증가와 관련이 있다. 기체인 수소와 산소가 반응하여 액체인 물이 되면 무질서도가 줄어들어 엔트로피의 변화량이 마이너스가 된다.

이처럼 엔트로피를 확률적으로 있을 수 있는 경우의 수가 많은 정도 내지는 무질서도의 척도로 생각하면 카르노 순환과정상 효율의 한계와 열역학 제2법칙이 쉽게 이해된다. 열은 분자들의 운동 에너지의 척도이고 분자들은 퍼져 나가고 뒤섞이는 것이 경우의 수가 많기 때문에 열은 빠져 나가고 온도가 높은 쪽에서 낮은 쪽으로 흐르게 마련이다. 그리고 넓고 확률적으로 선호되는 쪽으로 한번 빠져 나간 열은 자발적으로 되돌아 오지 않는 것이다.

볼츠만은 아보가드로, 패러데이, 플랑크, 허블 등과 함께 상수에 이름이 붙은 몇 안되는 과학자 중의 하나이지만 말년에는 우울증에 시달리다가 자살했다.

열역학 제2법칙에 대해서도 몇 가지 짚고 넘어가자.

첫째, 우리는 흔히 우주의 엔트로피는 항상 증가한다고 말하지만 무한정 증가하는 것은 아니다. 우주의 모든 별들이 생을 마감하고 우주가 열적 평형 상태가 되면 더 이상 엔트로피의 증가는 없게 된다. 클라우지우스는 제2법칙을 '우주의 엔트로피는 최대값을 향한다' 라고 표현했다. 우주의 에너지가 상수인 것은 알지만 그 값이 무엇인지는 모른다고 했듯이 우주의 엔트로피가 수렴하는 최대값이 무엇인지는 모른다. 단지 방향을 알 뿐이다.

둘째, 생명체가 존재한다는 사실과 어지러진 방도 정돈될 수 있는 것처럼 계의 엔트로피는 줄어들 수 있다. 하지만 계의 엔트로피를 줄이기 위한 과정에서 주위에 발생하는 열 때문에 주위의 엔트로피가 더 많이 증가하여 우주 전체의 엔트로피는 항상 증가하게 된다. 그렇다고 해서 방 정리를 할 필요가 없는 것은 아니다. 우리에게 당장 중요한 것은 계의 엔트로피이기 때문이다.

록 콘서트

셋째, 엔트로피의 정의에서 분모에 온도가 들어가는 것은 상당히 의미가 있다. 볼츠만에 의해 엔트로피가 무질서도, 혼돈의 척도로 해석된 것을 상기하자. 일정한 양의 열이 계에 들어오면 분자들의 운동 에너지를 증가시켜서 계의 엔트로피를 증가시킨다. 이때 계의 온도가 높으면 이미 분자들이 높은 운동 에너지를 가지고 있기 때문에 추가적인 열에 의한 엔트로피 증가 효과가 그다지 크지 않다. 그러나 시스템의 온도가 낮으면 분자들의 운동 에너지가 낮기 때문에 같은 양의 열에 대해서 엔트로피 증가 효과가 크게 된다. 록 페스티발에서는 바로 옆의 사람 목소리가 안 들리지만 피아노 독주회에서는 옆 사람과 귓속말을 해도 안되는 것과 마찬가지다.

밴 클라이번의 피아노 독주회

넷째, 요즘은 엔트로피의 정의에서 분모에 절대 온도를 사용하지만 클라우지우스가 엔트로피를 정의할 때는 절대 온도, 절대 영도의 개념이 없었다. 클라우지우스는 엔트로피를 $\frac{q}{t+a}$ 식으로 정의했다. 샤를의 법칙에서 기체 부피를 온도와 관련지을 때 온도를 $t+a$ 식으로 표현한 것과 마찬가지이다. 샤를이 기체 부피가 0이 되는 온도를 −267°C로 추정했으므로 클라우지우스도 식의 a값을 추측은 했을 것이다.

8-4 절대 온도

에너지와 엔트로피에 이어 열역학의 세 번째 핵심 개념은 온도(溫度, temperature)이다. 우리가 열역학의 논의를 시작한 동기는 철기를 만드는 데 필요한 철을 얻기 위해 철광석을 제련하거나 수소를 얻기 위해 물을 분해하는 것 같이 인류 문명의 방향을 바꾸어 놓을 만큼 중요한 반응이 일어날 수 있는 온도를 찾기 위한 것이었다. 그런데 열역학 제1법칙은 방향성에 대해서는 말이 없고, 열역학 제2법칙이 말하는 방향성은 우주 전체의 엔트로피가 증가한다는 것인데, 우리가 우주 전체의 엔트로피 증가를 잴 수도 없는 노릇이고, 따라서 우리가 관심을 가지는 계에 대해서는 별로 정보를 주지 못하는 듯하다.

우주의 엔트로피 증가로부터 계에서 반응의 방향성을 나타내는 **자유 에너지(free energy)** 개념을 이끌어낸 것은 열역학의 3세대인 깁스였다. 그리고 계의 자유 에너지 변화를 구하려는 실제적인 목표 달성을 위해 절대 온도(絶對溫度, absolute temperature) 0도에 관한 열역학 제3법칙을 도입하여 계의 엔트로피 변화를 구할 수 있게 해 준 것은 네른스트(Nernst)였다. 또한 계의 자유 에너지 변화를 구하기 위해 수많은 화학 반응에 관련된 열을 정밀하게 측정해야 했다. 여기에서 엔탈피가 등장한다.

8-4-1 깁스 자유 에너지

지금까지의 논의는 어떤 구체적인 분자를 염두에 두지 않고도 충분히 가능하다. 그래서 열역학은 추상적이고, 손에 잡히지 않고, 이해도 어렵다. 그런데 열역학을 화학에 적용하기 위해서는 구체적인 물질을 도입해야 한다. 아직 유럽이 과학의 중심이었던 1870년대에 미국의 예일대학 교수였던 윌라드 깁스는 클라지우스가 확립한 에너지 보존에 관한 열역학 제1법칙과 엔트로피 증가에 관한 열역학 제2법칙을 결합하여 모든 과정은 어떤 새로운 상태 함수가 감소하는 방향으로 자발적으로 일어난다는 것을 밝혔다. 이 상태 함수는 나중에 **깁스 자유 에너지(Gibbs free energy)**라고 부르게 되었다. 에너지는 일과 열의 합으로, 엔트로피는 미시 상태수의 로그값으로 온도가 나타나지 않게 정할 수 있지만, 깁스 자유 에너지에는 열역학 제3법칙이 다루는 절대 온도가 명시적으로 나타난다.

$$\frac{dU}{dV} = -P$$

깁스는 야구공이 높이 올라가면 퍼텐셜 에너지가 높아지듯이 계에 화학 물질이 가해지면 계의 화학 퍼텐셜 에너지(chemical potential energy)가 높아진다고 생각했다. 그리고 부피가 변할 때 압력이 내부 에너지를 변화시키는 동력이 되듯이 어떤 물질의 몰수가 변할 때 (dn) 내부 에너지를 변화시키는 동력을 **화학 퍼텐셜(chemical potential, μ)**이라고 불렀다.

화학 퍼텐셜 에너지를 포함하여 클라우지우스의 식($dU = dq - PdV$)을 다시 쓰고,

클라우지우스의 엔트로피 정의$\left(dS = \frac{dq}{T}\right)$를 조합하면 다음 식이 얻어진다.

$$dU = dq - PdV + \mu dn = TdS - PdV + \mu dn$$

그리고 온도와 압력이 일정할 때 A와 B 두 가지 물질이 들어 있는 경우에 대해서 적분(積分, integral) 형태로 고쳐 쓰면 다음 식이 얻어진다.

$$U + PV - TS = n_A\mu_A + n_B\mu_B$$

오른쪽 화학 퍼텐셜 에너지의 총합을 계의 깁스 에너지라 부르고 기호 G를 사용한다($n_A\mu_A + n_B\mu_B \equiv G$). 이 새로운 상태 함수인 깁스 에너지는 내부 에너지(U)에 계가 P라는 압력하에서 V라는 부피를 차지하기 때문에 가지는 추가적 에너지(PV)를 더한 계의 전체 에너지($U + PV$)에서 엔트로피 효과(TS)를 뺀 값으로 정의 된다.

$$G = U + PV - TS$$

그런데 엔트로피 효과는 에너지가 열로 빠져나가서 무질서도를 증가시키는 효과이므로 결국 쓸모없는 에너지에 해당한다. 그렇다면 깁스 에너지는 전체 에너지 중에서 유용한 부분만을 나타내는 것으로 생각할 수 있다. 자세한 내용은 뒤로 미루고, 일단 식의 유도를 계속하자.

골치가 아프더라도 식의 유도 과정을 한 번 꼼꼼히 따라가 놓으면 나중에 최종 결과를 편한 마음으로 사용할 수 있어서 좋다. 유도 과정을 외울 필요는 없다.

제1법칙에 관한 클라우지우스의 식($dU = dq - PdV$)으로부터 $dq = dU + PdV$, 클라우지우스의 부등식$\left(dS \geq \frac{dq}{T}\right)$으로부터 $dq \leq TdS$를 얻어 이들을 조합하면 다음 관계가 얻어진다.

$$dU + PdV - TdS \leq 0$$

여기서 좌변은 온도와 압력이 일정한 조건에서 깁스 에너지의 미분(微分, differential) 형태이다. 즉,

$$dU + PdV - TdS = dG$$

따라서 다음이 성립한다.

$$dG \leq 0$$

이 식은 클라우지우스의 부등식($dS \geq dq/T$) 못지 않게 근본적이면서도 그보다 훨씬 실용적인 중요한 식이다. 왜냐하면 이 식을 사용해서 어떤 과정의 자발성을 판정할 때는 우주 전체의 엔트로피 증가 여부를 고려하는 대신 계의 깁스 에너지 감소 여부만 고려하면 되기 때문이다.

이 식은 모든 과정에서 계의 깁스 에너지는 변하지 않거나($dG = 0$, 평형, 가역 과정) 감소($dG < 0$, 비가역 과정)한다고 말한다. 위에서 온도와 압력이 일정한 조건이라고 했으므로 그와 같은 특별한 조건에만 적용되는지, 이 관계가 일반적으로 모든 과정에 적용되는지는 의문을 가질 수 있다. 그런데 이 식은 미분식이므로 dU, dS, dV가 극히 작은 과정 동안에는, 즉 매 순간에는 온도와 압력이 일정하다고 볼 수 있다. 그 다음 단계에서 온도와 압력이 변하면 그 순간의 온도와 압력을 적용하면 된다.

이제 우리는 모든 과정에서 대해서 우주 전체의 엔트로피 증가 여부를 따질 필요가 없이 물의 분해 같은 화학 반응이나 얼음이 녹는 것 같은 물리적 과정이 주어진 조건에서 자발적으로 일어날지 여부를 판단할 수 있게 되었다. 문제는 실제로 어떻게 계의

깁스 에너지 변화(ΔG)를 측정하거나 계산하는가 하는 것이다. 그 문제를 고려하는 과정에서 또 하나의 중요한 상태 함수가 도입된다.

깁스 에너지의 정의를 살펴보면 U, P, V, T, S 모두 상태 함수인 것을 알 수 있다. 따라서 이들의 조합인 G도 상태 함수이다. 한편 내부 에너지 U와 PV를 합한 새로운 상태 함수를 정의하면 좋겠다는 생각이 든다. 내부 에너지건 PV 에너지건 에너지가 낮은 쪽이 안정한 상태이고, 모든 계는 안정한 쪽으로 가려는 경향을 가지고 있다면 U와 PV의 합도 감소하려는 경향을 가질 것이다. 이 U와 PV의 합이 바로 화학에서 많이 사용되는 상태 함수인 **엔탈피(enthalpy, H)**이다. 내부로 들어온 열을 뜻하는 엔탈피는 내부 에너지를 증가시키기도 하고 PV를 증가시키기도 한다. 이제 우리는 두 가지 새로운 중요한 식을 가지게 되었다.

enthalpy는 열을 뜻하는 그리스어 thalpein 앞과 뒤에 에너지와 엔트로피를 정의할 때 했듯이 내부를 뜻하는 en-과 -y를 붙여서 만든 합성어이다.

$$H = U + PV$$
$$G = H - TS$$

캐머링-온네스(Kamerlingh-Onnes, 1853-1926), 1913년 노벨 물리학상을 수상하였다.

우리는 7장의 온도와 증기압에 관한 클라우지우스-클라페이롱 식에서 엔탈피를 처음 접했다. 그러나 클라우지우스와 클라페롱이 엔탈피라는 단어나 H라는 기호를 사용하지는 않았고 $dP/dT = L/T\Delta V$ 식으로 온도에 따른 증기압의 변화를 온도, 부피 변화, 그리고 잠열(潛熱, 숨은열, latent heat, L)로 표현하였다. 1875년에 깁스가 엔탈피를 처음 사용했다는 설도 있으나 기록상으로는 1909년에 네덜란드의 저온물리학자 캐머링-온네스가 엔탈피라는 말을 쓰기 시작했다고 한다.

아무튼 어떤 온도에서 계의 깁스 에너지 변화(ΔG)를 구하려면 계의 엔탈피 변화(ΔH)와 엔트로피 변화(ΔS)만 알면 된다. 그래서 우리는 이 장 처음에 언급했던 아래의 식을 가지게 되었다.

$$\Delta G = \Delta H - T\Delta S$$

그런데 일정한 압력에서 엔탈피의 변화는 클라우지우스 식에서 보았던 열인 것을 알 수 있다.

내부에너지의 정의 : $dU = dq - PdV \quad \Rightarrow \quad dq = dU + PdV$
엔탈피의 정의 : $dH = dU + PdV$
따라서 일정한 압력에서는 $dH = dq$

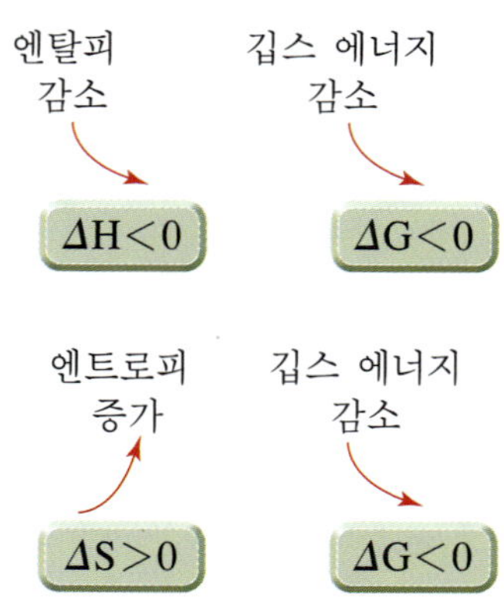

이것은 화학 반응의 경우에 ΔG에서 첫 번째 항인 ΔH는 반응열과 직결된다는 뜻이다. 대부분 경우에 반응열은 일정한 압력에서 측정하기 때문이다. 그런데 외부에서 열을 받으면, 즉 dq가 플러스이면 (흡열 반응) dH도 플러스이고, 에너지 면에서 계는 불안정해진다. 반대로 dq가 마이너스이면 dH도 마이너스이고, 계는 안정해진다. 위의 식에서 ΔG와 ΔH는 부호가 같기 때문에 엔탈피가 감소하여 시스템이 안정해지는 방향은 깁스 에너지를 감소시켜서 반응이 일어나도록 하는 방향이라는 것을 알 수 있다. 인간 사회에서도 그렇듯이 자연에서도 안정은 어떤 일이 일어나는 데 있어서 강력하고 중요한 동기로 작용한다.

ΔG에서 두 번째 항인 $-T\Delta S$는 마이너스 부호가 붙어 있다. 그것은 ΔG가 마이너스가 되는 방향은 ΔS가 플러스, 즉 엔트로피가 증가하는 방향이라는 의미이다. 온도는 마이너스값을 가질 수 없기 때문이다. 엔트로피의 증가를 무질서도의 증가라고도 하지만, 엔탈피의 감소를 안정의 향상이라고 본다면 엔트로피의 증가는 자유의 확대라고 해도 좋을 것이다.

이제 남은 문제는 우리가 관심을 가지는 반응이 어떤 온도에서 자발적으로 일어날지를 결정하는 일이다. 그러기 위해서는 ΔH와 ΔS를 구해서 ΔG를 계산하고 그 값이 플러스인지 마이너스인지를 보면 된다.

구체적으로 어떻게 ΔH와 ΔS를 구할지 논의하기 전에 왜 깁스 에너지의 정의에서, 즉 반응의 자발성을 판단하는 데 ΔH와 ΔS가 중요한지 다시 짚고 넘어가자. 열역학 제2법칙에 따르면 화학 반응을 포함하여 어떤 과정이 일어날지 여부를 판단하는 기준은 우주의 엔트로피가 증가하는가 여부이다. 깁스 에너지에서 ΔH, ΔS는 모두 계에 관한 양이다. 주어진 계에 대해서 실험과 계산을 통해 ΔS를 구할 수 있다. 문제는 우주에서 계를 뺀 주위의 엔트로피 변화를 어떻게 구할까 하는 것이다. 그런데 분자 운동이라는 열의 특성상 계에서 빠져나간 열은 모두 주위의 엔트로피를 증가시키는 데 사용된다. 주위에서 계로 열이 들어오면 주위의 엔트로피가 감소한다. 따라서 열의 출입에 따른 주변의 엔트로피 변화와 계 자체의 엔트로피 변화를 합하면 우주 전체의 엔트로피 변화가 되는 것이다. 이것을 아래와 같이 식으로 표현할 수 있다. 일정한 온도와 압력하에서 일어나는 열역학 과정에서 주위의 열량의 변화는 계 열량의 변화, 즉 엔탈피의 변화와 크기는 같고 부호는 반대의 값을 갖는다.

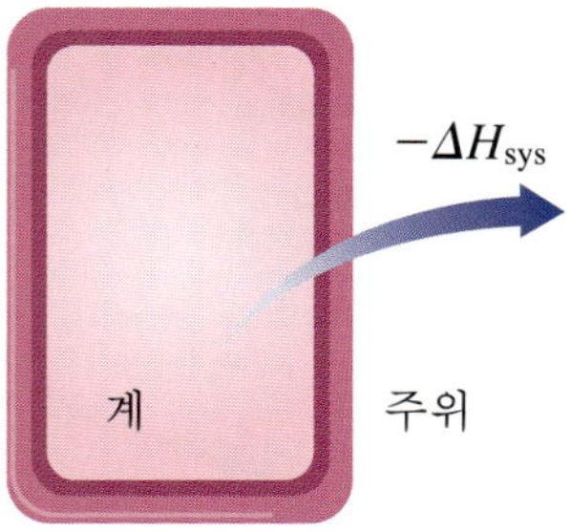

주변의 엔트로피 변화.
$= \frac{-\Delta H_{sys}}{T}$

$$\Delta S_{surr} = -\frac{\Delta H_{sys}}{T}$$

$$\Delta S_{univ} = \Delta S_{sys} + \Delta S_{surr} = -\frac{(\Delta H_{sys} - T\Delta S_{sys})}{T}$$

$$= -\frac{\Delta G_{sys}}{T}$$

따라서 계의 깁스 에너지 변화는 다음과 같이 주어진다.

$$\Delta G_{sys} = -T\Delta S_{univ}$$

그래서 우주의 엔트로피 증가는 계의 깁스 에너지 감소와 같은 방향이 되는 것이다.

$\Delta G_{sys} < 0$: 자발적인 과정
$\Delta G_{sys} = 0$: 평형 상태
$\Delta G_{sys} > 0$: 비자발적인 과정

깁스 에너지는 헬름홀츠가 도입한 자유 에너지라는 말을 사용하여 더 자주 깁스 자유 에너지라고 부른다. 깁스 에너지는 계의 전체 에너지 중에서 열로 빠져 나가서 우주의 엔트로피 증가로 사라진 부분을 빼고 실제로 사용될 수 있는 에너지에 해당하기 때문이다. 그런 의미에서 깁스 자유 에너지는 자유롭게 사용할 수 있는 에너지이다. 엔트로피가 자유도를 나타낸다고 할 때의 자유와는 의미가 다르다. 그리고 보면 앞에서 언급한 대로 원래 엔트로피는 변환될 수 있는 양(transformation content)을 의미했지만 실상은 에너지가 여러 형태의 다른 에너지로 변환되는 과정에서 손실되는, 즉 변환될 수 없는 양에 해당하는 셈이다. 그렇다면 열역학 제1법칙은 에너지의 양(量, quantity)을 다루고, 열역학 제2법칙은 에너지의 질(質, quality)을 다룬다고 말 할 수 있을 것이다.

8-4-2 표준 생성 엔탈피

이제부터는 깁스 자유 에너지를 어떻게 구할지 자세히 알아보기로 하자. 깁스 자유 에너지에서 ΔH를 구하려면 일정한 압력에서 출입하는 열을 재면 된다. 이것은 너무도

다행스러운 일이다. 우리 주위는 항상 거의 1 기압으로 유지되기 때문에 특별한 노력을 기울이지 않아도 외부와 터놓은 상태에서 열을 측정하기만 하면 되는 것이다.

가. 열량계

열의 단위로 과거에 많이 사용되던 칼로리(calorie)의 어원은 열을 뜻하는 라틴어 calor이다. 그래서 반응열을 재는 장치를 **열량계**(熱量計, **calorimeter**)라고 한다. 열량계에서는 열용량을 아는 장치의 온도 변화로부터 일정량에 물질이 반응할 때 나오는 열량을 측정한다.

가장 초기의 열량계에서는 얼음을 사용했다. 1782년부터 1784년 사이에 라부아지에와 라플라스는 **얼음 열량계**(**ice calorimeter**)를 사용하여 여러 화학 반응에서 나오는 열을 측정하여 열화학(熱化學, thermochemistry)의 기초를 놓았다. 종전에는 호흡의 목적은 혈액을 식히는 것이라고 생각했는데, 그들은 호흡은 일종의 연소이며 동물은 호흡을 통해 체온을 유지한다는 사실을 밝혔다. 한 실험에서 실험용 쥐(guinea pig)를 10 시간 동안 얼음 열량계에 넣어 놓았더니 약 370 g의 얼음이 녹았다. 그러나 쥐의 체온은 변화가 없었다. 그들은 쥐가 10 시간 동안에 배출한 이산화탄소의 양을 측정했다. 또 그들은 일정한 양의 석탄이 탈 때 나오는 이산화탄소의 양을 측정하고 같은 양의 석탄이 탈 때 녹는 얼음의 양을 측정했다. 이로부터 그들은 쥐가 10 시간 동안 배출한 양의 이산화탄소가 나올 정도의 석탄을 태우면 300 g의 얼음이 녹는다는 것을 계산해냈다. 이 대략적인 결과로부터 그들은 호흡은 느리기는 하지만 석탄의 연소와 아주 유사한 과정이라고 결론을 내렸다.

대학이나 중 · 고등학교 실험실에서 교육용으로 사용되는 간단한 형태의 열량계로 "커피 컵" 열량계가 있다. 외부로의 열전달이 적은 스타이로폼 컵을 이용하여 그 속에 담긴 일정량의 물의 온도 변화를 측정하면 비교적 정확히 열량을 측정할 수 있다. 보다 정밀한 실험을 위해서는 일정 부피 열량계의 일종으로 포탄처럼 튼튼한 벽으로 만들어져서 많은 열에 의한 힘을 견딜 수 있도록 고안된 **통열량계**(**bomb calorimeter**)를 사용한다. 시료가 담긴 밀폐된 용기가 물 속에 들어 있으며, 전체가 하나의 통으로 이루어져 있다. 열량의 변화를 아는 기준 과정에 대한 실험으로부터 통 전체의 열용량을 정한 후 미지의 반응 과정에 대해서 온도 변화를 측정하여 반응열을 계산할 수 있다.

일정한 열량을 가했을 때 온도가 증가하는 정도는 외부의 조건에 따라 달라질 수 있다. 1 몰의 물질의 온도를 1°C 올리는 데 필요한 열량을 **몰열용량**(**molar heat capacity**)이라고 한다. 부피가 일정하게 유지되는 조건에서의 몰열용량인 C_V와 압력이

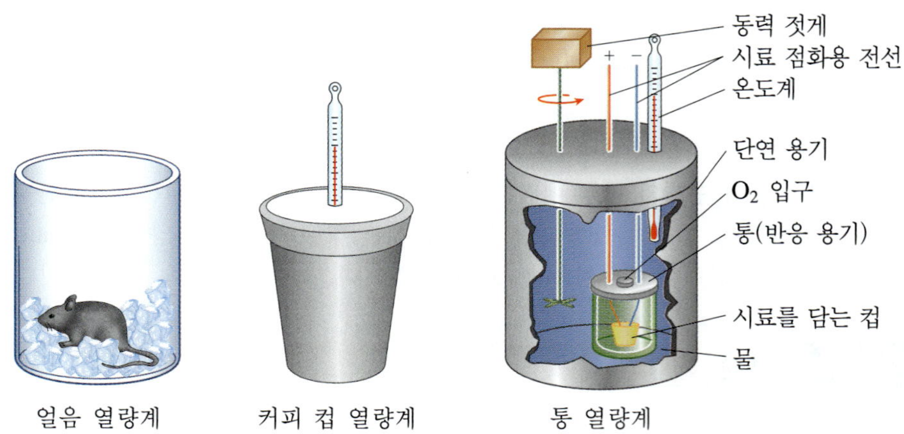

그림 8.5 각종 열량계. 단열 정도에 따라 결과의 정확도에 차이가 생긴다.

일정할 때의 몰열용량인 C_P는 서로 다른 값을 가진다. C_P는 C_V보다 큰 값을 가진다. 부피가 일정할 때는 일이 0이 되기 때문에 계에 가해 준 열량이 모두 온도 변화로 나타난다. 반면에 압력이 일정할 경우에는 계에 가해 준 열량 중의 일부가 부피를 증가시키는 일로서 소비되기 때문에 같은 온도 변화를 주기 위해서는 더 많은 열량의 공급이 필요하다.

이상 기체의 예를 들어 보기로 하자. 이상 기체는 운동 에너지만 가지며, 따라서 이상 기체의 내부 에너지는 온도에 의해서만 결정된다. 이상 기체의 에너지는 1 몰당 $\frac{3}{2}RT$이다. 따라서 부피가 일정한 조건 ($w = 0$) 에서는 다음과 같은 관계식이 성립한다.

$$\Delta U = q_V = nC_V\Delta T = \frac{3}{2}nR\Delta T$$

같은 열역학적 과정을 일정한 압력하에서 진행시키면 내부 에너지 변화는 상태 함수이므로 같아지지만 일과 열의 변화로 다음과 같이 쓸 수 있다.

$$\Delta U = q_P + w = nC_P\Delta T - P\Delta V = nC_P\Delta T - nR\Delta T$$

위의 식은 가역 과정을 가정하고, 이상 기체 방정식 $PV = nRT$를 이용한 결과이다. q_P에 대하여 정리하면 이상 기체 1 몰에 대하여 다음과 같은 결과를 얻는다.

$$q_P = C_P\Delta T = \frac{3}{2}R\Delta T + R\Delta T = \frac{5}{2}R\Delta T$$

이상 기체의 경우 $C_P = \frac{5}{2}R > C_V = \frac{3}{2}R$의 결과를 만족한다.

예제 8.23

레일리와 램지에 의한 아르곤 발견 실험에서 그들은 공기의 1% 정도를 차지하는 비활성 기체의 C_P와 C_V를 측정하였다. C_P/C_V 값은 얼마로 측정되었는가?

풀이 아르곤은 단원자 분자이므로 이상 기체처럼 병진(竝進, translation) 이외에 진동(振動, vibration), 회전(回轉, rotation) 같은 운동 모드가 없다. 따라서 $C_P = \frac{5R}{2}$, $C_V = \frac{3R}{2}$로 측정된다. 결과적으로 $\frac{C_P}{C_V}$ 값은 $\frac{5}{3} = 1.67$로 측정되었다. 이 결과로부터 레일리와 램지는 아르곤이 어떤 원자들의 집합체가 아니고 단원자라는 확신을 가지게 되었다.

내부 에너지 변화와 엔탈피 변화 사이에는 다음 관계가 성립한다.

$$\Delta H = \Delta U + \Delta(PV) \simeq \Delta U + \Delta n_{\text{gas}}RT$$

기체의 몰수가 변하는 경우에만 두 양의 차이가 나타나며, 그 값도 1 몰당 RT에 해당하는, 그리 크지 않은 양이다.

나. 헤스의 법칙

어떤 반응에 대해서 깁스 에너지 변화를 결정하고자 할 때는 첫 번째로 반응열이 필요하다. 그렇다고 해서 모든 반응에 대해서 열을 재는 것은 너무 번거로운 일이다. 두 도시 간의 거리를 알고 싶다고 해서 매번 실제로 거리를 측정하지는 않는다. 그 대신

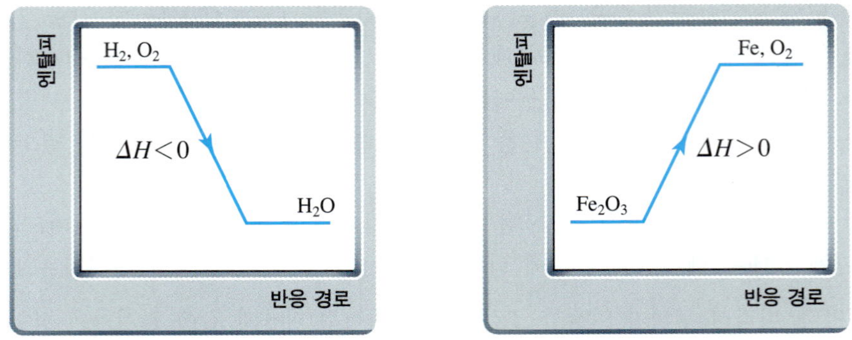

그림 8.6 발열 반응과 흡열 반응. 발열 반응에서는 시스템의 엔탈피가 낮아지면서 그 차이가 열로 나온다.

지도상에서 몇 개의 중심적인 도시의 위치를 먼저 정하고 그로부터 상대적인 위치를 구하면 모든 도시 간의 거리를 계산할 수 있듯이 ΔH를 구하는 데도 비슷한 편리한 방법이 있을 듯하다. ΔS에 대해서도 마찬가지이다. ΔS를 결정하는 문제는 뒤로 미루고, 일단 실제로 어떻게 ΔH를 구할지 생각해 보자.

우리가 매일 사용하는 도시 가스의 주성분은 메테인 (methane, CH_4) 이다. 탄소와 수소로부터 메테인을 합성하는 반응은 상온에서 자발적으로 일어날까? 간단할 것 같지만 실험실에서 메테인을 합성하는 것도, 따라서 그에 수반되는 열을 측정하는 것도 쉽지 않은 일이다.

대부분의 화학 반응에서는 열이 방출되지만, 반응을 진행시키기 위해서 열을 공급해 주어야 하는 경우도 있다. 일정한 압력하에서 일어나는 반응의 반응열은 반응물과 생성물 사이의 엔탈피 변화로 생각할 수 있다. 양수의 엔탈피 변화 ($\Delta H > 0$) 는 외부로부터 열을 받아서 반응이 진행된 경우로서 **흡열 반응** (**吸熱反應, endothermic reaction**) 이다. 반응의 결과 열이 방출된 경우는 음수의 엔탈피 변화 ($\Delta H < 0$) 에 해당되며, **발열 반응** (**發熱反應, exothermic reaction**) 이다. 엔탈피는 상태 함수이므로 반응의 엔탈피 변화는 $\Delta H \equiv H_{\text{product}} - H_{\text{reactant}}$로 쓸 수 있다.

예를 들어, 수소와 산소로부터 물을 만드는 반응은 발열 반응이다. 발열 반응은 엔탈피가 높은 상태에서 엔탈피가 낮은 상태로 진행된다. 이것은 마치 물이 높은 곳에서 낮은 곳으로 떨어지는 것과 유사하다. 산화철에서 산소를 떼어내는 반응은 흡열 반응이다. 에너지 측면에서 보면 발열 반응이 자발적으로 일어날 것으로 생각된다. 하지만 흡열 반응이면서 자발적으로 일어나는 반응들도 있다. 대표적인 예가 0°C 이상에서 얼음이 녹아 물이 되는 상전이 반응이다. 이 반응의 융해 엔탈피 (enthalpy of fusion) 는 플러스로, 흡열 반응이다.

$$H_2O(s) \longrightarrow H_2O(l) \qquad \Delta H_{\text{fus}} = +6.0 \text{ kJ/mol}$$

메테인 합성은 발열 반응일까 흡열 반응일까? 탄소와 수소의 전기음성도 차이가 크지 않기 때문에 열이 많이 날 것 같지는 않지만 그래도 탄소가 수소보다 전기음성도가 약간 높기 때문에 열이 약간은 날 것 같다. 반응열을 잘 분석하려면 반응물과 생성물이 어떤 상태에 있는지를 알아야 한다. 같은 반응이라도 반응물과 생성물의 온도와 압력, 또 액체인지 기체인지 등에 따라 열량이 달라지기 때문이다. 따라서 표준 상태 (標準狀態, standard state) 를 정의하고 일단 모든 반응물과 생성물이 표준 상태에 있을 경우의 반응열을 고려한 후에 그와는 다른 실제 상황을 고려하는 것이 좋을 것이다.

윗첨자 o로 나타내는 표준 상태란 어떤 물질이 1 기압, 25°C에서 가장 안정하게 존재하는 상태를 의미한다. 예를 들어, 수소와 산소는 이원자 분자인 기체 상태가, 탄소는 고체인 흑연이, 물은 액체가 표준 상태이다. 기체의 표준 상태는 1 기압의 이상 기체를 가정하고, 용질의 경우에는 이상 용액에 녹아 있는 1 M의 용질로 정의된다.

모든 원소에 대해 표준 상태에서의 엔탈피를 0으로 정의한다. 그러므로 1 기압, 25°C에서 H_2, O_2, 흑연의 엔탈피는 정의상 0이다. 그러나 H_2O의 엔탈피는 0이 아니다. 물은 원소가 아니기 때문이다. 물의 엔탈피는 수소와 산소가 물이 되는 반응의 열로부터 구해야 한다. 이 경우처럼 표준 상태의 원소들로부터 표준 상태의 화합물이 생성될 때의 엔탈피 변화를 그 화합물의 **표준 생성 엔탈피**(**standard enthalpy of formation**, ΔH°_f)라고 한다. 표준 생성 엔탈피는 생성 반응의 반응열에 부호를 바꾼 값이다. 열이 발생할 때 반응열을 플러스로 잡는데, 이때 계의 엔탈피는 감소하기 때문에 ΔH는 마이너스이고, 따라서 표준 생성 엔탈피와 반응열은 부호가 반대이다. 실제로 표에 나오는 거의 모든 화합물의 표준 생성 엔탈피는 마이너스값을 가진다. 표준 생성 엔탈피가 플러스인 극히 예외적인 경우에는 에틸렌, 아세틸렌 등과 같이 이중 결합이나 삼중 결합을 가지는 탄화수소가 있다.

언뜻 생각하면 다른 원소들의 엔탈피를 같은 0으로 정의하는 것이 이상해 보인다. 그러나 실제로 엔탈피의 절대값은 의미가 없고 엔탈피 변화만이 의미를 가지는데, 한 원소는 다른 원소로 바뀌지 않으므로 모든 원소의 표준 상태 엔탈피를 0으로 정의해도 무방하다.

예제 8.24

다이아몬드가 흑연으로 바뀌는 반응은 탄소 1 몰당 1.895 kJ이 발생하는 발열 반응이다. 다이아몬드의 표준 생성 엔탈피는 얼마인가?

$$C(s, \text{다이아몬드}) \longrightarrow C(s, \text{흑연}) \qquad \Delta H^\circ = -1.895 \text{ kJ/mol}$$

풀이 같은 원소 상태의 탄소라도 엔탈피에 차이가 있으면 가장 낮은 쪽을 표준 상태로 잡아야 할 것이다. 탄소의 경우에는 흑연이 표준 상태이다. 그리고 다이아몬드의 표준 생성 엔탈피는 +1.895 kJ/mol이다.

용액에 녹아 있는 이온들의 경우에는 추가로 기준이 필요하기 때문에 수용액에 녹아 있는 수소 이온의 엔탈피를 0으로 정의한다. 즉 $H^\circ_f(H^+(aq)) = 0$이다.

많은 경우에 어떤 화합물을 원소로부터 직접 만드는 것은 쉽지 않고 따라서 그러한 반응의 열을 측정해서 표준 생성 엔탈피를 결정하는 것은 어렵다. 예를 들어, 실험실에서 탄소와 수소로부터 메테인을 합성하는 것은 어렵다. 이럴 때는 탄소가 산소와 이산화탄소를 만드는 반응, 수소가 산소와 물을 만드는 반응, 그리고 메테인이 연소하여 이산화탄소와 물을 만드는 반응을 조합하여 메테인의 생성열을 구할 수 있다.

예제 8.25

이산화탄소의 표준 생성 엔탈피는 −394 kJ/mol, 물의 표준 생성 엔탈피는 −286 kJ/mol이다. 측정된 메테인 1 몰의 연소열(燃燒熱, heat of combustion)은 891 kJ이다. 이 값들로부터 메테인의 표준 생성 엔탈피를 구하여라.

풀이 반응식과 반응열을 적는다.

$$C(s) + O_2(g) \longrightarrow CO_2(g) \qquad \Delta H^\circ = -394 \text{ kJ} = \Delta H^\circ_f(CO_2)$$

$$2H_2(g) + O_2(g) \longrightarrow 2H_2O(l) \qquad \Delta H^\circ = -572 \text{ kJ} = 2\Delta H^\circ_f(H_2O)$$

$$CH_4(g) + 2O_2(g) \longrightarrow CO_2(g) + 2H_2O(l) \qquad \Delta H^\circ = -891 \text{ kJ}$$

엔탈피는 상태 함수이기 때문에 처음 조건과 최종 조건이 같으면 과정에 상관없이 엔탈피 변화는 같다. 이 경우에는 그림과 같이 탄소와 수소가 산소와 반응해서 이산화탄소와 물로 바뀌든지 탄소와 수소가 메테인으로 바뀌었다가 메테인이 산소와 반응해서 이산화탄소와 물로 바뀌든지 엔탈피 변화는 같다. 표준 생성 엔탈피는 생성물 1 몰에 대한 값이기 때문에 몰수를 고려해서 전체 반응의 엔탈피 변화를 계산해야 한다.

(I) $C(s) + 2H_2(g) + 2O_2(g) \longrightarrow CO_2(g) + 2H_2O(l)$

$$\begin{aligned}\Delta H^\circ &= \Delta H_f^\circ(CO_2) + 2\Delta H_f^\circ(H_2O)\\ &= -394\ \text{kJ} + 2(-286\ \text{kJ}) = -966\ \text{kJ}\end{aligned}$$

(II) $C(s) + 2H_2(g) \longrightarrow CH_4(g)$

$$\Delta H^\circ = \Delta H_f^\circ(CH_4) = ?$$

(III) $CH_4(g) + 2O_2(g) \longrightarrow CO_2(g) + 2H_2O(l)$

$$\begin{aligned}\Delta H^\circ &= \Delta H_f^\circ(CO_2) + 2\Delta H_f^\circ(H_2O) - \Delta H_f^\circ(CH_4)\\ &= -966\ \text{kJ} - \Delta H_f^\circ(CH_4)\\ &= -891\ \text{kJ}\ (\text{측정값})\end{aligned}$$

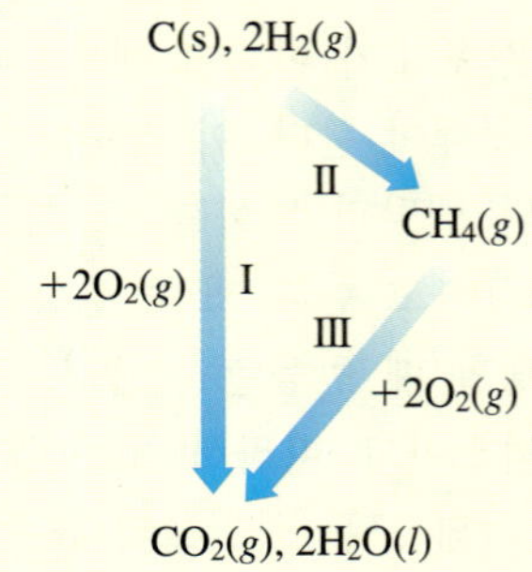

$$\begin{aligned}\Delta H_f^\circ(CH_4) &= (\text{I})\text{ 의 반응열} - (\text{III})\text{ 의 반응열}\\ &= (-966\ \text{kJ}) - (-891\ \text{kJ}) = -75\ \text{kJ}\end{aligned}$$

헤스 (Germain Henri Hess, 1802-1850). 상페테르부르크 기술대학 화학 교수를 지냈으며, 1840년에 헤스의 법칙을 발표하였다.

엔탈피는 상태 함수이므로 출발 물질과 최종 물질이 같은 경우에는 어떤 경로를 거치더라도 엔탈피 변화의 합은 같다는 것을 **헤스의 법칙 (Hess's law)** 이라고 한다. 반응 II의 발열량을 직접 측정하기는 어렵지만 헤스의 법칙을 이용하면 발열량을, 또 그로부터 표준 생성 엔탈피를 위와 같이 간접적으로 구할 수 있다. 베르셀리우스에게서 화학을 공부한 러시아의 화학자 헤스는 상페테르부르크 기술대학 화학 교수로 재직하면서 많은 반응의 반응열을 측정하여 에너지 보존 법칙이 확립되기 전 1840년에 경험적으로 헤스의 법칙을 이끌어냈다. 실제로 표에 나오는 많은 화합물의 표준 상태 엔탈피는 헤스의 법칙을 통해서 얻어진다.

헤스의 법칙을 이용하여 구한 25°C에서 메테인의 표준 생성 엔탈피는 −75 kJ/mol로 전기음성도가 높은 산소가 탄소와 반응하여 이산화탄소를 만드는 경우의 −394 kJ보다, 또 산소가 탄소보다 전기음성도가 낮은 수소와 반응하여 물을 만드는 경우의 −572 kJ보다 훨씬 높다. 원소로부터 만들어질 때 반응열이 훨씬 적게 나온다는 뜻이다. 예상했던 대로이다.

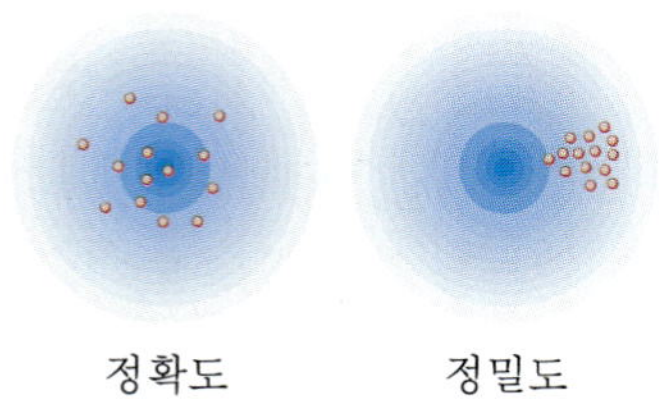

그림 8.7 정확도는 실험값이 얼마나 참값에 가까운가를 말하고, 정밀도는 여러 차례 측정값의 재현성을 말한다.

헤스의 법칙은 반응열을 정확하게 측정하는 것이 얼마나 중요한지 깨닫게 한다. 위에서 메테인의 표준 생성 엔탈피를 결정하는데 메테인의 연소열, 그리고 이산화탄소와 물의 생성열값을 사용하였다. 이 세 값은 각각 실험 오차를 포함한다. 헤스의 법칙을 사용하여 여러 화합물의 표준 생성 엔탈피를 결정하는 과정에서 반응열값들을 더하고 빼게 되는데, 이때 오차가 확대되기 때문에 신뢰할 만한 열역학적 데이터의 표를 만들기 위해서는 반응열의 정확하고 정밀한 측정이 필수적이다.

위의 예제와 약간 다른 경우로 헤스의 법칙을 적용하여 일산화탄소의 표준 생성 엔탈피를 구하는 문제가 있다. 탄소와 산소를 반응시키면 일산화탄소를 거쳐서 이산화탄소가 만들어지기 때문에 일산화탄소에서 반응을 중단시킬 수 없고, 따라서 일산화탄소의 표준 생성 엔탈피를 직접 구하기가 어렵다. 그런데 이산화탄소가 일산화탄소와 산소로 분해되는 반응의 반응열은 잴 수 있다. 뒤에서 설명하겠지만 철기 문명의 출발과 관련해서 일산화탄소와 이산화탄소의 표준 생성 엔탈피 값은 대단히 중요한 의미를 지닌다.

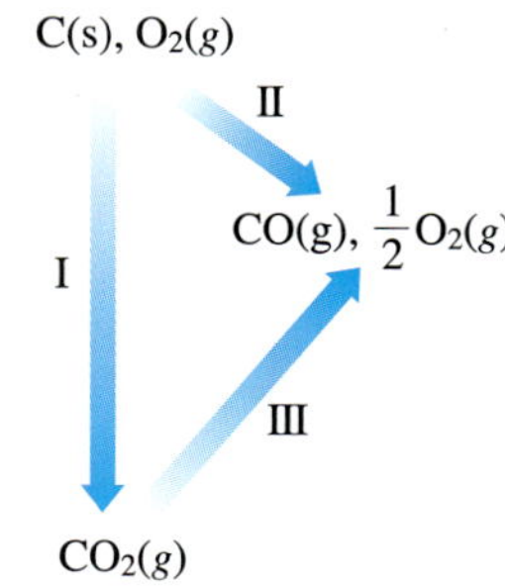

예제 8.26

다음 반응열로부터 일산화탄소의 표준 생성 엔탈피를 구하여라.

(1) $C(s,gr) + O_2(g) \longrightarrow CO_2(g)$ $\quad \Delta H_1 = -393.5 \text{ kJ/mol} = \Delta H_f^\circ(CO_2)$

(2) $CO_2(g) \longrightarrow CO(g) + (1/2)\ O_2(g)$ $\quad \Delta H_2 = +283.0 \text{ kJ/mol}$

풀이 (1)과 (2)를 더하고 양변에서 CO_2와 O_2를 상쇄한다.

$C(s,gr) + (1/2)\ O_2(g) \longrightarrow CO(g)$ $\quad \Delta H = \Delta H_1 + \Delta H_2 = -110.5 \text{ kJ/mol} = \Delta H_f^\circ(CO)$

이것은 대단히 흥미롭고 중요한 결과이다. 탄소 1 몰에 산소 2 몰이 결합하여 이산화탄소가 될 때 393.5 kJ의 열이 나온다면, 탄소 1 몰에 산소 1 몰이 결합하여 일산화탄소가 될 때는 그것의 반인 197 kJ 정도의 열이 나올 것으로 기대할 수 있다. 그런데 실제로는 기대값의 반을 약간 넘는 110.5 kJ이 나온다. 6장에서 일산화탄소의 특이한 루이스 구조와 관련하여 이산화탄소에 비해 일산화탄소의 결합 에너지가 낮은 것을 보았는데, 여기서 헤스의 법칙을 사용하여 구한 일산화탄소의 표준 생성 엔탈피로부터 결합 에너지와 표준 생성 엔탈피의 관계를 엿볼 수 있다.

일산화탄소의 표준 생성 엔탈피가 비교적 높다(크게 마이너스가 아니다)는 것은 일산화탄소로부터 이산화탄소가 만들어지는 아래의 반응(III의 역반응)이 많은 열을 낸다는 것을 의미한다. 산소 원자 한 개당 발열량은 산소가 수소와 반응하여 기체 상태의 물이 되는 경우의 발열량보다 더 크다.

$$CO(g) + \frac{1}{2}O_2(g) \longrightarrow CO_2(g) \qquad \Delta H = -283 \text{ kJ/mol}$$

$$H_2(g) + \frac{1}{2}O_2(g) \longrightarrow H_2O(g) \qquad \Delta H = -242 \text{ kJ/mol}$$

뒤에서 설명하겠지만 발열량이 큰 이 반응은 흡열 반응인 산화철의 환원 반응과 결합되어서 아래의 전체 반응을 발열 반응이 되도록 하며, 따라서 반응이 쉽게 일어나도록 해 준다. 이것이야말로 철기 문명을 가능하게 해 준 비결인 것이다. 자세한 내용은 뒤에서 살펴보기로 한다.

다. 반응의 엔탈피 변화

모든 화합물에 대해서 표준 생성 엔탈피를 알고 있으면 다음과 같이 일반적인 화학 반응에 대하여 엔탈피 변화를 구할 수 있다.

$$aA + bB \longrightarrow cC + dD$$
$$\Delta H^\circ = c\Delta H_f^\circ(C) + d\Delta H_f^\circ(D) - a\Delta H_f^\circ(A) - b\Delta H_f^\circ(B)$$

그런데 화학 반응은 결합이 끊어지고 만들어지는 과정들의 결과이므로 반응의 엔탈피 변화는 화학 결합의 세기와 관련이 있을 것이다. 그래서 기체 상태에서 화학 결합을 끊기 위해 필요한 열량을 **결합 엔탈피(bond enthalpy)**로 정의한다. 특정한 화학 결합은 여러 화합물에 존재할 수 있다. 예를 들어, CH_4, C_2H_6, $CHCl_3$ 등은 모두 C−H 결합을 가지고 있다. 따라서 C−H 결합의 결합 엔탈피는 여러 화합물에 속한 C−H 결합을 끊을 때의 엔탈피 변화의 평균으로 정한다. 5장에서 살펴본 대로 C−H, C−C, C=O, C≡C의 결합 에너지는 각각 412, 348, 745, 837 kJ/mol이다. 반응 엔탈피는 반응물에서 끊어야 하는 결합의 결합 엔탈피합과 생성물에서 새롭게 생기는 결합의 결합 엔탈피합의 차이로부터 계산할 수 있다. 이렇게 구한 반응 엔탈피는 반응물과 생성물의 표준 생성 엔탈피로부터 구한 값과 대체적으로 잘 맞는다.

표준 생성 엔탈피를 사용해서 여러 중요한 반응의 엔탈피 변화를 구해 보기 전에 표준 생성 엔탈피의 크기에 대해 생각해 보자.

예제 8.27

다음 화합물과 맞는 표준 생성 엔탈피값을 서로 연결하여라.

화합물	ΔH_f°(kJ/mol)
$H_2O(l)$	−75
$CO_2(g)$	−394
$CH_4(g)$	−1268
$CH_3OH(l$, 메탄올)	−286
$C_6H_{12}O_6(s$, 글루코스)	−239

풀이 전기음성도 차이 (C, H)가 제일 작은 CH_4 : −75
물 여섯 분자에 해당하는 탄수화물, $C_6(H_2O)_6$: −1268
산소 원자가 두 개인 CO_2 : −394
물과 메탄올 중에는 산소가 두 개의 수소와 직접 결합하고 수소 결합도 잘 하는 물이 약간 더 엔탈피가 낮다.

H_2O : −286
CH_3OH : −239

이번에는 물질의 에너지 밀도와 관련하여 그램당 엔탈피 (specific enthalpy, kJ/g)를 생각해 보자. 연료를 운반하는 면에서 몰당 엔탈피와 그램당 엔탈피 중 어느 쪽이 높은 것이 유리할까? 이와 같은 실제적인 문제에 3장에서 다룬 원자량, 아보가드로의 원리 같은 기본 개념이 들어 있다.

LNG 운반 트럭

LNG 운반선

예제 8.28

앞에서 알아본 표준 생성 엔탈피 값들과 펜테인 ($n-C_8H_{18}$)의 표준 생성 엔탈피 −146 kJ/mol로부터 수소, 메테인, 메탄올, 펜테인이 연소할 때 이들 1 몰당, 또 1 그램당 엔탈피 변화 (ΔH°, 발열량의 반대 부호)를 구하여라.

(1) $2H_2(g) + O_2(g) \longrightarrow 2H_2O(l)$
(2) $CH_4(g) + 2O_2(g) \longrightarrow CO_2(g) + 2H_2O(l)$
(3) $2CH_3OH(l) + 3O_2(g) \longrightarrow 2CO_2(g) + 4H_2O(l)$
(4) $C_5H_{12}(l) + 8O_2(g) \longrightarrow 5CO_2(g) + 6H_2O(l)$

풀이 (1) $\Delta H^\circ = 2(-286) = -572$ kJ
(2) $\Delta H^\circ = (-394) + 2(-286) - (-75) = -891$ kJ
(3) $\Delta H^\circ = 2(-394) + 4(-286) - 2(-239) = -1454$ kJ
(4) $\Delta H^\circ = 5(-394) + 6(-286) - (-146) = -3540$ kJ

	$H_2(g)$	$CH_4(g)$	$CH_3OH(l)$	$C_5H_{12}(l)$
1 몰당	−286	−891	−727	−3540
분자량	2	16	32	72
1 그램당	−143	−56	−23	−49

1 그램당 발열량, 즉 연소열은 수소가 가장 높다. 탄소가 들어가면 원자핵의 중성자가 발열량에 기여하는 바 없이 무게를 차지하는 데다가 두 개의 내부 껍질 (inner shell) 의 전자는 반응에 참여하지 못한다. 또한 탄소가 수소보다는 전기음성도가 약간 높기 때문에 메테인에서 수소는 이미 약간 산화되어 있는 상태이다. 그래서 메테인의 표준 생성 엔탈피가 −75 kJ/mol이다. 이러한 여러 요인들이 복합적으로 작용하여 메테인이 산화될 때는 수소가 산화될 때에 비해 그램당 발열량이 상당히 낮아진다. 펜테인은 메테인보다 탄소당 수소의 비율이 낮기 때문에 그램당 발열량도 낮다. 메탄올은 메테인이 이미 산화되어 있는 상태이다. 그래서 메테인이 수소보다 발열량이 낮은 것과 같은 이유로 메탄올은 메테인보다 몰당 발열량이 낮다. 또한 발열에 도움이 되지 않는 산소가 메탄올 무게의 반을 차지한다. 따라서 그램당 메탄올의 발열량은 메테인의 절반이 안 된다. 결국 연료통을 채우는 연료의 무게 면에서는 원자량이 작은 수소가 가장 유리하고, 메탄올이 가장 불리하다.

부피 면에서는 어떨까? 기체는 아보가드로의 원리에 따라 같은 온도와 압력하에서는 같은 부피에는 같은 몰수의 분자가 들어있기 때문에 분자량이 크더라도 한 분자 내에 산화될 수 있는 탄소와 수소 원자가 여러 개 들어 있는 쪽이 유리하다. 그래서 수소보다는 메테인이, 메테인보다는 뷰테인 (butane, C_4H_{10}) 이 유리하다. 펜테인부터는 상온에서 액체가 되어 훨씬 더 유리해진다. 자동차 연료의 주성분이 옥테인 (octane, C_8H_{18}) 인 이유를 알 수 있다.

8-4-3 열역학 제3법칙과 표준 상태 엔트로피

지금까지 깁스 에너지의 첫째 항인 엔탈피 변화를 어떻게 구할 수 있는지 알아보았다. 관심있는 반응을 어렵지 않게 일으킬 수 있으면 열량계로 반응열을 측정하면 된다. 다행히 헤스의 법칙을 사용하여 많은 화합물의 표준 생성 엔탈피를 측정해 놓았기 때문에 그 값을 사용하여 주어진 반응의 엔탈피 변화를 계산할 수 있다. 그런데 우리가 깁스 에너지를 적용하여 반응의 자발성을 판단하려고 하는 물의 분해, 산화철의 환원 등과 같은 대부분의 반응은 $\Delta H°$가 플러스의 값을 가진다. 왜냐하면 우리 주위에는 산소가 풍부하기 때문에 수소, 탄소, 철, 알루미늄 등 많은 중요한 원소들이 산화되어 엔탈피가 낮은 산화물로 존재하는데, 우리는 이들을 환원시켜서 엔탈피를 높이는 흡열 반응에 관심이 많기 때문이다. 그리고 이러한 반응이 일어나는 데 필요한 최소 온도는 $T = \Delta H°/\Delta S°$로 주어진다. $\Delta H°$를 구하는 방법을 알았으므로, 이제는 $\Delta S°$를 구하는 방법을 알아볼 때이다.

그런데, 엔탈피와 엔트로피에는 중요한 차이가 있다. 엔탈피는 에너지 차원의 양이기 때문에 절대값은 의미가 없고 엔탈피값은 상대적이다. 반응에서는 엔탈피 변화가 중요하고 화합물의 엔탈피도 절대값이 아니라 표준 상태의 원소의 엔탈피를 영으로 정하고 그로부터 측정한 상대적인 값이다. 그러나 엔트로피는 무질서도로 표현되는, 미시적 상태의 수와 관련된 양이기 때문에 절대값이 의미를 지닌다. 한편 엔탈피 변화는 열량계로 직접 측정할 수 있지만 엔트로피 변화는 직접 측정할 수 없다는 난점이 있다. 대신 어느 온도에서 엔트로피 값을 알고 있다면 열량계로 측정한 값들로부터 다른 온도에서 엔트로피값을 구할 수 있다. 문제는 기준이 되는 그 특별한 온도가 어떤 온도인가 하는 것이다.

어느 온도에서 모든 운동이 정지하고 가능한 상태가 하나 밖에 없는 순수한 물질이 있다면 그 때 엔트로피에는 0이라고 볼 수 있다. 예를 들어, 기체의 온도를 낮추면 액체로 변하면서 엔트로피가 감소하게 된다. 액체의 온도를 계속 낮추면 엔트로피가 더 낮은 상태인 고체로 변하게 된다. 고체의 경우에는 입자들이 격자 구조에서 정해진 위치에 고정되어 약간의 진동 운동만을 하게 된다. 이제 온도를 더욱 낮추어 절대 영도(0 K)에 가까워지게 되면 진동 운동도 거의 무시할 수 있게 된다. 이 상태의 고체는 미시적인 상태가 고정된, 즉 $W = 1$인 상태라고 할 수 있다. 볼츠만의 엔트로피 정의에 따르면 이 상태의 엔트로피는 0이 된다.

여기에서 열역학 제3법칙이 도입된다. 1906년에 네른스트는 온도가 절대 영도에 접근하면 평형 상태의 순수한 물질 사이에서 일어나는 모든 과정의 엔트로피 변화는 0에 접근한다는 네른스트 열정리(Nernst heat theorem)를 발표하였다. 이것은 다음과 같은 **열역학 제3법칙**(**熱力學第三法則**, **The Third Law of Thermodynamics**)으로 일반화되었다.

절대 영도에서 평형 상태에 있는 모든 순수한 물질의 엔트로피는 0이다.

열역학 제3법칙은 열역학의 마지막 법칙이다. 네른스트는 제1법칙은 마이어, 클라우지우스, 헬름홀츠 세 사람에 의해 확립되었고, 제2법칙은 카르노와 클라우지우스 두 사람, 제3법칙은 네른스트 자신 혼자에 의해 만들어졌으므로 제4법칙을 만든 사람은 있을 수 없고, 따라서 제4법칙은 없다고 주장했다. 네른스트는 베를린대학 총장으로 선출되었고, 1920년 노벨 화학상을 수상하였다.

이제는 구체적으로 어떻게 엔트로피를 깁스 에너지 계산에 적용할 수 있는지 알아보자. 높은 온도에 있는 물질을 유한한 단계를 거쳐서 절대 온도 영도에 도달하게 할 수는 없다. 그러나 온도가 영도로 접근함에 따라 평형 상태에 있는 순수한 물질의 엔트로피가 0으로 수렴한다면 절대 온도 영도에서 0을 엔트로피의 기준점으로 잡고 다른 온도에서 절대적인 엔트로피값을 결정할 수 있다.

절대 온도 영도에 있는 물질을 천천히 가역적으로 온도를 올려 정해진 온도까지 변환시키는 과정을 가정하자. 이 도중에 온도를 올리는 과정과 중간에 거치게 되는 상전이 과정들에 수반되는 열량의 변화를 측정하면 엔트로피 변화를 계산할 수 있고, 이 엔트로피 변화량으로부터 그 물질의 절대적인 엔트로피를 구할 수 있다. 25°C, 1 기압의 표준 상태에서 엔트로피는 다음과 같이 주어진다.

$$S^\circ = \int_0^{298.15\text{ K}} \frac{C_p}{T}\, dT + \sum \Delta S_{\text{phase change}}$$

죠크(William Giauque, 1895-1982). 미국 버클리, 캘리포니아대학 교수를 역임했으며, 저온에서 물질의 엔트로피 연구를 하였다. 1949년에 노벨 화학상을 수상했다.

첫 번째 항은 온도가 변하는 과정에서 온도가 T인 어느 순간에 흡수한 열 $dq = c_p dT$를 T로 나눈 값을 절대 영도(0 K)로부터 25°C(298.15 K)까지 적분한 것이고, 두 번째 항은 상전이가 일어나는 온도에서 출입하는 열을 온도로 나눈 값, 즉 상전이에 따른 엔트로피 변화의 합이다. 이러한 방법을 사용하면 그림 8.6에서 볼 수 있듯이 원하는 온도에서 어떤 물질의 절대 엔트로피를 구할 수 있다. 그런데 절대 엔트로피는 영도부터

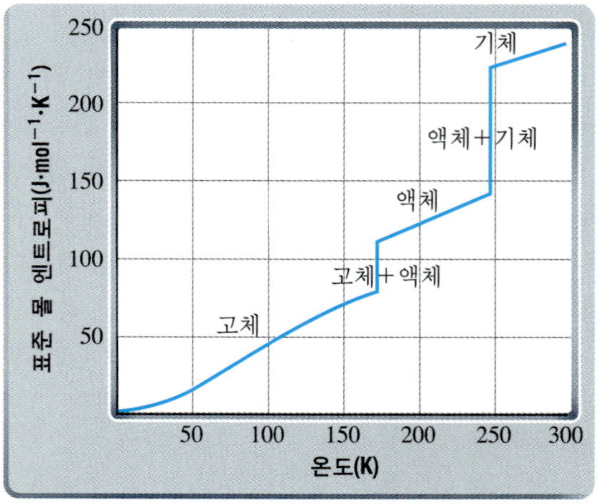

그림 8.8 표준 상태에서의 엔트로피. 변화값만을 알 수 있는 내부 에너지나 엔탈피와 달리 엔트로피는 절대값을 구할 수 있다.

의 적분값이기 때문에 많은 저온 데이터가 필요하게 된다. 앞에서 언급한 온네스 뿐 아니라 네른스트 자신도 많은 저온 실험을 했고, 특히 미국 버클리 소재 캘리포니아 주립대학의 죠크는 많은 물질에 대한 저온 연구로 열역학 제3법칙을 확립하는데 크게 기여했다. 여러 물질에 대하여 표준 상태 엔트로피 표를 가지고 있으면 어떤 반응에 수반되는 엔트로피 변화를 쉽게 계산할 수 있는데, 우리가 깁스 에너지를 구할 때 사용하는 많은 엔트로피값들은 죠크와 그의 제자들의 노력에 힘입은 바 크다.

이제는 실제로 어떻게 엔트로피를 구할 수 있는지 몇 가지 구체적인 예를 가지고 알아보자.

이상 기체의 등온 가역 과정의 경우 엔트로피 변화는 다음과 같다.

$$q_{\text{rev}} = nRT \ln\left(\frac{V_f}{V_i}\right) \Rightarrow \Delta S = nR \ln\left(\frac{V_f}{V_i}\right)$$

i : 초기(initial)
f : 최종(final)

등온 팽창 $(V_f > V_i)$ 의 경우에는 엔트로피는 증가하고 $(\Delta S > 0)$, 등온 수축 $(V_f < V_i)$ 의 경우에는 엔트로피는 감소한다 $(\Delta S < 0)$.

일정한 부피 또는 압력하에서의 가역 과정에 대해서는 다음과 같이 엔트로피 변화를 계산할 수 있다.

$$\Delta S = \int_i^f \frac{dq_{\text{rev}}}{T} = \int_{T_i}^{T_f} \frac{nC_v\,dT}{T} = nc_v \ln\left(\frac{T_f}{T_i}\right) \quad \text{[등적 과정]}$$

$$\Delta S = \int_i^f \frac{dq_{\text{rev}}}{T} = \int_{T_i}^{T_f} \frac{nC_p\,dT}{T} = nc_p \ln\left(\frac{T_f}{T_i}\right) \quad \text{[등압 과정]}$$

열교환이 없는 단열 과정의 엔트로피 변화는 영이다.

상변화에 수반되는 엔트로피 변화는 해당되는 엔탈피 변화와 상전이 온도로부터 구할 수 있다.

$$\Delta S_{\text{fus}} = \frac{\Delta H_{\text{fus}}}{T_f} \quad \text{[녹음 과정, } T_f \text{ : 녹는점]}$$

$$\Delta S_{\text{vap}} = \frac{\Delta H_{\text{vap}}}{T_b} \quad \text{[끓는 과정, } T_b \text{ : 끓는점]}$$

예제 8.29

(1) 얼음의 융해열(融解熱, heat of fusion)은 333.55 J/g이다. 1 몰의 물에 해당하는 얼음이 녹을 때의 엔트로피 변화를 구하고, 25°C에서 물의 몰당 엔트로피인 69.91 J/K과 비교하여라.

(2) 25°C에서 액체 물의 몰열용량 (C_p)은 75.29 J/K·mol이다. 1 몰의 물을 1 기압에서 0°C로부터 100°C까지 가열하는 과정에서 일어나는 엔트로피 변화를 구하고, 얼음이 녹을 때의 엔트로피 변화와 비교하여라. 이 온도 범위 내에서 몰열용량은 온도에 무관하다고 가정한다.

풀이 (1) $\Delta S_{\text{fus}} = \dfrac{\Delta H_{\text{fus}}}{T_f} = \dfrac{(333.55\ \text{J/g})(18\ \text{g})}{273.15\ \text{K}} = 22.0\ \text{J/K}$

25°C에서 물의 엔트로피인 69.91 J/K은 절대 영도에서의 엔트로피 0에서 출발하여 25°C까지의 모든 엔트로피 변화를 합한 값이다. 그 중 약 3분의 1이 얼음이 녹을 때의 엔트로피 증가에 의한 것이다.

(2) $\Delta S = nC_p \ln\dfrac{T_f}{T_i} = (1\ \text{mol}) \times (75.29\ \text{J/K·mol}) \times \ln\dfrac{373}{273} = 23.5\ \text{J/K}$

흥미롭게도 이 값은 얼음이 녹을 때의 엔트로피 변화인 22.0 J/K과 비슷하다.

트라우튼의 법칙 (Trouton's rule) 에 따르면 대부분의 액체들은 종류에 상관없이 증발할 때의 엔트로피 변화가 거의 일정하다. 분자간 상호작용이 강해서 증발에 따르는 엔탈피 변화가 큰 액체는 끓는점도 높기 때문에 두 값의 비가 일정한 것이다.

$$\Delta S_{vap} \approx 88 \text{ J/K} \cdot \text{mol}$$

예제 8.30

물과 다이에틸에테르의 끓는점은 각각 100°C와 34.6°C이고, 증발열은 540 cal/g과 90 cal/g이다. 물과 다이에틸에테르가 증발할 때의 엔트로피 변화를 구하고 트라우튼의 법칙을 확인하여라. 그리고 물이 증발할 때의 엔트로피 변화와 얼음이 녹을 때의 엔트로피 변화를 비교하여라.

풀이 물 : $\Delta H_{vap} = (540 \text{ cal/g})(18 \text{ g/mol})(4.18 \text{ J/cal}) = 40630 \text{ J/mol}$

$$\Delta S_{vap} = \Delta H_{vap}/T_b = \frac{40630 \text{ J/mol}}{373 \text{ K}} = 109 \text{ J/K·mol}$$

다이에틸에테르 : $\Delta H_{vap} = (90 \text{ cal/g})(74 \text{ g/mol})(4.18 \text{ J/cal}) = 27840 \text{ J/mol}$

$$\Delta S_{vap} = \Delta H_{vap}/T_b = \frac{27840 \text{ J/mol}}{308 \text{ K}} = 90 \text{ J/K·mol}$$

1 몰의 물이 증발할 때의 엔트로피 증가(109 J/K)는 얼음이 녹을 때의 엔트로피 변화(22.0 J/K)의 약 다섯 배이다. 물 분자들 입장에서 무질서도가 증가하는 정도에 큰 차이가 있는 것과 잘 맞는다.

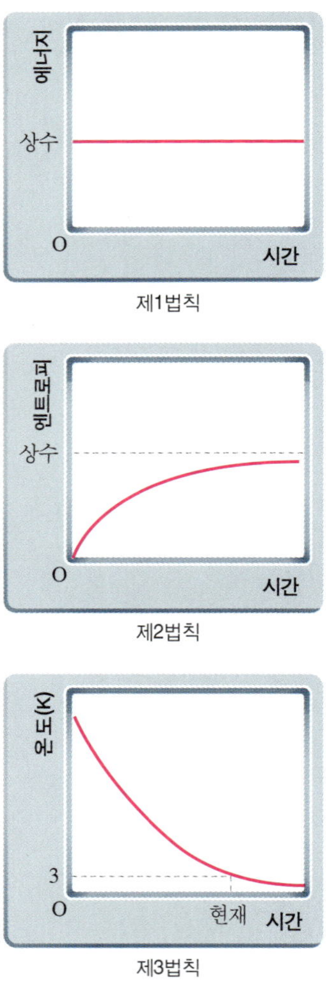

그림 8.9 열역학 제1, 제2, 제3법칙에 관련된 세 가지 상수.

이제 우리는 열역학 제1, 2, 3법칙을 모두 다루었고 제1, 2법칙으로부터 도출된 유용한 깁스 에너지를 구할 때 어떻게 3법칙이 적용되는지 알아보았다. 다음 절에서 깁스 에너지 변화가 화학 반응을 이해하고 조절하는 데 어떻게 사용되는가를 다루기 전에 열역학 법칙들을 다시 한 번 정리해 보자.

	제1법칙	제2법칙	제3법칙
핵심 개념	에너지	엔트로피	온도
상 수	에너지의 양	에너지의 질	절대 영도
크 기	유한하지만 모른다	유한하지만 모른다	영, 안다

열역학 법칙을 우주 전체에 적용하면 다음과 같이 말할 수 있다.

제1법칙 — 우주의 에너지는 어떤 상수이다.
제2법칙 — 우주의 엔트로피는 어떤 상수를 향해 나아간다.
제3법칙 — 우주의 온도는 상수 0을 향해 나아간다.

유한한 에너지를 가지고 태어난 우주는 한편으로는 그 에너지를 보존하면서 다른 한편으로는 엔트로피를 증가시키면서 진화한다. 우주가 팽창하면서 에너지 밀도는 낮아지고 언젠가 우주의 모든 별이 수명을 다하고 더 이상의 변화가 없는 우주의 평형에 도달하면 더 이상 엔트로피의 증가가 없고 우주의 엔트로피는 최대값에 도달한다. 현재 3 K인 우주의 온도는 그 때 0도에 이르게 된다.

Fire and Ice	불과 얼음
Some say the world will end in fire,	세상이 불로 망한다는 사람도 있고
Some say in ice.	얼음으로 망한다는 사람도 있다.
From what I've tasted of desire	내가 욕망을 맛본 바로는
I hold with those who favor fire.	불로 망한다는 사람들이 맞는 것 같다.
But if it had to perish twice,	하나 세상이 두 번 망해야 한다면
I think I know enough of hate	나도 증오에 대해 알만큼 아는지라
To say that for destruction ice	파멸을 위해선 얼음 역시
Is also great	위력이 있고
And would suffice.	충분하다 말하리라.

로버트 프로스트(Robert Frost, 1874-1963)

로버트 프로스트(Robert Frost, 1874-1963). 미국의 뉴햄프셔 출신의 시인.

프로스트가 말했던 세상의 두 번째 종말(end in ice)은 열역학 제2법칙의 필연적인 귀결로 찾아온다. 우주의 엔트로피가 최대값에 이르면 우주의 온도는 0도에 이른다. 아이러니칼하게도 이러한 열역학적 종말도 열죽음(heat death)이라 부른다.

8-4-4 안정과 자유의 조화

이제는 원래 이 장의 목표였던 대로 산화철의 환원, 물의 열분해 등 중요한 반응이 어느 정도의 온도에서 일어날지를 논의할 차례이다. 그러기 위해서 깁스 자유 에너지 변화의 의미를 다시 살펴볼 필요가 있다.

$\Delta G = \Delta H - T\Delta S$ 식에서 두 번째 항인 $-T\Delta S$에는 마이너스 부호가 붙어있다. 그것은 ΔG가 마이너스가 되는 방향은 ΔS가 플러스, 즉 엔트로피가 증가하는 방향이라는 의미이다. 온도는 마이너스 값을 가질 수 없기 때문이다. 그런데 잊지 말아야 할 것은 ΔH, ΔS 모두 계에 관한 양이라는 점이다. 즉 ΔG를 감소시켜서 반응이 자발적으로 진행되게 해주는 엔트로피 증가는 우주 전체의 엔트로피 증가가 아니라 계의 엔트로피 증가이다. 우주 전체의 엔트로피는 어차피 모든 비가역 과정에서 증가하게 되어 있다.

예제 8.31

다음 중 계의 엔트로피가 증가하는 경우를 골라라.

(1) 물에 잉크를 떨어뜨리면 퍼져 나간다.
(2) 물이 증발한다.
(3) 물이 언다.
(4) 물이 수소와 산소로 분해된다.
(5) 약간의 소금이 물에 녹는다.
(6) 소듐 이온과 염소 이온이 소금 결정으로 바뀐다.
(7) 기체에서 염화수소(HCl)와 암모니아(NH_3)가 반응해서 염화암모늄(NH_4Cl)이 된다.
(8) 두 사람이 결혼해서 한 가정을 이룬다.
(9) 자식이 성장해서 출가를 한다.

풀이 (1), (2), (4), (5), (9)

인간 사회는 자연 현상보다 복잡하다. 즉, 결혼을 하면 엔트로피가 증가하는 경우도 있고, 자식이 출가를 하면 엔트로피가 감소하기도 한다.

엔트로피의 증가를 무질서도의 증가라고도 하지만, 엔탈피의 감소를 안정의 향상이라고 본다면 엔트로피의 증가는 자유의 확대라고 해도 좋을 것이다.

예제 8.32

$\Delta G = \Delta H - T\Delta S$ 식에서 온도는 항상 플러스이기 때문에 주어진 온도에서 ΔG의 부호를 결정하는 것은 ΔH와 ΔS의 부호와 크기이다. ΔH와 ΔS의 부호에 따라 네 가지 조합이 가능하다. 어떤 경우에 그 과정이 자발적으로 일어날지 예를 들어 설명하여라.

풀이

ΔH	ΔS	안정	자유	ΔG
−	+	향상	확대	항상 −, 따라서 항상 자발적 예 : $CuO(s) + H_2(g) \longrightarrow Cu(s) + H_2O(g)$ (역반응은 절대로 일어나지 않는다)
−	−	향상	축소	낮은 온도에서만 − 예 : 물이 어는 과정 $N_2(g) + 3H_2(g) \longrightarrow 2NH_3(g)$
+	+	상실	확대	높은 온도에서만 − 예 : 얼음이 녹는 과정 $2HgO(s) \longrightarrow 2Hg(l) + O_2(g)$ $2H_2O(l) \longrightarrow 2H_2(g) + O_2(g)$ $2Fe_2O_3(s) \longrightarrow 4Fe(s) + 3O_2(g)$
+	−	상실	축소	어떤 경우에도 −가 될 수 없다. 예 : 없다

그리고 보면 인간 사회와 마찬가지로 자연에서도 모든 과정은 안정과 자유의 조화 내지는 타협의 결과로 일어나는 것을 볼 수 있다. 엔탈피는 낮아지고 엔트로피는 증가해서 안정과 자유 모두 발전하는 것은 100% 긍정적인 방향이다. 물이 어는 것처럼 엔탈피, 엔트로피 둘 다 낮아지면 안정은 얻지만 자유를 희생하기 때문에 ΔH와 $-T\Delta S$ 사이의 타협이 필요하다. 높은 온도에서는 $-T\Delta S$가 ΔH의 절대값보다 더 커져서 ΔG가 플러스가 된다. 적당히 낮은 온도에서만 ΔG가 마이너스가 된다. 물과 얼음 사이에는 그 타협점이 어는점 0°C이고, 물과 수증기 사이에는 끓는점 100°C이다. 얼음이 녹고 물이 기화할 때는 안정은 상실하지만 자유는 확대된다. 이 경우에는 적당히 높은 온도에서만 ΔG가 마이너스가 된다. 이 경우에도 물의 어는점과 끓는점은 타협점이다. 자연에서는 안정, 자유 모두를 상실하는 일은 절대 일어나지 않는다.

이제 남은 문제는 우리가 관심을 가지는 반응이 어떤 온도에서 자발적으로 일어날지를 결정하는 일이다. 그런데 어느 온도에서나 일어나거나 어느 온도에서도 일어나지 않는 경우는 특별히 고려할 필요가 없다. 물이 어는 것처럼 낮은 온도에서만 일어나는 경우도 별로 어려움이 없다. 그러니까 실제로 중요한 의미를 지니는 경우는 높은 온도가 필요한 경우이다. 이 경우에 ΔG가 0이 되는 타협점에서 온도는 $T = \dfrac{\Delta H}{\Delta S}$로 주어진다. 따라서 주어진 반응에 대해 ΔH와 ΔS를 구할 필요가 있다. 그런데 다행히 ΔH와 ΔS는 온도의 영향을 크게 받지 않는다. 그래서 ΔH와 ΔS 대신 표준 상태의 값, 즉 $\Delta H°$와 $\Delta S°$를 사용해도 상당히 정확한 타협점의 온도 T를 구할 수 있다. 그리고 나니 갑자기 긴 터널을 벗어나듯 문제가 풀리고 해결책이 보인다. 수 천 가지 화합물에 대해 만들어 놓은 표로부터 반응물과 생성물에 대한 표준 생성 엔탈피를 찾아서 반응에 대한 $\Delta H°$를 구하고, 표준 상태 엔트로피를 찾아서 $\Delta S°$를 구한 다음 $\Delta H°$를 $\Delta S°$로 나누기만 하면 되는 것이다.

이 방법을 먼저 상평형에 적용해 보고, 그다음에 몇 가지 중요한 화학 반응에 대해 응용해 보자.

예제 8.33

다음 열역학 자료로부터 물의 끓는점을 예측하여라.

$$H_2O(l, 물) \longrightarrow H_2O(g, 수증기)$$

	$\Delta H_f°$(25°C) (kJ/mol)	$S°$(25°C) (J/K·mol)
$H_2O(l)$	−285.83	69.91
$H_2O(g)$	−241.82	188.72
$O_2(g)$	0	205.03

풀이 $\Delta H°(25°) = (-241.82) - (-285.83) = 44.01$ kJ/mol (흡열 반응)

$\Delta S°(25°) = (188.72) - (69.91) = 118.81$ J/K·mol (엔트로피 증가)

$\Delta G°(25°) = (44.01$ kJ/mol$) - (298.1515$ K$)(118.81$ J/K·mol$) = 8.6$ KJ/mol (비자발적)

$$T = \frac{\Delta H°}{\Delta S°} = \frac{44.01 \times 10^3 \text{ J/mol}}{118.81 \text{ J/K·mol}} = 370 \text{ K}$$

25°C에서 주어진 $\Delta H°$와 $\Delta S°$값으로부터 100°C의 끓는점을 예측한 것을 생각하면 370 K는 373 K(100°C)와 상당히 잘 맞는다. 100°C 이상의 온도에서는 물 분자의 자유도가 안정도보다 더 중요하게 작용해서 물이 기화하고, 100°C 이하의 온도에서는 안정도가 더 중요하게 작용하여 수증기가 응축한다. 물이 얼고 얼음이 녹을 때도 똑같은 원리가 적용된다.

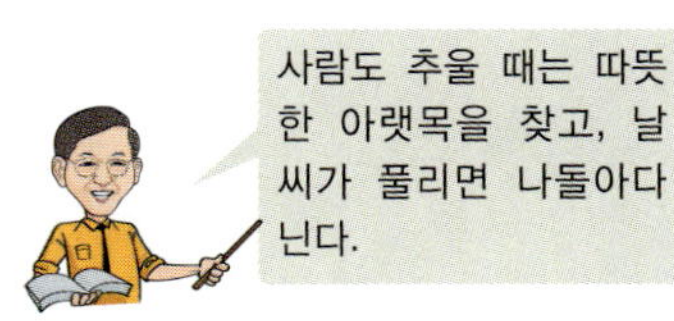

이제부터는 깁스 에너지와 반응의 자발성을 화학 반응에 적용해 보자.

예제 8.34

다음 열역학 자료로부터 프리스틀리의 산소 발견 실험에서 25°C에서의 $\Delta H°$와 $\Delta S°$, $\Delta G°$ 그리고 $\Delta G°$가 0이 되는 온도를 구하여라.

$$2HgO(s) \longrightarrow 2Hg(l) + O_2(g)$$

	$\Delta H_f°$(25°C) (kJ/mol)	$S°$(25°C) (J/K·mol)
$HgO(s)$	−90.83	70.29
$Hg(l)$	0	76.02
$O_2(g)$	0	205.03

풀이 $\Delta H°(25°) = -(2)(-90.83) = 181.66$ kJ/mol (흡열 반응)

$\Delta S°(25°) = (2)(76.02) + (205.03) - (2)(70.29) = 216.49$ J/K·mol (엔트로피 증가)

$\Delta G°(25°) = (181.66$ kJ/mol$) - (298.15$ K$)(216.49$ J/K·mol$) = 117.1$ J/K·mol (비자발적)

$$T = \frac{\Delta H°}{\Delta S°} = \frac{181.66 \times 10^3 \text{ J/mol}}{216.49 \text{ J/K·mol}} = 839 \text{ K } (566°\text{C})$$

산화수은은 분해로 안정을 상실하지만 고체가 액체와 기체로 바뀌면서 자유도가 크게 증가하기 때문에 아주 높지 않은 온도에서 열분해가 일어난다. 프리스틀리는 깁스 에너지에 관한 열역학의 원리를 몰랐겠지만 아무튼 다행히 햇빛을 렌즈로 모아서 얻을 수 있는 정도의 온도에서 산화수은의 분해가 일어나기 때문에 프리스틀리는 산소의 발견자로 기억된다.

예제 8.35

라부아지에의 물 분해 실험에서 25 C°에서의 $\Delta H°$와 $\Delta S°$, $\Delta G°$그리고 $\Delta G°$가 0이 되는 온도를 구하여라. 필요한 열역학 자료는 앞의 예제를 참조하라.

$$2H_2O(l) \longrightarrow 2H_2(g) + O_2(g)$$

	$\Delta H_f°$(25°C) (kJ/mol)	$S°$(25°C) (J/K·mol)
$H_2O(l)$	−285.83	69.91
$H_2(g)$	0	130.57

풀이 $\Delta H°(25°) = -(2)(-285.83) = 571.66$ kJ/mol (흡열 반응)

$\Delta S°(25°) = (2)(130.57) + (205.03) - (2)(69.91) = 326.35$ J/K·mol (엔트로피 증가)

$\Delta G°(25°) = (571.66 \text{ kJ/mol}) - (298.15 \text{ K})(326.35 \text{ J/K·mol}) = 474.4$ J/K·mol (비자발적)

$$T = \frac{\Delta H°}{\Delta S°} = \frac{571.66 \times 10^3 \text{ J/mol}}{326.35 \text{ J/K·mol}} = 1752 \text{ K } (1479°\text{C})$$

물의 열분해는 1500°C 정도의 높은 온도를 필요로 한다. 이 경우에도 엔트로피는 크게 증가하지만 물이 워낙 안정하기 때문에 상당히 높은 온도에서만 엔트로피 효과가 엔탈피 효과보다 커진다(entropy-driven). 누가 1000°C에서 물을 열분해할 수 있는 촉매를 개발했다고 한다면 믿어도 좋을까?

이제부터는 인류 문명의 발전에서 큰 획을 긋는 사건이었던, 철광석으로부터 철을 얻는 문제를 생각해 보자. 철의 녹는점은 1535°C이다. 산화철(Fe_2O_3)에서 산소를 떼어 내고 얻은 철은 녹는점보다 높은 온도에서는 액체로 얻어질 것이다. 그런데 액체 철에 대한 열역학 자료는 별로 없다. 왜냐하면 25°C 표준 상태에서 철은 고체이기 때문이다. 따라서 아래의 예제들에서는 고체 철을 생성물로 하여 문제를 풀어본다. 사실 철의 녹는점 이하의 온도에서 반응이 일어난다면 고체 철이 생성물로 얻어진다고 보아도 무리가 없을 것이다.

예제 8.36

철광석에는 몇 가지 다른 산화철이 섞여 있지만 주성분이 Fe_2O_3만을 고려하기로 한다. 다른 첨가물이 없이 열로 Fe_2O_3를 분해하려면 어느 정도의 온도가 필요할까? 추가로 필요한 열역학 자료는 앞의 예제를 참조하라.

$$2Fe_2O_3(s) \longrightarrow 4Fe(s) + 3O_2(g)$$

	ΔH_f°(25°C) (kJ/mol)	S°(25°C) (J/K·mol)
Fe(s)	0	27.28
Fe_2O_3(s, 적철광)	−824.2	87.40

풀이 $\Delta H^\circ(25^\circ) = -(2)(-824.2) = 1648.4$ kJ (흡열 반응)

$\Delta S^\circ(25^\circ) = (4)(27.28) + (3)(205.03) - (2)(87.40) = 549.4$ J/K (엔트로피 증가)

$\Delta G^\circ(25^\circ) = (1648.4$ kJ/mol$) - (298.15$ K$)(548.4$ J/K·mol$) = 474.4$ kJ/mol (비자발적)

$$T = \frac{1648.4 \times 10^3 \text{ J}}{549.4 \text{ J/K}} = 3000 \text{ K (약 2730°C)}$$

이 반응을 위의 물 분해와 비교해 보면 산소 한 분자당 엔탈피 변화는 비슷한 것을 알 수 있다.

$$\frac{1648}{3} = 549 \fallingdotseq 571$$

그런데 산소 한 분자가 생성되는 반응의 엔트로피 증가는 물의 환원에서는 326.35 J/K·mol, 산화철의 환원에서는 $\frac{549}{3} = 183$ J/K·mol로 큰 차이가 있으므로 산화철에서 산소를 떼어내는 데는 훨씬 높은 온도가 필요하다.

3000 K는 얼음이 녹는 온도의 열 배가 넘고, 물의 열분해에 필요한 온도의 두 배에 가까운 높은 온도이다. 기원전 12세기 경 청동기 시대에서 철기 시대로 넘어가는 당시 3000 K의 온도를 얻는 것은 거의 불가능했을 것이다. 열은 외부로 빠져나가서 우주 전체의 엔트로피를 증가시키려는 속성이 있기 때문이다. 조금 낮은 온도에서 철을 얻으려면 어떤 방법이 있을까? 산소는 수소와 쉽게 반응하여 물을 만든다는 사실을 이용한다고 해 보자.

예제 8.37

다음 반응이 자발적으로 일어날 온도 조건을 구하라. 추가로 필요한 열역학 자료는 앞의 예제를 참조하라.

$$Fe_2O_3(s) + 3H_2(g) \longrightarrow 2Fe(s) + 3H_2O(g)$$

풀이 $\Delta H^\circ(25^\circ) = (3)(-241.82) - (-824.2) = 98.74$ kJ (흡열 반응)

$\Delta S^\circ(25^\circ) = (2)(27.28) + (3)(188.72) - (87.40) - (3)(130.57) = 141.6$ J/K (엔트로피 증가)

$\Delta G^\circ(25^\circ) = (98.74$ kJ/mol$) - (298.15$ K$)(141.6$ J/K·mol$) = 56.5$ kJ/mol (비자발적)

$$T(25^\circ) = \frac{98.74 \times 10^3 \text{ J}}{141.6 \text{ J/K}} = 697 \text{ K (424°C)}$$

이 온도는 산화철을 직접 열분해하는 데 필요한 온도보다 무려 2300도나 낮다. 그러나 수소를 어떻게 얻을 수 있는지 문제이므로 실용적인 방법이 못 된다. 아무튼 이렇게 산화철을 환원시키는 것이 어렵기 때문에 청동기 시대 다음에 철기 시대가 도래한 것이다.

그런데 일단 철기 시대가 시작되고 나서는 현재까지도 철이 대량으로 생산되고 사용되는 것을 보면 3천여 년 전에 찾아낸 방법은 매우 실용적이고, 그 실용성의 배후에는 깊은 과학의 원리가 숨어 있는 것이 틀림없다. 우리나라도 산업화 초기부터 지금까지 국가 경제에서 철강 산업이 큰 몫을 차지하고 있다. 그렇다면 철광석으로부터 철을 얻어내는 비결은 무엇일까? 앞에서 철의 생산에서 탄소의, 특히 일산화탄소의 역할을 언급했는데, 이제부터 옛날 사람들이 엔탈피, 엔트로피, 그리고 깁스 에너지를 모르는 상태에서 이루어낸 제철 과정을 체계적으로 분석하고 이해해 보자.

예제 8.38

탄소를 환원제로 사용하여 철을 얻고자 한다. 25°C에서 다음 반응의 $\Delta H°$, $\Delta S°$, $\Delta G°$, 그리고 $\Delta G°$가 0이 되는 온도를 구하여라. 추가로 필요한 열역학 자료는 앞의 예제를 참조하라.

(1) $2Fe_2O_3(s) + 6C(s) \longrightarrow 4Fe(s) + 6CO(g)$

(2) $2Fe_2O_3(s) + 3C(s) \longrightarrow 4Fe(s) + 3CO_2(g)$

	$\Delta H_f°$(25°C) (kJ/mol)	$S°$(25°C) (J/K·mol)
C(*s*, 흑연)	0	5.74
$CO(g)$	−110.52	197.56
$CO_2(g)$	−393.51	213.63

풀이 (1) $\Delta H°(25°) = (6)(-110.52) - (2)(-824.2) = 985.28$ kJ/mol (흡열반응)

$\Delta S°(25°) = (4)(27.28) + (6)(197.56) - (2)(87.40) - (6)(5.74) = 1085.2$ J/K·mol (엔트로피 증가)

$\Delta G°(25°) = (985.28 \text{ kJ/mol}) - (298.15 \text{ K})(1085.2 \text{ J/K·mol}) = 661.7$ J/K·mol (비자발적)

$$T = \frac{985.28 \text{ kJ/mol}}{1085.2 \text{ J/K·mol}} = 1752 \text{ K (1479°C)}$$

(2) $\Delta H°(25°) = (3)(-393.51) - (2)(-824.2) = 467.87$ kJ/mol (흡열반응)

$\Delta S°(25°) = (4)(27.28) + (3)(213.63) - (2)(87.40) - (3)(5.74) = 557.69$ J/K·mol (엔트로피 증가)

$\Delta G°(25°) = (467.87 \text{ kJ/mol}) - (298.15 \text{ K})(557.69 \text{ J/K·mol}) = 634.15$ J/K·mol (비자발적)

$$T = \frac{467.87 \text{ J/mol}}{557.69 \text{ J/K·mol}} = 839 \text{ K (약 566°C)}$$

두 반응 모두 엔트로피가 증가하는 흡열 반응이므로 높은 온도에서는 $\Delta G°$가 마이너스가 된다.

이들 반응이 자발적으로 일어나는 온도는 탄소가 없는 경우의 2730°C(예제 8.33)에 비해 2000°C 이상 낮다. 그런데 문제는 반응물인 산화철과 탄소가 모두 고체라는 점이다. 산화철은 1500°C 이상에서 녹고, 탄소는 3500°C에서야 녹는다. 따라서 아무리 산화철과 코크스를 가루로 만들어 섞어준다 해도 원자 수준에서 보면 접촉해서 반응에 참여할 수 있는 산화철과 탄소의 양은 극히 제한적이다. 따라서 반응은 상당히 느리다.

아무튼 반응이 CO까지 진행하든지 또는 CO_2까지 진행하든지 간에 600°C 정도가 되어야 자발적이 된다. 그런데 뒤에서 설명하겠지만 반응이 자발적이 되는 온도에서는 반응이 원하는 방향으로 완결되는 것이 아니라 평형 상수가 1에 불과하다. 그래서 반응이 어느 정도 진행하면 바로 역반응이 일어난다. 경제적으로 철을 생산하기 위해서는 비교적 낮은 온도에서 반응이 빠르면서 평형 상수가 큰 반응이 필요하다. 바로 일산화탄소가 이 모든 조건을 만족시키는 마법의 화합물인 것이다.

예제 8.39

(1) 25°C에서 다음 반응의 $\Delta H°$, $\Delta S°$, $\Delta G°$를 구하고 반응의 자발성을 논하여라.

$$2CO(g) + O_2(g) \longrightarrow 2CO_2(g)$$

(2) 일산화탄소를 환원제로 사용하여 철을 얻을 수 있을까? 25°C에서 다음 반응의 $\Delta H°$, $\Delta S°$, $\Delta G°$를 구하고 반응의 자발성을 논하여라.

$$Fe_2O_3(s) + 3CO(g) \longrightarrow 2Fe(s) + 3CO_2(g)$$

풀이 (1) $\Delta H°(25°C) = (2)(-393.51) - (2)(-110.52) = -565.98$ kJ/mol (발열 반응)

$\Delta S°(25°C) = (2)(213.63) - (2)(197.56) - (205.03) = -172.89$ J/K·mol (엔트로피 감소)

$\Delta G°(25°C) = (-565.98$ kJ/mol$) - (298.15$ K$)(-172.89$ J/K·mol$) = -514.4$ kJ/mol (자발적)

$$T = \frac{-565.98 \times 10^3 \text{ J/mol}}{-172.89 \text{ J/K}} = 3274 \text{ K}$$

엔트로피가 감소하는 반응이지만 워낙 많은 열이 발생하기 때문에, 즉 안정화 효과가 크기 때문에, 약 3300°C 이하의 모든 온도에서 이 반응은 자발적이다.

(2) (25°C) $= (3)(-393.51) - (-824.2) - (3)(-110.52) = -24.77$ kJ/mol (발열 반응)

(25°C) $= (2)(27.28) + (3)(213.63) - (87.40) - (3)(197.56) = 15.37$ J/K·mol (엔트로피 증가)

(25°C) $= (-24.77$ kJ/mol$) - (298.15$ K$)(15.37$ J/K·mol$) = -29.35$ kJ/mol (자발적)

발열 반응이면서 엔트로피도 증가하므로 이 반응은 모든 온도에서 자발적이다.

이것은 아주 획기적인 반응이다. 이 반응을 다음과 같이 분석해 보자.

	반응	$\Delta H°$	$\Delta S°$
	$6CO(g) + 3O_2(g) \longrightarrow 6CO_2(g)$	$\Delta H° = -1697.94$ kJ/mol	$\Delta S° = -518.67$ J/K·mol
+)	$2Fe_2O_3(s) \longrightarrow 4Fe(s) + 3O_2(g)$	$\Delta H° = 1648.4$ kJ/mol	$\Delta S° = 549.4$ J/K·mol
	$2Fe_2O_3(s) + 6CO(g) \longrightarrow 4Fe(s) + 6CO_2(g)$	$\Delta H° = -49.54$ kJ/mol	$\Delta S° = 30.7$ J/K·mol
또는	$Fe_2O_3(s) + 3CO(g) \longrightarrow 2Fe(s) + 3CO_2(g)$	$\Delta H° = -24.77$ kJ/mol	$\Delta S° = 15.4$ J/K·mol

위의 전체 반응이 발열 반응인 이유는 앞에서 헤스의 법칙과 관련하여 살펴본 대로 CO가 CO_2로 산화될 때의 발열량이 아주 커서 Fe_2O_3가 Fe로 환원될 때의 흡열량보다 크기 때문이다. 한편 9 몰의 기체 분자가 6 몰의 기체 분자로 바뀌어 3 몰이 감소하는 CO의 산화 반응의 엔트로피 감소보다 고체 산화철로부터 3 몰의 기체 산소가 발생하는 반응의 엔트로피 증가가 더 커서 전체 반응의 엔트로피는 증가한다.

이처럼 인류 문명의 방향을 바꾸어 놓은 이 획기적인 발견의 핵심에는 일산화탄소의 표준 생성 엔탈피가 비정상적으로 높다는 사실이 자리잡고 있다. 그런데 그 이유는 일산화탄소의 비정상적인 전하 분포에 있다. 6장에서 본 대로 일산화탄소에서는 전기음성도가 낮은 탄소의 형식 전하가 −1이고, 전기음성도가 높은 산소의 형식 전하가 +1이다. 그것은 전기음성도가 높은 산소에서 전기음성도가 낮은 탄소 쪽으로 전하가 이동했다는 의미이다. 이런 부자연스러운 전하 분포 때문에 일산화탄소의 표준 생성 엔탈피는 이산화탄소에 비해 상당히 높고, 일산화탄소가 산화되면 정상적으로 산소가 음전하를 가지는, 안정한 이산화탄소가 얻어지면서 많은 열이 나오게 된다.

:C≡O:
−1 +1

O=C=O
−2 +4 −2

예제 8.40

위의 두 반응과 전체 반응에 대하여 25°C에서 깁스 에너지 변화를 구하여라.

풀이 $6CO(g) + 3O_2(g) \rightleftharpoons 6CO_2(g)$

$$\Delta G°(25°C) = (25°C) - (298.15\ K)(\Delta S°(25°C)$$
$$= -1697.94\ kJ/mol - (298.15\ K)(-518.67\ J/K{\cdot}mol)$$
$$= -1543.3\ kJ/mol$$

$2Fe_2O_3(s) \longrightarrow 4Fe(s) + 3O_2(g)$

$$\Delta G°(25°C) = 1648.4\ kJ/mol - (298.15\ K)(549.4\ J/K{\cdot}mol)$$
$$= 1484.6\ kJ/mol$$

$2Fe_2O_3(s) + 6CO(g) \rightleftharpoons 4Fe(s) + 6CO_2(g)$

$$\Delta G°(25°C) = -49.54\ kJ/mol - (298.15\ K)(30.7\ J/K{\cdot}mol)$$
$$= -58.7\ kJ/mol$$

이 값은 위에서 구한 두 반응의 (25°C) 값을 더한 것과 같다.
$-1543.3\ kJ/mol + 1484.6\ kJ/mol = -58.7\ kJ/mol$

위의 예제에서 보았듯이 산화철의 환원은 깁스 에너지 관점에서 이해할 수 있다. 널뛰기에서 한 쪽이 내려가면서 다른 쪽이 올라가듯이 일산화탄소의 산화 반응의 깁스 에너지 감소가 산화철의 환원 반응의 깁스 에너지 증가보다 절대값이 크기 때문에 낮은 온도에서도 이 반응이 자발적으로 일어나는 것이다.

그런데 CO는 어디서 오는 것일까? 만들어진 철이 녹아나오기 위해서는 높은 온도가 필요하다. 높은 온도를 얻으려면 도자기를 구울 때 사용하는 고로(高爐)나 용광로(鎔鑛爐, furnace)에서와 같이 열이 빠져나가지 못하게 해야 한다. 용광로에서는 철광석, 석회석(石灰石, limestone, $CaCO_3$), 그리고 코크스를 위에서 넣어주고, 아래에서 뜨거운 공기를 불어넣어준다. 그러면 산소가 충분한 아래쪽에서는 이산화탄소가 만들어지는데, 뜨거운 이산화탄소는 위로 올라가다가 코크스를 만나면 공기의 공급이 충분하지 못한 상황에서 일산화탄소(CO)로 바뀐다.

$$C(s) + CO_2(g) \rightleftharpoons 2CO(g)$$

이 일산화탄소는 산화철(Fe_2O_3)로부터 산소를 빼앗아 이산화탄소로 산화되고, 산화철은 철로 환원된다. 환원제로 작용하는 일산화탄소가 기체라는 사실은 아주 중요하다. 탄소도 환원제이기는 하지만 고체 탄소와 철광석에 들어있는 산화철과의 반응은 효율적이지 못하다. 다량의 일산화탄소 기체는 용광로의 위쪽에 강력한 환원성 환경을 만들고 철광석 표면의 산화철을 환원시킨다. 이 반응은 많은 열을 내는 발열 반응이다. 이렇게 만들어진 철은 철광석으로부터 떨어져 나가고 내부의 산화철을 노출시

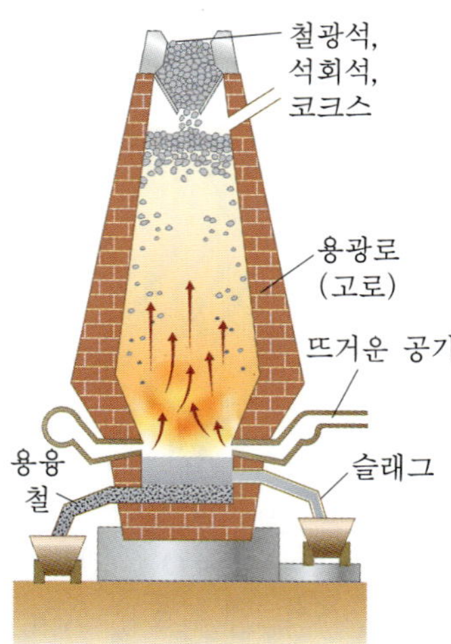

그림 8.10 일산화탄소로 산화철을 환원시켜서 철을 생산하는 용광로.

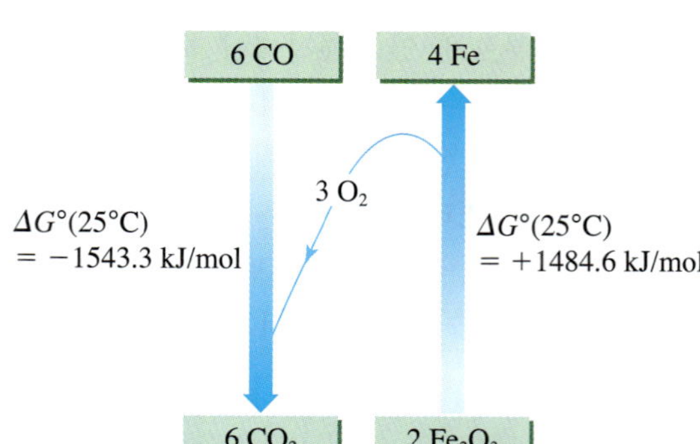

그림 8.11 CO에 의한 산화철의 환원. CO의 산화가 발열량이 아주 크기 때문에 전체 반응은 발열 반응이다.

켜서 반응이 계속된다. 용광로 아래쪽 온도는 철의 녹는점보다 높아서 녹은 철을 용광로로부터 꺼낼 수 있게 된다.

그리고 보니 왜 구리는 철에 비해 제련이 쉬운지 궁금해진다. 구리의 제련을 생각해 보자.

예제 8.41

다음 반응이 자발적으로 일어날 온도 조건을 구하여라.

$$2CuO \rightleftharpoons 2Cu + O_2$$

	ΔH_f°(25°C) (kJ/mol)	S°(25°C) (J/K·mol)
Cu(s)	0	33.15
CuO(s, cuprite)	−157.3	42.63

풀이 $\Delta H^\circ = -(2)(-157.3) = 314.6$ kJ (흡열 반응)

$\Delta S^\circ = (2)(33.15) + (205.03) - (2)(42.63) = 186.07$ J/K (엔트로피 증가)

$T = \dfrac{31.6 \times 10^3 \text{ J/mol}}{186.07 \text{ J/K}} = 1690$ K (약 1420°C)

구리의 탄산염인 말라카이트(malachite)는 녹색, 아주라이트(azurite)는 진한 푸른색, 적동광(赤銅鑛, cuprite)은 붉은색을 나타낸다. 청동기 시대가 시작되기 이전, 기원전 6000년경에 고대인들은 토기에 이러한 구리 화합물들을 발라 색을 내었다. 이때 우연히 온도와 환원제의 조건이 맞아 구리가 석출되는 모습이 발견되었을 것으로 추측된다.

말라카이트

아주라이트

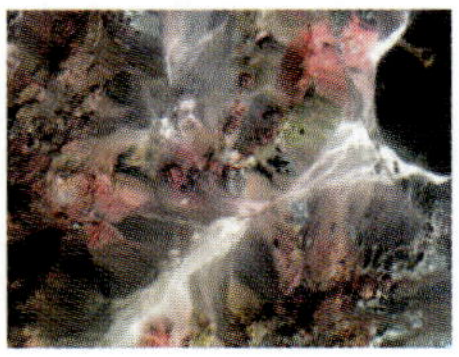
적동광

아무튼 구리에서 산소를 떼어내는 데 필요한 1700 K는 산화철의 열분해에 필요한 3000 K에 비해 훨씬 낮다. Fe_2O_3의 표준 생성 엔탈피는 −824.2 kJ/mol로 산소 원자 한 개당 약 −275 kJ/mol인데, CuO의 표준 생성 엔탈피는 −157.3 kJ/mol이다. 철의 산화수가 +3인 Fe_2O_3의 결합이 구리의 산화수가 +2인 CuO의 결합보다 강한 것은 당연하고, 그래서 철기 시대보다 청동기 시대가 수천 년 먼저 온 것이다.

금속의 제련에 대해 한 가지 더 생각해 보자. 알루미늄은 가볍고, 강하고, 산화알루미늄 피막을 만드는 등과 같이 구리나 철과는 또 다른 많은 장점을 가진다.

예제 8.42

다음 반응이 자발적으로 일어날 온도 조건을 구하여라.

(1) $2Al_2O_3 \rightleftharpoons 4Al + 3O_2$

(2) $Al_2O_3 + 3CO \rightleftharpoons 2Al + 3CO_2$

	ΔH_f°(25°C) (kJ/mol)	S°(25°C) (J/K·mol)
Cu(s)	0	33.15
Al_2O_3(s)	−1675.7	50.92

풀이 (1) $\Delta H^\circ = -(2)(-1675.7) = 3351.4$ kJ/mol (흡열 반응)

$\Delta S^\circ = (4)(33.15) + (3)(205.03) - (2)(50.92) = 645.85$ kJ/mol (엔트로피 증가)

$$T = \frac{3351.4 \times 10^3 \text{ J/mol}}{645.85 \text{ J/K}} = 5190 \text{ K} \text{ (약 4920°C)}$$

철의 경우 3000 K보다 훨씬 높다.

(2) $\Delta H° = (3)(-393.51) - (-1675.7) - (3)(-110.52) = 826.7$ kJ/mol (흡열 반응)

$\Delta S° = (2)(33.15) + (3)(213.63) - (50.92) - (3)(197.56) = 63.6$ J/K·mol (엔트로피 증가)

$$T = \frac{1653.5 \times 10^3 \text{ J}}{127.18 \text{ J/K}} = 13000 \text{ K}$$

철의 경우와 달리 일산화탄소가 도움이 되지 않는다.

이렇게 온도를 높여서 알루미늄을 얻어내는 것은 비경제적이다. 그래서 알루미늄을 얻는 전기분해 방법이 중요한 것이다.

다시 수소 문제로 돌아가서 뜨겁게 달군 코크스에 수증기를 통과시켜 수소를 만드는 수성 가스(water gas) 반응을 생각해보자.

예제 8.43

앞의 예제들에서 주어진 $\Delta H_f°$와 $S°$ 값을 사용해서 다음에 답하여라. 단 기체 상태 물의 $\Delta H_f°$는 -241.82 kJ/mol, $S°$는 188.72 J/K·mol이다.

$$C(s) + H_2O(g) \rightleftharpoons CO(g) + H_2(g)$$

(1) 각 기체의 분압이 1 기압일 때 25°C에서 이 반응의 엔탈피 변화($\Delta H°$)를 구하여라.
(2) 각 기체의 분압이 1 기압일 때 25°C에서 이 반응의 엔트로피 변화($\Delta S°$)를 구하여라.
(3) 각 기체의 분압이 1 기압일 때 25°C에서 이 반응의 깁스 자유 에너지 변화($\Delta G°$)를 구하여라.
(4) 각 기체의 분압이 1 기압일 때 위의 반응이 자발적으로 일어나는 데 필요한 최저 온도를 구하여라.

풀이 (1) $\Delta H°(25°) = (-110.52) - (-241.82) = 131.3$ kJ/mol

전기음성도가 낮은 수소와 결합하여 전자를 얻고 있던 산소가 상대를 탄소로 바꾸다 보니 엔탈피가 약간 높아진다. 따라서 흡열 반응이다.

(2) $\Delta S°(25°) = (197.56) + (130.57) - (5.74) - (188.72) = 133.67$ J/K·mol

기체 1 몰이 2 몰로 바뀌므로 엔트로피가 증가한다.

(3) $\Delta G°(25°) = (131.3 \text{ kJ/mol}) - (298 \text{ K})(133.67 \text{ J/K·mol}) = 91.5$ kJ/mol

25°C에서는 엔탈피 효과가 커서 깁스 에너지가 증가하고 반응은 자발적으로 일어나지 않는다.

(4) $$T = \frac{131.3 \times 10^3 \text{ J/mol}}{133.67 \text{ J/K·mol}} = 982 \text{ K}$$ (약 710°C)

마지막으로 우리 몸에서 글루코스를 연소시켜 에너지를 얻고 체온을 유지하는 반응을 생각해 보라.

예제 8.44

마지막으로 우리 몸에서 글루코스를 연소시켜 에너지를 얻고 체온을 유지하는 반응을 생각해보자. 글루코스의 $\Delta H_f°$는 -1273 kJ/mol, $S°$는 212 J/K·mol이다. 다음 반응의 $\Delta H°$, $\Delta S°$, $\Delta G°$를 구하라.

$$C_6H_{12}O_6(s) + 6O_2 \longrightarrow 6CO_2 + 6H_2O$$

	ΔH_f°(25°C) (kJ/mol)	S°(25°C) (J/K·mol)
$O_2(g)$	0	205.03
$CO_2(g)$	−393.51	213.63
$H_2O(l)$	−285.83	69.91
$C_6H_{12}O_6(s)$	−1273	212

풀이 $\Delta H^\circ = (6)(-393.51) + (6)(-285.83) - (-1273) = -2803$ kJ/mol

$\Delta S^\circ = (6)(213.63) + (6)(68.91) - (212) - (6)(205.03) = 259$ J/K·mol

$\Delta G^\circ = (-2803$ kJ/mol$) - (298$ K$)(259$ J/K·mol$) = -2880$ kJ/mol

엔탈피가 감소하고 엔트로피는 증가하므로 글루코스의 산화 반응은 모든 온도에서 자발적이다. 그렇다면 체온을 유지하는 것은 생화학 반응들을 자발적으로 일어나게 하기 위한 것이 아니라 다른 이유가 있는 듯하다. 반응속도는 10장에서 다룬다.

이것으로 화학 열역학에 관한 긴 이야기를 마치고, 다음 장에서는 화학 열역학이 화학 평형에 어떻게 적용되는지 중요한 평형 반응은 어떤 것들이 있는지 생각해 본다.

요점 정리

- 우주에서 우리가 관심을 가지는 부분을 계라 하고, 나머지를 주위이라고 한다. 실제로는 계와 물질과 에너지를 교환하는 계와 가까운 주위를 고려한다.
- 과정에 관계없이 초기 상태와 최종 상태에 의해 결정되는 열역학적 함수를 상태 함수라고 한다. 중요한 상태 함수에는 내부 에너지, 엔탈피, 엔트로피, 깁스 자유 에너지가 있다. 열과 일은 상태 함수가 아니다.
- 열역학 제1법칙에 따르면 우주의 에너지는 보존된다. 우리 주위의 물질 세계에 적용되는 에너지는 일과 열로 나눌 수 있다. 일과 열은 서로 변환될 수 있다 (1 cal = 4.184 J).
- 주변에서 계에 대해 열(q)과 일(w)이 가해지면 그 합만큼 계의 내부 에너지(U)가 변화한다 ($\Delta U = q + w$). 그런데 모든 일은 일반적으로 (압력 × 부피 변화)로 나타낼 수 있다. 따라서 계의 내부 에너지 변화는 미분 형태로 $dU = dq - PdV$와 같이 적을 수 있다. 이로부터 새로운 상태 함수인 엔탈피(H)가 $H = U + PV$로 유도된다.
- 일반적으로 계의 에너지가 감소하여 낮은 에너지 상태로 바뀔 때는 열이 나온다. 일정한 압력하에서 발생하는 열은 계의 엔탈피 감소에 해당한다. 계의 안정화의 척도인 엔탈피 감소는 반응의 자발성을 결정하는 중요한 요인이다.
- 계의 자유화의 척도인 엔트로피(S) 증가는 반응의 자발성을 결정하는 또 하나의 중요한 요인이다. 엔트로피는 $S = q/T$로 정의된다.
- 열역학 제2법칙에 따르면 우주의 엔트로피는 증가한다. 이것이 어떤 열역학적 과정의 자발성을 결정짓는 기준이다. 계에 대하여 $G = H - TS$로 정의되는 깁스 자유 에너지(G)가

감소하는 것은 우주의 엔트로피가 증가하는 것과 같다. 따라서 어떤 반응이 어떤 온도 T에서 자발적으로 일어날지 알려면 반응의 엔탈피 변화 (ΔH) 와 엔트로피 변화 (ΔS)로부터 구한 $\Delta G = \Delta H - T\Delta S$ 값이 음수인지 보면 된다.

- 어떤 반응의 엔탈피 변화 (ΔH) 는 반응물과 생성물의 표준 생성 엔탈피의 차이로부터 구할 수 있다. 많은 화합물의 표준 생성 엔탈피는 헤스의 법칙을 사용하여 반응열로부터 측정할 수 있다.
- 어떤 반응의 엔트로피 변화 (ΔS) 는 반응물과 생성물의 표준 엔트로피의 차이로부터 구할 수 있다. 열역학 제3법칙에 따르면 절대 0도에서 순수한 물질의 엔트로피는 0이다. 따라서 주어진 온도에서 반응물과 생성물의 엔트로피의 절대값을 결정할 수 있다.
- 반응의 자발성을 결정하는 $\Delta G = \Delta H - T\Delta S$ 식을 보면 높은 온도에서는 엔트로피 효과가 크리라는 것을 알 수 있다. 온도가 올라가면 얼음이 녹고 물이 끓는다. 반대로 낮은 온도에서는 엔탈피 효과가 크다. 온도가 내려가면 수증기가 응축하고 물이 언다. 같은 이유로 산화철에서 산소를 떼내는 것 같이 엔트로피가 증가하는 반응은 높은 온도에서 잘 일어난다. 이것이 많은 주요한 화학 반응에서 높은 온도가 필요한 이유이다.

연 | 습 | 문 | 제

O, × 문제

다음 서술이 맞는지 틀리는지 O, ×로 답하고, 틀린 경우에는 틀린 내용을 맞게 고쳐라.

1. 팽창하는 우주는 열린계이다. (　　)
2. 우주는 닫힌계이므로 우주의 에너지는 보존된다. (　　)
3. 내부 에너지, 일, 그리고 열은 모두 상태 함수이다.(　　)
4. 열과 일은 상호교환이 가능하다. 따라서 열은 일을 하는 데 쓰일 수 있다. (　　)
5. $1\ \text{J} = 4.184\ \text{cal}$ (　　)
6. 카르노 순환과정은 최대한 일을 할 수 있는 순환과정이다. (　　)
7. 계에 가해진 일과 열의 합은 내부 에너지의 변화로 나타난다. (　　)
8. 내부 에너지 = 엔탈피 + PV (　　)
9. 엔트로피 = 플랑크 상수 × ln(미시 상태수) (　　)
10. $\Delta S = \frac{q_{rev}}{T}$ (　　)

11. 열 엔진의 효율 $= 1 - \frac{T_h}{T_c}$ (　　)

12. 아르곤의 경우 $C_p = \left(\frac{5}{3}\right)C_v$이다. (　　)

13. 우주의 엔트로피는 무한히 증가한다. (　　)

14. 상온에서 순수한 물질의 엔탈피의 절대값을 구할 수 있다. (　　)

15. 상온에서 순수한 물질의 엔트로피의 절대값을 구할 수 있다. (　　)

16. 주변의 엔트로피 증가는 계에서 주변으로 빠져나가는 열로부터 구할 수 있다. (　　)

17. 발열 반응은 항상 자발적이다. (　　)

18. 흡열 반응은 절대 자발적으로 일어나지 않는다. (　　)

19. 어떤 과정이 자발적인지의 기준은 우주의 깁스 자유 에너지가 감소하는가이다. (　　)

20. 어떤 과정이 자발적인지의 기준은 우주의 엔트로피가 증가하는가이다. (　　)

21. 얼음이 10°C에서 자발적으로 녹는 것은 $T\Delta S < \Delta H$이기 때문이다. (　　)

22. $\Delta G = \Delta G° + RT\ln K$ (　　)

23. $\ln\left(\frac{K_2}{K_1}\right) = -\frac{\Delta H°}{R}\left(\frac{1}{T_2} - \frac{1}{T_1}\right)$: 아레니우스 식(　　)

24. $\Delta E = q - w$ (　　)

25. $\Delta S \geq \frac{q}{T}$ (　　)

26. $\Delta G = \Delta H + T\Delta S$ (　　)

27. $\Delta G° = RT\log K$ (　　)

28. 헤스의 법칙이 성립하는 것은 엔탈피가 상태 함수이기 때문이다. (　　)

29. 반응의 자발성을 결정하는 데 있어서 낮은 온도에서는 안정화의 효과가 크게 작용하고, 높은 온도에서는 자유화의 효과가 보다 크게 작용한다. (　　)

30. 일정한 양의 열이 주변으로 빠져나갈 때 계의 엔트로피 감소는 계의 온도가 높은 경우가 낮은 경우에서보다 크다. (　　)

선택형 문제

31. 클라우지우스-클라페이롱 식은 다음 중 어떤 양들 사이의 관계식인가?
가. 엔탈피, 엔트로피, 자유 에너지　　나. 온도, 반응속도
다. 온도, 증기압　　라. 온도, 평형 상수

32. 깁스 자유 에너지 식은 다음 중 어떤 양들 사이의 관계식인가?
가. 엔탈피, 엔트로피, 자유 에너지　　나. 온도, 반응속도
다. 온도, 증기압　　라. 온도, 평형 상수

33. 에너지라는 말을 처음 사용한 사람은?
가. 카르노　　나. 톰슨　　다. 헬름홀츠　　라. 클라우지우스

34. 엔트로피라는 말을 처음 사용한 사람은?
가. 볼츠만　　나. 톰슨　　다. 헬름홀츠　　라. 클라우지우스

35. 엔탈피라는 말을 처음 사용한 사람은?
가. 클라우지우스　　나. 톰슨　　다. 헬름홀츠　　라. 캐머링-온네스

36. 열역학 제3법칙을 제안한 사람은?
가. 깁스　　나. 톰슨　　다. 네른스트　　라. 쥬크

37. 열역학 제1법칙에서는 우주의 어떤 양이 상수라고 말하는가?
가. 에너지　　나. 엔트로피　　다. 엔탈피　　라. 자유 에너지

38. 열역학 제2법칙에서 우주의 어떤 양이 어떤 상수를 향해 나아간다고 말하는가?
가. 에너지　　나. 엔트로피　　다. 엔탈피　　라. 자유 에너지

39. 열역학 제3법칙에서 우주의 어떤 양이 0이라는 상수를 향해 나아간다고 말하는가?
가. 에너지　　나. 엔트로피　　다. 엔탈피　　라. 온도

40. 물이 기화하는 과정에 대한 엔탈피 변화 (ΔH) 및 엔트로피 변화 (ΔS) 의 부호는?
가. $\Delta H > 0, \Delta S > 0$　　나. $\Delta H > 0, \Delta S < 0$
다. $\Delta H < 0, \Delta S > 0$　　라. $\Delta H < 0, \Delta S < 0$

괄호 채우기 문제

41. 300도의 물체가 열원으로 작용하여 600도의 싱크로 6000 주울의 열을 옮길 수 있는지 생각해보자. 열원에서는 열이 빠져나가므로 q는 (　　) J이고, 열원의 엔트로피 변화, ΔS는 q를 온도로 나눈 값인 (　　) J·deg^{-1}이다. 싱크의 엔트로피 변화는 (　　) J·deg^{-1}이다. 이 두 값을 더하면 전체의 엔트로피 변화는 (　　) J·deg^{-1}인데, 이 값이 (　　)인 것으로 보아 이 과정이 자발적으로 일어나지 않는 것을 알 수 있다. 에어컨이 작동하려면 (　　)을 해 주어야 한다.

42. 자연에서 일어나는 모든 과정은 (　　) 감소로 표현되는 안정의 추구와 (　　) 증가로 표현되는 자유의 추구의 조화로 설명할 수 있다. 이 두 경향의 조화는 계의 (　　) 자유 에너지 감

소로 나타낼 수 있다.

43. 염산과 수산화소듐의 중화 반응을 통해 헤스의 법칙을 확인해 보자.

(1) 무게가 120 g인 비커를 크기가 맞는 스티로폼 컵에 넣어 단열이 되게 하고 1.10 M HCl 용액 100 mL를 넣은 후 온도를 측정했더니 상온인 23.6°C가 얻어졌다. 수산화소듐 4.12 g을 넣었더니 온도가 42.8°C까지 올라갔다. 이 (　　　) 도의 온도 상승은 비커와 물의 비열에 의해 결정된다고 가정한다. 1.10 M HCl 용액 100 mL에 들어 있는 물의 무게는 (　　　) g이다. 물의 비열은 4.18 J/g·K이므로 반응열 중에서 물이 흡수한 부분은 (　　　) J에 해당한다. 비커의 비열은 0.85 J/g·K이다. 따라서 비커가 흡수한 열은 (　　　) J이다. 이 두 값의 합인 (　　　) J은 (　　　) 몰의 고체 NaOH가 용액에 들어 있는 HCl과 반응해서 발생한 열이다. 따라서 아래 반응의 엔탈피 변화, ΔH_1은 (　　　) kJ/mol이다.

$$NaOH(s) + HCl(aq) \longrightarrow Na^+(aq) + Cl^-(aq) + H_2O \qquad \Delta H_1$$

(2) 같은 비커에 100 mL의 증류수를 담고 수산화소듐 4.08 g을 넣었더니 7.4도의 온도 상승이 관찰되었다. NaOH 용해 과정의 엔탈피 변화, ΔH_2는 (　　　) kJ/mol이다.

$$NaOH(s) + H_2O \longrightarrow Na^+(aq) + OH^-(aq) \qquad \Delta H_2$$

(3) 같은 비커에 50 mL의 증류수를 담고 수산화소듐 3.88 g을 녹인 후 상온에 도달하도록 기다렸다가 2.20 M HCl 용액 50 mL를 넣었더니 10.1도의 온도 변화가 얻어졌다. 아래 반응의 엔탈피 변화, ΔH_3는 (　　　) kJ/mol이다.

$$Na^+(aq) + OH^-(aq) + HCl(aq) \longrightarrow Na^+(aq) + Cl^-(aq) + H_2O \qquad \Delta H_3$$

(4) $\Delta H_2 + \Delta H_3 =$ (　　　) kJ/mol이다. 이 값은 ΔH에 비해 약 (　　　)%의 상대 오차를 가진다.

44. 헤스의 법칙을 이용하여 산화마그네슘(MgO)의 표준 생성 엔탈피를 구해 보자.

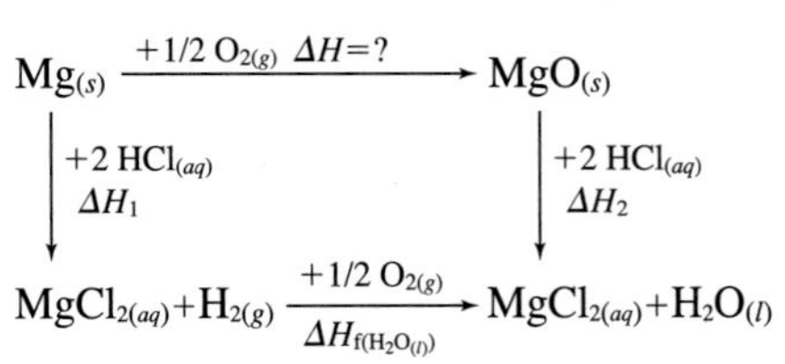

(1) 무게가 120 g인 비커를 스티로폼 컵에 넣어 단열이 되게 하고 1.00 M HCl 용액 100 mL를 넣은 후 온도를 측정했더니 상온인 22.8°C가 얻어졌다. 마그네슘을 소수점 둘째자리까지 무게를 재어 0.61 g을 넣었더니 온도가 44.2°C까지 올라갔다. 이 (　　　)도의 온도 상승은 비커와 물의 비열에 의해 결정된다고 가정한다. 1.00 M HCl 용액 100 mL에 들어 있는 물의 무게는 (　　　) g이다. 물의 비열은 4.18 J/g·K이므로 반응열 중에서 물이 흡수한 부분은 (　　　) J에 해당한다. 비커의 비열은 0.85 J/g·K이다. 따라서 비커가 흡수한 열은 (　　　) J이다. 이 두 값의 합인 (　　　) J은 (　　　) 몰의 고체 Mg이 용액에 들어 있는 HCl과 반응하여 발생한 열이다. 따라서 아래 반응의 엔탈피 변화, ΔH_1은 (　　　) kJ/mol이다.

(2) 같은 비커에 100 mL의 1.00 M의 HCl을 담고 MgO 1.03 g 을 넣었더니 7.2도의 온도 상승이 관찰되었다. 엔탈피 변화, ΔH_2는 (　　　) kJ/mol이다.

(3) $\Delta H_{f(H_2O_{(l)})}$는 -286 kJ/mol 이다. 헤스의 법칙과 앞서 구한 ΔH_1, ΔH_2 를 이용해 Mg 산화 반응의 엔탈피를 구하면 ΔH는 (　　　) kJ/mol이다.

(4) 마그네슘의 산화 반응의 엔탈피 ΔH의 문헌값은 -601.7kJ/mol 이다. 이 값은 실험에 의해 구한 ΔH에 비해 약 (　　　)%의 상대 오차를 가진다.

계산 및 서술형 문제

45. 상온에서는 자발적으로 일어나지만 오히려 높은 온도에서는 자발적으로 일어나지 않은 반응에는 캐번디시의 수소 발견 반응이 있다.

$$Zn(s) + 2H^{+}(aq) \longrightarrow Zn^{2+}(aq) + H_2(g)$$

25°C	Zn(s)	$Zn^{2+}(aq)$	$H^{+}(aq)$	$H_2(g)$
$\Delta H_f°$ (kJ/mol)	0	−153.9	0	0
$S°$ (J/K·mol)	41.6	−112.1	0	130.6

(1) 25°C에서 이 반응의 표준 엔탈피 변화 ($\Delta H°$) 를 구하여라.

(2) 25°C에서 이 반응의 표준 엔트로피 변화 ($\Delta S°$) 를 구하여라.

(3) 25°C에서 이 반응의 표준 깁스 자유 에너지 변화 ($\Delta G°$) 를 구하여라.

(4) 이 반응이 자발성이 바뀌는 온도를 구하여라.

46. 모든 온도에서 자발적으로 일어나는 반응에는 수소에 의한 산화구리의 환원 반응이 있다.

$$CuO(s) + H_2(g) \longrightarrow Cu(s) + H_2O(g)$$

25°C	CuO(s)	Cu(s)	$H_2(g)$	$H_2O(g)$
$\Delta H_f°$ (kJ/mol)	−157.3	0	0	−241.8
$S°$ (L/K·mol)	42.6	33.15	130.6	188.7

(1) 25°C에서 이 반응의 표준 엔탈피 변화($\Delta H°$)를 구하여라.

(2) 25°C에서 이 반응의 표준 엔트로피 변화(ΔSo)를 구하여라.

(3) 25°C에서 이 반응의 표준 깁스 자유 에너지 변화(ΔGo)를 구하여라.

(4) 이 반응이 모든 온도에서 자발적으로 일어나는 이유를 간단히 설명하여라.

47. 요즘 수소를 연료로 사용하면 공해가 없는 자동차를 만들 수 있다고 하지만 수소를 어떻게 얻을지 생각해 보면 그리 간단한 문제가 아님을 알 수 있다. 가장 잘 알려진 메테인에서 수소를 만드는 반응은 다음과 같이 쓸 수 있다.

$$CH_4(g) + H_2O(g) \longrightarrow CO(g) + 3\,H_2(g)$$

	$CH_4(g)$	Cu(s)	CO(g)	$H_2(g)$
$\Delta H_f°$ (25°C) (kJ/mol^{-1})	−74.81	−241.82	−110.52	0
$S°$ (25°C) (J K^{-1} mol^{-1})	186.15	188.72	197.56	130.57

(1) 각 기체의 분압이 1 기압일 때 25°C에서 이 반응의 엔탈피 변화 ($\Delta H°$) 를 구하여라.

(2) 각 기체의 분압이 1 기압일 때 25°C에서 이 반응의 엔트로피 변화 ($\Delta S°$) 를 구하여라.

(3) 각 기체의 분압이 1 기압일 때 25°C에서 이 반응의 깁스 자유 에너지 변화 ($\Delta G°$) 를 구하여라.

(4) 각 기체의 분압이 1 기압일 때 위의 반응이 자발적으로 일어나는 데 필요한 최저 온도를 구하여라.

영어로 배우는 문제

주어진 숫자와 의미가 통하도록 적절한 단어를 찾아라. 문제가 8 = S. on a S. S.이라면 찾아야 할 단어는 sides, stop, sign이 될 것이다. 네 거리의 정지 표지는 8각형이다.

48. 3 = laws of T.
49. 1 = E. of the universe is conserved
50. 2 = E. of the universe increases
51. 3 = the temperature of the universe approaches A. Z.
52. 0 = change in E. in an I. system
53. 4.184 = J. per C.

◀ 네덜란드의 에셔(Escher, 1898-1972)의 그림에서 아래의 삼각형이 조금씩 흐트러지면서 새의 모습을 갖추어가다가 새가 되어 날아가는 것은 얼음이 물이 되었다가 수증기로 변하는 상변화를 연상케 한다.

Chapter 9 평형 반응

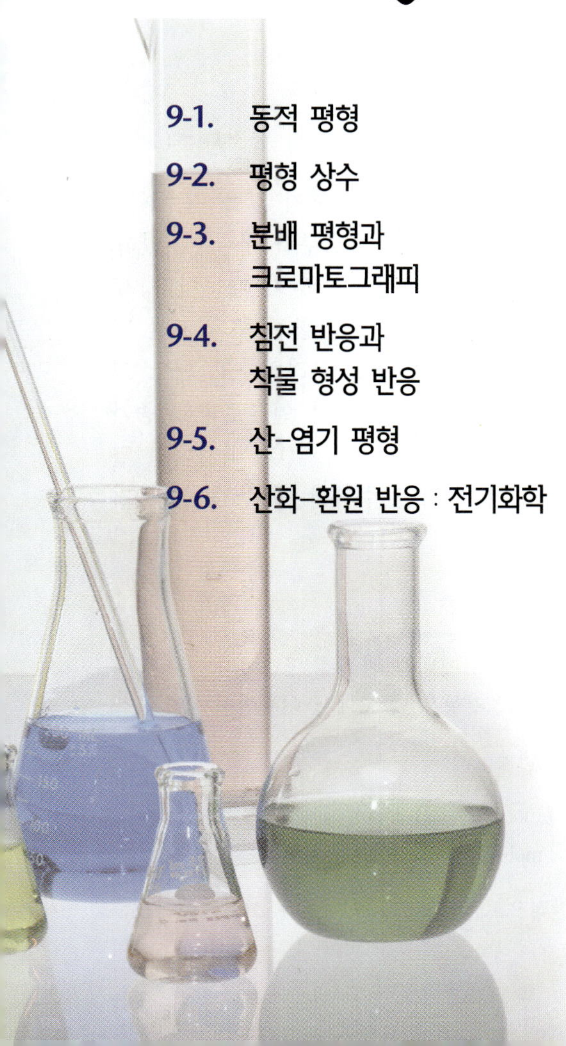

생명은 비평형에서 평형(平衡, equilibrium)을 향해 나아가는 과정이다. 우리가 죽어서 썩으면 우리 몸에 관한 한 모든 변화가 중단되고 평형에 이르게 된다. 그러나 살아 활동하는 동안에는 우리 몸의 약 100조 개 세포 내에서는 끊임없이 변화가 일어나고 있다. 왜냐하면 평형에 도달하기 전에 외부로부터 물질이나 에너지가 유입되어 새로운 평형을 향해 반응이 진행하기 때문이다. 그리고 이 모든 변화는 계의 깁스 자유 에너지가 감소하고 우주의 엔트로피가 증가하는 방향으로 진행된다. 여기서 계란 하나의 세포일 수도 있고, 몸 전체일 수도 있다. 그리고 보면 평형은 생명과 직결된 문제이다.

평형은 또 다른 면에서도 현실적으로 중요하다. 음식을 반쯤 소화했는 데 역반응이 시작된다면 음식의 반은 낭비가 될 것이고, 제철소의 용광로에서 철광석으로부터 철이 나오기 시작할 때 철의 산화가 시작된다고 해도 곤란하다. 많은 경우에 우리는 평형이 우리가 원하는 쪽으로 치우치기를 바라는 것이다. 즉 평형은 반응의 정도(反應程度, extent of reaction)를 나타낸다.

알고 보면 모든 화학 반응은 평형을 향한 반응이다. 이 장에서는 열역학에 입각해서 평형을 논의하고, 침전(沈澱, precipitation), 산-염기(酸-鹽基, acid-base), 산화-환원(酸化-還元, oxidation-reduction) 등 중요한 평형 반응들을 다룬다.

9-1 동적 평형

공이 비탈에서 굴러내리다가 평지에 이르면 공은 정지하고 더 이상 움직이지 않는 평형에 도달한다. 공이 아래로 구르는 것은 퍼텐셜 에너지를 줄여서 안정해지려는 것이다. 물체가 안정한 위치에 도달하면 외부에서 힘이 가해지지 않는 한 그 위치에서 평형 상태를 유지한다. 이런 거시적 현상에 익숙한 우리는 평형이라 하면 더 이상 변화가 없는 정적 상태로 생각하기 쉽다.

분자로 이루어진 시스템이 어떤 열역학적 변화를 겪는 것은 이와 마찬가지로 평형에 도달하려고 하는 어떤 요인이 있기 때문이다. 우리는 8장에서 엔탈피 효과와 엔트로피 효과의 조합으로 정의되는 깁스 자유 에너지의 감소($\Delta G = \Delta H - T\Delta S$)가 주어진 열역학 과정의 추진력(推進力, driving force)인 것을 알아보았다. 깁스 자유 에너지의 변화가 0이 되면 겉으로 보기에는 변화가 없는 평형이 이루어진다.

그런데 분자 수준에서 평형은 상당히 다이나믹한 상황이다. 평형 상태에서는 아무 일도 일어나지 않는 것이 아니라 실제로는 양 방향으로의 변화가 일어나지만 양 방향의 속도가 같아서 거시적으로는 변화가 없어 보이는 것이다. 이처럼 화학 평형은 7장에서 살펴본 대로 동적 평형이다. 화학 평형을 본격적으로 다루기에 앞서서 이 절에서는 동적 평형의 의미를 다시 한 번 생각해 본다.

9-1-1 상평형

얼음이 녹는 과정을 통해 깁스 자유 에너지의 의미를 다시 생각해 보자. 이 과정에서 계의 엔탈피 변화와 엔트로피 변화는 각각 다음과 같다.

$$H_2O\,(s) \longrightarrow H_2O\,(l) \qquad \Delta H = 6007\ \text{J/mol}\ (\text{흡열})$$
$$\Delta S = 22\ \text{J/mol·K}\ (\text{엔트로피 증가})$$

이 값들은 0°C에서 상평형에 있을 때의 값이지만 온도 차이가 크지 않을 경우에는 일정하다고 볼 수 있다. 표준 상태에서 계의 엔트로피 변화는 표로부터 구할 수 있다. 많은 원소와 화합물에 대하여 표준 엔트로피($S°$) 값들을 측정해 놓았기 때문이다. 그러나 주위의 엔트로피 변화는 직접 구할 수 없다. 주위란 계를 제외한 우주 전체를 말하는데 우주 전체를 조사할 방법도 없거니와 계 바로 주위만을 고려한다고 해도 그 주위라는 것이 어디까지를 포함하는 것인지, 빠져나간 열이 어디의 엔트로피를 증가시켰는지 일일이 조사할 길이 없다. 다행히 그런 걱정을 할 필요가 없다. 빠져나간 열이 어디로 갔는지는 자세히 알 수 없지만 적어도 계가 아닌 주위의 엔트로피를 증가시키는데 사용된 것은 확실하다. 그것이 열의 본질이기 때문이다.

예제 9.1

얼음이 녹는 과정에 대하여 −10°C와 +10°C에서의 깁스 에너지 변화를 구하여라. −10°C에서 얼음이 자발적으로 녹을까? +10°C에서는 어떨까? 평형은 몇 도에서 이루어질까?

풀이 −10°C : $\Delta G = \Delta H - T\Delta S$

$= (6007\ \text{J/mol}) - (263\ \text{K})(22\ \text{J/mol·K}) = 221\ \text{J/mol}$

+10°C : $\Delta G = (6007\ \text{J/mol}) - (283\ \text{K})(22\ \text{J/mol·K}) = -219\ \text{J/mol}$

+10°C에서는 ΔG가 마이너스이므로 얼음은 자발적으로 녹고, −10°C에서는 ΔG가 플러스

이므로 반대 과정이 자발적으로 일어난다. 즉 −10°C에서는 물이 자발적으로 언다.

평형에서 ΔG는 0이다. 따라서 평형 온도는 $T_{eq} = \frac{\Delta H}{\Delta S}$로부터 구할 수 있다.

$$T_{eq} = \frac{6007\ \text{J/mol}}{22\ \text{J/mol·K}} = 273\ \text{K} = 0°\text{C}$$

이처럼 우리 주위에서 쉽게 경험하는 현상에 대해서 간단한 계산을 해보면 깁스 에너지의 의미가 실감있게 다가온다. 물 분자들이 안정한 구조를 가지고 있던 얼음이 녹으면 6007 J/mol의 엔탈피가 증가한다. 계의 엔탈피를 증가시키기 위해서는 외부로부터 6007 J/mol의 열이 들어와야 한다(흡열). 열을 잃은 주위의 엔트로피는 감소한다. 얼음이 +10°C(283 K)에서 녹는다면 주위의 엔트로피 감소는 다음과 같다. 한편 얼음이 녹을 때 계의 엔트로피는 +22 J/mol·K 만큼 증가한다.

$$\Delta S_{surr} = \frac{-6007\ \text{J/mol}}{283\ \text{K}} = -\ 21.2\ \text{J/mol·K}$$
$$\Delta S_{sys} = +22\ \text{J/mol·K}$$
$$\Delta S_{unir} = -\ 21.2 + 22 = +0.8\ \text{J/mol·K}\ (\text{증가})$$

주위의 엔트로피 감소보다 계의 엔트로피 증가가 크기 때문에 우주 전체적으로는 엔트로피가 증가하고 열역학 제2법칙에 따라 이 과정은 자발적으로 일어난다. 물이 녹을 때 수반되는 안정의 희생이 엔트로피의 증가 내지는 자유의 확대로 보상을 받은 셈이다.

−10°C(263 K)에서는 물이 얼면서 계의 엔탈피가 6007 J/mol 만큼 감소하고 그 만큼 열이 외부로 빠져나가서 주위의 엔트로피를 증가시킨다. 한편 물이 얼 때 계의 엔트로피는 +22 J/mol·K 만큼 감소한다.

$$\Delta S_{surr} = \frac{6007\ \text{J/mol}}{263\ \text{K}} = +22.9\ \text{J/mol·K}$$
$$\Delta S_{sys} = -\ 22\ \text{J/mol·K}$$
$$\Delta S_{univ} = +22.9\ -\ 22 = +0.8\ \text{J/mol·K}\ (\text{증가})$$

−10°C에서 얼음이 녹고, +10°C에서 물이 어는 과정에 대해 엔트로피 변화를 따져보면 우주의 엔트로피가 감소하는 것으로 나타난다. 즉, 그런 과정은 자발적으로 일어나지 않고 그 반대 과정이 자발적으로 일어나는 것을 알 수 있다. 역시 낮은 온도에서는 엔탈피의 영향이 크고, 온도가 올라갈수록 엔트로피의 영향이 커지게 되는 것이다. 이처럼 열역학 법칙은 관찰 사실과 예외없이 부합한다.

+10°C로부터 온도를 낮추어가며 위의 분석을 해보면 0°C가 될 때까지는 얼음이 녹는 경우에 대하여 ΔS_{univ}가 플러스 값을 가지기 때문에 얼음이 녹다가 0°C가 되면 ΔS_{univ}가 0이 되어 더 이상 변화를 일으킬 동력이 없어진다. 반대로 −10°C로부터 온도를 높여가면 0°C가 될 때까지는 물이 어는 경우에 대하여 ΔS_{univ}가 플러스 값을 가지기 때문에 물이 얼다가 0°C가 되면 ΔS_{univ}가 0이 되어 눈에 보이는 변화가 사라진다.

두 효과가 정확히 상쇄되는 어는점 0°C는 흥미로운 점이다. 0°C 바로 위에서는 얼음이 녹고 바로 아래에서는 물이 언다면 0°C에서는 물이 얼고 얼음이 녹는 과정이 동시에 일어나는 동적 평형이 이루어진다고 볼 수 있다. 우리는 위의 계산을 통해서 9장에서 본 대로 이러한 가역 과정에서는 우주의 엔트로피 변화가 0이라는 사실을 확인했다.

물이 증발하는 과정을 통해 동적 평형을 다시 한번 생각해보자. 25°C로 온도가 유지되는 용기에서 공기를 빼내고 바닥에 충분한 양의 물을 넣었다고 하자. 우리 눈에는 액체 물과 빈 용기 사이에는 확실한 경계가 있는 것처럼 보이지만 우리가 몸을 10분의 1씩 여덟 번 축소해서 물 분자 크기의 100배 정도 크기가 된 상황에서 관찰한다면 물의 표면은 생각보다 엄청나게 역동적인 것을 깨닫게 될 것이다. 내부의 물 분자들은 사방의 물 분자들과 상당히 강한 수소 결합으로 상호작용(7장)을 하고 있는데 비해 표면의 물 분자들은 안쪽으로 한 방향의 끄는 힘만을 받기 때문에 외부로 탈출하려는 경향을 가지게 된다. 게다가 용기는 텅 비어있기 때문에 빈 공간으로 탈출하면 엔트로피가 크게 증가할 것이다.

뿐만 아니라 25°C에서 분자들의 평균 운동 에너지는 $\frac{3}{2}RT$로 주어지지만 개개 분자들 사이에는 에너지 또는 속도의 분포가 존재한다. 따라서 상대적으로 높은 에너지를 가진 물 분자들은 표면을 탈출해서 빈 공간으로 날아가게 된다. 그런데 날아간 물 분자들 사이에는 새로운 에너지 분포가 생긴다. 그 중 에너지가 낮은 분자들은 서로 끌려서 작은 물방울로 응축하고 안개처럼 떠다닐 것이다. 물 표면에서는 에너지가 낮은 기체 분자들이 다시 액체로 붙잡히는 일도 자주 일어난다. 그러나 처음 한 동안은 표면에서 빠져나가는 분자가 되돌아오는 분자보다 훨씬 많다. 압력계를 설치해서 용기 내의 압력을 측정한다면 압력이 0으로부터 서서히 증가하는 것을 볼 수 있을 것이다.

시간이 흐르고 용기 내 압력이 증가할 수록 기체에서 물 분자들이 충동하는 회수도 증가하고 결과적으로 기체에서 액체로 되돌아오는 속도가 액체에서 기체로 증발하는 속도와 같아진다. 단위 면적당 증발 속도는 바닥에 물이 남아 있는 한 기체의 압력과 무관하게 일정하기 때문이다. 충분한 시간이 흐르면 증발 속도와 응축 속도가 같아져서 평형이 이루어지고 압력은 일정하게 유지된다. 물의 경우 25°C에서의 평형 압력, 즉 증기압은 0.0313 기압이고, 100°C에서는 증기압은 1 기압이 된다. 이러한 모든 상평형은 동적 평형이다. 그리고 모든 동적 평형에서 우주의 엔트로피 변화는 0이다.

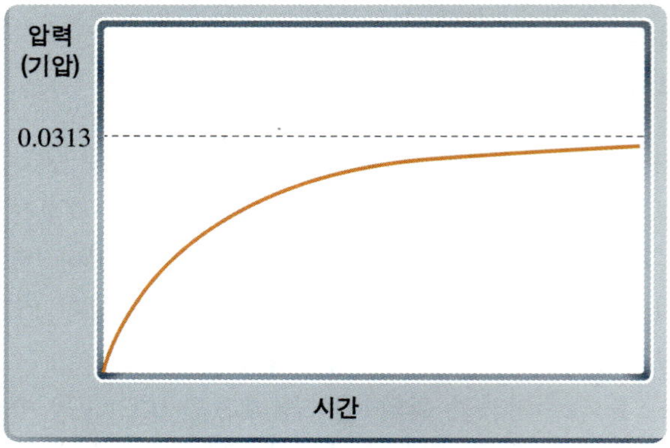

그림 9.1 25°C에서 물의 증기압.

9-1-2 화학 평형

이번에는 화학에서 보다 중요한 **화학 평형**(**化學平衡**, **chemical equilibrium**)을 생각해 보자. 화학 평형을 다룰 때 많이 사용하는 예로 NO_2(이산화질소, nitrogen dioxide)와 N_2O_4(사산화이질소, dinitrogen tetroxide) 사이의 평형이 있다.

$$2NO_2(g) \rightleftharpoons N_2O_4(g)$$

황갈색을 나타내는 NO_2는 대기 오염의 주범 물질 중 하나이다. 스모그가 심한 날 높은 지역에서 도심을 내려다 보면 공기가 황갈색을 나타내는 것은 NO_2 때문이다. 문제는 질소와 산소는 공기의 주성분이기 때문에 자동차 엔진처럼 높은 온도와 압력하에서는 불가피하게 NO_2가 만들어진다는 것이다. 여기에서 이 장에서 다룰 몇 가지 중요한 점들이 들어난다.

예제 9.2

표준 상태의 질소와 산소로부터 이산화질소가 만들어지는 데 필요한 최소 온도를 구하여라.

$$N_2(g) + 2O_2(g) \longrightarrow 2NO_2(g)$$

	$\Delta H_f°$ (25°C) (kJ/mol)	$S°$ (25°C) (J/K·mol)
$N_2(g)$	0	191.50
$O_2(g)$	0	205.03
$NO_2(g)$	33.18	239.95

풀이 $\Delta H° = 2 \times 33.18 = 66.36$ kJ (흡열 반응)

$\Delta S° = (2 \times 239.95) - (191.50) - (2 \times 205.03) = -121.66$ (엔트로피 감소)

$\Delta G° = \Delta H° - T\Delta S°$에서 $\Delta H°$가 플러스이고 $\Delta S°$가 마이너스이므로 어떤 온도에서도 $\Delta G°$는 마이너스가 될 수 없다. 즉 1 기압 상태의 질소와 산소 기체를 섞어놓고 아무리 온도를 올려도 이산화질소는 자발적으로 만들어지지 않는다.

실제로는 대부분의 반응은 표준 상태의 반응물로부터 일어나서 표준 상태의 생성물을 만들지는 않는다. 기체라면 1 기압의 이상 기체에서 벗어나고, 수용액에서 반응물의 농도는 1 M에서 벗어날 것이다. 실제 상황에서 반응의 자발성을 조사하려면 $\Delta G°$ 대신 실제 상황에서의 깁스 에너지 변화, ΔG를 구해야 한다. 따라서 실제 상황에서 ΔG를 $\Delta G°$와 관련지어 주고 ΔG가 0이 되는 조건을 찾는 것이 중요한 문제가 된다.

또 하나 고려해야 할 점은 조건의 변화에 따른 평형의 이동이다. 엔진에서 만들어진 NO_2가 엔진에 갇혀있다면 역반응을 일으켜서 질소와 산소로 돌아갈 것이다. 실은 이 역반응은 발열 반응이고 엔트로피까지 증가해서 아주 쉽게 일어난다. 그런데 NO_2는 엔진이 작동하면서 배기 가스로 빠져나온다. 위 반응의 생성물이 제거되는 것이다. 생성물이 제거되면 뒤에서 다룰 르샤틀리에 원리에 따라 평형은 오른쪽으로 이동한다.

이런 점들은 뒤로 미루기로 하고 일단 왜 NO_2와 N_2O_4 사이의 평형 반응이 쉽게 일어나는지 알아보자.

예제 9.3

6장의 방식에 따라 NO_2와 N_2O_4의 루이스 구조를 그려라.

풀이 가. O = 8 (옥텟 규칙) × 3 (전체 원자수) = 24

나. E = 5 (질소의 원자가전자수) × 1 (질소 원자수) + 6 (산소의 원자가전자수) × 2 (산소 원자수) = 17

다. B = O − E = 24 − 17 = 7

라. $C = B/2 = \frac{7}{2} = 3.5$

질소의 원자가전자가 홀수 개이기 때문에 부딪치는 문제이다.

4로 하면 초과되므로 일단 3으로 해보자.

마. O−N=O

중심에 산소를 놓으면 전기음성도가 높은 산소에 옥텟 규칙을 적용하기 어렵다.

산소보다 전기음성도가 낮은 질소가 중심에 있어서 양쪽으로 전자를 내주는 편이 자연스럽다.

바. $L = E - (2)C = 17$(전체 원자가전자수) − 6(결합에 사용된 전자수)
$= 11$ (비공유 전자수)

사. 11개의 비공유 전자를 각 원자가 옥텟에 맞게 배치할 수는 없다. 아무래도 전기음성도가 높은 산소에 먼저 옥텟 규칙을 적용해야 할 것 같고, 그러다 보면 질소는 전자가 하나 모자라서 홀전자(odd electron)를 가진게 된다.

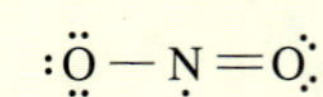

N_2O_4 : 가. $O = 8 \times 6 = 48$

나. $E = 5 \times 2 + 6 \times 4 = 34$

다. $B = 48 - 34 = 14$

라. $C = \frac{14}{2} = 7$

마. O — N = O
　　　　|
　　O — N = O

바. $L = 34 - 14 = 20$

사. NO_2 경우와 달리 이번에는 20개의 비공유 전자를 쉽게 옥텟에 맞게 배치할 수 있다. 두 개의 NO_2 분자가 만나 홀전자를 공유하며 결합을 이룬 것이다.

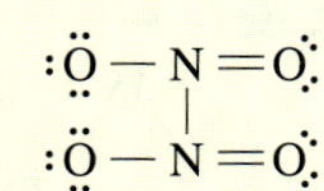

예제 9.4

NO_2로부터 N_2O_4가 만들어지는 반응에 관하여 틀린 것은?

$$2NO_2(g) \longrightarrow N_2O_4(g)$$

(가) 수소 원자, 염소 원자, ·OH 라디칼과 마찬가지로 NO_2도 홀전자를 가진 라디칼이다. 라디칼 사이의 반응은 에너지 장벽이 없어서 반응속도가 크다.

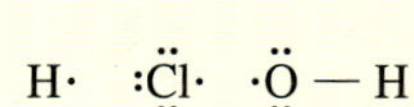

(나) 이 반응은 발열 반응이다.

(다) NO_2 분자에 비해 N_2O_4 분자는 엔트로피가 높다.

(라) 이 반응은 모든 온도에서 자발적이다.

풀이 (가) 맞다. 라디칼 사이의 반응은 아주 빠르다. 그래서 염소나 플루오린 라디칼은 고공의 낮은 농도에서도 오존층 파괴를 일으킨다.

(나) 맞다. 질소에 옥텟이 만족되므로 에너지도 낮아진다. $NO_2(g)$의 ΔH_f°는 33.18 kJ/mol, $N_2O_4(g)$는 9.16 kJ/mol이다.

(다) 맞다. 원자가 여러 개인 N_2O_4가 엔트로피가 높다. $NO_2(g)$의 S°는 239.95 J/K·mol, N_2O_4는 304.18 J/K·mol이다.

(라) 틀리다. $N_2O_4(g)$의 엔트로피가 $NO_2(g)$의 엔트로피보다 높지만 NO_2 두 분자에서 N_2O_4 한 분자가 생기기 때문에 반응에서 엔트로피는 감소한다. $\Delta G^\circ = \Delta H^\circ - T\Delta S^\circ$에서 ΔH°가 마이너스이고 ΔS°도 마이너스이므로 높은 온도에서는 ΔG°가 플러스가 될 수도 있다.

$2NO_2(g) \longrightarrow N_2O_4(g)$ 반응의 ΔG°가 0인 온도를 구해 보자.

	ΔH_f° (25°C) (kJ/mol)	S° (25°C) (J/K·mol)
NO_2 (*g*)	33.18	239.95
N_2O_4 (*g*)	9.16	304.18

$$\Delta H^\circ = 9.16 - (2 \times 33.18) = -57.20\ \text{kJ} \qquad \text{(발열 반응)}$$
$$\Delta S^\circ = 304.18 - (2 \times 239.95) = -175.72\ \text{J/K} \quad \text{(엔트로피 감소)}$$

발열 반응인데다가 엔트로피가 감소하기 때문에 온도가 높으면 ΔG°가 마이너스가 될 수 없다. 이 경우에 ΔG°가 0이 되는 온도, 즉 그 이하의 온도에서만 위의 반응이 자발적으로 일어나는 온도는 아래와 같이 구해진다.

$$T = \frac{\Delta H^\circ}{\Delta S^\circ} = \frac{-57.20\ \text{kJ}}{-175.72\ \text{J/K}} = 326\ \text{K}\,(53^\circ\text{C})$$

흥미롭게도 이 온도는 물의 어는점과 끓는점의 중간 정도이다. 상온이나 얼음물 온도에서는 정반응의 ΔG°가 마이너스이다. 엔트로피는 감소하지만 낮은 온도에서는 엔탈피 효과를 넘어서지 못한다, 따라서 NO_2는 N_2O_4로 바뀌고 NO_2에 의한 황갈색이 줄어든다. 그렇다고 색깔이 다 사라지지는 않는 것을 보면 반응이 완결되지는 않는 것을 알 수 있다. 반응이 어느 정도 진행하면 N_2O_4의 화학 퍼텐셜이 높아지고 역반응이 증가해서 어느 시점에서는 평형이 이루어지는 것이다.

53°C 이상, 예를 들어 물의 끓는점에서는 N_2O_4의 분해가 자발적으로 일어나서 황갈색이 진해진다. 그러니까 NO_2가 들어있는 유리 용기를 얼음물에 담그면 색이 연해지고 끓는 물에 담그면 색이 진해진다. 이렇게 쉽게 화학 평형을 보여줄 수 있는 예는 많지 않다.

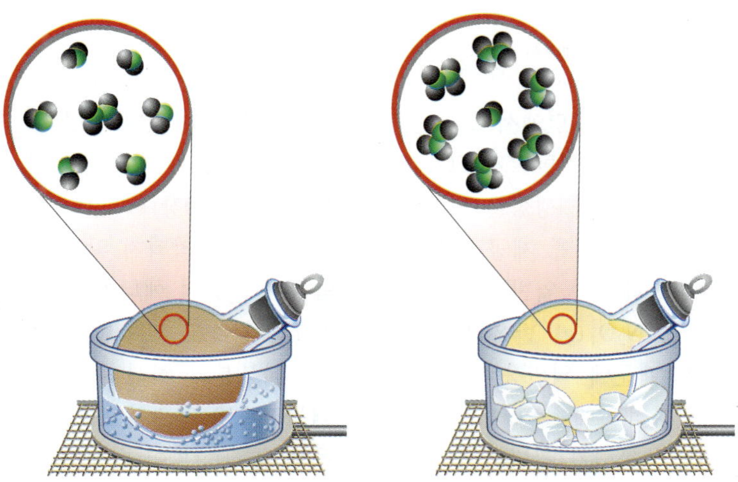

그림 9.2 NO_2와 N_2O_4 사이의 평형 53°C 이상에서는 N_2O_4의 분해가 촉진되어 NO_2의 황갈색이 진해진다.

예제 9.5

$2NO_2(g) \longrightarrow N_2O_4(g)$ 반응의 ΔH°와 절대값의 크기가 가장 가까운 것은?

(가) 상온에서 N_2O_4 분자의 운동 에너지

(나) 물의 기화열

(다) 얼음의 융해열
(라) N−N 단일 결합 에너지

풀이 위에서 $\Delta H° = -57.20$ kJ/mol의 절대값은 (나)의 값과 가장 가깝다.

(가) $\frac{3}{2}RT$ = 약 4 kJ/mol
(나) +41 kJ/mol
(다) +6.0 kJ/mol
(라) 163 kJ/mol

흥미롭게도 이 반응에서는 결합이 한 개 생기는 데도 불구하고 엔탈피 변화는 보통의 결합 에너지의 몇 분의 1에 불과하고, 오히려 물의 기화열과 크기가 비슷하다. 수증기가 응축하는 경우를 생각하면 기체 상태에서 물 분자당 두 개의 수소 결합이 생기면서 액체로 바뀔 때 41 kJ/mol의 열이 나온다. 위의 정반응(正反應, forward reaction)에서는 기체 상태에서 두 개의 NO_2 분자가 한 개의 N_2O_4 분자로 결합하면서 57 kJ/mol의 열이 나온다. 이처럼 반응열이 작다는 것은 역반응(逆反應, reverse reaction)이 쉽게 일어날 수 있다는 뜻이다.

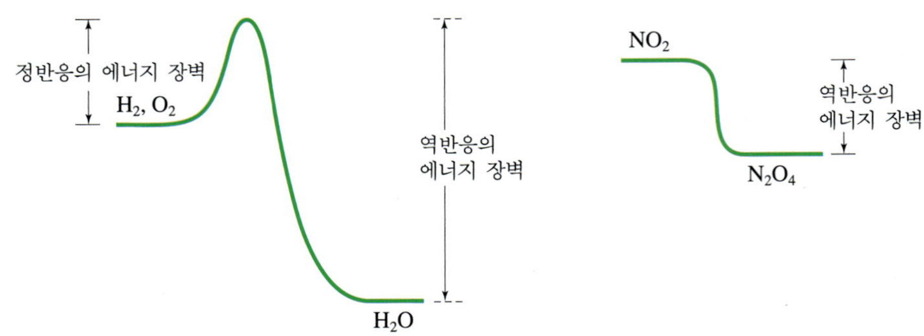

그림 9.3 정반응과 역반응의 에너지 장벽.

뿐만 아니라 반응속도 면에서도 역반응이 쉽게 일어날 수 있다. 수소와 산소가 반응해서 물이 되는 경우는 엔탈피가 크게 감소해서 일단 반응이 시작되면 많은 에너지가 나온다. 그러나 반응물과 생성물 사이에는 에너지 장벽(10장)이 있어서 성냥을 그어대는 식으로 초기 에너지를 제공해 주지 않으면 반응이 시작되지 않는다. 그림에서 볼 수 있듯이 물이 분해되는 역반응의 에너지 장벽은 정반응의 에너지 장벽보다 훨씬 높다. $2NO_2(g) \longrightarrow N_2O_4(g)$ 반응의 경우에는 엔탈피 감소도 크지 않고 정반응의 에너지 장벽이 없기 때문에 역반응의 에너지 장벽은 대부분의 화학 반응에 비해서 아주 낮은 편이다. 결과적으로 물의 기화와 응축이 역동적으로 양방향으로 일어나듯이 NO_2의 결합과 N_2O_4의 분해가 활발하게 일어나는 동적 평형 상황이 이루어진다.

NO_2와 N_2O_4 사이의 평형을 통해서 볼 수 있는 화학 평형의 특징은 다음과 같이 정리할 수 있다.

① 평형 상태에서는 거시적인 변화가 없다. N_2O_4가 들어 있는 용기에서 N_2O_4와 NO_2의 분압을 측정하면, 초기에는 N_2O_4의 분압은 감소하고, NO_2의 분압은 증가하다가 충분한 시간이 지나면 두 기체의 분압이 일정하게 유지되는 평형 상태에 이르게 된다.

② 평형 상태는 정반응 속도와 역반응 속도가 같아지는 동적 평형 상태이다. 위의

경우에는 N_2O_4가 NO_2로 분해되는 정반응 속도와 NO_2가 N_2O_4로 다시 바뀌는 역반응 속도가 같아지는 동적 평형을 이룬다.

③ 초기 조건에 상관없이 같은 평형 상태를 이룬다.

④ 평형 상태에서 멀어지면 자발적인 변화에 의해서 평형을 이룬다.

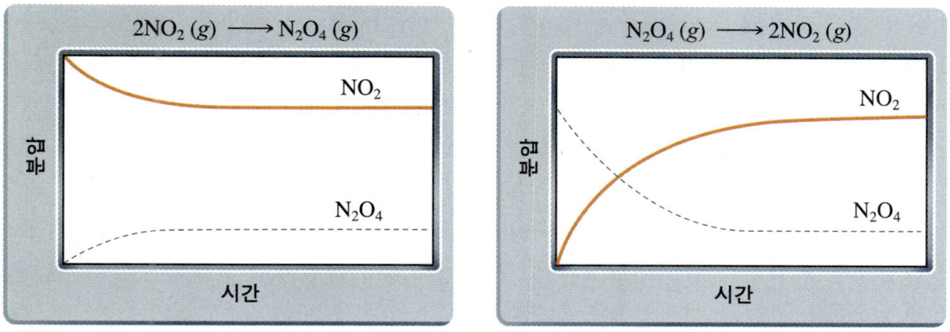

그림 9.4 NO_2와 N_2O_4 사이의 평형. 초기 조건에 상관없이 같은 온도에서 NO_2와 N_2O_4의 비율은 같다.

9-2 평형 상수

9-2-1 질량 작용의 법칙과 반응 지수

앞에서 살펴본 대로 화학 평형은 정반응과 역반응이 균형을 이루는 동적 평형이다. 그런데 오랫 동안 화학 반응은 한 방향으로만 진행되는 것으로 생각해왔다. 그러다가 1803년에 베르톨레가 역반응이라는 개념을 도입했다. 그는 염분이 많은 호수 주변에 탄산소듐(Na_2CO_3) 결정이 석출되는 것을 관찰하고 이것은 잘 알려진 다음 반응의 역반응인 것을 알아냈다.

$$Na_2CO_3 + CaCl_2 \longrightarrow 2NaCl + CaCO_3$$

그 후 약 반 세기가 지나 클라우지우스가 엔트로피를 정의한 1865년보다 1년 앞서서, 그리고 깁스 에너지 개념이 나오기 훨씬 전인 1864년에 노르웨이의 굴드베르그(Guldberg, 1836-1902)와 보게(Waage, 1833-1900)는 역반응에 대한 베르톨레의 아이디어에 입각해서 다음과 같은 반응의 반응성에 대한 **질량 작용(質量作用)의 법칙(law of mass action)**을 제안했다.

$$A + B \rightleftharpoons A' + B'$$

이와 같은 반응의 예로는 알코올과 산이 반응해서 에스터와 물을 만드는 경우를 들 수 있다. 그들은 반응성을 A와 B 사이의 '화학적 친화도(化學的親和度, chemical affinity)' 또는 '반응의 힘(reaction force)'이라고 불렀다. 그리고 이 친화도가 A와 B의 질량을 적절한 지수로 제곱한 값에 비례한다고 제안했다.

질량 작용의 법칙이라는 표현은 오해의 소지가 있다. 원래 의미는 질량 자체가 중요하다는 뜻이라기보다는 반응물의 성질 뿐 아니라 양도 중요하게 고려되어야 한다는 뜻이기 때문이다. 영어에서 massive하다는 말은 단순히 질량이 크다라는 뜻보다는 크기가 크다 또는 양이 많다라는 의미가 강하다. 지금은 질량 대신 농도를 사용한다.

베르톨레(Claude Berthollet, 1748-1822) 라부아지에와 함께 화합물의 명명법 제정 염소 표백제 도입. 역반응과 평형 개념 도입 강한 산화제인 $KClO_3$는 베르톨레 염이라 부른다. 나폴레옹의 이집트 원정에 동행 그의 이름에서 berthollide가 유래되었다.

질량 작용의 법칙을 제안한 굴드베르그(Guldberg, 1836-1902, 왼쪽)와 보게(Waage, 1833-1900, 오른쪽).

$$친화도 = \alpha[A]^a[B]^b$$

굴드베르그와 보게는 지수 a와 b가 실험으로부터 결정되는 경험적 상수라고 생각했다. 그들은 친화도를 평형에 적용해서 평형에서는 양 방향의 친화도가 같다고 보았다. 그들은 또한 반응속도도 $\alpha[A]^a[B]^b$ 식으로 나타내어지는 것을 깨달았고, 그로부터 평형을 양 방향으로의 속도가 같은 경우라고 해석했다. 지금은 평형은 열역학으로 다루고, 반응속도는 통계 역학으로 다루는데 아무튼 열역학과 통계 역학이 나오기 전에 질량 작용의 법칙이 나온 것은 화학 반응을 이해하는데 있어서 중요한 진전이었다. 왜냐하면 그 전에는 반응성은 반응하는 물질의 특성에만 좌우된다고 생각했고 양의 중요성을 깨닫지 못했기 때문이다. 그러나 노르웨이어로 쓰여진 1864년 논문은 거의 읽혀지지 않았다. 1877년에 반트호프가 독립적으로 비슷한 결론에 도달하고 실험적으로 그 타당성을 증명하자 굴드베르그와 보게는 1879년에 독일어로 상세한 논문을 발표했고 반트호프도 그들의 선취권을 인정했다.

9-2-2 평형 상수와 깁스 에너지 변화

질량 작용의 법칙을 평형에 적용하면 아래와 같은 반응에 대한 **평형 상수**(平衡常數, **equlibrium constant**)는 다음과 같이 쓸 수 있다.

$$aA + bB \rightleftharpoons cC + dD$$
$$K = \frac{[C]^c[D]^d}{[A]^a[B]^b}$$

여기서 평형 상수가 왜 그런 형태로 주어지는지 8장에서 다룬 화학 열역학을 통해 알아보자. 평형으로 나아가는 과정은 깁스 자유 에너지가 감소하는 과정이다. 엔탈피는 온도에 의존하는 상태 함수이다. 따라서 일정한 온도에서 깁스 자유 에너지의 변화는 다음과 같이 주어진다.

$$\Delta G = \Delta(H - TS) = \Delta H - T\Delta S = -T\Delta S$$

이상 기체의 부피 변화에 따르는 ΔS와 ΔG를 고려해 보자. 일정한 온도에서 부피가 V_1에서 V_2로 변하면 9장에서 본 대로 ΔS와 ΔG는 다음과 같이 주어진다.

$$\Delta S = nR\ \ln\left(\frac{V_2}{V_1}\right) = nR\ \ln\left(\frac{P_1}{P_2}\right) = -nR\ \ln\left(\frac{P_2}{P_1}\right)$$
$$\Delta G = nRT\ \ln\left(\frac{P_1}{P_2}\right)$$

$$\Delta S = \frac{q_{\text{rev}}}{T}$$
$$\Delta U = q + w = 0$$
$$q_{\text{rev}} = -w_{\text{rev}}$$
$$w_{\text{rev}} = -\int_{V_i}^{V_f} PdV = -nRT\int_{V_i}^{V_f}\frac{dV}{V} = -nRT\ln\frac{V_f}{V_i}$$
$$\Delta S = nR\ln\frac{V_f}{V_i}$$

ΔS가 $nR\ \ln\frac{V_2}{V_1}$처럼 부피 비의 자연대수(自然對數, natural logarithm)를 포함하는 이유를 돌이켜보자. 등온 과정에서 엔트로피 변화는 가역 과정에 대해 출입하는 열(q)을 온도로 나눈 값이다. 그런데 일정한 온도에서는 내부 에너지의 변화가 0이기 때문에 $q = -w$이다. 따라서 이상 기체의 부피 변화, 예컨대 팽창에 따르는 엔트로피 변화를 구하려면 가역 과정에 대한 일을 구하면 된다. 가역 과정에서는 압력이 미세하게 변화한다. 따라서 일은 압력의 부피에 대한 적분으로 주어진다. 그런데 일정한 온도에서 이상 기체의 압력은 부피에 반비례한다$\left(P = \frac{nRT}{V}\right)$. 따라서 $\frac{1}{V}$를 V에 대해 적분하게 되고 그 결과는 최종 부피(V_f)를 초기 부피(V_i)로 나눈 값의 자연대수 형태로 얻어진다. 여기서 우리는 평형 상수에서처럼 초기값이 분모에, 최종값이 분자에 들어가는

어떤 비율을 보게 된다. 또 지수함수의 성질에 따라 농도나 압력의 계수가 평형 상수에서는 지수로 나타나는 것도 납득할 수 있다.

예제 9.6

0°C에서 10 몰의 이상 기체의 부피가 22.4 리터에서 224 리터로 증가했다. 이에 따르는 엔트로피와 깁스 자유 에너지의 변화를 구하여라.

풀이 압력은 10 기압에서 1 기압으로 감소했다.

$$\Delta S = -\,nR\ \ln\left(\frac{P_2}{P_1}\right) = -(10)(8.314\ \text{J/mol·K})\ \ln\left(\frac{1}{10}\right) = 191\ \text{J/mol·K}$$

$$\Delta G = nRT\ \ln\left(\frac{P_2}{P_1}\right) = -(191\ \text{J/mol·K})(273\ \text{K}) = -52300\ \text{J/mol} = -52.3\ \text{kJ/mol}$$

이 경우 1 몰에 대한 깁스 에너지 변화의 크기는 물이 얼 때의 엔탈피 변화 −6 kJ/mol과 비슷하다.

위의 $\Delta G = nRT\ln\left(\frac{P_2}{P_1}\right)$ 식에서 기준이 되는 P_1을 표준 상태인 1 기압으로 잡고 P_2를 P라 하면 다음 식이 얻어진다. 여기서 ΔG_P는 표준 상태와 표준에서 벗어난, 압력이 P인 상태 사이의 깁스 에너지 차이이다.

$$\Delta G_P = nRT\ \ln P$$

따라서 압력이 P인 상태에서 몰당 깁스 에너지는 다음과 같이 주어진다.

$$\Delta G = \Delta G^\circ + RT\ \ln P$$

지금까지는 이상 기체에 대해서 깁스 에너지의 일반적인 형태를 알아보았다. 위의 논의를 확대해서 일반적인 반응에 적용하면 반응의 어느 시점에서 깁스 에너지의 변화는 다음과 같이 주어지는 것을 받아들일 수 있다.

$$\text{aA} + \text{bB} \rightleftharpoons \text{cC} + \text{dD}$$
$$\Delta G = \Delta G^\circ + RT\ \ln Q$$
$$Q = \frac{[\text{C}]^{\text{c}}[\text{D}]^{\text{d}}}{[\text{A}]^{\text{a}}[\text{B}]^{\text{b}}}$$

여기서 [A], [B], [C], [D]는 반응이 진행하는 도중 어느 시점에서 A, B, C, D의 몰농도 또는 압력이고, Q는 반응 지수(反應指數, reaction quotient)라고 부른다. 반응이 평형에 도달하면 [A], [B], [C], [D]는 평형 농도가 되고 Q는 평형 상수 K가 된다. 엄밀히 이야기하면 [A], [B], [C], [D]는 농도 또는 압력과 활동도(活動度, activity)라고 하는 농도 또는 압력과 차원이 같은 양의 비율이다. 따라서 [A], [B], [C], [D]는 차원이 없고, 반응 지수나 평형 상수도 차원이 없다. 실제로 평형 계산을 할 때는 몰농도나 압력 단위의 양들을 그냥 사용하면 된다.

반응 지수와 평형 상수의 상대적인 크기의 차이에 따라 반응계가 평형으로 접근하는 방향이 결정된다. 반응 지수 Q가 평형 상수 K보다 작으면 반응은 정반응 쪽으로 진행해서 생성물의 양을 증가시켜 Q가 K에 접근해서 평형에 이르도록 한다. Q가 평형 상수 K보다 크면 반대방향의 변화가 일어난다.

평형 상태에서는 $\Delta G = 0$이 되고, 이때 반응 지수 Q는 평형 상수 K와 같아지므로 표준 상태 깁스 에너지 변화와 평형 상수와의 관계에 대한 중요한 식을 얻을 수 있다.

$$\Delta G° = -RT \ln K$$
$$\ln K = \frac{-\Delta G°}{RT}$$

이 식은 표준 상태 깁스 에너지 변화($\Delta G°$)를 알면 평형 상수를 계산할 수 있다는 것을 의미한다. 그런데 대부분의 반응에 대해 $\Delta G°$는 쉽게 구할 수 있다. 반응물과 생성물에 대해 표준 생성 엔탈피($\Delta H_f°$)와 표준 엔트로피($S°$)가 알려져 있을 뿐 아니라 $\Delta H_f°$와 $S°$로부터 계산한 $\Delta G_f°$ 값까지도 표로 정리되어 있기 때문이다.

사실 어느 반응에 대해 $\Delta G°$ 값을 보아서는 이 반응이 어느 정도 진행될지 판단하기가 어렵다. 그러나 평형 상수의 크기를 보면 직관적으로 반응이 어느 정도 진행하면 평형에 도달할지 짐작할 수 있다. 뒤에서 보겠지만 산의 해리도도 산해리 평형 상수를 가지고 이야기하고, 어떤 염의 용해도도 평형 상수에 해당하는 용해도곱을 가지고 이야기한다.

위의 식으로부터 알 수 있듯이 깁스 에너지 변화가 음수인($\Delta G° < 0$), 즉 정반응이 자발적으로 일어나는 경우에는 평형 상수가 1보다 크고, 반대로 양수인 경우에는 평형 상수가 1보다 작다.

8장에서 살펴본 몇 가지 중요한 반응에 대해서 $\Delta G°$ 값과 평형 상수의 크기를 관계 지어보자.

예제 9.7

8장의 예제 8.34에서 프리스틀리의 산소 발견 실험을 살펴보았다. 25°C에서 이 반응의 평형 상수를 구하여라.

$$2HgO\,(s) \longrightarrow 2Hg\,(l) + O_2\,(g) \qquad \Delta H°\,(25°C) = 181.66 \text{ kJ/mol}$$
$$\Delta S°\,(25°C) = 216.49 \text{ J/K·mol}$$

풀이 $\Delta G°\,(25°C) = \Delta H°\,(25°C) - (298.15\text{ K}) \times \Delta S°\,(25°C)$

$= 181.66 \text{ kJ/mol} - (298.15\text{ K})(216.49 \text{ J/K·mol})$

$= 117.1 \text{ kJ/mol}$

$$\ln K = -\frac{\Delta G°}{RT}$$
$$= -\frac{117.1 \text{ kJ/mol}}{(8.314 \text{ J/mol·K}) \times (298.15 \text{ K})}$$
$$= -47.25$$
$$K = 3.05 \times 10^{-21}$$

25°C에서 산화수은 분해 반응의 평형 상수는 상당히 작다. 흡열 반응인 것으로 보아 높은 온도가 필요하다. 온도에 따른 평형 상수의 변화는 뒤에서 알아보기로 하고, 몇 가지 다른 반응의 평형 상수를 구해 보자.

예제 9.8

8장의 예제 8.35에서 살펴본 라부아지에의 물 분해 실험에 대해 25°C에서 평형 상수를 구하여라.

$$2H_2O\,(l) \longrightarrow 2H_2\,(g) + O_2\,(g)$$
$$\Delta H°\,(25°C) = 571.66 \text{ kJ/mol}$$
$$\Delta S°\,(25°C) = 326.35 \text{ J/K·mol}$$

풀이 $\Delta G°\,(25°C) = \Delta H°\,(25°C) - (298.15\ K) \times \Delta S°\,(25°C)$

$$= 571.66\ kJ/mol - (298.15\ K)(326.35\ J/K \cdot mol)$$
$$= 474.36\ kJ/mol$$

$$\ln K = -\frac{\Delta G°}{RT}$$
$$= -\frac{474.36\ kJ/mol}{8.314\ J/mol \cdot K \times 298.15\ K}$$
$$= -191.37$$
$$K = 8.02 \times 10^{-84}$$

25°C에서 물 분해 반응의 평형 상수는 산화수은 분해에 비해서도 훨씬 작다. 두 경우 다 반응이 전혀 일어나지 않는다고 말할 수 있다. 반면에 역반응의 평형 상수는 위의 값의 역수로 1.2×10^{83}에 달한다. 이런 경우에는 반응이 완결된다.

평형 상수가 큰 경우에 해당하는 수소 발견 실험을 살펴보자.

예제 9.9

캐번디시의 수소 발견 실험에 대해 25°C에서 평형 상수를 구하여라.

$$Zn\,(s) + 2H^+\,(aq) \longrightarrow Zn^{2+}\,(aq) + H_2\,(g)$$

	$\Delta H_f°$ (25°C) (kJ/mol)	$S°$ (25°C) (J/K·mol)
$H^+\,(aq)$	0	0
$H_2\,(g)$	0	130.57
$Zn\,(s)$	0	41.63
$Zn^{2+}\,(aq)$	−153.89	−112.1

풀이 $\Delta H° = -153.89$

$$\Delta S° = -112.1 + 130.57 - 41.63 - 2\,(0) = -23.16\ J/K \cdot mol$$
$$\Delta G° = \Delta H° - (298.15\ K) \times \Delta S°$$
$$= -153.89\ kJ/mol - (298.15\ K)(-23.16\ J/K \cdot mol)$$
$$= -146.98\ kJ/mol$$
$$\ln K = -\frac{\Delta G°}{RT}$$
$$= -\frac{-146.98\ kJ/mol}{(8.314\ J/mol \cdot K \times 298.15\ K)}$$
$$= 59.30$$
$$K = 5.58 \times 10^{25}$$

마지막으로 8장에서 자세히 알아본 산화철의 환원 반응에 대해 생각해 보자.

예제 9.10

다음 반응에 대해 25°C에서 평형 상수를 구하여라.

$$Fe_2O_3\,(s) + 3CO\,(g) \rightleftharpoons 2Fe\,(s) + 3CO_2\,(g) \qquad \Delta G°\,(25°C) = -29.35\ kJ/mol$$

풀이 $\ln K = -\dfrac{\Delta G°}{RT}$

$$= -\frac{-29.35 \text{ kJ/mol}}{(8.314 \text{ J/mol·K} \times 298.15 \text{ K})}$$
$$= 11.84$$
$$K = 1.4 \times 10^5$$

지금까지 깁스 에너지와 관련하여 평형 상수가 큰 반응과 작은 반응을 살펴보았다. 경우에 따라서는 평형 상수가 작은 반응이 일어나기도 한다. 비자발적인 반응 ($\Delta G_1^\circ > 0$) 도 자발성이 매우 큰 반응 ($\Delta G_2^\circ \ll 0$) 과 연결되면 자발적인 반응이 될 수 있기 때문이다 ($\Delta G_{total}^\circ = \Delta G_1^\circ + \Delta G_2^\circ < 0$). 대표적인 예로 산화철의 환원과 일산화탄소의 산화의 연결을 들 수 있다. 생체 내에서 일어나는 많은 반응들도 ATP $\rightleftharpoons$ ADP + P_i 반응에서 얻어지는 자유 에너지를 이용해서 자발적으로 일어나도록 구성되어 있다. ATP는 근육 수축, 두뇌 활동, DNA 복제, 단백질 합성, 기타 효소작용 등 거의 모든 생체 반응에서 세포의 화폐로서 에너지 공급원의 역할을 담당한다. 물론 식물은 광합성으로부터 ATP 합성에 필요한 에너지를 얻고, 동물은 식물이나 다른 동물로부터 에너지를 얻어 ATP를 합성한다.

여기서 평형 상수에 관한 몇 가지 사실을 정리하고 넘어가자.

화학 반응에서 반응물과 생성물이 기체일 경우에는 평형 상태에서 기체의 분압들 사이에 아래와 같이 평형 상수가 적용된다. 여기에서 분압은 기압 단위로 표현된다.

$$K_p \equiv \frac{(p_C)_{eq}^c (p_D)_{eq}^d}{(p_A)_{eq}^a (p_B)_{eq}^b}$$

반응물과 생성물의 양이 용액에 들어있는 용질의 몰농도로 표현될 때는 평형 상수가 다음과 같이 정의된다.

$$K_C = \frac{[C]_{eq}^c [D]_{eq}^d}{[A]_{eq}^a [B]_{eq}^b}$$

순수한 액체나 고체의 경우에는 반응이 평형에 이르기 전에 다 소모되지 않는 경우에는 항상 일정한 농도(분압)을 유지하기 때문에 평형 상수 표현에 포함시키지 않는다.

반응의 평형 상수는 다음과 같은 특성을 갖는다.

① 역반응의 평형 상수는 정반응의 평형 상수의 역수(逆數, reciprocal)이다.

$$2H_2(g) + O_2(g) \rightleftharpoons 2H_2O(g), \quad K_1 = \frac{(p_{H_2O})^2}{(p_{H_2})^2 P_{O_2}}$$

$$2H_2O(g) \rightleftharpoons 2H_2(g) + O_2(g), \quad K_2 = \frac{(p_{H_2})^2 P_{O_2}}{(p_{H_2O})^2} = \frac{1}{K_1}$$

② 반응 계수에 상수를 곱한 경우에는 평형 상수에 그 상수에 해당하는 지수승(指數乘, exponent)을 만든다.

$$H_2(g) + \frac{1}{2} O_2(g) \rightleftharpoons H_2O(g), \quad K_3 = \frac{(p_{H_2O})}{(p_{H_2})(P_{O_2})^{1/2}} = (K_1)^{1/2}$$

③ 두 개 이상의 반응이 합해져서 최종 반응을 이루는 경우에는 최종 반응의 평형 상수는 각 반응의 평형 상수의 곱으로 주어진다.

$$C(s, gr) + O_2(g) \longrightarrow CO_2(g) \qquad K_1 = \frac{P_{CO_2}}{P_{O_2}}$$

$$CO_2(g) \longrightarrow CO(g) + \frac{1}{2}O_2(g) \qquad K_2 = \frac{P_{CO}(P_{O_2})^{1/2}}{P_{CO_2}}$$

$$C(s, gr) + \frac{1}{2}O_2(g) \longrightarrow CO(g),\ K_1K_2 = \frac{P_{CO_2}}{P_{O_2}}\frac{P_{CO}(P_{O_2})^{1/2}}{P_{CO_2}} = \frac{p_{CO}}{(P_{O_2})^{1/2}} = K_3$$

9-2-3 평형 상수와 온도의 관계

우리는 앞에서 주어진 열역학 자료로부터 25°C에서 평형 상수를 구해보았다. 25°C에서 구한 평형 상수는 반응의 경향을 파악하는 데는 유용하지만 실제로 반응이 일어나는 다른 온도에서 반응의 정도를 조사하려면 원하는 온도에서 평형 상수를 구해야한다.

평형 상수와 깁스 에너지의 관계식에서 $\Delta G° = \Delta H° - T\Delta S°$ 식을 사용하면 다음 식이 얻어진다.

$$\ln K = -\frac{\Delta G°}{RT} = -\frac{\Delta H°}{RT} + \frac{\Delta S°}{R}$$

일반적으로 어느 반응에 대해서 엔탈피 변화($\Delta H°$)와 엔트로피 변화($\Delta S°$)는 온도에 따라 크게 달라지지 않는다. 따라서 두 온도 T_1과 T_2에서의 평형 상수 K_1과 K_2의 차이를 구하면 엔트로피 항은 상쇄되고 두 개의 서로 다른 온도에서의 평형 상수값과 반응 엔탈피 간의 반트호프 식(van't Hoff equation)을 얻을 수 있다.

$$\ln\left(\frac{K_2}{K_1}\right) = -\frac{\Delta H°}{R}\left(\frac{1}{T_2} - \frac{1}{T_1}\right)$$

이 식에 따르면 ln$K$ 값을 절대 온도의 역수에 대하여 그래프를 그리면 기울기로부터 반응의 엔탈피 변화를, y-축 절편으로부터 반응의 엔트로피 변화를 구할 수 있다.

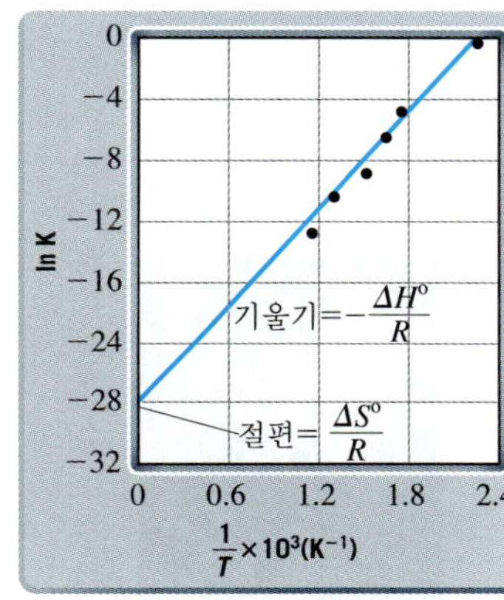

그림 9.5 $\Delta H°$와 $\Delta S°$의 결정. 여러 온도에서 평형 상수 K를 구하면 반트호프 식으로부터 $\Delta H°$와 $\Delta S°$를 구할 수 있다.

예제 9.11

예제 9.8에서 물 분해 반응에 대해 25°C에서 평형 상수가 8.02×10^{-84}인 것을 보았다. 1500°C에서 평형 상수를 구하여라.

$$2H_2O(l) \longrightarrow 2H_2(g) + O_2(g) \qquad \Delta H°(25°C) = 571.66\ \text{kJ/mol}$$

풀이 1500°C : $\ln(K_2/8.02 \times 10^{-84}) = -\frac{571.66\ \text{kJ/mol}}{8.314\ \text{J/mol·K}} \times \left(\frac{1}{1273.15\ \text{K}} - \frac{1}{298.15\ \text{K}}\right)$

$$\log\left(\frac{K_2}{8.02} \times 10^{-84}\right) = 76.69$$

$$K_2 = 1.65$$

8장의 예제 8.35에서 이 반응의 $\Delta G°$가 0이 되는, 즉 평형 상수가 1인 온도가 1480°C 정도인 것을 보았다. 예상대로 1500°C에서 평형 상수는 1보다 약간 크게 얻어진다.

9-2-4 화학 평형의 이동: 르샤틀리에 원리

대부분의 화학 반응에서는 원하는 생성물을 많이 얻는 것이 중요하다. 과거 수십 년

르샤틀리에(Henry Le Chatelier, 1850-1936). 프랑스의 에콜 폴리테크에서 수학 후 평생 파리에서 활동 1884년에 처음 르샤틀리에 원리 발표. 실제 문제에 화학 이론 적용, 과학적 사실을 아는 것보다 원리를 이해하고 응용하는 것을 중시하였다.

동안 인간이 공업적으로 생산해온 화합물 중에서 양적으로 1위를 유지해온 것은 황산(sulfuric acid, H_2SO_4)이다. 황산은 비교적 값싼 원료인 황을 태워서 얻는 이산화황(sulfur dioxide, 아황산 가스, SO_2)을 다시 한번 산화해서 삼산화황(sulfur trioxide, SO_3)으로 바꾸고, 삼산화황을 물에 녹여서 만들 수 있다.

황산에 이어서 항상 상위를 차지하는 화합물에는 암모니아(ammonia, NH_3)가 있다. 황산이 중요한 산이라면 암모니아는 중요한 염기이다. 중요한 염기에는 암모니아보다 강한 수산화소듐(sodium hydroxide, NaOH)도 있지만 아미노산에서 볼 수 있듯이 생체에서 염기는 주로 암모니아로부터 나오는 아미노기(amino group, $-NH_2$)이다. DNA에서 유전정보를 기록하는데 사용되는 염기도 암모니아의 유도체라 볼 수 있다. 따라서 식물의 성장에는 암모니아 형태의 질소가 필수적이고 생태계를 통한 질소의 순환을 이해하고 조절하는 것은 대단히 중요한 문제이다.

공기 중에 풍부한 질소가 생태계에서 필요한 질소 화합물로 바뀌는 질소 고정(窒素固定, nitrogen fixation)에는 자연적인 방법과 인공적인 방법이 있다. 자연적인 방법의 하나로 번개가 칠 때의 높은 에너지에 의해 질소의 삼중 결합이 깨어지고 질산염 형태로 바뀌어 식물이 사용할 수 있게 된다. 그보다 더 중요한 반응으로 콩과 식물의 뿌리혹 박테리아에서 질소고정효소(nitrogenase)라는 효소에 의해 일어나는 질소 고정이 있다. 19세기 말에는 이미 자연적인 질소 고정에 의존해서는 증가하는 세계 인구의 식량을 제공하는데 한계에 부딪혔다.

하버(Fritz Haber, 1868-1933). 1918년 노벨 화학상을 수상했다.

평형 상태에 있는 반응계가 외부로부터의 영향에 따라 평형에서 멀어지게 되면 반응계는 외부의 효과를 상쇄시키는 방향으로 평형이 이동하게 되는데 이를 르샤틀리에 원리(Le Chatelier's principle)라고 한다. 르샤틀리에가 평형에 관한 원리를 연구하고 있을 당시 가장 중요한 과제 중의 하나는 공기 중의 질소로부터 암모니아를 합성하는 일이었다. 르샤틀리에도 자신이 발견한 평형에 관한 원리를 적용해서 암모니아 합성을 시도하고 있었다.

다음과 같은 암모니아 합성 반응은 발열 반응이다.

$$N_2(g) + 3H_2(g) \rightleftharpoons 2NH_3(g) \qquad \Delta H^\circ\,(25^\circ C) = -92.4\ \text{kJ/mol}$$

5년 후에 독일의 하버가 암모니아 합성에 성공을 거두자 르샤틀리에는 "나는 암모니아 합성 방법의 발견을 내 손가락 사이로 빠져나가게 했다. 이것은 과학자로서 내 일생의 가장 큰 과오였다"라고 말했다.

당시 테나르(Thenard)는 600°C에서는 철의 존재하에서 암모니아가 완전히 질소와 수소로 분해하는 것을 보여주었다. 발열 반응이기 때문에 높은 온도에서는 역반응이 우세해지는 것이다. 그런데 낮은 온도에서는 반응속도가 너무 낮아서 암모니아를 얻을 수 없었기 때문에 어느 정도 높은 온도를 사용하는 것은 불가피했던 것이다. 높은 압력을 가하면 압력을 낮추는, 즉 생성물이 증가하는 방향으로 평형이 이동하리라는 것을 알았던 르샤틀리에는 1901년에 테나르가 사용한 600°C에서 200 기압의 압력을 가해 반응을 시도했다. 그러나 불행히 반응 용기에 약간의 산소가 들어가는 바람에 고온, 고압을 견디도록 제작된 용기가 산산조각이 나는 폭발이 일어났고 르샤틀리에는 암모니아 합성을 포기하고 말았다.

보쉬(Carl Bosch, 1874-1940). 1931년 노벨 화학상을 수상했다.

하버가 암모니아 합성 방법에 대해 특허를 취득한 후 1910년에 독일의 화학회사 BASF에서 연구하던 보쉬가 이 방법을 상업화하는데 성공하고 추가로 특허를 받았다. 하버는 1918년에, 보쉬는 1931년에 노벨 화학상을 수상했다. 암모니아 합성에 대해 두 차례나 노벨 화학상이 수여된 것을 보면 이 화학 공정이 인류의 복지에 공헌한 바가 얼마나 지대했는지 알 수 있다. 요즘 하버-보쉬 공정에서는 150-250 기압의 압력, 300-550°C의 온도, 그리고 철 촉매하에서 암모니아 합성이 이루어진다.

암모니아 합성 반응을 통해 르샤틀리에 원리를 정리해 보자.

1. 반응물의 추가 : 평형 상태에서 반응 용기에 반응물인 질소 또는 수소 기체를 가하면 추가로 가해진 질소 또는 수소가 제거되는, 즉 암모니아가 생성되는 방향으로 평형이 이동한다. 예를 들어 수소 기체를 넣어주면 반응 차수 Q가 평형 상수보다 커지게 되므로 평형이 정반응이 더 진행되는 쪽으로 이동해서 암모니아는 늘고 질소는 소모된다. 이것은 화학 반응의 충돌 이론과 부합한다. 반응물이 많아지면 반응물 사이의 충돌 횟수가 증가하고 결과적으로 생성물이 늘어난다. 암모니아 합성에서 사용되는 수소는 주로 메테인을 뜨거운 수증기와 반응시켜 만든다.

$$CH_4 + H_2O \longrightarrow CO + 3H_2$$

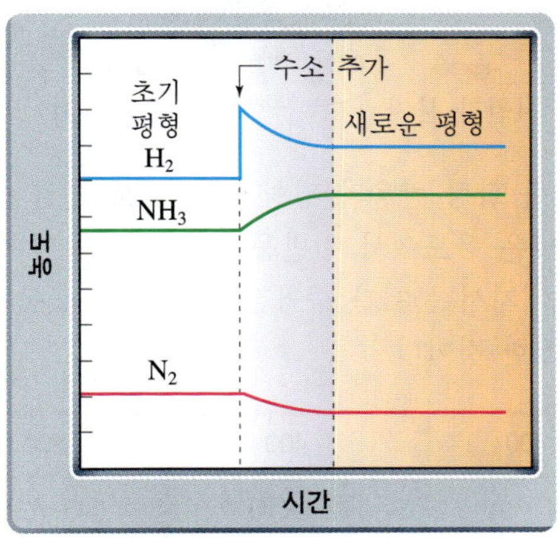

그림 9.6 암모니아 합성에 적용되는 르샤틀리에 원리.

2. 생성물의 제거 : 생성된 암모니아를 액화(液化, liquify)해서 반응 용기로부터 제거하면 더 많은 암모니아가 생성되는 방향으로 평형이 이동한다. 암모니아를 효율적으로 제거하는 것도 하버-보쉬 공정의 중요한 일부이다. 제철소에서도 하루에 몇 차례 용광로 밑에 고인 녹은 철을 뽑아낸다.

3. 압력의 변화 : 기체간의 반응에서 압력은 평형에 큰 영향을 미친다. 르샤틀리에 원리에 따르면 압력을 증가시키면 압력을 줄이는, 즉 기체 분자의 몰수를 감소시키는 방향으로 평형이 이동할 것이다. 4 몰의 기체가 2 몰로 바뀌는 암모니아 합성 반응에서는 압력을 증가시키면 암모니아가 더 많이 얻어진다. 하버-보쉬 공정의 핵심에는 200 기압 정도의 고압에서 대규모의 반응을 일으키는 방법이 자리잡고 있다.

인 사이의 다음 반응에서 압력을 증가시키면 정반응이 더 진행되는 쪽으로 평형이 이동해서 P_4의 양이 증가한다.

$$2P_2\,(g) \rightleftharpoons P_4\,(g)$$

예제 9.12

P_4의 루이스 구조와 3차원 구조를 그려라.

풀이 6장의 예를 따르면 P_4에는 여섯 개의 공유 결합이 필요하게 된다. 네 개의 같은 원자에 여섯 개의 공유 결합을 그려 넣는 방법은 다음 두 가지가 있는데 정사각형 구조는 결합각이 90도로 너무 작아서 안정한 화합물이 될 수 없다. 성냥개피 여섯 개로 정삼각형 세 개를 만드는 퍼즐의 답인 정사면체 구조가 답이다.

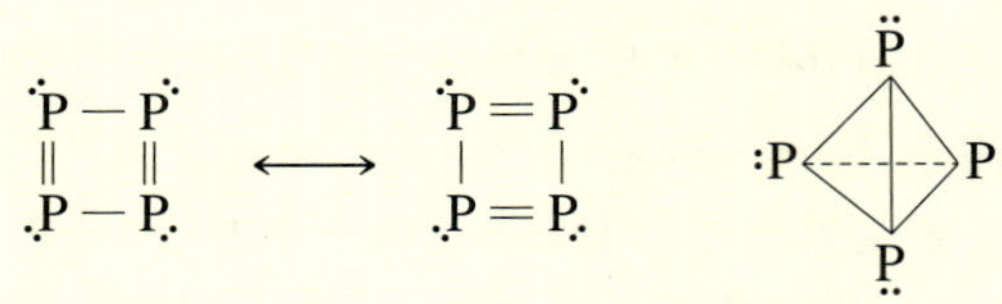

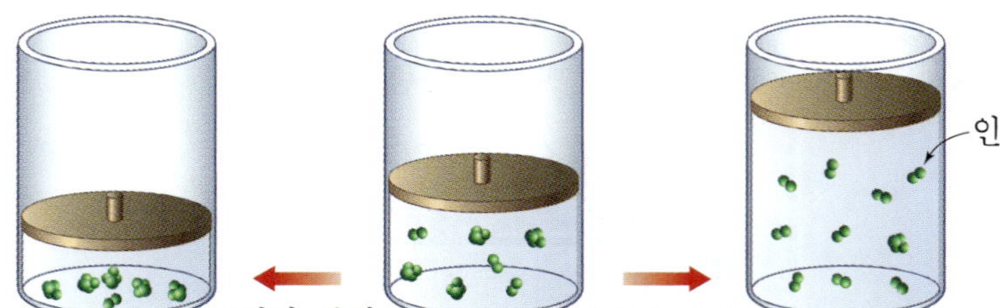

1947년에 새뮤얼슨은 효율적인 경제 시스템에서 외부 조건이 바뀔 때 가격이 변동하는 것을 가격 평형으로 다루는 경제 이론을 제시하여 경제 현상에 수리적, 과학적 방법을 도입하였다.

4. 온도의 변화 : 암모니아 합성 반응의 평형 상수를 보아 알 수 있듯이 이 반응은 발열 반응이기 때문에 낮은 온도에서 정반응의 평형 상수가 더 크다. 그런데 온도를 낮추면 반응속도가 느려져서 문제가 주어진 시간 내에 충분한 생성물을 얻을 수 없다. 그래서 촉매가 필요한 것이다.

온도(°C)	300	400	500	600
K	4.34×10^{-3}	1.64×10^{-4}	1.45×10^{-5}	2.25×10^{-6}

새뮤얼슨(Paul Samuelson, 1915-). 미국 MIT 교수. 가격 평형 이론, 1970년 노벨 경제학상을 수상했다.

온도의 변화에 따른 평형의 이동은 평형 상수 K값이 온도에 따라 변하는 것을 의미한다. 반트 호프 방정식에 따르면 발열 반응($\Delta H° < 0$)의 경우 온도가 증가하면 평형 상수가 감소하고, 반면에 흡열 반응($\Delta H° > 0$)은 온도에 따라 평형 상수가 증가한다. 결국 하버-보쉬 공정은 적절한 압력, 온도, 그리고 촉매의 조합이라 볼 수 있다.

깁스도 르샤틀리에 원리를 예상했지만 너무 수학적으로 취급하여 눈길을 끌지 못했다. 르샤틀리에도 깁스의 논문을 프랑스어로 번역하는 등 깁스 연구의 중요성을 인식했다. 르샤틀리에 원리와 유사한 원리는 물리학에서는 렌츠 법칙(Lenz's law)에서, 생물학에서는 항상성(恒常性, homeostasis), 그리고 경제학에서는 가격 평형(價格平衡, price equilibrium)에서 찾아볼 수 있다. 기온이 높으면 땀을 흘려서 체온을 유지하는 것은 항상성 유지의 일례이다.

9-3 분배 평형과 크로마토그래피

9-3-1 분배 평형

평형에 관한 기본적인 내용을 다루었으니 이제는 중요한 평형 반응들을 다룰 차례이다. 앞에서 동적 평형을 논의할 때도 화학 반응을 수반하지 않는 상평형과 화학 평형을 나누어 살펴보았듯이 여기서도 어떤 화합물이 두 가지 상에 나뉘어지는 분배 평형(分配平衡, partition equilibrium)과 분배 평형을 이용해서 물질을 분리하는 크로마토그래피를 먼저 다루고, 그 다음에 화학 반응에서의 평형들을 다루기로 한다.

7장에서 살펴본 대로 설탕이나 수용성(水溶性, water-soluble) 비타민처럼 극성이 있는 물질은 물처럼 극성이 큰 용매와 잘 섞이고, 지용성(脂溶性, fat-soluble) 비타민처럼 극성이 거의 없는 물질은 기름처럼 극성이 없는 용매와 잘 섞인다. 그런데 대부분 화합물은 분자내에 극성이 있는 부위와 극성이 없는 부위를 동시에 가지고 있기 때문에 극성이 다른 용매에 다 녹을 수 있다. 단지 분자 구조에 따라 어느 용매에 더 잘 녹는지가 다를 뿐이다. 이러한 성질을 잘 이용하면 극성에 차이가 나는 물질을 분리할 수 있다.

예를 들어, 분리 깔때기(separatory funnel)에 물보다 밀도가 낮으면서 물과 잘 섞이지 않는 에테르 같은 유기 용매를 물과 함께 넣고, 야채즙처럼 극성이 다른 물질들이 섞여 있는 혼합물을 넣은 다음 세게 흔들어주고 한참 그대로 놓아두었다고 하자. 그러면 유기 용매는 위에, 물은 아래에 층을 만들어서 층이 분리되는데 이때 비교적 극성이 높은 물질은 물층에 더 많이 분포하고, 극성이 낮은 물질은 유기 용매층에 더 많이 분포하게 될 것이다. 그런데 대부분 물질(substance, S)은 두 용매에 일정한 비율로 나뉘어진다. 이를 **분배(分配, partition)**라고 하는데 어떤 물질이 예를 들어 유기 용매층과 물층에 분배되는 경우 동적 평형이 이루어지고, 이 경우에도 상평형이나 화학 평형과 마찬가지로 평형 상수를 생각할 수 있을 것이다. 물론 어떤 용매에 대하여 물질에 따라 평형 상수값은 다르다.

$$\frac{[S]_{org}}{[S]_{H_2O}} = K$$

이때 평형 상수를 **분배 계수(分配係數, partition coefficient)**라고 한다. 아이오딘(I_2) 경우에 사염화탄소(carbon tetrachloride, CCl_4)와 물 사이의 분배 계수는 85이다. 사염화탄소는 물보다 무겁기 때문에 아래층을 이룬다.

$$\frac{[I_2]_{CCl_4}}{[I_2]_{H_2O}} = 85$$

만일 유기 용매층에 잘 녹는 특정한 물질을 순수하게 얻고 싶다면 어떻게 하면 좋을까? 분배 계수는 농도의 비율이기 때문에 유기 용매층의 부피를 늘이면 대부분의 유기 용매층에 잘 녹는 물질은 유기 용매층으로 분배될 것이다. 그러면 나중에 많은 양의 유기 용매를 처리해야 한다. 다른 방법으로 분리 깔때기의 코크를 열어서 물층과 유기 용매층을 가르고 남은 유기 용매층에 다시 물을 가하고 흔들어 주면 유기 용매층에 일부 녹아있던 극성 물질은 대부분 물층으로 옮아가고 유기 용매층에는 원하는 물질의 순도가 높아질 것이다. 한편 반대로 물층에 약간 녹아있는 유기 용매층에 잘 녹는 물질은 물층에 유기 용매를 가해서 추출하여 앞의 유기 용매층과 합하면 된다. 이런 과정을 여러번 반복하면 원하는 물질을 원하는 순도까지 정제할 수 있다. 물론 일정한 양의 유기 용매를 사용한다면 용매를 소량으로 여러 차례에 나누어서 추출을 반복하는 것이 효과적이다. 따라서 이 방법은 상당히 번거롭고 적지 않은 양의 유기 용매를 사용해야 하기 때문에 실용적이지 못하다.

9-3-2 분배 크로마토그래피

가. 분배 크로마토그래피의 발전

분배의 원리를 잘 이용하면 분리 깔때기를 사용하지 않고도 물질을 분리할 수 있다. 7장에서 간략히 언급한 대로 태초의 지구 환경에서 아미노산이 만들어질 수 있는지 테스트하는 실험에서 밀러는 수소, 메테인, 암모니아, 물을 반응시키고 종이 크로마토그래피를 사용하여 아미노산이 만들어진 것을 증명하였다. 밀러는 종이 크로마토그래피로 아스파트산(aspartic acid), 글리신(glycine), 알라닌(alanine) 등 아미노산을 분리했는데, 이 분리 과정에서 분자간 상호작용의 차이에 의한 분배가 핵심 원리로 작용한다.

초보적인 크로마토그래피가 개발된 것은 1900년대 초반의 일이었다. 당시 러시아 지배하에 있던 폴란드에서 츠베트(Tswett)는 탄산칼슘으로 채운 유리관의 상층부에 나뭇잎이나 야채의 추출액을 가해서 얇은 층을 이루게 하고 유기 용매를 흘려주면 층이 몇 개로 갈라지면서 제각기 다른 색을 나타내는 것을 관찰했다. 이때 이온성 물질인 탄산칼슘은 움직이지 않는 정지상(停止狀, stationary phase)이고, 흐르는 유기 용매는 이동상(移動狀, mobile phase)이 된다. 이러한 분리 방법은 색을 의미하는 어두(prefix)와 쓴다는 의미의 어미(suffix)가 합해져서 chromatography로 부르게 되었다. (다양한 색을 나타내는 chromium이라는 원소가 있고, 붓글씨는 caligraphy, 사진술은 photography라고 한다.)

마틴 (Archer Martin, 1910-2002). 1952년 노벨 화학상를 수상했다.

그 후 1936년에 영국의 케임브릿지대학에서 박사 학위를 받은 마틴은 양모연구소(Wool Industries Research Association Laboratory)에서 양털 단백질의 아미노산 조성을 연구하게 되었다. 모직 제품의 품질을 결정하는 양털의 질은 양털의 대부분을 구성하는 케라틴 등 단백질의 아미노산 조성에 의해 결정되기 때문에 당시 영국에서는 단백질의 아미노산 조성 연구가 중요했다. 그런데 아미노산 조성을 조사하려면 아미노산의 분리가 필수적이다. 단백질은 아미노산이 수백 개 연결된 고분자(高分子, polymer) 화합물이기 때문에 단백질을 가수분해(加水分解, hydrolysis)하면 20가지 아미노산의 혼합물이 얻어진다. 20개 지역에서 온 학생들이 뒤섞여 있다면 지역 별 수자 파악이 어렵지만 지역 별로 갈라놓으면 편하듯이, 아미노산의 조성을 정확히 알려면 일단 20가지 아미노산을 분리하는 것이 유리하다. 그런데 20가지 아미노산 중에는 성질이 비슷한 것이 많이 있어서 당시로서는 완전히 분리하기가 쉽지 않았다.

하루는 마틴이 동료와 차를 마시면서 냅킨에 메모를 하며 아미노산 분리에 대해 궁리를 하고 있었다고 한다. 그러다가 냅킨이 찻잔에 떨어졌는데 찻물이 모세관 현상으로 냅킨을 따라 올라가다가 냅킨의 메모에 이르자 잉크가 몇 가지 색의 띠로 분리되면서 올라가는 것이었다. 이에 무릎을 친 마틴은 이 관찰을 **분배 크로마토그래피(partition chromatography)**라는 방법으로 발전시켰다.

분배란 앞에서 말한 대로 어떤 물질이 두 가지 용액의 층에 일정한 비율로 갈라지는 것을 말한다. 물과 기름을 섞고 흔든 다음 한참 놓아두면 두 층으로 갈린다. 이때 물에 잘 녹는 비타민 C와 기름에 잘 녹는 비타민 A를 함께 넣고 이 과정을 반복한다면 비타민 C는 물층에, 비타민 A는 기름층에 모일 테고, 중간 정도의 성질을 가진 화합물이 있다면 물층에 일부, 기름층에 일부 분배될 것이다. 종전에는 이러한 분배의 원리를 분리에 사용하기 위해서는 분리 깔때기에 두 가지 용액과 분리하려는 물질을 넣고 흔든 다음 코크를 열어 두 층을 분리한 다음 다시 용매를 가하고 분배를 반복하는 과정을 여러 번 거쳐야 했다. 그러기 위해 필요한 장치는 크고 깨어지기 쉬웠다.

마틴이 그 날 갑자기 깨달은 것은 두 가지 용매가 제각기 움직일 필요가 없이 한 층이 고정되고 한 층만 움직이면 일이 아주 쉬워진다는 점이었다. 종이의 바탕은 셀루로스(cellulose)라는 고분자 탄수화물이다. 그런데 셀루로스는 물을 잘 흡착하기 때문에 종이는 표면에 무게로 약 3퍼센트에 해당하는 물의 얇은 막을 가지고 있다. 마틴의 관찰에서 이 물의 막은 정지상, 올라가는 찻물은 이동상이다. 두 개의 상이 모두 이동하는 종전의 방식에서 한 쪽이 고정되는 방식으로 바뀌는 것은 커다란 발상의 전환이고 패러다임의 변화이다. 마틴은 이러한 관찰을 종이 크로마토그래피라는 분석 방법으로 발전시켰다. 지금은 액체 크로마토그래피, 기체 크로마토그래피 등이 발전되어 전 세계적으로 수많은 실험실에서 연구 개발, 환경 분석 등에 널리 사용되고 있다.

1988년에 서울 올림픽에서 벤 존슨이 금메달을 박탈당했을 때 한국과학기술원(KIST) 도핑컨트롤센터의 기술진이 그가 약물을 복용한 사실을 증명하는 데에도 기체 크로마토그래피 방법이 사용되었다.

분배 크로마토그래피에는 정지상이 이동상보다 극성이 높은 **정상**(正狀) **크로마토그래피**(*normal phase chromatography*)와 이동상이 정지상보다 극성이 높은 **역상**(逆狀) **크로마토그래피**(*reversed-phase chromatography*)가 있다. 정상 크로마토그래피에서는 분리하고자 하는 화합물이 정지상과 정지상보다 극성이 낮은 유기 용매의 이동상 사이에 분배되는 현상을 이용한다. 역상 크로마토그래피에서는 탄소수가 18인 탄화수소($-C_{18}H_{37}$, 줄여서 C_{18}, octadecyl)로 코팅된 실리카처럼 극성이 낮은 정지상과 물에 메탄올이나 아세토나이트릴(acetonitrile, CH_3CN) 같은 유기 용매를 섞어서 극성을 조절한 이동상을 사용한다.

예제 9.13

정상 크로마토그래피와 역상 크로마토그래피에 관해서 틀린 것은?

가) 정상 크로마토그래피에서는 이동상으로 유기 용매를 많이 사용하기 때문에 비용이나 폐수 처리 면에서 불리하다.
나) 역상 크로마토그래피에서는 이동상으로 물, 그리고 물과 잘 섞이는 유기 용매를 사용하는 것이 장점이다.
다) 정상 크로마토그래피가 역상 크로마토그래피보다 먼저 발전되었다.
라) 많은 유기 화합물은 극성 부분보다는 비극성, 소수성 부분에 차이가 있다. 이런 유기 화합물들을 분리하는 데는 정상 크로마토그래피가 유리하다.

풀이 가) 맞다.
나) 맞다.
다) 맞다. 실리카, 알루미나, 종이 같은 극성 정지상을 쉽게 사용할 수 있었다. C_{18}-칼럼은 1970년 대에 상용화되어 널리 사용되기 시작했다.
라) 틀리다. 소수성 부분의 차이는 역상 크로마토그래피의 소수성 정지상과의 상호작용에 의해 분리된다.

나. 밀러의 아미노산 분석

이제는 정상 크로마토그래피의 일종인 종이 크로마토그래피(paper chromatography)가 어떻게 과학의 역사에서 중요한 실험에 사용되었나 자세히 알아보자. 1953년 사이언스 논문에 나오는 아래 그림에서 볼 수 있듯이 밀러는 반응 생성물을 일부 취해서 종이의 한 구석 원점(原點, origin)에 가하고 우선 뷰탄올(butanol)−아세트산 용액을 이동상으

왼쪽 위가 원점이며, 아래 방향으로는 아세트산을 가한 뷰탄올, 오른쪽 방향으로는 암모니아를 가한 페놀을 이동상으로 사용했다.

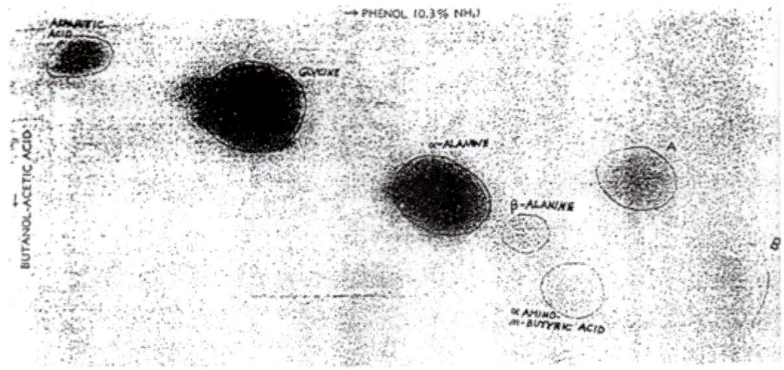

그림 9.7 종이 크로마토그래피에 의한 아미노산 분석.

로 사용해서 한 방향으로 분리를 했다. 1차원으로는 분리가 충분하지 않을 수 있기 때문에 첫 방향으로 전개(展開, development)를 마친 후 종이를 말리고 종이를 90도 돌려서 처음과 수직 방향으로 두 번째 전개를 했다. 이때는 처음과 달리 0.3% 암모니아를 포함한 페놀(phenol)을 이동상으로 사용해서 처음에 분리가 잘 안된 성분도 분리가 되도록 하였다. 이렇게 2차원 전개를 한 후 말리고 아미노산과 반응해서 색을 나타내는 닌하이드린(ninhydrin) 용액을 종이에 분무(噴霧, spray)하면 아미노산이 있는 위치에 색이 나타난다. 물론 미리 20가지 아미노산에 대해서 별도로 똑같은 실험을 해서 각 아미노산의 위치를 정해 놓았을 것이다.

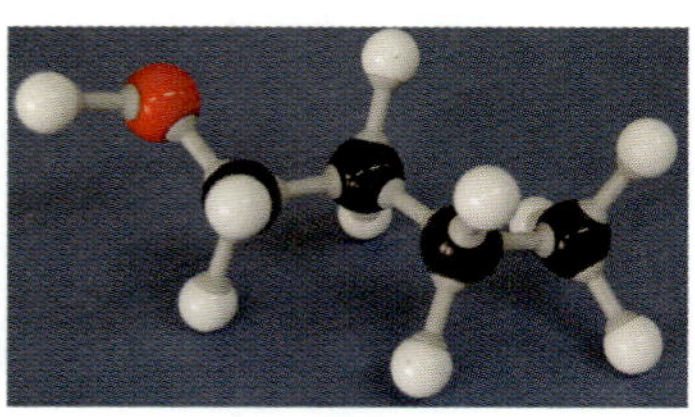

뷰탄올

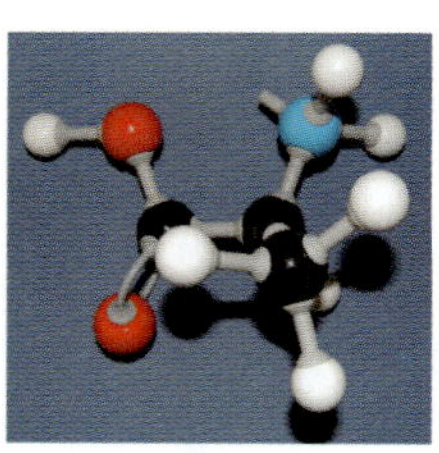

알라닌

예제 9.14

밀러의 종이 크로마토그래피와 관련해서 틀린 것은?

가) 정지상이 극성이 높은 셀루로스-물이기 때문에 이동상으로는 물보다는 극성이 낮고 소수성 부분을 가진 뷰탄올과 페놀을 사용했다.

나) 한 방향으로는 산성 조건에서, 다른 방향으로는 염기성 조건에서 분리가 일어나도록 했다.

다) 극성이 높은 아스파트산은 극성이 낮은 이동상보다는 종이 표면의 물에 더 많이 분배되고, 극성이 낮은 메틸기를 가진 알라닌은 이동상에 더 많이 분배된다.

라) 종이 크로마토그래피는 역상 크로마토그래피의 일종이다.

풀이 가) 맞다. 정지상과 이동상에 극성의 차이가 있어야 분배가 일어날 것이다.

나) 맞다. 아미노산은 산성기와 염기성기를 같이 가지고 있다. 다른 아미노산은 산도와 염기도에 약간 차이가 있는데 이 차이를 활용하려면 이동상도 산성, 염기성이 다른 것이 유리할 것이다.

다) 맞다. 아스파트산은 원점에 가까이 남아 있고, 아래 그림에서 짐작할 수 있듯이 알라닌의 메틸기($-CH_3$)가 뷰탄올의 뷰틸기($-CH$)와 소수성 상호작용을 해서 알라닌은 이동상을 따라 원점에서 많이 이동했다. 글리신은 중간 정도이다.

라) 틀리다. 종이 크로마토그래피는 극성이 높은 물을 정지상으로 사용하는 정상 크로마토그래피이다.

다. 샤가프의 DNA 염기 분석

우주가 태어나고 진화하면서 가벼운 원소인 수소, 그리고 무거운 원소인 탄소, 질소, 산소, 인등이 만들어진 후 어떻게 이런 원소들을 사용해서 생명을 탄생시키고 발전시킬까 하는 문제가 생명의 비밀이라고 한다면, 생명의 비밀은 1950년대 초반까지만 해도 미스터리로 남아 있었다. 1953년에 왓슨과 크릭이 아데닌(A)과 타이민(T), 구아닌(G)과 사이토신(C)이 수소 결합으로 마주보고 있는 이중 나선 구조를 발표하면서 생명의 가장 핵심적인 비밀은 단번에 세상에 드러났다.

그런데 A와 T, G와 C가 1 : 1로 대응한다면 DNA에 들어 있는 전체 A와 T의 양은 같아야 하고, G와 C의 양도 같을 것이다. 이중 나선이 먼저 발견되었다면 A와 G, 그리고 T와 C를 분석하여 A/T, G/C 비율이 1인 것을 확인했을 것이다. 그런데 실제로는 이 과학 사상 최대의 발견이 이루어지는 과정에서 염기들 사이의 비율이 먼저 발견되고, 그 비율에 입각해서 생명의 비밀을 간직한 DNA의 구조가 발견되었다.

샤가프 (Erwin Chargaff, 1905-2002). 컬럼비아대학 생화학 교수. DNA 이중 나선 구조의 핵심인 샤가프 비율(A/T = G/C = 1)을 발견했다.

그러면 샤가프 비율이라고 부르는 A/T, G/C 비율은 어떻게 발견되었을까? 1940년대에 에이버리(Avery) 등에 의해 DNA가 유전물질이라는 사실이 밝혀지면서 DNA에 대한 연구가 활기를 띠게 되었다. 이미 DNA는 데옥시라이보스라는 탄소를 다섯 개 포함하는 당과 인산, 그리고 A, T, G, C의 네 가지 염기로 이루어졌다는 사실은 잘 알려져 있었다(A, T, G, C 등 소위 뉴클레오타이드를 연구한 알렉산더 토드는 1957년 노벨 화학상을 수상했다).

러시아에서 미국으로 이민한 샤가프는 1940년대 말부터 연어의 정자(精子, sperm) 등 여러 가지 세포에서 추출한 DNA의 염기 조성을 조사하고 있었다. 그런데 DNA에서 네 가지 염기는 데옥시라이보스에 결합되어 있기 때문에 조성을 연구하려면 일단 산이나 염기로 가수분해를 해야 한다. 그리고는 얻어진 염기의 혼합물로부터 염기들을 따로 분리하고 각각의 염기의 양을 측정해야 한다. 월드컵 축구장에 네 나라 응원단이 뒤섞여서 어깨동무를 하고 있다고 하자. 가수분해는 어깨동무를 푸는 것에 해당한다. 그 다음에는 헤쳐서 국가별로 동서남북 스탠드 아래 모이게 한다. 그리고 국가별로 인원을 세는 것은 화학 분석(化學分析, chemical analysis)이라는 작업이다. 여기에서 헤쳐 모이는 분리 과정이 핵심적이다. 분리가 제대로 이루어지지 않는다면 분석의 결과를 믿을 수 없을 것이기 때문이다.

샤가프는 두고두고 노벨상에서 제외된 것을 억울해했다고 한다. 아무튼 그의 발견이 과학의 역사에 그리고 인류의 문명에 커다란 영향을 끼친 이중 나선 구조 발견에 핵심적인 역할을 한 것은 틀림없는 사실이다. 그리고 츠베트가 시작하고 마틴이 확립한 크로마토그래피가 그에게 핵심적인 실험 방법을 제공한 것도 잊어서는 안 될 것이다.

이러한 배경하에서 DNA의 염기 분석에 관심을 가졌던 샤가프는 종이 크로마토그래피를 사용해서 DNA를 가수분해하여 얻어진 A, T, G, C의 혼합물로부터 이들 염기를 분리하는 데 성공했다. 샤가프는 커다란 거름 종이(filter paper)를 다섯 개의 띠로 나누고 네 개의 띠의 원점에는 순수한 A, T, G, C를 점적(點滴, spot)했다. 나머지 한 띠의 원점에는 연어 정자로부터 추출한 DNA를 가수분해해서 얻은 A, T, G, C의 혼합물을 점적했다. 그리고 뷰탄올과 물을 주성분으로 하는 이동상을 사용해서 염기들을 분리했다. 종이를 말린 후 염기의 위치를 알아내기 위해 종이를 질산수은, $Hg(NO_3)_2$ 용액으로 처리한 후 다시 황화암모늄, $(NH_3)_2S$ 용액으로 처리하자 염기 위치에 HgS의 검은 점들이 나타났다. 마지막으로 DNA 시료의 해당 부위를 잘라내고 산으로 네 가지 염기를 추출한 후 자외선 흡광분석법(紫外線吸光分析法, UV absorption spectrophotometry)으로 염기의 양을 분석했다. 아데닌은 262.5 nm, 구아닌은 249 nm에서 자외선을 강하게 흡수한다. 샤가프는 이렇게 여러 시료에서 분리된 A, T, G, C의 양을 측정해서 항상 A/T 비율도 1이고, G/C 비율도 1이라는 사실을 알아냈다.

A/T, G/C의 비율을 결정해서 생명의 비밀의 베일을 벗긴, 그리고 유전공학을 탄생시킨 이중 나선 구조 발견에 결정적인 단서를 제공한 샤가프는 1951년 논문에서 이 비율이 우연한 것인지 아니면 특별한 의미가 있는지에 대해서 답하기는 아직 이르다고 말했다(It is believed that the time has not yet come to attempt an answer). 그리고 2년 후에 왓슨과 크릭은 이중 나선 구조에 숨어있는 샤가프 비율의 의미를 천하에 드러냈다.

예제 9.15

크로마토그래피에서 분리된 어떤 화합물이 원점으로부터 이동한 거리를 이동상, 즉 용매가 이동한 용매 전선(溶媒前線, solvent front)까지의 거리로 나눈 값을 R_f라고 한다. A, T, G, C의 구조를 바탕으로 샤가프의 종이 크로마토그래피에서 A, T, G, C 중 어느 염기가 가장 큰 R_f 값을 나타냈을지 예측하여라.

풀이 네 가지 염기 중 타이민만이 소수성 메틸기를 가지고 있어서 종이 표면의 물보다 이동상의 유기 용매를 따라 많이 이동했으리라 예상된다. 실제로 샤가프의 실험에서 T가 가장 큰 R_f값을 보였다. 극성의 차이에 의한 분자간 상호작용의 차이가 분배에 의한 분리를 가능하게 하는 것이다.

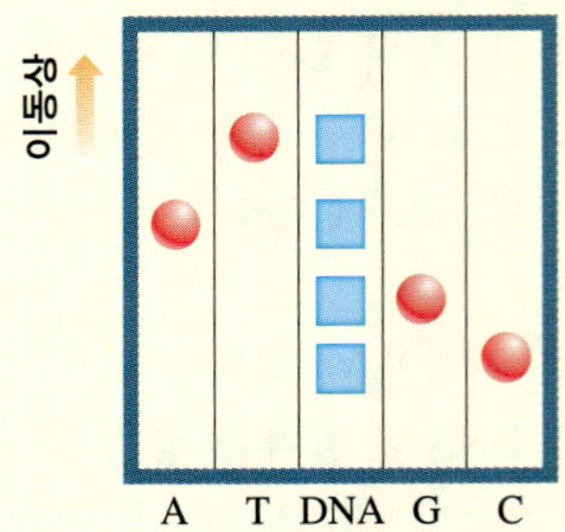

라. 색소, 아데닌, 카페인의 분리

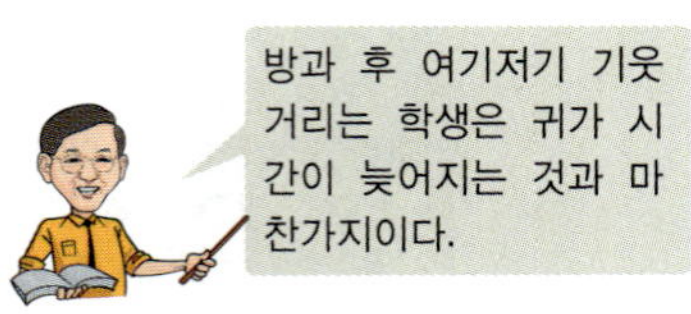

츠베트의 식물 색소 분리로 출발해서 밀러의 아미노산 분석, 샤가프의 염기 분석을 가능하게 했던 정상 크로마토그래피는 역상 크로마토그래피로 발전해서 지금은 전 세계적으로 수 많은 화학 연구실, 약품, 식품 및 환경 분석실에서 고성능 액체크로마토그래피(high performance liquid chromatogrpahy, HPLC) 방식으로 사용되고 있다.

역상 크로마토그래피의 원리는 $-C_{18}H_{37}$ 정지상으로 채워진 카트리지(cartridge)를 사용해서 쉽게 이해할 수 있다. 아래의 구조를 가진 파랑, 빨강 두 식용 색소를 물에 녹이고 일부를 취해 카트리지 위쪽에 부하(loading)한다. 그리고 물을 흘리면 극성이 높은 빨강 색소는 물과 함께 흘러나오고, 극성이 낮은 파랑 색소는 $-C_{18}H_{37}$ 기와 강하게 상호작용하여 카트리지 상단에 남게 된다. 빨강 색소가 다 흘러나온 다음에 20% 정도의 메탄올이나 에탄올을 섞은 물을 흘리면 파랑 색소가 빠져나온다. 색소의 소수성 부분과 메틸기 또는 에틸기 사이의 상호작용을 눈으로 보는 셈이다.

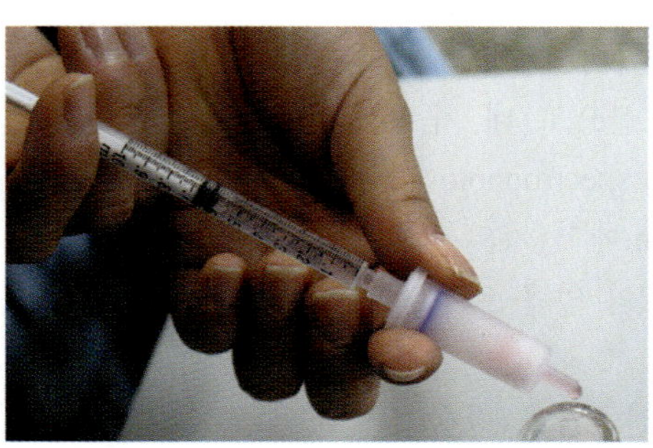

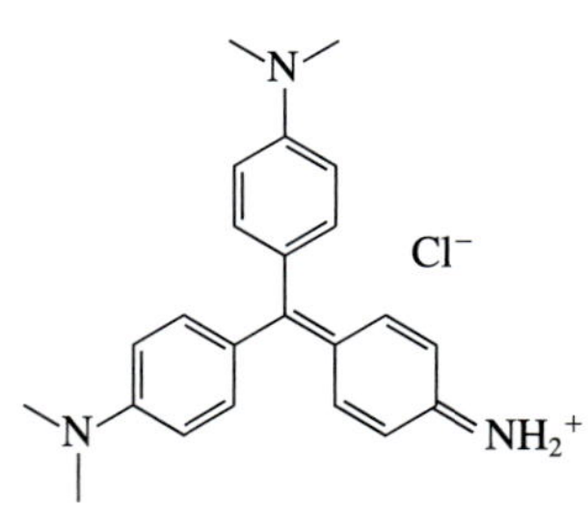

빨강 색소

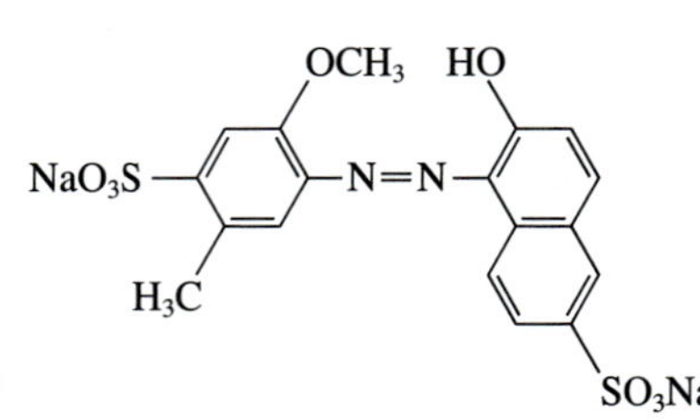

파랑 색소

HPLC를 사용해서 아데닌과 카페인을 분리하는 예를 살펴보자. C_{18} 칼럼을 정지상으로, 물 60%와 메탄올 40% 용액을 이동상으로 사용하면 아데닌이 먼저 나오고(사용한 칼럼의 길이와 유속에 의해 결정되는데 이 경우에는 2.0분) 세 개의 메틸기를 가지고 있는 카페인이 나중에 나온다(3.7 분).

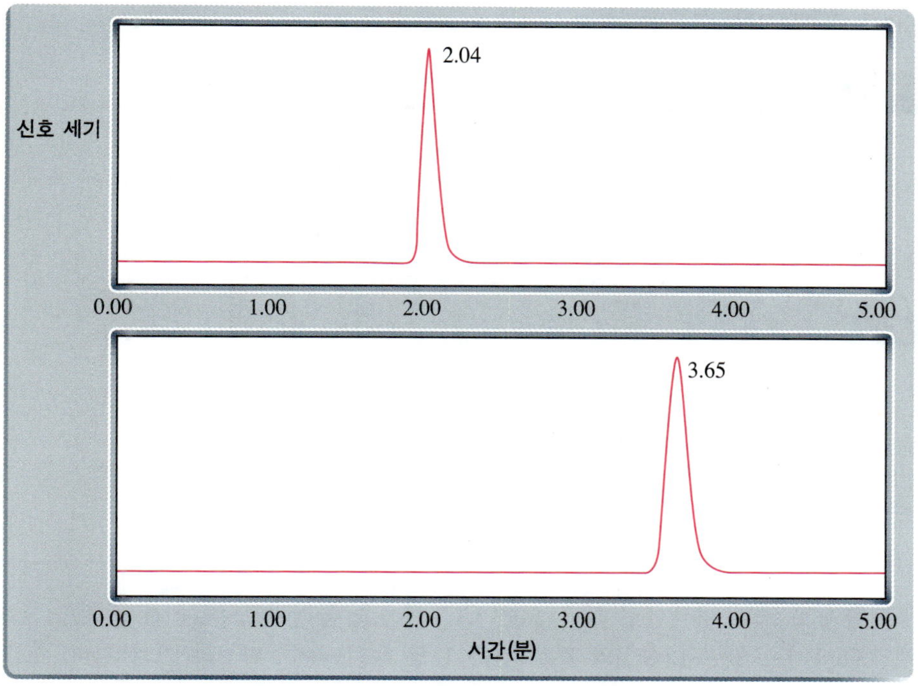

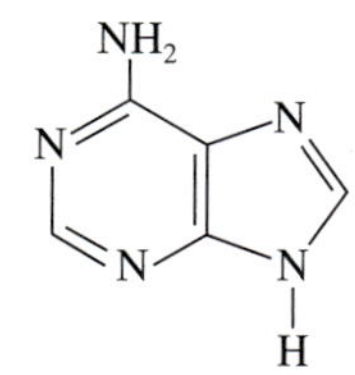

아데닌

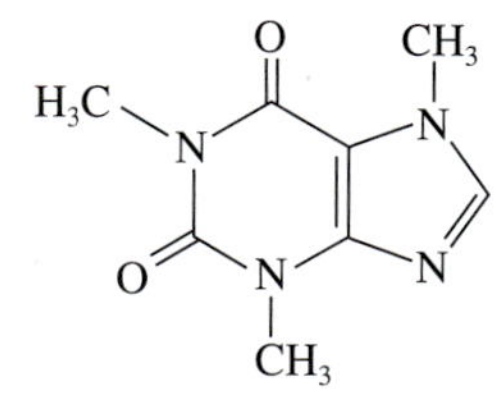

카페인

그림 9.8 HPLC에 의한 아데닌과 카페인의 분리. C-18 칼럼의 정지상과 상호작용이 강한 카페인이 나중에 나온다.

9-4 침전 반응과 착물 형성 반응

평형에 관한 기본적인 내용과 화학 반응이 직접 관여하지 않는 분배 평형을 다루었으니 이제는 중요한 평형 반응들을 다룰 차례이다. 사실은 모든 화학 반응은 평형을 향해 나아가는 평형 반응이다. 차이는 평형 상수의 크기, 즉 얼마나 반응이 진행한 상태에서 평형이 이루어지는가 하는 점이다.

이 절에서 다루는 침전 반응과 착물 형성 반응은 모두 두 가지 또는 그 이상의 화학종이 용액에서 반응하여 하나의 새로운 화학종을 만드는 경우이다. 침전 반응은 생성물이 용액에 녹아있지 않고 고체로 분리되는 경우이고, 착물 형성 반응은 생성물인 착물이 용액에 녹아있는 경우이다.

9-4-1 용해도와 용해도곱 상수

용매에 특정한 용질이 얼마나 잘 녹는지를 나타내는 용해도는 7장에서 살펴본 대로 용매와 용질 분자 사이의 상호작용에 달려있다. 설탕이나 단백질처럼 분자 자체가 용매와 상호작용해서 녹는 경우는 단순히 물 100 그램에 몇 그램이 녹는다 식으로 용해도(溶解度, solubility)를 나타내면 된다. 양이온과 음이온이 반응해서 이온 결합 화합물(ionic compound)을 만드는 경우는 보다 흥미롭고 다양한 일들이 일어난다.

소금처럼 용해도가 높은 경우에는 마찬가지로 물 100 그램에 몇 그램 식으로 용해도를 나타낸다. 이런 경우에는 Na^+와 Cl^- 이온의 농도가 높기 때문에 그 농도가 약간 바뀌는 것은 별로 중요하지 않고 그래서 용질의 농도를 거의 언급하지 않는다. 용해도가 낮은 경우와 비교하기 위하여 한 번 소금이 더 녹지 않는 포화 용액(飽和溶液,

saturated solution)을 생각해 보자.

예제 9.16

25°C에서 100 g의 물에는 35.9 g의 소금이 녹는다. 물의 부피 변화가 없다고 가정하고 소금 포화 용액에서 Cl^- 이온의 몰 농도를 유효 숫자 두 자리까지 구하여라. NaCl의 화학식량은 58.4이다. 소금 포화 용액에서 Na^+ 또는 Cl^- 이온은 평균적으로 몇 개의 물 분자에 의해 둘러싸인 셈인가?

풀이 소금 포화 용액 1 리터에 359 g의 소금이 녹아 있는 셈이다.

$$[Na^+] = [Cl^-] = \frac{359}{58.4} = 6.1 \text{ M}$$

$$\text{순수한 물의 농도} = \frac{1000}{18} = 56 \text{ M}$$

$$\frac{\text{물 분자수}}{\text{이온수}} = \frac{56}{2 \times 6.1} = 4.6$$

흥미롭게도 포화 용액에서 Na^+ 또는 Cl^- 이온을 둘러싸고 있는 물 분자수, 4.6은 예제 7.46에서 보았던 Li_2SO_4의 경우 전하 1 당 물 분자수, 약 5와 거의 같다. 소금을 더 녹일 물이 없는 상황을 상상할 수 있다.

포화 용액은 쉽게 만들 수 있다. 물 100 g에 소금 40 g을 넣고 잘 저어주면 거의 대부분이 녹고 10분의 1 정도는 남아 있게 된다. 용액의 온도가 25°C가 되기를 기다려서 거름 종이로 녹지 않은 소금을 걸러내면 소금의 포화 용액이 얻어진다. 아니면 약간 가열하면서 과량의 소금을 녹이고 25°C로 식히면 과량의 소금은 Na^+ 이온과 Cl^- 이온이 규칙적으로 배열된 소금 결정이 석출되고 용액은 포화 용액이 된다.

이때 소금 결정의 표면에서는 Na^+ 이온과 Cl^- 이온이 용액으로 빠져나가고, 용액으로부터는 물에 둘러싸여 있던 Na^+ 이온과 Cl^- 이온이 새로 용액으로 나온 이온들에게 물을 내주고 자신은 결정으로 들어가는 일이 일어난다. 용해와 침전 평형도 동적 평형인 것이다. 물론 이 상황에서 깁스 에너지 변화는 0이고, 이 평형은 가역적이다. 평형 상태에서 물이 약간만 증발해도 결정이 석출하고, 물이 약간만 가해져도 소금이 더 녹는데 이러한 변화는 외부의 조건에 따라 방향이 순간적으로 바뀔 수 있는 것이다.

한편 우리가 디디고 살아가는 대지의 여러 성분들, 예를 들어 석회석의 탄산칼슘이나 몸의 뼈와 치아의 주성분인 인산칼슘도 용해도가 낮은 물질이다. 여러 가지 이온성 물질의 용해도를 다음과 같이 요약할 수 있다. 아래 표에서 −는 용해도가 높아서 침전을 만들지 않는 것을, +는 용해도가 낮아서 침전을 만드는 것을 뜻한다.

	NO^{3-}	Cl^-	OH^-	SO_4^{2-}	CO_3^{2-}	PO_4^{3-}
Na^+, K^+, NH_4^+	−	−	−	−	−	−
Mg^{2+}, Ca^{2+}, Ba^{2+}	−	−	$Mg(OH)_2$	$BaSO_4$	+	+
전이 금속 양이온	−	AgCl	+	−	+	+

이온 결합 화합물의 용해도는 양이온과 음이온의 종류에 따라 달라지는데 대체적으로 소금처럼 전하가 작은 이온끼리 만든 화합물은 잘 녹고, 탄산칼슘이나 인산칼슘처럼 전하가 큰 이온끼리 만든 화합물은 잘 녹지 않는 경향을 볼 수 있다.

알칼리 금속(alkali metal, 1족) 이온(Na^+, K^+ 등)이나 암모늄 이온(NH_4^+) 같은 1가 양이온은 어떤 음이온과 만나도 물에 잘 녹는 이온 결합 화합물을 만든다. 이들의 인산염도 물에 잘 녹기 때문에 인산소듐은 완충 용액을 만드는데 많이 쓰인다. 인산의 해리도나 완충 용액에 대해서는 뒤에서 산해리와 관련하여 자세히 다루기로 한다.

알칼리 토금속(alkaline earth, 2족) 이온(Mg^{2+}, Ca^{2+}, Ba^{2+})이 1가 음이온과 만든 이온 결합 화합물은 수산화마그네슘($Mg(OH)_2$)을 제외하고는 모두 물에 잘 녹는다. 알칼리 토금속의 황산염 중에는 황산바륨($BaSO_4$)만이 침전한다. 2가 양이온의 탄산염과 인산염은 모두 용해도가 낮다. +2가 양이온과 −2가 또는 −3가 음이온 사이에 강한 이온결합이 이루어졌기 때문이다.

질산염(nitrate)이나 염화물(chloride)은 대부분 용해도가 높은데, 예외적으로 염화은(AgCl)은 어느 정도의 공유 결합 성질을 가지기 때문에 용해도가 낮다. 따라서 물에 잘 녹는 NaCl과 $AgNO_3$ 두 화합물의 수용액을 섞으면 염화은 침전이 생긴다. 이 침전은 수용액에서 아주 소량만 녹기 때문에 물에 염소 이온이 들어있는지 검사할 때 사용된다. 뿐만 아니라 3장에서 보았듯이 AgCl은 리처즈가 여러 원소의 원자량을 결정하는데 유용하게 사용되었고, 퀴리 부처가 라듐을 발견하였을 때에도 염화라듐($RaCl_2$)에 들어있는 염소를 AgCl로 침전시키고 무게 분석을 했다.

용해도가 낮은 경우에는 용해도를 정량적으로 나타낼 필요가 있기 때문에 용해도곱(solubility product)을 사용한다. 예를 들어 수산화칼슘(calcium hydroxide, $Ca(OH)_2$) 수용액에 날숨을 통과시키거나 드라이아이스를 한 조각 넣으면 탄산칼슘(calcium carbonate, $CaCO_3$)이 생겨서 용액이 뿌옇게 된다. 그리고 탄산칼슘은 칼슘 이온(Ca^{2+})과 탄산 이온(CO_3^{2-})으로 해리하여 평형을 이룬다. 실제로는 이 반응에는 여러 평형이 들어있다. 우선 기체 이산화탄소가 물에 녹는 평형이 있고, 물에 녹은 이산화탄소가 탄산으로 바뀌는 평형이 있다. 탄산은 두 단계를 거쳐 CO_3^{2-} 이온이 되고, CO_3^{2-} 이온은 Ca^{2+} 이온과 반응해서 분필, 시멘트의 주원료인 석회석, 그리고 유명한 건축물이나 조각에 사용된 대리석에 들어있는 $CaCO_3$가 되는 것이다.

수업 시간에 사용하는 분필의 CO_3^{2-} 이온은 수천만, 수억년전 지구 대기에 들어 있던 이산화탄소에서 온 것이다.

$$CO_2(g) + H_2O(l) \rightleftharpoons CO_2\cdot H_2O(aq)$$
$$CO_2\cdot H_2O(aq) \rightleftharpoons H_2CO_3(aq)$$
$$H_2CO_3(aq) \rightleftharpoons H^+(aq) + HCO_3^-(aq)$$
$$HCO_3^-(aq) \rightleftharpoons H^+(aq) + CO_3^{2-}(aq)$$
$$Ca^{2+}(aq) + CO_3^{2-}(aq) \rightleftharpoons CaCO_3(s)$$

이때 용액에 들어있는 칼슘 이온과 탄산 이온의 농도를 측정해보면 경우에 따라 각각은 여러 값을 가질 수 있지만 두 농도값의 곱은 같은 온도에서는 일정한 값을 나타내는 것을 발견하게 된다. 이 경우 탄산칼슘의 용해도곱(K_{sp})은 몰농도를 사용해서 아래와 같이 정의되고, 25°C에서 다음 값을 가진다.

$$K_{sp} = [Ca^{2+}][CO_3^{2-}] = 8.7 \times 10^{-9}$$

용해도곱은 침전이 용해되는 반응의 평형 상수인 셈인데, 고체 탄산칼슘은 조성이 일정하기 때문에 용해도곱에 분모로 들어가지 않는다. 용해도곱을 알면 용해도와 포화 용액에서 각각 이온의 농도를 구할 수 있다.

용해도곱은 1889년에 네른스트가 도입했다.

예제 9.17

과량의 탄산칼슘을 순수한 물에 녹였다고 하자. 포화 용액에서 칼슘 이온의 농도를 구하여라.

풀이 탄산칼슘이 녹을 때 같은 수의 칼슘 이온과 탄산 이온이 생기므로 농도가 같다.

$[Ca^{2+}] = [CO_3^{2-}]$
$K_{sp} = [Ca^{2+}][CO_3^{2-}] = [Ca^{2+}]^2 = 8.7 \times 10^{-9}$
$[Ca^{2+}] = [CO_3^{2-}] = \sqrt{8.7 \times 10^{-9}} = 9.3 \times 10^{-5}$ M

이것은 예제 9.16에서 구한 소금의 포화 용액에서 이온 농도의 약 10만 분의 1 밖에 안 된다. 수산화칼슘 수용액에 이산화탄소를 넣는 경우에 어느 쪽이 과량인가에 따라 평형 상태에서 칼슘 이온과 탄산 이온의 농도가 달라질 것이다. 칼슘 이온이 과량이라면 평형 상태에서 칼슘 이온 농도는 위에서 구한 9.3×10^{-5} M보다 높고, 탄산 이온 농도는 그보다 낮을 것이다. 반대로 탄산 이온이 과량이라면 평형 상태에서 칼슘 이온 농도는 위에서 구한 9.3×10^{-5} M보다 낮아진다. 이와 비슷한 평형 관계는 칼슘 이온과 인산 이온(PO_4^{3-})이 결합해서 뼈와 치아를 만들 때도 적용되고, 인산칼슘(calcium phosphate, $Ca_3(PO_4)_2$)이 뼈에서 빠져나와 골다공증(骨多孔症, osteoporosis)이 되는 경우에도 적용된다.

예제 9.18

인산칼슘의 용해도곱은 2.07×10^{-33}이다. 인산칼슘을 순수한 물에 녹였다고 하자. 인산칼슘의 용해도를 구하고 소금의 용해도와 비교하여라. 인산칼슘의 화학식량은 310.18이다.

$$Ca_3(PO_4)_2(s) \rightleftharpoons 3Ca^{2+}(aq) + 2PO_4^{3-}(aq)$$

풀이 1 리터의 포화 용액에서 녹은 인산칼슘의 몰수를 s라고 하면 $[Ca^{2+}] = 3s$, $[PO_4^{3-}] = 2s$가 된다.

$K_{sp} = [Ca^{2+}]^3[PO_4^{3-}]^2 = (3s)^3(2s)^2 = 108s^5 = 2.07 \times 10^{-33}$
$s = 1.14 \times 10^{-7}$
$(310.18) \times (1.14 \times 10^{-7}) = 3.54 \times 10^{-5}$ g/L
이것은 물 100 g당 3.54×10^{-6} g, 즉 3.54 마이크로그램에 해당한다.
소금은 물 100 g당 35.9 g이 녹으므로 인산칼슘의 용해도는 소금의 용해도의 약 천만분의 1인 셈이다.

9-4-2 공통 이온 효과와 이온의 선택적 침전

이온 결합 화합물이 녹아 있는 수용액에 그 화합물에 포함된 어느 한 이온을 추가로 넣어주면 침전이 생긴다. 이 현상을 **공통 이온 효과(common ion effect)**라고 한다. 예를 들어, 포화된 Ag_2SO_4 수용액에 Na_2SO_4를 가하면 $Ag_2SO_4(s)$ 침전(沈澱, precipitate)이 생긴다.

공통 이온 효과는 침전 평형에서의 평형의 이동으로 설명할 수 있다. AgCl(s)이 녹아서 이온화하는 반응의 반응 계수는 다음과 같이 쓸 수 있다.

$$AgCl(s) \rightleftharpoons Ag^+(aq) + Cl^-(aq) \qquad K_{sp} = 1.6 \times 10^{-10}$$
$$Q = [Ag^+][Cl^-]$$

평형 상태에서는 $Q = K_{sp}$를 만족한다. 그런데 예를 들어 Ag^+ 이온을 추가하면 두 이온 농도의 곱을 일정하게 유지하기 위해 Cl^- 이온 농도가 감소하게 된다. Cl^- 이온 농도가 감소하려면 일부 Cl^- 이온이 AgCl 결정으로 바뀌어 용액에서 사라져야 한다. 즉 반응 계수가 평형 상수보다 크게 되면 역반응이 일어나 침전이 생성되고, 따라서 용해도가 감소하게 된다. 이것은 르샤틀리에 원리와도 부합한다. Ag^+ 이온을 추가하면 Ag^+ 이온이 없어지는 방향, 즉 침전이 생기는 방향으로 평형이 이동하는 것이다.

예제 9.19

AgCl을 (1) 순수한 물에 녹인 경우, (2) 5.0×10^{-5} M $AgNO_3$ 수용액에 녹인 경우, (3) 5.0×10^{-5} M NaCl 수용액에 녹인 경우의 용해도를 구하여라. AgCl의 화학식량은 143.3이다.

풀이 (1) 1 리터의 포화 용액에서 녹은 AgCl의 몰수를 s라고 하면 $[Ag^+] = [Cl^-] = s$가 된다.

$K_{sp} = [Ag^+][Cl^-] = s^2 = 1.6 \times 10^{-10}$

$s = 1.3 \times 10^{-5}$

$(143.3) \times (1.3 \times 10^{-5}) = 1.9 \times 10^{-3}$ g/L

용해도는 $\dfrac{1.9 \times 10^{-4}\ g}{100\ g}$

(2) 1 리터의 5.0×10^{-5} M NaCl 수용액에 녹은 AgCl의 몰수를 s라고 하면

$[Ag^+] = s$, $[Cl^-] = (5.0 \times 10^{-5} + s)$가 된다.

$K_{sp} = [Ag^+][Cl^-] = s(5.0 \times 10^{-5} + s) = 1.6 \times 10^{-10}$

2차 방정식을 풀면 $s = 3.0 \times 10^{-6}$

$(143.3) \times (3.0 \times 10^{-6}) = 4.3 \times 10^{-4}$ g/L

용해도는 $\dfrac{4.3 \times 10^{-5}\ g}{100\ g}$으로 약 4분의 1로 감소한다.

(3) (2)의 경우와 같다.

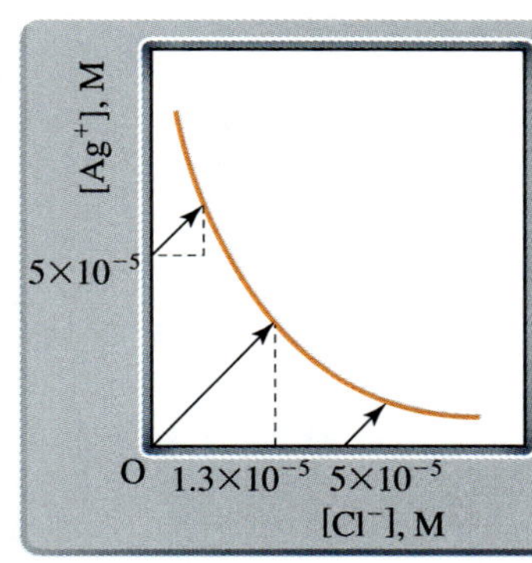

그림 9.9 공통 이온 효과.

용해도곱을 만족하는 $[Ag^+]$와 $[Cl^-]$의 조합은 다음 그림의 선으로 나타낼 수 있다. AgCl이 녹으면 $[Ag^+]$와 $[Cl^-]$이 같은 양씩 증가한다. AgCl을 순수한 물에 녹일 때는 $[Ag^+]$와 $[Cl^-]$이 모두 0인 원점에서 출발해서 기울기가 1인 직선을 따라 각 이온의 농도가 증가하다가 선을 만나는 농도에서 포화가 이루어진다. 침전이 생기기 시작한다. 용액에 이미 5.0×10^{-5} M의 Ag^+ 이온이 들어있다면 y-축 상의 5.0×10^{-5} M에 해당하는 점에서 출발해서 역시 기울기가 1인 직선을 따라 이온의 농도가 증가한다. 이때는 3.0×10^{-6} M 만큼 농도가 증가하면 포화가 된다.

공통 이온 효과는 생체에서도 중요한 의미를 지닌다. 생체에서는 물질 대사에 의해 여러 가지 물질이 끊임없이 들락날락하는데 그에 따라 평형이 이동하기 때문이다. 신장 결석(腎臟結石, kidney stone)의 주성분은 옥살산칼슘(calcium oxalate)이다. 옥살산칼슘에서는 옥살산 이온의 두 개의 −1 음전하가 칼슘 이온의 +2 양전하와 강하게 상호작용해서 2.7×10^{-9}의 작은 용해도곱을 나타낸다. 미량의 옥살산칼슘이 녹아있는데 주위로부터 옥살산 이온이나 칼슘 이온이 들어오면 옥살산칼슘이 침전해서 결석이 되는 것이다.

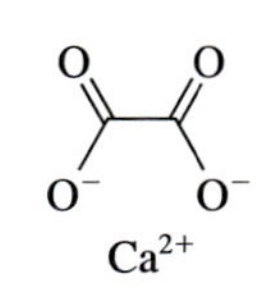

다양한 크기의 신장 결석

가. 선택적 침전과 양이온 정성 분석

서로 다른 이온 결합 화합물의 용해도 차이가 크게 나는 경우 이 사실을 이용해서 이온을 선택적으로 침전시켜 서로 분리할 수 있다. 예를 들어 Mg^{2+} 이온과 Fe^{2+} 이온은 모두 탄산 이온(carbonate, CO_3^{2-})과 침전을 형성할 수 있다. 그러나 용해도곱은 약 100만 배나 차이가 난다.

$$MgCO_3(s) \rightleftharpoons Mg^{2+}(aq) + CO_3^{2-}(aq) \qquad K_{sp} = 1.0 \times 10^{-5}$$

$$FeCO_3\,(s) \rightleftharpoons Fe^{2+}\,(aq) + CO_3^{2-}\,(aq) \qquad K_{sp} = 2.1 \times 10^{-11}$$

따라서 Mg^{2+} 이온과 Fe^{2+} 이온이 함께 녹아 있는 경우에 CO_3^{2-} 이온의 농도를 잘 조절하면 Fe^{2+} 이온은 거의 다 침전하고 Mg^{2+} 이온은 거의 다 용액에 녹아있는 조건을 찾을 수 있다.

예제 9.20

Fe^{2+} 이온만 침전하는 조건을 찾기 위해 $MgCO_3$와 $FeCO_3$의 K_{sp} 값의 중간 정도인 1.4×10^{-8}의 K_{sp} 값을 가지는 가상적인 이온 결합 화합물 XCO_3를 고려하자.

$$XCO_3\,(s) \rightleftharpoons X^{2+}\,(aq) + CO_3^{2-}\,(aq) \qquad K_{sp} = 1.4 \times 10^{-8}$$

(1) XCO_3를 순수한 물에 녹인 경우 포화 용액에서 CO_3^{2-} 이온의 몰농도를 구하여라.

(2) Mg^{2+} 이온과 Fe^{2+} 이온이 함께 들어있는 용액에 탄산소듐 ($NaCO_3$) 을 가하여 CO_3^{2-} 이온의 농도가 (1) 에서 구한 값이 되도록 하였다면 그때 Mg^{2+} 이온의 농도는 Fe^{2+} 이온 농도의 몇 배인가?

풀이 (1) 포화 상태에서 $[X^{2+}] = [CO_3^{2-}]$

$$[X^{2+}] \times [CO_3^{2-}] = [CO_3^{2-}]^2 = K_{sp} = 1.4 \times 10^{-8}$$

$$[CO_3^{2-}] = \sqrt{1.4 \times 10^{-8}} = 1.2 \times 10^{-4}$$

(2) $[Mg^{2+}][CO_3^{2-}] = 1.0 \times 10^{-5}$

$$[Mg^{2+}] = \frac{1.0 \times 10^{-5}}{1.2 \times 10^{-4}} = 8.3 \times 10^{-2}$$

$$[Fe^{2+}][CO_3^{2-}] = 2.1 \times 10^{-11}$$

$$[Fe^{2+}] = \frac{2.1 \times 10^{-11}}{1.2 \times 10^{-4}} = 1.8 \times 10^{-7}$$

$$\frac{[Mg^{2+}]}{[Fe^{2+}]} = 4.6 \times 10^5$$

이온 결합 화합물의 용해도 차이에 의한 선택적 침전은 양이온의 **정성 분석(定性分析, qualitative analysis)**에 이용된다. 정성 분석에서는 양을 정확히 측정하고자 하는 **정량 분석(定量分析, quantitative analysis)**과 달리 시료에 들어있는 물질의 종류에만 관심이 있기 때문에 침전을 하는지 안 하는지를 구별하는 것은 상당한 의미를 가진다.

금속 양이온의 정성 분석에서 첫 번째 족은 Cl^- 이온과 침전을 이루는 염소 이온족 (chloride group) 이다. 양이온들이 섞여 있는 용액에 염산을 가하면 대부분의 양이온은 용액에 남아 있지만 용해도곱이 작은 $PbCl_2$, Hg_2Cl_2, $AgCl$은 침전한다. 침전을 분리하고 남은 산성 용액에 황화수소(黃化水素, H_2S) 기체를 불어넣으면 HgS, PbS, CuS, CdS, Bi_2S_3, As_2S_3, Sn_2S_3, Sb_2S_3처럼 용해도곱이 작은 두 번째 황화수소족 (hydrgen sulfide group) 의 황화물들이 침전한다. 이들 침전을 분리하고 남은 용액에 암모니아를 가해서 알칼리 조건으로 만들고 황화수소를 불어넣으면 MnS, FeS, NiS, CoS, ZnS처럼 황화수소족보다는 용해도곱이 큰 세 번째 황화암모늄족 (ammonium sulfide group) 의 황화물이나 $Fe(OH)_3$, $Al(OH)_3$, $Cr(OH)_3$ 같은 수산화물들이 침전한다.

같은 황화수소가 용액의 산성도에 따라 다른 양이온을 침전시키는 이유는 무엇일까? 황화수소는 다음과 같이 두 단계를 거쳐 S^{2-} 이온을 만든다.

$$H_2S\,(aq) \rightleftharpoons H^+\,(aq) + HS^-\,(aq)$$

$$HS^-\,(aq) \rightleftharpoons H^+\,(aq) + S^{2-}\,(aq)$$

산성 용액에서는 H_2S 쪽으로 평형이 이동하여 S^{2-} 이온의 농도가 낮아지기 때문에 용해도곱이 작아서 쉽게 침전하는 양이온들만 침전하고, 알칼리 조건에서는 S^{2-} 이온이 많아지기 때문에 용해도곱이 커서 쉽게 침전하지 않는 양이온들도 침전한다.

예제 9.21

MnS의 용해도곱은 2.3×10^{-13}, HgS의 용해도곱은 1.6×10^{-54}이다. Mn^{2+} 이온과 Hg^{2+} 이온의 농도가 각각 0.1 mM인 용액이 있다. (1) 이 용액을 산성으로 만들고 황화수소를 가하여 S^{2-} 이온의 농도가 1×10^{-9} M이 되었다고 하자. 이때 Mn^{2+} 이온과 Hg^{2+} 이온은 각각 몇 % 침전하는가? (2) Mn^{2+} 이온의 99%를 침전시키려면 S^{2-} 이온의 농도가 얼마가 되어야 하는가?

풀이 (1) 용해도곱과 S^{2-} 이온 농도로부터 포화 농도를 구하면

$$[Mn^{2+}] = \frac{2.3 \times 10^{-13}}{1 \times 10^{-9}} = 2.3 \times 10^{-4}$$

$$[Hg^{2+}] = \frac{1.6 \times 10^{-54}}{1 \times 10^{-9}} = 1.6 \times 10^{-45}$$

S^{2-} 이온 농도가 1×10^{-9} M일 때 Mn^{2+} 이온 농도가 0.23 mM가 되면 MnS가 침전한다. 그런데 용액의 Mn^{2+} 농도가 0.1 mM이므로 Mn^{2+} 이온은 100%가 용액에 남아 있다. Hg^{2+} 이온은 1.6×10^{-45} M만 되어도 HgS로 침전한다. 따라서 0.1 mM 농도의 Hg^{2+} 이온은 100%가 침전한다.

(2) Mn^{2+} 이온이 1% 남아 있다면 그때 Mn^{2+} 농도는 1×10^{-6} M이다.

$$[S^{2-}] = \frac{K_{sp}}{[Mn^{2+}]} = \frac{2.3 \times 10^{-13}}{1 \times 10^{-6}} = 2.3 \times 10^{-7}$$

용액이 어느 정도로 알칼리성이 되어야 H_2S의 전체 농도가 주어졌을 때 S^{2-} 이온 농도가 2.3×10^{-7} M이 될지를 계산하려면 다음 절에서 다룰 산해리 평형을 알아야 한다. 그 문제는 잠시 덮어두고 양이온 정성 분석을 계속하자.

황화암모늄족의 침전을 분리하고 남은 알칼리성 용액에 탄산을 가하면 Cl^- 이온이

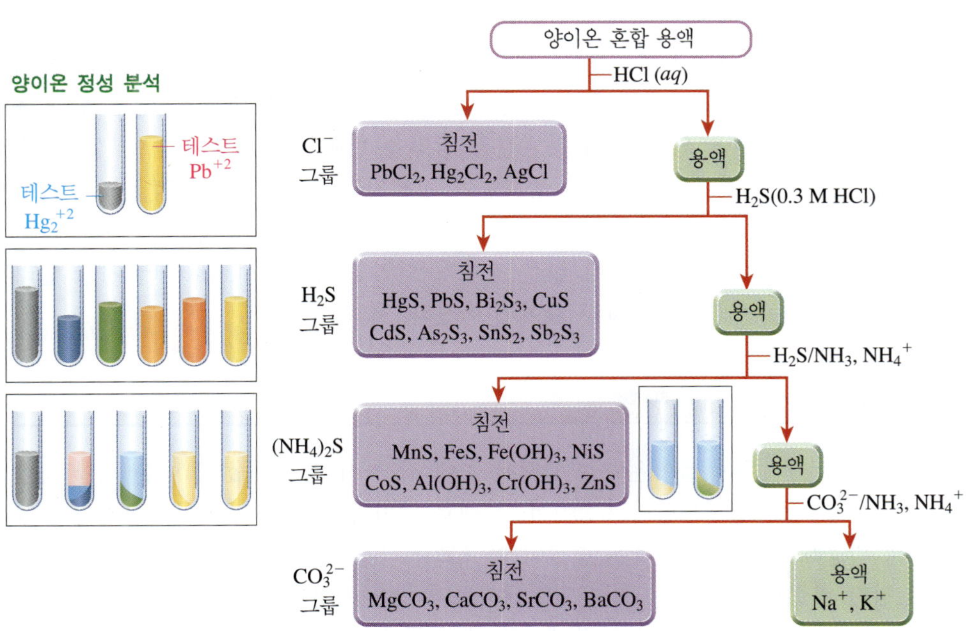

그림 9.10 양이온 계통 분석 체계.

나 S^{2-} 이온과 침전을 이루지 않는 Mg^{2+}, Ca^{2+}, Sr^{2+}, Ba^{2+} 등 네 번째 탄산이온족(carbonate group)이 침전한다. 다섯 번째 족은 Na^+, K^+ 같이 어떤 음이온과도 침전을 만들지 않는 알칼리 금속 이온들이다. 같은 족에 속한 이온들은 침전의 색깔이나 추가적인 실험을 통하여 구별하게 된다.

양이온 계통 분석을 가능하게 하는 용해도의 차이는 처음에는 경험적으로 알려졌을 것이다. 그러나 이제는 열역학적 데이터로부터 용해도곱을 계산할 수 있다. 그리고 용해도의 차이는 이온 결합의 세기와 관련해서 대략적으로 이해할 수 있다. 뼈의 주성분인 인산칼슘에서는 +2가인 칼슘 이온과 −3가인 인산 이온이 강하게 이온 결합을 하고 있다. 그런데 뼈를 식초에 담가두면 인산 이온이 −3가에서 −2가, −1가로 바뀌면서 이온 결합이 약해져서 뼈가 물렁물렁해진다.

퀴리 부처도 위와 비슷한 과정을 거쳐 라듐(radium, Ra)과 폴로늄(polonium, Po)을 분리하고 발견했다. 그들은 화학 반응을 잘 이해하고 다룰 수 있었기 때문에 수 톤의 피치블렌드라는 우라늄 광석으로부터 100 밀리그램 정도의 라듐을 원자량을 결정할 수 있을 정도로 순수하게 얻어낼 수 있었던 것이다. 원자 번호가 88인 라듐은 주기율표에서 바륨(barium, Ba) 바로 아래에 위치한 2족 원소이다.

그렇지만 퀴리 부처가 처음 라듐을 조사할 때에는 원자 번호도, 원자량도, 어느 족 원소인지도 몰랐다. 단지 아는 것은 우라늄보다 방사능이 강한 어떤 물질이 우라늄 광석에 미량 들있다는 것 뿐이었다. 그래서 그들을 위와 같은 어려운 분리 과정을 따라가면서 방사능을 추적했다. 그런데 나중에 알려진대로 라듐은 바륨 아래의 2족 원소이기 때문에 용해도가 바륨과 비슷했다. 게다가 광석에는 같은 2족인 칼슘이 라듐이나 바륨보다 훨씬 많이 들어 있었다. 다행히 칼슘의 황산염은 라듐이나 바륨의 황산염보다 용해도가 높아서 과량의 칼슘을 분리할 수 있었다.

$$CaSO_4(s) \rightleftharpoons Ca^{2+}(aq) + SO_4^{2-}(aq) \qquad K_{sp} = 7 \times 10^{-5}$$
$$BaSO_4(s) \rightleftharpoons Ba^{2+}(aq) + SO_4^{2-}(aq) \qquad K_{sp} = 1 \times 10^{-10}$$
$$RaSO_4(s) \rightleftharpoons Ra^{2+}(aq) + SO_4^{2-}(aq) \qquad K_{sp} = 3.7 \times 10^{-11}$$

그러나 라듐과 바륨은 성질이 너무 비슷해서 분리하기가 매우 어려웠다. 다행히 20°C에서 물 100 g에 대한 염화라듐(radium chloride, $RaCl_2$)의 용해도는 24.5 g, 염화바륨(barium chloride, $BaCl_2$)의 용해도는 26.3 g으로 약간 차이가 있었다. 퀴리는 이 차이를 이용하여 용해도가 낮은 물질을 먼저 침전시키고 침전을 분리한 다음 포화 용액으로부터 다시 침전을 얻는 식의 분별결정 방법을 반복 적용해서 라듐이 점차적으로 농축된 시료를 얻었다. 그 때마다 방사능이 강해지는 것은 물론이고, 선 스펙트럼에서 바륨의 선이 약해지고 다른 원소에서는 볼 수 없었던 라듐의 선이 강해졌다. 마지막으로 바륨의 선이 거의 보이지 않을 정도가 되었을 때 그 시료로부터 지금 알려진 값과 아주 가까운 라듐의 원자량 값이 얻어졌다.

9-4-3 착물 형성 평형

위에서는 금속 양이온과 음이온이 반응해서 물에 잘 녹지 않는 중성의 이온 결합 화합물을 만드는 경우를 살펴보았다. 6장에서 본 대로 전이 금속 양이온이 음이온이나 중성 리간드와 반응해서 얻어진 착물은 중성이 아니고 전하를 가지기 때문에 용액에 녹는다. 따라서 침전 평형과 달리 착물 형성 평형에서는 착물이 평형 상수에 들어있게 된다.

우리는 6장에서 분자 구조와 관련하여 착물의 구조, 색, 자기적 성질 등을 알아보는

데, 착물은 금의 추출, 사진술 등 실용적인 면에서도 중요하고, 적정을 통해 금속 이온을 분석하는 데에도 사용된다. 이 절에서는 이러한 착물의 다양한 면들을 평형의 입장에서 다룬다.

착물을 잘 만드는 리간드 중에는 사이안화 이온(cyanide ion, CN^-)이 있다. CN^- 이온은 N_2와 같은 루이스 구조를 가지는 화학종으로 6장에서 본 적이 있다. 산소를 위시해서 여러 가지 물질을 발견했던 스웨덴의 셸레는 1783년에 사이안화수소(hydrogen cyanide, HCN)를 발견했는데, 이것이 금을 녹이는 것을 알아냈다. 1847년에 패러데이는 이 금이 녹는 반응의 화학량적(stoichiometry) 관계를 밝혔고, 1887년에는 스코틀랜드의 글라스고에서 사이안화 이온을 이용해서 금의 함량이 낮은 광물에서 금을 추출하는 맥아더-포레스트 공정(MacArthur-Forrest process)이 개발되었다. 이 공정에서는 잘게 부순 광석을 사이안화 이온의 묽은 용액이 들어있는 탱크를 순환시켜 금을 사이안화금 착물(aurocyanide complex, $[Au(CN)_2]^-$)로 녹여낸다. 이 과정을 금의 사이안화(cyanidation)라고 한다. 이때 용액으로 공기를 계속 불어 넣어주는데 금이 아주 미량이라도 공기 중의 산소에게 전자를 내주고 Au^+ 이온이 되면 즉시 착물로 바뀌기 때문에 르샤틀리에 원리에 따라 계속해서 금이 녹아나온다. 금이 다 녹은 다음 나머지 광물을 걸러내고 용액에 아연 가루를 가하면 금이 침전으로 얻어진다. 아연은 금보다 전자 친화도가 낮아서 산화가 잘 되고, 또 금에게 전자를 내주고 만들어진 Zn^{2+} 이온도 CN^- 이온과 착물을 잘 만들기 때문이다.

$$[:C \equiv N:]^-$$

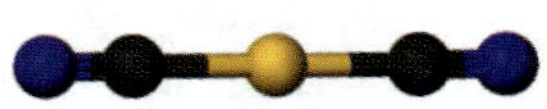

$$4Au(s) + 8CN^-(aq) + O_2(g) + 2H_2O(l) \longrightarrow 4Au(CN)_2^-(aq) + 4OH^-(aq)$$
$$2Au(CN)_2^-(aq) + Zn(s) \longrightarrow 2Au(s) + Zn(CN)_4^{2-}(aq)$$

결국 두 가지 착물 형성 평형을 잘 이용하면 경제성이 낮은 광석으로부터 값 비싼 금을 얻을 수 있게 된다. 위의 두 반응 다 평형이 생성물 쪽으로 치우치는 경우이기 때문에 유용하다. 이러한 반응을 정량적으로 다루려면 평형 상수를 고려해야할 것이다.

가. 착물 형성 상수

금 뿐만 아니라 은도 착물을 만든다. 잘 알려진 은 착물 중에 은 이온(Ag^+)이 암모니아의 비공유 전자쌍과 배위 결합을 이룬 것이 있다. 여러 가지 금속 양이온이 들어있는 용액으로부터 은을 분리하려고 한다면 일단 AgCl로 침전시키는 것이 좋다. 대부분의 다른 염화물은 물에 잘 녹기 때문이다. AgCl을 다시 녹여내려고 한다면 용액에 암모니아를 넣어주면 된다. 암모니아는 Ag^+ 이온과 물에 잘 녹는 착물을 형성하기 때문이다. 물론 AgCl은 용해도가 작지만 다음의 용해 평형에 의해서 약간의 Ag^+ 이온이 생긴다.

$$AgCl(s) \rightleftharpoons Ag^+(aq) + Cl^-(aq) \qquad K_{sp} = [Ag^+][Cl^-] = 1.6 \times 10^{-10}$$

이렇게 생긴 $Ag^+(aq)$ 이온이 다음 두 단계의 착물 형성 반응으로 통해서 제거되면 르샤틀리에 원리에 따라 AgCl은 계속 녹아나온다. 착물 형성 반응의 평형 상수는 **형성 상수(形成常數, formation constant, K_f)**라고 하며, 대부분 매우 큰 값을 갖는다.

$$Ag^+(aq) + NH_3(aq) \rightleftharpoons Ag(NH_3)^+(aq) \qquad K_1 = 2.1 \times 10^3$$
$$Ag(NH_3)^+(aq) + NH_3(aq) \rightleftharpoons Ag(NH_3)_2^+(aq) \qquad K_2 = 8.2 \times 10^3$$

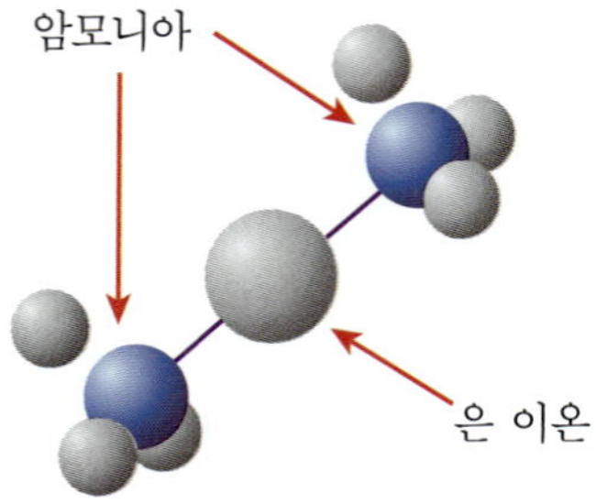

두 단계를 합한 전체 반응의 착물 형성 상수는 K_1과 K_2의 곱이다.

$$K_f \equiv \frac{[Ag(NH_3)_2{}^+]}{[Ag^+][NH_3]^2} = 1.7 \times 10^7$$

AgCl (s) 침전 반응과 $Ag[NH_3]^{2+}$ (aq) 착물 형성 반응을 합치면 다음과 같이 된다.

$$\begin{array}{c} AgCl(s) \rightleftharpoons Ag^+(aq) + Cl^-(aq) \\ Ag^+(aq) + 2NH_3(aq) \rightleftharpoons Ag(NH_3)_2{}^+(aq) \\ \hline AgCl(s) + 2NH_3(aq) \rightleftharpoons Ag(NH_3)_2{}^+(aq) + Cl^-(aq) \end{array}$$

$$K \equiv \frac{[Ag(NH_3)_2{}^+][Cl^-]}{[NH_3]^2} = K_{sp} \times K_f = 2.7 \times 10^{-3}$$

결과적으로 두 반응을 합친 후의 평형 상수는 침전 반응의 용해도곱보다 훨씬 커지게 되고 침전의 일부가 녹게 된다.

세계 최초의 사진.
프랑스 소더비 경매장에서 44만 3천달러(약 6억원)에 팔린 세계 최초의 사진. 이 작품은 1825년 프랑스 발명가 조제프 니세포르 닙스가 17세기 네덜란드 판화 작품을 빛을 이용한 사진 촬영 기법으로 찍은 것이다.

은의 싸이오황산(thiosulfate) 착물은 흑백 사진술(寫眞術, photography)에 관련해서 많이 사용되었다. 싸이오황산 이온은 황산 이온 중에서 산소 하나가 같은 족의 황으로 치환된 것이다. 사진 필름에는 브롬화은(AgBr) 유제(emulsion)가 코팅되어 있다. 사진을 찍으면 빛을 많이 받은 부분에서는 AgBr의 Ag^+ 이온이 Ag로 환원된다. 이렇게 직접 빛으로 만들어진 은 원자는 상(像, image)을 만들 정도로 양이 충분하지 않다. 그런데 은 원자는 현상(現像, developing)이라 부르는 화학적 환원 과정에서 일어나는 은 이온의 환원을 촉매하여 빛을 받은 정도에 비례하는 은 원자의 층이 생긴다. 그 다음에 빛을 받지 않은 부분에서 AgBr을 녹여내면 음영이 대비되는 음화(陰畵, negative)가 얻어지는데, 이때 AgBr을 녹여내기 위해 싸이오황산 착물 반응이 사용된다.

$$AgBr(s) + 2S_2O_3{}^{2-}(aq) \rightleftharpoons Ag(S_2O_3)_2{}^{3-}(aq) + Br^-(aq)$$

네거티브에 빛을 쪼여서 위의 과정을 되풀이하면 흑백 사진이 얻어진다.

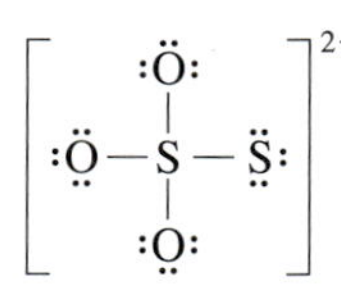

금 생산을 위해 사용된 금의 사이안화 착물도 그렇지만 19세기 초에 사진술이 개발된 이래 지금까지 인류의 역사를 기록하고 우리의 추억을 간직하기 위해 만들어진 수많은 흑백 사진을 생각해 보면 인류 기록 문화의 상당한 부분은 은의 싸이오황산 착물에 의존하였다고 볼 수 있다.

금과 은의 착물을 이야기했는데, 구리는 어떨까? 구리 2가 이온에 암모니아가 네 분자 결합한 착물, $Cu(NH_3)_4{}^{2+}$는 짙은 청색을 나타내고, 형성 상수는 1.1×10^{12}이다.

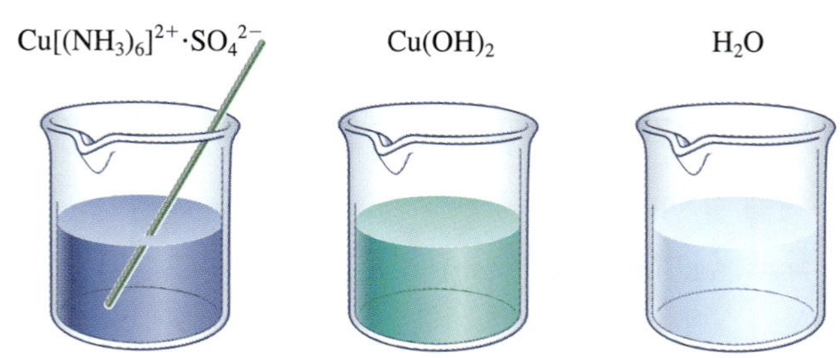

나. EDTA 적정

거의 모든 금속 이온과 강하게 결합하여 착물을 만드는 리간드로 6장에서 살펴본 EDTA(ethylenediaminetetraacetic acid)가 있다. EDTA에는 두 개 질소 원자의 비공유 전자쌍과 결합한 수소와 네 개의 아세트산에 들어있는 수소, 모두 여섯 개의 산해리할 수 있는 수소가 있다. 그래서 EDTA는 6양성자산(hexaprotic acid)이고 H_6Y^{2+}로 쓸 수 있다.

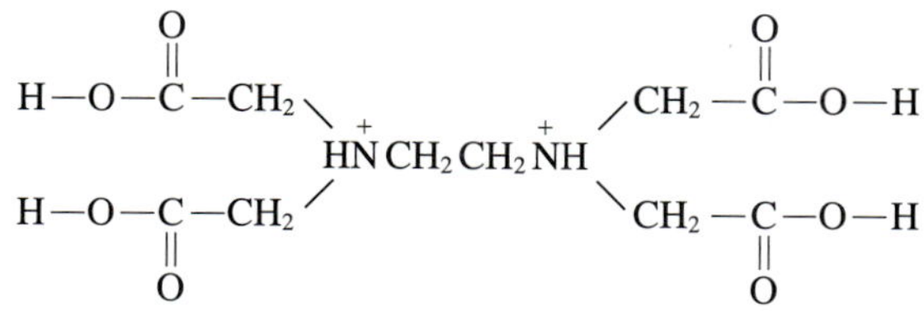

여섯 개의 양성자가 다 떨어져나가면 −4가의 음이온, Y^{4-}가 된다. 그런데 EDTA 분자 내에서 네 개의 아세트산 이온(acetate ion, $-COO^-$)의 음전하는 두 개 아민의 비공유 전자쌍과 함께 하나의 양이온을 정8면체 구조로 둘러싸기에 적절하게 배치되어 있다. 따라서 Y^{4-} 이온은 양이온의 종류에 상관없이 항상 1:1로 결합하여 착물을 만든다(6장). 결과적으로 Na^+나 K^+ 같은 +1가 양이온은 −3가 착물을, Ca^{2+}나 Co^{2+} 같은 +2가 양이온은 −2가 착물을, Al^{3+}나 Fe^{3+} 같은 +3가 양이온은 −1가 착물을 만든다. 이러한 착물 형성을 이용하면 금속 이온을 적정할 수 있다.

그런데 약산인 아세트산은 낮은 pH에서는 일부만 해리하기 때문에 Y^{4-} 이온의 분율은 작아지고, 반대로 높은 pH에서는 아세트산이 거의 모두 해리하여 Y^{4-} 이온의 분율이 높아진다. 뿐만 아니라 양이온과 Y^{4-} 이온 사이의 착물 형성 상수값에는 큰 차이가 있다. 물론 일반적으로 양전하가 클수록 착물 형성 상수가 크다.

$$Na^+ + Y^{4-} \rightleftharpoons NaY^{3-} \qquad K_f = 4.6 \times 10$$
$$Mg^{2+} + Y^{4-} \rightleftharpoons MgY^{2-} \qquad K_f = 6.2 \times 10^8$$
$$Fe^{3+} + Y^{4-} \rightleftharpoons FeY^- \qquad K_f = 1.3 \times 10^{25}$$

착물 형성 상수가 상대적으로 작은 Mg^{2+} 이온은 pH 9.5 이상에서라야 효과적인 적정이 가능하고, 착물 형성 상수가 아주 큰 Fe^{3+} 이온은 pH 2 정도에서도 적정이 가능하다. 물론 낮은 pH에서는 Y^{4-} 이온의 분율이 낮지만 한편으로 Y^{4-} 이온이 강한 착물을 만들면 다른 한편으로 EDTA의 해리가 지속적으로 일어나서 용액에 들어있는 금속 이온의 몰수와 EDTA의 몰수가 같아질 때 당량점에 도달하게 된다.

EDTA 적정에서는 금속 이온과 결합하면 색이 바뀌는 지시약을 사용한다. 예를 들어 Erichrome black T라는 지시약은 원래는 푸른색을 나타내는데 금속 이온과 결합하면 포도주 빛의 붉은색으로 바뀐다. 금속 이온 용액에 지시약을 가하면 왼쪽 사진처럼 용액이 붉어진다. 정확한 농도를 알고 있는 EDTA 용액을 가하면 지시약보다 금속 이온과 훨씬 더 강하게 결합하는 Y^{4-} 이온은 지시약을 몰아내고 자신이 금속과 결합해서 착물을 만든다. 당량점에 도달하기 전에는 지시약과 결합한 금속이 남아있다. 그런데 EDTA 착물은 색이 없기 때문에 색 변화가 없다. 당량점에서 한 방울의 EDTA 용액이 더 들어가면 모든 금속은 EDTA와 결합하고 모든 지시약 은 금속으로부터 떨어져나오기 때문에 원래 지시약의 색이 나타난다.

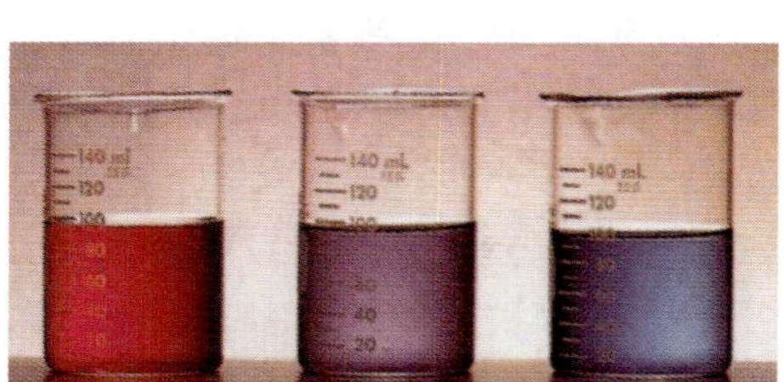

당량점 이전　　당량점　　당량점 이후

예제 9.22

100 mL 부피 플라스크를 사용해서 분자량이 372.24인 $Na_2H_2EDTA \cdot 2H_2O$ 1.542 g을 녹여 EDTA 용액을 만들었다. Erichrome black T 지시약을 사용해서 이 EDTA 용액으로 농도를 구하고자 하는 Mg^{2+} 이온 용액 20.0 mL를 적정하는데 16.2 mL가 들어갔을 때 용액의 색이 붉은색에서 푸른색으로 바뀌었다고 한다. Mg^{2+} 이온의 몰농도를 구하여라.

풀이 EDTA 용액 1.00 L에는 15.42 g의 $Na_2H_2EDTA \cdot 2H_2O$가 들어 있다.

$$[EDTA] = \frac{15.42}{372.24} = 0.04142 \text{ M}$$

당량점에서 [EDTA] × EDTA 용액의 부피 = $[Mg^{2+}]$ × Mg^{2+} 용액의 부피

$$[Mg^{2+}] = \frac{0.04142 \text{ M} \times 16.2 \text{ mL}}{20.0 \text{ mL}} = 0.0336 \text{ M}$$

EDTA 착물의 연구는 주로 1940년 대에 이루어졌다. EDTA는 적정 뿐 아니라 식품 보존 등 용도가 다양하다. 보관용 식품에 첨가된 EDTA는 금속을 포함하는 효소(metallic enzyme)에서 금속을 떼내어 식품을 상하게 하는 반응을 억제한다. 오늘날 연간 EDTA 생상량은 10만 톤에 달한다.

9-5 산–염기 평형

9-5-1 생명과 산

생명 현상과 관련있는 물질 중에서 가장 보편적이고 중요한 것은 산과 염기이다. 앞에서 분배 크로마토그래피의 예로 보았던 밀러와 샤가프의 분석 대상도 아미노산과 핵산의 염기였다. 아미노산은 산과 염기가 한 몸에 들어있는 화합물이고, 핵산도 인산과 뉴클레오타이드 염기로 이루어졌다. 우리가 살아가는데 필요한 대사작용, 물질의 운반, 근육 운동, 신경 전달, DNA의 복제 등 대부분의 생화학적 반응에는 단백질이 관여한다. 단백질은 20종류의 아미노산들이 일정한 서열을 이루어 연결된 고분자이다. 그런데 단백질은 아미노산의 산–염기 평형을 통해 구조를 유지하기도 하고, 구조의 변화를 이루어가며 특정한 기능을 담당한다.

그런데 왜 생명 현상에서는 산–염기 평형(酸-鹽基平衡, acid-base equilibrium)이 중요할까? 사실 산–염기 평형은 지구상에 생명이 태어나기 훨씬 전에 지구 표면에 생명체가 탄생하고 살아갈 수 있는 환경을 조성하는데 중요한 역할을 했다. 약 46억 년 전에 태양계가 생길 때 태양이나 다른 행성들과 마찬가지로 지구도 수소와 헬륨과 함께 작은 얼음과 실리콘이나 알루미늄의 산화물 같은 성간 물질들이 모여 만들어졌다. 태양이 핵융합을 시작하고 에너지를 내면서 태양에서 가까운 수성, 금성, 지구, 화성은 끓는점이 낮은 수소와 헬륨을 잃어버리고 고체 표면을 가진 행성이 되었다. 그 후에도 미행성(微行星, planetesimal)들의 충돌이 계속되었다. 이런 충돌의 자국은 달 표면에서 잘 볼 수 있다. 하기는 달 자체도 거대한 충돌의 결과로 지구의 일부분이 떨어져나간 결과라고 생각된다. 아무튼 계속되는 충돌의 결과로 지구의 표면 온도는 물의 끓는 점보다 훨씬 높았고 지구의 표면의 모든 물은 이산화탄소와 함께 대기 중에 들어있었다.

미행성의 충돌이 뜸해지고 지구 표면의 온도가 100°C 이하로 떨어지면서 지구 역사에서 최초로 비가 내렸다. 비라기보다는 전 지구적인 대홍수라고 해야할 것이다. 지구보다 가벼운 현재 금성의 대기에 100 기압 정도에 해당하는 이산화탄소가 들어있는 것을 생각하면 태초 지구의 대기에는 그보다 많은 이산화탄소가 들어있었을 테고, 그렇다면 지구 최초의 비는 강한 산성비 (acid rain) 였을 것이다. 그런데 지각에는 알루미늄, 철, 칼슘, 소듐, 포타슘, 마그네슘 등 금속 원소가 풍부한데 일반적으로 금속 원소나 이들의 산화물은 물과 반응하면 염기성을 나타낸다. 그러니까 태초의 산성비는 지각의 금속 원소들과 반응해서 태초의 바닷물을 염기성으로 만들었다. 이러한 염기성 바다에 대기의 이산화탄소가 대부분 녹아들어가서 이산화탄소의 온실 효과를 줄여주고 햇빛이 태초의 바다에 비춰어 나중에 초기의 단세포 생물로 하여금 광합성을 할 수 있게 하였다. 이산화탄소는 순수한 물에는 많이 녹지 않는다. 그러나 염기성 물에서는 탄산의 해리 평형에 의하여 상당한 양의 이산화탄소가 녹는다. 이처럼 산-염기 평형은 태초 지구 환경의 변화에 중요한 요인으로 작용했다.

현재 생명체 내에서도 산-염기 평형은 중요한 역할을 한다. 트랜스퍼린 (transferrin)은 분자량이 81000 Da 정도인 단백질로서 혈액에서 철 이온을 운반하는 역할을 한다. Fe^{3+} 이온이 트랜스퍼린과 결합할 때는 트랜스퍼린에 들어있는 아미노산인 히스티딘 (histidine, 그림 H253) 의 질소, 두 개의 타이로신 (tyrosine, Y92, Y192) 의 산소, 아스파트산 (aspartic acid, D60) 의 산소, 그리고 외부에서 온 탄산 이온 (carbonate, CO_3^{2-}) 의 두 개의 산소, 즉 모두 여섯 개의 전자가 풍부한 원자를 사용하여 배위수가 6인 착화합물 (hexa-coordinate complex) 을 만든다. 이때 탄산 이온은 아르지닌 (arginine, R121) 의 양전하와 단백질의 나선 부분과의 수소 결합에 의하여 철 주위의 적당한 위치에 자리잡게 된다.

운반되어 온 철 이온 환경의 pH가 5.5 이하가 되면 CO_3^{2-} 이온의 평형이 HCO_3^-와 H_2CO_3로 이동해서 음전하가 낮아진다. 결과적으로 주위와의 상호작용이 약해진 Fe^{3+} 양이온은 트랜스퍼린으로부터 떨어져 나와 철을 필요로 하는 부위에서 사용된다. 이때 Fe^{3+} 이온을 둘러싸고 있는 아미노산들의 산해리 평형도 주위의 pH에 크게 영향을 받는다.

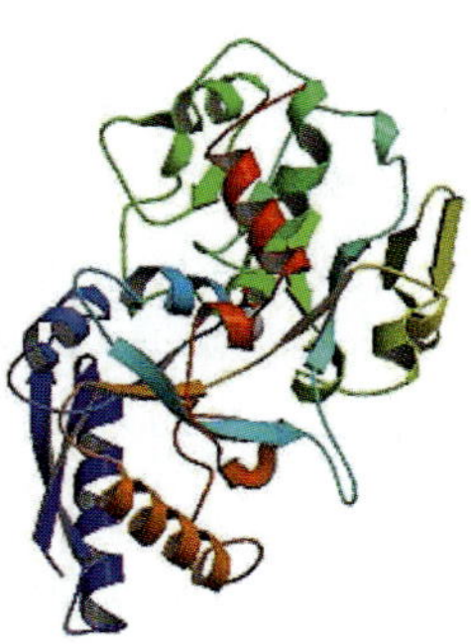
트랜스퍼린

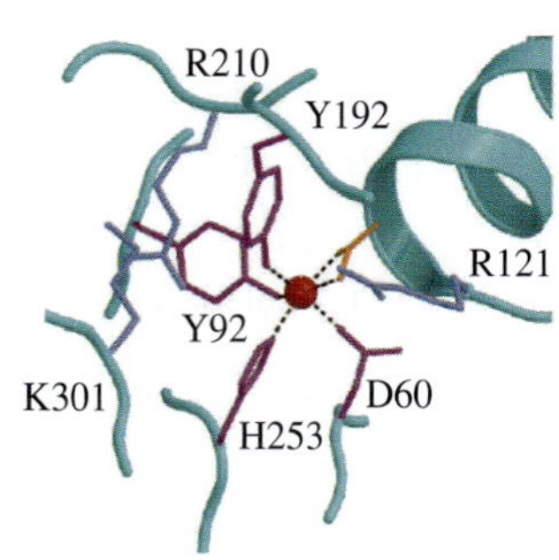

트랜스퍼린에서 철 이온이 결합하는 부위

트랜스퍼린에서 철 이온과 결합하는 아미노산 중에서 하나라도 잘못된 다른 아미노산으로 대체되면 신체에 중대한 결함을 가져올 수도 있을 것이다. 철과 관련해서 또 하나의 잘 알려진 단백질인 헤모글로빈 경우에 글루탐산 (glutamic acid) 이 있어야 할 자리에 발린 (valine) 이 들어가면 이 변형된 헤모글로빈 (hemoglobin) 에는 산소가 결합하지 못하고 적혈구는 낫 모양의 비정상적인 적혈구로 바뀌어 겸상적혈구 빈혈증(貧血症, sickle cell anemia) 이라는 병을 일으킨다. 글루탐산은 발린과 달리 곁가지 (side chain) 에 산으로 작용할 수 있는 카복실기 (carboxyl group) 를 가지고 있다. 그렇다면 글루탐산의 산해리 평형이 헤모글로빈의 구조와 기능에 핵심적인 역할을 하는 것을 알 수 있다.

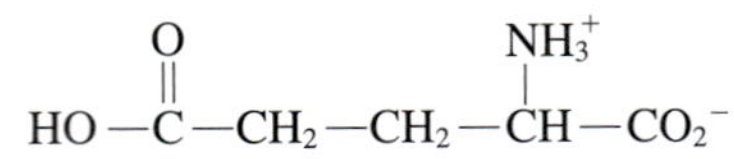

글루탐산

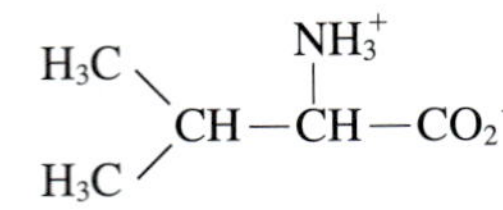

발린

이제부터는 이처럼 생명 현상과 직결된 산, 그리고 산과 보완적 관계에 있는 염기에 대해 자세히 알아보기로 하자. 특히 산-염기 평형을 통해서 밀러의 종이 크로마토그래피 실험에서 어떻게 아스파트산과 알라닌이 분리되는지를 확실히 이해하도록 하자.

9-5-2 산화와 산

화학적 반응성이 전혀 없는 헬륨을 제외하고 우주에서 가장 풍부한 세 가지 원소는 수소, 산소, 탄소의 순서이다(2장). 수소, 산소, 탄소가 모두 들어있는 간단한 화합물에는 폼알데하이드(formaldehyde, HCHO), 메탄올(methanol, CH_3OH), 그리고 폼산(formic acid, HCOOH)이 있다. 그런데 라부아지에가 산(酸, acid)을 만드는 원소라는 의미에서 산소(酸素, oxygen, acid-forming)라는 이름을 붙였듯이 산소와 결합하는 것, 즉 산화(酸化, oxidation)되는 것은 산이 되는 것을 의미한다면 왜 폼알데하이드와 메탄올은 산이 아닐까?

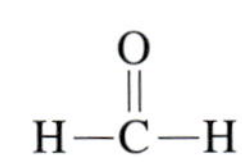

폼알데하이드

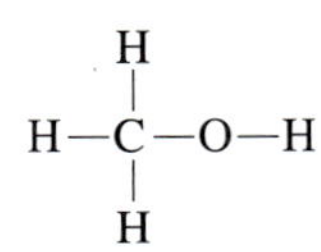

메탄올

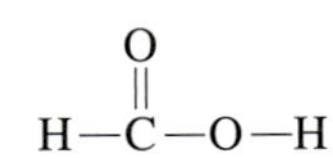

폼산

원자를 구성하는 양성자, 중성자, 전자 중에서 중성자는 화학 반응에는 직접 관여하지 않는다. 나머지 둘 중에서는 당연히 바깥쪽에 있는 전자의 이동이 쉽다. 따라서 전자의 이동에 관련된 산화-환원 반응은 가장 중요한 화학 반응 중의 하나이다.

가장 간단한 산인 염산(鹽酸, hydrochloric acid, HCl)을 가지고 산화와 산의 관계를 살펴보자. 수소의 경우에는 양성자와 전자가 각각 하나씩 밖에 없다. 수소가 염소나 산소처럼 전기음성도가 아주 높은 원소와 결합하면 전자를 빼앗기고 극성 공유 결합을 만든다. 이처럼 산소와 결합하는 산화는 전자를 잃는 것이라면 수소가 염소와 반응할 때 수소는 염소에 의해 산화되는 것이고, 염소는 수소에 의해 환원되는 것이다. 염소와 화학 결합을 이룬 염화수소(hydrogen chloride)가 물에 녹으면 염산이 되는데, 염산에서 전기음성도가 낮은 수소는 전자를 아예 염소에게 주어버리고 이온화하면 수소 이온(H^+), 즉 양성자로 남게 된다. 이를 **산해리(酸解離, acid dissociation)**라고 부른다. 용액이 산성을 나타내게 하는 수소 이온은 주위의 원자나 분자들보다 훨씬 작기 때문에 쉽사리 다른 화학종들 사이를 돌아다니기도 하고, 물의 산소 원자같이 결합에 사용할 수 있는 전자쌍이 있으면 잠시 결합했다가 다시 갈라서기도 한다. 이처럼 전자의 이동과 양성자의 이동은 직결되어있다. 전자를 주고받는 반응이 산화-환원 반응이고 양성자를 주고 받는 반응은 산-염기 반응이라면 산화-환원 반응과 산-염기 반응은 밀접한 관계가 있는 것이다.

$$H_2 + Cl_2 \xrightarrow[\text{산화-환원}]{} 2\ H-Cl \underset{\text{산-염기}}{\rightleftharpoons} 2\ H^+ + 2\ Cl^-$$

이제는 생명 현상에 보다 밀접하게 연결되어 있는 수소, 산소, 탄소의 화합물을 가지고 산-염기 평형을 논의해보자. 수소, 산소, 탄소가 모두 들어있는 가장 간단한 화합물은 불과 네 개의 원자로 이루어진 폼알데하이드이다. 폼알데하이드에서 전기음성도가 높은 산소는 탄소와 결합하고 있고 모든 수소는 전기음성도가 수소보다 별로 높지 않은 탄소와 결합하고 있기 때문에 수소는 거의 전자를 잃지 않아서 산해리를 하지 않는다.

폼알데하이드에서 폼알데하이드가 한번 더 산화되어서 폼산이 되면 이번에는 한 개의 수소는 직접 전기음성도가 높은 산소와 결합해서 전자를 빼앗기는 상황이 된다. 그러다 보면 일부의 폼산에서는 수소가 산소에게 전자를 아예 내어주고 양성자로 떨어져 나오게 된다. 이것이 산해리이다. 그런데 폼산과 마찬가지로 수소가 산소와 결합한 메탄올은 산이 아니다. 메탄올에서 산소는 비교적 전기음성도가 낮은 수소와 탄소 양쪽으로부터 전자를 끌어당긴다. 게다가 메틸기(methyl group, $-CH_3$)에는 전자를 내줄 수 있는 수소가 세 개나 있다. 그런데 폼산에서 탄소는 이중 결합을 이룬 산소에게 이미 전자를 내준 상황이기 때문에 다른 산소에게 전자를 내줄 수 있는 형편이 아니다. 따라서 양쪽으로 탄소와 수소와 결합한 산소는 수소에게서 전자를 얻을 수 밖에 없고 결과적으로 수소는 산성을 나타내게 된다. 그래도 수소에게서 전자를 얻을 수 밖에 없는 염산이 강산(强酸, strong acid)인데 비하면 폼산를 포함해서 모든 유기산(有機酸, organic acid)은 약산(弱酸, weak acid)이다. 여기서도 산의 성질을 주도적으로 결정하는 것은 수동적인 수소라기보다는 공격적인 산소인 것을 알 수 있다.

폼산의 산해리로 떨어져 나온 양성자는 주위의 물과 결합해서 하이드로늄 이온(hydronium ion, H_3O^+)으로 존재한다. 그런데 수소 이온을 떼어낸 폼산 이온(formate, $HCOO^-$)은 음전하를 가지기 때문에 용액에 양전하를 가진 수소 이온의 농도가 높으면 수소 이온과 재결합해서 폼산으로 되돌아가는 역반응이 일어난다.

$$HCOOH\,(aq) + H_2O\,(l) \rightleftharpoons H_3O^+\,(aq) + HCOO^-\,(aq)$$

이 반응에서 물은 해리한 수소 이온을 받아들이는 염기로 작용한다. 폼산 이온은 폼산의 짝염기(conjugate base)이고, 하이드로늄 이온은 물의 짝산(conjugate acid)이다. 그러니까 산해리의 역반응은 짝염기와 짝산과의 반응이다.

세포 내에서 이와 같은 산-염기 평형을 이루고 있는 화학종은 시트르산(citric acid), 아스코브산(ascorbic acid), 아세트산(acetic acid), 탄산(carbonic acid), 인산(phosphoric acid) 등 수를 헤아릴 수 없을 정도로 많다.

산화의 결과가 산이라고 하면 왜 대부분 금속의 산화물은 염기인가 하는 의문이 제기된다. 예를 들어, 산화포타슘은 물에 녹으면 강한 염기인 수산화포타슘(potassium hydroxide, KOH)을 만든다. 수산화포타슘에서도 산소는 수소로부터 전자를 끌어당기면 수산화포타슘도 산해리를 하고 산성을 나타낼 것이다. 그런데 포타슘이 수소보다 전기음성도가 훨씬 낮기 때문에 산소는 포타슘으로부터 전자를 빼앗고, 결과적으로 수산화포타슘은 포타슘 이온과 수산화 이온으로 해리하는 것이다.

$$K-O-H\,(s) + H_2O\,(l) \rightleftharpoons K^+\,(aq) + OH^-\,(aq)$$

이 경우를 보아서도 알 수 있듯이 역시 산-염기의 성질을 주도하는 것은 전기음성도가 높은 산소이다.

$$Cl \leftarrow H$$
$$K \rightarrow O-H$$

수소의 전기음성도가 낮기 때문에 HCl은 산이고, 포타슘의 전기음성도가 수소보다 더 낮기 때문에 KOH는 염기이다.

9-5-3 산-염기의 정의와 산성도

아레니우스(Arrhenius, 1859-1927). 스웨덴 화학자로서, 1903년에 노벨 화학상을 수상하였다. 1896년에 이미 이산화탄소에 의한 지구 온난화를 예언하였다.

산과 염기의 정의는 역사적으로 발전해왔다. 1884년에 용액에 이온이 존재하는 것을 연구하는 중 아레니우스는 수용액에 녹았을 때 수소 이온(H^+)의 농도를 증가시키는 것을 산으로, 수산화 이온(OH^-)의 농도를 증가시키는 것을 염기라고 생각했다. 아레니우스의 정의를 따르면 염산, 질산, 황산, 탄산, 인산, 그리고 아세트산 같은 유기산이 모두 산이다. 그러나 Al^{3+} 같은 뒤에서 볼 루이스 산은 포함되지 않는다. NaOH, $Ca(OH)_2$ 등은 아레니우스 염기이다. 암모니아는 물에서 수소 이온을 빼앗아서 간접적으로 OH^- 농도를 증가시키지만 직접 OH^- 이온을 내놓지는 않는다. 그러다 보니 암모니아 같은 화합물을 염기에 포함시킬지 등의 문제가 생겼다.

아레니우스의 정의보다 보다 포괄적인 정의는 1923년에 브뢴스테드(Brønsted)와 로우리(Lowry)에 의해 제안되었다. 이 정의에 따르면 산-염기 반응은 수소 이온을 주고받는 반응이며, 수소 이온을 내어 놓는 쪽이 산, 수소 이온을 받아들이는 쪽이 염기이다. 아세트산이 물에 녹는 경우를 생각해 보자.

$$CH_3COOH\,(aq) + H_2O\,(l) \rightleftharpoons H_3O^+\,(aq) + CH_3COO^-\,(aq)$$

앞에서 폼산에 대해 이야기한 대로 정반응에서는 아세트산이 물에 H^+를 주기 때문에 산으로 작용하고, 반면에 물은 염기로 작용한다. 역반응에서는 H_3O^+는 산이고, CH_3COO^-은 염기가 된다. 아레니우스의 정의를 따른다면 위의 반응에서 물이나 CH_3COO^- 이온은 OH^-를 내놓는 것은 아니기 때문에 염기라 볼 수 없다. 브뢴스테드-로우리의 정의를 따르면 암모니아는 H^+를 받아들이기 때문에 염기로 작용한다.

브뢴스테드-로우리의 산-염기 정의는 수용액이 아닌 용액에서의 산-염기 반응도 기술할 수 있다. 어떤 화합물은 산으로도 작용할 수 있고 염기로도 작용할 수 있는 양쪽성(amphoteric)을 가진다. HCO_3^-는 대표적인 예의 하나이다.

$$HCO_3^-\,(aq) + H_2O\,(l) \rightleftharpoons H_3O^+\,(aq) + CO_3^{2-}\,(aq)$$
$$HCO_3^-\,(aq) + H_2O\,(l) \rightleftharpoons H_2CO_3\,(aq) + OH^-\,(aq)$$

1923년부터 1938년 사이에 앞에서 옥텟 규칙, 루이스 구조를 논의할 때 만났던 루이스는 산-염기 반응을 한 걸음 더 일반화하여 비공유 전자쌍을 주고 받는 것으로 정의하였다. 루이스에 따르면 비공유 전자쌍을 내주는 것은 염기, 받는 것은 산이다. 위의 아세트산의 해리에서 수소 이온에게 전자쌍을 내주는 물은 염기이고, 전자쌍을 받아들이는 수소 이온은 산이다. 루이스의 정의는 일반적인 산-염기 반응에도 적용될 수 있지만, 위에서 보았던 금의 사이안화 같이 배위 공유 결합(配位共有結合, coordinate covalent bonding)을 만드는 경우에도 유용하게 적용될 수 있다. 염기로 작용하는 CN^- 이온으로부터 비공유 전자쌍을 받는 Au^+ 이온은 루이스 산이다. 전자가 부족한 BF_3도 루이스 산이다.

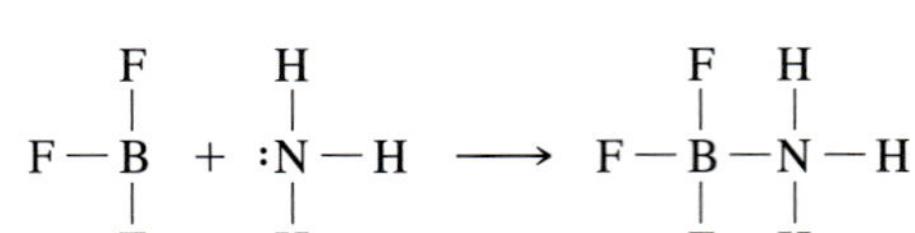

루이스 산 　 루이스 염기

지금까지는 산-염기를 정성적으로 다루었는데, 산-염기를 제대로 이해하려면 산-

염기 평형을 정량적으로 다루어야 한다. 수용액에서 H_3O^+ 이온의 농도는 큰 범위의 값을 가질 수 있다. 예를 들어 1 M HCl 용액에서는 강산인 HCl이 모두 해리하기 때문에 H_3O^+ 농도는 1 M이다. 이 용액을 10배, 100배 등 묽혀나가면 H_3O^+ 농도는 0.1 M, 0.01 M 식으로 낮아질 것이다. HCl 농도가 10^{-6} M 정도로 낮아지면 용매인 물의 자체이온화(autoionization)를 고려해야 한다. 물은 해리할 수 있는 수소도 가지고 있어서 산으로 작용할 수도 있고, 수소 이온을 받아들일 수 있는 비공유 전자쌍도 가지고 있어서 염기로 작용할 수도 있기 때문이다.

$$2H_2O\ (l) \rightleftharpoons H_3O^+\ (aq) + OH^-\ (aq)$$

이 반응의 평형 상수는 K_w라고 적는다. 상온에서 이 반응의 평형 상수는 아래와 같다.

$$K_w = [H_3O^+][OH^-] = 1.0 \times 10^{-14}$$

순수한 물이라면 이온은 위의 두 가지 밖에 없고 전기적 중성 조건을 만족하려면 H_3O^+와 OH^-의 농도가 같아야 한다. 따라서 상온에서 순수한 물 속에 포함된 두 이온의 농도는 다음과 같이 주어진다.

$$[H_3O^+] = [OH^-] = 1.0 \times 10^{-7}\ M$$

1909년에 덴마크의 생화학자 소렌슨(Sorensen)은 다음과 같이 pH를 정의했다.

$$pH \equiv -\log_{10}[H_3O^+]$$

그렇게 하면 순수한 물의 pH는 7.0이 된다. pH의 기준으로 삼기에 적당한 상온의 순수한 물에서 측정된 수소 이온 농도의 유효자리 항이 다행히 1.0이기 때문에 pH가 7.0 같이 편리한 수가 되었다. 그렇지 않고 6.7이나 7.2 같은 값이 중성의 기준이 되었다면 기억하거나 사용하기에 불편했을 것이다.

어떤 화합물이 녹아 있는 수용액의 경우 수소 이온의 농도가 순수한 물보다 큰 경우를 산성 용액, 같은 경우를 중성 용액, 작은 경우를 염기성 용액이라고 한다. pOH를 다음과 같이 정의하면 pH + pOH = 14를 만족한다.

$$\begin{aligned} pOH &\equiv -\log_{10}[OH^-] \\ &= -\log_{10}\frac{1.0 \times 10^{-14}}{[H_3O^+]} \\ &= 14 - pH \end{aligned}$$

산성 용액 : $[H_3O^+] > 1.0 \times 10^{-7}$, $pH < 7$ $[OH^-] < 1.0 \times 10^{-7}$, $pOH > 7$
중성 용액 : $[H_3O^+] = 1.0 \times 10^{-7}$, $pH = 7$ $[OH^-] = 1.0 \times 10^{-7}$, $pOH = 7$
염기성 용액 : $[H_3O^+] < 1.0 \times 10^{-7}$, $pH > 7$ $[OH^-] > 1.0 \times 10^{-7}$, $pOH < 7$

몇 가지 물질의 산도는 다음과 같다.

소렌슨(Sorensen, 1868-1939). 코펜하겐대학을 졸업하였으며, 질소 분석으로 유명한 켈달(Kjeldahl)의 후임으로 칼스버그 맥주회사(Carlsberg Brewery) 연구소의 화학 책임자로 임명되어 수소 이온 농도 측정 방법, 완충 용액, 아미노산과 단백질을 연구 하였다.

pH는 power of hydrogen, 즉 수소 이온의 세기를 의미한다.

1.0×10^{-7} 같은 수에서 1.0 부분을 유효자리 항(digit term), 10^{-7} 부분을 지수항(指數項, exponential term)이라고 한다.

물질	pH
염산, 10 M	− 1.0
위산	1.5 − 2.0
레몬 주스	2.4
콜라	2.5
식초	2.9
오렌지 주스	3.5
맥주	4.5
산성비	< 5.0
커피, 차	5.0
소변	6.0
우유	6.5
증류수	7.0
혈액	7.34 ~ 7.45
바닷물	7.7 ~ 8.3
비누	9.0 ~ 10.0
가정용 암모니아	11.5
표백제	12.5

예제 9.23

오렌지 주스의 수소 이온 농도는 가정용 암모니아의 수소 이온 농도의 몇 배인가?

풀이 오렌지 주스의 $[H_3O^+] = 10^{-3.5}$
가정용 암모니아의 $[H_3O^+] = 10^{-11.5}$

$$\frac{10^{-3.5}}{10^{-11.5}} = 10^8 \text{ (1억 배)}$$

9-5-4 약산의 해리

가. 강산과 약산

앞에서 강산인 염산은 수용액에서 100% 해리하여 수소 이온을 만들지만 폼산이나 아세트산은 약산으로 정반응과 역반응 사이에 평형이 이루어진다고 하였다. 강산은 평형 상수가 아주 커서 역반응을 고려할 필요가 없다는 뜻이다. 약산의 해리를 자세히 다루기 전에 일단 왜 어떤 산은 강산이고 어떤 산은 약산인지 생각해보자.

염산의 해리는 다음과 같이 적을 수 있다.

$$HCl\,(aq) + H_2O\,(l) \longrightarrow H_3O^+\,(aq) + Cl^-\,(aq)$$

여기서 주의해야 할 점은 이것은 수용액에서 일어나는 반응이라는 점이다. 기체 상태에서라면 HCl의 극성 공유 결합이 깨어져서 H^+와 Cl^-로 분리된다 하더라도 온도가 아주 높아서 이들 이온의 운동 에너지가 아주 크지 않는 한 이들은 곧 전기적 인력에 의해 끌려서 재결합할 것이다. 그러나 수용액에서는 이들 이온은 물에 둘러 쌓여 크게 안정화된다. 이온의 안정화 효과는 중성인 HCl 분자의 안정화 효과보다 훨씬 크다. 그러한 상황에서 전기음성도가 높은 염소는 전자를 얻어서 안정한 이온이 된 상태이기 때문에 HCl로 되돌아갈 이유가 전혀 없다. 따라서 역반응이 일어난다 해도 HCl은 즉시 다시 해리할 것이다. 그래서 HCl은 100% 해리한다고 볼 수 있다.

6장에서 본 대로 형식 전하가 플러스 값을 가지는, 즉 전자 밀도가 낮아서 산소에게 내줄 전자가 없는 질소나 황과 산소가 결합하고 있는 질산이나 황산은 수소에서 전자를 얻을 수 밖에 없기 때문에 산소-수소 사이의 공유 결합이 크게 약화되고 해리가 쉽게 일어나서 강산이 된다.

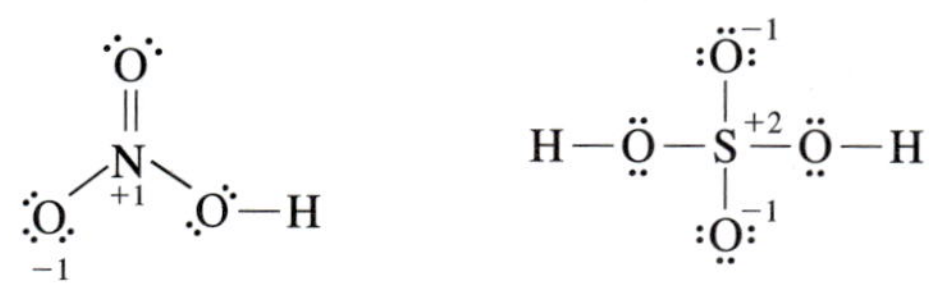

질산 황산

그러나 폼산, 아세트산, 옥살산 등 모든 유기산에서 산소는 전기음성도가 수소와 크게 다르지 않은 탄소와 결합하고 있기 때문에 수소와 탄소 양쪽에서 전자를 끌어당기고 그래서 산소-수소 공유 결합이 약화되는 정도가 염산 같은 강산의 경우에 비해 훨씬 낮다. 따라서 유기산은 일부만 해리하고 해리한 짝염기도 수소 이온과 만나면 역반응을 통해 되돌아오기도 한다. 즉 약산에서는 해리 평형이 이루어지는 것이다.

예제 9.24

폼산과 아세트산 중 어느 쪽이 더 약한 산일까?

풀이 폼산에서는 산소와 결합한 탄소에 수소 한 개만 결합하고 있다. 그러나 아세트산에서는 탄소 한 개와 수소 세 개로 이루어진 메틸기가 결합하고 있기 때문에 내어줄 수 있는 전자가 폼산에 비해 많다. 따라서 아세트산에서는 O−H 결합이 약화되는 정도가 폼산에서와 비교해서 낮고 결과적으로 해리를 덜 한다. 즉 아세트산이 폼산보다 약한 산이다. 그러한 차이는 아래에서 정량적으로 다룬다.

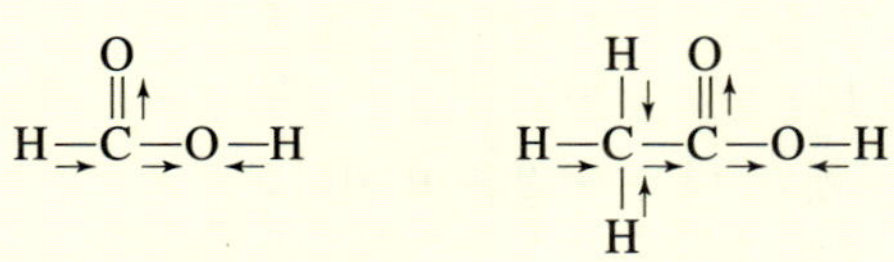

폼산 아세트산

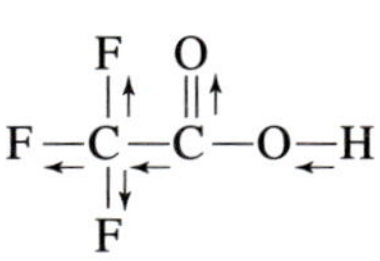

3플루오린화아세트산

이처럼 주위의 전하 분포가 산도에 영향을 미치는 다른 예는 여러 가지가 있다. 아세트산에서 메틸기의 세 개 수소가 플루오린으로 치환된 3플루오린화아세트산(trifluoroacetic acid)는 아세트산보다 강산이다. 전기음성도가 높은 플루오린이 결합한 탄소는 이웃 탄소로부터 전자를 끌어당기고, 결과적으로 산해리를 하는 수소와 결합한 산소는 탄소로부터 전자를 받을 수 없기 때문에 수소로부터 전자를 끌어당기고 따라서 산해리도가 높아진다.

염소의 산소산(酸素酸, oxoacid)도 비슷한 경우이다. 산소산이란 문자 그대로 산소를 포함하는 산이다. HI, HBr, HCl, HF처럼 산소 대신 다른 전기음성도가 높은 원소가 수소와 결합한 산도 있지만 탄산, 황산, 질산, 인산 등 대부분 산은 산소산이다. 하이포아염소산(hypochlorous acid), 아염소산(亞鹽素酸, chlorous acid), 염소산(過鹽素酸, chloric acid), 과염소산(perchloric acid)은 산도가 증가하는 순서이다. 염소는 세 개의 비공유 전자쌍을 가지고 있기 때문에 전기음성도가 높은 산소와 세 개까지 결합할 수 있다. 결합한 산소수가 증가할수록 산소에게 전자를 내준 염소의 부분 양전하는 증가하고 수소와 결합한 산소는 수소에서 전자를 보다 강하게 끌어당겨 강산이 된다.

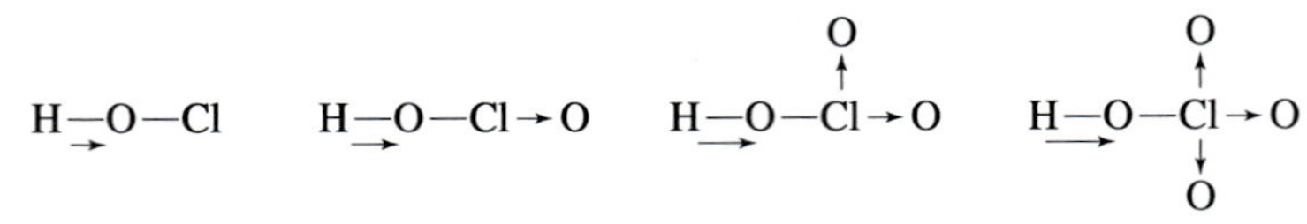

약산 강산

수용액에서 강산인 HCl, HBr, HI, H_2SO_4, HNO_3, $HClO_4$ 들은 모두 거의 100% 해리하기 때문에 세기를 구분할 수 없다. 이를 **평준화 효과**(**平準化效果**, **leveling effect**)라고 한다. NaOH 같은 강염기(strong base)들도 수용액에서 100% 해리하여 수산화이온을 만든다.

$$\mathrm{NaOH}\,(s) + \mathrm{H_2O}\,(l) \longrightarrow \mathrm{Na^+}\,(aq) + \mathrm{OH^-}(aq)$$

나. 약산의 해리

약산은 수용액에서 일부만 해리되며, 짝염기의 역반응과 평형을 이룬다. 일반적인 약산(HA)의 평형 반응을 다음과 같이 쓰고, 이때 평형 상수를 **산해리 상수**(**酸解離常數, acid dissociation constant, K_a**)라고 한다. pK_a는 pH와 유사하게 K_a의 로그값에 마이너스 부호를 붙인 것으로 정의한다.

$$\mathrm{HA}\,(aq) + \mathrm{H_2O}\,(l) \rightleftharpoons \mathrm{H_3O^+}\,(aq) + \mathrm{A^-}(aq)$$

$$K_a = \frac{[\mathrm{H_3O^+}][\mathrm{A^-}]}{[\mathrm{HA}]}, \quad \mathrm{p}K_a = -\log_{10} K_a$$

pK_a값에 따라 산의 세기를 다음과 같이 구분할 수 있다.

강산 : p$K_a < 0$

H_3O^+ : p$K_a = 0$

약산 : p$K_a > 0$

H_2O : p$K_a = 14$

H_3O^+의 pK_a가 0이라는 것은 다음과 같은 의미이다.

$$\mathrm{H_3O^+}\,(aq) + \mathrm{H_2O}\,(l) \rightleftharpoons \mathrm{H_2O}\,(l) + \mathrm{H_3O^+}\,(aq)$$

$$K_a = \frac{[\mathrm{H_3O^+}]}{[\mathrm{H_3O^+}]} = 1, \quad \text{따라서 } \mathrm{p}K_a = 0$$

일반적으로 약염기의 평형 반응은 다음과 같이 쓸 수 있다.

$$\mathrm{A^-}(aq) + \mathrm{H_2O}\,(l) \rightleftharpoons \mathrm{HA}\,(aq) + \mathrm{OH^-}\,(aq)$$

$$K_b = \frac{[\mathrm{OH^-}][\mathrm{HA}]}{[\mathrm{A^-}]}, \quad \mathrm{p}K_b = -\log_{10} K_b$$

K_a와 K_b와 사이에는 다음과 같은 관계가 성립한다.

$$K_a K_b \equiv \frac{[\mathrm{H_3O^+}][\mathrm{A^-}]}{[\mathrm{HA}]}\frac{[\mathrm{OH^-}][\mathrm{HA}]}{[\mathrm{A^-}]} = [\mathrm{H_3O^+}][\mathrm{OH^-}] = K_w$$

$$\mathrm{p}K_a + \mathrm{p}K_b = \mathrm{p}K_w = 14\ (25°\mathrm{C})$$

따라서 짝산과 짝염기 중 하나의 해리 상수를 알면 다른 것의 해리 상수를 구할 수 있다. 또한 짝산과 짝염기의 세기는 상반되는 경향을 보인다. 예를 들어 아주 강한 산인 HCl의 짝염기인 Cl^- 이온은 수용액에서 전혀 염기로서 작용을 하지 못한다.

예제 9.25

다음 산의 짝염기의 pK_b를 구하고 어느 정도 강한 또는 약한 염기인지 설명하여라.

	H_3O^+	H_2SO_3	HSO_4^-	HF	HSO_3^-	NH_4^+	H_2O
pK_a	0	1.91	1.99	3.17	7.18	9.24	14.0

풀이

산	pK_a	산의 세기	짝염기	pK_b	염기의 세기
H_3O^+	0	아주 강함	H_2O	14.0	아주 약함
H_2SO_3	1.91	강함	HSO_3^-	12.09	아주 약함
HSO_4^-	1.99	강함	SO_4^{2-}	12.01	아주 약함
HF	3.17	약함	F^-	10.83	아주 약함
HSO_3^-	7.18	약함	SO_3^-	6.82	약함
NH_4^+	9.24	아주 약함	NH_3	4.76	약함
H_2O	14.0	아주 약함	OH^-	0	아주 강함

약산의 평형 반응을 좀 더 자세히 살펴보기로 하자. 1.000 M의 아세트산(HAc) 용액에서 몇 %의 아세트산이 해리하는지 구하고자 한다. 평형에 도달했을 때 xM에 해당하는 아세트산이 해리했다고 하면 H_3O^+ 이온과 Ac^- 이온의 평형 농도 xM이 될 것이다. 해리한 HAc와 같은 몰수의 H_3O^+ 이온과 Ac^- 이온이 생성되고 약산의 농도가 너무 낮지 않은 경우에는 물의 자체이온화에서 나오는 H_3O^+ 이온 농도는 산해리에서 나오는 H_3O^+ 이온 농도에 비해 무시할 수 있기 때문이다.

	$HAc(aq)$ + $H_2O(l)$ $\rightleftharpoons$	$H_3O^+(aq)$ +	$Ac^-(aq)$
초기 상태	1.000	~0	0
평형 상태	$1.000 - x$	x	x

아세트산의 산해리 상수는 1.76×10^{-5}이다. 평형 상태에서 각 화학종의 농도를 평형 상수 식에 대입하면 다음과 같이 쓸 수 있다.

$$K_a = \frac{[H_3O^+][Ac^-]}{[HAc]} = \frac{x^2}{1.000 - x} = 1.76 \times 10^{-5}$$

이차방정식을 직접 풀어서 x를 얻을 수도 있고, 약산의 경우 해리되는 양이 초기 농도에 비해 매우 작다고 가정하면 $1.000 - x$는 1과 거의 같으므로 아래와 같이 근사적으로 풀 수도 있다.

$$\frac{x^2}{1.000 - x} \simeq \frac{x^2}{1.000} = 1.76 \times 10^{-5}$$

$$x = [H_3O^+] = [Ac^-] = \sqrt{1.76 \times 10^{-5}} = 4.20 \times 10^{-3}\ M$$

$$pH = 2.38$$

이렇게 구한 수소 이온 농도, 4.20×10^{-3} M은 물의 자체이온화에서 나오는 1.0×10^{-7} M보다 훨씬 크므로 첫 번째 가정은 타당하다. 4.20×10^{-3} M은 아세트산의 전체 농도, 1 M에 비해 훨씬 작으므로 분모에서 x를 무시한 것도 타당하다.

전체 아세트산 중에서 해리한 퍼센트를 산의 % 해리도(解離度, percent dissociation)라고 한다.

$$\% \text{ 해리도} = 100 \times \frac{4.20 \times 10^{-3}\text{ M}}{1.000\text{ M}} = 0.42\%$$

HCl은 100% 해리하는데 비해 아세트산은 약산인 것을 알 수 있다. 강산은 농도에 상관없이 100% 해리한다.

약산을 묽히면 해리도는 변화가 없을까, 증가할까, 아니면 감소할까? 1.000 M 아세트산(HAc) 용액을 100배 묽혀서 0.0100 M 용액을 만들었다. 평형에 도달했을 때 H_3O^+ 이온과 Ac^- 이온의 평형 농도를 구해보자. 전체 아세트산의 양에 상관없이 평형에서 각 화학종의 농도는 평형 상수를 만족해야 한다. 위에서와 마찬가지로 평형 상태에서 $[H_3O^+] = [Ac^-] = x$라고 하면 다음 관계가 성립한다.

	$HAc(aq) + H_2O(l) \rightleftharpoons$	$H_3O^+(aq) +$	$Ac^-(aq)$
초기 상태	0.0100	~0	0
평형 상태	$0.0100 - x$	x	x

$$K_a = \frac{[H_3O^+][Ac^-]}{[HAc]} = \frac{x^2}{0.0100 - x} = 1.76 \times 10^{-5}$$

x가 0.0100에 비해 무시할 수 있다고 가정해보자. 그러면 x는 아래와 같이 구할 수 있다.

$$\frac{x^2}{0.0100} = 1.76 \times 10^{-5}$$
$$x^2 = (1.76 \times 10^{-5}) \times (0.0100) = 1.76 \times 10^{-7}$$
$$x = [H_3O^+] = [Ac^-] = \sqrt{1.76 \times 10^{-7}} = 4.20 \times 10^{-4}\text{ M}$$

녹아 있는 전체 아세트산 농도가 100분의 1이 되었는데 수소 이온 농도는 10분의 1이 되어서 pH는 3.38로 1 M 용액보다 1 높아졌다. % 해리도는 어떤가?

$$\% \text{ 해리도} = 100 \times \frac{4.20 \times 10^{-4}\text{ M}}{0.0100\text{ M}} = 4.2\%$$

이 상황을 종합하면 아세트산의 초기 농도가 100분의 1로 감소했으면 수소 이온 농도도 100분의 1이 될 듯 한데 실제로는 해리도가 10배 증가했기 때문에 수소 이온 농도는 100분의 1이 아니라 10분의 1이 된 것이다. 왜 묽히면 해리도가 증가할까에 대한 대답은 잠시 미루고 과연 그런지 한번 더 확인하자.

예제 9.26

0.0100 M 아세트산 용액을 100배 묽혀서 0.000100 M(0.1 mM) 용액을 만들었다고 하자. 평형에 도달했을 때 H_3O^+ 이온과 Ac^- 이온의 평형 농도를 구하여라. 아세트산의 % 해리도는 얼마인가?

풀이 평형 상태에서 $[H_3O^+] = [Ac^-] = x$라고 하면

	$HAc(aq) + H_2O(l) \rightleftharpoons$	$H_3O^+(aq) +$	$Ac^-(aq)$
초기 상태	0.000100	~0	0
평형 상태	$0.000100 - x$	x	x

$$K_a = \frac{[H_3O^+][Ac^-]}{[HAc]} = \frac{x^2}{0.000100 - x} = 1.76 \times 10^{-5} \qquad (1)$$

앞에서 한대로 x가 0.000100에 비해 무시할 수 있다고 가정해보자. 그러면

$$x = [H_3O^+] = [Ac^-] = \sqrt{1.76 \times 10^{-9}} = 4.20 \times 10^{-5}\ \text{M}$$

$$\text{pH} = 4.38$$

$$\%\ 해리도 = \frac{4.20 \times 10^{-5}\ \text{M}}{0.000100\ \text{M}} = 42\%$$

x가 0.000100에 비해 무시할 수 있다는 가정이 틀린 것을 알 수 있다. 위의 이차방정식을 풀어도 되지만 반복 근사가 더 쉬울 수도 있다. $x = 4.20 \times 10^{-5}$를 (1) 식의 분모에 대입하고 다시 x에 대해 풀어보자.

$$\frac{x^2}{0.000100 - 0.000042} = 1.76 \times 10^{-5}$$

$$x = \sqrt{1.02 \times 10^{-9}} = 3.19 \times 10^{-5}\ \text{M}$$

새 x값을 사용해서 다시 풀면

$$\frac{x^2}{0.000100 - 0.000032} = 1.76 \times 10^{-5}$$

$$x = \sqrt{1.20 \times 10^{-9}} = 3.46 \times 10^{-5}\ \text{M}$$

한 번 더 반복하면

$$\frac{x^2}{0.000100 - 0.000035} = 1.76 \times 10^{-5}$$

$$x = \sqrt{1.14 \times 10^{-9}} = 3.38 \times 10^{-5}\ \text{M}$$

x값이 3.4×10^{-5} M으로 수렴하는 것을 볼 수 있다. 이 수소 이온 농도 값은 물의 이온화에 의한 1×10^{-7} M의 340배나 된다. 실제로는 아세트산에서 나온 수소 이온이 르샤틀리에 원리에 따라 물의 이온화를 억제하는 방향으로 작용할 것이다. 이때 % 해리도는 34%이고, 용액의 pH는 4.47이다.

$$\%\ 해리도 = \frac{3.4 \times 10^{-5}\ \text{M}}{0.000100\ \text{M}} = 34\%$$

$$\text{pH} = -\log(3.4 \times 10^{-5}) = 4.47$$

이번에도 용액을 100배 묽혔을 때 % 해리도가 거의 10배 증가했다. 이런 경향을 어떻게 설명할 수 있을까? 아세트산의 해리 평형에서 정방향의 반응속도는 해리하지 않은 아세트산의 농도, [HAc]에 비례할 것이다. 따라서 용액을 100배 묽히면 해리 속도는 100분의 1로 낮아진다. 이때 정반응의 비례 상수를 k_1이라고 하자. 역방향의 반응속도는 수소 이온 농도, $[H_3O^+]$와 아세트산 이온 농도, $[Ac^-]$의 곱에 비례한다. 두 이온이 만나야 재결합을 할 수 있으니까 말이다.

역반응의 비례 상수를 k_{-1}이라고 한다.

$$HAc(aq) + H_2O(l) \longrightarrow H_3O^+(aq) + Ac^-(aq) \quad 정반응\ 속도 = k_1[HAc]$$

$$H_3O^+(aq) + Ac^-(aq) \longrightarrow HAc(aq) + H_2O(l) \quad 역반응\ 속도 = k_{-1}[H_3O^+][Ac^-]$$

용액이 묽어지면 HAc의 농도도 낮아지는 만큼 HAc가 해리해서 생기는 H_3O^+와 Ac^-의 농도도 낮아지는데, 역방향의 반응속도는 $[H_3O^+]$와 $[Ac^-]$의 곱에 비례하기 때문에 정반응 속도가 역반응 속도보다 커지고 더 많은 HAc가 해리한다. HAc가 충분히 해리해서 [HAc]가 충분히 작아지고, $[H_3O^+]$와 $[Ac^-]$가 충분히 커지면 정반응 속도와 역반응 속도가 같아지고 평형이 이루어진다.

$$\text{평형} : k_1[\text{HAc}] = k_{-1}[\text{H}_3\text{O}^+][\text{Ac}^-]$$

이 관계를 산해리 평형 상수 형태로 바꾸면 평형 상수는 반응속도의 비율인 것을 알 수 있다.

$$K_a = \frac{[\text{H}_3\text{O}^+][\text{Ac}^-]}{[\text{HAc}]} = \frac{k_1}{k_{-1}}$$

용액을 묽히면 해리도가 증가한다는 관찰은 산의 해리라는 개념이 등장하는데 중요한 역할을 했다. 아직 전자가 발견되기도 전에 아레니우스와 오스트발트(Ostwald, 1909년 노벨 화학상)는 약한 산의 용액을 묽히면서 용액의 어는점 내림, 전기 전도도 등을 측정했는데, 묽히는 데 따라 예상되는 것보다 높은 어는점 내림이나 전기 전도도가 관찰되었다. 이러한 결과는 위에서 본대로 산의 해리를 통해 가장 잘 설명할 수 있었다.

다. 탄산의 평형

아세트산은 한번 해리하기 때문에 해리 평형이 비교적 간단하다. 그러나 황산이나 탄산처럼 해리할 수 있는 수소가 두개 있거나 인산처럼 세 개가 있으면 해리 평형을 다루는 것이 상당히 복잡해진다. 앞에서 트랜스퍼린에 철이 결합하고 분리될 때 탄산의 평형이 중요하게 작용한다고 말한 바 있다. 탄산의 평형은 앞에서 본대로 태초의 지구에서도 중요한 역할을 했고, 이 순간에도 이산화탄소가 혈액에 녹아 몸의 여러 부위로부터 폐로 전달되고 날숨을 통해 배출되는 과정에서 중요하게 작용한다. 또 탄산의 평형은 세포 내의 pH를 조절하는 완충작용도 한다. 이처럼 우리 몸에서 중요한 역할을 하는 탄산의 평형을 이산화탄소가 물에 녹는 단계에서부터 출발하여 자세히 살펴보자.

드라이아이스 한 조각을 물이 반 정도 차있는 비커에 넣었다고 하자. 1 기압하에서 −79℃에서 승화하는 드라이아이스는 상온의 물에서 급히 승화하여 이산화탄소 기체로 바뀌면서 물을 이산화탄소로 포화시키고, 공기를 몰아내고 비커의 윗 부분을 채운 1 기압의 이산화탄소와 평형을 이룰 것이다. 이때 물에 녹아있는 이산화탄소의 농도는 헨리의 법칙(8장)으로부터 구할 수 있다.

$$[\text{CO}_2(aq)] = k_H \times P_{\text{CO}_2}$$

예제 9.27

이 상태에서 A를 비커 윗부분의 25℃, 1 기압 상태의 기체 1 mL에 들어있는 이산화탄소의 분자수, B를 비커 아래부분 액체 1 mL에 들어있는 이산화탄소의 분자수라고 할 때 A/B의 비를 유효 숫자 두 자리로 구하여라. 이산화탄소의 헨리 상수(k_H)는 0.034이다.

풀이 분자수의 비율은 몰수의 비율과 같다.

기체 : 이상 기체 방정식을 적용하면 $1 \times 0.001 = n \times 0.08206 \times 298$

$n = 4.1 \times 10^{-5}$

액체 : $[CO_2(aq)] = (0.034)(1) = 0.034$ M

1 mL에 들어 있는 CO_2 몰수 $= 0.034 \times 10^{-3} = 3.4 \times 10^{-5}$

$$\frac{A}{B} = \frac{4.1 \times 10^{-5}}{3.4 \times 10^{-5}} = 1.2$$

이 값을 보면 이산화탄소가 물에 제법 잘 녹는 것을 알 수 있다. 이 비율은 이산화탄소 분자가 물에서 기체로 빠져나가는 속도와 기체 상태에서 물로 녹아 들어가는 속도를 반영한다고 생각할 수 있다. 이 비율은 극성이 높은 염화수소(HCl)의 경우에는 이산화탄소보다 작을 것이고, 산소(O_2)의 경우에는 이산화탄소보다 클 것이다. 이산화탄소가 물에 녹은 다음에는 어떤 일이 일어나는지 알아보자.

예제 9.28

물에 녹아 있는 이산화탄소는 물과 반응하여 탄산을 만드는데, 이때 아래와 같은 평형이 존재한다.

$$CO_2(aq) + H_2O(l) \rightleftharpoons H_2CO_3(aq)$$

$$K = \frac{[H_2CO_3]}{[CO_2]} = 1.3 \times 10^{-3}$$

1 기압의 이산화탄소와 평형을 이루는 탄산의 농도는 얼마인가?

풀이 전체 이산화탄소 중에서 H_2CO_3의 분율이 낮으므로 평형에서 용액의 CO_2 농도는 0.034 M로 볼 수 있다. 이 값을 평형 상수식에 대입하면 H_2CO_3의 농도를 구할 수 있다.

$$[H_2CO_3] = [CO_2] \times 1.3 \times 10^{-3} = 0.034 \times 1.3 \times 10^{-3} = 4.4 \times 10^{-5} \text{ M}$$

콜라 캔을 따면 5 기압 정도의 이산화탄소로 포화시킨 콜라에서 이산화탄소 기체가 순간적으로 뿜어나오는데 그 이유는 위에서 본대로 용액에서 H_2CO_3에 비해 CO_2의 분율이 높기 때문이다. 탄산에 관한 평형 계산을 할 때는 용액에 녹아있는 이산화탄소의 전체 농도를 사용한다. 예를 들어 1 기압의 이산화탄소와 평형을 이루는 탄산의 포화 용액을 NaOH 용액으로 적정하여 이산화탄소의 헨리 상수를 구하고자 한다면 비록 직접 MaOH와 반응하는 것은 H_2CO_3라 하더라도 H_2CO_3가 적정에 의해 소모되면 위의 반응의 평형이 오른쪽으로 이동하여 결국은 모든 CO_2가 적정될 것이다. 따라서 아래에서와 같이 탄산의 1차 해리 상수를 쓸 때 분모의 $[H_2CO_3]$는 실제로는 $[CO_2]$를 의미한다.

이제 위와 같이 드라이아이스를 넣어 만든 탄산 포화 용액에 들어있는 모든 화학종의 농도와 용액의 pH를 구하려고 한다면 탄산의 2차 해리까지 고려해야 한다. 이런 경우에는 모든 평형 상수와 아울러 두 가지의 균형식이 필요하다. 하나는 **물질 균형**(**物質均衡, mass balance**)이고 다른 하나는 **전하 균형**(**電荷均衡, charge balance**)이다. 물질 균형은 용액에 들어있는 어떤 물질이 몇 단계로 해리하더라도 전체 양은 원래 넣어준 양과 같이 일정해야 한다는 뜻이고, 전하 균형은 전체적으로 중성인 용액에서 양전하의 합과 음전하의 합은 같아야 한다는 뜻이다. 물질 균형과 전하 균형을 사용하는 평형 계산은 두 가지 이상의 산이 섞여 있는 용액이나 산과 염이 섞여 있는 용액에도 그대로 적용된다. 구체적으로 탄산의 경우에 대해 생각해보자.

1차 해리 : $H_2CO_3(aq) + H_2O(l) \rightleftharpoons H_3O^+(aq) + HCO_3^-(aq)$

$$K_{a1} = \frac{[H_3O^+][HCO_3^-]}{[H_2CO_3]} = 4.3 \times 10^{-7} \qquad (1)$$

$$\text{2차 해리 : } HCO_3^-(aq) + H_2O(l) \rightleftharpoons H_3O^+(aq) + CO_3^{2-}(aq)$$

$$K_{a2} = \frac{[H_3O^+][CO_3^{2-}]}{[HCO_3^-]} = 4.8 \times 10^{-11} \tag{2}$$

여기에 추가해서 물의 자체이온화도 고려해야 한다.

$$2H_2O(l) \rightleftharpoons H_3O^+(aq) + OH^-(aq)$$

$$K_w = [H_3O^+][OH^-] = 1.0 \times 10^{-14} \tag{3}$$

$$\text{물질 균형 : } [H_2CO_3] + [HCO_3^-] + [CO_3^{2-}] = 0.034 \tag{4}$$

$$\text{전하 균형 : } [H_3O^+] = [HCO_3^-] + 2[CO_3^{2-}] + [OH^-] \tag{5}$$

$[H_3O^+]$는 탄산에서 온 수소 이온과 물에서 온 수소 이온 농도의 합이다. 2가 이온의 경우에는 농도에 두 배를 해 주어야 그 이온으로부터 온 전하값이 제대로 반영된다.

예제 9.29

1 기압의 이산화탄소와 평형을 이루는 탄산의 포화 용액에 대하여 적절한 가정을 사용하여 용액에 들어있는 모든 화학종의 농도와 용액의 pH를 구하여라.

풀이 우리는 다섯 개의 화학종 농도를 미지수로, 그리고 다섯 개의 관계식을 가지고 있으니까 원칙적으로 해를 구할 수 있다. 그러나 엄밀한 해를 구하는 것은 상당히 복잡할 수 있다. 적당한 가정을 사용해서 문제를 단순화 해보자.

일단 (1)의 평형 상수로부터 $[H_2CO_3]$에 비해 $[H_3O^+]$와 $[HCO_3^-]$가 작으리라는 것을 추측할 수 있다. 또 (2)로부터 $[H_3O^+]$와 $[HCO_3^-]$가 비슷하기 때문에 $[CO_3^{2-}]$가 아주 작으리라는 것도 추측할 수 있다. 또 산 용액이므로 $[OH^-]$도 $[H_3O^+]$에 비해 작을 것이다. 따라서 (4)와 (5)는 다음과 같이 고쳐 쓸 수 있다.

$$[H_2CO_3] \fallingdotseq 0.034 \tag{6}$$

$$[H_3O^+] \fallingdotseq [HCO_3^-] \tag{7}$$

(6)과 (7)을 (1)에 대입하고 $[H_3O^+]$에 대해 풀면

$$[H_3O^+]^2 = (4.3 \times 10^{-7})(0.034)$$

$$[H_3O^+] = 1.2 \times 10^{-4} \fallingdotseq [HCO_3^-] \ll [H_2CO_3] \fallingdotseq 0.034$$

$$[OH^-] = \frac{1.0 \times 10^{-14}}{1.2 \times 10^{-4}} = 8.3 \times 10^{-11} \ll [H_3O^+]$$

$$pH = -\log(1.2 \times 10^{-4}) = 3.92$$

(2)에서 $[H_3O^+] \fallingdotseq [HCO_3^-]$를 적용하면

$$[CO_3^{2-}] = 4.8 \times 10^{-11} \ll [HCO_3^-]$$

이렇게 구한 값들을 (4)와 (5) 식에 대입해 보면 타당성을 확인할 수 있다.

물질 균형 : $0.034 + 1.2 \times 10^{-4} + 4.8 \times 10^{-11} = 0.03412 \fallingdotseq 0.034$

전하 균형 : $1.2 \times 10^{-4} \fallingdotseq 1.2 \times 10^{-4} + 2(4.8 \times 10^{-11}) + 8.3 \times 10^{-11}$

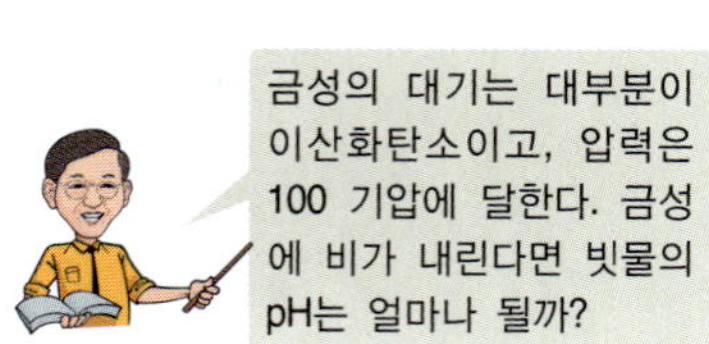

이와 같은 계산을 공기에 들어있는 0.03%의 이산화탄소에 대해 반복하면 빗물의 pH는 5.6 정도가 되는 것을 알 수 있다. pH가 7인 증류수를 오래 공기에 노출하면 마찬가지로 pH가 5.6이 된다. 마찬가지로 이산화탄소의 압력이 100 기압이 넘는 태초 지구에서 산성비의 pH도 구할 수 있을 것이다.

9-5-5 완충 용액

태초 지구에서 산성비가 염기성 금속과 반응해서 중화(中和, neutralize) 되는 과정은 실험실에서 산 용액을 알칼리 용액으로 적정하는 경우와 유사하다. 다시 탄산을 예로 들어 적정 과정을 자세히 살펴보자.

비커에 10.0 mL의 0.100 M H_2CO_3 용액을 넣고 뷰렛으로부터 0.100 M NaOH 용액을 서서히 가하면서 pH 미터로 pH를 측정한다고 하자. 초기의 pH는 탄산의 1차 해리를 고려하여 구할 수 있는데 pH 미터는 이 값을 나타낼 것이다.

$$\frac{[H_3O^+][HCO_3^-]}{[H_2CO_3]} = \frac{[H_3O^+]^2}{0.100 - [H_3O^+]} = 4.3 \times 10^{-7}$$

분모에서 0.100에 비해 $[H_3O^+]$를 무시하고 풀면

$$[H_3O^+] = \sqrt{4.3 \times 10^{-8}} = 2.1 \times 10^{-4}$$
$$pH = -\log(2.1 \times 10^{-4}) = 3.7$$

NaOH 용액을 가할수록 pH는 서서히 증가한다. 5.0 mL의 0.100 M NaOH 용액을 가했을 때의 pH는 얼마일까? 0.100 M 용액은 1 L에 0.100 몰이 들어있는 농도인데 10.0 mL는 1 L의 100분의 1이니까 적정을 시작할 때는 용액에 H_2CO_3가 1.00 밀리몰 들어있는 셈이다. 중간점에서 0.50 밀리몰의 HCO_3^-가 H_2CO_3로 바뀌어 H_2CO_3와 HCO_3^-는 각각 0.50 밀리몰이 들어있게 된다. 그런데 부피는 1.5 배로 늘었으니까 농도는 그만큼 줄어든다. 아직 산이 반이 남아있다면 물에서 나온 수소 이온 농도는 무시해도 좋을 테고, 2차 해리도 거의 일어나지 않는다. 1차 해리의 결과로 HCO_3^- 음이온이 얻어지는데 음이온에서 양전하를 가진 수소 이온을 떼어내기가 어렵고 떼어낸다고 해도 쉽사리 재결합을 하기 때문이다. 따라서 산의 2차해리는 OH^- 이온 농도가 충분히 높아서 나온 H^+ 이온을 붙잡아 물로 중화할 수 있는 조건에서만 잘 일어난다. 그러니까 적정의 중간점에서는 아래의 평형식으로 나타내어지는 1차 해리만 고려해도 될 것이다.

$$K_{a1} = \frac{[H_3O^+][HCO_3^-]}{[H_2CO_3]}$$

이 식을 잘 살펴보면 $[HCO_3^-]$와 $[H_2CO_3]$의 비율이 들어있는데, 적정의 중간점에서는 H_2CO_3의 반이 HCO_3^-로 바뀌었으니까 $[HCO_3^-]$와 $[H_2CO_3]$가 같고 $\frac{[HCO_3^-]}{[H_2CO_3]}$는 1이 될 것이다. $\frac{[HCO_3^-]}{[H_2CO_3]}$를 그대로 두고 위 식의 양변의 로그를 취하면 다음 관계가 얻어진다.

$$\log K_{a1} = \log[H_3O^+] + \log\frac{[HCO_3^-]}{[H_2CO_3]}$$

이 식에 부호를 바꾸고 $pK_a = -\log K_a$, $pH = -\log[H_3O^+]$ 관계를 사용하면

$$pK_{a1} = pH - \log\frac{[HCO_3^-]}{[H_2CO_3]}$$

가 되는데, 우리가 원하는 것은 $[HCO_3^-]$와 $[H_2CO_3]$가 변할 때 pH를 구하거나 pH가 주어졌을 때 $[HCO_3^-]$와 $[H_2CO_3]$를 구하는 것이기 때문에 다음과 같이 이항(移項) 하는 것이 좋다.

$$pH = pK_{a1} + \log\frac{[HCO_3^-]}{[H_2CO_3]}$$

일반적인 약산 HA의 해리 평형에 대해 위의 식은 다음과 같이 일반적인 식으로 고쳐쓸 수 있다.

$$HA\ (aq) + H_2O\ (l) \rightleftharpoons H_3O^+\ (aq) + A^-(aq)$$

$$K_a = \frac{[H_3O^+][A^-]}{[HA]}$$

$$pH = pK_a + \log\frac{[A^-]}{[HA]}$$

이 식을 헨더슨-하셀바흐 식 (Henderson-Hasselbalch equation)이라고 한다. 1908년에 헨더슨은 탄산의 완충 용액에 대한 식을 세웠는데 나중에 하셀바흐가 로그 형태로 식을 고쳐서 지금까지 널리 사용되고 있다.

적정의 중간점에서와 같이 $\frac{[A^-]}{[HA]} = 1$인 경우에는 $pH = pK_a$이 된다. 탄산의 경우에는 적정의 1차 중간점에서 $pH = pK_a = -\log(4.3 \times 10^{-7}) = 6.37$이다. 적정이 중간점에 약간 못 미친 경우에는 $[A^-]$가 [HA]보다 약간 작고, 중간점을 약간 지나간 경우에는 $[A^-]$가 [HA]보다 약간 클 것이다. 그러나 두 경우 모두 $\frac{[A^-]}{[HA]}$의 비율이 1보다 약간 작거나 크지만 1에서 크게 벗어나지는 않는다. 따라서 이런 경우에 용액의 pH는 pK_a와 크게 다르지 않다.

적정이 중간점에 약간 못 미친 경우는 HA와 A^-가 같은 농도로 들어있는 용액에 약간의 강한 산을 가하는 경우와 똑같다.

예제 9.30

(1) 10.0 mL의 0.100 M H_2CO_3 용액을 0.100 M NaOH 용액으로 적정하는 경우 적정의 중간점에서의 pH는 위에서 본 대로 pK_a와 같은 6.37이다. 중간점에서 1.0 M HCl 용액을 0.10 mL 가하면 pH는 얼마로 바뀔까? (2) 15.0 mL의 증류수에 1.0 M HCl 용액을 0.10 mL 가하면 pH는 얼마나 바뀔까?

풀이 (1) 적정 초기에는 H_2CO_3가 1.00 밀리몰 들어있다가 중간점에서 H_2CO_3와 HCO_3^-는 각각 0.50 밀리몰이 들어있게 된다. 이때 부피는 15.0 mL이다. 1.0 M HCl 용액 0.10 mL에는 0.10 밀리몰의 수소 이온이 들어있다. 0.10 밀리몰의 수소 이온을 가하면 0.10 밀리몰의 HCO_3^-가 H_2CO_3로 바뀌어 H_2CO_3는 0.60 밀리몰, HCO_3^-는 0.40 밀리몰이 된다. 그런데 용액의 부피는 15.1 mL가 되었으므로 농도는 다음과 같이 바뀐다.

$$[H_2CO_3] = \frac{0.00060\ mol}{0.0151\ L} = 0.0397\ M$$

$$[HCO_3^-] = \frac{0.00040\ mol}{0.0151\ L} = 0.0265\ M$$

$$pH = pK_{a1} + \log\frac{[HCO_3^-]}{[H_2CO_3]}$$
$$= 6.37 + \log\frac{0.0265}{0.0397}$$
$$= 6.19$$

$$pH\ 변화 = 6.19 - 6.37 = -0.18$$

(2) HCl 용액의 최종 농도 $= 1.0\ M \times \frac{0.10\ mL}{15.1\ mL} = 6.6 \times 10^{-3}\ M$

$$pH = -\log(6.6 \times 10^{-3}) = 2.18$$
증류수의 pH = 7.0
pH 변화 = 7.0 − 2.18 = 4.82

이처럼 약산과 약산의 짝염기가 비슷한 농도로, 그리고 어느 정도 높은 농도로 들어있는 용액에 강한 산이나 염기를 어느 정도 가해도 pH가 크게 변하지 않는다. 탄산의 경우 염산 같은 강산이 가해지면 짝염기인 HCO_3^- 중 일부가 반응해서 H_2CO_3를 만드는데 이미 용액에 상당한 양의 H_2CO_3가 들어있기 때문에 $\frac{[HCO_3^-]}{[H_2CO_3]}$ 비율은 크게 달라지지 않는 것이다. 0.50 밀리몰의 수소 이온이 들어있는데, 0.10 밀리몰의 HCl을 가하면 0.60 밀리몰의 수소 이온이 15.1 mL 부피에 들어있는 셈이 된다. 강한 염기가 가해져도 마찬가지이다. 이처럼 용액에 들어있는 약산과 약산의 짝염기가, 또는 약염기와 약염기의 짝산이 완충작용(緩衝作用, buffer action)을 하는 용액을 **완충 용액(緩衝溶液, buffer solution)**이라고 한다.

완충작용은 생명을 유지하는데 필수적이다. 우리 몸에서 수 천, 수 만 가지 작용을 하는 단백질들의 기능은 단백질의 3차원 구조에 달려있는데 단백질의 구조는 단백질을 구성하는 아미노산들의 산-염기 평형에 따른 전하에 크게 좌우되기 때문이다. 그리고 보면 혈액, 세포질 등 체액은 모두 완충 용액이라고 볼 수 있다. 혈액의 pH는 7.3-7.4에서 유지되는데 0.2 정도 만 벗어나도 치명적이라고 한다. 실험실에서 이루어지는 많은 화학 반응도 완충 용액에서 일어난다. 화학 반응은 pH에 민감하기 때문이다.

다시 탄산의 적정으로 돌아가서 생각해보면 적정을 시작해서 1차 당량점에 이르기까지를 1차 완충 영역이라고 볼 수 있다. 물론 완충작용은 적정의 중간점에서, 그리고 약산과 약산의 짝염기, 또는 약염기와 약염기의 농도가 높으면 효과가 클 것이다.

원하는 pH에서 작용하는 완충 용액을 만들려면 우선 pK_a가 원하는 pH와 가까운 약산을 고른 다음 약산과 짝염기의 양을 조절하여 물에 녹이고 최종적으로 pH 미터를 사용하여 pH를 측정하면서 HCl이나 NaOH를 넣어서 원하는 pH에 맞추면 된다.

예제 9.31

생체의 pH 조건에서 실험을 하려고 할 때는 인산의 완충 용액이 가장 많이 사용된다.
고체 인산이수소소듐($NaH_2PO_4 \cdot H_2O$, sodium phosphate monobasic, monohydrate, 분자량 137.99)과 1 M HCl 용액 만 가지고 200 mM, pH 6.8 완충 용액 500 mL를 만들려고 한다면 $NaH_2PO_4 \cdot H_2O$ 몇 그램을 취해야 할까? 그리고 pH를 6.8로 맞추는데 1 M NaOH 용액이 몇 mL 정도 들어갈까? 인산의 평형은 다음과 같다. 물은 생략하고 적기로 한다.

$$H_3PO_4 \rightleftharpoons H^+ + H_2PO_4^- \qquad K_{a1} = \frac{[H^+][H_2PO_4^-]}{[H_3PO_4]} = 7.5 \times 10^{-3}$$

$$H_2PO_4^- \rightleftharpoons H^+ + HPO_4^{2-} \qquad K_{a2} = \frac{[H^+][HPO_4^{2-}]}{[H_2PO_4^-]} = 6.2 \times 10^{-8}$$

$$HPO_4^{2-} \rightleftharpoons H^+ + PO_4^{3-} \qquad K_{a2} = \frac{[H^+][PO_4^{3-}]}{[HPO_4^{2-}]} = 4.8 \times 10^{-13}$$

풀이 pK_{a2}값이 7.21로 원하는 pH와 가깝다. pH가 7.21이라면 HPO_4^{2-}이온과 $H_2PO_4^-$ 이온의 농도가 같다. 우리가 원하는 pH 6.8은 7.21보다 약간 더 산성이므로 $H_2PO_4^-$가 HPO_4^{2-}보다 더 많을 것이다. 그런데 주어진 시약인 $NaH_2PO_4 \cdot H_2O$를 녹이면 $H_2PO_4^-$ 만 가해지기 때문에 NaOH로 일부 $H_2PO_4^-$를 중화해서 HPO_4^{2-}로 바꾸어야 한다. 필요한 NaOH

양을 구하기 위해 2차 해리에 관한 헨더슨-하셀바흐 식을 pH 6.8에 대해 쓰고 $\frac{[HPO_4^{2-}]}{[H_2PO_4^-]}$ 에 대해서 풀면 다음 값이 얻어진다.

$$6.8 = 7.21 + \log\frac{[HPO_4^{2-}]}{[H_2PO_4^-]}$$

$$\log\frac{[HPO_4^{2-}]}{[H_2PO_4^-]} = -0.41$$

$$\frac{[HPO_4^{2-}]}{[H_2PO_4^-]} = 0.39$$

HPO_4^{2-}와 $H_2PO_4^-$의 비율이 0.39 : 1이므로 100 밀리몰 중 HPO_4^{2-}의 양은 100 × 0.39/1.39 = 28 밀리몰이다. 200 mM 완충 용액 500 mL에는 인산이 총 100 밀리몰이 들어간다. 일단 100 밀리몰에 해당하는 $NaH_2PO_4 \cdot H_2O$를 물에 녹이고 그 중 28 밀리몰을 NaOH와 반응시킨 후 전체 부피를 500 mL로 만들면 된다. 물론 pH 미터로 pH를 확인하고 NaOH나 HCl 용액으로 pH를 최종적으로 맞추는 것이 좋다.

$NaH_2PO_4 \cdot H_2O$ 100 밀리몰 = 137.99 × 0.100 = 13.8 g

NaOH 28 밀리몰에 해당하는 1 M NaOH 용액의 부피 = 28 mL

9-5-6 등전점

세포의 기능에 문제가 생겨서 암이나 당뇨병 같은 질병이나 노화로 이어지는 과정을 자세히 조사하면 이에 대응하기 위한 의약품 개발이나 치료의 단서를 얻을 수 있을 것이다. 그런데 세포의 대부분 중요한 기능은 효소작용을 통해 일어나고, 효소는 아미노산의 중합체인 단백질이기 때문에 단백질 연구가 중요하다. 2008년을 포함해서 최근 수년 간 많은 노벨 화학상이 단백질 연구에 대해 주어졌다. 어떤 세포의 유전자들로부터 발현된 단백질의 총합을 프로테옴(proteome)이라 하고, 프로테옴의 연구를 프로테오믹스(proteomics)라 한다.

어떤 단백질에서 중요한 부위에 위치한 하나의 아미노산이 다른 아미노산으로 바뀌어져서 단백질 기능에 문제가 생겼다고 하자. 예를 들어 트랜스퍼린에서 철이 결합하는 부위에 있는 아스파트산(aspartic acid)이 알라닌(alanine)으로 바뀌었다면 철이 정상적으로 결합하지 못할 것이다. 왜냐하면 아스파트산에는 곁가지에 산해리를 하는 카복실기(carboxyl group)가 있어서 해리하여 음전하를 가지면 철 이온의 양전하와 상호작용하여 철을 붙잡는데 한 몫을 할 텐데 알라닌은 카복실기가 없기 때문이다. 세포의 수많은 단백질 중에서 이처럼 문제가 생긴 단백질을 찾아내려면 정상 세포와 이상 세포에 대해 전체 단백질 지도(蛋白質地圖, protein map)를 작성하고 차이를 조사하는 것이 바람직하다.

단백질 지도를 만들기 위해서는 세포로부터 추출된 단백질을 젤(gel)에서 2차원적으로 분리하는 방법이 많이 사용된다. 보통 1차원에서는 단백질의 전하 차이를 이용해서 분리하고 2차원에서는 단백질의 분자량에 따라 분리한다. 이때 1차원 단백질 분리 방법을 **등전 집중(isoelectric focusing, IEF)**이라고 한다. **등전점(等電點, isoelectric point)**이란 아미노산처럼 한 분자 내에 양전하를 가진 부분과 음전하를 가진 부분이 있을 때 양전하와 음전하가 같아져서 전체적으로 중성이 되는 pH를 말한다. 아미노산들의 펩타이드 결합으로 이루어진 단백질의 등전점은 각각의 아미노산의 산-염기 특성에 의해 결정될 것이다. 그런데 대부분의 단백질은 수 백 개의 아미노산으로 이루어졌기 때문에 일반적으로 다른 단백질은 등전점이 다를 것으로 기대할 수 있다. IEF에 사용되는 젤은 pH가 산성에서 알칼리성까지 연속적으로 변하도록 만들어져 있다. 따라서 IEF 젤에 시료를 가하고 전기장을 걸어주면 어떤 단백질이 전기장에서 이동하다가 자신의 등전점과 같은 pH에 도달하면 이동을 멈춘다. 등전점이 다른 단백질은 IEF 젤에서 pH가 다른 부위에 멈추기 때문에 분리가 일어난다.

2차원 분리는 IEF와 수직 방향으로 일어난다. 1차원 분리가 끝난 후 단백질 표면에 **음이온성 계면활성제**(界面活性劑, *anionic surfactant*)를 달라붙게 하고 전기장 하에서 그물 구조를 가진 젤을 통하여 양극으로 움직이게 하면 분자량이 작은 단백질은 빨리 그물을 빠져나가고 분자량이 큰 단백질은 느리게 빠져나가기 때문에 분리가 일어나는 것이다. 아래 그림은 인간의 간암 세포에서 추출한 단백질들을 이와 같은 2차원 전기이동 방법으로 분리하여 얻은 단백질 지도를 보여준다. 전기장 하에서 이동 속도의 차이에 따라 분리하는 방법을 **전기이동**(**電氣移動**, **electrophoresis**)이라고 한다. 티셀리우스는 전기이동을 개발하여 혈액에 들어 있는 단백질들을 분리하고 연구하였다.

등전점을 이해하는 데 기본이 되는 것은 헨더슨-하셀바흐 식이다. 헨더슨-하셀바흐 식은 약산과 약산의 짝염기가 어떤 비율로 섞여 있을 때 용액의 pH를 알려주지만, 실제로는 pH가 외부 조건에 의해 주어진 때 어떤 약산 화합물에서 약산 형태와 짝염기 형태의 비율을 구하는데 보다 자주 사용된다. 예를 들어 세포질의 pH는 세포에 들어있는 탄산, 인산, 단백질 등의 완충작용에 의해 결정된다. 이때 헨더슨-하셀바흐 식을 사용하면 세포에 미량으로 들어있는 어떤 약산 화합물에 대하여 몇 %가 약산의 형태로 존재하고 나머지 몇 %가 해리한 짝염기 형태로 존재할지를 구할 수 있는 것이다. 그런데 앞에서 트랜스퍼린의 예에서 보았듯이 약산의 해리도는 단백질의 활성 부위(活性部位, active site)의 구조에 크게 영향을 미친다. 또 약산으로 작용하는 아미노산이 여러 개 결합하여 만들어진 단백질의 전체 전하도 pH에 의해 결정되어 용해도, 전기장에서의 이동 속도 등 단백질의 성질에 영향을 미친다.

티셀리우스(Arne Tiselius, 1902-1971). 스웨덴의 화학자로, 웁살라대학의 교수를 역임했으며, 1948년에 노벨 화학상을 수상하였다.

이제부터 등전점을 염두에 두고 밀러가 종이 크로마토그래피로 분리했던 알라닌과 아스파트산의 해리 평형을 자세히 살펴보자. 다른 모든 아미노산과 마찬가지로 알라닌과 아스파트산도 중심 탄소에 결합한 아미노기(amino gorup, $-NH_2$)와 카복실기(carboxyl group, $-COOH$)를 가지고 있다. 아미노기의 질소 원자는 비공유 전자쌍을 가지고 있어서 수소 이온을 쉽게 받아들여 $-NH_3^+$ 양이온 형태가 된다. 그래서 알라닌은 $-COOH$의 수소와 $-NH_3^+$의 수소, 합해서 두 개의 해리할 수 있는 수소를 가진 2양성자산이다. 알라닌의 $-COOH$는 pK_a가 2.35로 100% 해리하는 강산은 아니지만 아세트산보다는 강한 산이다. 한편 $-NH_3^+$의 수소는 pK_a가 9.87로 아주 약한 산이다.

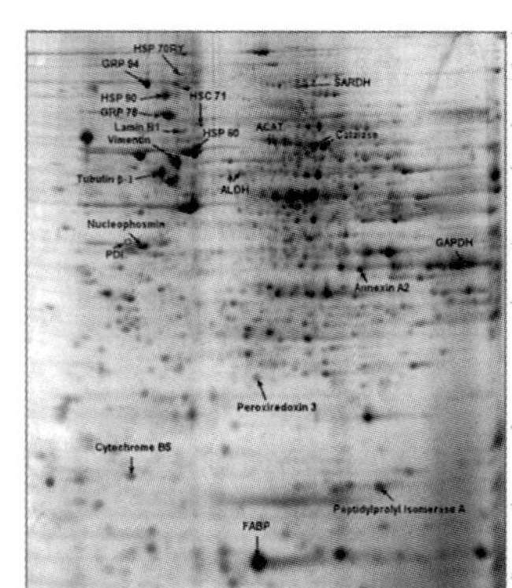

인간 간암세포로부터 추출한 단백질의 2차원 지도 좌우로는 등전점에 의해, 상하로는 분자량 차이에 의한 전기이동에 의해 분리하였다.

이제 알라닌이 녹아있는 용액의 pH가 변할 때 알라닌의 전체 전하가 어떻게 바뀌나 살펴보자. 아미노산을 약식으로 표기할 때 알라닌은 A로 적는다. 따라서 2양성자산으로서의 알라닌을 H_2A^+로 적기로 하면 알라닌의 단계적 해리는 다음과 같이 적을 수 있다.

$$-COOH : H_2A^+(aq) + H_2O(l) \rightleftharpoons H_3O^+(aq) + HA(aq)$$

$$K_a = 4.49 \times 10^{-3} \qquad pK_a = 2.35$$

$$-NH_3^+ : HA(aq) + H_2O(l) \rightleftharpoons H_3O^+(aq) + A^-(aq)$$

$$K_a = 1.36 \times 10^{-10} \qquad pK_a = 9.87$$

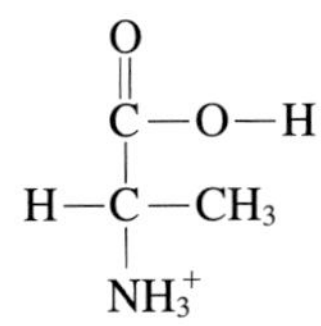

H_2A^+

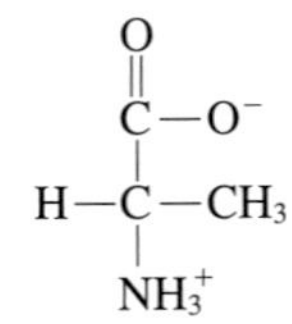

HA

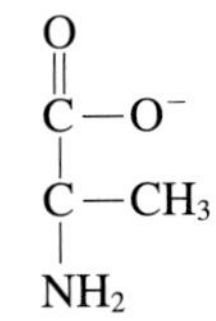

A^-

pH가 −COOH 해리의 pK_a인 2.35보다 1 낮은 1.35에서 헨더슨-하셀바흐 식은 다음과 같다.

$$1.35 = 2.35 + \log\frac{[HA]}{[H_2A^+]}$$

$$[HA]/[H_2A^+] = \frac{1}{10}$$

즉 알라닌 중에서 11분의 10은 H_2A^+ 형태로 존재하고, 나머지 11분의 1은 −COOH가 해리해서 HA 형태로 존재하기 때문에 +1의 전하를 가진다. 따라서 알라닌은 평균적으로 $(1)(10/11) + (0)(1/11) = 0.90$의 전하를 가진다.

pH가 2.35라면 $[H_2A^+] = [HA]$가 성립해서 전체 전하는 0.5가 되고, pH 3.35에서는 $[HA] = 10[H_2A^+]$이므로 알라닌의 평균 전하는 0.1이 될 것이다. 그 다음에는 pH가 9 정도가 될 때까지는 HA로 존재한다. HA는 전체 전하는 0이지만 −COOH는 해리해서 $-COO^-$로 존재하고, $-NH_3^+$는 해리하지 않은 양이온 형태로 존재하기 때문에 한 분자 내에 양이온과 음이온이 동시에 존재하는 셈이다. 이런 화학종을 **쌍성**(**雙性**, **쯔비터**) **이온**(**zwitter ion**)이라고 한다.

pH가 $-NH_3^+$의 pK_a인 9.87가 되면 $-NH_3^+$의 반이 해리해서 A^- 형태가 되고 알라닌의 평균 전하는 −0.5가 된다. pH가 9.87보다 훨씬 높아지면 알라닌의 전하는 −1로 볼 수 있다.

아스파트산은 알라닌의 메틸기에서 수소 하나가 카복실기로 치환된 화합물이다. 그러니까 아스파트산은 해리할 수 있는 수소를 알라닌보다 하나 더 많은 세 개 가지고 있는 셈이다. 카복실기 중에서 알라닌에서와 마찬가지로 탄소가 중심 탄소에 직접 결합된 것을 **알파 탄소**(**alpha carbon**), 곁가지에 들어있는 카복실기처럼 탄소가 중심 탄소에서 하나 건너 탄소와 결합한 것을 **베타 탄소**(**beta carbon**)라 한다.

아스파트산을 H_3D^+로 적으면 아스파트산의 단계적 해리는 다음과 같이 쓸 수 있다.

$$-COOH\,(\text{알파}) : H_3D^+(aq) + H_2O\,(l) \rightleftharpoons H_3O^+(aq) + H_2D(aq)$$
$$K_a = 1.02\times10^{-1} \qquad pK_a = 1.99$$
$$-COOH\,(\text{베타}) : H_2D\,(aq) + H_2O\,(l) \rightleftharpoons H_3O+(aq) + HD^-(aq)$$
$$K_a = 1.26\times10^{-4} \qquad pK_a = 3.90$$
$$-NH_3^+ : HD^-(aq) + H_2O\,(l) \rightleftharpoons H_3O^+(aq) + D^{2-}(aq)$$
$$K_a = 9.95\times10^{-11} \qquad pK_a = 10.0$$

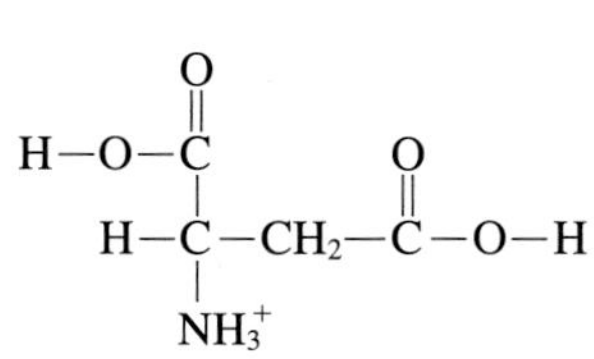

H_3D^+

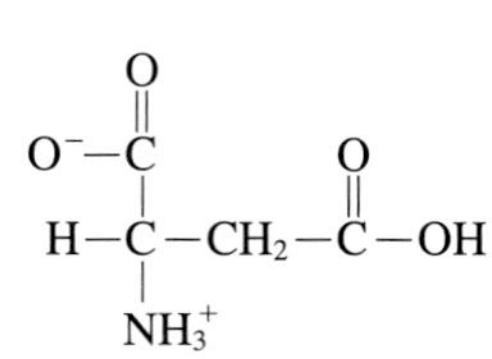

H_2D

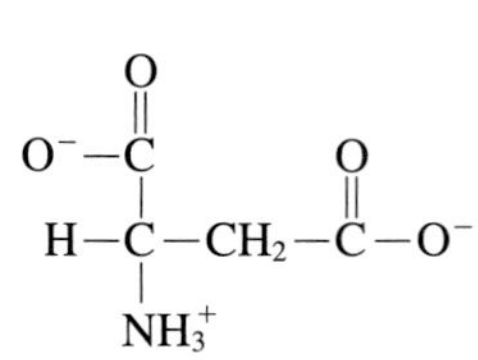

HD^-

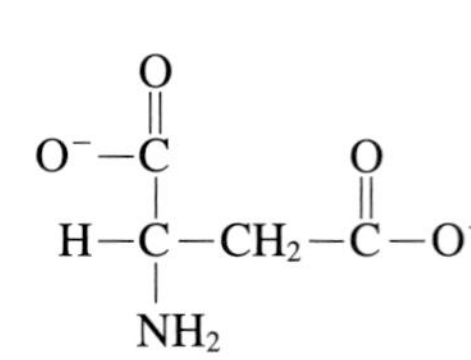

D^{2-}

예제 9.32

알라닌과 아스파트산의 전하를 pH에 대해서 그래프로 나타내어라. 알라닌과 아스파트산의 등전점은 얼마라고 볼 수 있는가? pH 6인 조건에서 전기장을 걸어주면 알라닌과 아스파트산은 각각 어느 전극 방향으로 이동할까?

풀이

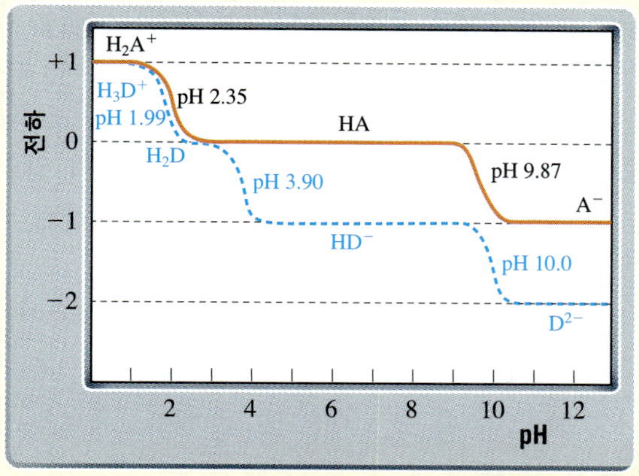

알라닌은 pH가 2.35일 때는 전하가 +0.5, pH가 9.87일 때는 전하가 −0.5이므로 그 중간인 pH 6.1인 점이 전하가 0인 등전점이라 볼 수 있다. 그러나 실제로는 그림에서 볼 수 있듯이 4부터 8 사이의 넓은 pH 영역에서 알라닌은 중성이다. 아스파트산은 pH가 1.99일 때 전하가 +0.5, pH가 3.90일 때 전하가 −0.5이므로 pH 2.95가 등전점이다. 산성 작용기가 들어가면 등전점의 pH가 낮아지는 것을 알 수 있다. pH가 6일 때 알라닌은 중성이기 때문에 전기장에서 움직이지 않고, 전하가 −1인 아스파트산은 +극으로 이동한다.

이제는 등전점과 등전점 주위에서 아미노산의 전하를 이해했으니까 밀러의 실험으로 돌아가서 앞의 분배 크로마토그래피 부분을 참고하면서 아미노산의 전하 차이가 어떻게 종이 크로마토그래피에서 알라닌과 아스파트산의 분리에 적용되나 생각해보자.

밀러는 1차원 분리에서는 아세트산이 들어있는 뷰탄올을, 2차원 분리에서는 0.3% 암모니아가 들어있는 페놀을 이동상으로 사용했다.

예제 9.33

아세트산의 해리 상수는 1.8×10^{-5}이다. 0.1 M 아세트산 수용액의 pH는 얼마일까? 이 pH에서 알라닌과 아스파트산은 각각 어떤 전하를 가질까?

풀이 $[H^+] = [A^-] = x$라 놓고 풀면

$$1.8 \times 10^{-5} = \frac{x^2}{0.1 - x} \doteqdot \frac{x^2}{0.1}$$

$$x = \sqrt{1.8 \times 10^{-6}} = 1.3 \times 10^{-3}$$

$$pH = -\log(1.3 \times 10^{-3}) = 2.9$$

위의 그림으로부터 pH = 2.9에서 알라닌은 약간의 양전하를 가지고, 아스파트산은 전하가 0인 것을 알 수 있다.

일반적으로 유기 용매에서는 산해리도가 물에서보다 낮다. 따라서 낮은 농도의 아세트산이 뷰탄올에 녹아 있다면 pH는 5 정도가 될 수 있다. pH 5는 알라닌의 등전점과 비슷하기 때문에 알라닌은 전하가 0이다. pH 5는 아스파트산의 등전점 2.95보다 높고 그 사이 pH 3.9에 아스파트산의 두 번째 해리에 해당하는 완충 영역이 있다. 따

라서 pH 5에서 아스파트산은 전하가 −1이다. 정상 크로마토그래피의 일종인 종이 크로마토그래피에서는 정지상은 극성이 높은 종이의 셀룰로스 또는 종이에 흡착된 물이고, 이동상은 뷰탄올처럼 극성이 낮은 유기 용매이다. 따라서 전하가 0인 알라닌은 이동상에 많이 분배되어 용매를 따라 많이 이동하고, 전하가 −1인 아스파트산은 정지상에 많이 분배되어 원점에 가까이 남게 된다.

2차원 분리에는 염기성 이동상이 사용되었다. pH 9 정도에서는 1차원에서와 마찬가지로 알라닌의 전하는 0, 아스파트산의 전하는 −1이다. 따라서 2차원 분리에서도 알라닌은 많이 이동하고, 아스파트산은 거의 이동하지 않는다. 그래서 밀러의 결과에서 볼 수 있듯이 원점으로부터 거의 대각선에 걸쳐 아스파트산과 알라닌이 나타난다. 알라닌의 메틸기 대신 수소가 있는 글리신은 아스파트산과 알라닌 중간에 자리잡고 있다.

이처럼 약산의 해리 평형을 잘 이해하는 것은 단백질 기능의 이해, 분리 등 여러 가지 실용적인 면에서도 중요하다.

9-5-7 지시약

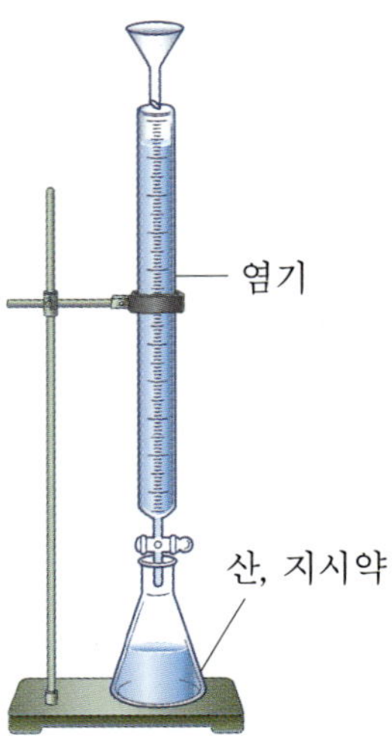

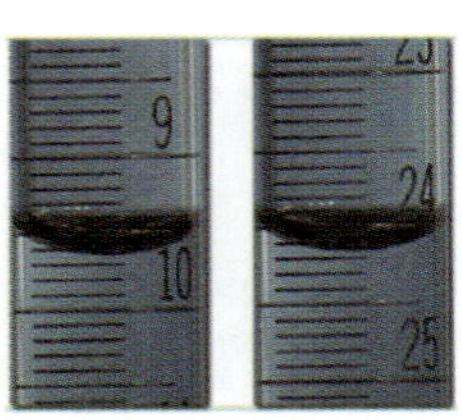

초기 눈금 9.63 mL 당량점 눈금 24.16 mL

산–염기에 대한 정성적인 이해나 완충 용액에 대한 정량적인 취급도 중요하지만 많은 경우에 용액에 들어있는 산이나 염기의 양을 정확히 측정하는 것이 필요하다. 그럴 때는 정확한 농도를 결정하려고 하는 미지 용액을 이미 농도를 정확히 알고 있는 표준 용액을 가지고 뷰렛을 사용해서 적정하여 미지 용액의 농도를 구하게 된다. 농도를 결정하고자 하는 화합물이 산이면 염기를 적정에 사용해서 산과 분자 단위에서 1 : 1로 대응시키고 정확히 1 : 1 대응이 이루어진 후 추가로 들어가는 약간의 염기를 어떤 방법으로 검출하면 적정의 종말점(end point)을 잡아낼 수 있다. 그런데 뷰렛의 눈금을 읽는 데도 0.01 mL 정도의 오차가 있고, 뷰렛의 끝에서 떨어지는 용액 한 방울의 부피도 0.05 mL 정도이기 때문에 적정의 오차를 1% 이내로 줄이는 것은 상당히 어렵다. 종말점을 찾기 위해서 보통 pH 미터 대신 종말점에서 색 변화가 확실한 지시약을 사용하는데, 오차를 줄이려면 지시약을 잘 선택 해야 하고 지시약을 잘 선택하려면 종말점에서의 pH를 알고 있어야 한다.

10.0 mL의 0.100 M H_2CO_3 용액을 0.100 M NaOH 용액으로 적정하는 경우 1차 종말점에서의 pH를 생각해보자. 일단은 H_2CO_3와 NaOH의 몰수가 같아질 때 탄산의 1차 해리가 완결되어 1차 종말점에 도달할 것이다. 이때 들어간 0.100 M NaOH 용액의 부피는 10.0 mL이고 전체 부피는 20.0 mL가 된다. 이 용액은 20 mL의 0.050 M $NaHCO_3$ 용액과 같아서 물 이외에는 Na^+ 이온과 HCO_3^- 이온이 주된 화학종일 것이다. 이 점에서는 Na^+ 이온은 더 이상 반응을 하지 않지만 HCO_3^-는 염기로 작용해서 H_2CO_3로 되돌아가는 역반응과 산으로 작용해서 CO_3^{2-}로 바뀌는 2차 해리 반응도 하기 때문에 중간점보다 상황이 복잡하다. 어느 반응이 우세할지 판단하기 위해서 HCO_3^-의 K_{b1}을 구해보자.

$$HCO_3^-(aq) + H_2O(l) \rightleftharpoons H_2CO_3(aq) + OH^-(aq)$$

$$K_{b1} = \frac{[HCO_3^-][OH^-]}{[HCO_3^-]}$$

$$= \frac{K_w}{K_{a1}} = \frac{1.0 \times 10^{-14}}{4.3 \times 10^{-7}} = 2.3 \times 10^{-8}$$

K_{b1}가 2차 산해리 상수 K_{a2}, 4.8×10^{-11}보다 크므로 0.050 M의 HCO_3^-는 약염기 반

응이 우세할 것이다. 따라서 pH는 7보다 크리라 예상되지만 양쪽 반응을 모두 고려해야 하는 이러한 경우에는 엄밀하게 pH를 구하는 것은 상당히 어렵다. 다행히 2단계로 해리하는 산에서 1차 종말점의 pH를 쉽게 구하는 방법이 있다.

우리는 앞에서 1차 중간점의 pH는 pK_{a1}과 같다는 것을 보았다. 그렇다면 1차 종말점을 지나 2차 종말점으로 가는 중간, 즉 2차 중간점의 pH는 pK_{a2}와 같을 것이다. 그런데 1차 종말점은 1차 중간점과 2차 중간점의 중간이므로 1차 종말점의 근사적인 pH는 pK_{a1}와 pK_{a2}의 평균값으로 구할 수 있다.

예제 9.34

H_2CO_3를 NaOH로 적정할 때 1차 종말점의 pH는 대략 얼마일까?

풀이 $pK_{a1} = -\log(4.3 \times 10^{-7}) = 6.4$

$pK_{a2} = -\log(4.8 \times 10^{-11}) = 10.3$

$$1\text{차 종말점의 pH} = \frac{6.4 + 10.3}{2} = 8.4$$

인산의 경우에도 마찬가지로 종말점의 pH를 구할 수 있다.

$$pK_{a1} = -\log(7.5 \times 10^{-3}) = 2.1$$
$$pK_{a2} = -\log(6.2 \times 10^{-8}) = 7.2$$
$$pK_{a3} = -\log(4.8 \times 10^{-13}) = 12.3$$

$$1\text{차 종말점의 pH} = (2.1 + 7.2)/2 = 4.7$$
$$2\text{차 종말점의 pH} = (7.2 + 12.3)/2 = 9.8$$

아세트산과 같은 1염기산(monobasic acid)의 경우에는 종말점에서 짝염기는 한 방향으로 염기로만 작용하기 때문에 쉽게 pH를 구할 수 있다.

예제 9.35

0.050 M 아세트산소듐 (sodium acetate, NaAc) 용액의 pH를 구하여라.

풀이

	$Ac^-(aq) + H_2O(l) \rightleftharpoons$	$HAc(aq) +$	$OH^-(aq)$
초기 상태	0.050	~0	0
평형 상태	$0.050 - x$	x	x

$$K_b = \frac{[H_3O^+][HAc]}{[Ac^-]} = \frac{K_w}{K_a} = \frac{1.0 \times 10^{-14}}{1.76 \times 10^{-5}} = 5.7 \times 10^{-10}$$

$$\frac{x^2}{0.050 - x} = 5.7 \times 10^{-10}$$

$$x^2 = 0.050 \times 5.7 \times 10^{-10} = 2.85 \times 10^{-11}$$

$$x = [OH^-] = \sqrt{2.85 \times 10^{-11}} = 5.7 \times 10^{-6}$$

$$[H_3O^+] = \frac{1.0 \times 10^{-14}}{5.7 \times 10^{-6}} = 2.3 \times 10^{-10}$$

$$pH = -\log(2.3 \times 10^{-10}) = 9.6$$

탄산의 적정 곡선(滴定曲線, titration curve)를 완결하기 위해서 위에서 고려했던

10.0 mL의 0.100 M H_2CO_3 용액을 0.100 M NaOH 용액으로 적정하는 경우 2차 종말점에서의 pH를 생각해 보자. 이때 들어간 NaOH 용액의 부피는 20.0 mL이고 용액의 전체 부피는 30.0 mL가 된다. 0.100 M의 H_2CO_3가 모두 중화되어 염으로 바뀌고 세 배 묽어졌으므로 2차 종말점의 용액은 0.033 M의 Na_2CO_3 용액과 동일하다.

예제 9.36

0.033 M Na_2CO_3 용액의 pH를 구하여라.

풀이

	$CO_3^{2-}(aq) + H_2O(l) \rightleftharpoons$	$HCO_3^-(aq)$ +	$OH^-(aq)$
초기 상태	0.033	~0	0
평형 상태	$0.033 - x$	x	x

$$K_b = \frac{[HCO_3^-][OH^-]}{[CO_3^{2-}]} = \frac{K_w}{K_{a2}} = \frac{1.0 \times 10^{-14}}{4.8 \times 10^{-11}} = 2.1 \times 10^{-4}$$

$$x^2/(0.033 - x) = 2.1 \times 10^{-4}$$

$$x^2 = 0.033 \times 2.1 \times \frac{x^2}{0.033 - x} = 10^{-4} = 6.93 \times 10^{-6}$$

$$x = [OH^-] = \sqrt{6.93 \times 10^{-6}} = 2.63 \times 10^{-3}$$

2.63×10^{-3}은 0.033에 비해 무시할 수 없으므로 한 번 더 근사 계산을 한다.

$$x^2 = 0.033 - 0.0026 \times 2.1 \times 10^{-4} = 6.38 \times 10^{-6}$$

$$x = [OH^-] = \sqrt{6.38 \times 10^{-6}} = 2.5 \times 10^{-3}$$

근의 공식을 사용하면 2.53×10^{-3}이 얻어진다.

이것은 0.033의 8% 정도에 해당한다.

$$[H_3O^+] = \frac{1.0 \times 10^{-14}}{2.53 \times 10^{-3}} = 3.95 \times 10^{-12}$$

$$pH = -\log(3.95 \times 10^{-12}) = 11.4$$

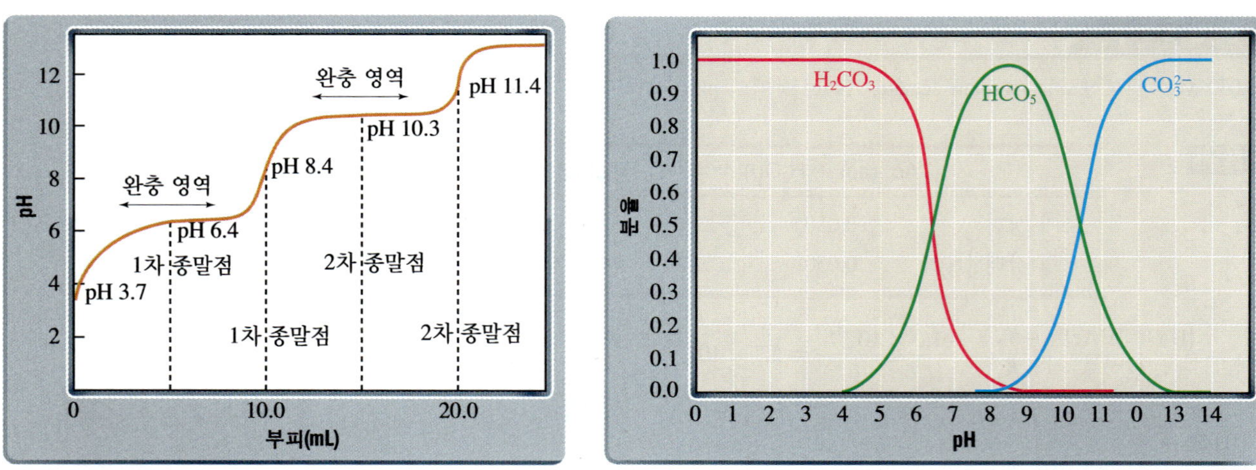

그림 9.11 탄산의 적정곡선과 pH에 따른 H_2CO_3, HCO_3^-, CO_3^{2-}의 분율.

지금까지는 탄산을 NaOH로 적정하는 경우 pH의 변화를 살펴보았는데, 반대로 pH에 따라 H_2CO_3, HCO_3^-, CO_3^{2-} 이온의 분율을 구할 수도 있다. 산해리 평형식을 다음과 같이 변형하고 수소 이온 농도를 대입하면 화학종 농도의 비율을 계산할 수 있다.

$$\frac{[HCO_3^-]}{[H_2CO_3]} = \frac{K_{a1}}{[H_3O^+]}, \quad \frac{[CO_3^{2-}]}{[HCO_3^-]} = \frac{K_{a2}}{[H_3O^+]}$$

그림에서 볼 수 있듯이 pH 4 이하에서는 거의 대부분이 중성인 H_2CO_3 형태로 존재하고, pH가 pK_{a1}인 6.4일 때는 H_2CO_3와 HCO_3^-가 반반씩 들어있는 완충 용액이 된다. pH가 8.4인 1차 종말점에서는 HCO_3^-가 주종이고 극히 낮은 농도의 H_2CO_3와 CO_3^{2-}가 들어있다. pH가 pK_{a2}인 10.3에서는 HCO_3^-와 CO_3^{2-}가 반반씩 들어있는 완충 용액이 된다. 2차 종말점인 pH 11.4에서는 일부 CO_3^{2-}가 염기로 작용해서 HCO_3^-로 바뀐 것을 볼 수 있다.

이제 종말점의 pH를 알았으면 적절한 지시약을 선택해야 한다. 종말점에서는 적정 용액 한 방울 차이로 용액의 pH가 1 이상 차이가 나는 것이 보통이다. 따라서 그 정도의 pH 변화가 있을 때 눈으로 색 변화를 쉽게 감지할 수 있는 것이 좋은 지시약이다. 대부분의 지시약은 한 색에서 다른 색으로 변하는데 그런 경우에는 종말점 부근에서 중간 색이 나타나면 종말점에 도달한 것인지 여부를 판단하기 어려워서 대개는 한 두 방울을 더 가하기 쉽고 그것은 적지 않은 오차를 가져온다. 종말점에서 무색에서 갑자기 색이 나타나거나 있던 색이 갑자기 사라지면 종말점을 잡아내기 쉽다. 그런 면에서 pH 8.0 이하에서는 무색, 9.6 이상에서는 핑크색인 페놀프탈레인 (phenolphthalein) 은 이상적인 지시약이다. 반면에 페놀 레드는 pH 6.5 이하에서는 노란색을 나타내고 7 이상에서는 붉은색을 나타낸다.

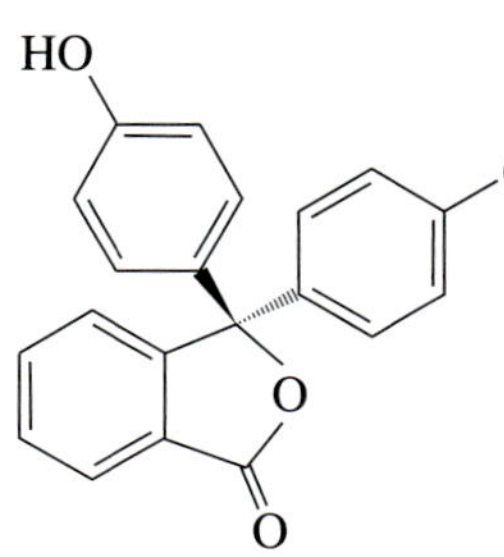

페놀프탈레인, pH 8.0 이하, 무색

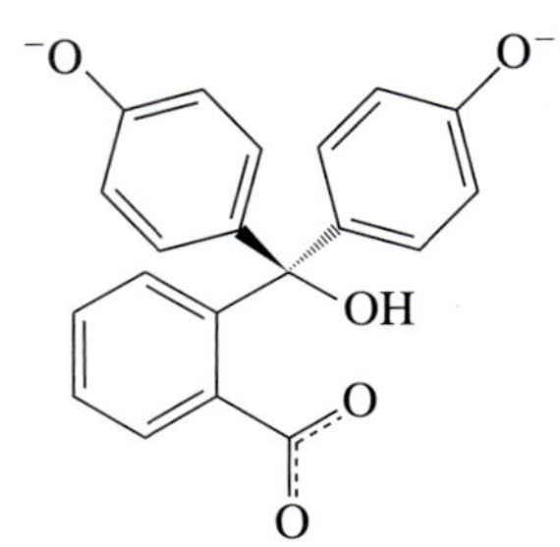

pH 9.6 이상, 핑크색

pH 5.5 페놀 레드 10.0

8.0 페놀프탈레인 12

구조에서 볼 수 있듯이 대부분의 다른 지시약과 마찬가지로 페놀프탈레인은 약한 유기산이다. 위에서 본대로 탄산의 적정에서 1차 종말점의 pH는 8.4이다. 페놀프탈레인의 평형에 관한 헨더슨-하셀바흐 식을 생각해 보면 이 pH에서 거의 대부분의 페놀프탈레인은 무색인 형태로 있지만 일부는 핑크색을 나타내는 염기 형태로 존재하는 것을 알 수 있다. 종말점에서 약간의 NaOH가 더 들어가면 pH가 급격히 증가하여 핑크색이 진해지고 쉽게 종말점을 잡아낼 수 있다. 탄산의 적정에서 2차 종말점을 구하려면 12 정도의 pH에서 색 변화가 있는 알리자린옐로 R 같은 지시약이 좋다.

지시약을 HIn으로 쓰면 평형 반응은 다음과 같이 쓸 수 있다.

$$\mathrm{HIn}\,(aq) + \mathrm{H_2O}\,(l) \rightleftharpoons \mathrm{H_3O^+}(aq) + \mathrm{In^-}(aq) \qquad K_a = [\mathrm{H_3O^+}]\frac{[\mathrm{In^-}]}{[\mathrm{HIn}]}$$

지시약의 짝염기 형태와 산 형태의 비율은 다음과 같이 pH에 의해 결정된다.

$$\frac{[\mathrm{In^-}]}{[\mathrm{HIn}]} = \frac{K_a}{[\mathrm{H_3O^+}]} = 10^{(\mathrm{pH}-\mathrm{p}K_a)}$$

pH가 지시약의 pK_a보다 1 이상 높으면 In^-의 농도가 HIn 농도의 열 배 이상이 되어 염기성 형태인 In^-의 색깔이 주로 나타나고, 1 이상 낮으면 산성 형태인 HIn의 농도가 In^- 농도의 열 배 이상이 되어 HIn의 색깔이 주로 나타난다. 따라서 지시약의 적용 pH 범위는 $pK_a - 1 < pH < pK_a + 1$이라고 할 수 있다.

페놀프탈레인은 pH 8과 10 사이에서 사용할 수 있다고 볼 수 있는데 HCl 용액을 NaOH 용액으로 적정하는 것과 같은 강산과 강염기의 적정에도 사용할 수 있다. 강산과 강염기의 적정에서 종말점의 pH는 7.0이지만 그림에서와 같이 종말점에서 pH가 급격히 변해서 종말점을 지나자마자 pH가 10 정도로 올라가기 때문이다.

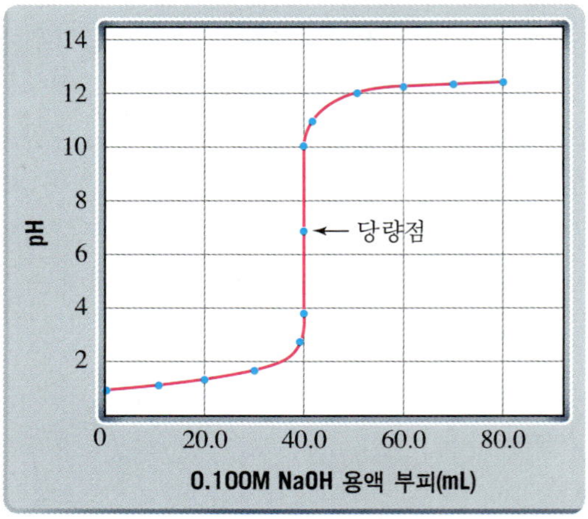

그림 9.12 강산과 강염기 사이의 적정 곡선. 당량점에서 pH 변화가 급격하다.

9-6 산화-환원 반응 : 전기화학

지금까지 상평형, 분배 평형같이 화학 반응이 아니면서 물질이 상태를 바꾸거나 다른 물질과 상호작용을 통해 분배되는 경우에도 평형이 적용되는 것을 보았고, 침전과 착물 형성이나 산해리처럼 물질 자체가 변화되는 경우의 평형도 보았다. 위의 모든 경우에 있어서 동적 평형이 일어나고 있는 부위는 서로 밀접하게 접촉하고 있다. 물이 어는 상평형의 경우 얼음과 물 사이에는 둘이 접촉하고 있는 계면이 존재하고, 아이오딘이 물과 사염화탄소 사이에 분배되는 경우에도 아이오딘은 물과 사염화탄소 사이의 계면에서 양쪽을 왔다갔다 하면서 동적 평형을 유지한다. 은 이온이 염소 이온과 침전을 만드는 경우에는 염화은 침전의 표면과 두 이온이 들어있는 용액 사이에서 활발한 평형이 일어나고, 은 이온이 암모니아와 착물을 만드는 경우에는 용액 내에서 화학종들 사이의 평형이 일어난다.

이 절에서 다룰 산화-환원 반응은 화학 평형의 특별한 케이스이다. 두 개의 전극에서 일어나는 산화 반응과 환원 반응은 개별적으로는 금방 평형에 도달해서 더 이상 반응이 일어나지 않는다. 그런데 두 전극을 도선으로 연결해서 전자를 한 전극에서 다른 전극으로 이동시키면 르샤틀리에 원리가 지속적으로 작용되어 반응이 계속되고, 결국 양 전극의 화학 퍼텐셜이 같아지면 전체적인 평형이 이루어진다. 이러한 원리는 전지의 기본 작동 원리가 된다. 노트북 컴퓨터, 휴대폰, 디지털 카메라 등 각종 전자 제품에 사용되는 전지, 미래형 자동차의 연료 전지 등을 생각하면 전지에 관련된 산화-환원 반응과 그에 입각한 **전기화학**(電氣化學, **electrochemistry**)의 중요성을 짐작할 수 있을 것이다.

9-6-1 산화와 환원

산-염기와 관련하여 언급한 바 있지만 다시 한번 강조하면 원자를 구성하는 세 가지 입자, 즉 양성자, 중성자, 전자 중에서 양성자를 주고 받는 반응은 산-염기 반응이다. 중성자는 수소보다 무거운 원소의 핵에 붙잡혀 있기 때문에 중성자를 주고 받는 화학 반응은 없다. 전자를 주고 받는 반응은 산화-환원 반응이다. 어떤 화학종이 전자를 내어 주어 결과적으로 그 화학종에 들어 있는 어떤 원자의 산화수가 증가하게 되는 것을 **산화**(**酸化, oxidation**)라고 한다. 반대로 전자를 받아서 산화수가 감소하는 경우는 원 상태로 되돌이킨다는 의미에서 **환원**(**還元, reduction**)이라고 한다. 산화가 되는 화합물은 다른 화합물에게 전자를 주어서 환원시키기 때문에 **환원제**(**還元劑, reducing agent**)의 역할을 한다. 환원이 되는 화합물은 다른 화합물을 산화시키는 **산화제**(**酸化劑, oxidizing agent**)이다.

전자는 새로 만들어지거나 어디로 사라지는 것이 아니기 때문에 산화-환원 반응에서는 주고 받는 전자수가 같아야 한다. 이 관계를 잘 보여주기 위해서 전체 반응을 산화 과정과 환원 과정을 나타내는 반쪽 반응(half-reaction)으로 나누어 표현할 수 있다.

$$\mathrm{Cu}\,(s) \longrightarrow \mathrm{Cu}^{2+}(aq) + 2e^- \quad \text{구리의 산화}$$
$$2\times\{\mathrm{Ag}^+(aq) + e^- \longrightarrow \mathrm{Ag}\,(s)\} \quad \text{은 이온의 환원}$$
$$\mathrm{Cu}\,(s) + 2\mathrm{Ag}^+\,(aq) \longrightarrow \mathrm{Cu}^{2+}(aq) + 2\mathrm{Ag}\,(s)$$

다음 반응의 예에서 볼 수 있듯이 산성 또는 염기성 수용액에서 일어나는 산화-환원 반응의 계수를 맞추는 것은 다소 복잡하다. 기본적으로 전체 반응을 반쪽 반응으로 나누고, 주고 받는 전자수와 조건에 따라 수소 이온 또는 수산화 이온의 계수를 맞추어 주면 전체 반응의 계수를 쉽게 맞출 수 있다.

$$\mathrm{MnO_4}^-(aq) + 5\mathrm{Fe}_2 + (aq) + 8\mathrm{H}^+(aq) \rightleftharpoons \mathrm{Mn}^{2+}(aq) + 5\mathrm{Fe}^{3+}(aq) + 4\mathrm{H_2O}\,(l)$$

이러한 산화-환원 반응을 이용하여 미지의 시료를 적정할 수 있다. 위에 주어진 반응은 철 이온을 과망가니즈산포타슘으로 적정하는, **산화-환원 적정**(**redox titration**)의 한 예이다. 이때 보라색 과망가니즈산 이온 자체가 지시약 역할을 한다. 이런 경우에는 용액 내에서 산화-환원 평형이 일어난다.

9-6-2 표준 환원 전위

전극 반응을 기술하는 데 사용되는 anode, cathode, anion, cation 등의 용어를 처음 사용한 것은 패러데이였다. 처음 anode, cathode를 우리 말로 옮길 때 anode는 음이온(anion)이 끌려온다는 의미에서 양극(陽極), cathode는 양이온(cation)이 끌려온다는 의미에서 음극(陰極)으로 번역되었다. 그런데 이런 정의는 고려하고 있는 장치가 전지처럼 전기를 발생하는 장치인지, 음극선 실험 장치나 전기분해 장치처럼 외부에서 전기를 공급받는 장치인지에 따라 혼란의 소지가 있다. 그래서 지금은 anode는 oxidation이 일어나는 전극, cathode는 reduction이 일어나는 전극으로 정의하고 양극, 음극 대신 **anode**는 **산화전극**(**酸化電極**), **cathode**는 **환원전극**(**還元電極**)이라고 부른다.

산화전극에서는 산화가 일어나 전자를 내놓으니까 전자가 풍부하게 되고 음의 전기적 퍼텐셜 (negative electric potential) 을 가지게 된다. 따라서 산화전극 주위로 양이온이 모이고 이는 원래 anode를 양극으로 정했던 것과 맞는다. 반면에 환원전극은 전자가 부족해서 외부로부터 전자를 받아 환원이 일어나는 전극이고, 양의 전기적 퍼텐셜 (positive electric potential) 을 가진다.

1836년에 영국의 다니엘이 개발한 다니엘 전지 (Daniell cell) 의 반응을 통해 산화–환원 반응과 산화전극, 환원전극의 개념을 정리해보자. 처음 다니엘 전지는 금속 아연 전극을 담근 황산아연 (zinc sulfate, $ZnSO_4$) 용액이 들어있는 다공성 토기를 황산구리 (copper sulfate, $CuSO_4$) 용액이 들어있는 구리 캔에 넣어 만들었는데, 나중에는 염다리 (salt bridge) 를 통해 두 용액을 연결하게 되었다.

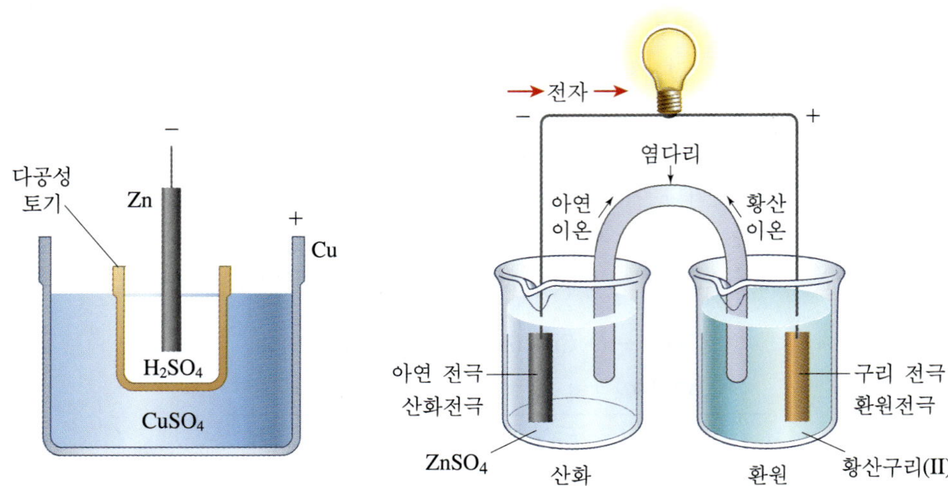

그림 9.13 다공성 토기를 사용한 최초의 다니엘 전지(왼쪽)와 염다리를 사용하는 다니엘 전지.

염다리를 사용하는 다니엘 전지는 알파벳 순서대로 왼쪽이 anode, 오른쪽이 cathode, 모음으로 시작하는 anode에서는 oxidation, 자음으로 시작하는 cathode에서는 reduction이 일어나서 전자는 왼쪽에서 오른쪽으로 흐른다고 기억하면 편하다.

$$\text{산화전극}(-): \mathrm{Zn}(s) \longrightarrow \mathrm{Zn}^{2+}(aq) + 2e^-$$
$$\text{환원전극}(+): \mathrm{Cu}^{2+}(aq) + 2e^- \longrightarrow \mathrm{Cu}(s)$$
$$\text{전체 반응}: \mathrm{Zn}(s) + \mathrm{Cu}^{2+}(aq) \longrightarrow \mathrm{Zn}^{2+}(aq) + \mathrm{Cu}(s)$$

Zn의 산화에 해당하는 반쪽 반응이 일어나는 전극은 산화전극이고, Cu^{2+}의 환원에 해당하는 반쪽 반응이 일어나는 전극은 환원전극이다. 산화전극으로는 Zn 금속 막대를, 환원전극으로는 Cu 금속 막대를 사용한다. 산화전극에서는 전극의 Zn 금속이 산화되어 용액으로 녹아 들어가고 여분의 전자를 남기게 된다. 환원전극에서는 용액 속의 Cu^{2+} 이온이 전극으로부터 전자를 받아 환원되어 전극에 달라붙는다. 두 전극을 외부 전선으로 연결시키면 산화전극에서 만들어진 여분의 전자가 전선을 따라 환원전극 쪽으로 이동하여 Cu^{2+} 이온의 환원이 지속될 수 있게 해준다. 그 과정에서 전류가 흐르게 되고 그 전류를 이용하는 장치가 전지인 것이다.

두 반쪽 반응이 일어나는 반쪽 전지들이 완전히 분리되어 있으면 전류가 흐르지 않는다. 산화전극 쪽의 수용액은 Zn^{2+} 이온 농도가 증가하고, 환원전극 쪽의 수용액은 Cu^{2+} 이온 농도가 감소해서 양쪽 모두 전기 중성이 맞지 않게 되고 전류는 금방 흐르지 않게 된다. 두 반쪽 전지를 전지 반응에 참여하지 않는 전해질 (電解質, electrolyte) 로 채운 염다리로 연결하면 양쪽 용액의 전기 중성을 유지할 수 있다. 다니엘 전지는 다음과 같이 도식적으로 표현하기도 한다. 단일선은 금속과 용액의 경계를, 이중선은 염다리를 나타낸다.

$$\mathrm{Zn} \mid \mathrm{Zn}^{2+} \parallel \mathrm{Cu}^{2+} \mid \mathrm{Cu}$$

전지에는 두 가지 중요한 양이 있다. 하나는 전압(電壓, voltage)이고 다른 하나는 전류(電流, current)이다. 청평 댐에 저장된 물을 떨어뜨려 수력 발전을 하는 경우를 생각해보자. 많은 에너지를 얻으려면 낙차(落差)가 큰 것이 유리하다. 같은 낙차라면 수량이 풍부해서 단위 시간에 많은 물이 떨어지는 것이 유리하다. 전지에서 낙차에 해당하는 양이 전압이고, 단위 시간 당 수량에 해당하는 양은 전류이다. 그리고 전압과 전류를 곱하면 단위 시간 당 에너지에 해당하는 전력이 된다. 전압의 단위는 **볼트(volt, V)**, 전류의 단위는 **암페어(ampere, A)**, 전력의 단위는 **와트(watt, W)**이다. 전압계(電壓計, voltmeter)로 Zn^{2+} 이온과 Cu^{2+} 이온 농도가 각각 1 M일 때 다니엘 전지의 전압을 측정해보면 대략 1 볼트의 값이 얻어진다. 이온 농도가 달라지면 전압도 달라진다. 물론 아연과 구리 대신 다른 금속 쌍을 사용하면 다른 전압이 측정된다. 다니엘 전지의 경우 측정된 전압은 금속 아연이 Zn^{2+} 이온으로 바뀌려는 경향과 Cu^{2+} 이온이 금속 구리로 바뀌려는 경향이 합해져서 나타난 결과이다. 이러한 경향을 댐이나 폭포에서의 낙차에 비견해서 **전위차(電位差, electric potential)**라고 한다.

아연과 구리의 금속 쌍으로 만들어진 전지의 전압을 정량적으로 다루려면 각각의 반쪽 반응을 먼저 다루고 두 반쪽 반응의 합으로 전체 반응을 다루는 것이 편하다. 그러기 위해서 반쪽 반응을 환원 반응으로 쓰고 용액은 1 M, 기체는 1 기압의 표준 상태에서 측정한 그 반응의 전위를 **표준 환원 전위(標準還元電位, standard reduction potential)**라고 한다. 그런데 반쪽 반응 만으로는 전위를 측정할 수 없기 때문에 표준으로 사용할 수 있는 전극이 필요하다. 표준 전극으로는 다음 반응이 일어나는 수소 전극을 사용한다. 수소 이온 농도가 1 M, 기체 수소의 압력이 1 기압일 때 이 표준 수소 전극의 전위를 0 V로 정의한다. 해수면을 기준으로 잡고 고도를 측정하는 것과 마찬가지이다.

$$2H_3O^+(aq,\ 1\ M) + 2e^- \longrightarrow H_2(g,\ 1\ atm) + 2H_2O(l), \qquad E^\circ \equiv 0\ V$$

이제는 모든 반쪽 반응의 표준 환원 전위를 결정할 수 있다. 아연과 구리 경우에는 다음과 같이 쓸 수 있다.

$$Zn^{2+}(aq) + 2e^- \longrightarrow Zn(s), \qquad E^\circ(Zn^{2+} \mid Zn) = -0.76\ V \qquad (1)$$

$$Cu^{2+}(aq) + 2e^- \longrightarrow Cu(s), \qquad E^\circ(Cu^{2+} \mid Cu) = 0.34\ V \qquad (2)$$

아연의 표준 환원 전위가 -0.76 V라는 것은 아연은 수소에 비해 이온에서 금속 원자로 바뀌려는 경향은 작고, 반대로 금속에서 이온으로 바뀌려는 경향이 크다는 것을 의미한다. 한편 구리의 표준 환원 전위가 0.34 V라는 것은 구리는 금속에서 이온으로 바뀌려는 경향보다 이온에서 금속으로 바뀌려는 경향이 더 크다는 것을 의미한다. 그래서 아연이 구리보다 이온화 경향이 크다고 말하기도 한다.

(2) 식에서 (1) 식을 빼면 다니엘 전지 반응이 되고, 이때 전체 반응의 표준 전위는 반쪽 반응의 표준 환원 전위의 차이가 된다.

$$Zn(s) + Cu^{2+}(aq) \longrightarrow Zn^{2+}(aq) + Cu(s), \qquad \Delta E^\circ = 1.1\ V$$

일반적으로 표준 상태에서 일어나는 전지 반응의 전위차, ΔE°는 환원전극의 전위와 산화전극의 전위의 차이로 정의할 수 있다. 반쪽 반응의 표준 환원 전위로부터 전지 반응의 전위차를 구할 때 유의해야 할 점은 반응의 계수에 따라 표준 환원 전위를 곱해주면 안 된다는 점이다. 댐에서 수문을 여러 개 열어놓는다고 해서 수차가 바뀌지는 않는 것과 마찬가지로, 반응의 계수에 따라 이동하는 전자의 몰수는 변하지만 전위차

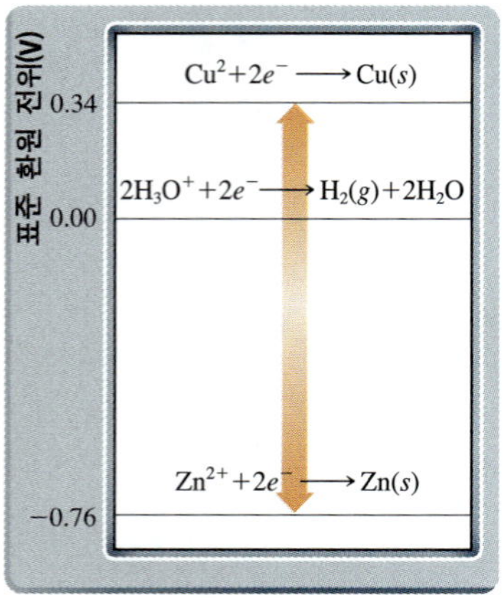

는 변하지 않기 때문이다. 따라서 환원전극의 표준 환원 전위에서 산화전극의 표준 환원 전위를 단순히 빼주기만 하면 전지의 전압이 얻어진다.

$$\Delta E^\circ = E^\circ(\text{환원전극}) - E^\circ(\text{산화전극})$$

9-6-3 네른스트 식

다니엘 전지의 경우에서 살펴본 대로 원소의 표준 환원 전위를 알면 전기화학의 원리를 활용해서 상당히 높은 전압을 나타내는 전지를 만들 수 있다. 그런데 화학 평형을 이해하고 평형 상수를 측정하는 데에서도 전기화학은 중요한 의미를 지닌다. 원리적으로 평형 상수를 결정하려면 반응에 참여하는 모든 화학종의 농도를 측정해야 하는데 그것은 실제로 상당히 어려운 경우가 많다. 어떤 화학종의 농도는 가지고 있는 방법으로 측정하기에는 너무 낮을 수도 있다. 또 하나의 큰 문제는 농도를 측정하는 행위 자체가 평형을 깨뜨리기 때문에 평형 상태에서의 농도를 측정하기 어렵다는 점이다. 전기화학적 방법으로 평형 상수를 결정하는데 관계되는 네른스트 식에 대해 생각해보자.

전지에서는 자발적인 산화–환원 반응을 통해 전류를 흐르게 함으로써 외부에 전기적인 일을 해준다. 주어진 산화–환원 반응이 n 몰의 전자 이동을 수반한다면, 표준 전지전압(標準電池電壓, standard cell voltage)이 ΔE°일 때 전류의 흐름에 의한 일의 양은 $-nF\Delta E^\circ$가 된다. **패러데이 상수(Faraday's constant)**라고 부르는 F는 쿨롱 단위로 1몰 전자의 전하량으로서 96485 C/mol에 해당한다. 일정한 온도와 압력에서 계가 부피–압력 일 이외에 행할 수 있는 최대한의 일은 깁스 자유 에너지의 변화량으로 주어진다. 따라서 전지 반응의 깁스 자유 에너지와 표준 전지 전압 사이에는 다음 관계가 성립한다.

$$\Delta G^\circ = -nF\Delta E^\circ$$

양의 표준 전지 전압($\Delta E^\circ > 0$)은 음의 깁스 자유 에너지($\Delta G^\circ < 0$)에 해당하며, 전지 반응이 자발적으로 일어나는 것을 의미한다. 전지 반응에 참여하는 화합물들이 표준 상태에 있지 않을 때는 다음 관계가 성립한다.

$$-nF\Delta E = \Delta G = \Delta G^\circ + RT\ln Q$$

여기에서 Q는 반응물과 생성물의 실제 농도로 표현되는 반응 계수이다. 전지의 전압과 농도 사이의 관계를 나타내는 식을 네른스트 식(Nernst equation)이라고 하며, 아래와 같이 쓸 수 있다.

$$\begin{aligned}\Delta E &= \Delta E^\circ - \frac{RT}{nF}\ln Q \\ &= \Delta E^\circ - \frac{0.0592\ \text{V}}{n}\log_{10} Q\ \ (25^\circ\text{C})\end{aligned}$$

그런데 평형이 이루어지면 전위차가 0이 되고 이때 반응 계수 Q는 평형 상수가 된다.

$$0 = \Delta E^\circ - \text{RT/nF}\ \ln K$$

$$\ln K = \frac{nF}{RT}\Delta E^\circ = \frac{n}{0.0592\ \text{V}}\Delta E^\circ\ (25^\circ\text{C})$$

이 관계는 표준 전지 전압을 알면 평형 상수를 구할 수 있다는 것을 의미한다. 염화은의 용해도곱 같은 평형 상수는 평형이 이루어졌을 때 용액에 들어있는 이온 농도의 곱이다. 그런데 흥미롭게도 위의 식은 평형에 도달하기 전 표준 상태에서의 전지 전압이, 반응이 평형에 도달했을 때의 평형 상수를 결정한다고 말해준다. 그런 점에서 네른스트 식과 네른스트 식으로부터 유도된 평형 상수와 표준 전지 전압의 관계식은 열역학에 기초한 기본적이고 실용적인 식이다.

예제 9.37

다니엘 전지 반응의 평형 상수를 구하여라.

풀이 n은 2이다.

$$\ln K = \frac{2}{0.0592} \times 1.1 = 37.16$$

$$K = \frac{[Zn^{2+}(aq)]}{[Cu^{2+}(aq)]} = 1.4 \times 10^{16}$$

Cu^{2+} 농도는 너무 낮아서 실제로 측정하기는 어려울 것이다.

전지 반응을 이용하면 수용액의 수소 이온 농도, 즉 pH를 측정할 수 있다. 이론적으로 pH 미터는 다음과 같은 전지 반응을 이용해서 산화전극 주위의 수소 이온 농도를 측정할 수 있다.

$$Pt \mid H_2(1\ 기압) \mid H_3O^+ \parallel H_3O^+(1\ M) \mid H_2(1\ 기압) \mid Pt$$

$$산화전극 : H_2(1\ 기압) + 2H_2O(l) \longrightarrow 2H_3O^+ + 2e^-$$

$$환원전극 : 2H_3O^+(1\ M) + 2e^- \longrightarrow H_2(1\ 기압) + 2H_2O(l)$$

$$\Delta E = -\frac{0.0592\ V}{2}\log_{10}[H_3O^+]^2 = (0.0592\ V)\,pH$$

그런데 기체 수소를 사용하는 것은 불편하기 때문에 실제 pH 미터에서는 유리 전극(glass electrode)과 포화 칼로멜 전극(saturated Calomel electrode)을 사용한다.

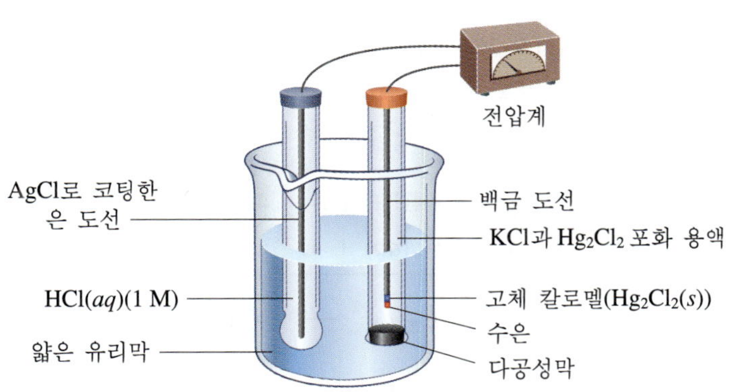

그림 9.14 유리 전극과 포화 칼로멜 전극을 사용하는 pH 미터.

9-6-4 배터리와 연료 전지

다니엘 전지 같이 용액을 사용하는 전지(電池, battery)는 가지고 다니면서 사용하기에 불편하다. 용액이 없는 전지를 건전지(乾電池, dry cell)라고 하는데, 가장 흔히 사용하는 건전지는 다음과 같은 전지 반응을 이용한다.

산화전극 : 아연 껍질

$$Zn\,(s) \longrightarrow Zn^{2+}\,(aq) + 2e^-$$

환원전극 : 흑연 막대, MnO_2, 흑연 가루

$$2MnO_2\,(s) + 2NH_4^+\,(aq) + 2e^- \rightarrow Mn_2O_3\,(s) + 2NH_3\,(aq) + H_2O\,(l)$$

염다리 : $ZnCl_2 + NH_4Cl$의 젖은 반죽

이 건전지의 전압은 1.55 V이며, 전체 전지 반응은 다음과 같다.

$$Zn\,(s) + 2MnO_2\,(s) + 2NH_4^+(aq) \longrightarrow Zn^{2+}(aq) + Mn_2O_3(s) + 2NH_3(aq) + H_2O\,(l)$$

건전지의 단점은 생성물로 물이 생겨서 부식이 될 수 있으며, 시간에 따라 전압이 달라진다는 것이다. 이러한 단점을 해결하기 위하여 전해질을 NH_4Cl 대신에 KOH를 이용하는 알칼리 건전지(alkaline dry cell)나 아연과 수은 사이의 산화-환원 반응을 이용하는 아연-산화수은 전지를 사용한다.

위에서 살펴본 전지들은 반응물들이 모두 소모되면 수명이 다하게 되는 **일차 전지**(**一次電池**, *primary cell*)들이다. 외부에서 전압을 걸어 주어서 전지 반응의 역반응을 일으켜 반응물을 다시 만들어주면 전지로서 다시 작용하게 할 수 있다. 이러한 전지를 **이차 전지**(**二次電池**, *secondary cell*) 또는 **재충전**(**再充電**, *rechargeable*) **전지**라고 한다. 소형 전자 제품에 주로 사용하는 **니켈-카드뮴 전지**는 다음과 같은 전지 반응을 이용한다.

$$\text{산화전극}: Cd\,(s) + 2OH^-\,(aq) \longrightarrow Cd\,(OH)_2\,(s) + 2e^-$$

$$\text{환원전극}: 2NiO\,(OH)\,(s) + 2H_2O\,(l) + 2e^- \longrightarrow 2Ni\,(OH)_2\,(s) + 2OH^-\,(aq)$$

$$Cd\,(s) + 2NiO\,(OH)\,(s) + 2H_2O\,(l) \longrightarrow Cd\,(OH)_2\,(s) + 2Ni\,(OH)_2\,(s)$$

이차 전지의 경우 전지 반응의 생성물이 모두 고체이므로 잘 손실되지 않으며, 외부 전압을 걸어 주어서 재충전시킬 수 있다. 자동차의 배터리로 사용하는 것은 산화납과 납을 각각 환원전극과 산화전극으로 이용하고, 황산을 전해질로 사용하는 재충전 배터리이다. 2 V의 전압을 갖는 전지 여섯 개를 직렬로 연결한 구조로서 전체적으로 12V의 전압을 유지할 수 있다.

연료 전지(**燃料電池**, *fuel cell*)는 일반 배터리들과는 달리 반응물을 계속 공급해 주어서 지속적으로 작용할 수 있도록 하는 구조를 가지고 있다. 수소 기체와 산소 기체를 이용한 수소 연료 전지는 다음과 같은 전지 반응을 이용한다.

$$\text{산화전극}: 2H_2\,(g) \longrightarrow 4H + (aq) + 4e^-$$

$$\text{환원전극}: O_2\,(g) + 4H^+\,(aq) + 4e^- \longrightarrow H_2O\,(l)$$

$$H_2\,(g) + \frac{1}{2}\,O_2\,(g) \longrightarrow H_2O\,(l)$$

이 전지에서는 수소는 산화전극으로, 공기 중의 산소는 산화전극 반대 쪽의 환원전극으로 흘러들어간다. 산화전극에서 수소는 백금 촉매에 의해 수소 이온(H^+)과 전자(e^-)로 나누어진다. 수소 연료 전지의 핵심은 고분자 전해질막(高分子電解質膜, polymer electrolyte membrane)인데, 이 막은 산화전극으로부터 환원전극으로 양이온만을 흐르게 한다. 따라서 산화전극에서 생긴 전자는 외부 회로를 통해서 환원전극으로 흐르게 되며, 그 때 전류가 발생한다. 환원전극에서는 막을 통해 흘러온 수소 이온이 외부 회로를 통해서 흘러온 전자에 의해 환원되어 수소 원자가 되고, 이 수소 원자는

산소와 결합해서 물이 된다.

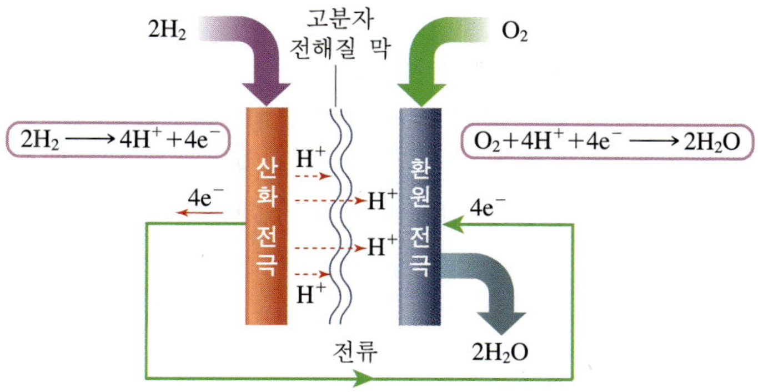

그림 9.15 수소를 산화시켜 전류를 얻는 연료 전지.

9-6-5 전기분해와 전기도금

지금까지 살펴본 전지에서는 환원전극은 산화전극에서 나온 전자가 끌려와서 환원에 사용되는 전극이기 때문에 양극(+)이라고 말할 수 있다. 양의 퍼텐셜을 가져야 음전하를 가진 전자가 끌려올 테니까 말이다. 그런 의미에서 다니엘 전지에서 구리 전극은 양극이다. 건전지나 자동차의 배터리나 모두 환원전극에 + 표시가 되어있다. 이때는 산화와 환원 모두 전지 자체에서 일어나는 반응이다.

이제 전지를 전원으로 사용해서 전지 바깥에서 어떤 일을 하는 경우를 생각해보자. 4장에서 살펴본 전자 발견에 관한 음극선 실험을 생각해보면 크룩스관에서 전자가 튀어나오는 전극은 외부 전지의 음극과 연결된 음극이다. 전극의 퍼텐셜이 음이라야 음전하를 가진 전자가 밀려나서 금속으로부터 튀어나올 테니까 말이다. 그런데 전자가 튀어나간 전극에서는 금속 원자가 전자를 잃고 산화가 된 셈이다. 그러니까 전지에서는 음극(cathode)에서 환원이 일어나지만 전지를 사용해서 일을 하는 경우에는 음극에서 반대로 산화가 일어난다.

전기분해(電氣分解, electrolysis)는 외부의 전기에너지를 이용하여 비자발적인 산화-환원 반응을 일으키는 것을 말한다. 잘 알려진 전기분해 중에는 물의 전기분해가 있다. 물을 산소가 수소에 의해 환원된 화합물이라고 본다면 수소를 다시 떼내는 반응은 산화 반응이다. 산화전극 반응은 다음과 같이 쓸 수 있다.

$$\text{산화전극 : } 2H_2O \longrightarrow O_2 + 4H^+ + 4e^-$$

이 반응식을 자세히 살펴보면 수소가 전자의 운반자(運搬者, carrier) 역할을 하는 것을 볼 수 있다. 물 분자에서 양성자 하나와 전자 하나로 이루어진 수소 원자는 자신의 전자를 전기음성도가 높은 산소에 상당 부분 내주어 자신은 산화되고 산소는 환원시킨다. 이 전극이 외부 전지의 +극과 연결되면 이 +극은 진공청소기가 먼지를 빨아당기듯이 전자를 끌어당긴다. 이러한 환경에서 물에서 어느 정도 전자를 산소에게 내주었던 수소가 산소로부터 전자를 되찾아 가면 산소는 하는 수 없이 산소끼리 결합해서 산소 분자를 만든다. 이때 산소의 산화수는 물에서 −2였다가 산소 분자에서는 0으로 바뀌니까 산소는 산화된 것이다. 전자를 되찾았던 수소는 외부 전지의 양의 퍼텐셜 때문에 전자를 내놓고 수소 이온으로 바뀐다.

마찬가지로 물을 수소가 산소에게 전자를 내주고 산화된 화합물이라고 본다면 수소에게 전자를 되찾아 주는 반응은 환원 반응이다. 환원전극 반응은 다음과 같이 쓸 수 있다.

$$\text{환원전극} : 4H_2O + 4e^- \longrightarrow 2H_2 + 4OH^-$$

이 반응은 다음과 같이 이해하면 좋다. 물에서 부분적으로 산소에게 전자를 내준 수소는 외부에서 공급되는 전자가 있으면 산소에게 전자를 아예 다 내주어 OH^- 이온이 되게 하고 자신은 외부의 전자를 받아 수소 원자로 떨어져 나온다. 그리고 수소 원자들이 결합해서 수소 분자를 만든다. 이 경우에 하나의 물 분자에서 두 개의 수소가 모두 떨어지는 일은 거의 없다. 하나의 수소가 떨어져서 OH^- 이온이 되면 음전하를 가지게 되기 때문에 양전하를 가지는 수소 이온을 끌어당기기 때문이다.

위의 두 식을 합하면 아래와 같이 된다.

$$6H_2O \longrightarrow 2H_2 + O_2 + 4OH^- + 4H^+$$

그런데 $4OH^- + 4H^+$는 $4H_2O$가 되니까 결국 물의 전기분해는 다음과 같이 간단히 적을 수 있다.

$$2H_2O \longrightarrow 2H_2 + O_2$$

환원전극 반응은 다르게 쓸 수도 있다. 환원전극 주위에는 물의 자체이온화를 통해 생긴 약간의 수소 이온이 존재한다. 실제로 전자를 받아 환원되는 화학종은 물이라기보다는 수소 이온이라고 하는 편이 타당하다.

$$\text{환원전극} : 4H^+ + 4e^- \longrightarrow 2H_2$$

이 식을 위의 산화전극 반응식과 합해도 같은 전체 반응식이 얻어진다. 이 전체 반응의 전압은 −1.229 V이다. 음수의 전압은 이 반응이 비자발적이며, 외부에서 이보다 높은 전압을 걸어 주어야 전기분해가 일어난다는 것을 의미한다. 물을 전기분해하면서 2 : 1의 몰 비율로 생성되는 수소와 산소를 물 위로 포집하면 아보가드로 원리에 따라 수소와 산소가 2 : 1의 부피 비율로 관찰된다. 소금물을 전기분해하면 수소 기체와 염소 기체를 얻을 수 있으며, 부산물로 NaOH (*aq*) 가 생긴다. 이 생성물들은 다양한 화학공정의 원료로 널리 쓰이는 물질들이다.

전해 전지(**電解電池**, **electrolytic cell**) 의 경우 환원전극에서 금속이온이 환원되어 금속이 전극표면에 도금될 수 있다. **전기도금**(**電氣鍍金**, **electroplating**) 에서 도금되는 금속의 양은 주어진 시간 동안 흘려준 전류의 양으로부터 전하량을 구하고, 그에 해당하는 전자의 몰수와 환원반응식으로부터 구할 수 있다.

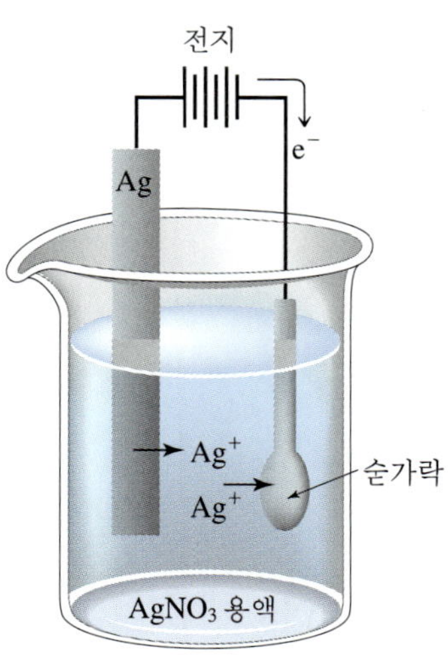

예제 9.38

한 개의 순가락을 은으로 도금하는데 1.00 g의 은이 필요하다고 가정하자. 3.0 암페어의 전류가 흐른다면 한 개의 순가락을 도금하는데 몇 분이 걸릴까? 은의 원자량은 107.9이다.

풀이 $1.00\ \text{g 은의 몰수} = \frac{1.00}{107.9} = 0.00927$

1 몰의 전자당 1 몰의 은이 석출되므로

필요한 전자의 몰수 = 0.00927

1 몰의 전자는 96485 C이므로

필요한 전자 = 0.00927 mol × 96485 C/mol = 894 C

3.0 A = 3.0 C/s

$$\text{필요한 시간} = \frac{894\ \text{C}}{3.0\ \text{C/s}} = 298\ \text{s} = 5.0\ \text{min}$$

요점 정리

- 상변화 같은 물리적 과정도, 화학 반응도 모두 깁스 자유 에너지가 감소하는 방향으로 진행한다. 깁스 자유 에너지 변화가 0이 되면 평형이 이루어진다. 평형은 정반응과 역반응이 같은 속도로 일어나기 때문에 겉보기 변화가 없는 동적 평형이다.

- 높은 수율로 우리가 원하는 생성물을 얻기 위해서는 반응이 어느 정도 진행한 후 평형이 이루어지는지가 실제적으로 중요한 의미를 지닌다. 평형에서 생성물과 반응물의 농도비를 평형 상수로 나타낸다. 평형 상수는 표준 상태 깁스 에너지 변화 ($\Delta G°$) 로부터 계산할 수 있다$\left(\ln K = -\dfrac{\Delta G°}{RT}\right)$.

- 평형 상수와 온도의 관계는 반트호프 식으로 주어진다.

$$\ln\left(\frac{K_2}{K_1}\right) = -\frac{\Delta H°}{R}\left(\frac{1}{T_2} - \frac{1}{T_1}\right)$$

- 르샤틀리에 원리에 따르면 평형 상태에 있는 계가 외부로부터의 영향을 받으면 외부의 효과를 상쇄시키는 방향으로 평형이 이동한다.

- 크로마토그래피는 분배 평형을 물질의 분리 분석에 이용하는 방법으로서 밀러의 아미노산 분석, 샤가프의 DNA 염기 분석 등에 중요하게 사용되었다. 분배 크로마토그래피는 HPLC로 발전하여 널리 사용된다.

- 침전 반응의 평형 상수는 용해도곱으로 주어진다. 용해도곱의 차이는 퀴리의 라듐 발견, 리처즈의 원자량 결정 등에 중요하게 이용되었고, 양이온 정성 분석에도 적용된다.

- 착물 형성 평형은 금의 정제, 사진술, EDTA 적정 등에서 중요하게 사용된다.

- 산해리 평형은 단백질의 구조 유지 및 효소 작용에서 핵심 역할을 한다. 단백질을 구성하는 아미노산은 산성인 카복실기와 염기성인 아민기를 가지고 있는데, 이들의 해리도에 단백질의 전체 구조 및 활성 부위의 구조가 크게 영향을 받기 때문이다.

- 아레니우스는 수용액에서 수소 이온 (H^+) 을 내놓는 화학종을 산으로, 수산화이온 (OH^-) 을 내놓는 것을 염기라고 정의했다. 브뢴스테드와 로우리의 정의에 따르면 수소 이온을 내어 놓는 것이 산, 수소 이온을 받아들이는 것이 염기이다. 루이스는 전자쌍을 받아들이는 것을 산, 전자쌍을 내주는 것을 염기로 정의했다.

- 산도는 $pH = -\log_{10}[H_3O^+]$ 식에 따라 정의된다.

- 약산 HA의 해리도는 평형 상수 K_a로 나타낸다.

- 약산 HA와 그의 짝염기 A^-로 이루어진 완충 용액의 pH는 헨더슨-하셀바흐 식으로 주어진다.

- 아미노산이나 단백질처럼 한 분자 내에 양전하를 가진 부분과 음전하를 가진 부분이 있을 때 양전하와 음전하가 같아져서 전체적으로 중성이 되는 pH를 등전점이라 한다. 등전점 차이를 이용하면 전기이동 방법으로 단백질을 분리할 수 있다.

- 산과 염기 사이 적정의 종말점은 적절한 지시약을 사용해서 결정할 수 있다. 지시약은 pK_a

가 종말점의 pH와 비슷한 약산성 화합물로 종말점에서 색깔 변화가 뚜렷하기 때문에 유용하다.

- 전자를 주고받는 산화-환원 반응을 이용하면 산화-환원 적정을 할 수도 있고 전지를 만들 수도 있다. 전지의 전압과 농도 사이의 관계는 네른스트 식으로 주어진다.

$$\Delta E = \Delta E° - \frac{0.0592}{n} \log Q$$

- 연료 전지는 산화-환원 반응을 이용해서 수소나 메탄올 같은 연료로부터 높은 효율로 직접 전기를 얻는 장치이다.

연 | 습 | 문 | 제

O, × 문제

다음 서술이 맞는지 틀리는지 O, ×로 답하고, 틀린 경우에는 틀린 내용을 맞게 고쳐라.

1. 상평형과 화학 평형은 모두 동적 평형이다. ( )

2. 평형 상수는 온도에 상관없이 일정한 상수이다. ( )

3. 종이 크로마토그래피는 역상 크로마토그래피의 한 예이다. ( )

4. 역상 크로마토그래피는 소수성 부위에 차이가 있는 유기 화합물들을 분리할 때 정상 크로마토그래피보다 더 유용하다. ( )

5. 샤가프가 종이 크로마토그래피로 DNA 염기를 분리할 때 메틸기가 있는 타이민이 가장 낮은 Rf 값을 보였다. ( )

6. DNA 염기들을 분리한 후, 샤가프는 가시광선 흡수 분광법을 이용하여 농도를 결정하였다. ( )

7. 역상 크로마토그래피 칼럼을 사용하면 메틸기가 세 개인 카페인이 메틸기가 없는 아데닌보다 더 뒤에서 흘러나온다. ( )

8. 수산화칼슘에서의 이온 간의 정전기적 인력은 (+2)(−1)에 비례하는데, 탄산칼슘의 경우에는 (+2)(−2)인 사실은 탄산칼슘의 용해도가 수산화칼슘의 용해도보다 작은 이유가 된다. ( )

9. $K_{sp}(AgCl) = 1.6 \times 10^{-10}$·$K_{sp}(CaF_2) = 3.9 \times 10^{-11}$·AgCl과 CaF_2으로 포화된 용액에서 $[Ag^+] > [Ca^{2+}]$이다. ( )

10. HgS는 산성 H_2S 용액에서 침전되고, ZnS는 알칼리성 H_2S 용액에서 침전된다. 그러므로 $K_{sp}(HgS) < K_{sp}(ZnS)$ 이다. ( )

11. $CaCl_2$는 $CaCO_3$보다 더 물에 잘 녹는다. (　　)

12. $MgCO_3$는 K_2CO_3보다 더 물에 잘 녹는다. (　　)

13. 뼈에 들어 있는 $Ca_3(PO_4)_2$는 Na_3PO_4보다 물에 잘 안 녹는다. (　　)

14. EDTA의 Y^{4-} 이온은 금속 양이온의 전하에 상관없이 1 : 1 로 결합한다. (　　)

15. EDTA 적정에서는 역적정(back titration)이 자주 사용된다. 예를 들면, 분석하고자 하는 금속 이온을 직접 EDTA로 적정할 때 종말점을 찾기가 어렵다면 과량의 EDTA 용액을 가해서 금속 이온과 착물을 만들고, 남은 EDTA를 정확한 농도를 아는 다른 표준 금속 이온 용액으로 적정하는 것이다. 이때 표준 금속 이온은 원래 금속보다 EDTA와 더 강하게 결합하여야 한다. (　　)

16. EDTA 적정에서 지시약으로는 금속과 결합하면 색이 바뀌는 음이온 리간드가 사용된다. 지시약과 금속의 결합은 EDTA와 금속의 결합보다는 약해야 한다. (　　)

17. NaOH는 염기이다. Na가 H보다 전기음성도가 낮기 때문이다. (　　)

18. C_2H_5OH는 거의 산성을 나타내지 않는다. 왜냐하면 C와 H 둘 다 전기음성도가 O보다 크게 낮으므로, O는 양쪽의 C와 H로부터 전자를 얻을 수 있기 때문이다. (　　)

19. C_2H_5OH와 달리 CH_3COOH는 산성이다. 왜냐하면 H와 결합한 O가 C_2H_5OH에서처럼 양쪽의 C와 H로부터 전자를 얻으려고 할 때 C는 이미 전기음성도가 높은 O와 이중결합을 이루어 내줄 전자가 별로 없기 때문이다. (　　)

20. $pH = pK_a - \log\left(\frac{[A^-]}{[HA]}\right)$ (　　)

21. 약산의 수용액을 묽힐수록 % 해리도는 증가한다. (　　)

22. 약산의 수용액을 묽힐수록 수소 이온 농도는 증가한다. (　　)

23. pK_a가 4인 약산 1 M 용액의 pH는 pK_a가 5인 약산 1 M 용액의 pH보다 1만큼 작다. (　　)

24. 강산의 짝염기는 항상 약염기이다. (　　)

25. 흡광 분석에서는 용액의 흡광도 값이 0.1 이하 또는 1 이상인 것이 바람직하다. (　　)

26. 1 M 황산 용액의 수소 이온 농도는 2 M이다. (　　)

27. 강산의 경우 수용액에서 산의 농도가 1000분의 1이 되면 수소 이온 농도도 1000분의 1이 된다. (　　)

28. 약산의 경우 수용액에서 산의 농도가 1000분의 1이 되면 수소 이온 농도도 1000분의 1이 된다. (　　)

29. 개미산의 경우에 HCOOH가 H^+ 이온과 $HCOO^-$ 이온으로 해리하는 반응속도는 HCOOH 농도와 1차 비례 관계에 있다. (   )

30. 개미산의 경우에 H^+ 이온과 $HCOO^-$ 이온이 재결합하여 HCOOH를 만드는 반응의 속도는 H^+ 이온과 $HCOO^-$ 이온 각각의 농도와 1차 비례관계에 있다. (   )

31. 약산과 강염기의 적정에서 완충 용액은 종말점에 해당한다. (   )

32. 탄산의 1차 이온화 상수는 약 4×10^{-7}이다. 이로부터 인체 내에서 탄산이 완충 작용을 하리라는 것을 알 수 있다. (   )

33. 산–염기 지시약은 일반적으로 그 자체가 약산이다. (   )

34. 단백질이 외부의 전기장에서 이동하다가 등전점에 도달하면 이동을 멈춘다. 단백질마다 등전점이 다르기 때문에 분리가 가능하다. (   )

35. 아연보다 표준 환원 전위가 큰 금은 환원이 쉽고 산화가 어려워서 녹이 슬지 않는다. (   )

36. 금의 1차 이온화 에너지는 수소의 이온화 에너지보다 크다. (   )

37. $\Delta G° = nFE°$ (   )

38. 반트호프 식에 따르면 전지의 전위는 다음과 같이 주어진다. (   )

$$\Delta E = \Delta E° - \left(\frac{0.0592}{n}\right)\log Q$$

39. 평형이 이루어지면 전위차가 0이 되기 때문에 다음 관계가 성립한다. (   )

$$\log K = \left(\frac{n}{0.0592}\right)\Delta E°$$

40. 다음은 다니엘 전지에 관한 내용이다.

(1) $Zn \longrightarrow Zn^{2+} + 2e^-$ 반응은 산화 반응이며, 이 반응이 일어나는 전극을 산화전극 (anode)이라고 한다. (   )

(2) $Zn \longrightarrow Zn^{2+} + 2e^-$ 반응이 일어나는 전극에는 전자가 많아지고 따라서 음극 (마이너스극)이다. (   )

(3) $Cu^{2+} + 2e^- \longrightarrow Cu$ 반응은 환원 반응이며, 이 반응이 일어나는 전극을 환원전극 (cathode)이라고 한다. (   )

(4) $Cu^{2+} + 2e^- \longrightarrow Cu$ 반응이 일어나는 전극은 도선을 통해 전자가 흘러들어오는 양극 (플러스극)이다. (   )

(5) 전지의 기전력(起電力; electromotive force) 은 아연이 전자를 내어놓는 경향과 구리 이온이 전자를 받아들이는 경향의 합에 의해서 결정된다. (   )

(6) 반응의 계수를 두 배로 하면 기전력도 2배가 된다. (   )

41. 다음은 전기 도금에 관한 내용이다.

(1) $Ag^+ + e^- \longrightarrow Ag$ 반응은 환원 반응이며, 이 반응은 환원전극 (cathode)에서 일어난다. ( )

(2) $Ag^+ + e^- \longrightarrow Ag$ 반응에 필요한 전자는 전지의 음극에서 나온다. 따라서 전지를 사용하는 전기 도금이나 전기 분해에서는 환원전극 (cathode)이 음극이 된다. ( )

(3) $Ag \longrightarrow Ag^+ + e^-$ 반응은 산화 반응이며, 이 반응은 산화전극 (anode)에서 일어난다. ( )

(4) $Ag \longrightarrow Ag^+ + e^-$ 반응에서 나온 전자는 전지의 양극으로 흘러들어간다. ( )

(5) 전기를 생산하는 전지에서는 환원전극 (cathode)이 양극이고, 전기를 사용하는 경우에는 환원전극 (cathode)이 음극이다. ( )

선택형 문제

42. 해리 이론으로 1903년 노벨 화학상을 수상한 사람은?

가. 반트호프 나. 아레니우스 다. 오스트발트 라. 루이스

43. 반트호프 식은 다음 중 어떤 양들 사이의 관계식인가?

가. 엔탈피, 엔트로피, 자유 에너지 나. 온도, 반응속도
다. 온도, 증기압 라. 온도, 평형 상수

44. 네른스트 식은 다음 중 어떤 양들 사이의 관계식인가?

가. 엔탈피, 엔트로피, 자유 에너지 나. 농도, 삼투압
다. 농도, 전위차 라. 온도, 평형 상수

45. 다음 4개의 화합물 중, 몰 용해도가 가장 큰 것은?

화합물	K_{sp} 값
$CaCO_3$	4.8×10^{-9}
CaC_2O_4	2.3×10^{-9}
$La(IO_3)_3$	6.2×10^{-12}
BaC_2O_4	2.3×10^{-8}

가. $CaCO_3$ 나. CaC_2O_4 다. $La(IO_3)_3$ 라. BaC_2O_4

46. 히스티딘은 염기성 아미노산이다. 양성자가 모두 해리하지 않은 상태의 히스티딘을 H_3A^{2+}라고 적을 수 있다. pH = 7.00에서 가장 많은 화학종은 무엇인가? 히스티딘의 산해리 상수는 다음과 같다. $pK_{a1} = 1.70$, $pK_{a2} = 6.02$, $pK_{a3} = 9.08$

가. H_3A^{2+} 나. H_2A^+ 다. HA 라. A^-

47. 다음과 같이 구성된 전지의 전압이 0.5 V가 되기 위한 조건으로 타당한 것은?
(Zn와 Cu의 표준 환원 전위는 각각 −0.76 V와 +0.34 V이다.)

$$Zn(s) \mid Zn^{2+}(aq) \parallel Cu^{2+}(aq) \mid Cu(s)$$

가. $[Zn^{2+}] = [Cu^{2+}]$ 나. $[Zn^{2+}] > [Cu^{2+}]$
다. $[Zn^{2+}] < [Cu^{2+}]$ 라. $[Zn^{2+}] = [Cu^{2+}] = 1.0\ M$

괄호 채우기 문제

48. 염산의 경우에는 일단 이온화가 일어나면 Cl^- 이온은 다시 H^+ 이온과 재결합하여 HCl 분자로 되돌아가지 않는다. 왜냐하면 HCl의 (　　　)결합을 이루려면 Cl^- 이온이 어느 정도 자신의 전자를 수소에게 내어주어야 하는데, (　　　)가 높은 염소는 전자를 내주는 대신 물 분자에 둘러싸여 안정한 (　　　)으로 있기 때문이다. 염산의 해리에 대한 (　　　)은 고려할 필요가 없다는 말이다. 그래서 염산은 (　　　)산이다. 그런데 0.1 M 폼산(formic acid)의 경우에는 약 4%의 해리가 일어난다. 그것은 어느 순간에 4% 이상의 해리가 일어났다고 하면 H^+ 이온과 $HCOO^-$ 이온이 재결합하여 HCOOH를 만드는 (　　　)이 일어나서 4% 선에서 (　　　)을 이룬다는 뜻이다. 따라서 폼산은 (　　　)산이다.

49. 약산의 해리 평형 상수는 결국 정반응과 역반응 속도의 (　　　)이다. 폼산의 경우에 $K_a = [H^+][HCOO^-]/[HCOOH]$인데, 산을 묽히면 [HCOOH]의 값이 작아지는 만큼 $[H^+]$와 $[HCOO^-]$의 값도 작아진다. 그런데 (　　　)반응의 속도는 $[H^+]$와 $[HCOO^-]$의 곱에 비례하기 때문에 (　　　)반응의 속도는 (　　　)반응의 속도보다 훨씬 더 작아진다. 그러면 (　　　)반응이 우세해진다. 그것은 농도가 낮아지면 약산의 해리도가 (　　　)하는 것을 의미한다. 이러한 경향은 약산의 pK_a가 (　　　)수록, 그리고 농도가 (　　　) 수록 강하게 나타날 것이다.

50. 2양성자산이 황산의 산해리를 생각해 보자. 황산은 강산이기 때문에 1차 해리는 100% 일어난다. 1차 해리의 결과로 생긴 HSO_4^- 이온은 100% 2차 해리하기는 어렵다. HSO_4^- 이온은 음전하를 가지고 있기 때문에 양전하를 가진 수소 이온이 인력을 느끼기 때문이다. 황산의 2차 해리 상수는 1.2×10^{-2}이다.

(1) 10 mM 황산 용액의 $[H_2SO_4]$, $[H^+]$, $[HSO_4^-]$, $[SO_4^{2-}]$를 계산해 보자. 1차 해리의 결과로 $[H_2SO_4]$ = (　　　), $[H^+] = [H_SO_4^-]$ = (　　　) M가 된다.

(2) 10 mM 황산 용액에서 2차 해리 평형은 (　　　) $= K_2 = 1.2 \times 10^{-2}$로 쓸 수 있다. (1)에서 구한 $[HSO_4^-]$를 2차 해리의 초기 농도로 하고, 1차 해리에 의한 $[H^+]$를 더한 전체 $[H^+]$를 고려하여 위의 평형식을 풀면 $[H^+]$ = (　　　) M, $[HSO_4^-]$ = (　　　) M, $[SO_4^{2-}]$ = (　　　) M가 얻어진다. $[OH^-]$ = (　　　) M이다. 이 용액의 pH는 (　　　)이다.

(3) 10 mM 황산 용액에 대하여 얻은 값들을 사용하면 아래의 전하 균형이 성립한다.

$$[H^+] = [HSO_4^-] + 2[SO_4^{2-}] + [OH^-]$$
$$(\quad\quad) = (\quad\quad) + 2(\quad\quad) + (\quad\quad)$$

(4) 10 mM 황산 용액을 열 배씩 5번 묽힌 10^{-7} M 황산 용액을 생각해 보자. 아주 묽은 용액이므로 2차 해리도 100% 일어난다고 가정하면 $[SO_4^{2-}]$ = (　　　) M이다.

(5) 10^{-7} M 황산 용액에서 전하 균형은 다음과 같이 쓸 수 있다.

$$[H^+] = [HSO_4^-] + 2[SO_4^{2-}] + [OH^-]$$

여기서 $[HSO_4^-]$는 무시하고, $[SO_4^{2-}]$는 위에서 구한 값을 대입하고, $[OH^-] = (1.0 \times 10^{-14})/[H^+]$ 관계를 사용하여 풀면 $[H^+]$ = (　　　) M이 얻어진다. 물의 해리에서 나온 수소 이온 농도도 무시할 수 없는 것을 알 수 있다. $[OH^-]$ = (　　　) M이다. 이 용액의 pH는 (　　　)이다.

(6) 위에서 구한 $[H^+]$를 2차 해리 평형에 적용하면 $[HSO_4^-]$ = (　　　) M이 얻어진다.

(7) 구한 값들로 10^{-7} M 황산 용액에서 전하 균형을 확인해 보자.

$$[H^+] = [HSO_4^-] + 2[SO_4^{2-}] + [OH^-]$$

$$(\qquad) = (\qquad) + 2(\qquad) + (\qquad)$$

51. 50 mM NaH_2PO_4 수용액의 pH를 엄밀하게 구하는 것은 상당히 복잡한 일이다. NaH_2PO_4를 물에 녹이면 일단 Na^+ 이온과 $H_2PO_4^-$ 이온이 얻어지는데, $H_2PO_4^-$ 이온은 일부 인산의 1차 해리의 역반응을 통해 H_3PO_4를 만들기도 하고, 2차 해리 반응을 통해 HPO_4^{2-}를 만들기도 한다. 3차 해리는 무시할 수 있을 것이다. 몇 가지 적절한 가정을 하여 이 용액에 들어 있는 화학종들의 농도를 구해 보자. 인산의 1차, 2차 및 3차 해리 상수는 각각 7.52×10^{-3}, 6.23×10^{-8}과 2.2×10^{-13}이다.

(1) 물질 균형(mass balance)은 다음과 같이 쓸 수 있다.

$$[Na^+] = [H_3PO_4] + (\qquad) + (\qquad) + (\qquad) = 0.05$$

(2) 전하 균형(charge balance)은 다음과 같이 쓸 수 있다.

$$[Na^+] + [H^+] = [H_2PO_4^-] + (\qquad) + (\qquad) + (\qquad)$$

(3) 위의 두 식으로부터 $[Na^+]$를 상쇄하면 수소 이온 농도를 다음과 같이 쓸 수 있다.

$$[H^+] = (\qquad) + (\qquad) + (\qquad) - (\qquad)$$

(4) (3)의 식 우변에서 (   )와 (   )는 상대적으로 무시할 수 있다. 따라서 수소 농도를 다음과 같이 쓸 수 있다.

$$[H^+] = (\qquad) - (\qquad)$$

(5) (4)에서 구한 식을 보면 $[H^+]$는 (   ) 이온의 해리에 의하여 생긴 수소 이온의 양에서 (   ) 이온이 물과 반응해서 (   )로 돌아가면서 생긴 (   )에 의해 소모된 수소 이온의 양을 뺀 것임을 알 수 있다.

(6) $[H_2PO_4^-]$를 포함하는 두 가지 평형을 고려하면 (4)에서 구한 식은 다음과 같이 쓸 수 있다.

$$[H^+] = (\qquad) - (\qquad)$$

(7) 어느 방향으로든지 $H_2PO_4^-$의 반응은 약간만 일어나므로 $[HPO_4^{2-}] = 0.05$라 가정하고 평형 상수값을 대입하면 (6)의 식은 다음과 같이 쓸 수 있다.

$$[H^+] = \frac{(\quad)}{[H^+]} - \frac{[H^+]}{(\quad)}$$

(8) 위 식을 풀면 $[H^+] = (\qquad)$ M, pH = (   )가 얻어진다. 이 용액은 약한 산성이므로 위에서 (   ) 농도를 무시한 것이 타당한 것을 확인할 수 있다.

(9) 이 용액의 pH는 인산을 NaOH 용액으로 적정하는 경우 1차 당량점의 pH에 해당한다. 그리고 1차 당량점의 pH는 인산의 pK_{a1}과 pK_{a2}의 평균값과 가깝다. 인산의 pK_{a1}은 (   )이고 pK_{a2}는 (   )이다. 이 둘의 평균값은 (   )로 위에서 구한 pH와 같다.

(10) 넣어준 NaH_2PO_4 농도가 50 mM, Na_2HPO_4 농도가 50 mM인 완충 용액의 pH는 (   )이다.

52. 탄산의 pK_{a1}은 약 6.3이다. pH가 7.3인 혈액에 녹아 있는 이산화탄소 중 약 (   ) %가 HCO_3^- 이온으로 존재한다.

53. 다음 반응의 표준 환원 전위를 아래의 보기에서 골라라.

(가) $\frac{1}{2}O_2 + 2H^+ + 2e^- \longrightarrow H_2O$

(나) $Au^+ + e^- \longrightarrow Au$

(다) $Ag^+ + e^- \longrightarrow Ag$

(라) $Cu^{2+} + 2e^- \longrightarrow Cu$

(마) $K^+ + e^- \longrightarrow K$

(바) $Mg^{2+} + 2e^- \longrightarrow Mg$

(사) $Fe^{2+} + 2e^- \longrightarrow Fe$

보기	−2.94	−2.36	−0.44	+0.34	+0.80	+1.23	+1.69

(1) 산소는 수소에 의하여 물로 ( )되면서 많은 열을 낸다. 따라서 이 반응의 표준 환원 전위는 상당히 높은 플러스 값을 가지리라 예상된다. 표준 환원 전위가 이보다 더 높은 경우는 전혀 녹이 슬지 않는 ( ) 밖에는 없을 것 같다. 보기 중에서 이 반응의 표준 환원 전위는 ( ) 볼트일 것이다.

(2) 귀금속인 금의 표준 환원 전위는 보기에서 가장 높은 ( ) 볼트일 것이다.

(3) 금보다는 값이 싸고 어느 정도 녹이 스는 은의 표준 환원 전위는 ( ) 볼트일 것이다.

(4) 다음 구리의 표준 환원 전위는 ( ) 볼트일 것이다.

(5) 이온화 경향이 가장 높아서 물과 쉽게 반응하는 포타슘의 표준 환원 전위는 ( ) 볼트일 것이다.

(6) 다음 마그네슘의 표준 환원 전위는 ( ) 볼트일 것이다.

(7) 산을 가하면 수소를 발생하는 철의 표준 환원 전위는 ( ) 볼트일 것이다.

계산 및 서술형 문제

54. 질소와 수소로부터 암모니아를 합성하는 아래 반응에 관한 $\Delta H°$, $\Delta S°$, 그리고 298 K에서 $\Delta G°$와 평형 상수를 구하여라.

$$N_2(g) + 3H_2(g) \longrightarrow 2NH_3(g)$$

25°C	$N_2(g)$	$H_2(g)$	$NH_3(g)$
$\Delta H_f°$ (kJ/mol)	0	0	−46.11
$S°$ (J/K·mol)	191.5	130.37	192.34

55. 사염화탄소에 녹인 스테아르산은 이합체를 만든다. 이 반응의 평형 상수는 22°C에서 2780이지만 42°C에서는 93.1로 떨어진다. 이 반응의 엔탈피 변화 ($\Delta H°$) 를 구하여라.

$$2\,C_{17}H_{35}COOH(CCl_4) \longleftrightarrow (C_{17}H_{35}COOH)_2(CCl_4)$$

56. 메탄올의 끓는점은 64.7°C이고, 35°C에서 증기압은 203 torr이다. 메탄올의 증발열을 구하여라.

57. 상온에서 브로민화은의 용해도곱은 5.0×10^{-13}이다. 포화 용액에서 브로민 이온의 농도를 구하여라.

58. 다음 자료로부터 AgBr의 K_{sp}를 구하여라. 그리고 구한 K_{sp} 값으로부터 0.10 M NaBr 수용액에서 AgBr의 몰용해도를 추정하여라.

$$Ag^+(aq) + e^- \longrightarrow Ag(s) \qquad \epsilon° = 0.7996\text{ V}$$

$$AgBr(s) + e^- \longrightarrow Ag(s) + Br^-(aq) \qquad \epsilon° = 0.0713\text{ V}$$

59. 17 mmol의 KI가 들어 있는 수용액에 20 mmol의 $AgNO_3$를 가하여 최종 부피가 200 mL가 되었다고 하자. 이때 용액의 Ag^+ 농도는 얼마인가? AgI의 K_{sp} 값은 8.5×10^{-17}이다. 여기에 530 mmol의 고체 싸이오황산소듐을 가하여 싸이오황산 이온 ($S_2O_3^{2-}$) 농도가 2.65 M이 되게 했다. AgI 침전이 녹아나오지 않는다고 가정하면 $[Ag^+]$의 값은 얼마인가? 은의 싸이오황산 착물 형성 상수는 다음과 같다.

$$\frac{[Ag(S_2O_3)_2^{3-}]}{[Ag^+][S_2O_3^{2-}]^2} = 6.0 \times 10^{-14}$$

60. EDTA의 역적정에서는 우선 양을 정확히 아는 과량의 EDTA을 가해서 금속 이온과 착물을 만들고 반응하지 않은 EDTA를 다른 금속 이온 용액으로 적정한다.

(1) Fe^{2+} 이온과 Fe^{3+} 이온이 섞여 있는 용액에서 Fe^{3+} 이온만을 EDTA로 적정하려고 한다면 높은 pH와 낮은 pH 중 어느 쪽에서 적정하는 것이 좋은가?

(2) 농도를 모르는 Fe^{3+} 미지 시료 용액 20.00 mL에 0.05233 M EDTA 용액 20.00 mL를 가하고 완충 용액을 사용해서 pH를 5.5로 맞추었다. 넣어준 EDTA 전체 몰수에서 Fe^{3+} 몰수만큼은 Fe^{3+} 이온과 1 : 1로 착물을 만들고, Fe^{3+} 몰수를 뺀 만큼의 EDTA는 용액에 남아 있다. 넣어준 EDTA 전체 몰수를 구하여라.

(3) 자일레놀 오렌지 지시약을 가하면 자일레놀 오렌지 자체의 색인 노란색을 나타낸다. 이 용액을 0.02239 M Zn^{2+} 용액으로 적정하면 용액에 EDTA가 남아 있는 동안에는 들어가는 Zn^{2+} 이온이 EDTA와 결합하고 지시약 색은 남아 있다. 당량점은 들어간 Zn^{2+} 이온의 몰수가 용액에 남아 있던 EDTA 몰수와 같은 점이다. 당량점을 지나면 Zn^{2+} 이온은 지시약과 결합해서 붉은색을 나타낸다. 용액에 붉은색이 나타나서 적정을 끝낸 점이 종말점이다. 종말점까지 Zn^{2+} 용액이 17.63 mL 들어 갔다면 Fe^{3+} 이온과 착물을 만들지 않고 남아 있던 EDTA의 몰수는 얼마인가?

(4) 미지 시료 용액의 Fe^{3+} 몰수는 얼마인가? 또 Fe^{3+} 이온의 몰농도는 얼마인가?

61. 몇 가지 약산의 1차 해리에 관한 pK_a 값은 아래와 같다.

인산	프탈산	폼산	아세트산
2.15	2.95	3.74	4.76

(1) 각 산에 대하여 0.1 M 수용액의 pH 및 % 해리도를 계산하여라.

(2) 각 산에 대하여 0.1 mM 수용액의 pH 및 해리도를 계산하여라.

62. 금성의 대기압은 90기압 정도이고, 이 중 96%가 이산화탄소이다. 금성에서 비가 내린다면 빗물의 pH는 얼마인가?

$$CO_2\,(g) + H_2O \longrightarrow H_2CO_3 \qquad pK = 1.46$$

$$H_2CO_3 \longrightarrow H^+ + HCO_3^+ \qquad pK_1 = 6.36$$

63. 20.0 mM 황산 용액 50.0 mL에 40.0 mM NaOH 용액 50.0 mL를 가하였다. 이 당량점에서의 pH는 얼마인가?

64. 50.0 mL 부피 플라스크에 1.00 M 염산 15 mL와 0.825 g의 중성 페닐알라닌(분자량 165)을 넣고 증류수로 눈금을 맞추었다. 그리고 pH 미터를 사용하여 0.50 M NaOH 용액으로 적정하였다.

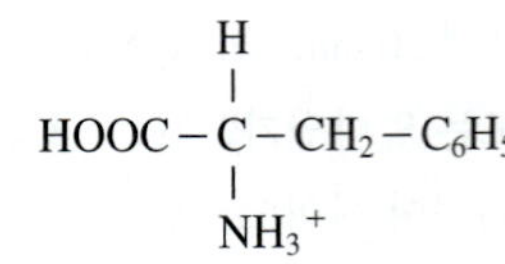

위의 구조로 표시되는 화학종에서 COOH의 산해리에 대한 pK_{a1}은 2.20이고, NH_3^+에 대한 pK_{a2}는 9.31이다.

(1) 넣어준 염산에서 나온 수소 이온의 일부는 페닐알라닌의 아민기($-NH_2$)와 결합해도 위와 같은 화학종을 만드는 데 사용된다. 적정을 시작하기 전 용액의 pH는 얼마인가?

(2) 페닐알라닌의 pK_{a1}은 0.50 M NaOH 용액이 얼마 들어갔을 때의 pH에 해당하는가?

(3) 0.50 M NaOH 용액이 모두 얼마 들어갔을 때의 pH가 페닐알라닌의 등전점에 해당하는가?

(4) 등전점의 pH는 얼마인가?

65. 황산 이온 (sulfate, SO_4^{2-})과 과염소산 이온 (perchlorate, ClO_4^-) 의 표준 환원 전위는 다음과 같다.

$$SO_4^{2-} + H_2O + 2e^- \longrightarrow SO_3^{2-} + 2OH^- \qquad -0.94\ V$$
$$ClO_4^- + 2H^+ + 2e^- \longrightarrow ClO_3^- + 2\,H_2O \qquad +1.23\ V$$

(1) SO_4^{2-} 이온과 ClO_4^- 이온의 루이스 구조를 그려라.

(2) SO_4^{2-} 이온에서 황의 산화수는 얼마인가? 또 ClO_4^- 이온에서 염소의 산화수는 얼마인가?

(3) 황산 이온과 과염소산 이온 중 어느 것이 불안정한 구조인지 밝히고, 이에 따라 강한 산화제로 작용할지의 여부를 답하여라.

66. 금은 왕수 (王水, aqua regia, 진한 질산과 진한 염산의 1 : 3 혼합물)에 녹는다. 일단 미량의 금이 강한 산화제인 질산에 의해 금 이온이 되어 녹는다. 이때 생긴 금 이온은 염소 이온과 착물을 만들면서 제거되기 때문에 르샤틀리에 원리에 따라 금은 계속 녹아들어간다. 이 반응에서 산화되는 원소와 환원되는 원소를 적어라.

$$Au(s) + 3\ NO_3^-(aq) + 6\ H^+(aq) \longrightarrow Au^{3+}(aq) + 3\ NO_2(g) + 3\ H_2O(l)$$
$$Au^{3+}(aq) + 4\ Cl^-(aq) \longrightarrow AuCl_4^-(aq)$$

영어로 배우는 문제

주어진 숫자와 의미가 통하도록 적절한 단어를 찾아라. 문제가 9 = P. in a B. team이라면 찾아야 할 단어는 players, baseball이 될 것이다.

67. 0 = macroscopic C. in a D. E.

68. 0 = D. C. at which W. F.

69. 0 = C. at I. point

70. 1 = A./T. = G./C. in C. ratio

71. 2 = D. of change in a D. E.

72. 2 = phases in C. (S. phase and M. phase)

73. 7 = P of P. water

74. 96500 = C. in a F.

1942년 미국 뉴저지주에서 착륙 직전 폭발한 비행선 힌덴부르크는 수소를 연료로 사용했다. 수소와 산소의 반응은 아주 높은 속도로 일어난다.

Chapter 10 화학 반응속도

화학은 물질의 변화를 다루는 과학이다. DNA 복제도, 식물이 잎에서 받아들인 공기 중의 이산화탄소와 뿌리에서 흡수한 물과 무기물질들을 사용해서 광합성을 하고 장미의 향기와 아름다운 색깔을 만들어내는 것도 변화이고, 우리가 식물이나 식물을 먹고 자란 동물을 먹고 살아가는 데에도 수많은 변화들이 들어있다. 그런데 변화에는 변화의 결과도 중요하지만 변화가 얼마나 빠르게 또는 느리게 일어나나, 즉 변화의 속도도 중요하다. 우리 몸에서 일어나는 DNA 복제, 기타 효소작용 등 하나하나 화학 변화의 속도는 우리가 태어나서 자라고 늙어가는 속도, 달리는 속도, 생각하는 속도 등 겉으로 드러나는 모든 속도를 결정한다.

산소의 공급이 끊어지면 몇 분 안에 목숨을 잃는다. 그만큼 생명 활동, 특히 두뇌 활동에는 탄소 화합물의 산화를 통해 만들어지는 ATP의 공급이 필수적이다. 우리가 하루를 살아가는 데 ATP는 어느 정도의 속도로 만들어지고 사용되는 것일까? 체온의 유지는 몸에서 일어나는 반응속도와 어떤 관계가 있는 것일까? 인류의 먹는 문제를 해결한 암모니아 합성에서 높은 온도가 필요한 이유는 무엇일까? 8장에서는 반응의 정도와 관련하여 화학 반응에서 높은 온도가 필요한 첫 번째 이유를 알아보았다. 이 장에서는 반응의 속도와 관련하여 화학 반응에서 높은 온도가 필요한 두 번째 이유를 생각해 본다.

10-1 화학 반응속도

식물이 이산화탄소와 물을 가지고 빛을 이용하여 우리 몸에 유용한 포도당을 만드는 마치 마술 같은 변화를 일으키는 것이나, 인간이 태양 에너지를 사용해서 물을 분해하여 수소를 얻고 이 수소를 수소 자동차의 연료로 사용하는 것이나 모두 물질의 변화를 일으키는 화학 반응이다. 환경 문제와 아울러 환경 문제와 밀접하게 연결되어 있는 에너지 문제는 앞으로 50년 내지 100년 사이에 인류가 해결해야 할 가장 시급한 문제 중 하나이다. 화석 연료는 고갈되어 가는데 대안이 마땅치 않다. 핵에너지는 폐기물 처리의 문제가 따르고, 풍력이나 조력을 이용하는 것도 한계가 있다. 그런데 만일 식물이 광합성을 하듯이 태양 에너지를 이용해서 물을 분해하여 경제적으로 수소를 얻을 수 있다면 수소를 에너지의 저장 및 전달물질로 해서 수소 경제를 일으킬 수 있을 것이다. 수소는 타면서 에너지를 내는 과정에서 환경을 오염시키지 않는 물을 부산물로 만든다는 점에서도 매력적이다.

이제 누가 태양 에너지를 이용해서 물에서 수소를 만드는 반응을 고안했다고 하자. 우리는 이 반응에 관한 반응식을 틀리지 않게 쓸 수 있고, 또 열역학적으로 이 반응을 통해서 태양 에너지를 사용하여 물로부터 상당한 양의 수소를 얻는 것이 원리적으로 가능하다는 것을 보일 수도 있다. 그런데 만일 이 반응이 일어나기는 하지만 너무 느리게 일어나서 실용적이지 못하다면 별로 의미가 없게 된다. 반응의 정도 못지 않게 반응의 속도도 중요한 것이다. 그래서 이 반응의 핵심은 물을 수소와 산소로 분해하는 촉매에 있다.

이러한 물질의 변화를, 그리고 촉매작용을 근본적으로 이해하려면 분자 수준에서 화학 반응을 설명해야 할 것이다. 그러나 19세기 말에 이르러 분자론이 거의 확립된 이후에조차 화학 반응을 분자 수준에서 설명하는 데에는 많은 어려움이 있었다. 이 당시 과학자들 중 일부는 화학 반응을 일으키는 원인은 주변의 복사 에너지로서 물질은 이를 받아 다른 물질로 변한다고 생각하였다. 그러나 분자의 입자로서의 성질과 기계적 운동론, 그리고 화학 결합 이론이 자리를 잡아가게 됨에 따라 자연스럽게 화학 반응은 이들 입자 간 충돌에 의해 분자끼리 에너지를 주고받는 과정에서 분자 내 결합이 깨어지고 새로 생기는 결과라는 것을 인식하게 되었다. 특히 1901년에 제1회 노벨 화학상을 수상한 반트호프와 1903년 노벨 화학상을 수상한 아레니우스는 화학 반응이 일어나기 위해서는 반응하는 분자들이 충분한 에너지를 가지고 충돌해야 한다는 개념을 처음 주창한 것으로 알려졌다. 화학 반응이 분자들 사이 충돌의 결과로 이루어진다면 충돌하는 분자의 속도 분포와 그에 따른 운동 에너지 분포가 반응이 얼마나 일어나는지, 즉 반응속도에 크게 영향을 미칠 것이다. 우선 속도와 반응속도의 차이를 생각해 보자.

박찬호

10-1-1 속도와 반응속도

KTX 열차

박찬호의 최고 구속(球速)은 시속 160 km라고 한다. 우리나라 KTX의 최고 속도는 시속 330 km라고 하니 박찬호 최고 구속의 두 배 정도이다. 이처럼 속도는 물체의 운동을 다루는 데 사용되는 기본 개념의 하나로, 일정한 시간 동안 물체가 얼마만한 거리를 움직였는가, 즉 거리와 시간의 비율을 의미한다. 실은 속도를 통해 시간을 정의하기도 한다. 세상의 모든 물체가 정지하고 있다면 시간의 흐름을 알 수 없을 것이다. 아무튼 속도를 측정하기 위해서는 시간과 거리를 동시에 측정해야 한다. 물체의 운동에서는 물체의 위치만 바뀌고 물체의 본질 자체는 변하지 않는다.

비행기가 일상화되기 전에는 가벼운 수소를 사용하는 비행선(飛行船, airship)이 유럽과 미국 사이의 고급 운송 수단이었던 때가 있었다. 1937년 5월 6일 당시 최고 호화 비행선이었던 독일 제펠린(Zeppelin) 소속 힌덴부르크(Hindenburg)는 미국 뉴저지 주 레이크허스트에 착륙 직전에 화재가 발생하여 1분 만에 파괴되었고 36명의 사망자를 내었다. 그 1분 사이에 얼마나 많은 수소가 산소와 반응했을까? 이처럼 **반응속도(反應速度, reaction rate)**는 일정한 시간 내에 얼마만큼의 원자나 분자가 반응했는가를 의미한다.

원래 속력(速力, speed)은 크기만을 고려하는 스칼라(scala) 양이고, 속도(速度, velocity)는 크기와 방향을 동시에 고려하는 벡터(vector) 양이다. 여기서는 속력과 속도를 구별하지 않고 사용한다.

화학 반응도 물체 운동의 결과로 일어난다. 이때의 물체는 시간에 따라 위치를 측정할 수 있는 거시적인 물체가 아니라 원자와 분자이다. 원자와 분자의 운동의 결과로 충돌이 일어나고 충돌의 결과로 반응이 일어나는 것이다. 화학 반응속도는 원자와 분자의 단순한 위치 변화가 아니라 반응물의 소비량이나 생성물의 생산량을 시간과 동시에 측정하여 결정된다. 따라서 화학에서는 시간에 따라 반응물이나 생성물의 양을 분석하는 것이 필수적이다.

그런데 우리가 관심을 가지는 많은 화학 반응은 용액에서 일어난다. 특히 생명현상에 관련된 세포 내에서의 반응은 그렇다. 그런데 용액에서는 물 분자들이 대부분 공간을 차지하고 반응물들은 상당한 거리를 두고 떨어져 있다. 따라서 용액에서는 반응물의 충돌은 대부분 용매인 물과 일어나고 가끔 반응물끼리 충돌하면 반응으로 이어지기도 한다. 그에 비해 기체 반응에서는 반응물은 대부분 시간을 빈 공간에서 무작위 운동을 하는데 보내고 어쩌다 충돌하면 반응이 일어나기도 한다. 그런 점에서 기체 반응이 용액에서의 반응보다 훨씬 단순하고 이해하기 쉽다. 따라서 7장에서 다룬 기체 분자 운동론에 입각하여 기체에서 분자들은 어떤 속도로 운동하나, 얼마나 자주 충돌하나, 그리고 충돌은 어떻게 반응으로 이어지나 등을 알아보고 용액의 반응에 적용하는 것이 적절한 순서라 하겠다.

충돌 빈도는 기체의 밀도와 밀접하게 관련되어 있다. 밀도가 크게 다른 1 기압 상태, 그리고 별 사이의 공간에서 기체의 충돌을 생각해보자. 그림과 같은 나선 은하에는 별이 약 천 억 개 들어있고, 별과 별 사이의 거리는 평균적으로 수 광년 정도이다.

나선 은하

예제 10.1

별 사이의 공간에는 수소 원자가 1 cm^3 당 한 개 들어있다고 한다. 이 공간의 온도가 40 K 라 하고 수소 원자의 평균 속도, 초당 충돌 횟수, 그리고 평균 자유 행로를 구하여라. 평균 속도 $\bar{u}$ 는 $\sqrt{\frac{8RT}{\pi M}}$, 초당 충돌 횟수는 $\sqrt{2}\left(\frac{N}{V}\right)\pi d^2\bar{u}$ 로 주어진다. 수소 원자의 지름은 1 옹스트롬이라고 하자.

풀이

$$\bar{u} = \sqrt{\frac{8RT}{\pi M}}$$

$$= \frac{8 \times 8.3\ J\ K^{-1}\cdot mol^{-1} \times 40\ K}{\sqrt{3.14 \times 10^{-3}\ kg\cdot mol^{-1}}} = 920\ m/s$$

$$\text{충돌 횟수} = \sqrt{2}\left(\frac{N}{V}\right)\pi d^2\bar{u}$$

$$= 1.414 \times \frac{1}{10^{-6}m^3} \times 3.14 \times (10^{-10}\ m)^2 \times 920\ m/s$$

$$= 4.1 \times 10^{-11}\cdot s^{-1}$$

$$\text{충돌 사이의 시간} = \frac{1}{4.1 \times 10^{-11}s^{-1}} = 2.4 \times 10^{10}\ s = \text{약 800 년}$$

별 사이 공간에서 수소의 평균 자유 행로는 지구로부터 명왕성까지 거리의 몇 배 되는 거리이다.

평균 자유 행로 = (평균 속도) × (충돌 사이의 시간)

$$= (920\ \text{m/s})\,(2.4\times10^{10}\ \text{s}) = 2.2\times10^{13}\ \text{m}$$

예제 10.2

수소가 결합하지 않은 원자 상태로 0°C, 1 기압 하에 존재한다고 가정하자. 수소 원자의 평균 속도, 초당 충돌 횟수, 그리고 평균 자유 행로를 구하여라.

풀이 예제 10.1에서 본 대로 40 K에서 평균 속도가 920 m/s라면 298 K에서는

$$(920\ \text{m/s}) \times \sqrt{\frac{273}{40}} = 2400\ \text{m/s}$$

$$\text{충돌 횟수} = \sqrt{2}\left(\frac{N}{V}\right)\pi d^2 \bar{u}$$

$$= 1.414 \times \frac{6.02\times10^{23}}{22.4\times10^{-3}\ \text{m}^3} \times 3.14 \times (10^{-10}\ \text{m})^2 \times 2400\ \text{m/s}$$

$$= 2.9\times10^{9}\ \text{s}^{-1}$$

$$\text{충돌 사이의 시간} = \frac{1}{2.9\times10^{9}\ \text{s}^{-1}} = 3.4\times10^{-10}\ \text{s}$$

평균 자유 행로 = 평균 속도×충돌 사이의 시간

$$= (2400\ \text{m/s})\,(3.4\times10^{-10}\ \text{s}) = 8.3\times10^{-7}\ \text{m}$$

이처럼 수소 원자의 평균 속도는 표준 상태에서나 별 사이 공간에서나 큰 차이가 없다. 뿐만 아니라 평균 자유 행로는 분자의 평균 속도에 무관하다. 그런데 위의 두 상황에서 밀도가 크게 다르기 때문에 충돌 사이의 시간과 평균 자유 행로에 큰 차이가 생긴다. 이런 차이는 화학 반응속도에 큰 영향을 미친다. 표준 상태에서 수소 원자는 순식간에 충돌해서 모두 분자로 바뀐다. 성간 공간에서 수소 원자들이 800년에 한 번씩 충돌한다면 0.3 나노초에 한 번씩 충돌하는 경우와는 반응속도가 크게 다를 것이다. 수소 주위에 산소가 비슷한 밀도로 존재한다고 하더라도 수소의 연소 속도는 분자간 충돌 횟수에 영향을 받을 것이므로 힌덴부르크의 폭발과 같은 빠른 산화는 우주 공간에서는 일어나지 않는다. 그렇지만 별과 은하의 나이가 수천만 년, 수억 년 단위이기 때문에 성간 공간에서도 수소 원자들은 충돌을 거치고, 따라서 대부분 분자로 존재한다고 볼 수 있다. 뿐만 아니라 수소는 그보다 훨씬 밀도가 낮은 산소와도 때로 반응해서 OH 라디칼을 만든다. 이렇게 만들어진 OH 라디칼이 수소와 반응해야 물이 된다. 그런데 성간 공간에서 밀도가 아주 낮은 OH 라디칼이 역시 밀도가 낮은 수소와 반응해서 물이 될 확률은 아주 낮다. 실제로 성간 공간에는 물보다 OH 라디칼이 훨씬 많다.

10-1-2 반응 시간과 감지 시간

화학 반응식은 반응물과 생성물만을 보여 줄 뿐, 구체적으로 어떤 과정을 거쳐 반응이 일어나는지, 또 반응이 실제로 어느 정도 시간에 걸쳐 일어나는지는 말해 주지 않는다. 그것은 마치 축구 경기에서 전후반 90분 내내 선수들이 뛰었는데 한 골만 들어갔다면 이 경기의 결과를 집계하는 입장에서는 90분에 한 골 들어갔다고 보는 것과 마찬가지이다. 그러나 실제로 골이 들어가는 장면은 맨눈으로는 볼 수 없고, TV의 슬로우 비디오를 통해서야만 볼 수 있을 정도로 짧은 순간인 수십밀리초 내에 공이 골라인을 통과하기 마련이다.

거시적으로 화학 반응이 일어나는 것을 관찰하려면 무수히 많은 분자가 반응하여

거시적인 결과를 감지할 수 있을 정도의 화학물질이 소모되거나 생성되어야 하므로, 화학 반응속도를 측정하는 것은 수백만 번의 축구 경기를 집계하는 것에 비유할 수 있을 것이다. 그러나 이 모든 경기에서 터지는 모든 골은 예외 없이 제각각 그 자체로서는 눈으로는 볼 수 없는 매우 빠른 시간에 일어나는 것처럼 아무리 느린 화학 반응에 있어서도 그 개별 반응 자체는 피코초 정도의 순간에 일어난다. 이런 관점에서 본다면 소위 "빠른" 화학 반응이란 골이 들어가는 순간이 짧은 것을 의미하는 것이 아니라 90분의 경기 동안에 들어가는 골의 수가 많은 것을 의미하는 것이다.

분자가 충돌해야 화학 반응이 일어날 것이므로 화학 반응이 실제로 일어나는 데 걸리는 시간은 분자간 충돌에 걸리는 시간과 대략 비슷할 듯하다. 자동차의 충돌 사고가 실제로 일어나는 시간은 두 대의 자동차가 서로를 향해 달려오면서 서로 스쳐 지나가는 데 걸리는 시간이라 볼 수 있고, 이 시간은 자동차의 크기만 한 거리를 서로 간의 상대 속도로 지나가는 데 걸리는 시간이 될 것이다.

예제 10.3

지름이 4 옹스트롬인 구형 분자 두 개가 400 m/s의 속도로 마주보고 달려오다가 충돌을 피하고 살짝 스쳐 지나갔다고 하자. 이들이 반응하는데 주어진 시간, 즉 이들이 서로를 스쳐 지나가는데 걸리는 시간을 구하여라.

풀이 상대 속도는 400 m/s의 두 배인 800 m/s이다. 이 속도로 4 옹스트롬을 지나가는데 걸리는 시간을 구하면 된다.

$$\frac{4\times10^{-10}\ \text{m}}{800\ \text{m/s}} = 0.5\times10^{-12}\ \text{s}\ (0.5\ \text{피코초})$$

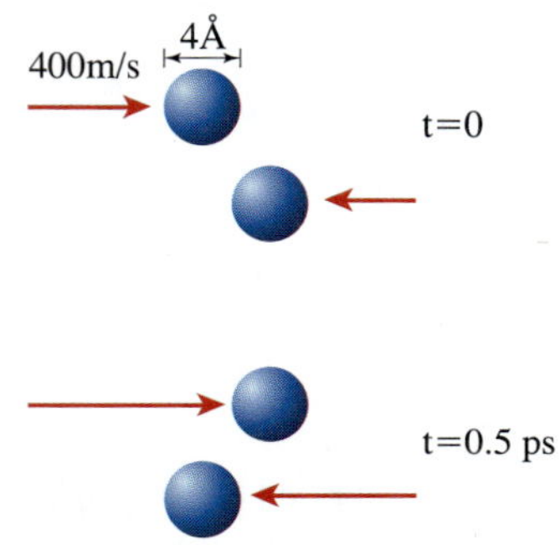

이처럼 분자들이 서로 충돌하고 에너지를 교환하면서 반응으로 이어지는 과정을 자세히 연구하는 분야를 **화학 반응 동력학**(化學反應動力學, **chemical reaction dynamics**)이라고 한다. 예를 들어 진공하의 반응 챔버에서 수직 방향으로부터 두 가지 반응물을 분출시키고 충돌 후 생성물의 종류, 에너지 상태, 공간 분포 등을 조사하면 반응 메커니즘을 상당히 이해할 수 있다. 더들리 허쉬박과 유안 리는 이러한 **교차 분자살 반응**(**crossed molecular beam reaction**)을 사용해서 반응 동력학을 개척했다.

허쉬박(Dudley Herschbach, 1932-) 미국 하버드대 교수. 1986년 노벨 화학상을 수상했다.

그런데 단위 반응을 잘 이해하려면 높은 시간 분해능을 가지고 반응을 관찰해야 한다. 우리가 눈을 한번 깜박이는데 걸리는 시간이 수십 밀리초 ($\text{ms} = 10^{-3}$ s), 총알이 얇은 책을 뚫고 지나가는데 걸리는 시간이 수 마이크로초 ($\mu\text{s} = 10^{-6}$ s)인 것을 생각하면 0.5 피코초는 이와는 비교도 안 되는 짧은 시간이다. 참고로 1 초에 지구를 일곱 바퀴 반이나 돈다는 빛조차도 1 피코초 동안에 갈 수 있는 거리는 3×10^{10} cm/s $\times 10^{-12}$ s $= 3\times10^{-2}$ cm $= 0.3$ mm로서 머리카락 굵기의 서너 배를 진행하는데 그칠 뿐이다. 이와 같이 우리 주위에서 일어나는 모든 화학 반응은 비록 겉보기로는 상당한 시간에 걸쳐 일어나는 듯이 보이는 경우도 있으나 실제로는 그 어느 경우도 단위 반응은 이 정도의 짧은 시간에서 일어남을 알 수 있다.

유안 리(李遠哲, Yuan Tse Lee, 1936-) 타이완 출신, 시카고대, 버클리 소재. 캘리포니아대 교수역임, 1986년 노벨 화학상을 수상했다.

분자들이 0.5 피코초 정도의 짧은 시간 동안 서로 스쳐지나가면서 반응을 일으킨다면 그 반응 과정을 상세히 조사하려면 적어도 0.05 피코초, 즉 50 펨토초(femtosecond, 10^{-15} s) 이하의 시간 분해능을 가지고 반응을 관찰해야 할 것이다. 페널티킥을 차기 직전부터 골인 순간까지 1 초가 걸렸다면 적어도 0.1 초 단위로 사진을 찍어야 골이 들어가는 상황을 파악할 수 있는 것과 마찬가지다. 그런 의미에서 단위 반응에 대한 감지 시간(感知時間, detection time)은 펨토초 단위라고 말할 수 있다. 이집트 출신의

즈웨일(Ahmed Zewail, 1946-) 이집트 출신 캘리포니아공대 교수로 1999년 노벨 화학상을 수상했다.

즈웨일은 펨토초 단위에서 반응 동력학을 연구하는 펨토초 화학을 발전시켜 단위 반응 연구를 가능하게 하였다.

10-2 반응속도 법칙

10-2-1 반응속도 상수와 화학 평형 상수

이제는 앞에서 살펴본 여러 요소들을 염두에 두고 어떻게 반응속도를 정의하고 **반응속도 상수**(**反應速度常數, reaction rate constant**)를 사용하여 나타낼지 생각해 보자. 그런데 수많은 화학 반응에 관련된 속도를 일반화하고 간단한 몇 가지의 법칙으로 나타내는 것이 가능할까? 아직 화학 결합의 원리나 화합물의 구조 등 반응속도를 결정하는 요인들이 잘 알려지기 전에도 화학자들은 여러 가지 반응을 조사하여 반응속도 법칙(反應速度法則, the rate law)을 수식화할 수 있었다. 그리고 이러한 일반 법칙은 나중에 반응의 메커니즘을 이해하는데 활용되기도 하였고, 반응의 깊은 이해로부터 일반 법칙이 의미를 찾기도 하였다.

언뜻 반응속도라 하면 어떤 반응이 일어나는 속도라 생각하기 쉽다. 그러나 화학 반응에서는 축구 경기에서 선수 한 사람 한 사람의 움직임을 따라가듯이 개개 반응을 관찰하는 것은 굉장히 어렵다. 그래서 일정한 시간 동안 일어난 반응물이나 생성물의 변화를 반응속도라 한다.

결혼 횟수는 미혼남과 미혼녀 수의 감소로 표시할 수도 있고, 신혼부부 수의 증가로 표시할 수도 있듯이 반응속도는 반응물의 감소로도 생성물의 증가로도 나타낼 수 있다.

반응속도에 영향을 주는 요인은 여러 가지가 있지만 가장 명백한 요인은 반응물의 농도이다. 되도록 많은 남녀가 결혼해서 많은 신생아가 태어나기를 바란다면 일단 젊은 남녀가 많은 나라가 유리할 것이다. 뿐만 아니라 젊은 남녀가 많은 몰려 있는 지역에서 매년 결혼 횟수가 높을 것이다. 마찬가지로 일정한 부피에 반응물이 많을수록, 즉 반응물의 농도가 높을수록 반응속도가 클 것이다.

일반적으로 $aA + bB \longrightarrow cC + dD$의 반응속도는 다음과 같은 미분식으로 쓸 수 있다.

$$\text{반응속도} = -\left(\frac{1}{a}\right)\frac{d[A]}{dt} = -\left(\frac{1}{b}\right)\frac{d[B]}{dt} = \left(\frac{1}{c}\right)\frac{d[C]}{dt} = \left(\frac{1}{d}\right)\frac{d[D]}{dt}$$

단위면적당 미혼남이나 미혼녀의 수가 두 배가 된다고 해서 결혼 횟수가 반드시 두 배가 되지는 않는다. 결혼 횟수는 미혼남이나 미혼녀 수의 변화에 따라 다른 식으로 영향을 받을 수 있다. 이와 비슷하게 화학 반응에서는 반응속도를 일반적으로 다음과 같이 적을 수 있다.

$$\text{반응속도} \propto [\text{반응물의 농도}]^n$$
$$\text{반응물이 A, B 두 가지인 경우의 반응속도} = k[A]^a[B]^b$$

위의 식에서 계수 k를 **반응속도 상수**(**reaction rate constant**)라고 한다. 이 값이 "상수"라는 것은 A, B의 농도가 바뀌어도 k 값은 변하지 않는다는 말이다. 결혼의 경우에도 남녀가 만난다고 항상 결혼으로 이어지는 것은 아니듯이 분자들이 충돌해도 항상 반응이 일어나는 것은 아니고 어떤 확률에 따라 반응이 일어난다. k가 상수라는 것은 남녀 사이의 결혼은 남녀의 수에 관계없이 일정한 확률을 가지고 일어난다는 뜻이다. 그러니까 반응속도 상수는 반응이 일어날 확률을 대변한다고 볼 수 있다. 물론 한국 남자와 한국 여자가 결혼할 확률과 한국 남자와 중국 여자가 결혼할 확률이 다르듯이 k 값은 A, B의 종류에 따라 다르다.

반응속도 상수는 어떤 경우라도 일정한 것은 아니다. 반응속도 상수는 온도의 함수이다. 결혼율이 경제 수준 등 사회 환경에 영향을 받는 것과 비슷하다. 온도가 높아지면 반응물의 운동이 빨라지고 충돌이 잦아져서 반응속도가 높아지는 것은 온도에 따른 반응속도 상수의 변화로 나타난다.

이제는 8장에서 다룬 화학 평형과 질량 작용의 법칙을 반응속도의 관점에서 다시 한 번 살펴보자. 물의 분해 경우에는 활성화 에너지가 너무 높아서 반응이 거의 일어나지 않는다. 그러나 일반적으로 말해서 어느 반응에서나 초기에 정반응을 통해 반응물이 생성물로 바뀌면서 시간이 흐르게 되면 충분한 양의 생성물이 만들어져서 역반응이 시작되게 된다. 생성물이 더 많아질수록 이들 중 일부는 역반응을 통해 반응물로 돌아가기 때문에 생성물의 양이 계속 증가하지는 못하게 된다. 즉, 반응이 진행하여 정반응이 많이 일어나게 되면 그 결과 역반응을 일어나게 하는 요인이 더 강하게 생기게 되는데, 이는 마치 용수철을 더 세게 누르면 그 힘에 반하여 용수철이 튀어오르려는 복원력도 더 강하게 되는 것과 비슷한 현상으로서, 용수철의 기계적인 힘에 의한 작용(action by mechanical force)에 빗대어 화학계에서 반응의 진행에 의한 화학물질 사이의 작용이란 의미로 '질량 작용의 법칙'이라는 이름으로 부르게 된 것이다. 물론 질량 작용의 법칙은 반응물이나 생성물을 가해 주었을 때도 적용된다.

이 법칙에 따르면 화학물질 사이에 일어나는 반응은 정반응이 많이 진행하면 역반응이, 역반응이 많이 진행하면 정반응이 일어나게 하는 요인이 되기 때문에 결국 화학반응은 어느 수준에서 '평형'을 이루게 된다. 이 평형은 정반응과 역반응의 속도가 균형을 맞추고 있어서 각각 정반응은 정반응대로, 역반응은 역반응대로 일어나지만 겉보기로는 전체 화학물질들 사이의 양에는 변화가 없는 것처럼 보이는 상태를 말한다. 이처럼 화학 반응속도와 화학 평형은 밀접하게 관련되어 있다. 화학 평형은 어떤 화학계의 균형을 이루는 반응들의 집합이라고 볼 수 있다. 모든 집합은 부분의 합으로 표현할 수 있는데 화학 평형은 정반응과 역반응의 조합으로 나타낼 수 있다. 따라서 화학 평형을 나타내는 화학 평형 상수도 반응속도 상수와 어떤 관계를 가질 것으로 짐작해 볼 수 있다. 아래 화학식에서 정반응의 속도 상수를 k_1, 역반응의 속도 상수를 k_2라고 하면 질량 작용의 법칙에 따라 정반응과 역반응의 속도를 아래와 같이 쓸 수 있다.

$$\mathrm{aA + bB \rightleftharpoons cC + dD}$$

정반응의 속도 $= k_1[\mathrm{A}]^{\mathrm{a}}[\mathrm{B}]^{\mathrm{b}}$
역반응의 속도 $= k_2[\mathrm{C}]^{\mathrm{c}}[\mathrm{D}]^{\mathrm{d}}$

평형에서는 정반응의 속도와 역반응의 속도가 같다.

$$k_1[\mathrm{A}]_{\mathrm{a}}[\mathrm{B}]_{\mathrm{b}} = k_2[\mathrm{C}]^{\mathrm{c}}[\mathrm{D}]^{\mathrm{d}}$$
$$\frac{[\mathrm{C}]^{\mathrm{c}}[\mathrm{D}]^{\mathrm{d}}}{[\mathrm{A}]^{\mathrm{a}}[\mathrm{B}]^{\mathrm{b}}} = \frac{k_1}{k_2}$$

좌변의 비율은 이 반응의 평형 상수 K이므로 일반적으로 $K = \dfrac{k_1}{k_2}$라고 할 수 있다.

우리는 이미 9장에서 약산의 해리 평형과 관련하여 이러한 원리가 적용되는 중요한 실례를 살펴본 바 있다. 아세트산의 해리도는 농도에 따라 그림과 같이 큰 차이를 나타낸다. 이러한 관찰에 근거해서 전자와 양성자가 발견되기도 전인 19세기 말에 아레니우스는 산의 해리를 제안했다.

몰농도 (M)	1	0.1	0.01	0.001	0.0001
해리도 (%)	0.42	1.3	4.2	13	42

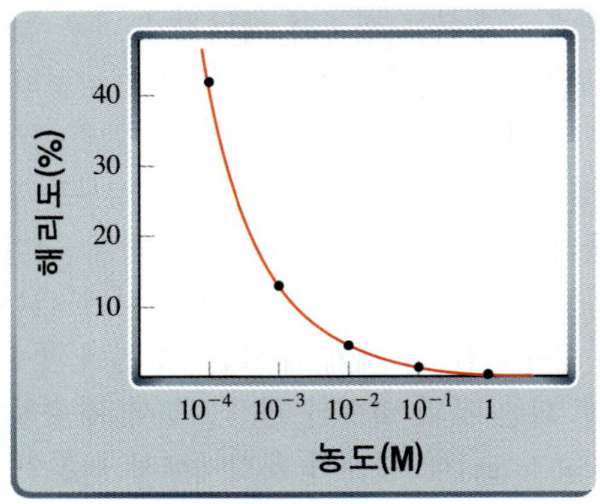

그림 10.1 농도에 다른 약산의 해리도의 변화.

이 경향으로부터 용액이 아주 묽어지면 아세트산이 거의 100% 해리하리라는 것을 예상할 수 있다. 정반응의 속도는 [HA]에 비례하기 때문에 용액이 10분의 1로 묽혀지면 초기의 해리 속도는 10분의 1로 감소하지만, H^+ 이온과 A^- 이온이 재결합하는 속도는 각각의 농도의 곱에 비례하기 때문에 정반응의 속도보다 더 크게 감소할 것이다. 따라서 정반응이 빨리 진행하고 결과적으로 $[H^+]$와 $[A^-]$가 커지면 역반응속도도 빨라져서 양방향의 속도가 같은 평형에 도달한다. 평형에서는 다음 관계가 성립한다.

$$k_1[\mathrm{HA}] = k_2[\mathrm{H^+}][\mathrm{A^-}]$$

$$\text{즉 } \frac{[\mathrm{H^+}][\mathrm{A^-}]}{[\mathrm{HA}]} = \frac{k_1}{k_2}$$

이 식에서 용액이 묽어지면, 즉 H^+, A^-, HA의 농도가 전반적으로 낮아지면 $[H^+]$와 $[A^-]$ 값이 작아지는 것보다 [HA] 값이 더 작아져야, 즉 산해리도가 증가해야 $\frac{k_1}{k_2}$ 비가 일정하게 유지되는 것을 알 수 있다. 이처럼 평형과 반응속도는 밀접하게 연결되어 있다. 이런 면을 이해한 아레니우스는 산 용액의 농도와 해리도의 관계에 입각해서 산 해리 이론을 제안한 것이다. 산의 해리도는 전기 전도도나 어는점 내림으로부터 측정할 수 있다.

10-2-2 반응 차수

위의 반응식에서 반응물 농도의 지수인 a, b를 **반응 차수**(**反應次數, reaction order**)라고 한다. 단순한 반응에서는 반응의 차수는 반응식의 계수와 같을 수도 있다. 우선 결혼과 유사한 아래의 반응을 생각해 보자.

$$\mathrm{A + B \longrightarrow C}$$

아주 단순한 경우라면 미혼녀의 수가 일정한데 미혼남의 수가 두 배가 된다면 커플

수도 두 배가 될 것이다. 한 여자가 만나는 남자 수가 두 배가 될 테니까 말이다. 물론 일단 만나고 나서는 결혼하는 확률은 일정하다는 가정 하에서이다. 반대로 미혼남의 수가 일정한데 미혼녀의 수가 두 배가 된다고 해도 커플수는 두 배가 될 것이다. 남녀의 수가 독립적으로 변한다면 커플의 수는 남녀 각각의 수의 곱이 될 것이다. 이러한 원리를 위의 반응에 적용하면 다음과 같이 쓸 수 있다.

$$\text{반응속도} = k[\mathrm{A}][\mathrm{B}]$$

A와 A가 반응해서 C로 바뀌는 경우라면 반응속도는 A 농도의 제곱에 비례할 것이다.

$$\mathrm{A} + \mathrm{A} \longrightarrow \mathrm{C} \quad \text{또는 } 2\mathrm{A} \longrightarrow \mathrm{C}$$
$$\text{반응속도} = k[\mathrm{A}]^2$$

이를 일반화하면 다음과 같이 쓸 수 있다.

$$a\mathrm{A} + b\mathrm{B} \longrightarrow \text{생성물}$$
$$\text{반응속도} = k[\mathrm{A}]^a[\mathrm{B}]^b$$

이는 비교적 단순한 반응의 경우에만 적용되고 여러 경로를 거쳐서 반응이 일어나는 복잡한 경우에는 반응 차수와 계수는 일치하지 않는다. 반응 차수는 대부분 정수이지만 반정수($\frac{1}{2}$, $\frac{3}{2}$ 등)나 $\frac{2}{3}$ 등의 값을 가지는 경우도 있다. 실제로는 실험적으로 반응 차수를 결정하고 이로부터 반응의 메커니즘을 추론한다.

이제는 반응의 차수에 따라 반응속도식이 어떻게 수식으로 표현되는지 알아보자.

가. 1차 반응

1차 반응(first-order reaction)은 매 순간의 반응속도가 그 순간에 남아있는 반응물의 농도에 비례하는 경우이다. 방사능 붕괴와 고온에서의 살균(殺菌, sterilization)이 대표적인 예이다. 불안정한 원자핵은 스스로 붕괴하는데, 이 방사능 붕괴 속도는 핵의 불안정도에 달려 있을 뿐 주위 환경에는 전혀 영향을 받지 않는다. 화학 반응과 달리 방사능 붕괴 속도는 온도에 의해서도 영향을 받지 않는다. 높은 온도에서 박테리아가 죽는 속도도 세포 내의 단백질이 열에 의해 파괴되는 등 내부적 요인에 의해 결정되지 주위에 다른 박테리아가 얼마나 있는지 등 외부 조건에는 영향을 받지 않는다.

다시 결혼의 예로 돌아가서, 이번에는 결혼의 역반응, 즉 이혼을 생각해보자. 결혼한 커플 중 일정한 퍼센트는 이혼을 한다. 방사능 붕괴의 경우와 마찬가지로 이혼을 하는 것은 전적으로 부부관계가 불안정하기 때문이다. 이와 유사하게 반응속도가 반응물의 농도에 1차적으로 비례하는 화학 반응을 1차 반응이라고 한다.

$$\mathrm{C} \longrightarrow \mathrm{A} + \mathrm{B}$$
$$\text{반응속도} = k[\mathrm{C}]$$

앞의 결혼의 예에서 본 대로 일정 기간 동안 새로 생기는 생성물 C의 농도가 반응물 A와 B에 대해서 각각 1차라면 반응속도는 다음과 같이 쓸 수 있다.

$$\mathrm{A} + \mathrm{B} \longrightarrow \mathrm{C}$$
$$\text{반응속도} = k[\mathrm{A}][\mathrm{B}]$$

반응이 진행함에 따라 반응물 A의 농도가 변하면 그에 따라 반응속도도 순간적으로 변한다. 순간 속도를 미분을 사용해서 표시하면 1차 반응의 미분속도식은 다음과 같이 쓸 수 있다.

$$\frac{\mathrm{d}[\mathrm{A}]}{dt} = -k[\mathrm{A}]$$

여기서 마이너스 부호는 반응물이 감소한다는 것을 의미한다. 이 식을 직접 사용하는 것은 아주 짧은 시간 동안에 일어나는 반응물이나 생성물 양의 변화를 측정해야 하기 때문에 비현실적이다. 그보다는 상당한 시간 동안 축적된 변화를 사용하는 것이 유리하다. 위의 식을 아래와 같이 변형하고 시간 0부터 t까지 적분하면 적분속도식이 얻어진다. 1차 반응에서 반응물의 농도는 초기 농도로부터 지수함수적으로 감소하는 것을 볼 수 있다.

$$\frac{\mathrm{d}[\mathrm{A}]}{[\mathrm{A}]} = -k\,dt$$

$$\int \frac{\mathrm{d}[\mathrm{A}]}{[\mathrm{A}]} = -\int k\,dt$$

$$\ln\frac{[\mathrm{A}]}{[\mathrm{A}]_o} = -kt \qquad \text{또는 } [\mathrm{A}] = [\mathrm{A}]_o\, e^{-\mathrm{kt}}$$

어떤 반응이 1차 반응인지 테스트 하려면 초기 농도를 매 시간에서의 농도로 나눈 값의 자연대수(自然對數, natural logarithm)를 취하고 그 값을 시간에 대해 그래프를 그려서 직선이 얻어지는지 보면 된다. 직선이 얻어지면 직선의 기울기의 마이너스 값이 속도 상수 k이다.

1차 반응은 어떤 시점에서 남아있는 반응물의 양이 절반으로 줄어드는데 걸리는 시간은 일정하다는 특징이 있다. 이 시간을 **반감기**(**半減期, half-life, $t_{1/2}$**)라고 한다. 만일 첫날 50만원의 용돈을 가지고 매일 가진 돈의 반을 쓴다고 하면 2일째 아침에는 25만원, 3일째 아침에는 12.5만원, 4일째 아침에는 6.25만원 식으로 돈이 줄어들지만 수학적으로는 절대로 주머니가 텅 비는 일은 없을 것이다. 이는 반감기가 1일인 계획성이 부족한 사람의 경우이다.

$\ln\frac{[\mathrm{A}]}{[\mathrm{A}]_o} = -kt$ 식에 $[\mathrm{A}] = \frac{[\mathrm{A}]_o}{2}$, $t = t_{1/2}$를 대입하면 반감기와 k의 관계를 구할 수 있다.

$$\ln\frac{1}{2} = -\ln 2 = -kt_{1/2}$$

$$t_{1/2} = \frac{\ln 2}{k} = \frac{0.693}{k}$$

반응속도 상수가 클수록 반감기가 짧은 것을 알 수 있다. 반감기가 중요한 의미를 가지는 경우 중에 방사능 동위원소가 있다. 플루토늄의 동위원소인 Pu-239는 핵폭탄의 원료로 주목을 받고 있다. 우라늄의 동위원소 중 0.7%에 불과한 U-235만이 핵분열을 하는데 핵폭탄에 사용하려면 90% 이상의 순도가 필요하기 때문에 농축해야 하는 어려운 문제가 있다. 그런데 우라늄 동위원소의 대부분을 차지하는 U-238이 원자로에서 중성자를 포획해서 질량수가 1이 증가하면 베타 붕괴를 통해 핵분열을 하는 Pu-239로 바뀐다. 플루토늄은 우라늄과 화학적 성질이 다르기 때문에 Pu-239를 U-238로부터 분리하는 것은 U-235를 U-238로부터 분리하는 것에 비해 훨씬 용이하다.

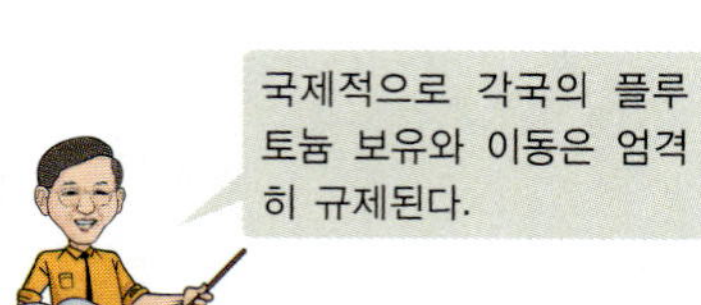

예제 10.4

Pu-239의 반감기는 24100년이다. 어느 나라가 어느 시점에 ($t = 0$) 10 kg의 Pu-239를 보유하고 있다면 24100년 후, 48200년 후, 72300년 후, 그리고 96400년 후에는 이 중 얼마가 남아있을지 그래프에 점으로 나타내고 이 점들을 부드러운 선으로 연결하여라. 그리고 그래프로부터 Pu-239가 7 kg에서 3.5 kg으로 감소하는 데 걸리는 시간을 구해 보아라. 또 초기의 Pu-239 양을 $[Pu]_o$, 시간이 t일 때 양을 [Pu]라 하고 $\ln([Pu]/[Pu]_o)$를 t에 대해 그래프를 그린 후 기울기로부터 Pu-239의 반감기를 구하여라.

풀이

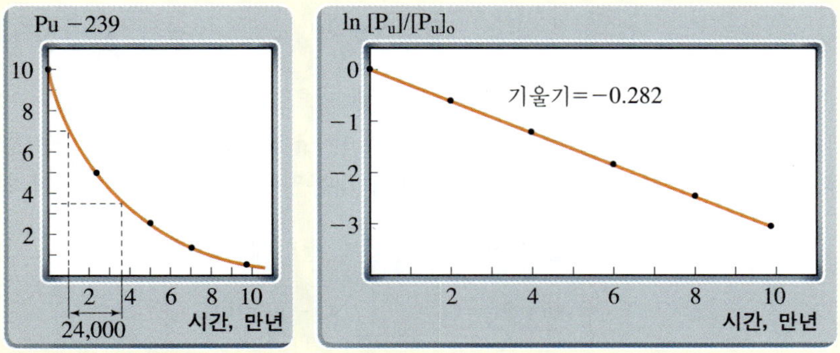

그림 10.2 Pu-239의 방사능 붕괴와 반감기.

그래프상의 어느 점에서 출발해도 그 양이 반으로 감소하는데 걸리는 시간은 약 2만4천년으로 일정하다.

t(만년)	2.41	4.82	7.23	9.64
$\ln([Pu]/[Pu]_o)$	−0.693	−1.39	−2.08	−2.77

그래프로부터 기울기는 대략 −0.282인 것을 알 수 있고, 반감기는 $\frac{0.693}{0.282} = 2.46$만 년으로 잘 맞는다.

반감기가 중요한 방사능 동위원소의 다른 예로 인의 동위원소인 P-32가 있다. P-32의 반감기는 약 14일이다. 인은 생명에 필수적인 원소이고 특히 인을 포함하는 ATP 분자는 많은 생체 반응에 관여한다. 따라서 생화학 반응을 연구할 때 인의 일부를 방사능을 띠는 P-32로 치환한 화합물을 사용하면 인을 포함하는 관심있는 화합물을 추적할 수 있다. 이때 P-32의 반감기가 14일로 너무 짧지도 길지도 않기 때문에 수일 정도의 실험 기간 동안 모두 붕괴해버리지도 않고 그렇다고 반감기가 너무 길어서 방사능 붕괴를 검출하기에 너무 어렵지도 않다.

이번에는 화학 반응 중에서 1차 반응의 예로 오산화질소(N_2O_5, nitrogen pentoxide)의 분해 반응을 고려해보자. 오산화이질소라고 하는 것이 더 정확한 표현이겠지만 원자가가 2인 산소가 5개라면 원자가가 5인 질소는 2개일 테니까 오산화질소라고 해도 무방하다. 질소는 다양한 산화물을 만들고 또 쉽게 분해되기 때문에 주로 질소와 산소로 이루어진 대기의 화학에서 질소 산화물은 중요한 의미를 지닌다. 그런 의미에서 질소 산화물이 만들어지는 첫 단계부터 생각해 보자.

일단 자동차 엔진이나 화력발전소, 심지어는 가정의 취사나 난방같이 높은 온도 환경에서는 공기 중의 질소와 산소가 반응하여 산화질소(nitric oxide, NO)를 만든다. 홀전자가 있어서 N=N이나 O=O에 비해 불안정한 NO의 표준 생성 엔탈피는 90.25 kJ/mol로 흡열 반응이기 때문에 NO는 높은 온도에서만 만들어지는 것이다.

$$N{=}N + O{=}O \longrightarrow 2\cdot N{=}O$$

NO는 공기 중의 산소와 반응하여 갈색의 이산화질소(NO_2)로 산화되고, NO_2는 빗물에 녹아 산성비의 원인 중 하나인 질산과 산화질소를 만든다.

$$\cdot N{=}O + \frac{1}{2}\ O{=}O \longrightarrow O{-}N{=}O$$

$$3NO_2\,(g) + 3H_2O\,(l) \longrightarrow 2H_3O^+\,(l) + 2NO_3^-(g) + NO\,(g)$$

질산 이온(NO_3^-)의 루이스 구조는 다음과 같다.

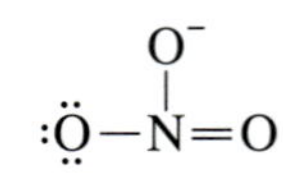

NO_2는 또한 스모그, 오존 생성 등과 관련된 중요한 환경 오염 물질이다. NO_2는 410 nm 이하 파장의 빛에 의해 NO와 O로 광분해될 수 있다. 이때 생긴 산소 원자는 산소 분자와 결합하여 오존을 만든다. 이렇게 해서 대류권에서도 오존이 만들어지는 것이다.

한편 질소 원자에 홀전자를 가진 NO_2는 쉽게 결합해서 N_2O_4를 만든다.

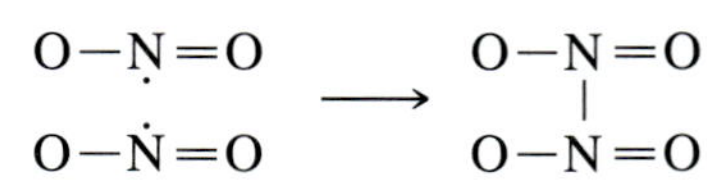

오산화질소(N_2O_5)는 질산의 무수물이다. 따라서 오산화질소의 루이스 구조는 질산의 루이스 구조로부터 다음과 같이 그릴 수 있다.

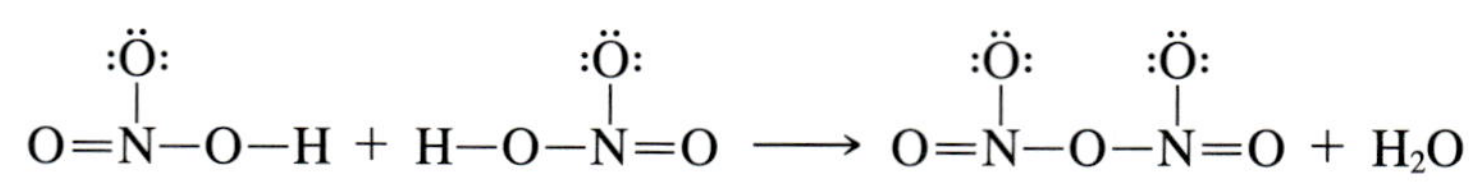

그리고 보면 N_2O_5는 N_2O_4의 질소 원자 사이에 산소 원자가 끼어든 분자이다. N_2O_5는 쉽게 NO_2와 산소로 분해된다.

$$N_2O_5 \longrightarrow 2NO_2 + \frac{1}{2}O_2$$

기체 상태에서 이 반응은 너무 빨라서 반응속도를 측정하기 어렵다. 그러나 사염화탄소(CCl_4) 용매에서는 반응속도가 충분히 느려진다. 게다가 생성된 NO_2는 용액에 남아있고 산소는 기체로 빠져나오기 때문에 산소의 양을 측정하면 N_2O_5의 분해 속도를 잴 수 있다.

예제 10.5

다음 표는 45°C 사염화탄소 용액에서 N_2O_5의 분해 속도를 보여준다. 이 반응이 1차 반응임을 보이고 속도 상수를 구하여라.

시간 (초)	N_2O_5 농도 (M)
0	2.33
319	1.91
526	1.67
867	1.36
1198	1.11
1877	0.72
2315	0.55
3144	0.34

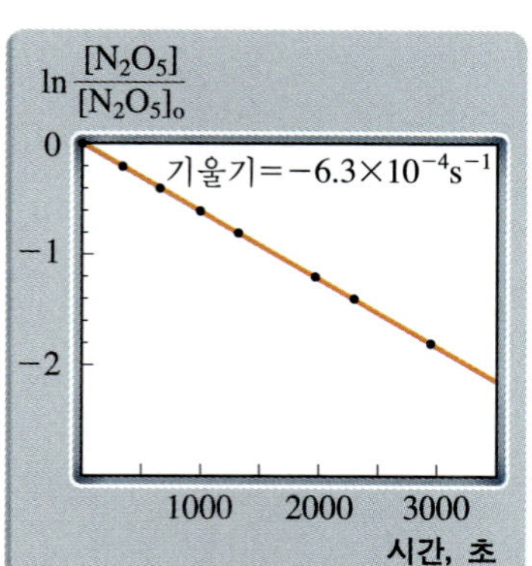

그림 10.3 오산화질소의 분해 속도.

풀이 위의 각 시간에서 $\ln\frac{[N_2O_5]}{[N_2O_5]_0}$ 값을 구하면 0, −0.198, −0.333, −0.538, −0.742, −1.17, −1.44, −1.92가 얻어진다. 이 값을 시간에 대해 그래프를 그리면 아래와 같이 직선이 얻어진다. 이는 이 반응이 1차 반응인 것을 나타낸다. 속도 상수는 기울기의 마이너스 값인 $6.3\times10^{-4}\ s^{-1}$이고, 반감기는 $\frac{0.692}{6.3\times10^{-4}\ s^{-1}} = 1.1\times10^3$ s이다. 위의 데이터로부터 반감기인 1100초에 가까운 1198초일 때 2.33 M의 반보다 약간 작은 1.11 M이 남아 있는 것을 볼 수 있다.

N_2O_5의 분자 구조를 보면 이 분해 반응이 여러 단계를 거쳐서 일어나리라 짐작된다. 1차 반응이라고 해서 반응 자체가 한 단계로 일어나는 것은 아니다. 항상 반응의 차수로부터 반응 메커니즘을 알 수 있는 것은 아니다.

나. 2차 반응

다음 반응이 **2차 반응**(**second-order reaction**)이라고 하면 적분속도식은 아래와 같이 구할 수 있다.

$$2A \longrightarrow \text{생성물}$$

$$\text{반응속도} = -\frac{1}{2}\frac{d[A]}{dt} = k[A]^2$$

$$\frac{d[A]}{dt} = -2k[A]^2$$

$$\frac{d[A]}{[A]^2} = -2k\,dt$$

$$\int\frac{d[A]}{[A]^2} = -2\int k\,dt$$

$$-\frac{1}{[A]} + \frac{1}{[A]_0} = -2kt$$

$$\frac{1}{[A]} = \frac{1}{[A]_0} + 2kt$$

2차 반응에서는 남아있는 반응물 농도의 역수를 시간의 함수로 그래프를 그리면 직선이 얻어진다.

2차 반응의 예에는 위에서 살펴본 이산화질소 생성의 역반응인 이산화질소의 분해 반응이 있다.

$$2NO_2 \longrightarrow 2NO + O_2$$

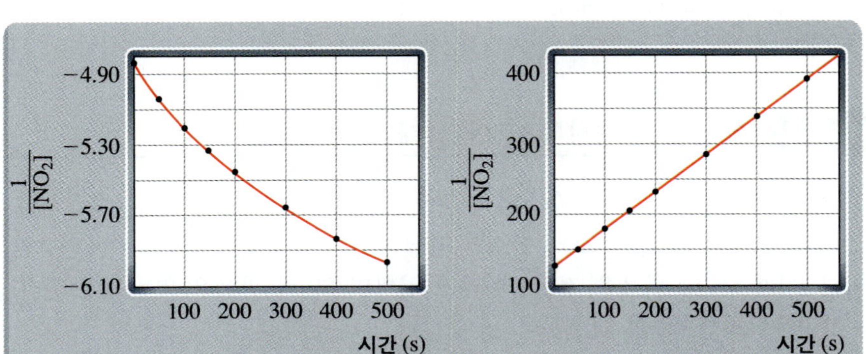

그림 10.4 이산화질소 분해 반응의 차수 테스트.

이산화질소의 분해 반응에서 남아있는 이산화질소에 대하여 $\ln[NO_2]$ 값을 시간에 대해 그래프로 그리면 직선이 얻어지지 않는다. 그것은 이 반응이 1차 반응이 아니라는 것을 의미한다. 반면에 $\frac{1}{[NO_2]}$는 직선을 나타낸다. 이로부터 NO_2의 분해는 N_2O_5의 분해와 달리 두 분자의 충돌을 통해서 일어나는 것을 알 수 있다. 직선의 기울기로부터 2차 반응의 속도 상수를 구할 수 있다.

다. 0차 반응

반응속도가 반응물의 농도에 영향을 받지 않는 **0차 반응(zeroth-order reaction)** 에는 어떤 것들이 있을까? 광화학 반응에서 빛의 양이 제한적이라면 반응물의 농도가 증가해도 반응속도는 변하지 않을 것이다. 촉매 표면에서 일어나는 반응도 그러한 경우가 많다. 0차 반응에서는 반응 물질의 양은 시간에 비례해서 감소한다.

$$\frac{d[A]}{dt} = -k$$

$$kt = [A]_o - [A]$$

따라서 이 경우에는 1차 반응이나 2차 반응과는 달리 남아있는 반응 물질의 농도 자체를 시간에 대해 그래프를 그리면 음의 기울기를 가지는 직선이 얻어진다. 요약하면 0차 반응에서는 [A]를, 1차 반응에서는 ln[A]를, 그리고 2차 반응에서는 $\frac{1}{[A]}$를 시간에 대해 그래프를 그리면 직선이 얻어진다.

10-3 높은 온도가 필요한 두 번째 이유

우리는 8장에서 철기 문명의 시작과 같은 인류사적 사건을 통해 높은 온도가 필요한 첫 번째 이유를 알아보았다. 그 핵심을 다시 요약해 보자. 산화철로부터 산소를 떼어내고 철을 얻는 반응은 엔트로피가 증가하는 반응이다. 높은 온도에서 엔트로피 증가 효과가 더 커지고 따라서 깁스 자유 에너지가 더 낮아져서 반응이 더 많이 진행한다. 즉, 제철소에서 용광로의 "온도"를 높이는 것은 산화철을 환원시켜서 철을 얻는 "반응의 정도"를 높이기 위해서이다. 그런데 반응이 아무리 많이 일어나더라도 무한정 오래 기다려야 한다면 곤란할 것이다. 대부분의 반응은 높은 온도에서 빨리 일어난다. 높은 온도가 필요한 두 번째 이유는 "반응의 속도"를 높이기 위해서인 것이다. 높은 온도에서 반응이 빨리 일어나는 이유를 이해하기 위해서는 활성화 에너지라는 개념을 이해해야 한다.

10-3-1 활성화 에너지와 전이 상태

태양 에너지를 사용해서 물을 수소와 산소로 분해하는 반응은 대단히 유용하고 매력적인 반응이다. 이 반응은 수소가 산소와 폭발적으로 반응해서 물이 되는 반응의 반대 방향이다. 이때 (1) 의 반응을 정반응이라고 한다면 (2) 의 반응은 역반응이 된다. 물론 (2) 가 정반응이라면 (1) 이 역반응이 될 것이다.

$$H_2 + \frac{1}{2}O_2 \longrightarrow H_2O \quad (\text{수소의 연소}, \Delta H^o = -286\ \text{kJ/mol}) \qquad (1)$$

$$H_2O \longrightarrow H_2 + \frac{1}{2}O_2 \quad (\text{물의 분해}, \Delta H^o = 286\ \text{kJ/mol}) \qquad (2)$$

그런데 (1)의 반응은 일단 시작되면 많은 에너지(물 1 몰당 286 kJ)를 내면서 폭발적으로 진행되지만 수소와 산소를 섞어주고 그대로 두면 거의 변화를 감지할 수 없을 정도로 느리게 일어난다. 그 이유는 수소 분자와 산소 분자의 결합이 깨어져야 재결합이 일어나서 물 분자가 만들어지기 때문에 결합을 깨는데 필요한 에너지를 초기에 외부로부터 공급해 주어야 하기 때문이다. 이러한 상황은 마치 댐에 물이 갇혀 있듯이 반응물과 생성물 사이에 넘어야 할 에너지 장벽(障壁, energy barrier)이 있는 것으로 볼 수 있다. 공기의 21%가 산소인 것을 생각하면 만일 이러한 에너지 장벽이 없다면 세상은 온통 불바다가 되고 말지 모른다. 반응물이 이 장벽을 넘을 수 있는 에너지를 가진 경우 반응이 활성화된다는 의미에서 에너지 장벽은 **활성화(活性化) 에너지(activation energy, E_a)**라고도 부른다.

수소의 연소처럼 엔탈피 변화가 큰, 즉 발열량이 큰 경우에는 반응의 결과로 나온 열이 주위의 수소에게 활성화 에너지를 제공하여 반응이 연쇄적으로 일어나기 때문에 반응이 폭발적이다.

우리 주위에서도 가끔 일어나는 가스 폭발사고뿐만 아니라 일상생활에서 도시 가스로 취사를 하는 경우, 휘발유로 자동차를 움직이는 경우 등 모두 반응열로 에너지 장벽을 넘는 연쇄 반응의 예들이다.

활성화 에너지의 크기는 어느 정도일까? (1)의 반응을 생각해보면 결합이 강한 수소 분자(H_2, 결합 엔탈피 436 kJ/mol)와 산소 분자(O_2, 결합 엔탈피 496 kJ/mol)가 원자로 분해되고 원자들이 충돌하여 물 분자를 만드는 것보다 활성화 에너지가 낮은 반응 경로가 있을 듯하다. 특히 촉매 표면에서 산소 분자가 수소 분자에 접근하면 전기음성도가 높은 산소는 전기음성도가 낮은 수소로부터 전자를 끌어당긴다. H_2에서는 두 개의 수소 원자가 전자를 공유하여 결합을 이루고 있었는데 일부 전자를 산소에게 빼앗기면 결합이 약해질 것이다. 한편 O_2에서는 두 개의 산소 원자가 이중 결합을 이루었지만 둘 다 전기음성도가 높은 산소이고 보니 둘 다 전자가 아쉬운 상황이다. 이때 한 산소 원자가 수소로부터 전자를 끌어당겨 부분적인 결합을 이루면 산소–산소 결합은 약화되고 경우에 따라서는 결합이 끊어진다. 반대쪽에서 수소–수소 결합도 끊어지면 결과적으로 OH 라디칼(radical, ·H)과 수소 원자, 산소 원자가 생긴다. 라디칼은 홀전자를 가지고 있어 옥텟 규칙을 만족시키지 못한, 따라서 반응성이 아주 높은 화학종이다. 수소 원자와 산소 원자도 라디칼이다. OH 라디칼이 촉매 표면에서 수소 원자와 만나면 물이 되고, 수소 분자와 만나면 물과 수소 원자를 만들 것이다.

$$O{=}O + H{-}H \longrightarrow O\cdot\cdot O\cdot\cdot H\cdot\cdot H \longrightarrow O + \cdot O{-}H + H \longrightarrow H{-}O{-}H$$

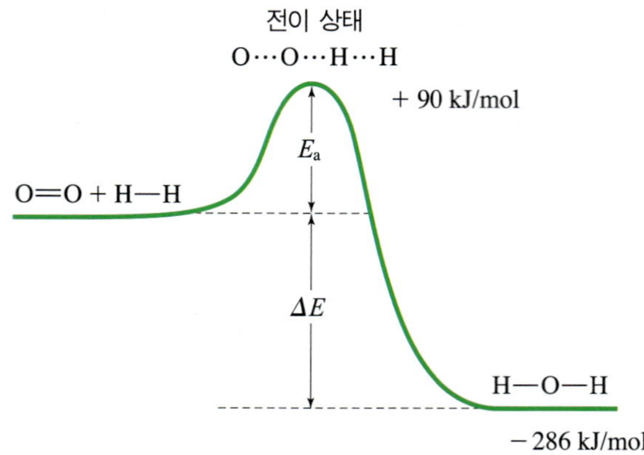

그림 10.5 수소와 산소가 반응해서 물이 되는 과정에서 거쳐 가는 불안정한 전이 상태.

위에서 살펴본 대로 화학 반응이란 반응물에서 생성물로 바뀌는 과정인데 이 과정에서 분자의 구조는 처음에는 반응물을 닮은 구조에서 서서히 나중에는 생성물을 닮은 구조로 바뀌어 나갈 것으로 짐작할 수 있다. 따라서 이러한 반응이 진행되고 있는 중간 단계의 화합물은 반응물도 아니고 생성물도 아닌 매우 불안정한 상태가 될 텐데 이를 **전이 상태(轉移狀態, transition state)**라고 부르며 이러한 전이 상태는 에너지적으로는 불안하면서 분자의 구조적인 측면에서 보면 반응물의 결합이 깨어지고 생성물의 결합이 만들어지는 중간 과정이기 때문에 양 쪽의 구조적 특성을 일부씩이나마 가지고 있다.

반응물 입장에서 보면 불안정한 전이 상태를 넘어 생성물로 가기 위해서는 적어도 전이 상태에 해당하는 만큼의 에너지를 외부에서 가해서 분자계를 활성화 시켜주어야 하는데 이와 같이 전이 상태를 넘을 수 있도록 가해주는 최소한의 외부 에너지가 활성화 에너지인 것이다.

만약 전이 상태가 없다면 활성화 에너지는 생성물을 만들기 위해 필요한 반응물의 모든 결합을 깨는 에너지가 될 것인데 그 이유는 전이 상태가 없으므로 반응이 진행하기 위해서는 설사 나중에는 재조합을 하더라도 일단은 생성물을 만들기 위해 필요한 반응물의 모든 결합을 깨야하기 때문이다. 그러나 같은 반응이라도 만약 전이 상태를 거친다면 통상 활성화 에너지는 위 에너지의 10 ~ 20%에 지나지 않는데 그 이유는 깨야 할 결합을 깨는 도중에 만들어야 할 결합을 만들어 나가기 때문에, 에너지를 쓰기만 하는 것이 아니라 만들기도 하면서 반응이 진행되므로 중단 단계를 지나가기 위해 굳이 깨야할 모든 결합을 다 깨놓고 시작할 필요가 없기 때문이다.

따라서 (1)의 반응이 일어나기 위해서는 반드시 몰당 436 kJ의 에너지를 공급해서 수소의 결합을 깨거나 몰당 496 kJ의 에너지를 공급해서 산소의 결합을 깨야하는 것은 아니다. 여기서 핵심은 O−H의 부분 결합을 만들면서 H−H, O=O 결합을 느슨하게 만드는 과정이다. 팔라듐(Pd) 같은 전이 금속 표면에서 일어나는 이 과정의 활성화 에너지는 몰당 90 kJ 정도로 알려졌다. (1)의 정반응의 활성화 에너지가 90 kJ/mol이라면 물이 분해되는 역반응의 활성화 에너지는 약 380 kJ/mol로 네 배 이상이고, 그래서 물의 분해는 쉽지 않은 것이다.

10-3-2 온도와 반응속도

화학 반응이 분자 사이에 충돌이 있어야 일어나고, 뿐만 아니라 반응물과 생성물 사이에 넘어야 할 에너지 장벽이 있다면 일반적으로 높은 온도에서 반응이 빨리 일어나리라는 것은 쉽게 짐작할 수 있다. 높은 온도에서는 높은 에너지를 가지는 분자들의 분율이 높기 때문에 에너지 장벽을 넘어서 반응을 일으킬 수 있는 분자들이 많아지는 것이다. 실제로 우리 주위에서도 그런 경우를 쉽게 찾아볼 수 있다. 사람같은 정온 동물은 일정한 체온을 유지해서 주위의 온도 변화에 상관없이 체내에서의 화학 반응속도를 일정하게 유지한다. 반면 변온 동물은 날씨가 추워지면 체온도 내려가서 대사 등 생명 활동에 필요한 반응의 속도가 떨어지기 때문에 동면을 하거나 활동을 크게 줄인다. 냉장고에서 식품이 오래 저장되는 것도 숙성, 부패 등에 관련된 반응속도가 낮아지기 때문이다. 흔히 온도가 10도 올라가면 반응속도가 두 배 빨라진다고 한다. 방안의 온도가 24도라면 내부 온도가 4도인 냉장고에서는 식품을 네 배 정도 오래 저장할 수 있을 것이다.

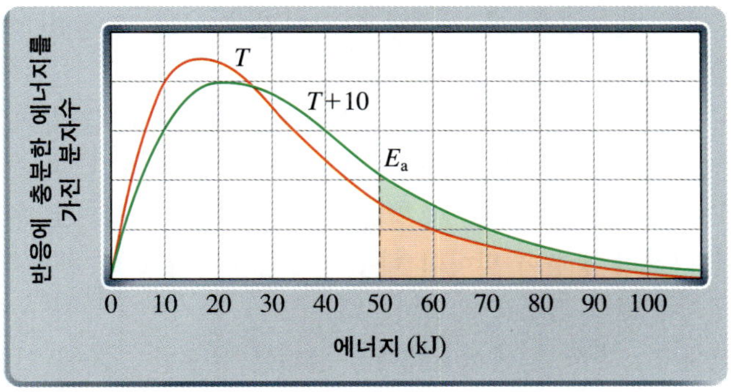

그림 10.6 온도에 따른 반응속도의 변화. 높은 온도에서는 활성화 에너지, E_a보다 높은 에너지를 가지는 분자의 분율이 높아져서 반응속도가 증가한다.

여러 가지 실험 결과에 근거하여 1889년에 아레니우스(Arrhenius)는 다음과 같은 반응속도 상수와 온도의 관계를 제안했다.

$$k = \mathrm{A}e^{-E_a/RT}$$

여기서 E_a는 활성화 에너지, R은 기체 상수이고 A는 k와 단위가 같은 상수이다. 양변의 자연대수를 취하면

$$\ln k = \ln \mathrm{A} - E_a/RT$$

가 얻어진다. 여러 온도에서 속도 상수를 측정하고 ln k를 $1/T$에 대해서 그래프를 그리면 대부분의 경우에 대략적인 직선이 얻어진다. 직선의 기울기로부터 E_a를, 절편으로부터 A를 구할 수 있다.

예제 10.6

상온에서 온도가 10도 올라갈 때 반응속도가 두 배 빨라진다면 활성화 에너지는 얼마인 셈인가?

풀이 298 K, 308 K의 두 온도에서 반응속도 상수 k에 대한 식을 쓴다.

$$\ln k_{298} = \ln \mathrm{A} - E_a/298R$$

$$\ln k_{308} = \ln \mathrm{A} - E_a/308R$$

위의 식에서 아래 식을 빼면

$$\ln\frac{k_{298}}{k_{308}} = \ln\frac{1}{2} = \frac{E_a}{R} \times \left(\frac{1}{308} - \frac{1}{298}\right)$$

$$E_a = \ln\frac{1}{2} \times \frac{8.314}{\frac{1}{308} - \frac{1}{298}}$$
$$= -0.693 \times \left(\frac{8.314}{-0.000109}\right)$$
$$= 52900 \text{ J/mol} = \text{약 } 53 \text{ kJ/mol}$$

대부분 반응의 활성화 에너지는 C−H, O−H 등 결합 에너지의 대략 10분의 1 정도인 것을 알 수 있다. 한편 아레니우스식에서 RT는 대략적으로 계의 평균 에너지에 해당한다. RT가 축구팀의 전반적 실력이라면 활성화 에너지는 상대팀의 전력 때문에 우리가 극복해야 할 벽이다. 그렇다면 $e^{-E_a/RT}$은 우리의 실력으로 상대의 벽을 넘을 가능성을 나타낸다. 벽이 높을수록 이 가능성은 작아질 것이고, 일정한 상대를 이기려면 우리의 실력을 높여야 할 것이다.

A는 충돌 횟수와 충돌 방향에 관한 상수이다. 축구에서도 일단 슛의 횟수가 많아야 한다. 그러자면 선수들이 열심히 뛰면서 자주 공을 잡아야 한다. A도 온도에 영향을 받는 것이다. 마지막으로 공이 정확한 방향으로 날아가야 득점으로 연결되고 태권도에서도 나무결과 타격의 방향이 맞아야 나무가 쪼개지듯이 화학 반응에서도 분자들이 적절한 방향에서 충돌해야 생성물이 얻어진다.

아레니우스 식에서 $e^{-E_a/RT}$를 예제 6.22에서 살펴본 볼츠만 인자와 같은 의미로 파악하면 반응속도에 대한 온도의 영향을 보다 잘 이해할 수 있다. 온도가 높아지면 정반응과 역반응의 속도가 모두 빨라지지만 활성화 에너지가 낮은 정반응에서 그 효과가 훨씬 더 크게 나타나기 때문에 전체 반응의 속도가 증가하는 것이다. 다시 말해서 높은 온도에서는 정반응의 에너지 장벽을 넘을 수 있는 에너지를 가진 반응물의 분율이 크게 증가하는데, 그에 비해 에너지 장벽이 훨씬 높은 역반응의 경우에는 그러한 효과가 크지 않다.

예제 10.7

수소와 산소가 물로 바뀌는 정반응의 활성화 에너지는 90 kJ/mol이고, 그의 역반응, 즉 물이 수소와 산소로 분해되는 반응의 활성화 에너지는 376 kJ/mol이다. 각각의 경우에 대하여 300 K와 400 K에서의 볼츠만 인자를 구하여라. $R = 8.3145 \text{ J K}^{-1}\cdot\text{mol}^{-1}$

풀이 정반응

300 K : $e^{-\Delta E_a/RT} = e^{-[90000/(8.3145)(300)]} = 2.1 \times 10^{-16}$

1000 K : $e^{-\Delta E_a/RT} = e^{-[90000/(8.3145)(1000)]} = 2.0 \times 10^{-5}$

역반응

300 K : $e^{-\Delta E_a/RT} = e^{-[376000/(8.3145)(300)]} = 3.4 \times 10^{-66}$

1000 K : $e^{-\Delta E_a/RT} = e^{-[376000/(8.3145)(1000)]} = 2.3 \times 10^{-20}$

10-4 반응 메커니즘

반응속도는 그 자체로도 중요하지만 반응 메커니즘에 관한 정보를 제공한다는 면에서도 중요하다. 90분 축구 경기에서 어느 팀이 3대 0으로 이겼다는 것이 반응의 결과라면, 반응 메커니즘이란 누가 누구에게 공을 패스하고 누가 누구를 제끼고 슛을 날려 득점을 했는가에 관한 구체적인 경기 과정에 해당한다. 우리가 관찰하는 반응의 결과는 여러 단위 반응(單位反應, elementary reaction)들이 이어져서 나타나는 것이다. 단위 반응들을 연구하고 반응 메커니즘을 이해하는 것은 화학의 핵심이다.

화학 반응속도가 반응물의 농도에 단순히 관련되지 않는 경우들이 관찰되면서 반응속도로부터 반응 메커니즘이 밝혀지기 시작하였다. 예를 들어 인은 공기 중에서 빛을 발하는 인광 현상을 나타낸다. 그런데 순수한 공기에서나 산소의 분압이 낮은 경우에 인은 빛을 내지 않는다. 러시아의 세메노프(Semenov, 1956년 노벨 화학상)는 여러 단계를 거치는 인과 산소 사이의 연쇄 반응에서 산소의 압력이 중간 정도일 때 반응성이 높은 중간 물질의 농도가 충분히 높아지는 것으로 설명할 수 있었다.

압력이 반응 메커니즘에 영향을 미치는 또 하나의 흥미로운 예는 바로 수소와 산소가 반응해서 물이 되는 경우이다. 세메노프와 1956년 노벨 화학상을 공동 수상한 영국의 힌셸우드는 기체 상태에서 수소와 산소의 반응을 여러 압력 조건 하에서 조사하여 다음과 같은 결과를 얻었다. 550℃ 정도의 높은 온도에서도 전체 압력이 1 mm Hg (0.0013 기압)보다 아주 낮으면 수소와 산소의 2:1 혼합 기체는 아주 느리게 반응한다. 압력이 증가하면 반응속도가 서서히 증가하다가 1 mm 정도에서는 갑자기 폭발적으로 반응이 일어난다. 0.2 기압 정도에서는 반대로 폭발이 일어나지 않고, 1 기압 이상에서는 다시 폭발이 일어난다. 힌셸우드는 기체 상태에서 수소와 산소의 반응 메커니즘을 아래와 같이 제안했다.

힌셸우드(Cyril Hinshelwood, 1897-1967). 영국 옥스퍼드대학 교수를 역임했으며, 1956년에 노벨 화학상을 수상하였다.

$$1.\ H_2 \longrightarrow 2H$$
$$2.\ H + O_2 \longrightarrow \cdot O-H + O$$
$$3.\ H-O\cdot + H_2 \longrightarrow H_2O + H$$
$$4.\ O + H_2 \longrightarrow \cdot O-H + H$$

반응 1에서 생긴 수소 원자 한 개는 반응 2를 통해 O−H 라디칼과 또 하나의 라디칼인 산소 원자를 만들어낸다. 그런데 이 산소 원자는 반응 4를 통해 두 개의 라디칼을 만든다. 결국 수소 원자 한 개당 세 개의 라디칼이 만들어져서 반응이 촉진되는 것이다. 압력이 아주 낮을 때는 초기에 생긴 라디칼들이 반응 용기의 벽과 충돌해서 소멸(消滅, quenching)된다. 압력이 1 mm Hg보다 높아지면 소멸되는 것보다 훨씬 많은 라디칼들이 만들어져서 위와 같이 반응이 가지를 치면서 일어나면서 폭발로 이어진다. 압력이 더 높아지면 기체 분자들 자체가 라디칼과 충돌해서 소멸 효과를 나타내기 때문에 오히려 폭발이 일어나지 않는다. 이처럼 폭발에 관련된 라디칼에 의한 연쇄 반응은 2차 세계대전이 끝나면서 많은 관심을 끌었다. 한편 탄화수소의 연소에도 같은 원리가 적용되어 자동차 엔진에서의 녹킹(knocking)을 이해하고 방지하는 데도 기여했다.

위의 메커니즘을 전기음성도와 활성화 에너지 측면에서 다시 살펴보자. 처음에 수소 분자의 공유 결합을 끊으려면 외부에서 에너지를 공급해야 한다. 성냥을 그어대는 것과 같은 점화가 필요한 이유이다. 반응 2에서 전기음성도가 높은 산소는 전기음성도가 낮은 수소로부터 전자를 얻어 안정화되는 맛에 O=O 이중 결합을 깨고 O−H 라디칼이 된다. 이때 활성화 에너지는 산소의 이중 결합을 깨는 데 필요한 에너지보다 훨씬 낮다. 한편으로는 O−H 결합이 만들어지고 다른 한편으로는 O−O 결합이 깨어지는 중간 단계의 전이 상태로 가는 데 필요한 활성화 에너지는 그리 높지 않기 때문이다.

O−H 라디칼에서 산소는 전자가 한 개 부족한 상태이다. 이때 생긴 산소 원자는 전자가 두 개 부족하다. 주위에서 전자를 내줄 만한, 즉 전기음성도가 낮은 화학종은 H_2

와 H인데 아무래도 H_2가 풍부하기 때문에 산소 원자는 반응 4에 따라 H_2에서 전자를 얻어 O−H 라디칼이 된다. 이때 O−H 라디칼이 같이 생긴 H와 결합하면 금방 물이 될 테지만 모든 입자들이 활발하게 운동하고 있는 높은 온도하에서 그럴 확률은 아주 낮다. 그보다 O−H 라디칼은 주위에 풍부한 수소 분자와 충돌해서 물을 만든다. 그리고 이때 떨어져나온 수소 원자는 반응 2에 따라 O−H 라디칼과 산소 원자를 만들어 전체 과정이 돌아가게 한다.

위의 메커니즘은 다음과 같이 요약할 수 있다.

1. 초기에 외부에서 제공한 에너지는 수소 분자의 공유 결합을 깨어 반응을 시작시키는데 사용된다 (개시, initiation). 이때 산소 분자의 이중 결합은 깨어지지 않는다.
2. 처음에 생긴 라디칼(수소 원자)은 보다 많은 라디칼을 만들어 반응이 연쇄적으로 진행되게 한다 (전파, propagation).
3. 모든 라디칼은 주위에 풍부한 분자들과 반응한다.
4. 모든 라디칼과 분자 사이의 반응에서 전기음성도가 높은 산소는 전기음성도가 낮은 수소와 반응한다. 이 과정의 활성화 에너지는 비교적 낮으며 안정한 물이 생길 때 (종결, termination) 발생하는 열은 활성화 에너지를 극복하는 데 사용된다.

10-5 촉매 반응

정촉매는 결혼의 중매장이라고 볼 수 있다. 자동차 공장에서 부품들을 조립하는 로봇을 생각하면 좋을 것이다. 로봇이 자동차에 끼어 들어가면 안 된다.

화학 반응에서 자신은 바뀌지 않으면서 반응을 빠르게 하거나 느리게 하는 물질을 **촉매(觸媒, catalyst)**라고 한다. 대부분의 경우에 우리는 반응속도를 증가시키는 정촉매에 관심을 가진다. 촉매는 생성물의 일부가 되지 않고 반응물들을 붙잡아서 반응이 잘 일어나도록 해 주고는 생성물은 내보내고 다시 같은 동작을 반복한다. 우리 몸에서도 매순간 수천 가지의 촉매가 생화학 반응을 체온에서 일어나도록 해 주고 있다.

10-5-1 하버-보쉬 공정

화학이 인류의 복지에 크게 기여한 예는 한 두 가지가 아니지만 인류 전체에게 보편적으로 혜택을 가져다준 가장 중요한 일로는 9장에서 살펴본 하버에 의한 암모니아 합성을 들 수 있다. 질소 비료의 원료인 암모니아는 하버법이 개발된 1913년 이후 수십억 인구의 먹는 문제를 해결한 것이다. 실은 하버법이 없었다면 현재 세계 인구의 40%는 존재 자체가 불가능하다고 한다. 1500년에서 1900년 사이에 세계 인구는 불과 세 배 정도 증가해서 20세기가 시작될 당시 세계 인구는 16억 정도였다. 그런데 불과 100년 사이에 60억을 넘어섰다. 질소의 공급원으로 동물의 분뇨에 의존할 수 밖에 없었던 과거 수천 년의 농업 방식으로는 상상할 수 없는 인류의 호황이 아래의 반응 덕에 이루어진 셈이다.

$$N_2 + 3H_2 \longrightarrow 2NH_3$$

그런데 반응식으로 보아서는 간단해 보이는 암모니아 합성이 어려운 이유는 공기에 풍부한 질소는 삼중 결합을 이루고 있어서 원자로 분해가 잘 안되기 때문이다.

전기음성도가 3.0으로 비교적 높은 질소가 전기음성도가 2.2로 비교적 낮은 수소와 결합을 이루는 이 반응은 발열 반응이다. 따라서 르샤틀리에 원리에 따르면 온도를 낮추어야 평형이 오른쪽으로 이동해서 반응의 수율이 높아질 것이다. 그러나 온도가 낮으면 반응속도가 느려진다. 그래서 온도를 너무 높지 않게 유지하면서 반응이 빨리 진행하도록 하는 방법을 찾아야 한다. 한편 압력을 높이면 몰수가 줄어드는 방향으로 평형이 이동해서 수율이 높아진다. 만들어진 암모니아를 제거하는 것도 중요하다.

하버법의 핵심은 적절한 촉매의 사용에 있다. 촉매란 자동차 조립 공장의 로봇처럼 반응을 촉진시키지만 반응물이나 생성물의 일부로 반응에 참여하지는 않는 물질을 말한다. 하버법에서는 주로 산화철(Fe_3O_4)을 환원시켜 산소가 빠져나가고 표면에 철원자들이 배열된 다공성 입자 촉매를 사용한다. 그런데 오랫 동안 이러한 철 촉매를 사용하면서도 촉매작용이 일어나는 메커니즘은 제대로 알지 못했다. 특히 궁금한 문제는 질소가 촉매 표면에서 원자 상태로 존재하는지 여부였다. 질소보다 결합이 약한 수소가 금속 표면에서 원자로 분해되는 것은 알려져 있었다. 프랑스의 사바티에(Sabatier)는 아주 가는 금속 분말을 사용하여 아세틸렌, 에틸렌 같은 불포화탄화수소에 수소를 도입하는 방법을 개발하여 1912년 노벨 화학상을 수상한 바 있었다. 이 방법은 불포화지방산이 많이 들어 있는 액체 기름(oil)을 수소화해서 포화 지방산이 많은 고체 지방(脂肪, fat)으로 바꾸는 데도 이용된다.

1970년대부터 독일 프릿츠 하버 연구소의 에르틀은 다양한 실험 방법을 동원하여 기체와 고체 계면의 화학을 상세히 연구했다. 그는 특히 하버법에 사용되는 촉매 반응을 많이 연구하여 질소가 철 표면에 화학 흡착(化學吸着, chemisorption)되는 과정이 느리기 때문에 전체 반응의 속도를 결정하는 **반응속도결정 단계**(**反應速度決定段階**, **rate-determining step**)인 것을 보였다. 그는 또 광전자 분광학(光電子分光學, photoelectron spectroscopy)을 사용해서 철 표면에 질소 원자가 존재하는 것을 증명했다. 질소 분자가 철 촉매 표면에 접근하면 전기음성도가 높은 질소는 전기음성도가 1.9로 상당히 낮은 철 원자들에게 둘러싸이면서 화학 흡착이 일어나고 삼중 결합이 깨어지는 것이다. 그리고 하버법에서는 소량의 포타슘을 촉진제로 사용한다. 전기음성도가 0.8로 아주 낮은 포타슘이 철에게 전자를 내주어서 철로 하여금 질소에 잘 작용하도록 하는 것이다. 일단 촉매 표면에 질소 원자와 수소 원자가 생기는 다음 과정은 엔탈피 변화가 -250 kJ/mol 정도인 발열 과정이다.

에르틀(Gerhard Ertl, 1936-). 하버법의 촉매 메커니즘을 밝혀서 2007년 노벨 화학상을 수상하였다.

$$\frac{1}{2}N_2(g) + \frac{3}{2}H_2(g) \longrightarrow \frac{1}{2}N_2(surf) + \frac{3}{2}H_2(surf) \longrightarrow N(surf) + 3H(surf)$$

촉매 표면에서 질소 원자와 수소 원자가 반응하는 다음의 모든 단계는 흡열 과정이어서 기체 상태의 질소와 수소가 반응해서 암모니아를 만드는 전체 과정의 엔탈피 변화는 -46 kJ/mol이 된다.

$$N(surf) + 3H(surf) \longrightarrow NH(surf) + 2H(surf) \longrightarrow NH_2(surf) + H(surf) \longrightarrow NH_3(surf) \longrightarrow NH_3(g)$$

이와 같이 촉매를 사용하면 400°C, 300 기압 정도의 조건에서 10~20% 수율로 암모니아를 합성할 수 있다. 오늘날 전세계의 연간 암모니아 생산량은 1억5천만톤에 이른다. 한 사람당 20 킬로그램을 넘는 이 엄청난 양의 암모니아는 모두 하버법에 의해 생산된다. 하버는 1918년 노벨 화학상을 수상했고, 높은 압력에서 이 반응이 일어나도록 하는 공정을 개발하여 실용화의 길을 연 보쉬는 1931년 노벨 화학상을 수상했다. 전체 공정을 **하버-보쉬 공정**(**Haber-Bosch process**)이라고 한다.

일상생활에서 촉매가 사용되는 또 하나의 중요한 예로 자동차에 부착하는 촉매 변환장치 (catalytic converter) 가 있다. 엔진에서 휘발유가 불완전 연소하면 일산화탄소 (CO), 탄화수소가 생기고, 높은 온도에서 NO나 NO_2도 생긴다. 이런 유해한 물질들이 공기로 배출되는 양을 최소화하는 데도 촉매가 사용된다. 촉매 변환장치에는 백금과 로듐이 주로 사용되는데, 백금은 일산화탄소와 탄화수소를 이산화탄소와 물로 바꾸는 산화 촉매로, 로듐은 NO나 NO_2를 N_2로 바꾸는 환원 촉매로 작용한다. 에르틀은 촉매 표면에서 산소가 원자로 분해되고 이 산소 원자가 촉매 표면에 흡착된 일산화탄소와 반응해서 이산화탄소로 바뀌는 것도 알아냈다. 하버법의 철 촉매나 촉매 변환장치의 백금, 로듐 촉매처럼 반응 물질 (기체) 과 촉매 (고체) 의 상이 다른 경우를 **불균일 촉매** (**不均一觸媒, heterogeneous catalyst**) 라 하고, 반응 물질과 촉매의 상이 같은 경우는 **균일 촉매** (**homogeneous catalyst**) 라고 한다. 세포나 시험관에서의 효소 반응은 대부분 효소와 반응물인 기질 (基質, substrate) 이 균일하게 섞인 상태에서 일어난다. 12장에서 다룰 오존층의 파괴와 같이 대기에서 일어나는 반응도 마찬가지다.

10-5-2 효소 반응

모든 촉매가 다 중요하지만 세포 내에서 생명 활동에 필요한 반응들을 촉진시키는 촉매는 특히 흥미롭다. 이러한 촉매를 **효소** (**酵素, enzyme**) 라 부른다.

인류는 수천년 전부터 포도주를 만들고 효모 (酵母, yeast) 를 사용해서 알코홀 발효를 일으켜 맥주, 막걸리 등 술을 빚어왔다. 포도주를 만들 때는 포도껍질에 있는 곰팡이의 효소작용을 이용한다. 이처럼 곡식이나 과일이 술로 바뀌는 과정에는 효모나 곰팡이 같은 생명체가 필요한 것처럼 보였다. 1878년에 퀸 (Kuhne) 은 이런 작용을 설명하기 위하여 "효모 안에 들어있는"이라는 의미에서 enzyme이라는 말을 처음 사용했다. 그런데 독일의 뷰흐너는 효모를 파괴하고 내용물을 추출하여 얻은 추출물이 플라스크 안에서 발효를 일으키는 것을 증명했다. 필요한 것은 생명체의 생명력이 아니라 효모에 들어있는 어떤 물질이었던 것이다.

뷰흐너 (Eduard Büchner, 1860-1917). 1907년 노벨 화학상을 수상하였다.

뷰흐너는 뮤니히 대학의 바이에르 (Baeyer, 인디고 등 염료 합성으로 1905년 노벨 화학상 수상) 밑에서 수학했는데 효모에 의한 발효 연구는 그때 시작된 것이었다. 그는 효모를 유리와 함께 갈아서 세포를 분쇄하고 추출물을 눌러 짜서 얻은 즙 (汁, press juice) 도 공기가 있건 없건 상관없이 알코올 발효를 일으키는 것을 보여 주었다. 현미경으로 이 즙을 조사해도 효모균은 보이지 않았다. 뷰흐너의 발견을 통해 생명체에서 일어나는 반응이나 무생물에서 일어나는 반응이나 근본적으로 같은 화학 반응이라는 점이 확실해졌다.

효소는 DNA의 복제, DNA로부터 RNA의 합성, RNA로부터 단백질의 합성, 세포 기능의 조절 등 여러 반응에 관여하지만 유전정보로부터 만들어지는 단백질 중 많은 부분은 대사 (代謝, metabolism) 에 관련된 효소들이다. 세포활동을 위해서는 수천 가지의 생화학 반응들이 일어나야 하는데 이들은 모두 효소의 촉매작용을 필요로 하기 때문이다. 예를 들어, 음식을 먹으면 다이아스테이즈 (diastase) 가 녹말을 분해하고, 라이페이즈 (lipase) 는 지방을 분해한다. 단백질 분해효소에는 펩신 (pepsin), 트립신 (trypsin), 카이모트립신 (chymotrypsin) 등이 있다.

아미노산은 중심 탄소 원자에 산성인 카복실기 (carboxyl group) 와 염기성인 아미노기 (amino group) 가 같이 들어있는 분자량이 80 ~ 200 정도인 화합물인데, 단백질은 한 아미노산의 카복실기와 다른 아미노산의 아미노기로부터 물이 빠지면서 펩타이드 결합을 이룬 폴리펩타이드인데, 보통 100개 내지 1000개 정도의 아미노산으로 이루어진다.

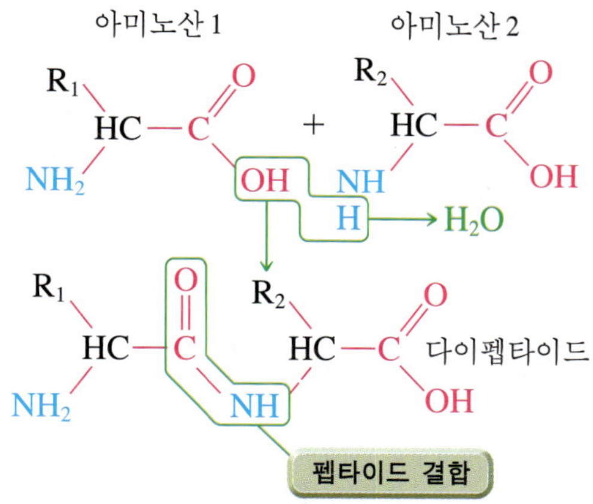

우리 몸에서 중요한 역할을 하는 단백질 중에는 캐털레이스(과산화수소분해효소, catalase)라는 효소가 있다. 현재 지구 환경은 상당히 산화성이다. 우리도 음식을 소화시키고 산화해서 에너지를 얻기 때문에 산화작용의 부산물인 **활성 산소**(**活性酸素, reactive oxygen species**)에 노출되고 있다. 그리고 이런 활성 산소는 노화와 여러 가지 질병의 원인이 되기도 한다. 그래서 세포는 활성 산소를 제거하기 위하여 캐털레이스라는 효소를 가지고 있다. 캐털레이스는 과산화수소를 물과 산소로 분해하는 중요한 효소로서 반응속도가 가장 빠른 효소 중의 하나로 알려졌다. 캐털레이스 한 분자는 1초 당 약 4천만 분자의 과산화수소를 분해한다.

트립신은 특히 실험실에서 많이 사용되는 효소이다. 트립신은 단백질 분해의 특이성이 아주 높은데, *N*-말단 쪽의 아미노산(amino acid, aa) 잔기가 염기성인 라이신(lysine)과 아르지닌(arginine)인 펩타이드 결합을 가수분해한다.

$$\mathrm{NH_2-aa1-aa2-\ ...\ -}\text{라이신}\mathrm{-aaX-\ ...\ aaZ-COOH}$$
$$\longrightarrow \mathrm{NH_2-aa1-aa2-\ ...\ -}\text{라이신}\mathrm{-COOH + NH_2-aaX-\ ...\ aaZ-COOH}$$

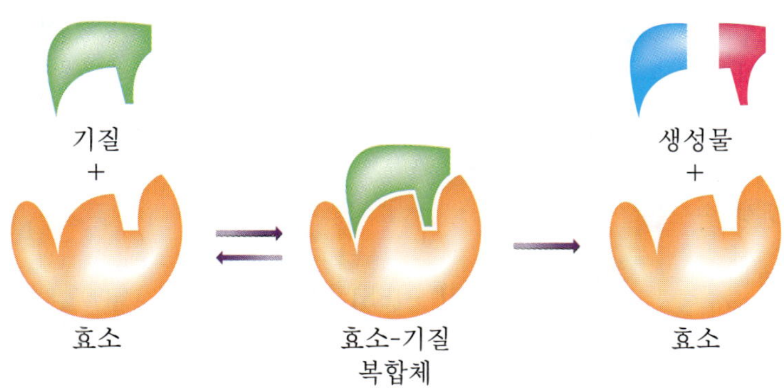

그림 10.7 효소 작용의 기본 도식. 기질과 효소는 열쇠와 자물쇠처럼 꼭 맞는다. 그러나 생성물은 효소와 결합하지 못한다.

트립신 같은 효소의 작용을 그림과 같이 일반화해서 이해할 수 있다. 효소에는 기질이 결합할 수 있는 특정한 3차원적 구조를 가진 결합 부위(結合部位, binding site)가 있다. 효소의 특징은 특정한 반응에 대해서만 촉매작용을 하는 특이성(specificity)에 있다. 예를 들면 녹말을 가수분해하는 아밀레이스(amylase)는 셀룰로스를 가수분해하지 못한다. 그래서 사람은 풀을 먹고 살 수 없는 것이다. 이런 특이성을 피셔(Emil Fisher, 1852–1919, 1902년 노벨 화학상)는 결합 부위에서 열쇠(key)와 자물쇠(lock)의 관계로 설명했다.

미하일리스(Leonor Michaelis, 1875–1949)

멘텐 (Maud Menten, 1879–1960)

심화

1913년에 미하일리스와 멘텐은 효소 반응의 속도를 다루는데 가장 보편적으로 사용되는 미하일리스-멘텐(Michaelis-Menten) 식을 유도했다.

$$\mathrm{E + S} \underset{k_{-1}}{\overset{k_1}{\rightleftarrows}} \mathrm{ES} \overset{k_2}{\longrightarrow} \mathrm{E + P}$$

효소(E)는 기질(S)과 k_1의 속도 상수를 가지고 결합하여 효소–기질 복합체(酵素-基質複合體, enzyme-substrate complex, ES)를 만든다. 역반응은 k_{-1}의 속도 상수를 가지고 일어나 효소, 기질, 복합체 사이의 평형이 이루어진다. 효소상의 결합 부위와 기질 사이의 결합은 공유 결합보다는 약한 수소 결합, 정전기적 상호작용(靜電氣的相互作用, electrostatic interaction), 소수성 상호작용(疏水性相互作用, hydrophobic interaction) 등에 의해 일어나기 때문에 기질은 효소에 붙었다 떨어졌다를 쉽게 반복하는 것이다. 기질은 효소와 결합한 상태에서 화학 반응을 일으켜 생성물 P로 바뀌어 k_2의 속도 상수를 가지고 효소로부터 떨어져 나간다. 그런데 구조가 바뀐 P는 이제는 효소의 결합 부위에 다시 결합하지 못한다.

이때 반응의 중간 물질인 ES는 일정한 농도를 유지한다고 볼 수 있다. S가 많아 ES가 형성되는 속도가 크면 ES의 분해도 빨라지고, S가 소모되어 ES가 형성되는 속도가 느려지면 ES의 분해도 느려지기 때문이다. 이러한 상황을 **정류 상태(停流狀態, steady state)**라고 한다. 호수로 흘러들어오는 물의 양과 호수에서 흘러나가는 물의 양이 같으면 호수의 수위가 일정하게 유지되는 것과 마찬가지다. 겉보기 농도의 변화가 없다는 점에서 정류 상태는 평형 상태와 유사하지만, 반응이 압도적으로 한쪽 방향으로만 진행한다는 점에서는 평형 상태와 다르다.

기질과 결합하지 않은 효소의 농도 [E]는 효소의 전체 농도 $[\mathrm{E}]_o$와 결합체의 농도 [ES]의 차이이다.

$$[\mathrm{E}] = [\mathrm{E}]_o - [\mathrm{ES}]$$

[ES]의 생성 속도는

$$\frac{d[\mathrm{ES}]}{dt} = k_1([\mathrm{E}]_o - [\mathrm{ES}])[\mathrm{S}] \tag{1}$$

[ES]의 분해 속도는

$$-\frac{d[\mathrm{ES}]}{dt} = k_{-1}[\mathrm{ES}] + k_2[\mathrm{ES}] \tag{2}$$

(1), (2)를 같게 놓고 정리하면

$$[\mathrm{S}]\frac{[\mathrm{E}]_o - [\mathrm{ES}]}{[\mathrm{ES}]} = \frac{k_{-1} + k_2}{k_1} = K_\mathrm{M} \tag{3}$$

k_1이 크고 k_{-1}과 k_2가 작을수록, 즉 K_M이 작을수록 효소와 기질의 결합이 강하다.

K_M을 미하일리스-멘텐 상수 (Michaelis-Menten constant) 라고 부른다.

(3) 을 [ES]에 대하여 풀면

$$[ES] = \frac{[E]_o[S]}{K_M + [S]} \tag{4}$$

효소 반응의 초기 속도를 v라 하면

$$v = k_2[ES] \tag{5}$$

기질의 농도가 효소에 비해 아주 높아서 모든 효소가 ES로 존재한다면 그 때 속도는 최대값, v_{max}를 가지게 될 것이다.

$$v_{max} = k_2[E] \tag{6}$$

이들 관계로부터 다음 미하일리스-멘텐 식을 얻을 수 있다.

$$v = v_{max} \times \frac{[S]}{K_M + [S]} \tag{7}$$

K_M은 속도 v가 v_{max}의 절반일 때 $\left(v = \frac{v_{max}}{2}\right)$ [S]의 값이다. 즉 기질의 농도를 증가시키면서 초기 속도와 속도의 최대값을 측정하면 K_M을 구할 수 있다. v를 [S]에 대해 나타낸 그래프에서 v_{max}를 정확하게 구하는 것은 어렵다. 그런데 (7) 에서 양변의 역수를 취하면 다음 식이 얻어진다.

$$\frac{1}{v} = \left(\frac{K_M}{v_{max}} \times \frac{1}{[S]}\right) + \frac{1}{v_{max}} \tag{8}$$

$\frac{1}{v}$를 $\frac{1}{[S]}$에 대해 그래프를 그리면 직선이 얻어지고, y 축 절편으로부터 $\frac{1}{v_{max}}$를, x 축 절편으로부터 K_M을 구할 수 있다. 라인위버-버크 식(Lineweaver-Burk equation)이라고 불리는 이 편리한 식은 수 많은 효소에 대하여 적용된, 화학에서 가장 많이 사용되는 식의 하나이다.

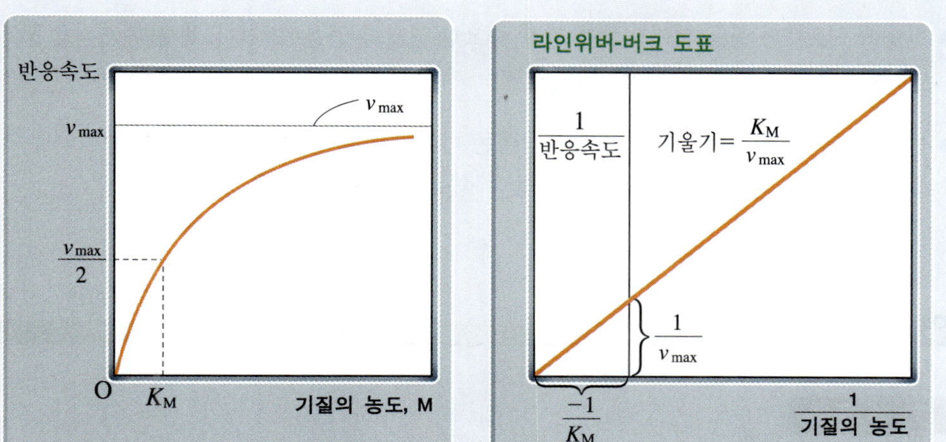

그림 10.8 기질의 농도에 대하여 효소의 반응속도를 측정하여 K_M을 결정하는 방법.

요점 정리

- 화학 열역학은 반응이 어느 정도 진행한 후 평형이 이루어질지 반응의 정도는 말해 주지만, 평형이 이루어질 때까지 반응이 얼마나 빠르게 또는 느리게 일어날지 반응의 속도에 대해서는 말해 주지 않는다. 그러나 반응의 속도는 반응의 정도 못지 않게 실제적으로 중요한 의미를 가진다.

- 화학반응이 일어나려면 분자들이 충돌해야 하기 때문에 분자의 농도, 운동 속도, 시간당 충돌 횟수 등을 고려해야 한다.

- 반응에 걸리는 시간과 반응의 결과를 감지하는 데 걸리는 시간이 크게 다르면 반응 과정을 알 수 없다. 높은 시간 분해능을 가지고 반응을 조사하면 반응 메커니즘을 이해할 수 있게 된다.

- 반응물이나 생성물의 농도 변화와 시간의 관계를 반응속도 법칙이라고 한다. 반응속도가 특정한 반응물 농도의 몇 차에 비례하는가에 따라 0차, 1차, 2차 반응으로 나눌 수 있다. 실험 결과를 그래프로 나타내면 반응 차수를 결정할 수 있다.

- 1차 반응은 시간에 관계없이 일정한 반감기($t_{1/2}$)를 가지고 진행된다. 반감기와 1차 반응의 속도 상수 k 사이에는 다음 관계가 있다.

$$t_{1/2} = -\frac{0.693}{k}$$

- 반응물과 생성물 사이에는 에너지 장벽이 존재하기 때문에 열역학적으로는 잘 일어나야 하는 반응도 실제로는 느리게 일어나는 경우가 많다. 높은 온도에서는 이 에너지 장벽을 넘는 데 필요한 활성화 에너지(E_a)를 가진 분자수가 증가하기 때문에 반응속도가 증가한다. 이것이 화학 반응에서 높은 온도가 필요한 두 번째 이유이다.

- 반응의 속도 상수 k와 온도 사이에는 다음과 같은 아레니우스 식이 성립한다.

$$k = \mathrm{A}e^{-E_a/RT}$$

- 반응속도로부터 반응 메커니즘에 관한 중요한 정보를 얻을 수 있다. 반응 메커니즘을 잘 이해하면 반응의 효율을 향상시킬 수 있다.

- 반응물이나 생성물이 아니어서 반응식에는 나타나지 않지만 반응속도에 영향을 주는 물질을 촉매라고 한다. 효소는 생화학 반응의 촉매로서 대부분 단백질이다.

연 | 습 | 문 | 제

O, × 문제

다음 서술이 맞는지 틀리는지 O, ×로 답하고, 틀린 경우에는 틀린 내용을 맞게 고쳐라.

1. 열역학적으로 반응이 일어날지 여부와 반응이 얼마나 빨리 일어날지는 밀접한 관계가 있다.
( )

2. 우리가 원하는 반응이 열역학적으로는 자발적으로 일어나리라 예상되지만 반응 속도가 너무 느리다면 쓸모가 없다. (　　　)

3. 반응 속도 상수와 평형 상수는 독립적이며 전혀 관계가 없다. (　　　)

4. 반응이 일어나려면 반응물들이 서로 충돌해야 한다. 기체 상태에서는 상온에서 운동하는 산소 분자가 서로 지나가는데는 약 1 나노초가 걸린다. (　　　)

5. 반응 속도 상수는 온도에 무관한 상수이다. (　　　)

6. 실내 온도가 24°C이고 냉장고 안의 온도는 4°C라면 냉장고 안에 음식이 2배 정도 더 오래 신선하게 유지될 것이다. (　　　)

7. 많은 경우 발열 반응이 빨리 일어나는 것은 나온 열이 에너지 장벽을 넘는데 사용되기 때문이다. (　　　)

8. 역반응의 활성화 에너지는 정반응의 활성화 에너지보다 항상 크다. (　　　)

9. 라디칼 사이의 반응에서 활성화 에너지는 거의 0이다. (　　　)

10. 전이 상태는 존재하는 시간이 짧아서 검출하기 어렵다. (　　　)

11. 반응 차수는 실험적으로 정해진다. (　　　)

12. 방사성 붕괴는 0차 반응의 전형적인 예이다. (　　　)

13. 1차 반응에서 반감기는 반응속도 상수에 반비례한다. (　　　)

14. 공기 중의 질소와 산소가 만나서 NO를 만드는 반응에서 생성물은 홀전자가 있어 불안정하기 때문에 흡열 반응이라 높은 온도에서 일어난다. (　　　)

15. 에르틀은 암모니아 합성 공정을 개발한 업적으로 노벨 화학상을 받았다. (　　　)

16. 철을 제련하는 데 높은 온도가 필요한 것과 같은 이유로 암모니아를 합성하는 하버-보쉬 공정에서도 높은 온도가 필요하다. (　　　)

17. 하버-보쉬법은 비균일 촉매 반응의 예이다. (　　　)

18. 효소 반응은 세포 내에서만 일어난다. (　　　)

19. 효소의 미하일리스-멘텐 상수, K_M이 큰 것은 효소와 기질의 결합이 강하다는 것을 의미한다. (　　　)

20. 라인위버-버크(Lineweaver-Burk) 식은 효소 반응에서 v_{max}와 K_M을 구하는데 유용하다. ( )

21. 반응물이나 생성물과 골고루 섞여 있는 촉매를 균일 촉매, 반대로 별도의 상으로 존재하는 촉매를 불균일 촉매라 한다. ( )

22. 균일 촉매, 불균일 촉매 모두 반응 속도를 향상시킨다. 그러나 실제 산업에 응용될 때에는 균일 촉매가 불균일 촉매보다 유리하다. ( )

선택형 문제

23. 화학 반응속도에 영향을 주는 요인이 아닌 것은?
가. 농도 나. 온도 다. 촉매 라. 평형 상수

24. 알루미늄의 미세 분말은 폭발의 위험이 높다. 고체의 반응속도는 표면적과 밀접한 관계가 있기 때문이다. 한 모서리의 길이가 1 mm인 정육면체의 알루미늄을 1 μm 크기의 미세 분말로 만들었다면 표면적은 몇 배로 증가할까?
가. 10^3 나. 10^6 다. 10^9 라. 10^{12}

25. 암모니아 합성과 관련해서 노벨 화학상을 수상한 사람이 아닌 것은?
가. 하버 나. 보쉬 다. 오스트발트 라. 에르틀

26. 효소 반응이 생체 밖에서도 일어날 수 있다는 것을 보인 사람은?
가. 파스퇴르 나 .뷰흐너 다. 피셔 라. 퀸

27. 체온 유지가 필요한 가장 중요한 이유는?
가. 열역학적으로 쉽게 일어나지 않는 반응을 일어나게 한다.
나. 생화학적 반응이 빨리 일어나게 한다.
다. 적을 물리친다.
라. 단백질의 변성을 방지한다.

28. 숯불을 피우는 경우를 생각해 보자. 다음 중 틀린 것은?
가. 숯과 공기가 같이 있어도 저절로 타지 않는 것은 역반응의 에너지 장벽이 높기 때문이다.
나. 성냥을 그어대는 것은 초기에 에너지 장벽을 넘는 데 필요한 에너지를 공급하기 위해서이다.
다. 시작한 숯불이 잘못하면 꺼지는 것은 이산화탄소가 산소보다 무겁기 때문이다.
라. 일단 숯이 제대로 타기 시작하면 발생한 열이 지속적으로 다음 탄소 원자가 에너지 장벽을 넘는 데 필요한 에너지를 공급하기 때문에 공기가 공급되는 한 숯이 계속해서 탄다.

29. 아레니우스 식은 다음 중 어떤 양들 사이의 관계식인가?
가. 전위차, 농도 나. 온도, 반응속도 다. 온도, 증기압 라. 온도, 평형 상수

괄호 채우기 문제

30. 열역학적으로는 반응물보다 생성물의 에너지가 낮은 ( ) 반응은 쉽게 일어날 것 같다. 그러나 반응물과 생성물 사이에는 ( )이 있기 때문에 발열 반응도 쉽게 시작되지는 않는다. 온도를 높이면 높은 에너지를 가진 분자의 분율이 높아지기 때문에 위의 반응 속도가 증가한다.

역반응에도 (   )이 있기 때문에 온도를 높이면 역반응 속도도 증가한다. 그러나 (   ) 반응에서는 역반응의 (   )은 정반응의 (   )보다 훨씬 높기 때문에 정반응의 속도 증가 효과가 상대적으로 보다 크다.

31. 태양과 같은 별의 주성분은 수소이다. 따라서 천억 개 정도 별의 집단인 은하의 주성분도 수소이다. 별들 사이의 평균 거리는 수광년인데, 이 성간 공간의 주성분도 수소이다. 우주에는 약 천억 개의 은하가 있다고 한다. 우리 은하와 안드로메다 은하 사이의 거리는 약 200만 광년이다. 이처럼 은하 사이에는 넓은 공간이 있는데, 여기서도 주성분은 수소이다. 은하 사이 공간의 온도는 우주 배경 복사에 해당하는 2.7 K 정도이고, 수소의 밀도는 1 m^3당 원자 한 개 정도이다.

(1) 기체 분자의 평균 속도는 $\sqrt{\dfrac{8RT}{\pi M}}$ 로 주어진다. R은 기체 상수, T는 절대온도, M은 분자량이다. 은하 사이 공간에서 수소 원자의 평균 속도는 (   ) m/s 정도이다.

(2) 7장의 기체 분자 운동론을 참조하여 1초당 수소 원자 사이의 충돌 횟수를 구해 보면 은하 사이 공간에서 한 개의 수소 원자는 약 (   ) 년 만에 다른 수소 원자를 만나게 되는 셈이다.

(3) 은하 사이 공간에서 수소 원자의 평균 자유 행로는 약 (   ) 광년이다.

(4) 은하 내에서 별과 별 사이, 성간 공간의 온도는 40 K, 수소의 밀도는 1 cm^3당 원자 한 개 정도이다. 성간 공간에서 한 개의 수소 원자는 약 (   ) 년 만에 다른 수소 원자를 만나게 된다.

(5) 우주 공간에서 탄소, 산소 등 수소보다 무거운 원소들의 밀도는 수소의 밀도보다 훨씬 낮고, 따라서 탄소나 산소 원자가 우주 공간에서 수소 또는 다른 종류의 원자와 충돌할 확률은 아주 낮다. 따라서 성간에서 일어나는 화학 반응은 얼음 알갱이 같은 (   ) 표면에서 일어나는 것으로 추측된다.

32. 3천 개의 유전자와 3백만 개의 염기 서열을 가진 박테리아가 있다. 이 박테리아가 30분 동안 DNA 복제를 마치고 세포 분열을 한다면 매초 약 (   ) 개의 염기 서열을 정확히 복제해야 한다.

33. 오랜 세월에 걸쳐 U-238 원자핵은 8번의 알파 붕괴를 거쳐 안정한 Pb-206 원자핵이 되고, 각 알파 입자는 헬륨 원자가 된다. 어떤 광석을 분석한 결과 1 g당 표준 상태에서 9.0×10^{-5} cm^3의 헬륨과 2.0×10^{-7} g의 U-238이 검출되었다. 이 광석의 나이를 추정해 보자. U-238의 반감기는 44억 7천만년이다.

(1) 표준 상태에서 9.0×10^{-5} cm^3의 헬륨은 (   ) 몰에 해당한다. 이로부터 붕괴된 U-238은 (   ) 몰인 것을 알 수 있다.

(2) 2.0×10^{-7} g의 남아 있는 U-238은 (   ) 몰에 해당한다. 붕괴한 것보다 어느 정도 많은 우라늄이 남아 있는 것으로부터 아직 한 번의 반감기가 지나가지 않은 것을 알 수 있다.

(3) 이 광석이 생겨서 방사능 붕괴를 시작한 당시 U-238의 양은 (   ) 몰이다.

(4) 방사능 붕괴와 같은 1차 반응에서 속도 상수 (k) 는 반감기 ($t_{1/2}$) 와 다음과 같은 관계가 있다.

$$k = \frac{(\quad\quad)}{t_{1/2}}$$

따라서 U-238 붕괴에서 k는 (   )/년이다.

(5) 1차 반응에서 물질의 양은 $N = N_0e^{-kt}$식으로 지수 함수적으로 감소한다. 이 식을 위의 경우에 적용하면 시간이 광석의 나이인 t일 때 U-238의 몰수는 다음과 같이 적을 수 있다.

$$(\quad\quad) = (\quad\quad)e^{-kt}$$

(6) 양변에 자연대수를 취해서 정리하고 k 값을 대입하면 다음 관계가 얻어진다.

$$\ln\frac{(\quad)}{(\quad)} = -(\qquad)t$$

(7) 이 식을 풀면 $t = ($ $\qquad)$ 년이 얻어진다. 이 광석의 나이는 U-238의 반감기보다 작은 것이 확인된다.

(8) 이 광석에 U-238과 헬륨이 1 : 1의 몰비율로 들어 있던 시점은 지금으로부터 ( )년 전이다.

34. 라듐과 폴로늄을 발견한 퀴리 부처의 공로를 기리기 위하여 1.0 g의 라듐이 내는 방사능과 같은 양의 방사능을 1 "퀴리"라고 정의한다. 라듐의 반감기는 1600년이고 원자량은 226이다. 1 퀴리의 방사능은 1초당 몇 번의 붕괴에 해당하는지 생각해 보자.

(1) 1 g의 라듐에는 ( ) 개의 라듐 원자핵이 들어 있다.

(2) 라듐의 반감기는 ( ) 초에 해당한다. 속도 상수 $k = ($ $\qquad)$/초이다.

(3) 1 g의 라듐이 있을 때 1 초 사이에는 ( ) 번의 붕괴가 일어난다.

계산 및 서술형 문제

35. 상온에서 기체상 N_2O_4는 다음과 같이 자발적으로 분해된다.

$$N_2O_4(g) \longrightarrow 2NO_2(g)$$

시간에 따른 N_2O_4의 감소량에 관련된 속도 법칙은 다음과 같다.

$$-\frac{d[N_2O_4]}{dt} = k[N_2O_4]$$

30°C에서 이 반응의 속도 상수는 $k = 5.1 \times 10^6\ s^{-1}$이고, 활성화 에너지는 54.0 kJ/mol이다.

(1) 30°C에서 $N_2O_4(g)$의 부분 압력이 1 atm에서 0.05 atm으로 감소하는 데 걸리는 시간을 구하여라.

(2) $N_2O_4(g)$의 부분 압력이 0.1 atm에서 0.01 atm으로 감소하는 데 2.04×10^{-10} 초가 걸렸다면 이때의 온도는 몇 K인가?

36. 초신성에서는 우라늄과 이리듐이 U/Ir = 0.050의 일정한 비율로 생성된다. 우라늄-238의 반감기는 44.7억 년이고, 이리듐은 붕괴하지 않는다. 우리 은하계에 있는 아주 오래 된 별에서 U/Ir 비율이 0.0079로 측정되었다. 이 별의 나이를 추정하고 알려진 우주 나이의 137억 년과 비교하여 이 별이 들어 있는 은하는 초기 은하인지 나중에 생긴 은하인지 판단하여라.

영어로 배우는 문제

주어진 숫자와 의미가 통하도록 적절한 단어를 찾아라. 문제가 10 = F. in two H.라면 찾아야 할 단어는 fingers, hands가 될 것이다.

37. 0.693 = H. L. times F. O. rate constant

아서 콘버그(Arthur Kornberg, 1918-2007, 왼쪽)와 아들 로저 콘버그(Roger Kornberg, 1947-, 오른쪽). 아버지는 DNA 정보를 DNA로 복제하는 효소 연구로 1959년 노벨 생리의학상을, 아들은 DNA 정보를 RNA로 전사하는 효소 연구로 2006년 노벨 화학상을 수상하였다.

Chapter 11 생명의 화학

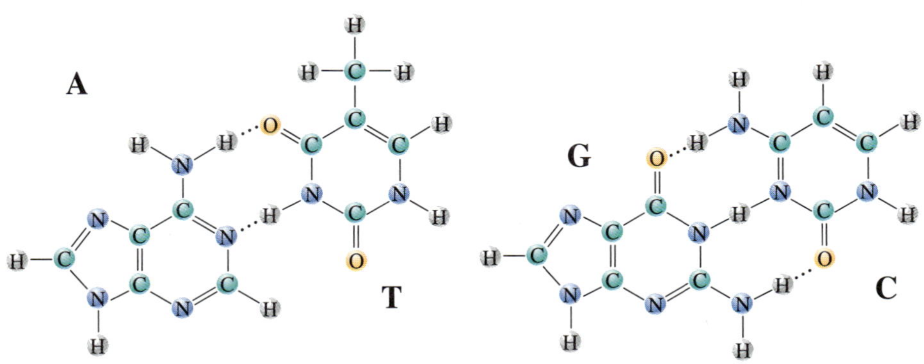

생명의 많은 부분은 화학이라는 언어로 표현될 때 합리적으로 이해할 수 있다. 화학은 사투리도 없고 어느 시대에나 적용되는 국제적인 언어로서, 우리가 어디에서 왔고 우리는 어떤 존재이며 어디로 나아갈지를 알려준다. 화학의 언어는 아주 아름다우며 물리과학과 생명과학을 이어주는 역할을 한다.

Much of life can be understood in rational terms if expressed in the language of chemistry. It is an international language, a language without dialects, a language for all of time, and a language that explains where we came from, what we are, and where the physical world will allow us to go. Chemical language has great esthetic beauty and links the physical sciences to the biological sciences.

11-1 생명의 언어

우리는 지금까지 우리 몸은 원자와 분자로 이루어졌다는 기본 사실에서 출발하여 원자는 어디에서 왔는가, 원자와 분자가 우리 몸을 만들기 위해서는 원자는 어떤 내부 구조를 가져야 하는가, 원자는 그러한 내부 구조에 기초하여 어떻게 결합을 이루어 물, 아미노산, DNA 등 화합물을 만드는가, 그러한 화학 반응에는 어떠한 방향성이 있는가, 화학 반응의 속도는 어떻게 결정되는가 등 화학의 기본을 알아보았다. 이 장에서는 화학 반응이 어떻게 생명을 가능하게 하는가를 구체적으로 살펴보자.

그런데 생명이란 무엇인가? 슈뢰딩거 방정식(4장)으로 우리에게 익숙한 에르빈 슈뢰딩거(Erwin Schröedinger)는 1933년 노벨 물리학상을 수상한 후 생명에 관심을 기울여 1944년에는 “생명이란 무엇인가?”라는 책을 저술했는데 이 책은 왓슨, 크릭을 비롯하여 여러 사람에게 큰 영향을 끼쳤다. 이 책에서 그는 생명을 “서열로부터 나오는 질서(order from order)” 그리고 "무질서로부터 나오는 질서(order from disorder)"의 두 마디로 요약했다.

돌이켜 보면 1944년은 에이버리가 유전물질은 단백질이 아니라 DNA라는 사실을 증명한 중요한 해이다. 그리고 보면 슈뢰딩거는 유전정보가 DNA의 염기 서열로 기록되고 대물림 한다는 것을 전혀 모른 채 생명의 질서는 어떤 기본단위의 서열로부터 나올 것이라는 탁월한 예상을 내놓은 것이다.

콩 심은데 콩 나고 팥 심은 데 팥 나는 것은 확실한 질서이다. 그런데 생각해 보면 생명 뿐 아니라 세상의 모든 정보는 서열로부터 나온다. 이 장의 제목도 15개의 한글 자모가 특별한 순서로 나열되어 나온 것이다(ㅅ ㅐ ㅇ ㅁ ㅕ ㅇ ㅇ ㅡ ㅣ ㅎ ㅗ ㅏ ㅎ ㅏ ㄱ). "무질서로부터 나오는 질서(order from disorder)"에서는 우주적인 엔트로피 증가에 반해서 어떻게 생명체에서는 엔트로피가 감소하는 현상이 나타나는가 하는 열역학적(8장) 문제를 다루고 있다.

생명 현상에서 중요한 서열은 두 가지가 있다. 단백질의 구조와 기능을 결정하는 20가지 아미노산의 서열과 DNA의 유전정보를 결정하는 네 가지 염기의 서열이 그것이다. 실제로 세포 내에서 생명을 특징짓는 대사, 항상성 유지 등 생명 활동을 하는데 직접 참여하는 것은 단백질이니까 궁극적으로 중요한 것은 아미노산의 서열인데 아미노산의 서열을 결정하는 것은 DNA의 염기 서열이다. 다윈이 관심을 가졌던 종의 다양성은 결국 네 가지 염기(아데닌, adenine, A; 타이민, thymine, T; 구아닌, guanine, G; 사이토신, cytosine, C)의 서열이 말해 주는 것이다. 이처럼 염기 서열로 기록된 유전정보에 따라 콩이 되기도 하고 팥이 되기도 하고 만물의 영장인 인간이 되기도 한다면 생명의 특성은 자신에 관한 플랜을 자신 안에 가지고 있으면서 유전의 신뢰성과 진화의 잠재력을 갖춘 존재라 정의할 수도 있겠다.

이러한 생명의 원리를 파악해 가는 노력도 시대에 따라 초점이 다를 수 밖에 없다. 20세기 초반에는 에너지와 물질의 변환(energy and mass transduction)을 이해하는 것

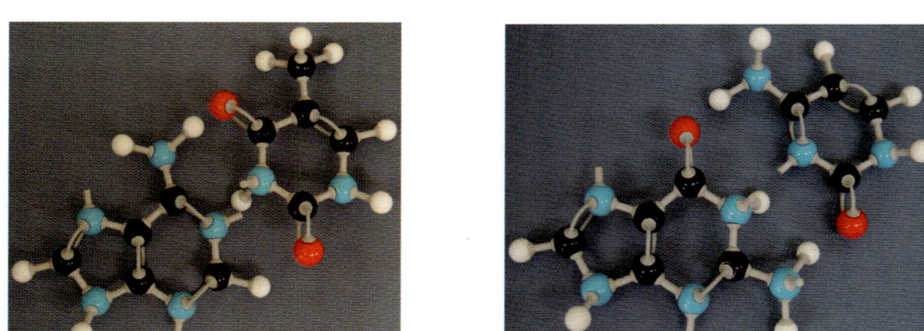

A T G C

그림 11.1 아데닌(왼쪽)과 타이민(오른쪽), 구아닌(왼쪽)과 사이토신(오른쪽) 염기쌍.

이 주된 관심사였다. 광합성을 통한 탄수화물 합성, 호흡작용에 의한 에너지 생성, 발효 관련 효소 등 물질대사에 관련된 화학 반응의 네트워크를 파악한 것은 놀라운 업적이다. 20세기 중반에는 센트럴 도그마(central dogma)에 따라 DNA → RNA → protein으로 이어지는 정보의 변환(information transduction)을 파악하는 것이 주된 과제였다. 20세기 후반부터는 신호의 변환(signal transduction)이 중심 과제가 되었다. 외부 신호를 세포의 수용체(receptor)가 어떻게 인식하고 이 신호를 전달하여 DNA의 정보가 RNA로 전사되는 과정을 조절하고(transcriptional regulation), 그에 따라 특정 단백질의 발현(target protein expression)이 영향을 받아 세포의 반응(cellular response)으로 나타나는가 하는 문제의 핵심은 신호의 변환에 있는 것이다. 신호 변환은 생명과학의 마지막 보루라고 할 수 있는 뇌과학이나 암의 예방과 치료에 직접 관련되어서 삶의 질과도 직결되어 있다.

이러한 모든 생명 현상은 당, 아미노산, 인산, 염기 등 화합물들을 주역(player)으로 드라마를 진행하고 있다. 수소, 탄소, 산소, 질소, 인 등 원자로부터 이들 주역 화합물이 만들어지는 과정, 그리고 주역들 사이의, 또 주역과 배경 화합물인 물과의 상호작용 모두 화학의 원리에 입각해서 이해하고 설명할 수 있다.

요즘은 태양계 밖에서도 별 주위를 공전하는 행성들이 발견되면서 외계에도 생명체가 존재할 가능성이 점쳐지고 있다. 스펙트럼 분석에 의해 모든 별과 성간물질은 우주적으로 공통적인 화학 원소로 이루어진 것이 알려진 이상 외계 생명체가 존재한다면 그들도 우리와 똑같은 화학의 언어를 사용할 것이 틀림없다. 따라서 콘버그의 말은 "화학은 시간과 공간을 초월해서 적용되는 우주적 언어"라고 확대하는 것이 적절할 것이다.

언어에는 ㄱ, ㄴ, ㄷ, ㄹ, ㅏ, ㅑ, ㅓ, ㅕ, a, b, c, d처럼 어떤 언어 체계에서 사용되는 자모가 있다. 또 생, 명, 생명처럼 자모들이 연결되어 글자와 단어를 만드는 규칙, 그리고 "화학은 생명의 언어이다"처럼 단어들이 배열되어 의미있는 문장을 구성하는 문법이 있다. 생명의 언어에서는 생명체에서 사용되는 약 20종류의 원소가 자모에 해당하고, 분자의 골격과 작용기가 하나하나의 글자라면 아미노산, ATP 같은 화합물은 단어라고 볼 수 있다. 화합물들은 정전기적 상호작용, 수소 결합, 소수성 상호작용 등의 문법을 통해 세포 내에서 자신의 위치와 역할을 찾는다. 이처럼 우주적이고 신비로운 생명 현상은 분자 차원에서 보면 화학이라는 언어를 통하여 일련의 정교한 화학 반응들로 조절된다. 그리고 이러한 조절의 주체로 또 대상으로 생명 현상에 관여하는 물질들은 대부분 1 nm 이하의 작은, 탄소를 골격으로 하는 유기 화합물(有機化合物, organic compound)들이다. 따라서 생명의 화학을 다루기 위해서는 탄소의 화학을 다루는 것이 우선이다.

11-2 탄소의 화학

11-2-1 왜 탄소인가?

우리 주위에는 아스피린부터 아스팔트까지 매우 다양한 유기 화합물들이 존재한다. 사실 주변에 보이는 사물들 중에서 유기물이 아닌 것을 찾는 것이 더 어려울 정도이다. 자동차 부품으로부터 다양한 사무용품, 의복 소재까지를 망라하는 모든 종류의 플라스틱, 수많은 종류의 식품들, 질병 치료에 쓰이는 신약들, 이런 것들이 모두 유기 화

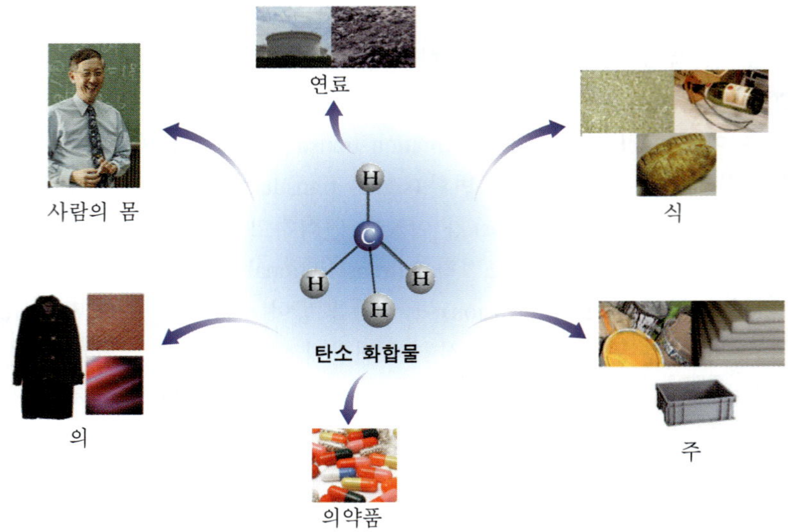

그림 11.2 탄소 화합물의 중요성. 우리 몸 뿐 아니라 의식주, 연료, 의약품 등 필수품은 모두 탄소 화합물로 이루어졌다.

> 유기(有機)에서 기(機)는 방적기, 비행기, 기계 등에서 볼 수 있듯이 움직이면서 무언가 일을 하는 물체라는 의미를 가지고 있다. 수 천년을 꿈쩍하지 않고 제 자리에 버티고 있는 북한산의 바위와 달리 생명체는 생장하고 운동하는 특징이 있다.

합물이다. 본래 'organic'이란 생체 조직(organ)에서 얻어진 물질이라는 의미이니 원래 유기 화합물은 천연의 생체 화합물과 같은 의미로 쓰였다고 생각된다. 그런데 생체 화합물은 모두 탄소 화합물이다. 그러다 보니 이제는 섬유나 플라스틱 등 합성물질도 탄소를 포함하면 유기 화합물이라 부른다. 하기는 대부분 합성 유기물질의 원료인 석유도 오래 전에 살았던 생명체로부터 유래된 물질이다.

아무튼 모든 유기 화합물은 탄소를 포함하고 있으며, 탄소가 화합물의 뼈대를 이루는 중심 원자가 되어 그 분자의 크기나 성질의 결정에 중요한 역할을 한다. 유기물이 생명체에서 유래된 물질이라는 사실을 생각해보면 유기 화합물, 즉 탄소 화합물은 생명체를 구성함과 동시에 생명 활동에 핵심적인 역할을 한다는 것을 알 수 있다.

그렇다면 왜 탄소 화합물이 생명체를 이루는 기본단위가 된 것일까? 사실 지구상에서 탄소가 차지하는 비율은 그다지 높지 않다. 지구 내부의 핵과 맨틀에 철, 마그네슘, 니켈 등 다양한 원소들이 존재하는 것과는 달리 탄소는 금속에 비해 밀도가 낮아서 지각 부분에만 존재하는데, 지각을 이루는 8대 원소에도 탄소는 포함되지 않는다.

한편 무게로 인체에서 탄소는 18%를 차지한다. 산소, 탄소, 수소, 질소의 네 가지 원소는 무게로 인체의 96%를 차지하고, 칼슘, 인, 포타슘, 황, 소듐, 염소, 마그네슘의 일곱 가지가 나머지 3.5%를 이룬다. 이들 열한 가지 원소가 인체의 99.5%를 차지하는

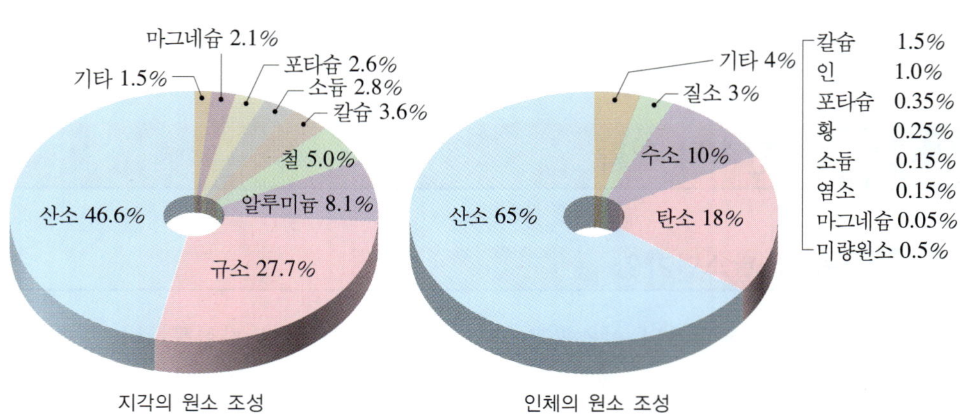

그림 11.3 지각과 인체의 원소 비율(무게 %). 지각, 인체 모두 산소가 주성분이다.

것이다. 나머지 0.5%에는 미량 원소라고 부르는 철, 아이오딘, 구리, 아연, 니켈, 코발트, 망가니즈, 리튬, 붕소, 셀레늄 등 열 가지 정도의 원소가 있다. 그리고 보면 생명의 자모도 한글이나 영어처럼 20여 가지가 있는 셈이다.

예제 11.1

(1) 위에 주어진 인체의 원소 조성으로부터 각 원소의 몰분율을 구하여라.
(2) 인체의 70%가 물이라 하자. 완전히 건조한 인체의 무게 분율과 몰분율을 구하여라.

풀이 (1) 편의상 인체 100 그램을 생각하면 무게 %가 각각 원소의 무게가 될 것이다. 그 무게를 원자량으로 나누면 몰수가 얻어지고, 각각의 몰수를 몰수의 합으로 나누면 몰%가 얻어진다.

	몰수	몰분율
산소	65/16 = 4.1	4.1/15.8 = 0.26
탄소	18/12 = 1.5	1.5/15.8 = 0.095
수소	10/1.01 = 9.9	9.9/15.8 = 0.63
질소	3/14 = 0.21	0.21/15.8 = 0.014
칼슘	1.5/40.1 = 0.037	0.037/15.8 = 0.002
인	1.0/31 = 0.032	0.032/15.8 = 0.002
포타슘	0.35/39 = 0.009	0.009/15.8 = 0.001
황	0.25/32 = 0.008	0.008/15.8 = 0.0005
소듐	0.15/23 = 0.007	0.007/15.8 = 0.0004
염소	0.15/35.5 = 0.004	0.004/15.8 = 0.0003
마그네슘	0.05/24 = 0.002	0.002/15.8 = 0.0001

(2) 인체 100 그램에서 물 70 그램을 빼고 다시 계산을 하면 된다. 물 70 그램을 빼는 것은 7.8 그램의 수소와 62.2 그램의 산소를 빼는 것과 같다. 건조 후 산소의 무게는 2.8 그램, 수소의 무게는 2.2 그램으로 감소한다. 건조 후 무게 분율을 구하고, 건조 후 무게 100 그램당 각 원소의 몰수를 계산한 후 몰분율을 구하면 된다.

	무게 분율	100 g당 몰수	몰분율
산소	2.8/30 = 0.093	9.3/16 = 0.58	0.58/13.8 = 0.04
탄소	18/30 = 0.60	60/12 = 5.0	5.0/13.8 = 0.36
수소	2.2/30 = 0.073	7.3/1 = 7.3	7.3/13.8 = 0.53
질소	3/30 = 0.10	10/14 = 0.71	0.71/13.8 = 0.05
칼슘	1.5/30 = 0.05	5/40 = 0.13	0.13/13.8 = 0.009
인	1.0/30 = 0.033	3.3/31 = 0.11	0.11/13.8 = 0.008
포타슘	0.35/30 = 0.012	1.2/39 = 0.03	0.03/13.8 = 0.002
황	0.25/30 = 0.008	0.8/32 = 0.03	0.03/13.8 = 0.002
소듐	0.15/30 = 0.005	0.5/23 = 0.02	0.02/13.8 = 0.001
염소	0.15/30 = 0.005	0.5/35.5 = 0.01	0.01/13.8 = 0.0005
마그네슘	0.05/30 = 0.002	0.2/24 = 0.001	0.001/13.8 = 0.0001
		전체 몰수 13.8	

위의 예제에서 볼 수 있듯이 물을 제외하면 인체를 구성하는 원소 몰수의 90% 정도를 수소와 탄소가 차지한다. 긴 탄소 고리에서는 탄소 하나당 두 개의 수소가 결합

할 수 있는 것을 생각하면 탄소 분율이 특히 높은 것을 알 수 있다. 이처럼 탄소에게 생명의 핵심 원소의 위치가 주어진 것은 탄소가 다양한 구조를 쉽게 만들 수 있다는 성질에 기인한다. 탄소는 자신들끼리 결합하여 길고 다양한 구조를 이룰 수 있는 유일한 원소이며, 결합되는 탄소의 수가 증가할수록 사슬 모양, 가지 모양, 고리 모양 등의 다양한 모양을 만들 수 있다. 또한 탄소는 네 개의 외곽 전자를 이용하여 수소나 질소, 산소, 황 등의 원소와 안정한 공유 결합을 이루는 것도 가능한데, 이것은 탄소를 기본으로 한 화합물이 무한한 종류의 구조를 가질 수 있다는 사실을 말해준다.

예제 11.2

옥텟 규칙만 고려한다면 탄소의 다이아몬드 구조와 마찬가지로 산소도 —O—O—O—O— 식으로 긴 사슬형 분자를 만들 수 있을 듯하다. 다음의 결합 에너지 값들로부터 탄소가 산소와 질소와 달리 유독 생명체에서 많이 발견되는 사슬이나 고리형 분자를 잘 만드는 이유를 설명하여라.

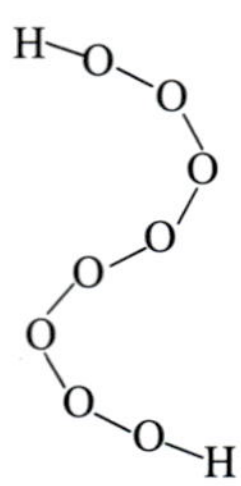

결합 에너지 (kJ/mol)							
C—H	412	C—C	348	C=C	612	C≡C	837
C—O	358	C=O	745				
C—N	305	C—F	485	C—Cl	339		
Si—Si	230	Si—O	452				
O—O	157	O=O	498	O—H	467		
N—N	163	N=N	409	N≡N	946	N—H	391

풀이 산소 단일 결합의 에너지 157 kJ/mol은 이중 결합의 에너지 498 kJ/mol의 절반에 못 미친다. 즉 단일 결합 두 개보다 이중 결합 한 개를 만드는 편이 유리한 것이다. 그래서 산소는 O=O로 존재한다. 한편 O—H 결합(463 kJ/mol)은 C—F 결합(484 kJ/mol)에 이어 두 번째로 강한 단일 결합이다. 따라서 수소와 산소가 반응하면 그림과 같이 여러 개의 O—O 단일 결합을 가진 긴 사슬 대신 물을 만든다.

질소도 단일 결합보다 이중 결합이 유리하고, 이중 결합보다 삼중 결합이 유리하다. 공기에 질소가 풍부하고 하버법에 의한 암모니아 합성에서 삼중 결합을 깨는 촉매의 역할이 중요한 것도 그 때문이다. 그런데 N—H 결합(388 kJ/mol)은 상당히 강하기 때문에 N—N 단일 결합보다 쉽게 만들어지고 더 이상 사슬이 길어지지 않는다.

반면 탄소의 단일 결합 에너지(348 kJ/mol)는 이중 결합 에너지(612 kJ/mol)의 절반보다 크기 때문에 쉽게 C—C 결합이 이루어진다. 탄소의 삼중 결합은 더욱 불리하다. 이 때문에 탄소의 이중 결합과 삼중 결합은 높은 반응성을 가진다. C—H 결합(412 kJ/mol)도 상당히 강하기 때문에 다양한 탄화수소 화합물들이 존재한다. 그런데 다행히 탄소의 네 개의 공유 결합을 만들 수 있기 때문에(tetravalent) 어떤 탄소 원자에 하나, 둘 또는 세 개의 수소가 결합했다고 하더라도 다른 탄소와 결합할 여지가 있어서 쉽게 긴 사슬이나 고리 화합물을 만들 수 있다.

뿐만 아니라 탄소는 C—O, C=O, C—N, C—F, C—Cl 등 여러 가지 안정한 결합을 만들고 이들의 조합으로부터 거의 무한한 다양성을 나타낼 수 있다. 또 C—C 결합(348 kJ/mol)과 C—O 결합(360 kJ/mol)의 세기가 비슷한 데 반해 Si—Si 결합(230 kJ/mol)은 Si—O 결합(360 kJ/mol)에 비해 크게 약하다. 따라서 자연에서 실리콘은 대부분 산화물로 존재하고, 반도체에 사용하기 위해서는 특수한 정제 과정이 필요하다. 탄소 대신 실리콘을 사용하는 생명체가 가능할지 의문을 가지게 한다.

생명체 내의 대사 과정은 다양한 생체분자를 분해하고 합성하는 일련의 과정이라고 할 수 있는데, 탄소 화합물이 이러한 구조적 변환이 용이한 성질을 가지는 것 또한 탄소가 생명의 원소가 될 수밖에 없는 이유이다.

한 개의 탄소 원자가 서로 다른 네 개의 원자와 결합할 때 서로 겹쳐지지 않는 두 가지 입체 구조, 즉 광학 이성질체를 이룰 수 있다는 것 또한 탄소가 생명의 원소로 자리매김할 수 있는 특성이라 할 수 있는데, 이것에 대해서는 뒷부분의 입체화학에서 자세히 알아보도록 하자.

11-2-2 탄소 화합물의 구조

이제는 탄소와 탄소 원자, 혹은 다른 원자들 간의 다양한 결합 방법과 그 구조에 따른 분류에 대해서 알아보자. 탄소는 주변 원자들과 최대 네 개의 공유 결합을 이룰 수 있다 (4장의 오비탈 부분 참조). 탄소는 이 네 개의 결합을 주변 네 개의 원자에 대해 하나씩 사용할 수도 있고, 결합하는 주변 원자의 개수를 줄이는 대신 아래의 몇 가지 화합물에서 볼 수 있듯이 보다 강하고 고정된 이중 결합을 만들거나, 또는 삼중 결합을 이룰 수도 있다.

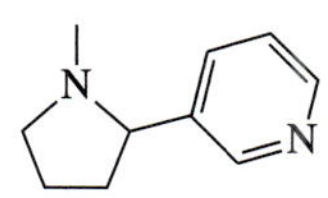

니코틴
(nicotine)

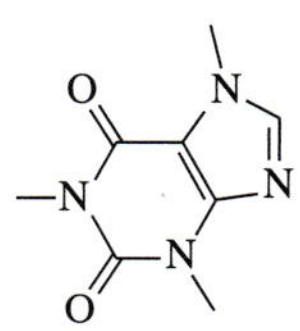

카페인
(caffein)

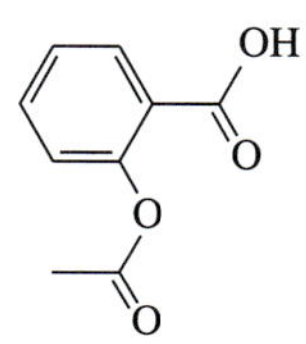

아스피린
(aspirin)

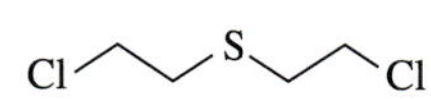

겨자 기체
(mustard gas)

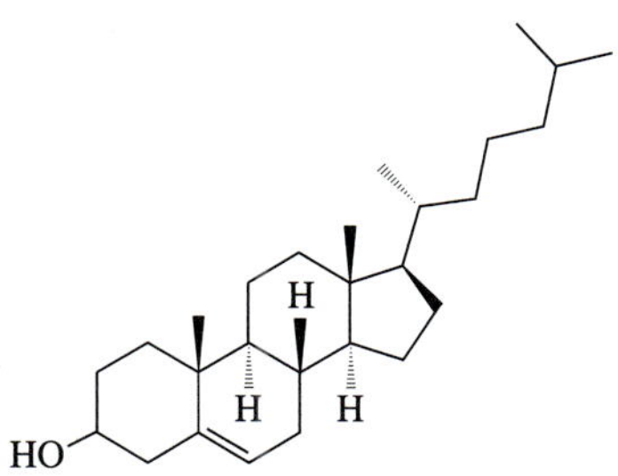

콜레스테롤
(cholesterol)

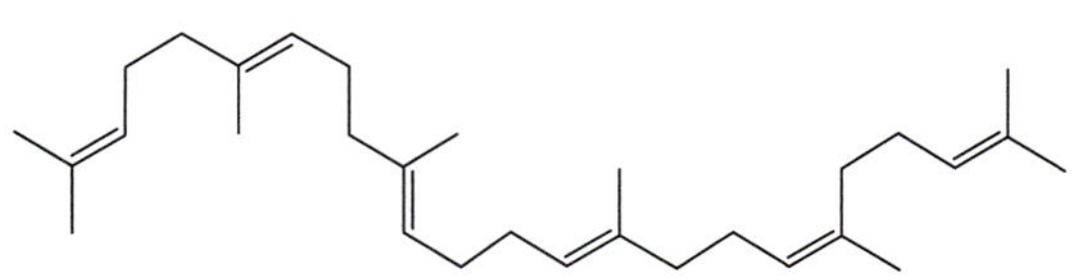

스쿠알렌
(squalene)

그림 11.4 몇 가지 탄소 화합물의 구조.

가. 지방족 화합물

탄화수소란 문자 그대로 탄소와 수소만으로 이루어진 화합물들을 말한다. 탄화수소는 크게 나누어 벤젠 고리를 분자의 일부로 하는 방향족 탄화수소 (芳香族炭化水素, aromatic hydrocarbon) 와 그렇지 않은 지방족 탄화수소 (脂肪族炭化水素, aliphatic hydrocarbon) 로 분류된다. 이러한 방향족 또는 지방족 탄화수소들이 모든 유기 화합물들의 기본 골격이 되는데 이들 화합물의 안정성은 앞에서 살펴본 대로 C—C 결합 (348 kJ/mol) 과 C—H 결합 (412 kJ/mol) 의 세기로부터 나온다.

ㄱ. 포화 탄화수소와 불포화 탄화수소

포화 탄화수소 (飽和炭化水素, saturated hydrocarbon) 란 탄소–탄소간 결합에 다중 결합을 가지지 않은 탄화수소이다. 이런 탄화수소를 **알케인 (alkane)** 계열이라고 하는데,

탄소수 n에 따라 C_nH_{2n+2} 식으로 표시할 수 있다. 가장 간단한 알케인은 메테인(methane) 이고, n이 2에서 10까지의 알케인은 에테인(ethane), 프로페인(propane), 뷰테인(butane), 펜테인(pentane), 헥세인(hexane), 헵테인(heptane), 옥테인(octane), 노네인(nonane), 그리고 데케인(decane)이다.

반면 **불포화 탄화수소**(不飽和炭化水素, **unsaturated hydrocarbon**)는 이중 결합이나 삼중 결합을 하나 이상 가진 화합물이다. 이중 결합이 한 개인 불포화 탄화수소를 **알켄**(**alkene**) 이라고 하는데 에틸렌(ethylene), 프로필렌(propylene) 등이 이에 속한다. 삼중 결합이 한 개인 불포화 탄화수소는 **알카인**(**alkyne**) 이라고 하는데, 아세틸렌(acetylene)이 대표적인 알카인이다. 에틸렌, 프로필렌, 아세틸렌 등은 석유화학 산업(石油化學産業, petrochemical industry)에서 아주 중요한 원료물질이다.

에테인

C—C 단일 결합

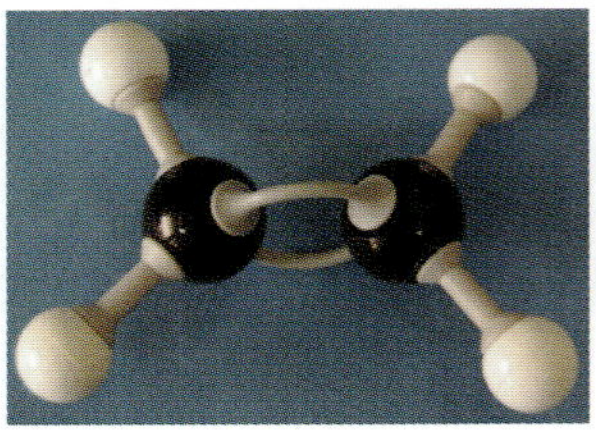

에틸렌

C=C 이중 결합

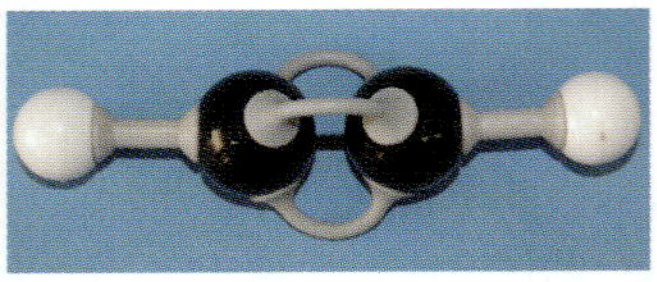

아세틸렌

C≡C 삼중 결합

에테인, 에틸렌, 아세틸렌은 모두 상온에서 기체이다. 탄소의 전기음성도는 2.6, 수소는 2,2로 둘 다 낮은 데다가 그 차이가 작기 깨문에 C—H 결합은 거의 비극성 결합이라 볼 수 있다. 따라서 이들 분자들 사이에 작용하는 힘은 아주 약한 쌍극자-쌍극자 힘 또는 분산력 밖에 없어서 끓는점은 낮고 물에 녹지도 않는다. 휘발유의 주성분인 옥테인(C_8H_{18})에서 알 수 있듯이 분자량이 커지면 이러한 상호작용이 늘어나서 액체가 된다. 파라핀처럼 분자량이 아주 높으면 고체가 된다. 고기의 지방 성분에는 탄소수가 16~18 개인 탄화수소가 들어 있다.

탄소 화합물이 에틸렌, 아세틸렌에서와 같이 이중 결합이나 삼중 결합을 이루게 되면 두 원자간의 결합 에너지가 높아지며, 결합 길이(bond length)는 짧아진다. 실제로 평균적인 탄소-탄소 단일 결합의 경우 1.54Å인 반면, 이중 결합과 삼중 결합은 그 길이가 각각 1.34, 1.20Å이다. 또 다른 특징은 다중 결합은 분자의 형태를 제한한다는 것이다. 탄소가 다른 원자와 단일 결합을 한 경우에는 그 결합을 중심으로 회전이 가능하지만, 이중 결합부터는 결합 부위의 회전이 불가능하므로 분자의 구조가 고정된다.

ㄴ. 이성질체의 분류

이성질체(**異性質體**, **isomer**) 들이란 분자식은 같으나 서로 다른 구조와 성질을 나타내는 화합물들을 말한다. 이성질체에는 **구조 이성질체**(**構造異性質體**, **structural isomer**)와 **입체이성질체**(**立體異性質體**, **stereoisomer**)가 있다. 구조 이성질체는 노말뷰테인(n-butane)과 아이소뷰테인(i-butane)처럼 분자식을 같지만 원자들이 서로 다르게 연결된 화합물들을 말한다. 입체이성질체는 분자들의 연결은 같지만 공간에서 구성 원자들이 서로 다르게 배열된 이성질체들이다. 입체이성질체에는 **기하 이성질체**(**幾何異性質體**, *geometrical isomer*)와 **광학 이성질체**(**光學異性質體**, *optical isomer*)가 있다.

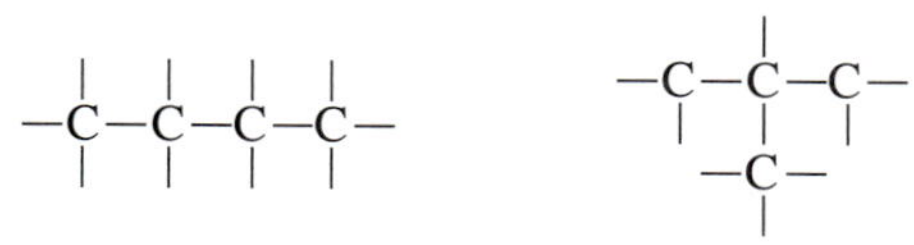

n-뷰테인 *i*-뷰테인

그림 11.5 원자들의 결합 방식이 다른 *n*-뷰테인과 *i*-뷰테인은 구조 이성질체이다.

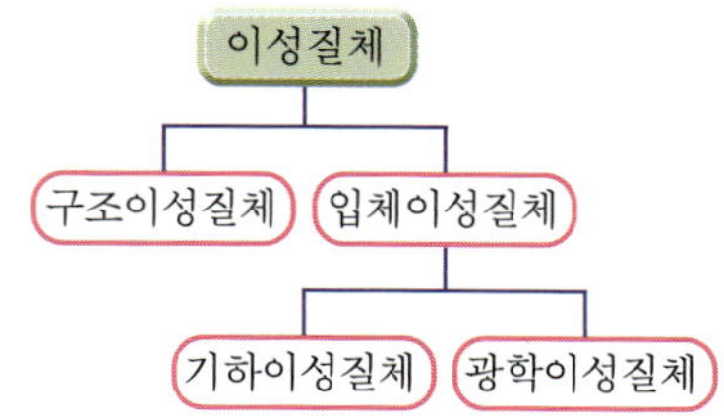

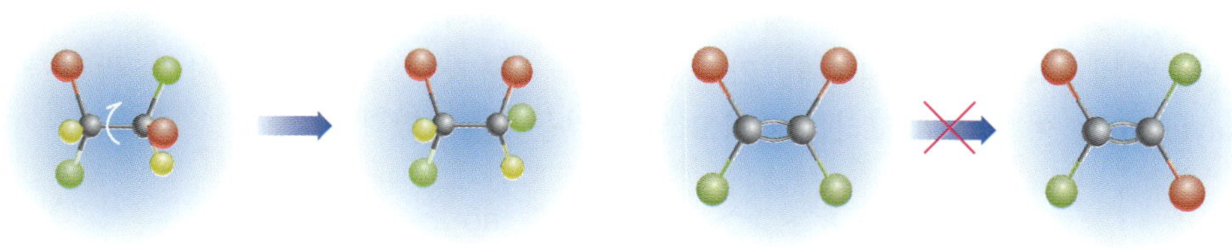

C—C 단일 결합 : 회전 가능 C=C 이중 결합 : 회전 불가능

기하 이성질체는 이중 결합의 양쪽의 배열이 다르거나 고리의 위와 아래의 배열이 서로 다른 이성질체들이다. 탄소-탄소 이중 결합을 중심으로 회전이 불가능하게 됨에 따라 같은 치환기를 가진 화합물이라 할지라도 치환기가 붙어 있는 구조에 따라 서로 같은 방향으로 치환된 시스(cis) 이성질체와 서로 반대방향으로 치환된 트랜스(trans) 이성질체의 두 가지 기하 이성질체가 존재하게 된다. 광학 이성질체는 거울상 이성질체라고도 하는데, 이에 대해서는 아래에서 좀 더 자세히 다룰 것이다.

시스-2-뷰텐

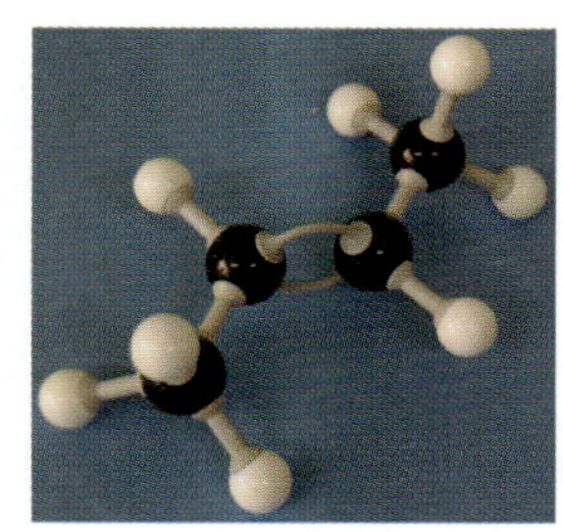

트랜스-2-뷰텐

그림 11.6 시스-2-뷰텐과 트랜스-2-뷰텐은 기하 이성질체 관계이다.

이중 결합을 포함한 화합물로는 대표적으로 지방산(脂肪酸, fatty acid)을 예로 들 수 있다. 지방산은 긴 탄화수소 사슬을 포함하고 있는데, 탄화수소 사슬에 탄소-탄소 이중 결합을 포함한 지방산의 경우 단일 결합만으로 이루어진 지방산과는 다른, 일부분이 고정된 형태를 갖는다.

이들 이중 결합을 포함한 지방산은 결합이 포화되지 않은 탄소를 포함하고 있으므로 **불포화 지방산(不飽和脂肪酸, unsaturated fatty acid)**이라 부르며, 분자의 가운데가 꺾어진 형태로 굳어 있으므로 같은 분자들끼리 차곡차곡 포개지기가 힘들다. 때문에 상온에서 하얀 고체로 존재하는 동물성 지방(포화 지방산, saturated fatty acid)과 달리 식물성 지방(불포화 지방산)은 그 휘어진 구조 때문에 분자들끼리 적당한 거리를 유지하므로 상온에서 쉽게 고체로 존재하지 않는다.

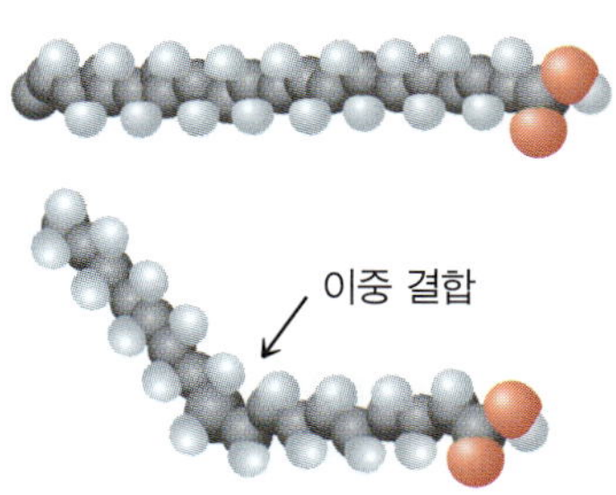

스테아르산
: 포화 지방산, 고체

올레산
: 불포화 지방산, 액체

지방의 경우에 시스와 트랜스 이성질체의 함량에 따라 녹는점이 달라지고 건강에 미치는 영향도 달라진다. 탄소 18개로 이루어지고 9번과 10번 탄소 사이에 하나의 이중 결합을 가진 올레산(oleic acid)은 시스형이다. 트랜스형은 엘라이드산(elaidic acid)이라고 한다. 식품에서 시스, 트랜스 지방산이라고 할 때는 주로 올레산과 엘라이드산을 의미하는 것이다. 올레산은 올리브 기름의 주성분이다. 지중해 연안의 올리브의 생산과 올리브 기름 무역으로 축적된 부를 기반으로 고대 그리스 문명이 가능했던 것을 생각하면 하나의 화합물의 위력이 짐작된다.

ㄷ. 고리 화합물

탄소 화합물은 **고리 화합물(cyclic compound 또는 ring compound)**을 이루기도 하며, 이들은 3, 4, 5, 6각형 혹은 그것보다 더 큰 고리 화합물로도 존재할 수 있다. 고리들은 서로 연결되어 여러 개의 고리 모양을 이룰 수도 있으며, 고리 내부에 이중 결합이나 드물게는 삼중 결합을 포함하는 것도 가능하다.

아래 그림은 유기화학자가 간단한 출발 물질로부터 전합성(全合成, total synthesis)한 가장 복잡한 화합물의 좋은 예라고 볼 수 있는 팔리톡신(palytoxin)의 구조를 보여준다. 하버드대학교 화학과의 키시(Kishi) 교수가 1994년에 합성한 팔리톡신(palytoxin)은 여러 개의 고리를 가지고 있는 것을 볼 수 있다.

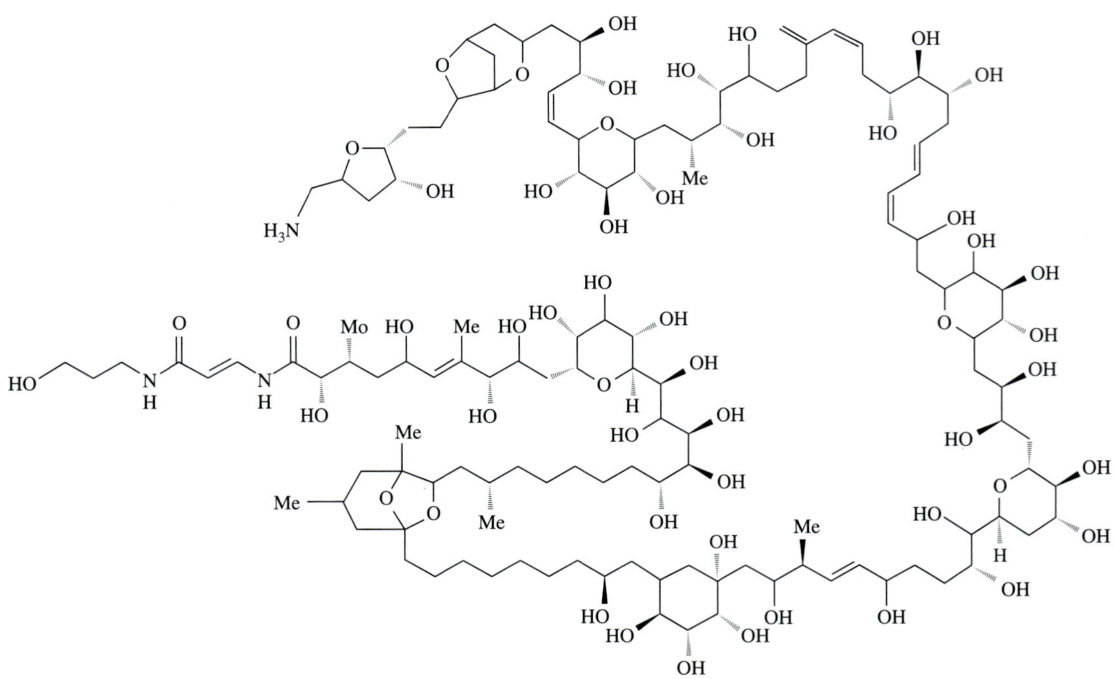

팔라톡신

나. 방향족 화합물

화학에서 가장 유명하고 또 중요한 구조 중의 하나는 케쿨레가 꿈 속에서 발견했다고 알려진 벤젠(C_6H_6)의 정육각형 구조이다. 벤젠의 구조는 흔히 그림과 같이 두 가지 구조의 공명으로 나타낸다. 여섯 개의 탄소 원자는 모두 sp^2 혼성오비탈을 사용해서 양쪽의 탄소 원자와 시그마 결합을 이루고 나머지 하나의 sp^2 오비탈은 수소 원자와 결합을 만드는데 사용된다. 모든 탄소 원자는 벤젠 고리의 평면과 수직인 p 오비탈을 가지는데 이 여섯 개의 $2p$ 오비탈이 세 개의 파이 결합을 만들어 세 개의 이중 결합이 이루어진다는 관점이다. 이처럼 이중 결합과 단일 결합이 교대로 나타나는 경우를 **짝지은 결합(共結合, conjugated bond)**이라고 한다.

분자 오비탈의 관점에서는 전자 밀도가 여섯 개의 탄소 원자 전체에 고르게 분포되는 π 오비탈을 고려한다. 그렇게 하면 구태여 공명을 생각할 필요가 없어지고 세기와 길이 등 모든 면에서 여섯 개의 C—C 결합이 구별되지 않는다는 관찰 결과와도 잘 맞는다.

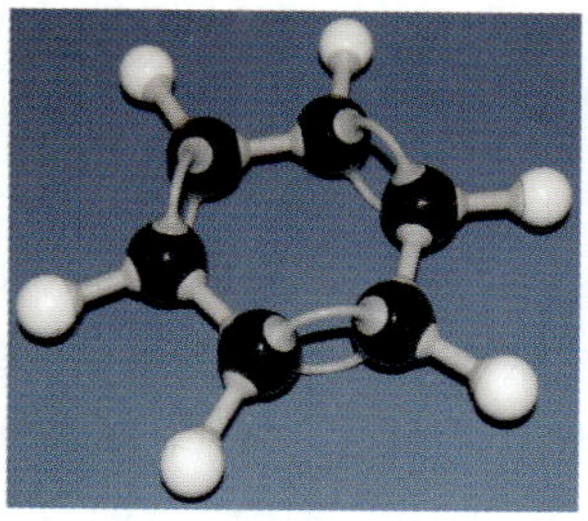

벤젠

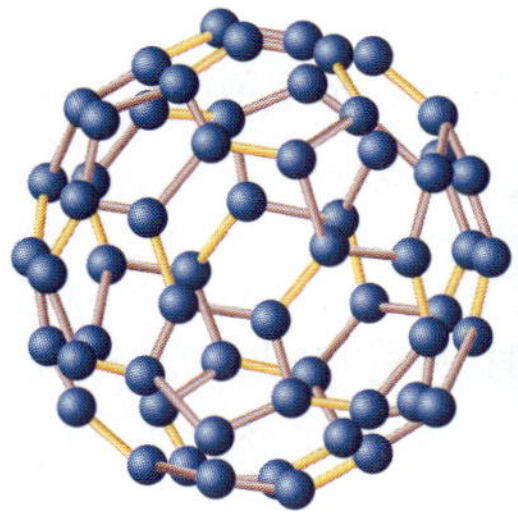

버키볼

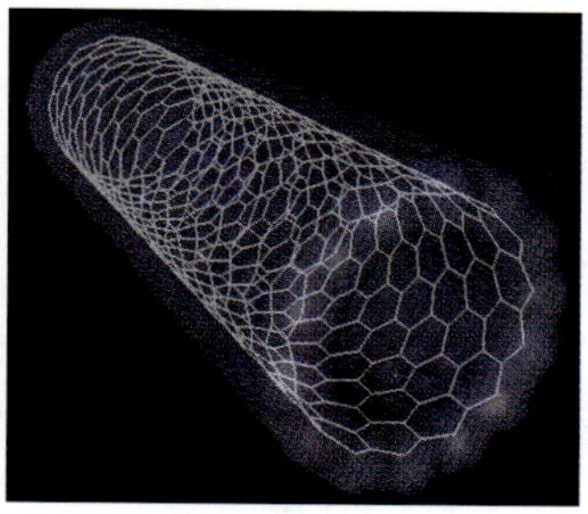

탄소 나노튜브

케큘레 (Kekule, 1829-1896).
독일의 화학자. 기센 대학에서 건축을 전공하려고 하였으나 리비히의 강의를 듣고 화학으로 진로를 바꾸었다. 1857년에 탄소가 네 개의 결합을 이루는 것을 발표하는 두 화합물의 구조 이론에 크게 기여했다.

벤젠의 구조는 축구공 모양 탄소 동소체인 버키볼(buckyball, buckminsterfullerene)이나 전자 소재의 재료로 각광받는 탄소 나노튜브(carbon nanotube)의 기본 구조가 된다.

고리 화합물이면서 각 탄소가 전자를 나누어 쓸 수 있으면－전자 오비탈들이 서로 공유되면－특이한 안정성을 띠는 화합물을 형성할 수 있는데, 이들은 벤젠이나 톨루엔(toluene) 등과 같이 특이한 냄새를 갖기 때문에 **방향족 화합물**(**芳香族化合物, aromatic compound**)이라고 부른다.

방향족 화합물들은 일반적인 알켄 화합물들이 가지는 반응성과는 다른 독특한 안정성과 반응성을 보여 준다. 탄소의 이중 결합(612 kJ/mol)은 산소(498 kJ/mol)나 질소(409 kJ/mol)의 이중 결합보다 훨씬 강하다. 따라서 유기 화합물에는 벤젠 같이 이중 결합을 가진 구조가 많이 발견된다. 물론 이중 결합은 탄소와 질소 사이에도 만들어진다.

지금까지 간략히 살펴본 대로 탄소 화합물은 결합하는 원자의 종류에 따라, 단일 결합과 다중 결합의 여부에 따라, 긴 사슬형 혹은 고리형 등 결합 방식에 따라 수많은 종류의 화합물이 존재할 수 있다. 지금까지 지구상에 알려진 유기 화합물의 수만 해도 2,000만 가지가 넘으며, 지금 이 순간에도 전혀 새로운 화합물들이 화학자들의 손에 의해 탄생되고 있다.

11-2-3 탄소 화합물의 작용기

1 몰 정도의 탄소, 수소, 산소, 질소 원자들을 섞어놓고 적당한 에너지를 공급하여 반응하게 하고 얻어진 탄소 화합물들을 조사한다면 어떤 것들이 많이 발견될까? 물론 전제 조건은 탄소는 네 개, 수소는 한 개, 산소는 두 개, 질소는 세 개의 공유 결합을 만든다는 것이다. 위에서 살펴본 결합 에너지 값으로부터 주어진 추가 조건에 따라 상대적으로 약한 O—O, N—N 단일 결합은 고려하지 않는다.

이렇게 해서 만들어진 화합물들을 조사하면 각 원소의 결합 방식에 따라 특정한 원자들이 특정한 방식으로 결합한 어떤 원자들의 원자단을 찾아 볼 수 있을 것이다. 이러한 원자단은 각기 특정한 성질을 나타내므로 **작용기**(**作用基, functional group**)라고 부른다. 어떠한 작용기를 포함하느냐에 따라 그 화합물의 종류나 이름이 결정되는 경우가 많은데, 유기 화합물에서 많이 나타나는 대표적인 작용기들의 예를 살펴보자.

가. 알킬 —R

C—C 결합(346 kJ/mol)과 C—H 결합(412 kJ/mol)의 세기로부터 일단 여러 종류의 탄화수소가 기대된다. 여러 개의 C—C 결합이 한 줄로 연결된 곧은 사슬(straight chain) 탄화수소 뿐 아니라 곁가지가 달린(branched chain) 탄화수소도 있다. 탄화수소 사슬에서 수소가 하나 떨어져 나간 작용기를 **알킬기**(**alkyl goup**)라고 한다. 가장 간단

한 알킬기는 **메틸기(methyl, $-CH_3$)**이다. 일반적으로 알킬기를 $-R$로 표시한다. 복잡한 화합물에서 여러 작용기를 고려하고 남은(rest) 부분이라는 뜻이다.

나. 알코올 —OH

C—O 결합(360 kJ/mol)과 O—H 결합(463 kJ/mol)의 세기로부터 산소가 탄화수소의 탄소와 수소 사이에 끼어들어간 구조가 예상된다. 탄화수소 사슬의 말단이나 중간 부분의 C—H 결합 사이에 산소가 들어가면 C—O—H 구조가 생긴다. 이때 $-OH$ 작용기를 **하이드록실기(hydroxyl group)**라 하고, 하이드록실기를 가진 탄소 화합물을 **알코올(alcohol)**이라 부른다. 중요한 알코올에는 폼알데하이드를 거쳐 많은 화학 제품의 원료로 사용되는 메탄올(methanol, 木精), 술의 주성분인 에탄올(ethanol, 酒精), 아세톤과 함께 용매로 널리 사용되는 이소프로판올(isopropanol), 자동차의 부동액으로 사용되는 에틸렌글리콜(ethylene glycol), 화장품에 보습제(moisturizer)로 사용되는 글리세롤(glycerol) 등이 있다.

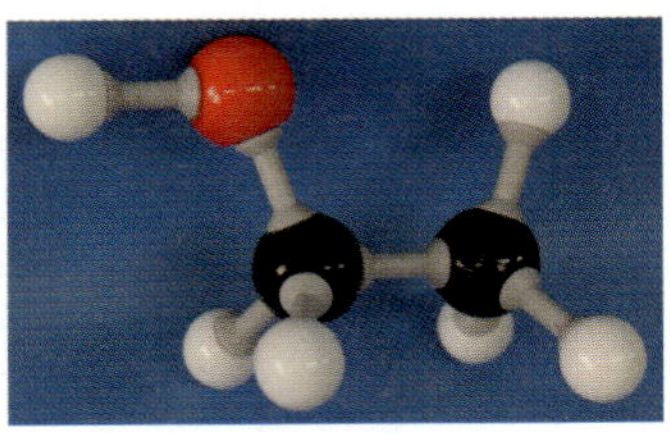

에탄올

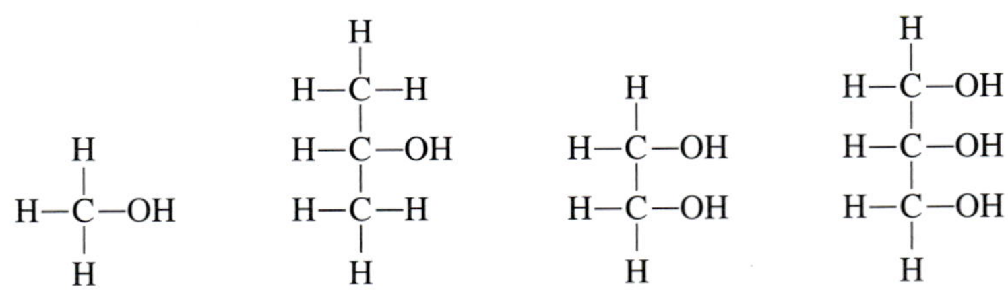

메탄올 아이소프로판올 에틸렌글리콜 글리세롤

예제 11.3

—OH 작용기의 수소는 산해리를 할까?

풀이 전기음성도가 높은(3.5) 산소가 질산, 인산, 황산의 경우에서와 같이 질소, 인, 황으로부터 전자를 얻지 못하고 전기음성도가 낮은 수소(2.2)로부터 전자를 끌어당기면 결과적으로 수소는 수소 이온(H^+)으로 해리하여 산성을 나타낸다. 그러나 알코올에서 산소의 양쪽에 위치한 탄소와 수소는 전기음성도가 2.5와 2.2로 둘 다 낮기 때문에 산소는 양쪽으로부터 전자를 끌어당긴다. 뿐만 아니라 알킬기의 탄소는 자신보다 전기음성도가 낮은 수소 여러 개와 결합하고 있어서 어느 정도 전자를 끌어다가 산소에게 전해주는 효과를 나타낸다. 예를 들어 메틸기의 탄소는 세 개의 수소로부터 전자를 끌어다가 산소에게 공급하므로 산소로서는 $-OH$의 수소보다는 메틸기로부터 전자를 얻는 편이 용이하다. 메틸기를 초미니 깔때기로 생각해도 좋다. 결과적으로 O—H 기의 수소는 수소 이온(H^+)으로 해리하지 않고 알코올은 산성을 띠지 않는다.

술의 알코올 도수는 맥주의 5%부터 보드카, 고량주 등의 50%까지 상당히 폭이 넓다. 그것은 알코올이 물과 잘 섞인다는 것을 의미한다.

예제 11.4

왜 알코올은 분자량이 비슷한 탄화수소에 비해 끓는점이 높을까? 알코올의 끓는점이 높다는 사실은 알코올이 물과 잘 섞이는 사실과 어떤 연관이 있을까?

풀이 산소에 전자를 어느 정도 내주고 부분 양전하(δ^+)를 가지는 수소는 이웃 알코올 분자의 산소(δ^-)와 수소 결합을 이루고, 따라서 알코올은 기체 상태로 쉽게 탈출하지 못하기 때문에 비교적 끓는점이 높다. 예를 들어, 에탄올의 끓는점은 78°C이다. 같은 이유로 알코올은 물과 수소 결합을 이루기 때문에 잘 섞인다.

알코올은 탄화수소에서 탄소와 수소 원자 사이에 산소 원자가 하나 끼어들어간 구조인데, 하나의 산소 때문에 끓는점, 물과 섞이는 정도 등 물성 면에서 큰 차이를 나타낸다. 물론 화학 반응도 전혀 달라진다.

다. 에테르 —O—

C—O 결합 (360 kJ/mol) 의 세기가 C—C 결합 (348 kJ/mol) 의 세기와 비슷하기 때문에 산소는 C—C 사이에도 들어가서 안정한 화합물을 만든다. 이처럼 산소 원자의 양쪽에 탄화수소 사슬이 이어진 형태의 화합물을 **에테르 (ether)** 라 한다. 알코올이 탄화수소에서 탄소와 수소 사이에 산소가 끼어들어간 구조라면, 에테르는 탄화수소에서 탄소와 탄소 사이에 산소가 끼어들어간 구조인 것이다. 대표적인 에테르인 다이에틸에테르 (diethyl ether) 는 산소 양쪽에 에틸기가 결합되어 있는데, 최면 효과가 있어 마취제로 사용될 수 있다. 에테르는 상온에서 증기압이 상당히 높기 때문에 인화성이 있어 화재의 위험이 있으므로 조심해야 한다.

예제 11.5

왜 뷰테인 (C_4H_{10}) 은 끓는점이 −0.5°C로 상온에서 기체인데 에틸에테르 ($C_4H_{10}O$) 는 끓는점이 34.5°C로 상온에서 액체일까?

풀이 물에서 H—O—H 결합각이 104.5°C로 물이 굽어진 분자인 것과 같은 이유로 에테르에서 C—O—C 결합은 굽어 있고 따라서 에테르는 쌍극자 모멘트를 가진다. 9장에서 살펴본 대로 쌍극자-쌍극자 상호작용은 수소 결합보다는 약하지만 분산력보다는 강하기 때문에 에테르는 끓는점이 낮은 액체이다.

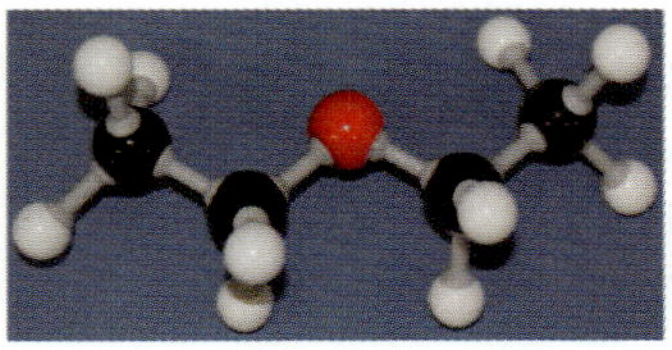
다이에틸에테르

예제 11.6

왜 다이에틸에테르 ($C_4H_{10}O$) 는 끓는점이 34.5°C로, *n*-뷰탄올 (117°C) 과 에탄올의 끓는점 (78.5°C) 보다도 낮을까?

풀이 에테르에서 모든 수소는 전기음성도가 비슷한 탄소와 결합되어 있기 때문에 부분 전하가 아주 낮고 따라서 이웃 에테르 분자의 산소와 수소 결합을 이루지 못하기 때문이다.

에테르의 구조를 보면 산소가 두 개 끼어들어간 구조는 과산화수소 (hydrogen peroxide, H—O—O—H) 에서 볼 수 있듯이 가능하다. 그런데 O—O 결합은 결합 에너지가 157 kJ/mol로 다른 단일 결합에 비해 반도 안 된다. 따라서 일반적으로 퍼옥사이드 (과산화물, peroxide) 라고 부르는 —O—O— 형 화합물은 상당히 불안정하다. 과산화수소도 쉽게 분해해서 반응성이 높은 산소 원자를 내놓기 때문에 소독제나 폭발물에 사용되는 것이다.

라. 알데하이드 $-\overset{\displaystyle O}{\overset{\|}{C}}-H$

산소는 탄소나 수소와 강한 단일 결합을 만들기도 하지만 또 탄소와 강한 이중 결합

아세트알데하이드

을 만든다. 실제로 C=O 이중 결합 에너지 (743 kJ/mol) 는 C−O 단일 결합 에너지 (360 kJ/mol) 의 두 배보다 약간 크다. 어떤 탄화수소에서 말단 탄소와 결합한 세 개의 수소 중 두 개가 하나의 산소로 대치되면 (산화) 알데하이드 작용기 (−CHO) 가 얻어진다.

메테인에서는 폼알데하이드 (formaldehyde, HCHO, 끓는점 −21°C) 가, 에테인에서는 아세트알데하이드 (acetaldehyde, CH_3CHO, 끓는점 21°C) 가 얻어진다. 폼알데하이드는 끓는점이 낮지만 물에 잘 섞인다. 무게로 37% 폼알데하이드 수용액을 포르말린 (formalin) 이라고 하는데, 생체 시료의 방부제로 유용하다.

알데하이드는 알코올이 산화된 결과라고 볼 수도 있다. 메탄올이 수소 원자 두 개를 잃으면 폼알데하이드가 되고, 에탄올이 수소 원자 두 개를 잃으면 아세트알데하이드가 된다.

$$C_2H_5OH + \frac{1}{2}\,O_2 \longrightarrow CH_3CHO + H_2O$$

마. 케톤 $-\overset{\overset{\displaystyle O}{\|}}{C}-$

C=O 이중 결합이 탄화수소의 말단 탄소에 있으면 알데하이드가 되는데 비해, 양쪽의 탄소 사슬 사이에 있는 C=O 작용기를 **카보닐기 (carbonyl group)** 라 하고, 이러한 화합물을 **케톤 (ketone)** 이라고 한다. 카보닐기 양쪽에 메틸기가 있으면 가장 간단한 케톤인 아세톤 (acetone) 이 된다.

카보닐기의 C=O 결합은 극성이 강하다. 전기음성도가 낮은 탄소가 양쪽의 메틸기에 들어있는 도합 여섯 개의, 자신보다 전기음성도가 더 낮은 수소로부터 전자를 모아다가 이중 결합을 통해서 산소에게 내어주기 때문이다. 따라서 아세톤의 쌍극자 모멘트는 2.9 디바이로 물의 1.85보다 높고, 다이에틸에테르의 1.15보다는 훨씬 높다.

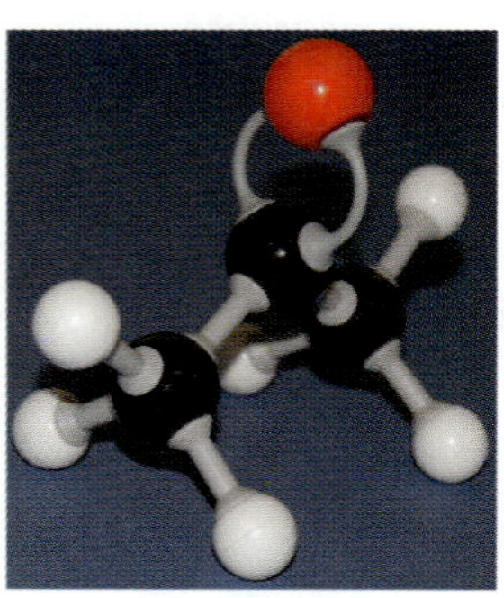
아세톤

예제 11.7

손톱의 매니큐어를 지우는데 아세톤이 유용한 이유는 무엇인가?

풀이 아세톤 두 개의 메틸기는 극성이 낮으므로 유성 (油性) 잉크 같이 물에 안 녹는 염료를 녹인다. 한편 아세톤은 카보닐기 때문에 물과도 잘 섞인다. 따라서 매니큐어를 지운 후에 아세톤을 물로 씻어버릴 수 있다.

예제 11.8

아세톤은 유성 잉크를 녹일까, 수성 (水性) 잉크를 녹일까?

풀이 아세톤은 두 개의 메틸기 때문에 유성 잉크를 잘 녹이고, 카보닐기와 높은 쌍극자 모멘트 때문에 수성 잉크도 잘 녹인다. 이것 아니면 저것 식의 생각은 틀릴 수도 있다.

바. 카복실산 $-\overset{\overset{\displaystyle O}{\|}}{C}-O-H$

탄화수소 사슬의 말단 탄소에 C=O 이중 결합과 C−O 단일 결합이 동시에 도입되면 아주 흥미롭고 중요한 변화가 일어난다. **카복실기 (carboxyl group)** 라 부르는 이 작용기를 편의상 −COOH로 흔히 쓰지만 두 개의 산소 원자는 직접 결합된 것은 아니라는 사실을 잊어서는 안된다. 카복실기에서 볼 수 있는 C=O, C—O, O—H는 모두 결합 에너지가 높기 때문에 카복실기가 유기 화합물에서 많이 등장하리라는 것을 예상할 수 있다.

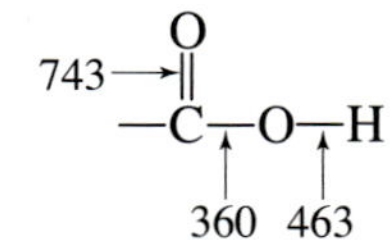

결합 에너지(kJ/mol)

지금까지 앞에서 다룬 화합물들은 모두 수소를 포함하지만 산은 아니다. 그러나 카보닐기를 도입해서 얻어진 카복실기는 산으로 작용한다. 카복실기를 가진 유기산(有機酸, organic acid)을 **카복실산(carboxylic acid)**이라 한다. 단백질의 단량체인 20가지 아미노산이 모두 말단에 카복실기를 가지고 있는 것으로부터 알 수 있듯이 생명 현상에서 카복실산의 역할은 대단히 중요하다.

탄소가 한 개인 카복실산은 폼산(formic acid, 개미산, H—COOH)으로 폼알데하이드가 산화되어 탄소와 수소 사이에 산소가 끼어들어간 구조이다. 탄소가 두 개인 아세트산은 에탄올이 아세트알데하이드를 거쳐 두 번 산화된 화합물로 식초의 주성분이다. 포도주에는 에탄올뿐 아니라 다양한 향과 맛을 내는 알데하이드가 여러 종류 들어 있다. 포도주가 오래 되면 알코올과 알데하이드들이 산화되어 시어진다.

아세트산

$$C_2H_5OH + \frac{1}{2}O_2 \longrightarrow CH_3COOH + H_2O$$

예제 11.9

카복실기는 왜 산성을 나타내는가?

풀이 카복실기에서 수소와 결합한 산소는 전자를 수소에서 얻을 수도 있고 반대 쪽의 탄소에서 얻을 수도 있다. 알코올에서와 같이 산소와 결합한 탄소가 알킬기의 탄소라면 그 쪽에서 전자를 얻겠지만, 카보닐기에서 이중 결합을 이룬 산소에게 전자를 상당히 내놓은 탄소는 —OH의 산소에게 내줄 전자가 부족한 상황이다. 따라서 —OH의 산소는 자신과 결합한 수소로부터 전자를 빼앗게 되고 결과적으로 그 수소는 해리하여 산성을 나타낸다.

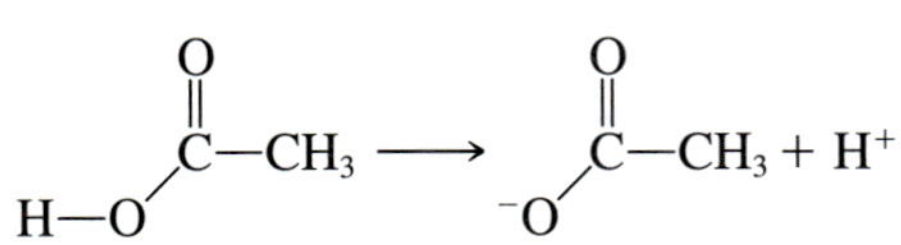

사슬이 긴 유기산에는 동물의 지방을 만드는 지방산이 있다. 지방산은 비누의 원료로도 중요하다.

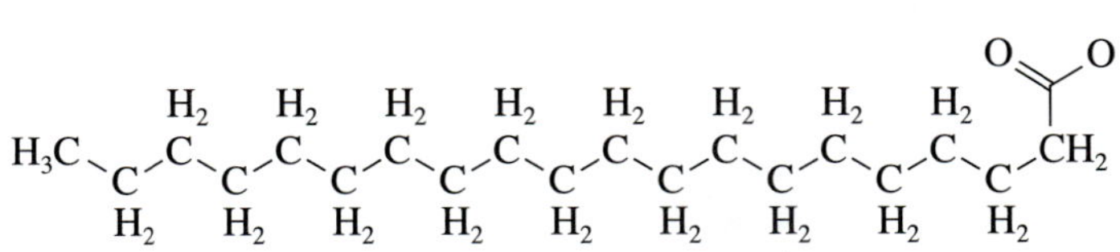
에이코산산(eicosanoic acid)

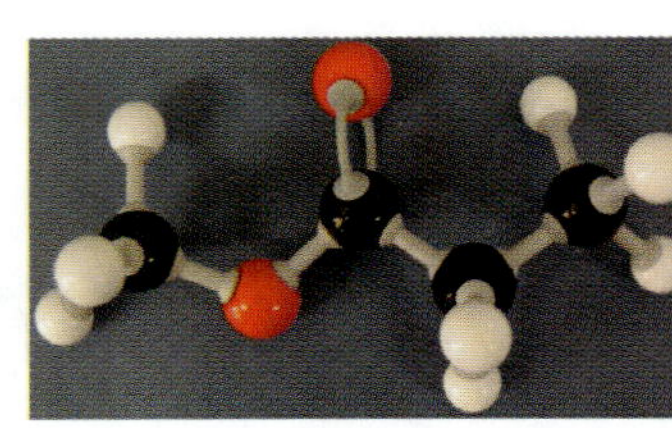
메틸 알코올과 프로피온산 (propionic acid) 사이의 에스터

사. 에스터 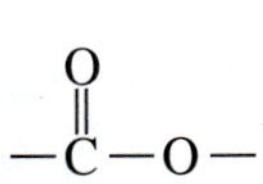

위의 카복실산의 구조에서 수소 원자 대신 알킬기가 자리잡은 작용기를 **에스터기(ester group)**라 부른다. 에스터기를 가진 화합물은 흔히 에스터라고 부르는데, 에스터는 카복실산과 알코올에서 물이 빠지며 축합(縮合, condense)되어 생기는 화합물이다. 과일향의 주성분 중에는 에스터가 많으며, 때문에 과일향 우유, 아이스크림, 과자 등에

는 에스터 화합물이 많이 사용된다. 카복실산 대신 인산이 사용되면 인에스터 (phosphoester) 라고 한다. DNA의 당-인산 골격에서는 인산과 두 개의 데옥시라이보스 사이에 만들어진 인에스터 (phosphodiester) 가 중요한 역할을 한다.

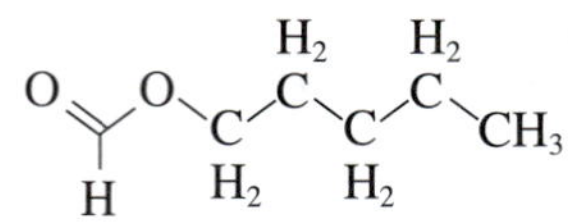

폼산 아밀 (apple, 사과, 복숭아)

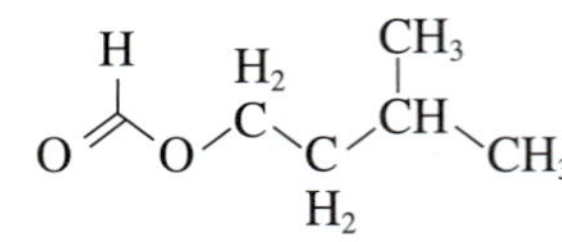

폼산아이소아밀 (isoamyl formate, 배)

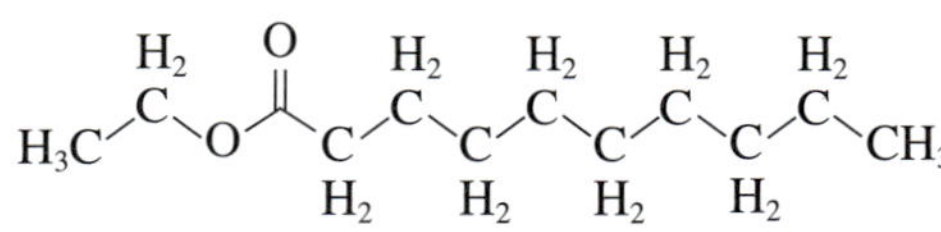

카프로산에틸 (ethyl caprate, 파인애플)

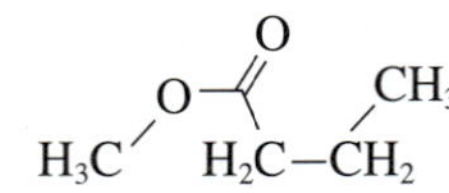

뷰티르산메틸 (methyl butyrate, 사과)

아. 아민 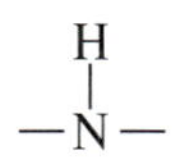

N—H 결합 (388 kJ/mol) 은 강하기 때문에 암모니아 (ammonia, NH_3) 는 안정한 화합물이다. 그런데 C—N 결합 (305 kJ/mol) 도 상당히 강하기 때문에 암모니아에서 하나, 둘, 또는 세 개의 수소가 알킬기로 치환될 수 있다. 이런 화합물을 **아민 (amine)** 이라 하고 $—NH_2$ 작용기를 **아민기 (amine group)** 라 한다. 수소 하나가 치환된 R-NH_2 형의 아민을 **1차 아민** (*primary amine*) 이라 하고, R—NH_2 형의 아민을 **2차 아민** (*secondary amine*), R_3—N 형의 아민을 **3차 아민** (*tertiary amine*) 이라 한다. 아민은 알코올에서 산소 대신 질소 원자가 자리잡고 있다고 생각해도 좋다.

아민 역시 독특한 냄새를 갖는 경우가 많은데, 주로 암모니아와 같은 냄새를 갖고 있거나 생선 비린내의 주성분을 이룬다. 아민은 물에 녹을 경우 약한 알칼리성을 띠게 된다. 아민은 아미노산의 염기성 부분이고, 또한 DNA의 A, T, G, C 네 가지 염기를 염기답게 해주는 부분이다.

예제 11.10

레스토랑에서 생선 요리에 레몬 조각을 곁들여 내놓는 이유는 무엇일까?

풀이 생선의 냄새를 내는 화합물은 메틸아민 ($CH_3—NH_2$) 같이 휘발성이 강한 아민이다. 예를 들어, 메틸아민의 끓는점은 −6°C로 증기압이 높아 쉽게 코에 도달한다. 산성인 레몬

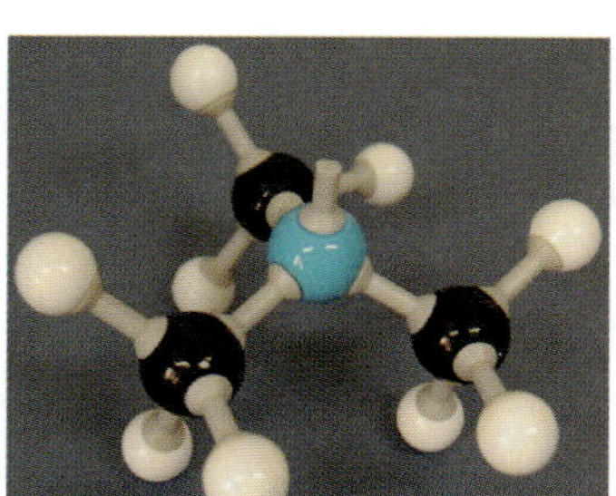

상한 생선 냄새의 주요인인 트라이메틸아민.

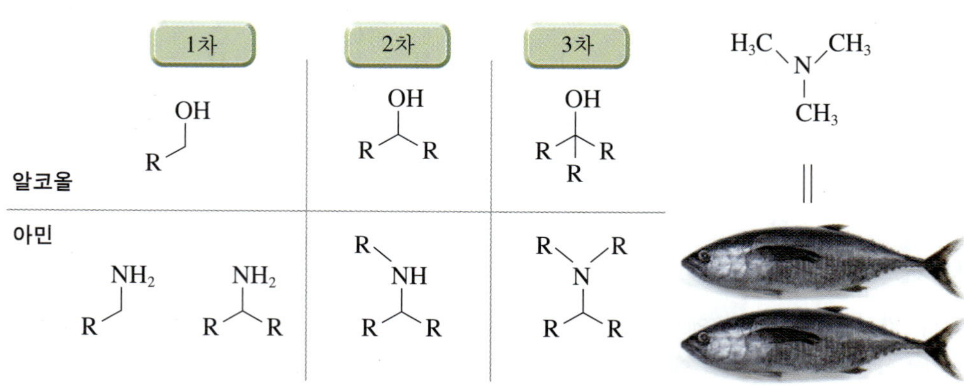

그림 11.5 알코올과 아민의 1, 2, 3차 구분법. 알코올은 이웃한 탄소에, 아민은 질소에 직접 연결된 탄화수소 사슬의 개수를 센다.

즙을 뿌리면 양전하를 가진 수소 이온(H^+)이 질소의 비공유 전자쌍을 사용하여 공유 결합을 만들어 양전하를 가진 메틸암모늄 이온($CH_3-NH_3^+$)이 된다. 중성인 메틸아민은 물에 잘 안 녹지만 메틸암모늄 양이온은 극성이 높은 물에 잘 녹아서 음식에 남아있게 된다. 한국의 일부 지방에서는 생선의 아민 냄새를 더욱 즐기기 위해 생선을 발효를 시켜서 강한 아민 (또는 암모니아, 끓는점 −33.4°C) 냄새가 나는 홍어 요리를 즐기기도 하지만 대부분 사람들은 생선의 비린내를 싫어한다. 아민이 약알칼리성을 띤다는 것을 잘 이용하면 비린내 없이 생선 요리를 즐길 수 있다. 생선 요리에 나오는 레몬은 단지 장식용이 아닌 것이다.

중국에서 수입한 우유나 과자 등 식품에서 발견되어 문제가 된 멜라민(melamine)은 사이안이미드(cyanimide)가 세 개 축합된, 질소의 함량이 높은 아민계 화합물이다. 식품의 단백질 함량은 흔히 질소 함량을 측정하여 간접적으로 결정한다. 따라서 값싼 멜라민을 가하면 단백질 함량이 높게 나오는 것이다.

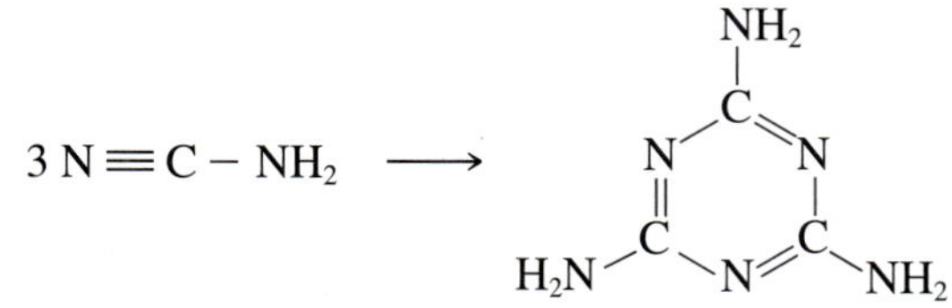

사이안이미드 멜라민

예제 11.11

멜라민에서 질소의 무게 %는 얼마인가?

풀이 원자수 − 탄소 3, 질소 6, 수소 6

분자량 $= 12 \times 3 + 14 \times 6 + 1 \times 6 = 126$

질소의 무게 $\% = 100 \times \dfrac{84}{126} = 67$

질소 함량이 높은 액체 화합물에는 하이드라진(hydrazine, H_2N-NH_2)이 있다. O—O 단일 결합과 마찬가지로 N—N 단일 결합을 가진 화합물은 흔하지 않다. 흔하지 않은 O—O 단일 결합을 가진 과산화수소에 해당하는 질소 화합물이 하이드라진이다.

예제 11.12

유기 화합물 내에서 하이드라진이 우주선의 연료로 유용한 이유는 무엇인가?

풀이 O—O 결합(157 kJ/mol)과 마찬가지로 N—N 결합(163 kJ/mol)도 약하기 때문에 N—N 결합도 쉽게 분해되어서 질소 원자를 내놓고 이들이 삼중 결합을 이루며 질소 분자가 생길 때 많은 열이 나온다. 하이드라진에 들어있는 수소는 연소해서 수증기로 바뀌며 또 열을 낸다. 하이드라진은 수소 결합을 만들기 때문에 액체이다. 연소 생성물은 질소와 수증기 모두 기체이기 때문에 열에 의해 팽창하면서 추진력을 나타낸다.

자. 아마이드 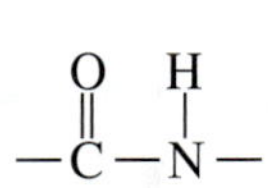

카복실산과 알코올에서 물이 빠지며 축합되면 에스터가 되듯이, 카복실산과 아민에서 물이 빠지며 축합되면 **아마이드기(amide group)**가 된다. 두 개의 아미노산이 만나

한 아미노산의 카복실기와 다른 아미노산의 아민기가 축합되면 다이펩타이드(dipeptide)가 된다. 펩타이드가 길어져서 분자량이 만 정도를 넘으면 **단백질**이라 한다. 펩타이드과 단백질에서는 아마이드기를 **펩타이드 결합**(**peptide bond**)이라고 부른다. 펩타이드 결합에는 생명에 필수적이고 가장 풍부한 네 가지 원소의 원자가 하나씩 골고루 들어있다.

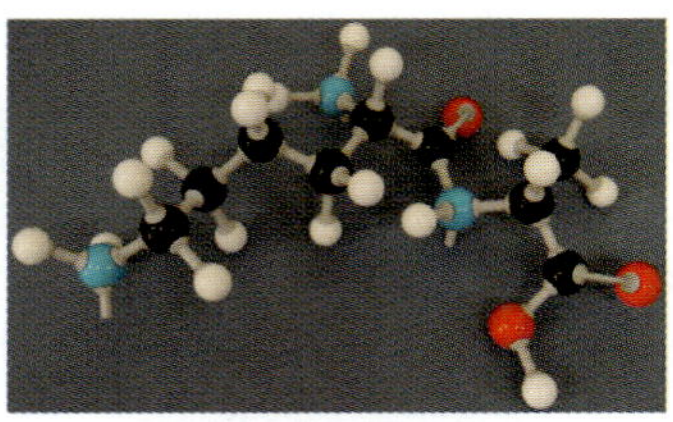

NH_2 — 라이신 — 알라닌 — COOH

예제 11.13

두 개의 아미노산으로 이루어진 NH_2—라이신—알라닌—COOH의 구조를 그리고, 아민과 아마이드의 위치를 표시하여라.

풀이

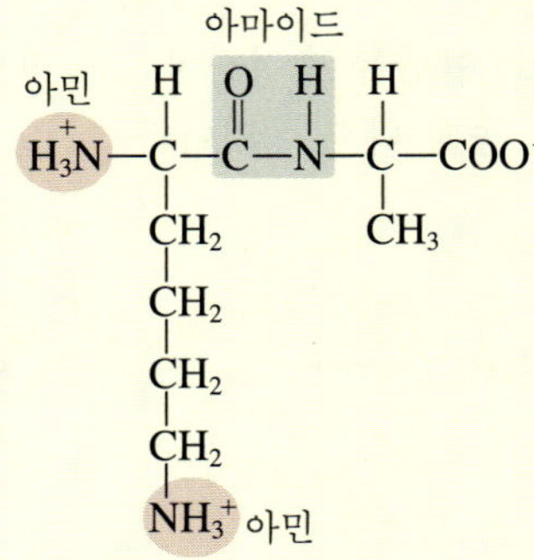

11-2-4 광학 이성질체

탄소는 주변 원자들이나 작용기와 어떻게 결합하느냐에 따라 같은 치환기를 가지고 있음에도 불구하고 전혀 다른 성질을 나타낼 수가 있다. 예를 들어 탄소 하나짜리 분자부터 우리 몸의 핵심적인 역할을 담당하는 거대한 생체분자까지 탄소의 결합 방식에 따라 왼손잡이 분자가 될 수도, 오른손잡이 분자가 될 수도 있는 것이다.

그림 11.6에서 두 분자는 탄소 중심의 사면체 구조에 같은 원자가 결합해 있으나 각 원자의 결합 위치가 서로 다르다. 때문에 거울에 비친 상이 서로 대칭일 뿐 서로 겹쳐지지 않는 관계를 갖게 되는데, 이러한 탄소 화합물을 거울상이성질체(광학 이성질체)라고 부르며, 카이랄성(chirality)를 가진다고 혹은 카이랄(chiral) 하다고 한다. 이들은 물리적, 화학적 성질은 동일하지만 편광의 회전방향이 다르며, 이를 광학적 활성(光學的活性, optical activity)을 갖는다고 말한다.

탄소 중심의 사면체 구조가 아니더라도 착화합물 등의 경우에 거울상 대칭 관계에 있는 광학 이성질체가 존재한다.

빛은 서로 수직인 전기장과 자기장이 빛의 진행방향과 수직인 방향으로 진동하는 전자파이다. 대부분 빛에서는 전기장(電氣場, electric field)과 자기장(磁氣場, magnetic field)이 빛의 진행방향과 수직인 모든 방향으로 진동하는데 특정한 평면 위에서만 진

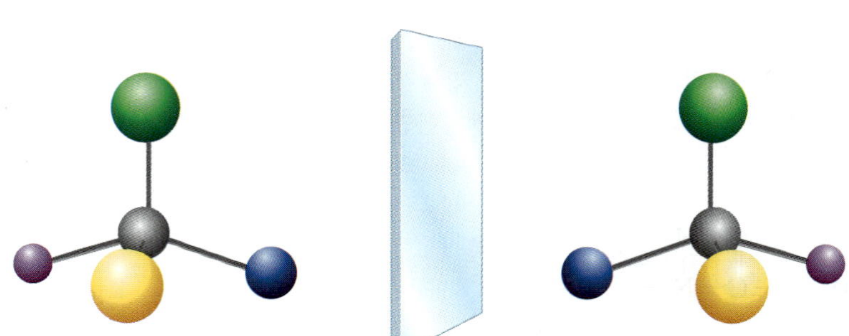

그림 11.6 서로 거울상 대칭을 나타내는 광학 이성질체.

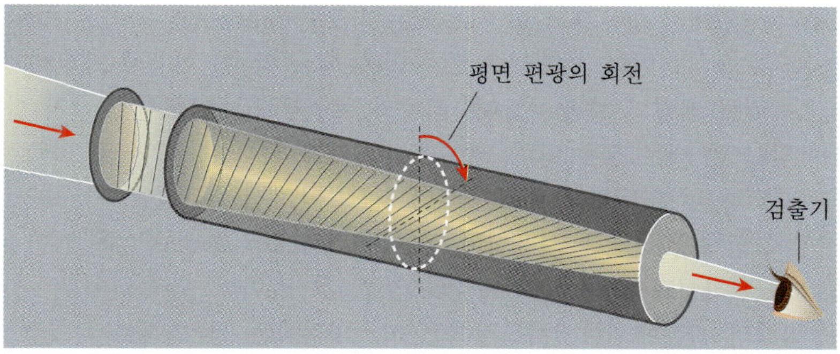

그림 11.7 카이랄 화합물 용액에 의해 회전되는 평면 편광이 현상은 광학 이성질체를 검출하고 농도를 측정하는데 사용된다.

동하는 빛이 있다. 이를 **평면 편광**(平面偏光, **plane polarized light**)이라 한다. 광학적 활성을 가지는 물질의 용액에 평면 편광을 통과시키면 편광의 진동 평면이 그림과 같이 회전한다. 거울상이성질체는 편광을 반대방향으로 회전한다. 거울상이성질체는 농도가 같으면 편광의 회전방향은 반대지만 회전 각도의 크기는 같다. 편광이 오른쪽으로 회전할 경우 *d*-(dextrorotatory) 또는 (+) 화합물, 왼쪽으로 회전할 경우 *l*-(levorotatory) 또는 (−) 화합물로 표시하여 두 이성질체를 구별한다.

이러한 거울상이성질체는 1840년 대에 프랑스의 화학자이자 생물학자인 파스퇴르(Pasteur)에 의해 처음 발견되었다. 오래된 포도주병 마개를 따면 코르크에 주석산(酒石酸, 타르타르산, tartaric acid)의 작은 결정이 붙어있는 것을 볼 수 있다. 당시 어떤 주석산 염의 용액은 편광을 한 방향으로 회전하는 광학적 활성이 있는 것으로 알려져 있었다. 한편 광학적 활성이 없는 주석산 염도 알려져 있었다. 파스퇴르는 광학적 활성이 없는 주석산 염의 결정을 자세히 조사하던 중 그림과 같이 거울상이성질체인 두 가지 결정이 존재하는 것을 발견하고 핀세트를 사용하여 두 가지 결정을 갈라놓을 수 있었다. 이렇게 분리한 두 가지 결정 중에서 한 가지는 이미 알려진 광학적 활성이 있는 염과 같은 방향으로 편광을 회전하고 나머지는 반대방향으로 회전하였다.

파스퇴르(Louis Pasteur, 1822–1895). 프랑스의 화학자, 미생물학자. 많은 질병이 세균에 의해 발생하는 것을 보여주었고 살균법, 백신의 개발을 통해 질병 예방의 길을 열어 인류 복지에 가장 크게 기여한 사람으로 꼽힌다.

두 가지 광학 이성질체가 1 : 1로 섞여 있는 것을 **라세미 혼합물**(**racemic mixture**)이라고 한다. 파스퇴르가 조사했던 광학적 활성이 없는 염은 두 가지 거울상이성질체의 라세미 혼합물이었던 것이다.

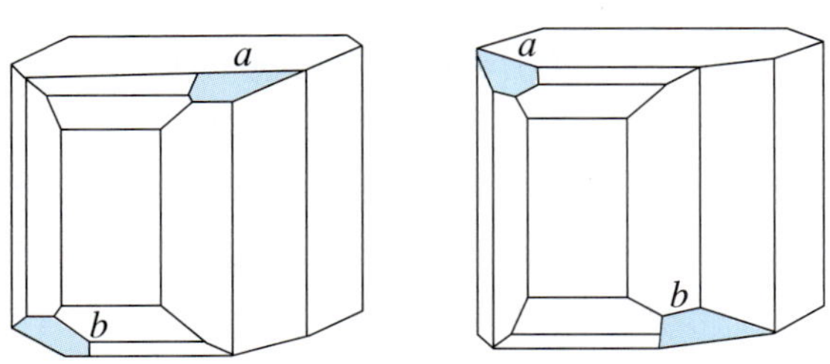

거울상이성질체의 예는 우리 몸에서 가장 잘 찾아볼 수 있다. 세포 핵에 들어있는 DNA를 이루는 뉴클레오사이드(nucleoside)나 단백질을 구성하는 아미노산 모두 분자 내에 입체 중심을 가지는데, 생체 내에는 *d*-deoxyribose와 *l*-amino acid 만이 선택적으로 존재한다. 우리 주변에서도 이와 같은 거울상이성질체를 찾아 볼 수 있다. 가장 가까운 예로, 왼손과 오른손은 분명 대칭이지만 서로 겹쳐지지는 않는다. 이를 손잡이성(handedness)이라고 한다.

광학적 활성을 갖는 탄소 화합물은 편광의 회전방향이 다르게 나타나는 것 이외에도 맛이나 그 냄새의 차이를 통해서 광학적 활성을 갖는 두 가지 이성질체를 구별할 수 있다. 우리 생활에서 향료로 널리 사용되는 리모닌(limonene)과 카본(carvone)이라는 분자를 예로 들 수 있다. 리모닌은 그 이름에서도 알 수 있듯이 레몬이나 오렌지 등 시트러스(citrus) 계열의 향을 내는데, 하나의 이성질체는 달콤한 오렌지 향을, 다른 이성질체는 약간 쓴 레몬 향을 낸다. 카본의 경우에도 하나는 우리에게 익숙한 스피아민트 향을 내며 다른 것은 조금 생소한 캐러웨이씨 냄새를 풍긴다.

얼마 전부터 설탕을 대신해 사용되어 온 아스파탐(aspartame)은 두 개의 아미노산이 결합된 다이펩타이드(di-peptide) 계열의 인공 감미료이다. 단맛을 내는 아스파탐과 거울상이성질체의 관계에 있는 이성질체는 아스파탐과는 정 반대로 쓴맛을 낸다. 따라서 아스파탐 공장에서는 선택적으로 원하는 형태의 이성질체만을 만들어야 할 것이다.

예제 11.14

아래의 아스파탐 구조에서 거울상이성질을 나타내는 입체 중심은 몇 개인가?

풀이 두 개. 그림의 왼쪽 위 카복실기(—COOH) 탄소에서 시작해서 세 번째 탄소는 네 개의 다른 작용기가 결합한 입체 중심이다. 이어서 C, N 다음 탄소도 입체 중심이다.

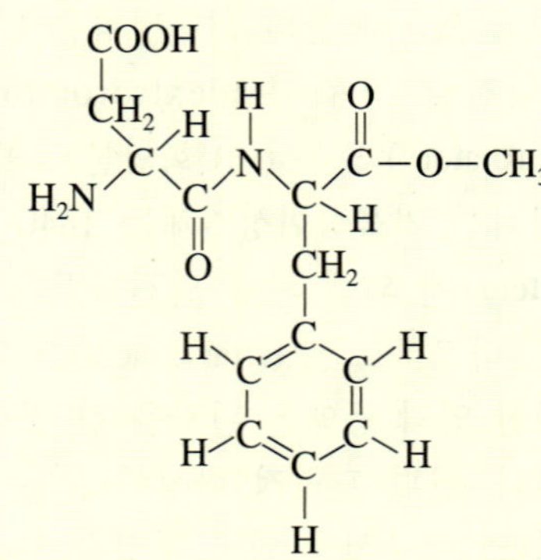

이성질체에 따라 맛이나 향이 약간 다른 것은 큰 문제가 아닐 수 있다. 그러나 약에 관한 경우라면 이야기는 크게 달라진다. 만일 약으로 작용하는 분자에 여러 개의 입체 중심이 존재하고, 그에 따른 각각의 입체이성질체가 인체에 서로 다른 기능을 나타낸다고 하면, 그리고 우리가 이성질체를 분리하지 않은 이 약을 복용한다면 그 결과는 어떨까? 불행히도 결과는 만병통치 보다는 심각한 부작용 쪽에 가까운 경우가 훨씬 많다. 그리고 우리는 그 예를 약 50년 전의 유럽에서 찾아볼 수 있다. 1950년대 말 유럽에서 처음으로 시장에 등장한 탈리도마이드(thalidomide)는 주로 신경 안정제나 수면제로 사용되었다. 이후 이 약이 임신부의 입덧을 완화하는데 효과가 있다는 것이 밝혀지면서 임신부들 사이에 선풍적인 인기를 끌었다. 그 후 유럽 등지에서 팔다리가 없는 기형아의 출산이 보고되었으나 약의 개발 당시 동물 실험에서 아무런 이상이 없었기 때문에 탈리도마이드의 탓은 아니라고 받아들여졌고 탈리도마이드는 여전히 널리 사용되었다. 이후 동물 실험에서 수십 배의 양을 투여하고 나서야 기형아 출산은 탈리도마이드 때문이라는 것이 밝혀져 판매가 금지되었으나, 이미 그 때는 독일, 영국, 캐나다 등에서 수만 명의 팔다리가 없는 기형아가 태어난 뒤였다.

탈리도마이드 이외에도, 이성질체가 치명적인 부작용을 나타내는 의약품의 예는 많다. 중추신경계를 억제하여 마취제로 사용되는 케타민(ketamine)의 이성질체는 환각을 일으키는, 결핵치료제로 사용되는 에탐부톨(ethambutol)의 경우 눈을 멀게 하는 거울상이성질체를 가진다. 따라서 치료 효과를 나타내는 이성질체만을 합성하는 카이랄 합성(chiral synthesis)이 바람직하고, 또는 그것이 어려운 경우에는 원하는 이성질체를 분리하여 판매하는 것이 의약품 제조에서는 매우 중요하다.

11-3 생명의 화학

지구상에 가장 많은 화합물은 무엇일까? 유기물, 무기물을 통틀어서 생각한다면 바다의 물, 암석의 이산화실리콘 등이 상위를 다투겠지만 유기 화합물 중에서는 단연 글루코스가 수위를 차지할 것이다. 지상에는 동물보다는 식물이 압도적으로 많은데, 식물은 동물과 달리 제자리에 서서 비바람을 견뎌내며 생명 활동을 해야 하기 때문에 동물이 근육 단백질을 필요로 하듯이 식물은 리그닌(lignin)과 결합해서 튼튼한 구조를 만드는 데 사용되는 셀룰로스(cellulose)가 많이 필요하다. 그런데 셀룰로스는 글루코스를 단량체로 하여 만들어진 고분자(高分子, polymer)이다. 따라서 셀룰로스라는 거대한 화합물을 만드는 단량체를 고려한다면 글루코스가 지상에서 가장 많은 유기 화합물이라고 말할 수 있는 것이다. 물론 글루코스는 셀룰로스뿐 아니라 녹말의 단량체로서 인류가 농업(農業, agriculture)을 시작한 이래 인간의 생명을 지탱하는 에너지 공급원이 되어 왔다.

식물은 어떻게 해서 무기물인 이산화탄소와 물로부터 글루코스를 만들까? 동물은 어떤방식으로 글루코스의 에너지를 활용할까? 이 장의 전반부에서는 생명의 근간을 이루는 유기 화합물은 탄소를 중심으로 다양한 방법으로 결합한 분자들이라는 것에 대해 정리하였다. 이제부터는 그러한 화합물들이 어떻게 생명 활동에서 다양한 역할을 수행하는지 알아보자.

11-3-1 광합성

생명 현상에 관련된 수 많은 화학 반응 중에서 전 지구적으로, 대규모로 일어나는 중요한 반응 중에 광합성이 있다. 지구상의 모든 생명체들이 살아가는데 필요한 에너지는 태양 에너지에서 오는데, 연 평균 지구 표면에 도달하는 5.7×10^{24} J 정도의 태양 에너지 중에서 대기권을 지나 도착하는 태양 복사 에너지를 생태계에 끌어들이는 첫 단계는 바다의 광합성 생물이나 지상의 식물에 의한 광합성(光合成, photosynthesis)이다. 바다의 녹조류(綠藻類, green algae, 세포핵을 가진 진핵생물, 眞核生物, eukaryote), 시아노박테리아(cyanobacteria, 세포핵이 없는 원핵생물, 原核生物, prokaryote), 그리고 지상 식물은 모두 엽록소(葉綠素, chlorophyll)라는 핵심 화학물을 사용해서 태양 에너지를 생명의 에너지로 전환한다. 매년 120×10^{15} 그램 (120 petagram) 정도의 이산화탄소가 광합성에 의해 고정되는데 인간은 광합성으로 얻은 에너지의 10% 정도를 소비한다.

그런데 왜 광합성에는 태양 에너지가 필요할까? 물과 이산화탄소를 글루코스와 산소로 바꾸는 광합성은 비자발적 과정이다. 그런데 태양이 물이 폭포를 거슬러 올라갈 수 없는 것처럼 자발적으로 일어날 수 없는 반응이 일어나도록 에너지를 공급한다. 이 과정을 전기음성도, 산화, 환원 등 화학의 기본 개념을 통해 이해해 보자.

광합성의 반응물인 물과 이산화탄소는 각각 수소와 탄소가 산화된 안정한 화합물이다. 전기음성도가 높은 산소가 전기음성도가 낮은 수소와 탄소와 결합을 이루어서 자신의 높은 전자에 대한 요구를 충족시키고 있기 때문이다. 광합성의 생성물인 탄수화물(炭水化物, carbohydrate)은 $C(H_2O)$의 실험식으로 간략히 표시할 수 있는, 문자 그대로 탄소와 물의 복합체라 볼 수 있다. 그러니까 이산화탄소(CO_2)에서 탄소로부터 전자를 얻고 있던 산소에게 탄소보다 전기음성도가 낮은 수소를 떠안겨 주고 탄소는 환원된 것이다. 우리 몸에서는 이 탄소를 호흡을 통해 받아들인 산소를 사용해서 다시

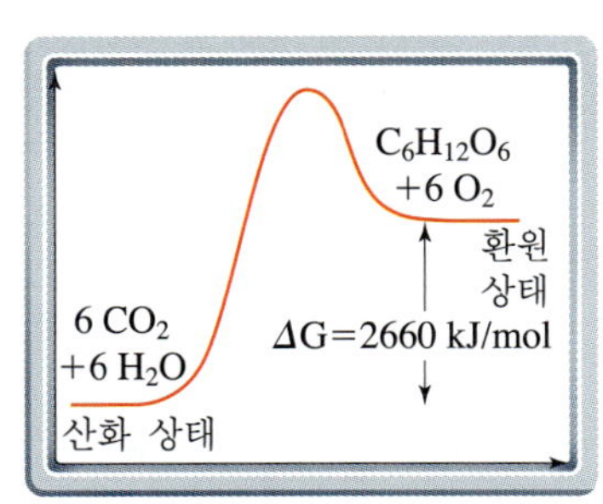

그림 11.8 광합성 글루코스 1 몰당 2660 kJ의 에너지가 저장된다.

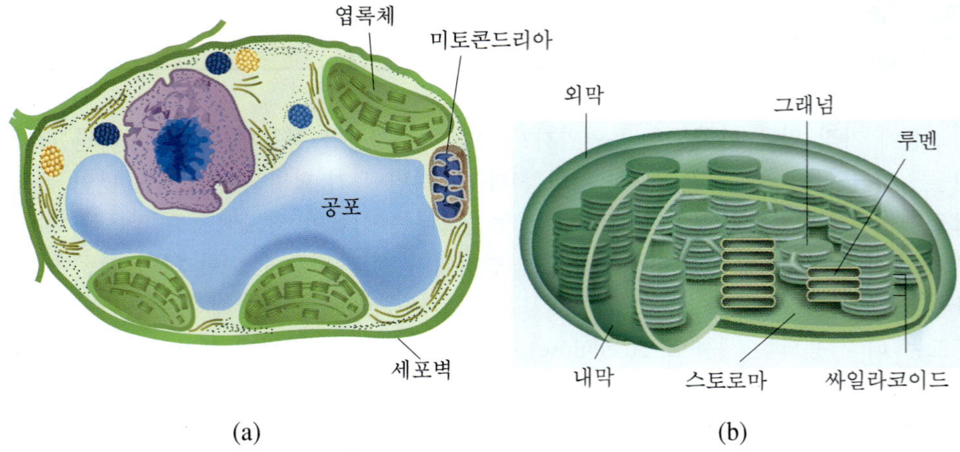

그림 11.9 (a) 엽록체가 들어있는 식물 세포, (b) 엽록체의 내부 구조.

이산화탄소로 산화시키면서 에너지를 발생하여 ATP를 합성하고 체온을 유지한다. 그런데 우리 주위에는 이산화탄소를 탄소, 또는 탄수화물로 환원시킬 원소 상태의 수소가 없다. 그래서 태양 에너지가 필요한 것이다. 태양 에너지는 식물이 뿌리에서 흡수한 물의 수소–산소 결합을 분해하여 수소를 전자의 공급원으로 사용할 수 있게 하고, 부산물인 산소는 공기로 내보낸다. 숲이 우거진 주위의 공기가 상쾌한 이유 중의 하나이다.

이와 같은 광합성이 효율적으로 일어나기 위하여 식물 세포는 어떤 구조를 가지고 있을까? 그림에서 볼 수 있듯이 식물 세포에서 많은 부피를 차지하는 부분으로는 DNA가 들어있는 세포핵(細胞核, nucleus), 광합성이 일어나는 엽록체(葉綠體, chloroplast), 에너지 대사가 일어나는 미토콘드리아(mitochondria), 그리고 공포(空胞, vacuole)가 있다. 공포는 액체로 차있는 빈 주머니로서 식물 세포를 팽팽하게 유지하는 역할을 한다. 공포에서 물이 많이 빠져나가면 식물이 시든다.

엽록체 내부는 끈끈한 유체로 이루어진 스트로마(stroma)와 원판 모양의 싸일라코이드(thylakoid)가 쌓여 만들어진 그래넘(granum)으로 나누어진다. 싸일라코이드에서 가장 중요한 부분은 엽록소, 사이토크롬 복합체 같은 전자 운반 시스템, ATP 합성효소 등이 박혀 있는 광합성막(光合成膜, thylakoid membrane, photosynthetic membrane)이다. 이 막의 내부를 루멘(lumen)이라고 한다. 그러니까 막으로 둘러쌓인 엽록체는 다시 광합성 막에 의하여 스트로마와 루멘으로 나뉘어지고, 이 세 부분은 각각 다른 역할을 하며 빛을 받아 이산화탄소와 물로부터 탄수화물을 합성하는 것이다.

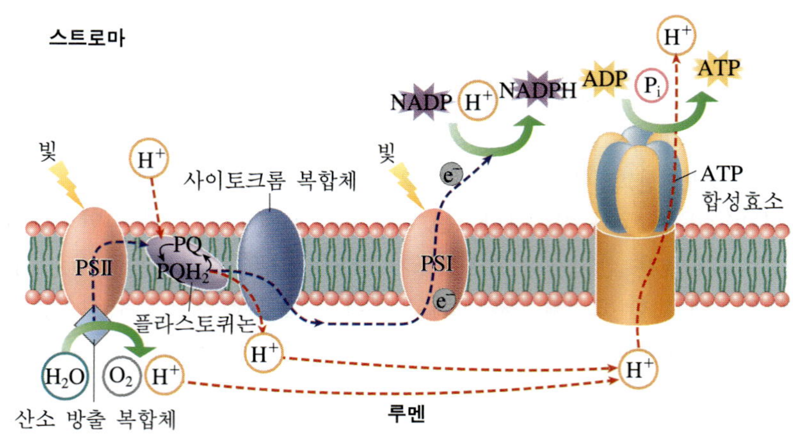

그림 11.10 광합성의 명반응.

지구상에서 최초의 광합성은 약 34억 년 전에 시작된 것으로 추정되는데 약 24억년 전에는 사이아노박테리아에 의한 광합성의 결과로 산소가 대량 발생되기 시작했고, 나중에 지구의 대기에 서서히 축적되어 약 4억 년 전에는 지상 동물이 나타날 준비가 이루어진다. 현재 식물의 엽록체는 광합성 박테리아와 많은 유사성을 보인다. 예를 들어 둘 다 원형 염색체를 가지고, 광합성 센터에 유사한 단백질이 들어있다. 그로부터 식물은 광합성 박테리아와 다른 생명체가 융합되어 공생의 관계를 유지하면서 진화한 것이 아닌가 생각된다. 식물의 잎에는 mm^3당 45~80만 개의 엽록체가 들어 있다. 그리고 엽록체는 그래넘 구조를 통해 많은 광합성막에서 주요 반응들이 일어날 수 있도록 디자인 되어있다.

광합성에 관련해서 알아보아야 할 궁금한 점이 많이 있지만 특히 다음 세 가지 면에 대해 자세히 알아보기로 하자. 첫째는 햇빛에 의해 물이 분해되어 수소가 얻어진다고 해도 H_2 기체로 발생한다면 광합성 반응에 사용하기는 어려울 텐데 어떻게 수소를 사용해서 이산화탄소를 환원시키는가, 둘째는 어떻게 무기 화합물인 이산화탄소 분자가 유기 화합물인 글루코스로 전환되는가. 셋째는 이산화탄소를 환원시켜서 글루코스를 만드는 것은 이산화탄소에서 산소를 떼내어 탄소로 환원시키는 것과 어떤 차이가 있는가 하는 것이다. 이러한 의문을 가지고 광합성의 과정을 자세히 살펴보자.

광합성은 다음의 4 단계를 거쳐 일어나는데 단계마다 일어나는 데 걸리는 시간의 스케일이 크게 다르다.

명반응

1 단계 : 엽록소가 빛 에너지를 받아들이는 과정	펨토초 ~ 피코초
2 단계 : 광화학 반응에서 전자의 이동	피코초 ~ 나노초
3 단계 : 전자의 전달과 ATP 합성	마이크로초 ~ 밀리초

암반응

4 단계 : 글루코스 합성과 생성물의 배출	밀리초 ~ 초

가. 명반응

명반응(明反應, **light reaction**)은 엽록소가 빛을 흡수하는 데서 출발한다. 광합성막에 자리잡은 엽록소는 빛을 받아들이는 안테나 구실을 하는 것이다. 엽록소의 흡수 스펙트럼에서 알 수 있듯이 엽록소는 400~450 nm의 짧은 파장과 650~680 nm의 긴 파장 범위에서 빛을 흡수한다. 우리 눈은 흡수되고 남은 빛을 보기 때문에 나무나 풀 잎은 초록색으로 보이는 것이다. 엽록소가 빨강쪽, 긴 파장의 빛을 흡수하면 전자가 바닥 상태로부터 다음 에너지 상태로 여기(勵起, excite)된다. 한편 파랑쪽의 짧은 파장 빛을 흡수하면 전자가 보다 높은 에너지 상태로 여기되었다가 일부 에너지는 열로 잃어버리고 나머지는 주위의 엽록소 분자에게 에너지를 전달하는데 이때 에너지를 받은 엽록소의 전자는 긴 파장의 빛을 흡수한 것과 같은 에너지 상태가 된다. 결국 모든 엽록소는 680 nm 정도 파장의 광자(光子, photon)를 사용해서 광합성을 한다고 볼 수 있다.

예제 11.15

명반응에서는 680 nm 정도 파장의 광자가 물에서 O—H 결합을 깨는데 사용된다. 파장이 680 nm인 광자의 에너지를 O—H 결합 에너지, 463 kJ/mol과 비교하여라.

풀이 파장을 진동수로 환산하면

$$\nu = \frac{\text{광속}}{\text{파장}} = \frac{3\times10^{8}\ \text{m/s}}{680\times10^{-9}\ \text{m}} = 4.4\times10^{14}\ \text{s}^{-1}$$

광자의 에너지 $= h\nu = (6.626\times10^{-34}\ \text{J·s})(4.4\times10^{14}\ \text{s}^{-1}) = 2.9\times10^{-19}\ \text{J}$

1 몰 광자의 에너지 $= (2.9\times10^{-19}\ \text{J})(6.02\times10^{23}\ \text{mol}^{-1})$

$= 1.8\times10^{5}\ \text{J/mol} = 180\ \text{kJ/mol}$

680 nm 파장의 광자 에너지는 180 kJ/mol로 O—H 결합 에너지, 463 kJ/mol의 40% 정도이다. 언뜻 생각하면 이 광자는 광합성을 하기에 에너지가 부족해 보인다. 그러나 실제로는 수소를 잃어버린 산소는 이중 결합을 이루어 산소 분자를 만들면서 많은 에너지를 내놓는데, 빛 에너지와 함께 이 에너지를 활용할 수 있기 때문에 680 nm 파장의 빛은 광합성에 유용하다.

예제 11.16

이산화탄소와 물로부터 1 몰의 글루코스가 만들어질 때 48개의 광자가 사용되고 2660 kJ에 해당하는 깁스 에너지의 증가가 이루어진다. 680 nm 파장의 광자가 광합성에 사용된다면 이 광자의 에너지 중 몇 %가 글루코스를 만드는 데 사용되는 셈인가?

풀이 예제 11.15에서 본대로 680 nm 파장 광자의 에너지는 180 kJ/mol이다. 1 몰의 글루코스를 만드는데 48 몰의 광자가 필요하므로

$$\text{효율} = \frac{2660\ \text{kJ/mol}}{48\times180\ \text{kJ/mol}}\times100 = \text{약 } 30\%$$

가시광선은 태양광의 43%에 해당하는데 식물의 잎에 도달한 빛 중 20% 정도는 반사되거나 가려지고 80%가 흡수된다. 흡수된 빛 중 위에서 본대로 약 30%가 글루코스에 저장되는데 그 중 일부는 식물의 호흡작용에 소비되고 67%가 최종적으로 저장된다. 이를 모두 고려하면 실제 광합성의 효율은 약 7%라고 볼 수 있다 $(0.43 \times 0.80 \times 0.30 \times 0.67 = 0.069)$. 우리도 광합성의 결과물 중 일부를 통하여 태양 에너지를 먹고 살아가는 것이다.

태양 에너지를 받아들이는 엽록소는 광합성막에서 광합성계 I과 광합성계 II에 별도로 들어있다. 광합성계 I의 스트로마 쪽에서는 빛 에너지를 사용해서 nicotinamide adenine dinucleotide phosphate ($NADP^+$) 라는, 니코틴아미드와 아데닌을 포함한 화합물

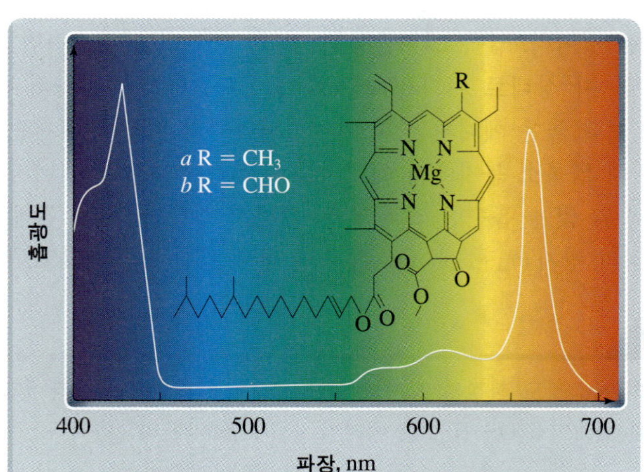

그림 11.11 엽록소의 흡수 스펙트럼.

이 전자와 수소 이온에 의해 NADPH로 환원된다. 그림에서 볼 수 있듯이 니코틴아마이드 부분에 수소가 결합되어 환원되는데 나중 암반응에서 이 수소가 이산화탄소를 환원시키는데 사용된다. 그런 의미에서 수소는 광합성에서 전자 운반체(電子運搬者, electron carrier) 역할을 하는 것이다. 따라서 수소를 받아서 이산화탄소에 전해주는 NADPH도 전자 운반체로 중요한 역할을 하는 셈이다.

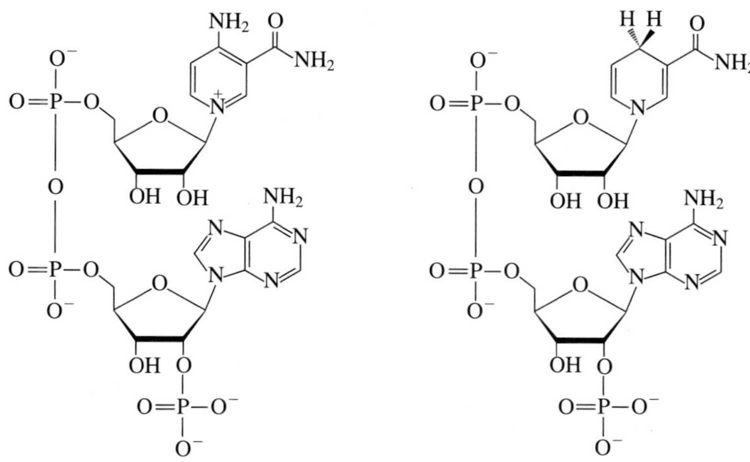

NADP$^+$　　　　NADPH

한편으로 NADPH 합성을 하면서 광합성계 I의 전자가 소모되면 다른 한편으로 광합성계 II로부터 전자가 전달되어 온다. 광합성계 II에 들어있는 엽록소는 스트로마 쪽에 안테나가 있어서 빛을 받아들인다. 이것이 펨토초 ~ 피코초 사이에 일어나는 명반응 1단계에 해당한다. 피코초~나노초 사이에 일어나는 명반응 2단계에서는 스트로마 쪽에서 받아들인 에너지가 광합성막의 반대 루멘 쪽으로 전달되어 산소 방출 복합체(酸素放出複合體, oxygen-evolving complex)에서 물을 분해하여 수소 이온과 고에너지 전자(high energy electron)를 생산하고 산소를 방출한다. 그런 의미에서 물은 광합성에서 전자의 공급원(電子 供給源, source)이다. 물이 전자의 공급원이 될 수 있는 것은 수소를 가지고 있기 때문이다. 물의 산소는 전기음성도가 높아서 전자의 공급원이 될 수 없다. 전기음성도가 낮은 수소는 생명체에서 가장 풍부할 뿐 만 아니라 쉽게 전자를 내놓기 때문에 생명의 화학에서 핵심 반응인 광합성의 전자 운반체의 역할을 부여받은 것이다. 이 전자는 사이토크롬 복합체(cytochrome complex)를 통해 광합성계 I로 전달되어 수소 이온과 함께 NADPH 합성에 사용된다. 그리고 이 NADPH의 에너지가 결국은 이산화탄소를 환원시켜 글루코스를 만드는 데 사용된다.

루이스 구조를 통해 광합성계 II에서 일어나는 물의 광분해를 자세히 살펴보자. 물에서 O—H 결합은 산소가 내놓은 전자 한 개와 수소가 내놓은 전자 한 개를 공유해서 이루어진 공유 결합이다. 물에서 산소는 수소의 전자를 끌어당겨 자신의 높은 전기음성도를 만족시키며 안정한 상태에 있었다면, 물에서 전자를 떼어내는 것은 불안정한 상태로 가는 흡열 반응이다. 빛 에너지에 의해 O—H 결합이 약화되면 산소는 두 개의 O—H 공유 결합으로부터 자신의 전자를 찾아가지고 산소 원자(O)로 떨어져나간다. 옥텟 규칙을 만족하지 못해서 불안정한 산소 원자는 산소 라디칼이라고 부를 정도로 반응성이 높다. 그래서 불안정한 산소 원자끼리 만나 이중 결합을 이루고 산소 분자(O=O)가 된다. 한편 수소가 공유 결합에 제공했던 에너지를 받아 자유 전자가 되고 이 와중에서 전자를 다 놓친 수소는 수소 이온(H^+)으로 남는다.

$$2\left[\begin{matrix}\mathrm{H}\ \ \mathrm{H}\\ \ddot{\mathrm{O}}\end{matrix}\right] \xrightarrow{h\nu} 2\left[\begin{matrix}\mathrm{H}^+\ \mathrm{H}^+\\ \ddot{\mathrm{O}}\end{matrix}\right] \longrightarrow 4\mathrm{H}^+ + 4e^- + \mathrm{O}_2$$

이때 전자와 수소 이온이 공간적으로 분리되지 않으면 3장에서 살펴본 캐번디시의 수소 발견 실험에서와 같이 수소 이온이 전자와 결합해서 수소 원자(H)가 되었다가 다시 반응해서 수소 분자(H—H)로 바뀌어 기체로 날아가버릴 것이다. 이런 결과를 피해서 광합성에서는 수소 원자의 한 부분인 전자는 광합성 막에 들어있는 전자 전달 시스템을 통해 이동하고, 수소 원자의 다른 한 부분인 수소 이온은 전자와 분리되어 루멘을 통해 ATP 합성효소(合成酵素, ATP synthase)의 위치로 전달되어 고에너지 화합물인 ATP(6장)를 만드는데 에너지를 공급한다. ATP 합성 과정은 아래에서 자세히 다루기로 한다. 물이 분해되고 나서 전자와 수소 이온이 이동하여 NADPH와 ATP를 합성하는 전체 과정은 마이크로초~밀리초의 시간이 걸린다.

명반응을 요약하면 스트로마 쪽 엽록소에서 받아들인 680 nm 파장의 광자는 루멘 쪽에서 물을 분해하여 고에너지 전자와 수소 이온을 만들고, 이들은 스트로마에서 NADPH와 ATP를 합성한다고 말할 수 있다.

인터넷 자료를 활용하면 재미있게 공부할 수 있다. 명반응의 동영상은 www.youtube.com의 light reactions of photosynthesis animation에서 볼 수 있다.

$$2\mathrm{H_2O} + 2\mathrm{NADP^+} + 2\mathrm{ADP} + 2\mathrm{P_i} + \text{빛} \longrightarrow 2\mathrm{NADPH} + 2\mathrm{H^+} + 2\mathrm{ATP} + \mathrm{O_2}$$

명반응에서 ATP가 생성되는 것도 중요하다. 이 ATP가 빛이 없는 상태에서 일어나는 암반응에서 에너지원으로 사용되기 때문이다. 광합성에서는 DNA 네 가지 염기 중의 하나인 아데닌을 포함하는 NADPH와 ATP가 모두 중요한 역할을 하는 것이다.

나. 암반응

캘빈(Melvin Calvin, 1911-1997). 버클리 소재 캘리포니아대학 교수, $^{14}CO_2$를 사용하여 광합성 메커니즘을 연구하여 1961년 노벨 화학상을 수상했다.

암반응(暗反應, dark reaction)에서는 명반응에서 만들어진 NADPH의 수소가 ATP의 에너지를 사용해서 이산화탄소를 글루코스로 환원시킨다. 그런데 실제로 여섯 개의 이산화탄소 분자가 반응해서 하나의 글루코스 분자를 만드는 것은 아니다. 상당히 복잡하리라 예상되는 실제 반응 과정을 밝히는 것은 아주 흥미로운 일이지만 동시에 아주 어려운 일이라 생각된다. 200여 년 전에 라부아지에도 식물이 공기 중의 이산화탄소를 사용해서 탄수화물을 합성한다는 사실을 알고 있었고, 비슷한 시기에 프리스틀리는 밀폐된 공간에 갇혀 있는 쥐는 어느 정도 시간이 지나면 질식해서 죽지만 식물을 함께 넣어주면 오래 살 수 있다는 것을 관찰했다. 그리고 보면 CO_2에 들어있던 산소가 광합성의 부산물로 배출되는 것으로 생각하기 쉽다. 그런데 산소는 위에서 보았듯이 명반응에서 물의 분해로부터 나오는데 이때 이산화탄소는 반응에 관여하지 않는다. 한편 암반응에서는 물이 다시 생성된다. 암반응에서 이산화탄소가 글루코스로 변환되는 과정을 상세히 밝힌 것은 캘빈이었다.

1950년대에는 종이 크로마토그래피를 사용하여 중요한 발견이 많이 이루어졌다. 9장에서 본 밀러, 샤가프의 실행과 마찬가지로 캘빈의 암반응 실험에서도 종이 크로마토그래피가 핵심 역할을 했다.

루이스의 초청으로 버클리 캘리포니아대학 교수가 된 캘빈은 2차세계대전이 끝나고 방사성 동위원소가 연구 목적에 사용되면서 C-14 동위원소를 사용해서 광합성 연구를 시작했다. 그는 C-14으로 치환된 이산화탄소($^{14}CO_2$)를 광합성 생물에 짧은 시간 동안 준 후 모든 대사 반응을 중단시킨 다음 세포의 내용물을 추출하고 분석하여 C-14 동위원소가 어떤 유기 화합물로 들어갔는지 조사했다. 흥미롭게도 $^{14}CO_2$가 유기 화합물로 붙잡히는 과정은 빛을 차단한 후에도 짧은 시간 동안 지속되었는데 이로부터 암반응은 명반응과 별도로 일어나는 것을 알 수 있었다. 그러나 $^{14}CO_2$가 글루코스로 바뀌는 과정에 관련된 여러 화합물의 정체와 반응 경로를 밝히는 것은 지금과 같은 분석 기술이 없는 당시로서는 상당히 어려운 일이었다.

캘빈은 초기에는 클로렐라(Chlorella) 라는 단세포 광합성 녹조류를 사용했는데, 세포의 추출물을 종이 크로마토그래피로 분리하고 그 위에 사진 필름을 올려 놓은 다음 C-14 동위원소가 내는 방사능이 필름에 상을 만드는 사실을 이용해서 종이 상에서 C-14을 포함하는 화합물의 위치를 알아냈다. 그리고 그 위치에서 화합물을 추출하여 그 물질의 구조를 조사했다. $^{14}CO_2$를 준 다음 대사 반응을 중단시킬 때까지의 시간을 변화시키면서 이러한 화합물들의 증감을 조사하면 어떤 물질이 생겼다가 다른 물질로 바뀌는 과정을 추적할 수 있었다.

초기 실험에서 캘빈은 3-포스포글리세레이트(3-phosphoglycerate) 라는 탄소 원자 세 개를 포함한 글리세롤의 유도체가 다량으로 생기는 것을 관찰했다. 그렇다면 세포에 들어있는 어떤 탄소 두 개짜리 화합물이 $^{14}CO_2$와 축합하는 것으로 볼 수 있다. 그러나 후에 첫 단계에서 $^{14}CO_2$를 받아들이는 것은 5탄당의 유도체인 라이뷸로스-1,5-비스포스페이트(ribulose-1,5-biphosphate) 인 것으로 밝혀졌다. 이 이산화탄소를 받아들이는 중요한 반응에는 루비스코(RuBisCO) 라는 효소가 촉매로 작용한다. 그렇게 만들어진 탄소 여섯 개 짜리 화합물이 둘로 갈라져서 안정한 3-포스포글리세레이트(3-phosphoglycerate) 가 된다. 이 3-포스포글리세레이트(3-phosphoglycerate) 는 명반응에서 만들어져 마치 셔틀버스를 탄 듯이 운반되어 온 ATP와 NADPH에 의해 3-포스포글리세르알데하이드(3-phosphoglyceraldehyde) 로 환원된 다음 다시 여러 과정을 거쳐 최종적으로 탄수화물을 만든다.

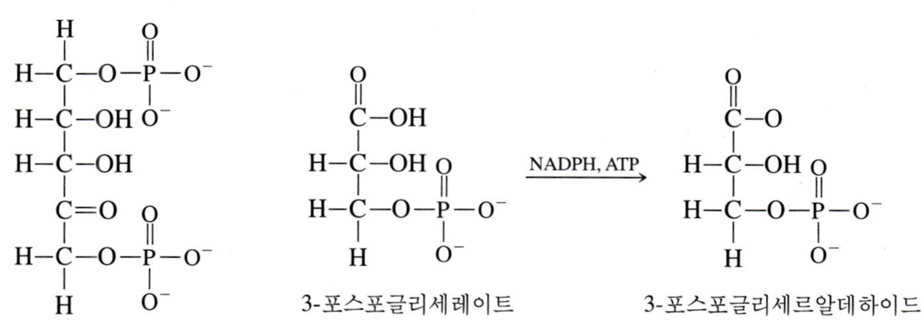

라이뷸로스-1,5-비스포스페이트 (ribulose-1,5-bisphosphate)

3-포스포글리세레이트 (3-phosphoglycerate)

3-포스포글리세르알데하이드 (3-phosphoglyceraldehyde)

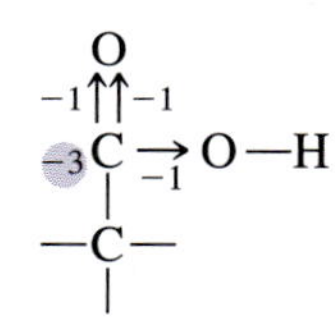

카복실기

마지막으로 이산화탄소가 글루코스로 환원되는 것의 의미를 살펴보자. 일단 위의 3-포스포글리세레이트(3-phosphoglycerate) 가 3-포스포글리세르알데하이드(3-phospho-glyceraldehyde) 로 바뀌는 반응을 보면 유일한 변화는 카복실기(—COOH) 가 알데하이드기(—CHO) 로 바뀌는 것이다. 이 반응은 산화인가, 환원인가?

예제 11.17

카복실기와 알데하이드기에서 탄소의 산화수를 구하여라.

풀이 카복실기의 탄소와 이웃 탄소의 탄소–탄소 결합에서는 전자가 어느 쪽으로 이동할 이유가 없으므로 산화수를 따질 때 고려할 필요가 없다. 카복실기의 탄소는 —OH의 산소에게 전자 한 개를 주고, 이중 결합을 이룬 산소에게 전자 두 개를 내준 셈이다. 전자를 세 개 주었는데 전체적으로 중성이어야 하므로 카복실기에서 탄소의 산화수는 +3이다. 알데하이드기에서는 자신보다 전기음성도가 낮은 수소에게서 전자를 한 개 받고 산소에게는 전자 두 개를 내준 셈이므로 산화수는 +1이 된다. 따라서 카복실기가 알데하이드기로 바뀌면 탄소의 산화수가 2 감소해서 환원되는 것이다.

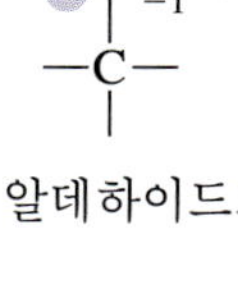

알데하이드기

광합성 전체 반응에서 환원을 살펴보자. 이산화탄소(O=C=O)에서 탄소의 산화수는 +4이다. 이산화탄소에서 산소를 수소와 반응시켜서 제거하고 탄소만 남게 하면 어떨까? 탄소만 남으면 산화수는 0이 되니까 환원된 것이 틀림없고 나중에 누구인가가 호흡 작용을 통해 탄소를 산화시키면 에너지를 얻을 수 있을 것이다. 그런데 흑연이나 다이아몬드에서 볼 수 있듯이 원소로서의 탄소는 고체로 존재한다는 것이 문제이다. 모든 탄소 원자가 옥텟 규칙을 만족하려면 사방으로 무한히 연결되어야 하기 때문이다. 그리고 보면 흑연이건 다이아몬드이건 표면에 있는 원자들은 옥텟을 만족할 수 없고 따라서 반응성이 높으리라 예상된다. 그래서 비균일 촉매에서 볼 수 있듯이 표면 화학은 흥미롭고 중요한 것이다. 아무튼 세포 내에서 화학 반응을 통해 활용하려면 물에 잘 녹는 분자량이 작은 화합물이 유리하다. 문자 그대로 탄소가 물에 녹아 있는 분자라고 볼 수 있는 탄수화물(carbohydrate)이 좋을 텐데, 글루코스야말로 여섯 개의 탄소가 여섯 개의 물 분자에 녹아 있는, 게다가 탄소의 산화수가 0인 고에너지 화합물인 것으로 보인다. 정말 그런지 확인해 보자.

탄수화물 같은 유기 화합물의 구조를 나타내는 데는 아래의 세 가지 방법이 사용된다. 실제로 용액에서 글루코스 같은 화합물은 왼쪽의 고리 구조(ring structure)와 오른쪽의 사슬 구조(chain structure) 사이의 평형을 이루고 있다고 생각된다.

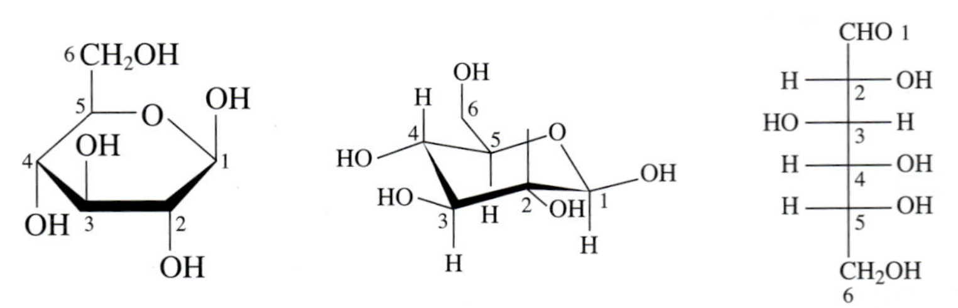

호워스 투시법 (Haworth projection) 사이클로헥세인 투시법 (cyclohexane projection) 피셔 투시법 (Fischer projection)

글루코스에서 각 탄소의 산화수를 생각해 보자. 같은 원소 사이에서는 전자를 주고받을 이유가 없으므로 탄소–탄소 결합은 고려할 필요가 없다. 1번 알데하이드의 탄소는 위에서 말한 대로 산화수가 +1이다. 2, 3, 4, 5번 탄소는 수소에게서 전자를 한 개 받고 단일 결합을 이룬 산소에게 전자를 한 개 내준 셈이니까 산화수는 0이다. 6번 탄소는 두 개의 수소에게서 전자를 한 개씩 받고 산소에게 전자를 한 개 내준 셈이니까

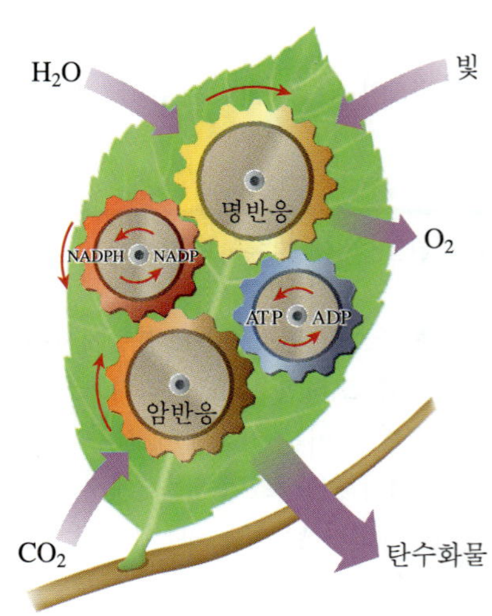

그림 11.12 광합성. NADPH와 ATP를 매개로 명반응과 암반응이 맞물려 돌아가면서 이산화탄소와 물로부터 탄수화물이 합성된다.

산화수는 −1이다. 그러니까 1번 알데하이드의 탄소는 +1, 6번 탄소는 −1, 나머지 탄소는 0, 그래서 전체적으로 볼 때 글루코스에서 모든 탄소는 산화수가 0이라고 볼 수 있다. 글루코스는 환원된 탄소를 물에 녹는 형태로 저장하고 있는 고에너지 화합물인 것이다. 이러한 글루코스를 만들기 위해 지구상의 모든 녹색 식물은 아침에 해가 떠오르면 저녁에 해가 질 때까지 광합성계을 쉴 새 없이 가동시킨다. 글루코스도 물, 아데닌과 함께 생명의 화합물 리스트에서 상위에 올려야 할 듯 하다.

이처럼 명반응과 암반응의 복잡한 과정을 거쳐 일어나는 광합성의 여러 반응들은 마치 톱니바퀴들이 맞물려 돌아가듯이 긴밀하게 연결되어 있다. 명반응에서 빛이 물을 분해하는 반응을 가동시키면 그에 맞물려서 ADP가 ATP로 바뀌고, 고에너지 전자에 의해 $NADP^+$는 NADPH로 환원된다. 이때 산소가 부산물로 배출된다. 암반응에서는 ATP가 ADP로 바뀌면서 그 에너지와 NADPH가 $NADP^+$로 산화될 때의 에너지를 사용하여 CO_2를 탄수화물, 즉 $C(H_2O)$로 환원시키는 캘빈 사이클(Calvin cycle)이 돌아가게 된다.

11-3-2 생명의 촉매

광합성으로 만들어진 글루코스는 축합 반응을 통해 셀룰로스로 바뀌어 식물의 구조를 유지하기도 하고 녹말로 바뀌어 에너지를 저장하기도 하는데, 그러다 보면 인간을 포함한 동물의 먹이가 되기도 한다. 동물이 녹말을 먹으면 일단 글루코스로 가수분해(加水分解, hydrolysis)되고 다시 여러 단계를 거쳐 지방이나 아미노산 합성의 원료로도 쓰이고, 최종적으로 이산화탄소와 물로 산화되면서 에너지를 공급하기도 한다. 광합성이 에너지의 저장이라면 에너지를 활용하는, 광합성의 반대 과정을 호흡(呼吸, respiration)이라고 한다. 광합성이 환원 반응이었다면 호흡은 산화 반응이고, 따라서 광합성의 산물을 산화시켜 에너지를 얻기 위해서는 공기 중의 산소를 호흡해야 하는 것이다.

광합성에서 중요한 역할을 하는 ATP는 호흡에서도 핵심 작용을 한다. 명반응에서 만들어진 ATP는 암반응에서 이산화탄소의 고정에 사용되기 때문에 광합성의 전체 반응에는 나타나지 않는다. 그러나 호흡의 주목적은 글루코스를 산화시켜 ATP를 합성하는 것이라고 볼 수 있다. 산소가 충분한 조건에서 1 몰의 글루코스가 산화되면 36 몰의 ATP가 얻어진다. 이렇게 만들어진 ATP는 하나의 인산이 떨어져 ADP로 바뀌면서 30.5 kJ/mol의 에너지를 방출하는데, 이 에너지는 체내에서 진행되는 대부분의 '비자발적'인 반응이 일어나도록 자유 에너지를 공급하는데 사용된다. 이렇게 중요한 ATP의 합성은 세포 내에서 쉽게 일어나지 않고, ATP 합성효소라는 특별한 생화학적 촉매의 도움이 필수적이다. 이 절에서는 ATP 합성효소를 예로 들어서 어떻게 단백질이라는 고분자 물질을 사용해서 생명에 핵심적인 반응들이 절묘하게 진행되는지 알아보자.

가. ATP 합성효소

우리는 앞에서 식물 세포의 엽록체에서 ATP 합성이 일어나 탄수화물을 만드는 데 사용되는 것을 보았다. ATP를 많이 소모하는 동물에서 ATP의 합성은 세포 내의 미토콘드리아(mitochondria)라는 소기관(小器官, organelle)에서 이루어진다. 미토콘드리아의 막은 이중으로 되어 있는데 두 막 사이에는 수소 이온(H^+) 농도가 높고, 안쪽 막의 내부는 수소 이온 농도가 낮아서 이 농도 기울기가 일종의 위치 에너지로 작용한다. 농도 차에 의한 화학삼투(化學透壓, chemiosmosis) 현상에 의해 미토콘드리아의 내부

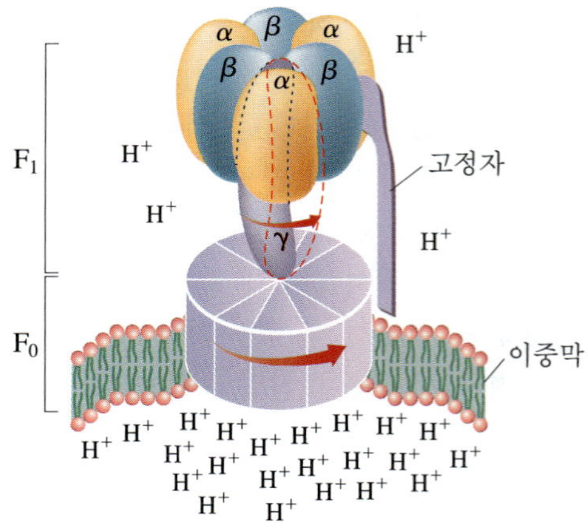

그림 11.13 ATD 합성효소. 수소 이온이 이 중앙에 끼어있는 단백질 통로를 통과하면서 γ축을 회전시키면 축 끝의 세 개 돌기가 세 개의 $\gamma\beta$ 단위와 순차적으로 만나면서 구조를 바꾸어 ATP 합성을 가능하게 한다.

로 들어가려는 수소 이온은 특수한 단백질 통로를 통해서만 들어갈 수 있는데, ATP 합성효소는 수소 이온이 이 통로를 통과할 때 나오는 에너지를 이용하여 ATP를 합성한다.

ATP 합성효소 단백질은 몇 개의 부분으로 나뉘어 있다. 인지질 이중막(燐脂質二重膜, phospholipid bilayer)에 끼어져 있는 부분은 올리고마이신(oligomycin) 결합 부위라는 뜻에서 F_o라 하고, 미토콘드리아의 내부로 튀어나온 부분은 이 효소를 분리 정제하는 과정에서 첫 번째 몫(fraction 1)으로 얻어졌다고 해서 F_1이라 부른다. F_1은 α 단백질과 β 단백질이 하나의 단위를 이루고 이 단위가 세 개 모여 고리를 이룬 구조를 가진다. 그리고 γ 단백질은 F_o와 F_1을 연결하는 축 역할을 한다. 이 축의 끝에는 3각형의 세 방향으로 다른 모양의 돌기가 F_1의 세 개의 $\alpha\beta$ 단위와 접촉하고 있다. (이 세 $\alpha\beta$ 단위를 $\alpha_1\beta_1$, $\alpha_2\beta_2$, $\alpha_3\beta_3$라고 하자.) 수소 이온이 F_o의 채널을 통해서 막을 통과하면서 γ 축을 회전시키면 세 개의 돌기가 따라 돌면서 세 개의 $\alpha\beta$ 단위를 순서대로 만나게 된다. β 단위에는 ADP와 P_i가 결합할 수 있는 활성 부위(活性部位, active site)가 있는데, 이 부위가 γ 축의 어느 돌기와 만나는지에 따라 구조에 변화가 일어나서 효소 반응이 일어나게 된다.

ATP 합성은 3박자 돌림 노래 방식으로 일어난다. 우선 "음악은 영원히"라는 노래를 통해서 3박자 돌림 노래를 익혀보자. 그룹을 셋으로 나누고 첫째 그룹은 첫 음 "이"를 첫 박자에서 내면서 "이 세상 모든 것" 노래를 시작한다. 둘째 그룹은 한 박자 쉬었다가 첫 번 그룹이 "세"를 낼 때 첫 박자 "이"를 시작한다. 셋째 그룹은 한 박자 더 쉬었다가 첫째 그룹이 "상"을, 둘째 그룹이 "세"를 낼 때 "이"를 시작한다. 이렇게 계속하면 세 그룹의 소리가 아름다운 화음을 이루면서 노래가 이어져 간다.

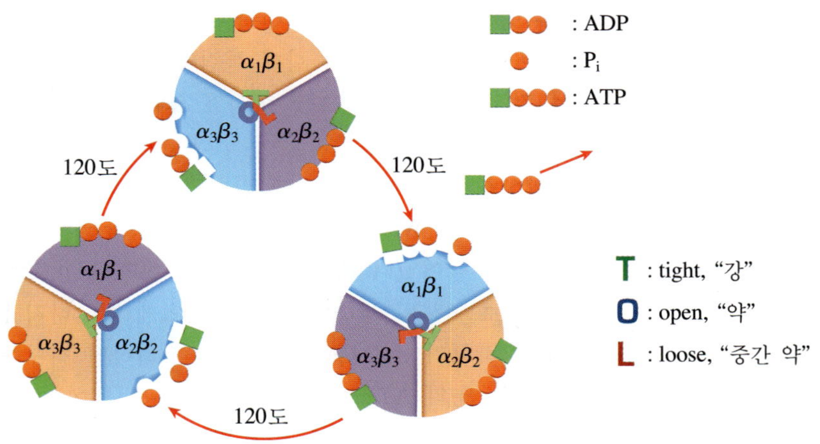

그림 11.14 3박자 돌림노래 방식으로 일어나는 ATP합성.

ATP 합성효소에서는 첫 "강" 박자에서 $\alpha_1\beta_1$ 단위는 돌기 T와 만나 꽉 죄인 상태(tight state)가 된다. 그러면 활성 부위에 느슨하게 결합하고 있던 ADP와 P_i가 꽉 조여져서 ATP를 만든다. 둘째 "약" 박자에서는 γ 축이 120도 회전하여 돌기 O가 $\alpha_1\beta_1$ 단위 위치로 와서 활성 부위를 열린 상태(open state)로 바꾸면 ATP가 떨어져 나가고 새로 ADP는 ADP 결합 부위(ADP binding site)에, Pi는 P_i 결합 부위에 자리잡는다. 셋째 "중간 약" 박자에서는 돌기 L이 $\alpha_1\beta_1$ 단위 위치로 와서 활성 부위를 느슨한 상태(loose state)로 바꾸고, ADP와 Pi는 어느 정도 접근해서 느슨하게 결합한다. 이렇게 3박자가 끝나면 다시 T, O, L 3박자가 시작되면서 $\alpha_1\beta_1$ 단위에서는 ATP 합성이 반복된다.

$\alpha_1\beta_1$ 단위에서 "강, 약, 중간 약" 박자가 진행되는 동안 이웃 $\alpha_2\beta_2$ 단위에서는 "중간 약, 강, 약" 순서로 $\alpha_1\beta_1$ 단위보다 한 박자 뒤늦게 ATP 합성 사이클이 돌아간다. 돌림노래에서와 마찬가지로 $\alpha_3\beta_3$ 단위는 "약, 중간 약, 강" 순서로 박자를 맞추면서 ATP를 합성한다. 돌림 노래가 무한정 계속될 수 있듯이 γ 축이 계속해서 회전하면 각각의 $\alpha\beta$ 단위는 열린 상태, 느슨한 상태, 꽉 죄인 상태를 순서대로 거치면서 ADP와 P_i를 받아들여 ATP를 합성하는 과정을 반복한다.

그런데 이 놀랍고 질서 정연한 ATP 합성 반응이 일어나기 위해서는 ATP 합성효소의 특이한 구조가 필수적이다. 3박자를 따르려면 오렌지의 단면과 같은 $\alpha\beta\alpha\beta\alpha\beta$의 반복 구조가 필요하고, ADP와 P_i를 받아들이는 결합 부위는 ADP, P_i와 상보적인 구조를 가져야 할 것이다. 돌기를 회전시키려면 F_o의 특별한 구조가 필요할 테고, 회전력을 얻기 위해서는 수소 이온이 통과할 수 있는 통로의 구조가 필요하다. 가장 놀라운 것은 중심에 위치한 돌기의 세 가지 다른 구조가 $\alpha\beta$ 단위의 구조와 상호작용해서 바깥 쪽에 자리한 ADP와 P_i의 결합 부위, 즉 효소의 활성 부위 구조를 변형시킨다는 점이다. 그래서 열린 상태에서는 이미 만들어진 ATP를 내보낸 후 새로 ADP와 P_i를 받아들이고, 느슨한 상태에서는 ADP와 P_i를 가까이 가져와서 반응을 유도하는가 하면, 그 다음 꽉 조인 상태에서는 음전하를 띠고 있는 ADP와 역시 음전하를 띠고 있어서 서로 반발하는 P_i를 강제로 결합시켜서 높은 에너지 상태의 ATP를 합성한다.

이러한 ATP 합성효소의 메커니즘을 이해하려고 머리를 굴리고 있는 이 순간에도 우리 몸에서 ATP 합성은 매우 높은 속도로 일어나고 있다. 두뇌 활동에는 많은 ATP가 필요하기 때문이다. ATP는 두뇌 활동 뿐만 아니라 근육 운동, DNA 복제, 단백질 합성, 심지어는 ATP 합성 등 수 많은 효소작용에서 에너지원으로 사용된다.

식물의 경우는 앞에서 살펴본대로 엽록체의 광반응에서 ATP를 합성하여 암반응에서 탄수화물을 만드는데 사용한다. 따라서 우리가 먹고 숨쉬면서 생명을 유지하고 활

보이어(Paul Boyer, 1918-). 미국 UCLA 생화학교수. ATP 합성효소의 메커니즘 연구로 1997년 노벨 화학상을 수상했다.

워커(John Walker, 1941-). 영국 Medical Reserach Council에서 ATP 합성효소의 구조를 연구하여 1997년 노벨 화학상을 수상했다.

동하는데 있어서 ATP의 역할은 막중한 것이다. 생명 현상에서 가장 중요한 화합물을 몇 가지 꼽는다면 ATP는 물, 글루코스, DNA 등과 함께 틀림없이 최상위권에 들어갈 것이다. 보이어와 워커는 X-선 결정학 방법으로 ATP 합성효소의 3차원 구조와 작용 메커니즘을 밝혔다.

X-선 결정학 방법으로 ATP 합성효소의 3차원 구조를 밝히고 효소의 작용 메커니즘을 밝힌 보이어(Paul Boyer)와 워커(John Walker)는 1997년 노벨 화학상을 수상했다.

우리 몸에는 0.1 몰 정도의 ATP가 들어있다. ATP의 분자량이 507 Da이므로 0.1 몰은 50 그램 정도인 셈이고 이것은 보통 사람 체중의 0.1%에서 크게 벗어나지 않는 양이다. 그런데 사람의 활동을 위해 세포가 소모하는 에너지를 고려하면 하루에 100~150 몰, 즉 자기의 체중에 해당하는 양의 ATP가 필요하다. 물론 ATP는 ADT와 Pi로 분해되고, ATP는 ADT와 Pi로부터 다시 합성되면서 거의 일정한 수준의 ATP를 유지한다. 이 정도의 ATP를 합성하려면 ATP 합성효소는 얼마나 바쁘게 일을 해야 하는 것일까?

예제 11.18

우리 몸의 세포에서 ATP의 몰농도는 대략 얼마인가?

풀이 뼈 등 고형 성분을 제외한 우리 몸의 부피는 50 리터 정도이다. 0.1 몰 정도의 ATP가 50 리터에 들어있다면 몰농도는 다음과 같다.

$$\frac{0.1\ \text{mol}}{50\ \text{L}} = 0.002\ \text{mol/L} = 0.002\ \text{M} = 2\ \text{mM}$$

예제 11.19

우리 몸의 ATP 분자는 적어도 몇 초 만에 한번씩 재생되는가? 우리 몸 전체를 놓고 볼 때 1초에 적어도 몇 번 ATP 합성효소의 γ 축이 회전하는 셈인가?

풀이 하루에 사용되는 ATP의 양을 100 몰이라고 하자. 0.1 몰이 들어있는데 100 몰이 사용된다면 모든 ATP 분자는 하루에 $100/0.1 = 1000$번, 1초에는 $1000/(24 \times 60 \times 60) = 0.012$번, 즉 약 80초에 한 번 재생되는 셈이다. 합성된 ATP는 약 1분 사이에 자신을 필요로 하는 부위로 이동해서 에너지를 공급하며 자기 일을 마치고 ADP가 되어 가까운 미토콘드리아를 찾아가서 ATP로 다시 태어난다. γ 축이 한번 회전할 때마다 ATP 한 분자가 생기는데 0.1 몰에 해당하는 우리 몸의 ATP 분자들이 1초에 0.012번 새로 만들어진다면 우리 몸에서는 매초 $(0.1)(6 \times 10^{23})(0.012) = 7 \times 10^{20}$ 번, 또는 10^{21} 번 정도 γ 축이 회전하는 셈이다.

나. 단백질의 구조

지금까지는 ATP 합성효소의 작용을 상세히 알아보았다. 우리가 생명을 유지하고 대물림을 하기 위해 꼭 해야 하는 일을 몇 가지만 든다고 하면 먹은 음식의 소화, 산소의 운송, ATP의 생산, DNA의 복제, 근육세포의 생산, 세포막을 통한 물질의 이동, 활성 산소의 분해 등 우선 순위를 가리기 힘든 중요한 일이 한 두 가지가 아니다. 그 중 많은 부분이 체온에서 생체 활동이 가능하도록 반응속도를 증가시켜주는 촉매작용을 통해 일어난다. 그리고 생체의 촉매는 모두 단백질이라는 고분자이다.

단백질은 20가지의 아미노산이 펩타이드 결합을 통해 축합된 생체고분자(生體高分子, biopolymer)이다. 동식물에도 암수한몸(자웅동체, 雌雄同體)가 있듯이 모든 아미노산은 중심 탄소에 염기성인 아미노기 (amino group, $-NH_2$) 와 산성인 카복실기 (carboxyl group, $-COOH$) 가 결합된 양성 분자이다. 중심 탄소의 나머지 두 결합 부위 중에서 하나는 모든 아미노산에서 수소이고, 나머지 곁가지 (side chain) 에 따라 20가지 다른 아미노산이 된다. 10장에서 살펴본대로 보통 pH에서 카복실기는 산해리해서 $-COO^-$ 음이온으로, 아미노기는 수소 이온과 결합해서 $-NH_3^+$ 양이온으로 존재하기 때문에 아미노산은 한 분자 내에 양이온과 음이온이 같이 들어 있는 쯔비터 이온 (zwitter ion) 이다.

아미노산 이름의 유래

arginine	은 (*argentum*) 의 염을 만든다. 아르헨티나에서는 은이 많이 산출된다.
asparagine	아스파라거스 (asparagus) 에서 발견되었다.
aspartic acid	아스파라진 (asparagine) 과 관련된 산이다.
cystine	방광 (*kystis,*) 결석에서 처음 분리되었다.
cysteine	시스틴 (cystine) 을 환원시켜 얻는다.
glycine	단맛 (*glykys*) 을 낸다.
histidine	조직 (*histion*) 에서 발견되었다.
leucine	흰색 (*leukos*) 판모양 결정으로 얻어진다.
isoleucine	루신 (leucine) 의 이성질체이다.
lysine	카제인의 가수분해 (*lysis*) 산물에서 발견되었다.
methionine	메틸기와 황 (*theion*) 을 포함한다.
proline	피롤리딘 (pyrrolidine) 고리를 가진다.
serine	비단 (silk, *sericum*) 에서 처음 분리되었다.
threonine	D-트레오스의 구조와 관련되었다.
tryptophan	단백질을 pancreatic (tryptic) 가수분해해서 얻었다 (*phanein*, 나타나다).
tyrosine	치즈 (*tyros*) 에서 발견되었다.
valine	아이소발레르산 (isovaleric acid) 과 같은 탄소 골격을 가지고 있다.

예제 11.13에서 본 대로 한 아미노산의 아미노기와 다른 아미노산의 카복실기가 결합하면 한 분자의 물이 빠져나오면서 아마이드 결합을 형성한다. 이렇게 만들어진 펩타이드 (peptide) 는 양쪽의 아미노기와 카복실기에 또 다른 아미노산을 같은 방식으로 계속 결합시켜 나가면서 길다란 아미노산 사슬인 펩타이드를 형성하며, 이어진 펩타이드의 아미노기 쪽을 N-말단 (N-terminal), 그리고 카복실기 쪽을 C-말단 (C-terminal) 이라고 부른다. 펩타이드나 단백질에서 아미노산 서열 (amino acid sequence) 을 1차 구조 (一次構造, primary structure) 라고 한다.

펩타이드 사슬이 충분히 길어지면 사슬은 특정한 모양으로 구부러지는데, 이는 결합되어 있는 아미노산의 종류나 그 1차 구조에 따라 다르게 나타나며, 주로 특정 거리에 있는 아미노산 간의 수소 결합에 의해 나선모양 (helix) 이나 얇은 판모양 (sheet) 같은 2차 구조 (二次構造, secondary structure) 를 이룬다.

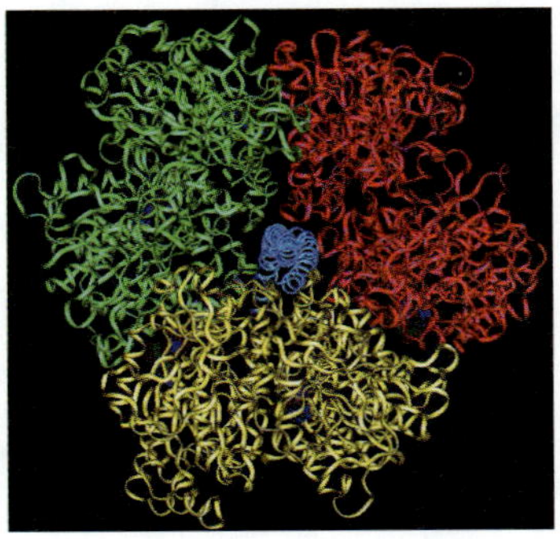
ATP 합성효소의 4차 구조

더 많은 수의 아미노산들이 이어진 펩타이드의 경우, 서로 멀리 떨어져있는 아미노산 혹은 위의 2차 구조간의 상호작용을 통해 먼 거리의 아미노산들이 가까이 모이는 3차원적인 구조를 취하게 되는데, 이를 단백질의 3차 구조 (二次構造, tertiary sructure) 라고 한다. 3차원적으로 배열된 3차 구조 단백질들도 다시 서로 결합될 수 있는데, 같은 종류의 3차 구조가 결합된 이합체 형태 ($\alpha\alpha$형) 혹은 서로 다른 종류의 3차 구조가

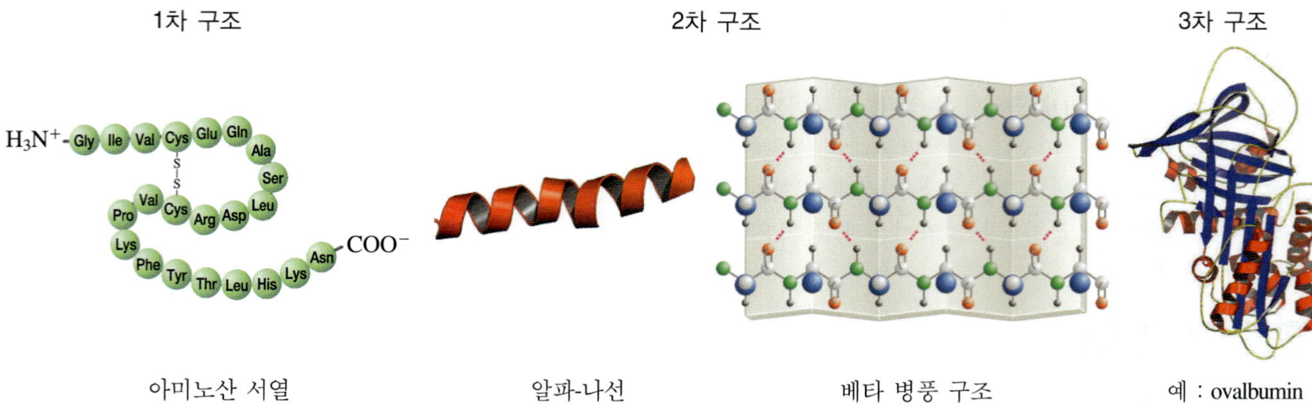

그림 11.15 단백질의 1차, 2차, 3차 구조.

두 개씩 사합체의 형태($\alpha\alpha\beta\beta$형)로 존재하는 등 각기 특정한 방식의 결합체를 이루며, 이것은 단백질의 4차 구조(二次構造, quarternary structure)가 된다. 앞에서 살펴본 ATP 합성효소의 $\alpha\beta\alpha\beta\alpha\beta$ 반복 구조는 4차 구조의 좋은 예이다. 아래 그림에서는 세 개의 $\alpha\beta$ 단위를 다른 색으로 나타내었고 가운데는 γ 축도 보인다(이미지: www.srs.ac.uk/px/showcase/guide_files/atpase1.jpg).

단백질의 구조와 기능은 아미노산의 배열에서부터 시작한다. 어떤 종류의 악성 빈혈은 $\alpha\beta\alpha\beta$형 단백질인 헤모글로빈의 특정 부위 아미노산 배열에 작은 이상이 생겨 나선 구조가 잘못 접히게 되고, 그 결과 산소가 달라붙기 어렵게 한다. 이렇게 아미노산간의 펩타이드 결합을 기본으로 하여 고차원적인 구조를 이룬 단백질들은 그 구조의 특성에 따라 각기 다른 생명 유지 활동을 수행한다. 그 중 가장 중요한 기능은 물론 효소작용이지만 효소작용에 대해서는 10장에서 반응속도와 관련하여 자세히 살펴보았으므로 여기에서는 그 밖의 다른 단백질의 작용에 대해 몇 가지 예를 들어보자.

ㄱ. 항체의 항원-항체작용

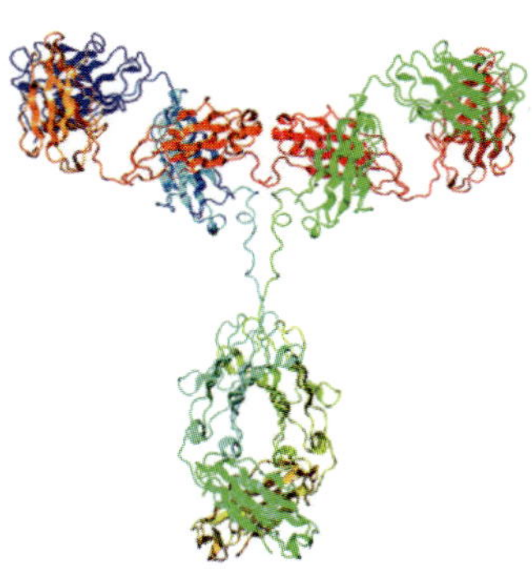

면역글로불린

항체(抗體, antibody)는 항원(抗原, antigen)과 특이적 결합을 하여 항원-항체 반응을 일으키는 물질이다. 혈액에 포함된 혈소판은 선천적으로 존재하며 정상 항체 또는 동종 항체라 한다. 면역 체계(免疫體系, immune system)에서 세균이나 바이러스 등과 같은 외부 항원들과 특이적 결합을 하여 이를 인식하게 하고 동시에 무력화시키는 작용을 하는 면역글로뷸린(immunoglobulin)은 면역 항체라고 하며, 보통 항체라고 하면 면역 항체를 뜻한다.

항체는 B림프구 또는 B세포에 의해 림프 조직에서 형성되는데, 백혈구로 그들 표면에 있는 수용체를 통해 항원을 인지할 수 있다. 이들 수용체는 상보적인 구조를 가지고 있는 항원 표면의 결정소와 결합한다. B세포가 항원에 결합하면 B세포들은 1초당 수천 개의 항체를 만들 수 있는 클론(clone)으로 증식되고 이렇게 생성된 항체들은 침입한 항원을 공격하여 이들의 작용을 중화시킨다. 그 후에도 항체 분자들은 몇 개월 동안 계속 순환하여 특정 항원에 대한 면역성이 지속되도록 한다.

ㄴ. 수용체

수용체(受容體, receptor)란 세포막(細胞膜, cell membrane)에 존재하면서 특정 물질이 결합되면 그에 대한 생체 반응을 나타내거나, 이를 통해 세포막 한 쪽에서의 자극을 다른 쪽으로 전달하는 역할을 한다. 체내에는 여러 종류의 수용체가 존재하며, 그 종류에 따라 결합할 수 있는 화합물이나 결합 후 나타나는 작용이 다르다.

G-단백질 결합 수용체 (G-protein coupled receptor-GPCR) 는 가장 큰 비율을 차지하는 세포막 수용체의 한 종류로, 신경전달물질 (神經傳達物質, neurotransmitter), 내분비호르몬 (hormone), 사이토카인 (cytokine), 향기 (香氣, odorants), 빛 (light) 과 같은 다양한 세포 외 자극에 의해 활성화되어 다양한 세포 반응을 매개한다. GPCR은 세포 내 G-단백질의 활성을 통해서 세포 내 신호전달 과정을 촉발하게 되는데, G-단백질은 수용체에 의해서 구아노신 3인산 (guanosine triphosphate, GTP) 과 결합이 유도됨으로써 활성화되고, 다시 구아노신 2인산 (guanosine diphosphate, GDP) 형태로 변환됨으로써 비활성화된다. 이어서 활성화된 G-단백질들은 세포내의 다양한 신호전달인자 (effector) 들의 활성을 유도함으로써 하위 신호전달을 매개한다. 생체 내에서 GPCR들은 다양한 생리 또는 병리 현상을 매개하는 과정에서 중추적인 역할을 수행하는 것으로 알려져 있으며, GPCR에 대한 연구는 현재 학술적인 연구 대상으로서 뿐만 아니라 신약개발의 중요한 타겟으로 생각되고 있는 분야이다.

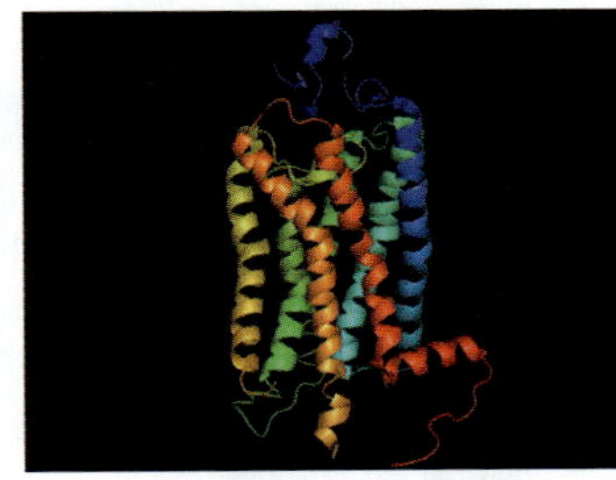

G-단백질 결합 수용체

ㄷ. 로돕신

사람의 망막 (網膜) 에는 간상세포 (桿狀細胞) 와 원추세포 (圓錐細胞) 가 존재한다. 사람의 눈에는 약 7백만 개의 원추세포와 1억 3천만 개의 간상세포가 있는데, 간상세포는 물체의 명암을 구별하는 역할을, 원추세포는 물체의 자세한 모양과 색을 인식하는 역할을 한다.

우리가 물체를 보기 위해서는 빛을 흡수해야 하는데 이를 위해서는 색소가 필요하다. 로돕신 (rhodopsin) 은 파장이 약 500 nm인 녹색광을 가장 잘 흡수하는 색소 물질로 포유류를 포함한 대부분의 척추 동물에 존재한다. 이것은 간상세포의 시각 수용기막에 모자이크 형식으로 고정되어 있는 옵신이라는 단백질과 빛을 흡수하는 물질인 레티날 (retinal, 비타민 A1) 로 구성돼 있다. 빛이 없으면 옵신과 레티날은 결합된 상태로 존재하다가 빛을 쪼여 광화학 반응이 일어나면 로돕신은 레티날과 옵신으로 쉽게 분리된다. 이 현상을 탈색이라 하며, 탈색 과정에서 생성되는 중간 산물의 최대 흡수 파장은 제각기 다르다.

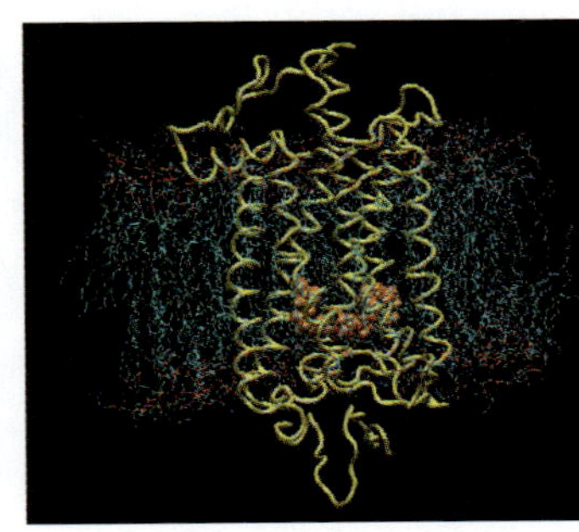

막에 끼어있는 로돕신.
www.ks.uiuc.edu/Research/ghodopsin/

이렇게 다양한 종류의 단백질은 그 구조에 따라 서로 다른 기능을 가진다. 따라서 단백질의 구조를 밝혀내는 것은 단백질의 기능을 밝히고 생체 기능을 이해하는데 상당히 중요하다. 또한 질병의 발생에 중요한 역할을 하는 단백질의 구조를 밝혀낸다면 이 단백질에만 특별히 작용하는 약을 개발할 수 있다. 이를 통해 약의 효과성이 향상될 뿐만 아니라, 효과적인 약을 발견하는 과정 또한 단축시킬 수 있다.

다. 단백질의 구조 조사 방법

단백질의 구조에 관한 실험적 정보를 얻는 데는 X-선 결정학 (結晶學, X-ray crystallography), 핵자기 공명 분광법 (核磁氣共鳴分光法, nuclear magnetic resonance spectroscopy, NMR), 그리고 질량 분석법 (質量分析法, mass spectrometry) 이 유용하다.

ㄱ. X-선 결정학

X-선 결정학 방법에서는 순수한 단백질 결정에 X-선을 조사하여 회절 (回折) 패턴 (diffraction pattern) 을 얻고 이 회절 패턴을 브라그 식 (Bragg equation, 7장) 을 사용하여 해석함으로써 각각 원자의 위치를 결정한다 (3장). 단백질에서 모든 원자의 위치를 결정하는 것은 결국 단백질의 3차원 구조를 알아내는 것이 된다. X-선 결정학에서는 단백질을 순수하게 정제하는 것 못지 않게 좋은 결정을 얻는 일이 중요하다. 이러한 어려움에도 불구하고 지금까지 5만 개 이상의 단백질 3차 구조가 결정되어 데이터 베

이스에 등재되어 있고, 그 중 특히 중요한 단백질 구조 규명에 대해서는 다음과 같이 여러 차례 노벨상이 수여되었다.

2006년 Roger Kornberg : 진핵생물의 전사 인자
2003년 Agre : 물 채널, MacKinnon : 이온 채널
1997년 Boyer, Walker : ATP 합성효소, Skou : 이온 운반효소
1988년 Deisenhofer, Huber, Michel : 광합성 반응센터
1962년 Perutz : 헤모글로빈, Kendrew : 마이오글로빈

ㄴ. 핵자기 공명

뷔트리히

6장에서 살펴본 대로 핵자기 공명 분광법은 수소의 원자핵인 양성자의 스핀에 의해 나타나는 양성자 자기 모멘트(proton magnetic moment)가 외부에서 걸어준 자기장에 평행인 방향과 반대방향으로 에너지 차이를 나타내는 원리에 입각한 방법이다. 시료에 라디오파(radio wave)를 쪼여주면 라디오파 광자 에너지가 양성자 자기 모멘트의 에너지 준위 차이와 일치할 때 공명에 의해 라디오파가 흡수된다. 수소 원자에서 보어 에너지 준위의 에너지 차이와 일치하는 에너지에 해당하는 가시광선이 흡수되어 흡수선을 나타내는 것과 마찬가지이다. 그런데 단백질에 들어있는 양성자들의 공명 진동수(共鳴振動數, resonance frequency)는 주위에 어떤 다른 원자들이 어떤 방향과 거리에 위치하는가에 의해 영향을 받는다. 따라서 핵자기 공명 스펙트럼을 자세히 조사하면 단백질에 들어있는 원자들의 위치를 알아낼 수 있다. NMR 방법은 용액을 사용하기 때문에 X-선 결정학처럼 결정을 얻지 않아도 되고, 또 용액에서의 단백질 구조가 실제 생리적인 조건에서의 단백질 3차 구조를 반영할 것으로 생각되기 때문에 큰 장점을 가진다.

ㄷ. 질량 분석

질량 분석법은 X-선 결정학이나 NMR 방법처럼 새로운 단백질에서 원자들의 위치를 직접 알아낼 수 있는 방법은 아니다. 그러나 어떤 단백질 시료가 데이터 베이스에 들어있는 어떤 단백질인가를 알아내는 데는 아주 유용하다. 대부분 단백질은 분자량이 2만 이상인 고분자이기 때문에 직접 분석하기 보다는 트립신(trypsin) 등 특정 아미노산 잔기의 펩타이드 결합을 가수분해하는 효소를 사용해서 여러 개의 펩타이드 조각으로 자른 후 분석하는 것이 유리하다. 트립신은 N-말단 쪽에서 볼 때 염기성 곁가지(basic side chain)를 가진 아미노산인 라이신(lysine)이나 아르지닌(arginine) 잔기와 그 다음 아미노산 사이의 펩타이드 결합만을 특이하게 자른다. 따라서 가수분해 결과로 얻어진 펩타이드들은 모두 C-말단에 라이신이나 아르지닌 잔기를 가지게 된다.

예제 11.20

300개의 아미노산 잔기로 이루어진 어떤 단백질에는 20가지 아미노산이 골고루 들어 있다고 하자. 이 단백질을 트립신으로 처리하면 몇 개의 펩타이드 조각이 얻어질 것으로 예상되는가? 그리고 이들 펩타이드 조각의 평균 분자량은 대략 얼마일까? 20가지 아미노산의 평균 분자량은 120이라고 하자.

풀이 트립신은 20가지 아미노산 중 두 가지 아미노산 잔기에서 펩타이드 결합을 가수분해 하니까 평균적으로 10개의 아미노산마다 한번씩 자르는 셈이고, 하나의 펩타이드에는 10개의 아미노산이 들어있는 셈이다. 따라서 300개의 아미노산 잔기로 이루어진 단백질로부터는 30개의 펩타이드 조각이 얻어질 것이다.

10개의 아미노산이 들어 있는 펩타이드에는 9개의 펩타이드 결합이 있고, 9 분자의 물이 빠진다. 따라서 펩타이드 조각의 평균 분자량은

$(120 \times 10) - (18 \times 9) =$ 약 1000

실제로는 단백질의 1차 구조에서 20가지 아미노산의 순서가 뒤섞여 있고, 단백질마다 아미노산의 순서가 다 다르기 때문에 두 가지 다른 단백질을 트립신 처리하면 얻어진 펩타이드 조각들의 분자량 조합이 다르게 된다. 따라서 어떤 단백질로부터 얻어진 펩타이드 조각들의 분자량을 정밀하게 측정하면 데이터 베이스로부터 그 단백질이 무슨 단백질인지를 확인 할 수 있다. 펩타이드의 분자량을 측정하는 데는 MALDI (matrix-assisted laser desorption/ionization) TOF (time-of-flight) 질량 분석법과 ESI (electrospray ionization) 질량 분석법이 많이 쓰인다.

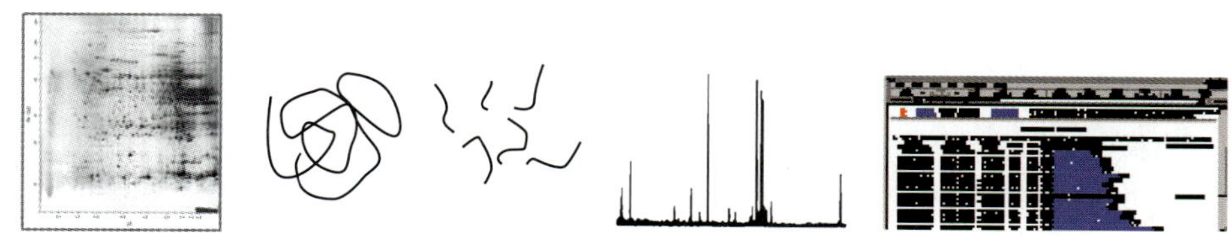

젤에 의한 단백질 분리　단백질의 가수분해　펩타이드 질량 분석　데이터 베이스 서치

MALDI 방법에서는 미량의 펩타이드나 단백질 시료를 레이저 에너지를 잘 흡수하는 간단한 유기산인 메이트릭스와 섞어 결정을 만든다. 이 결정에 레이저 펄스를 주면 과량의 메이트릭스 분자들이 레이저 에너지를 받아 기체상으로 올라가는데 이때 메이트릭스 분자들 사이에 끼어 있는 펩타이드나 단백질 분자들이 메이트릭스와 함께 기체상으로 탈착(脫着, desorb) 되면서 유기산인 메이트릭스로부터 양성자를 받아 양이온으로 바뀐다. 이 양이온을 전기장하에서 가속시키고 진공 상태에서 1 미터 정도의 거리를 날아가게 한 다음 비행 시간(飛行時間, time-of-flight) 을 측정하면 가한 에너지와 비행 시간으로부터 분자량을 계산할 수 있게 된다. 메이트릭스를 사용하면 펩타이드나 단백질이 직접 레이저 펄스를 받아 파편으로 분해되는 것을 방지할 수 있어 연착륙(軟着陸, soft landing) 이 아니라 연이륙(軟離陸, soft taking-off) 이 가능해진다. MALDI 방법으로 단백질 시그널을 최초로 얻은 일본 기기회사 시마즈(Shimazu) 의 타나카(Tanaka) 는 2002년 노벨 화학상을 수상하였다.

2002년 노벨 화학상을 수상하는 타나카

예제 11.21

이온의 비행 시간으로부터 분자량을 구하는 방법을 생각해 보자.

(1) 25°C에서 공기의 대부분을 차지하는 질소의 제곱평균근(root-mean-square) 속력과 고진공 상태에서 1 미터 거리를 날아가는 데 걸리는 시간을 구하여라.

(2) 기체 분자의 평균 운동 에너지(KE) 는 $\frac{3}{2}kT$로 주어지는데, 분자량에 무관하고 온도에만 의존하는 것을 알 수 있다. 25°C에서 질소의 운동 에너지를 eV 단위로 구하여라(볼츠만 상수, $k = 1.36 \times 10^{-23}$ J/K, 1 eV $= 1.60 \times 10^{-19}$ J).

(3) 분자량이 약 14,700 Da인 라이소자임(lysozyme) 분자를 M으로 표시한다. 라이소자임 분자에서 하나의 아민기의 비공유 전자쌍에 수소 이온이 결합하면 $(M+H)^{+1}$ 양이온이 얻어진다. 이 이온은 질량은 전자 질량의 2600만 배 정도지만 전하의 절대값은 전자 전하의 절대값과 같다. 이 이온을 25 kV의 전위차에서 가속시키면 25000 eV의 에너지를 얻는다. 이 에너지는 25°C에서 질소 운동 에너지의 몇 배 정도인가?

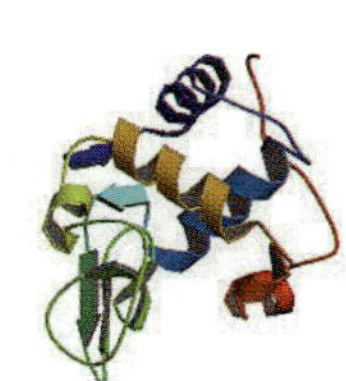

라이소자임의 구조

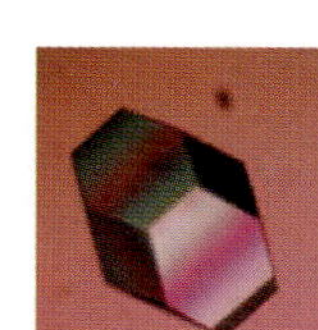

라이소자임의 단결정

(4) 만일 25°C에서 질소가 25000 eV의 운동 에너지를 가지고 있다면 속력을 구하여라.

(5) (4)에서 구한 값을 사용해서 25000 eV의 운동 에너지를 가진 $(M+H)^{+1}$ 이온의 속력과 1 미터 거리를 날아가는데 걸리는 시간을 구하여라.

(6) 운동 에너지 $= \frac{1}{2}mv^2$ 식을 사용해서 25000 eV의 운동 에너지를 가진 $(M+H)^{+1}$ 이온의 속력을 직접 구하여라.

(7) 미지의 펩타이드의 $(M+H)^{+1}$ 이온을 25 kV로 가속했을 때 1 미터 거리를 날아가는데 비행 시간이 0.0162 밀리초였다. 이 펩타이드의 분자량을 구하여라.

풀이 (1) 25°C에서 질소의 속력, $u_{rms} = \sqrt{\frac{3RT}{M}}$

$$= \sqrt{3 \times 8.3145 \text{ J/mol·K} \times 298\text{K}}$$

$= 515$ m/s (예제 8-16)

1 미터 비행 시간 $= \frac{1 \text{ m}}{515 \text{ m/s}} = 0.00194 \text{ s} = 1.94$ 밀리초

(2) 25°C에서 질소의 KE $= \frac{3 \times 1.36 \times 10^{-23} \text{ J/K} \times 298 \text{ K}}{2} = 6.08 \times 10^{-21}$ J

$$= \frac{6.08 \times 10^{-21} \text{ J}}{1.60 \times 10^{-19} \text{ J/eV}} = 3.8 \times 10^{-2} \text{ eV}$$

(3) $\frac{25000 \text{ eV}}{3.8} \times 10^{-2} \text{ eV} = 6.58 \times 10^5$

(4) KE $= \frac{1}{2}$(질량)(속력)^2, 따라서 속력은 KE의 제곱근에 비례한다.

질소의 KE가 6.58×10^5 배가 되면 속력은 $(6.58 \times 10^5)^{1/2} = 810$ 배가 된다.

질소의 속력 $= 515 \text{ m/s} \times 810 = 4.17 \times 10^5$ m/s

(5) 속력은 분자량의 제곱근에 반비례한다.

$(M+H)^{+1}$ 이온의 속력 $=$ (질소의 속력) $\times \sqrt{\frac{\text{질소의 분자량}}{\text{라이소자임 이온의 몰질량}}}$

$$= (4.17 \times 10^5 \text{ m/s}) \times \sqrt{\frac{28.0}{14{,}700}}$$

$$= 1.82 \times 10^4 \text{ m/s}$$

1 미터 비행 시간 $= \frac{1 \text{ m}}{1.82 \times 10^4 \text{ m/s}} = 0.055$ 밀리초

(6) $(M+H)^{+1}$ 이온의 KE $= (25000 \text{ eV})(1.60 \times 10^{-19} \text{ J/eV}) = 4.00 \times 10^{-15}$ J

$(M+H)^{+1}$ 이온의 질량 $= \frac{14.7 \text{ kg}}{6.02 \times 10^{23}} = 2.44 \times 10^{-23}$ kg

(질량의 SI 단위는 kg)

$(M+H)^{+1}$ 이온의 속력 $= \sqrt{\text{KE} \times \frac{2}{\text{질량}}}$

$$= \sqrt{\frac{4.00 \times 10^{-15} \text{ J} \times 2}{2.44 \times 10^{-23} \text{ kg}}}$$

$$= 1.81 \times 10^4 \text{ m/s}$$

(7) $(M+H)^{+1}$ 이온의 속력 $= \frac{1 \text{ m}}{1.62 \times 10^{-5} \text{ s}} = 6.17 \times 10^4$ m/s

$(M+H)^{+1}$ 이온의 질량 $= \text{KE} \times \frac{2}{\sqrt{v}}$

$$= \frac{4.00 \times 10^{-15} \text{ J} \times 2}{(6.17 \times 10^4 \text{ m/s})^2}$$

$$= 2.10 \times 10^{-24} \text{ kg}$$

$(M+H)^{+1}$ 이온의 몰질량 $= (2.10 \times 10^{-24} \text{ kg})(6.02 \times 10^{23}) = 1.26$ kg

펩타이드의 분자량 $= 1260$ Da

2002년 노벨 화학상을 펜(Fenn)에게 안겨 준 전자 분무 이온화(electrospray ionization, ESI) 방법에서는 우선 펩타이드나 단백질의 용액을 분무(噴霧, spray)하여 미세한 안개 방울로 만든다. 이때 외부에 강한 양전압이 걸리면 안개 방울 표면에서 전자들이 끌려나가서 표면은 양전하로 뒤덮이게 된다. 그러면 양전하 사이의 반발에 의해 안개 방울이 보다 작은 입자로 갈라진다. 한편 고온의 질소 기체를 흘려주어 안개 입자로부터 용매를 증발시키면 입자는 더욱 작아지고 급기야는 모든 용매가 날아가고 양전하를 띤 단백질 이온이 남는다. 이 단백질 이온을 사중극자(四重極子, quadrupole) 등으로 분석하면 질량 스펙트럼이 얻어진다.

2002년 노벨 화학상을 수상하는 펜

생각해 보면 질량 분석의 역사는 톰슨에 의한 전자 발견으로 거슬러 올라간다(4장). 톰슨은 음극에서 튀어나온 전자를 전기장과 자기장에 의해 휘고 그 휘는 정도로부터 전자의 전하와 질량의 비(e/m)를 구하였다. 그 다음 단계로 톰슨과 그의 제자 애스턴(Aston, 1922년 노벨 화학상)은 전자보다 수만 배나 무거운 원자 이온의 e/m을 구하였고, 1950년 대 이후에는 쉽게 기화되는 분자량이 작은 화합물을 기체크로마토그래피-질량 분석(gas chromatography-mass spectrometry, GC-MS) 방법으로 분석하였다. 1960년 대 이후에 생명과학이 급속히 발전하면서 펩타이드, DNA 조각 등 극성이 높은 화합물의 질량 분석이 요구되었으나 휘발성이 낮은 이러한 화합물을 기화하고 이온화하는 것은 어려운 문제로 남아 있었다. 1980년 데 후반에 ESI와 MALDI 방법이 개발되면서 프로테오믹스(단백체학, proteomics)라고 부르는 단백질 연구에 획기적인 발전이 이루어지게 되었다.

11-3-3 센트럴 도그마

우리는 앞에서 광합성에 대해 어느 정도 자세히 알아보았다. 지구상 대부분 생물이 살아가는 데 필요한 에너지를 태양으로부터 얻는 1차적인 과정이 광합성이므로 광합성이 제대로 일어나는지의 여부는 우리의 생존이 달린 문제이다. 만일 어떤 이유로 지구상 모든 광합성의 효율이 절반으로 떨어진다면 전 세계적으로 곡물 가격이 두 배 상승하는 것 이상으로 대 혼란이 찾아올 것이다. 실제로 그런 일이 있었다.

화석 기록을 보면 공룡은 약 2억 3천년 전에 등장해서 1억 6천년 동안 지구를 지배했고, 특히 쥬라기(Jurassic period)에 번성했는데, 지금부터 약 6500만 년 전, 중생대와 신생대 사이에 갑자기 지상에서 자취를 감추었다. 오랫 동안 그 이유는 미스테리로 남아 있었는데, 1980년에 멕시코의 유카탄 반도에서 거대한 운석 충돌 자국이 모습을 드러내면서 수수께끼가 풀리기 시작했다. 지름이 180 킬로미터이고 깊이가 900 미터에 달하는 충돌 자국 아래위의 지질학적 조사를 통해 이 충돌이 6500만 년 전에 일어난 것이 확인되었다. 한편 1980년 캘리포니아 대학의 알바레즈(Alvarez, 1968년 노벨 물리학상)와 그의 아들 팀은 중생대와 신생대 경계 지층에 그 아래와 위의 지층보다 100배나 많은 양의 이리듐이 함유되어 있는 것을 발견했다. 백금 족에 속하는 이리듐은 무겁기 때문에 지구 생성 초기에 내부로 가라앉아서 지각에는 거의 존재하지 않는다. 따라서 알바레즈가 발견한 이리듐은 운석에 들어있던 것으로 추정되는 것이다. 또한 같은 경계 지층에는 전 지구가 화재에 뒤덮였던 것 처럼 상당한 두께의 재가 들어 있었다. 이러한 여러 증거들을 종합해서 지금 널리 받아들여지는 가설에 따르면 6500만 년 전에 거대한 운석이 지구와 충돌해서 화재와 충돌에 의한 먼지로 전 지구를 장기간 뒤덮었고, 햇빛이 차단되어 광합성이 중단되면서 전 세계적으로 먹이사슬(food chain)이 단절되었으며 결국 가장 몸집이 크고, 따라서 생존이 불리한 공룡이 지질학

쥬라기 공원

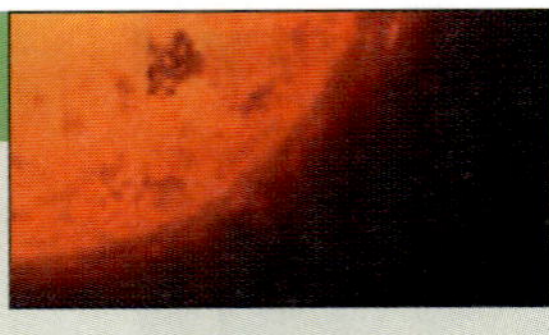

왓슨이 말하는 성공의 비결

1951년 케임브리지(Cambridge) 대학의 캐번디시 연구소(Cavendish Laboratory)에서 왓슨과 크릭이 DNA 구조 결정에 매달리기 시작했을 때 이미 런던의 킹스 칼리지의 랜들(Randall) 교수 연구실에서는 모리스 윌킨스(Maurice Wilkins)와 유능한 여성과학자 로절린드 프랭클린이 초보적인 DNA X-선 회절 사진을 얻고 있었다. 이때 캐번디시 연구소에 막 도착한 박사후연구원인 왓슨의 업무는 X-선 결정학을 배워가며 단백질의 X-선 구조 연구를 하는 것이었다. 30이 넘어 박사학위 과정에 있던 물리학도 크릭의 학위논문 주제도 단백질 X-선 결정학의 이론적인 면을 연구하는 것이었다. 왓슨과 크릭은 틈틈이 서로에게서 X-선 결정학과 유전학을 배워가며 끊임없는 토론을 통해 이 세기적인 문제에 도전했다. 아무튼 두 사람 다 본연의 연구 주제는 단백질이지 DNA는 아니었다.

한편 단백질의 구조에 대해서 성공적인 알파 나선 구조를 발견한 세계적인 화학자 폴링(Pauling)은 당-인산 골격이 안쪽에 자리잡고 염기들이 바깥쪽을 향한 삼중 나선 구조의 모델을 제안하고 있었다. 이런 상황에서 왓슨과 크릭은 나선 구조를 암시하는 윌킨스와 프랭클린의 X-선 사진과 폴링이 제안한 틀린 삼중 나선 모델, 그리고 A와 T, G와 C의 1 : 1 비율 등을 기초로 염기 모형을 밤새 끼워 맞추는 노력을 통해 마침내 이중 나선 모델을 만들어냈다.

1953년 4월 25일 자 네이처에는 DNA 구조에 관한 세 편의 논문이 나란히 발표되었는데, 1962년 노벨 생리의학상은 첫 편의 저자인 왓슨과 크릭, 그리고 둘째 편의 주저자인 윌킨스에게 수여되었다. 노벨상은 사후에는 주어지지 않는다. 그리고 최대 세 명까지만 주어진다. 세 번째 논문의 주저자인 프랭클린은 1958년 37세의 나이에 암으로 사망하였는데, 1962년에 그녀가 살아 있었다면 상황이 어떻게 달라졌을지 궁금하다.

후일 왓슨은 자신의 경험을 통해 과학에서 성공하기 위한 기본 요건으로 아래의 몇 가지를 들었다. 우선 운이 따라야 한다. 자신도 시카고대학 학부 3학년 때 우연히 접한 슈뢰딩거의 "What is Life?"를 읽고 새에서 유전자로 관심을 돌렸다. 대학원 진학 과정에서 캘리포니아공대

적 시간으로 보면 순식간에 멸종했다고 한다.

그리고 보면 20억 년 이상 전에 광합성이 시작된 이래 큰 오류 없이 광합성에 관련된 수 많은 반응들이 진행되어온 것은 참으로 다행스럽고 놀라운 일이다. 특히 남조류나 식물 세포에서 광합성에 필요한 효소 단백질들이 제대로 만들어지는 것이 중요하다. 예를 들어 햇빛을 받아들이는 엽록소를 만드는데 필요한 효소, 물 분해 반응을 일으키는 단백질 복합체를 만드는 효소, 전자 전달체를 만드는 효소, NADPH 합성효소, ATP 합성효소, 그리고 광합성 막을 만드는 효소 등을 들 수 있을 것이다. ATP 합성효소만 해도 F1 부위의 $\alpha\beta$ 단위, F_o 부위의 구조, γ 축, 활성 부위의 구조 변화를 유도하는 세 가지 돌기, F_1 부위와 F_o 부위를 붙잡아 주는 고정자(固定子, stator) 등 필수적인 요소가 여러 개 들어있는데 그렇다면 이들 하나하나를 만드는데 필요한 유전정보가 세포 내에 안정적으로 들어있고 오류 없이 발현되어야 한다.

우리는 1장에서 우리 몸의 세포, 세포핵, 염색체, 크로마틴, DNA(deoxyribonucleic acid, 디옥시리보핵산)의 단계적 구조를 살펴보았다. 우리 몸은 대략 100조 개 정도의 세포로 구성되어 있는데 일부 생식세포(生殖細胞, reproductive cell)를 제외하고 대부분의 체세포(體細胞, somatic cell) 하나하나에는 동일한 DNA가 세포핵에 들어있다. 각각의 세포가 상황에 따라 어떠한 기능을 하다가 어떻게 분열하거나 사멸할 것인가까지 모든 유전정보가 이 DNA 안에 들어있다. 예를 들어 ATP 합성효소의 베타 단위처럼 어떤 기능을 가진 산물(a functional product)을 만드는데 필요한 모든 정보를 지닌

(Caltech)에서 입학 허가를 못 받고 인디아나대학으로 갔는데 거기서 루리아(Salvador Luria, 1969년 노벨 생리의학상)라는 훌륭한 지도교수를 만난다. 물론 어느 정도의 두뇌는 기본이지만 남들의 길을 쫓지 않는 고집이 필요하다. 박사학위 과정에서도 루리아의 방법에 반기를 들고 자신의 방법을 고수하여 지도교수에게 깊은 인상을 남겼다.

프랭클린

왓슨

구체적인 성공의 비결로 왓슨은 다음 5가지 룰을 제시한다.

1. 성공한 사람에게서 배워라.
2. 곤경을 각오하라. 자신도 미국 정부의 장학금을 가지고 코펜하겐에서 연구하도록 되어 있었지만 장학금이 중단될 위험을 무릅쓰고 케임브리지로 갔다.
3. 곤경에서 도와줄 사람을 만들어라. 박사학위 과정에서 조직학(組織學, histology)을 수강하는 것은 시간 낭비라고 생각했다. 학과장은 규정대로 조직학을 수강해야 졸업할 수 있다고 했지만 루리아는 왓슨 편을 들어주었다. 케임브리지로 갈 때 켄드류(Kendrew, 1962년 왓슨이 노벨 생리의학상을 받은 해에 노벨 화학상 수상)는 장학금이 중단되면 자기 집에서 재워주겠다고 약속했다. 한편 도와줄 사람을 가지지 못한 것은 로절린드 프랭클린의 불운이었다.
4. 재미없는 일은 하지 말라. 재미있는 일을 잘 하기에도 바쁘다.
5. 대화를 통해 자신의 아이디어를 항상 노출하라. 프랭클린은 고립되어 있었다. 그녀가 크릭과 잠시라도 대화를 나누었다면 자신의 실험 결과로부터 이중 나선구조에 도달할 수 있었을 것이다. 폴링은 어떤 면에서 자신의 명성 때문에 고립되었다. 아무도 폴링의 틀린 삼중 나선 구조에 대하여 반대 의견을 말하지 못했다.

왓슨의 조언은 과학 뿐 아니라 인생의 모든 분야에 적용되는 성공의 비결이 될 수 있을 듯하다.

DNA의 일부를 유전자(遺傳子, gene)라고 부른다. 유전자는 긴 DNA 이중 나선에서 유전자의 시작과 끝을 지정하는 부위와 조절 부위를 포함한다.

우리 몸의 유전자의 총합을 유전체(遺傳體, genome)라고 한다. 인간 유전체는 30억 개의 염기쌍으로 이루어졌다. 이 30억 개의 염기쌍은 사람의 경우 23개의 염색체로 구분되어 있으며, 각각의 염색체는 '특정한 단백질을 어떻게 만들고 어떤 특성을 나타내게 할 것인가' 하는 정보가 기록된 천 개 정도의 유전자를 DNA 분자 내에 기록하고 있는 것이다(1장). 이런 발견의 배경에는 여러 과학자의 수고가 숨어있다. 이미 1920년대에 영국의 그리피스(Griffith)의 연구를 통해 폐렴균의 형질을 변환시키는 어떤 유전물질이 있음이 밝혀졌는데 당시에는 유전물질은 단백질인 것으로 생각되었다. 1944년에 미국의 에이버리는 폐렴균의 유전 형질을 변화시키는 고분자물질을 분리해 내고 원소 분석을 통하여 이 물질이 DNA의 소듐염이라는 것을 알아냈다. 또한 그는 이 물질이 단백질 분해 효소에 의해서는 영향을 받지 않고 핵산 분해 효소에 의해서는 파괴되는 것을 보여 주었다.

예제 11.22

6장에서 본 네 가지 염기가 골고루 들어있는 가상적인 DNA 조각에서 탄소, 수소, 질소, 인의 무게 퍼센트를 구하고, 에이버리가 얻은 탄소 34.20%, 수소 3.21%, 질소 15.32%, 인 9.05% 값과 비교해 보아라.

풀이 네 가지 염기가 하나씩 들어 있는 DNA 조각(그림 6.5 참조)의 원소 조성은 DNA 전체의 원소 조성과 비슷할 것으로 예상할 수 있다.
우선 위 DNA 조각에 들어 있는 각 원소의 원자수를 세어 표를 만든다. 염기 하나당 하나의 인산 음이온과 소듐 양이온이 들어 있는 것이 눈에 띈다. 나머지 원소들은 하나씩 잘 세어야 한다.

	C	H	N	O	P	Na	합계
원자수	39	45	15	24	4	4	
원자수 × 원자량	468.4	45.4	210.1	384.0	123.7	92.0	1323.6
무게 %	35.4	3.4	15.9	29.0	9.3	7.0	100
에이버리의 값	35.20	3.21	15.32		9.05		

한편 9장에서 살펴보았듯이 DNA에서 A : T, G : C 비율이 1이라는 샤가프 비율도 유전자의 본질을 밝히는 데 중요한 역할을 했다. 샤가프가 1949년에 발표한 여러 종으로부터 측정한 염기들 사이의 비율을 보면 A/G와 T/C 비율은 종에 따라 다르지만 A/T와 G/C 비율은 종에 상관없이 실험 오차 내에서 모두 1인 것을 알 수 있다. 샤가프는 이 비율의 생물학적 의미를 깨닫지 못하고 더 많은 자료가 축적되면 이 비율이 우연히 얻어진 것인지 근본적인 의미를 지닌 것인지 밝혀질 것이라고만 언급하였다.

	A/G	T/C	A/T	G/C
소	1.29	1.43	1.04	1.00
사람	1.56	1.75	1.00	1.00
닭	1.45	1.29	1.06	0.91
연어	1.43	1.43	1.02	1.02
밀	1.22	1.18	1.00	0.97
대장균	1.05	0.95	1.09	0.99
조류 결핵균	0.4	0.4	1.09	1.08

그러는 사이에 잘 알려진 대로 프랭클린(Rosalind Franklin)의 X-선 회절 결과와 샤가프 비율을 중요한 단서로 하여 1953년에 왓슨과 크릭이 우주에서 생명의 비밀이라고 볼 수 있는 DNA 이중 나선의 구조를 제안하게 된다(6장).

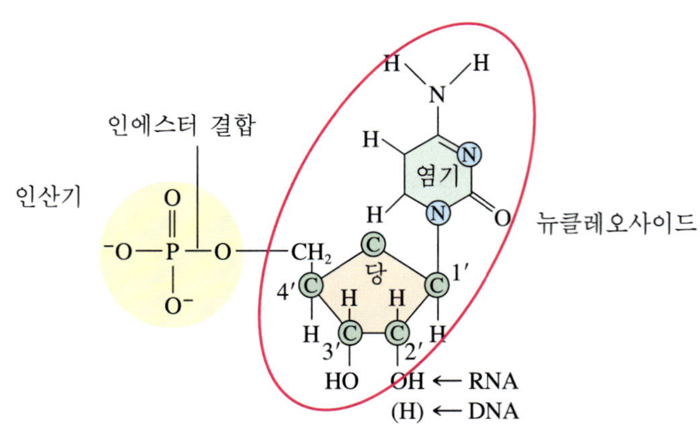

그림 11.16 뉴클레오타이드. A, T, G, C 등 염기와 당이 결합하면 뉴클레오사이드, 다시 인산이 결합하면 뉴클레오타이드가 된다.

A, T, G, C 네 가지 염기는 각각 퓨린 (purine; A, G) 이나 피리미딘 (pyrimidine; T, C)을 기본으로 한 구조를 가지고 있으며, 여기에 5탄당 (五炭糖, pentose) 이 연결되면 뉴클레오사이드 (nucleoside), 그리고 인산이 추가로 연결되면 뉴클레오타이드 (nucleotide) 라고 부른다. RNA (ribonucleic acid, 리보핵산) 의 경우에는 5탄당의 2번 탄소 부분에 OH로부터 산소가 떨어진 (deoxy) H가 아니라 원래의 OH가 결합되어 있으며, 네 가지 염기 중 타이민 (thymine, T) 대신 유라실 (uracil, U) 을 사용한다는 차이점이 있다. 이들 뉴클레오타이드는 인산과 그 다음에 이어질 뉴클레오타이드의 5탄당 부분과의 연결을 통해 하나의 긴 사슬로 이어진다.

1장에서 살펴본 대로 두 가닥의 DNA 나선은 A−T, G−C 사이의 수소 결합에 의해 안정화된다. A−T, G−C 쌍은 모양과 크기가 거의 같기 때문에 염기쌍의 순서에 상관없이 당-인산 골격 안에 딱 들어맞는다. 그런 구조적 이유로 약 40억 년 전 지구에서 생명이 출발할 때 이들 염기쌍이 생명의 정보를 기록하는 도구로 채택되었고 그 이후 DNA 나선은 한번도 단절된 적이 없이 면면히 이어져왔다.

그런데 DNA의 유전정보는 어떻게 단백질로 발현되어 세포 활동에 사용될까? DNA의 염기 서열과 단백질의 아미노산 서열은 어떻게 연관되어 있는 것일까? 이것은 전형적인 암호해독의 문제이다. 2차세계대전에서 연합군이 승리한 주요 원인 중의 하나로 영국 정보기관에 의한 독일 암호 (暗號, code) 해독을 꼽는다. 생명의 암호는 어떤 방식으로 구성되었을까, 그리고 그 암호는 어떻게 해독되었을까? 이에 대한 답을 찾는 일이 이중 나선 구조가 밝혀진 다음 1960년 대에 생명과학의 핵심 과제가 되었다.

DNA에서 단백질로 정보 전환 (情報轉換, information transduction) 이 되는 과정에서 1950년 대 말에 발견된 일종의 RNA가 중간 역할을 하는 것이 알려졌다. 처음에는 DNA-like RNA로, 그리고 후일 전령 RNA (messenger RNA, mRNA) 라고 부르는 이 RNA는 기다란 DNA 사슬에서 특정 단백질을 만드는데 필요한 일부 정보를 복사하여 단백질 합성 공장이라고 볼 수 있는 라이보좀에 전달하는 전령 역할을 하는 단일 나선 분자인 것이다. 그리고 보면 생명의 정보는 DNA에서 단백질로 바로 전환되는 것이 아니라 DNA에서 mRNA를 거쳐 간접적으로 단백질로 전환되는 것이다. 그렇다면 유전 암호를 푸는 데도 세 가지 다른 생명의 언어 체계를 파악해야 한다.

DNA가 컴퓨터의 하드 디스크라면 mRNA는 필요한 파일을 복사해 저장한 플로피 디스크나 USB인 셈이다.

홍미롭게도 역사에도 이와 아주 유사한 유명한 문제가 있었다. 1799년 나폴레옹의 이집트 원정군은 알렉산드리아 동쪽으로 60 킬로미터 떨어진 로제타라는 마을에서 아래 위로 1.25 미터, 폭 70 센티미터, 두께 28 센티미터인 검은 돌을 발견했다. 지금 런던의 대영박물관에 소장되어 있는 이 돌은 로제타 스톤 (Rosetta stone) 이라 부르는데 여기에는 프톨레마이오스 5세를 칭송하는 내용이 세 가지 다른 글자로 새겨져 있다. 첫째 단은 이집트 상형문자 (象形文字) 로, 둘째 단은 상형문자가 일반인에게 널리 쓰이는 흘림체로 바뀐 민용문자 (民用文字) 로, 마지막 단은 그리스 문자로 쓰여 있다. 그리스 문자는 쉽게 읽을 수 있으니까 위의 두 문자와 그리스 문자의 관계를 파악하면 4000년이나 사용되었던 상형문자로 기록된 방대한 이집트 자료들을 해독할 수 있게 되는 것이다.

로제타 스톤

수 백명의 학자들이 도전했다가 실패한 이 난제를 1822년에 32세의 샹폴리옹 (Champollion) 이라는 천재 언어학자가 풀어냈다. 그 문제 해결의 핵심은 표의문자 (表意文字) 라고 생각하고 하나하나의 문자에서 상징적 의미를 찾으려고 애썼던 상식적 패러다임에서 벗어나 상형문자를 표음문자 (表音文字) 로 받아들인 데 있었다. 드디어 샹폴리옹은 로제타 스톤에 사용된 모든 이집트 상형문자의 음가 (音價) 를 밝혀냈다.

로제타 스톤에 사용된 세 문자가 모두 표음문자라서 이들의 서열이 문장을 읽는 방식과 문장의 의미를 결정한다. 마찬가지로 DNA에서는 A, T, G, C, mRNA에서는 A, U, G, C, 그리고 단백질에서는 20가지 아미노산이라는 표음문자의 서열이 정보를 나타낸다. 더욱 흥미로운 점은 상형문자와 민용문자는 상당히 유사하고 그리스 문자는 전혀 다르듯이, DNA의 문자(A, T, G, C)와 mRNA의 문자(A, U, G, C)는 유사한데 단백질의 문자는 전혀 다른 것이다. 그래서 DNA의 염기 서열이 mRNA의 염기 서열로 바뀌는 것을 옮겨서 복사한다는 의미에서 **전사(傳寫, trascription)**라 하고, mRNA의 염기 서열이 단백질의 아미노산 서열로 바뀌는 것을 문자 그대로 **번역(飜譯, translation)**이라고 한다.

이러한 DNA-(전사)-mRNA-(번역)-단백질의 정보 전달 체계를 센트럴 도그마(central dogma, 중심원리라고 번역되기도 함)라고 한다. AIDS를 일으키는 HIV 바이러스처럼 RNA 정보가 DNA 정보로 바뀌는 역전사(逆傳寫, reverse transcription)도 있지만 40억 년 생명의 역사를 통해 대부분 생명체에서 센트럴 도그마는 생명의 기본 원리로 자리잡았다. 하기는 최초의 세상은 정보 저장과 효소 기능을 동시에 할 수 있는 RNA를 기반으로 하는 RNA 세상(RNA world)이었을 것이라는 생각이 정설이고 보면 역전사가 전사에 앞섰는지도 모른다.

다음 과제는 어떤 암호 체계를 사용해서 네 종류의 DNA 염기로 기록된 정보가 20종류의 아미노산으로 기록된 정보로 전환되는가의 문제이다. 빅뱅의 에너지가 현재 우주에 배경복사로 남아있을 것이라고 예측했던 가모브(George Gamow)가 여기서도 탁월한 지혜를 보여주었다.

예제 11.23

20종류의 아미노산을 지정하기 위해서는 네 가지 염기가 몇 개씩 단위를 이루어 하나의 아미노산을 지정하는 방식이 사용될까? 단 염기 서열에는 방향성이 있다. 예를 들어 AT와 TA는 다른 의미로 사용된다.

풀이 만일 하나의 염기가 하나의 아미노산에 대응한다면 네 가지 염기는 네 가지 아미노산 밖에 지정하지 못할 것이다. 두 개의 염기와 하나의 아미노산이 대응한다면 $4^2 = 16$ 가지 아미노산을 지정할 수 있는데 이는 20가지에 못 미친다. 세 개의 염기라면 $4^3 = 64$로 충분하다.

가모브는 유전 암호에서는 세 개의 염기 서열이 하나의 아미노산에 대응하리라 제안했다. 후일 사실로 밝혀진 이 triplet code는 생명의 역사에서 모든 생명체가 지켜온 비밀이다. 인도 출신의 코라나(Khorana)는 AAU, GUC 식으로 여러 가지 조합의 세 개의 염기 서열로 이루어진 mRNA를 유기화학적 방법으로 합성하고 이들로부터 만들어진 펩타이드의 아미노산을 조사하여 유전암호를 해독하였다.

코라나(Har Gobind Khorana, 1922-). 인도 펀잡(Punjab) 대학을 졸업하였으며, 영국 리버풀 대학에서 박사 학위를 받았다. 미국 위스컨신대학, MIT 교수을 역임하였으며, 1968년 노벨 생리의학상을 수상하였다.

이제 마지막으로 단백질 합성 과정을 자세히 살펴보자. 먼저 두 가닥으로 이루어진 DNA가 풀리면서 DNA-dependent RNA polymerase라는 RNA 중합효소의 작용에 의해 하나의 유전자에 해당하는 DNA의 염기 배열과 상보적인 한 가닥의 mRNA가 합성된다. 이 mRNA는 특히 세포질과 세포핵이 핵막으로 구분된 진핵세포에서는 구멍(核空, nuclear pore)을 통하여 핵 외부로 빠져나가 DNA의 유전 정보를 단백질 합성이 일어나는 세포질의 라이보좀(ribosome)에 전해 주는 말 그대로 전령의 역할을 한다.

단백질 합성에서 전달 RNA(transfer RNA, tRNA)라는 분자량이 2만 정도인 고분자가 염기와 아미노산을 매개하는 핵심 역할을 한다. 라이보좀에는 그림과 같이 세 개의

tRNA 결합 부위가 있는데 mRNA가 라이보좀에 결합하면 단백질 합성의 시작을 알리는 mRNA의 AUG 개시(開始) 코돈(start codon)과 상보적인 UAC 안티코돈(anticodon)을 가진 tRNA가 수소 결합을 통해 제 자리를 찾아 라이보좀에 결합한다. UAC 안티코돈을 가진 tRNA는 반대쪽에 아미노산의 일종인 메싸이오닌(methionine)을 결합하고 있는 methionyl tRNA이다. 그 다음에는 mRNA의 AUG 다음 코돈에 해당하는 tRNA가 다음 아미노산을 가지고 와서 옆의 tRNA 결합 부위에 결합한다. 그러면 메싸이오닌과 새 아미노산이 근접하게 되고 C-말단과 N-말단 사이에 펩타이드 결합이 형성된다. 그 다음에는 mRNA와 라이보좀이 상대적으로 움직이면서 두 tRNA는 옆 자리로 옮겨가고 빈 자리에 세 번째 코돈에 해당하는 tRNA가 다음 아미노산을 가져와서 펩타이드가 늘어나는 식으로 단백질 합성이 진행된다. 그렇게 mRNA의 염기 세 개씩을 읽어가면서 펩타이드를 합성하다가 UAG, UGA, UAA 코돈, 즉 종결코돈을 만나면 단백질 합성을 정지한다.

이렇게 복잡하면서도 정교하게 조절되는 단백질 합성을 통하여 DNA 염기 서열에 의해 결정되는 유전형(遺傳型, genotype)은 개체의 특성이 겉으로 들어나는 표현형(表現型, phenotype)으로 발현된다. 이처럼 중요한 단백질 합성에서 핵심 역할을 하는 tRNA의 3차원 구조는 김성호 박사가 MIT에서 연구할 때 처음 밝혀졌다. tRNA 구조는 요즘 모든 생물학 교과서에 등장한다.

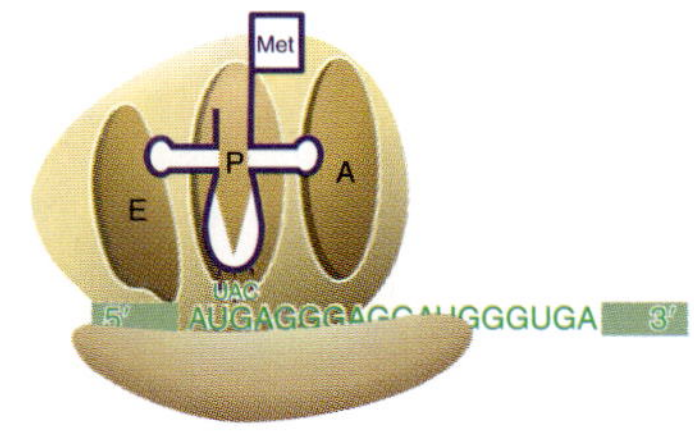

단백질 합성이 일어나는 라이보좀

김성호(金聖浩, Kim Sung-Hou, 1937-). 서울대학교 화학과를 졸업하였으며, 미국 피츠버그대학에서 박사 학위를 받았다. 듀크대학, 버클리 소재 캘리포니아대학, 버클리대학 교수를 역임하였다.

11-3-4 세포막

태초의 지구에서 DNA, RNA, 단백질이 개발되어 생명에 필수적인 세포 활동을 할 수 있다고 하더라도 세포의 안과 밖을 구분하는 세포막이 없이는 생명체가 될 수 없다. 세포막은 세포질을 둘러싸서 외부환경과 경계를 짓는 얇은 막이며, 선택적 투과성을 갖는다. 세포막의 구조에 대해서는 여러 가지 이론이 있는데, 이중으로 된 인지질(인을 포함하고 있는 지방질, 燐脂質, phospholipid) 층에 단백질이 박혀있으며, 이들 전체는 고정된 형태가 아닌 유동 상태로 있다는 유동 모자이크 모델이 가장 널리 인정받고 있다.

세포막에 있는 지질은 주로 인지질과 콜레스테롤이다. 인지질은 그림 11.15에서와 같이 지방산과 글리세롤이 연결된 구조를 기본으로 하여 인산과 콜린(choline)이 포함된 화합물이다. 지방산의 긴 탄화수소 사슬은 물을 싫어하는 성질(소수성, 疏水性,

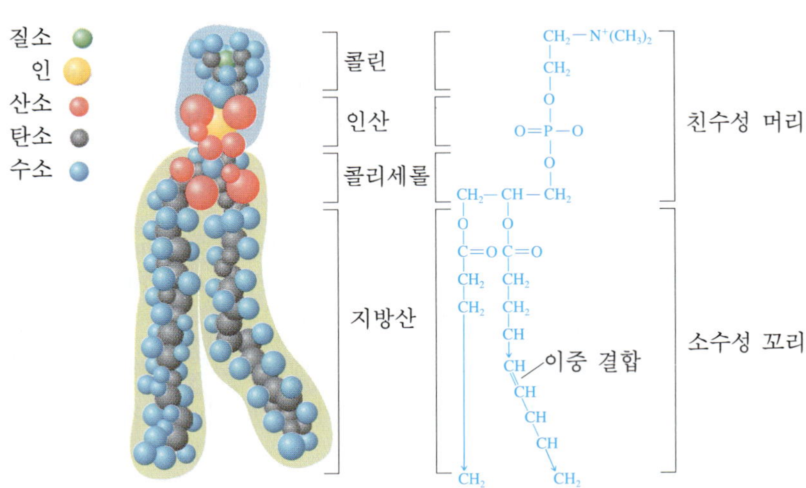

그림 11.17 인지질의 구조.

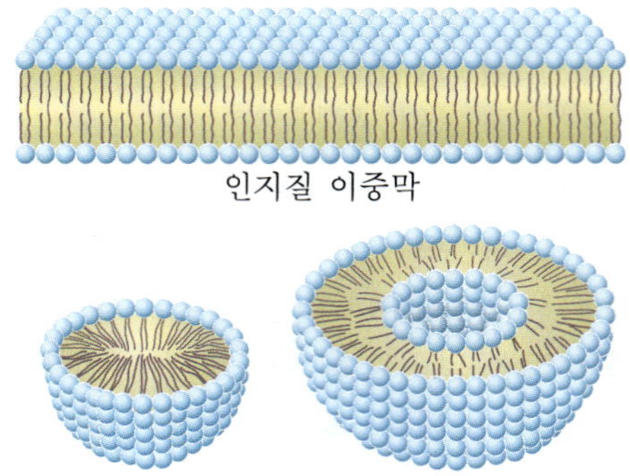

그림 11.18 인지질이 만드는 여러 가지 구조.

hydrophobicity)을 가지며, 인을 포함한 머리 부분은 물을 좋아하는 성질(친수성, 親水性, hydrophilicity)을 가진다. 이처럼 소수성기와 친수성기를 모두 포함하는 양쪽성 분자가 물에 들어가면 소수성기들이 반데르발스 상호작용에 의해 비공유적으로 결합하여 막을 형성한다. 이러한 막은 그 상대적인 농도에 따라 여러 가지 형태로 배열이 가능한데, 가장 기본적인 구조는 소수성기가 안쪽으로 뭉치면서 전체적으로 구형을 이루는 마이셀(micelle) 구조이다. 이것은 지방산을 주성분으로 하는 비누나 세제를 이용한 세탁의 원리와 동일하다. 그리고 인지질의 농도가 더 증가하게 되면 원형의 이중층 구조인 리포솜(liposome)을 형성하는데, 이 구조는 내부에도 수용액을 포함할 수 있는 공간이 있으며, 이를 바깥과 다른 환경으로 유지 시키는 것이 가능하다. 따라서 실제 세포에서는 리포솜이 세포의 생산물과 배설물등을 저장하고 운송하며 소화하는 다양한 역할을 수행한다.

여기에서 더 많은 인지질이 존재하면 그 구조는 구형에서 벗어나 평면 형태의 이중막을 이룬다. 실제 세포막은 이러한 인지질 이중막으로 이루어졌다. 앞에서 본 바 있는 광합성막도 인지질 이중막이다. 이러한 이중막은 선택적인 투과성을 지니는데, 예를 들면 소수성 분자들은 쉽게 막을 통과시키지만 글루코스 같은 친수성 분자와 Na^+, K^+, Cl^- 같은 이온들의 통과는 차단시킨다.

그리고 수용체나 이온 채널과 같이 세포막과 관련이 있는 많은 단백질들은 막에 단단히 결합된 채로 각각의 역할을 수행하며, 어떤 단백질들은 이중막에 있는 지질에 공유 결합을 통해 결합되어 있다. 세포막은 콜레스테롤을 포함하는데, 이는 세포의 구조를 유지함과 동시에 막의 유동성을 조절하며, 막의 안팎으로의 물질 투과 기능에 관여하는 역할도 한다.

세포막의 구조가 가능한 것도 결국 꼬리 부분 탄화수소 사이의 약한 반데르발스 상호작용 때문이고, 그 이유는 전기음성도가 낮은 수소와 탄소 사이의 공유 결합은 극성이 낮기 때문이고 보니 생명의 핵심 부위의 하나인 세포막을 설계하고 구축하는데도 화학의 언어가 사용되는 셈이다.

DNA 이중 나선의 골격을 만드는데 사용되는 인(燐, phosphorus)이 세포막에서도 중요한 역할을 하는 것을 보면 자연에서 상대적으로 양이 적은 인이 생명의 진화에서 때로는 결정적인 요인을 제공했을지도 모른다는 생각이 든다.

어떻게 박테리아가 단세포 식물이나 동물로 진화했나하는 문제는 오랫동안 수수께끼로 남아있었다. 지금부터 약 20억 년 전부터 10억 년 전 사이는 지질학적으로나, 기후 변화에서나, 생물학적으로나 별로 변화가 없는 "지구 역사에서 제일 지루한 시기(the dullest period in Earth's history)라고 불리워진다. 지질학적으로 별로 변화가 없었다는 것은 기본적인 생명의 연료(biofuel)인 인이 침식 작용에 의해서 대양에 축적되지 못했다는 것을 의미한다. 이 10억년 간의 기아(饑餓)라고 볼 수 있는 지루한 시기에 생물학적 진화에 있어서 가장 극적인 장(章)이 열릴 준비가 이루어지고 있었다. 옥스포드 대학과 칸베라 대학의 지질학자들은 오스트렐리아 북부에서 두께가 6 킬로미터에 달하는 석회암 층의 약 15억 년에 해당하는 부분에서 10 미터 간격으로 인의 함량을 조사하였는데, 화석 자료에서 유추하였던 것과 같이 생물학적 정체 기간이 인의 결핍 시기와 일치한다는 것을 확인하였다. 이들에 의하면 인의 부족은 박테리아들로 하여금 공생 관계(共生關係, symbiotic association)를 발전시키도록 하였고, 이것이 진핵세포가 되어 단세포 식물, 동물로 진화했다는 것이다.

요점 정리

- 탄소 사이의 단일 결합 에너지는 348 kJ/mol로 산소 사이의 단일 결합 에너지 157 kJ/mol보다 훨씬 크다. 또한 탄소는 네 개의 결합을 만들 수 있다. 따라서 탄소는 다양한 구조의 고분자 골격을 만들 수 있는 거의 유일한 원소이며, 생명의 핵심 원소, 유기 화합물의 기본 원소로 사용된다.

- 탄화수소는 지방족 탄화수소와 방향족 탄화수소로 나눌 수 있다. 지방족 탄화수소는 다시 포화 탄화수소인 알케인, 이중 결합을 가진 알켄, 삼중 결합을 가진 알카인으로 나누어진다.

- 이성질체는 구조 이성질체와 입체이성질체로 나눌 수 있다. 입체이성질체는 다시 기하 이성질체와 광학 이성질체로 나누어진다.

- 탄소 화합물은 작용기에 따라 각각 다른 성질을 가진다. 중요한 작용기 또는 작용기를 가진 화합물에는 알킬, 알코올, 에테르, 알데하이드, 케톤, 에스터, 아민, 아마이드 등이 있다.

- 식물은 광합성을 통해 이산화탄소를 탄수화물로 환원시킨다. 광합성은 햇빛으로 물을 환원시켜 NADPH와 ATP를 합성하는 명반응과 NADPH와 ATP를 사용해서 이산화탄소를 탄수화물로 환원시키는 암반응으로 나눌 수 있다.

- ATP 합성효소는 세포막의 양쪽에 걸쳐 있으면서 수소 이온의 통과에 의한 축의 회전과 그에 따른 세 촉매 작용 부위의 순차적인 구조 변화를 통하여 ATP를 합성하는 매우 정교하고 효율적인 단백질들의 집단이다.

- 효소 작용, 항원-항체 작용, 수용체 역할, 로돕신의 빛 흡수 등 다양한 단백질의 기능을 결정하는 단백질의 구조는 1차 구조, 2차 구조, 3차 구조로 이루어진다. 단백질을 조사하는 데는 X선 결정학, 핵자기 공명, 질량 분석 등의 방법이 사용된다.

- 기본적으로 모든 생명체에서 생명의 정보는 DNA에서 RNA를 거쳐 단백질로 전환된다. 이러한 원리를 센트럴 도그마라고 한다.

- 세포막은 인지질 이중막으로 이루어졌다. 인지질은 소수성 탄화수소 사슬과 친수성 인산과 콜린을 가지고 있다. 생명체는 소수성 물질과 친수성 물질을 적절히 조합하여 세포의 내부를 외부와 구분하며, 개체를 형성하고 유지한다.

연 | 습 | 문 | 제

O, × 문제

다음 서술이 맞는지 틀리는지 O, ×로 답하고, 틀린 경우에는 틀린 내용을 맞게 고쳐라.

1. 탄소가 유기 화합물의 핵심 원소인 가장 중요한 이유는 탄소의 결합 수가 4라는 점이다. ( )

2. O−O 단일 결합 에너지는 C−C 단일 결합 에너지와 크기가 비슷하다. ( )

3. C=C 이중 결합을 가지는 탄소 화합물은 모두 기하 이성질체를 가진다. ( )

4. C=C 이중 결합을 여러 개 가지는 불포화 지방산은 상온에서 버터와 같은 고체이다. ( )

5. 벤젠의 여섯 개 탄소 원자는 sp^2와 sp^3 혼성 오비탈을 3개씩 가진다. ( )

6. 아세톤보다 물의 쌍극자 모멘트가 더 크다. ( )

7. 포도주가 시어지는 것은 환원 반응이다. ( )

8. 광합성 과정에서 태양 에너지는 탄수화물을 환원하는 데 사용된다. ( )

9. 상온에서 메테인은 기체인데 옥테인은 액체인 것으로부터 약한 분산력이라도 많이 합해지면 상당한 분자간 상호작용을 일으키는 것을 알 수 있다. ( )

10. 생선 요리에 레몬 조각을 곁들이는 것은 레몬 향기를 더하기 위해서이다. ( )

11. 생명은 물리적, 화학적 원리를 따른다. ( )

12. DNA에는 생명에 필수적인 다섯 가지 원소가 모두 들어 있다. ( )

13. DNA는 단백질을 만들기 위해 필요한 유전 정보를 가지고 있다. ( )

14. 인간의 유전체는 약 삼백만 염기쌍으로 구성되어 있다. ( )

15. x, y 염색체를 제외하고 인간 염색체의 한 쌍을 이루는 두 개의 염색체의 염기 서열은 똑같다. ( )

16. 인간의 유전체를 구성하는 모든 염기는 하나의 DNA 분자에 들어 있다. ( )

17. 우리 몸 속에서는 *d*-deoxyribose와 *d*-amino acid만을 사용한다. ( )

18. 광합성 과정에서 만들어진 탄수화물은 초기에 사용되는 CO_2보다 탄소 1 몰당 내부 에너지가 작다. (　　　)

19. 광합성 과정에서 명반응에서는 높은 에너지 화합물이 만들어지고 암반응에서는 탄수화물이 합성된다. (　　　)

20. 단백질의 알파 나선 구조는 3차 구조의 예이다. (　　　)

21. RNA와 DNA는 같은 염기를 사용한다. (　　　)

22. 매일 1 kg의 음식을 먹는 경우 만약 이산화탄소가 이산화규소처럼 고체라면 체중은 매일 약 1 kg씩 증가할 것이다. (　　　)

선택형 문제

23. 다음 중 결합 에너지가 가장 큰 것은?
가. C−H　　나. C−C　　다. C−N　　라. C−O

24. 다음 *n*-펜테인과 아이소펜테인은 어떤 이성질체인가?
가. 구조 이성질체　　나. 기하 이성질체
다. 광학 이성질체　　라. 이성질체가 아니다

25. 분자식이 같은 것은?
가. 메틸 에테르 – 메탄올　　나. 아세트산 – 메틸 아세테이트
다. 에탄알 – 에탄올　　라. 메틸 에테르 – 에탄올

26. 다음 중 카복실기를 가진 것은?
가. 에탄올　　나. 다이에틸에테르　　다. 글리신　　라. 메틸아민

27. 다음 중 물과 공통적인 부분을 가진 것은?
가. 에탄올　　나. 다이에틸에테르　　다. 아세톤　　라. 메틸아민

28. 다음 중 물과 공통적인 부분을 가지지 않은 것은?
가. 아이소프로판올　　나. 글리세롤　　다. 글리신　　라. 에틸아세테이트

29. 다음 중 물과 섞이지 않는 것은?
가. 에탄올　　나. 다이에틸에테르　　다. 아세톤　　라. 메틸아민

30. 다음 중 물과 섞이는 것은?
가. 옥테인　　나. 벤젠　　다. 아세톤　　라. 사염화탄소

31. 다이펩타이드의 하나인 NH_2–glycine–glycine–COOH에 없는 작용기는?
가. 카복실　　나. 아민　　다. 아마이드　　라. 알코올

32. 다음 니코틴에서 거울상 이성질체를 나타내는 입체 중심은 몇 개인가?

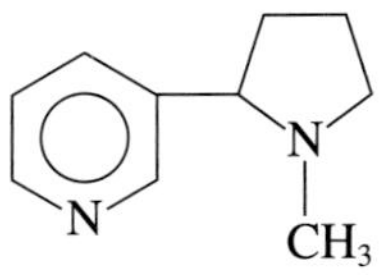

니코틴

가. 0　　나. 1　　다. 2　　라. 3

33. 수소, 산소, 탄소, 질소, 인을 모두 포함한 화합물은?
가. 글루코스　　나. 단백질　　다. 지방산　　라. ATP

34. 사람이 풀을 먹고 살 수 없는 이유는 어떤 화합물의 3차원 구조와 직접 관계되는가?
가. 호르몬　　나. 단백질　　다. 지방산　　라. 핵산

35. 육상 동물의 출현과 관계없는 것은?
가. 광합성　　나. 산소의 용해도　　다. 오존층 형성　　라. 오존층 파괴

36. 메테인의 정사면체 구조를 처음 제안한 사람은?
가. 리비히　　나. 멘델레예프　　다. 반트호프　　라. 케쿨레

37. 거울상 이성질체를 처음 발견한 사람은?
가. 리비히　　나. 파스퇴르　　다. 반트호프　　라. 케쿨레

38. 유전 물질은 DNA라는 사실을 증명한 사람은?
가. 왓슨　　나. 멘델　　다. 에이버리　　라. 다윈

39. 단백질의 아미노산 서열을 결정하는 방법을 개발하여 1958년 노벨 화학상을 수상한 후 DNA의 염기 서열을 결정하는 방법을 개발하여 1980년에 노벨 화학상을 다시 수상한 사람은?
가. 길버트　　나. 페루츠　　다. 생거　　라. 크릭

40. X-선 회절 방법으로 헤모글로빈에 들어 있는 원자들의 3차원적 위치를 결정하여 1962년 노벨 화학상을 수상한 사람은?
가. 프랭클린　　나. 콘버그　　다. 브라그　　라. 페루츠

41. 환원성 대기 조건하에서 간단한 화합물들로부터 아미노산이 생성되는 것을 보여 준 사람은?
가. 폴링　　나. 페루츠　　다. 밀러　　라. 파스퇴르

42. X-선 회절 방법으로 t-RNA의 3차원적 구조를 처음 밝힌 사람은?
가. 폴링　　나. 브라그　　다. 왓슨　　라. 김성호

43. DNA의 염기 서열을 결정하는 데 많이 사용되는 전기이동 방법을 처음으로 개발하여 1948년 노벨 화학상을 받은 사람은?
가. 브라그　　나. 티셀리우스　　다. 마틴　　라. 에이버리

44. ATP 합성 효소의 구조를 밝혀서 1997년 노벨 화학상을 받은 사람은?
가. 캘빈 나. 워커 다. 폴링 라. 왓슨

45. MALDI-TOF 질량 분석 방법을 개발하여 처음으로 단백질의 질량을 측정하고 2002년 노벨 화학상을 받은 사람은?
가. 뷰트리히 나. 펜 다. 타나카 라. 애스턴

46. DNA 정보를 RNA로 전사하는 효소 연구로 2006년 노벨 화학상을 받은 사람은?
가. 가모브 나. 왓슨 다. 폴링 라. 콘버그

괄호 채우기 문제

47. (   )은/는 유기 화합물의 탄소와 수소의 함량을 결정하는 방법을 개발했다.

48. (   )은/는 벤젠의 구조를 밝혔다.

49. (   )은 지방의 성분이며 $-OH$기를 세 개 가진 화합물이다.

50. 20가지 아미노산 중에서 광학 이성질체를 가지지 않는 것은 (   )뿐이다.

51. 고분자란 분자량이 대략 (   ) 이상인 분자를 말한다.

52. DNA → RNA → 단백질로 이어지는 정보의 변환을 (   )라고 한다.

53. DNA가 컴퓨터의 하드디스크에 해당한다면 플로피디스크에 해당하는 것은 (   ) 이다.

54. (   ) 은/는 DNA에 들어 있는 아데닌과 구아닌의 양을 합한 것은 타이민과 사이토신의 양을 합한 것과 같다는 것을 밝혔다.

55. (   ) 은 광합성의 암반응을 연구하여 1961년 노벨 화학상을 수상했다.

56. 전체적으로 볼 때 글루코스에서 모든 탄소는 산화수가 (   )이라고 볼 수 있다.

계산 및 서술형 문제

57. 아래의 카페인 분자에 대해 답하여라.

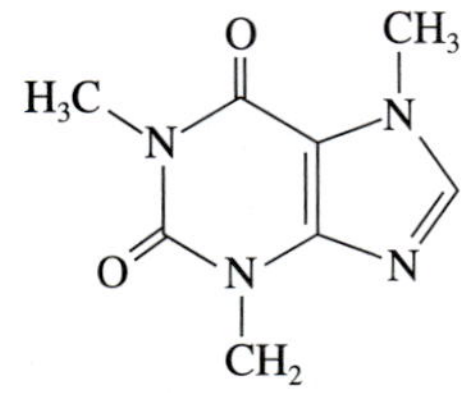

카페인

(1) 파이 결합은 몇 개 있는가?
(2) 비공유 전자쌍이 몇 개 있는가?

(3) 메틸기($-CH_3$)에서 수소-탄소-질소 원자 사이의 대략적인 각도는?
(4) 산소 원자와 결합한 탄소의 혼성 오비탈은?
(5) 단일 결합을 이룬 질소 원자의 혼성 오비탈은?
(6) 이중 결합을 이룬 질소 원자의 혼성 오비탈은?
(7) 6각형 골격을 이루는 여섯 개의 원자들은 한 평면상에 있는가?
(8) 5각형 골격을 이루는 다섯 개의 원자들은 한 평면상에 있는가?

58. 체중이 60 kg인 사람의 1일 기초 대사량 1800 kcal로부터 날숨의 이산화탄소 농도를 추산해 보자.

(1) 탄수화물만으로 기초 대사량을 만족시키려면 하루에 몇 g의 탄수화물을 섭취해야 하는가? 탄수화물은 그램당 4 kcal의 열을 낸다.
(2) 하루에 탄수화물의 대사 결과로 생기는 이산화탄소는 몇 그램인가? 탄수화물의 화학식은 $C(H_2O)$로 단순화해서 생각한다.
(3) 4 초에 한 번 숨을 쉬고 한 숨의 부피는 0.5 리터라고 하자. 날숨의 이산화탄소 농도는 몇 % 인가? 유효 숫자 하나로 답하여라. 날숨의 온도는 체온과 같은 37.5°C이다.
(4) 요즘 대기 중의 이산화탄소 농도는 380 ppm 정도이다. 날숨의 이산화탄소 농도는 대기 중 이산화탄소 농도의 약 몇 배인가?

59. DNA가 중요한 것은 DNA의 염기 서열이 단백질의 아미노산 서열을 지정하기 때문이다. DNA의 정보가 얼마나 효율적으로 단백질로 전달되는지 생각해 보자. 머리카락이 한 달 사이에 1 cm 자란다고 하자. 머리카락이 자라는 것은 알파 나선 구조를 가진 케라틴이라는 단백질이 한 방향으로 아미노산들 사이의 펩타이드 결합을 이루어 가기 때문이라고 볼 수 있다. 폴링은 X-선 회절에 의하여 알파 나선의 주기는 5.4 옹스트롬이고 한 주기 안에 3.6 개의 아미노산이 들어 있는 것을 알아냈다. 그렇다면 머리카락이 자랄 때 매 초 몇 개의 아미노산이 더해지는 셈인가? 유효숫자 두 자리로 답하여라.

60. 박테리아나 인간이나 단백질의 크기나 기능에 큰 차이가 없다. 그러나 유전 정보의 양에는 큰 차이가 있다.

(1) 박테리아 유전체의 염기쌍은 약 400만 개이고 유전자는 4000개 정도이다. 세 개의 염기쌍이 하나의 아미노산을 지정하는 것을 고려하여 박테리아에서 만들어지는 단백질의 평균 분자량을 추산하여라.
(2) 인간 유전체의 염기쌍은 약 30억 개이고 유전자는 30,000개 정도이다. 그렇다면 인간의 유전체에서 유전자가 차지하는 비율은 몇 %라고 볼 수 있는가?

61. 사람의 유전 정보는 30억 개의 염기쌍으로 기록되어 있다. 그러나 상동 염색체 때문에 사람의 체세포 하나에는 이의 두 배에 해당하는 60억 개의 염기쌍이 들어 있는 셈이다. DNA를 A, T, G, C 분자 단위로 가수분해했다고 하자. 또 DNA에는 이 네 가지 염기가 골고루 들어 있다고 가정하자.

(1) 사람의 체세포 하나에 들어 있는 염기의 몰수를 구하여라.
(2) 약 100조 개의 체세포로 이루어진 사람의 몸 전체에 들어 있는 염기의 몰수를 구하여라.

영어로 배우는 문제

주어진 숫자와 의미가 통하도록 적절한 단어를 찾아라. 문제가 11 = P. in a S. team이라면 찾아야 할 단어는 players, soccer가 될 것이다.

62. H. M. A. = 3 gases in Miller's experiment
62. 3 = bases per A. A. in the genetic C.
62. 3 = B. B. pairs in the human G.
62. 4 = A. T. G. C.
62. 20 = A. acids in P.
62. 23 = pairs of C. in a human somatic C.
62. 30 = thousand G. in the human G.
62. 300 = A. acids in a typical P.
62. 1000 = B. pairs in a typical G.
62. 1866 = M.'s law of H. published
62. 1944 = D. identified as G. material by A.
62. 1953 = DNA D. H. discovered by W. and C.

고흐 (Vincent van Gogh, 1853-1890).
네덜란드의 후기. 인상파 화가.

◀ 고흐의 대표적 그림 "감자 먹는 사람들"

Chapter 12 삶의 화학

- **12-1.** 의식주의 화학
- **12-2.** 건강의 화학
- **12-3.** 교통/통신의 화학
- **12-4.** 에너지와 환경의 화학

우리는 지금까지 우리 몸에 들어있는 원자들이 언제 어떻게 만들어져서 어떤 원리에 따라 결합을 이루어 생명 현상을 가능하게 하는지, 그에 관련된 화학의 핵심 내용들을 체계적으로 알아보았다. 화학은 생명을 가능하게할 뿐 아니라 우리 삶의 질을 향상시키는데 크게 기여하고 있다. 인간의 평균 수명은 약 2500년 전 고대 그리스 시대에는 19세, 기원 후 100년 로마 제국 때는 25세, 약 200년 전 프랑스 혁명 때는 34세, 그리고 약 100년 전 19세기 말에는 45세였다고 한다. 요즘 우리나라 사람들의 평균 수명은 80세에 육박하고 있다.

과거 2천 년이 걸려서 수명이 두 배가 되었다면 최근에는 불과 100여 년 사이에 거의 두배가 된 셈이다. 이러한 급격한 수명의 증가의 배경에는 마시는 물의 소독, 질소 비료를 통한 충분한 식량의 공급, 천연 또는 합성 항생제의 사용 등 화학과 직결된 요인들이 결정적으로 중요하게 작용했다.

수명의 단순한 증가가 중요한 것은 아니다. 고흐의 그림에서 볼 수 있듯이 약 100년 전까지만 해도 대부분의 인류는 자기 가족이 먹고 약간 남을 정도의 식량을 생산하는데 대부분의 시간과 노력을 소모했다. 우리나라에서도 보리고개는 삶과 죽음을 갈라놓을 정도로 절박한 상황이었다. 그러나 이제는 농업 생산성이 크게 향상되어 대부분 사람은 남이 농사지은 식량을 먹고 살면서 인간의 삶을 풍부하게 하는 다른 종류의 생산 활동에 참여하고 있다. 우리나라도 1965년에는 농촌 인구가 55%를 차지했는데 지금은 10% 이하로 줄어들었다. 이 장에서는 의식주, 건강, 교통, 통신, 에너지, 환경 등 생활 속에 깊숙이 자리잡고 있는 화학의 다양한 모습을 살펴본다.

12-1 의식주의 화학

옛날부터 인간이 살아나가는데 필수불가결한 세 가지 물질적 요소를 '의식주(衣食住; food, clothing, shelter)'라고 했다. 우리는 몸에 에너지와 영양소를 공급하기 위해 음식을 먹는다. 또한 멋을 내는 데 앞서서 체온을 유지하고 몸을 외부의 자극에서 보호하기 위해 옷을 입는다. 비바람을 막아주는 집은 신체적 피로뿐만 아니라 정신적 피로까지 해소하는 공간으로도 중요한 의미를 지닌다. 그런데 의식주의 핵심 요소는 역시 분자로 이루어진 물질이다. 하버와 보쉬가 개발한 암모니아 합성법에 의해 식량 생산 문제가 해결된 내용은 10장에서 다루었으므로, 이 절에서는 나머지 의식주에 관련된 화학적 원리와 응용을 살펴본다.

12-1-1 발효

김치

고추장

요구르트

치즈

우리나라는 발효(醱酵, fermentation) 음식에 있어서 단연 세계 일등 국가이다. 외국에도 요구르트, 치즈, 낫토 등 몇 가지 발효 음식이 있지만 김치, 간장, 된장, 고추장, 젓갈 등 여러 가지 발효 음식을 매일 많이 먹는 나라는 별로 없다. 김치나 젓갈의 종류도 수십 가지가 된다. 발효란 미생물이 자신의 효소를 사용해서 외부의 유기물질을 다른 특별한 유기물질로 변화시키는 과정이다. 이때 빵의 구수한 맛이나 포도주의 향처럼 바람직한 물질이 생기면 발효라 하고, 음식을 썩게 하면 부패(腐敗, rotting)라 한다. 요즘은 음식물 쓰레기로부터 메테인을 얻거나 환경을 오염시킨 기름을 박테리아로 분해하는 경우처럼 부패를 활용할 수도 있다.

김치의 경우 여러 종의 젖산균이 관여하는데, 이러한 젖산균은 배추나 무우에 들어있는 당류로부터 젖산, 초산, 에탄올, 탄산가스 등을 생성하면서 발효를 일으킨다.

발효는 역시 술을 만드는데 가장 오래 전부터 인기리에 사용되어 왔다. 물에 에탄올이 1% 이상 들어있으면 술이라 하는데 술에는 막걸리, 소주, 맥주, 위스키, 와인, 꼬냑, 브랜디, 보드카 등 많은 종류가 있지만 크게 발효주와 증류주로 나눌 수 있다. 발효주는 막걸리, 맥주, 와인처럼 곡물이나 과일을 발효시켜서 얻은 술이다. 탄수화물을 에탄올로 바꾸는 효소가 들어있어서 발효를 일으키는 효모(酵母, yeast)는 알코올 농도가 16도(부피로 16%)를 넘으면 자랄 수 없기 때문에 발효주의 도수는 아주 높지 않다. 지금까지 발견된 효모 사용은 7000년 전 구소련의 그루지아 지방에서 와인 독이 발견된 것이 가장 오래된 것이다. 고대 이집트에서도 맥주를 만들었고, 고대 바빌로니아 지방에서도 발효 기술이 사용된 기록이 있다.

맥주 4~5도

막걸리 6~7도

포도주 11~12도

소주 ~20도

위스키 43도

도수가 높은 술을 찾는 사람들을 위해 개발된 것이 증류주이다. 에탄올과 물의 끓는점 차이를 이용하면 도수를 높일 수 있는 것이다. 증류주는 어떤 발효주를 증류했는가에 따라 맛과 향이 다르다.

과학적으로 효모에 대한 연구가 시작된 것은 발효의 역사에 비하면 얼마 안된다. 1857년 프랑스의 파스퇴르는 효모와 발효가 서로 관계가 있다는 것을 밝히고 발효를 효모의 '무기호흡(respiration without air)'이라고 불렀다. 발효는 공기가 없는 조건에서만 일어난다고 생각한 것이다. 하지만 실제로 효모에 의해 발효가 일어나는 것을 확실히 밝힌 것은 독일의 뷰흐너(10장)였다. 과거에는 발효와 같은 생화학적 반응은 생체에서만 일어나는 것으로 생각되었다. 그러나 뷰흐너는 효모의 추출액에 발효를 일으키는 효소가 들어있는 것을 보여 주었고, 덴마크의 칼스버그(Carlsberg) 맥주회사 연구소의 과학자들은 발효에 관련된 생화학 연구를 크게 발전시켰다.

효모는 글루코스(glucose)를 이용하여 아래의 반응식과 같이 에탄올 두 분자와 이산화탄소 두 분자를 만든다.

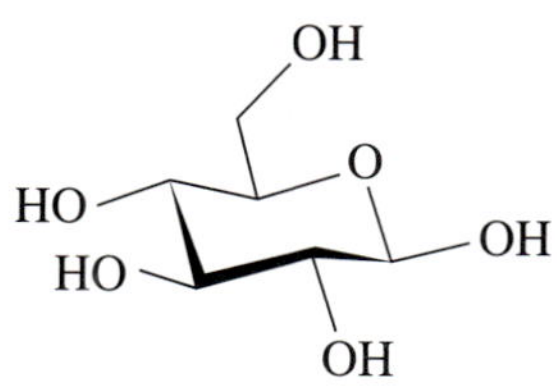

글루코스

$$\xrightarrow{\text{효모}} 2\,CH_3CH_2OH + 2\,CO_2$$

에탄올

에탄올은 효모에 들어있는 여러 가지 효소가 글루코스를 여러 단계에 걸쳐 변화시켜서 얻어진 결과이다. 이러한 생화학적 반응도 다른 모든 반응과 마찬가지로 질량 보존의 법칙, 질량 작용의 법칙, 반응속도와 온도의 관계 등에 따라 일어나는 화학 반응이다.

예제 12.1

술의 종류는 나라와 문화에 따라 매우 다양하다. 원료에 의해 생기는 종류는 동물질의 술과 식물질의 술로 대별되는데, 전자는 소·말·양 등 가축의 젖을 발효시켜 만들어지는 유주(乳酒) 종류이다. 식물질의 술은 당질물(糖質物)을 원료로 하는 것과, 전분질물(澱粉質物)을 원료로 하는 술로 크게 나눌 수 있다. 그밖에 북유럽 일부 지역에서 음용(飮用)으로 제공되고 있는 펄프의 폐액(廢液)으로부터 채취한 알코올을 원료로 하는 술이 있는데, 이런 종류는 섬유소질(纖維素質)을 원료로 하는 술이다. 위의 다양한 재료들이 알코올로 변환되는데 공통적으로 거치는 물질은?

풀이 글루코스

출발 물질이 다르더라도 효모에 의해 발효되어 알코올이 되려면 필연적으로 글루코스를 거쳐야 한다. 과실, 초목의 즙액(汁液), 봉밀(蜂蜜)과 같은 당분을 포함한 재료는 효모를 통해 바로 발효 과정을 거치게 된다. 젖에 들어있는 락토스(lactose)는 글루코스와 갈락토스(galactose)로 이루어진 이당류(disaccharide)이다. 락토스가 가수분해되면 글루코스가 얻어진다. 전분도 엿기름(麥芽)이나 누룩의 효소를 이용하는 먼저 글루코스로 당화(糖化)되는 과정을 거치고 나서 발효된다.

은하수를 영어로는 Milky Way라 하고, 일반적으로 은하는 galaxy라고 하는데 젖에 갈락토스와 어원이 같은 것을 볼 수 있다.

치즈, 요구르트, 식초 등 천연 발효 식품 역시 효소의 화학 반응을 이용한 결과물이다. 오늘날 발효과학은 이러한 식품 산업 뿐만 아니라 에너지 산업으로까지 그 영역을 확장하고 있다. 셀룰로스를 많이 포함해서 식용으로 쓸 수 없는 식물성 물질로부터 알코올을 만들어 휘발유에 첨가하면 화석연료를 어느 정도 절약할 수 있을 것이다.

12-1-2 향신료, 인공 감미료, 조미료

가. 향신료

우리 음식에서 빼놓을 수 없는 재료 중에 고추가 있다. 아메리카 대륙을 발견한 콜럼버스는 두 번째 항해 때 서인도 제도의 아이티에서 매운 맛이 나는 새로운 향신료(香辛料, spice, herb), 고추를 발견했다. 고추는 포르투갈 인을 따라 동쪽으로 전파되어 아프리카를 빙 둘러 인도 너머까지 건너갔다. 고추는 50년 만에 전 세계로 퍼져 지역 요리, 특히 아프리카, 동아시아, 남아시아 요리와 빠르게 결합했다. 김치, 고추장 없이는 못 사는 한국인은 콜럼버스에게 크게 신세를 진 셈이다. 고추의 매운 맛은 **캡사이신**

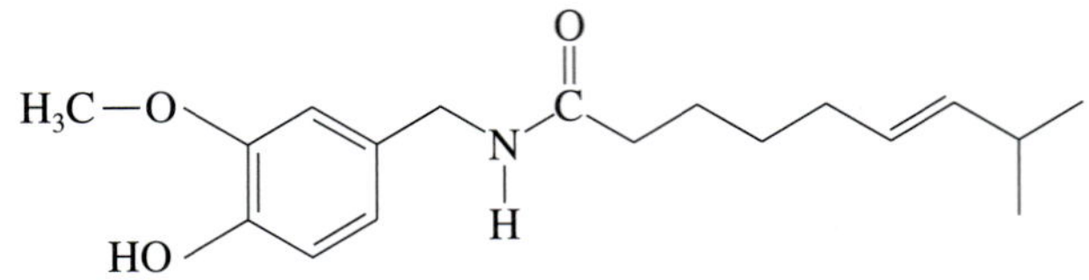

캡사이신

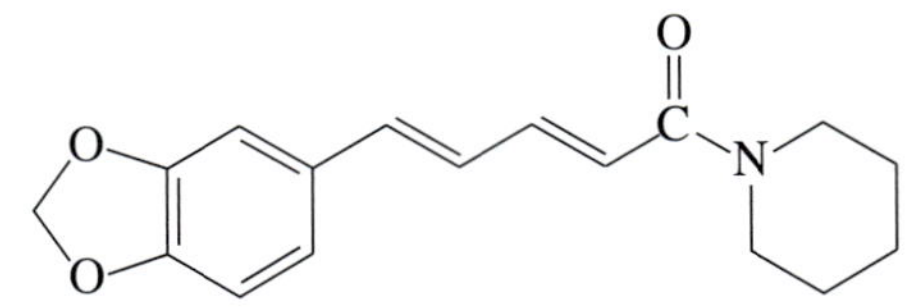

피페린

그림 12.1 고추에 들어 있는 캡사이신과 후추에 들어 있는 피페린의 구조.

(capsaicin) 때문이다.

한편 서양에서는 후추가 중요한 향신료였다. 1세기에 아시아 및 아프리카 동부 해안에서 지중해로 수입되는 물품의 반 이상은 향신료였고, 그 중 대부분은 인도에서 들여온 후추였다. 향신료는 두 가지 이유로 요리에 사용되었다. 첫째가 음식의 부패를 막는 것이고 둘째는 향미를 더 좋게 하는 것이었다. 특히 지방 성분이 산화되어 냄새가 나는, 소위 산패(酸敗, lipid oxidation)된 육류를 조리할 때는 향신료가 반드시 필요했다. 15세기의 향료 무역은 베네치아 상인들이 독점하고 있었기 때문에 다른 나라들은 아프리카를 빙 둘러 인도에 갈 수 있는 새로운 길을 찾게 되었고 이것이 대 항해 시대의 시작이었다. 후추는 베네치아를 거대한 도시로 만들었고 대 항해 시대를 주도했으며, 콜럼버스가 신세계를 찾아 나서도록 했다. 이처럼 세계 역사의 방향을 바꾼 후추의 활성 성분은 **피페린 (piperine)** 이다.

피페린과 캡사이신의 구조에는 상당한 유사성이 있는데 그림에서 볼 수 있듯이 둘 다 극성 부분보다 비극성 부분이 많아서 물보다는 기름에 잘 녹는다. 너무 매운 음식을 먹었을 때는 물보다는 우유를 마시는 편이 유리한 것은 그 때문이다.

나. 인공 감미료

ㄱ. 사카린

당류(糖類, sugar)를 뜻하는 말에서 나온 사카린은 인류 최초의 인공 감미료이다. 1879년에 미국 존스홉킨스(Johns Hopkins) 대학의 렘슨(Ira Remsen)과 팔버그(Constantin Fahlberg)가 톨루엔 설폰아마이드(toluene sulfonamide)에 대한 질산 산화 반응을 연구하던 중 우연히 손을 씻지 않고 먹은 빵이 매우 달다는 사실을 발견하였다. 실제로 사카린은 설탕에 비해 300배 정도 더 단맛을 내는 것으로 알려져 있다. 또한 이 연구는 대학에서의 화학 연구가 특허를 통해 상업화된 첫 케이스라는 기록을 세우기도 하였다. 사카린은 미국의 몬산토(Monsanto)라는 회사를 통해 판매되기 시작하였다.

Saccharin이 주성분인 Sweet'N Low

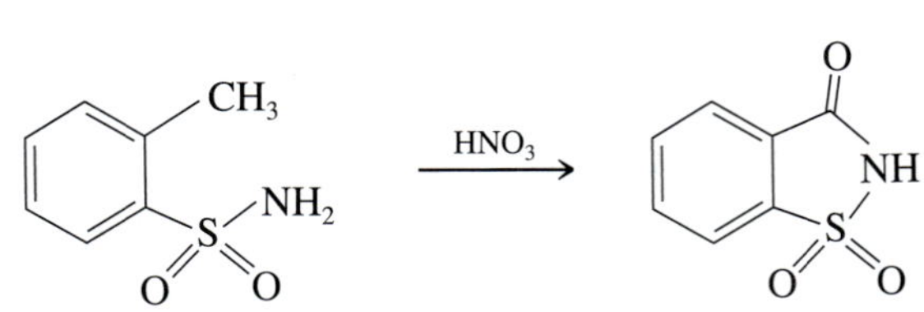

톨루엔 설폰아마이드 사카린

사카린은 일반적인 당류와 달리 소화가 되지 않아 혈당에 영향을 미치지 않는다. 그래서 사카린은 당뇨 환자와 비만 환자에게 인기가 높았다. 하지만 1977년 캐나다에서 사카린이 쥐의 방광암(膀胱癌)을 유발한다는 연구 결과가 발표되자 인간에게도 암을 일으킬 수 있다는 가능성이 제기되기 시작했다. 당뇨 및 다이어트에 대한 이점과 발암의 위험 사이의 논쟁이 계속되다가 결국 2000년 미국 식품의약청(食品醫藥廳, FDA)에서 유해의 증거가 없다고 공표하였다. 하지만 발암에 대한 인식 때문에 '無사카린'이라는 문구가 아직도 포장에 사용되고 있다.

ㄴ. 아스파탐

1965년에 합성된 아스파탐(aspartame)은 우리나라에서도 최근까지 다이어트 상품의 첨가물로 인기가 있었다. 아스파탐은 아스파트산(aspartic acid), 페닐알라닌(phenylalanine), 메탄올로 이루어진 다이펩타이드(dipeptide) 화합물이다. 설탕보다 180배 정도 더 단맛을 내고, 4 kcal/g의 열량을 낸다.

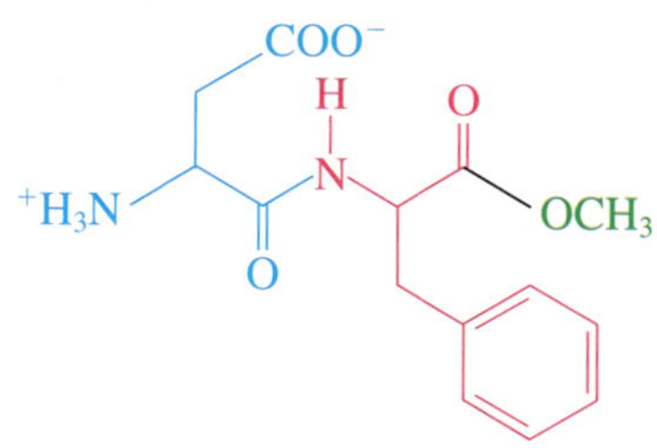

아스파탐

예제 12.2

어떤 소다 음료 한 캔에는 약 200 mg의 아스파탐이 들어있다고 한다. 아스파탐의 1일 허용량은 몸무게 1 kg 당 50 mg 정도로 알려져 있다. 체중이 60 kg인 사람이 하루에 이 음료 몇 캔을 마시면 허용량을 초과하게 될까?

풀이 $\frac{50 \text{ mg/kg} \times 60 \text{ kg}}{200 \text{ mg/캔}} = 15 \text{ 캔}$

ㄷ. 자일리톨

현재 시판되고 있는 껌의 감미료 성분으로 흔히 사용되는 자일리톨(xylitol)은 5탄당 알코올의 하나로 천연 소재로부터 얻어진 감미료이다. 인체 내 글루코스 대사 중간물질(代謝 中間物質, metabolite)로 생성되며 자작나무, 떡갈나무, 옥수수, 벚나무, 채소, 과일 등 식물에 함유된 물질로서 흰색의 결정성 분말로 냄새는 없다. 흔히들 자일리톨이 아스파탐과 같이 무칼로리 감미료인 것으로 생각하고 있으나 자일리톨은 설탕의 70% 정도의 칼로리를 함유하고 있다. 자일리톨이 설탕보다 더 천천히 흡수되며, 설탕보다는 불충분한 인슐린 반응으로 인해 야기되는 고혈당 상태를 적게 유발하기 때문에 당뇨병(糖尿病) 환자와 고혈당(高血糖, hyperglycemia) 환자에게 설탕보다 나은 감미료로 권장되고 있다.

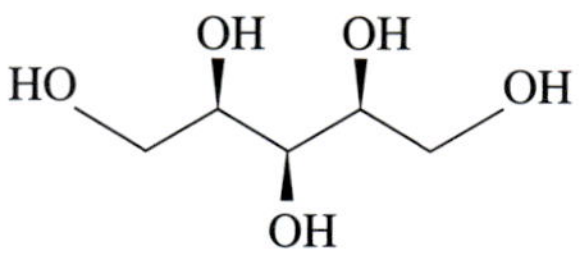

자일리톨

1975년 핀란드에서 자일리톨이 껌에 사용되기 시작했다. 1970년대 연구에 의하면 일반 설탕이 함유된 껌보다 자일리톨이 함유된 껌을 씹는 그룹이 약 세 배 정도 낮은 충치(蟲齒)를 보였다. 이같이 자일리톨이 충치를 예방하는 이유는 자일리톨이 설탕과 유사하지만 박테리아가 영양분으로 사용할 수 없는 구조를 가졌기 때문이다. 따라서 자일리톨은 박테리아에 의해 손상된 치아가 더 효과적으로 복구될 수 있도록 해 준다.

핀란드의 과학자들에 의하면 이러한 충치 예방 효과 뿐 아니라 자일리톨이 뼈의 밀도를 높이는데 도움이 되므로 골다공증의 예방에도 효과가 있으며, 중이염이나 호흡기 감염을 막는데도 효과가 있다는 것이 알려져 있다. 자일리톨은 사람이 과량으로 섭취할 경우에도 별 독성이 없다고 알려져 있으나, 동물 실험에서는 자일리톨을 과량 섭취한 개가 저혈당 증세를 보인다고 보고되었고, 0.5~1 g/kg을 섭취하면 치명적 간 독성(肝毒性, liver toxicity)을 일으킬 수도 있다.

예제 12.3

빵의 칼로리를 줄이기 위해 설탕 대신 자일리톨을 사용하여 빵을 만들려고 한다면 어떤 문제가 생길 수 있겠는가?

풀이 빵을 만드는데 사용되는 효모는 글루코스 등의 당분을 분해하여 이산화탄소를 배출하는데, 이 이산화탄소가 빵을 부풀게 하는 효과를 나타낸다. 자일리톨은 박테리아가 영양분으로 사용할 수 없는 구조를 가지므로 박테리아와 유사한 당 분해 효소를 가지는 효모도 자일리톨을 분해해서 이산화탄소를 배출할 수 없다. 따라서 자일리톨을 사용해서는 제대로 빵을 만들 수 없다.

ㄹ. 슈크랄로스

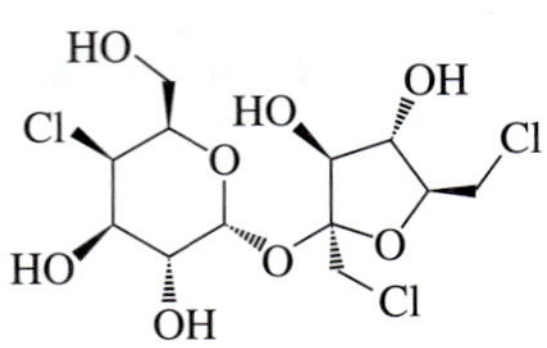

슈크랄로스

최근에는 아스파탐이 분해될 때 생성되는 메탄올, 페닐알라닌, 및 아스파트산에 의해 유발될지 모르는 독성으로 인해 새로운 인공감미료를 찾기 시작하였다. 이에 부응하여 새롭게 소개된 인공감미료가 슈크랄로스(sucralose)이며 이는 스플렌다(Splenda™) 또는 슈크라플러스(SucraPlus™)라는 상품명으로 일반에게 알려져 있다. 시판되는 사카린이 분홍색 포장, 아스파탐이 푸른색 포장을 사용하는 것이 반해 슈크랄로스는 노란색 포장을 사용하여 다른 인공감미료들과 구별하고 있다.

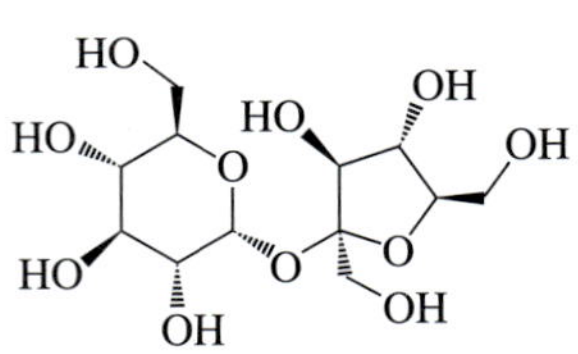

슈크로스(설탕)

슈크랄로스는 설탕보다 약 600배, 사카린보다는 약 두 배, 아스파탐보다는 약 네 배 더 단 맛을 내며, 아스파탐과는 달리 열이나 다양한 pH 조건에서 안정하므로 장기간 보관을 요하거나 열을 가하는 음식의 조리에 보다 적합한 것으로 알려져 있다. 또한 충치도 유발하지 않는다.

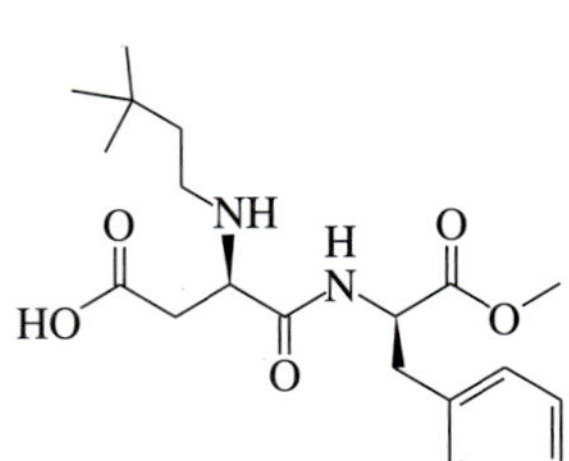

네오탐

아스파탐의 구조에서 유래된 네오탐(neotame)은 설탕보다 무려 8,000배에서 13,000배나 더 단 것으로 알려진 새로운 인공감미료이다. 아스파탐의 아스파트산 대신에 아미노기에 3,3-다이메틸뷰틸기가 치환되어 있는 구조로서 아스파탐과 달리 열에 대해 안정하고 아스파탐처럼 단백질 분해효소에 의해 페닐알라닌과 아스파트산으로 분해되지 않으므로 훨씬 안전한 인공감미료로 알려져 있다. 체내에서 분해되어 미량의 메탄올과 카복실산을 만들어 낸다. 아주 미량만 있어도 단 맛을 내므로 네오탐으로부터 생성되는 메탄올의 양은 극미량이며 일반 과일주스나 채소 주스로부터 섭취하는 메탄올의 양보다 훨씬 적다. 2002년 미국 식품의약품 안전청으로부터 허가를 받았으나 아직 광범위하게 사용되지는 않는다.

다. 조미료

MSG는 글루탐산소듐(monosodium glutamate)의 약자이다. 주성분인 글루탐산은 인체에 필요한 아미노산의 하나이다. MSG는 1907년 일본 동경대의 이케다(Kikunae Ikeda)가 다시마에서 발견했다.

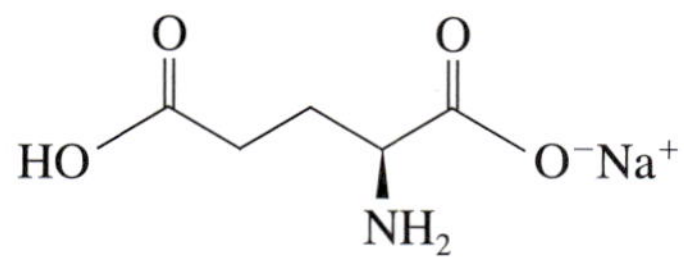

MSG

아스파탐과 마찬가지로 MSG도 당뇨나 비만 억제라는 이점을 갖고 있다. 하지만 요즘 이들도 사카린과 같이 위험성이 제기되어 논란에 휩싸여 있다. 아스파탐과 MSG에 사용되는 아미노산이 문제가 되는데, 사카린과 같이 발암의 위험성이 아니라 신경계 교란이라는 문제가 된다. MSG의 글루탐산과 아스파탐의 아스파트산은 대표적 흥분독소(興奮毒素, excitotoxins)라고 알려져 있다. 글루탐산과 아스파트산은 뇌의 신경세포(神經細胞, 뉴런, neuron) 사이의 신경전달 물질로 사용될 수 있고, 이러한 물질의 농도가 증가하게 되면 뇌의 뉴런에 자극이 증가된다. 뇌의 뉴런은 자극이 강해질수록 퇴화가 진행되어 신경계에 파괴를 일으키게 된다. 특히 MSG는 일반적인 글루탐산에 비해 흡수가 빨라 더욱 문제가 커진다. 1960년 대 미국에서는 중국 음식점에서 식사를 한 후 졸리거나 몸이 따끔거리고 두통이 오는 등 소위 Chinese restaurant syndrome이 크게 부각된 적이 있었다. 이러한 논란 때문에 오늘날은 MSG의 사용이 많이 줄어들었다. 이처럼 천연물이라고 해서 항상 몸에 유익한 것은 아니다. 비타민은 우리 몸에 필요하지만 지용성 비타민의 경우 지나치게 많이 섭취하게 되면 분해 과정에서 다양한 독성 반응을 나타내기도 한다.

12-1-3 천연 섬유

르네상스 시대 이태리 화가 마사치오(Masaccio)의 유명한 그림인 "아담과 이브의 낙원 추방"에는 아담과 이브가 벌거벗은 채로 에덴동산에서 추방 당하는 것으로 묘사되어있다. 아무튼 초기 인류는 동물의 가죽을 걸쳤을 테고 나중에는 면화(棉花, cotton)로부터 무명을, 누에로부터 명주(明紬, silk)를 얻어서 옷을 지어 입었다. 그런데 누에도 뽕잎을 먹고 자라서 고치를 만드는 것을 생각하면 인간은 오랫 동안 식량 뿐 아니라 각종 옷감도 식물의 광합성으로부터 얻어온 셈이다.

면화

누에 고치

요즘 옷을 만드는데 사용되는 섬유는 원사(原絲)의 제법에 따라 천연 섬유와 합성 섬유로 나눌 수 있다. 천연 섬유는 무명과 명주 등과 같이 자연에서 생산되는 재료로부터 얻은 섬유를 말한다. 반면에 합성 섬유는 작은 분자인 각종 단량체(單量體, monomer)로부터 합성된 중합체(重合體, polymer)로 만들어진 인공 섬유이다. 이러한 섬유를 실로 만들어 원사를 얻고, 원사를 방직하여 천을 제조하고, 천을 재단하여 옷을 만들게 된다.

가. 무명

명주보다 값싸게 얻을 수 있기 때문에 수천 년 동안 인류가 많이 사용한 무명은 순수한 셀룰로스이다. 나뭇잎, 풀잎에 많이 들어있는 셀룰로스는 D-글루코스가 $\beta(1 \rightarrow 4)$-글리코사이드 결합으로 중합된 중합체이다. 한편 녹말과 간에서 글루코스를 저장하는 형태인 글리코젠(glycogen)은 $\alpha(1 \rightarrow 4)$-결합을 이루고 있다. 이러한 구조적 차이 때문에 소는 풀을 뜯어먹고 살지만 소화 효소가 다른 사람은 풀을 먹고 살 수는 없는 것이다.

그림 12.2에서 볼 수 있듯이 무명에서는 글루코스의 중합체들이 수소 결합을 이루

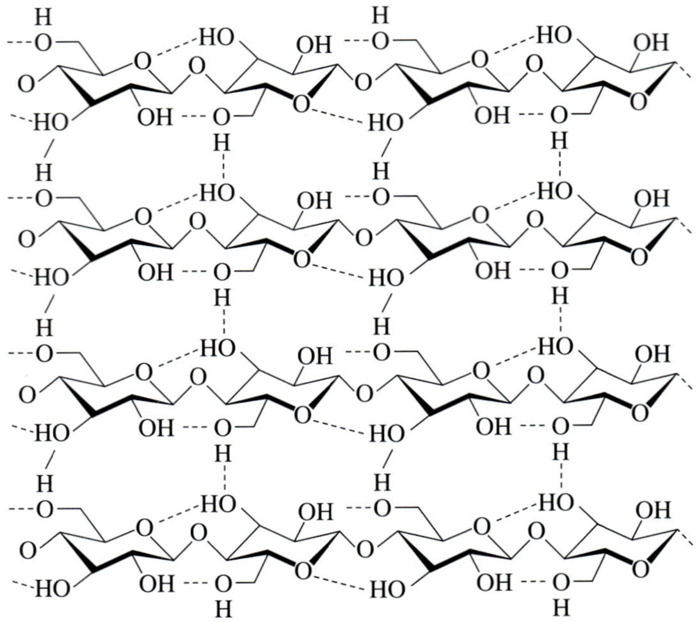

그림 12.2 무명의 구조. 글루코스 사슬 사이에 수소 결합이 이루어져 질긴 섬유가 만들어진다.

어 서로를 강하게 붙잡고 있다. 7장에서 보았듯이 하나하나의 수소 결합은 공유 결합에 비해 약하지만 수소 결합의 수가 아주 많으면 DNA의 이중 나선도 그렇듯이 상당히 견고한 구조가 만들어진다. 그래서 무명은 상당히 질기다. 뿐만 아니라 셀룰로스는 −OH기가 많아서 물과 상호작용이 크고, 그래서 무명은 자체 무게의 25배에 달하는 양의 물을 흡수하고, 무명 옷은 땀을 잘 흡수하기 때문에 여름에 시원한 느낌을 주는 것이다. 무명 옷은 잘 구겨지기도 하지만 펼친 후에 물을 뿌리고 다리면 펼친 상태에서 새로운 수소 결합이 만들어지기 때문에 잘 다려진다.

나. 실크

명품 천연 섬유는 단연 비단(緋緞)으로 알려진 실크이다. 실크는 뽕잎을 먹고 자란 누에(silkworm)가 입으로 뽑아낸 가는 섬유로 만든 고치를 삶아서 실로 뽑아내어 얻는다. 누에가 실을 뽑아내는 것은 생각해보면 참으로 신기한 일이다. 누에가 만드는 실은 사람의 머리카락과 같은 단백질이고, 단백질은 11장에서 살펴본 대로 아미노산들이 특정한 서열에 따라 펩타이드 결합을 이룬 긴 사슬이다. 단백질의 합성은 누에의 세포핵에 들어있는 DNA 정보로부터 세포 내부의 리보솜에서 일어나는데 이렇게 만들어진 물에 녹는 단백질이 세포막을 통과하여 밖으로 나와서 누에의 실크 선(腺, silk gland)에 많이 모이면 주위로부터 회전하는 힘을 받아 물에 녹지 않는 질긴 섬유로 바뀐다고 대략적으로 알려졌다. 과거에는 실크가 방탄용으로 사용되기도 했다. 특히 어떤 종의 거미가 만드는 spider silk는 같은 굵기의 강철 선보다 강도가 높다고 한다.

실크는 단순한 아미노산의 펩타이드 결합 이상의 특별한 입체적 구조를 가지고 있다. 실크에는 작은 아미노산인 글리신과 알라닌이 유난히 많은데 합해서 전체 아미노산의 75~80%를 차지하고 세린도 10~15% 들어 있다. 펩타이드 결합으로 1차 구조를 이룬 아미노산 사슬은 먼저 2차 구조인 β-병풍 구조(β-pleated sheet)를 이룬다. 이러한 병풍 여러 개가 수소 결합에 의해 차곡차곡 쌓여 구조가 얽혀 단단한 3차원 구조를 이루고 이들이 여러 개 연결되어 실크의 섬유를 만든다.

병풍 구조 사이의 수소 결합이 적절한 위치에 존재하느냐에 따라 병풍 구조의 밀도

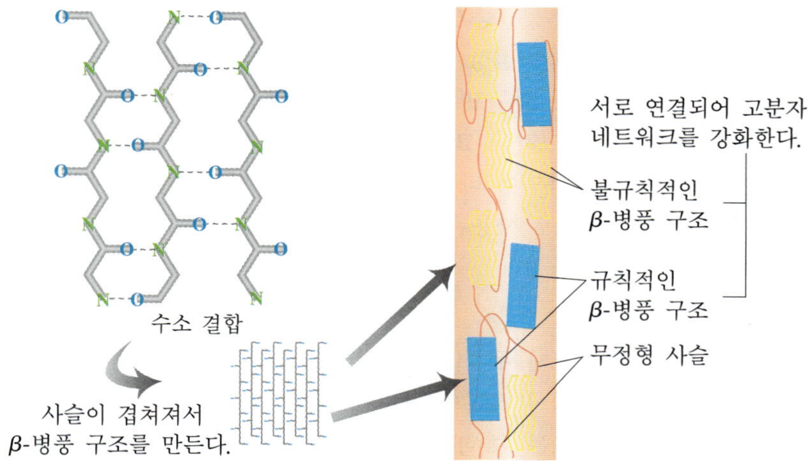

그림 12.3 실크의 구조. β-병풍 구조가 쌓여 강한 섬유가 된다.

가 달라진다. 실크 천으로 만든 옷을 뜨거운 물에서 세탁하면 옷이 줄어든다. 뜨거운 물에 옷이 들어가면 수소 결합을 통해 형성된 구조가 수소 결합이 끊어지면서 변형(變形, denaturation) 되었다가, 온도가 낮아지면서 다시 수소 결합이 생길 때 원형으로 되돌아가지 못해 생기는 현상이다. 반면에 무명 천은 물기를 먹은 상태에서 다림질을 하면 새로 셀룰로스 사이에 물을 매개로 수소 결합이 형성되어 옷이 잘 다려진다. 심지어는 '풀을 먹이는' 식으로 섬유 사이에 녹말을 넣어주고 다림질을 하기도 한다.

12-1-4 합성 고분자 – 인공 섬유, 플라스틱

플라스틱

고무

섬유

앞에서 본 대로 무명이나 실크 같은 천연 섬유는 모두 목화나 누에처럼 자연의 생명체가 만들어내는 천연 고분자이다. 1930년 대 이후 고분자에 대한 이해가 깊어지면서 다양한 인공 고분자가 합성되어 섬유, 고무, 플라스틱, 접착제 등 다양한 용도로 사용되고 있다. 2008년에 Chemical Heritage Foundation은 20세기에 인류에게 가장 큰 영향을 끼친 유기 화합물 10가지를 선정하였는데 나일론과 폴리에틸렌 두 가지 합성 고분자가 포함되었다. 이 절에서는 먼저 몇 가지 고분자 합성 방법과 의식주에서 합성 고분자의 용도에 대해 알아보자.

고분자 화학은 합성 고무를 개발하면서 시작되었다. 천연 고무를 대체하기 위해 1차 세계대전 이후 독일에서 개발한 폴리뷰타다이엔(polybutadiene) 인 뷰나(Buna) 고무가 최초의 합성 고분자이다. 실제 뷰나 고무의 경우 천연 고무에 비해 탄성 및 내구성이 좋지 않아 천연 고무를 대체하기 힘들었다. 이렇게 미미하게 시작한 고분자가 어떻게 석기 시대, 청동기 시대, 철기 시대에 이어 '고분자 시대' 라는 용어를 만들어낼 정도로 발전하게 되었는가에 대해 알아보자.

고분자의 영역은 방대하고 그 응용은 많은 분야에 걸쳐 있다. 하지만 고분자물질은 물리적인 특성에 따라 일반적으로 견고한 형체를 유지할 수 있는 플라스틱(plastic), 탄성을 갖고 신축성이 있는 고무(rubber, elastomer), 그리고 실과 같은 가는 모양을 유지하고 직물을 만들 수 있는 섬유(纖維, fiber)로 분류할 수 있다. 이러한 세 가지 고분자는 모두 단량체의 공유 결합을 통해 만들어진 분자량이 큰 중합체이다.

고분자물질을 분류하는 기준으로 많이 사용되는 것은 '**고무 탄성**(*rubber elasticity*)' 과 '**와이젠버그 효과**(*Weissenberg effect*)' 이다. 고무 탄성은 일정한 길이의 합성고무에서 온도와 힘의 함수관계를 말한다. 대부분의 물질에서는 높은 온도에서는 탄성이 낮아지지만 고무는 가열하면 탄성이 증가한다. 이러한 고무의 특성은 일정한 부피에서 온도가 증가하면 압력도 증가하는 기체의 성질과 흡사하다.

와이젠버그 효과는 고분자의 점성에서 생기는 현상이다. 일반적으로 용기에 물을 담고 회전하는 막대를 가운데 세우고 회전을 시작하면 막대 주위의 수면이 낮아지고 바깥 쪽의 수면은 높아진다. 그러나 고무와 같은 고분자가 녹아 있는 용액의 경우에는 물과는 반대로 막대를 타고 용액이 따라 올라가게 된다. 이러한 와이젠버그 효과는 고분자의 특성을 측정하는 척도로 사용된다.

가. 고분자 중합

고분자를 합성하는 방법은 크게 두 가지로 나눌 수 있다. 하나는 대부분의 유기 합성법에서와 같이 어떤 화합물에서 하나의 원자나 작용기가 분리되고 그 자리에 단량체가 결합하면서 중합체를 만드는 '**축합 중합(縮合重合, condensation polymerization)**'이고, 다른 하나는 이중 결합을 가진 화합물에서 출발하여 라디칼 반응을 통해 단량체를 결합시켜 단일 결합으로 바꾸는 '**부가 중합(附加重合, addition polymerization)**'이다.

ㄱ. 축합 중합

캐로더스(Wallace Carothers, 1896-1937) 일리노이대학에서 박사 학위를 받고 하버드대학 강사로 고분자 연구를 시작했다. 1927년에 듀퐁에서 설립한 기초 연구소에 초빙되었고, 1935년에 나일론 합성에 성공했다.

아래 그림은 탄소가 여섯 개인 아디프산(adipic acid)과 역시 탄소가 여섯 개인 헥사메틸렌다이아민(hexamethylenediamine)이 중합되어 나일론-6,6(nylon-6,6)이 합성되는 것을 보여준다. 이 반응은 하나의 아미노산의 카복실기와 다른 아미노산의 아민기에서 물이 빠지면서 축합되어 펩타이드 결합을 만들고 이 과정이 반복되면 고분자 단백질이 만들어지는 것과 유사하다. 이러한 축합 중합은 하나의 사슬이 계속해서 성장하는 방식으로 일어나기 때문에 '**단계성장 중합(段階成長重合, step-growth polymerization)**'이라고 부르기도 한다.

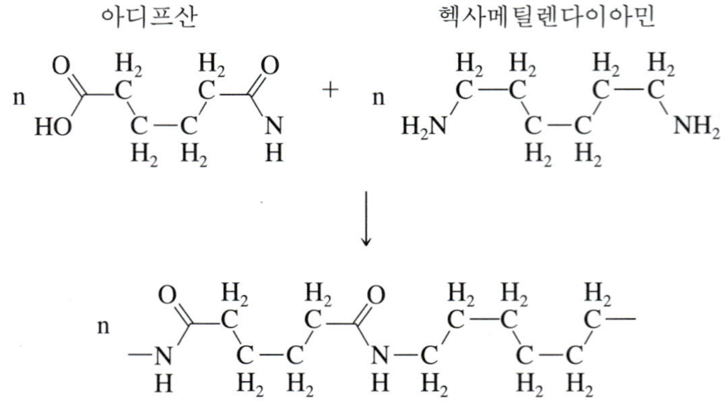

나일론 6,6

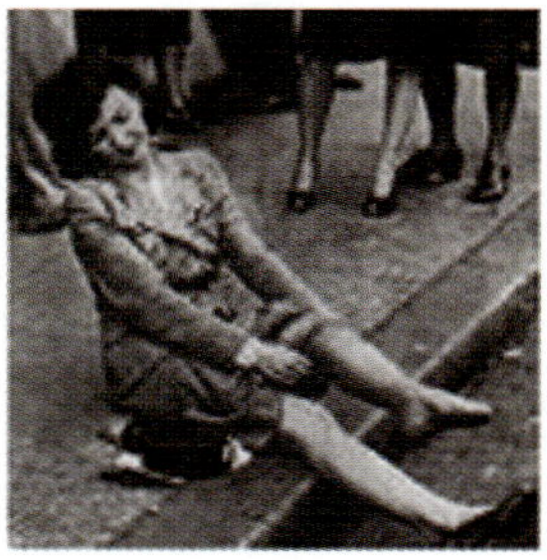

처음 나온 나일론 스타킹을 신어보는 여인

축합 중합으로 만들어진 고분자에는 생성된 결합의 형태에 따라 폴리아마이드(polyamide), 폴리에스터(polyester), 폴리카보네이트(polycarbonate) 등이 있다. 나일론 6,6는 폴리아마이드에 속한다. 실크를 대체하기 위해 개발된 나일론은 듀퐁(DuPont) 연구소에서 캐로더스에 의해 처음 합성되었다. 합성된 나일론에서 최초로 상품이 나온 것은 1938년 시판된 칫솔이었지만 나일론을 유명하게 만든 것은 1940년에 시판된 스타킹이었다.

위에서 본대로 최초로 만들어진 나일론인 나일론6,6은 두 가지 단량체로부터 만들어지지만 아디프산과 헥사메틸렌다이아민이 중합하게 되면 같은 단위가 반복되는 구조를 가진다. 따라서 나일론은 여러 가지 아미노산 사이의 펩타이드 결합으로 이루어진 실크보다 규칙적인 구조를 가지게 되고 강한 섬유를 만들 수 있다. 그래서 나일론

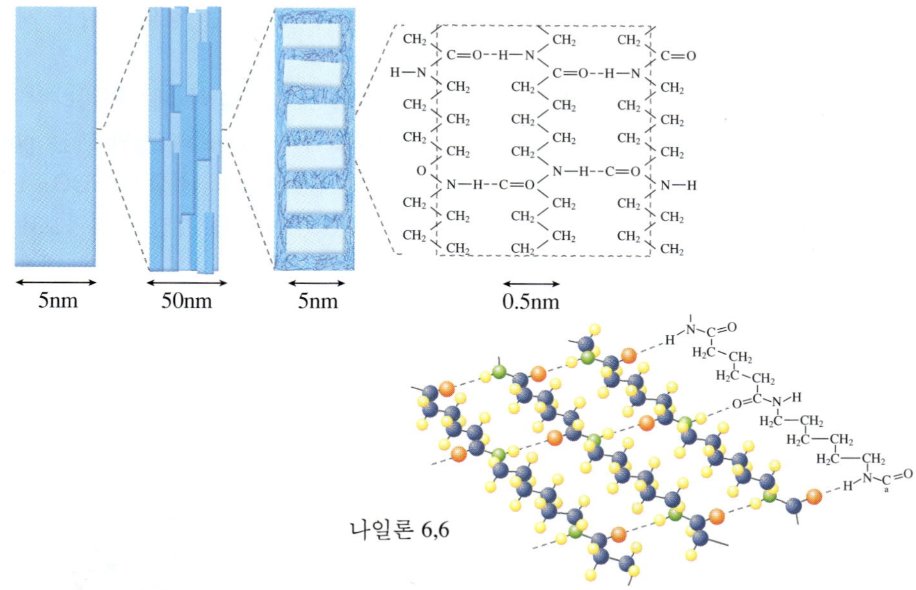

그림 12.4 나일론6,6의 구조. 균일한 병풍 구조의 배열로 강한 섬유가 얻어진다.

은 스타킹 뿐 아니라 카펫이나 낙하산 줄처럼 내성이 필요한 섬유를 만드는데 사용된다.

나일론의 3차원 구조를 살펴보면 기본적으로는 실크와 같다는 것을 알 수 있다. 아디프산과 헥사메틸렌다이아민이 결합된 이합체의 N−H와 O가 마주보는 부분에서 수소 결합이 생겨 β-병풍 구조가 만들어지고 각각의 병풍 구조가 단량체들에 의해 연결되면서 실의 모양을 만든다. 다만 실크와 다르게 균일한 이합체가 생성되어 병풍 구조의 조밀도는 동일하다. 실제 현미경을 이용하여 실을 관찰하면 1 μm 배율까지는 거의 매끈한 표면을 보여준다. 10 nm 배율에서는 중합체에 의해 형성된 막대들의 조합이 확인되고, 1 nm 배율에서는 병풍 구조의 균일한 배열이 보인다.

예제 12.4

카프로락탐(caprolactam)으로부터 나일론-6를 합성하는 다음 반응은 축합 중합과 어떻게 다른가?

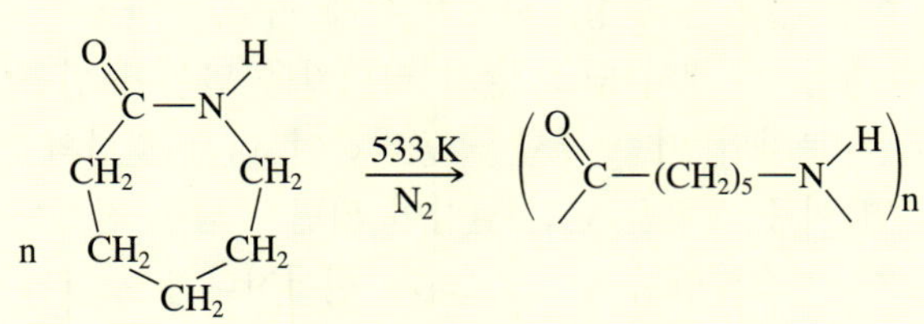

풀이 나일론-6,6와 달리 나일론-6의 합성에는 물이 빠지는 축합이 일어나지 않고, 카플로락탐 고리에서 펩타이드 결합이 열리면서 양쪽으로 생긴 반응성이 높은 원자단이 다른 분자들 사이에서 재결합하면서 중합이 일어난다. 이를 개환 중합(ring-opening polymerization)이라고 한다.

방탄조끼를 만드는 것으로 유명한 케블라(Kevlar)도 폴리아마이드에 속한다. 이것은 방향족(aromatic) 폴리아마이드의 형태라서 '아라미드(aramide)'로 부르기도 한다. 아라미드 섬유는 방탄복 뿐 아니라 불에 잘 타지 않으므로 소방관들의 화재진압복 재료로도 활용된다. 또한 최근에는 방탄조끼에 사용되는 수퍼섬유인 벡트란(Vectran)과 양모를 섞어서 날카로운 칼에 찔리지도 않고 불에 잘 타지도 않는 양모 옷감도 개발되고 있다.

우리가 매일 같이 접하는 고분자로 폴리에스터 섬유, 그리고 흔히 페트병이라 부르는 음료수 병을 만드는데 사용되는 폴리에스터(polyester)가 있다. 페트(PET)는 poly(ethylene terephthalate)의 약어이다. 폴리에스터는 단량체가 에스터 결합(−COO−)을 형성하면서 중합한 고분자이다. 카보네이트 결합(−O(CO)O−)을 가진 폴리카보네이트(polycarbonate)는 폴리에스터에 비해 단단하고 경도가 높아 마모가 적어서 대용량의 생수병이나 CD나 DVD를 만들 때나 스포츠용 보안경 등에 표면처리를 해서 원재료를 보호하기 위해 사용된다.

폴리아마이드(polyamide)

나일론 6,6 나일론 6
케블라(Kevlar) : 아라미드(aramide)
−방향족(aromatic) 폴리아마이드

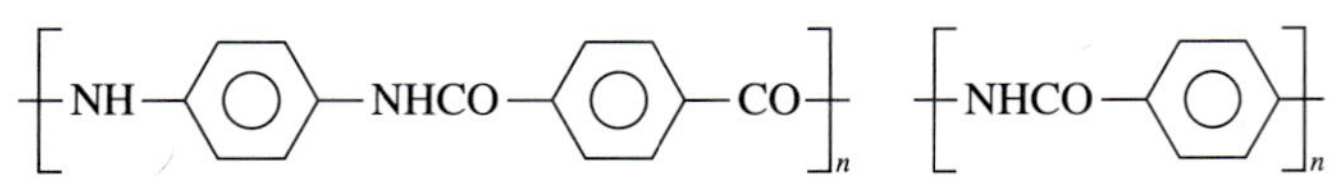

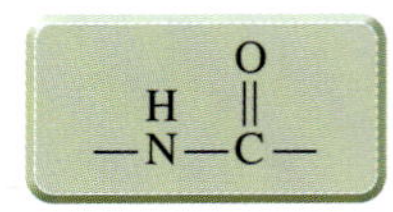

폴리에스터(polyester)

PET : poly(ethylene terephthalate)

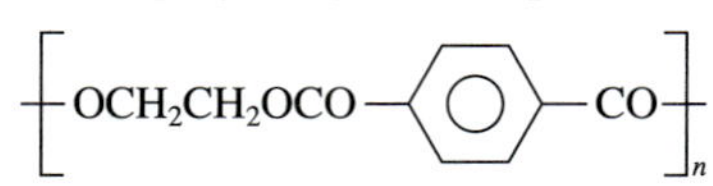

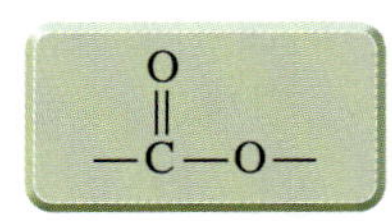

폴리카보네이트(polycarbonate)

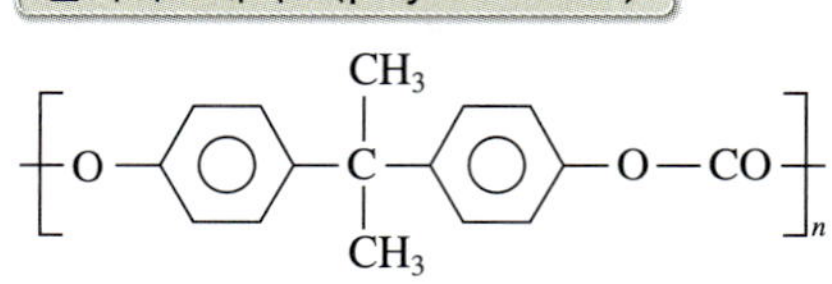

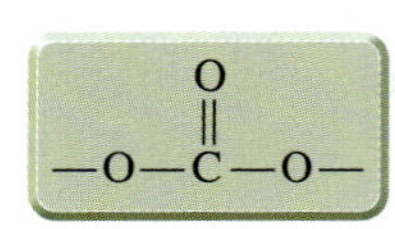

ㄴ. 부가 중합

부가 중합에서는 이중 결합을 활성화시키기 위해 라디칼 반응을 이용한다. 예를 들어 염소 분자가 분해해서 두 개의 염소 원자 라디칼을 만들어 반응이 개시되면 염소 라디칼이 에틸렌 같은 분자의 이중 결합을 공격하여 이중 결합의 전자 하나와 공유 결합을 만든다. 그러면 이중 결합은 단일 결합이 되면서 남은 전자는 새로운 라디칼을 만든다. 이러한 반응이 계속되면서 탄소 고리가 길어지다가 두 라디칼의 홀전자끼리 결합하면 중합이 종결된다. 중합 반응의 과정에서 이중 결합의 양쪽 원자 중 어느 쪽이 라디칼이 되고 단량체와 결합하는가에 따라 다양한 방법으로 사슬이 성장한다. 이렇게 여러 위치에 라디칼이 생길 수 있는 '**사슬성장 중합**(*chain-growth polymerization*)'에서는 '사슬 이동(chain transfer)'이 일어나 가지가 생기기도 한다.

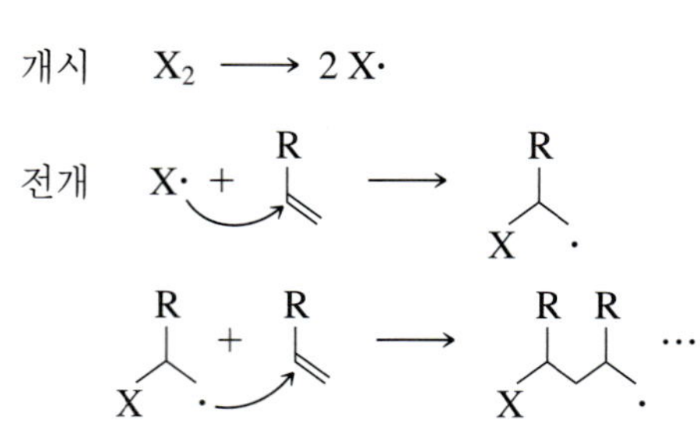

종결 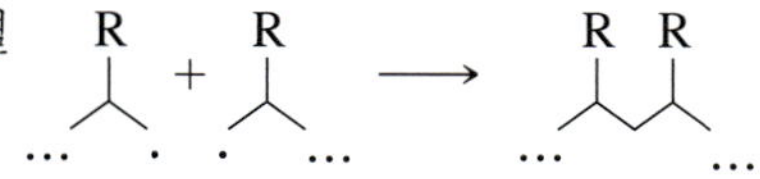

부가 중합에는 주로 에틸렌(ethylene), 스타이렌(styrene), 염화비닐(vinyl chloride), 프로필렌(propylene) 등 비닐 단량체가 사용된다. 식수통으로 이용되는 폴리에틸렌(PE), 반찬통으로 이용되는 폴리프로필렌(PP), 하수도관으로 사용되는 폴리비닐클로라이드(PVC), 일회용 용기로 쓰이는 폴리스타이렌(PS) 등이 이 부류에 속한다.

특히 폴리에틸렌은 연간 6천만 톤이나 생산될 정도로 많이 사용되고 산업적으로 중요한 중합체이다. 폴리에틸렌은 1898년에 diazomethane을 가열하다가 우연히 합성되었는데, 밀도에 따라 랩에 사용되는 것처럼 잘 잘라지는 것도 있고 쇼핑백에 사용되는 것처럼 아주 질긴 것도 있다.

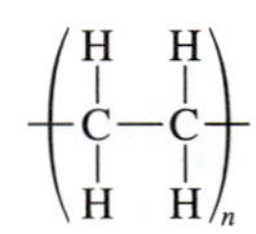

폴리에틸렌은 구조적으로도 흥미로운 화합물이다. 다음 폴리에틸렌의 일반식에서 $n=1$이면 메테인, 2이면 에테인, 8이면 옥테인인 것으로 보아 폴리에틸렌은 포화 탄화수소인 알케인 계열에서 탄소수가 거의 무한대로 많은 경우라고 볼 수 있다. 그런데 위의 부가 중합 메커니즘에서 보았듯이 탄소 고리가 직선형 사슬(linear chain)로만 자라는 것은 아니고 가지 사슬(branched chain)이 되기도 하고, 또 여러 이성질체가 얻어지기도 한다. 뿐만 아니라 어느 정도 사슬이 자란 후에 성장이 종결되는가에 따라 다양한 분자량의 폴리에틸렌 혼합물이 얻어진다. 그렇기 때문에 원하는 플라스틱의 성질을 가진 폴리머를 만들기 위해서는 중합 반응을 잘 조절할 필요가 있다.

1953년에 독일의 지글러는 타이타늄(titanium, Ti) 계열 촉매를 개발하여 선형 폴리에틸렌을 합성하는데 성공을 거두었고, 이탈리아의 나타는 비슷한 촉매를 사용하여 폴리프로필렌처럼 알킬기를 가진 올레핀의 중합체를 얻었다. 일반적으로 **지글러-나타 촉매(Ziegler-Natta catalyst)**라고 부르는 올레핀 중합 촉매는 $TiCl_3$ 같은 타이타늄 화합물과 $[AlCl(C_2H_5)_2]_2$ 같이 알루미늄을 포함하는 화합물을 섞어 만든다.

지글러(Karl Zielgler, 1898-1973). 지글러-나타 촉매 개발로 1963년 노벨 화학상을 공동 수상했다.

나타(Guilio Natta, 1903-1979).

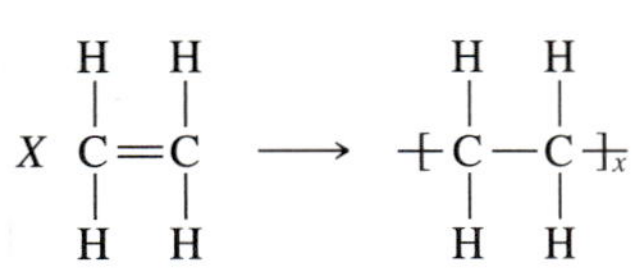

단량체	$-X$	
에틸렌	$-H$	PE
스타이렌	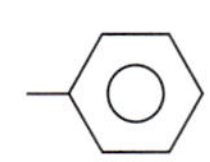	PS
염화비닐	$-Cl$	PVC
프로필렌	$-CH_3$	PP

그림 12.5 부가 중합에 사용되는 비닐 단량체와 그 제품들.

보존재로 처리된 건축용 목재의 사용 예

폴리우레탄 제품

이번에는 고분자 또는 그 외에도 건축에 관련된 화학에 대해 생각해 보자. 우리나라에서도 옛날에 널리 쓰였던 나무나 볏잎은 천연 고분자 섬유인 셀룰로스이다. 목재에서는 생산보다 보존에 화학이 많이 관여한다. 가정용 주택에 목재를 많이 활용하는 미국에서는 곰팡이나 흰개미 (termite) 와 같은 외부 공격에 대비해서 CCA (chromated copper arsenate), ACQ (amine copper quat), CA (copper azole) 과 같은 무기 화합물을 보존제로 사용한다.

스티로폴이라 부르는 건물의 단열재는 폴리스타이렌 계열 고분자 물질이다. 폴리우레탄 (polyurethane) 이 주로 사용되는 바닥재와 실리콘을 이용한 방수재 등도 고분자 중합기술의 산물이다. 그 밖에도 배수관, 접착제 등 건축에서 고분자의 용도는 다양하다.

고분자 이외에도 화학이 건축에 응용되는 경우가 많이 있다. 아파트 등 고층 건물의 기본 골격을 이루는 철근의 경우 제철/제련은 철광석에서 산화철을 환원시키는 과정이고, 강철을 만들 때는 적절한 양의 탄소가 들어가서 적절한 미세 구조를 만들어야 원하는 강도를 얻수 있다. 페인트와 벽지에 사용되는 각종 안료들의 색은 주로 전이금속과 적절한 리간드를 활용하여 얻는다.

예제 12.5

회벽을 만들 때는 소석회 (수산화칼슘) 를 물에 반죽해서 벽에 바른다. 수산화칼슘이 공기 중의 이산화탄소를 흡수하면서 벽이 마르면서 단단한 탄산칼슘의 회벽이 만들어지는 반응을 적어라.

풀이 $Ca(OH)_2 + CO_2 \longrightarrow CaCO_3 + H_2O$

12-1-5 염료

우리 동요나 가요에는 색깔에 대한 정서가 여러 군데 묻어있다. "봄이 오면 산에 들에 진달래 피네"에도 그렇고 "가을이라 가을 바람 솔솔 불어오니 푸른 잎은 붉은 치마 갈아입고서.."에도 그렇다. 봄이 와도 가을이 와도 천지가 그저 그렇게 아무 변화가 없다면 멋이 없는 세상이라 아니할 수 없다.

옷감이 아무리 좋아도 좋은 염료가 없다면 참으로 아쉬울 것이다. 다행히 화학은 다양한 염료를 합성하는데 큰 성공을 거두었고, 염료는 19세기 독일을 중심으로 화학 산업을 일으키는데 중요한 역할을 했다. 뿐만 아니라 염료의 합성은 항생제의 발견으로도 이어졌다.

화학 반응이 일어났는가를 알 수 있는 중요한 단서로 색의 변화를 들 수 있다. 우리는 이미 6장에서 전이 금속을 포함하는 분자의 구조와 색의 관계를 살펴보았는데, 이 기회에 화학과 색이 어떻게 관련되어 있는지 다시 한번 생각해보자.

예제 12.6

다음 중 화학 반응이 아닌 것은?

가. 가을이 되면 단풍이 든다.
나. 빵을 구울 때 껍질이 갈색으로 바뀐다.
다. 노랑 물감과 파랑 물감을 섞으면 초록색이 나타난다.
라. 식물이 세포 내에서 엽록소를 만들어낸다.

풀이 답은 다.

가. 양파 껍질의 노란색이나 블루베리의 파란색에서 볼 수 있듯이 식물에는 다양한 색소 화합물이 들어있다. 날씨가 추워지고 햇빛의 광도가 줄어들면 광합성이 중단되면서 나뭇잎의 엽록소가 파괴된다. 그러면 엽록소에 의해 가려져 있던 다른 색소들이 색을 나타내기 때문에 아름다운 단풍이 드는 것이다. 단풍이 드는 것은 애초에 단풍의 색을 나

타내는 색소들이 만들어지는 화학 반응이 있었기 때문이기도 하고, 다른 면으로는 엽록소가 분해되는 화학 반응이 있기 때문이기도 하다.

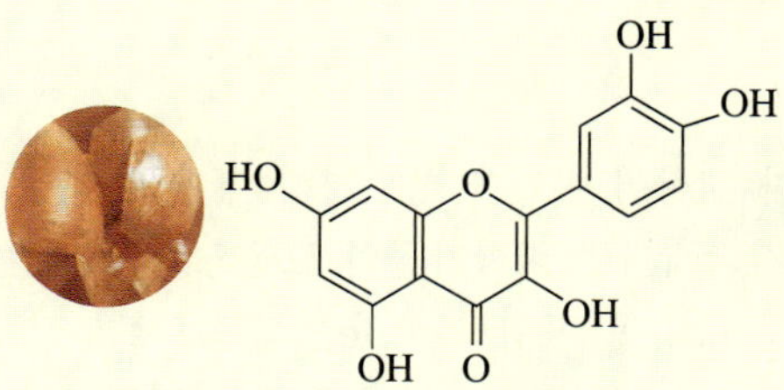

퀘세틴 (quercetin)

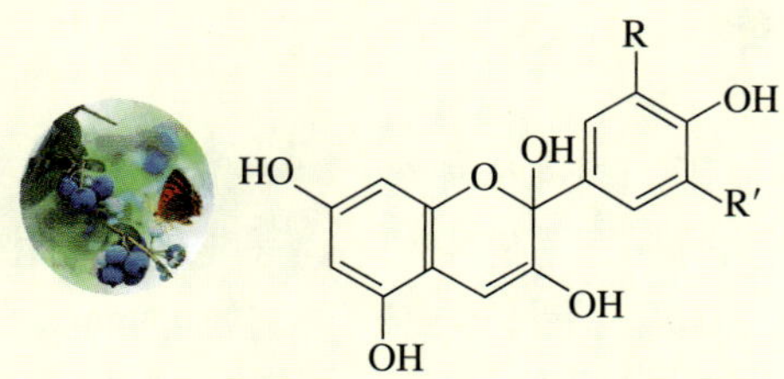

안토사이아닌 (anthocyanin)

나. 빵을 구울 때는 단백질과 아미노산의 아민기가 당류와 반응해서 갈색을 나타낸다. 아주 흔한 이런 반응은 메이야 반응 (Maillard reaction) 이라고 한다.

다. 노랑 물감은 400~450 nm 부근 단파장의 빛을 흡수하고, 파랑 물감은 600~650 nm 부근 장파장의 빛을 흡수한다. 노랑 물감과 파랑 물감을 섞으면 초록색이 나타나는데 이 초록색 용액의 흡수 스펙트럼을 구해보면 400~450 nm 부근과 600~650 nm 부근의 흡수가 동시에 일어난다. 이 경우에는 노랑 물감과 파랑 물감이 단지 물리적으로 용액 내에서 섞여서 초록색을 나타내는 것을 알 수 있다.

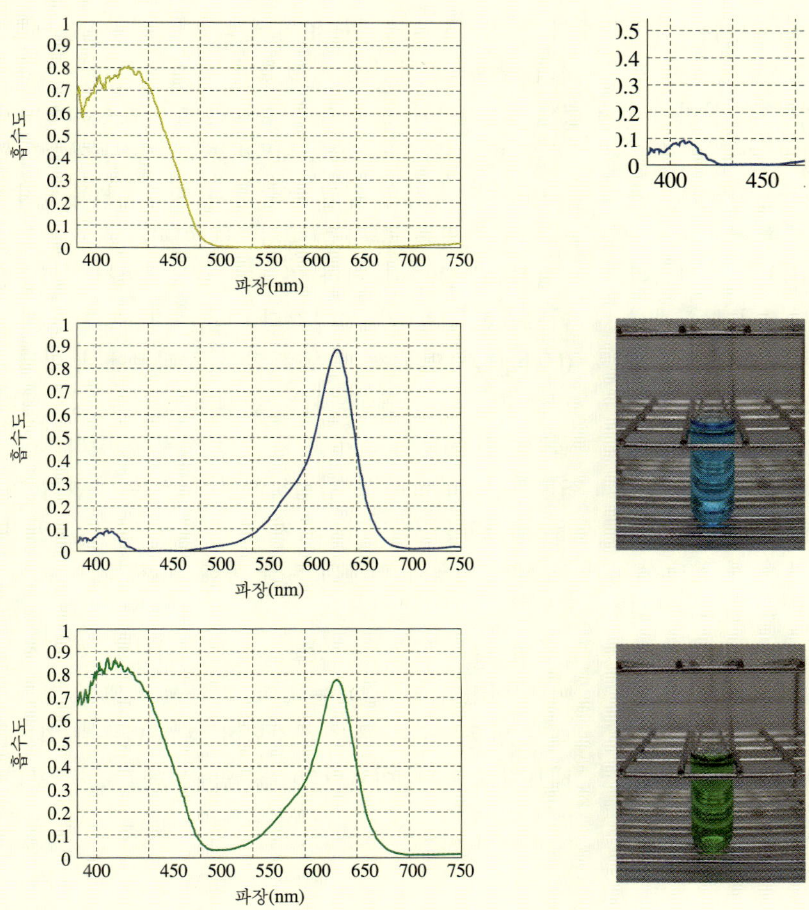

그림 12.6 노랑 물감, 파랑 물감과 혼합 물감의 흡수 스펙트럼.

라. 11장에서 살펴 본 대로 엽록소 분자는 단파장과 장파장의 빛을 동시에 흡수해서 초록색을 나타낸다. 식물이 광합성에서 출발하여 복잡한 대사 과정을 거쳐 마치 노랑 물감과 파랑 물감을 섞어 놓은 것과 같은 효과를 나타내는 엽록소 분자를 만들어내는 것은 놀라운 생합성의 대표적 예이다. 엽록소, 단풍의 안토사이아닌 등을 합성하는 일련의

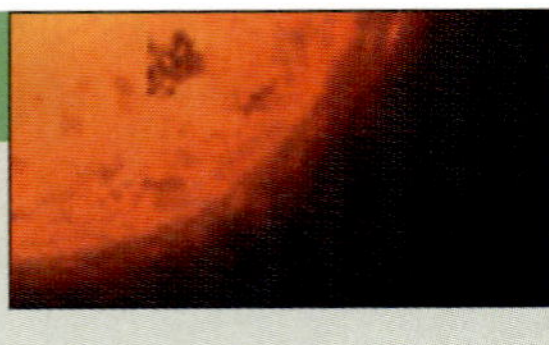

염료와 화학

색은 인류가 화학 반응과 색의 관계를 이해하기 훨씬 전부터 인류를 매료해왔다. 사하라 지역에서 발견된 돌에 그린 선사시대의 그림에는 채색한 옷을 입은 사람들의 모습이 보이고, 터키 지방의 벽화에는 염색한 카페트가 나온다. 최초의 염료는 우연히 산딸기 같은 식물의 즙이 옷에 묻으면 색이 남는 데에서 발견되었을 것이다. 염료를 얻기 어려웠던 고대에는 색깔 있는 옷은 권위와 권력의 상징이었다. 고대 중국에서 천자는 황색의 용포를 입었고, 서양에서는 자주색이 특히 중요시되었다. 청색은 대청(大靑, woad)이나 남(藍, 쪽빛, indigo)이라는 식물에서, 노랑색은 석류나 새프런(saffron), 그리고 빨강은 꼭두서니나 이집트에서 나오는 헤나(henna)에서 추출되었다. 페니키아인들은 일종의 그 지방 특산 조개류(mollusk)에서 자주색을 얻었는데 1 그램 정도의 염료를 얻으려면 수 천 개의 조개가 필요했기 때문에 자주색 염료의 주요 산지에서는 누구나 조개 썩는 냄새를 맡아야 했지만 자주빛 옷은 귀족만이 입을 수 있었고, 비잔틴 제국에서는 황제의 아들로 태어나는 것은 "born in the purple"로 통했다.

인디고와 조개에서 얻은 자주색을 제외하고는 염색이 오래가지 않았다. 그래서 염료를 옷감에 고정시키는 착색료가 중요하게 되었다. 그 중 지금도 봉숭아물을 들이는데 사용되는 명반(alum, potassium aluminum sulfate, $KAl(SO_4)_2 \cdot 12H_2O$)이 가장 중요하다. 명반은 기원전 10세기 경부터 사용되었는데 중세에는 세계 경제에 중대한 변수로 작용했다. 요즘 세상에 유가가 세계 경제를 주름 잡듯이 말이다. 1275년에 제노아(이탈리아)는 비잔틴 제국으로부터 명반 채굴권을 사들여서 1455년까지 매년 8000 톤의 명반을 플랜더스(네델란드)에 팔아 부를 축적했다. 1455년에 터키가 명반 생산 지역을 장악하여 유럽에 명반 기근이 불어 닥쳤는데 때마침 로마 부근에서 대규모의 명반이 발견되어 르네상스 시대에 로마의 부흥을 가져오는 데 한몫을 했으나 로마 교황이 이권을 챙기면서 명반 가격이 급등하였다. 유럽 각국에서는 화학자들의 도움으로 황산알루미늄(aluminum sulfate)을 포함하는 값싼 진흙으로부터 명반을 생산하는 기술이 개발되어 직물산업이 발전되었다.

19 세기 중반에 유기화학이 급격한 발전을 이루면서 특히 합성 염료와 약품을 중심으로 정밀화학공업(fine chemical industry)이 시작된다. 최초의 합성 염료는 1856년에 런던의 Royal College of Chemistry에서 호프만(Hofmann) 교수의 학생으로 있던 18세의 퍼킨에 의해 우연히 만들어졌다. 가난한 목수의 아들로 태어난 퍼킨은 가업을 계승시키려는 아버지의 뜻에도 불구하고 화학에 흥미를 느껴서 집안에 실험실을 차려놓고 실험에 열중했다. 아버지도 하는 수 없이 윌리엄을 대학에 보냈고, 염료사업을 위해 학업을 중단했던 퍼킨은 36세에 다시 연구생활로 돌아와서 최초의 향료인 쿠마린(coumarin) 합성, 퍼킨 반응(Perkin reaction)의 발견 등 유기화학에 크게 기여했다. 퍼킨은 랭그뮈어 등과 함께 과학 잡지의 이름으로 사용되는 몇 사람 중의 하나이다.

19세기 초반에 석탄 가스가 보급되면서 많은 양의 콜타르(coal tar)가 쌓여갔다. 독일 기센대학에서 리비히(Liebig)와 연구할 때 호프만은 콜타르에서 아닐린을 분리했고 런던에 돌아와서는 벤젠의 분리에 성공했다. 알릴톨루이딘(allyl toluidine)을 산화시켜서 말라리아 치료약인 퀴닌(quinine)을 합성하려던 퍼킨은 우연히 아닐린에 유사한 반응을 시켜보다가 획기적인 염료를 발견했는데 그 당시 상황을 퍼킨의 말을 통해 살펴보자.

"퀴닌은 생기지 않았고 대신 지저분한 적갈색 침전만이 얻어졌다. 이 결과는 별로 가능성이 없어 보였지만 그래도 반응이 흥미롭게 생각되어 보다 단순한 염기를 사용해보기로 했다. 아닐린의 황산염을 중크로뮴산포타슘으로

화학 반응의 출발 물질은 공기로부터 받아들이는 이산화탄소와 흙으로부터 빨아들이는 물과 무기물질이다.

아무튼 화학 반응에는 전자가 관여하고 전자 에너지의 전이(electronic transition)는 가시광선이나 자외선 파장에 해당하기 때문에 화학 반응이 일어나면 흔히 색의 변화

처리하자 이번에는 검은 침전이 얻어졌는데 이 물질을 조사해 보니 그 뒤로 아닐린 자주 또는 모브(mauve)라는 이름으로 유명해진 염료를 포함하고 있었다."

"No quinine was formed, but only a dirty reddish-brown precipitate. Unpromising though this result was, I was interested in the action, and thought it desirable to treat a more simple base in the same manner. Aniline was selected, and its sulfate was treated with potassium dichromate; in this instance a black precipitate was obtained, and, on examination, this material was found to contain the colouring material since so well known as aniline purple or mauve."

퍼킨(William Perkin, 1838-1907)

모브로 염색한 천.

퍼킨은 모브를 염료 회사에 보냈는데 반응은 대단히 호의적이었다. 18세의 퍼킨은 학업을 중단하고 상당한 자본을 동원해서 염료회사를 차렸다. 벤쳐 창업인 셈이다. 이처럼 영국에서 시작된 염료 산업의 주도권은 독일로 넘어갔다. 리비히와 뵐러 같은 대 유기화학자들이 우수한 유기화학자들을 계속 배출했고 지적 재산을 곧바로 산업에 연결하는 문화와 제도가 독일에 보다 강하게 뿌리를 내렸기 때문이다. 얼마 안 있어서 설립된 바스프(BASF), 바이에르(Bayer) 같은 화학회사는 아직도 화학 제품에서 세계적으로 매출액 1, 2위를 다투는 굴지의 기업으로 남아있다.

아름다운 색깔을 내는 물질 중에는 퍼킨이 발견한 유기 화합물과는 달리 무기물질도 많이 있다. 수정, 루비, 사파이어 등의 보석류는 다 무기물질이다. 실상 색을 나타내는 것은 미량의 불순물로 들어있는 크로뮴, 코발트 등의 금속 이온이다. 이들 이온의 전자에너지가 리간드에 의한 결정장(crystal field)의 영향하에서 가시광선을 흡수하는 크기로 갈라지기 때문에 특정한 파장의 빛을 흡수하고 보색의 아름다움을 우리가 즐기는 것이다. 예를 들면 알루미나에 Cr^{3+} 이온이 들어있으면 루비가 되고, Fe^{3+}와 Ti^{4+}가 들어있으면 사파이어가 된다.

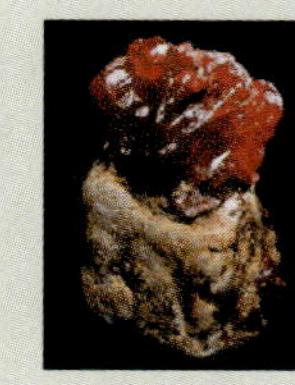

루비

사파이어

색깔이 짙은 무기 화합물은 페인트나 물감의 색깔을 나타내는 무기 안료(無機顔料, inorganic paint)로 많이 이용된다. 안료는 액체 또는 고체 결합제와 혼합하여 사용함으로써, 안료를 사용하는 재질의 색깔을 바꾸어주거나 보호해주는 역할을 한다. 안료는 자연에 존재하는 원료를 곱게 갈아서 만든 광물성 안료와 화학적인 처리를 거쳐서 만들어진 화학 안료로 구분하기도 하고, 색깔에 따라서 분류하기도 한다. 주로 금속 원료의 화합물인 무기물이 주로 안료로 사용되어 왔지만, 최근에는 탄소를 포함하는 유기 안료도 다양하게 개발되어 사용되고 있다.

백색 안료로는 탄산 납, 황산 납 또는 산화 납 등의 납 화합물이 많이 사용되었지만, 최근에는 납이 유해성 때문에 산화아연, 황화아연 또는 이산화타이타늄이 많이 이용되고 있다. 검정색 안료로는 주로 카본 블랙이 사용된다. 안료와 함께 사용되는 결합제는 안료가 재질에 단단히 달라붙도록 해주는 역할 외에도 재질의 부식을 막아주는 역할도 한다. 페인트와 같은 경우에는 재질의 표면에 단단한 필름을 형성하는 고분자물질을 용매에 녹인 결합제를 사용한다. 안료를 그림 물감 등에 사용할 때에는 우유나 치즈에서 분리한 카제인(casein)을 결합제로 사용하기도 한다.

가 따르는 것은 당연한 일이다.

12-2 건강의 화학

우리 인간에게 의식주의 기본 욕구가 충족되면 다음으로 중요한 것은 건강이 아닐까 싶다. 시대에 따라 인간의 건강 상태는 평균 수명에 반영된다. 지난 100여 년 사이에 인간의 평균 수명이 30세 이상 크게 증가한 데는 의학은 물론 화학의 역할도 매우 컸다. 건강을 유지하기 위해서는 우선 병이 나기 전에 건강을 잘 관리하는 것이 중요하고, 병에 걸리면 좋은 약을 써야 한다. 화학은 질소 비료를 통해 인류에게 풍부한 식량을 공급하여 영양 상태를 향상시킴으로써 질병을 예방하는데 크게 기여했다. 과거에는 콜레라 같은 전염병이 물을 통해 전염되어 많은 목숨을 빼앗아갔지만 20세기 초에 염소 소독이 도입된 후 수인성 전염병(水因性傳染病, water-borne epidemic)은 거의 다 퇴치되었다. 수술할 때 사용되는 마취제, 상처의 소독약 등 모두 화학물질이다. 페니실린 등 항생제는 수백만 인류의 목숨을 구했다. 요즘은 여러 가지 좋은 항암제(抗癌劑, anticancer drug)들이 개발되어 암에 걸리더라도 오래 사는 경우가 많이 늘고 있다. 이 절에서는 수돗물 정수, 비누, 식품의 멸균, 마취제, 신약 등을 통해 화학이 건강한 사회를 만드는데 기여하는 면들을 살펴보도록 하자.

12-2-1 수돗물의 정수

물에는 각종 저분자 유기물질부터 중금속(重金屬, heavy metal), 또한 더욱 세균까지 많은 이물질이 들어 있어서 각종 질병의 원인을 제공한다. 저분자 유기물질의 경우 발암물질(發癌物質, carcinogen)과 환경 호르몬 등으로 대표되는데, 몸에 축적되어 암과 기형 같은 유전학적 변형을 가져 올 수 있다. 우리도 1991년 낙동강 페놀 유출 사고의 경험이 있다. 그러나 수돗물의 정화 과정에서 저분자 유기물질을 완전히 제거하는 것은 거의 불가능하다. 단지 수돗물을 마실 수 있는 물로 만들기 위해 법으로 상수도 보호구역을 지정하여 원수의 수질을 관리하는 것으로 문제를 해결하고 있는 실정이다.

상수원에서 취수탑을 통해 얻어진 원수에는 모래나 자갈 등 눈에 보이는 크기의 이물질이 존재한다. 이를 제거하기 위해 침사지에서 밀도 차이를 이용하여 자갈이나 모래를 제거한다. 어느 정도 눈에 보이는 이물질이 없어진 다음 약품 투입실에서 활성탄(活性炭, activated carbon)과 응집제(凝集劑, coagulant) 같은 약품을 첨가하게 됩니다. 활성탄은 표면적이 넓어서 여러가지 물질을 흡착하여 제거한다. 응집제는 PHAS(polyhydroxylated aluminum sulfate) 같은 이온성 물질로서 불순물 표면의 음이온, 양이온 부분과 결합하여 전체 전하를 낮추어준다. 결과적으로 불순물 입자 사이의 전기적 반

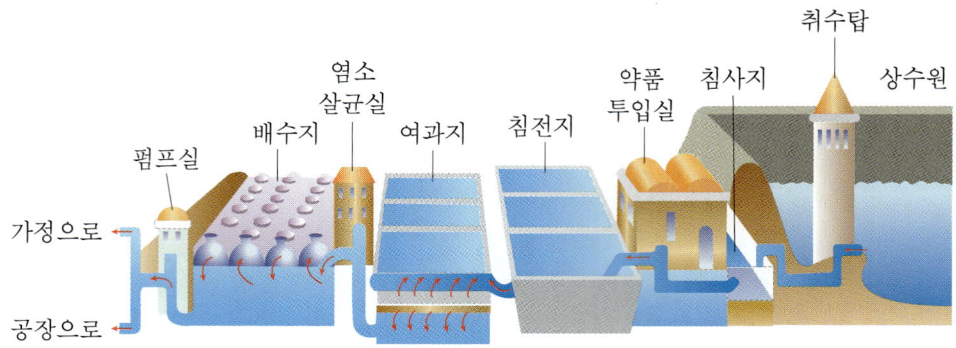

그림 12.7 수돗물 정수 과정. 최종 단계에서 염소 살균이 이루어진다.

발력이 약해지면서 침전하게 된다. 두부를 만드는 과정에서 콜로이드 상태의 콩 단백질에 염화마그네슘($MgCl_2$)이 주성분인 간수를 넣으면 단백질의 엉김 현상으로 고체 두부가 얻어지는 것과 같은 원리이다.

침전물을 제거하고 여과지에서 가라앉지 않은 큰 입자들을 걸러낸 다음에는 마지막으로 질병을 일으키는 생물학적 요인인 세균을 제거하는 살균(殺菌, sterilization) 과정을 거친다. 전 세계적으로 가장 많이 사용되는 방법은 염소살균(chlorination)이다. 실제로 염소살균에는 염소뿐 아니라 표백제(漂白劑)로도 사용되는 하이포염소산소듐(NaOCl, sodium hypochlorite), 클로라민(chloramine) 등의 활성화 염소를 포함하는 물질을 사용한다. 이들 할로젠 화합물은 중간 단계에서 하이포염소산 이온(OCl^-)을 발생시켜 소독을 한다는 공통점이 있다.

예제 12.7

하이포염소산 이온의 소독 작용을 산소와 염소의 전기음성도에 입각해서 설명하여라.

풀이 OCl^- 이온에서는 둘 다 전기음성도가 높은 산소와 염소가 공유 결합을 이루고 있기 때문에 각각 전자를 하나씩 가지고 떨어져 나가면 활성이 높은 염소 라디칼(Cl·)이 생기고 이 염소 라디칼이 살균 효과를 나타낸다. 그러니까 단지 전기음성도가 크지 않다는 것보다 산소, 염소 둘 다 전기음성도가 높다는 점이 중요하다. 오존층 파괴에도 염소 라디칼이 주범 역할을 하는데 그 경우에도 산소와 염소의 전기음성도가 크고 그 차이가 크지 않다는 점이 중요한 요인이다.

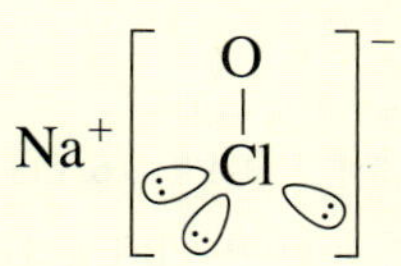

$$Cl_2 + H_2O \longrightarrow H^+ + Cl^- + HOCl$$
$$HOCl \longrightarrow H^+ + OCl^-$$
$$RNH_2 + HOCl \longrightarrow RNHCl + H_2O$$

불행하게도 염소 소독 과정에서 $CHCl_3$, $CHCl_2Br$, $CHClBr_2$, $CHBr_3$ 등의 트라이할로메테인(THM's)이라는 발암물질이 생성된다. 이 때문에 선진국에서 할로젠 화합물 대신 오존, 이산화염소(ClO_2), 과산화수소 등 산화제를 사용하는 추세이다. 이중 가장 대표적인 오존 소독의 경우 부산물로 무해한 물과 산소 기체가 발생한다. 이러한 무해성 때문에 우리나라에서도 오존 소독을 실시하는 정수장이 운영되고 있다. 또한 이산화염소의 경우 염소계 화합물임에도 불구하고 트라이할로메테인과 같은 유해 물질을 생성하지 않아 살균제로 선호되고 있다. 염소를 사용하건 오존을 사용하건 공통적으로 세균의 세포막을 산화시켜서 세포막의 투과성을 약화하여 살균이 이루어지게 한다.

12-2-2 비누

우리가 몸을 깨끗이 하는 것은 병을 예방하는 첫 걸음이다. 요즘은 세수를 하고 샤워를 하고 하루에도 몇 차례씩 비누를 쓰지만 대중이 비누를 널리 사용하게 된 것은 그리 오래 된 일이 아니다. 기원전 2800년 경 바빌론 유적에서 발굴된 토기에서 비누 비슷한 물질이 발견되었는데 토기 겉면에는 동물 기름을 재와 함께 끓여 만든다는 비누 제조법까지 새겨져 있다고 한다. 비누(soap)라는 이름은 로마의 한 전설에서 유래한다. 이 전설에 따르면 사포(Sapo) 산에서 동물을 잡아 제사를 드렸는데 비가 오면 동물 기름이 재와 섞여 티베르 강 유역의 흙으로 흘러내렸고, 강에서 빨래를 하던 여인들이 이 흙을 사용하면 빨래가 잘 되는 것을 알게 되었다고 한다. 로마 제국이 융성하면서 목욕탕이 발달하였는데 467년에 로마가 망한 후로는 유럽 전역에 걸쳐 개인 위생이 크게 퇴보했다. 개인의 몸이나 생활 환경의 청결이 유지되었다면 14세기에 페스트에 의해 수천만 명이 희생되는 일은 없었을 것이다.

아무튼 19세기 초반까지만 해도 비누는 높은 세금이 부과되는 사치품이었다. 비누가 일반화되는 데 중요한 계기는 프랑스의 화학자인 르블랑(Leblanc)에 의해 이루어졌다. 위에서 본대로 비누를 만드는데는 식물의 재같은 알칼리가 필요한데 식물 재는 농사를 짓는데 많이 사용되어 양이 충분하지 않았다. 1791년에 르블랑은 소금으로부터 탄산소듐(sodium carbonate, Na_2CO_3, 간단히 소다라고도 함)을 공업적으로 생산하는 방법에 대한 특허를 얻었다. 르블랑 공정(Leblanc process)은 두 단계로 이루어진다. 소금에 황산을 가해서 황산소듐을 얻는 첫 단계 반응은 1772년에 셸레가 발견한 바 있다. 이때 염화수소는 기체로 빠져나가기 때문에 평형은 오른쪽으로 치우진다.

$$2\ NaCl + H_2SO_4 \longrightarrow Na_2SO_4 + 2\ HCl$$

르블랑은 위에서 얻어진 소금 케이크(salt cake)라고 부르는 물질에 잘게 부순 석회석(石灰石, limestone)과 석탄을 섞고 약 1000°C에서 태워 탄산소듐을 얻을 수 있었다.

$$Na_2SO_4 + CaCO_3 + 2\ C \longrightarrow Na_2CO_3 + CaS + 2\ CO_2$$

예제 12.8

위의 두 번째 반응에서 산화수가 바뀐 경우를 지적하고 르블랑 공정에서 산화-환원이 어떻게 활용되었는지 설명하여라.

풀이 탄소의 산화수는 C에서는 0이고, CO_2에서는 +4니까 산화된 것이다. 황의 산화수는 Na_2SO_4에서는 +6이고, CaS에서는 +2니까 환원된 것이다. CO_2가 기체로 빠져나가기 때문에 평형은 오른쪽으로 치우친다. 탄소에게 산소를 빼앗긴 황산 이온은 황화 이온(S^{2-})이 되어 칼슘 이온(Ca^{2+})과 강한 이온 결합 화합물을 만든다. 황화 이온에게 자리를 내어준 탄산 이온(CO_3^{2-})은 자유로와진 소듐 이온(Na^+)과 결합해서 우리가 원하는 탄산소다를 만든다. 이 반응에서 이산화탄소를 제외한 반응물과 생성물 중에서 탄산소듐 만이 물에 녹기 때문에 쉽게 다른 고체물질로부터 분리할 수 있었다.

르블랑법이 발명된 때는 프랑스 혁명의 와중이었는데 혁명 세력은 르블랑의 특허를 빼앗고 특허 정보를 공개하였다. 나중에 나폴레옹은 특허를 반환하였으나 이미 시기를 놓친 르블랑은 1805년에 자살했다. 르블랑법은 오히려 영국에서 널리 사용되었는데 1850년 대에는 영국과 프랑스의 연간 소다 생산량은 20만 톤에 이르렀고, 소다 산업은 요즘 석유화학이나 자동차 산업처럼 세계적으로 가장 규모가 큰, 대표적 산업의 하나가 되었다. 그런데 상당한 양의 폐기물이 문제가 되었다. 당시로는 쓸모가 없는 염화수소는 공기 중으로 배출했고, 산더미같이 쌓인 황화칼슘은 오래 되면 계란 썩는 냄새가 나는 황화수소(H_2S)를 내놓았다.

솔베이(Solvay, 1838-1922) 벨기에의 화학자, 사업가, 자선가 1911년부터 여러 차례 솔베이 학회(Solvay Conference)를 주관하여 특히 양자론이 자리잡는 데 크게 기여했다.

1861년에 솔베이가 역시 소금과 석회석에서 암모니아를 사용하여 탄산소듐을 만드는 새로운 공정을 개발하고 특허를 얻었고 1863년에는 처음 공장을 열었다. 아래와 같이 요약할 수 있는 솔베이법에서는 염화칼슘이 유일한 폐기물이다.

$$2\ NaCl + CaCO_3 \longrightarrow Na_2CO_3 + CaCl_2$$

이 방법은 점차로 르블랑법을 대체했다. 2005년에는 420억 킬로그램의 탄산소듐이 생산되었는데 그 중 4분의 3은 솔베이법으로 생산되었고, 나머지는 광산에서 직접 채취하였다.

강한 알칼리인 수산화소듐(NaOH)이 대량 생산되기 전에는 솔베이법으로 만든 소다를 사용해서 값싸고 질이 좋은 비누를 대량 생산할 수 있었다.

아래 그림에서와 같이 '비누화 반응(saponification)'에서는 긴 소수성(疏水性, hydrophobic) 사슬을 갖고 있는 트라이글리세라이드(triglyceride)에 들어있는 에스터(ester) 결합이 수산화소듐(NaOH)과 같은 강염기에 의해 가수분해되어 글리세롤과 지방산의 소듐염이 얻어진다. 여기에 향을 가하여 비누를 만든다.

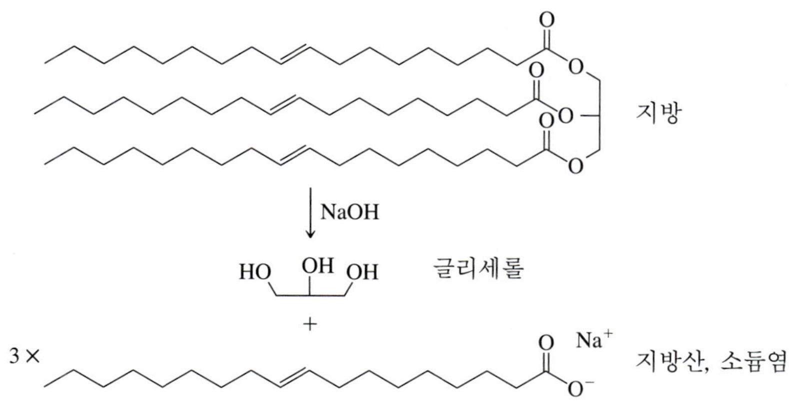

1916년 1차세계대전 중 독일에서는 지방이 부족함에 따라 합성세제(合成洗劑, detergent)가 처음 개발되었고, 그 후 자동 세탁기, 자동 식기세척기가 일반화되면서 합성세제가 비누를 추월하게 되었다.

예제 12.9

12장에서 살펴본 세포막의 인지질 이중막 구조의 원리와 비누 작용의 원리 사이의 공통점을 설명하여라.

풀이 인지질 이중막에서는 막의 안과 밖 모두 수용액, 즉 친수성 환경이다. 비누에서도 지방산의 긴 탄화수소 사슬은 소수성을 띠게 되고 카복실산 이온($-COO^-$) 부분은 친수성을 띤다. 그래서 비누가 극성이 높은 물에 녹으면 소수성 사슬은 안쪽을, 친수성 이온 부분은 바깥쪽을 향하여 그림과 같은 '마이셀(micelle)' 구조를 가지게 된다. 마이셀에서는 바깥쪽만 친수성이고 안쪽은 소수성이다. 기름 같은 소수성 물질은 마이셀 중심의 소수성 부분에 녹아 들어가고 그래서 때가 빠진다.

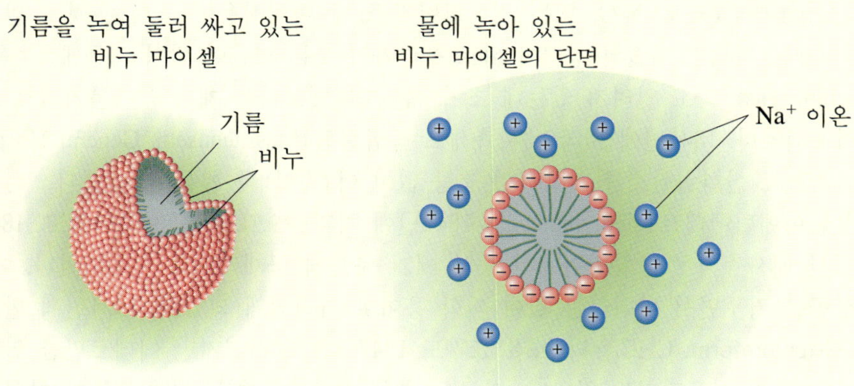

이러한 원리는 물론 합성세제에도 적용된다. 또 물에 잘 녹지 않는 유기 화합물을 물에 녹게 하기 위해서나 또는 반대로 유기 용매에 잘 녹지 않는 무기 화합물을 녹게 하기 위해 이러한 원리를 응용한다. 계면활성제를 이용한 유기합성 반응도 많이 보고되어 있고, 이러한 원리를 이용해서 물과 유기 용매 사이에서 물질을 운반하는 '**상전이 촉매(phase-transfer catalyst)**'가 개발되기도 하였다. 오늘날 합성에 의해 만들어진 의약품을 체내에서 효과적으로 운반하기 위한 마이셀 구조 연구도 많이 행해지고 있다.

12-2-3 의약품

마시는 물의 소독과 몸의 청결 유지를 통해 인간 수명이 크게 늘어났지만 아직도 인류는 여러 가지 질병과 싸우고 있다. 병의 예방, 진단, 치료에는 다양한 화학물질이 사용된다. 아래의 마취제, 항생제 등의 경우에서 볼 수 있듯이 대부분의 경우에 일단 약효가 알려진 천연물이 오래 사용되다가 보다 뛰어난 효능을 가진 유도체가 개발되어 사용되게 마련이다. 그리고 보면 19세기까지만 해도 동식물에서 추출한 천연물을 의약품으로 사용하는 경우가 대부분이었다. 그러나 지금은 유기 합성법의 발전으로 원하는 구조의 유기 화합물을 만들 수 있는 기반이 마련되어 한방을 제외하고는 요즘 사용되는 의약품은 거의 모두가 합성 화합물이다.

가. 마취제

마취제 없이 수술을 받는다고 생각해 보면 마취제가 얼마나 소중한지 짐작할 수 있을 것이다. 영어로 마취(痲醉)는 anesthesia인데 이는 느낌(sensation), 심미적(esthetic)에 관련된 그리스어 aisthesis에 부정을 나타내는 an이 합해진 단어이다. 그러니까 마취제는 통증을 못 느끼게 해주는 물질이다.

양귀비의 열매 아편

아편(阿片, opium)이 마취 용도로 사용된 것은 유사 이전이라고 생각된다. 기원전 4200년 경부터 아편이 채취되었고, 후일 수메리아 등지에서는 아편을 경작했다. 기원전 1500년 경 파피루스에는 아편을 마취제로 사용한 기록이 나온다. 아편이 중국에 들어오고 결국 영국과 중국 사이에 아편 전쟁이 일어나 근대화에 뒤진 중국이 무릎을 꿇은 것은 잘 알려진 역사적 사실이다.

19세기에 외과 수술이 크게 발전한 데는 리스터(Lister)가 발견한 소독제(消毒劑, disinfectant)와 아울러 흡입할 수 있는 마취제 가스의 공헌이 크다. 1779년에 패러데이의 스승이었던 험프리 데이비(Humphrey Davy)는 1773년에 프리스틀리가 분리한 아산화질소(nitrous oxide, N_2O, 또는 일산화이질소)에 마취작용이 있다는 것을 발견했다. 이 기체를 마시면 입술의 양끝이 위로 올라가서 웃는 얼굴이 되기 때문에 '웃음 가스(laughing gas)'라고 알려져 있는데 초기에는 마취제보다는 재미있는 볼거리로 보다 많이 사용되었다. 1845년에 미국 매사츄세츠 종합병원(Massachusetts General Hospital)에서는 최초로 산화이질소를 사용하여 통증 없이 이(치아)를 뽑을 수 있었다.

한편 다이에틸에테르(diethylether)는 1842년에 치과용으로 처음 사용되었고, 1846년에는 역시 매사츄세츠 종합병원에서 종양 제거 수술에 공개적으로 사용되었다. 이 수술이 성공을 거두면서 마취라는 말이 의학 용어로 자리잡게 되었다. 1831년에 발견된 클로로폼(chloroform, $CHCl_3$)의 마취 효과도 1847년에 알려졌지만 에테르만큼 안전하지 않아서 널리 사용되지는 않았다. 지금은 수십 가지의 뛰어난 마취제들이 합성되어 필요에 따라 다양하게 사용되고 있다.

나. 진통제

마취제와는 다른 의미에서 통증을 없애주는 진통제도 중요한 의약품이다. 지금까지 세계적으로 가장 많이 생산되고 사용된 약은 진통제, 해열제로 알려진 아스피린이다. 요즘은 아스피린이 피에서 혈판이 엉기는 것을 방지하는 효과를 나타내는 것이 알려져 심장병 위험이 있는 사람들이 장기적으로 매일 소량의 아스피린을 복용하는 것을 권장하고 있다. 최근 세계 연간 생산량은 5만 톤에 달하고, 하루에 1억 알 정도 소비된다.

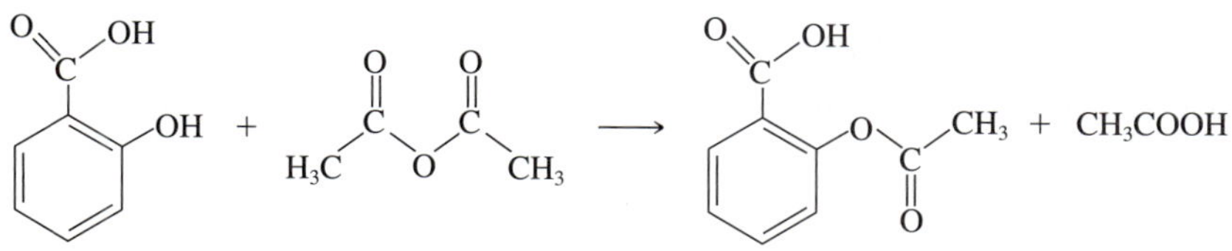

살리실산　　무수아세트산　　아스피린

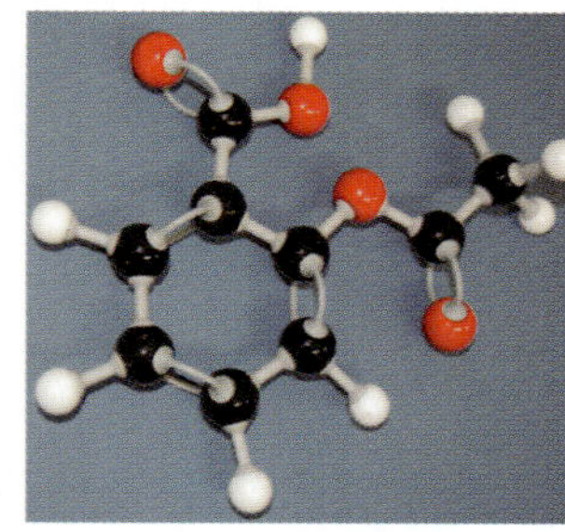

아스피린

아스피린은 살리실산(salicylic acid)과 무수아세트산(acetanhydride)를 반응시켜 쉽게 만들 수 있는 아세틸살리실산(acetylsalicylic acid)이다. 아스피린 합성은 일반화학 실험에도 많이 사용될 정도로 아주 쉽다. 18세기 중반부터 살리실산이 많이 들어있는 버드나무(willow)의 추출액이 열, 통증, 염증을 해소하는 것이 알려졌고, 19세기에 들어서서는 이 추출액의 유효 성분인 살리실산의 여러 가지 유도체(誘導體, derivative)들이 약으로 사용되기 시작했다. 여러 유도체 중 하나인 아세틸살리실산은 1853년에 프랑스에서 처음 합성되었는데, 1899년부터 독일 회사 바이에르는 아세틸살리실산을 아스피린이라는 이름으로 전세계적으로 판매하기 시작했다. 아스피린은 아세틸(acetyl)과 버드나무의 학명인 Spiraea의 합성어이다. 1917년에 미국에서 바이에르의 특허가 만료되고, 1918년에 스페인 독감이 퍼지면서 아스피린은 크게 인기를 얻었고 여러 회사가 경쟁적으로 생산하게 되었다. 1956년에는 타일레놀로 알려진 아세트아미노펜(acetaminophen)이, 1969년에는 이부프로펜(ibuprofen)이 아스피린의 대용으로 등장하면서 아스피린의 사용은 잠시 주춤했지만 심장마비 예방 효과 덕분에 사용량이 회복되고 있다.

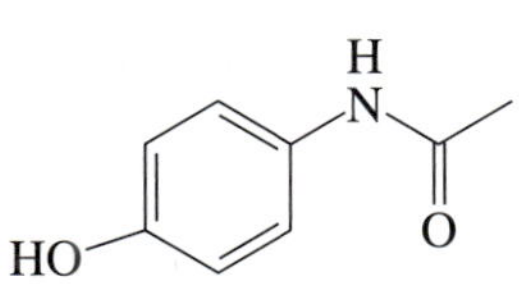

아세트아미노펜

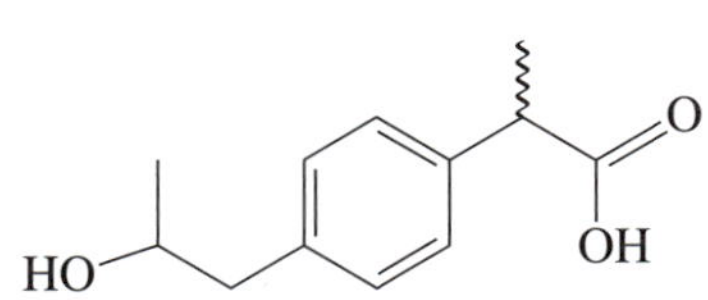

이부프로펜

에를리히(Paul Ehrlich, 1854-1915). 화학요법 개발로 1908년 노벨 생리의학상을 수상했다.

다. 항생제

많은 질병은 세균 감염에 의해 일어난다. 세균도 생물이기 때문에 몸에 들어온 세균을 죽이는 물질을 **항생제(抗生劑, antibiotic)**라고 한다. 대부분의 의약품이 그렇지만 항생제의 발전도 유기화학의 발전과 밀접한 관련이 있다. 앞에서 살펴 본 대로 퍼킨이 모브를 합성한 이래 많은 염료가 합성되었고, 1879년에는 세포를 염색하는 과정에서 세포핵에 들어있는 염색체가 발견되기도 했다. 특히 독일의 에를리히는 염료가 세포의 특정 부위와 결합한다면 그러한 원리를 사용해서 염료 비슷한 물질을 세포에서 병을 일으키는 데 직결된 부위에 결합하게 해서 치료제로 쓸 수 있지 않을까 생각했다. 에를리히는 매독약인 살바르산을 합성했고, 화합물로 질병을 치료한다는 의미에서 화학요법(化學療法, chemotherapy), 질병 부위를 찾아가서 공격한다는 의미에서 마술 탄환(magic bullet) 같은 이름도 지어냈다.

도마크(Domagk, 1895-1964). 독일의 병리학자. 항생제 개발로 1939년 노벨 생리의학상을 수상했다.

초기에 사용된 중요한 항생제에는 세균 감염 질환에 널리 쓰인 설파제(sulfa drug)가 있다. 1932년에 도마크는 설폰아마이드(sulfonamide) 계열의 프론토실(prontosil rubrum)이라는 붉은 색 염료를 투여하면 스트렙토코커스(streptococcus) 균을 주사한 쥐나 토끼가 감염되지 않는 것을 발견했다. 이 균에 감염되면 팔다리를 절단하게 되는데 도마크는 자신의 딸을 이 물질로 치료해서 귀한 딸의 팔을 보존할 수 있었다.

프론토실은 몸 안에서 설파닐아마이드(sulfanilamide)로 바뀌는데, 이러한 설파제는 세균을 죽이지는 않지만 세균의 중요한 대사물질 중 하나인 파라아미노벤조산(paraaminobenzoic acid, PABA)과 구조가 비슷하기 때문에 PABA가 결합할 효소의 활성 부위에 결합하여 효소의 작용을 억제함으로써 균의 성장을 방해한다.

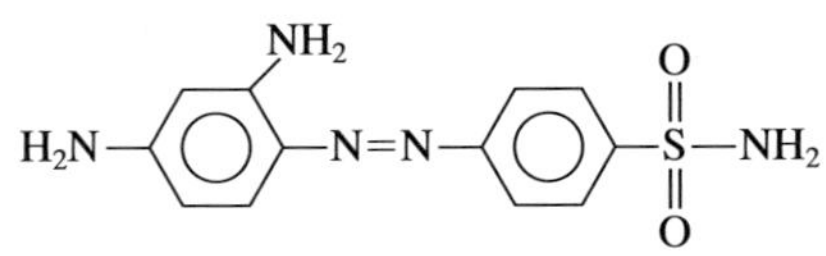

프론토실

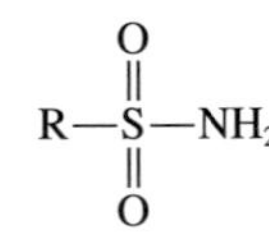

설폰아마이드

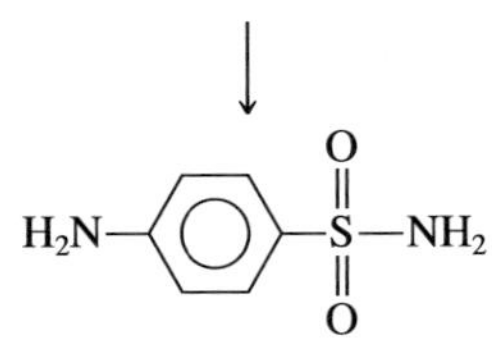

설파닐아마이드

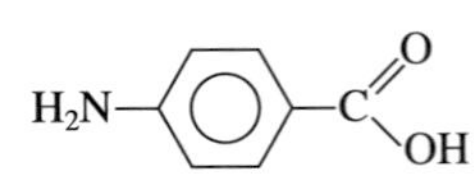

PABA

설파제는 특히 2차세계대전에서 부상 당한 상처를 통한 감염을 막아 수 많은 목숨을 구했다. 또한 아이소나이아지드(isoniazid) 같은 설파제는 결핵 퇴치에도 크게 기여했다.

플레밍(Alexander Fleming, 1881–1955). 페니실린 발견으로 1945년 노벨 생리의학상을 수상했다.

베타 락탐 구조를 가지는 페니실린은 대표적인 생물에서 추출한 항생제이다. 1928년 9월 28일 아침 스코틀랜드 출신 플레밍은 런던 성 마리아 병원 지하실에 있는 자신의 실험실에서 Staphylococcus균 배양지를 조사하다가 어디에서 날아들어온 푸른 곰팡이 주위에서는 균이 자라지 못하는 것을 발견했다. 플레밍은 이 곰팡이를 순수하게 배양하고 이것이 Penicillium 곰팡이인 것을 확인하였다. 그는 이 곰팡이가 균의 성장을 억제하고 균을 분해하는 어떤 물질을 배출한다고 추정하고 이 물질을 페니실린이라고 명명했으나 페니실린을 순수하게 정제하거나 인체 실험에 필요한 양을 얻지는 못했다.

1939년에 영국 옥스포드대학에서 오스트레일리아 출신의 플로리(Florey)와 체인(Chain) 등의 팀은 페니실린의 생체 효능을 입증하여 의학적 응용의 길을 열었다. 그러자 페니실린의 대량 생산이 중요한 문제가 되었다. 1942년에는 페니실린이 최초로 환자의 치료에 사용되었을 때 미국의 제약회사 머크(Merck)에서 생산한 페니실린 전체의 절반이 그 한 환자에 사용되었다. 그러나 1944년에 노르망디 상륙작전을 펼칠 때는 230만 회 분의 페니실린이 생산되었고, 2차세계대전에서 연합군이 승리를 거두는 데 크게 기여했다. 하지만 투여된 페니실린의 80% 정도는 서너 시간 안에 소변으로 빠져나가기 때문에 초기에는 환자의 소변을 채취해서 페니실린을 분리해 재사용했다. 나중에 플로리와 체인 팀은 페니실린을 대량 생산하는 방법을 개발했다. 플레밍, 플로리, 체인은 1945년 노벨 생리의학상을 공동 수상했다.

우드워드(Robert Woodward, 1917–1979). 하버드대학 교수. 페니실린의 베타락탐 구조, 우드워드-호프만 룰, 비타민B12 합성 등 유기화학에서 뛰어난 업적을 이룩하였고, 1965년 노벨 화학상을 수상했다.

페니실린은 순수 화학의 입장에서도 중요한 화합물이다. 1940년 대 초에 옥스퍼드대학 호지킨은 X-선 결정학 방법으로 페니실린의 3차원 구조를 밝혔고, 1950년 대 초에 미국 하버드대학의 우드워드는 페니실린과 유도체들을 합성했다.

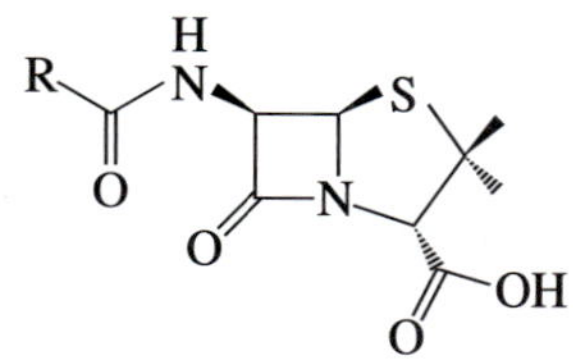

페니실린

페니실린의 효과. 푸른 곰팡이 주위에는 박테리아가 자라지 못한다.

페니실린 이외에도 미생물이 만들어내는 항생제는 다양하다. 그림 12.9에서는 토양 박테리아가 생산하는 다양한 항생제의 구조를 볼 수 있는데, 약학자는 이런 다양한 물질의 약효를 테스트하고, 화학자는 선택된 화합물을 합성하기도 하고 유도체를 만들어 보다 나은 화합물을 탐색하기도 한다.

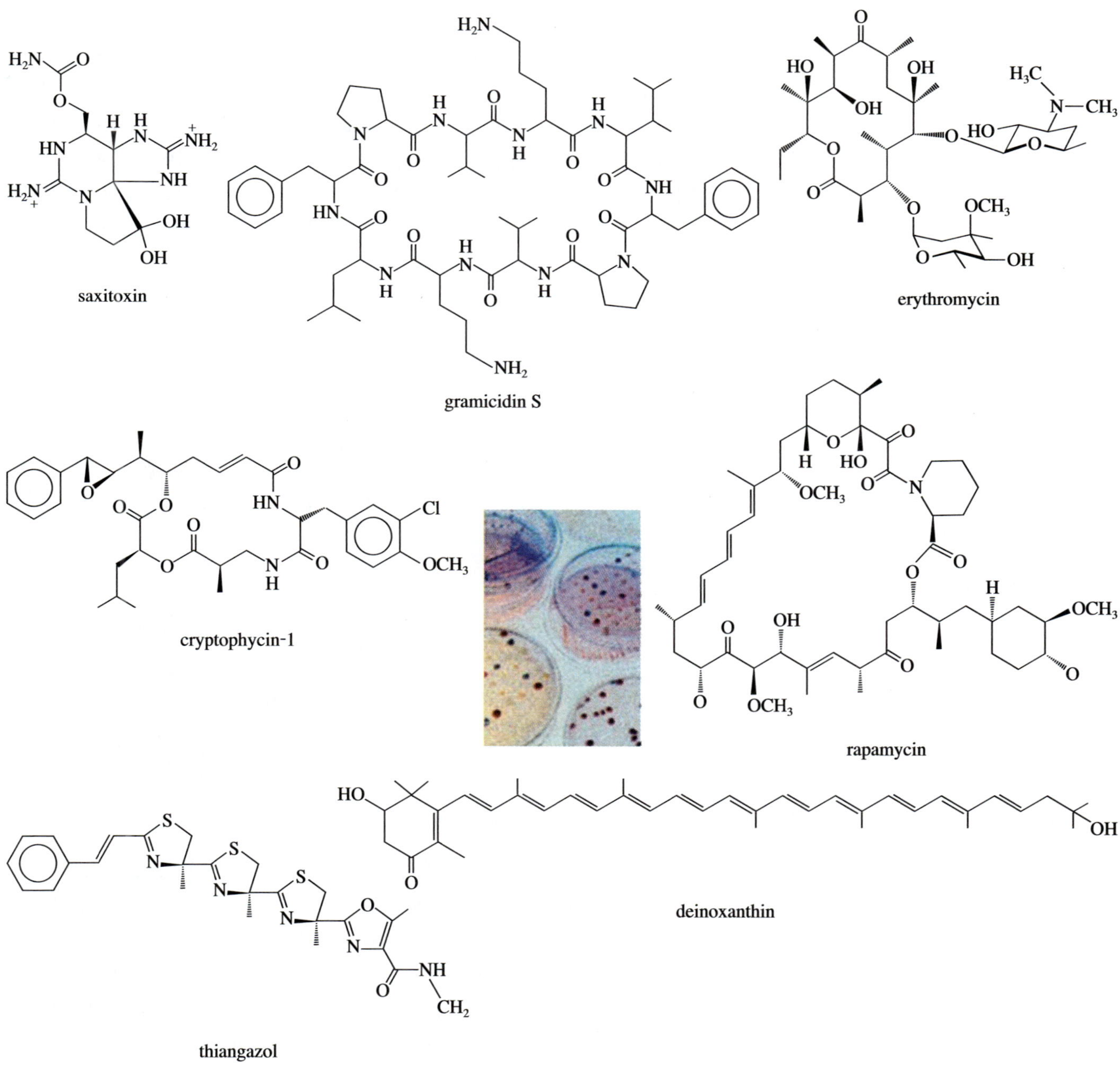

그림 12.8 토양 박테리아가 생산하는 다양한 항생제.

라. 신약 개발

그 동안 많은 천연 또는 합성물질이 약으로 개발되어 인류의 건강 증진에 크게 기여했다. 항암제로 유명한 택솔(Taxol)도 주목나무에서 추출된 천연물이다. 그러나 아직 정복해야 할 질병이 많이 남아있다. 특히 병균은 항생제에 대해서 내성을 가진 변이체를 만들어내기 때문에 새로운 약을 계속 개발해야 한다. 과거에는 수 많은 화합물을 얻어서 스크린하는 방식이 주로 사용되었지만, 이제는 합리적인 약의 디자인(rational drug design)이 새로운 패러다임으로 등장하였다.

대부분의 질병은 효소의 작용과 직접, 간접으로 관련되어 있다. 예를 들어 암은 세포가 통제되지 않은 채로 분열하고 퍼져나가기 때문에 발생하는데, 그렇다면 암 세포가 자라는 부위로 새로운 혈관이 자라서 영양분을 공급해 주어야 할 것이고, 그것은 혈관이 자라는데 필요한 여러 물질을 만드는데 관여하는 효소의 작용이 활발하다는 의미이다. 따라서 이러한 효소의 작용을 억제하는 것은 암 세포의 성장을 막는 좋은 전략이 될 수 있다. 그런데 효소는 고분자 단백질이다. 예를 들어 세포 주기의 거의 대부분에 관여하는 p53의 경우 분자량이 53 kDa, 즉 53,000 돌턴이다. 하지만 거대한 효소의 표면에서 모두 반응이 일어나는 것은 아니고, 효소에는 '활성 부위'라는 영역이 있어서 '자물쇠와 열쇠' 같이 특정 기질을 인식하여 특정 반응을 일어나게 한다. 따라서 효소 작용을 억제하려면 기질과 경쟁적으로 활성 자리에 결합하는 억제제(抑制劑, inhibitor)를 사용하는 것이 좋은 방법이 될 것이다. 실제로 많은 약은 효소의 억제제이다.

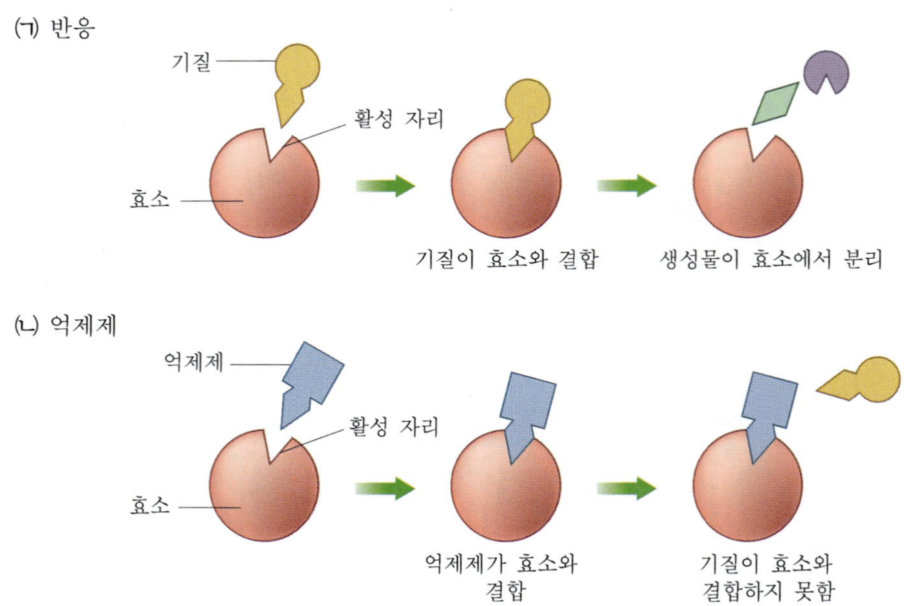

그림 12.9 효소 반응 억제를 통한 신약 개발의 원리.

좋은 억제제를 개발하려면 일단 질병에 관련된 효소를 알아내야 하고, 다음에는 그 효소를 분리, 정제한 후 X-선 회절법이나 핵자기 공명법을 사용해서 효소의 활성 부위의 3차원 구조를 자세히 조사해야 한다. 그리고 나서는 계산 화학(計算化學, computational chemistry) 방법을 동원해서 활성 부위에 딱 들어맞는 화합물의 구조를 디자인하고, 디자인한 화합물을 합성하여 약효를 테스트하게 된다. 그리고 보면 의약품 개발에는 화학의 전분야가 관여하고 있는 셈이다. 우수한 약효가 나타나면 동물 실험을 거쳐 임상 실험에 들어가고 인체에 효과가 있을 뿐 아니라 큰 부작용이 없는 것이 입증되면 드디어 신약으로 승인을 받는 절차에 들어간다.

전 세계를 위협하고 있는 에이즈(AIDS) 치료제는 효소 저해제의 원리를 이용하여 개발되었다. AIDS를 유발하는 HIV 바이러스에는 HIV 단백질분해효소(protease)가 들어 있다. 이 효소의 3차원 구조는 X-선 결정학 방법으로 규명되어 활성 부위의 위치와 구조가 파악되었다. 이 정보를 이용하여 합리적 신약 설계를 위해 이론화학적인 방법인 도킹 모의실험(模擬實驗, docking simulation)을 실시했고, 합성 가능한 저분자량 유기 화합물 구조가 들어 있는 데이터베이스에서 갖가지 조합을 모의로 만들어 활성 자리에 위치시키면서 결합 정도를 컴퓨터가 평가하였다. 그 결과 신약 후보군이 선택되었고, 유기합성을 통해 여러 물질을 만들어 실제로 효소를 저해하는지 시험하였다. 이러한 과정을 거쳐서 얻어진 신약이 상당히 복잡한 구조를 가진 리토나이버(Ritonavir)이다.

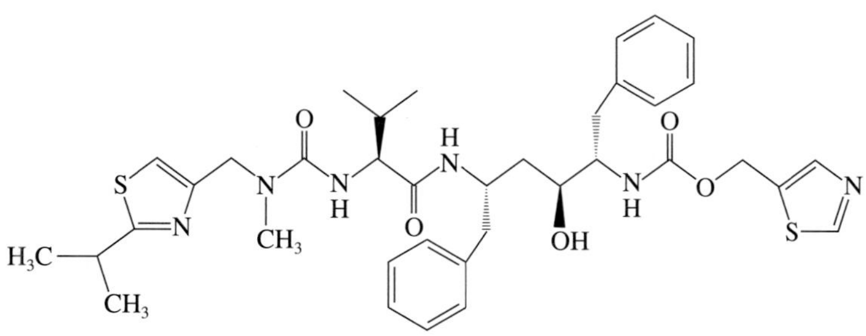

리토나이버

이처럼 신약 연구 개발은 많은 분야의 연구가 모여 이루어진다. 전통적인 학문의 영역을 기반으로 하여 신약 연구 개발 과정은 새로운 학문 분야를 만들기도 한다. 단백질을 연구하는 단백체학(蛋白體學, 프로테오믹스, proteomics), 펩타이드를 모방하는 유사펩타이드약물을 개발하는(펩타이도미메틱스, peptidomimetics), 화합물의 활성을 화학 정보라는 입장에서 연구하는 화학정보학(化學情報學, chemoinfomatics), 화합물로부터 출발하여 유전자의 발현을 조절하여 형질을 바꾸고자 하는 화학유전체학(化學遺傳體學, chemical genomics), 유전체의 분석으로 약물의 효능을 예측할 수 있는 약물유전체학(藥物遺傳體學, pharmacogenomics), DNA의 염기 서열 정보나 단백질의 아미노산 서열 정보를 생명 현상과 연관짓는 생물정보학(生物情報學, bioinfomatics) 등 다양한 학문 분야가 새롭게 탄생하였다. 이들 신생 학문 분야는 다시 합리적 신약 개발의 밑거름이 되고 있다.

최근 주목을 받는 신약 중에는 조류 독감 치료제인 타미플루(Tamiflu)가 있다. 원명이 오셀타미비어(Oseltamivir)인 타미플루는 최초의 A형 및 B형 인플루엔자 경구치료제로 개발된 약이다. 길리아드 사이언스(Gilead Science) 제약회사에서 재미한국인 교포 과학자인 김정은 박사의 주도로 개발되어 로쉬(Hoffmann–La Roche)사에서 시판 중인 이 약을 전 세계적으로 약 5천만 명 이상이 복용한 것으로 보고되고 있다. 이 약은 인플루엔자균이 숙주세포(宿主細胞, host cell)에서 복제되어 성체 바이러스로 만들어져서 숙주세포의 세포막에서 분리되어 나갈 때 필수적으로 소요되는 효소인 뉴라미니데이스(neuraminidase)라고 하는 효소의 기질 대신에 결합하여 효소의 작용을 저해함으로써 바이러스의 복제를 방해하여 인플루엔자를 치료하는 소위 '전이상태 유사 저해제(transition-state analogue inhibitor)'이다.

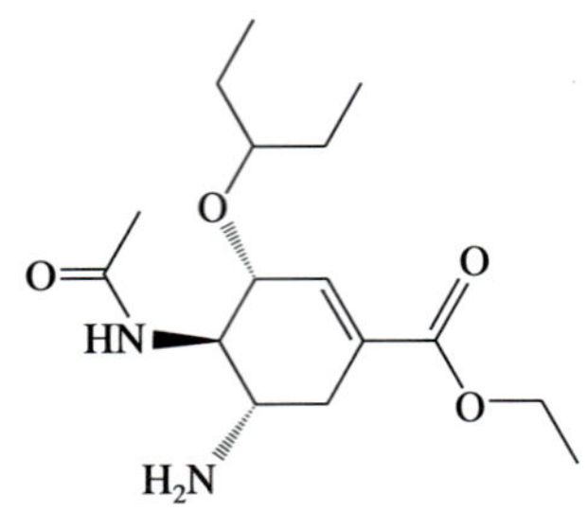

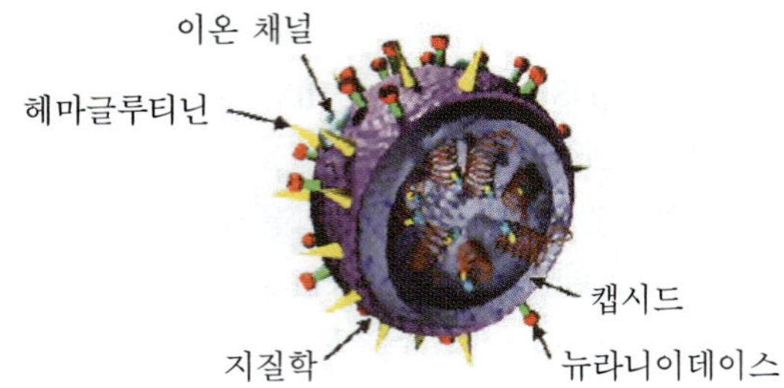

최근에는 조류 독감이 만연해지면서 전세계적으로 타미플루를 확보하고자 하는 노력이 일어나고 있다. 특히 2005년 아시아 지역에서 일어난 H5N1 조류인플루엔자 이후 미국, 캐나다, 일본, 호주 등의 나라들에서 충분한 양의 타미플루를 확보하고자 하나 만일 전 세계적으로 동시에 질병이 발생한다면 공급량이 충분하지 않을 것으로 예상하고 있다.

앞에서 언급한 Chemical Heritage Foundation이 선정한 20세기 최고의 유기 화합물 10가지 중 네 가지가 의약품인데, 그 네 가지에는 우리가 다룬 아스피린과 페니실린이 들어있고, 나머지는 경구용 피임약 프로제스틴 (progestin) 과 우울증 치료제 프로작 (Prozac) 이다. 참고로 의약품이 아닌 여섯 가지는 아이소옥테인 (isooctane, 휘발유의 주성분) , 나일론, 폴리에틸렌, DNA, DTT (살충제) , 그리고 벅키볼 (buckminsterfullerene) 이다.

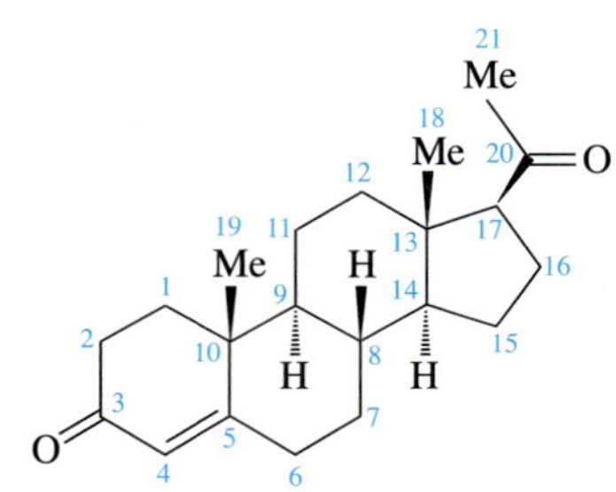

대표적인 프로제스틴인 프로제스테론

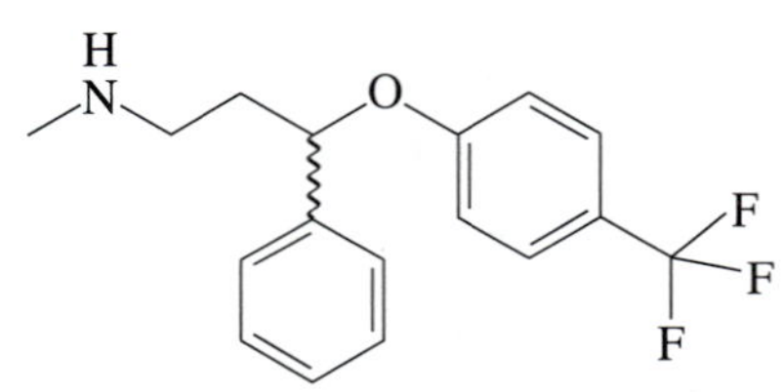

프로작

마. 보톡스

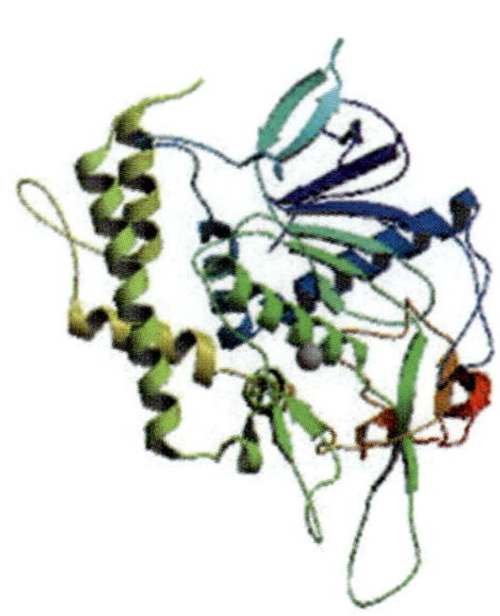

보톡스 가벼운 사슬

마지막으로 질병을 치료하는 의약품은 아니지만 식중독을 일으키는 균에서 나오는 독으로부터 주름을 제거하는 보톡스 (Botox) 를 개발한 사례를 살펴보자. 소시지나 통조림에서 발생하는 식중독 중에 보툴리누스 중독증 (botulism) 이 있다. 이는 1822년에 독일 의사 케르너 (Justinus Kerner) 가 소시지 속에서 그람양성균인 보툴리누스균 (Clostridium botulinum) 을 발견하면서 알려졌다. 보툴리누스균은 보툴리눔 독소 (botulism toxin) 를 생산하는데, 벌꿀에서도 나타나는 이것은 치사량이 체중 1 kg당 1 ng에 불과한 무서운 독소이다. 꿀벌 속에 있는 박테리아 스포어 때문에 독소가 생성되어 벌꿀로 옮겨오게 되는데, 그래서 12개월 이하의 유아에게는 꿀을 먹이지 않는 것이 좋다.

이 독소가 혈관 속에서 순환하다가 중추신경계에 결합하게 되면 신경과 근육 사이에서 신경전달물질인 아세틸콜린 분비를 방해하여 근육으로의 정보전달을 차단하게 되고, 결과적으로 심장, 폐 등의 근육 운동까지도 불가능하게 만들어 사람이 죽기도 한다. 1950년 대에는 이 독소를 미량 주사하면 근육 운동이 3~4 개월까지 정지하는 것을 발견했고, 그 후 사시 (斜視, crossed eye) 나 눈을 쉴 새 없이 깜빡거리는 병처럼 눈에 관련된 치료에 처음 사용되었다. 이 독소는 분자량이 150 kDa 정도인 폴리펩타이드로서 한 종류가 아니라 크게 7가지 형태로 존재한다. 미국의 제약회사 앨러간(Allergan Inc.)은 1989년에 눈 근육 질환 치료제로 이 독소에 대해 FDA의 허가를 받고 보톡스라는 이름으로 시판을 시작했다.

그 후 캐나다 밴쿠버의 한 의사 부부가 눈 근육 치료를 위해 보톡스를 주사한 환자의 이마 주름이 펴진 것을 우연히 보게 되었고, 2002년에 미용의 용도로 FDA의 승인이 나온 후로 널리 사용되게 되었다. 주름도 근육 수축의 결과인데 보톡스로 근육 수축을 억제하면 주름이 펴지는 것이다.

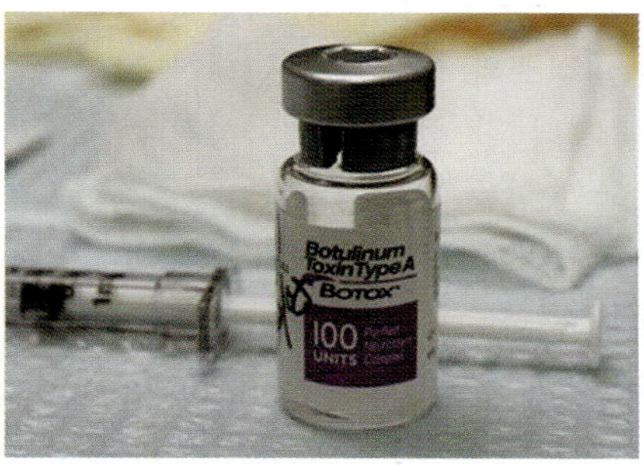

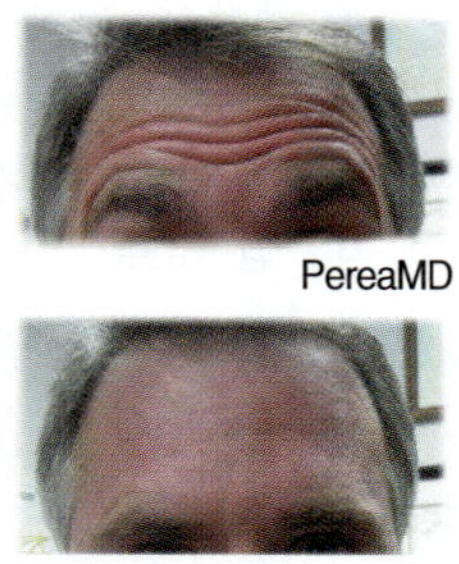

PereaMD

보톡스 처리 전(위), 처리 후(아래)

12-2-4 건강 식품

요즈음 TV 광고를 보면 많은 회사들이 몸에 좋다는 다이어트 식품, 건강 보조제 등 유사 약품들에 대한 판매를 부추기고 있다. 광고 내용을 보면 거의 의약품과 같이 설명하고 있지만 대부분은 의약외품, 즉 건강 기능식품(健康機能食品, health food)이라고 볼 수 있다. '건강 기능식품에 관한 법률안' 제3조에 보면 건강 기능식품이란 '인체에 유용한 기능성을 가진 원료나 성분을 사용하여 정제, 캅셀, 분말, 과립, 액상, 환 등의 형태로 제조, 가공한 식품을 말한다'라고 정의하고 있다. 결국 비정상적인 기능을 회복 또는 조절시키는 역할을 하는 의약품과 달리 신체의 기능을 돕는 역할을 하는 것이 건강 기능식품이라고 할 수 있다.

예를 들어 최근 많은 사람들의 관심을 끌고 있는 글루코사민(glucosamine)을 살펴보자. 글루코사민은 글루코스에서 하나의 수산화기를 아민으로 치환한 화합물이다. 이는 인체의 연골 및 각종 조직을 구성하는 성분인데, 이 성분이 노년에 부족해져 퇴행성 관절염이 발생한다. 노화가 진행되면서 자연스럽게 발생하는 퇴행성 관절염을 연골의 성분인 글루코사민을 직접 복용하여 완화시켜준다는 것이다. 물론 이 경우 먹는 글루코사민이 필요한 연골에 그 성분 그대로 잘 전달되어 활용된다고 하는 전제가 필요할 것이다. 반면에 많은 의약품들 중의 하나인 셀레브렉스(Celebrex)는 류마티스 관절염 치료제이다. 셀레브렉스는 체내에서 비정상적으로 작용하는 COX-2라는 효소에 의해 발생하는 류마티스 관절염을 이 효소를 억제함으로써 치료한다.

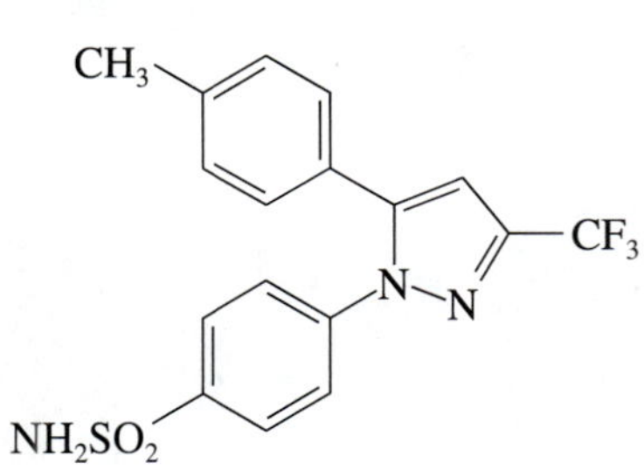

셀레브렉스

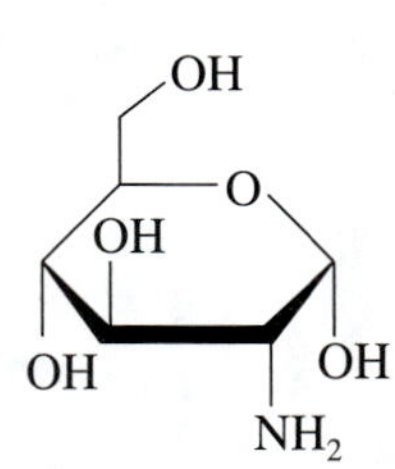

글루코사민

인간이 먹고 마시는 음식은 대부분 몸에 득이 되지만 너무 많이 섭취하면 해가 되는 것도 있다. 이미 알려진 것처럼 육류를 많이 먹게 되면 콜레스테롤 때문에 동맥경화가 올 수 있다. 몸에 좋은 음식을 적절히 섭취하는 것이 건강하게 장수하는 필수 요건이라고 할 수 있다. 2007년 초에 타임지가 건강 식품 10가지를 추천하는 기사를 게재했다. 어떤 건강 식품들이 있고 어떤 성분이 몸을 이롭게 하는지 살펴보자.

1. **토마토(tomato).** "토마토가 붉어지면 의사의 얼굴은 파래진다"라는 속담이 있다. 토마토에 들어 있는 라이코펜(lycopene)이라는 성분은 노화 방지, 전립선암 등에 대한 항암 효과, 심혈관 질환 예방, 혈당 저하, 남성 불임 예방 등 여러 모로 몸에 좋다. 또한 풍부한 비타민 C가 감기 바이러스와 스트레스에 대한 저항력을 높여준다. 라이코펜은 열을 가한 음식에서 몸에 더 잘 섭취되는 이성질체로 바뀌기 때문에 토마토는 날 것으로 먹는 것보다 익혀서 먹는 것이 좋다.
2. **시금치(spinach).** 과거 뽀빠이 만화에 등장한 시금치는 비타민 A, B_1, B_2, C 등 각종 비타민 뿐 아니라 풍부한 칼슘과 철분을 함유하고 있어서 청소년의 성장과 발육을 돕고 눈에도 좋다. 시금치는 항산화 효과(抗酸化效果, antioxidant effect)도 있고 암 발생도 억제한다. 시금치 나물 한 접시는 열량이 40 kcal에 불과해서 비만 환자에게도 좋은 저 칼로리 식단이다.
3. **마늘(garlic).** 삼겹살 등 고기를 구워서 먹을 때 많이 섭취하는 마늘은 알리인, 스코르진, 알리신과 같은 항세균 화합물을 함유하고 있다. 이는 식중독 등 다양한 질병을 일으키는 미생물에 대한 항균 효과를 나타내어 질병 예방에 도움이 된다. 또한 마늘은 혈액 중 콜레스테롤 수치를 낮춰주어서 혈액 순환을 원활하게 해 주기 때문에 심혈관 질환 예방에 좋은 식품이다. 현재까지 알려진 40여 종의 항암 식품 중 마늘이 최정상을 차지한다.
4. **녹차(綠茶, green tea).** 사람들이 커피 대신에 많이 마시는 녹차도 10대 건강 식품 중 하나이다. 녹차의 몸에 좋은 성분은 폴리페놀(polyphenol)이다. 특히 카테킨(catechin)은 발암물질과 결합하여 활성을 억제하는 항암 효과가 뛰어나다. 녹차를 마시면 두 시간 이내에 혈관 내피세포의 기능이 호전되어 혈관이 확장되고 협심증을 줄여준다. 녹차의 쓴 맛과 떫은 맛 성분은 위장 점막을 보호해 주고 위장 운동을 활발하게 해 준다. 이러한 이유로 녹차를 많이 마시는 지역에서는 위암 발생율이 낮다고 보고되고 있다.
5. **적포도주(赤葡萄酒, red wine).** 육식을 많이 하는 프랑스 사람의 심장병 발생율이 세계적으로 가장 낮은 것은 레드 와인 때문이라고 한다. 고기와 함께 먹는 적포도주의 자주색 색소는 항암효과가 있는 것으로 알려져 있다. 떫은 맛을 내는 타닌과

그림 12.10 2007년 타임지 추천 10가지 식품.

폴리페놀은 몸에 유익한 고밀도(高密度) 콜레스테롤(high density lipoprotein, HDL)을 활성화시켜 동맥경화도 예방해 준다.

6. **견과류(堅果類, nuts).** 땅콩, 호두, 잣 등의 견과류는 리놀렌산(linoleic acid)과 같은 불포화 지방산을 함유하고 있다. 이 성분은 동맥경화를 일으키는 저밀도(低密度) 콜레스테롤(low density lipoprotein, LDL)을 낮춰준다. 또한 엘라직산은 암의 진행과 촉진을 방해하고, 비타민 E는 노화 억제 및 항암 효과를 보여준다. 일주일에 2~4회 이상 땅콩을 25알 정도 먹으면 좋다고 한다. 단 오래된 견과류는 아플라톡신을 분비하여 오히려 발암효과를 나타내기 때문에 주의해야 한다.
7. **등푸른 생선.** 요즈음 많이 유행하고 있는 오메가-3 지방산은 연어와 고등어에 많이 함유되어 있다. 오메가-3 지방산(omega-3 fatty acid)은 혈중 콜레스테롤 수치를 낮춰주어 동맥경화를 예방해 준다. 또한 루푸스나 류마티스 관절염과 같은 자기면역 질환을 일으키는 물질의 생성을 막아준다. 고등어는 연어에 비해 오메가-3 지방산의 일종인 docosahexaenoic acid(DHA)를 두 배 정도 많이 함유하고 있다. DHA는 기억력 및 학습 능력을 유지하는 효과를 가져와서 노인성 치매에도 효과가 있다.
8. **블루베리(blueberry).** 블루베리의 보라색은 안토사이아닌(anthocyanin)계 색소 때문에 나타난다. 이 색소는 동맥경화와 심장병(心臟病, heart disease), 뇌졸증(뇌졸증)을 막아주는 효과가 있다. 또한 항바이러스 및 항균 효과가 있다. 가지(egg plant) 역시 안토사이아닌계 색소를 함유하고 있어서 블루베리의 대체 식품이 될 수 있다.
9. **브로컬리(brocolli)와 양배추(cabbage).** 브로컬리와 양배추에는 슬포라판과 인돌 등의 화합물이 들어있다. 이들 성분은 유방암, 대장암, 위암 발생을 억제하는 효과가 있다. 특히 위암과 위궤양을 일으키는 헬리코박터 파일로리(*Helicobacter pylori*)균을 죽이는데 탁월한 효과가 있다고 한다. 또한 섬유질, 비타민 C, 베타 카로텐(beta carotene)이 풍부하다.
10. **귀리(oat)와 보리(barley).** 귀리와 보리에는 베타 글루칸(beta glucan)이라는 수용성 식이 섬유소가 많이 함유되어 있다. 베타 글루칸은 해로운 콜레스테롤을 제거하고 포만감을 느끼게 해서 과식을 방지해 주어 다이어트를 하는 사람에게 효과적인 식품이다. 또한 소듐에 길항작용(拮抗作用)을 가진 포타슘이 많아 고혈압 및 심장병에 효과가 있다. 특히 보리에 있는 수용성 식이 섬유소는 섭취한 글루코스 및 지방 성분의 흡수를 늦추어 식후 혈당 및 콜레스테롤의 상승을 억제하여 당뇨환자에게 좋다. 귀리와 보리 등 곡물의 겨에 들어있는 토코트리에놀(tocotrienol)은 비타민 E 계열의 화합물이다.

12-3 교통/통신의 화학

인류에게 있어서 교통(交通, transportation)과 통신(通信, communication)의 발달은 많은 생활의 편이를 가져다 주었다. 자동차의 출현 이전에는 한정된 지역에서 소규모의 경제 활동이 이루어졌지만 자동차의 보급으로 경제 권역이 확대되어 생산 활동이 급격히 증가하게 되었으며 이를 기반으로 새로운 산업이 출현하게 되었다. 보다 확대된 경제권역의 경쟁을 위해 정보를 수집할 필요가 필요성이 대두되었고 이를 위해 전화나 전신이 개발되어 실시간으로 정보를 수집할 수 있게 되었다. 하지만 필요한 정보의 양이 증가함에 따라 이를 처리할 장치와 많은 정보량을 전송할 수 있는 기술이 필요하게 되었다. 이를 위해 컴퓨터가 개발되고 인터넷이 출현하게 되었다. 이 절에서는 교통과 통신의 발전에 화학이 어떻게 기여했는가를 살펴보도록 한다.

12-3-1 시멘트와 아스팔트

약 2천 년 전에 만들어진 로마의 판테옹 돔에는 로마 시멘트가 사용되었다.

교통 수단의 대명사인 자동차는 도로 없이는 무용지물이다. 과거의 도로는 평평한 돌을 깔아 바퀴가 있는 마차 등이 다닐 수 있도록 했지만, 최근에는 시멘트나 아스팔트와 같은 인공재료를 통해 도로를 만든다.

시멘트는 일반적으로 물과 섞으면 천천히 굳으면서 다른 모래, 돌 등 고형 물질을 강하게 결합시키는 가루 물질을 말한다. 로마 시대에는 석회에 화산재를 섞어 만든 로마 시멘트(Roman cement)를 사용해서 판테옹 같은 대형 건축물을 만들었다. 1824년에 개발되어 지금도 많이 쓰이는 포틀랜드(Portland) 시멘트의 주원료는 석회(lime, CaO), 실리카(SiO_2), 알루미나(Al_2O_3), 그리고 산화철(Fe_2O_3)인데, 석회는 주로 석회석에서 얻고 실리카와 알루미나는 제철소에서 나온 부산물인 슬래그(slag)를 사용한다. 이들을 잘게 갈아 1500°C 정도의 높은 온도로 가열한 후 5% 정도의 석고($CaSO_4 \cdot 2H_2O$)를 넣고 가루로 만든 것이 시멘트이다. 시멘트에 물을 가하면 시멘트의 성분들이 물과 반응해서 수화물(水化物, hydrate)을 만들면서 굳어지는데 이를 양생(養生)이라고 한다. 양생의 결과물은 크게 $(CaO)_3 \cdot Al_2O_3 \cdot (CaSO_4)_3 \cdot 32H_2O$와 $(CaO)_5 \cdot (SiO_2)_6 \cdot 5H_2O$로 나눌 수 있다. 시멘트로 만들어진 도로를 겉에서 볼 때는 단일한 물질로 되어 있다고 생각할 수 있지만 mm 배율로 관찰하면 각각 다르게 자란 결정들을 확인할 수 있다. 이러한 결정들도 μm나 nm 배율로 살펴보면 작은 결정들의 집합임을 알 수 있다.

시멘트에 물과 모래, 석회를 섞은 모르타르(mortar)는 벽돌이나 석재를 쌓을 때 사이 사이에 넣어 이들이 견고한 구조를 만들게 해준다. 시멘트, 모래, 자갈을 섞고 물을 가하면 콩크리트가 된다. 철근(鐵筋)을 만들고 콩크리트로 구조를 완성하는 것도 중요한 건축 방식이다. 세계적으로 무게로 따져서 가장 많이 생산되는 단일 품목은 시멘트라고 한다. 연간 생산량이 20억 톤에 달하는데 그 중 반 정도는 중국에서 생산된다.

오늘날 거의 대부분의 도로는 아스팔트 또는 시멘트로 되어 있다. 아스팔트는 시멘트에 비해 무른 성질을 갖고 있다. 이때문에 시멘트에 비해 충격에 강하다. 아스팔트는 시멘트와 달리 양생 과정이 필요 없고 온도만 낮추면 굳는 성질 때문에 도로의 보수 등이 용이하다. 아스팔트는 7장에서 살펴본 정유 과정에서 남는 끓는점이 높은 여러 물질이 혼합된 찌꺼기이다. 그리고 보면 분별 증류를 이용하는 정유 과정은 교통 수단의 연료를 생산할 뿐 아니라 부산물로 아스팔트 도로용 역청도 제공한다. 정유탑의 가장 위쪽, 110°C 정도에서는 액화 석유(液化石油) 가스(liquified petroleum gas, LPG)의 원료가 되는 가스가 발생하고, 그보다 높은 온도에서는 휘발유, 석유화학공업의 기본적 원료가 되는 나프타, 가정용 난방에 많이 쓰이는 등유, 경유, 중유가 차례로 얻어지고 끓는점이 가장 높은 역청이 남아서 아스팔트 용으로 쓰이게 된다.

12-3-2 연료

처음에 증기기관차(蒸氣機關車, steam engine locomotive)가 나왔을 때는 석탄을 연료로 사용했지만 석유가 발견되고 대량으로 채취되면서 정유 산업(精油産業, oil refinery)이 발전되었고 끓는점이 다른 여러 가지 탄화수소가 다양한 용도의 연료로 사용되고 있다. 그 중에는 디젤 엔진에 쓰이는 경유, 항공기에 쓰이는 중유 등도 있지만 역시 내연 기관(內燃機關, internal combustion engine)에 가장 많이 사용되는 연료

는 휘발유(揮發油, gasoline)다.

휘발유의 등급을 매길 때 옥탄가(octane value)를 사용한다. 그런데 이때 옥테인은 곁가지가 없는 노말 옥테인(n-octane)이 아니라 아이소옥테인(isooctane)이다. 아이소옥테인의 IUPAC (Internation Union of Pure and Applied Chemistry) 이름은 2,2,4-trimethylpentane인데 그림에서 볼 수 있듯이 펜테인의 2번 탄소에 두 개, 4번 탄소에 한 개의 메틸기가 결합한 옥테인의 이성질체의 하나이다. 아이소옥테인이 100%면 옥탄가가 100이고, 예컨대 옥탄가가 96이라고 하면 그것은 그 연료가 96% 아이소옥테인과 4%의 노말 헵테인(n-heptane, C_7H_{16})의 혼합물과 같은 효과를 나타낸다는 뜻이다. 아이소옥테인을 기준으로 삼는 것은 아이소옥테인이 자동차 연료로서의 효능이 가장 뛰어나기 때문이다.

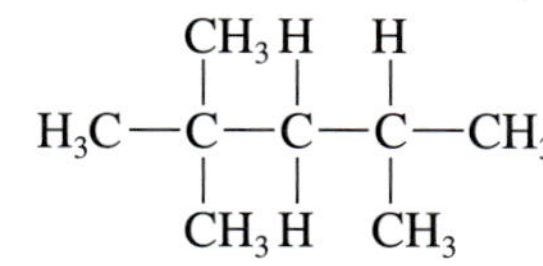

아이소옥테인

일반적으로 탄화수소가 연료로 매력적인 것은 탄소가 자신도 산소와 결합하면서 많은 열을 내놓지만 단위 무게 당 탄소보다 훨씬 많은 열을 내는 수소를 공유 결합으로 붙잡고 있기 때문이다. 물론 발열량 면에서는 순수한 수소가 제일 좋겠지만 수소는 상온에서 기체이고 폭발의 위험이 있다. 운반 면에서는 부피를 적게 차지하는 고체 석탄이 유리하지만 단위 열량 당 무게가 많이 나간다. 무게의 반을 중성자가 차지하는 데다가 여섯 개의 전자 중에서 네 개만이 산화 반응에 관여하기 때문이다. 두 극단의 타협점이 탄화수소인데, 가장 가벼운 탄화수소인 메테인은 기체라서 도시 가스로는 좋지만 자동차 연료로는 부적합하다. 그래서 액체 탄화수소인 휘발유가 많이 쓰이는 것이다.

로켓의 추진제(推進劑, propellant)로 쓰이는 연료의 요건은 자동차 연료에 비해 훨씬 까다롭다. 무게를 최대한 줄여야 하기 때문에 공기 대신 액체 산소나 산소를 많이 포함하는 고체인 $KClO_4$를 사용하고, 연료도 수소가 많이 포함된 물질이 유리하다. 하나의 좋은 예로 사산화이질소(N_2O_4, dinitrogen tetroxide)와 하이드라진(N_2H_4, hydrazine)의 조합이 있다. N_2O_4는 끓는점이 21°C인 액체 산화제(液體酸化劑, liquid oxidant)인데, 산소는 하이드라진의 수소를 연소하는데 사용되고 질소는 N_2 기체가 되어 팽창하면서 작용–반작용의 법칙에 따라 추진력을 낸다. 수소 결합을 하는 하이드라진도 액체인데 수소는 연료 역할을 하고 질소는 마찬가지로 추진력을 낸다. 두 물질에서 모두 질소는 한편으로는 산소, 또는 수소를 붙잡아서 액체로 만들고, 다른 한편으로는 기체로서 팽창하여 추진력을 내는 두 가지 역할을 하는 셈이다.

12-3-3 반도체, 디스플레이

1946년에 미국 펜실바니아대학에서 세계 최초의 컴퓨터인 에니악(ENIAC)이 탄생한 이후 정보의 이동 및 처리의 속도는 엄청나게 빨리 발전해왔다. 당시 컴퓨터는 진공관(眞空管, vacuum tube)을 이용하여 연산을 실행하였다. 이후 1948년 미국의 벨연구소에서 트랜지스터(transistor)를 개발하였는데, 이것이 요즘 널리 사용되는 반도체(半導體, semiconductor)의 시작이다.

전통적인 반도체는 정제된 4족 원소인 실리콘에 소량의 5족 원소인 인이나 3족 원소인 붕소를 도핑(doping)하여 만드는데, 실리콘 격자에 불순물로 인하여 홀(hole)과 자유 전자(free electron)가 생성된다. 이때 홀과 자유 전자의 흐름에 의하여 반도체의 특성이 나타나는데, 이런 특성을 나타내는 전자의 에너지 상태를 '띠이론(band theory)'으로 설명할 수 있다.

보통 반도체를 사용하는 컴퓨터는 부피가 상당히 커서 이동하는데 제약이 많이 따른다. 오늘날 많은 기술적 진보로 인해 노트북과 같은 소형 컴퓨터들이 나오지만 아직

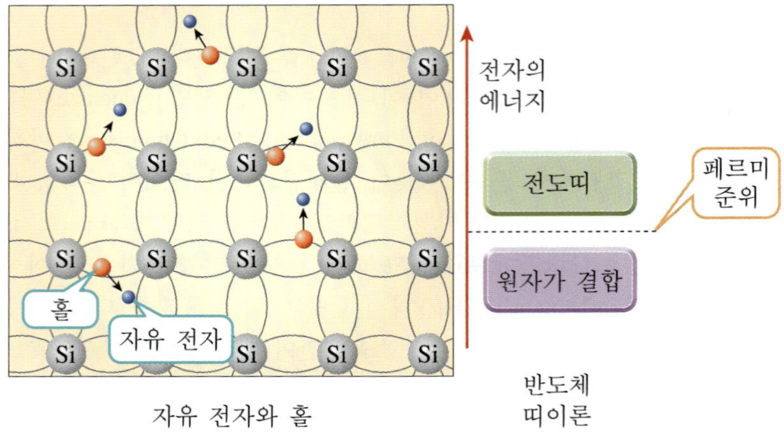

그림 12.11 반도체의 특성을 설명하는 띠이론.

도 들고 다니기에 불편함이 있다. 가지고 다니기에 편하도록 '유연한 장치(flexible devices)'의 개발이 진행되고 있다. 작고 가볍고 신문과 같이 접을 수 있는 컴퓨터를 만들려면 전통적인 실리콘 반도체를 대체할 수 있는 새로운 개념의 물질이 필요하다. Organic field-effect transistor (OFET)는 실리콘을 대신하여 pentathienoacene (PTA)과 같은 전기를 통하는 유기물질을 활용하여 휴대가 용이한 계산기 등을 제작할 수 있는 개념의 반도체이다. OFET의 작동 원리는 실리콘 반도체에서의 원리와 유사하다. 반도체의 띠이론에서의 홀과 자유 전자는 유기화학에서의 highest occupied molecular orbital (HOMO), lowest unoccupied molecular orbital (LUMO)의 개념과 동일하여 같은 동작을 구현할 수 있다. 이를 위해 π-오비탈이 많은 분자들을 활용하게 된다.

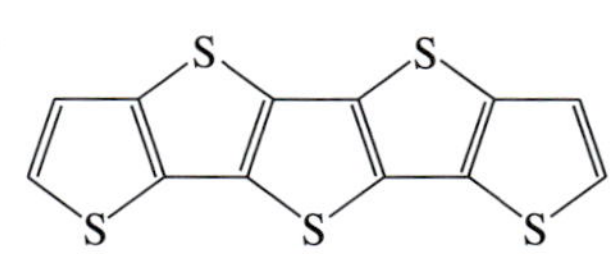

PTA

1990년대 초반까지만 해도 대부분의 디스플레이 장치는 음극선관(陰極線管, cathode ray tube, CRT)을 활용하는 TV 같은 것이었는데 큰 무게와 부피 때문에 공간 활용도와 휴대성이 떨어졌다.

오늘날 휴대성이 용이한 컴퓨터인 노트북의 경우 CRT의 단점을 극복한 혁신적인

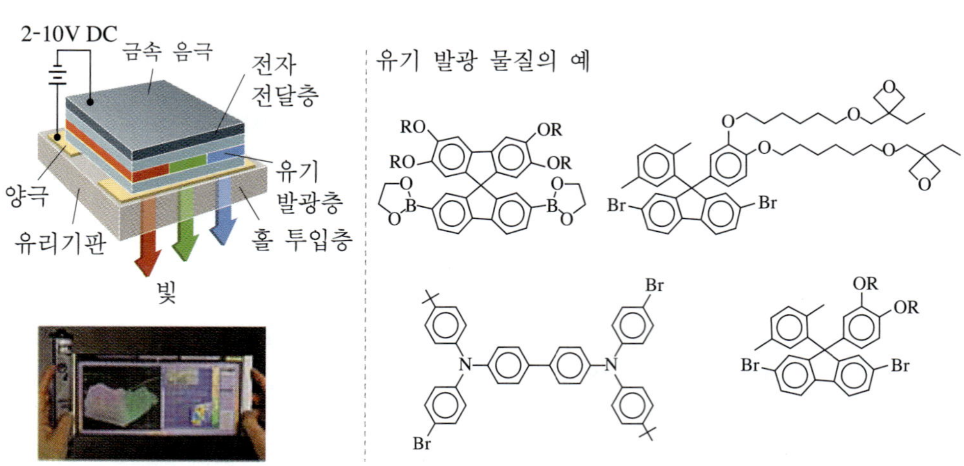

그림 12.12 전기발광.

장치이다. 하지만 박막(薄膜) 트랜지스터-액정(液晶) 디스플레이(thin film transistor-liquid crystal display, TFT-LCD)를 채용한 노트북의 경우도 휴대성에서 한계가 나타나고 있다. TFT-LCD는 충격에 약하여 쉽게 깨어지며 신문과 같이 접어서 부피를 줄일 수 없다. 또한 무게도 상당하다. 이를 극복하기 위해 유기 발광(有機發光) 다이오드(organic light emitting diode, OLED)가 개발되었다.

OLED는 빛의 3원색인 붉은색, 녹색, 푸른색의 파장을 방출할 수 있는 여기된 전자 에너지 상태(excited electronic energy state)를 갖는 발색물질을 한쪽 전극의 특정 전위차로 제어하여 원하는 색을 내는 장치이다. OLED는 아직 완벽하게 기술이 완성된 것은 아니지만 일부 상용화되어 사용되고 있다. 우리가 매일 사용하는 휴대폰의 액정은 몇 년 전부터 OLED로 대체되었다. TFT-LCD는 장치의 구조상 색상을 내는 LCD 패널 뒤에 위치하는 광원 때문에 전력소모량이 많았지만, OLED의 경우 전류를 흘려주면 발색물질 자체에서 빛이 나오기 때문에 LCD와 같은 광원이 필요 없어 TFT-LCD에 비해 전력 사용량이 적다.

OLED보다 발전된 개념으로 고분자 LED(Polymer Light Emitting Devices)가 탄생하였다. OLED와의 차이는 전극 사이에 유기 발색물질이 사용되느냐 고분자물질이 사용되느냐에 있다. 일반적으로 알루미늄판에 부착된 음극의 역할을 하는 전자 방출자(電子放出子, electron ejector)와 양극의 역할을 하는 산화인듐주석(indium tin oxide) 사이에 발색하는 반도체 고분자가 도입된 것이 고분자 LED이다. 이 장치는 OLED에 비해 내구성이 좋을 것으로 예측되고 구부린 상태에서도 빛을 발생시킬 수 있다.

12-4 에너지와 환경의 화학

21세기에 인류가 당면한 가장 큰 문제는 에너지(eNergy)와 환경(eNvironment)의 두 N 문제라고 하는데 국제적인 합의가 이루어지고 있다. 분배의 문제가 남아있기는 하지만 기본적인 의식주의 문제는 해결되었다고 볼 수 있고, 인간의 수명도 통상적인 정년보다 20년 이상 길어졌다. 그래서 젊어서는 열심히 일하고 노년에는 건강하게 문화생활을 즐기는 것이 바람직하지만, 우리가 사용할 수 있는 에너지 총량이 크게 감소한다거나 환경이 돌이킬 수 없을 정도로 파국적인 변화를 겪는다면 그것은 차원이 다른 문제가 될 것이다. 이 절에서는 지구의 온난화와 오존층 파괴라는 환경 문제, 그리고 화석 연료의 고갈과 대체 에너지 개발 문제에 화학이 어떻게 관련되어 있는지를 다룬다.

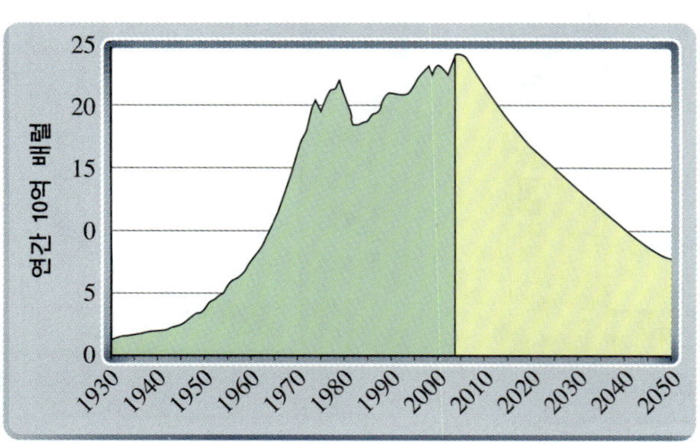

그림 12.13 세계 원유 생산량 추이.

12-4-1 화석 연료와 지구 온난화

불을 발견한 것은 인간이 능동적으로 화학 에너지를 다루게 된 것을 의미한다. 산업혁명 이전에는 주로 마른 나무나 풀 같은 주위에서 쉽게 구할 수 있는 연료를 사용했다. 나무나 풀의 주성분인 셀룰로스는 탄수화물이니까 수소는 이미 물로 산화된 상태라고 볼 수 있고, 결국 태우는 것은 탄소인 셈이다. 비교적 순수한 탄소에 가까운 석탄(石炭, coal)을 사용하면서 같은 무게의 연료로부터 보다 많은 열을 얻게 되었다. 석유(石油, oil, petroleum)는 탄소에 수소까지 들어있어서 석탄보다도 더 훌륭한 연료로 등장했다.

석탄과 석유는 모두 오래 전에 지상에 무성했던 식물이 땅속에 갇혀 높은 온도와 압력 하에서 만들어낸 화석 연료(化石燃料, fossil fuel)이다. 이 식물들이 당시에 다 타 버렸거나 동물에 먹혀서 호흡을 통해 이산화탄소로 배출되었다면 광합성에 사용되었던 이산화탄소가 다시 공기로 돌아가는 결과가 되었을 텐데, 그러지 않고 화석 연료가 되는 바람에 수천 만 년 후에 이산화탄소를 배출할 수 있는 이산화탄소 배출권을 가지고 땅 속에 묻혀 있었던 셈이다. 아무튼 석탄과 석유는 각각 19세기와 20세기의 중심 화석 연료로 산업 발전에 필수적인 역할을 담당했다. 그런 의미에서 19세기, 20세기는 '화석 연료 경제(化石燃料經濟, fossil fuel economy)'라고 볼 수 있다. 하지만 한정된 매장량과 함께 연소 결과물들이 자연에 미치는 폐해가 심각해지면서 21세기는 새로운 에너지원을 개발할 필요성이 대두되게 되었다. 세계의 원유 생산량은 2005년경에 피크에 도달한 것으로 생각된다.

요즘은 여름이 다가오면 신문이나 TV에서는 어김없이 지구 온난화 때문에 평년 기온이 상승한다거나 그에 따른 기상 이변들이 일어난다고 보도한다. 지난 400년 동안의 온도와 이산화탄소 농도 변화를 살펴보면 증감은 있지만 평균적으로 증가하고 있는 양상은 아니었다. 하지만 최근 들어서는 급상승하고 있다. 그만큼 온난화가 인류에게 있어서 심각한 문제라는 것을 보여주고 있다.

미국 스크립스 해양연구소(Scripps Institute of Oceanography)의 킬링(Keeling)은 1958년부터 하와이의 마우나 로아 관측소(Mauna Loa Observatory)에서 대기 중의 이산화탄소 농도를 정밀하게 측정하였다. 킬링 곡선으로 알려지게 된 그 결과를 보면 광합성이 줄어드는 10월부터 이산화탄소 농도가 증가하다가 광합성이 활발해지는 5월부터 감소하는 연중 변화를 보이면서 전체적으로는 약 50년 사이에 20% 이상 증가하는 양상을 보이고 있다. 이산화탄소를 포함해서 6대 온실 가스의 연간 배출량은 70억톤을 초과한다.

지구 온난화를 막기 위해 국제적 노력이 진행되고 있는데 2005년 발효된 교토 의정

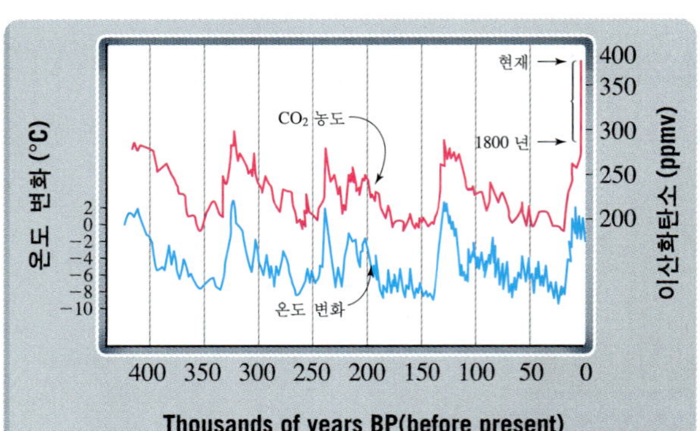

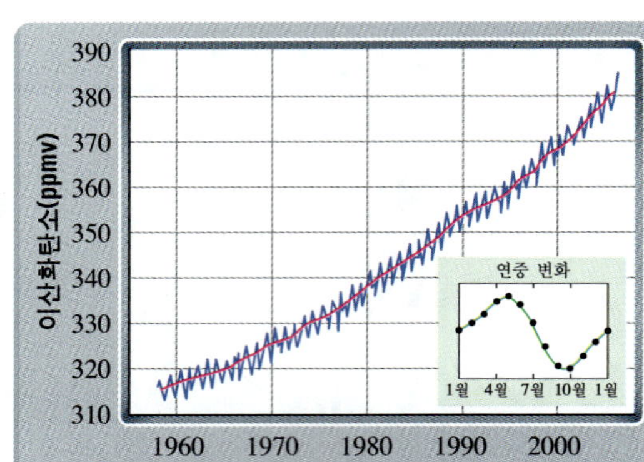

그림 12.14 최근 대기 중 이산화탄소 농도의 증가 추세.

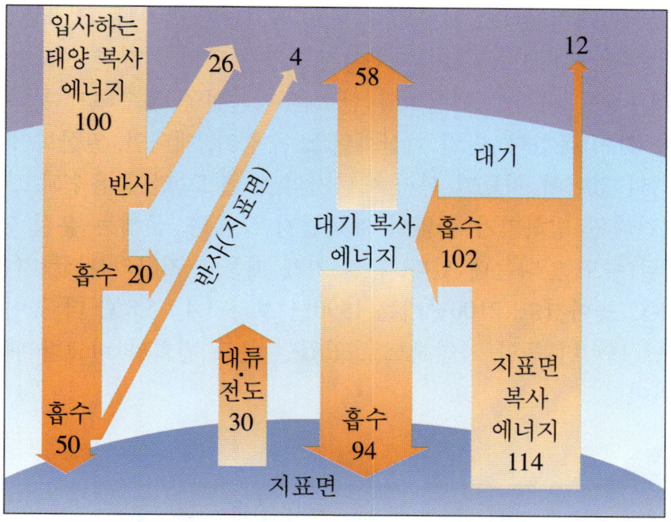

그림 12.15 지표면의 에너지 균형. 대기의 온실 효과 때문의 지표면의 평균 온도는 15°C로 유지된다.

서(Kyoto Protocol)가 그 대표적 예이다. 이 의정서에는 2012년까지 가입국의 온실 기체 배출을 1990년 대비 5.2%를 감축해야 한다고 규정해 놓고 있다. 또한 '온실 기체 배출권 거래제도(Emission Trading)'가 있어서 정해진 배출권을 넘어서 온실 가스를 배출하게 되면 다른 국가에서 배출권을 구입해야 한다. 우리나라도 2013년부터는 쿄토 의정서의 규제를 받기 때문에 적절한 대응 방안을 강구해야 하는 입장이다.

온실 기체 문제 해결 방안을 논하기 전에 우선 왜 온실 기체가 지구 온난화(地球溫暖化, global warming)를 가져오는지에 대해 알아보자. 온실 효과(溫室效果, green house effect)라고도 하는 온실 기체에 의한 온난화는 일단 지구에 대기가 있기 때문에 일어난다. 사실 대기가 없었다면 지구 표면의 평균 온도는 현재의 15°C보다 훨씬 낮은 −18°C가 되었을 것이다. 지구로 들어오는 태양 복사(輻射, radiation) 에너지의 대부분은 가시광선과 자외선인데 이 태양의 복사 에너지를 100이라고 한다면 그 중 26은 대기에 의해 반사되어 우주 공간으로 돌아간다. 20은 대기에 의해 흡수되고 54가 지표면에 도달하는데 거기서 4는 다시 지표면에 의해 반사되고 50, 그러니까 입사 에너지의 반이 지표면에 흡수된다. 지표면은 태양 에너지로부터 흡수한 이 50에 대기로부터 흡수하는 94를 합하여 총 144를 흡수하는데 그 중 30은 대류(對流, convection)와 전도(傳導, conduction)에 의해 대기로 전달되고, 114는 지표면 온도에 해당하는 복사 에너지이다.

방 한 구석을 데우면 더워진 공기의 분자들이 방 전체로 퍼져나가기 때문에 방 전체가 더워진다. 이런 현상을 대류라고 한다. 철사 한 쪽 끝을 가열하면 다른 쪽 끝도 뜨거워지는 것은 대류와는 다른 이유 때문이다. 이 경우에는 가열되어 높은 운동 에너지를 얻은 원자가 옆의 원자에게 에너지를 전달하는 방식으로 다른 쪽 끝까지 열이 전달된다. 이러한 전도에서는 대류와 달리 원자나 분자가 직접 이동하지는 않는다. 복사는 대류나 전도와 또 달리 에너지를 전달하는 물질이 아예 없다. 복사는 진공에서도 진행하는, 전파부터 감마선에 이르는 모든 파장의 빛이다.

예제 12.10

5장에서 흑체 복사를 다룰 때 빈의 법칙으로부터 최대 광도에 해당하는 파장은 흑체 온도에 반비례하는 것을 보았다. 태양의 표면 온도는 약 6000 K이고, 지구의 표면 온도는 약 300 K이다. 태양 복사 에너지가 300 nm의 자외선에 해당 한다면 지구의 복사 에너지는 어떤 영역에 속할까?

풀이 $300\ \text{nm} \times \dfrac{6000\ \text{K}}{300\ \text{K}} = 6\ \text{mm}$ (적외선)

지표면이 방출하는 114의 복사 에너지는 대부분 적외선이기 때문에 102에 해당하는 대부분은 온실 기체에 의해 흡수되고 나머지 12만이 우주 공간으로 빠져나간다.

대기의 입장에서 보면 태양 에너지를 직접 흡수한 부분이 20, 대류와 전도를 통해 지표면에서 받은 부분이 30, 그리고 지표면의 복사 에너지 흡수분이 102로 총 152에

달한다. 그 중 58은 대기 상층으로부터 외부로 빠져나가고, 94는 지표면으로 흡수되는 것이다. 이렇게 해서 에너지 균형이 이루어지고, 지표면의 적절한 온도가 유지된다. 그런데 공기의 대부분을 차지하는 질소와 산소는 적외선을 흡수하지 못하기 때문에 온실 기체 역할을 하지 못한다. 만일 이산화탄소, 수증기, 메테인, 일산화이질소(N_2O) 등 온실 기체가 거의 없어서 지표면 복사 에너지의 반 정도 만이 흡수되고 반은 우주 공간으로 빠져나간다면 빙하기가 끝없이 계속될지 모른다. 문제는 온실 기체의 농도가 적정선을 넘어설 수도 있다는데 있다. 온실 기체 때문에 지구의 평균 기온은 지난 100년 동안 약 0.6°C 높아졌고, 2100년에는 1990년 보다 1.4~5.8°C 더 높아질 것이라 한다. 이것은 지난 1만 년 동안 자연적으로 있었던 온도 변화와 비교할 때 10배 이상이 되는 온도 증가이다.

예제 12.11

어떤 분자가 온실 효과를 나타내는지 여부는 구성 원자의 종류와 쌍극자 모멘트(μ)와 관계가 있다. 쌍극자 모멘트는 하나의 결합이나 분자 내에서 음전하를 띠는 부분과 양전하를 띠는 부분이 분리된 경우에 나타난다. 분자에서 결합의 길이나 결합각은 고정되어 있지 않고 분자의 진동(振動, vibration)에 따라 변할 수 있다. 진동에는 결합각이 변하는 굽힘(bending)과 결합의 길이가 변하는 늘어남(stretching)이 있다.

1. 대표적인 온실 기체인 메테인(CH_4), 수증기(H_2O), 이산화탄소(CO_2)의 3차원 구조를 그리고 비공유 전자쌍을 나타내어라. 그리고 이 구조를 고려하여 각각의 분자가 진동을 하지 않을 경우 쌍극자 모멘트를 가지는지 여부를 설명하여라.
2. 분자의 진동과 쌍극자 모멘트를 고려하여 메테인, 수증기, 이산화탄소는 온실 효과를 나타내는데 질소와 산소는 온실 효과를 나타내지 않는 이유를 추론하여라.

풀이 1.

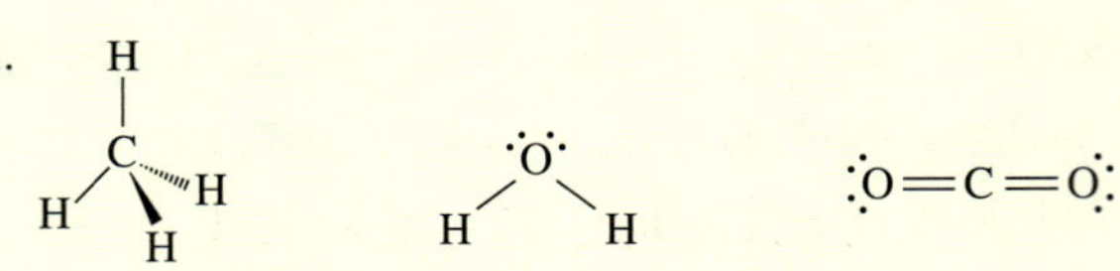

메테인 $\mu=0$ 수증기 $\mu\neq0$ 이산화탄소 $\mu=0$

2. 질소와 산소는 진동해도 쌍극자 모멘트가 바뀌지 않고, 따라서 온실 효과를 나타내지 않는다. 메테인과 이산화탄소는 쌍극자 모멘트가 없으나 진동하면 구조가 바뀌고 원래의 대칭성(對稱性, symmetry)이 깨어져 쌍극자 모멘트를 가지게 된다. 물은 쌍극자 모멘트가 있는데 진동하면 구조가 바뀌어 쌍극자 모멘트가 바뀐다. 결국 메테인, 수증기, 이산화탄소 모두 진동에 의해 쌍극자 모멘트가 바뀌기 때문에 적외선을 흡수하고 따라서 온실 효과를 나타낸다. 이산화탄소 경우에 탄소를 중심으로 양쪽의 산소가 대칭적으로 진동하면 쌍극자 모멘트의 변화가 없다. 그러나 그림같이 비대칭적으로 늘어남 진동을 하거나 O−C−O 각도가 변하면 쌍극자 모멘트가 변한다.

$$\underset{\mu=0}{O{=}O} \Rightarrow \underset{\mu=0}{\overleftarrow{O}{=}\overrightarrow{O}} \qquad \underset{\mu=0}{O{=}C{=}O} \Rightarrow \underset{\mu\neq0}{\overrightarrow{O}{=}C{=}\overrightarrow{O}}$$

12-4-2 저탄소 대체 에너지, 수소 경제

화석 연료가 온실 기체인 이산화탄소를 배출한다는 문제 말고도 멀지 않아 고갈되고 말 것이라는 심각한 문제를 안고 있다면 우리는 에너지 소비를 줄이는 한편 대체 에너지 개발을 서둘러야 할 것이다. 흔히 재생 가능(再生可能)한 에너지(renewable nergy)라 부르는 대체 에너지에는 태양 에너지, 풍력(風力), 조력(潮力), 지열(地熱), 바이오매스(biomass) 등이 있다.

햇빛이 강한 지역에서, 햇빛이 있을 때 태양광 전지(太陽光電池, solar cell) 장치를 사용하면 태양 에너지를 활용할 수 있다. 태양광 전지는 광전 효과를 일으킬 수 있는 *p-n* 접합 다이오드를 이용하여 태양광을 전기로 바꾸는 장치이다. 이미 가정 난방 등 소규모의 응용은 상당히 이루어지고 있다.

풍력, 조력, 지열 발전은 각각 바람, 바닷물의 간만 차이, 지구 내부의 열을 이용해서 터빈을 돌려 발전을 하는 것인데, 모두 지역적 제한이 많아 현재 에너지 요구의 상당한 부분을 대체하기는 어려울 것이다. 태양광이나 풍력 발전은 오염 물질을 발생시키지는 않지만 날씨나 바람의 세기에 좌우된다는 점 이외에도 핵발전소이나 화력 발전에 비해 넓은 공간을 필요로 하기 때문에 자연을 파괴할 우려가 크다는 문제점이 있다. 또한 비용이 높아 경제성이 떨어지는 것도 문제이다.

태양광 발전

바이오매스는 식량으로 사용되지 못하는 잡초, 옥수수 줄기 등을 활용하자는 자원 활용의 면도 있고, 브라질이나 미국처럼 땅이 넓은 나라에서는 옥수수, 콩 등의 곡물에서 에탄올을 생산해서 휘발유에 섞어 사용하고자 하는 시도도 있다. 전자의 경우에는 셀룰로스를 글루코스로 바꾸어 주는 미생물이나 효소작용을 효율적으로 일으켜야 하는 문제가 있고, 후자의 경우에는 곡물 재배를 위해 아마존과 같은 열대우림을 파괴한다든지, 곡물을 연료로 전환하다보니 곡물 가격이 상승하여 결국 가난한 사람들에게 피해가 돌아간다는 문제가 제기된다. 또 경제적으로 에탄올을 생산한다고 해도 휘발유에 10% 이상 혼합할 수는 없다. 에탄올은 물을 흡수해서 엔진 등 금속 파트에 손상을 주기 때문이다.

풍력 발전

요즘 지구 온난화 문제를 극복하는 방안으로 저탄소 경제가 강조되고 있는데, 화석 연료를 대체할 에너지의 이상형은 생산, 저장, 전달 등 전 사이클을 통해 이산화탄소를 적게 배출하는 저탄소 연료임에 틀림없다.

바이오매스

예제 12.12

메테인과 옥테인 중 어느 쪽이 저탄소 연료인지 설명하여라.

풀이 메테인(CH_4)은 탄소 원자 하나에 수소 원자 네 개가 결합한, 가장 간단한 탄화수소이고, 옥테인(C_8H_{18})은 탄소 원자 여덟 개에 수소 원자 18개가 결합한, 비교적 긴 사슬의 탄화수소이다. 탄소 원자 하나당 이산화탄소 분자 하나가 생기기 때문에 단위 열량당 탄소 수가 적은 쪽이 저탄소 물질이다. 탄소와 수소 원자의 개수 비를 구해보면 알 수 있듯이 메테인이 저탄소 물질이다.

$$CH_4 : \frac{C}{H} = \frac{1}{4} = 0.25$$

$$C_8H_{18}: \frac{C}{H} = \frac{8}{18} = 0.44$$

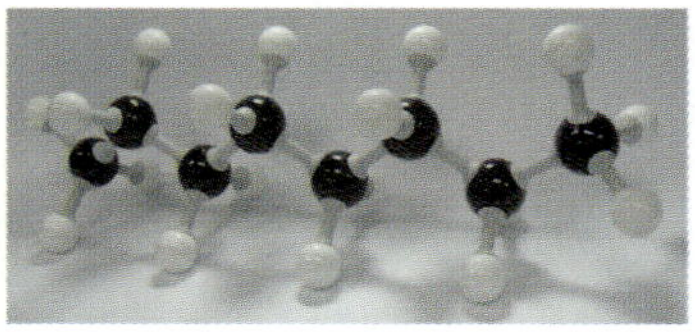
옥테인

메테인은 탄소가 하나이고 옥테인은 탄소가 8개이므로 메테인이 저탄소라고 단순히 생각하면 안 된다. 그렇게 생각한다면 석탄(C)도 저탄소 물질일 것이다. 석탄은 반대로 100% 탄소이다.

가장 이상적인 저탄소 연료는 물론 탄소가 전혀 없는 수소이다. 그래서 산업혁명 이후 최근까지의 경제가 화석 연료 경제였다고 한다면 앞으로의 경제는 수소 경제(水素

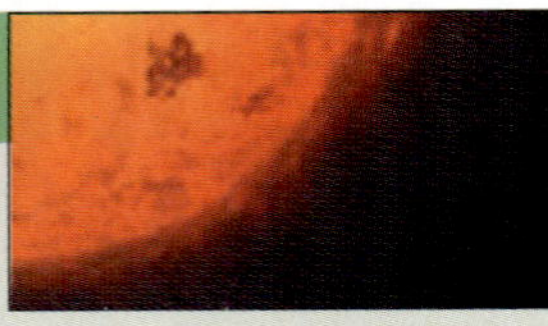

바이오 에너지의 딜레마

최근에 화석 연료 가격의 급등으로 여러 가지 대체 에너지원에 대한 관심이 높아지고 있다. 최근들어 바이오 에너지 즉, 콩이나 옥수수 등에서 알코올을 제조하여 자동차의 연료로 사용하고자 하는 노력이 늘어나고 있다. 바이오 에탄올은 바이오 디젤과 함께 가장 널리 사용되는 바이오 연료(bio-fuel)이다. 바이오 디젤이 유지(油脂) 작물에서 식물성 기름(vegetable oil)을 추출해 만드는 데 반해, 바이오 에탄올은 녹말(전분) 작물에서 글루코스를 얻은 뒤 이를 발효시켜 만든다는 점에서 바이오 디젤과 다르다.

바이오 에탄올의 대표적인 원료는 사탕수수, 밀, 옥수수, 감자, 보리, 고구마 같은 녹말 작물이다. 그밖에 카사바, 볏짚 등 다양한 식물에서도 바이오 에탄올을 추출할 수 있다. 최근 미국 듀폰 사에서는 잔디나 잡초 등의 셀룰로스에서 에탄올을 얻어 내는 방법을 개발하여 실용화에 박차를 가하고 있다고 한다. 바이오매스(biomass)에 들어있는 녹말이나 셀룰로스 등의 탄수화물을 글루코스로 전환시킨 뒤, 다시 포도주나 양조 맥주를 발효시키는 것과 비슷한 발효 과정을 거쳐 에탄올을 만든다. 화석 연료와 달리 환경오염 물질이 적고, 식물로부터 연료를 얻기 때문에 언제든지 재생이 가능하다. 특히, 일산화탄소나 황산화물과 같은 환경오염 물질을 배출하는 가솔린과 달리, 유해물질을 전혀 배출하지 않아 일찍부터 차량용 대체 에너지로 주목을 받았다. 가장 널리 사용되는 바이오 에탄올의 원료는 사탕수수이다. 사탕수수가 많이 생산되는 브라질에서는 차량의 70% 정도가 바이오 에탄올을 연료 첨가제로 사용할 만큼 일반화되었다. 국제 에너지 기구(IEA)는 2050년에는 가솔린과 에탄올을 혼합한 연료를 사용하는 플렉스 자동차가 세계 자동차 운행 대수의 25%를 차지해 세계 에탄올 시장 규모가 무려 7억톤에 달할 것으로 예측하고 있다.

經濟, hydrogen economy)가 될 것이라고 말하기도 한다. 수소는 단위 무게당 탄소보다 훨씬 많은 에너지를 내고 이산화탄소도 배출하지 않는다. 하지만 우주에서 가장 풍부한 원소인 수소는 지구 표면에서는 거의 다 이미 산화된 물로 존재한다. 따라서 수소를 연료로 사용하려면 물을 분해해야 하는데, 에너지 보존 법칙에 따라 물을 분해하는 데 필요한 에너지는 나중에 수소를 태워 물로 바꾸면서 얻을 수 있는 에너지와 같다. 게다가 열역학 제2법칙에 따라 일부 에너지는 열로 빠져나가기 때문에 결국은 손해보는 장사가 될 수 밖에 없다. 수소 경제를 가능하게 할 유일한 길은 값없이 거의 무한정 얻을 수 있는 태양 에너지를 사용해서 물을 분해하는 것이다. 그 것이야말로 식물이 엽록소를 사용해서 수 억 년 동안 해왔던 일이다. 그리고 보면 태양 에너지로 물을 분해해서 수소를 만들어내는 촉매 시스템을 개발하는 것은 과학기술이 인류 문명에 가장 크게 기여할 수 있는 도전적 과제임에 틀림없다.

경제적으로 수소를 생산했다고 해도 수소가 폭발적으로 연소하는 기체라는 점에서 안전성과 운반의 문제를 해결해야 한다. 예컨대 수소를 자동차 연료로 사용한다면 압축하거나 액화해야 하는데 그 과정에도 에너지가 들어간다. 풀러렌이나 탄소 나노튜브, 또는 유기금속 화합물에 저장하는 방안도 연구되고 있는데 쉽게 고농도로 저장했다가 쉽게 꺼내 쓸 수 있어야 한다. 저장 장치의 무게가 상당할 수 밖에 없다면 가벼운 수소의 장점을 잃어버리게 된다. 물론 옥테인 같은 탄화수소처럼 수소를 저장하는 역할을 하는 탄소가 수소와 함께 연소해서 이산화탄소를 배출하는 문제는 없다는 면 그러나 다른 나라에서는 사탕수수의 생산 원가가 비싸서 섬유소가 풍부한 각종 바이오매스에서 대량으로 바이오 에탄올을 추출하는 기술을 개발하고 있다. 바이오 에탄올을 차량 연료 첨가제로 사용할 경우, 휘발유만 사용할 때보다 일산화탄소 배출량이 훨씬 줄어드는 것으로 확인되었다. 그러나 이러한 이점들에도 불구하고, 식량으로 사용해야 할 곡물들을 에탄올 생산에 사용하게 됨으로 말미암아 곡물가격이 폭등하게 되는 효과를 가져오게 되었다. 예를 들어 스포츠 유틸리티 차량(sports utility vehicle, SUV) 1대의 연료 탱크를 채울 정도의 에탄올을 만들기 위해서는 한 사람이 1년 동안 먹는 양만큼의 곡물이 필요하다는 분석도 나오고 있다. 또 이러한 식물의 경작을 위해 매우 넓은 면적의 나무들을 베어 내고 경작지로 바꾸는 과정에서 오히려 이산화탄소의 배출을 증가시킨다는 지적이 있다. 유엔 보고서에서는 바이오 에너지는 단기적으로는 친환경적이지만 한편에서는 환경 파괴를 조장한다는 비판을 하고 있다. 에탄올 수출국인 브라질의 경우 아마존 삼림을 마구잡이로 개발하면서 전 지구적인 환경 위기를 고조시키고 있다.

바이오 에너지는 식물에서 얻기 때문에 이것이 연소할 때 발생하는 이산화탄소의 양과 식물이 다시 자라면서 광합성 과정에서 흡수하는 양이 같으므로 전체적으로 이산화탄소가 늘거나 줄지 않기 때문에 '탄소 중립적(炭素中立的, carbon neutral)'이라고 한다. 그래서 이산화탄소 총량을 규제하는 교토 의정서에서 바이오 에너지가 발생시키는 이산화탄소의 양은 배출량에서 예외를 인정받았다. 화학적 견지에서 볼 때 바이오 에너지는 정말 탄소 중립적일까?

사실 반드시 그렇지는 않다. 식물에서 에탄올을 만드는 과정에서도 이산화탄소가 배출된다. 에탄올을 만드는 대표 작물인 옥수수를 예로 들면, 옥수수를 재배하기 위해, 물, 농약, 비료를 사용한다. 트랙터도 돌리고, 옥수수를 보관하기 위한 창고도 있어야 한다. 옥수수를 수확하면, 이를 에탄올 공장으로 운송해야 한다. 에탄올을 생산하는 공정에서 사용하는 에너지도 적지 않다. 이 모든 과정이 에너지를 소비하고 이산화탄소를 배출한다. 농장에서 옥수수를 키워 에탄올 공장으로 운송한 다음 에탄올을 추출하는 과정이 산유국에서 원유를 채취해 유조선으로 유통할 때보다 오히려 환경에 더 부담을 준다면, 옥수수를 이용한 에탄올이 탄소 중립적이라고 주장하기는 어려울 것이다.

에서 매력적이다.

예제 12.13

다음의 표에는 25°C에서 수소, 메테인, 옥테인의 몰당 연소열과 액체 수소, 액화 천연 가스, 옥테인의 밀도가 주어졌다. 그램당 발열량이 가장 큰 연료는 어느 것인가? 액화했을 때 단위 부피당 발열량이 가장 큰 연료는 어느 것인가?

	수소	메테인	옥테인
연소열 (kJ/mol)	286	890	5471
액체의 밀도 (g/cc)	0.071	0.45	0.70
분자량 (Da)	2.0	16	114

풀이 그램당, 그리고 cc당 연소열을 구하면 다음과 같다.

	수소	메테인	옥테인
그램당 연소열 (kJ)	143	56	48
cc당 연소열 (kJ)	10	25	34

단위 무게당으로는 수소가 가장 유리하고, 단위 부피당으로는 옥테인이 가장 유리하다.

수소의 생산과 저장 문제의 해결이 아직 요원한데 비해 수소를 효율적으로 산화시켜서 에너지를 얻는 수소 연료 전지의 개발은 상당히 진전을 이루고 있다. 9장에서 살펴본 수소 연료 전지에서는 수소는 산화전극으로, 공기 중의 산소는 산화전극 반대 편의 환원전극으로 흘러들어간다. 산화전극에서 수소는 백금 촉매에 의해 수소 이온 (H^+)과 전자(e^-)로 나뉘어진다. 수소 연료 전지의 핵심은 고분자 전해질막(polymer electrolyte membrane)인데, 이 막은 양이온 만을 산화전극으로부터 환원전극으로 흐르게 한다. 따라서 산화전극에서 생긴 전자는 외부 회로를 통해서 환원전극으로 흐르게 되며, 그 때 전류가 발생한다. 환원전극에서는 막을 통해 흘러온 수소 이온이 외부 회로를 통해서 흘러온 전자에 의해 환원되어 수소 원자가 되고, 이 수소 원자는 산소와 결합해서 물이 된다.

수소 연료 전지에서는 생성물이 물이므로 이산화탄소 발생이 전혀 없다. 그렇지만 수소를 어떻게 얻느냐에 따라 그 과정에서 이산화탄소 발생이 있을 수 있다. 만일 물을 전기분해해서 수소를 얻는데 그 전기를 화력발전으로 생산했다면 이 경우에 수소 연료는 이산화탄소를 발생하지 않는다고 말하기 어렵다. 그래서 '탄소 발자국(carbon footprint)' 이라는 개념이 등장했다. 어떤 제품이 생산되고 폐기되는 데까지 발자국을 따라다니 듯이 모든 과정을 추적해서 발생하는 이산화탄소의 총량을 소비자에게 알려준다는 의미이다.

12-4-3 오존층 파괴

미국의 시인 롱펠로우(Longfellow)는 "모든 어두운 구름 뒤편은 은빛으로 감싸여 있다(Every dark cloud has a silver lining)"고 읊었다. 사실 구름 뒤편 하늘에는 날씨에 상관없이 생명에 직결된 중요한 화학 반응이 수 억 년 동안 진행되고 있다. 바다에 동물이 등장한 것은 약 4억 3천만 년 전인데, 동물이 육상으로 진출한 것은 그보다 훨씬 뒤인 3억 6천만 년 전 정도로 생각된다. 그런데 그때 대기에 오존층이 있어서 DNA에 직접 손상을 주는 자외선을 차단해 주지 않았다면 동물의 육상 진출은 불가능했을 것이다. 다행히 그 전에 바다에서 남조류 등 광합성 생물이 부산물로 배출한 산소가 서서히 대기에 축적되어 후일 동물이 호흡하며 살 수 있게 해주었을 뿐 아니라, 천연의 선스크린(sun screen)을 만든 것이다.

오존층은 12 km~50 km의 성층권(成層圈, stratosphere) 중에서 오존이 상당히 존재하는 영역을 말한다. 오존의 양은 돕슨 단위(Dobson unit, DU)로 표시하는데, 지표면의 어느 지점에서 머리 위의 모든 오존을 모아서 표준 상태(0°C, 1기압)로 바꾸었을

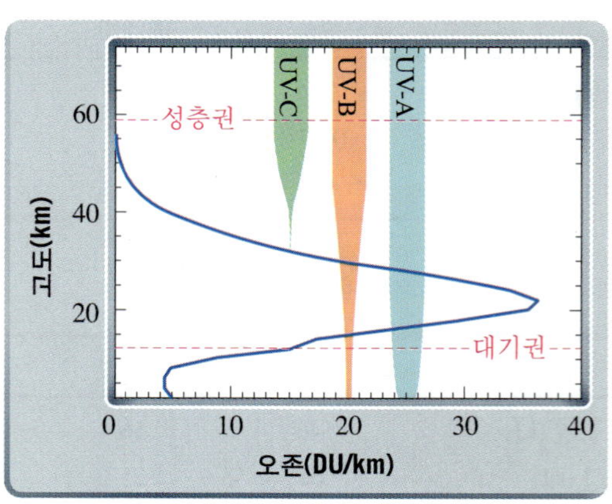

그림 12.16 오존층의 형성. 파장이 짧은 UV-C는 성층권 상부의 산소를 분해해서 오존층을 형성한다. 이 오존층을 인체에 유해한 UV-C가 지표면에 도달하는 것을 막는다.

때 1 mm 두께에 해당하는 양을 100 DU라고 한다. 현재 지구에서 정상적인 오존 농도는 대략 350 DU이다. 그렇다고 해서 오존이 3.5 mm 두께의 층을 이루는 것은 아니고 성층권 중간 이하 15~35 km 구간의 20 km 정도에 퍼져있다.

이러한 오존층이 형성된 과정을 이해하기 위해서는 파장대에 따른 자외선의 에너지를 살펴볼 필요가 있다. 자외선은 파장에 따라 다음과 같이 셋으로 구분하는데, 이 중 어느 파장에서 산소가 분해되어 오존을 만들지 생각해 보자.

UV-A : 400~315 nm
UV-B : 315~280 nm
UV-C : 280~100 nm

예제 12.14

$O_2 \longrightarrow 2O$ 반응의 엔탈피 변화는 +495 kJ/mol이다. 이 에너지에 해당하는 광자의 파장을 구하여라.

풀이
$$495\ \text{kJ/mol} = \frac{4.95 \times 10^5\ \text{J/mol}}{6.022 \times 10^{23}\ \text{mol}} = 8.22 \times 10^{-19}\ \text{J}$$
$$E = h\nu = \frac{hc}{\lambda}$$
$$\lambda = \frac{hc}{E}$$
$$= \frac{(6.62608 \times 10^{-34}\ \text{J}\cdot\text{s})(2.998 \times 10^8\ \text{m/s}^{-1})}{8.22 \times 10^{-19}\ \text{J}}$$
$$= 2.42 \times 10^{-7}\ \text{m} = 242\ \text{nm}$$

이 파장은 UV-C에 해당한다. 따라서 UV-C는 성층권 상부에서 흡수되어 산소를 분해하는데 사용되고 지구 표면에는 도달하지 않는다.

이처럼 두 개의 원자가 모두 옥텟 규칙을 만족시켜서 안정하던 O_2가 파장이 242 nm 이하인 자외선에 의해 분해되면 산소 원자(O)가 생기는데, 산소 라디칼(oxygen radical)이라고도 부르는 O는 다른 O와 만나면 O_2로 되돌아가기도 하고 주위에 O_2가 많으면 O_2의 비공유 전자쌍을 사용해서 공유 결합을 만들어서 O_3가 된다. 이때 주위의 O_2나 N_2가 충돌해서 에너지를 일부 가져가 주지 않으면 높은 에너지를 가진 오존은 금방 분해되고 만다. 고도가 높을 수록 O의 농도가 높고, 고도가 낮을 수록 O_2와 N_2 농도가 높기 때문에 적당한 고도에서 타협이 이루어지고 성층권의 중간 이하에 오존 농도가 높은 오존 농도의 분포가 생기는 것이다.

$$O_2 + \text{UV}(\lambda < 242\ \text{nm}) \longrightarrow O + O$$
$$O + O_2 + M \longrightarrow O_3 + M(O_2\ \text{또는}\ N_2)$$

예제 12.15

오존의 루이스 구조를 그리고 세 개의 산소 원자 사이의 각도가 얼마일지 예측하여라.

풀이 7장에서 보았듯이 오존은 다음과 같은 공명 구조로 나타낼 수 있다. VSEPR 이론에 따라 120도가 예상되는데, 실험적으로 알려진 각도는 117도이다.

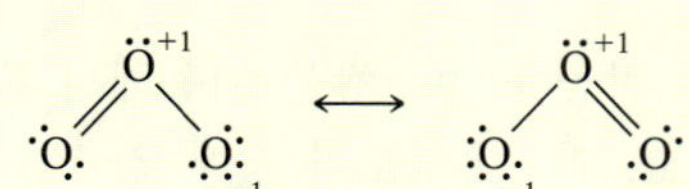

O_2와 반응하는 O는 O_2의 비공유 전자쌍을 빌려서 자신의 부족한 두 개의 전자로 사용하기 때문에 −1의 형식 전하를 가지게 된다. 결과적으로 O_2의 원자 하나는 +1의 형식 전하를 가지게 되는데 이것은 전기음성도가 높은 산소로서는 상당히 불만족스러운 상황이다. 다시 말해서 오존은 산소에 비해 그다지 안정한 분자가 아니다.

예제 12.16

(1) $O_3 \longrightarrow O + O_2$ 반응의 엔탈피 변화는 +105 kJ/mol이다. 이 에너지에 해당하는 광자의 파장을 구하여라. (2) 실제 오존 광분해 반응(光分解反應, photolysis)에서는 바닥 상태(ground state)보다 190 kJ/mol 정도 에너지가 높은 산소 라디칼이 생긴다. 이 광분해에 필요한 에너지를 가진 광자의 파장을 구하여라.

풀이 (1) 105 kJ/mol에 해당하는 광자의 파장을 구하기 위해 예제 12.12의 결과를 이용한다. 에너지는 파장에 반비례한다.

$$242\ \text{nm} \times \frac{495}{105} = 1141\ \text{nm} = 1.14\ \mu\text{m}$$

(2) 105 kJ/mol + 190 kJ/mol의 에너지가 필요하다.

$$242\ \text{nm} \times \frac{495}{295} = 406\ \text{nm}$$

오존은 UV-A와 B에 의해서 분해되는 것을 알 수 있다. 오존이 자외선에 의해 분해되어 생긴 불안정한 O는 오존과 반응해서 두 개의 안정한 O_2를 만든다. 이런 반응들이 균형을 이루어서 대체로 일정한 양의 오존이 성층권에 존재하여 너무 많은 자외선이 지표면에 도달하지 못하도록 막아주는 역할을 하고 있다. 실제로 지표면에 도달하는 자외선은 대부분 UV-A이다.

$$O_3 + \text{UV}\,(\lambda < 320\ \text{nm}) \longrightarrow O + O_2$$
$$O + O_3 \longrightarrow O_2 + O_2$$

1970년 대에 크루첸에 의해 오존층이 어떤 라디칼의 촉매작용에 의해 파괴된다는 사실이 알려지기 시작했다. 크루첸이 주의를 기울인 라디칼은 질소 산화물인 산화질소(nitric oxide, NO)였다. 산화질소는 신경전달물질 중 하나인 간단하지만 중요한 화합물이다. 자동차 배기 가스에도 들어있는 NO는 금방 NO_2로 산화되고 NO_2는 물에 녹아 질산이 되기 때문에 성층권에 도달하지는 못한다. 그런데 질소 비료의 사용이 늘어나면서 일부는 토양 박테리아에 의해 산화이질소(N_2O)로 분해되고, 아주 안정한 N_2O는 성층권에 올라가서 UV-C에 의해 분해되어 NO를 만들어낸다. 이 NO는 오존의 광분해로 생긴 O와 반응해서 NO_2를 만들면서 오존을 파괴하는 촉매작용을 하게 된다. 이게 관련된 반응들을 루이스 구조를 통해 살펴보자.

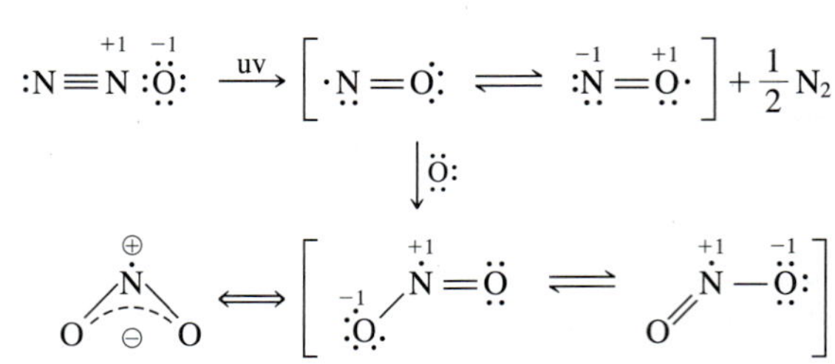

N_2O는 산소 원자가 질소의 비공유 전자쌍을 이용해서 결합을 이루고 있는 화합물이다. N≡N 3중 결합도 강하고, 전기음성도가 높은 산소가 산소보다는 전기음성도가

약간 낮은 질소로부터 전자를 얻고 있는 N－O 결합도 상당히 강하다. 따라서 N_2O는 아주 안정하고 지표면 가까이에서는 반응하지 않고 성층권에 도달한다. N_2O에 강력한 자외선이 쪼이면 N－O 결합이 깨어지고 다시 결합하고 하겠지만 때로는 N≡N 3중 결합이 깨어져서 NO가 생긴다. NO의 루이스 구조는 두 가지로 그릴 수 있지만 전기음성도가 높은 산소의 형식 전하가 +1인 구조보다는 홀전자가 질소 쪽에 위치한 구조가 타당해 보인다. NO와 O가 만나면 O가 질소의 비공유 전자쌍을 이용해서 결합하여 NO_2를 만든다. NO_2에서 질소는 양쪽의 산소에게 전자를 빼앗기므로 부분 양전하를 띠게 되고 산소 쪽은 부분 음전하를 띠게 될 것이다. 그런데 질소도 산소보다는 낮지만 염소 정도로 전기음성도가 높기 때문에 NO_2는 모두가 만족스러운 상황은 아니다. 그래서 NO_2가 O를 만나면 산소가 하나 떨어져 나와서 이중 결합을 이루는 O_2가 된다. 한편 NO_2가 O를 잃으면서 생긴 NO는 주위의 오존에서 산소를 떼내어 O_2로 바꾸면서 다시 NO_2로 돌아간다. 이 과정을 종합해 보면 소량의 NO와 NO_2는 계속 순환하면서 오존의 파괴를 일으키고 있는 것을 알 수 있다. 그리고 NO와 NO_2가 이런 촉매작용을 하는 것은 둘 다 홀전자를 가진 어느 정도 불안정한 화학종이기 때문이다.

$$NO + O_3 \longrightarrow NO_2 + O_2$$
$$NO_2 + O \longrightarrow NO + O_2$$

알짜 반응 $O_3 + O \longrightarrow O_2 + O_2$

클로로플루오로탄소

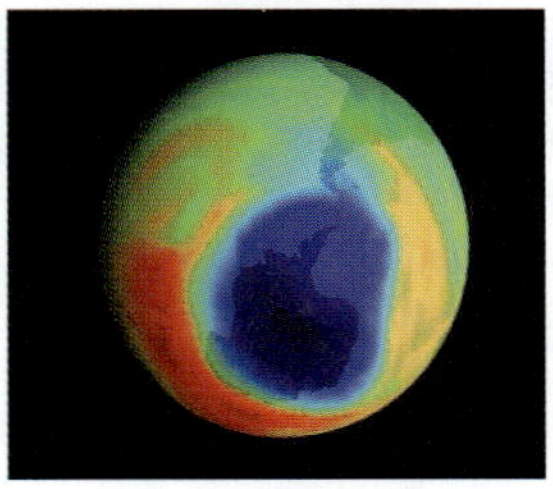
남극의 오존 구멍

한편 로울랜드와 몰리나는 염소 라디칼(Cl·)이 오존층을 파괴하는 메커니즘을 알아냈다. 바다에서는 염소 이온(Cl^-)이 부패하는 식물에서 나오는 메테인과 반응해서 염화메테인(CH_3Cl)을 만든다. 안정한 CH_3Cl이 대류권을 지나 성층권에 도달하면 자외선에 의해 C－Cl 결합이 깨어져 염소 라디칼을 만든다. 이렇게 생긴 염소 라디칼은 양이 그다지 많지 않아서 문제가 될 정도는 아니었다. 그런데 1970년대 중반부터 남극 상공의 오존 양이 감소하는 것이 관찰되기 시작하다가, 1980년 대 중반에는 오존층의 일부가 완전히 사라져 오존층에 구멍이 생기기에 이르렀고, 1990년대 초반에는 남극 전역에서 오존층 구멍(ozone hole)이 드러났다. 이러한 파괴의 주범으로 클로로플루오로탄소(chlorofluorocarbon, CFC)가 지목되었다. 10여 년 전까지 냉장고나 스프레이에 사용되던 프레온 가스(CF_2Cl_2)가 대표적인 CFC이다. 프레온은 어는점이 －30°C로 쉽게 액화되고 많은 기화열을 뺏기 때문에 이상적인 냉매로 생각되었다.

CFC 분자가 높은 에너지의 자외선 광자를 흡수하면 C－Cl 결합이 깨어지고 염소 원자, 즉 염소 라디칼이 생긴다. 왜 C－F 대신 C－Cl 결합이 깨어지는지는 결합 에너지를 생각해보면 알 수 있다. 전기음성도 차이가 아주 큰 탄소와 플루오린 사이의 결합 에너지는 485 kJ/mol로 전기음성도 차이가 그보다는 작은 탄소와 염소 사이의 339 kJ/mol보다 훨씬 크다. 파장이 242 nm 이하인 자외선 광자의 에너지는 495 kJ/mol 이상으로 탄소와 플루오린 사이의 결합을 깨기에 충분하다. 그러나 C－Cl 결합이 C－F 결합보다 약하기 때문에 염소가 먼저 떨어져 나온다. 떨어져 나온 염소 원자는 오존을 만나면 산소 원자를 하나 떼낸다. 실은 염소가 산소를 떼낸다기보다 안정한 산소 분자에 더부살이를 하던 산소가 스스로 떨어져 나와 자기보다 전기음성도가 낮은 염소에게서 전자를 빼앗는다고 하는 편이 맞는다. 오존에서 세 개의 원자는 모두 전기음성도가 높은 산소라서 피차 도움이 안 되기 때문이다.

흥미로운 일은 그 다음에 일어난다. 위와 같이 만들어진 ClO는 산소가 염소의 전자쌍을 빌려서 옥텟을 만족시킨 분자라고 볼 수 있는데, 그렇다면 염소는 홀전자를 가지고 있어서 옥텟을 만족시키지 못한 상태이다. 그런데 ClO의 농도는 아주 낮은데 비해

크루첸(Paul Crutzen, 1933-). 네덜란드의 대기화학자 막스플랑크 연구소에서 질소 화합물에 의한 오존층 파괴를 연구하여 1995년 노벨 화학상을 수상했다.

몰리나(Mario Molina, 1943-). 멕시코 출신 대기화학자 MIT 교수. 1995년 노벨 화학상을 수상했다.

로울랜드(Sherwood Rowland, 1927-). 미국의 대기화학자 어바인 소재 캘리포니아대학 교수. 1995년 노벨 화학상을 수상했다.

주위에 오존에서 만들어진 산소 원자는 상대적으로 풍부하다. 이때 ClO가 O와 충돌하면 이중 결합 때문에 안정한 산소 분자가 만들어지고 염소는 원래의 라디칼로 되돌아간다. 만일 Cl과 O 사이의 전기음성도 차이가 커서 ClO가 아주 안정하다면 위의 반응이 쉽게 일어나지 않을 것이다. 그리고 보면 Cl이 오존에서 산소를 떼낼 때는 Cl과 O 사이의 전기음성도 차이가 아주 작지는 않다는 면이 중요하고, ClO에서 산소가 떨어져 나가서 다른 산소와 반응해 산소 분자를 만드는 경우에는 반대로 Cl과 O 사이의 전기음성도 차이가 상당히 크다는 면이 중요하게 작용한다.

$$CCl_2F_2 + UV\ (\lambda < 220\ nm) \longrightarrow CClF_2 + Cl$$

$$Cl + O_3 \longrightarrow ClO + O_2 \qquad (a)$$

$$ClO + O \longrightarrow Cl + O_2 \qquad (b)$$

위의 반응 (a)와 (b)를 합하면 Cl이 상쇄되고 질소 산화물에 의한 촉매작용의 경우와 마찬가지로 다음 알짜 반응식이 얻어진다.

$$O_3 + O \longrightarrow 2O_2$$

염소는 오존에서 산소를 떼다가 주위의 산소 라디칼에 붙여주고 자신은 원래 상태로 돌아왔으니까 오존이 사라지는데 촉매 역할을 한 셈이다. 촉매이기 때문에 많은 양이 필요 없고 약간만 있어서 아래 그림에서 볼 수 있듯이 오존층에 커다란 구멍을 만들 수 있는 것이다.

오존층 파괴로 인한 자외선의 직접 투과는 인체에 피부암 등의 질병을 낳을 수 있고 더 나아가 생태계를 교란시킬 수 있다. 이를 막기 위해 1987년에 체결된 몬트리올 협정서에서는 2000년부터 CFC의 사용을 금지하고 있다. 그래도 성층권에 현재 남아있는 CFC의 영향이 사라지는 데는 수십년이 걸릴 것이라고 한다.

이처럼 환경 문제의 심각성이 인식되면서 환경화학(環境化學, environmental chemistry)라는 분야가 생겨났고, 1995년에는 오존층의 형성과 파괴에 관한 대기화학을 연구한 크루첸, 몰리나, 로울랜드에게 노벨 화학상이 수여되었다.

12-4-4 녹색 화학

이제 이 책의 마지막 소단원에 이르렀다. 그 동안 우리 몸에서 출발해서 인류 역사에서 화학이 기여한 바를 화학의 원리와 함께 생각해 보았다. 우리 몸도, 우리가 먹고 마시고 즐기는 모든 물질이 원자와 분자로 이루어졌다면 우리 삶의 모습이 어떻게 바뀌더라도 원자와 분자를 다루는 화학의 역할은 변함이 없을 테고, 자원이 부족해지고 환경에 대한 관심이 고조될수록 화학에 대한 기대는 더욱 커질 것이다. 에너지와 환경 문제에 대처해서는 화학이 나가야 할 방향을 요약하는 키워드에 녹색 화학(綠色化學, green chemistry)이라는 말이 있다. 지속가능한 성장(sustainable growth)을 저탄소 녹색 성장(低炭素綠色成長)이라고도 하는데, 어쨌든 녹색 식물에 우리 존재 자체를 의존하는 인간이 21세기에 다시 새삼스럽게 태양 에너지를 활용할 줄 아는 녹색 식물의 지혜를 빌려 삶의 질을 향상시키고자 하는 것은 참으로 온고지신(溫故知新)이라 할만하다.

태양 에너지를 수소나 전기 등 다른 에너지로 전환해서 필요할 때 사용할 수 있게 해준다면 최상의 녹색 화학이 되겠지만 그렇지는 못하더라도 이산화탄소 배출을 줄이면서 원하는 물질을 만드는 것도 녹색 화학이라 할 만 하다. 암모니아 합성, 고분자 합성, 제철, 정유, 시멘트 제조 등 대부분의 중요한 화학 관련 산업은 높은 온도의 공정을 필요로 한다. 따라서 비교적 낮은 온도에서 같은 생성물을 얻게 해주는 촉매를 개발한다면 많은 에너지를 절약할 뿐 아니라 이산화탄소의 배출도 크게 줄일 수 있을 것이다.

화학 공정에서 발생하는 부산물에 의한 환경 오염을 줄이는 것도 녹색화학의 중요한 부분이다. 예를 들어 산업적으로 중요한 비티히 반응(Wittig reaction)의 경우에 항상 부산물로 트라이페닐포스핀 옥사이드(triphenylphosphine oxide)가 생성된다. 많은 양의 부산물은 폐기물 처리비용을 높이고 사회적으로 환경 오염이라는 비용을 발생시키기 때문에 바람직하지 않다. 이러한 이유로 원자의 낭비를 줄이자는 의미에서 '원자 경제성(原子經濟性, atomic economy)'이 대두되었다. 불필요한 부산물이 없이 원하는 생성물을 합성할 수 있다면 그 자체적으로도 경제적이지만 환경 오염에 대한 부담을 줄인다는 면에서 일석이조라 하겠다.

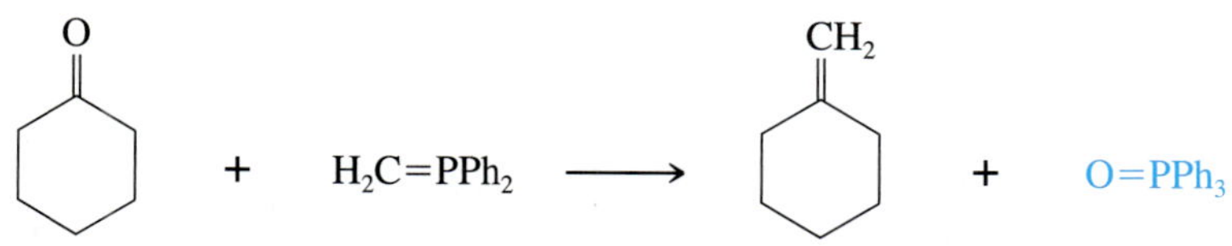

MW = 96.17 MW = 278.28

예제 12.17

메틸렌사이클로헥세인(methylenecyclohexane) 1.0 킬로그램을 합성할 경우 몇 킬로그램의 트라이페닐포스핀 옥사이드가 생성되는가?

풀이 $1\ \text{kg} \times \dfrac{278.28}{96.17} = 2.9\ \text{kg}$

부산물의 무게가 원하는 생성물 무게의 세 배나 된다.

원자 경제성에 부합하는 반응을 개발하려는 노력은 화학에서 새로운 분야를 개척하였는데 이는 녹색 화학 혹은 청정 화학이라고 부른다. 녹색 화학에는 폐기물을 최대한 줄인다, 안전한 반응물과 생성물을 설계한다, 재활용이 가능한 원료와 용매를 사용한다, 촉매를 사용한다, 원자 경제성을 극대화한다, 에너지 효율을 높인다, 반응 후 불필요한 반응물이나 생성물은 분해되도록 한다, 실시간 분석을 통해 공해를 예방한다 등 몇 가지 원칙이다.

마지막으로 녹색화학의 발전에 기여한 공으로 2005년 노벨 화학상이 수여된 이야기로 삶의 화학 장을 마무리하는 것이 어떨까 한다. 우리는 앞에서 탄소-탄소 이중 결합이 하나 들어있는 가장 간단한 화합물인 에틸렌이 중합되면 매우 유용한 폴리에틸렌이 얻어지는 것을 보았다. 에틸렌에서 하나 이상의 수소가 다른 치환기로 바뀌어진 화합물을 중합시키면 예를 들어 폴리프로필렌, 폴리비닐클로라이드 등 다른 성질을 가진 다양한 폴리에틸렌의 유도체가 얻어질 것이다. 이런 중합이 가능한 것은 이중 결합은 비교적 활성이 높은 전자를 가지고 있어서 이들 전자가 떨어져 나가면 라디칼이 되고, 이렇게 생긴 라디칼은 역시 활성이 높기 때문에 활발하게 반응에 참여하기 때문이다. 그렇다면 일반적으로 이중 결합을 가진 유기 화합물은 여러 가지 흥미로운 유기 반응을 일으킬 가능성이 높고, 따라서 이중 결합을 가지면서 아울러 다양한 치환기를 가지는 유기 화합물들이 의약품, 폴리머 등 유용한 물질을 만드는데 중요하게 사용되리라는 것을 짐작할 수 있다.

쇼뱅 (Yves Chauvin, 1930-)
프랑스 화학자.

그럽스 (Robert Grubbs, 1942-)
미국 Caltech 교수.

슈록 (Richard Schrock, 1945-)
미국 MIT 교수. 이 세 사람은 2005년 노벨 화학상을 공동 수상했다.

올레핀 복분해

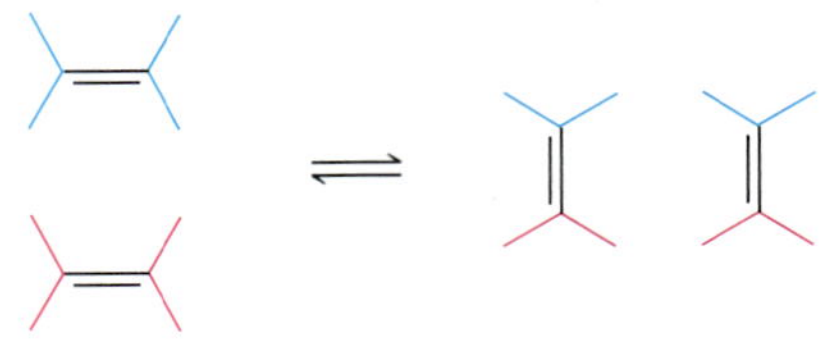

위의 그림은 올레핀 복분해(複分解, olefin metathesis)의 핵심을 보여준다. 올레핀은 11장에서 본 알켄(alkene)의 다른 이름이고, 복분해란 두 반응물이 분해되어 재결합하면서 결합의 위치가 바뀌는 것을 의미한다. 그러니까 올레핀 복분해에서는 C=C 이중결합의 위치가 바뀌어 새로운 치환기의 조합을 가지는 새로운 화합물이 만들어진다. 그런데 이런 반응을 종전의 방법으로 일어나게 하려면 원하는 생성물의 수율(收率, yield)도 낮고 높은 온도에서 여러 과정을 거쳐야 하기 때문에 폐기물도 상당히 나오는 문제가 있었다. 그런데 쇼뱅, 그럽스, 그리고 슈록은 니켈, 텅스텐, 류테늄, 몰리브덴 등 유기금속(有機金屬)을 포함하는 촉매(觸媒, organometallic catalyst)를 개발하여 낮은 온도에서 폐기물을 최소화하면서 다양한 올레핀 화합물을 합성하는 방법을 개발하였다. 이들에게 2005년 노벨 화학상을 수여하면서 스웨덴의 노벨상 위원회는 이들이 유기합성에서 metathesis 방법을 발전시켜서 잘 디자인된 반응을 통해 위험한 폐기물을 줄이는 녹색화학을 향한 중요한 성취를 이룩하였다고 수상 이유를 밝혔다. 1995년에는 환경화학에 대해 노벨 화학상이 수여되었는데, 10년 후 2005년에는 녹색화학에 노벨 화학상이 수여되어 인류의 복지를 위해 화학이 나아갈 방향을 제시하였다고 볼 수 있다.

요점 정리

- 화학 반응을 통해 40억 년 전 지구상에 생명이 출현하는 데 필요한 기본 물질들이 만들어졌고, 지금도 화학 반응을 통해 생명 현상이 지속된다. 그 뿐 아니라 화학 반응은 인공 섬유, 비료, 철강, 플라스틱, 의약품, 교통 수단, 통신 수단 등 삶의 질을 향상시키는 데 기여한 모든 물질을 만드는 데 사용된다.

- 술, 김치, 요구르트 등 발효 식품은 효소의 촉매 작용을 통한 화학 변화에 의해 만들어진다. 향신료, 감미료, 조미료도 천연물 또는 합성 화합물이다.

- 면과 실크는 생물체가 만들어낸 천연 고분자 섬유이다. 값싸고 기능이 뛰어난 여러 가지 인공 섬유와 합성 염료는 인간의 의생활을 크게 향상시켰다.

- 마시는 물의 소독과 식품의 살균은 인간의 수명을 크게 연장했다. 비누도 청결하고 위생적인 환경을 제공하는 데 있어서 중요하다.

- 마취제, 진통제, 항생제, 항암제 등 모든 의약품은 화합물이다. 신약 개발에도 화학의 역할이 핵심적이다.

- 교통의 인프라 구조를 제공하는 도로 건설에 사용되는 시멘트와 아스팔트, 연료, 자동차,

선박, 항공기 모두 화학 물질을 사용한다. 통신 혁명을 가져온 반도체와 디스플레이의 핵심 소재도 모두 화학 물질이다.

- 화석 연료의 고갈과 이산화탄소에 의한 지구 온난화 문제 해결을 위한 저탄소 대체 에너지 개발에도 화학의 역할이 핵심적이다.
- 오존층 파괴에서 보았듯이 화학 물질의 사용은 환경 파괴로 이어질 수 있다. 화학 공정에서 효율을 향상시키고 폐기물과 이산화탄소의 배출을 줄이려는 녹색화학이 보다 중요해질 것이다.

연 | 습 | 문 | 제

O, × 문제

다음 서술이 맞는지 틀리는지 O, ×로 답하고, 틀린 경우에는 틀린 내용을 맞게 고쳐라.

1. 우리가 먹는 동물성 식품이나 식물성 식품은 태양 에너지로부터 온 것이다. (   )
2. 광합성에서 태양 에너지는 이산화탄소를 탄화수소로 환원시킨다. (   )
3. 비료의 3대 요소는 질소, 인, 소듐이다. (   )
4. 농업의 생산성은 하버법에 의한 질소 비료에 크게 의존한다. (   )
5. 수소는 지구상에 풍부하다. 하지만 수소 경제의 측면에서는 수소가 환원된 형태로 존재하는 것이 문제이다. (   )
6. 지구상에서 수소는 대부분 물에 붙잡혀 있다. (   )
7. 탄수화물에 비해 지방이 에너지가 높은 것과 같은 이유로 휘발유 또한 에너지가 높다. (   )
8. 발효와 부패는 유사한 미생물의 생화학 반응 결과이다. (   )
9. 향신료의 비싼 가격은 콜롬버스의 신대륙 발견에 영향을 끼쳤다. (   )
10. 설탕보다 더 많은 단 맛을 내는 아스파탐은 열량이 전혀 없다. (   )
11. 우리가 사용하는 모든 섬유는 같은 단량체의 중합으로 만들어진 고분자이다. (   )
12. 대표적인 합성 고분자로 알려진 나일론은 부가 중합반응에 의해서 만들어진다. (   )
13. 염료의 합성은 19세기 후반에 유럽의 화학 산업을 크게 발전시키는 계기가 되었다. (   )

14. 염료의 합성은 세포의 염색체 발견, 화학 요법의 발전 등으로 생물학과 의학에도 영향을 미쳤다. (　　　)

15. 솔베이법은 황화수소와 염화수소와 같은 유독한 기체가 발생하기 때문에 르블랑법으로 대체되었다. (　　　)

16. 합리적 신약 디자인은 과거와는 다르게 먼저 계산화학을 이용해 후보군을 선택한 다음 합성하고 약효를 테스트하는 방식이다. (　　　)

17. 주름살 제거에 흔히 사용되는 보톡스는 호르몬의 일종이다. (　　　)

18. 휘발유의 품질을 말하는 옥탄가의 옥테인은 노말 옥테인의 함유량을 뜻한다. (　　　)

19. LCD는 접을 수 있는 디스플레이 소재로 각광받고 있다. (　　　)

20. 지표면의 오존은 몸에 해롭지만 대기 상층부의 오존은 유해한 자외선을 막아주는 유익한 역할을 한다. (　　　)

선택형 문제

21. 다음 중 단량체가 다른 것은?
가. 종이　　나. 실크　　다. 녹말　　라. 무명

22. 다음 중 다른 계열의 화합물은?
가. 머리카락　　나. 실크　　다. 거미줄　　라. 새우 껍질

23. 나일론의 결합 구조와 가장 관계가 깊은 것은?
가. 종이　　나. 실크　　다. 폴리에스터　　라. 고무

24. 가장 유용한 합성 섬유의 하나인 폴리에스터와 구조적으로 가까운 것은?
가. 바나나 향기　　나. 글루코스　　다. 생선 비린내　　라. 아세톤

25. 나일론을 합성한 사람은?
가. 지글러　　나. 나타　　다. 캐로더스　　라. 퍼킨

26. 나일론6,6 합성에 사용되는 화합물을 두 가지는?

ㄱ.
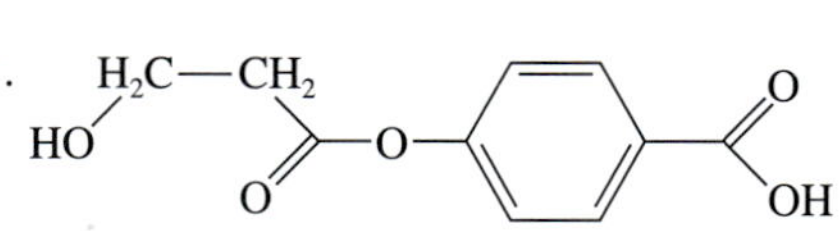

ㄴ.
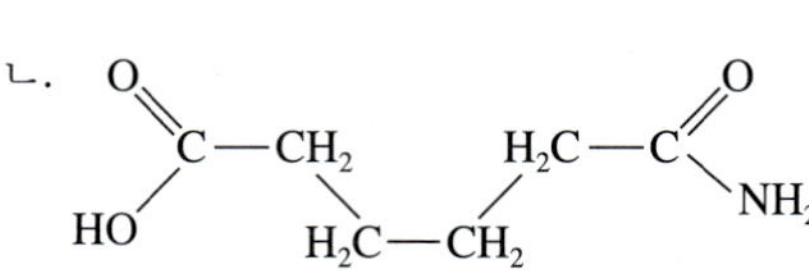

ㄷ.
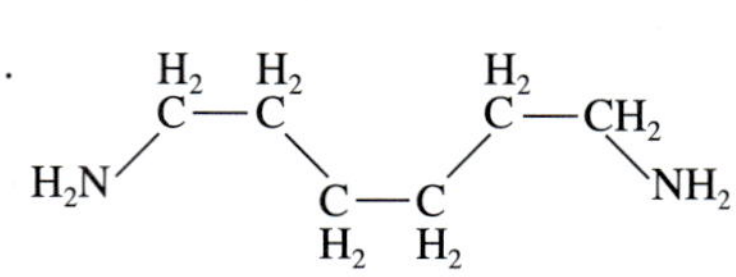

ㄹ.
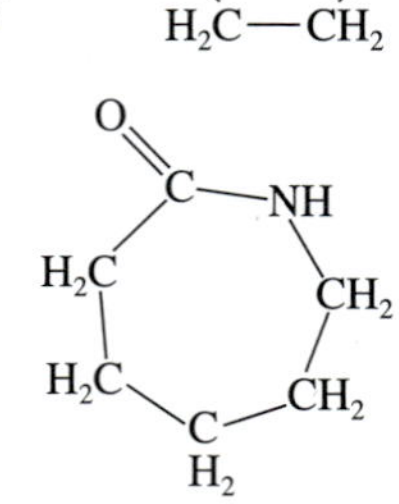

가. ㄱ, ㄴ　　나. ㄴ, ㄷ　　다. ㄷ, ㄹ　　라. ㄹ, ㄱ

27. 보라색 염료인 모브를 합성하여 합성 염료 산업을 출발시킨 사람은?
가. 케큘레　　나. 퍼킨　　다. 패러데이　　라. 에를리히

28. 프랑스 과학자로 효모가 발효와 관계가 있다는 것을 밝히고 무기 호흡이라는 말을 처음으로 사용한 과학자는?
가. 파스퇴르　　나. 리비히　　다. 뷰흐너　　라. 뵐러

29. 물과 포도주의 공통점이 아닌 것은?
가. 서로 잘 섞인다.　　나. 쌍극자 모멘트를 가진다.
다. 수소 결합을 한다.　　라. 구성 원소가 같다.

30. 블루베리가 몸에 좋은 이유는 어떤 화합물 때문이라고 생각되는가?
가. 폴리페놀　　나. 안토사이아닌　　다. 탄닌　　라. 향신료

31. 오메가-3 지방산이 많이 들어 있는 식품은?
가. 돼지 고기　　나. 버터　　다. 요구르트　　라. 고등어

32. 아스파탐은 어떤 계열의 화합물인가?
가. 펩타이드　　나. 폴리페놀　　다. 폴리에스터　　라. 탄수화물

33. 다음 중 감미료로 사용되는 것이 아닌 것은?
가. 아스파탐　　나. 글루탐산소듐　　다. 사카린　　라. 자일리톨

34. 세포의 부분 중 비누의 작용과 구조적으로 가장 관계가 깊은 것은?
가. 엽록소의 루멘　　나. 효소와 기질　　다. 수용체 단백질　　라. 인지질 이중막

35. 항암제처럼 작용해야 할 부위를 찾아가서 치료 효과를 나타내는 약품을 일컫는 마술 탄환이라는 개념을 만들어내고, 1908년 노벨 생리의학상을 수상한 사람은?
가. 에를리히　　나. 플레밍　　다. 도마크　　라. 파스퇴르

36. 플레밍이 발견한 항생제는?
가. 설파닐아마이드　　나. 페니실린　　다. 에리스로마이신　　라. 타미플루

37. 페니실린, 비타민 B12 등 복잡한 유기 화합물을 합성하고 1965년 노벨 화학상을 수상한 사람은?
가. 호지킨　　나. 플레밍　　다. 플로리　　라. 우드워드

38. 다음 물질이 연소할 때 단위 무게당 이산화탄소의 배출량이 가장 적은 것은?
가. 일산화탄소　　나. 석탄　　다. 휘발유　　라. 액화 도시 가스

39. 다음 중 대기화학에 관한 연구로 1995년 노벨 화학상을 받은 사람이 아닌 것은?
가. 크루첸　　나. 몰리나　　다. 로울랜드　　라. 킬링

40. 2005년 노벨 화학상을 받은 쇼뱅, 그럽스, 슈록의 업적은?
가. 카이랄 합성 나. 수소 저장 다. 올레핀 복분해 라. 환경화학

괄호 채우기 문제

41. CF_2Cl_2 분자가 성층권에서 강한 자외선을 받으면 탄소로부터 (   ) 원자가 떨어져 나간다. (   )가 보다 높은 (   )은 탄소와의 결합이 상대적으로 강하기 때문이다. 이렇게 떨어져 나온 (   ) 라디칼은 오존층을 파괴하는 (   )로 작용한다.

42. 노말 옥테인(n-octane, C_8H_{18})의 밀도는 0.70 g/cm^{3}이다. 이 값을 0°C에서 물의 밀도인 1.00 g/cm^{3}와 비교하면 석유가 왜 좋은 연료인지 알 수 있다.

(1) H−C−H, H−O−H 단위의 크기를 비교하려면 탄소와 산소의 원자 반지름을 비교해야 한다. 탄소의 원자 반지름은 0.77 옹스트롬이다. 그렇다면 산소의 원자 반지름은 그 보다 약간 (   ) 것으로 예상된다.

(2) C−H 결합 길이는 1.1 옹스트롬이다. O−H 결합 길이는 그 보다 약간 (   ) 것으로 예상된다.

(3) 하나의 H−O−H 단위의 질량은 하나의 H−C−H 단위의 질량의 (   ) 배이다. 만일 탄소와 산소의 원자 반지름이 같고, C−H 결합 길이와 O−H 결합 길이도 같다면 하나의 H−O−H 단위의 밀도는 하나의 H−C−H 단위의 밀도의 (   ) 배일 것이다. 탄소와 산소의 원자 반지름, C−H와 O−H의 결합 길이를 고려하면 H−O−H 단위와 H−C−H 단위의 밀도비는 위의 값보다 더 (   ) 것이다.

(4) H−C−H 단위가 여덟 개 들어 있는 옥테인 분자 한 개와 H−O−H 단위가 여덟 개 들어 있는 물의 클러스터를 비교해 보자. C−C 결합 길이는 1.5 옹스트롬이다. 옥테인 분자에서 여덟 개의 H−C−H 단위 사이의 거리, 즉 가장 가까운 탄소 원자 중심 사이의 거리는 1.5 옹스트롬인 셈이다. 수소 결합 때문에 상온에서 액체로 존재하며 밀도가 비교적 높은 물에서 가장 가까운 산소 원자 중심 사이의 평균 거리는 1.5 옹스트롬보다 (   ) 것이다.

(5) 마지막으로 고려해야 할 것은 옥테인 분자 사이의 상호작용이다. 옥테인 분자들 사이의 상호작용은 아주 (   )한 (   )이고, 물 분자들 사이의 상호작용은 비교적 (   )한 (   )이다. 따라서 물 분자들 사이의 공간은 옥테인 분자들 사이의 공간보다 (   ).

(6) 종합적으로 볼 때 휘발유에서 H−C−H 단위들이 채워져 있는 정도는 물에서 H−O−H 단위들이 채워져 있는 정도와 (   ). 즉, 탄화수소는 탄소가 가벼운 수소를 매우 효율적으로 붙잡고 있는 화합물인 것이다.

43. 화석 연료의 매장량은 제한적일 수밖에 없다. 당장은 수소의 생산, 저장, 사용에 모두 어려움이 있지만 일부 전문가들은 2040년에는 세계 에너지 공급의 상당 부분을 수소가 차지하는 수소 경제가 이루어질 것으로 예상한다.

(1) 가장 값싼 수소의 공급원은 (   )이다. 그리고 가장 값싼 에너지의 공급원은 (   )이다. 따라서 장기적으로는 (   ) 에너지로 (   )을 분해하여 수소를 얻는 기술이 가장 바람직하다.

(2) 수소를 자동차 연료로 사용한다고 할 때 장기 운전을 위해서는 상당한 양의 수소가 필요하다. 따라서 수소 및 수소를 저장하는 시스템의 무게와 부피 모두 중요하다. 수소를 −253°C로 냉각해서 (   )로 만든다고 해도 밀도는 0.071 g/cm^{3}에 불과하다. 미국 에너지부는 2015년까지 저장체를 포함한 전체 수소 저장 시스템의 수소 저장 효율을 9%까지 올리는 목표를 가지고 있다. 즉, 전체 무게가 1 kg이라고 할 때 (   ) g의 수소를 저장하고자 하는

것이다. 액체 수소의 밀도를 생각해 보면 상당히 어려운 문제인 것을 알 수 있다. 수소를 저장하는 데에는 어떤 물질에 물리적으로 흡착하는 방법이 있는데, 물리적으로 흡착은 약한 (　　　)에 의존하기 때문에 흡착되는 수소의 양도 적고 (　　　) 온도를 필요로 한다. 리튬, 마그네슘 등과 같이 원자량이 (　　　) 금속과 화학 결합을 만들어 저장하는 방법은 수소 밀도가 높지만 수소를 떼내려면 (　　　) 온도가 필요한 것이 문제이다.

계산 및 서술형 문제

44. 용도가 다양한 황산은 공업적으로 생산되는 화학 물질 중에서 항상 수위를 차지한다. 황산은 자연적으로도 만들어진다. 매년 약 7×10^{10} kg의 SO_2가 식물의 분해나 화산 활동의 결과로 대기로 배출된다. 뿐만 아니라 약 1×10^{11} kg의 H_2S도 SO_2로 산화되고, 이들은 공기 중에서 SO_3를 거쳐 황산으로 변한다. 1년에 대기 중에서 생성되는 황산의 양은 모두 얼마인가? 이 양을 2001년 세계의 황산 생산량 1억 7천만 톤과 비교하여라.

45. 2007년 우리나라의 이산화탄소 총 배출량은 약 6억 톤이었다. 그 중에서 사람의 대사 활동에서 나오는 이산화탄소는 몇 %를 차지할까? 2007년 우리나라 인구는 5천만 명을 막 넘어섰는데, 이들이 4초에 한 번씩 숨을 쉰다고 하자. 온도가 체온인 날숨의 부피는 0.5 리터이고, 그 중 이산화탄소의 농도는 4%라고 한다.

영어로 배우는 문제

주어진 숫자와 의미가 통하도록 적절한 단어를 찾아라. 문제가 12 = M. in a Y.라면 찾아야 할 단어는 months, year가 될 것이다. 1년은 열두 달이다.

46. 2 = S. in lactose
47. 5 = % E. in beer
48. 6 = six C. atoms in A. acid used to make N.
49. 6 = six M. groups in H. used to make N.
50. 6 = hundred M. tons of C. D. emitted by South Korea a year
51. 8 = C. atoms in O. in gasoline
52. 380 = atmospheric C. D. concentration in P. P. M.
53. 1995 = N. prize for E. chemistry
54. 2005 = N. prize for G. chemistry

부록 1

측정 단위

물리 상수

상수	기호	값
원자 질량 단위	amu	1.6606×10^{-27} kg
아보가드로 수	N	6.022×10^{23} particles/mol
기체 상수	R (at STP)	0.08205 L atm/K mol
전자 질량	m_e	9.109×10^{-28} kg
		5.486×10^{-4} amu
중성자 질량	m_n	1.675×10^{-27} kg
		1.00866 amu
양성자 질량	m_p	1.673×10^{-27} kg
		1.00728 amu
광속	c	2.997925×10^{8} m/s

SI 단위 및 환산 인자

길이		질량	
SI 단위: meter(m)		SI 단위: kilogram (kg)	
1 meter	= 1.0936 yards	1 kilogram	= 1000 grams
	= 100 centimeters		= 2.20 pounds
	= 1000 millimeters	1 gram	= 1000 milligrams
1 centimeter	= 0.3937 inch	1 pound	= 453.59 grams
1 inch	= 2.54 centimeters		= 0.45359 kilogram
	(exactly)		= 16 ounces
1 kilometer	= 0.62137 mile	1 ton	= 2000 pounds
1 mile	= 5280 feet		= 907.185 kilograms
	= 1.609 kilometers	1 ounce	= 28.3 g
1 angstrom	= 10^{-10} meter	1 atomic mass unit	= 1.6606×10^{-27} kilogram

부피		온도
SI 단위: cubic meter (m^3)		SI 단위: kelvin (K)
1 liter	= 10^{-3} m^3	0 K = −273.15°C
	= 1 dm^3	= −459.67°F
	= 1.0567 quarts	K = °C + 273.15
	= 1000 milliliters	
1 gallon	= 4 quarts	$°C = \frac{°F - 32}{1.8}$
	= 8 pints	
	= 3.785 liters	°F = 1.8(°C) + 32
1 quart	= 32 fluid ounces	
	= 0.946 liter	$°C = \frac{5}{9}(°F - 32)$
1 fluid ounce	= 29.6 milliliters	

에너지		압력	
SI 단위: joule(J)		SI 단위: pascal (Pa)	
1 joule	= 1 kg m^2/s^2	1 pascal	= 1 kg/m s^2
	= 0.23901 calorie	1 atmosphere	= 101.325 kilopascals
1 calorie	= 4.184 joules		= 760 torr (mm Hg)
			= 14.70 pounds per square inch (psi)

부록 2

1atm, 25℃에서의 열역학 자료*

무기 물질

물질	ΔH_f° (kJ/mol)	ΔG_f° (kJ/mol)	S° (J/K · mol)
$Al(s)$	0	0	28.3
$Al^{3+}(aq)$	−524.7	−481.2	−313.38
$Al_2O_3(s)$	−1669.8	−1576.4	50.99
$Br_2(l)$	0	0	152.3
$Br^-(aq)$	−120.9	−102.8	80.7
$HBr(g)$	−36.2	−53.2	198.48
C(흑연)	0	0	5.69
C(다이아몬드)	1.90	2.87	2.4
$CO(g)$	−110.5	−137.3	197.9
$CO_2(g)$	−393.5	−394.4	213.6
$CO_2(aq)$	−412.9	−386.2	121.3
$CO_3^{2-}(aq)$	−676.3	−528.1	−53.1
$HCO_3^-(aq)$	−691.1	−587.1	94.98
$H_2CO_3(aq)$	−699.7	−623.2	187.4
$CS_2(g)$	115.3	65.1	237.8
$CS_2(l)$	87.3	63.6	151.0
$HCN(aq)$	105.4	112.1	128.9
$CN^-(aq)$	151.0	165.69	117.99
$(NH_2)_2CO(s)$	−333.19	−197.15	104.6
$(NH_2)_2CO(aq)$	−319.2	−203.84	173.85
$Ca(s)$	0	0	41.6
$Ca^{2+}(aq)$	−542.96	−553.0	−55.2
$CaO(s)$	−635.6	−604.2	39.8
$Ca(OH)_2(s)$	−986.6	−896.8	76.2
$CaF_2(s)$	−1214.6	−1161.9	68.87
$CaCl_2(s)$	−794.96	−750.19	113.8
$CaSO_4(s)$	−1432.69	−1320.3	106.69
$CaCO_3(s)$	−1206.9	−1128.8	92.9
$Cl_2(g)$	0	0	223.0
$Cl^-(aq)$	−167.2	−131.2	56.5
$HCl(g)$	−92.3	−95.27	187.0

*이온의 ΔH_f°, ΔG_f°, S° 값은 기준 상태인 $\Delta H_f^\circ(H^+) = 0$, $\Delta G_f^\circ(H^+) = 0$, $S^\circ(H^+) = 0$에 기초한 값이다.

(계속)

(계속)

무기 물질

물질	ΔH_f° (kJ/mol)	ΔG_f° (kJ/mol)	S° (J/K · mol)
$Cu(s)$	0	0	33.3
$Cu^+(aq)$	51.88	50.2	40.6
$Cu^{2+}(aq)$	64.39	64.98	−99.6
$CuO(s)$	−155.2	−127.2	43.5
$Cu_2O(s)$	−166.69	−146.36	100.8
$CuS(s)$	−48.5	−49.0	66.5
$CuSO_4(s)$	−769.86	−661.9	113.39
$F_2(g)$	0	0	203.34
$F^-(aq)$	−329.1	−276.48	−9.6
$HF(g)$	−271.6	−270.7	173.5
$Fe(s)$	0	0	27.2
$Fe^{2+}(aq)$	−87.86	−84.9	−113.39
$Fe^{3+}(aq)$	−47.7	−10.5	−293.3
$Fe_2O_3(s)$	−822.2	−741.0	90.0
$Fe(OH)_2(s)$	−568.19	−483.55	79.5
$Fe(OH)_3(s)$	−824.25	?	?
$H(g)$	218.2	203.2	114.6
$H_2(g)$	0	0	131.0
$H^+(aq)$	0	0	0
$OH^-(aq)$	−229.94	−157.30	−10.5
$H_2O(g)$	−241.8	−228.6	188.7
$H_2O(l)$	−285.8	−237.2	69.9
$H_2O_2(l)$	−187.6	−118.1	?
$I_2(s)$	0	0	116.7
$I^-(aq)$	55.9	51.67	109.37
$HI(g)$	25.9	1.30	206.3
$K(s)$	0	0	63.6
$K^+(aq)$	−251.2	−282.28	102.5
$KOH(s)$	−425.85	?	?
$KCl(s)$	−435.87	−408.3	82.68
$KClO_3(s)$	−391.20	−289.9	142.97
$KClO_4(s)$	−433.46	−304.18	151.0
$KBr(s)$	−392.17	−379.2	96.4
$KI(s)$	−327.65	−322.29	104.35
$KNO_3(s)$	−492.7	−393.1	132.9
$Li(s)$	0	0	28.0
$Li^+(aq)$	−278.46	−293.8	14.2
$Li_2O(s)$	−595.8	?	?
$LiOH(s)$	−487.2	−443.9	50.2

(계속)

무기 물질

물질	ΔH_f° (kJ/mol)	ΔG_f° (kJ/mol)	S° (J/K · mol)
$Mg(s)$	0	0	32.5
$Mg^{2+}(aq)$	−461.96	−456.0	−117.99
$MgO(s)$	−601.8	−569.6	26.78
$Mg(OH)_2(s)$	−924.66	−833.75	63.1
$MgCl_2(s)$	−641.8	−592.3	89.5
$MgSO_4(s)$	−1278.2	−1173.6	91.6
$MgCO_3(s)$	−1112.9	−1029.3	65.69
$N_2(g)$	0	0	191.5
$N_3^-(aq)$	245.18	?	?
$NH_3(g)$	−46.3	−16.6	193.0
$NH_4^+(aq)$	−132.80	−79.5	112.8
$NH_4Cl(s)$	−315.39	−203.89	94.56
$NH_3(aq)$	−80.3	−263.76	111.3
$N_2H_4(l)$	50.4	?	?
$NO(g)$	90.4	86.7	210.6
$NO_2(g)$	33.85	51.8	240.46
$N_2O_4(g)$	9.66	98.29	304.3
$N_2O(g)$	81.56	103.6	219.99
$HNO_3(aq)$	−207.4	−111.3	146.4
$Na(s)$	0	0	51.05
$Na^+(aq)$	−239.66	−261.87	60.25
$Na_2O(s)$	−415.89	−376.56	72.8
$NaCl(s)$	−411.0	−384.0	72.38
$NaI(s)$	−288.0	?	?
$Na_2SO_4(s)$	−1384.49	−1266.8	149.49
$NaNO_3(s)$	−466.68	−365.89	116.3
$Na_2CO_3(s)$	−1130.9	−1047.67	135.98
$NaHCO_3(s)$	−947.68	−851.86	102.09
$O(g)$	249.4	230.1	160.95
$O_2(g)$	0	0	205.0
$O_3(aq)$	−12.09	16.3	110.88
$O_3(g)$	142.2	163.4	237.6
P(white)	0	0	44.0
P(red)	−18.4	13.8	29.3
$PO_4^{3-}(aq)$	−1284.07	−1025.59	−217.57
$P_4O_{10}(s)$	−3012.48	?	?
$PH_3(g)$	9.25	18.2	210.0
$HPO_4^{2-}(aq)$	−1298.7	−1094.1	−35.98
$H_2PO_4^-(aq)$	−1302.48	−1135.1	89.1

무기 물질

물질	ΔH_f° (kJ/mol)	ΔG_f° (kJ/mol)	S° (J/K · mol)
S(사방)	0	0	31.88
S(단사)	0.30	0.10	32.55
$SO_2(g)$	−296.1	−300.4	248.5
$SO_3(g)$	−395.2	−370.4	256.2
$SO_3^{2-}(aq)$	−624.25	−497.06	43.5
$SO_4^{2-}(aq)$	−907.5	−741.99	17.15
$H_2S(g)$	−20.15	−33.0	205.64
$HSO_3^-(aq)$	−627.98	−527.3	132.38
$HSO_4^-(aq)$	−885.75	−752.87	126.86
$H_2SO_4(l)$	−811.3	−690.0	156.9
$H_2SO_4(aq)$	−909.3	−744.5	20.1
$SF_6(g)$	−1096.2	−1105.3	291.8
$Zn(s)$	0	0	41.6
$Zn^{2+}(aq)$	−152.4	−147.2	−112.1
$ZnO(s)$	−348.0	−318.2	43.9
$ZnCl_2(s)$	−415.89	−369.26	108.37
$ZnS(s)$	−202.9	−198.3	57.7
$ZnSO_4(s)$	−978.6	−871.6	124.7

유기 물질

물질	화학식	ΔH_f° (kJ/mol)	ΔG_f° (kJ/mol)	S° (J/K · mol)
Acetic acid(*l*)	CH_3COOH	−484.2	−389.45	159.8
Acetaldehyde(*g*)	CH_3CHO	−166.35	−139.08	264.2
Acetone(*l*)	CH_3COCH_3	−246.8	−153.55	198.7
Acetylene(*g*)	C_2H_2	226.6	209.2	200.8
Benzene(*l*)	C_6H_6	49.04	124.5	172.8
Butane(*g*)	C_4H_{10}	−124.7	−15.7	310.0
Ethanol(*l*)	C_2H_5OH	−276.98	−174.18	161.0
Ethane(*g*)	C_2H_6	−84.7	−32.89	229.5
Ethylene(*g*)	C_2H_4	52.3	68.1	219.5
Formic acid(*l*)	$HCOOH$	−409.2	−346.0	129.0
Glucose(*s*)	$C_6H_{12}O_6$	−1274.5	−910.56	212.1
Methane(*g*)	CH_4	−74.85	−50.8	186.2
Methanol(*l*)	CH_3OH	−238.7	−166.3	126.8
Propane(*g*)	C_3H_8	−103.9	−23.5	269.9
Sucrose(*s*)	$C_{12}H_{22}O_{11}$	−2221.7	−1544.3	360.2

연습문제 정답

제1장

O, × 문제

1. ○ **2.** × **3.** × **4.** ○ **5.** × **6.** × **7.** ×
8. ○ **9.** ○ **10.** ○

선택형 문제

11. 라 **12.** 다 **13.** 가 **14.** 다 **15.** 다 **16.** 다 **17.** 가
18. 나 **19.** 라 **20.** 가

괄호 채우기 문제

21. 미터, 킬로그램, 초, 켈빈, 몰 **22.** 1 **23.** 5, 5 **24.** 질량, 부피 **25.** 크기 **26.** 24 **27.** (1) 물, 하이드로늄 이온 (H_3O^+), 수산화 이온 (OH^-), 소듐 이온, 염소 이온, 마그네슘 이온, 포타슘 이온, 이산화탄소, 암모니아, 에탄올, 산소 (2) 탄산수소 이온(HCO_3^-), 인산이수소 이온($H_2PO_4^-$), 요소, 글리신, 아세트산, 젖산 (3) 납 이온, 활성아세트산, 라이신, 비타민 A, 비타민 C, 비타민 D, 비타민 E, 콜레스테롤, 글루코스, 아세틸콜린, 아데닌, 스테아르산 (4) ATP, 엔돌핀 (5) 비타민 B_{12}, 인슐린, 글루카곤 (6) 헤모글로빈, 라이소자임, tRNA (7) 마이오신, 탄산무수화효소 (8) DNA, mRNA

영어로 배우는 문제

28. electric, charge **29.** femtometers **30.** atoms **31.** cells
32. atoms, cell **33.** stars **34.** universe **35.** stars, universe
36. water, earth **37.** water, weight

제2장

O, × 문제

1 ○ **2.** ○ **3.** × **4.** ○ **5.** × **6.** ○ **7.** ×
8. ○ **9.** × **10.** × **11.** ○ **12.** × **13.** × **14.** ×
15. ○ **16.** ○ **17.** × **18.** × **19.** × **20.** ×

선택형 문제

21. 라 **22.** 다 **23.** 나 **24.** 나 **25.** 가 **26.** 나 **27.** 라
28. 다 **29.** 라 **30.** 가 **21.** 나 **32.** 다 **33.** 라 **34.** 가
35. 라

괄호 채우기 문제

36. 마 → 라 → 나 → 자 → 다 → 사 → 가 → 바 → 아

37. (1) 가. ㄱ 나. ㄴ
(2) 가. ㄱ 나. ㄱ 다. ㄹ
(3) 가. ㄱ 나. ㄱ
(4) 가. ㄱ 나. ㄴ
(5) 가. ㄴ 나. ㄱ
(6). 가. ㄱ 나. ㄹ 다. ㄴ 라. ㄴ

38. (1) 중력 (2) 전자기력 (3) 전자기력 (4) 전자기력 (5) 강한 핵력 (6) 강한 핵력 (7) 커져서 (8) 원자 (9) 원자, 원자핵 (10) 원자핵, 쿼크 (11) 높은, 강하게 (12) 강하게, 강한

39. (1) 양성자 (2) 전기적(쿨롱) (3) 반비례 (4) 강한 핵력, 원자 번호, 질량수, 알파 입자 (5) 3, 12, 3 (6) 수소

40. (1) 쿼크 (2) 3 (3) 300,000년 (4) 별 (5) 무거운 (6) C, N, O (7) 태양계 (8) 아미노산, T, G, C (9) 세포 (10) 세포

41.

	H	He	O	C	N	S	P
탄수화물	○		○	○			
지방	○		○	○			
단백질	○		○	○	○	○	
핵산	○		○	○	○		○
인지질	○		○	○			○
비타민 C	○		○	○			
ATP	○		○	○	○		○
물	○		○				

(1) 수소, 산소 (2) 탄소 (3) 황, 인

42. (1) 핵융합, 광합성, 환원, 동물
(2) 물, 물, 수소, 산소
(3) 타이민, 사이토신, 안정, 한, 단백질
(4) 친, 친, 높고, 낮다, 바깥, 안

(5) 두, 낮은, 산화

43. (1) 분젠, 흡수 (2) 허블, 적, 도플러, 빅뱅, 팽창, 팽창
(3) 배경 복사, 배경 복사
(4) 쿼크, 양성자, 중성자, 양성자, 전자, 양성자, 중성자, 중수소, 중수소, 양성자, 중성자, 헬륨, 철, 초신성, 원소

영어로 배우는 문제

44. charge, up, quark **45.** charge, down, quark **46.** element, universe **47.** up, quarks, proton **48.** down, quarks, neutron **49.** quarks **50.** microwave, Kelvin **51.** universe, minutes, helium **52.** universe, atom **53.** Kelvin, atom **54.** hydrogen, helium, three **55.** universe, billion

제3장

O, × 문제

1. × **2.** × **3.** × **4.** × **5.** ○ **6.** × **7.** ×
8. ○ **9.** ○ **10.** × **11.** × **12.** ○ **13.** ×

선택형 문제

14. 가 **15.** 라 **16.** 라 **17.** 가 **18.** 나 **19.** 라 **20.** 다
21. 라 **22.** 다 **23.** 라 **24.** 라 **25.** 나

괄호 채우기 문제

26. 캐번디시, 라부아지에, 물
27. 수소, 전자, 염소, 수소, 전자, 아연, 수소, 전자, 아연, 전자, 염소, 염소, 전자, 아연, 아연, 전자, 수소, 수소, 수소, 수상, 전자
28. 56, 22, 0.033 **29.** 6 **30.** 16, 18, 1, 8, 24
31. (1) 240 (2) 880 (3) 640 (4) 0.14 (5) 3200
(6) 0.088, 2030 (7) 800 (8) 80, 2.4 (9) 1500만, 2.5

계산 및 서술형 문제

32. 금 − 0.13 J/deg · g 은 − 0.23 J/deg · g
33. 약 1000 개 **34.** 4만
35. 24k 금반지 : 1.15×10^{22} 18k 금반지 : 1.38×10^{22} 18k 금반지
36. 33 몰, 6×10^{25} **37.** 약 2천만 년
38. (1) 10 마이크로미터 (2) 0.18 나노미터
(3) 0.31 나노미터 (4) 3.3 나노미터
39. 약 한 개 **40.** (1) 탄소 240 g, 수소 40 g, 산소 320 g (2) 1300 m^3
(3) 약 26 kg (4) 7번 (5) 만원 (6) 공기 약 6 kg, 밥 약 2 kg

영어로 배우는 문제

40. product, reactant **41.** Avogadro, number **42.** conservation, mass, Lavoisier **43.** Dalton, atomic **44.** molecule, Avogadro **45.** atomic, Aristotle **46.** moles, human **47.** exponential, Avogadro, number

제4장

O, × 문제

1. ○ **2.** ○ **3.** ○ **4.** × **5.** ○ **6.** ○ **7.** ×
8. × **9.** × **10.** ○ **11.** × **12.** × **13.** × **14.** ×
15. ○ **16.** ○ **17.** ○ **18.** × **19.** ○ **20.** ○ **21.** ○
22. × **23.** × **24.** × **25.** × **26.** ○ **27.** ○ **28.** ○
29. × **30.** ○ **31.** ○ **32.** ○ **33.** ○ **34.** ○ **35.** ○
36. × **37.** ○ **38.** ○ **39.** ○ **40.** ○ **41.** ○ **42.** ×
43. ○ **44.** × **45.** ○ **46.** × **47.** × **48.** × **49.** ×
50. ○ **51.** ○ **52.** ○ **53.** × **54.** × **55.** ×

선택형 문제

56. 가 **57.** 가 **58.** 다 **59.** 라 **60.** 나 **61.** 나 **62.** 라
63. 다 **64.** 라 **65.** 다 **66.** 다 **67.** 나 **68.** 라 **69.** 라
70. 다 **71.** 다 **72.** 라 **73.** 라 **74.** 다 **75.** 라

괄호 채우기 문제

76. X선 **77.** 무게 **78.** 퀴리 **79.** 폴로늄 **80.** 선, 선, 선
81. 러더포드 **82.** 질량 **83.** 높은 **84.** 애스턴 **85.** 10
86. 수소, 수소 **87.** 러더포드, 양성자, 산소 **88.** 채드윅, 불안정
89. 단 **90.** 불연속, 진동수, 빛, 진동수, 광전
91. 각운동량, 선스펙트럼 **92.** 불확정성, 광전, 드브로이, 파동, 본
93. 주, 각운동량, 자기 **94.** 4 **95.** $2n^2$ **96.** 훈트
97. $4s, 3d$ **98.** $[Ar]3d^5 4s^1$, $[Ar]3d^{10} 4s^1$

계산 및 서술형 문제

99. (1) 310 nm (2) 3.0×10^{17} (3) 4.8 mA
100. 7.3×10^6 m/s **101.** (1) 1×10^{81} (2) 121.5 nm (3) 24000 K
102. 0.014 K < 2.7 K
103. (1) 1.7×10^{29} 개
(2) Cu : $1s^2 2s^2 2p^6 3s^2 3p^6 4s^1 3d^{10}$,
Sn : $1s^2 2s^2 2p^6 3s^2 3p^6 3d^{10} 4s^2 4p^6 4d^{10} 5s^2 5p^2$

영어로 배우는 문제

104. Planck, constant **105.** nucleus, gold **106.** Bohr, hydrogen, Angstrom **107.** Rydberg, petahertz **108.** Rydberg, electron, volt **109.** ionization, energy **110.** spectroscope, Bunsen, Kirchhoff **111.** X-ray, Rontgen **112.** radioactivity, Becqurel **113.** electron,

Thomson **114.** alpha, beta, Rutherford **115.** energy, Planck **116.** light, Einstein **117.** atomic, nucleus, Rutherford **118.** Bohr, line, hydrogen **119.** proton, Rutherford **120.** wave, Schrodinger **121.** neutron, Chadwick

제5장

O, X 문제

1. ○ **2.** ○ **3.** ○ **4.** × **5.** × **6.** ○ **7.** ×
8. × **9.** × **10.** × **11.** × **12.** × **13.** × **14.** ×
15. × **16.** × **17.** × **18.** ○ **19.** ○ **20.** ○ **21.** ×
22. × **23.** × **24.** × **25.** ○ **26.** × **27.** ○ **28.** ○
29. ○ **30.** ○ **31.** × **32.** ○ **33.** ○ **34.** ○ **35.** ×

선택형 문제

36. 라 **37.** 나 **38.** 다 **39.** 라 **40.** 라 **41.** 라 **42.** 나
43. 라 **44.** 가 **45.** 라

괄호 채우기 문제

46. (1) 4, 탄소, 산화실리콘, 4, 실리콘, 4, 탄소
(2) 구리, 주석, 주석, 실리콘, 구리, 갈륨, 아연
(3) 구리, 니켈, 코발트, 코발트, 니켈, 망가니즈, 크로뮴
(4) 4, 실리콘, 4, 탄소
47. 아르곤, 태양, 퀴리, 테크네튬, 색
48. 칼슘, calcium, calculation, calculus **49.** 80

영어로 배우는 문제

50. Thales **51.** water, fire, air, earth **52.** Mendeleev
53. piano, keys **54.** natural **55.** element, Mendeleev
56. periodic, table **57.** argon, Rayleigh

제6장

O, X 문제

1. ○ **2.** × **3.** ○ **4.** × **5.** × **6.** ○ **7.** ○
8. × **9.** × **10.** ○ **11.** × **12.** ○ **13.** × **14.** ×
15. × **16.** ○ **17.** × **18.** × **19.** × **20.** × **21.** ×
22. × **23.** ○ **24.** × **25.** × **26.** ○ **27.** ○ **28.** ○
29. × **30.** × **31.** × **32.** ○ **33.** × **34.** ○ **35.** ×
36. ○ **37.** × **38.** ○ **39.** × **40.** ○ **41.** ○ **42.** ×
43. × **44.** ○ **45.** × **46.** ○ **47.** ○ **48.** ○ **49.** ×
50. ×

선택형 문제

51. 라 **52.** 라 **53.** 나 **54.** 나 **55.** 나 **56.** 가 **57.** 다
58. 라 **59.** 나 **60.** 가

괄호 채우기 문제

61. (1) 네온, 인력 (2) 전자 (3) 전자 친화도 (4) 아르곤 (5) 결정
62. (1) 전기음성도, $[:\ddot{\mathrm{X}}\mathrm{e}-\mathrm{F}]^+$, 2, 4
(2) 5, 2, 3, 180, 선형, 120, 척력/반발력
(3) 6, 4, 2, 90, 평면사각형/정사각형, 180, 척력/반발력
(4) 산화제, 약, 산화 (5) 1, $\frac{1}{2}$
63. 2.5, 2, 1.5, 1, O_2^+, O_2, O_2^- **64.** CN^- **65.** 109, 180, 120
66. −3, 0, +1, +2, +3, +4, +5, 8, 아베크
67. $O{=}N{-}O{-}N{=}O$ **68.** 8, S8, 2, 2, 109
69. 두, 전기음성도, 한

영어로 배우는 문제

70. electrons, covalent **71.** covalent, ionic, metallic
72. electron, tetrahedral **73.** electrons, octet

제7장

O, X 문제

1. × **2.** × **3.** × **4.** × **5.** × **6.** ○ **7.** ×
8. × **9.** ○ **10.** × **11.** × **12.** × **13.** × **14.** ×
15. ○ **16.** × **17.** × **18.** ○ **19.** ○ **20.** × **21.** ×
22. ○ **23.** × **24.** ○ **25.** × **26.** ○ **27.** × **28.** ×
29. × **30.** × **31.** ○ **32.** × **33.** ○ **34.** ○ **35.** ×

선택형 문제

36. 다 **37.** 다 **38.** 다 **39.** 라 **40.** 나 **41.** 가 **42.** 다
43. 나 **44.** 나 **45.** 다 **46.** 나

괄호 채우기 문제

47. (1) 0, −253°C (2) 1.85 debye, 100°C (3) 1.47 debye, −33°C
(4) 0, −161°C
48. (1) 56 (2) 30.6, 0.033 (3) 10 (4) 50000, 37
(5) 4 (6) 2 또는 3

계산 및 서술형 문제

49. (1) 질소 : 0.39 기압, 산소 0.11 기압, 물 0.50 기압
(2) 질소 : 0.31 기압, 산소 0.084 기압, 물 0.031 기압
50. 58.1 **51.** 헬륨, 수소, 질소, 산소, 메테인

52. (1) 6.02×10^{23} (2) 1.24 A **53.** 3.1×10^{-2} mol/L · atm
54. 0.011 M , 약 17개 **55.** 85% **56.** (1) 1.4×10^{-24} L
(2) 1.7×10^{-24} 몰 (3) 29 기압 (4) 3.7×10^{-9} (5) 외계

영어로 배우는 문제

57. dipole, moment **58.** argon, air
59. dipole, moment, debye **60.** gas, liquid, solid
61. hydrogen, dipole, dipole, London, dispersion
62. helium, Kelvin **63.** water, hydrogen **64.** oxygen, air
65. nitrogen, air **66.** water, Celsius (centigrade)

제8장

O, X 문제

1. × **2.** × **3.** × **4.** ○ **5.** × **6.** ○ **7.** ○
8. × **9.** × **10.** ○ **11.** × **12.** ○ **13.** × **14.** ×
15. ○ **16.** ○ **17.** × **18.** × **19.** × **20.** ○ **21.** ×
22. ○ **23.** × **24.** × **25.** ○ **26.** × **27.** × **28.** ○
29. ○ **30.** ×

선택형 문제

31. 다 **32.** 가 **33.** 나 **34.** 라 **35.** 라 **36.** 다 **37.** 가
38. 나 **39.** 라 **40.** 가

괄호 채우기 문제

41. −6000, −20, 10, −10, 음수, 일
42. 엔탈피, 엔트로피, 깁스
43. (1) 19.2, 96.0, 7705, 1958, 9663, 0.103, − 93.8 (2) − 37.7
(3) − 52.4 (4) − 90.1, 4
44. (1) 21.4, 96.3, 8164, 2060, 10674, 0.025, −427
(2) − 141 (3) −572 (4) 5

계산 및 서술형 문제

45. (1) −153.9 kJ (2) −23.1 J/K (3) −147.0 kJ (4) 6660 K
46. (1) − 84.5 kJ (2) 48.65 J/K (3) −99.0 kJ
(4) 발열 반응, 엔트로피 증가
47. (1) 206.11 kJ (2) 214.4 J/K (3) 142.2 kJ (4) 961 K

영어로 배우는 문제

48. thermodynamics **49.** energy **50.** entropy **51.** absolute, zero
52. energy, isolated **53.** joules, calorie

제9장

O, X 문제

1. ○ **2.** × **3.** × **4.** ○ **5.** × **6.** × **7.** ○
8. ○ **9.** × **10.** ○ **11.** ○ **12.** × **13.** ○ **14.** ○
15. × **16.** ○ 17. ○ **18.** ○ **19.** ○ **20.** × **21.** ○
22. × **23.** × **24.** ○ **25.** × **26.** × **27.** ○ **28.** ×
29. ○ **30.** ○ **31.** × **32.** ○ **33.** ○ **34.** ○ **35.** ○
36. × **37.** × **38.** × **39.** ○ **40.** (1) ○ (2) ○ (3) ○
(4) ○ (5) ○ (6) × **41.** (1) ○ (2) ○ (3) ○ (4) ○ (5) ○

선택형 문제

42. 나 **43.** 라 **44.** 다 **45.** 다 **46.** 다 **47.** 나

괄호 채우기 문제

48. 공유, 전기음성도, 음이온, 역반응, 강, 역반응, 평형, 약
49. 비율, 역, 역, 정, 정, 증가, 작을, 낮을
50. (1) 0, 0.01
(2) $[H^+][SO_4^{2-}]/[HSO_4^-]$, 0.0145, 0.0055, 0.0045, 7.0×10^{-13}, 1.84
(3) 0.0145, 0.0055, 0.0045, 7.0×10^{-13}
(4) 1.0×10^{-7} (5) 2.4×10^{-7}, 4.1×10^{-8}, 6.6 (6) 2.0×10^{-12}
(7) 2.4×10^{-7}, 2.0×10^{-12}, 1.0×10^{-7}, 4.1×10^{-8}
51. (1) $[H_2PO_4^-]$, $[HPO_4^{2-}]$, $[PO_4^{3-}]$
(2) $2[HPO_4^{2-}]$, $3[PO_4^{3-}]$, $[OH^-]$
(3) $[HPO_4^{2-}]$, $2[PO_4^{3-}]$, $[OH^-]$, $[H_3PO_4]$
(4) $[PO_4^{3-}]$, $[OH^-]$, $[HPO_4^{2-}]$, $[H_3PO_4]$
(5) $H_2PO_4^-$, $H_2PO_4^-$, H_3PO_4, OH^-
(6) $[H^+] = \dfrac{K_2[H_2PO_4^-]}{[H^+]} - \dfrac{[H^+][H_2PO_4^-]}{K_1}$
(7) 3.12×10^{-9}, 6.65
(8) 2.02×10^{-5}, 4.7, OH^-
(9) 2.12, 7.21, 4.7
(10) 7.2
52. 91 **53.** (1) 환원, 금, +1.23 (2) +1.69 (3) +0.80 (4) +0.34
(5) −2.94 (6) −2.36 (7) −0.44

계산 및 서술형 문제

54. $\Delta H° = -92.22$ kJ, $\Delta S° = -197.93$ J/K,
$\Delta G° = -33.21$ kJ, $K = 6.7 \times 10^5$
55. −131 kJ/mol **56.** 38.4 kJ/mol **57.** 7.1×10^{-7} *M*
58. 5.0×10^{-13}, 5×10^{-12} **59.** 0.015 *M*, 1.3×10^{-16} *M*
60. (1) 낮은 pH (2) 1.047 밀리몰 (3) 0.3947 밀리몰
(4) 0.6523 밀리몰, 0.03262 *M*

61. (1) 인산 : 1.63, 23 %, 프탈산 : 1.99, 10 %, 폼산 : 2.38, 4.2 %, 아세트산 : 2.88, 1.3 % (2) 인산 : 4.01, 99 %, 프탈산 : 4.03, 92 %, 폼산 : 4.14, 72 %, 아세트산 : 4.46, 34 % **62.** 2.94 **63.** 8.0

64. (1) 0.70 (2) 25.0 mL (3) 30.0 mL (4) 5.8

65. (1)

(2) +6, +7 (3) 과염소산 이온

66. 산화 − Au, 환원 − N

영어로 배우는 문제

67. change, dynamic, equilibrium

68. degrees, Celcius, water, freezes

69. charge, isoelectric

70. adenine, thymine, gaunine, cytosine, Chargaff

71. directions, dynamic, equilibrium

72. chromatography, stationary, mobile

73. pH, pure **74.** Coulombs, Faraday

제10장

O, X 문제

1. × **2.** ○ **3.** × **4.** × **5.** × **6.** × **7.** ○
8. × **9.** ○ **10.** ○ **11.** ○ **12.** × **13.** ○ **14.** ○
15. × **16.** × **17.** ○ **18.** × **19.** × **20.** ○ **21.** ○
22. ×

선택형 문제

23. 라 **24.** 가 **25.** 다 **26.** 나 **27.** 나 **28.** 가 **29.** 나

괄호 채우기 문제

30. 발열, 에너지 장벽, 에너지 장벽, 발열, 에너지 장벽, 에너지 장벽

31. (1). 240 (2) 30억 (3) 2400 (4) 800 (5) 고체

32. 1700 **33.** (1) 4.02×10^{-9}, 5.02×10^{-10}
(2) 8.40×10^{-10}
(3) 1.34×10^{-9} (4) 0.693, 1.55×10^{-10} (5) 8.40×10^{-10}, 1.34×10^{-9}
(6) 8.40×10^{-10}, 1.34×10^{-9}, 1.55×10^{-10}
(7) 3.0×10^{9} (8) 2.24×10^{9}

34. (1) 2.66×10^{21} (2) 5.0×1010, 1.4×10^{-11} (3) 3.7×10^{10}

계산 및 서술형 문제

35. (1) 5.87×10^{-7} 초 (2) 473 K

36. 119억 년, 초기 은하

영어로 배우는 문제

37. half, life, first, order

제11장

O, X 문제

1. ○ **2.** × **3.** × **4.** × **5.** × **6.** × **7.** ×
8. × **9.** ○ **10.** × **11.** ○ **12.** ○ **13.** ○ **14.** ×
15. × **16.** × **17.** × **18.** × **19.** ○ **20.** × **21.** ×
22. ×

선택형 문제

23. 가 **24.** 가 **25.** 라 **26.** 다 **27.** 가 **28.** 라 **29.** 나
30. 다 **31.** 라 **32.** 나 **33.** 라 **34.** 나 **35.** 라 **36.** 다
37. 나 **38.** 다 **39.** 다 **40.** 라 **41.** 다 **42.** 라 **43.** 나
44. 나 **45.** 다 **46.** 라

괄호 채우기 문제

47. 리비히 **48.** 케쿨레 **49.** 글리세롤 **50.** 글리신 **51.** 만
52. 센트럴 도그마 **53.** 전령 라이보핵산 **54.** 샤가프
55. 캘빈 **56.** 0

계산 및 서술형 문제

57. (1) 4 (2) 8 (3) 109도 (4) sp^2 (5) sp^3 (6) sp^2 (7) 아니다 (8) 아니다 **58.** (1) 450 g (2) 660 g (3) 4% (4) 10 배 **59.** 26

60. (1) 약 40,000 (2) 1% **61.** (1) 2×10^{-14} (2) 2

영어로 배우는 문제

62. hydrogen, methane, ammonia **63.** amino, acid, code

64. billion, base, genome **65.** adenine, thymine, guanine, cytosine

66. amino, protein **67.** chromosome, cell

68. genes, genome **69.** amino, protein

70. base, gene **71.** Mendel, heredity

72. DNA, genetic, Avery **73.** double, helix, Watson, Crick

제12장

O, X 문제

1. ○ **2.** × **3.** × **4.** ○ **5.** × **6.** ○ **7.** ○
8. ○ **9.** ○ **10.** × **11.** × **12.** × **13.** ○ **14.** ○
15. × **16.** ○ **17.** × **18.** × **19.** × **20.** ○

선택형 문제

21. 나 **22.** 라 **23.** 나 **24.** 가 **25.** 다 **26.** 나 **27.** 나
28. 가 **29.** 라 **30.** 나 **31.** 라 **32.** 가 **33.** 나 **34.** 라
35. 가 **36.** 나 **37.** 라 **38.** 라 **39.** 라 **40.** 다

괄호 채우기 문제

41. 염소, 전기음성도, 플루오린, 염소, 촉매

42. (1) 작을 (2) 작을 (3) 1.3, 1.3, 클 (4) 클
(5) 약, 분산력, 강, 수소 결합, 적다 (6) 비슷하다

43. (1) 물, 태양, 태양, 물 (2) 액체, 90, 분산력, 낮은, 작은, 높은

계산 및 서술형 문제

44. 2.6×10^8 톤, 비슷하다 **45.** 2.3%

영어로 배우는 문제

46. sugars **47.** ethanol **48.** carbon, adipic, nylon

49. methylene, hexamethylenediamine, nylon

50. million, carbon, dioxide, million **51.** carbon, octane

52. carbon, dioxide, parts, per, million **53.** Nobel, environmental

54. Nobel, green

찾아보기

ㅈ

ㅊ

| 저자 약력 |

김희준
서울대학교 화학과 졸업
시카고대학교 이학박사(물리화학 전공)
MIT 생물학과, 하버드의대 연구원
미육군네이틱연구소 책임연구원
2006년 국제화학올림피아드 학술위원장
현: 서울대학교 화학부 교수

김병문
서울대학교 화학과 졸업
MIT 이학박사(유기화학 전공)
MIT 화학과 연구원
Merck 연구소 책임연구원
미국 NIH 방문연구원
현: 서울대학교 화학부 교수

김성근
서울대학교 화학과 졸업
하버드대학교 이학박사(화학물리학 전공)
시카고대학교 연구원
현: 서울대학교 화학부 교수

신석민
서울대학교 화학과 졸업
시카고대학교 이학박사(물리화학 전공)
시카고대학교, 캘리포니아대학교 연구원
현: 서울대학교 화학부 교수

생명의 화학, 삶의 화학

저 자	김희준 · 김병문 · 김성근 · 신석민
발 행 인	김지영
발 행 처	자유아카데미
주 소	경기도 파주시 교하읍 문발리 527-2 파주출판문화정보산업단지
전 화	031-955-1321
팩 스	031-955-1322
전자우편	main@freeaca.com(대표) editor@freeaca.com(편집) crm@freeaca.com(영업)
홈페이지	www.freeaca.com
등 록	제406-2003-017호, 1980. 7. 12
제1판1쇄	2009년 4월 15일 발행
제1판3쇄	2022년 2월 25일 발행
정 가	38,000원

저자와의 협의하에 인지생략

ISBN 978-89-7338-772-4 93430

측정 단위

물리 상수

상수	기호	값
원자 질량 단위	amu	1.6606×10^{-27} kg
아보가드로 수	N	6.022×10^{23} particles/mol
기체 상수	R (at STP)	0.08205 L atm/K mol
전자 질량	m_e	9.109×10^{-28} kg
		5.486×10^{-4} amu
중성자 질량	m_n	1.675×10^{-27} kg
		1.00866 amu
양성자 질량	m_p	1.673×10^{-27} kg
		1.00728 amu
광속	c	2.997925×10^{8} m/s

SI 단위 및 환산 인자

길이

SI 단위: meter (m)

1 meter	= 1.0936 yards
	= 100 centimeters
	= 1000 millimeters
1 centimeter	= 0.3937 inch
1 inch	= 2.54 centimeters (exactly)
1 kilometer	= 0.62137 mile
1 mile	= 5280 feet
	= 1.609 kilometers
1 angstrom	= 10^{-10} meter

질량

SI 단위: kilogram (kg)

1 kilogram	= 1000 grams
	= 2.20 pounds
1 gram	= 1000 milligrams
1 pound	= 453.59 grams
	= 0.45359 kilogram
	= 16 ounces
1 ton	= 2000 pounds
	= 907.185 kilograms
1 ounce	= 28.3 g
1 atomic mass unit	= 1.6606×10^{-27} kilogram

부피

SI 단위: cubic meter (m^3)

1 liter	= 10^{-3} m^3
	= 1 dm^3
	= 1.0567 quarts
	= 1000 milliliters
1 gallon	= 4 quarts
	= 8 pints
	= 3.785 liters
1 quart	= 32 fluid ounces
	= 0.946 liter
1 fluid ounce	= 29.6 milliliters

온도

SI 단위: kelvin (K)

0 K = −273.15°C

= −459.67°F

K = °C + 273.15

$$°C = \frac{°F - 32}{1.8}$$

$$°F = 1.8(°C) + 32$$

$$°C = \frac{5}{9}(°F - 32)$$

에너지

SI 단위: joule(J)

1 joule	= 1 kg m^2/s^2
	= 0.23901 calorie
1 calorie	= 4.184 joules

압력

SI 단위: pascal (Pa)

1 pascal	= 1 kg/m s^2
1 atmosphere	= 101.325 kilopascals
	= 760 torr (mm Hg)
	= 14.70 pounds per square inch (psi)

여러 온도에서 물의 증기압

온도 (°C)	증기압 (torr)	온도 (°C)	증기압 (torr)
0	4.6	26	25.2
5	6.5	27	26.7
10	9.2	28	28.3
15	12.8	29	30.0
16	13.6	30	31.8
17	14.5	40	55.3
18	15.5	50	92.5
19	16.5	60	149.4
20	17.5	70	233.7
21	18.6	80	355.1
22	19.8	90	525.8
23	21.2	100	760.0
24	22.4	110	1074.6
25	23.8		